DIE REGELUNG DER KRAFTMASCHINEN

UNTER BESONDERER BERÜCKSICHTIGUNG DER SELBSTTÄTIGEN WASSERTURBINENREGELUNG

VON

ING. DR. TECHN. GUSTAV FABRITZ

RAVENSBURG

MIT 457 TEXTABBILDUNGEN

WIEN

VERLAG VON JULIUS SPRINGER

1940

ISBN-13:978-3-7091-9736-3   e-ISBN-13:978-3-7091-9983-1
DOI: 10.1007/978-3-7091-9983-1

Vorwort.

Die Entwicklung selbsttätiger Regelungseinrichtungen für Wasserturbinen ist in den letzten zwei Jahrzehnten durch die Anforderungen gekennzeichnet, die sich aus dem in steigendem Maß gepflegten Bau von Großkraftanlagen sowie der damit betriebenen Verbundwirtschaft ergeben haben und welche die Aufgaben wesentlich über den ursprünglichen Zweck der Regelung, Energieanforderung und Darbot über die Drehzahl, bzw. unter Aufrechterhaltung des Gefälles abzugleichen, hinausgehen lassen. Neben Maßnahmen zur wirtschaftlichen Herstellung der Regelungseinrichtungen selbst, deren Weg durch die Schaffung des unabhängig vom Arbeitsvermögen des Reglers geeigneten Einheitssteuerwerkes in Verbindung mit der Einführung der Vorsteuerung größerer Steuerventile gekennzeichnet ist, erfordern die mit steigender Ausbaugröße wachsenden Leistungen zur Verstellung der Leitvorrichtungen Vorkehrungen, die dazu bestimmt sind, den Eigenverbrauch der Regelungseinrichtung im Betrieb auf ein Mindestmaß herabzusetzen. Durch weitgehende Einführung der Selbststeuerung für die zur Betriebserhaltung notwendigen Vorgänge und darüber hinaus auch für jene zum Wechsel der Betriebsform wurden die Voraussetzungen geschaffen, die die Sicherheit des Betriebes in erhöhtem Ausmaße von der Aufmerksamkeit der Bedienung unabhängig machen und dank der physikalisch begünstigten Möglichkeit eines schnellen Maschineneinsatzes der hydraulischen Großkraftanlage den Charakter einer Augenblicksreserve geben lassen. Die weitest getriebene Anwendung der Selbststeuerung zu dem vorerwähnten Zweck liegt bei Pumpspeicherwerken vor und ermöglicht dort in Zeiten von wenigen Minuten den Übergang vom Pumpenbetrieb zum Turbinenbetrieb mit Abgabe der Volleistung.

Übergeordnete Anforderungen sind in der letztzeitlichen Entwicklung durch das Verlangen nach planmäßiger selbstgesteuerter Leistungsaufteilung entstanden. Hier verdient die Erfassung der Drehzahl über elektrische Schwingungskreise an Stelle mechanischer Pendel besonders vermerkt zu werden.

Von den mit der vorstehend gekennzeichneten Entwicklung sich stellenden Aufgaben sowie den zu ihrer Verwirklichung eingeschlagenen Wegen möge im nachfolgenden in einer vergleichenden und ordnenden Darstellung ein Bild gegeben werden, zunächst hinsichtlich der geleisteten konstruktiven Arbeit, die wie kaum ein anderes Schaffensgebiet schöpferische Ingenieurtätigkeit im wahren Sinne des Wortes verlangt.

Durch das Entgegenkommen der führenden Firmen — denen ich an dieser Stelle für ihre großzügige Unterstützung meinen verbindlichsten Dank aussprechen möchte — war es möglich, die Entwicklung überwiegend bis zu den letzten der Ausführung übergebenen Bauformen zu verfolgen und damit das Erreichte zu kennzeichnen. So steht zu hoffen, daß der erste Teil des Werkes, die *Konstruktionslehre*, nicht nur dem mit dem Fach noch nicht Vertrauten eine geschlossene Darstellung des Wissensgebietes vermittelt, sondern auch dem in diesem tätigen Ingenieur manche Anregung und Bestätigung seiner Wege bringen wird.

Die auf dem Gebiete der selbsttätigen Wasserturbinenregelung geleistete wissenschaftliche Arbeit läßt die theoretische Erfassung der zwischen den Wirkgrößen bestehenden Zusammenhänge in einer Weise zu, die bei der Durchführung gestellter Aufgaben der Mutmaßung enthebt und Unsicherheiten ausscheidet. Die hier gegebenenfalls zu besonderem Einfluß gelangende Massenträgheit des Betriebsmittels sowie die Elastizität der geschlossenen Wasserführung kann in einer praktisch genügenden Näherung berücksichtigt werden; im Zusammenhang damit erschien es wertvoll, neben einer die bekannt gewordenen Verfahren nach dem Grade ihrer allgemeinen Anwendbarkeit ordnenden Darstellung die verschiedenen Grenzbedingungen an den Rohrleitungsenden praktischen Voraussetzungen entsprechend zu formulieren. In bezug auf die Verfahren zur Ermittlung der Geschwindigkeitsabweichungen bei Laständerungen sowie hinsichtlich der Bedingungen für die Stabilität wurden teilweise neue Erkenntnisse gebracht; Bestehendes wurde zusammengefaßt. Es ist verständlich, daß die Behandlung des Stoffes, der seinem Wesen nach als Grenzgebiet zu werten ist, verschiedentlich in andere Fachgebiete, insbesondere auf jenes der Elektrotechnik übergreifen mußte, um die erforderliche Abrundung des Gesamtbildes zu erzielen. Hier war es notwendig, manche Kenntnisse aus dem vorerwähnten Gebiet vorauszusetzen; die Unterlagen, soweit sie nicht als grundlegend und daher bekannt angenommen werden dürfen, sind erwähnt. Im übrigen wurde versucht, die Ausführungen des theoretischen Teiles auf eine Form zu bringen, die dem ausübenden Ingenieur die Anwendung ohne weitere Kenntnis der einschlägigen Literatur ermöglichen soll und ihn gleichzeitig auf das Wesentliche hinweist. Durch eine Reihe von Beispielen, denen praktische Ausführungen unterlegt sind und die u. a. meines Wissens bisher noch nicht gezeigte Anwendungen der Theorie darstellen, soll dies noch erleichtert werden. Für den Studierenden dürfte durch den ausgedehnten Literaturnachweis einer gründlichen Unterrichtung, insbesondere in bezug auf die Grundlagen der gebrachten Verfahren, der Weg gewiesen sein.

Dem Wunsch des Verlages nachkommend, wurde eine kurze Darstellung der Regelungseinrichtungen für Dampfturbinen und Dampfmaschinen der Konstruktionslehre der Wasserturbinenregelung angefügt, wobei soweit als möglich Überschneidungen mit den Ausführungen bestehender Buchwerke vermieden wurden.

Ich möchte an dieser Stelle allen meinen Mitarbeitern, die mich durch Mitteilung ihrer Erfahrungen und Erkenntnisse in liebenswürdiger Weise unterstützt haben, meinen besten Dank sagen, so Herrn Dipl.-Ing. F. Jäger, Berlin, für seine Mitteilungen hinsichtlich der Auslegung des elektrischen Teiles der Selbststeuerung, Herrn Dr. W. Putz, Berlin, für die Bearbeitung des Abschnittes C des zweiten Teiles, sowie Herrn Dr.-Ing. R. Unterberger, Jena, für seine Mitarbeit bei der mathematischen Behandlung der Probleme des zweiten Teiles des Werkes. Herrn Dipl.-Ing. G. Bertel, Ravensburg, bin ich für die Durcharbeitung der Beispiele des Abschnittes E zu Dank verpflichtet, ebenso und nicht zuletzt dem Verlag, der sowohl meinen Wünschen hinsichtlich der Ausstattung des Werkes in jeder Weise Rechnung getragen sowie in Würdigung der Schwierigkeiten, die sich dem in der Praxis Stehenden bei der zeitlichen Durchführung eines derartigen Unternehmens entgegenstellen, eine fast zweijährige Verzögerung in der Fertigstellung des Manuskripts hingenommen hat.

Ravensburg, im Mai 1940.

Der Verfasser.

Inhaltsverzeichnis.

Erster Teil.

Die Konstruktion selbsttätiger Regler.

Seite

I. Grundlagen der selbsttätigen Regelung ... 1

    a) Drehzahlmesser ... 2

        1. Mechanische Pendel ... 2

        2. Elektrische Drehzahlmessung ... 7

        3. Hydraulische Drehzahlmessung ... 8

    b) Gefälls- und Druckmessung ... 10

    c) Grundsätzliche Auslegungen mittelbarer Regelungseinrichtungen ... 10

II. Drucköölversorgung ... 19

    a) Grundsätzliche Formen ... 19

    b) Zahnradpumpen ... 22

    c) Pumpenantriebe ... 26

    d) Druckbegrenzungseinrichtungen ... 27

    e) Druckspeicher ... 29

    f) Zubehör ... 37

III. Druckölverteilung ... 38

    a) Steuerventile ... 38

    b) Vorsteuerungen ... 41

    c) Konstruktionsgrundsätze ... 49

IV. Steuerung ... 54

    a) Die Drehzahlleistungscharakteristik ... 54

    b) Grundsätzliche Auslegung ... 56

    c) Gebräuchliche Ausführungsformen ... 57

        1. Rückführende Steuerungen mit rein mechanisch erzielter Nachgiebigkeit ... 57

        2. Rückführende Steuerungen mit hydraulischer Durchbildung der Nachgiebigkeit ... 60

        3. Nachgiebige Rückdrängung ... 63

        4. Steuerungen mit Beschleunigungsstabilisierung ... 67

        5. Sonderformen ... 70

        6. Antrieb des Drehzahl- (Beschleunigungs-) Messers ... 73

V. Hilfseinrichtungen ... 74

    a) Zur Führung der Regelung nach dem Wasserstand ... 74

    b) Hilfseinrichtungen zur Einführung der Arbeitskolbenbewegung in die Steuerung ... 81

    c) Anzeigevorrichtungen ... 82

VI. Verstellwerke ... 83

    a) Hydraulisch betätigte Arbeitswerke ... 83

        Bemessung der Triebwerke ... 89

    b) Mechanische Handregelungen ... 90

    c) Hydraulische Handsteuerungen ... 94

    d) Steuerverbindung: Druckölkreis-Handregelung ... 97

VII. Ausführungsformen ... 99

    a) Normalregler ... 100

    b) Kleinregler ... 105

VIII. Regler für besondere Zwecke ... 109

Seite

IX. Die Regelung der Kaplanturbine ... 112
    a) Grundsätzliches ... 112
    b) Laufschaufeltriebwerke ... 114
    c) Steuerungseinrichtungen ... 115
    d) Abstimmung der Regelgeschwindigkeit von Leit- und Laufradverstellung ... 118
    e) Drucköbereitstellung ... 122
    f) Sonderbauformen ... 122

X. Die Regelung der Freistrahlturbine ... 124
    a) Grundsätzliches ... 124
    b) Triebwerke ... 128
    c) Handregelungen ... 130
    d) Drucköbereitstellung ... 131
    e) Steuerventile ... 132
    f) Steuerwerke ... 134
    g) Ausführungsformen ... 136
    h) Regelungen mit Nebenauslaß ... 145

XI. Steuerregler ... 148

XII. Selbststeuerung ... 158
  A. Grundsätzliche Formen der Betriebsführung von Wasserkraftanlagen und ihr Anwendungsbereich ... 158
    a) Örtliche Handbedienung der Kraftwerke in Einzelvorgängen ... 159
    b) Bedienungsverfahren örtlicher Selbststeuerung von Wasserkraftwerken ... 160
      1. Selbstgesteuerter laufender Betrieb ... 160
      2. Selbststeuerung der Maßnahmen zum Betriebswechsel ... 161
      3. Vollselbsttätiger Betrieb von Wasserkraftmaschinensätzen ... 161
    c) Die Fernbedienung als Betriebsverfahren ... 162
      1. Zusammengefaßte Ortsbedienung ... 162
      2. Ferngesteuerter Teilbetrieb ... 162
      3. Fernbedienter Vollbetrieb ... 163
  B. Maßnahmen zur Sicherung des laufenden Betriebes der Anlage sowie zur Bereitschaftshaltung der örtlichen Selbststeuerung ... 164
    a) Mechanischer Teil ... 164
      1. Sicherung des Pendelantriebes ... 164
      2. Sicherung der Drucköversorgung ... 166
      3. Selbsttätige Verriegelungen ... 171
      4. Selbsttätige Windkesselabsperrventile ... 172
      5. Schnellschlußeinrichtungen ... 178
      6. Selbstschlußeinlaßorgane ... 178
      7. Selbsttätige Bremseinrichtungen ... 190
      8. Unabhängige Sicherheitseinrichtungen für Freistrahlturbinen ... 193
      9. Sicherheitsregler ... 195
      10. Lagerüberwachung ... 196
    b) Elektrischer Teil ... 197
      1. Schutzeinrichtungen ... 197
      2. Fehlermeldung ... 198
    c) Anwendung auf Großregleranlagen ... 199
  C. Maßnahmen für die Selbststeuerung des Anlaufes und Drehzahlabgleiches ... 208
    1. Anlaufformen ... 208
    2. Wahl der Maschinengattung ... 208
    3. Selbsttätige Anlaufsteuerungen ... 209
    4. Drehzahleinsteuerung von Synchrongeneratoren ... 214
  D. Die Zuschaltung der Synchronmaschine ... 215
    a) Spannungsvergleich ... 215
    b) Phasenvergleich und Zuschaltbefehl ... 216
    c) Verfahren zur Zuschaltung von Synchrongeneratoren ... 216
  E. Verfahren zusammenhängender Schalt- und Steuerfolgen ... 220
  F. Bedienungsstände für die Betriebsführung in Wasserkraftwerken ... 222
  G. Eigenbedarfsstromquellen ... 223
  H. Die Steuerstromkreise ... 224
  J. Elektrische Hilfsantriebe ... 225

Seite

K. Anwendungsformen der Selbststeuerung 225
   a) Selbstgesteuerter Teilbetrieb 225
   b) Fernbediente Anlagen 228
      1. Niederdruckanlagen 228
      2. Fernbedienter Betrieb ohne Einbezug des Hauptabsperrorgans in die Selbst-steuerung 229
      3. Fernbedienter Betrieb mit durchgängiger Selbststeuerung der Vorgänge zum planmäßigen Betriebswechsel und im Gefahrenfall mit Einbezug des Haupt-absperrorgans 233
L. Speicherpumpwerke 244
   a) Allgemeines 244
   b) Auslegung 245
   c) Betriebsausrüstung 246
      1. Selbststeuereinrichtung einer hydraulisch-mechanischen Kupplung 246
      2. Be- und Entlüftungssteuerungen 248
      3. Schnellschlußeinrichtungen 251
   d) Ausführungsformen der Selbststeuerung 252
      1. Wechsel der Betriebsform durch handbediente Steuerung 252
      2. Selbstgesteuerter Teilbetrieb 254
      3. Durchgängige örtliche Selbststeuerung 258
M. Fernsteuerung 262
N. Fernmessung 265
O. Selbsttätige Steuerung auf optimalem Wirkungsgrad 266
P. Lastverteilung 270

XIII. Mittel zur Betriebsbeobachtung 272
   Die Werksprüfung selbsttätiger Regelungseinrichtungen 273
   Der gestörte Regler 274

XIV. Die Regelung der Dampfturbinen 274
   a) Anordnungen 274
   b) Vorsteuerung 275
   c) Auslegung der Ventilantriebe 279
   d) Ausbildung der Steuerventile 282
   e) Druckölversorgung 282
   f) Stabilisierung 282
   g) Schlußzeit der Regelung 283
   h) Gesamtaufbau der Steuerungseinrichtungen 283
   i) Schnellschlußeinrichtungen 287
   k) Sicherheitsregler 290
   l) Steuerungsauslegungen 291
      1. Kondensationsturbine 291
      2. Gegendruckturbine 292
      3. Einfachentnahmeturbine 293
      4. Zweifachentnahmeturbine 295
      5. Sonderformen 296
   m) Sondersteuerungen 297
   n) Unmittelbar lastabhängige Regelung der Dampferzeugung 299

XV. Die Regelung der Dampfmaschinen 299
   a) Indirekte Achsenregler 299
   b) Indirekte Federpendelregler 305
   c) Schnellschlußeinrichtungen 307
   d) Sondereinrichtungen 307
   e) Öldrucksteuerungen 309

Zweiter Teil.

Die Theorie der selbsttätigen Wasserturbinenregelung.

A. Druckschwankungen in geschlossenen Wasserführungen 312
   a) Allgemeines 312
   b) Die Ermittlung der Druckschwankungen unter Berücksichtigung der Elastizität von Wasser und Rohrwandung 314
      1. Verfahren 314

		Seite
2. Innere Randbedingungen		318
3. Einfluß der Rohrreibung		320
4. Gestufte Leitungen		321
5. Obere Randbedingungen		324
6. Verzweigte Leitungssysteme		326
7. Untere Randbedingungen		327
c) Die Fortpflanzungsgeschwindigkeit der Druckwellen		332
d) Druckschwankungen in unelastischen Leitungssystemen		335
e) Die Anlaufzeit der Rohrleitung		339
B. Die Drehzahlschwankungen des drehenden Systems bei Laständerungen		340
a) Allgemeines		340
b) Die Vernachlässigung der Massenträgheit des Betriebswassers		341
c) Die Berücksichtigung der Massenträgheit geschlossen geführter Wassersäulen		345
1. Analytische Methode		345
2. Graphisches Verfahren		346
d) Druck- und Drehzahlgewährleistungen		348
C. Das Verhalten der Synchronmaschinen		349
a) Leerlauf		349
b) Belastung		349
c) Spannungsregelung		350
d) Der Stromerzeuger bei schnellen Laständerungen		352
Plötzliche Entlastungen		352
Plötzliche Belastungen		353
1. Motorlast		354
2. Stoßweise Widerstandsbelastung		354
e) Der Stromerzeuger bei Kurzschlüssen		354
f) Die Anforderungen des Parallellaufes und Verbundbetriebes		354
D. Die Stabilität der mittelbaren Regelung		355
a) Selbststabilisierung		355
1. Selbststabilisierung der ungeregelten Turbine		355
2. Einfluß der Selbststabilisierung bei Regelung der Turbine		356
b) Die Stabilitätsbedingungen unter Berücksichtigung der Massenträgheit geschlossen geführter Wassersäulen		357
1. Nachgiebige Rückführung		359
2. Nachgiebige Rückdrängung		360
3. Beschleunigungsstabilisierung		362
c) Der Einfluß der Vorsteuerung auf die Stabilität		364
1. Einfache Vorsteuerung ohne Berücksichtigung der Massenträgheit des Rohrleitungsinhaltes		364
2. Doppelte Vorsteuerung		365
3. Einfluß von T_r		365
d) Die Stabilität von Abhängigkeitssteuerungen		366
1. Freistrahlturbinen		366
2. Kaplanturbinen		367
3. Doppelte Verkettung der Steuerkreise		368
E. Anwendungen		369
1. Rohrleitungsturbine mittlerer Schnelläufigkeit mit Durchfluß-Verbundregler		369
2. Freistrahlturbine mit Windkessel-Doppelregelung		371
3. Hochdruckspeicherpumpe		374
4. Rohrleitungsturbine relativ hoher Schnelläufigkeit mit vorgeschalteter Selbstschlußdrosselklappe		375
5. Zusammengesetztes Leitungssystem mit Rohrbruchklappen innerhalb der Leitungen		378

Verzeichnis der Konstruktionsgruppen (Ordnungszahlen).

100 *Führungsorgane.*
101 Mechanische Fliehkraftpendel.
120 Direkt wirkende Drehzahlverstellung.
130 (418) Massenring bei Beschleunigungsmessern.
140 Hydraulische Drehzahlmessung.
150 Druckmeßeinrichtungen.
160 Pendelbremsen.
165 Pendelantriebe (mechanisch).
170 Pendelmotor (elektrische Pendelantriebe).
171 Pendeldynamo.
180 Übersetzungsgetriebe im Pendelantrieb.

200 *Drucköversorgung.*
201 Arbeitsölpumpen.
202 Zusätzliche (Verbund-) Pumpe.
205 (h), Windkessel (Hilfs-).
210 Zahnradpumpen-Konstruktionseinzelheiten.
218 Starrer Pumpenantrieb.
219 Vorsteuerpumpe.
220 Sicherheitsventil.
230 Schalteinrichtungen zum Windkessel.
240 Druckluftversorgung des Windkessels.
260 Rückschlagventil.
280 Windkesselüberwachungs- und Prüfeinrichtungen.
290 Filter.
296 Kühler.
298 Zentralschmierung.
299 Luftverdichter (Druckluftkessel).

300 *Steuerventile.*
301 Hauptkolben (304 Drosselbunde).
303 Laufbüchse.
320 Vorsteuerung (erste).
330 Zweite Vorsteuerung.
340 Beschleunigungssteuerung.
360 Umlauf- und Hilfsventile.
380 Mittel zum Wechsel der Reglerschließrichtung.
390 Dreh- (Schüttel-) Antriebe.

400 *Steuerwerk.*
410 Nachgiebige Rückführung (mechanisch).
420 Nachgiebige Rückführung (hydraulisch),
430 Federsystem hiezu.
450 Einrichtung zur Herbeiführung einer dauernden Ungleichförmigkeit (starre Rückführung).

460 Drehzahlverstellung (h = Hand, 590 = motorisch).
470 Öffnungsbegrenzung (h = Hand, 590 = motorisch.
480 Einrichtungen zur gesetzmäßigen Veränderung der Regelgeschwindigkeit.

500 *Hilfseinrichtungen.*
501 Schwimmereinrichtungen (mechanisch).
510 Schwimmereinrichtung mit mechanischer Übertragung.
520 Schwimmereinrichtung mit hydraulischer Übertragung.
523 Luftpumpe.
530 Hilfseinrichtungen im Rahmen der Selbststeuerung.
540 Ölbremsen.
544 Hilfsölpumpe.
545 Öldruckrelais.
550 Schwimmereinrichtung mit elektrischer Übertragung.
560 Rückführgestänge.
580 Anzeigevorrichtungen.
590 Motore.
591 Hubmagnete (Hubmotore).
592 Tachometer (a Federkupplung).
593 Kontaktdynamo.
595 Handpumpe.
597 Manometer.
598 Endschalter.
599 Hilfsturbine.

600 *Triebwerke und Handregelungen.*
(615) Regelhebel.
(519) Regelwelle.
630 Druckwasserbetätigte Arbeitswerke.
640 Drehkolbentriebe.
650 Hydraulische Handsteuerung.
660 Mechanische Handregelung.
670 Kupplungseinrichtungen.
680 Übersetzungsgetriebe zu den Handregelungen.
690 Abhängigkeitsschaltungen.

800 *Sicherheitspendel.*

810 *Elektrische Belastungsregler.*
811 Elektrodenpaket.
812 Gegengewicht.
815 Kühlwasserventil.

900 Regler für Kaplan-Turbinen.
901 Laufradtriebwerke.
920 Ölzuführung zum Laufradservomotor.
930 Leitradsteuerventile.
940 Laufradsteuerventile.
950 Drucköversorgung.
970 Abhängigkeitssteuerung.
990 Hilfsölversorgung.

1000 Freistrahlturbinenregler.
1001 Düsentriebwerke (Nadelstange).
1008 Ausgleichskolben.
1010 Strahlablenkertriebwerke.
1020 Nadel- (Strahlablenker-) Handregelung.
1030 Düsensteuerventile.
1040 Ablenkersteuerventile.
1050 Düsennadelnachlaufeinrichtungen.
1070 Abhängigkeitssteuerung.
1090 Nebenauslässe.

1100 Steuerregler.

1200 Selbststeuerung.
1201 Pendelriemenbruchsicherung.
1210 Überwachungseinrichtungen zur Drucköl-versorgung.
1230 Hilfspumpen- (Windkessel-) Steuerung.
1240 Notpumpensteuerungen.
1248 Notpumpe.
1250 Verriegelungen.
1260 Selbsttätige Windkesselabsperrventile.
1269 Schalthahn.
1270 Freifallschützen.
1280 Mechanische Falleinrichtungen.
1290 Hydraulische Schnellschlußschützen.
1300 Heberkammerbelüftungen.
1310 Drosselklappensteuerungen (mechanisch).
1320 Drosselklappensteuerungen (hydraulisch).
1330 Umlaufschiebersteuerungen.
1340 Dichtungsschlauchsteuerungen.
1350 Kugelschiebersteuerungen.
1370 Füllschieberantriebe.
1380 Absperrschiebersteuerungen.
1390 Mechanisch wirkende Bremseinrichtungen.
1400 Bremsdüsensteuerungen.
1420 Unabhängige Sicherheitseinrichtungen für Freistrahlturbinen.
1430 Sicherheitsregler.
1440 Temperaturwächter.
1441 Strömungsanzeiger.
1450 Selbsttätige Anlaufsteuerungen.
1458 Anfahrpumpe.
1459 Stillstandspumpe.
1465 Abstellsteuerungen (Schnellschluß).
1470 Anlaufsteuerungen für Kaplan-Turbinen.
1480 Anlaufsteuerungen für Freistrahlturbinen.
1490 Spaltwassersteuerung.
1495 Anlaufblockierungen (L = Lageröl, K = Kühlwasser).

1500 Elektrische Steuer-, Überwachungs- und Schutzeinrichtungen.
1501 Überstromschutz.
1502 Überlastschutz (G = Generator, T = Transformator).

1503 Überspannungsschutz $\sim$.
1504 Überspannungs- (Drehzahl-) Schutz =.
1505 Differentialschutz.
1506 Windungsschlußschutz.
1507 Gestellschlußschutz.
1508 Spannungsrückgangsschutz.
1509 Transformator- (Buchholz-) Schutz.
1510 Zeitrelais.
1515 x (f) Hilfsrelais (Fernsteuer-).
1520 Generator.
1521 Erregermaschine.
1522 Verstellwiderstand.
1523 Hilfserregermaschine.
1524 Feldschwächung (Entregung).
1525 Spannungsmesser (G = Generator, N = Netz).
1526 Spannungsregler.
1527 Steuerung hierzu (h = Handsteuerung, f = Fernsteuerung).
1528 Stromregler.
1530 Hauptschalter.
1531 Schaltschütz hierzu.
1535 Wahlschalter (Handsteuerung = h, Ortselbststeuerung = o, Fernsteuerung = f).
1536 Betätigungsschalter (Generatorbetrieb = g, Phasenschieber = ph, Stillstand = s).
1540 Befehlsschalter (a = aus, e = ein).
1541 e (a) Anfahrrelais (Abstell-).
1543 a (b) Anlaufüberwachung (a = Anlauf, b = Betrieb).
1545 Verriegelungsschalter.
1546 Arbeitskontakt.
1547 Ruhekontakt.
1548 Schaltschütz.
1550 Hilfsstromversorgung.
1551 Tachometerdynamo.
1552 Batterie.
1557 Geber.
1558 Empfänger.
1559 Druckknopf.
1560 (61) Signal, akustisch (optisch).
1562 Fallklappen.
1570 Frequenzvergleichsgruppe.
1571 Steuerregler.
1572 Voreilregler.
1573 Regulierwiderstand.
1575 Parallelschaltgerät.
1588 Spannungsspule.
1589 Stromspule.
1590 Zwischenrelais.
1591 Hauptkontakt.
1592 Hilfskontakt.

1600 P, (T) Speicher-Pumpe (Turbine).
1601 Hydraulische Kupplung.
1602 Pumpenlaufrad.
1603 Turbinenlaufrad.
1605 Steuer- und Betätigungseinrichtungen zur hydraulischen Kupplung.
1620 Entleerungsschiebersteuerung.
1625 Warmwasserschieber.
1628 Füllschieber.
1640 Schwimmerschaltung (Belüftung).
1650 Entleerungsschaltung.

1660 Entlüftungssteuerung.
1675 Blockierventil.

1680 ***Steuerung auf optimalem Wirkungsgrad.***
1685 Mechanische Umsteuerung.
1688 Hydraulische Umsteuerung.

1700 ***Dampfturbinen.***
1710 Druckregler mit mechanischer Übertragung.
1711 Hilfsgetriebe.
1720 Druckregler mit hydraulischer Vorsteuerung.
1740 Strahlrohrregler.
1750 Druckregler mit elektrisch-hydraulischer
Steuerung.

1760 Ventilantriebe.
1770 Handantriebe.
1780 Schnellschlußeinrichtungen.
1790 Hilfseinrichtungen.

1800 ***Dampfmaschinen.***
1801 (*1802*) Einlaßexzenter (Auslaßexzenter).
1803 Steuerwelle.
1804 Hydraulischer Verstellantrieb.
1810 Rückführung.
1820 Verstelleinrichtung zum hydraulischen Getriebe.
1840 Schnellschlußeinrichtungen.
1850 Öldrucksteuerungen.
1870 Drucköolversorgung.

Ausführende Firmen.

[1] Constructions électriques et mécaniques *Als-Thom*, Paris.
[2] Maschinenfabrik *Andritz A. G.*, Andritz-Graz.
[3] *ASEA A. B.*, Westeras-Schweden.
[4] *Askania-Werke A. G.*, Berlin-Friedenau.
[5] Maschinenfabrik *Augsburg-Nürnberg A. G.*, Nürnberg.
[6] Maschinenfabrik vorm. *Th. Bell und Cie.*, Kriens-Luzern.
[7] *Brown-Boveri & Cie.*, Baden-Schweiz/Wien.
[8] Ateliers des *Charmilles S. A.*, Genf.
[9] *J. C. Eckhardt A. G.*, Stuttgart.
[10] *Allgemeine Elektrizitätsgesellschaft*, Berlin/Wien.
[11] *Escher Wyss* Maschinenfabriken A. G., Zürich.
[12] *Escher Wyss* Maschinenfabrik G. m. b. H., Ravensburg.
[13] *Finshyttan A. B.*, Finshyttan-Schweden.
[14] *Jahns Regulatoren G. m. b. H.*, Offenbach.
[15] Verkstaden *Kristineham*, Schweden.
[16] *Kvaerner Brug A. B.*, Norwegen.
[17] *F. Neumeyer A. G.*, München.
[18] *Neyret Belier et Piccard Pictet*, Grenoble.
[19] *Dr. A. Proell G. m. b. H.*, Dresden.
[20] *Siemens-Schuckert-Werke*, Berlin/Wien.
[21] *J. Storek*, Maschinenfabrik, Brünn.
[22] *Franco Tosi S. A.*, Legnano.
[23] *J. M. Voith*, Maschinenfabrik, Heidenheim/St. Pölten.
[24] *Woodward Governor Co.*, Rockford (Illinois), USA.

Erster Teil

Die Konstruktion selbsttätiger Regler.

I. Grundlagen der mittelbaren Regelung.

Selbsttätige Regelungen dienen der Absicht, einen charakteristischen Betriebswert ohne äußeren Zugriff möglichst gleichbleibend zu erhalten, bzw. einer bestimmten Gesetzmäßigkeit zu unterwerfen, wobei die Erfüllung dieser Bedingungen an sich Zweck der Regelung sein kann oder dank bestehender mechanischer oder physikalischer Abhängigkeiten Mittel zur Steuerung anderer Betriebsgrößen wird. So bildet bei der rotierenden Energieumwandlung (z. B. Kraftmaschine mit Arbeitsmaschine oder elektrischem Generator gekuppelt) die zeitliche Veränderung der Drehzahl ein Maß für den Unterschied ein- und ausgeleiteter Energie, während bei Übereinstimmung die Beharrung der Drehzahl sich einstellt. Eine Regelung auf gleichbleibende Drehzahl wirkt daher im Sinne der Abgleichung von Leistungszufuhr und Bezug; anderseits werden durch die Einhaltung einer bestimmten Drehzahl der Kraftmaschine die Bedingungen für einen geordneten Betrieb unmittelbar bzw. über elektrische Netze angeschlossener Arbeitsmaschinen geschaffen. Die *Drehzahl* stellt sich somit als eine jener charakteristischen Betriebsgrößen dar, denen zu dem vorgenannten Zweck die *Führung* der Regelung übertragen werden kann. (Zugeführte Leistung [Beaufschlagung] = Regelwert, Drehzahl = Führungsgröße.)

Dort, wo die Möglichkeit der Anpassung des Verbrauches an eine bestimmte oder optimal erzeugbare *Leistung* gegeben ist, wird letztere zur Führungsgröße der Regelung. Für nicht speicherfähige Wasserturbinenanlagen etwa, deren wirtschaftlichste Ausnützung bei restloser Verarbeitung des jeweiligen Wasserdarbotes bei normalem Gefälle gegeben ist, erscheint dann zur Führung der Regelung die Lage des Oberwasserspiegels berufen, nachdem Änderungen dieses als Kriterium für die Verschiedenheit von zufließender und verarbeiteter Wassermenge genommen werden können; die praktische Konstanthaltung des Meßspiegels sichert die Abarbeitung der jeweils verfügbaren Wassermenge bei höchstmöglichem Gefälle, also die jeweils größtmögliche Leistungsausbeute.

Für Dampfkraftmaschinen kann der *Druck* eines über die Maschine belieferten dampfverbrauchenden Netzes maßgebend für die Beaufschlagung der Maschine bzw. ihrer Stufen werden. Die Gleichhaltung des Heizdampfdruckes bildet die Voraussetzung für die Einhaltung einer bestimmten Heiztemperatur, bzw. für eine mengen- und verhältnismäßig geordnete Belieferung der angeschlossenen Einrichtungen.

Neben Drehzahl und Druck können u. a. die *Temperatur* unmittelbar, die sekundlich strömende *Menge* von Flüssigkeiten oder Gasen, *Strom*, *Spannung* und *elektrische Leistung* als Führungsgrößen selbsttätiger Regelungen auftreten. Im Rahmen der Kraftmaschinenregelung kommt insbesondere den letztgenannten Betriebsgrößen erhöhte Bedeutung zu, insofern als die moderne Verbundwirtschaft elektrischer Anlagen und Netze besondere Anforderungen hinsichtlich Spannungshaltung bzw. Strom- und Leistungsverteilung stellt.

Zur Messung der Führungsgröße und Übertragung in eine Form, die zur Impulsgabe an die Steuerung, bzw. zur Betätigung von Regelorganen geeignet ist, sind Mechanismen entwickelt worden, die ihrer Aufgabe entsprechend als *Führungsorgane* selbsttätiger Regelungseinrichtungen bezeichnet werden können.

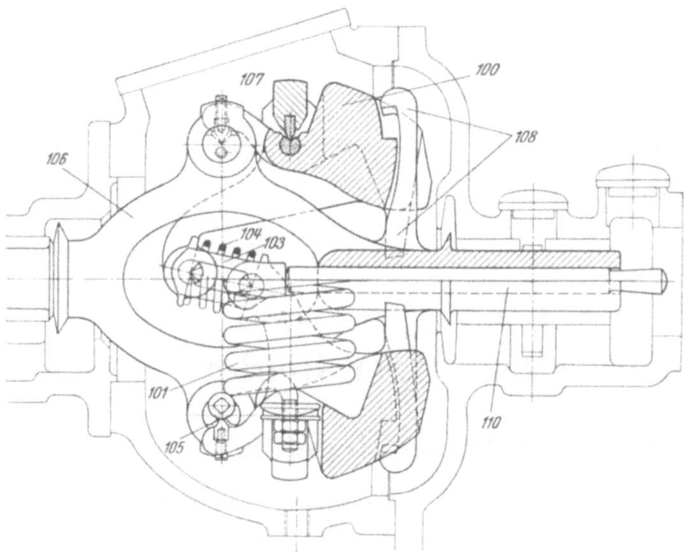

Abb. 1. (Maßstab 1:2,2.)
100 = Fliehgewicht,   *101* = Gegenfeder,   *103,   110* = Übertragungsmechanismus.

a) Drehzahlmesser.

1. Mechanische Pendel.

Als drehzahlabhängiges Führungsorgan im Rahmen der eigentlichen Steuerungseinrichtung finden überwiegend *Fliehkraftpendel* Anwendung, Mechanismen, welche die Fliehkräfte umlaufender Massen in Gegenwirkung zu Federkräften setzen und damit eine bestimmte Gesetzmäßigkeit zwischen Drehzahl und Stellung der Fliehgewichte herstellen. In der Mehrzahl der Ausführungsformen werden die elastischen Gegenkräfte durch Schraubenfedern hervorgebracht, die entweder in der Richtung der Fliehkräfte der Schwungkörper wirken (*Querfederpendel* Abb. 1), bzw. senkrecht hierzu, wobei die Federachse mit der Drehachse zusammenfällt (*Längsfederpendel* Abb. 2). Anstatt die Schwungebene des Fliehgewichtsschwerpunktes durch die Drehachse des Pendels zu legen, kann diese auch senkrecht zu ersterer gewählt werden (*Flachpendel* Abb. 3). Eine derartige Anordnung bietet kinematisch einfache Übertragungsmöglichkeiten bei drehender Steuerbewegung.

Die statischen Eigenschaften von Fliehkraftpendeln werden zweckmäßig aus den gegenübergestellten Momentenkurven der Federspannungen und Fliehkräfte entnommen, letztere bei gleichbleibender Drehzahl bestimmt.

Für die Momentenkurve der Fliehkräfte läßt sich — unter Voraussetzung einer Form der Schwunggewichte als Körper mit ausgeprägten Hauptachsen — folgende Herleitung geben:

Der die Änderung der Wucht bei Drehung um einen unendlich kleinen Winkel $d\psi$ feststellende Ansatz (Abb. 4)

$$d\left(\frac{\overline{\omega}_1{}^2}{2}\cdot J_A\right)=-M_C\cdot d\psi,$$

wobei $\overline{\omega}_1$ die gewählte (konstante) Winkelgeschwindigkeit,

J_A das auf die Achse A bezogene Trägheitsmoment der Schwungkörper,

M_C das Moment der Fliehkräfte

darstellen, führt auf die lagenabhängige Bestimmungsgleichung für das Moment der Fliehkräfte bei konstantem $\overline{\omega}_1$

$$\frac{\overline{\omega}_1{}^2}{2}\cdot\frac{dJ_A}{d\psi}=-M_C. \tag{1}$$

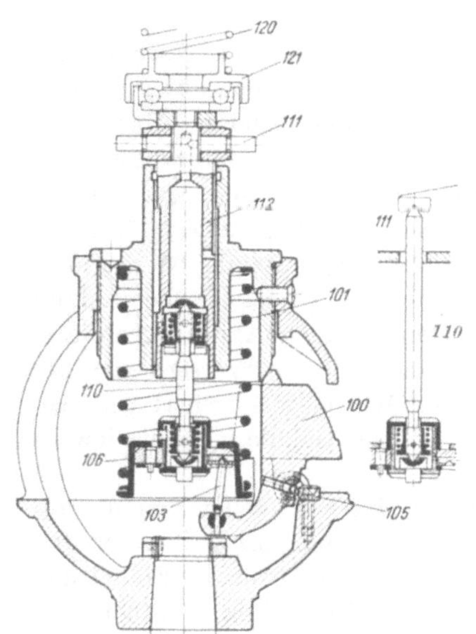

Abb. 2. (Maßstab 1:4.)
100 = Fliehgewicht, *101* = Gegenfeder, *103,
106, 112 (111)* = Übertragungsmechanismus.

Diese Gleichung geht unter Einführung des Schwerpunktsträgheitsmoments J_{As} sowie Darstellung des letzteren durch die Hauptträgheitsmomente J_x und J_y über in

$$M_C=\frac{\overline{\omega}_1{}^2}{2}\cdot[(J_x-J_y)\cdot\sin 2\,(\alpha+\psi)+m\cdot r\cdot z\cdot\cos\psi]$$

mit

$$z=a-r\cdot\sin\psi \text{ und } m \text{ als Masse des Pendelkörpers.}$$

Bestimmt der Schnittpunkt dieser Kurven zunächst die Gleichgewichtsstellung des Systems bei der zugrunde gelegten Winkelgeschwindigkeit $\overline{\omega}_1$, legt anderseits der relative Verlauf der

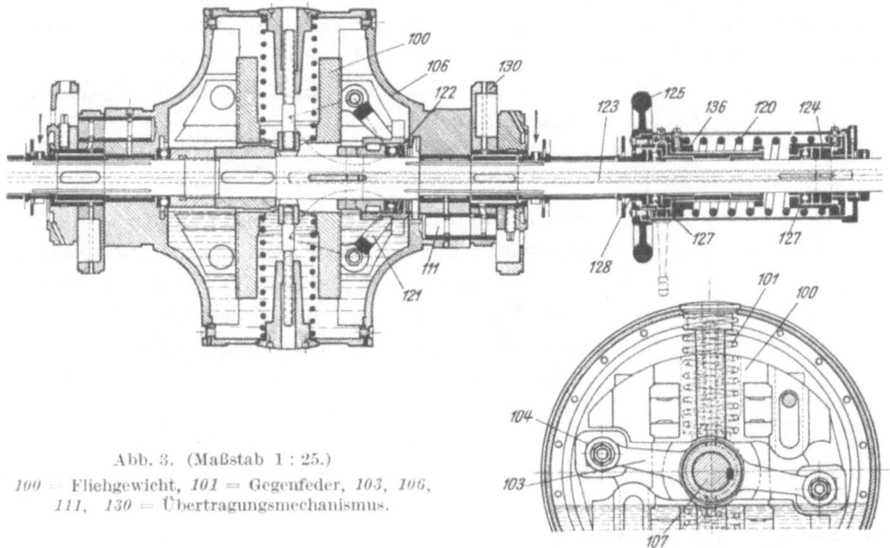

Abb. 3. (Maßstab 1 : 25.)
100 = Fliehgewicht, *101* = Gegenfeder, *103, 106,
111, 130* = Übertragungsmechanismus.

Kurven die Art des Gleichgewichtes an der betrachteten Stelle fest (Abb. 5). Werden die bei einer Stellungsänderung um $+\Delta\psi$ bzw. Drehzahländerung um $+\Delta\omega$ geltenden Momentenwerte der Federkräfte (M_F) und Fliehkräfte (M_C) mittels der TAYLORschen Reihenentwicklung dargestellt, so verlangt die darnach herleitbare Beziehung

$$\frac{\partial M_F}{\partial\psi} > \frac{\partial M_C}{\partial\psi}, \tag{2a}$$

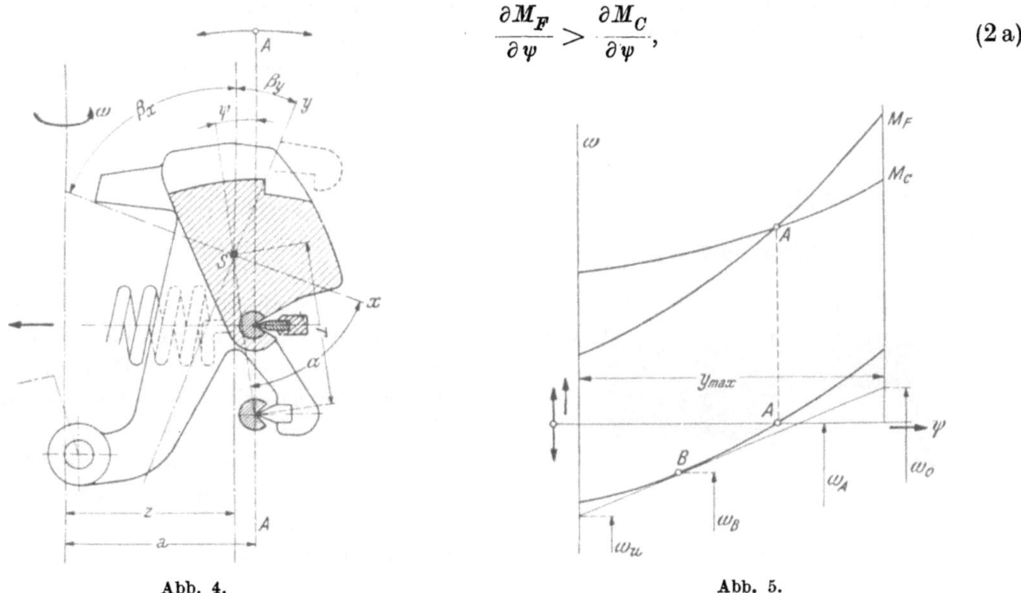

Abb. 4.   Abb. 5.

falls das System bei einer Erhöhung der Winkelgeschwindigkeit um $\Delta\omega$ der um $\Delta\psi$ weiter außen liegenden neuen Gleichgewichtslage zustreben soll (statisches Pendel).

Für

$$\frac{\partial M_F}{\partial\psi} = \frac{\partial M_C}{\partial\psi}, \tag{2b}$$

also

$$M_{F_1} = M_{F_2} = M_F$$

$$M_{C_1} = M_{C_2} = M_C$$

ist das System überhaupt nur bei einer einzigen Winkelgeschwindigkeit im Gleichgewicht, und zwar in allen Lagen. Bei Über- oder Unterschreitung dieser *einen* Winkelgeschwindigkeit geht das System in die obere oder untere Grenzlage (astatisches Pendel).

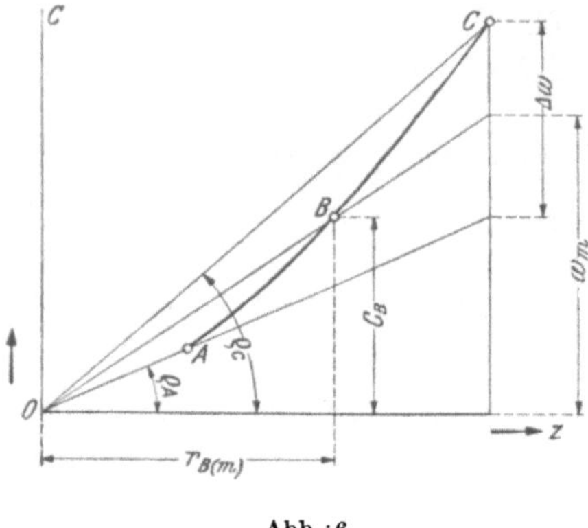

Abb. 6.

Ist der Charakter der M_C- und M_F-Kurven ein derartiger, daß

$$\frac{\partial M_F}{\partial \psi} < \frac{\partial M_C}{\partial \psi} \qquad (2\,c)$$

ist, ist das Pendel labil. Eine erhöhte Winkelgeschwindigkeit würde für den Gleichgewichtszustand Lagen des Massensystems näher der Drehachse erfordern und umgekehrt, eine Bedingung, die bei Störungen des Gleichgewichtszustandes, sei es durch Stellungs- oder Winkelgeschwindigkeitsänderungen, das System in eine der beiden unfreien Grenzlagen gehen läßt.

Für eine stetige Regelung brauchbar sind hiernach nur Pendel, für welche die M_C- und M_F-Kurven in allen Punkten nach der Bedingung (2a) verlaufen.

Mit Hilfe der M_C- und M_F-Kurven lassen sich auch die für die einzelnen Stellungen des Systems geltenden Gleichgewichtsdrehzahlen angeben, insofern als diese, die Übereinstimmung von Fliehkraft- und Federmoment voraussetzend, die Veränderung der Bezugswinkelgeschwindigkeit ω_1 (ω_A) nach

$$M_{F_\psi} = M_{C_\psi} \cdot \left(\frac{\omega_\psi}{\omega_1}\right)^2$$

erfordern. Diese Kurve der ω, ψ bildet die Grundlage für die Definition des *Ungleichförmigkeitsgrades des Pendels* als den auf eine mittlere Drehzahl bezogenen Unterschied der Drehzahlen in beiden Endlagen des Hubes.

Abb. 7.

$$\delta_P = \frac{n_o - n_u}{n_m} = \frac{\overline{\omega}_o - \overline{\omega}_u}{\overline{\omega}_m} = \frac{\varDelta\,\overline{\omega}}{\overline{\omega}_m}.$$

Dieser Ausdruck ist eigentlich nur für einen geradlinigen Verlauf der ω, ψ-Kurve eindeutig und zutreffend; bei gekrümmter Charakteristik wechselt der Ungleichförmigkeitsgrad von Stellung zu Stellung und wird sinngemäß ausgedrückt durch die auf den Gesamtausschlagswinkel (Hub) und mittlere Drehzahl bezogene Drehzahländerung je Einheit des Drehwinkels (Hubes).

Eine andere Darstellung zur Charakterisierung der Eigenschaften von Fliehkraftpendeln hat M. TOLLE gewählt (10). Trägt man die im Schwerpunkt der Schwungmassen angreifend gedachten, bei normaler Drehzahl vorhandenen Fliehkräfte, welchen durch die Summe aller auf das Pendel einwirkenden äußeren Kräfte das Gleichgewicht zu halten ist, als Ordinaten parallel zur Drehachse im zugehörigen Abstand des Schwunggewichtsschwerpunktes auf, so erhält man die sogenannte C-Kurve des Pendels Abb. 6. Die für den Gleichgewichtszustand erforderliche Winkelgeschwindigkeit läßt sich als Funktion des Winkels ϱ, den der Fahrstrahl aus dem Ursprung 0 zum betrachteten Punkte mit der Abszissenachse einschließt, bestimmen nach

$$\omega = \sqrt{\frac{1}{m}}\,\sqrt{\mathrm{tg}\,\varrho}\,.$$

Derselbe Winkel charakterisiert das Verhalten des Reglers, insofern als die Stabilität des Pendels die Zunahme des Winkels ϱ mit wachsender Achsenentfernung des Fliehgewichtsschwerpunktes erfordert, Labilität sinngemäß bei umgekehrter Abhängigkeit des Winkels ϱ besteht.

In konstruktiver Hinsicht ist ein möglichst reibungsfreier Aufbau des Pendelsystems anzustreben. Dementsprechend sind heute für die Pendelgewichtsaufhängung und die eine gelenkige Verbindung erfordernden Konstruktionen zum Anschluß der Federn sowie des Übertragungsmechanismus verschiedentlich Schneidenlagerungen in Verwendung, die bei völliger Wartungslosigkeit sehr günstige Reibungsverhältnisse aufweisen. Kugellager für den genannten Zweck sind ebenfalls angewendet.

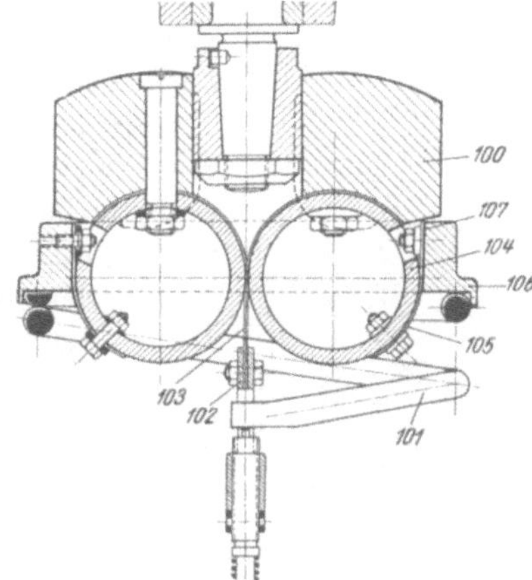

Abb. 8. (Maßstab 1:5.)

Viel Gedankenarbeit ist für die Entwicklung von Konstruktionen aufgewendet worden, bei welchen Gelenke überhaupt vermieden sind. So werden die Schwunggewichte *100* (Abb. 7) durch Stahllamellen *105* geführt [8] (8); die der Fliehkraft des Schwunggewichtes *100* entgegenzustellenden Kräfte werden im wesentlichen durch die Spannung der Feder *101* erzielt.

Für das in Abb. 8 dargestellte Pendel [1] rollen die die Fliehgewichte *100* tragenden Rohrstücke *104*, die mittels Stahllamellen *105* an den Pendelträger *106* angelenkt sind, bei Bewegungen der Gewichte auf der Bahn *107* ab. Die Kraft der Gegenfeder *101* wird durch Bügel *102* und die Stahllamellen *103* der Wirkung der Fliehkräfte entgegengestellt.

Bei dem von E. ENGLESSON angegebenen Fliehkraftpendel [15] (Abb. 9) wird jede Gleitbewegung der Pendelgewichte *100* auf ihrer Rollbahn *107*, bzw. relativ zu den sie umfassenden Stahllamellen *105* dadurch verhindert, daß die Ablaufbahn *108* der Traglamellen *105* als Evolvente des Rollkreises bestimmt ist, der der Form der Fliehgewichte im Bereich des Rollweges auf Bahn *107* zugrunde liegt (6).

Bei dem in Abb. 2 dargestellten Fliehkraftpendel [14] überträgt das Stelzensystem *103* die Bewegungen dreier unter 120° angeordneter Fliehgewichte *100* auf den damit in drei Punkten unterstützten Federteller *106*, dessen Stellungsänderungen durch den kraftschlüssig angelenkten Stift *110* nach außen weitergeleitet werden. Nur in dem Falle, als durch die Auslegung des Anschlußgestänges die Geradführung des Abnahmepunktes *111* bedingt ist, wird die Gleithülse *112* zwischengeschaltet.

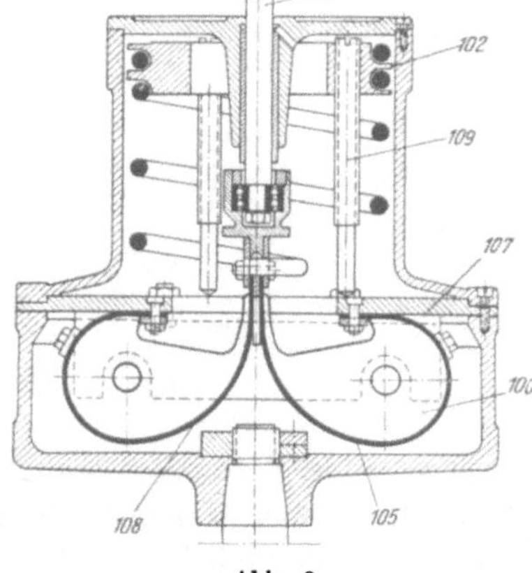

Abb. 9.

In gleicher Art wird die Bewegung der Fliehkörper auch bei dem von D. THOMA angegebenen Lenkerpendel (Abb. 1) nach außen geleitet (Stift *110*). Die beiden Pendelgewichte *100* selbst sind unmittelbar, also ohne Zuhilfenahme eines gesondert geführten Teiles, wie z. B. einer Muffe, mittels eines Lenkers *103* zwangsläufig verbunden, wodurch wohl keine absolut genaue Gegenläufigkeit der Schwunggewichte erreichbar ist, bei zweckentsprechender Auslegung jedoch die Abweichungen gleichzeitiger Ausschläge so klein werden, daß sie gegenüber unvermeidlichen Fehlern in der Herstellung nicht in Betracht kommen. Die Kraftschlüssigkeit der Lenkerverbindung *103* wird durch eine eingelegte Feder *104* erzielt.

Es muß hier noch einer Pendelkonstruktion gedacht werden, die, zu Ende des vorigen Jahrhunderts bekannt geworden, neuerlich wieder in zweckmäßiger Zusammenfassung mit der übrigen Steuerungseinrichtung zur Anwendung gelangt [23]. Es handelt sich hierbei um das von dem Amerikaner PICKERING angegebene *Blattfedernpendel* (5), bei dem die Fliehkräfte der auf Blattfedern befestigten Massen gegen die mit der Durchbiegung dieser Federn geweckten elastischen Kräfte ausgewogen werden. Abgesehen von den durch etwaige Ungleichheiten der Massen und elastischen Eigenschaften der Stahllamellen bedingten Seitenkräfte sind keine wie immer gearteten Reibungswiderstände im erwähnten Mechanismus, der eine denkbar einfachste Form besitzt.

Abb. 10 läßt den Aufbau eines derartigen Pendels erkennen, dessen unterer Lamellenträger *106* ortsfest angetrieben wird, während die Auslenkungen der Fliehgewichte *100* sich in den axialen Verschiebungen des oberen Lamellenträgers *112* auswirken, dessen zylindrischer Teil, gleichzeitig die Vorsteuerung[1] aufnehmend, Führung und Lagerung abgibt.

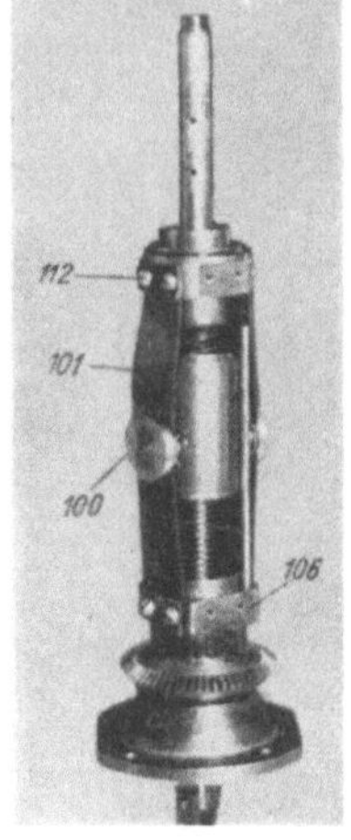

Abb. 10.

Eigentümlich für derartige Pendel ist der Verlauf der Drehzahlhub-charakteristik mit stärkerer Krümmung im Gebiet der unteren Drehzahlen, wodurch bei entsprechender Lage des ausgenützten Teilhubes ein verhältnis-mäßig großer Drehzahlbereich überstrichen werden kann.

Als Beispiel eines Flachpendels möge die Ausführung Abb. 3 besprochen werden [19]. Bewegungen der im Gehäuse *106* radial geführten Schwung-gewichte *100*, die bei veränderter Drehzahl entgegen der Wirkung der Feder *101* ausgelöst werden, veranlassen infolge der Anlenkung ersterer an die Traverse *103* (Gleitstein *104*) die relative Verdrehung des Gehäuses *106* gegen die die Traverse *103* tragende Welle *107*, die von der Maschinenwelle aus mit einer dieser proportionalen Umlaufzahl angetrieben wird. Bei direkter Regelung werden die relativen Verdrehungen des Gehäuses *106* über Bolzen *111* unmittel-bar auf die Einlaßexzenter *130* übertragen, die damit entweder längs einer mit der Steuerwelle fest verbundenen Gradführung verschoben (gerade Scheitellinie) oder auf einem Grundexzenter verdreht werden (gekrümmte Scheitellinie).

Wie später näher ausgeführt, bedarf es neben dem für eine stabile Regelung erforderlichen Drehzahlunterschied zwischen Vollast und Leerlauf (Ungleichförmigkeitsgrad der Re-gelung) der Möglichkeit, die Drehzahl jedes Beharrungszustandes in gewissem, durch die Betriebsbedingungen gegebenem Ausmaße verändern zu können. Hierzu kann entweder der Pendelhub Y_{max} entsprechend größer als der Zuordnungshub y_{max},[2] der durch die Auslegung der Steuerung bestimmt ist, gewählt und durch eine Verlagerung des letzteren längs der Charakteristik die Änderung der Beharrungsdrehzahl erreicht werden (Abb. 11a). Anderseits kann Zuordnungs- und Pendelhub übereinstimmend angenommen und die Beharrungsdrehzahl durch Verlagerung der Charakteristik verändert werden (Abb. 11b). Dies erfolgt durch Auf-

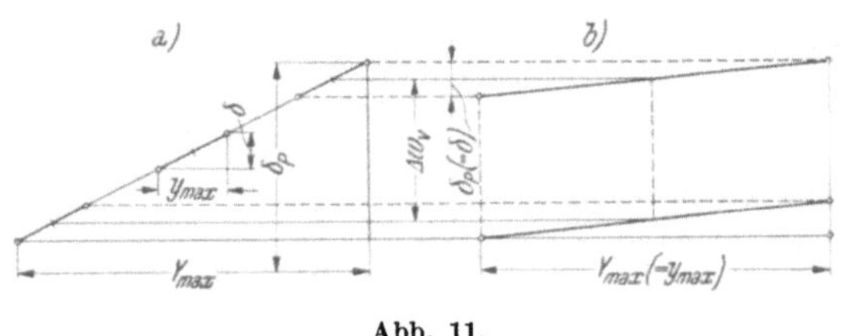

Abb. 11.

bringung zusätzlicher und einstellbarer Kräfte, wobei jedoch der Einfluß letzterer auf den Ungleichförmigkeitsgrad des Pendels zu be-achten ist (10).

Mittelbare Regelungseinrichtungen sehen ge-wöhnlich den erstgenannten Vorgang vor, solange die Drehzahlverstellung in verhältnismäßig engen Grenzen bleibt. Da seitens des Drehzahlreglers nur geringe Verstellkräfte aufzubringen sind, können ohne Beeinträchtigung der Empfindlichkeit der Regelung, also bei relativ geringem Pendelhub, hohe Ungleichförmigkeitsgrade des Pendels angewendet werden, wie sie etwa bei Wasserturbinen mit Rücksicht auf die Stabilität erforderlich sind. Bei direkt wirkenden Reglern hingegen bedarf es verhältnismäßig hoher bezogener Verstellkräfte[3] für eine genügend empfind-liche Regelung bei relativ großem Zuordnungshub, so daß die Drehzahlverstellung gewöhnlich nach Form Abb. 11b durchgeführt wird.

Bei dem in Abb. 3 dargestellten Flachregler wird zur Veränderung der mittleren Beharrungs-drehzahl über Hebel *121*, Laufring *122* und Zugspindel *123* die Kraft der zusätzlichen Feder *120* auf die Pendelgewichte *100* übertragen. Die axiale Abstützung der Federspannvorrichtung *125* bis *136* gegen die drehenden Teile — Spritzring *128* und Gleitring *124* — über Kugellager *127*

---

[1] S. a. Abschnitt III.

[2] Hub, der notwendig ist, um die Steuerung von „auf" auf „zu" zu verstellen.

[3] Freie Kraft pro Einheit der Drehzahländerung bei Erhaltung der Reglerstellung.

erlaubt die zentrische Anordnung ersterer und die Betätigung der Spannmutter *136* über das auch im Betriebe feststehende Handrad *125*.

Abb. 12 zeigt die Ausbildung eines Flachreglers [19] mit besonders hoher Verstellmöglichkeit der Umlaufzahl, wozu sowohl der wirksame Hebelarm der Feder *101* wie auch im gleichen Sinne gehend deren Spannung verändert wird (7). Um dies zu erreichen, ist der Angriffspunkt *102* der Feder *101* am zugehörigen Fliehgewicht *100* nicht fest, sondern gleitend ausgeführt und wird längs der Bahn *107* durch den Lenkerantrieb *120* bis *123* verstellt, der gleichzeitig mittels des Hebels *121* die Aufhängung *122* der Feder im Sinne der beabsichtigten Wirkung verlagert. Für eine große Drehzahlverstellung wirkt der Umstand günstig, daß die Änderung der Umlaufzahl der Verstellung proportional ist; wertvoll hierbei ist, daß der Ungleichförmigkeitsgrad des Pendels unabhängig von der Einstellung der inneren Übersetzung bleibt.

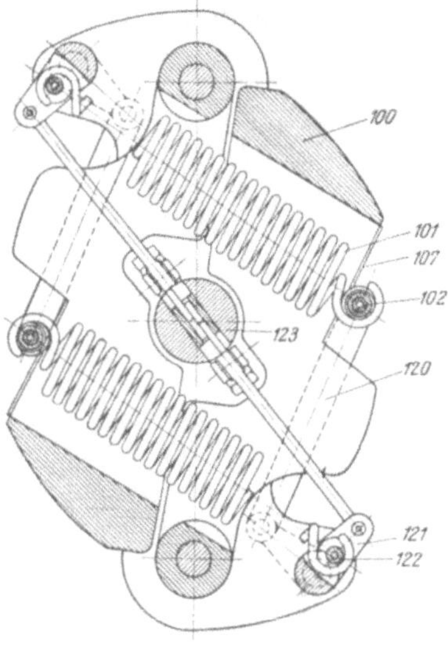

Abb. 12.

2. Elektrische Drehzahlmessung.

Die Forderungen, die an die Empfindlichkeit der Drehzahlregler zur Sicherung einer geordneten Lastverteilung im Gemeinschaftsbetrieb großer Versorgungssysteme gestellt werden müssen, kommen nahe an, bzw. überschreiten die Grenze der Möglichkeiten, die beim mechanischen Fliehkraftpendel gegeben sind; der bisher weitgehend verwendete Antrieb durch Riemen beeinflußt diese Verhältnisse noch im ungünstigen Sinne. Eine Empfindlichkeit von 0,002% bei dem in Frage kommenden Meßbereich von $\pm$ 0,1% der Nennfrequenz kann durch Erfassung der Drehzahl (Frequenz) über einen elektrischen Schwingungskreis, gebildet durch eine Induktivität und Kapazität, erreicht werden. Die ausgeprägte Abhängigkeit derartiger Kreise von der Frequenz der aufgedrückten Spannung führt bei einer Kompensationsschaltung, etwa über ein zweisystemiges Dynamometer, zu einem Gerät hoher Frequenzempfindlichkeit, die im wesentlichen durch die Veränderung der gegenseitigen Phasenlage der in den Systemen fließenden Ströme bestimmt ist. Als wesentlicher Vorteil dieses Gerätes ist dessen Spannungsunempfindlichkeit anzusehen, welche seine richtige Wirkung noch bei Spannungsabsenkungen bis zu 10% der Nennspannung gewährleistet. Damit kann das Meßsystem unmittelbar an die Generatorspannung gelegt und auf jene Maßnahmen verzichtet werden, welche bei elektromotorischem Antrieb mechanischer Drehzahlmesser zur Sicherstellung deren Wirkung erforderlich sind (s. hierzu Abschnitt XII, B 1).

Das elektrische „Pendel", das in üblicher Weise[1] in den Steuerkreis eines normalen Öldruckreglers eingefügt werden kann, läßt auch auf eine mechanisch durchgebildete Rückführung im Steuerkreis verzichten, wenn dem Frequenztrieb ein weiterer Trieb zugefügt wird, dessen — dem primären Impuls entgegenwirkendes — Drehmoment in Abhängigkeit von der Arbeitskolbenstellung des Reglers gebracht wird; ebenso können über diesen Trieb weitere Abhängigkeiten, wie etwa zur Lastverteilung, eingeführt werden.

Statt des Dynamometers können auch Ferrarissysteme Anwendung finden, deren Triebe je in Reihe mit einer regelbaren Drossel bzw. Kapazität liegen und so abgeglichen und mechanisch gegengeschaltet sind, daß bei normaler Frequenz Gleichgewicht besteht. Durch Veränderung der Induktivität, etwa durch Verdrehung des Ständers der Regeldrossel in Abhängigkeit von der Stellung des Reglerarbeitskolbens, kann auch hier die Stabilisierung des Regelvorganges erzielt werden; bestimmte Abhängigkeiten zur Lastverteilung werden durch dem Meßsystem aufgeprägte zusätzliche Spannungen erreicht, die ersteren entsprechende — durch Wechselstrom darstellbare — Meßgrößen abbilden.

---

[1] Zur Erzielung der verlangten Empfindlichkeit sind die damit verbundenen, geringen Verstellkräfte — etwa durch eine doppelte Vorsteuerung (s. Abschnitt III) — auf das Steuerventil zu übersetzen.

3. Hydraulische Drehzahlmessung.

Die Drehzahl kann auch in dem Druck einer von der Maschinenwelle aus angetriebenen Pumpe erfaßt werden, deren Förderung durch eine Öffnung konstanten Querschnittes zur Abströmung gebracht wird (Abb. 13). Der Abströmdruck bei einem bestimmten Wert des Abflußquerschnittes *142* richtet sich nach der Fördermenge der Steuerpumpe *145* und steht somit in Abhängigkeit von ihrer Drehzahl. Diese und damit die Maschinendrehzahl können daher

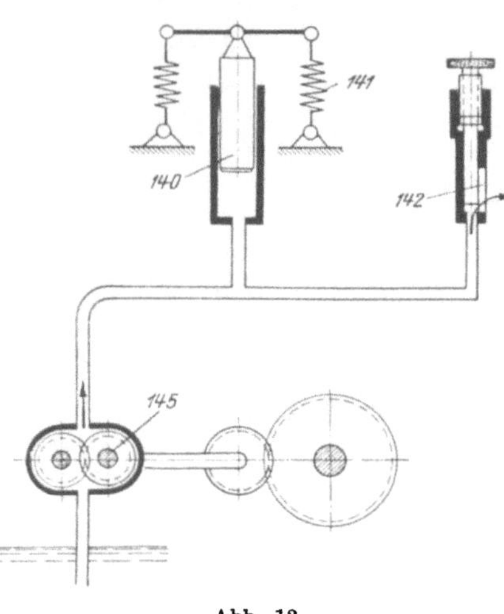

Abb. 13.

mittels eines manometrischen Systems, wie dies etwa durch den federbelasteten Kolben *140* dargestellt wird, an den Verstellungen desselben gemessen werden. Derartige Anordnungen zur Erfassung der Drehzahl zeichnen sich durch die einfache Möglichkeit einer weiten Verlagerung des Meßbereiches mit Veränderung der Größe der Abströmöffnung aus, nachdem zur Aufrechterhaltung der Mittelstellung des Meßkolbens bzw. des hierzu notwendigen Öldruckes Änderungen des Abströmquerschnittes durch gleichsinnige und angenähert proportionale Änderungen der Fördermenge, also der Pumpen-(Maschinen-)Drehzahl, ausgeglichen werden müssen.

Während also durch sinngemäße Veränderung der Ausströmöffnung *142* die Drehzahlcharakteristik in weiten Grenzen (Verstellungen von 1 : 10 und darüber) gehoben oder gesenkt werden kann, bestimmt der Verlauf der Federkräfte *141* im Bereich des vorgesehenen Zuordnungshubes des Meßkolbens *140* den Ungleichförmigkeitsgrad der Regelung.[1] Die Überströmöffnung *142* wird zweckmäßig als langer, enger Schlitz ausgeführt, womit eine

---

[1] Eine verhältnismäßig einfache Überlegung zeigt, daß dieser Wert unabhängig von der jeweiligen mittleren Umlaufzahl angenähert konstant angesehen werden kann.

Für die Mitteldrehzahl n_m, welcher die Fördermenge Q_m der Steuerpumpe *145* zukommt, bedarf es eines Querschnittes f_m der Ausströmöffnung

$$\frac{Q_m}{f_m} = v_m = \psi \sqrt{2\,g\,h_m}$$

mit h_m als den für die Aufrechterhaltung der Mittelstellung des Meßkolbens *140* erforderlichen spezifischen Druck. Wird mit h_u der für die untere Grenzstellung des Meßkolbens notwendige Druck bezeichnet, so folgt aus

$$h_u = \psi \cdot \left(v_m - \frac{\varDelta Q}{f_m}\right)^2 \Big/ 2\,g$$

die $\varDelta Q$ proportionale Drehzahlabnahme $\varDelta n$ und damit der Ungleichförmigkeitsgrad der Regelung mit

$$\delta = \frac{2\,\varDelta n}{n_m}.$$

Zur Einstellung einer mittleren Drehzahl von $n_1 = \alpha \cdot n_m$ bedarf es, da hierbei Q_m auf $Q_{m1} = \alpha \cdot Q_m$ sich ändert, die Mittelstellung des Meßkolbens jedoch aufrechterhalten bleiben muß, einer Einstellung des Ausströmquerschnittes $f_{1m} = \alpha \cdot f_m$ zur Erhaltung der durch Q_{m1} bedingten Durchströmgeschwindigkeit $v_{m1} = v_m$. Unter dieser Voraussetzung gilt für die untere Stellung des Meßkolbens

$$h_{1u} = \psi \cdot \left(v_{m1} - \frac{\varDelta Q_1}{f_1}\right)^2 \Big/ 2\,g = \psi \cdot \left(v_m - \frac{\varDelta Q_1}{\alpha\,f_m}\right)^2 \Big/ 2\,g\,;$$

die konstruktionsgemäße Bedingung $h_{1u} = h_u$ für die untere Grenzstellung des Meßkolbens erscheint nur dann erfüllt, wenn

$$\frac{\varDelta Q_1}{\alpha} = \varDelta Q, \text{ bzw. } \frac{\varDelta n_1}{\alpha} = \varDelta n$$

ist. Damit wird jedoch

$$\delta_1 = \frac{2\,\varDelta n_1}{n_{1m}} = \frac{2\,\alpha \cdot \varDelta n}{\alpha\,n_m} = \delta.$$

genügende Unabhängigkeit des Widerstandsbeiwertes von der Zähigkeit (Viskosität) des Betriebsöles erreicht wird.

Ein weiter Bereich der Drehzahlen kann auch mittels normaler Fliehkraftpendel beherrscht werden, falls deren Antrieb von der Welle des in seiner Drehzahl zu regelnden Maschinensatzes über ein mit veränderlicher Übersetzung ausgestattetes Getriebe erfolgt. Mechanische Getriebe (z. B. Kegelriementriebe, Reibradgetriebe) gestatten die stetige Veränderung der Drehzahl im Bereich von etwa 1 : 5. Zusätzlich schaltbare Übersetzungen ermöglichen die Verlagerung dieses Bereiches im Stillstand. Für stetig zu durchlaufende Bereiche mit Drehzahländerungen bis 1 : 20 hat sich die hydraulische Transformation eingeführt, wobei naturgemäß nur praktisch schlupffreie Übersetzungsgetriebe (Kolbengetriebe) Anwendung finden können.

Nach Vorschlägen von H. THOMA werden mehrstempelige rotierende Kolbenpumpen (Abb. 14) gegeneinandergeschaltet [14], deren sekundliche Förderung bzw. Aufnahme durch Veränderung des wirksamen Hubes der Kolben beeinflußt werden kann. Letzterer wird hierbei

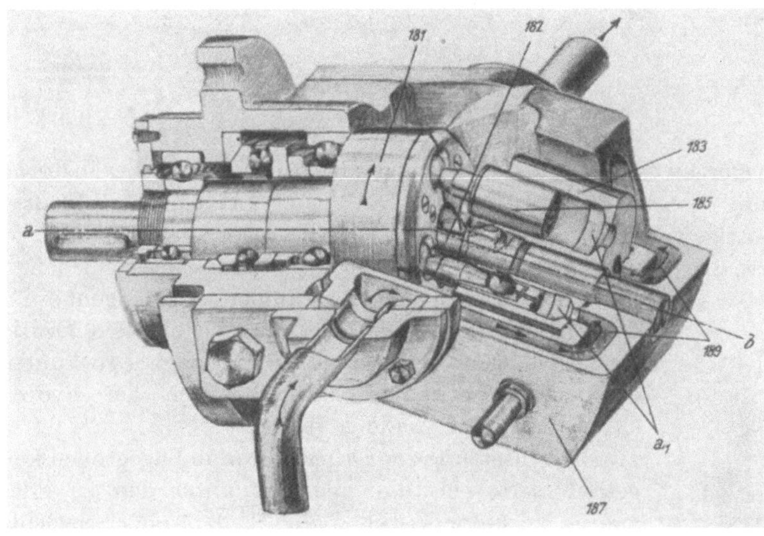

Abb. 14.

durch die Schrägstellung des über die Kardanverbindung *182* mitrotierenden Pumpenkörpers *183* gegen den Antriebsflansch *181* bestimmt. Die Umkehrpunkte für die Bewegung jedes Stempels *185* liegen gleich und im Durchstoßpunkt der Bahn des Antriebspunktes mit der durch die beiden Achsen a und b gelegten Ebene; die Steuerung der Pumpenräume a_1 kann daher gemeinsam durch zwei den Druck- bzw. Saugbereich umfassende Schlitze *189* in dem feststehenden, der Führung des rotierenden Pumpenkörpers *183* dienenden schwenkbaren Gehäuse *187* erfolgen.

Gleichrichtung von Antriebsachse a und jener des Führungskörpers b der Aktivpumpe (treibende Pumpe) führen zur Nullförderung; die Neigung der Achsen der Passivpumpe (getriebene Pumpe) ist Voraussetzung für die Ausübung eines Drehmomentes, das durch die Tangentialkomponente der Kolbenkräfte zustande kommt. Drehzahl und Hub des Primärgetriebes bestimmen die sekundliche Fördermenge und legen für eine bestimmte feste Schräglage der Achsen des sekundären Getriebes (Ölmotor) dessen Drehzahl fest. Änderungen letzterer können bei konstanter Primärzahl somit durch Änderung des wirksamen Hubes des Aktivgetriebes durch Schwenkung des zugehörigen Führungskörpers *187* erzielt werden, bzw. bewirkt letztere der durch die Einstellung der Steuerung festliegenden Sekundärdrehzahl halber die entsprechende Änderung der Primärdrehzahl.

b) Gefälls- und Druckmessung.

Die Lage von Flüssigkeitsspiegeln kann erfaßt werden durch Schwimmer, bzw. in dem Druck einer Luftsäule, die durch ein unter den Spiegel tauchendes Rohr ausgepreßt wird (Abb. 15). Die Größe des Meßdruckes kann hierbei, solange es sich um verhältnismäßig geringe Werte handelt, an der Differenz der Spiegeln eines kommunizierenden Flüssigkeitssystems (U-Rohr) festgestellt werden, das in der Form der Ringwaage *151* (Abb. 16) die einfache Übertragung des Meßwertes ermöglicht; die Meßgröße erscheint hierbei als Funktion des Drehwinkels, wobei dessen Proportionalität mit der Meßgröße durch die Führung des Gegengewichtes *154* längs der Wälzkurve *153* erzielt wird [9].

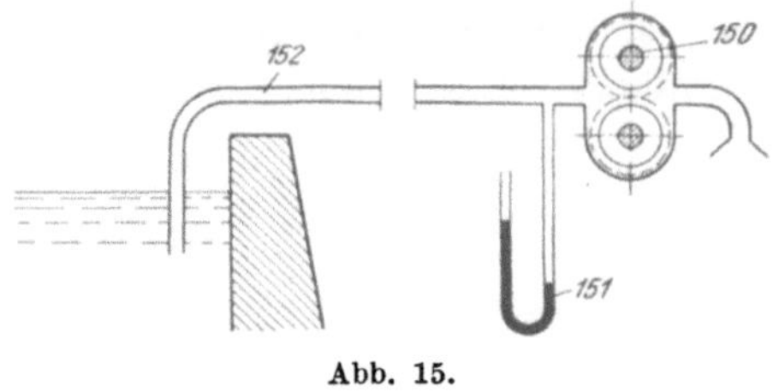

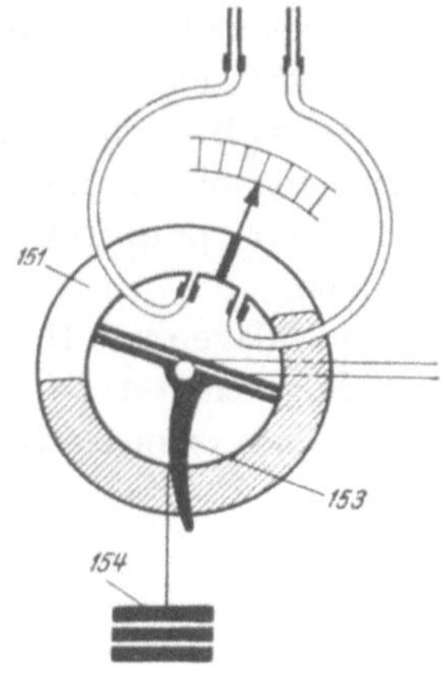

Abb. 15.   Abb. 16.

Als Druckmeßorgan finden auch Membranen oder für hohe Drücke Federrohre Anwendung, deren Ausbiegung festgestellt wird. Meßsysteme dieser Art eignen sich als Führungsorgane rein druckabhängiger Regelungen (Entnahme- oder Gegendruckregelung von Dampfkraftmaschinen), bzw. in Gegenschaltung zur Messung von Druckunterschieden. Hierzu besteht etwa die Notwendigkeit im Rahmen der Mengenbestimmung strömender Flüssigkeiten oder Gase, die sich auf den Druckabfall an Staurändern oder Düsen stützt. Für geringe Druckunterschiede können auch die vorerwähnten Einrichtungen auf hydrostatischer Basis (Abb. 15, 16) Anwendung finden.

Die Umsetzung von Druckwerten in Lagegrößen kann über Kolbengetriebe erfolgen, die einerseits unter den zu erfassenden Druck, anderseits unter Wirkung von Feder- oder Gewichtskräften stehen. Die Ausschaltung der Reibungskräfte an den Kolbendurchführungen und der ungünstige Einfluß unreiner Steuerflüssigkeit auf erstere werden bei Ersatz der Kolben durch Federungskörper erreicht, die überdies einen absolut dichten Abschluß des Steuermittels erreichen lassen (Abb. 17) [14].

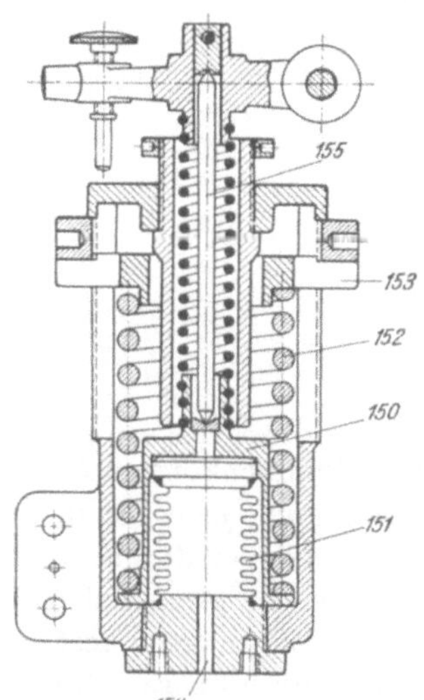

Abb. 17. *150* = Kolben, *151* = Membrane, *152* = Gegenfeder, *153* = einstellbarer Gegenteller, *154* = Druckzuleitung, *155* = Übertragungsglied.

c) Grundsätzliche Auslegungen mittelbarer Regelungseinrichtungen.

Maßgebend für die konstruktive Gestaltung der vorerwähnten Einrichtungen sind die von diesen aufzubringenden Verstellkräfte. Es kann als bekannt vorausgesetzt werden, daß die Regulierorgane von Wasserturbinen — abgesehen von Kleinstausführungen — Verstellkräfte bedingen, die weit über jenen liegen, die von einem zweckmäßig gestalteten Führungsorgan bei einer betriebsmäßig zulässigen Abweichung der Führungsgröße vom Beharrungswert aufgebracht werden können. Dies gilt sowohl für Drehzahlregler im Hinblick auf deren dynamisch günstige Auslegung als auch für jene zunächst für Zwecke der Anzeige entwickelten Geräte zur Gefälls-, Druck- und Leistungsmessung.

Wasserturbinen erscheinen daher ausschließlich mittelbar geregelt, d. h. zwischen Führungs- und Regelorgan ist ein Hilfsgetriebe eingeschaltet, das seine Arbeitsfähigkeit von einer unabhängigen Energiequelle ableitet, was die Tätigkeit des Führungsorgans ausschließlich auf die *Steuerung* des Kraftflusses zum Hilfsgetriebe zu beschränken gestattet.

Die Ansprüche an die Genauigkeit der Regelung sowie die leichte Möglichkeit der Vereinigung mehrerer Regelungsaufgaben in einer Steuerung haben auch für *Dampfturbinen* mittlerer und großer Leistungen zur ausschließlichen Anwendung der mittelbaren Regelung der Dampfeinlaßorgane geführt. *Kolbendampfmaschinen* werden noch verschiedentlich direkt geregelt, jedoch hat sich auch hier zur Erfüllung besonderer Betriebsbedingungen, wie Regelung auf gleichbleibende Drehzahl oder mit hoher Drehzahlverstellung, die mittelbare Beeinflussung der Ventilantriebe eingeführt.

Als Hilfsgetriebe werden heute nahezu ausschließlich Drucköleetriebe verwendet, deren Konstruktion auch für große Verstellkräfte keine grundsätzlichen Schwierigkeiten bereitet und deren Aufbau verhältnismäßig einfach ist; beides im Gegensatz zu elektrischen, insbesondere jedoch mechanischen Hilfsgetrieben, welch letztere heute als verlassen angesehen werden können.

Führungsorgan *100* (Abb. 18), Hilfs- (Kraft-) Getriebe *600*, Steuerorgan *301* für die Druckflüssigkeit sowie die Einrichtungen zur Bereitstellung dieser (Pumpe *201* oder Druckspeicher) bilden die Grundelemente mittelbar wirkender Regelungseinrichtungen. Hierzu kommen noch jene Vorkehrungen, die zur Erzielung der S t a b i l i t ä t der mittelbaren Regelung erforderlich sind.

Bei der Betrachtung dieses Problems soll zunächst der Einfluß einer Eigendämpfung des geregelten Systems, welche unter Umständen besondere Maßnahmen zur Stabilisierung entbehrlich machen kann, vernachlässigt werden. Dies erscheint zulässig für drehzahlgeregelte *Wasserturbinen*, bei welchen die durch die Abhängigkeit des Drehmomentes von der Drehzahl grundsätzlich bestehende Eigendämpfung nur gering ist und daher unberücksichtigt bleiben kann. Für die nachfolgende Betrachtung wird das Antriebsmoment der Wasserturbine nur von der Stellung des Regelorgans und damit während des Regelvorganges nur abhängig von der Zeit angesehen.

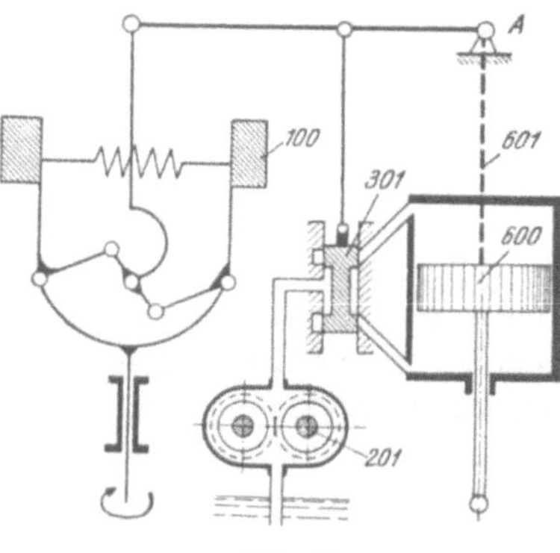

Abb. 18.

Eine Störung des Gleichgewichtes zwischen ein- und ausgeleiteter Energie beantwortet das drehende System der Kraftmaschine mit Drehzahländerungen, die der Bewegungsgleichung

$$M - W = \Theta \cdot \frac{d\omega}{dt} \tag{3}$$

folgen. Hierin bedeuten

t die Zeit,

M, W das im Zeitpunkt t wirksame Antriebs-, bzw. Lastmoment,

ω die augenblickliche Winkelgeschwindigkeit,

Θ das Trägheitsmoment des rotierenden Systems.

Wir setzen zunächst Gelenkpunkt A (Abb. 18) als fest, die Steuerverbindung *601* somit als nicht vorhanden voraus; das Steuerventil *301* folgt daher verhältnisgleich den Bewegungen des Führungsorgans *100*. Unter der Annahme, daß sich im Augenblick $t = 0$ das Lastmoment $\overline{W}_0$ plötzlich auf $\overline{W}$ verändere und ferner eine durch die Hilfskolbenbewegung veranlaßte Änderung des Antriebsmomentes proportional mit der Zeit vor sich gehe, tritt gemäß Gleichung (3) ein Drehzahlverlauf nach Abb. 19 b ein, der einer Parabel mit der Tangentenneigung im Ursprung $\omega_0' = \frac{\overline{M}_0 - \overline{W}}{\Theta}$ entspricht. Nach erstmaliger Erreichung des Gleichgewichtes (Augenblick t_1) setzt sich jedoch die Hilfskolbenbewegung gleichsinnig fort, um erst im Augenblick t_2 mit Erreichung der Mittelstellung des Steuerventils unterbrochen und umgekehrt zu werden. Hierbei ist dem symmetrischen Verlauf des Vorganges entsprechend die in diesem Augenblick vorhandene Momentendifferenz ΔM absolut gleich, jedoch entgegengesetzt gerichtet jener, welche den Ausgleichsvorgang eingeleitet hat. Der Geschwindigkeits- und Momentenverlauf in der anschließenden Phase stimmt somit hinsichtlich seiner Absolutwerte vollständig mit dem Verlaufe der ersten Phase überein und wird beendigt mit der Einstellung eines Momentes

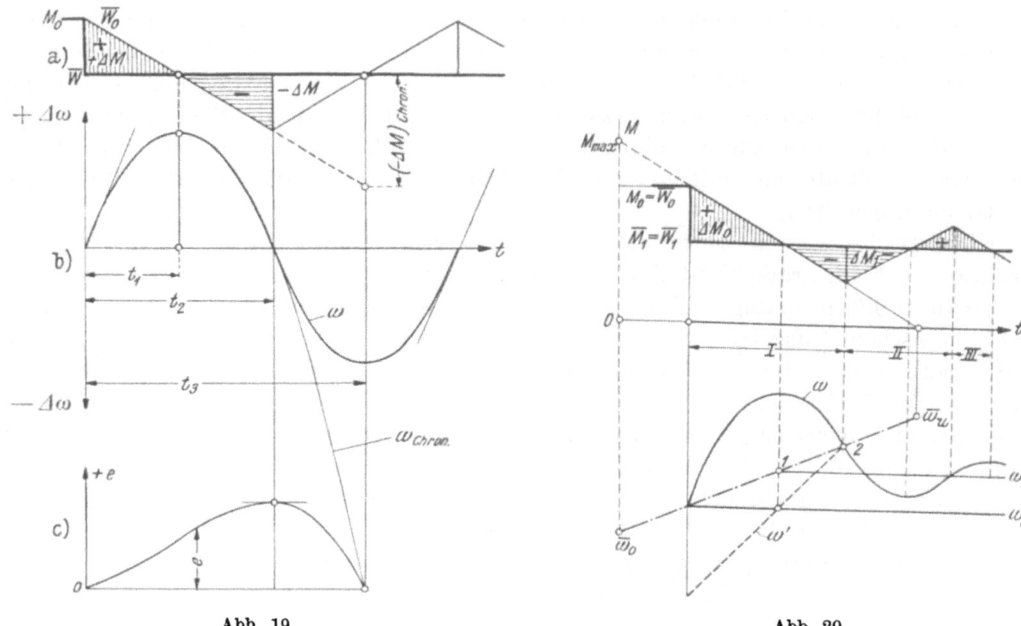

Abb. 19.   Abb. 20.

gleich jenem, das den Regelvorgang ursprünglich veranlaßt hat. Dieser Vorgang läßt sich beliebig lang weiterverfolgen. Bereits für den idealisierten Fall setzt somit ein ungedämpfter Schwingungsvorgang ein, der diese Regelungsform unbrauchbar erscheinen läßt.

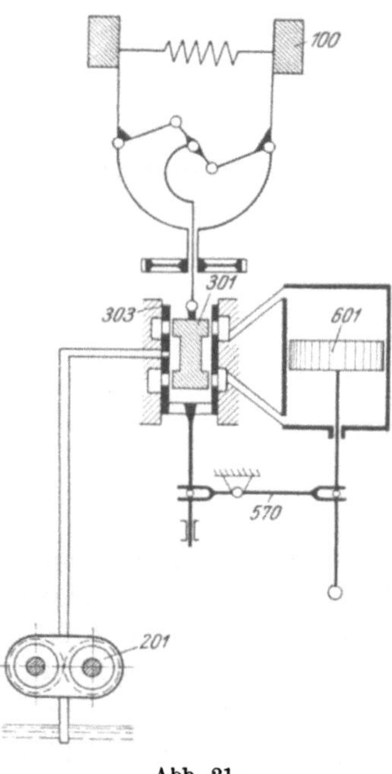

Abb. 21.

Ebensowenig führt eine Anordnung, bei welcher die Winkelvoreilung des Drehzahlvektors der geregelten Maschine gegenüber einem mit konstanter Geschwindigkeit gedrehten Vektor die Verstellung des Steuerventils aus seiner Mittellage bestimmt (chronometrische Reglung) (3), zu einer brauchbaren Form der mittelbaren Regelung. Dies wird leicht verständlich, wenn man bedenkt, daß der Voreilwinkel bis zu jenem Zeitpunkt, in welchem die geregelte Maschine ihre normale Drehzahl wieder erreicht hat (t_2), ständig zunimmt, also die Steuerventilerhebung (e) in diesem Zeitpunkt ihr Maximum erreicht, um erst in der Folge bei unternormaler Drehzahl dem Nullwert zuzugehen (Abb. 19 c). Die erstmalige Unterbrechung des Regelvorganges erfolgt somit nach dem Zeitpunkt t_2;[1] die chronometrische Regelung muß daher auf Schwingungen mit zunehmender Amplitude führen.

Um zu einer gedämpften Schwingung zu kommen, bedarf es der vorzeitigen Beendigung der Überregelung zur Herbeiführung abnehmender Absolutwerte der zu Beginn aufeinanderfolgender Phasen dynamisch wirksamen Momentendifferenzen. Diese allgemeine Bedingung kann durch Einführung einer zusätzlichen Abhängigkeit der Stellung des Steuerventils von der Kolbenstellung des Kraftgetriebes, welch letztere in eindeutiger Abhängigkeit zum Regelwert (Leistung) steht, verwirklicht werden. Insofern Hilfskolbenbewegung bzw. eine ihr proportionale Weggröße *und* Pendelverstellung zusammengesetzt werden (Abb. 18, Steuerverbindung *601*), haben wir den ursprünglichst angewendeten Vorgang der Stabilisierung durch Rückführung — wohl in seiner einfachsten Form als starre Rückführung — vor uns. Die Beendigung der ersten Regulierphase (*I*) (Abb. 20) mit Rückstellung

----

[1] $\int\limits_{0}^{t_2} \Delta\omega\, dt = -\int\limits_{t_2}^{t_3} \Delta\omega_{\text{Chron}} \cdot dt.$

des Steuerorgans in seine Mittellage findet vor Erreichung einer absolut gleichen Momenten-differenz durch die der Pendelbewegung gegensinnige Beeinflussung des Steuergestänges über Punkt A statt, womit die Bedingungen für eine gedämpfte Schwingung erfüllt sind. Im selben Sinne wirkt die Nachführung der Steuerbüchse *303* (Abb. 21) in starrer Abhängigkeit von der Bewegung des Hilfskolbens *601*.

Die Regelung erfolgt jedoch nicht auf gleichbleibende Drehzahl für alle Belastungen, da der Beharrungszustand — Steuerorgan in Mittellage — je nach der Stellung des Hilfskolbens, also der Leistungsabgabe der Turbine, verschiedene Pendelstellungen und damit Drehzahlen erfordert. Es tritt somit ein bestimmter Ungleichförmigkeitsgrad der Regelung[1] in Erscheinung, der üblicherweise durch das Verhältnis der Drehzahlunterschiede zwischen Vollast ($\bar{n}_o$) und Leerlauf ($\bar{n}_u$), bezogen auf die Drehzahl bei mittlerer Belastung ($\bar{n}_m$) definiert wird. Der durch die Art der Stabilisierung bedingten Zuordnung von Turbinenöffnung und Be-

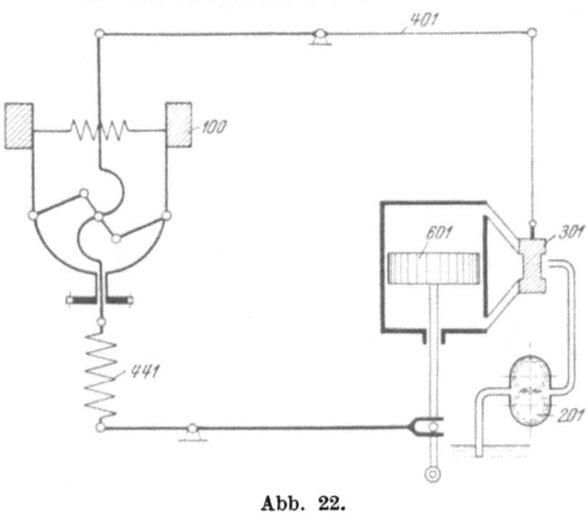

Abb. 22.

harrungsdrehzahl entsprechend, erfolgen auch die Drehzahlpendelungen bei Belastungsänderungen um die der neuen Beharrungsleistung (Moment $\bar{M}_1$) zugeordneten Drehzahl n_1 (ω_1).

An Stelle der Zusammensetzung der Bewegungen von Pendel und Hilfskolben kann zur Stabilisierung des mittelbaren Regelvorganges die Beeinflussung des Pendels durch Kräfte vorgenommen werden, die von der Hilfskolbenbewegung abhängig gemacht sind (Rückdrängung). Eine derartige Anordnung zeigt in schematischer Form Abb. 22. Hierzu muß vorgreifend bemerkt werden, daß durch zusätzliche Muffenkräfte bei gleichbleibender Drehzahl Stellungsänderungen des Pendels eintreten, die den aufgebrachten Kräften angenähert proportional angesehen werden können. Werden nun durch eine Federanordnung ähnlich Abb. 22 der Hilfskolbenbewegung proportionale Kräfte auf das Pendel übertragen, so folgt dieses nicht mehr der der Änderung der Winkelgeschwindigkeit ähnlichen Kurve ω (Abb. 23), die einer Erhaltung der zu Beginn der Regelbewegung bestandenen Muffenbelastung entsprechen würde, sondern weist einen Verlauf nach y auf gemäß den mit der Bewegung des Hilfskolbens zunehmenden Muffenkräften (V). Hierdurch erreicht das Steuerventil auch bei diesem Vorgang seine Mittelstellung (t_2) vor zu starker Überregelung. Der Ungleichförmigkeitsgrad dieser Regelungsanordnung bestimmt sich aus dem Unterschied der Drehzahlen, die zur Herbeiführung der Mittelstellung des Pendels unter Wirkung der unterschiedlichen Federkräfte[2] bei Vollast- (V_0) bzw. Leerlaufstellung (V_u) des Arbeitskolbens notwendig sind.

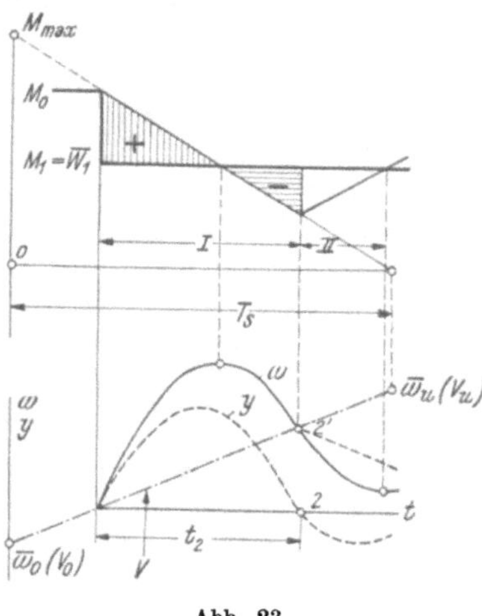

Abb. 23.

Eine besondere Bedeutung kommt der Massenträgheit des Betriebsmittels bei Rohrleitungsturbinen zu. Hier kann für eine stabile Regulierung ein Ungleichförmigkeitsgrad der Regelung notwendig werden, der zu große Unterschiede der Beharrungsdrehzahlen nach sich zieht, bzw. wegen seiner Bindung an die Erstellungsbedingungen der Anlage nicht mehr nach den Forderungen der Verbundwirtschaft — d. i. der Parallelbetrieb verschiedener Krafterzeugungsstellen mit einer nach ökonomischen Gesichtspunkten geregelten Beteiligung an der jeweiligen Gesamtlast — gewählt werden kann.

---

[1] Dieser ist vom Ungleichförmigkeitsgrad des Pendels zu unterscheiden und steht zu diesem im Verhältnis des auf den Pendelweg bezogenen Arbeitskolbenhubes (bei Mittelstellung Steuerventil) zum Pendelhub.

[2] S. II. Teil, Abschnitt C 2b.

Für eine grundsätzliche Betrachtung genügt es zunächst darauf hinzuweisen, daß Öffnungsänderungen der Leitvorrichtung Änderungen des Fließzustandes der geschlossen geführten
Wassersäule nach sich ziehen und damit Massenkräfte auslösen, die bei einem Schließvorgang
mit einer scheinbaren Erhöhung des Gefälles, bei einem Öffnungsvorgang mit einer Erniedrigung

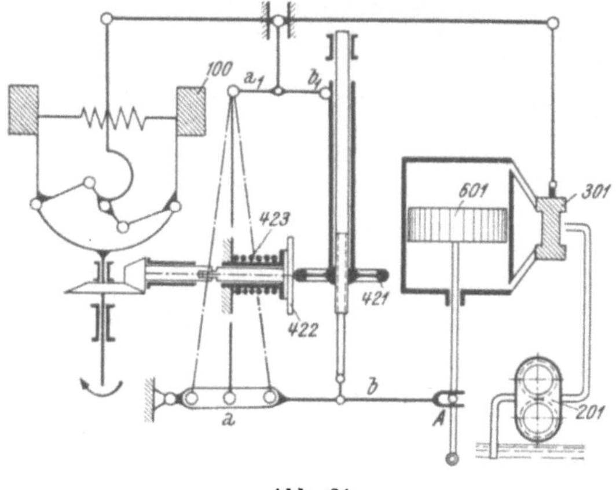

Abb. 24.

dieses in Erscheinung treten. Damit kann die sinngemäße Wirkung von Öffnungsänderungen aufgehoben, bzw. vorübergehend ins Gegenteil verkehrt
werden; Schließvorgänge können zunächst einen
Leistungsanstieg, Öffnungsvorgänge einen Lei-
stungsabfall nach sich ziehen. Infolge des durch
längere Zeit bestehenden und vergrößerten Momentenüberschusses tritt eine Geschwindigkeitsabweichung auf, die gegenüber jener bei gleichbleibendem Gefälle erhöht ist; außerdem findet
die Beendigung der ersten Regulierphase (t_2) mit
einer stärkeren Überregelung statt, wodurch sich die
Dämpfung des Regelvorganges verschlechtert, bzw.
bei Erhaltung dieser ein höherer Ungleichförmigkeitsgrad zur Anwendung gebracht werden muß.

Die Forderung nach einem frei wählbaren Ungleichförmigkeitsgrad der Regelung bei stabilem
Verhalten dieser hat zur Ausbildung der **nachgiebigen Rückführung** bzw. **Rückdrängung** geführt. Hierbei werden die vom Hilfskolben abgenommenen und in die Gestängeverbin-
dung von Pendel und Steuerventil eingeführten Rückstellbewegungen über einen Mechanismus
geleitet, dessen mittelbar bewegter Teil bei Verschiebungen aus der Beharrungslage dieser mit
verhältnismäßig geringer Geschwindigkeit immer wieder zustrebt und damit letzten Endes
eine durchgeleitete Verstellung zum Verschwinden bringt. Während infolge der langsamen

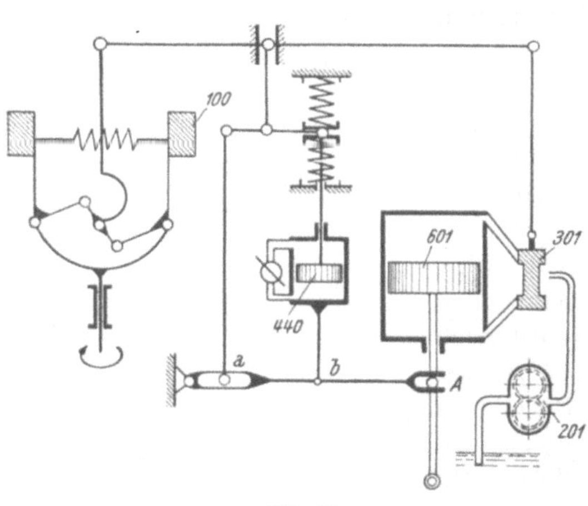

Abb. 25.

Schlüpfung des sekundären Teiles der Nachgiebigkeit die Wirkung der primären (stabilisierenden)
Bewegung während der Phase der eigentlichen Ausregelung wenig beeinflußt wird, strebt die Drehzahl
nach dieser einem immer gleichen Beharrungswert
zu *(Gleichwertregelung)*.

Als Konstruktionselemente des nachgiebigen
Teiles der erwähnten Anordnung finden Reibscheibengetriebe, Ölbremsen zwischen rückführenden Federn, bzw. gesteuerte hydraulische Getriebe
Anwendung. Den Aufbau einer mit nachgiebiger
Rückführung unter Verwendung eines Reibscheibengetriebes arbeitenden Regelungseinrichtung zeigt
schematisch Abb. 24. Vom Hilfskolben *601* werden
sowohl in *a* als auch *b* Steuerbewegungen mit verschiedener Übersetzung abgenommen, wobei die auf

eine stärkere Verstellung des Steuergestänges hinwirkende auf die Gewindespindel eines Reibrollengetriebes geleitet wird, dessen Reibrolle *421* durch das Reibrad *422* in die immer gleiche
Mittelstellung zurückgeschraubt wird. Im Beharrungszustand befindet sich somit *421* in immer
gleicher Stellung, so daß ausschließlich die Verlagerung von a_1 abhängig von der Belastung
des Maschinensatzes (Stellung des Hilfskolbens *601*) Unterschiede zwischen den Drehzahlen
der einzelnen Beharrungszustände bedingt. *(Dauernder Ungleichförmigkeitsgrad.)* Hingegen
bestimmt bei entsprechender Auslegung überwiegend die über *421* geleitete Bewegung die
Dämpfung des Regelvorganges, ohne für den Beharrungszustand wirksam zu bleiben. Der
Einfluß dieser letztgenannten Bewegung kann sinngemäß durch den Drehzahlunterschied
zwischen Vollast und Leerlauf, der bei einer starr angenommenen Verbindung b, b_1 auftreten
würde, gekennzeichnet werden. *(Vorübergehender Ungleichförmigkeitsgrad.)*

Die Nachgiebigkeit der Steuerung wird zweckmäßig durch jene Zeit charakterisiert, welche die um den vollen Hub aus ihrer Mittellage verschobene Reibrolle benötigt, um in diese wieder zurückzulaufen, wobei — entgegen der Wirklichkeit — die der vollen Auslenkung entsprechende Rücklaufgeschwindigkeit über den ganzen Hub als gleichbleibend vorausgesetzt wird. *(Isodromzeit.)*

An Stelle eines mechanischen Reibscheibengetriebes können auch hydraulische Verbindungen zur Erzielung der Nachgiebigkeit verwendet werden. In der Mehrzahl der Ausführungsformen finden Ölbremsen Anwendung, deren mittelbar bewegter Teil unter Wirkung von Feder- oder Gewichtskräften in eine immer gleiche Beharrungslage zurückgeführt wird (Abb. 25). In vollendeteren Ausführungsformen treten an Stelle der mit dauernd eröffnetem Umlauf arbeitenden Ölbremse zur Beseitigung der später eingehend gekennzeichneten Nachteile Ausführungen mit gesteuerter Überströmung, bzw. hydraulische gesteuerte Hilfsgetriebe. Die Besprechung dieser Einzelheiten ist späteren Abschnitten vorbehalten.

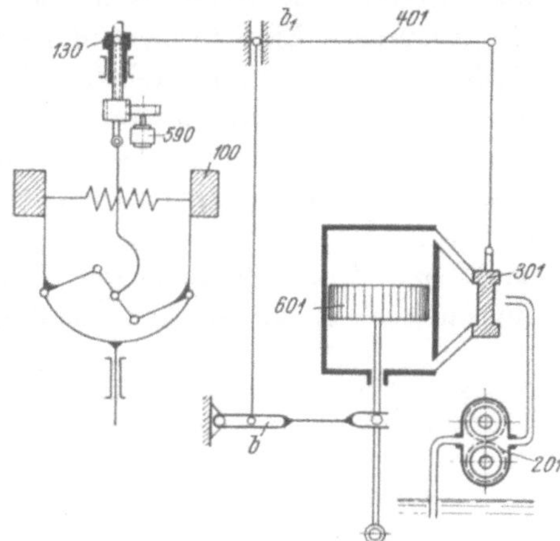

Abb. 26. (*130, 590* = elektromotorisch betätigter Spindeltrieb.)

Die Wirkung der Nachgiebigkeit entspricht der einer selbsttätigen, verhältnismäßig langsam arbeitenden Drehzahlverstellvorrichtung, welche durch Berichtigung des Antriebsmomentes die nach Entlastungen unter dem Einfluß der rein rückführenden Steuerung zu hohe, nach Belastungen zu tiefe Beharrungsdrehzahl auf den Sollwert, bzw. einen in Relation zur Hilfskolbenlage stehenden Wert zurückführt. Die hierzu notwendige Weiterverstellung der Steuerung im Sinne des ursprünglichen, primären Regelvorganges kann somit auch durch unmittelbare Zusammenfassung einer dieser Forderung entsprechenden Einrichtung mit dem Fliehkraftpendel erfolgen, wozu diesem eine elektrisch betätigte und forderungsgemäß gesteuerte Einrichtung etwa nach Abb. 26, bzw. ein ebenso arbeitender hydraulischer Mechanismus, (Abb. 27) angefügt werden kann (9). Die innere Verstellung des letzteren erfolgt unter Abwandlung einer rein volumetrischen Wirkung unter dem Einfluß von Feder *461* und Überströmung *465*, wobei die Steuerung der letzteren und damit des Zwischendruckes des über eine feste Drosselung *466* mit Drucköl versorgten Raumes unter Kolben *460* die schließliche Gleichgewichtslage des Systems in Abhängigkeit von der Hilfskolbenstellung bestimmt. Man erkennt, daß bei etwa zu hoher Drehzahl das Bestreben zu einer Aufwärtsbewegung des abhängig bewegten Steuergestänges *460* besteht, was auf einen weiteren Schluß des Reglers mit dem Ergebnis eines abfallenden Verlaufes der Drehzahl hinwirkt, der der relativen Verstellgeschwindigkeit des Kupplungsmechanismus *460* entspricht. Sinngemäß verlaufen die Vorgänge bei zu tiefer Drehzahl. Hierbei ist vorausgesetzt, daß die Stellungen des Pendels *100* durch Rückdrücke praktisch nicht

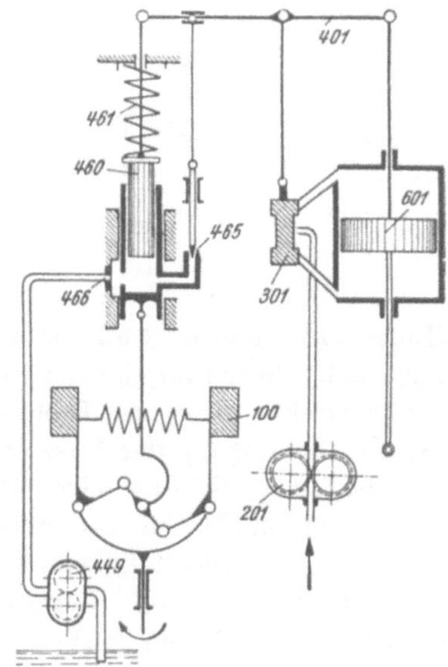

Abb. 27.

beeinflußt werden, also Pendel mit hohen Verstellkräften angewendet, bzw. Mechanismen zwischengeschaltet werden, welche diese Rückdrücke aufnehmen (Vorsteuerung).

Die grundsätzliche Ausbildung der nachgiebigen *Rückdrängung* zeigt Abb. 28. Der zur Ausübung zusätzlicher Kräfte auf das Fliehkraftpendel vorgesehene Mechanismus wird nicht starr, sondern unter Zwischenschaltung eines nachgiebigen Gliedes, z. B. einer Ölbremse *440*, vom Kolben des Arbeitswerkes *600* der Regelung her bewegt. Der sekundäre Regelvorgang findet sein Ende erst nach Erreichung jener Stellung, in welcher der Federmechanismus *442* für sich im Gleichgewicht und das Steuerorgan in Mittelstellung steht. Insofern dem Gestängepunkt a_1 nicht eine von der Hilfskolbenbewegung abhängige Verstellung erteilt wird, regelt der vorbeschriebene Mechanismus auf gleichbleibende Drehzahl für alle Beharrungsstellungen.

Die Ableitung der Stabilisierung von der Bewegung des Arbeitskolbens bringt es mit sich, daß, insofern eine Regelung mit konstanter oder nahezu konstanter Drehzahl erzielt werden soll, zusätzliche Einrichtungen mit einer der Stabilisierung entgegengerichteten Wirkung vorzukehren sind. Eine unmittelbare Gleichwertregulierung kann jedoch erreicht werden, wenn die Beschleunigung im stabilisierenden Sinne in den Regelvorgang eingeführt wird. Um dies klar zum Ausdruck zu bringen, sei auf die Darstellung Abb. 20 zurückgegriffen und diese hinsichtlich des Verlaufes der Beschleunigungen während des Regelvorganges ergänzt (Linienzug ω'). Nach Gleichung (3) besteht direkte Proportionalität zwischen Winkelbeschleunigung und Überschuß- bzw. Unterschußmoment. Durch das Zusammenwirken von Drehzahl- und Beschleunigungsmesser[1] in der in Abb. 29 dargestellten Weise, die dem Regelvorgang nach Abb. 20

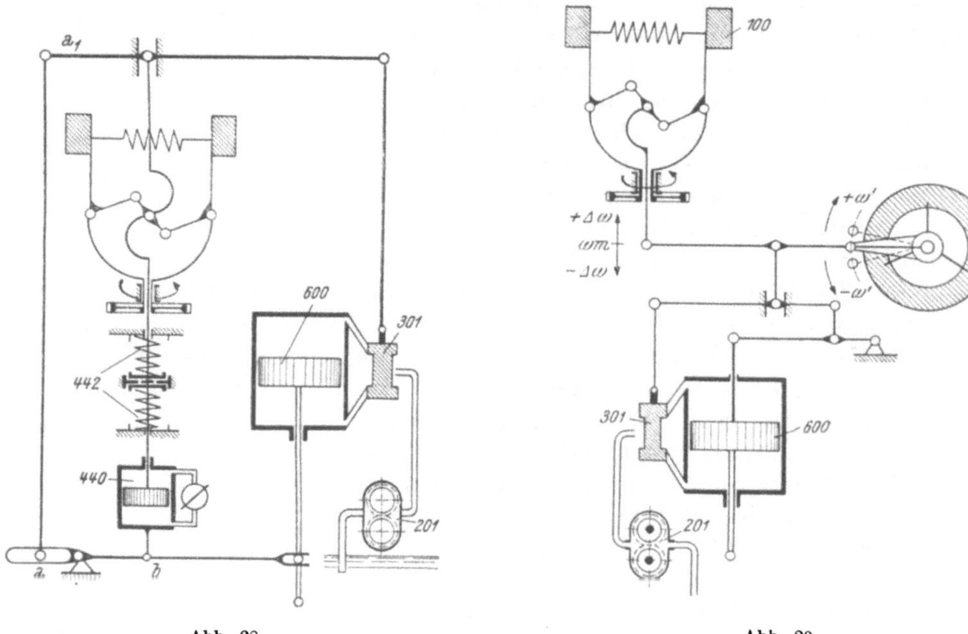

Abb. 28.
Abb. 29.

(Linie ω') gerecht wird, läßt sich somit eine brauchbare Regelung verwirklichen, die mit Rücksicht darauf, daß der Einfluß des Beschleunigungsgliedes während Beharrungszuständen verschwindet, konstante Drehzahl bei allen Beharrungsbelastungen einstellt. Die Einführung der Beschleunigung des Maschinensatzes als stabilisierendes Mittel in den Regelvorgang bringt grundsätzlich überdies eine über die alleinige Wirkung des Pendels hinausgehende Ventilverstellung in der bis zur erstmaligen Erreichung des Gleichgewichtszustandes, also für die Größe der Geschwindigkeitsabweichung maßgebenden Phase des Regelvorganges, wodurch die Ausregelung kleiner Belastungsänderungen günstig beeinflußt wird.

Um bei beliebigen Lastschaltungen zu einer aperiodischen Rückführung der Drehzahl auf den Normalwert zu kommen, bedarf es einer besonderen Abstimmung des Einflusses von Drehzahl- und Beschleunigungswirkung (9), welche Ausgangsbelastung sowie Verlauf der Momenten-

---

[1] Letzterer wird durch eine besondere, mittels elastischer Gegenkräfte in ihrer Trägheitswirkung ausgewogene Masse gebildet. Die Bewegungsgeschwindigkeit der Pendelmuffe als Maß der Beschleunigung des Maschinensatzes zu nehmen, scheitert an den geringen Trägheitskräften, die sich bei dynamisch günstig ausgelegtem Pendel bei den auftretenden, verhältnismäßig niedrigen Beschleunigungswerten ergeben.

In diesem Zusammenhange sei auch auf die Beschleunigungssteuerung von Neyret Bellier et Piccard Pictet, Grenoble, verwiesen, bei welcher die tachometrische und beschleunigungsmäßige Wirkung aus den Zentrifugal- bzw. Trägheitskräften einer rotierenden Kanalströmung abgeleitet wird.

charakteristik berücksichtigt. Die Einführung dieser die Konstruktion komplizierenden Abhängigkeiten zum Zwecke der schwingungsfreien Ausregelung wird durch eine Auslegung der Steuerungseinrichtung entbehrlich, bei welcher die Wirksamkeit des Drehzahlreglers auf einen kleinen Bereich ($\pm \Delta \omega_1$, Abb. 30) um die Mittellage beschränkt ist. Für Drehzahlen außerhalb dieses Bereiches untersteht somit die Regelung ausschließlich dem Beschleunigungsmesser, der auf die Einstellung einer Momentendifferenz und damit einer Beschleunigung (Verzögerung) $\mp \omega_1'$ hinwirkt, die die durch die Pendelgrenzstellung ($\pm \Delta \omega_1$) bewirkte Verschiebung des Steuerventils aufhebt.

Der Verlauf eines Regelvorganges bei plötzlicher Entlastung unter Voraussetzung der vorgekennzeichneten Auslegung der Steuerung möge an Hand der Abb. 30 erläutert werden. Hierbei sind die Turbinendrehmomente bei verschiedenen Leitschaufelöffnungen und Drehzahlen durch eine Kurvenschar darstellbar, die näherungsweise durch ein Strahlenbüschel mit $M = 0$, $\omega = \omega_L$ als Schnittpunkt ersetzt sein soll, ebenso wie die Lastmomente $W = f(\omega)$ durch entsprechend geneigte Gerade dargestellt sein mögen. Die nach der erstmaligen Erreichung des Gleichgewichtszustandes im Punkte M_1, ω_1 im gleichen Sinne fortgesetzte Veränderung des Antriebsmomentes wird mit Eintritt einer Momentendifferenz $- \Delta M_1 -$ dem der Verzögerung $- \omega_1'$ zugeordneten Wert — unterbrochen; der Beschleunigungsregler sucht nun in der Folge diesen Momentendifferenzwert durch Einleitung entsprechender Regulierbewegungen zu erhalten. Bei der dargestellten relativen Lage der M- und W-Charakteristiken bedeutet dies einen von M_2 auf M_3 führenden Schließvorgang mit entsprechenden Ausweichungen des Steuerventils aus seiner Mittellage und den Ablauf dieser Phase des Reguliervorganges bei einem der Verzögerung $- \omega_1'$ angenähert entsprechenden Wert. Die Phase ausschließlicher Beschleunigungsregelung wird bei Eintritt der Drehzahl in den wirksamen Bereich des Pendels (ω_3) von einer vereinigten Beschleunigungs-Drehzahlregelung abgelöst.

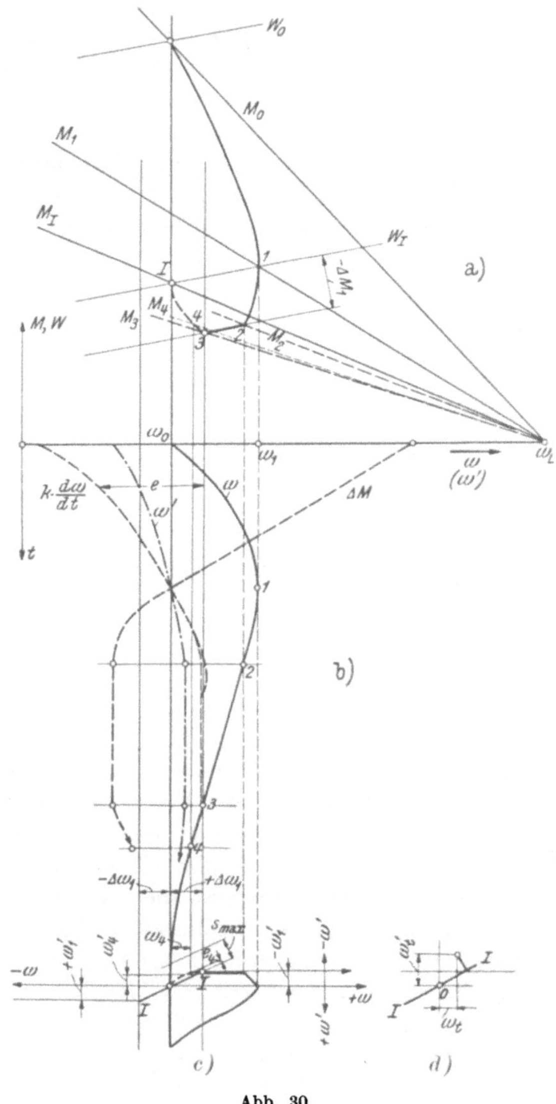

Abb. 30.

Während in den Perioden ausschließlicher Beschleunigungsregelung ($\omega > \omega_0 + \Delta \omega_1$) die Mittelstellung des Steuerventils an den Beschleunigungswert $- \omega_1'$ gebunden ist (Abb. 30 b), setzt diese bei gleichzeitig bestehender Drehzahl- und Beschleunigungswirkung Wertepaare von ω und ω' voraus, welche die Strecke I—I (Abb. 30, Teil c) erfüllen. Für einen beliebigen, etwa durch ω_t und ω_t' (Abb. 30, Teil d) gekennzeichneten Zustand gibt der senkrechte Abstand des Abbildungspunktes von der Linie I—I ein Maß für die Verstellung des Steuerventils. Für die während der Periode $\omega_0 \pm \Delta \omega_1$ in Betracht kommenden geringen Ausweichungen des Steuerventils aus der Mittellage kann Proportionalität zwischen diesen und den hierdurch ausgelösten Regelgeschwindigkeiten angenommen werden. Aus einem zunächst nach seiner Wahrscheinlichkeit extrapolierten Drehzahlverlauf folgen somit Steuerventilerhebung, Regelgeschwindigkeit und damit die Verlagerung der M-Linie sowie die während des betrachteten

Zeitraumes wirksame Momentendifferenz, womit nach Gleichung (3) die ursprüngliche Annahme überprüft und somit stufenweise der Verlauf der Drehzahl in der Periode $\omega_0 \pm \Delta \omega_1$ festgelegt werden kann. Um ohne Unterschwingung den Einlauf der Drehzahl in jene des Beharrungszustandes zu erzielen, ist ein Abklingen des Momentes — M_3 gegen W_1 etwa gemäß 3—I erforderlich. Dies kann unter Beachtung der davon abhängigen Dauer der Ausregelung durch entsprechende Einstellung von $|\omega_1'|$ herbeigeführt werden.

Die mittelbare Regelung hat ihre früheste Anwendung auf Wasserturbinen gefunden, wofür der Umstand maßgebend war, die verhältnismäßig großen Kräfte zur Betätigung der Turbinenleitvorrichtungen durch die Regelungseinrichtungen aufzubringen. Die ersten Ausführungen sind durch eine einfache Aneinanderreihung der einzelnen Konstruktionsgruppen — Arbeitswerk, Steuerventil, Drehzahlregler, Drucköllpumpe — und eine Auslegung dieser Einrichtungen, dem Einzelfalle angepaßt, gekennzeichnet. Diese aufgelöste Bauweise gilt weitgehend auch heute noch — selbstverständlich unter Anwendung normalisierter Konstruktionsgruppen —

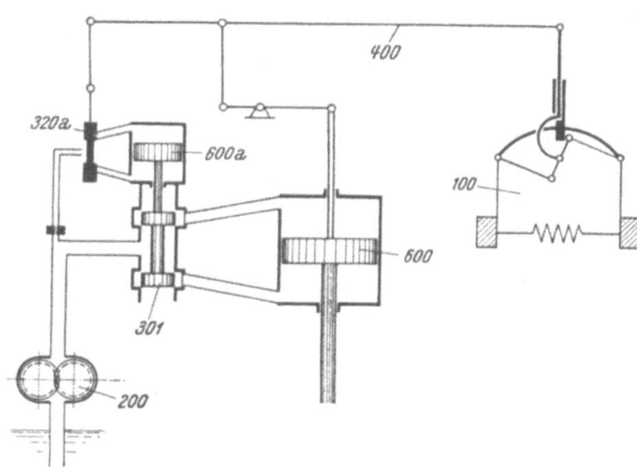

Abb. 31.

für die selbsttätigen Regelungseinrichtungen von Dampfturbinen. Maßgebend hierfür mag sein, daß einerseits der unmittelbare Zusammenbau des Ölkraftgetriebes mit den Düsenventilen bzw. deren Gruppen die konstruktiv einfachste Gestaltung ergibt, anderseits die Auslegung des Steuergestänges in erster Linie nicht durch Maßnahmen zur Beherrschung des Regelvorganges an sich, sondern durch Aufgaben der *Führung* der Regelung bestimmt wird. Letztere kann den bei Dampfturbinen möglichen Betriebsarten entsprechend zwei oder mehreren Führungsorganen in einer vielfältigen Auswahl und Weise des Zusammenwirkens unterliegen; die Anpassung an die besonderen Verhältnisse wird durch die in der aufgelösten Bauweise liegende Freizügigkeit der Anordnung der Einzelteile der Steuerung jedenfalls begünstigt.

Anders liegen die Verhältnisse bei der selbsttätigen Regulierung von Wasserturbinen, wo die Beherrschung des gewöhnlich durch die Massenträgheit des Betriebsmittels maßgebend beeinflußten Regelvorganges die Anwendung der starren Rückführung aus Gründen der Drehzahlhaltung bzw. Stabilität verbietet. Die an Stelle der bei Dampfturbinen möglichen einfachen Stabilisierungseinrichtung tretenden Mechanismen sind als verhältnismäßig kompliziert zu bezeichnen. Mit Rücksicht auf ihre wirtschaftliche Fertigung erscheint die Beschränkung auf eine *einheitlich* verwendbare Ausführungsform anstrebenswert, was voraussetzt, daß die durch den Mechanismus aufzubringenden Kräfte unabhängig von der Größe des Reglers, also insbesondere von den Verstellkräften des Steuerventilkolbens, gehalten werden können. Diese Bedingung wird bei gleichzeitig möglichster Herabsetzung der Steuerkräfte durch Übertragung der bereits erörterten Grundsätze der mittelbaren Regelung auf die Art der Verstellung des Ventilschaltkolbens *301* erfüllt, indem letzterer mit einem Kraftgetriebe *600a* vereinigt wird, das vom Führungsorgan *100* aus nur gesteuert (Ventil *320a*), im übrigen mittels Drucköl verstellt wird (Abb. 31).

Bei dieser Anordnung der einfachen *Vorsteuerung*,[1] gegebenenfalls ihrer sinngemäßen Erweiterung (doppelten Vorsteuerung), wird die aufzuwendende Verstellkraft nur mehr durch den praktisch von der Ventilgröße unabhängig zu haltenden Verstellwiderstand des Steuerstiftes *320a* bestimmt.

Wenn so die Voraussetzungen für die Anwendung einer Einheitssteuerung auf Regler verschiedener Arbeitsfähigkeit geschaffen sind, so kann im weiteren durch eine Abstufung des

---

[1] S. Abschnitt III,

Arbeitsvermögens des Kraftgetriebes mit Typisierung der zur Ausübung der Regulierkräfte bestimmten Teile — Triebwerk, Handregulierung und Druckö* anlage — die Möglichkeit der Reihenherstellung auch hierfür geschaffen werden. Der zeitgemäße Wasserturbinenregler stellt sich somit als die konstruktive Vereinigung des Einheitssteuerwerkes mit den nach dem jeweiligen Arbeitsvermögen entsprechend ausgebildeten Teilen zur Verteilung des Drucköles sowie Aufbringung und Übertragung der Regelarbeit dar (11—17).

Im nachfolgenden möge auf die Durchbildung der Konstruktionsgruppen selbsttätiger Regler an Hand praktischer Ausführungen eingegangen werden.

II. Druckölversorgung.

a) Grundsätzliche Formen.

Die Betätigungs- und Steuerungseinrichtungen selbsttätiger Regler können mit dem erforderlichen Drucköl entweder durch eine unmittelbar einspeisende Pumpenanlage oder durch gespeicherte Arbeitsflüssigkeit versorgt werden. In dem einen Falle findet eine Umwälzung des Betriebsmittels im Kreislauf — Pumpe, Steuerventil, Arbeitszylinder — statt, im anderen ist zwischen Pumpe und Steuerventil ein Speicher geschaltet, der von ersterer in seinem betriebsmäßigen Zustand erhalten wird. Während bei der erstgenannten Anordnung die Fördermenge der Pumpe höchstens zur Gänze im Arbeitskreislauf wirksam werden kann und so u. a. die größtmögliche Regelgeschwindigkeit eindeutig festlegt, besteht andernfalls durch die Akkumulierung des Drucköles die Möglichkeit, Verbrauch und gleichzeitige Zubringung in weiten Grenzen unabhängig voneinander zuzulassen und damit der Regelgeschwindigkeit bestimmte Gesetzmäßigkeiten aufzuerlegen, bzw. diese auf ein Mehrfaches der der Pumpenfördermenge entsprechenden zu steigern.

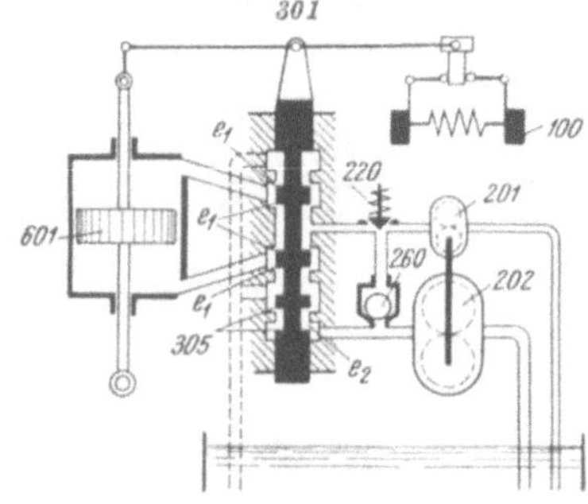

Abb. 32.

Die unmittelbare Versorgung des Druckölkreislaufes durch die Pumpenanlage, was als Merkmal des *Durchflußreglers* gelten kann, besitzt zweifellos den Vorteil größerer Einfachheit wegen des Entfalles der mit der Speicherung zusammenhängenden Einrichtungen. Der Anwendung der Grundform, welche eine einzige Förderquelle vorsieht, auf Regler größeren Arbeitsvermögens steht jedoch entgegen, daß die mit dem Arbeitsvermögen des Reglers zur Erzielung zweckmäßiger Schlußzeiten notwendige Steigerung der Pumpenlieferung nicht nur den Leistungsverbrauch der Pumpenanlage während Zeiten des Beharrungszustandes erhöht, sondern daß auch Regelvorgänge, die durch kleine Belastungsänderungen ausgelöst werden, unter Überregelung leiden. Hinsichtlich der erstgemachten Feststellung muß erläuternd darauf hingewiesen werden, daß auch bei konstanter Leistungsabgabe des Maschinensatzes die durch den Rückdruck der Leitvorrichtung erforderlichen Haltekräfte aufgebracht werden müssen, was die Unterdruckhaltung der Pumpe entsprechend diesen bedingt und auf erhöhten Leistungsverbrauch und verstärkte Ölerwärmung hinwirkt. Es erscheint daher richtig, sobald es sich um Regler größeren Arbeitsvermögens handelt, während Beharrungszuständen bzw. zur Ausregelung relativ kleiner Belastungsänderungen nur einen Teil der gesamten Förderung der Pumpenanlage, die durch Schlußzeit und Arbeitsvermögen des Reglers eindeutig festgelegt ist, zur Wirkung zu bringen. Grundsätzlich kann dies durch Aufspaltung der Pumpenförderung in zwei oder mehrere Teilströme erreicht werden, die in ihrer Stärke verschieden gewählt und erforderungsgemäß in den Kreislauf geschaltet werden.

Die erste praktische und technisch erfolgreiche Verwirklichung dieser Gedankengänge geht auf D. Thoma mit der Schaffung des *Verbundreglers* zurück. In ihrer Grundform (Abb. 32) ist diese Anordnung durch zwei Pumpen stark unterschiedlicher Fördermengen gekennzeichnet, wobei die Pumpe kleiner Leistung *201* dauernd in den Regelkreislauf eingeschaltet bleibt, während die große Pumpe *202* erst bei stärkeren Verschiebungen des Steuerventils *301* — also bei Belastungsänderungen, die hohe Regelgeschwindigkeiten erfordern — durch Absperrung des nur um die Mittelstellung herum wirkenden Nebenauslasses *305* über Rückschlagventil *260* zugeschaltet wird. Das Vorhandensein zweier bzw. mehrerer Teilströme bietet weiterhin die Möglichkeit, die Regelgeschwindigkeit durch wahlweisen Einsatz der einzelnen Teilförderungen zu staffeln und damit ähnlich wie bei den mit Druckspeichern arbeitenden Reglern bestimmte Gesetzmäßigkeiten der Regelgeschwindigkeit zu verwirklichen.

Gleiche Wirkungen werden durch eine Anordnung gemäß Abb. 33 erzielt.[1] Die Ausschaltung der großen Pumpe *202* während Beharrungszuständen erfolgt jedoch hierbei abhängig vom Druck der kleinen Pumpe *201*, der durch eine entsprechende Ausbildung des Steuerventils *301* — positive Überdeckung der Steuerwege e_1 in der Mittelstellung[2] — auf den Abblasedruck des Sicherheitsventils *220* gebracht wird. Erst bei Regelbewegungen, also Einstellung des Druckes der kleinen Pumpe auf den jeweils notwendigen — und damit unter dem Ansprechdruck des Sicherheitsventils *220* liegenden — Arbeitsdruck, wird abhängig von dieser Druckminderung die große Pumpe eingeschaltet. Bei Beharrungszuständen steht der Hilfsschieber *230* unter Wirkung des Sicherheitsventildruckes auf Kolbenfläche f gegen die Kraft der Feder *231* in einer Stellung, bei welcher der großen Pumpe *202* ein praktisch ungedrosselter Umlauf über Steuerung e_3 gewährt wird. Sinkt während Regelvorgängen entsprechend dem vorerwähnten Konstruktionsgrundsatz der Druck der kleinen Pumpe *201*, so drosselt oder verschließt Schieber *230* den freien Umlauf für Pumpe *202*, wodurch diese über das Rückschlagventil *260* in den Arbeitskreis einzufördern gezwungen wird.

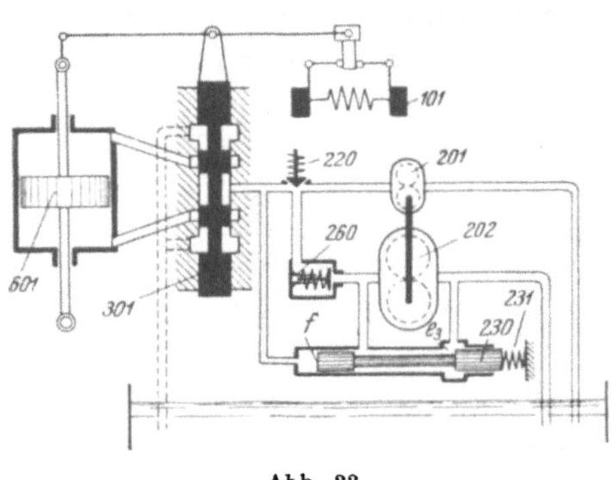

Abb. 33.

Die Vorschläge von D. Thoma stellen die ursprünglichste Lösung des Problems dar, indem sie die Zuschaltung der die Regelgeschwindigkeit bestimmenden Pumpe vom *Steuerventil*, also jenem Element ableiten, dessen Stellung eindeutig die augenblicklichen Anforderungen an die Regulierung — Beharrungszustand, Ausregelung kleiner oder großer Belastungsänderungen — wiedergibt. Bei Anordnungen nach Abb. 33 tritt ein erhöhter Arbeitsbedarf der kleinen Pumpe während Beharrungszuständen gegenüber der D. Thomaschen Anordnung auf, die nur den jeweiligen Gegendruck einzustellen erfordert.

Die Herabsetzung der während Beharrungszuständen im Arbeitskreis umlaufenden Ölmengen auf jenes praktische Minimum, welches durch die Undichtigkeitsverluste am Arbeitskolben entsprechend der aus den Haltekräften dort folgenden Druckdifferenz gegeben ist, kann durch Regelung der Pumpenfördermenge abhängig von der Stärke des Steuerimpulses (Belastungsänderung) erreicht werden. Hierzu sei auf die Ausführungen des Abschnittes XV verwiesen.

Die im Durchfluß versorgte Regelungseinrichtung besitzt den Vorteil sofortiger Betriebsbereitschaft auch nach langen Stillständen; dies im Gegensatz zu Anordnungen, die mit Druckluftspeichern arbeiten. Was den mittleren Kraftbedarf anbelangt, so kann dieser selbst unter der Voraussetzung mehrerer parallel zu schaltender Pumpen als unter dem des gleich großen und unter sonst gleichen Betriebsbedingungen arbeitenden Windkesselreglers liegend erreicht werden. Hingegen verliert die Gesamtanordnung an Einfachheit, sobald das Arbeitsvermögen des Reglers die mehrfache Unterteilung der Pumpenanlage erfordert; die nahezu plötzliche Unterdrucksetzung der ganzen Pumpenanlage bei größeren Belastungsänderungen führt zu Leistungsstößen im Antrieb, der, notwendigerweise letzteren entsprechend ausgelegt, im Mittel schlecht ausgenützt ist.

Windkesselregler, also Regler, bei denen ein entsprechender Druckölvorrat in Druckluftspeichern gehalten wird, kommen bis zu den größten Abmessungen mit einer einfachen Pumpen-

---

[1] Erstausführung Maschinenfabrik Th. Bell-Kriens; weitere Anwendung dieser Grundsätze durch die Jahns Regulatoren-G. m. b. H., bzw. Maschinenfabrik J. Storek, Brünn.
[2] S. Abschnitt III.

anlage aus, deren Fördermenge zu der der Pumpenanlage eines Durchflußreglers[1] gleicher Arbeitsfähigkeit und Schlußzeit im Verhältnis 1:5 bis 1:10 steht. Die bestehende Unbestimmtheit hinsichtlich Stärke und zeitlicher Aufeinanderfolge von Belastungsänderungen kann ebenso zu weitgehenden Entladungen des Speichers wie zur verhältnismäßig geringen Inanspruchnahme des letzteren durch längere Zeiträume hindurch führen. Eine genügend rasche Wiederaufladung des Speichers nach den bei der Eigenart des Betriebes vorauszusehenden größtmöglichen Entnahmen setzt eine bestimmte Liefermenge der Pumpe voraus, die überdies dem mittleren Druckölbedarf[2] — unter Hinzurechnung eines der Unbestimmtheit der Verhältnisse Rechnung tragenden Sicherheitszuschlages — gerecht werden muß. Erfahrungsgemäß finden diese Gesichtspunkte entsprechende Berücksichtigung bei einer Wahl der Fördermenge der Pumpe zwischen $1/_{10}$ und $1/_{20}$ des Reglerhubvolumens, auf die Sekunde bezogen; die kleineren Werte gelten hierbei für ruhige Betriebe und werden aus wirtschaftlichen Gründen bei Großkraftregler angestrebt.[3]

Die Bemessung der Pumpe nach den vorgenannten Gesichtspunkten muß notwendigerweise während Zeiten geringer Inanspruchnahme des Druckspeichers zu einem Überschuß der Einförderung führen. Um Leistungsverluste zu vermeiden, wie sie durch das Ausblasen der Mehrförderung durch das Sicherheitsventil entstehen würden, kann die Abschaltung der Pumpe vom Speicher bei eingetretener Aufladung und deren Wiederanschaltung nach einer bestimmten Abarbeitung desselben vorgesehen werden.

Außer den hierzu erforderlichen Einrichtungen sind weitere notwendig, um die mehr oder minder fortlaufend erforderliche Ergänzung des Luftvolumens im Druckspeicher selbsttätig vorzunehmen oder bedient durchführen zu lassen, bzw. die Kontrolle der jeweiligen Füllung des Windkessels zu ermöglichen.

Die Betriebsbereitschaft des Windkesselreglers hängt vom Zustand seines Druckspeichers ab; dies bedeutet einen wesentlichen Nachteil der genannten Reglertype gegenüber dem Durchflußregler, zumal sich hierzu erhöhte Ansprüche an das Bedienungspersonal durch Beobachtung und Wartung des Druckspeichers sowie mit Rücksicht auf eine mehr Überlegung und Verständnis erfordernde Handhabung bei der In- und Außerbetriebnahme gegenüber dem einfacher zu bedienenden Durchflußregler gesellen. Spätere Abschnitte werden zeigen, wieweit es gelungen ist, in der letztgenannten Richtung den Windkesselregler dem Durchflußregler anzugleichen.

Anderseits liegen neben der einfacheren Pumpenanlage als solcher die Vorteile des *Windkesselreglers* in seiner Anpassungsfähigkeit an verschiedene Regelbedingungen durch leichte Änderung der Schluß- und Öffnungszeit und deren Gesetzmäßigkeit sowie in dem Umstand, daß der Druckspeicher die Bereitstellung einer gewissen Reserve an arbeitsfähiger Flüssigkeit ermöglicht, welche bei Ausfall der Förderung der Pumpe für den Schließvorgang der Regelungseinrichtung genützt werden kann.

Eine scharfe Umgrenzung der Anwendungsgebiete für die eine oder andere Form der Auslegung läßt sich im allgemeinen nicht geben. Gründe wirtschaftlicher Natur zusammen mit betriebstechnischen Vorteilen lassen die Verwendung des *Durchfluß-Einfachreglers*[4] — unter Benützung des Verbundprinzips bei den größeren Ausführungen — für Regelarbeiten bis 800 (1200) mkg als gerechtfertigt erscheinen, während darüber hinaus die Druckölversorgung durch gespeicherte Arbeitsflüssigkeit am Platze sein wird. Die erwähnte Grenze ist jedoch mit serienmäßigen Ausführungen von Durchflußreglern von 2500 mkg, bzw. Sonderausführungen von 13 000 mkg erfolgreich durchbrochen worden. Anderseits findet der Windkesselregler zur Erfüllung besonderer Bedingungen, wie sie etwa für Doppelregler[5] vorliegen, auch für Arbeitsvermögen unter der obengenannten Grenze Anwendung.

---

[1] Die im letzteren Falle bereitzustellende sekundliche Fördermenge folgt aus dem Hubvolumen (V_h) und der vorzusehenden kürzesten Schlußzeit T_s gemäß $V' = V_h/T_s$; soweit es sich um Serienregler handelt, werden kleinste Schlußzeiten von 1 bis 1,5 Sekunden der Konstruktion zugrunde gelegt.

[2] Ein Wert, der über verhältnismäßig lange Zeiträume zu nehmen ist, um charakteristisch für die Art des Betriebes gelten zu können.

[3] S. a. S. 199 ff.

[4] Regler mit einem Kraftgetriebe (Arbeitswerk).

[5] Regler mit zwei Arbeitswerken zur gleichzeitigen Betätigung zweier unabhängiger Regelorgane.

Eine zweckmäßige Verbindung des Windkessel- und Durchflußsystems läßt eine Vereinigung der Vorzüge beider Formen mit weitgehender Ausschaltung ihrer Nachteile erwarten. Eine dieser Lösungen[1] besteht darin, das Verbundprinzip in der Weise anzuwenden, daß die ansonst der großen Pumpe zugeordnete Funktion einem Druckspeicher übertragen wird, der somit nur während der Ausregelung größerer Belastungsänderungen in Wirksamkeit tritt. Die Beschränkung des Druckspeichers auf den vorgenannten Zweck verbessert den Wirkungsgrad der Speicherung mit Rücksicht auf den Entfall der Verluste, die mit der Versorgung von Hilfs- und Steuerkreisen eintreten, wozu der günstige Kraftbedarf der Durchflußsteuerung für die kleine Pumpe tritt. Die unmittelbare Einspeisung von Drucköl ergibt eine sofortige Betriebsfähigkeit unter nur teilweiser Rücksichtnahme auf den Zustand des Druckspeichers; hingegen erscheinen die konstruktiven Aufwendungen gegenüber jenen für die Drucköl bereitstellung des einfachen Windkesselreglers nicht unwesentlich erhöht.

b) Zahnradpumpen.

Für die Zubringung der Arbeitsflüssigkeit zum Druckspeicher bzw. unmittelbar zum Steuerventil werden derzeit nahezu ausschließlich *Zahnradpumpen*[2] herangezogen. Kolbenpumpen normaler Bauart bzw. in ventillosen Sonderausführungen (14) haben längere Zeit bei Windkesselreglern Anwendung gefunden, hauptsächlich deshalb, weil die Kolbenpumpe besser als die Zahnradpumpe geeignet ist, Öl-Luft-Gemische höherer Durchsetzung zu fördern, durch

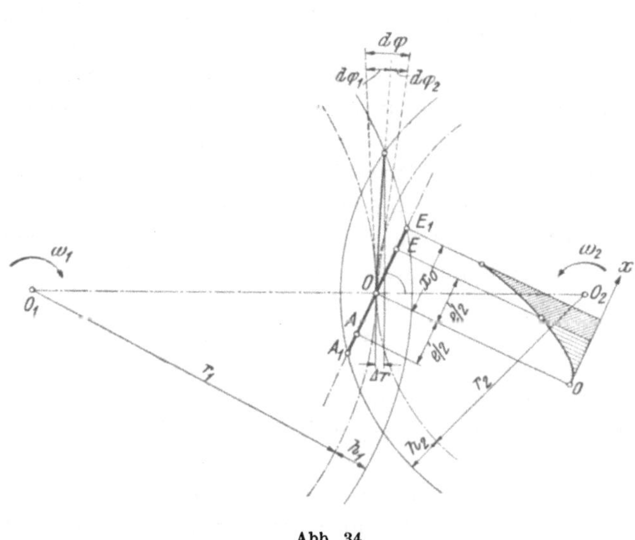

Abb. 34.

deren zeitweise Einbringung der Ersatz im Druckspeicher absorbierter Luft erfolgen kann. Die Möglichkeit, die Ansaugung eines Luft-Öl-Gemisches („Schnüffelung") durch Einrichtungen zu vermeiden, die pumpendruckseitig die Beifügung von Luft durchführen, bzw. die Bereitstellung der Druckluft aus Verdichtern oder Druckluftspeichern haben auch für den Windkesselregler den Übergang zur Zahnradpumpe vollziehen lassen, nachdem der Pumpenmechanismus als solcher mit der Luftförderung nicht mehr befaßt zu werden braucht.

Die Zahnradölpumpe stellt den denkbar einfachsten Fördermechanismus dar. Das Eindringen der Zähne jeden Rades in die zugeordneten Zahnlücken des Gegenrades bis zur Mittelstellung bzw. der entgegengesetzte Vorgang schaffen die Bedingung für die Förderung und Ansaugung. Die Dichtung des Druckraumes gegen den Saugraum erfolgt längs der Berührungslinie der in Eingriff befindlichen Zähne. Im Regelfalle stehen zwei Zahnräder miteinander im Eingriff, in Fällen größerer Fördermengen werden Dreiräderpumpen ausgeführt, deren mittleres Rad zweckmäßig zur Erzielung einer größeren Dichtungslänge am Umfang mit gegenüber den Seitenrädern vergrößertem Durchmesser ausgeführt wird.

Bezeichnen nach Abb. 34

r_1, r_2 die Teilkreisradien der zusammenarbeitenden Räder,

h_1, h_2 deren Kopfhöhen,

ω_1, ω_2 die zugehörigen Winkelgeschwindigkeiten,

---

[1] Vom Verfasser angegeben.

[2] Neuerdings finden auch Schraubenpumpen (z. B. Imopumpen der Imo-Gesellschaft Stockholm) erhöhte Anwendung.

so kann bei Evolventenverzahnung der Mittelwert der sekundlichen Förderung eines ungleichen Räderpaares von der Breite b mit (18)

$$Q_m = \frac{\omega_1 \cdot b}{2} \cdot \left[2\, r_1 \, (h_1 + h_2) + h_1{}^2 + \frac{r_1}{r_2} \cdot h_2{}^2 - \left(1 + \frac{r_1}{r_2} \right) \frac{e^2}{12} \right] \tag{4}$$

mit e als der auf die Eingriffslinie reduzierten Teilung, bzw. für gleich große Räder ($r_1 = r_2 = r$, $h_1 = h_2 = h$, $\omega_1 = \omega_2 = \omega$) zu

$$Q_{m_1} = \omega_m \cdot b \cdot \left[2\, r\, h + h^2 - \frac{e^2}{12} \right] \tag{4a}$$

angegeben werden. Die sekundliche Fördermenge stellt sich damit als Summe eines konstanten Anteiles

$$Q_I = \frac{\omega_1 b}{2} \cdot \left[2\, r_1 \, (h_1 + h_2) + h_1{}^2 + \frac{r_1}{r_2} \cdot h_2{}^2 \right]$$

sowie eines mit der Periode e wechselnden Anteiles

$$Q_{II} = \frac{\omega_1 \cdot b}{2} \left(1 + \frac{r_1}{r_2} \right) \cdot x^2$$

dar, dessen Pulsationsstärke

$$\varDelta = \frac{\omega_1 \cdot b}{2} \left(1 + \frac{r_1}{r_2} \right) \left(\frac{e}{2} \right)^2 ,$$

für gleiche Räder

$$\varDelta_1 = \omega \cdot b \cdot \left(\frac{e}{2} \right)^2$$

beträgt.

Das Zutreffen der vorstehenden Ableitungen setzt voraus, daß der innerhalb der Eingriffsstrecke $E_1 A_1$ liegende, durch die Berührungserzeugenden begrenzte Lückenraum bis zur Erreichung der Mittelstellung EA mit dem Druckraum in Verbindung steht. D. Thoma hat zu diesem Zweck die Abdeckung des Lückenraumes in seiner Mittelstellung durch einen entsprechenden Steg vorgeschlagen (Abb. 35), der durch die Hinterfräsung der seitlichen Gehäusedichtflächen nach *1—3* bzw. *4—6* entsteht (Tiefe t_1 bzw. t_2); hierdurch wird nicht nur das Auftreten von Quetschflüssigkeit, sondern auch die Bildung von Unterdruck bei sich nach Durchgang durch die Mittelstellung erweiterndem Lückenraum nahezu zur Gänze vermieden. Bei Rädern größerer Breite empfiehlt es sich, die Überströmkante durch Einfräsungen im Zahngrund zu verlängern. Für die erforderlichen Ab-

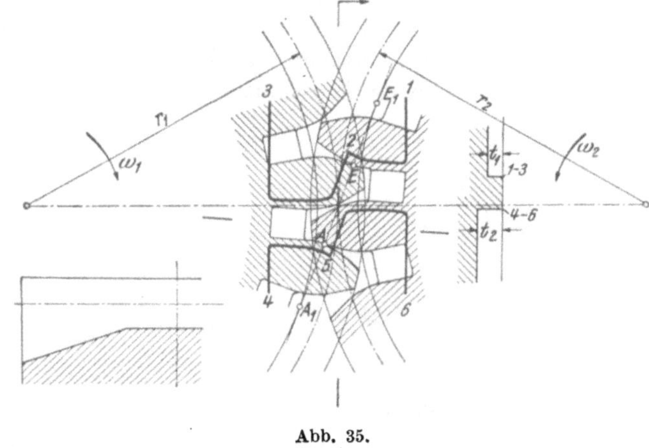

Abb. 35.

messungen der Abströmquerschnitte sind die auftretenden Höchstgeschwindigkeiten, welche 10 m/sek möglichst nicht übersteigen sollen und die auf Grund der später gegebenen Unterlagen für die Ermittlung der Quetschölmengen berechnet werden können, bestimmend.

Insofern eine derartige Steuerung des Zahnlückenraumes nicht vorgesehen ist, tritt vom Zeitpunkt des Zahneingriffes in E_1 bis zur Erreichung der Mittelstellung, also bis zur Lage des Berührungspunktes in E, eine Verringerung des Zahnlückenraumes ein, welche bei guter Seitendichtung der Räder auf Drücke beträchtlicher Größe führen kann. Anderseits bietet sich hier die Möglichkeit, Flüssigkeit durch eine geeignete Steuerung getrennt für andere Verwendungen (Hilfssteuerung, Schmierung) abzuzapfen. Unter Bezug auf Abb. 36 kann die sekundliche Quetschölmenge zu

$$Q_q = \omega_1 b \cdot \left(1 + \frac{r_1}{r_2} \right) \cdot e \cdot z \tag{5}$$

mit

$$z = x - \frac{e}{2}$$

angegeben werden und erscheint proportional dem Werte z, von einem Maximum im Augenblick des Eingriffsbeginnes (z_0) linear bis auf den Wert Null bei Erreichung der Mittellage des Lückenraumes zurückgehend. Für gleich große Räder beträgt der Maximalwert der auf die Sekunde bezogenen Fördermenge

$$Q_{q\,max} = 2\,b\,e\,\omega\,z_0,$$

bzw. wenn

$$z_0 = \frac{e}{2}\,(\tau - 1)$$

eingeführt wird, worin $\tau = \dfrac{L}{e}$ die Eingriffsdauer bedeutet,

$$Q_{q\,max} = b\,\omega\,e^2 \cdot (\tau - 1). \tag{5a}$$

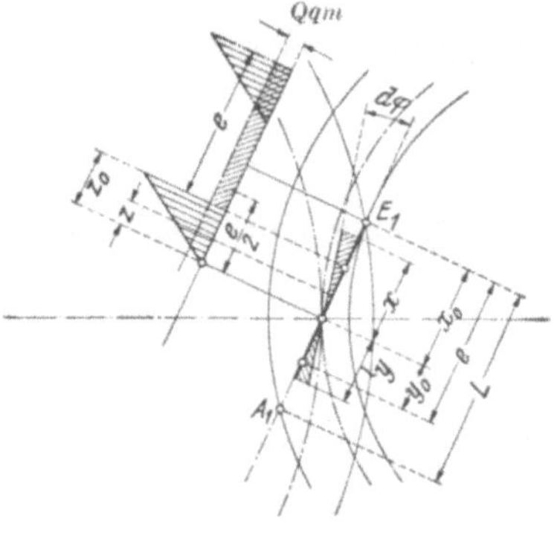

Abb. 36.

Der Mittelwert der intermittierenden Förderung ergibt sich mit Rücksicht darauf, daß das Verhältnis der Zeit zur Ausquetschung zu jener, die zur Zurücklegung einer Zahnteilung zur Verfügung steht, nach

$$\frac{t_0}{T} = \frac{z_0}{e}$$

dargestellt werden kann, zu

$$Q_{q\,m} = \frac{b \cdot \omega\,e^2}{4} \cdot (\tau - 1)^2. \tag{5b}$$

Eine andere Steuerung des Quetschölraumes zwecks Überführung des Quetschöles in den Druckraum zeigt Abb. 37. Die vom Zahngrund ausgehenden Bohrungen im getriebenen Radkörper werden an besonderen Einfräsungen in der festen Achse derart vorbeigeführt, daß der Übertritt von Öl nach dem Druckraum nur bis zur Erreichung der Mittelstellung des Zahnlückenraumes erfolgen kann. Der Drehrichtung kann durch entsprechende Einstellung der Überströmnuten entsprochen werden. Als Nachteil dieser Anordnung muß die Notwendigkeit einer Lagerung des steuernden Zahnrades auf einer festen Achse angesehen

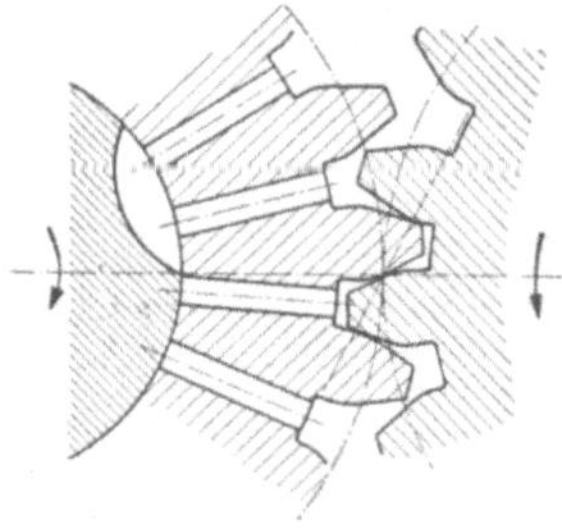

Abb. 37.

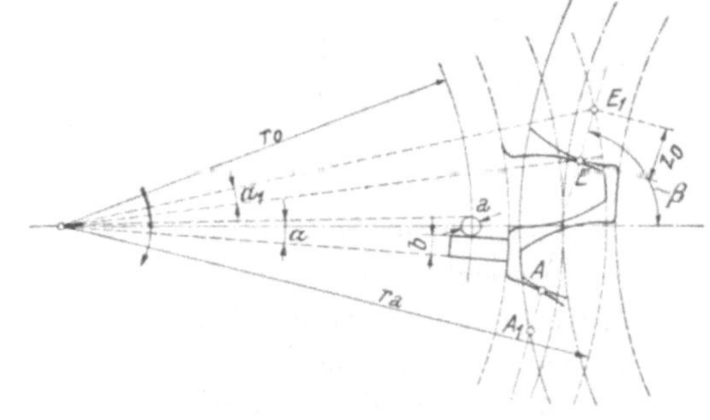

Abb. 38.

werden, die für Hochdruckpumpen zu hoher Laufflächenbelastung und schlechter, durch kein natürliches Druckgefälle unterstützter Schmierung führt.

Um die gesonderte Abnahme des Quetschöles durchzuführen, kann z. B. der Zahngrund des einen Rades mit Schlitzen b (Abb. 38) versehen werden, die mit einer Bohrung a im Gehäuse zusammenarbeiten, wobei der Bohrung und Schlitz in ihrer berührenden Lage umfassende Zentriwinkel α dem der Strecke $E_1 E$ (z_0) auf der Eingriffslinie zugeordneten Winkel α_1 entsprechen muß. Die Lage der Abflußbohrung a ist derart zu wählen, daß jeder der im Zahngrund angeordneten Schlitze zu Beginn des Eingriffes des nachfolgenden Zahnes (E_1) geöffnet wird, womit sich der Abschluß der Bohrung von selbst im Augenblick der Mittellage EA des eben gesteuerten Zahnlückenraumes ergibt. Mit Rücksicht auf serienmäßige Fertigung sind bei der Auslegung Verhältnisse anzustreben, welche die gleiche Quetschölsteuerung für beide Drehrichtungen verwenden lassen. Dies gelingt bei Anordnung der Schlitze im getriebenen Rad symmetrisch zur Zahnlücke und Lage der Abflußbohrung auf der Mittenverbindung beider Räder, wobei jedoch zur Erfüllung der in Abb. 38 dargestellten Verhältnisse der Eingriffswinkel β entsprechend zu wählen ist.

Der Lückenraum wird durch die jeweilige Engstelle, bzw. bei spielfreien Zähnen an der Stelle der (wohl drucklosen) Berührungslinie in zwei Teilräume zerlegt, zwischen welchen jedoch eine genügende Überströmung zum Ausgleich der gegenläufigen Volumsänderungen, bzw. zur Überführung des ausgequetschten Öles in den jeweils gesteuerten Raum möglich sein muß. Hiezu sind spielfreie Zähne auf der nichttragenden Seite stellenweise zu hinterfräsen (Abb. 39), bzw. ist die Verzahnung an und für sich mit Spiel — wohl auf Kosten der Ruhe des Ganges — auszuführen.

Die tatsächliche Fördermenge der Pumpe unterscheidet sich der Undichtigkeitsverluste halber, die stark von Druck und Temperatur (Viskosität) des Öles abhängen, von der theoretisch errechneten. Das Verhältnis von wirklicher zu theoretischer Fördermenge wird ausgedrückt durch den volumetrischen Wirkungsgrad, für welchen — bezogen auf eine mittlere Öltemperatur von zirka 35° — folgende, aus Modellversuchen gewonnene Werte zugrunde gelegt werden können (18):

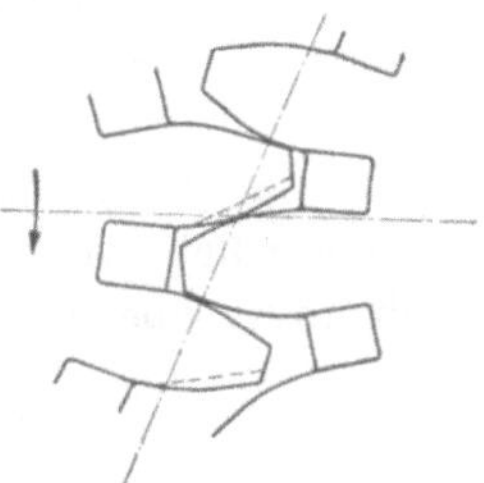

Abb. 39.

Gegendruck kg/cm²	5	10	15	20	25	30	40
Volumetrischer Wirkungsgrad η_v	0,95	0,93	0,91	0,89	0,87	0,83	0,70

Die in die Pumpe einzuleitende Leistung bestimmt sich nach

$$N_m = \frac{Q_m \gamma \cdot H}{75 \cdot \eta_g}$$

mit Q_m als mittlere theoretische Fördermenge in l/sek, γ als spezifisches Gewicht in kg/dm³, H als Förderhöhe in m, η_g als Gesamtwirkungsgrad.

Nach den bereits erwähnten Modellversuchen können folgende Werte von η_g erwartet werden:

Teilkreisgeschwindigkeit m/sek		0,75	1,00	1,25	2,00	3,00	4,00
Gegendruck kg/cm² 5	η_g	0,76	0,81	0,83	0,76	0,68	0,62
10	,,	0,53	0,63	0,68	0,77	0,76	0,71
15	,,	0,27	0,47	0,59	0,71	0,72	0,73

Somit erscheint im Gegensatz zu η_v der Gesamtwirkungsgrad η_g abhängig von der Teilkreisgeschwindigkeit. Niedrige Drücke erfordern daher kleine Umlaufzahlen; je höher der Gegendruck, um so höher soll die Umlaufzahl sein.

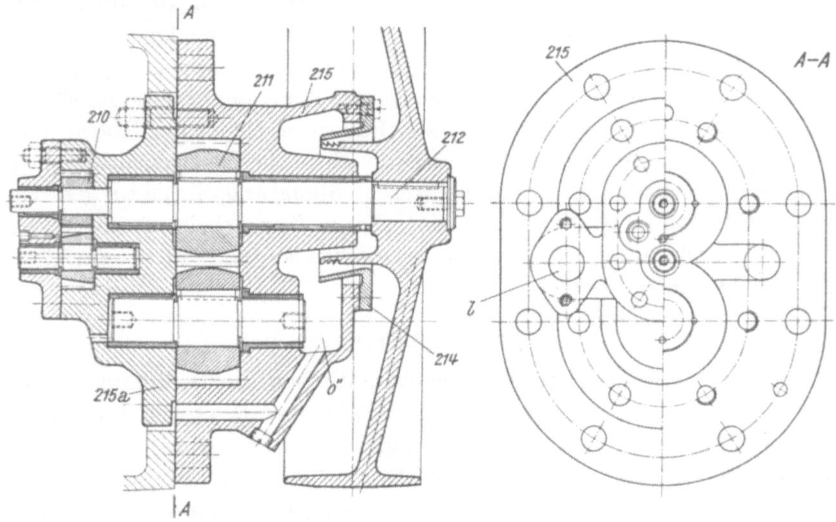

Abb. 40.

Der konstruktive Aufbau normaler Zahnradpumpen soll an dem Beispiel einer Verbundpumpe (Abb. 40) näher erläutert werden. Die aus SM-Stahl hergestellten Zahnräder *210, 211* laufen mit ihren gehärteten und geschliffenen Wellenzapfen in Bronzelagern,[1] die selbsttätig mit Öl

---

[1] Verschiedentlich sind auch gußeiserne Büchsen mit bestem Erfolg verwendet worden.

aus dem Druckraum geschmiert werden. Eine besondere Abdichtung der nach außen geführten Antriebswelle *212* ist vermieden; das aus dem äußeren Hauptlager tretende Schmieröl wird durch geeignete Fang- und Abspritzringe *214* in eine Ölkammer *ö* geleitet, von wo aus es in das Reglerinnere zurückfließt. Zur guten Durchspülung der Lager, die insbesondere bei hohen Drücken und damit Zapfenbelastungen zur Abführung der Reibungswärme notwendig ist, haben die Räume, in welche der Ölaustritt nach Lagerdurchlauf erfolgt, freien Abfluß.

Wesentlich bestimmend für den volumetrischen Wirkungsgrad der Pumpe sind die Verluste längs der Seitenflächen der Räder, die von der Viskosität des geförderten Öles und dem seitlichen Spiel zwischen Rad- und Gehäusewand, letzteres zwischen 0,05 und 0,3 mm je nach Ausführungsgröße variierend, abhängen. Durch kräftige Konstruktion ist einer Durchbiegung der bedeutenden Kräften ausgesetzten, relativ großen und ebenen Flächen der Gehäusedeckel entgegenzuwirken.

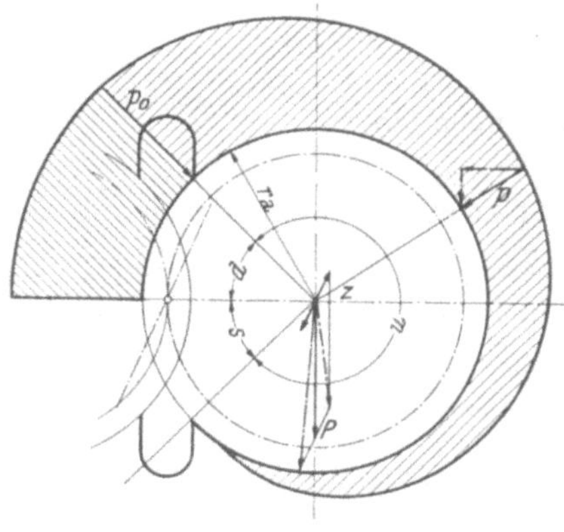

Abb. 41.

Der ruhige Gang der Räder hängt in erster Linie von der erreichten Genauigkeit der Verzahnung ab; Schrägverzahnung sichert verlängerte Eingriffsdauer. Der Schrägwinkel, gegeben durch die relative Verdrehung der einem Zahn zugehörigen äußersten Flankenprofile, ist dadurch begrenzt, daß die gegeneinander verschobenen Teilungen EA (Abb. 34) noch innerhalb der Eingriffsstrecke E_1A_1 liegen müssen.

Für den Konstrukteur wichtig ist die Kenntnis der auf die Räder wirkenden Seitenkräfte zur richtigen Bemessung der Lager (Belastungsbild Abb. 41). Unter der Voraussetzung, daß das Druckgefälle über die dichtende Umfangslänge u konstant ist, somit der der Wirklichkeit näherliegende gestaffelte Verlauf hierdurch ersetzt wird, ferner der Unterdruck im Saugraum s vernachlässigt sowie angenommen wird, daß ungefähr ein Achtel des Radumfanges in diesem Raum bzw. im Druckraum d liegt, kann die senkrecht zur Verbindungslinie der Rädermitten resultierende Seitenkraft zu

$$P \cong 1,3\,b \cdot r_a \cdot p_0$$

angenommen werden. Hierbei ist der Einfluß des Zahndruckes Z, der durch die Überleitung des Momentes auf das mittelbar angetriebene Rad entsteht, vernachlässigt.

Die Anordnung der Schmiernuten in den Lagerflächen hat den derzeitigen Erkenntnissen entsprechend in der drucklosen Lagerzone (Ebene der Zentralenverbindungslinie) zu erfolgen.

Für Durchfluß- und Windkesselregler normaler Bauart erscheint der Höchstwert des Arbeitsdruckes in der Regel mit 20 bis 25 at festgelegt, wonach unter Berücksichtigung der Durchflußwiderstände der dem Arbeitswerk vorgeschalteten Steuerungseinrichtungen ein Mehrdruck von 2 bis 3 at an der Pumpe anzunehmen sein wird. Bei großem Arbeitsvermögen gehen praktische Ausführungen mit Durchflußreglern bis auf Arbeitsdrücke von 40 at, um das erforderliche Hubvolumen möglichst herabzusetzen.

c) Pumpenantriebe.

Für den Antrieb der Reglerpumpe sind im wesentlichen die Bedingungen für den Betrieb des geregelten Maschinensatzes maßgebend. Im Falle der besetzten mittleren und kleinen Anlage genügt für Windkessel- und Durchflußregler der Antrieb der Pumpe mittels Riemen von der Turbinenwelle aus, an dessen Stelle aus Platz- oder Zuverlässigkeitsgründen der starre Antrieb durch Zahnräder treten kann. Insofern Serienregler mit den gewöhnlich horizontal angeordneten Pendel- und Pumpenantrieben für Maschineneinheiten mit vertikaler Hauptwelle Anwendung finden, ist zur Richtungsänderung des Triebes mindestens ein Vorgelege notwendig, von dem diese Antriebe abgeleitet werden; gelegentlich finden auch getrennte Abtriebe Anwendung, um vom Pendel die mit der Unterdrucksetzung der Pumpe verbundenen Stöße fernzuhalten. Eine einfache und zuverlässige Lösung des Pumpenantriebes bei vertikalachsigen Maschinensätzen bieten Stirnradgetriebe, wobei allerdings der Antrieb des Pendels, um Vorgelege (oder Leitrollenantriebe) überhaupt zu vermeiden, elektromotorisch vorgesehen werden muß. Hierüber ist das Erforderliche später gesagt.

Der elektromotorische Antrieb des Pumpensatzes bietet die Möglichkeit unabhängiger Aufstellung desselben, bzw. des mit ihm örtlich zusammengefaßten Druckspeichers; ferner gestattet diese Art des Antriebes — wohl mit Fremdversorgung bzw. wahlweiser Speisung von der netzseitigen Sammelschiene aus — die Inbetriebnahme der Pumpenanlage vor Anlauf des zugehörigen Turbinensatzes, wodurch z. B. Druckspeicher vor Inbetriebnahme des Maschinensatzes aufgeladen, bzw. Hilfsölkreise für vorher zu betätigende Einrichtungen betriebsbereit gemacht werden können.

Eine noch weitergehende Unabhängigkeit bietet der Antrieb der Reglerpumpen durch Hilfsturbinen,[1] die ausschließlich hierfür oder zum gleichzeitigen Antrieb elektrischer Hilfseinrichtungen (z. B. Erregermaschinen) herangezogen werden. Im letzteren Falle drehzahlgeregelt, kann bei ausschließlicher Beschränkung auf die Lieferung der Antriebskraft für die Reglerpumpenanlage die Beaufschlagung der Turbine entweder fest eingestellt oder einer Grenzsteuerung[2] entsprechend dem Zustande des Druckspeichers unterstellt werden.

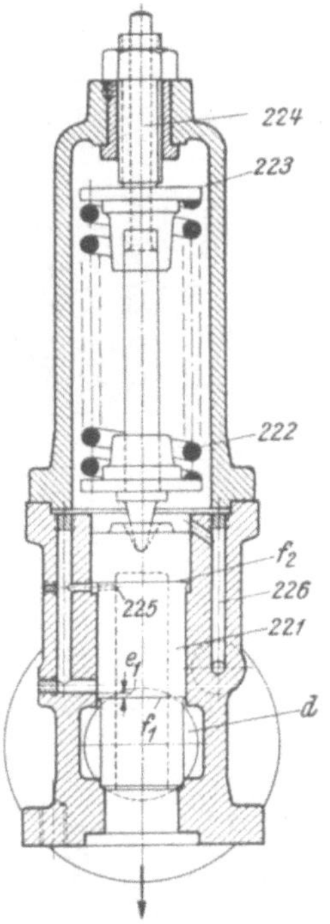

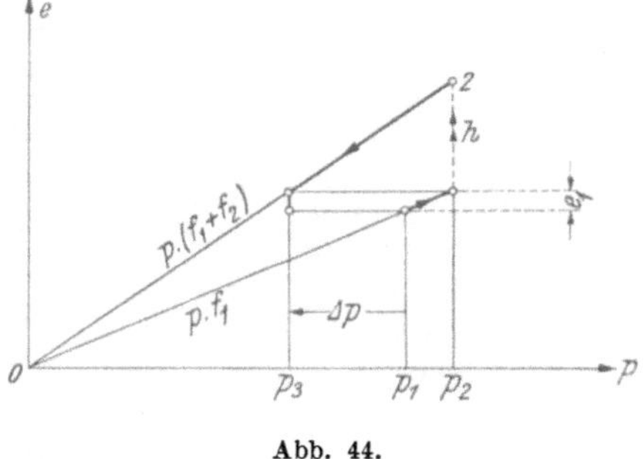

Abb. 43. (Maßstab 1:5.)
221 = Ventilkörper, 222 = Gegenfeder, 223 = Federteller, 224 = Einstellschraube, 225 = Drosselbohrung, 226 = Ölablauf.

d) Druckbegrenzungseinrichtungen.

Um unzulässige Druckerhöhungen in den Ölkreisläufen zu vermeiden, sind an geeigneten Stellen *Sicherheitsventile* anzubringen. Diese werden ausschließlich als federbelastete Ventile gebaut. Ein derartiges selbsttätiges Ventil einfachster Bauart ist auf Abb. 66, 70 u. a. dargestellt. Schwingungen des Ventilkegels werden durch besondere druckbelastete Flächen f_3, die in Räumen b mit starker Drosselung (Bohrung 1 und 2) zum Druckraum a hin spielen, unterdrückt (Abb. 42).

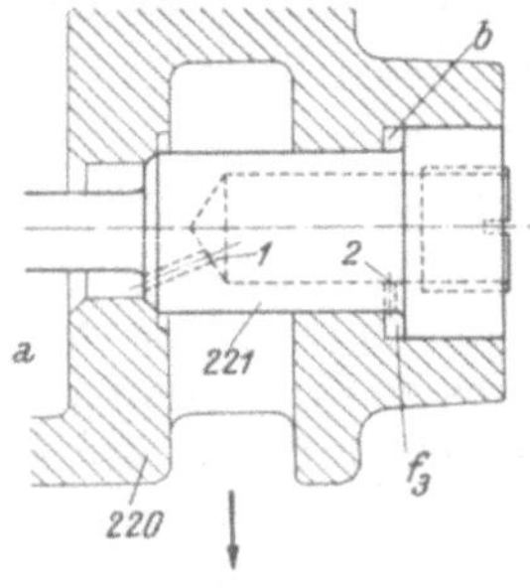

Abb. 42.

Dort wo größere Ölmengen pro Zeiteinheit abzuführen sind — es sich z. B. um die Entlastung eines überspannten Windkessels handelt —, anderseits der Druck, bei dem das Ventil wieder in die geschlossene Stellung zurückkehrt, unter dem Ansprechdruck des Sicherheitsventils liegen kann, werden vorteilhafterweise *Hochhubsicherheitsventile* angewendet (Abb. 43). Diese sind gekennzeichnet durch die Anordnung einer zusätzlich gesteuerten Fläche f_2, welche bei einem Steigen des Druckes im Raume d über den Ansprechdruck p_1, der zunächst nur auf die Ringfläche f_1 zur Wirkung kommt, nach Zurücklegung der Überdeckung e_1 unter Druck gesetzt wird, wodurch ein nahezu plötzliches kräftiges Anheben des Ventilkörpers 221 herbeigeführt wird. Wie aus dem Arbeitsdiagramm Abb. 44 hervorgeht, in welchem der Druckverlauf für die einzelnen Phasen der Ventilbewegung dargestellt ist, öffnet das Ventil nach Zurücklegung der Überdeckung e_1 plötzlich um einen Betrag (h),

Abb. 44.

der der Zusammendrückung der Feder 222 durch die in diesem Augenblick wirksam gewordene Zusatzkraft $p_2 \cdot f_2$ entspricht, um erst bei einem Druckabfall Δp zu schließen.

Ein Sicherheitsventil, das im Rahmen einer später näher gekennzeichneten Windkesselschalteinrichtung verwendet und dessen Ansprechdruck gesteuert wird, zeigt Abb. 45 [8].

---

[1] Ein Aufwand, der in der Betriebswichtigkeit und Selbständigkeit der Anlage begründet sein muß.

[2] „Auf-Zu"; s. Abschnitt XII, S. 167.

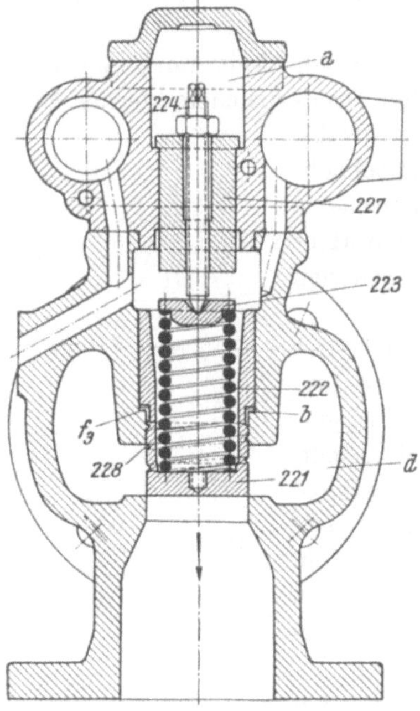

Abb. 45. (Maßstab 1:5).

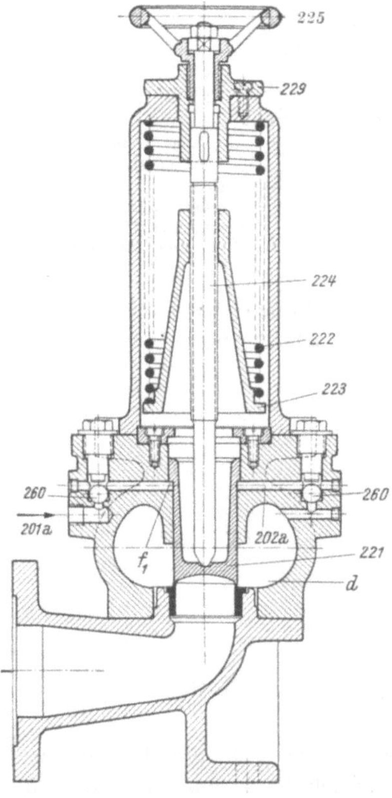

Abb. 46. (Maßstab 1:7,8.)

Je nachdem der Raum a über dem den Federteller *223* stützenden Kolben *227* unter Druck gesetzt oder entlastet ist, befindet sich letzterer in der oberen oder unteren Grenzlage, wodurch der Ansprechdruck zwischen dem im Ölkreislauf zugelassenen Höchstdruck und einem der Entlastung der Feder *222* entsprechenden, mit Rücksicht auf die Pumpenschmierung gewählten geringen Druck wechselt. Der Druck des überwachten Ölstromes wirkt, um etwaige Schwingungen des Ventilkörpers *221* abzudämpfen, auf die im Raume b spielende Kolbenfläche f_3, wobei diese durch die einen langen Drosselweg schaffende Spiralnut *228* mit dem Druckraum d des Sicherheitsventils verbunden ist.

Bei Verbundregler größeren Arbeitsvermögens kann der prinzipgemäßen Steuerung der einzelnen Pumpen über das Steuerventil (s. Abb. 32) eine druckabhängige Schaltung hinzugefügt werden, die eine Staffelung der Höchstdrücke der parallel arbeitenden Pumpen ermöglicht, derart, daß nur die kleinste Arbeitspumpe gegen den höchsten auftretenden Verstelldruck zu fördern imstande ist, während die möglichen Höchstdrücke der zusätzlichen Pumpen gestuft mit deren Größe fallen. Diese Maßnahme, welche die konstruktiven Schwierigkeiten mindern hilft, die mit Pumpengröße und Druck wachsen, hat die in der Regel konstruktionsgemäß erfüllte Voraussetzung, daß der Größtwert des Leitapparatrückdruckes in dessen Endstellungen auftritt und mit einem verhältnismäßig raschen Abfall dieser Kräfte gegen die Mittelstellung des Leitapparates hin gerechnet werden kann. Die hierbei nahe der Endstellungen des Leitapparates eintretende Verringerung der Regelgeschwindigkeit bleibt für die Güte der Regelung praktisch belanglos, bzw. bringt sogar die im Bereiche der kleinen Öffnungen regeltechnisch erwünschte Verminderung der Schließgeschwindigkeit.

Die Ausführung eines derartig gesteuerten Sicherheitsventils zeigt Abb. 46.[1] Die Steuerung erfolgt hierbei von der kleinsten Arbeitspumpe aus, deren Druck auf die Differenzkolbenfläche f_1 des Sicherheitsventilkörpers *221* entgegen der Kraft der Feder *222* über Leitung *201a* zur Wirkung gebracht wird. Die Einstellung des Ansprechdruckes kann durch Verdrehen der Gewindespindel *224* mittels des gelösten Flansches *229* erfolgen. Handrad *225* ermöglicht das Anheben der Gewindespindel *224* entgegen der Kraft der Feder *222* und damit die Entlastung des Ventilkörpers *221* sowie die vollständige Ausschaltung der Wirkung des Ventils. Neben der Steuerung durch den Druck der kleinen Pumpe ist noch eine unmittelbare Abhängigkeit der Ventilfunktion vom Druck der zugehörigen Pumpe über Bohrungen *202a* vorgesehen, um bei einer Beschädigung der von der steuernden Pumpe ausgehenden Hilfsleitung *201a* die Begrenzung des Höchstdruckes zu gewährleisten. Die in jeden der Steuerungswege eingebauten Kugelrückschlagventile *260* sorgen für die eindeutige Wirkung der einen oder anderen Steuerung.

Steuerungen dieser Art bewirken auch die Abschaltung der zusätzlichen Pumpen bei außergewöhnlichen Widerständen im Verstellwerk und verhindern damit die Möglichkeit länger

[1] Nach Vorschlag des Verfassers ausgeführt bei Durchflußreglern von 13 000 mkg.

dauernder Unterdrucksetzungen dieser Gruppen; sie ermöglichen daher deren konstruktive Auslegung nur für eine kurz dauernde, dem normalen Regelverlauf entsprechende Unterdrucknahme.

e) Druckspeicher.

Bereitschaftserhaltung, Bemessung und Anordnung.

Windkesselregler größeren Arbeitsvermögens lassen zur wirtschaftlichen Bereitstellung des Drucköles, wie bereits bemerkt, zusätzliche Einrichtungen wünschenswert erscheinen,

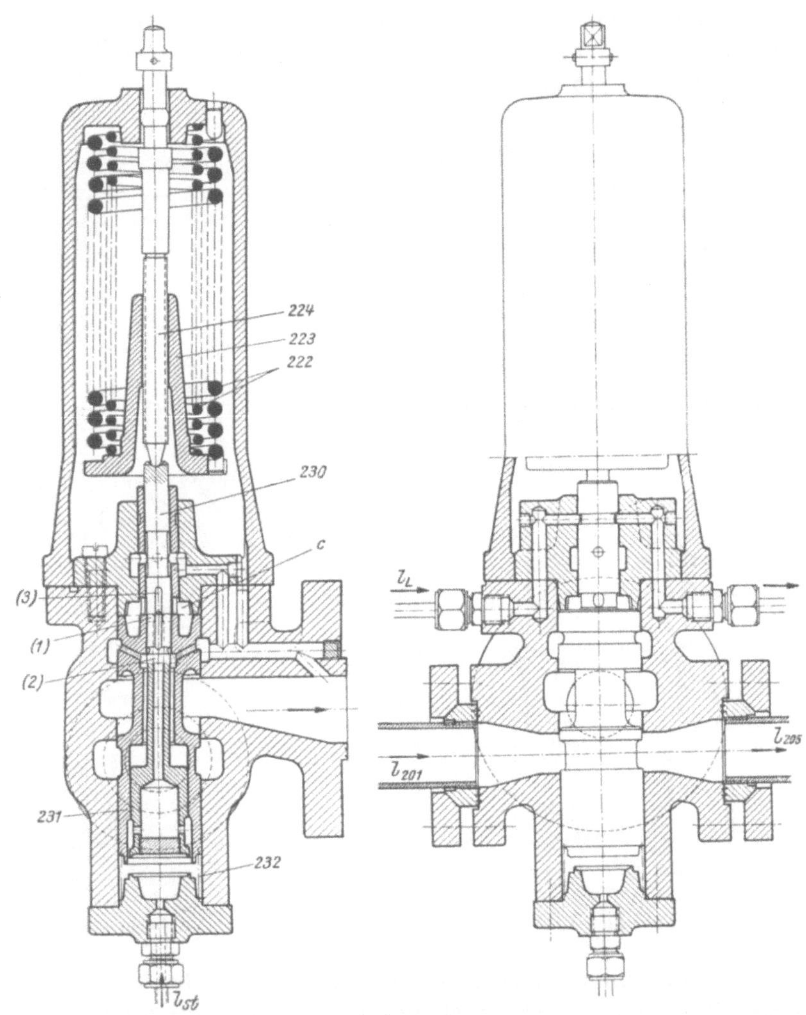

Abb. 47. (Maßstab 1:5.)

welche die Pumpe bei aufgeladenem Speicher von diesem ab- und praktisch drucklos in den Saugraum schalten, bzw. die Einspeisung in den Druckspeicher veranlassen, sobald eine bestimmte Entladung desselben eingetreten ist.[1] Die zwischen Aus- und Einschaltung zugelassene Druckspanne bestimmt die Größe des Windkessels. Je geringer erstere, um so größer muß letzterer sein, um bei dem vorliegenden Durchschnittsverbrauch an Druckflüssigkeit ein zu häufiges Schalten des Wechselmechanismus vermeiden zu lassen.

Eine Anordnung [17], welche einen Hilfsschieber zur Schaltung des Pumpenstromes anwendet, stellen Abb. 47 und 48 dar. Hierbei steuert der Manometerkolben *230*, dessen Stellungen

---

[1] In diesem Zusammenhange sei auch noch auf die von der Woodward Governor Co., USA., gepflegte Bauart hingewiesen, welche in Zeiten stärkeren Druckölverbrauches die druckabhängige Zuschaltung einer zusätzlichen elektromotorisch angetriebenen Pumpe zur dauernd einspeisenden Pumpe relativ kleiner Fördermenge vorsieht.

durch den jeweiligen — von unten wirkenden — Windkesseldruck (Leitung l_{st}) und die Gegenkraft einer oder mehrerer Federn *222* bestimmt sind, den Hilfsschieber *231* wie nachfolgend beschrieben: Sobald der Manometerkolben *230*, mit steigendem Druck nach oben verschoben, in die Stellung Abb. 48a kommt, öffnen Bohrungen *4* im Schafte des Manometerkolbens die Druckölzuströmung zum Raume *c*, wodurch der Hilfsschieber *231* entgegen der Wirkung der Feder *232* in seine untere Endstellung gestoßen wird (Abb. 48b). Hierbei wird der bisher verschlossene Nebenauslaß *a* freigegeben, also somit dem von der Pumpe über Leitung l_{201} eingeförderten Öl freier Ablauf gewährt. Ein Rückströmen des Drucköles aus dem Windkessel wird durch ein beim Eintritt der Druckleitung l_{205} in diesen vorgesehenes Rückschlagventil verhindert (o b e r e   G r e n z e   d e s D r u c k i n t e r v a l l s).

Der Hilfsschieber *231* bleibt nun so lange in dieser der Pumpe Ablauf gewährenden Endstellung, bis der Druck im Windkessel auf einen Wert abgesunken ist, der den Manometerkolben *230* in die Stellung Abb. 48c bringt (u n t e r e   G r e n z e   d e s   D r u c k i n t e r v a l l s). In diesem Augenblick erhält über Steuerkante *2* und Nut *3* der Raum *c* Abströmung, wodurch die Feder *232* den Hilfsschieber *231* in die obere Endstellung (Abb. 48d) drückt. Nachdem hierdurch die Pumpe wieder in den Druckspeicher geschaltet ist, somit in diesem der Druck all-

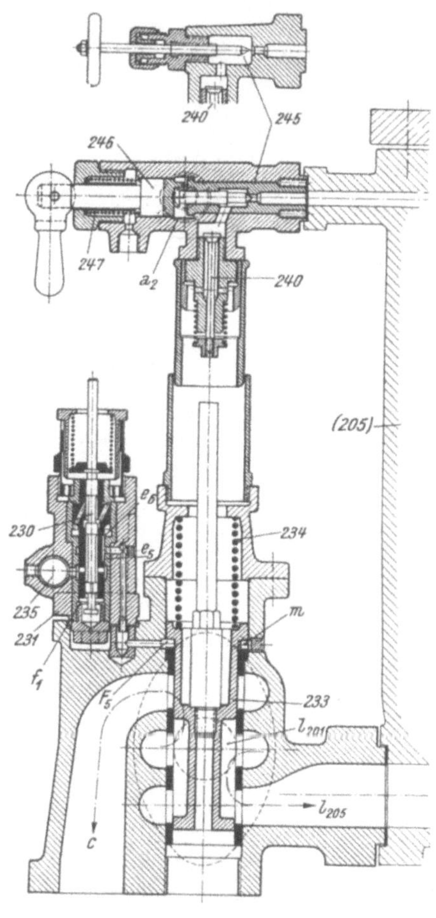

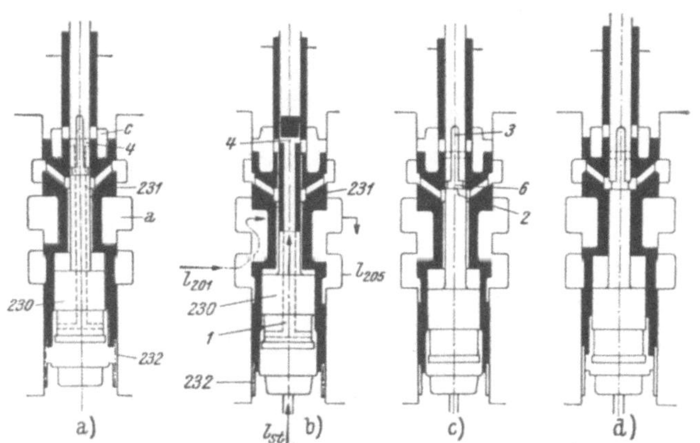

Abb. 48.
Abb. 49. (Maßstab 1:6.)

mählich ansteigt, wird der Manometerkolben *230* dem Hilfsschieber *231* nachgeführt, bis die in Abb. 48a dargestellte ursprüngliche Stellung des Mechanismus erreicht ist, wonach sich das Spiel bei Entnahme von Drucköl aus dem Speicher wiederholt. Die Größe des Druckintervalls ergibt sich nach der Wahl der Charakteristik der Feder *222* und der wirksamen Fläche des Manometerkolbens. Die absolute Lage der Druckgrenzen kann durch Änderung der Vorspannung der vorerwähnten Feder eingestellt werden.

Der die Umsteuerung durchführende Schieber kann auch vom Hilfsschieber getrennt angeordnet werden (Abb. 49 [23]). Der Vorsteuermechanismus *230, 231* arbeitet grundsätzlich wie vorher beschrieben, nur daß Aufwärtsverstellungen des Hilfsschiebers *231* unter Wirkung des auf seiner unteren Fläche f_1 dauernd lastenden Öldruckes erfolgen. An den Grenzen des Druckintervalls wird der Hilfsschieber *231* gegenläufig zur Bewegung des Manometerstiftes *230* von einer Endlage in die andere gestoßen, wodurch über die Steuerkante e_5 bzw. e_6 der Raum *m* unter der Steuerfläche F_5 des Umsteuerschiebers *233* entweder unter Druck gesetzt oder entlastet wird und damit letzterer in seine obere, bzw. unter der Wirkung der Feder *234* in seine untere Endstellung geht. Damit wird die über Zuleitung l_{201} eintretende Pumpenförderung wechselweise in den Ablauf c oder über Anschluß l_{205} zum Windkessel geschaltet. Die Zuführung des Steueröles zum Vorsteuermechanismus 230, 231 erfolgt über ein Filter 235, die Empfindlich-keit der Steuerung gegen Verunreinigungen be-rücksichtigend.

Eine Wechselschalteinrichtung, in welcher das vorhergehend besprochene, hinsichtlich seines Ansprechdruckes gesteuerte Sicherheitsventil Abb. 45 eingeordnet ist, ist u. a. schematisch in Abb. 50 [8] dargestellt. Die betriebsmäßige Schaltung der Pumpe je nach dem Zustande des Druckspeichers erfolgt durch den Wechsel-mechanismus Kolben 231, Manometerkolben 230 und den ihm folgenden Steuerstift 230a. Letz-terer veranlaßt, wie bereits mehrfach erörtert, den unter Wirkung des dauernden Druckes auf Fläche f_2 stehenden Hilfskolben 231, durch wechselweise Unterdrucksetzung bzw. Entlastung des Steuerraumes c die obere bzw. untere Grenz-lage einzunehmen, wodurch der Raum über Federkolben 227 unter Druck gesetzt bzw. ent-lastet wird und damit der Ansprechdruck des Sicherheitsventils 221 über den normalen Windkesseldruck erhöht, bzw. auf 1 bis 2 at herabgesetzt wird. Im ersteren Falle fördert die

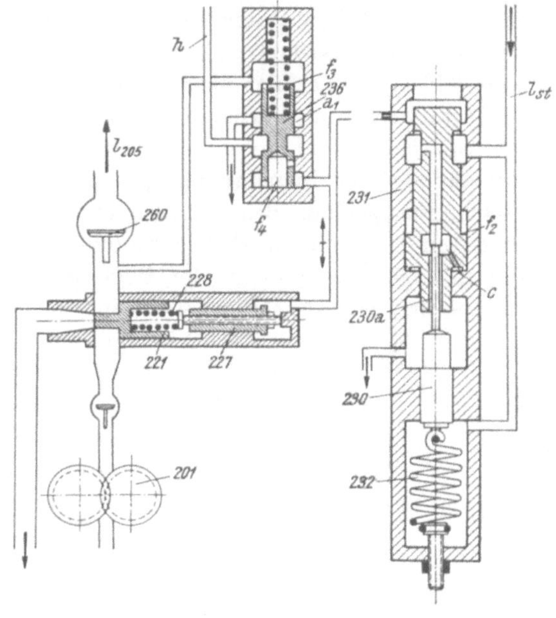

Abb. 50.

Pumpe 201 in den Windkessel, andernfalls unter dem für eine genügende Schmierung der Pumpe als erforderlich erachteten Druck in den Ablauf; ein Rückströmen des Drucköles aus dem Wind-kessel wird durch ein Rückschlagventil 260 ver-hindert. Die Bestimmung des Höchstdruckes durch das Sicherheitsventil läßt im Gegensatz zu den bisher besprochenen Schalteinrichtungen, die ein übergeordnetes Sicherheitsventil erfordern, um bei einem Versagen der Steuerung zu hohe Wind-kesseldrücke zu vermeiden, eine zusätzliche Über-wachung entbehren.

An Stelle der Steuerung des Schaltorgans durch einen Entweder-Oder-Mechanismus kann die Druck-intervallschaltung auch durch eine Auslegung der Steuerung erreicht werden, welche grundsätzlich mit der des Hochhubssicherheitsventils (Abb. 43) übereinstimmt (Abb. 51 [11, 12]) (19). Wie dort wird, sobald der Schaltkolben 230 die gezeichnete Stellung bei steigendem Druck erreicht, mit Beauf-schlagung des Raumes d_1 die Zusatzfläche f_2 am Kolben 230 unter Druck gesetzt und damit die Charakteristik der Steuerung nach 0 bis 2 (Abb. 44) verändert. Die dargestellte Schaltstellung des Kol-bens 230 wird somit bei sinkendem Druck bei einem

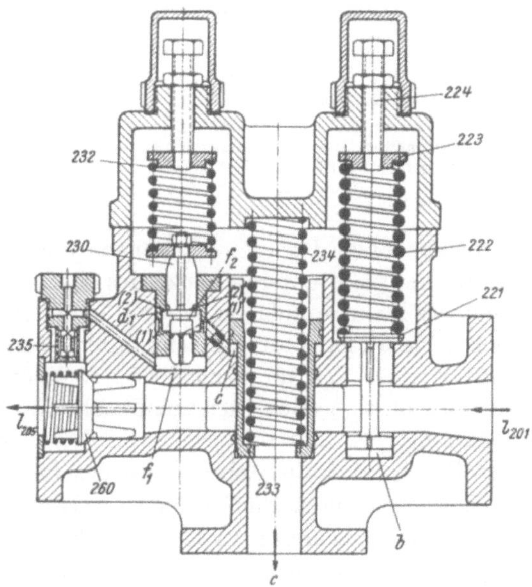

Abb. 51. (Maßstab 1:4.)

tieferen Wert desselben durchlaufen als umgekehrt. Die Arbeitsweise der Steuerung geht aus Abb. 51 hervor. Bei Eröffnung des Steuerweges 1 und Beaufschlagung des Raumes d_1 erfolgt mit Unterdrucksetzung des Raumes c der Anhub des Hilfsschiebers 233 und damit die Leer-schaltung der Pumpe, während umgekehrt bei Sperrung des Ölzuflusses über Steuerkante 1 und Gewährung des Abflusses aus Raum d_1 über Kante 2 der Schluß des Hilfsschiebers 233 unter Wirkung der Feder 234 vor sich geht. Entsprechend der druckverzögerten Rückstellung von *230* findet die Wiederanschaltung der Pumpe an den Windkessel bei einem geringeren Druck statt als ihre Ausschaltung.

Die Wechselschalteinrichtung ist mit dem den Speicher zusätzlich überwachenden Sicherheitsventil *221* sowie dem ein Rückströmen des gespeicherten Öles verhindernden Rückschlagventil *260* zu einer konstruktiven Einheit zusammengefaßt; die Belieferung des Steuermechanismus *230* bis *232* erfolgt über ein Filter *235*.

Kraftwerke im Verbundbetrieb mit einer nicht zu ungünstigen Lage zum Verbrauchszentrum lassen auch unter Voraussetzung einer Beteiligung an der Regelung der Frequenz unter Umständen eine Inanspruchnahme der Regelungseinrichtungen voraussehen, bei welcher eine Erschöpfungsgefahr des Windkessels durch einen übermäßigen Druckölverbrauch nicht zu erwarten ist; in diesem Falle kann die hinsichtlich ihrer Aufwendungen einfachere Überwachung der richtigen Arbeitsweise der Reglerpumpe genügen. Hierzu wird etwa der von der Reglerpumpe erzeugte Druck in Zeiten, in welchen durch den Wechselmechanismus die Bedingungen für die Einspeisung der Pumpe in den Windkessel herbeigeführt werden, mit dem Windkesseldruck verglichen. Hierzu dient das Hilfsventil *236* der Anordnung Abb. 50, dessen obere Kolbenfläche f_3 vom Drucköl aus der Pumpe *201*, dessen untere Steuerfläche f_4 über den Wechselmechanismus (Hilfskolben *231*) vom Windkessel her beaufschlagt wird. Sobald während der Periode der Einspeisung (Hilfskolben *231* in seiner oberen Endlage) der Windkesseldruck überwiegt — was als Kennzeichen dafür gelten kann, daß die Pumpenförderung verschwunden ist, bzw. nicht ordnungsgemäß in den Windkessel eingebracht wird —, tritt die Verstellung des Schaltkolbens *236* aus der dargestellten Lage nach oben mit Entlastung der Steuerleitung h nach Raum a_1 ein, wovon Hilfsschaltungen abgeleitet werden können, die zur Stillsetzung des Maschinensatzes führen.[1]

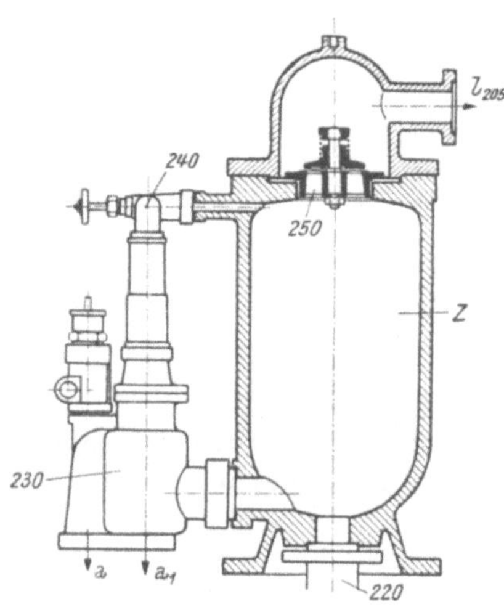

Abb. 52. (Maßstab 1:15.)

230 = Schaltmechanismus (Abb. 49), *Z* = Zwischenbehälter, *250* = Rückschlagventil, *220* = Sicherheitsventil, l_{205} = Leitung zum Windkessel.

Die bisher beschriebenen Einrichtungen dienen in erster Linie der selbsttätigen Aufrechterhaltung des betriebsmäßig vorgesehenen *Druckes* im Speicher unter möglichster Beschränkung des Kraftbedarfes; darüber hinaus ist jedoch auch für das Vorhandensein eines *Luftvolumens* zu sorgen, das die Entnahme jener aus betrieblichen Gründen bereitzustellenden Ölmenge ermöglicht, ohne daß die vorgesehene und unter Bedachtnahme auf die erforderlichen Verstellkräfte gewählte untere Grenze des Speicherdruckes unterschritten wird. Insofern es sich um bediente kleinere Anlagen handelt, kann die Ergänzung des in der Hauptsache durch Absorption sich mindernden Luftvolumens durch von der Pumpe mitgesaugte Luft erfolgen, deren Menge mittels eines von Hand einstellbaren Ventils an der Saugleitung geregelt wird *(Schnüffelung)*; der einfachste, jedoch auch unzulänglichste Vorgang, nachdem es hierbei zu einer innigen Durchmischung von Luft und Öl kommt,[2] wodurch neben einer Verminderung des Wirkungsgrades der Pumpe auch die Arbeitsweise des Reglers ungünstig beeinflußt werden kann. Diese Nachteile werden durch Einrichtungen vermieden, welche die Auf- oder Nachfüllung des Speicherluftraumes druckseitig vornehmen. Hierbei kann das Drucköl selbst zur Verdichtung der einzuführenden Luft herangezogen, bzw. können besondere Drucklufterzeugungseinrichtungen verwendet werden.

Bei Einrichtungen der erstgenannten Art wird zwischen Wechselventil *230* (Abb. 49) und Druckspeicher ein Zwischenbehälter *Z* [23], (Abb. 52), eingefügt, der während der Periode der Leerschaltung der Pumpe ebenfalls Abströmung erhält, sich entleert und mit Luft füllt, falls

---

[1] S. a. S. 174.

[2] Die Ansaugung der Zusatzluft wird zweckmäßig auf die Periode der Einspeisung des Drucköles in den Windkessel beschränkt; dies kann durch Steuerung der Luftzufuhr über den Umsteuerschieber (s. Abb. 47, Leitung l_L) erreicht werden.

letztere über das geöffnete Ventil *240* nachgesaugt werden kann. Dieser Luftinhalt wird dann nach erfolgter Umschaltung der Pumpe auf den Speicher zunächst zusammengepreßt und bei Erreichung des Speichergegendruckes über das Rückschlagventil *250* vor dem Öl in Form einer Blase in den Windkessel (l_{205}) eingeführt. Ventil *240* wirkt während der Zeit der Einspeisung als Rückschlagventil und wird nur während des Leerganges der Pumpe durch den dann in seiner oberen Lage stehenden Umlaufschieber *233* aufgestoßen.

Die Schnelligkeit der Entleerung kann durch entsprechende Einstellung des Drosselstiftes *245* beeinflußt, bzw. durch Abschluß des Lufteinlasses vollständig unterbunden werden. Damit läßt sich die bei jedem Spiel des Wechselmechanismus in den Windkessel eingebrachte Luftmenge beliebig einstellen.

Die selbsttätige Einhaltung eines bestimmten Ölstandes im Windkessel kann dadurch erzielt werden, daß die Luftansaugung nicht frei, sondern durch ein Rohr, welches bis an den Normalspiegel im Ansaugbehälter herabgeführt ist, vorgenommen wird. Bei zu tiefer Lage des letzteren, die bei richtiger Gesamtölmenge einer zu hohen Lage des Spiegels im Druckspeicher, also einem zu kleinen Luftvolumen entspricht, tritt Ansaugung von Luft ein, während diese dann unterbunden wird, wenn der Ölinhalt des Ansaugeraumes und damit der Luftraum im Speicher ihre vorgeschriebenen Werte annehmen. Dieser Vorgang trägt in sich die Unsicherheit, daß es bei Minderungen des Gesamtölinhaltes durch Verluste, der mittelbaren Erfassung des Speicherölinhaltes halber, zu einer unzulässigen Vergrößerung des Luftinhaltes kommen kann. Damit erscheinen jene Einrichtungen zuverlässiger, welche unmittelbar von Änderungen des Spiegels im Druckspeicher selbst den Zusatz von Luft bzw. dessen Unterbindung ableiten.

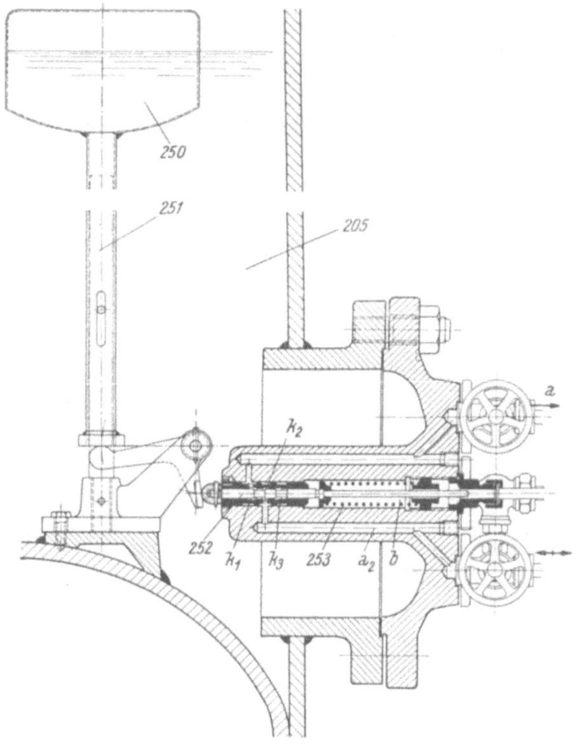

Abb. 53. (Maßstab 1:10.)

Hierzu wird das für die Einstellung der angesaugten Luftmenge bestimmte Ventil *245* (Abb. 49a) mit einem Hilfskolben *246* versehen, der, bei übernormalem Ölspiegel im Windkessel durch Drucköl beaufschlagt, die Öffnung des Ventils herbeiführt, während anderseits bei normalem oder zu großem Luftinhalt des Windkessels der Ventilstift *245* mit Entlastung des Raumes a_2 unter Wirkung der Feder *247* geschlossen bleibt.

Um die ohne Beeinträchtigung ihrer Beweglichkeit schwer zu dichtenden Ausführungen aus dem Windkessel zu vermeiden, ist die Hilfssteuerung zur Gänze in das Windkesselinnere verlegt (Abb. 53 [23]); sie besteht aus dem Schwimmergewicht *250*, dessen Verstellungen auf den durch die Feder *253* kraftschlüssig mitbewegten Steuerstift *252* übertragen werden. Während bei normalem bzw. unternormalem Spiegel im Windkessel die unter den Hilfskolben *246* (Abb. 49) führende Steuerleitung a_2 über die Kammern k_1, k_2 mit dem Auslauf in Verbindung steht, tritt mit steigendem Schwimmer *250* die Umschaltung der Kammer k_2 auf den an das Drucköldsystem angeschlossenen Raum k_3 ein, wodurch die Steuerleitung mit der obenbezeichneten Wirkung unter Druck gesetzt wird. Durch die willkürlich einleitbare Beaufschlagung des Raumes b mit Drucköl aus dem Windkessel kann die Wirkung des Schwimmers aufgehoben, also die dauernde Belieferung mit Luft angestellt werden.

Für Zentralen mit mehreren geregelten Maschinensätzen rechtfertigt der Vorteil nahezu sofortiger Betriebsbereitschaft die Aufstellung von Luftspeicheranlagen bzw. Luftverdichtern zur Versorgung der Speicher mit Druckluft. Im ersteren Falle kann entweder durch Hand-

betätigung fallweise, bzw. selbsttätig durch eine Schwimmereinrichtung gemäß Abb. 54 [1]
die Nachfüllung des Windkessels (l_{299}) zur Erhaltung eines bestimmten Luftvolumens bewirkt
werden. Die Lage des Ölspiegels, bei welcher die Öffnung des Ventils *255* eintritt, läßt sich
durch die Spannung der Feder *256* in den erforderlichen Grenzen einstellen.

Luftverdichter lassen mit geringerem Aufwand und praktisch ebenfalls genügender Raschheit
die Betriebsbereitschaft des Druckspeichers herbeiführen; die laufende Nachfüllung des Windkessels zur Erhaltung des Luftvolumens kann durch fallweise Einschaltung des Kompressor-
motors über eine Kontakteinrichtung, die von einem auf dem Ölspiegel im Windkessel liegenden
Schwimmer geschaltet wird, herbeigeführt, bzw. selbsttätigen Einrichtungen[1] übertragen werden.

Die beschriebenen Vorkehrungen entlasten das Bedienungspersonal von Maßnahmen zur
Erhaltung des ordnungsmäßigen Zustandes des Speichers während des Betriebes. Darüber
hinaus bestimmt der Umstand, daß der Druckspeicher eine Energiequelle beschränkter Arbeitsfähigkeit darstellt, die Notwendigkeit zusätzlicher und einer Selbststeuerung zu übertragenden
Maßnahmen, die der Einleitung des Schließvorganges
des Regelorgans bei zu weiter Entladung des Speichers,
bzw. in vollkommenster Ausführung der Abschaltung
des letzteren vor seiner Erschöpfung dienen.

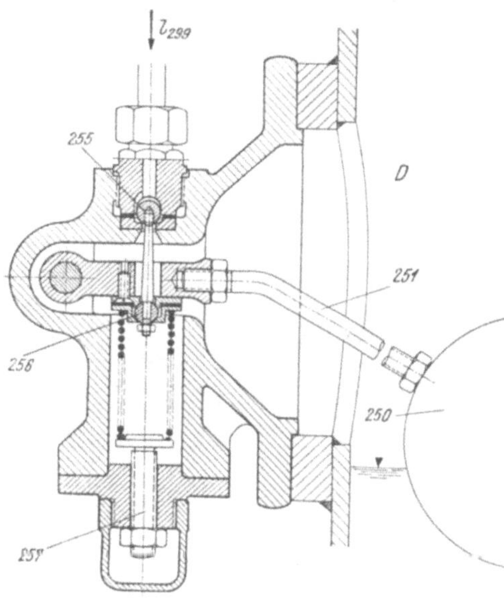

Abb. 54. (Maßstab 1:5.)

Die Erfassung des erstgenannten Gefahrenfalles
durch manometrische Schaltgeräte[2] (Öldruckrelais),
welche selbsttätig den Schluß des Reglers herbeiführen, ist für größere Anlagen als unbedingt notwendig zu bezeichnen; der Gefahr der Erschöpfung
wird in erster Linie durch reichliche Auslegung des
Druckspeichers zu begegnen sein. Um jedoch eine
vollständige Entleerung des Speichers mit Eindringen
von Luft in die Regeleinrichtungen mit Sicherheit zu
verhindern, bedarf es der Abtrennung des Druckspeichers von den Regelungseinrichtungen durch selbsttätige Absperrventile noch vor Eintritt des genannten,
die Gefahr schwerer Funktionsstörungen der Regelung
in sich bergenden Zustandes.[3] Dieser Vorgang der
Abtrennung muß jedoch im allgemeinen von zusätzlichen Maßnahmen begleitet werden, die die Feststellung des Leitapparates in der — durch den vorher-
gegangenen Abstellvorgang erreichten — Schlußlage durchführen, um ein Wiederöffnen unter
dem Einfluß etwaiger Wasserdruckmomente bei fehlendem Öldruck zu verhindern. Hierzu
werden besondere Verriegelungsmechanismen, bzw. selbsttätige Abhängigkeitssteuerungen der
Kupplungseinrichtungen im mechanischen (Hand-) Antrieb des Arbeitswerkes notwendig.

Mit den letztgenannten Maßnahmen — selbsttätiges Absperrventil zum Druckspeicher,
automatische Feststelleinrichtungen für die Handregelung bzw. Regelorgane — sowie jenen
zur selbsttätigen Betriebsbereithaltung werden unter einem auch die Bedingungen geschaffen,
die die betriebstechnisch durchaus berechtigte Forderung einer Bedienung des Windkesselreglers gleich einfach der bei Durchflußreglern erfüllen lassen. Die letztere auszeichnende
sofortige Betriebsbereitschaft kann auch für den Windkesselregler bzw. seine Druckölerzeugungsanlage in praktisch befriedigender Weise durch die im vorhergehenden beschriebenen Maßnahmen
zur Auffüllung des Druckspeichers mit Druckluft herbeigeführt werden. Somit erscheinen
für Windkesselregleranlagen auch die Voraussetzungen geschaffen, die zu einer Betriebsführung

---

[1] S. S. 32, 33.

[2] Hierbei sind Kolbenanordnungen Kontaktmanometern vorzuziehen.

[3] Hierzu kann das Absperrventil einem Schwimmer unterstellt werden, der bei zu tiefem Absinken des Ölspiegels im Windkessel den Schluß des ersteren veranlaßt (Woodward Governor Co.).
Mittelbar kann der Eintritt des vorgenannten Gefahrenfalles aus dem zu tief abgesunkenen Öldruck
gefolgert werden.

beitragen, bei welcher das Bedienungspersonal nur mit der Einleitung der notwendigen Betriebsmaßnahmen, nicht mit deren richtiger Abwicklung befaßt wird und damit seine ganze Aufmerksamkeit der Betriebsgestaltung selbst widmen kann, was insbesondere für Großkraftanlagen zu fordern ist. Über die Durchbildung derartiger Einrichtungen bringen spätere Abschnitte Näheres.

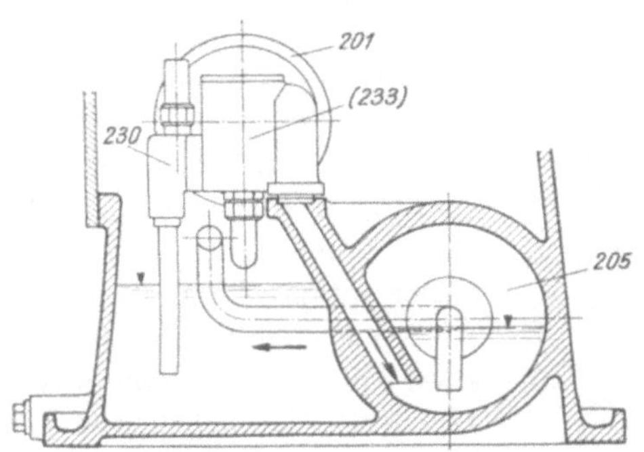

Abb. 55. *205* = Windkessel, *201* = Reglerpumpe, *230, 233* = Entweder-Odermechanismus.

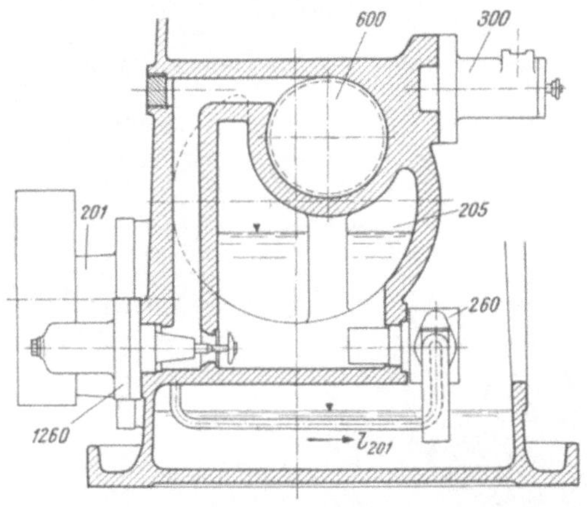

Abb. 56. *210* = Zahnradpumpe, *205* = Druckspeicher, *260* = Umschaltventil, *300* = Steuerventil, *600* = Arbeitszylinder, *1260* = selbsttätiges Windkesselabsperrventil.

Was die *Anordnung* der *Druckspeicher* anbelangt, so werden diese für Regler kleineren und mittleren Arbeitsvermögens zweckmäßig konstruktiv mit dem gleichzeitig als Ölbehälter zu verwendenden Regleruntersatz vereinigt (Abb. 55). Durch entsprechende Anordnung lassen sich Leitungen vom Windkessel zum Steuerventil, die ein eventuelles Unsicherheitsmoment bedeuten könnten, vermeiden, wie die in Abb. 56 dargestellte Ausführung erkennen läßt. Gußtechnische Er-

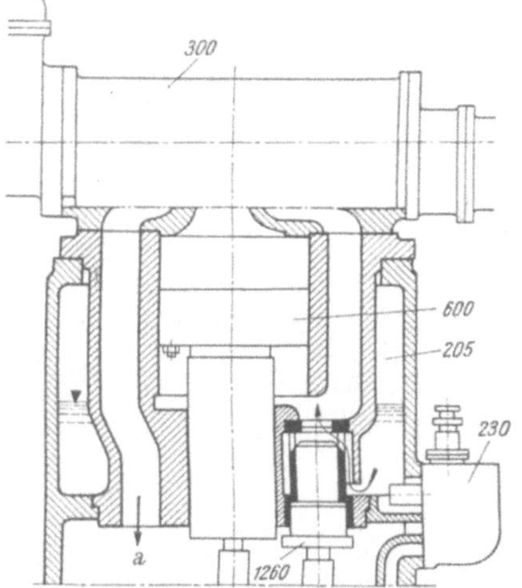

Abb. 57. *205* = Druckspeicher, *230* = Schaltmechanismus, *300* = Steuerventil, *600* = Arbeitswerk, *1260* = selbsttätiges Absperrventil.

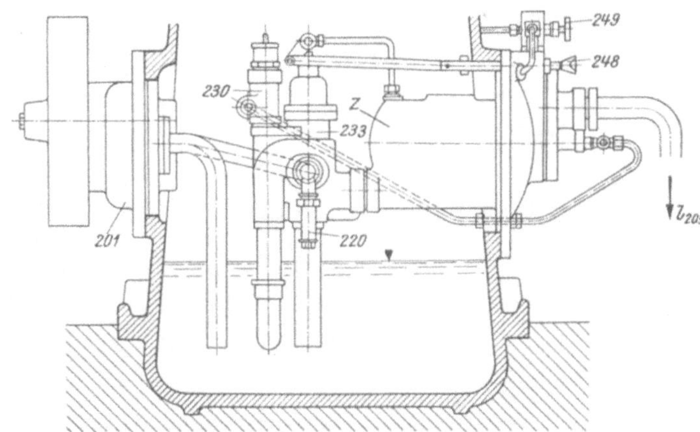

Abb. 58. *201* = Zahnradpumpe, *230, 233* = Wechselschaltmechanismus, *220* = Sicherheitsventil, *Z* = Zwischenbehälter, *248* = Handzug zum Drosselventil (*245*, Abb. 49), *249* = Probierventil.

leichterungen sowie eine gedrängte Bauart unter Vermeidung einer Rohrleitung zwischen Windkessel und Steuerventil bietet die Anordnung Abb. 57, bei der der Speicherraum *205* den Arbeitszylinder *600* umschließt.

Für Serienregler mittleren Arbeitsvermögens werden zweckmäßig Pumpe *201* und Hilfsmechanismus *230, 233, Z* zum Druckspeicher mit dem eigentlichen Regler vereinigt (Abb. 58), im übrigen der Druckspeicher als gesonderter Behälter aufgestellt, womit den im einzelnen vorliegenden Betriebsbedingungen durch die Größe des Windkessels, also der gespeicherten Ölmenge, Rechnung getragen werden kann.

Für Großkraftregler, die gewöhnlich unabhängigen Antrieb der Ölpumpe erhalten, werden letztere sowie Windkessel und Ölbehälter unter Einbeziehung aller zugehörigen Schalteinrichtungen vorteilhaft zu einer Gruppe vereinigt (Abb. 59).

Zur Ausschaltung schädlicher Verzögerungen im Regelvorgang durch die Massenwirkung längerer Ölsäulen empfiehlt sich die Aufstellung des Windkessels möglichst nahe dem Verteil- und Arbeitsmechanismus des Reglers.

Zur Beobachtung des Ölstandes im Windkessel sind Standgläser entsprechend starker Konstruktion — mit selbsttätiger Absperrung der Verbindung bei Bruch oder Undichtheiten — vorzusehen und zu ergänzen durch Einrichtungen, die unabhängig davon auf die Lage des Ölspiegels schließen lassen, wozu etwa der Druckbehälter in Höhe des normalen Ölspiegels, bzw.

Abb. 59.

ober- und unterhalb dieser Lage über Probierhähne angezapft wird. Die Abb. 60, 61 stellen Ausführungsformen von Ölstandsanzeigern dar, Abb. 62 zeigt die Ausbildung der letzterwähnten Prüfeinrichtung.

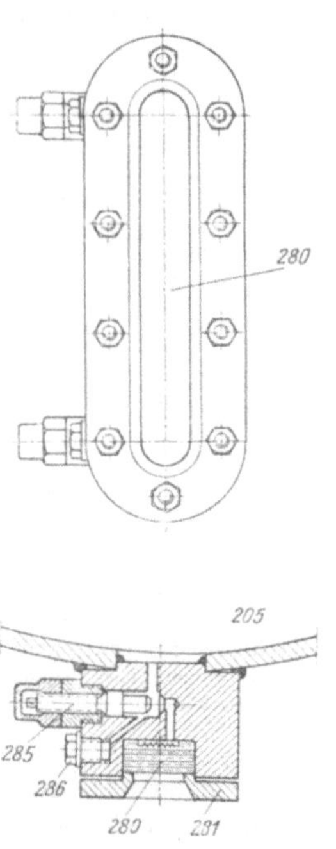

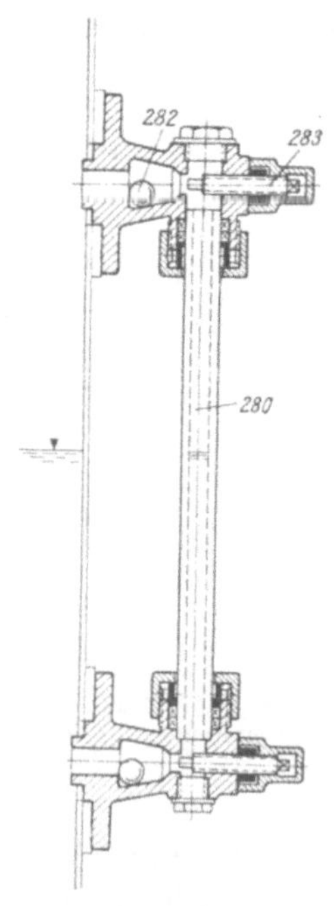

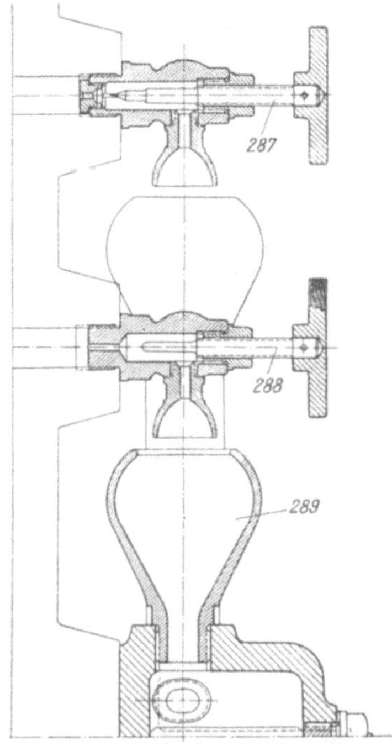

Abb. 60. *205* = Druckspeicher, *280* = Reflexglas, *281* = Rahmen, *285* = Absperrkegel, *286* = Probierschraube.

Abb. 61. *280* = Standglas, *282* = Bruchverschluß, *283* = Abdrückschraube.

Abb. 62. *287, 288* = Nadelventile, *289* = Auffangtrichter.

Die mit der Speicherung des Drucköles zusammenhängenden Einrichtungen können in Kraftanlagen mit mehreren geregelten Maschinensätzen entweder dem Regler jedes Aggregates zugeordnet, bzw. für alle Regler gemeinsam einmalig vorgesehen sein. Bei ersterer Anordnung,

bei der jeder Maschinensatz eine vollständig für sich betriebsfähige Einheit aus Regelungseinrichtung und Druckölerzeugungsanlage besitzt, werden zweckmäßig wahlweise schaltbare
Verbindungen[1] zwischen den Druckwindkesseln und Ölbehältern vorgesehen, wodurch die Möglichkeit der Betriebserhaltung eines von einer Störung in der Druckölerzeugungsanlage betroffenen
Maschinensatzes gegeben ist. Dieses Vorteiles entbehrt die zentralversorgte Anlage, die überdies
infolge der erforderlichen großen Leitungslängen zwischen Regelungseinrichtung und Druckspeicher Stoßwindkessel in nächster Nähe des Reglers notwendig machen kann. Aus den vorstehenden Gründen erklärt sich ihre seltenere Anwendung.

Der *Bemessung* der *Druckspeicher* ist die nach der Art des Betriebes vorauszusehende größte
Entnahme durch kurzzeitig aufeinanderfolgende Schaltvorgänge[2] zugrunde zu legen. Nachdem
die hauptsächlichste Anwendung selbsttätiger Regler in das Gebiet der Erzeugung elektrischer
Energie fällt, hierbei durch Störungen im Zusammenschluß der Erzeugungsstellen die verhältnismäßig schwersten Anforderungen an die Regelungseinrichtungen gestellt werden, sind
die normalen Formen auf die Erfordernisse elektrischer Betriebe abgestimmt. Stärksten Beanspruchungen, wie sie etwa durch Kurzschlußvorgänge und daran anschließende Schaltungen, bzw.
durch gelegentlich auftretende Netzschwingungen entstehen können, wird bei einer Auslegung
des Windkessels entsprochen werden können, welche den betriebsmäßigen Mindestwert des
Speicherdruckes — bei welchem die Abstellungseinrichtungen in Tätigkeit treten — höchstens
bei einer Entnahme gleich dem fünf- bis sechsfachen Hubvolumen des versorgten Reglers eintreten läßt. Hierbei kann für die Berechnung des erforderlichen Luftinhaltes, ausgehend von
der unteren Schaltgrenze, adiabatische Expansion desselben mit Werten des Exponenten
zwischen 1,28 und 1,35 angenommen werden. Bei größeren An-
lagen und längeren Regelzeiten kann die während dieser Zeit erfolgte
Einförderung der Reglerpumpe berücksichtigt werden.

Der Höchstdruck im Speicher erscheint in zeitgemäßen Ausführungen mit Rücksicht auf einen noch als wirtschaftlich an-
zusprechenden Druckölverbrauch der Regelungseinrichtungen im
Beharrungszustand nicht über 25 at gewählt. Bestimmend hierfür
ist auch die Tatsache, daß durch die Anwendung höherer Arbeitsdrücke eine wesentliche Verbilligung der Regelungseinrichtungen —
der einzige Grund, der hierfür sprechen könnte — nicht mehr
erzielt wird.

f) Zubehör.

Der Reinhaltung des Betriebsöles ist mit Rücksicht auf die
Empfindlichkeit der Pumpen sowie der bewegten Steuerteile gegen
Verunreinigungen die größte Aufmerksamkeit zu schenken. Die
Filtrierung des Arbeitsöles erfolgt zweckmäßig in einer der zur
Vermeidung eines Schäumens des Öles unter dem Spiegel im Öl-
behälter geführten Abflußleitung. Eine bewährte Ausführung eines
Filters für Regler mittlerer Größe stellt Abb. 63 dar. Hierbei
wird immer nur ein Teilstrom des Öles durch das Filter geleitet

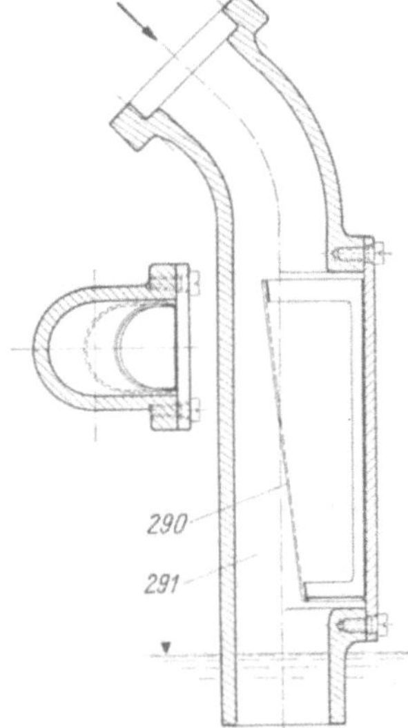

Abb. 63. *290* = Filtereinsatz, *291* = Ablaufrohr.

und damit die Bedingung eines nur gering vermehrten Abströmwiderstandes auch bei ver-
legtem Filter erfüllt.

Besonders empfindliche Ölkreise, wie etwa die der Vorsteuerung dienenden, erhalten häufig
noch getrennte, in der Regel umschaltbare Doppelfilter zur Reinigung während des Betriebes
(Abb. 64).

---

[1] Falls die Zuschaltung des gestörten Systems selbsttätig erfolgen soll, können doppelseitig
wirkende Rückschlagventile angeordnet werden, die jedoch erst bei einem Absinken des Druckes
unter den infolge der normalen Intervallschaltung betriebsmäßig eintretenden Mindestöldruck zur
Wirkung kommen dürfen.

[2] Hierbei ist, falls der Druckspeicher auch zur Belieferung zusätzlicher Einrichtungen, wie der
hydraulischen Antriebe von Absperrorganen, herangezogen wird, deren Druckölbedarf unter Berücksichtigung der zeitlichen Einfügung hinzuzurechnen.

Großkraftregleranlagen benötigen für die Aufnahme der relativ großen Ölmengen besondere Behälter, die getrennte Rein- und Abölräume aufweisen, deren Verbindung zweckmäßig über die Filteranlage hergestellt wird. Die Filterkörper *290* (Abb. 65) werden dann einzeln ziehbar gemacht und erhalten Schmutzfänger *293*, um den Abfall anhaftender Verunreinigungen in den Reinölraum r_2 bei Aushebung der Filtereinsätze zu verhindern. Der Stand des Ölspiegels im Rein- bzw. Abölraum (r_2, r_1) wird durch gesonderte Schwimmer *294*, *295* angezeigt, um Ölverluste, bzw. die Notwendigkeit der Filterreinigung erkennen zu lassen.

Etwa notwendige Ölkühlanlagen werden nach üblichen Grundsätzen gebaut, wobei Röhrenbündelkühlern mit Rücksicht auf die leichte Reinigung der Vorzug zu geben ist.

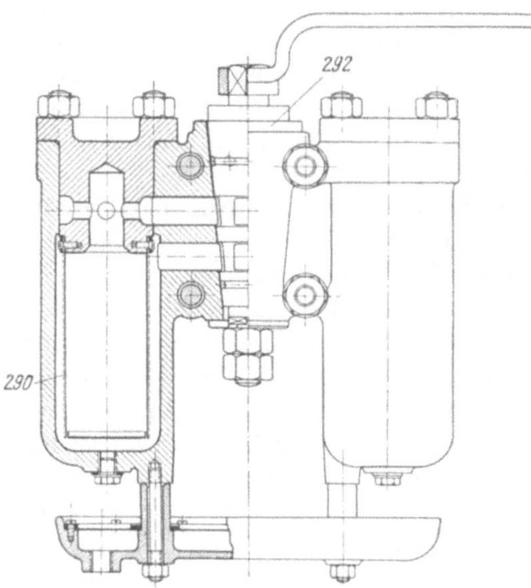

Abb. 64. *290* = Filterkorb, *292* = Dreiweghahn.

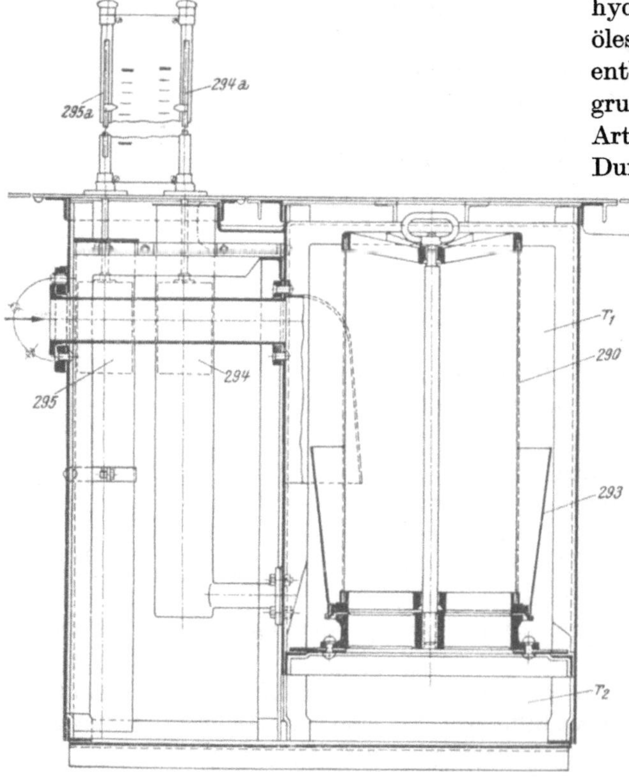

Abb. 65. (Maßstab 1:17.)
290 = Filterkorb, *293* = Schmutzfänger, *294*, *295* = Schwimmer,
294 a, *295 a* = Anzeigevorrichtungen.

III. Druckölverteilung.
a) Steuerventile.

Die Verteilung des zur Beaufschlagung des hydraulischen Kraftgetriebes bestimmten Drucköles wird im allgemeinen über Kolbenschieber entlasteter Bauart vorgenommen, wobei deren grundsätzliche Ausbildung einerseits durch die Art der Druckölbereitstellung (Windkessel- oder Durchflußregler), anderseits durch die Auslegung des Arbeitsgetriebes — ob einseitig oder beidseitig gesteuert — bedingt ist.

Die Durchbildung eines Steuerventils einfachster Bauart, zu einem Durchflußregler neuzeitlicher Bauart, jedoch kleinen Arbeitsvermögens gehörend, zeigt Abb. 66 [2]. Um den dauernden Kraftverbrauch der Regelung, der im wesentlichen durch die Leistungsaufnahme der Reglerpumpe gekennzeichnet ist, möglichst zu beschränken, findet die Durchleitung der in den Raum *a* unmittelbar eingeleiteten Förderung der Reglerpumpe durch die in und nahe der Mittelstellung geöffneten Steuerwege e_1 zwischen Schaltkolben *301* und Gehäuse *310* über die Kammern *b*, die je mit einer Seite des Arbeitszylinders in Verbindung stehen, nach den Abläufen *c* hin statt. Durch eine Verschiebung des Steuerkolbens *301* aus der Lage allseits gleicher Drosselwirkungen an den Steuerkanten (Mittelstellung) kann am Arbeitskolben der jeweils notwendige Druckunterschied zum Ausgleich bestehender Haltekräfte bzw. Verstellwiderstände der Leitvorrichtung herbeigeführt werden. Letztere bestimmen somit eindeutig den erforderlichen Pumpendruck, während die sekundliche Fördermenge der Reglerpumpe die größte Regelgeschwindigkeit festlegt; letztere tritt ein, sobald die Verschiebung des Steuerkolbens aus seiner Mittellage mindestens gleich den negativen Überdeckungen (e_1) der Steuerwege ist.

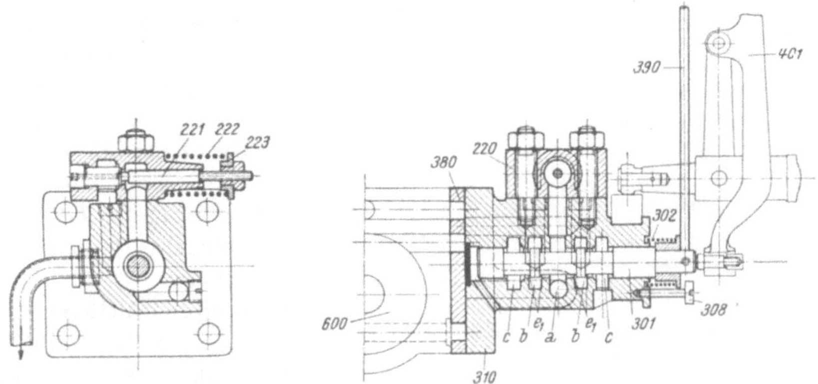

Abb. 66. Steuerventil zu einem Durchflußregler 50 mkg. (Maßstab 1:5,5.)

Abb. 67 zeigt ein ebenfalls für einen Durchflußregler bestimmtes Steuerventil [11, 12], bei welchem durch eine besondere Ausbildung der die Abströmung steuernden Kanten e_2' und e_2'' in der Nähe der Mittellage des Ventilkolbens eine derart kräftige Drosselung des ausgeschobenen Ölstromes erzielt wird, daß es zu einer teilweisen Entlassung der Pumpenförderung über das Sicherheitsventil und damit zu einer Herabsetzung der Regelgeschwindigkeit kommt. Da der folgerichtig für die Mittellage vorgesehene

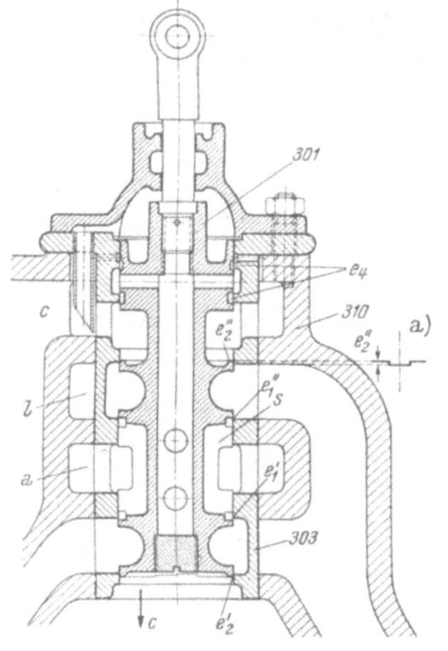

Abb. 67. (Maßstab 1:6).

301 = Steuerkolben, *303* = (feste) Steuerbüchse, *310* = Steuerventilgehäuse.

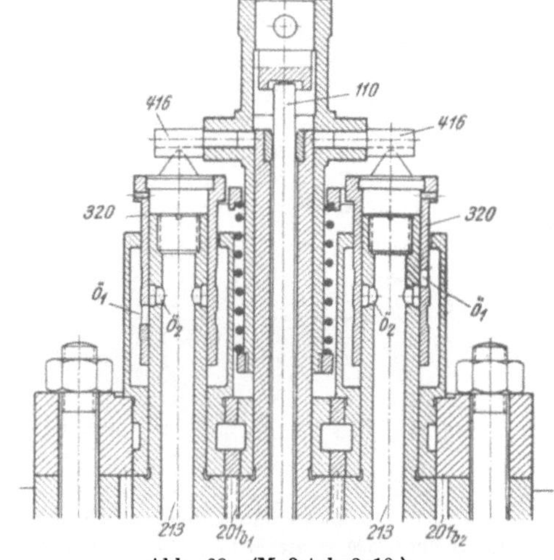

Abb. 68. (Maßstab 3:10.)

völlige Abschluß der Abströmsteuerung (e_2) die Ausblasung der Pumpenförderung unter dem Sicherheitsventildruck während Beharrungszuständen nach sich ziehen würde, ist zur Vermeidung dieses leistungsvergeudenden Zustandes die Entlastungssteuerung e_4 vorgesehen, die um die Mittelstellung des Steuerkolbens der Pumpenförderung Abströmung gewährt und infolge welcher sich der Pumpendruck gemäß den Erörterungen des vorhergehenden Abschnittes nur entsprechend der jeweils bestehenden Haltekraft einstellt.

Die beschriebene kombinierte Steuerung wird bei Durchflußreglern, die nur eine einzige, der maximalen Regelgeschwindigkeit angepaßte Pumpe verwenden, bedeutsam durch die regeltechnisch erwünschte Herabsetzung der Arbeitsgeschwindigkeit bei kleinen Belastungsänderungen.

Die getrennte Bereitstellung des Drucköles für die Öffnungs- bzw. Schließseite des Arbeitszylinders durch je eine Zahnradpumpe ermöglicht die einfache Ausbildung der Steuerorgane
und deren unmittelbare organische Zusammenfassung mit der Pumpengruppe Abb. 68 [14].
Der jeweilige Pumpendruck wird hierbei bestimmt durch die relative Lage der Steueröffnungen $ö_1$

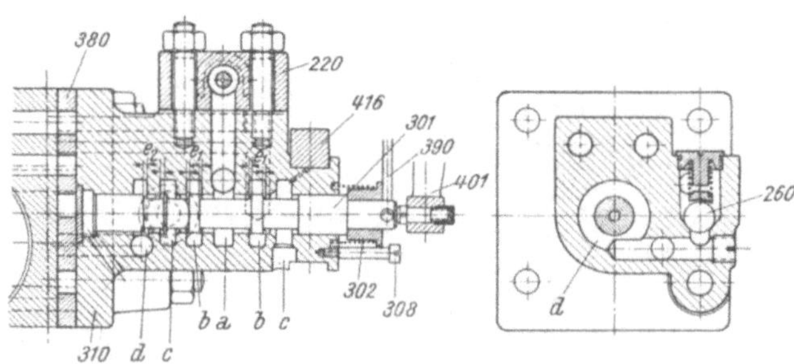

in den Hülsen *320* gegenüber den Steuer-
schlitzen $ö_2$, an denen über die hohl-
gebohrten Pumpenwellen *213* Öl aus dem
Druckraum der zugehörigen Pumpe ansteht. Die Steuerhülsen *320* selbst unterliegen dem zusammengesetzten Einfluß
des Pendels (Stift *110*) und der über
die Keilflügel *416* eingeleiteten Rückführbewegung.

Von einer mittleren Lage gleicher
Drosselquerschnitte und damit Pumpendrücke aus bewirken bei der dargestellten relativen Anordnung der
Steueröffnungen in Führung *213* und

Abb. 69. Steuerventil zu einem Durchfluß-Verbundregler 100 mkg.
(Maßstab 1:5,2.)
301 = Steuerkolben, *302* = Feder, *308* = Hubbegrenzung, *310* =
Steuerventilgehäuse, *380* = Wechselplatte, *220* = Sicherheitsventil,
260 = Rückschlagventil, *416* = Rückführkeil.

Hülse *320* gleiche Verschiebungen der letzteren die gegensinnige Änderung der Drosselungen
und damit der Pumpendrücke mit Herbeiführung entsprechender Kolbenkräfte. Die Verwendung der verlängerten Pumpenwellen zur Ölzuleitung und Führung der Steuerhülsen auf ersteren
liegt im Sinne der Einfachheit der Anordnung, die der relativen Drehung der Steuerhülse halber
mit nur geringen Verstellkräften für letztere behaftet ist.

Die grundsätzliche Auslegung der Schaltkolben für Durchfluß-Verbundregler ist bereits
früher erörtert worden. Die konstruktive Durchbildung des Steuerventils [2] eines derart
ausgelegten Reglers mit den aus der Anwendung dieser Grundsätze folgenden Zusatzeinrich-

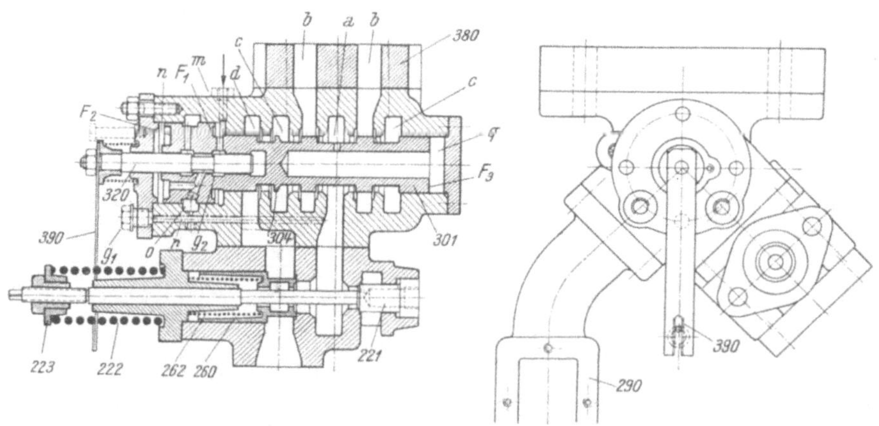

Abb. 70. Steuerventil zu einem Durchfluß-Verbundregler 400 mkg. (Maßstab 1:6.)
301 = Steuerkolben, *320* = Steuerstift, *390* = Schüttelantrieb, *380* = Wechselplatte, *221—223* = Sicherheitsventil, *260—262* =
Rückschlagventil, *290* = Filter.

tungen zeigen Abb. 69 und 70. Die Einschaltung der Förderleistung der großen Pumpe
in den Arbeitskreis erfolgt bei Verschiebungen des Steuerventils *301* um die (negativen) Überdeckungen e_2, in welchem Falle die bis dahin frei abfließende, in Raum *d* eingebrachte Ölförderung
infolge Sperrung des Abflusses über e_2 über das Rückschlagventil *260* in den Verteilraum *a* strömt,
um gemeinsam mit der Liefermenge der kleinen Pumpe über den Steuerkolben *301* nach einer
der beiden Zylinderseiten geleitet zu werden. Die Überdeckungen e_2 sind normalerweise derart
gewählt, daß die volle Einschaltung der Förderung der großen Pumpe und damit die maximale
Regelgeschwindigkeit bei Drehzahlabweichungen von 1 bis 2% erreicht wird.

Die Schaltkolben von W i n d k e s s e l r e g l e r n unterscheiden sich grundsätzlich von den für
Durchflußregler verwendeten nur durch die Anwendung positiver Überdeckungen, also ge-

schlossener Steuerwege e_1 im Beharrungszustand; eine Ausbildung, die mit Rücksicht darauf erfolgt, daß das Trieböl einem Druckspeicher entnommen wird. Im Gegensatz zum Durchflußregler steht zur Deckung der Steuerventilverluste, Erzeugung der Durchströmgeschwindigkeit durch Steuerventil und Leitungen sowie der bezogenen Massenbeschleunigungen ein für die jeweilige Leitapparatstellung eindeutig festliegendes Druckgefälle, bestimmt durch die Differenz von Speicherdruck und jeweiligen Rückdruck der Leitvorrichtung, zur Verfügung. Gemäß dieser Beziehung stellt sich die durch das Ventil strömende Ölmenge ein, welche ihrerseits die Regelgeschwindigkeit[1] abhängig vom jeweils eingestellten Ventilquerschnitt festlegt, so daß durch Veränderung des letzteren im Gegensatz zum Durchflußregler eine gleichsinnige Änderung der Regelgeschwindigkeit herbeigeführt werden kann.

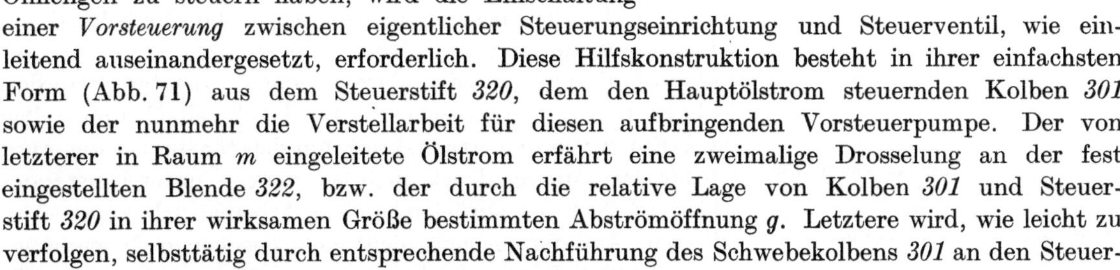

Abb. 71.

b) Vorsteuerungen.

Für Steuerventile, welche einigermaßen größere Ölmengen zu steuern haben, wird die Einschaltung einer *Vorsteuerung* zwischen eigentlicher Steuerungseinrichtung und Steuerventil, wie einleitend auseinandergesetzt, erforderlich. Diese Hilfskonstruktion besteht in ihrer einfachsten Form (Abb. 71) aus dem Steuerstift *320*, dem den Hauptölstrom steuernden Kolben *301* sowie der nunmehr die Verstellarbeit für diesen aufbringenden Vorsteuerpumpe. Der von letzterer in Raum *m* eingeleitete Ölstrom erfährt eine zweimalige Drosselung an der fest eingestellten Blende *322*, bzw. der durch die relative Lage von Kolben *301* und Steuerstift *320* in ihrer wirksamen Größe bestimmten Abströmöffnung *g*. Letztere wird, wie leicht zu verfolgen, selbsttätig durch entsprechende Nachführung des Schwebekolbens *301* an den Steuerstift *320* immer wieder in einer Größe angestrebt, welche den zur Herbeiführung des Gleichgewichtes aller am Schwebekolben wirkenden Kräfte — Strömungsrückdrücke an den Steuerkanten, Druck im Raum *m* usw. — erforderlichen Druck im Raum *n* herbeiführt. Da Verschiebungen des Steuerstiftes gegen die Blendenöffnung *g* um Bruchteile von Millimetern bei entsprechender Form des Steuerstiftes und Wahl der Blendenöffnungen den Zwischendruck im Raume *n* in starkem Maße beeinflussen, bedingen Verstellkräfte am Schwebekolben nur geringe relative Verschiebungen im System selbst mit vernachlässigbarem Einfluß auf den Gleichlauf der dem Vorsteuerstift nachgeführten Ventilteile.

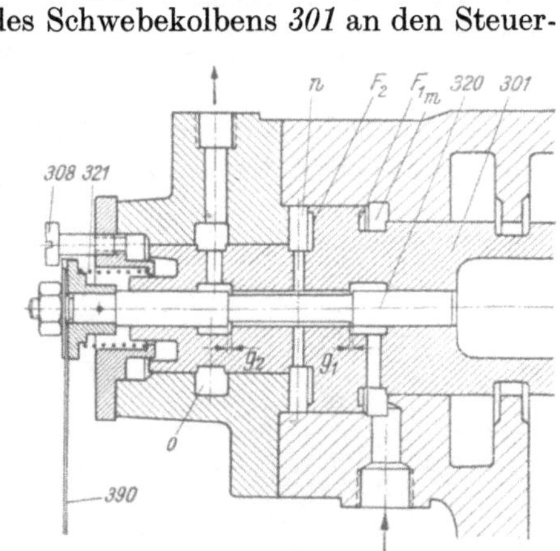

Abb. 72. (Maßstab 1:3.)

Die gegensinnige Änderung *beider* Drosselquerschnitte g_1 und g_2 wird durch den in Abb. 72 dargestellten Vorsteuermechanismus herbeigeführt, bei welchem der Steuerstift *320* den Ölstrom an den Kanten (g_1) und (g_2) drosselt. Auch hier besteht eine eindeutig bestimmte Lage von Steuerstift und Schwebekolben im Gleichgewichtszustand, welche nach erzwungenen relativen Verschiebungen zwischen den genannten Organen immer wieder angestrebt wird.

So bewirken Verstellungen des Steuerstiftes *320* nach links eine verstärkte Drosselung, bzw. den Abschluß der Steuerung g_1 und eine erweiterte Eröffnung der Steuerung g_2 mit Entlastung des Raumes *n*, wodurch der Schwebekolben *301* dem Steuerstift *320* bis zur Wiederherstellung der dem Gleichgewicht entsprechenden Drosselquerschnitte g_1 und g_2 nachgeführt

---

[1] Die Abhängigkeit von der Viskosität kann durch entsprechende Ausbildung der Steuerkanten wesentlich herabgesetzt werden (s. Abb. 88).

wird. Bei Verstellungen des Steuerstiftes in der anderen Richtung erfolgt mit Abschluß der Steuerung g_2 der Druckausgleich zwischen den Räumen m und n und die Nachstellung des Schwebekolbens unter Wirkung der überwiegenden Stellkraft auf Fläche F_2. Bei Anwendung eines Flächenverhältnisses $F_1/F_2 = 0{,}5$ besteht die gleiche maximale Nachführungsgeschwindigkeit in beiden Richtungen, auf gleichbleibende Vorsteuerölmenge bezogen. Die Empfindlichkeit der Einrichtung wird durch die doppelte Steuerung unter sonst gleichen Voraussetzungen erhöht.

Als äußere Verstellkraft zur Aufbringung durch das Führungsorgan tritt nunmehr nur der Verstellwiderstand des Steuerstiftes in Erscheinung, der der geringen gesteuerten Ölmengen sowie des kleinen Durchmessers halber nur einen Bruchteil der zur Verstellung des Hauptkolbens notwendigen Kraft beträgt.

Bei den nach dem Verbundprinzip gebauten Durchflußreglern mittleren Arbeitsvermögens kann die Pumpe kleinerer Fördermenge zur Belieferung der Vorsteuerung herangezogen werden. Hierbei besteht grundsätzlich die Möglichkeit der Hintereinanderschaltung von Vorsteuerung und Arbeitsölkreislauf oder die der Parallellegung. Letztere erfordert die Einfügung einer Drosselung für das Arbeitsöl unmittelbar vor Eintritt in den Arbeitskreis, um den für die Vorsteuerung benötigten Mindestdruck auch bei stark — unter Umständen bis auf Null — zurückgehendem Arbeitsdruck zu gewährleisten. Aus der an sich nicht mehr gegebenen Gleichmäßigkeit der Belieferung der Vorsteuerung folgen bei zweckmäßiger Auslegung erfahrungsgemäß keine Nachteile.

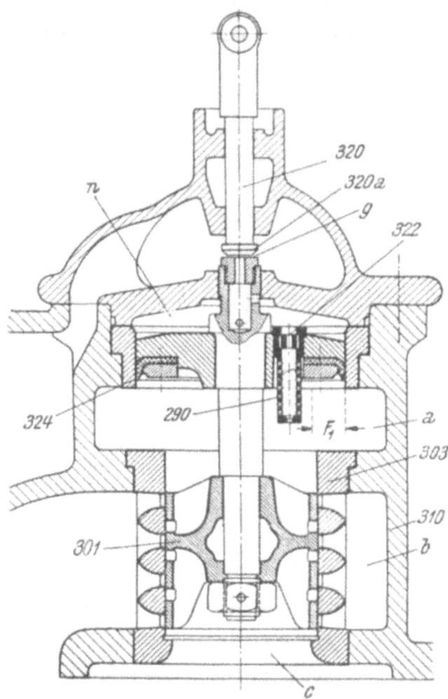

Abb. 73. Steuerventil zu einem Windkesselregler 5000 mkg. (Maßstab 1:6.)
301 = Steuerschieber, *303* = (feste) Steuerbüchse, *310* = Steuerventilgehäuse, *290* = Vorsteuerfilter, *320* = Steuerstift, *324* = Lederstulpdichtung.

Die Ausbildung des Steuerventils mit Vorbelieferung der Vorsteuerung durch die kleine Pumpe des Verbundreglers zeigt Abb. 70 [2]. Die von letzterer geförderte Druckflüssigkeit durchfließt zunächst die Räume m, n, o der Vorsteuerung, um hierauf erst über Bohrung p in den Verteilraum a für das Arbeitsöl zu gelangen. Für das Kräftespiel am Schwebekolben selbst würden ähnlich Abb. 72 die Flächen F_1 und F_2 genügen. Der im Raume q spielenden Kolbenfläche F_3 kommt neben einem Ausgleich der Kräfte die Erhaltung der Kontinuität der Ölströmung zu.

Für Steuerventile von Windkesselreglern liegt es nahe, zur Belieferung der Vorsteuerung Drucköl aus dem Speicher heranzuziehen. Grundsätzlich kann die Durchbildung des Vorsteuermechanismus den Anordnungen Abb. 71, 72 folgen, wobei im zweitgenannten Falle durch positive Überdeckungen der Steuerkanten g_1 und g_2 ein wesentlicherer Verbrauch an Drucköl auf Regelperioden beschränkt wird.

Eine im ständigen Durchlauf arbeitende Vorsteuerung zeigt Abb. 73 [11]. Der durch wirksame Ringfläche F_1 und Speicherdruck festgelegten praktisch konstanten Kraft steht jene entgegen,

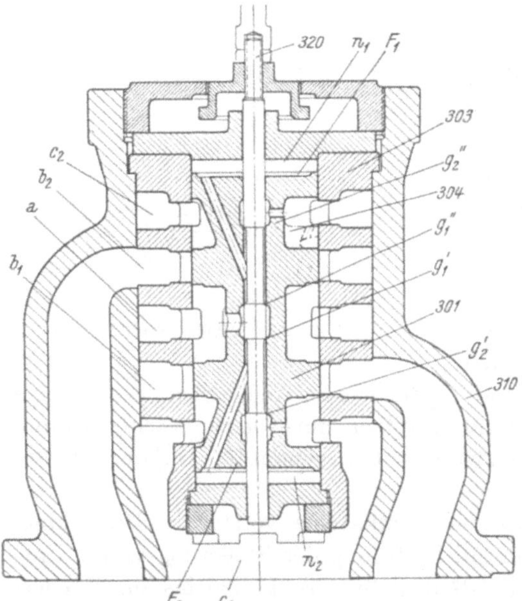

Abb. 74. (Maßstab 1:7.)

die durch den gesteuerten Zwischendruck im Raume n erzeugt wird. Der Beharrungszustand setzt, wie erörtert, eine bestimmte relative Stellung der Steuerplatte *320a* gegen die Ausströmöffnung g am Schwebekolben voraus. Abweichungen hiervon bewirken Änderungen des Zwischendruckes, welche den Schwebekolben in die ursprüngliche relative Beharrungslage zum Steuerstift zu bringen versuchen; hierbei wird durch die angewendete Steuerung der Blendenöffnung gegen eine ebene Fläche die stärkst mögliche Auswirkung der Verstellungen des Steuerstiftes erreicht (15).

Bei dem in Abb. 74 dargestellten Steuerventil [23] erfolgt bei Verstellungen des Steuerstiftes *320* aus der dargestellten Mittellage, etwa nach aufwärts, die Eröffnung der Steuerungen g_1' bzw. g_2'', wodurch die Kolbenfläche F_2 über Steuerung g_1' Drucköl aus dem Raume a, der Raum über F_1 Abströmung über die Steuerung g_2'' erhält. Die hierdurch am Schwebekolben erzeugten Stellkräfte wirken im Sinne seiner Nachführung. Sinngemäß vollzieht sich letztere bei einer Abwärtsverstellung des Steuerstiftes *320*. Wegen der in der Mittelstelle überdeckten Steuerwege bleibt der Drucköl-

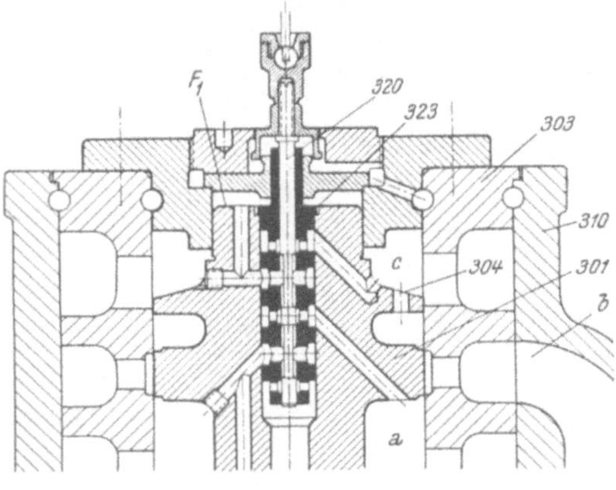

Abb. 75.

verbrauch der Vorsteuerung im Beharrungszustand auf die Undichtigkeitsverluste beschränkt.

Die vorbeschriebene Konstruktion, auf Steuerventile großen Durchmessers angewendet, bedingt aus herstellungstechnischen Gründen Abmessungen des verhältnismäßig langen Steuerstiftes, die den Forderungen geringen Druckölbedarfes sowie Verstellwiderstandes nicht mehr genügen. Durch Verlegung der Vorsteuerung in den Kopf des Hauptschaltkolbens *301* gemäß Abb. 75 kann ein verhältnismäßig kurzer und im Durchmesser nur der zu steuernden Ölmenge angepaßter Vorsteuerstift *320* Verwendung finden; aus Herstellungsgründen ist ein besonderer Einsatz *323* vorgesehen, in dem der Steuerstift *320* gleitet und dessen äußere Ringkammern durch Bohrungen in entsprechender Weise mit den Steuerflächen F_1 (F_2),[1] dem Druckölraum a bzw. dem Abfluß c verbunden sind.

Während die bisher beschriebenen Vorsteuerungen ausschließlich mit Nachführung arbeiten, kann auch eine *rückführende* Verbindung[2] zwischen Steuerstift und vorgesteuertem Schaltkolben konstruktiv verwirklicht werden (Abb. 76).

Der Steuerstift *320*, der nunmehr den in Raum m eingeleiteten Vorsteuerölstrom gegen die festen Kanten g_1, g_2 steuert, erhält seine Initialbewegung vom Steuerwerk aus über das Gestänge *400* und wird rückgeführt durch die gegensinnige, mit der Verstellung des Steuerstiftes aus seiner Mittellage eingeleitete Bewegung des Hauptkolbens *301*.

Gegenüber der Nachführung, bei welcher der wirksame Hub des Hauptschaltkolbens gleich dem des Steuerstiftes ist, besteht bei der mit Rückführung arbeitenden Vorsteuerung durch Anwendung eines entsprechend übersetzenden Hebelwerkes die Möglichkeit, den Weg des Hauptschaltkolbens, bzw. seine Geschwindigkeit gegenüber der gleichzeitigen, aus dem Steuerwerk ausgeleiteten Bewegung zu vergrößern, wodurch mit im Durchmesser kleineren Ventilen das Auslangen gefunden werden kann. Anderseits

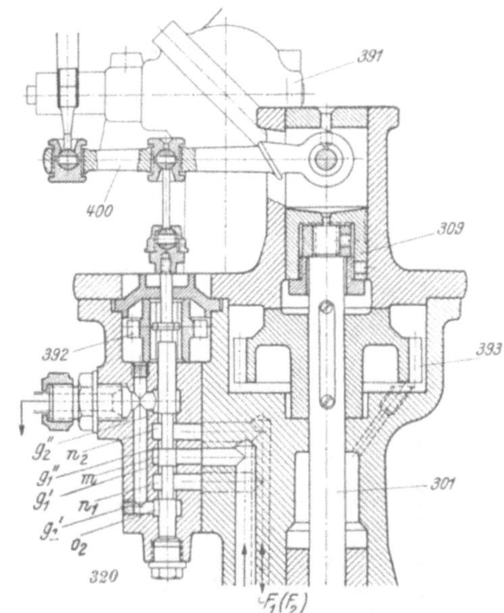

Abb. 76. Vorsteuerung. (Maßstab 1:4,5.)
301 = Schaft zum Hauptsteuerkolben, *309* = Drehkupplung, *320* = Vorsteuerstift, *391—393* = Drehantrieb, *400* = Verbindungshebel zum Steuerwerk.

---

[1] Steuerfläche F_2 am Ende des Kolbens *301*.

[2] Ausführung ehemals Briegleb Hansen und Co., Gotha; grundsätzlich gleich auch bei Morgan Smith und Cie., USA.

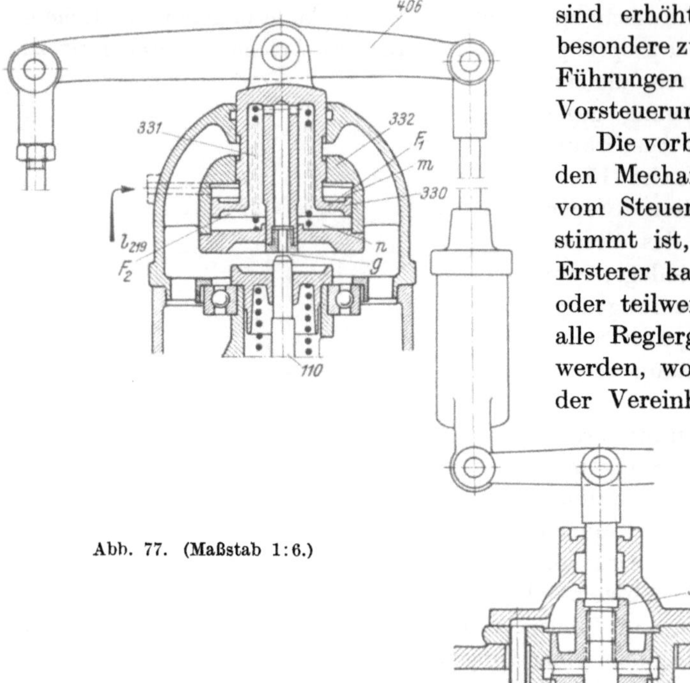

Abb. 77. (Maßstab 1:6.)

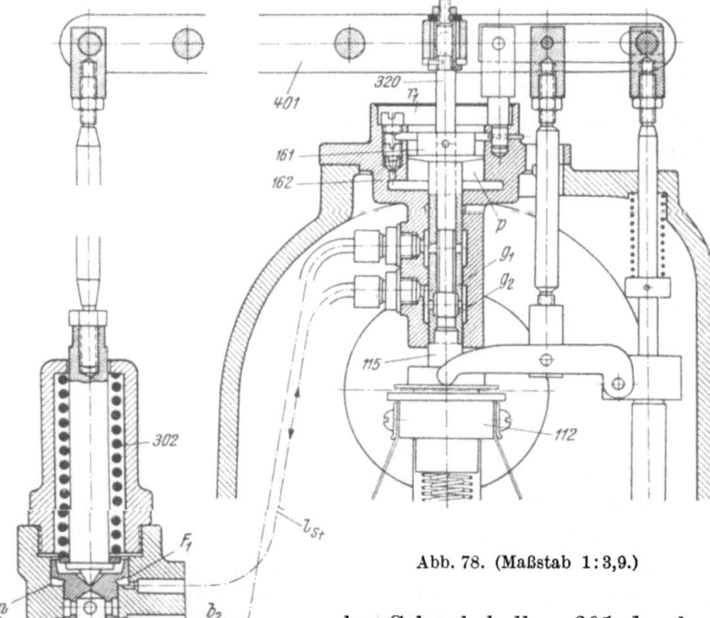

Abb. 78. (Maßstab 1:3,9.)

sind erhöhte konstruktive Aufwendungen, insbesondere zusätzliche gelenkige Verbindungen und Führungen notwendig, die sich im Rahmen der Vorsteuerung allein nicht rechtfertigen lassen.

Die vorbeschriebenen Ausführungen vereinigen den Mechanismus, der zur Vervielfachung der vom Steuerwerk ausgeleiteten Verstellkräfte bestimmt ist, unmittelbar mit dem Steuerventil. Ersterer kann jedoch auch entweder zur Gänze oder teilweise mit dem Steuerwerk in einer für alle Reglergrößen gleichen Ausbildung vereinigt werden, wodurch ein weiterer Schritt im Sinne der Vereinheitlichung und Rationalisierung der Herstellung getan ist.

Bei der in Abb. 77 dargestellten Ausführung [11, 12] beherrscht der die Bewegungen des Pendels nach außen leitende Stift 110 eine hydraulische Durchflußsteuerung nach Art der in Abb. 71 dargestellten, deren Schwebekolben 330, den Bewegungen des Pendels praktisch verzögerungsfrei folgend, letzteres von den Rückdrücken der angeschlossenen Steuerungsteile, also insbesondere des Steuerventils 301, entlastet. Das für die Hilfssteuerung notwendige Drucköl wird von einer besonderen, in den Pendelantrieb verlegten kleinen Zahnradpumpe (l 219) geliefert.[1]

Während bei dieser Ausführungsform die zur Verstellung des unmittelbar betätigten Steuerventilkolbens erforderliche Kraft in das Steuergestänge — wohl nur in dessen zwangsläufigen Teil — übertragen wird, erreicht die in Abb. 78 dargestellte Auflösung der Vorsteuerung auch die praktisch vollständige Entlastung des Steuergestänges. Hierzu wird der Schwebekolben 301 durch eine mit Rückführung arbeitende Vorsteuerung grundsätzlich ähnlich Abb. 76 betätigt, nur mit dem Unterschied, daß der Steuerstift 320 nicht in einem festen Gehäuse, sondern in einer Führung spielt, auf welche die bereits durch die Stabilisierungseinrichtungen zusätzlich beeinflußte Pendelbewegung übertragen wird [23].

Bewegungen der oberen Pendelmuffe 112 bzw. der mit ihr verbundenen Führungshülse 115 ändern die drosselnde Wirkung der Steuerkanten g_1, g_2 derart, daß bei einer Abwärtsbewegung

---

[1] S. a. Abb. 103.

des Pendels der Steuerkolben *301* wegen Minderung des Druckes unter der Fläche F_1 durch die Wirkung der Feder *302* sich nach abwärts verstellt, welche Bewegung jedoch dadurch unterbrochen wird, daß über das Gestänge *401* der Steuerstift *320* der Pendelhülse *115* in jene relative (Mittel-) Stellung nachgeführt wird, in welcher der Druck im gesteuerten Raum unter F_1 wieder mit der Federkraft im Gleichgewicht steht. Abgesehen von den praktisch belanglosen Unterschieden der Federkraft *302* bei verschiedenen Stellungen des Kolbens *301* und den damit verbundenen Änderungen der Gleichgewichtsstellung des Steuerstiftes *320* zur Pendelhülse *115* werden die Bewegungen letzterer, entsprechend der Übersetzung des Steuergestänges *401* vergrößert, in den Verstellungen des Steuerventilkolbens *301* wiedergegeben. Sinngemäß vollzieht sich der Vorgang bei einer Erhebung der Pendelhülse *115*.

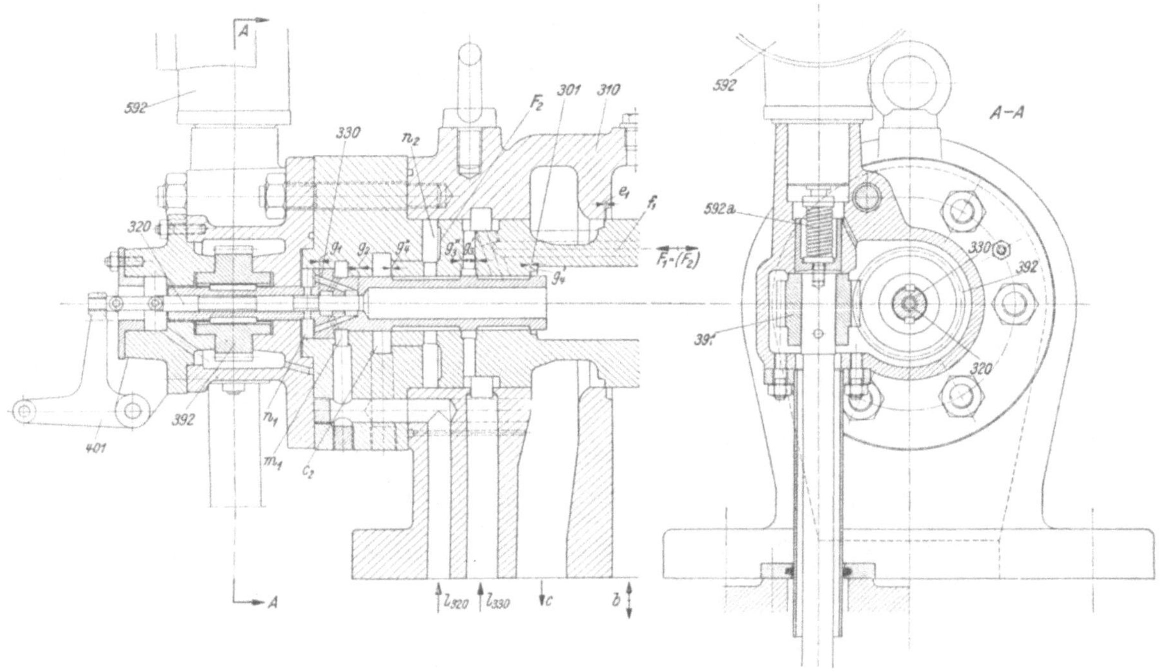

Abb. 79. Steuerventil zu einem Windkesselregler 3000 mkg. (Maßstab 1:10.)

301 = Steuerkolben, *310* = Gehäuse, *320* = Steuerstift, *330* = Vorsteuerkolben, *391*, *392* = Drehantrieb zu letzterem, *401* = Steuerhebel, *592* = Tachometer, *592 a* = Federkupplung.

Durch die Anwendung der mechanischen Federkraft *302*, und zwar im Sinne einer Verstellung, die den Schließvorgang der Regelung bedingt, wird selbsttätig bei aussetzender (gestörter) Versorgung des Vorsteuerölkreises die Abstellung des geregelten Maschinensatzes herbeigeführt, bzw. kann diese durch Entlastung des Steuerölkreislaufes eingeleitet werden, in welcher Art einfach die Abstellung des Maschinensatzes bei Anwendung der Selbststeuerung durchgeführt werden kann.[1]

Mit der Größe der durch den Hauptkolben zu schaltenden Ölmengen, die durch Arbeitsvermögen und Schlußzeit der Regelung bestimmt werden, wachsen die Durchmesser der Steuerventile sowie ihre Verstellkräfte. Um der Forderung einer möglichst rückdruckfreien Steuerung entsprechen zu können, kann eine Erweiterung der einfachen Vorsteuerung zweckmäßig werden, bei der durch den Steuerstift nicht unmittelbar der Hauptkolben, sondern zunächst ein Hilfskolben gesteuert wird, der seinerseits erst den den Arbeitsstrom schaltenden Kolben vorsteuert *(doppelte Vorsteuerung)*. Dem vom Steuerwerk her verstellten Steuerstift fällt damit nur mehr die Steuerung der verhältnismäßig geringen, zur Verstellung des Hilfsschwebekolbens notwendigen Ölmengen zu.

---

[1] S. Abschnitt XII, S. 165.

Die möglichste Verkürzung der Baulänge des Vorsteuerkolbens, die aus herstellungstechnischen Gründen erwünscht ist, wird durch eine Auslegung der Vorsteuerung gemäß Abb. 79 erreicht [2]. Die Steuerung des Ölstromes zur Verstellung des Hauptkolbens *301* ist zur Gänze in den Kopf desselben verlegt, während die Zuleitung zur rückwärtigen Steuerfläche F_1 durch die Bohrung f_1 bewerkstelligt wird. Hinsichtlich der Wirkungsweise der Steuerung selbst erübrigen sich nach dem Vorgesagten weitere Bemerkungen; die Steuerung des Hauptkolbens *301* durch den Schwebekolben *330* entspricht grundsätzlich der Anordnung Abb. 74. Die Versorgung der parallelbelieferten Vorsteuerkreise erfolgt von der Hauptölzuleitung aus,

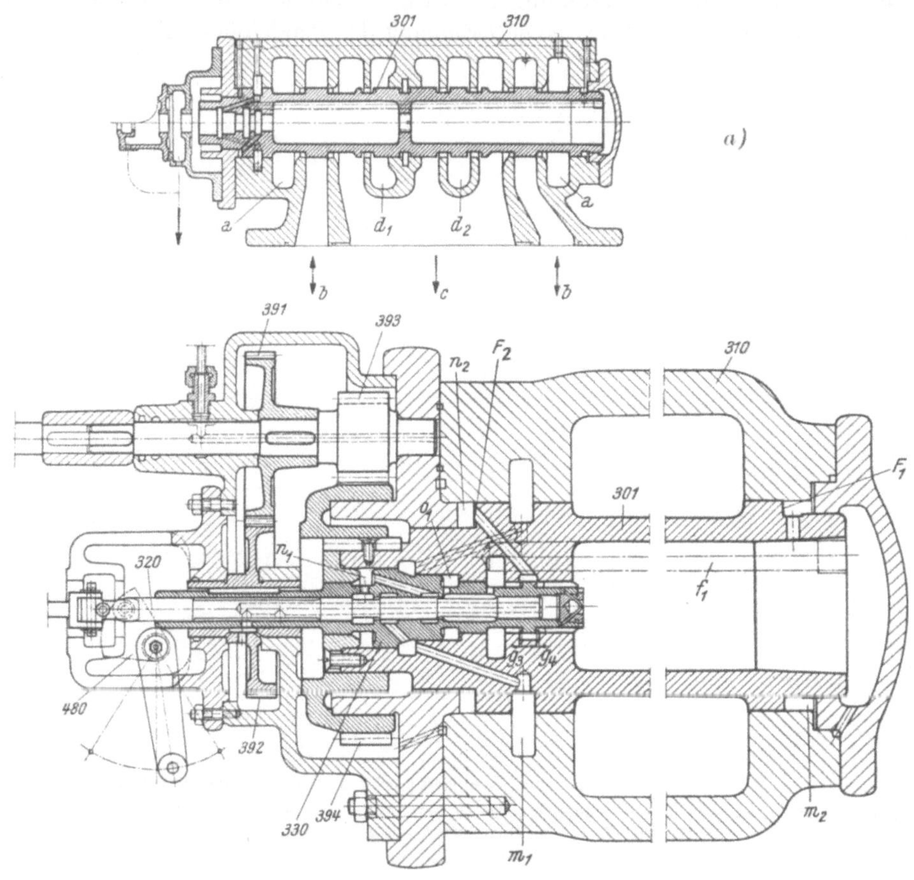

Abb. 80. (Maßstab 1:4, 1:12.)
Steuerventil zu einem Durchflußregler 13 000 mkg. *391—394* = Drehantriebe für Vorsteuer- und Hauptkolben, *480* = Schließgeschwindigkeitsbegrenzung.

wobei durch das auch während des Betriebes verstellbare Blendenrohr *322* die Abstimmung der Nachfolgegeschwindigkeiten[1] durchgeführt werden kann.

Der konstruktive Aufbau einer von einer besonderen Pumpe versorgten doppelten Vorsteuerung geht aus Abb. 80 hervor.[2] Die beiden Vorsteuerungen werden *hintereinander* durch die in den Raum m_1 einspeisende Pumpe mit Drucköl im Durchfluß beliefert. Die Ausbildung des Schwebekolbens *330* der ersten Vorsteuerung entspricht der in Abb. 70 dargestellten Einfachsteuerung, um wie dort die Kontinuität der Ölströmung und damit die gleichmäßige Versorgung der zweiten Vorsteuerung zu gewährleisten. Letztere ist als Differentialdrucksteuerung ausgebildet, bei der dem ungesteuerten Druck auf die Fläche F_1 des Hauptschaltkolbens der über die Ringspalte g_3, g_4 durch den ersten Schwebekolben *330* gesteuerte Druck auf die ungefähr doppelt so große Fläche F_2 gegenübersteht.

---

[1] S. a. Abb. 291; ferner 2. Teil, Abschnitt C c 2.
[2] Ausgeführt bei den Durchflußreglern von 13 000 mkg Arbeitsvermögen der Mittleren Isar A. G.

In einfacher Weise läßt sich die in Abb. 78 dargestellte Vorsteuerung zu einer doppelten erweitern (Abb. 81 [23]). Hierzu wird der Hauptkolben *301* durch eine einfache Vorsteuerung, etwa wie in Abb. 72, dargestellt, ergänzt, die ihrerseits von dem unverändert bleibenden Vorsteuermechanismus (Abb. 78) bedient wird. Die Verstellung des Hilfskolbens *330* erfolgt hierbei einseitig durch gesteuerten Öldruck, während die Gegenkraft durch eine Feder *331* geliefert wird, deren Wirkung im Sinne einer Verstellung des Hilfskolbens *330* und damit des Hauptschaltkolbens *301* geht, welche den Schluß des Reglers herbeizuführen geeignet ist; Unterbrechungen im Ölkreislauf der ersten Vorsteuerung lösen somit den Schluß des Reglers aus.

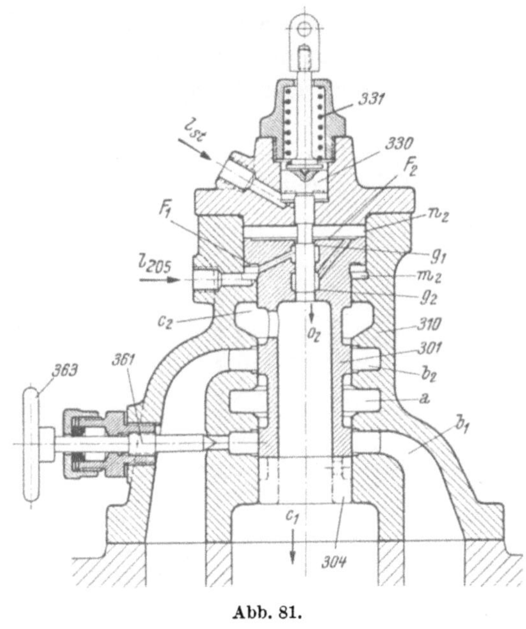

Abb. 81.

Eine in beiden Stufen im Durchfluß arbeitende doppelte Vorsteuerung, die durch ein Einheitssteuerwerk nach Abb. 108 betätigt wird, besitzt das Steuerventil Abb. 82 [8]. Beide Vorsteuerungen arbeiten mit Differentialkolben und fest eingestellter erster Drosselung *322, 332* im jeweiligen Ölweg; die Nachführung des ersten Vorsteuerkolbens *330* wird in üblicher Weise vom Steuerwerk unmittelbar veranlaßt; der Hauptschaltkolben *301* wird durch Veränderung der wirksamen Öffnung g_2 des Austrittes aus der zweiten Vorsteuerung längs der schiefen Fläche des ersten Vorsteuerkolbens *330* gleichsinnig mit diesem verstellt, wobei

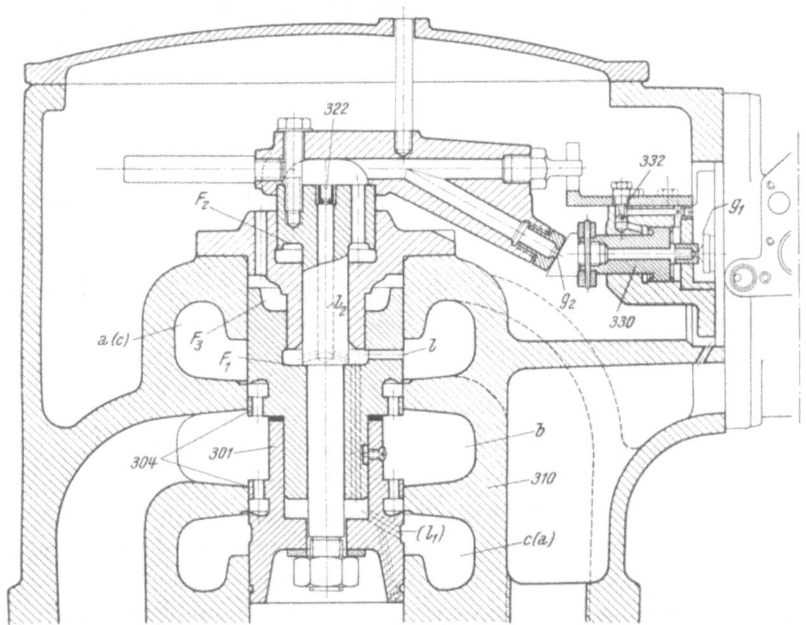

Abb. 82. Steuerventil zu einem Windkesselregler 3500 mkg. (Maßstab 1:6.)

durch eine entsprechende Neigung der Steuerfläche die Bewegungen des Schwebekolbens *330* vergrößert in die gleichzeitigen Verstellungen des Hauptschaltkolbens *301* übersetzt werden.

Das Drucköl für die zweite Vorsteuerung wird dem Hauptölstrom, der je nach der Schlußrichtung des Reglers in Kammer *a* bzw. *(a)* eingeleitet wird,[1] durch die Bohrung l (l_1) ent-

---

[1] Das Triebwerk ist als Differentialkolbenwerk ausgelegt, somit genügt die einfache Steuerung des auf die größere Fläche des Kolbens wirkenden Öldruckes (s. a. Abschnitt VI).

nommen und zunächst der ungesteuert wirksamen Kolbenfläche F_1 und weiter über Bohrung l_2 der ersten Drosselstelle (Blende *322*) zugeführt.

Die ungewöhnliche Anordnung der Steuerflächen F_1 und F_2, erstere unter konstantem, letztere unter gesteuertem Druck stehend, wird durch die Hilfssteuerfläche F_3 bestimmt, durch deren Beaufschlagung mit Drucköl der Steuerkolben *301* unabhängig von der Tendenz der eigentlichen Steuerungseinrichtung in die Schließstellung gedrängt werden kann.

Über die Druckölversorgung der Vorsteuerung bei Durchfluß- (Verbund-) Reglern ist das Erforderliche bereits erwähnt; bei Windkesselreglern wird gewöhnlich die Vorsteuerung mit aus dem Speicher entnommenem Drucköl betrieben. Einzelne Ausführungen [1] sehen jedoch auch in diesem Falle einen unabhängigen Ölkreis vor, der durch eine besondere kleine Pumpe mit Drucköl beliefert wird; eine Anordnung, die den Druckspeicher von dem Bedarf an Vorsteueröl entlastet sowie diesen Kreislauf mit dem zweckmäßigen Druck von einigen Atmosphären ohne zusätzliche Drosselung betreiben läßt. Die an sich erforderliche geringe Fördermenge der Vorsteuerpumpe kann leicht entlastet werden, was die Auslegung etwaiger Abstelleinrichtungen begünstigt.

Um Störungen in der Funktion des Vorsteuermechanismus möglichst auszuschalten, wird verschiedentlich das für die Vorsteuerung bestimmte Drucköl vor Eintritt in diese durch besondere Filter geleitet, die zweckmäßig als im Betriebe umschaltbare Wechselfilter ausgeführt werden (Abb. 64).

Für die der Vorsteuerung zuzuführende Ölmenge besteht die Forderung, daß Schwebe- und Hauptschaltkolben imstande sein müssen, die seitens des Steuerwerkes eingeleiteten Bewegungen des Steuerstiftes praktisch unverzögert mitzumachen. Die hier maximal zu erwartende Geschwindigkeit sowie die Größe der gesteuerten Hilfsflächen am Schwebekolben bestimmen somit die sekundlich mindestens einzufördernde Ölmenge.

Erstere kann der Weg-Zeit-Linie der Steuerstiftbewegung entnommen werden, die unter

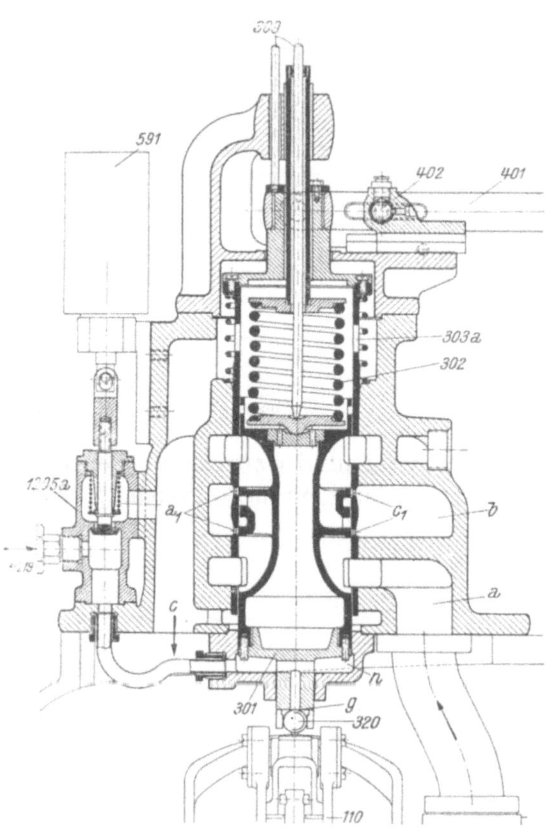

Abb. 83. Steuerventil zu einem Windkesselregler 3500 mkg.
(Maßstab 1:8.)

301 = Steuerkolben, *302* = Gegenfeder, *303a* = (bewegliche) Steuerbüchse, *320* = Vorsteuerkugel, *110* = Pendelgestänge, *401* = Steuerwerkshebel, *402* = verstellbarer Drehpunkt hiezu, *591* = Hubmagnet, *1205a* = Abstellventil.

Berücksichtigung der vorliegenden Verhältnisse[1] — Schlußzeit der Regelung, Größtwert der zu erwartenden Last- bzw. Drehzahländerungen u. a. — unter Berücksichtigung der Eigenart der benützten Stabilisierungsform angenähert vorausbestimmt werden kann. Der theoretische Minimalwert der anzuwendenden Steuerfläche, der gewöhnlich aus konstruktiven Rücksichten nicht in Anspruch genommen wird, bestimmt sich aus der Größe der zu entwickelnden Verstellkräfte unter Berücksichtigung der zu fordernden Nachfolgeempfindlichkeit. Letztere ist als genügend erfüllt anzusehen, wenn bei Verstellungen des steuernden Organs (Steuerstift bzw. 1. Schwebekolben) in der Größenordnung von 0,1 bis 0,2 mm ein Druckunterschied hervorgerufen wird, der zur Überwindung der am gesteuerten Organ angreifenden Verstellwiderstände genügt.

---

[1] Für Serienregler sind sinngemäß die im ungünstigsten Falle zu erwartenden Verhältnisse den Ermittlungen zu unterlegen.

Für Vorsteuerungen, die mit Drucköl aus dem Speicher beliefert werden, steht der ankommende Druck zur Verfügung; Durchflußvorsteuerungen werden zweckmäßig mit einem Höchstdruck von etwa 4 bis 6 at je Stufe betrieben.

Die für doppelt vorsteuernde Mechanismen erforderliche Abstimmung der Nachfolgegeschwindigkeit der ersten bzw. zweiten Vorsteuerung wird bei Belieferung dieser mit Drucköl konstanter Pressung durch Einbau entsprechender Blenden in den Zuleitungen sichergestellt. Die Belieferung beider Vorsteuerungen im hintereinandergeschalteten Durchfluß (s. Abb. 80) setzt die entsprechende Abstimmung der Kolbenflächen voraus. Hierzu sei auf den 2. Teil, Abschnitt C verwiesen.

Eine von den bisher beschriebenen Konstruktionen abweichende Ausbildung eines Steuerventils zeigt Abb. 83 [1], einer grundsätzlich veränderten Auslegung der Steuereinrichtung Rechnung tragend, bei welcher die Bewegungen von Pendel und Stabilisierungseinrichtung nicht bereits zusammengesetzt auf das Steuerventil übertragen werden, sondern ihre Zusammensetzung im Steuerventil selbst erfolgt. Der Steuerkolben *301* folgt hierbei — über eine im Durchfluß und einseitig hydraulisch arbeitende Vorsteuerung *320* mit besonderer Hilfspumpe[1] — den Bewegungen des Pendels (Gestänge *110*), während die Büchse *303a*, welche die vom Kolben *301* gesteuerten Kanäle a_1 und c_1 besitzt, von der Stabilisierungseinrichtung (nachgiebige Rückführung) her über Gestänge *401* verstellt wird. Entsprechend der Auslegung des Arbeitsgetriebes mit Differentialkolben bedarf es nur einer einseitigen Steuerung, die, um den Durchmesser von Steuerkolben *301* und Büchse *303a* klein halten zu können, mit doppelter Überströmung a_1, c_1 ausgeführt ist. Nachdem ähnlich mit bereits besprochenen Ausführungsformen (s. Abb. 81) der Steuerkolben unter Wirkung einer — in ihrer Spannung überdies einstellbaren — Feder *302* steht, die ihn entgegen der normalerweise das Gleichgewicht herbeiführenden Kraft der hydraulischen Vorsteuerung *320 (n)* in die Schließlage zu drücken sucht, besteht in der Entlastung der Vorsteuerung eine einfache Möglichkeit, den Schließvorgang des Reglers willkürlich, bzw. durch selbststeuernde Überwachungseinrichtungen einzuleiten.

Die Lage von Schwebekolben *301* und Steuerbüchse *303a* wird durch besondere Anzeigevorrichtungen *309* vermittelt.

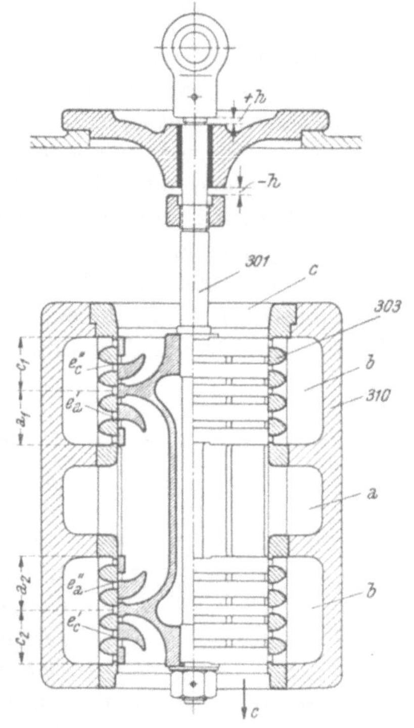

Abb. 84. (Maßstab 1 : 7,4.)

c) Konstruktionsgrundsätze.

Die wichtigsten Grundsätze für die Konstruktion der Steuerventile gehen zum Großteil bereits aus den bisher gezeigten Darstellungen hervor. Als Material für die ineinander gleitenden Teile eignet sich erfahrungsgemäß am besten dichtes feinkörniges Gußeisen, nur für Steuerstifte und ihrer Form nach für dieses Material nicht geeignete Teile wird Siemens-Martin-Stahl verwendet.

Für große Steuerventile werden des öfteren in das eigentliche Gehäuse eingesetzte Führungsbüchsen *303* angewendet, in denen der Schaltkolben sich bewegt (Abb. 74, 73, 84). Hiermit sind gewisse fabrikatorische Erleichterungen geschaffen, insofern als die eine einwandfreie Materialbeschaffenheit erfordernden Laufflächen in die in vollendeter Materialqualität leichter herzustellende Büchse verlegt werden. Gehäuse aus Stahlguß oder anderen Materialien mit geringerer Eignung für eine relative Oberflächengleitung verlangen die Verwendung besonderer gußeiserner Laufbüchsen.

Während kleine Steuerventile horizontal oder vertikal angeordnet werden, erweist sich für große Steuerventile die vertikale Anordnung vorteilhafter, ohne jedoch immer die günstigste

---

[1] Zur Steuerung der Abströmöffnung findet an Stelle eines Vorsteuerstiftes, bzw. einer Prallplatte eine Kugel Verwendung.

Entwicklung der Gesamtdisposition des Reglers zu ermöglichen. Größere horizontal angeordnete Steuerventile erhalten zweckmäßig eine mittlere Führung des Hauptschaltkolbens (Abb. 80).

Ventile größeren Durchmessers werden zur möglichsten Verringerung der bewegten Massen mit zylindrischem Hohlkern ausgeführt. Letzterer kann zur Ableitung des Arbeitsöles einer der Zylinderseiten unmittelbar herangezogen werden (Abb. 81, 78), wodurch sich Vereinfachungen in der Konstruktion des Steuerventilgehäuses erreichen lassen. Falls hierdurch Rückdrücke auf die primär vom Steuerwerk her verstellten Teile der Vorsteuerung eintreten können, sind letztere entsprechend abzuschirmen.

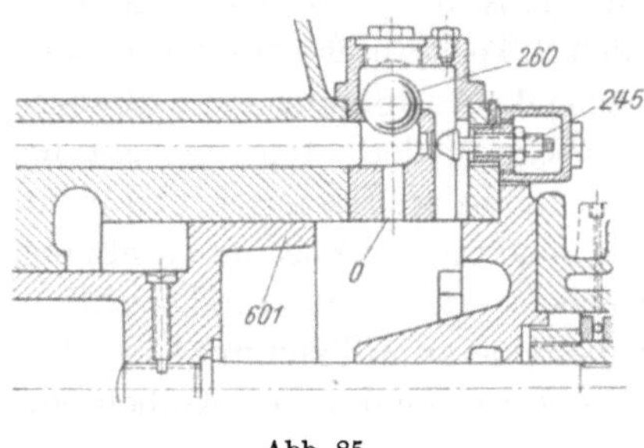

Abb. 85.

Bei der Steuerung großer Ölmengen ermöglicht die Parallelschaltung gleichsinnig gesteuerter Überströmwege (s. a. Abb. 83) die Verwendung von Steuerventilen kleineren Durchmessers. Abb. 84 zeigt ein Steuerventil mit dreifacher Überströmung für eine maximal zu steuernde Ölmenge von 60 l pro Sekunde [11]. Je ein Paar gleichzeitig zur Wirkung kommender Steuerkanten e_a und e_c ist mit einer der Empfindlichkeit der Steuerung Rechnung tragenden Überdeckung von 0,5 mm vorgesehen, während die anderen Steuerkanten eine Überdeckung von 1,5 mm aufweisen. Die Zuführung des gespeicherten Drucköles erfolgt über Raum a zu den Steuerungen a_1 und a_2, die Abströmung des Arbeitsöles über die Steuerung c_1 bzw. c_2 unmittelbar in den Reglerkasten, in welchem das Steuerventil eingebaut ist (s. Abb. 244, 245). Die Verstellung des Ventilkolbens *301* erfolgt über einen besonderen Vorsteuermechanismus (Steuerregler).[1]

Mit Rücksicht auf die selbsttätige Entfernung von Luft aus den Zylindern, die sich bei Stillstand dort ansammeln kann, bzw. aus dem Drucköl ausgeschieden wird, ist eine Anordnung des Steuerventils oberhalb des Arbeitszylinders, zumindest der Anschluß der Verbindungsleitungen an diesem an höchster Stelle anzustreben (Abb. 66). Ansonsten sind Einbauten, die für eine Mitnahme der Luft durch entsprechende Führung des Ölstromes sorgen, vorzusehen (s. Abb. 125, Ölabnahme aus Zylinderraum *600* oben über Ausschnitt am Stopfbüchseneinsatz *604*).

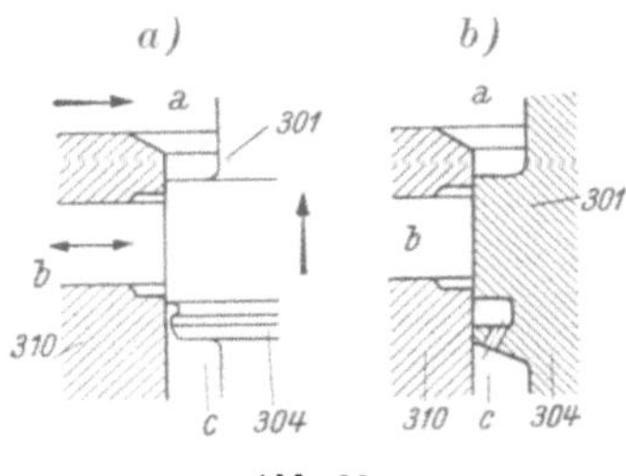

Abb. 86.

Beim Windkesselregler geben in die Steuerwege eingelegte Drosselungen die Möglichkeit der Beeinflussung der Regelgeschwindigkeit. Abb. 85 zeigt eine Anordnung ohne konstruktive Verbindung mit dem eigentlichen Steuerventil, bei der durch Einschaltung eines Rückschlagventils *260* Zu- bzw. Abströmung über verschiedene Wege geleitet werden, wodurch entsprechend der Einstellung des Kugelhubes, bzw. des die Drosselung in der Schlußrichtung bewirkenden Stiftes *245* verschiedene Öffnungs- und Schließzeiten unabhängig voneinander erzielt werden können. Durch eine in der Nähe der Schlußstellung vom Arbeitskolben *601* überlaufene Bohrung o kann die Wirkung der Drosseleinrichtung auf den der Schlußlage des Leitapparates nahen Teil des Arbeitshubes beschränkt werden. Mit dem gleichen Ergebnis können die Drosseleinrichtungen mit dem Steuerkolben selbst etwa in der Art der Abb. 82, 86 b konstruktiv vereinigt werden.

Eine mit der Stellung des Steuerkolbens veränderliche Drosselwirkung kann durch Anwendung von Drosselbunden *304* nach Abb. 86 a, bzw. durch eine Ausbildung der Steuerkanten selbst gemäß Abb. 67, 84 erreicht werden. Damit ergibt sich eine mit der Größe der Ventilverstellung, also der Höhe der Belastungsänderung, wachsende Regelgeschwindigkeit und die Möglichkeit, durch Begrenzung des Steuerventilhubes abhängig von der Eröffnung des eigentlichen Regelorgans (Leitapparat) eine bestimmte, nicht zu überschreitende Regelgeschwindigkeit festzulegen. Abb. 80 zeigt die Ausbildung einer die Verstellung des Steuerventils im Schließsinne begrenzenden Einrichtung *480*, deren Antrieb von der Rückführung abgeleitet ist und die der Verzögerung der Schließbewegungen gegen Hubende hin dient. Die Begrenzung des Steuerventil-

---

[1] S. Abschnitt XI.

hubes kann auch beidseitig, also für Schließ- und Öffnungsbewegungen des Ventils wirkend, ausgebildet werden, wodurch eine Gesetzmäßigkeit größtmöglicher Regelgeschwindigkeiten in Ab-

Abb. 87.

hängigkeit von der Leitapparatöffnung sowohl für Ent- als auch Belastungsvorgänge herbeigeführt werden kann.[1]

Die Feststellung der jeweils erforderlichen Abmessungen der mit dem Steuerkolben verbundenen Drosselungen bedarf des Versuches. Es ist daher auch aus diesem Grunde für eine
leichte Ausbaumöglichkeit des Steuerkolbens durch entsprechende konstruktive Ausbildung
vorzusorgen (s. Abb. 79, 80a; Anordnung der
Steuerfläche F_1 am hinteren Ende des Hauptkolbens *301*).

Auch für Durchflußregler kann die Einstellung der Schließ- und Öffnungszeiten
durch Drosselung des Arbeitsölstromes erfolgen. Dieser Vorgang wird jedoch der damit
verbundenen Ölerwärmung halber zweckmäßig auf Regler geringeren Arbeitsvermögens beschränkt, nachdem die Verringerung
der in den Arbeitskreis eingespeisten Ölmenge
unter die gleichzeitige Förderleistung der
Pumpe nur durch eine Drosselung bis zur Höhe
des Ansprechdruckes des Sicherheitsventils
erzielt werden kann, wobei dann ein Teil der
Pumpenförderung durch ersteres abgeführt
wird. Die Drucköleitbereitstellung nach dem Verbundprinzip zeigt unter diesem Gesichtswinkel

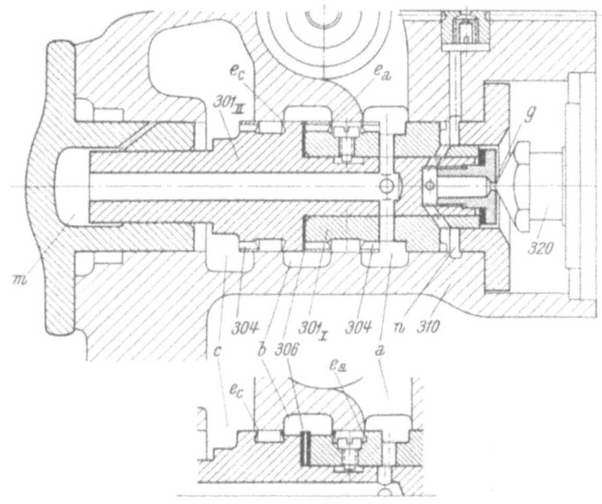

Abb. 88. (Maßstab 1:3.)

einen weiteren Vorteil dieser Anordnung, insofern als für darnach gebaute Regler durch gänzliches
oder teilweises Herausziehen der Förderung der großen Pumpe aus dem Arbeitsölkreis mit
Heranbringung des Steuerventils an die Mittelstellung — etwa durch besondere Vorkehrungen
im Steuerwerk (s. S. 201) — eine mit weitaus kleineren Leistungsverlusten verbundene Verringerung der Regelgeschwindigkeit erzielt werden kann.

Serienmäßig erzeugte Regler sollen eine leichte, ohne Auswechslung oder Ergänzung von
Teilen durchzuführende Wahl der Schlußrichtung gestatten. Wechselplatten *380* (Abb. 66,
69, 70, 87), die zwischen Steuerventil und Druckzylinder eingeschaltet werden, bieten je
nach Anordnung (wie dargestellt oder um Achse *a—a* gedreht) die Möglichkeit, die Zuordnung von Zylinder- und Steuerventilkanälen und damit die Schlußrichtung wahlweise

---

[1] Rate-Limiting device A. Pfau, Mechanics of Hydraulik Turbines (Allis Chalmers Milwaukee).

zu ändern. Letzteres wird bei dem in Abb. 81 dargestellten Ventil durch einfache Umsetzung um 180° erreicht.

Bei der in Abb. 88 dargestellten Ventilkonstruktion, welche zur Steuerung eines Differentialkolbengetriebes bestimmt ist, findet die Änderung der Schlußrichtung durch verschiedene Auswahl der steuernden Kanten e_a, e_c statt. Die Einstellung der erforderlichen, von Fall zu Fall verschiedenen Lage der Steuerkanten e_a, e_c — ebenso wie die Einstellung der gewünschten Überdeckungen[1] — ist durch die vorgesehene Unterteilung des Kolbenkörpers *301 I, II* vorbereitet und wird durch entsprechende Beilagen zwischen den Einzelteilen *I, II* erreicht. Be-

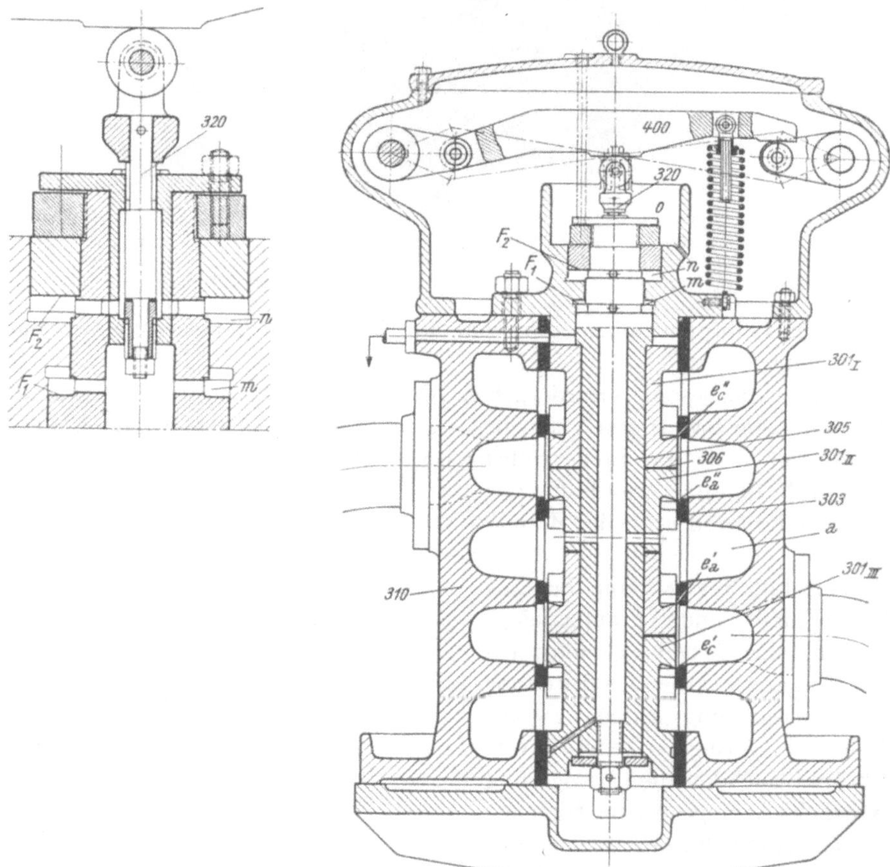

merkenswert ist in dieser Hinsicht der Aufbau des Steuerkolbens des Großsteuerventils Abb. 89 [8], bei dem die einzelnen, je eine Steuerkante tragenden Abschnitte *301 I—III* auf einer Führungshülse *305* aufgezogen und durch Zwischenbeilagen *306* in die gewünschte relative Stellung zu den steuernden Kanten e_a, e_c im Gehäuse gebracht werden. Der Vorsteuerstift *320*, dem das Drucköl aus dem vom Speicher her versorgten Raum *a* des Ventilkörpers durch den hohlen Führungskörper *305* zugeführt wird, bewirkt mit der Steuerung des dem konstanten Druck auf der Fläche F_1 entgegenwirkenden Zwischendruckes im Raume *n* (F_2) in bekannter Weise die Nachführung des Hauptkolbens *301*. Nachdem für den Antrieb des Gestänges *400* verhältnismäßig große Kräfte

---

[1] In der Regel werden die steuernden Kanten am Kolben bzw. Steuerstift nach den Fertigabständen der Steuerkanten im Gehäuse unter Berücksichtigung der vorgeschriebenen Überdeckungen hergestellt, was die volle Auswirkung der Serienfabrikation zumindest hinsichtlich der einfachen Auswechselbarkeit von Teilen behindert. Steuerkolben in der Ausführung nach den Abb. 88, 89 gestatten durch zweckmäßige Unterteilung die Anpassung des Abstandes der steuernden Kanten am Kolben an die Lage der festen Steuerkanten im Gehäuse unter Bedacht auf die zu wählenden Überdeckungen durch die entsprechende Einstellung der Kolbenteile gegeneinander zu erreichen. Allerdings erfordert eine derartige Anordnung zweckmäßige konstruktive Ausbildung und ausgezeichnete Werkstattarbeit.

zur Verfügung stehen,[1] kann die Anpressung des ebenfalls in seiner wirksamen Länge einstellbaren Steuerstiftes *320* kraftschlüssig durch den auf seiner Unterseite lastenden Speicherdruck erfolgen.

Für nicht serienmäßig erzeugte Regler kann durch entsprechende fallweise bestimmte Anordnung der Ventilkanäle die im gegenständlichen Falle gewünschte Schließrichtung herbeigeführt werden; für einseitig steuernde Ventile (Abb. 82) genügt die Vertauschung von Ab- und Drucköraum (*c, a*).

Zur Verringerung der Stellkräfte für die unmittelbar von der Steuerung her bewegten Teile ist die Beseitigung der ruhenden Reibung anzustreben. Konstruktionen gemäß Abb. 77, 78, bei welchen die von der Steuerungseinrichtung zu verstellenden Teile sich in relativer Drehung gegen ihre Führungen befinden, erfüllen diese Forderung an sich; ansonsten erscheint die Einführung einer solchen zwischen Steuerstift und Führung (Haupt- oder Hilfsschwebekolben) wertvoll (Abb. 79, 80, 76, 90). Die relative Drehgeschwindigkeit, bezogen auf den Steuerstiftaußendurchmesser, wird zweckmäßig in der Größenordnung einiger cm/sek gewählt. Die Übertragung der Drehbewegungen auf den steuernden Teil soll so erfolgen, daß nur Drehmomente wirksam werden, was durch zwei gegenüberliegende Gleitfedern oder ähnliche Konstruktionen erzielt werden kann (Abb. 76, 80).

Auch der direkte Antrieb über Stirnräder (Abb. 90) ist zulässig, falls es sich um gesteuerte Teile handelt, auf die eine Rückwirkung durch die Reibung der Zahnflanken in Richtung der Erzeugenden praktisch belanglos ist.

In Vereinfachung der erwähnten Maßnahmen kann der Steuerstift in rasche Schüttelschwingungen, etwa abgeleitet von einem Exzentertrieb, versetzt werden (Abb. 70, 72).

Die Empfindlichkeit der Steuerung kann auch durch ein leichtes Spielen des Vorsteuerstiftes um seine Überdeckungen erhöht werden. Hierzu können etwa die Bewegungen des Pendels über eine in rasche

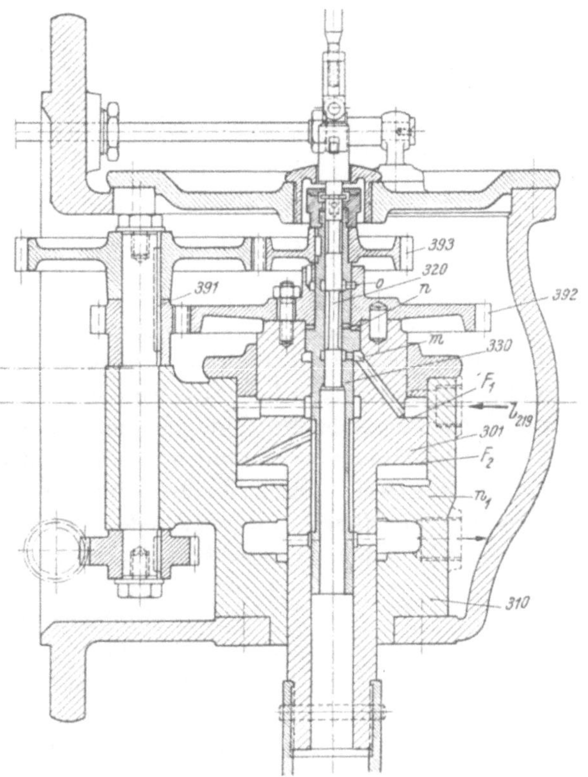

Abb. 90. Vorsteuermechanismus zu einem Steuerventil (Regler 40000 mkg). (Maßstab 1:5,4.)
301 = Verstellkolben, *330* = Vorsteuerkolben, *320* = Vorsteuerstift, *391—393* = Drehantriebe.

Drehung versetzte Taumelscheibe auf den Vorsteuerstift weitergeleitet werden.[2]

Der Hub des Hauptschaltkolbens liegt für praktische Ausführungen gewöhnlich in der Größenordnung von ± 5 bis ± 8 mm. Insofern es sich um Steuerkolben für Durchflußregler handelt, bestimmt sich der Durchmesser ersterer nach der zulässigen Geschwindigkeit durch die Steuerquerschnitte, die mit etwa 5 bis 6 m/sek begrenzt werden soll. Die Gesichtspunkte für die Wahl der negativen Überdeckung der Durchströmsteuerung der großen Pumpe bei Verbundreglern sind bereits früher angegeben worden.

Die unter bestimmten Verhältnissen (Speicherdruck, Regelgeschwindigkeit usw.) erforderlichen wirksamen Ventilquerschnitte für Windkesselregler unterliegen den früher angegebenen Bedingungen, wobei die Strömungsverluste bei vollem Ventilhub 1,5 bis 2 at nicht übersteigen sollen.

Die maximalen Geschwindigkeiten in den Ölzuleitungskanälen werden zweckmäßig nicht über 2,5 m/sek gewählt.

---

[1] Der Vorsteuerstift *320* wird über einen Steuerregler (Abschnitt XI) betätigt.

[2] [24]; weitere Maßnahmen zur Erzielung einer künstlichen Unruhe des Drehzahlführungsorgans s. a. Abschnitt XV.

IV. Steuerung.

a) Die Drehzahlleistungscharakteristik.

Der geordnete Betrieb elektrischer Netze sowie der meisten Arbeitsmaschinen setzt die Einhaltung einer konstanten oder nahezu konstanten Drehzahl (Frequenz) voraus. Eine Regelung, welche die gleiche Drehzahl für alle Belastungen des Maschinensatzes im Beharrungszustand herbeiführt, erfüllt wohl die Forderung nach konstanter Drehzahl im Allein- und Parallelbetrieb,

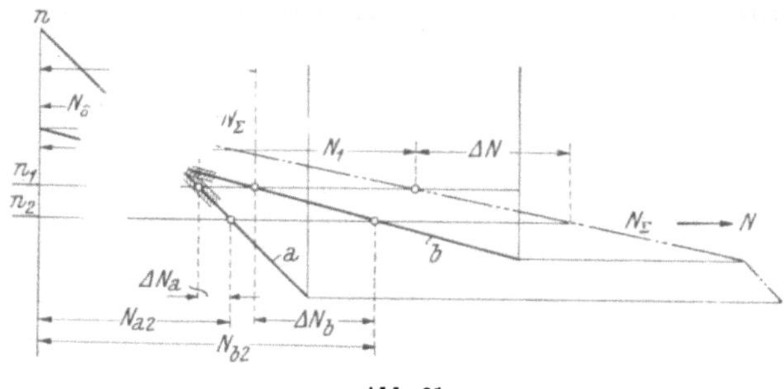

Abb. 91.

enthält jedoch keine Bestimmungsgröße, die eine eindeutig festliegende Verteilung der gesamtaufzubringenden Leistung auf die einzelnen Maschinensätze sichert. Die Verhältnisse werden am besten in einem Schaubild überblickt, in dem die Maschinenleistungen einzeln, bzw. in ihrer Summe als Funktion der Drehzahl dargestellt sind.

Die Drehzahlleistungscharakteristiken von Maschinensätzen mit Regelung auf konstante Drehzahl fallen im Parallelbetrieb wegen der für jeden der Maschinensätze gleichen Drehzahl zusammen. Außer der sich als Summenwert der Einzelleistungen darstellenden Gesamterzeugung besteht keine Bedingung für die Aufteilung der Last, die durch irgendwelche Änderungen des Betriebszustandes angestoßen, infolge der unvermeidlichen Abweichungen der Wirksamkeit der einzelnen selbsttätigen Regler willkürlich von einer Maschine zur anderen wechseln kann. Die Bedingung gleicher Drehzahl für parallelarbeitende Maschinen schafft jedoch dann eine bestimmte Beteiligung der Maschinensätze, wenn durch die Regelung eine Veränderung der Beharrungsdrehzahl mit der Belastung eingeführt wird *(dauernde Ungleichförmigkeit)*. Die einzelnen Maschinensätze beteiligen sich dann nach Lage ihrer Charakteristik an der Gesamtlast etwa in der in Abb. 91 für zwei Maschinensätze dargestellten Weise.[1] a und b stellen hierbei die Drehzahlleistungscharakteristik von Maschine A bzw. B vor, N_Σ die durch Summenbildung der bei derselben Drehzahl abgegebenen Leistungen erhaltene Summencharakteristik. Letztere läßt für eine bestimmte abzugebende Gesamtleistung N_1 die Drehzahl n_1 und damit die Leistungsanteile N_{a1} und N_{b1} feststellen; durch einen analogen Vorgang können bei Belastungsänderungen $(\varDelta N)$ Drehzahl (n_2) und Lastaufteilung $(N_{a2}$ und $N_{b2})$ für den neuen Beharrungszustand bestimmt werden.

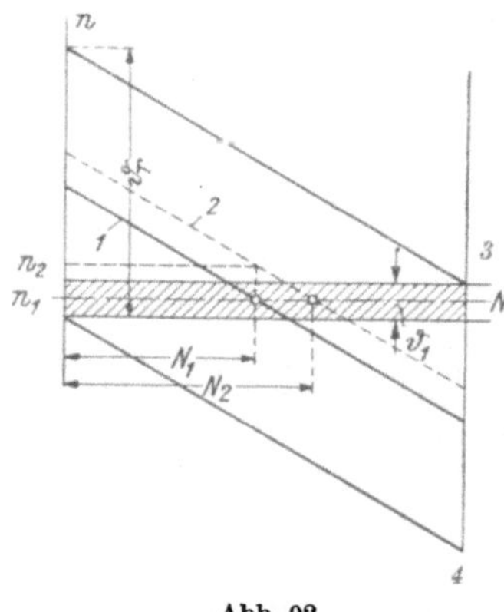

Abb. 92.

Man erkennt aus diesen Darstellungen, daß durch die relative Lage der Charakteristiken die Leistungsaufteilung, durch ihre Neigung der verhältnismäßige Anteil an Belastungsänderungen bestimmt wird. Damit erscheint zunächst die Festlegung des dauernden Ungleichförmigkeitsgrades — etwa den Bedingungen der Stabilität entsprechend[2] — mit Rücksicht auf eine freizügige Betriebsgestaltung unzulässig.

Die Verschiebung der Leistungscharakteristik von 1 nach 2 (Abb. 92), die für den alleinlaufenden und mit N_1 belasteten Maschinensatz die Änderung der Beharrungsdrehzahl von n_1 auf n_2 nach sich zieht, führt unter Voraussetzung der Parallelarbeit mit einem Netz gleichbleibender Frequenz zur Änderung der Belastung (N_2). Der für die Verstellung der Charakteristik vorzusehende Bereich ϑ_r ist nach der Breite des betriebsmäßigen Frequenzbandes ϑ_1 derart zu wählen, daß die volle Belastung des Maschinensatzes bzw. dessen Leerlauf, letzteres zum Zwecke der stoßlosen Zu- und Abschaltung, erzielt werden kann. Zur übersichtlichen Beurteilung der

---

[1] Abweichungen der Leistungsaufteilung von der theoretischen werden durch die Unempfindlichkeit der Regelung (Zone ε) bedingt; Werte der Unempfindlichkeit unter $\pm 0{,}05\%$, die erreichbar sind, werden praktisch als nicht störend empfunden.

[2] S. 2. Teil, Abschnitt C.

jeweiligen Lastverteilung ist der geradlinige Verlauf der Leistungscharakteristiken anzustreben (27).

Der Eigenart parallelarbeitender Werke kann durch unterschiedliche Einstellung der Neigung ihrer Charakteristik entsprochen werden. Kraftwerke, deren Leistungsabgabe möglichst von Änderungen der Netzlast unberührt bleiben soll *(Grundlastwerke)*, sind mit Charakteristiken (N_k) (Abb. 93) auszustatten, die verhältnismäßig steil zu den jener Werke liegen, die Belastungsschwankungen aufnehmen sollen (Spitzenwerke N_v). Laständerungen werden demnach über-

wiegend von den Maschinen mit flacher Charakteristik unter angenäherter Einhaltung der Frequenz (Frequenzmaschinen) übernommen ($\Delta N_\Sigma = \Delta N_v + \Delta N_k$).

Die vollkommene Unabhängigkeit der Leistungserzeugung der Grundlastmaschine von der Netzfrequenz kann jedoch nur entweder

a) durch Begrenzung der Turbinenöffnung ($\Delta \overline{N}_{k1}$) — über die fest eingestellte oder Schwimmer-

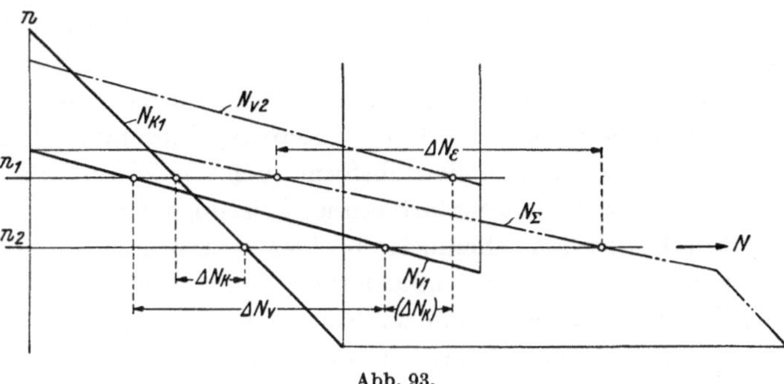

Abb. 93.

einrichtungen unterstellte Öffnungsbegrenzung[1] — erreicht werden, wobei eine relative Einstellung der Charakteristik N_k gemäß Abb. 94 Platz zu greifen hat, um die Wirkung der Öffnungsbegrenzung für alle beharrungsmäßig möglichen und durch die Charakteristik der Frequenzmaschine bestimmten Drehzahlen zu sichern, oder

b) setzt eine reine Isodromcharakteristik ($n =$ konst) der Frequenzmaschine bzw. Frequenzmaschinengruppe voraus.

Wird die Lastverteilung innerhalb letzterer durch Anwendung wenn auch schwach geneigter Charakteristiken der einzelnen Maschinen oder durch eine Führungssteuerung[2] gesichert, was wegen der Schwierigkeit der mechanischen Isodromierung[3] als Regel anzusehen ist, so kann

c) die Einhaltung der Frequenz mit Übernahme des gesamten Lastanfalles durch die Frequenzmaschinen durch Verlagerung der Charakteristik dieser unter dem Einfluß frequenzabhängiger und auf die Drehzahlverstellvorrichtung wirkender zusätzlicher Steuereinrichtungen erfolgen, wobei die zunächst eingetretene Änderung der Belastung der Grundlastmaschine (ΔN_k, Abb. 93) mit Rückstellung der Netzfrequenz auf die normale (n_1) ebenfalls rückgängig gemacht wird (Charakteristik N_{v2}).

Im Gegensatz zu Anordnungen nach a) beteiligen sich auch die Grundlastmaschinen am Ausgleich von Lastschwankungen, was sowohl die Stabilität des Netzes als auch die Größe der eintretenden Frequenz-

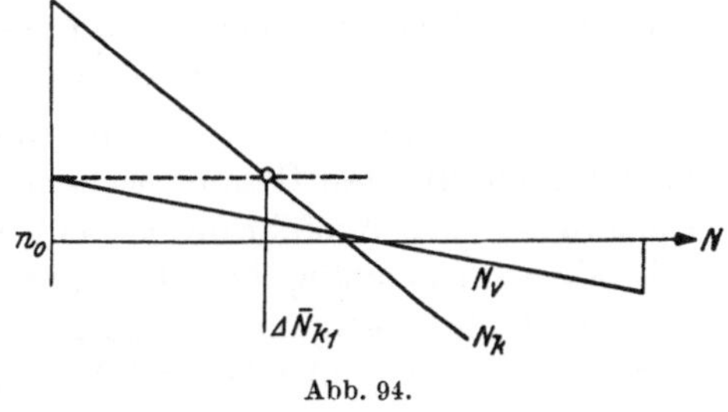

Abb. 94.

schwankung günstig beeinflußt. Die Geschwindigkeit der Nachsteuerung darf aus Stabilitätsgründen ein bestimmtes Maß nicht überschreiten. Die Wirksamkeit einer derartigen zusätzlichen Steuerung ist naturgemäß langsamer als jene der unmittelbaren (mechanischen) Isodromierung.

Die Vollkommenheit der Leistungshaltung in Grundlastwerken wird wesentlich gefördert durch die Anwendung der Leistungsselbstregelung dieser, etwa durch Unterstellung der Drehzahlverstellvorrichtung (Öffnungsbegrenzung) unter die Wirkung eines selbsttätigen Leistungsreglers (28). Dies liegt begründet in der eben nur mittelbaren Wirkung der Frequenzfeinregelung, den praktisch bestehenden Grenzen ihrer Ansprechgenauigkeit sowie gegebenenfalls der Ab-

---

[1] S. Abschnitt V.

[2] S. a. Abschnitt XII, S. 267.

[3] Die Isodromierung durch die Verbindung der Rückführungen der einzelnen Regler ist in ihrer Anwendung auf Maschineneinheiten in der gleichen Zentrale beschränkt. Eine Anordnung hierfür ist seinerzeit von D. Thoma angegeben worden.

hängigkeit der Werksleistungscharakteristik vom Maschineneinsatz. Dem Leistungsregler als Korrektivorgan ist die geringere Regelgeschwindigkeit, verglichen mit der des Frequenzreglers, zuzuweisen.

b) Grundsätzliche Auslegung.

Die eigentliche Steuerungseinrichtung, kurz als *Steuerwerk* bezeichnet, stellt die organische Vereinigung des Führungsorgans der Regelung mit den der Stabilisierung dienenden Einrichtungen sowie jenen konstruktiven Vorkehrungen dar, die zur Befriedigung der Ansprüche einer zeitgemäßen Betriebsführung erforderlich sind. Wenn auch die heute zu überragender Bedeutung gelangte Verbundwirtschaft nur für bestimmte Kraftwerksgruppen die Forderung erhebt, daß die Leistung der zugehörigen Maschinensätze nach der Nennfrequenz des Netzes geregelt wird, so liegt es anderseits doch im Interesse einer möglichst beweglichen und anpassungsfähigen Betriebsführung, diese Betriebsform auch auf Werke, die normalerweise nach anderen Gesichtspunkten — z. B. Wasserdarbietung, Leistungsabgabe — geregelt werden, übertragen zu können; letzten Endes den Alleinbetrieb einer Kraftwerksgruppe bzw. Einzelmaschine als Möglichkeit zu verlangen. Beachtet man ferner, daß der Gemeinschaftsbetrieb mehrerer Kraftwerke bzw. Kraftwerksgruppen gegenüber Störungen durch Ausfall von Aggregaten und damit zusätzlichen Lastanfall an die ungestörten Gruppen um so stabiler und damit sicherer wird, je mehr Maschinensätze an der Aufnahme des Laststoßes teilnehmen — ein Vorgang, der nur bei einer von der Drehzahl abhängigen bzw. hierdurch mitbestimmten Steuerung der nicht frequenzregelnden Werke erreicht werden kann —, so erkennt man die überragende Bedeutung der D r e h z a h l als Führungsgröße.

Drehzahlregler und Stabilisierungseinrichtung haben somit die Grundlage jedes Normalsteuerwerkes zu bilden, dem jene Einrichtungen anzugliedern sind, die

1. die stetige Veränderung der Beharrungsdrehzahl mit der Turbinenöffnung *(dauernder Ungleichförmigkeitsgrad)*, hinsichtlich der Gesamtabweichung einstellbar, herbeiführen lassen;

2. die Drehzahl jedes Beharrungszustandes in gewissen Grenzen verändern lassen;

3. die Begrenzung der abzugebenden Leistung (Leitapparatöffnung) sowie

4. die Übertragung der Führung an die jeweilige Wasserdarbietung ermöglichen. Hierzu können

5. noch jene zusätzlichen Einrichtungen treten, die im Rahmen der Selbststeuerung, bzw. zur Überwachung der maschinellen Einrichtungen der Kraftwerksanlagen erforderlich werden und zweckmäßig mit dem Steuerwerk vereinigt sind.

Die konstruktive Verwirklichung aller dieser Aufgaben führt naturgemäß zu einem verhältnismäßig komplizierten Gesamtmechanismus, an den überdies hohe Anforderungen hinsichtlich Genauigkeit der Ausführung gestellt werden müssen. Letzterer Umstand erfordert die weitgehendste Anwendung von Bearbeitungsvorrichtungen und Sonderwerkzeugen, so daß eine wirtschaftliche Fertigung die reihenmäßige Erzeugung unter Beschränkung auf *eine* möglichst allgemein zu verwendende Ausführungsform voraussetzt.

Während die unter 4 und 5 genannten Aufgaben im allgemeinen nicht für jeden Ausführungsfall vorliegen, haben die Einrichtungen zu 1 bis 3 im Rahmen des elektrischen Parallelbetriebes und mit diesem eine Bedeutung gewonnen, die sie als selbstverständliches Zubehör jedes modernen Einheitssteuerwerkes erscheinen läßt. Hinsichtlich der 4 und 5 entsprechenden Zusatzeinrichtungen genügt es, wenn deren Anbringung konstruktiv vorbereitet ist.

Durch das Zusammenwirken von Führungs- (Drehzahl-) Organ und Stabilisierungseinrichtung soll die dem schwingungsfreien Ablauf des Regelvorganges entsprechende Gesetzmäßigkeit der Steuerventilbewegung verwirklicht werden. Damit fällt diesen Einrichtungen auch die Aufgabe zu, die Verstellkräfte für das Steuerventil aufzubringen und zu übertragen. Dynamisch günstige Eigenschaften des Fliehkraftpendels sind nun an eine Auslegung desselben mit verhältnismäßig geringen und rasch umlaufenden Massen gebunden, wodurch die Arbeitsfähigkeit des ersteren über ein bestimmtes Maß hinaus nicht gesteigert werden kann und daher die vom eigentlichen Steuermechanismus aufzubringenden Kräfte möglichst gering gehalten werden müssen. Die Anwendung eines unter diesem Gesichtswinkel entwickelten *Einheitssteuerwerkes* auf Regler verschiedener Größe verlangt daher Steuerventilkonstruktionen mit sehr kleinen Verstellkräften, eine Forderung, die mit der Schaffung des *vorgesteuerten* Ventils in Anwendung auf Regler größeren und größten Arbeitsvermögens restlos erfüllt wird. Damit ist auch eine der wesentlichsten Vorbedingungen für den in der Einleitung gekennzeichneten Aufbau des modernen Turbinenreglers gegeben.

c) Gebräuchliche Ausführungsformen.

1. Rückführende Steuerungen mit rein mechanisch erzielter Nachgiebigkeit [17].

Die Nachgiebigkeit der Rückführung wird hier durch ein Reibrollengetriebe (Abb. 95) erreicht, das im wesentlichen aus dem Reibrad *410* sowie der auf der Gewindespindel *414* laufenden Reibrolle *412* besteht, welch erstere durch die mit dem Reibrollenträger *413* verbundene Mutter *415* umfaßt wird. Zur möglichsten Herabsetzung der Eigenreibung ist der

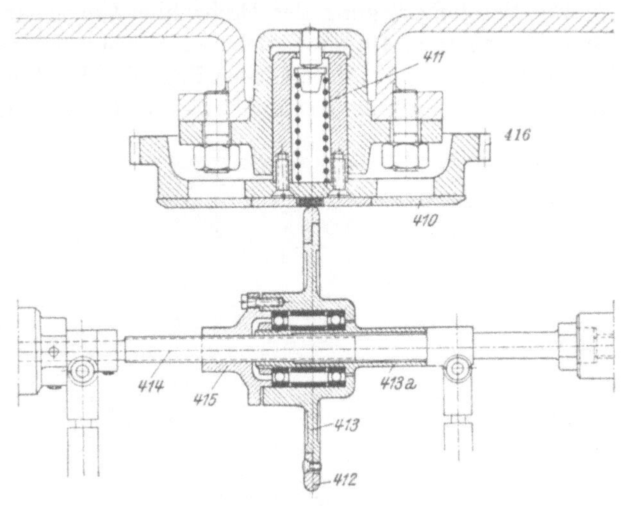

Abb. 95. (Maßstab 1:3.)

Reibrollenträger *413* in der dargestellten Weise auf Kugeln gelagert. Die Reibscheibe *410* wird mit einem Kupferbelag ausgestattet, der mit dem geschliffenen und auf dem Reibrollenträger *413* befestigten Stahlring *412* zusammenarbeitet. Der Antrieb des federnd an die Reibrolle gepreßten Reibrades wird in der Regel vom Fliehkraftpendel über ein Zahnradgetriebe *416* abgeleitet.

Abb. 96 zeigt schematisch die Gesamtanordnung der zugehörigen Steuerungseinrichtung. Während die Einleitung der starr übersetzten Arbeitskolbenbewegung in die Gewindespindel *414*

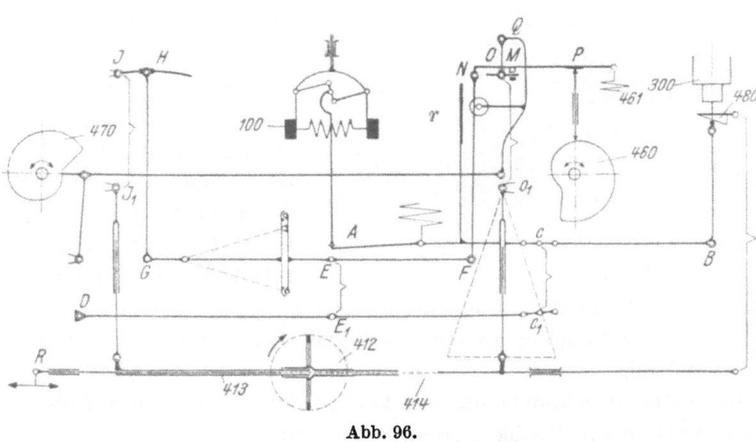

Abb. 96.

im Punkt *R* erfolgt, leitet der Reibrollenträger *413* die aus der Verschiebung der Gewindespindel *414* und der gleichzeitigen Rücklaufbewegung der Reibrolle *412* entstehende Bewegung über die Welle JJ_1, Schwinge *JH* auf den einen Endpunkt *G* des Waagscheites *GF*, dessen zweiter Endpunkt *F* über die Welle OO_1, Schwinge *NMP* vom Punkt *N* des in *P* unterstützten Querhebels *NP* in wählbarer Übersetzung *OM* starr abhängig von der Bewegung des Arbeitskolbens verstellt wird. Diese zusammengesetzte Rückführbewegung wird über EE_1 der Schwinge DC_1 mitgeteilt, deren Punkt CC_1 Drehachse für den einerseits vom Pendel *100* in *A* beeinflußten, in *B* mit dem Steuerventil *300* verbundenen Hauptsteuerhebel *AB* ist. Kann durch Verstellen des Punktes *H* auf der Schwinge *JH* der *vorübergehende Ungleichförmigkeitsgrad*, durch Verschiebung des Querhebels NP je nach Lage des Drehpunktes M gegen O die *dauernde Ungleichförmigkeit* verändert werden, so läßt die konstruktiv vorbereitete Verstellung des Punktes C die Übersetzung zwischen Pendel und Steuerventil[1] ändern.

Die Parallelverlegung der Drehzahlleistungscharakteristik und damit die Veränderung der Drehzahl eines bestimmten Beharrungszustandes erfolgt über Kurvenscheibe *460*, Stift *461*, Querhebel NP, wobei der gleichen Lage des Punktes B für die Mittelstellung des Steuerventils über die kinematische Kette $N—F—E—C$ verschiedene Lagen des Pendelangriffspunktes A und damit verschiedene Drehzahlen für den Beharrungszustand zugeordnet werden *(Drehzahlverstellvorrichtung)*.

Abb. 97.

Die Begrenzung der Leitapparatbewegung im Sinne einer weiteren Eröffnung wird durch ein zusätzliches Gestänge *(Öffnungsbegrenzung)* gesteuert, das die Abhängigkeit der Bewegung des Hauptsteuerhebels AB von der Verstellung des Pendels durch den Eingriff der Rolle r löst, wobei die Stellung letzterer einerseits durch die Verdrehung der Kurvenscheibe *470* willkürlich beeinflußt werden kann, anderseits von der Bewegung des Arbeitskolbens über das Gestänge OQ abhängt. Letzteres bewirkt die Rückstellung des aus seiner Mittellage durch Verdrehung der Kurvenscheibe *470* verstellten Steuerventils und ordnet jeder Stellung von *470* eine bestimmte Eröffnung des Reglers bzw. des Leitapparates zu, solange die Drehzahl derart tief liegt, daß das Pendel *100* auf den kraftschlüssig herangeführten Hauptsteuerhebel AB nicht zur Wirkung kommt. *Drehzahlregelung* und *Öffnungsbegrenzung* sind demnach parallelgeschaltet, wobei durch letztere Einrichtung die Eröffnung der Turbine über einen entweder von Hand oder durch selbsttätige Einrichtungen eingestellten Wert verhindert wird, anderseits jedoch innerhalb dieses Leistungsbereiches die Drehzahlregelung zur Anpassung der Beaufschlagung an eine geringere Leistungsanforderung in ihrer Wirkung unbeeinflußt erhalten bleibt.

Der im vorhergehenden gekennzeichnete Aufbau der Steuerungseinrichtung liegt der Ausführung von Steuerwerken für Großkraftregler zugrunde.

Abb. 97 gibt die Ansicht des zusammengebauten, in einem öldicht abgeschlossenen Gehäuse untergebrachten Steuerwerkes, dessen Einzelteile durch eine Zentralschmierung mit Öl versorgt werden; ferner ist der elektromotorische Antrieb der Drehzahlverstellung *460* und Öffnungsbegrenzung *470* samt den zugehörigen Anzeigevorrichtungen *580* zu erkennen.

Während für die Durchbildung der vorbeschriebenen Steuerungseinrichtung das Bestreben wesentlich war, die Einstellung der vorübergehenden *und* dauernden Ungleichförmigkeit in einfachster Weise während des Betriebes ändern zu können, ist konstruktiven Vereinfachungen zuliebe für die serienmäßige Ausführung des Steuerwerkes hiervon Abstand genommen, bzw.

---

[1] Die sogenannte bezogene Schlußzeit = Schlußzeit bei 1% Drehzahlabweichung (nach D. THOMA).

diese Möglichkeit nur hinsichtlich des bleibenden Ungleichförmigkeitsgrades verwirklicht worden.

Der Aufbau dieses Steuerwerkes wird bestimmt durch die Anwendung des Rückführkonus *416* (Abb. 98)[1] (*25*), eines Konstruktionsgliedes, das zunächst der Einführung der Hilfskolbenbewegung in den Steuermechanismus und ihrer Übersetzung dient, im übrigen seines besonderen Aufbaues halber mehrere, sonst in getrennten Einrichtungen zu verwirklichende Funktionen zu übernehmen imstande ist. Die Mantelfläche dieses Rückführkonus entsteht durch die Verschiebung der in bezug auf die Erfüllung der Dämpfungsbedingungen gewählten Form des Rückführkeiles längs einer etwa 300° umfassenden Spirale. Durch die Verschiebung des Rückführkonus bei Bewegungen des Arbeitskolbens leiten sich somit die der Dämpfung des Regelvorganges dienenden Verstellungen ab; die Anwendung eines Keiles zur Weiterleitung und Übersetzung der Rückführbewegungen bietet die Möglichkeit, die in der Beharrungslage wünschenswerte kräftige Einwirkung der Hilfskolbenbewegung auf einen geringen Bereich um diese Lage durch Einfügung einer kurzen

Abb. 98.

Stufe verstärkter Neigung zu beschränken und damit die Regelung stabil sowie ihr Verhalten kleinen Belastungsänderungen gegenüber günstig zu gestalten. Anderseits kann durch eine Drehung des Rückführkonus um die Spindelachse die Drehzahl des jeweiligen Beharrungszustandes geändert werden. Insofern diese Drehung von der Arbeitskolbenbewegung über Nut *450* und Gleitstein *451* abgeleitet wird, ist eine von der Belastung abhängige Veränderung der Beharrungsdrehzahlen geschaffen *(dauernde Ungleichförmigkeit)*, während anderseits über den Schneckentrieb *462*, der entweder von Hand aus bewegt oder über einen weiteren Trieb und eine Federkupplung elektromotorisch angetrieben werden kann, durch Verdrehung der Führungsbüchse *452* die willkürliche *Verstellung* der *Drehzahl* des Beharrungszustandes vorgenommen wird.

Die Charakteristik des Pendels bestimmt zusammen mit der Neigung des Rückführkonus in seiner Mittellage — diese Lage wird durch das Reibrollengetriebe *410/412* immer angestrebt, ist also im Beharrungszustand vorhanden — die für die Stabilität der Regelung maßgebende *vorübergehende* Ungleichförmigkeit. Die Steigung der Spirale zusammen mit der der Nut *450* legt den *dauernden* Ungleichförmigkeitsgrad fest. Eine während des Betriebes durchführbare Änderung der Einstellung des letztgenannten Wertes wird mit Ersatz der festen Nut *450* durch die drehbare Kulisse *450* (Abb. 99) erreicht.

---

[1] Angegeben von D. THOMA.

Die *Öffnungsbegrenzung 470* zur Einstellung von Leistungsgrenzwerten nach Vorschrift oder Wasserdarbietung ist übereinstimmend mit der vorbeschriebenen Ausführung als einseitig wirkende rückgeführte Regelung ausgebildet, welche der Drehzahlregelung parallelgeschaltet und überdies so ausgelegt ist, daß ihre Wirkung von der augenblicklichen Einstellung der Drehzahlverstellvorrichtung, bzw. der Einrichtung zur Herbeiführung einer dauernden Ungleichförmigkeit unabhängig ist.

Abb. 99 zeigt die nach den vorbeschriebenen Gesichtspunkten ausgebildete Steuerungseinrichtung für einen Regler von 3000 mkg Arbeitvermögen [2] in einer Anordnung, die die konstruktive Ausbildung erleichtert sowie eine ausgezeichnete Zugänglichkeit zu sämtlichen Teilen der Steuerungseinrichtung durch Unterbringung dieser in einem nach einer Seite hin voll zu eröffnenden Schrank bietet. Der Bestimmung dieser Reglertype für vertikale Maschinensätze entsprechend ist das Fliehkraftpendel stehend angeordnet, um den Antrieb von der Turbinenwelle aus in einfacher Form zu ermöglichen.

Abb. 99.

2. Rückführende Steuerungen mit hydraulischer Durchbildung der Nachgiebigkeit.

An die Stelle rein mechanischer Mittel zur Erzielung der Nachgiebigkeit der Rückführung können auch hydraulisch kuppelnde Konstruktionen gesetzt werden, die sich überwiegend einer Ölbremse bedienen, vereinzelt auch durch Drucköl betätigte und entsprechend gesteuerte Hilfskolbengetriebe verwenden. Die einfachste Ausführungsmöglichkeit besteht etwa darin, die Rückführbewegung durch eine Ölbremse zu leiten, deren mittelbar bewegter Teil durch Federkräfte in eine immer gleiche Beharrungslage zurückgeführt wird. Die Geschwindigkeit der Rückstellung hängt hierbei von diesen, der Auslenkung proportionalen Kräften sowie der Größe der eingestellten Überströmöffnung ab und nimmt ebenso wie die Rückführkraft mit zunehmender Annäherung an die Beharrungsstellung bis auf Null ab. Stellkräfte und Reibungswiderstände des nachgeschalteten Getriebes wirken dahin, daß die theoretische Mittelstellung nicht vollständig erreicht wird und somit geringe Stellungs- und damit Drehzahlunterschiede bestehen bleiben. Diese mit dem Verschwinden der Rückstellkräfte in der Beharrungslage zusammenhängende Erscheinung tritt wohl auch bei Konstruktionen nach Abb. 95 auf, kann dort aber durch die Wahl entsprechender Übersetzungen, die die zur Überwindung der Stell- und Reibungswiderstände notwendige Schleppkraft an der Reibrolle noch bei sehr kleinen Ausweichungen dieser aus der Mittellage erzielen lassen, praktisch ausgeschaltet werden. Hingegen besteht ein grundlegender Unterschied zum Nachteil der Konstruktion mit einfacher Ölbremse. Die der eigentlichen Rückführung überlagerte Rückstellbewegung bei Verwendung von Reibrollengetrieben wird erst bei Verstellungen der Reibrolle aus der Mittellage wirksam, wodurch in nächster Umgebung der Beharrungsstellung die Rückführung in voller Schärfe zur Wirkung kommt; bei Anwendung von Ölbremsen mit dauernd geöffneter Überströmung hingegen können langsame Verstellungen des unmittelbar vom Kraftkolben her bewegten Teiles der Ölbremse ohne Aufbringung der notwendigen Kräfte zur Mitnahme der mittelbar bewegten nachgeschalteten Getriebeteile vor sich gehen, wodurch ein langsames Pendeln der Umdrehungszahl des Maschinensatzes hervorgerufen werden kann. In vollkommener Form kann dieser Unzuträglichkeit nur durch Anwendung von Rückführkräften, die bis zur Mittelstellung endlich bleiben, abgeholfen werden im Verein mit möglichster Herabsetzung der durch die Ölbremse zu übertragenden Kräfte, bzw. ihrer inneren Reibungskräfte, letzteres etwa durch eine relative Drehung der gegeneinander bewegten Teile. Die Anwendung endlich bleibender Rückstellkräfte erfordert jedoch die Steuerung der Überströmöffnung mit vollständigem Abschluß letzterer in der Mittellage.

Aufbau und Wirkungsweise einer derartigen Steuerungseinrichtung [1] können aus Abb. 100 entnommen werden.[1] Die im Kataraktkolben *420* untergebrachte Überströmöffnung *421* wird gesteuert durch eine Ventilstange *422*, die in der hohlen Verlängerung des Kataraktkolbens geführt ist und sich unter Wirkung eines kleinen Belastungsgewichtes *423* gegen die Gabel *424*

bzw. den festen Anschlag *425* legt. Die in der dargestellten Mittellage verschlossene Umlaufbohrung *421* wird bei Verstellungen des Kataraktkolbens nach oben *(Entlastungen)* dadurch rasch eröffnet, daß die Gabel *424*, sich auf den Bund des verlängerten Kolbens *420* seitlich abstützend, die Wege des letzteren in vergrößerte Verstellungen der Ventilstange *422* übersetzt. Für Verstellungen des Kataraktkolbens nach unten *(Belastungen)* verhindert der (feste) Anschlag *425* die Mitbewegung der Ventilstange *422*, wodurch ebenfalls die Eröffnung des Umlaufes *421* erzielt wird.

Durch entsprechende Ausbildung der Gabel *424* kann ein Übersetzungsverhältnis zwischen den Bewegungen des Kataraktkolbens *420* und der Ventilstange *422* von etwa 1 : 2,5 erreicht werden. Maschinensätze, die zur Frequenzregelung bestimmt sind, werden mit einer zusätzlichen Einrichtung ausgestattet, die auch für Öffnungsvorgänge (Bewegungen des Kataraktkolbens nach unten) eine erhöhte Übersetzung schafft. Hierzu ist der Anschlag *425* zu einem doppel-

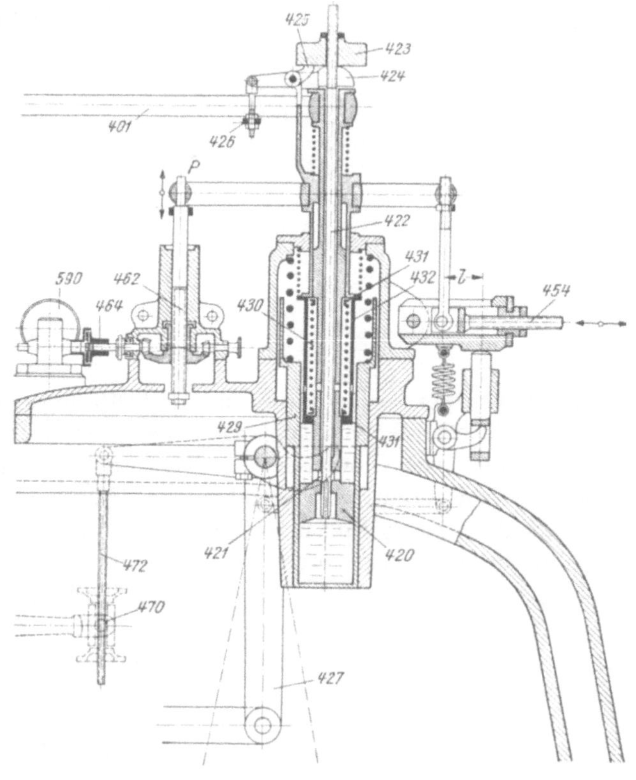

Abb. 100. (Maßstab 1:12.)

armigen Hebel erweitert, der mittels des Querstückes *426* den Verbindungshebel *401* zwischen Steuerventil und Steuerwerk mit geringem Spiel untergreift. Sobald letzteres durch eine Verdrehung des Hebels *401* als Folge einer Verstellung des Kolbenrohres *420* nach unten durchlaufen ist, wird über Anschlag *425* die Ventilstange *422* angehoben und damit eine verstärkte Eröffnung der Umlaufbohrung *421* und erhöhte Nachgiebigkeit auch für Öffnungsbewegungen erzielt (**24**).

Der Kataraktkolben *420* wird von Stellungen außerhalb der gezeichneten Lage, in die er durch die Bewegungen des vom Arbeitswerk über Gestänge *427* angetriebenen Kataraktgehäuses *429* gebracht wird, durch eine Kraft zurückgedrängt, die durch die Abhebung eines der Federteller *431* von der Führungshülse *432* eintritt und welche wegen der Vorspannung der Feder *430* in der Mittelstellung bis zur Wiederherstellung letzterer mit endlicher Größe auf dem Kataraktkolben *420* wirksam bleibt. Die Ausschaltung der Nachgiebigkeit für die Mittelstellung einerseits, ihre volle Einschaltung außerhalb eines nahen Bereiches um diese anderseits kommt der Forderung nach einer stabilen und bei kleinen Belastungsänderungen möglichst günstig arbeitenden Regelung entgegen.

---

[1] Die grundsätzlich gleiche Ausbildung der gesteuerten Ölbremse wurde seinerzeit auch von J. M. VOITH, Heidenheim, nach den Vorschlägen von C. SCHMITTHENNER verwendet (s. Wasserkraftjahrbuch 1928/29 „Steuerungseinrichtungen selbsttätiger Turbinenregler").

Die Stellungsänderungen des mittelbar bewegten Teiles *420* der Stabilisierungseinrichtung werden auf die Führungsbüchse eines Steuerventils gemäß Abb. 83 übertragen, also dort den

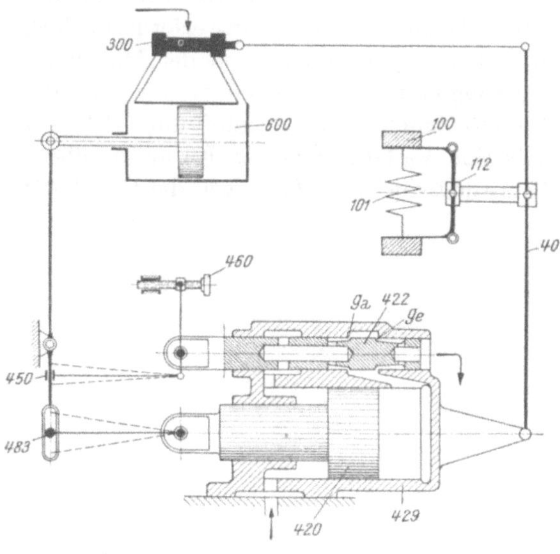

Abb. 101.

Bewegungen des Pendels über Gestänge *401* zugeordnet. Die *vorübergehende Ungleichförmigkeit* wird durch das Übersetzungsverhältnis dieser Übertragung bestimmt und kann mit diesem geändert werden (Kulisse *402*). Die *dauernde Ungleichförmigkeit* erscheint durch die jeweils eingestellte Hebellänge *l* (Spindeltrieb *454*) bestimmt; die Verstellung des Anlenkungspunktes *P* zur Herbeiführung verschiedener Beharrungsdrehzahlen erfolgt über den Spindeltrieb *462* von Hand aus bzw. elektromotorisch, wobei eine in den Antrieb eingefügte Rutschkupplung *464* Endschalter überflüssig macht. Beide Einstellungen wirken auf die Verlagerung der Federbüchse *432* und damit der spannungslosen (Beharrungs-) Stellung des Rückführmechanismus.

Die *Öffnungsbegrenzung 470* (s. a. Abb. 163) wirkt unmittelbar auf das Steuerventil und verhindert je nach der von Hand aus einstellbaren Länge der Verbindungsstange *472* Öffnungsbewegungen des Steuerventils bei Erreichung der der eingestellten Stangenlänge zugeordneten Turbinenöffnung.

An Stelle von Ölbremsen mit Rückstellung durch Feder- oder Gewichtswirkung können, wie bereits erwähnt, zur Erzielung der Nachgiebigkeit der Rückführung auch Hilfskolbengetriebe Anwendung finden, welche durch Drucköl betätigt und entsprechend den Erfordernissen der Stabilisierung gesteuert werden. Abb. 101 [6] (26) zeigt eine derartige Ausführung, bei welcher

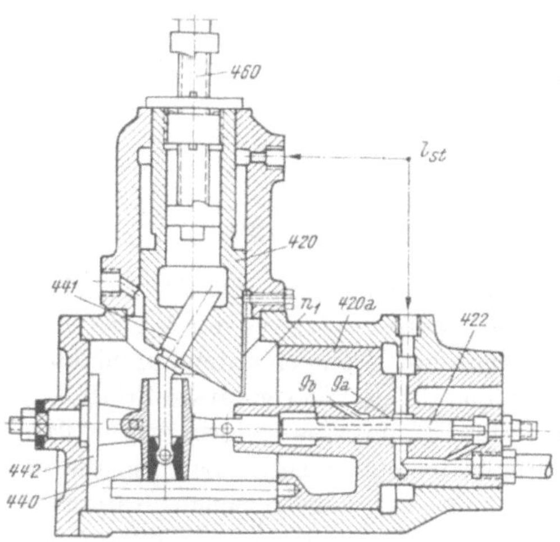

Abb. 102.

der Differentialkolben *420* — entsprechend dem unmittelbar bewegten Teil der Ölbremse früher besprochener Ausführungen — vom Arbeitskolben des Reglers her in fester Übersetzung verstellt wird, während Bewegung und Beharrungslage des ihn umschließenden Gehäuses *429* von der relativen Stellung dieses zu einem besonderen Steuerkolben *422*, der den Druck eines Ölstromes über der großen Fläche des Differentialkolbens *420* steuert, abhängig gemacht sind.

Die Beharrungslage des Gehäuses (Rückführwagen *429*), welche das Gleichgewicht der Kräfte am Differentialkolben *420* voraussetzt, kann nur bei einer bestimmten relativen Lage des Steuerkolbens *422* zu den steuernden Kanten *g* im Gehäuse eintreten; somit liegen die Beharrungsstellungen des nachgeschalteten Steuergestänges *429*, *401* und damit die Beharrungsdrehzahlen durch die Lage des Steuerkolbens *422* fest. Die Stellungen des letzteren werden daher einerseits von der Kraftkolbenbewegung zur Einführung eines dauernden Ungleichförmigkeitsgrades abgeleitet (*450*), anderseits bestimmt durch die Stellung des Mechanismus für die Drehzahlverstellung (*460*). Durch entsprechende Formgebung des Steuerkolbens *422* im Anschluß an die Steuerkante g_e kann die Wirksamkeit der Drosselung mit zunehmender Auslenkung aus der Mittellage herabgesetzt und damit durch Ausschaltung der Nachgiebigkeit in der Mittellage einerseits kräftige Stabilisierung, anderseits Beschränkung des verstärkten Einflusses letzterer auf den nahen Bereich um die Beharrungslage sowie exakte Rückstellung in diese erreicht werden.

Die konstruktive Verwirklichung der Gleichwertsteuerung mit Einfügung dieser in das Pendelgestänge nach Schema Abb. 27 läßt Abb. 102 erkennen [16]. Die Durchflußsteuerung 465 und 466 ist hierbei durch eine zweiseitig wirkende ersetzt, durch welche bei einer Relativverstellung des Kolbens $420a$ etwa nach links (im Gefolge eines Schließvorganges) eine zusätzliche Belieferung des Verbindungsraumes n_1 mit Drucköl über Steuerung g_a eintritt, wodurch der Kolben 420 relativ zum Kolben $420a$ im gleichen Sinne weiter verschoben wird; anderseits wird bei Öffnungsvorgängen mit primärer Verstellung des Kolbens $420a$ nach rechts die Abströmung des Raumes n_1 über Steuerung g_b eröffnet, wodurch sich die Bewegung des Kolbens 420 ebenfalls im ursprünglichen, durch die rein volumetrische Wirkung bedingten Sinne fortsetzt.

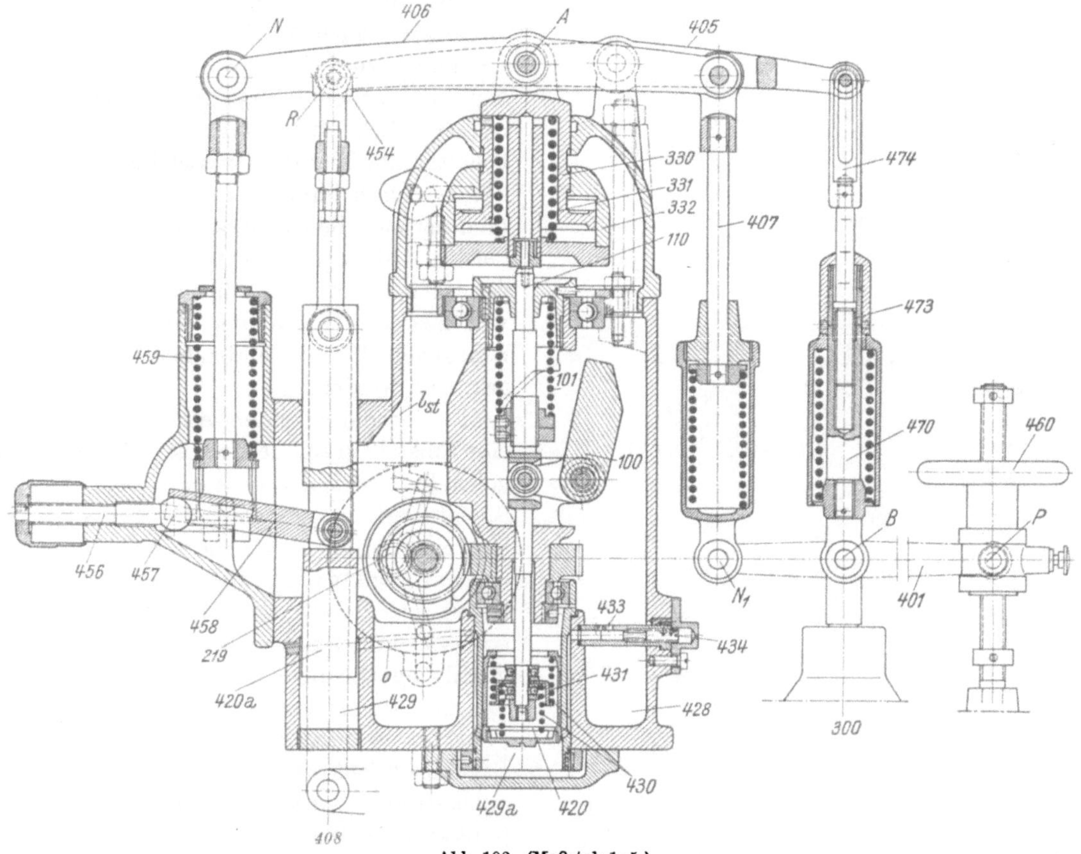

Abb. 103. (Maßstab 1:5.)

Diese relativen Nachstellungen finden ihr Ende erst mit Abschluß der Steuerkanten g_a bzw. g_b, also bei Erreichung einer Pendelstellung bzw. Drehzahl, die durch die Lage des Steuerstiftes 422 eindeutig gegeben ist. Letztere wird nun über Gleitstein 440 und Kulisse 441 vom Kolben 420 bestimmt, dessen Beharrungsstellungen eindeutig jene des Leitapparates abbilden (s. Schema Abb. 27); *dauernde Ungleichförmigkeit.* Durch Änderung des Übersetzungsverhältnisses (Kulisse 441, Exzenter 442) kann daher die dauernde Ungleichförmigkeit verstellt werden, während mittels des Spindeltriebes 460 die Drehzahl des einzelnen Beharrungszustandes geändert werden kann.

3. Nachgiebige Rückdrängung.

Abb. 103 zeigt die konstruktive Vereinigung des in einem geschlossenen Gehäuse rotierenden Fliehkraftpendels 100 [11, 12] mit der Rückdrängungseinrichtung, bestehend aus dem von ersterem unmittelbar bewegten Federkolben 420 sowie dem vom Arbeitswerk her über den Lenker 408 angetriebenen Pumpkolben $420a$, beide in den durch die Bohrung o verbundenen Zylindern 429, $429a$ spielend.

Wenn zunächst der Flüssigkeitsinhalt des Arbeitsraumes *429, 429a* als gleichbleibend angenommen wird, verursachen Verschiebungen des Verdrängerkolbens *420a* inhaltsgleiche Bewegungen des Federkolbens *420* mit relativen Verstellungen des letzteren in bezug auf die Federabstützung *431*. Deren Ausweichung sowie die Charakteristik der Federanordnung *431* bestimmen die jeweilig wirksame Rückdrängungskraft, welch letztere Stellungsänderungen des Pendels abweichend vom kräftefreien Zustand desselben im Sinne des in der Einleitung gekennzeichneten Stabilisierungsvorganges bewirkt. Zur Erzielung der Gleichwertregelung müssen die der Stabilisierung des Regelvorganges dienenden Kräfte auf das Pendel allmählich zum Verschwinden gebracht werden. Hierzu dient die Verbindung des Arbeitsraumes *429, 429a* mit dem Ausgleichsbehälter *428* über die Drosseleinrichtung *433, 434*, wodurch immer die spannungslose Verbindung zwischen Federkolben *420* und Pendelstift *110* angestrebt wird. Die Wirkung der Nachgiebigkeit (Isodromzeit) kann durch verschiedene Einstellung der die Umlaufbohrungen *433* abblendenden Schraube *434* geändert werden.

In der dargestellten Ausführung ist auf eine Einstellbarkeit des für die Stabilität maßgebenden Übersetzungsverhältnisses zwischen Arbeitswerk und Verdrängerkolben *420a* verzichtet worden. Lagenänderungen des Anlenkungspunktes *P* des das Steuerventil tragenden Hebels *401* über den Spindeltrieb *460* ordnen der Mittelstellung des Steuerventils verschiedene Lagen des Pendelstiftes *110* und damit verschiedene Drehzahlen zu *(Drehzahlverstellung)*. Die beharrungsmäßige Lage des Fliehkraftpendels erscheint überdies mitbestimmt durch die Lage des Gestängepunktes *N (406)*, welche über Doppelhebel *458*, Kolben *420a* von der Stellung des Arbeitswerkes abhängt *(dauernde Ungleichförmigkeit)*. Der Wert letzterer kann durch Verlagerung des Stützpunktes *457* über Spindeltrieb *456* geändert werden.

Die *Öffnungsbegrenzung* wirkt unmittelbar auf das Steuerventil, das bei Erreichung eines mittels des Spindeltriebes *473* vorweg

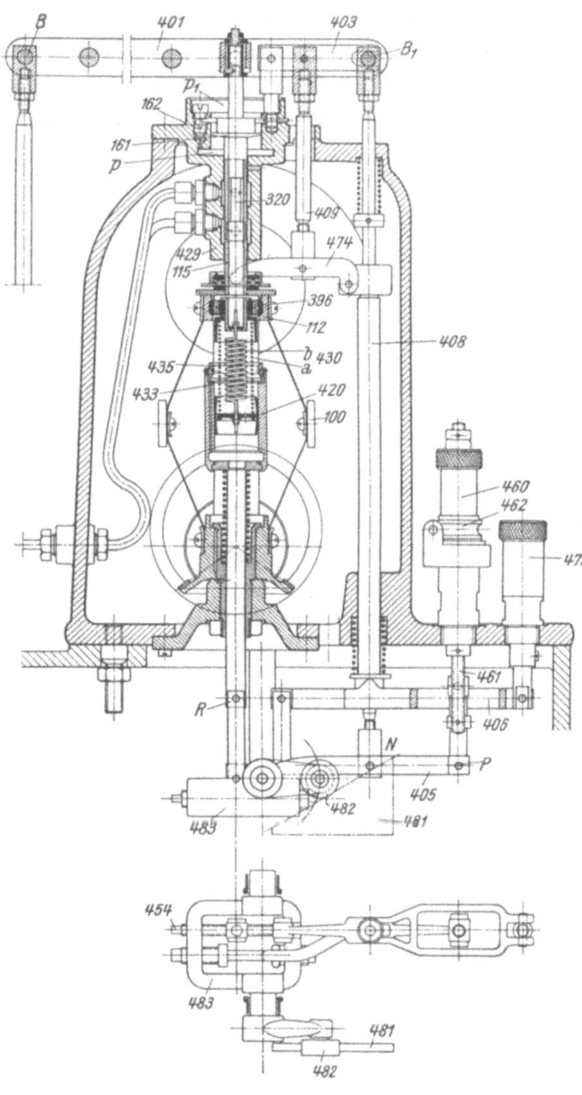

Abb. 104. Einheitssteuerwerk. (Maßstab 1:6.)

100 = Blattfederpendel, *112* = obere Pendelmuffe, *115* = Steuerhülse, *320* = Vorsteuerstift, *161, 162* = Pendelbremse, *420* = Ölbremskolben, *430* = Gegenfedersystem, *433, 435* = Blendenring, *481—483* = Ableitung der Rückdrängung, *460, 405, N, B₁* = Drehzahlverstellung, *473, 406, 408, 474—403, 409* = Öffnungsbegrenzung, *401* = Hauptsteuerhebel.

einstellbaren Öffnungswertes über das Rückführgestänge *405* in seine Mittellage gebracht wird; der Freigang *474* ermöglicht hierbei das Wiedereingreifen der Drehzahlregelung, falls die Leistungsanforderung unter die der Einstellung der Öffnungsbegrenzung entsprechende Erzeugung fallen sollte.

Die vorgenannten Einrichtungen werden noch ergänzt durch eine als *Leerlaufrückführung* bezeichnete Vorkehrung, die an Stelle der die Stabilität nur gering beeinflussenden dauernden Ungleichförmigkeit eine kräftige Rückführung, beschränkt auf den Bereich der kleinen Öffnungen, setzt. Hierzu übernimmt im vorgenannten Bereich der Kolben *420a* über den verstellbaren

Anschlag *454* die zusätzliche Verstellung des Gestänges *406, 407, 401* unter Aufhebung des Kraftschlusses (Feder *459*) im Gestänge zur Einführung der dauernden Ungleichförmigkeit.

Auf die konstruktive Zusammenfassung von „Vorsteuerung" und Einheitssteuerwerk ist bereits an anderer Stelle (s. S. 44) hingewiesen worden. Diese Anordnung wird begünstigt durch den Umstand, daß bei rückdrängenden Stabilisierungseinrichtungen die Wege des Fliehkraftpendels infolge der unmittelbaren Einwirkung der Rückdrängungskräfte auf dieses bereits mit den dem Steuerventil zu erteilenden Verstellungen übereinstimmen, bzw. verhältnisgleich angenommen werden können — im Gegensatz zu rückführenden Steuerungseinrichtungen, bei welchen die gleichzeitigen Wege von Pendel und Stabilisierungseinrichtung erst zu den Verstellwegen des Steuerventils über ein Hebelgestänge zusammengesetzt werden müssen.

Ein räumlich gedrängter Aufbau des Steuerwerkes läßt sich durch Verwendung von Blattfederpendeln erzielen, die in den freien Mittenraum den Rückdrängungsmechanismus einschachteln lassen (Abb. 104 [23]). Die obere Pendelmuffe *112* ist einerseits mit der ihre Führung in axialer Richtung darstellenden Vorsteuerhülse *115* starr verbunden, während die die rückdrängende Kraft vermittelnde Verbindung zwischen Ölbremskolben *420* und bewegter Muffe *112* über das Federsystem *430a, b* hergestellt wird. Die Drehung des Pendels wird über das mit Spannung eingesetzte Kugellager *396* dem Ölbremskolben in der gewünschten Verlangsamung mitgeteilt; durch diese Art der Auslegung wird nicht nur die relative Drehung der gegeneinander bewegten Teile der Ölbremse, sondern auch der Vorsteuerhülse *115* gegen das ihre Führung bildende feste Gehäuse *429* sowie gegen den Steuerstift *320* herbeigeführt, wodurch die Stabilisierungseinrichtung von den Widerständen der ruhenden Reibung entlastet erscheint.

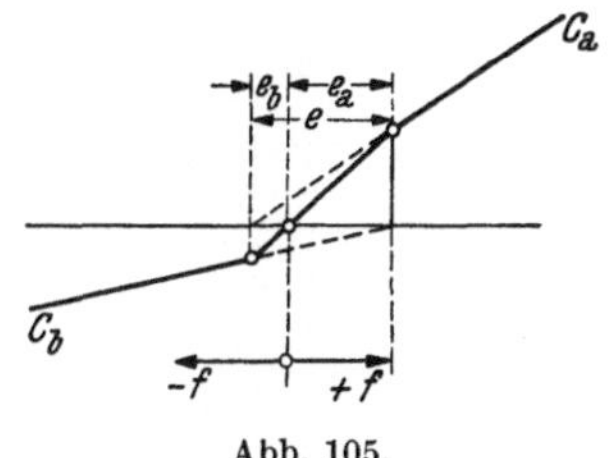

Abb. 105.

Im Gegensatz zur Ausführung Abb. 103, bei der die Kräfte zur Verstellung des Schaltkolbens im Steuerventil *300* mechanisch durch Gestänge übertragen werden, ist mit dem Normalsteuerwerk Abb. 104 nur jener Teil der Vorsteuerung in immer gleicher Form vereinigt, der den Ölstrom zur hydraulischen Verstellung des Hauptschaltventils steuert. Hinsichtlich der Wirkungsweise dieser Vorsteuerung kann auf die Ausführungen des vorangehenden Abschnittes verwiesen werden. Nachdem das Steuergestänge bei dieser Art der Auslegung nur mehr die praktisch bedeutungslosen Verstellkräfte für den Steuerstift *320* zu übertragen hat, kann das Gestänge leicht gehalten und in seinen Abmessungen auf das herstellungstechnische Minimum beschränkt werden.

Zur Einführung der Rückdrängungsbewegung wird das Gehäuse der Ölbremse *420* über den vom Kraftkolben her bewegten Keil *481*[1], Rolle *482* und Schwinge *483* verstellt. Die jeweilige Schlußrichtung des Reglers kann durch einfache Umsetzung des Keilstückes *481* berücksichtigt werden; der Stabilitätswert der Rückdrängung ist durch Veränderung des Übersetzungsverhältnisses der erstgenannten Übertragung mittels des Spindelgetriebes *454* einstellbar. Überdies wird durch Anwendung zweier im Bereich der Mittellage gegeneinander geschalteter Rückstellfedern *430a, b* der Stabilitätswert innerhalb der Überdeckung e der Federcharakteristiken (Abb. 105) durch den Summenwert dieser bestimmt, also ein verstärkter Einfluß der Rückdrängung nahe um die Mittellage erreicht. Die Wahl unterschiedlicher Charakteristiken (C_a, C_b) für die Federn bietet überdies ein Mittel zur Herbeiführung eines verschiedenen Stabilitätsgrades für Be- und Entlastungsvorgänge.[2]

Die Isodromzeit wird — außer durch die Charakteristik der Stabilisierungsfedern sowie deren Überdeckung — durch die Einstellung der wirksamen Überströmöffnungen *433* bestimmt, deren Summenquerschnitt durch Verdrehen des Blendenringes *435* geändert werden kann.

Durch Verlagerung der Anlenkung B_1 des Querhebels BB_1 können der Mittelstellung des Steuerventils, also dem Beharrungszustand, verschiedene Lagen der beweglichen Pendelmuffe *112* und damit verschiedene Drehzahlen des während dieser Periode kräftefreien Pendels zugeordnet werden. Die Lage des Punktes B_1 ist daher abhängig gemacht einerseits von der Einrichtung zur willkürlichen *Verstellung* der Drehzahl sowie jener zur Erzielung einer *dauernden Ungleich-*

---

[1] Damit kann der Stabilitätswert über dem Arbeitshub verschieden gemacht werden.

[2] In grundsätzlicher Übereinstimmung mit der Anwendung des Stufenkonus (s. S. 59).

förmigkeit. Während letztere, von der Hilfskolbenbewegung über Schwinge *483* einstellbar abgeleitet, über Querhebel *405* nach N übertragen wird, gestattet die Lagenänderung des Anlenkungspunktes P des Querhebels *405* über die Gewindespindel *461* die willkürliche *Verstellung* der *Beharrungsdrehzahl.* Letztere Einrichtung kann auch über den Schneckentrieb *462* elektromotorisch betätigt werden, in welchem Falle durch eine Rutschkupplung Endschalter entbehrlich werden.

Zur einstellbaren *Begrenzung* der *Leitapparatöffnung* wird ein Hochgehen der Pendelmuffe *112* durch die einseitig wirkende Hubbegrenzung *474* verhindert, deren Lage von der Einstellung des Spindeltriebes *473*, bzw. von der über Schwinge *483* abgeleiteten und durch Querhebel *406* auf die Hülse *408* übertragenden Rückführung abhängt. Nachdem jedoch die Lage des Steuerventils außer von der Stellung der Pendelmuffe *112* auch von der Lage des Punktes B_1, also der jeweilig eingestellten dauernden Ungleichförmigkeit und der Stellung der Drehzahlverstelleinrichtung bestimmt ist (Drehpunkt P), werden zur Ausschaltung dieses Einflusses die Stellungen des Drehpunktes B_1 im ausgleichenden Sinne über Gestänge *403, 409* auf den Anschlaghebel *474* übertragen.

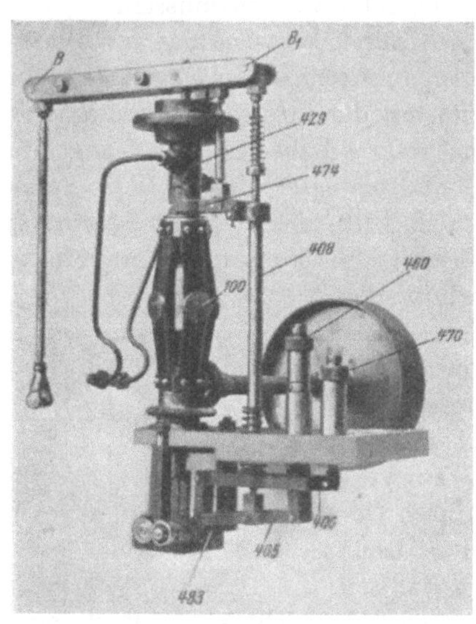

Abb. 106.

Abb. 106 zeigt die Innenteile des Steuerwerkes im zusammengebauten Zustand, Abb. 10 Blattfederpendel und Rückdrängungsmechanismus.

Mit dem vorbeschriebenen, durch eine bemerkenswerte Einfachheit der Konstruktion ausgezeichneten Einheitssteuerwerk erscheinen alle Forderungen regel- und betriebstechnischer Natur im weitestgehenden Ausmaße erfüllbar. Auch die Erweiterung der Öffnungsbegrenzung zur „nachgiebigen"[1] kann durch Einfügung einer entsprechend abgestimmten Nachgiebigkeit an Stelle der Verbindungsstange *409* erzielt werden, wobei die Vorspannung der eingelegten Feder jenen Drehzahlabfall bestimmt, bei welchem die Öffnungsbegrenzung außer Tätigkeit gesetzt wird.

Aus den Erörterungen des einleitenden Abschnittes erhellt die Notwendigkeit, den *vorübergehenden Ungleichförmigkeitsgrad* rückführender bzw. rückdrängender Steuerungen in verhältnismäßig weiten Grenzen einstellbar zu machen, um wirtschaftlichen und betriebstechnischen Anforderungen genügend Rechnung tragen zu können. In der Mehrzahl der Fälle wird mit einer Einstellmöglichkeit zwischen 10 und 30% der normalen Drehzahl das Auslangen gefunden werden, wobei Steuerwerksanordnungen nach Abb. 96, 100, 104 durch stetige Änderung des Übersetzungsverhältnisses im Antrieb der Rückführung bzw. Rückdrängung beliebige Werte innerhalb des konstruktiv vorgesorgten Bereiches, Anordnungen nach Abb. 98 Abstufungen des Wertes der dauernden Ungleichförmigkeit durch Anwendung von Pendelfedern verschiedener Charakteristik herbeiführen lassen.

Was die *Isodromzeit*[2] anbelangt, so ist diese derart abzustimmen, daß bei Belastungsänderungen ein praktisch aperiodischer Einlauf der Drehzahl in die des neuen Beharrungszustandes eintritt. Eine Einstellbarkeit der Werte zwischen 10 bis 25 sek entspricht den Bedürfnissen der Praxis. Für hydraulisch durchgebildete Nachgiebigkeiten bleibt die eingestellte Zeit von der Viskosität des Füllöles abhängig.

---

[1] Großkraftanlagen mit langen Kanalhaltungen verfügen über begrenzte Speicher, deren Abarbeitung mit einer Lastabgabe über die eingestellte Grundlast hinaus bei außergewöhnlichen Lastanfällen zur Stützung des Netzes wertvoll werden kann. Hierzu ist die Wirkung der Öffnungsbegrenzung unter Überwachung des Wasserstandes — abhängig von der eingetretenen Frequenzsenkung — vorübergehend aufzuheben.

[2] Definition s. Abschnitt I, S. 15.

Die Drehzahl des Maschinensatzes bei *gleichbleibender* Belastung soll durch die selbsttätige Regelung mit keinen größeren Abweichungen als $\pm\,0{,}05\%$ ($\pm\,0{,}1\%$ bei Alleinbetrieb) der normalen Drehzahl gehalten werden können. Genügend rasches Arbeiten der Regelung bei Belastungsschwankungen setzt die Einschaltung der vollen Arbeitskolbengeschwindigkeit bei Drehzahlabweichungen größer als 1,5 bis 2% voraus. Diesen Forderungen entsprechend ist die Übersetzung zwischen Steuerventil und Pendel zu wählen.[1]

Den Bedürfnissen des *Parallelbetriebes* wird mit einer Verstellungsmöglichkeit der Drehzahl jedes Beharrungszustandes zwischen $\pm6\%$ sowie einer Einstellbarkeit der dauernden Ungleichförmigkeit zwischen 0 und 6 (8)% der normalen Drehzahl entsprochen werden können.

4. Steuerungen mit Beschleunigungsstabilisierung.

Die Beschleunigung des Maschinensatzes zur Stabilisierung [8] benützt eine Steuerwerksanordnung gemäß Abb. 107. Hierbei wird der über Pendel *100* bzw. Massenring *418* erfaßte Verlauf von Drehzahl und Beschleunigung hydraulisch im Rahmen der in das Steuer-

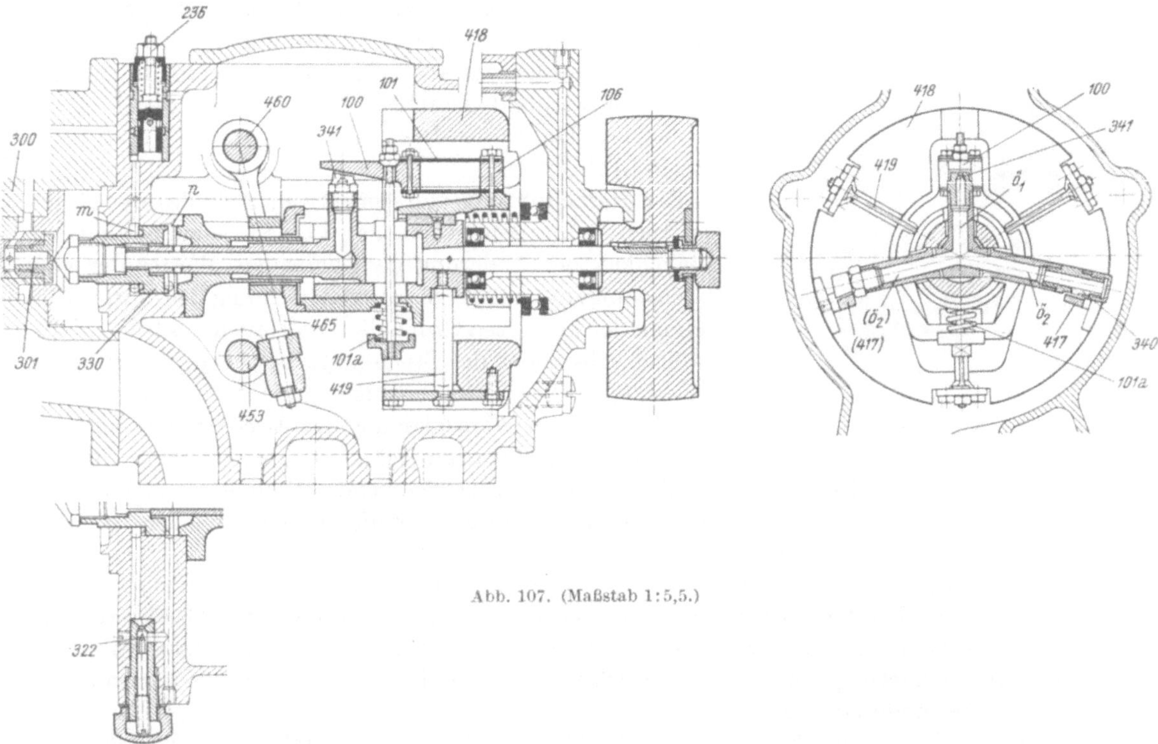

Abb. 107. (Maßstab 1:5,5.)

werk einbezogenen Vorsteuerung *330* unmittelbar, also unter Vermeidung weiterer Gestänge zusammengesetzt und auf das Steuerventil übertragen. Der grundsätzliche Vorteil der Beschleunigungsstabilisierung, ohne zusätzliche Maßnahmen die Gleichförmigkeit der Beharrungsdrehzahlen zu erzielen, erscheint hier in bester Weise ergänzt durch eine an Einfachheit und Genauigkeit in der Übernahme und Weiterleitung der Initialimpulse kaum zu übertreffende Anordnung der Steuerung.

Dem Vorsteuerkolben *330*, der den Hauptschieber *301* in bereits dargelegter Weise vorsteuert (s. Abb. 88), wird Öl von gleichbleibender Pressung über Reduzierventil *236* zugeleitet, das nach Durchströmen einer fest eingestellten Drosselöffnung *322* über die Arme $\ddot{o}_1$, $\ddot{o}_2$ ($\ddot{o}_2$)[2] zu zwei Ausflußöffnungen *340, 341* hin verteilt wird, die unabhängig voneinander vom Drehzahl- (*100*)

---

[1] Hierbei ist auf den Einfluß der Rückführung bzw. Rückdrängung bei Anwendung höherer Stabilitätswerte Rücksicht zu nehmen.

[2] Vom Massenring *418* wird je nach der Drehrichtung entweder die Ausströmöffnung $\ddot{o}_2$ oder ($\ddot{o}_2$) gesteuert.

bzw. Beschleunigungsmesser (*418*) gesteuert werden. Die letztgenannten Organe sind in einer jedwede Reibung unterdrückenden Form durchgebildet; so wird der Drehzahlmesser durch ein auf Stahlbändern *101* hängendes federbelastetes Fliehgewicht *100* (s. a. Abb. 7), der Beschleunigungsmesser durch einen mit dem Antrieb über Stahllamellen *419* federnd verbundenen Massenring *418* verwirklicht (Abb. 108).

Das Gleichgewicht am Vorsteuerkolben *330* erfordert einen durch die Größe der wirksamen Steuerflächen an diesem sowie jener der fest eingestellten Drosselöffnung *322* bestimmten Summenwert der vom Drehzahl- bzw. Beschleunigungsmesser gesteuerten Ausflußöffnungen. Dieser Wert wird bei Stellungsänderungen der genannten Regelorgane, wie leicht zu verfolgen, durch Nachführung des Vorsteuerkolbens immer wieder angestrebt, wobei die Verstellung des letzteren der algebraischen Summe der Stellungsänderungen von Beschleunigungs- und Drehzahlmesser entspricht. Dadurch, daß zum Abschluß bzw. der Volleröffnung der vom Drehzahlmesser gesteuerten Ausflußöffnung nur geringe Abweichungen von der der mittleren Öffnung zukommenden Drehzahl erforderlich sind, wird eine Wirkung der Steuerung entsprechend den

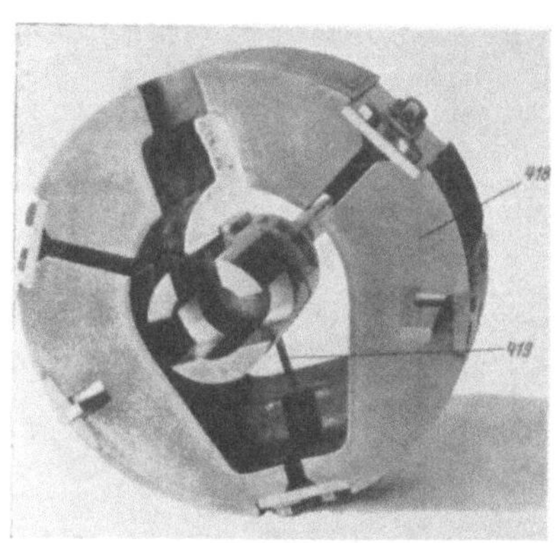

Abb. 108.

allgemeinen Darlegungen S. 17 erreicht, nachdem für größere Drehzahlabweichungen zur Bildung des Summenausströmquerschnittes nur die Grenzwerte der vom Drehzahlmesser gesteuerten Ausflußöffnung zur Verfügung stehen und somit während derartiger Perioden eine Regelung auf angenähert konstante Beschleunigung bzw. Verzögerung erfolgt (Abb. 30).

Zur Herbeiführung eines günstigen Ablaufes der Regelvorgänge unter den gegebenen Verhältnissen besteht die Möglichkeit der Änderung des wirksamen Wertes der vom Beschleunigungsmesser gesteuerten Öffnung *340* durch Einstellung der absoluten Größe dieser als auch des beharrungsmäßigen Abstandes des Steuerkeiles *417*. Durch Verstellung des letzteren kann die Beschleunigungskonstante — wohl bei gleichzeitiger Verschiebung des Drehzahlwirkbereiches gegenüber der Beharrungsdrehzahl — in weiten Grenzen geändert werden. Falls hiermit besonders ungünstiger Bedingungen halber noch kein befriedigendes Verhalten der Regelung erzielt werden sollte, besteht in der Anwendung biegungssteiferer Stahllamellen für den Massenring die Möglichkeit verstärkter Stabilisierung.

Im allgemeinen ist der Bereich der Drehzahlregelung durch entsprechende Wahl der vom Drehzahlmesser gesteuerten Ausströmöffnung *341* auf $\pm 4\%$ beschränkt. Der Absolutwert ω_1' ist durch ausschließliche Veränderung der Lage des Keiles *417* entsprechend einer bezogenen Geschwindigkeitsänderung während der Rückführung der Drehzahl gegen die normale von 0,5 bis 2% je Sekunde einstellbar.

Die schiefe Fläche am Fliehgewicht *100* gibt die Möglichkeit, durch axiale Verschiebung des letzteren bzw. des Pendelträgers *106* die Drehzahl des Beharrungszustandes zu verändern. Hierzu muß beachtet werden, daß der Beharrungswert der vom Drehzahlmesser gesteuerten Öffnung *341* durch den beharrungsgemäßen Wert des Summenausströmquerschnittes und der vom Beschleunigungsmesser gesteuerten Ausflußöffnung *340* eindeutig festliegt, somit bei einer axial geänderten Stellung des Fliehgewichtes der schiefen Steuerfläche halber nur bei geänderter Achsentfernung des Pendelgewichtes bestehen kann. Man überzeugt sich leicht, daß eine axiale Verschiebung des Pendelträgers aus dem Beharrungszustand zunächst einen Regelvorgang einleitet, der die Drehzahl des Maschinensatzes in einem Sinne ändert, der das Fliehgewicht gegen die den Beharrungswert der Ausflußöffnung herstellende Lage streben läßt, wodurch der stabile Charakter des eingeleiteten Ausgleichsvorganges gekennzeichnet ist. Sinngemäß kann durch die axiale Verschiebung des Pendelträgers in Abhängigkeit von den Bewegungen des Arbeitswerkes eine dauernde Ungleichförmigkeit eingeführt werden.

Zur Erfüllung der vorgenannten Aufgaben ist der Pendelträger *106* durch Verdrehung der exzentrischen Lagerung *460* der Schwinge *465* von Hand aus oder mittels Elektromotor verstellbar *(Drehzahlverstellvorrichtung)*, kann anderseits jedoch vom Hilfskolben her über die Konuswalze *453* axial verschoben werden *(dauernde Ungleichförmigkeit)*. Durch Verdrehung der Spindelführung *454* der Konuswalze *453* wird die dauernde Ungleichförmigkeit verstellt.

Der Mechanismus zur Öffnungsbegrenzung greift unmittelbar in den Vorsteuerölkreis ein. Wie aus den Ausführungen über die Wirkungsweise der hydraulischen Vorsteuerung zu entnehmen ist, führt eine Vergrößerung des Summenausströmquerschnittes zu einer Verstellung des Steuerventils im Schließsinne. Die Beendigung von Öffnungsvorgängen entgegen der Wirkung der Drehzahlsteuerung wird durch die in Abb. 109 dargestellte Ergänzung der Steuer-

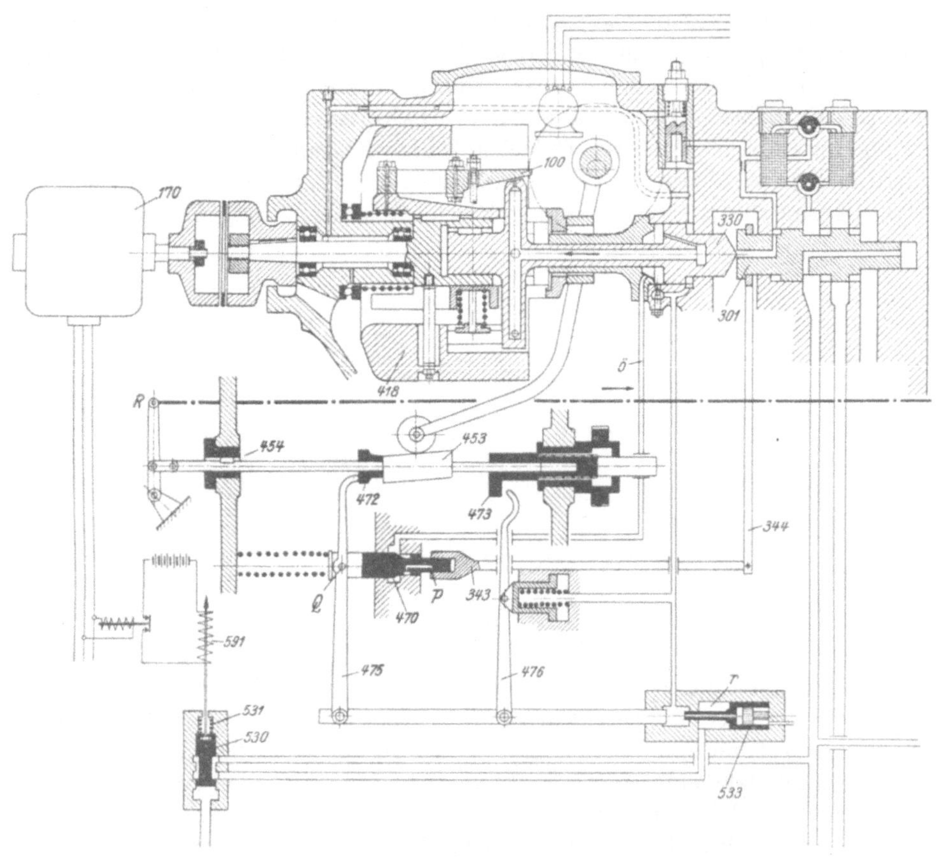

Abb. 109.

einrichtung herbeigeführt, wobei durch das Ventil *470* eine zusätzliche Abströmung *ö* im Vorsteuerölkreis geöffnet wird, sobald sich Hebel *476* gegen den (verstellbaren) Anschlag der Öffnungsbegrenzung *473* zu stützen beginnt; damit wird der Drehpunkt Q des am Ventil *470* angreifenden Hebels *475* festgelegt, dessen anderes Ende über den Anschlag *472* vom Arbeitskolben (Rückführung R) her verstellt wird. Mit Eröffnung des Ventils *470* wird daher die Rückstellbewegung des Vorsteuer- bzw. Hauptschaltkolbens gegen seine Mittellage eingeleitet, welche Bewegung durch Abschluß der Überströmöffnung p durch die über Gestänge *344* bewegte Überschubhülse *343* rechtzeitig unterbrochen wird. Letzten Endes erscheint somit jener zusätzliche Abströmquerschnitt eingestellt, welcher der Herbeiführung des für das Gleichgewicht am Vorsteuerkolben *330* notwendigen Summenausströmquerschnittes dient. Nachdem geringe Stellungsänderungen des Ventils *470* bereits eine kräftige Änderung des Abströmquerschnittes im Verhältnis zu den Größtwerten der durch den Drehzahl- bzw. Beschleunigungsmesser gesteuerten Querschnitte mit sich bringen, ordnet, unwesentlich beeinflußt von letzteren, die Rückführung *472* den Stellungen des Anschlages *473* praktisch eindeutig die größtmögliche Turbinenöffnung zu.

5. Sonderformen.

Mit vorstehendem dürften die maßgebendsten Grundsätze für die Auslegung von Steuerungseinrichtungen an Hand praktisch erprobter Steuerwerke gekennzeichnet sein. Zur Vervoll-
ständigung dieser Darlegungen möge im nachfolgenden — ohne Anspruch auf Vollständigkeit
erheben zu wollen — kurz eine Reihe von Steuerungen Erwähnung finden, die mit anderen
Mitteln die besprochenen Grundformen erfüllen, bzw. aus tiefergehenden Betrachtungen heraus
andere Wege zur Verbesserung des Regelungsablaufes einschlagen.

Gesteuerte Nebenauslässe (Wechselventile, Druckregler) bei Rohrleitungsturbinen, welche
während eines Schließvorganges der Leitvorrichtung derart geöffnet werden, daß der Gesamt-
wasserdurchlaß nur wenig verändert wird, bieten, wie in Abschnitt A, 2. Teil begründet, die Möglichkeit der Anwendung verhältnismäßig kürzerer Regelzeiten für Schließ- als für Öffnungsvorgänge,
für welch letztere die Massenwirkung geschlossen geführter Wassersäulen nicht ausgeschaltet
werden kann. Die günstigeren dynamischen Verhältnisse für den Schließvorgang erlauben
außerdem die Anwendung geringerer Ungleichförmigkeitsgrade, wodurch der Vorteil kürzerer
Schlußzeiten auch dem Ablauf kleinerer Entlastungen zugute kommt. Anordnungen gemäß
Abb. 98, 103, 104 ermöglichen die Anwendung verschiedener Ungleichförmigkeitsgrade für Schließ-

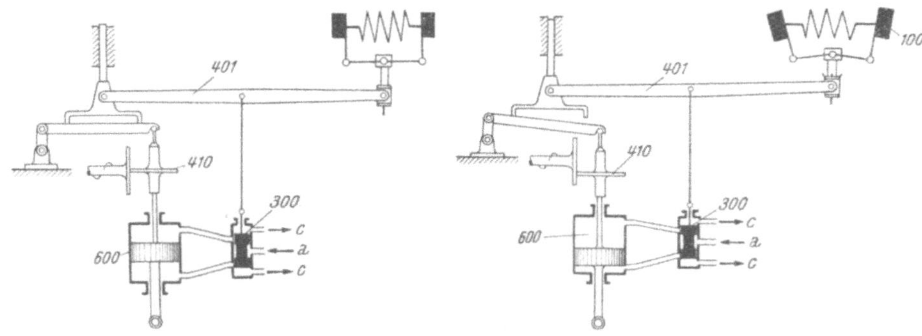

Abb. 110.

und Öffnungsbewegungen durch entsprechende Wahl der Keilneigung bzw. Charakteristik der
Stabilisierungsfedern. Für Steuerwerksanordnungen, bei welchen die vorübergehende Ungleichförmigkeit unverändert mit dem Wert in der Beharrungslage für alle Stellungen des Rückführgestänges gegeben ist, läßt eine Hebelanordnung (16) gemäß Abb. 110 eine für Be- bzw. Entlastungen verschiedene Übersetzung der Rückführbewegung und damit die Verschiedenheit
der wirksamen Ungleichförmigkeit je nach dem Sinne der Regelbewegung erreichen. Hinsichtlich
der Wirkungsweise der Anordnung dürften sich weitere Erläuterungen erübrigen.

Die Anordnung Abb. 111 weist als charakteristisches Merkmal ein Steuerventil mit hydraulisch erzielter Tendenz [16] zur Herbeiführung der Mittelstellung auf. Hierzu untersteht der
eigentliche Steuerkolben 301 der Differenzwirkung der auf die Flächen F_1 und F_2 ausgeübten Druckkräfte, erstere konstant, letztere über die Überdeckungen e_4, e_5 gesteuert. Man erkennt, daß
sowohl eine Abwärtsverstellung des Kolbens mit Verbindung des Raumes n nach dem Druckraum m
über Bohrung o_1, eine Aufwärtsverstellung mit Entlastung des Raumes n über Steuerung e_5
jeweils Kräfte auslöst, die im Sinne einer Rückstellung des Steuerkolbens in seine Mittellage
mit Einstellung eines dem Flächenverhältnis F_1/F_2 entsprechenden Wertes des Zwischendruckes
im Raume n wirken. Der Druck im Raume n erscheint nun einerseits über den Hilfsschaltkolben 443 von der Stellung des Stiftes 110 des Fliehkraftpendels (Drehzahl), anderseits über den
Verdrängerkolben $330a$ von der Bewegungsgeschwindigkeit des Pendels (Beschleunigung des
Maschinensatzes) abhängig gemacht. Der bei einer Entlastung durch den Verdrängerkolben $330a$
erzeugte Ölstrom zusammen mit dem bei erhöhter Drehzahl über die Steuerung h_1 in den Raum n
einfließenden erfordert eine Verschiebung des Steuerventils, bei der diese Ölmenge über die
Überdeckung e_5 unter dem Einfluß des Zwischendruckes im Raume n abströmen kann. Die
Verstellung des Steuerventils erscheint somit dem Einfluß von Drehzahl und Beschleunigung

proportional; hierbei wirkt letztere stabilisierend, insofern als nach Überschreitung des Drehzahlhöchstwertes die Wirkung des Verdrängerkolbens *330a* sich umkehrt und damit die Mittelstellung des Steuerventils bei jener negativen Beschleunigung herbeigeführt wird, bei der die über den Schaltkolben *443* augenblicklich einströmende sekundliche Ölmenge durch den Verdrängerkolben *330a* eben abgezogen wird.

Sinngemäß verlaufen die Vorgänge bei Belastungszunahmen, wobei die vom Verdrängerkolben abgezogene, bzw. über die Abströmung h_2 austretende Ölmenge durch eine entsprechende Eröffnung der Steuerung e_4 über o_1 aus dem Druckraum m zugeführt werden muß. Falls durch entsprechende Ausbildung der Überströmquerschnitte am Schaltkolben *443* von einer gewissen Drehzahlabweichung aus diese Querschnitte konstant bleiben, tritt für die äußeren Drehzahlbereiche eine Regelung auf konstante Beschleunigung bzw. Verzögerung ein, so daß die Grundsätze der Regelungsanordnung Abb. 107 mit anderen Mitteln verwirklicht erscheinen.

Die bisher betrachteten Steuerungseinrichtungen führen grundsätzlich zu einem unter mehr oder minder stark gedämpften Leistungsschwingungen erfolgenden Regelungsablauf, da die zur Beseitigung einer aufgetretenen Leistungsdifferenz eingeleitete primäre Regelbewegung nicht im Augenblick des erstmalig erreichten Gleichgewichtes zwischen Antriebs- und geforderter Leistung beendet, sondern erst *nach* diesem Zeitpunkt, also bei einer bereits entgegengerichteten Momentendifferenz, unterbrochen wird. Jedoch selbst wenn die Unterbrechung im Augenblick des Leistungsgleichgewichtes erfolgen würde, wäre damit die Beendigung des primären Regelvorganges nur dann erzielt, wenn diese Antriebsleistung bei dem normalen Gefälle und damit bei der im Beharrungszustand geltenden Öffnung erreicht würde, also Trägheitswirkungen geschlossen geführter Wassersäulen nicht vorhanden, bzw. bereits abgeklungen wären.

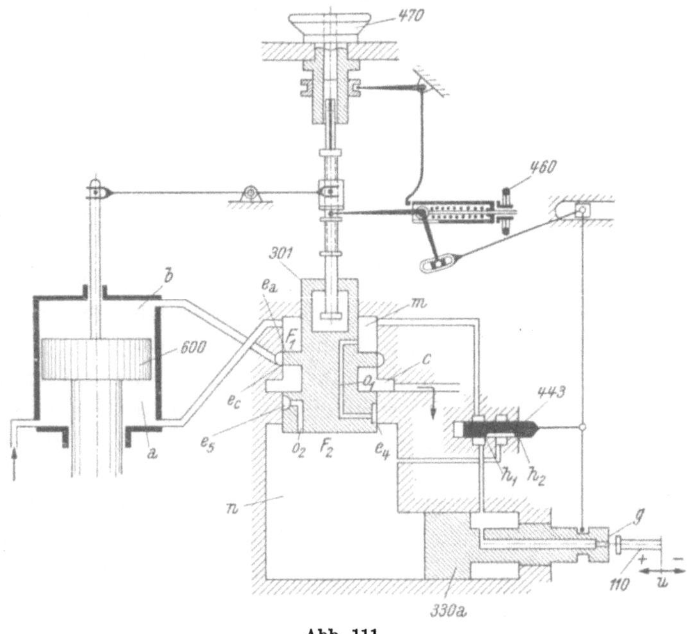

Abb. 111.

Um diese Voraussetzung zu erfüllen, ist die Regelgeschwindigkeit vor Erreichung der neuen Beharrungsöffnung, also bei noch steigender Drehzahl, stark herabzusetzen. Zur Verwirklichung eines derartigen Regelungsablaufes sind zwei grundsätzlich verschiedene Wege beschritten worden:

1. entweder die mit der Annäherung an den Gleichgewichtszustand auf geringere Werte zurückgehende Beschleunigung bzw. Verzögerung des Maschinensatzes als Anzeige dafür zu nehmen, daß die Herabsetzung der Regelgeschwindigkeit einzutreten habe, oder

2. eine grundsätzliche Änderung der Wirkungsweise der mit Rückführung oder Rückdrängung arbeitenden Steuerungseinrichtungen durch Hinzufügung eines zusätzlichen zeitabhängigen Mechanismus zur Erzielung der verlangten Gesetzmäßigkeit der Regelgeschwindigkeit vorzunehmen.

Abb. 112 zeigt eine nach dem erstgenannten Grundsatz arbeitende Anordnung (13). Der den Kraftkolben in üblicher Weise steuernde Ventilkolben *301* besitzt an seinen wirksamen Kanten eine Überdeckung e', die nur durch wenige Nuten *304* von kleinem Querschnitt unterbrochen ist. Der Hub des Steuerventils *301* wird nun durch einen nach beiden Seiten hin wirkenden federnden Anschlag *302* in der Größe der vorgesehenen Überdeckungen beschränkt, wodurch, insofern nicht durch Überwindung der Anschlagfeder *303* größere Verstellungen des Steuerventils herbeigeführt werden, nur geringe Regelgeschwindigkeiten eingeschaltet werden können. Die das

Steuerventil verstellenden Kräfte werden nun in Abhängigkeit von der Beschleunigung des Maschinensatzes dadurch gebracht, daß in das vom Pendel *100* über die Vorsteuerung *330* betätigte Gestänge ein nachgiebiges Glied in Form einer mit endlicher Kraft in ihre Mittellage zurück-

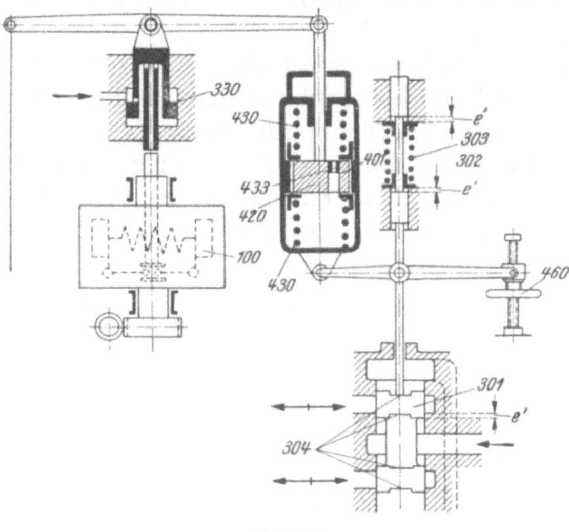

geführten Ölbremse *420* eingeschaltet ist. Nachdem die seitens der Kataraktfedern *430* entwickelten Kräfte unter jenen der Anschlagfeder *303* gewählt sind, bedarf es einer bestimmten Geschwindigkeit des den Bewegungen des Pendels synchron folgenden Ölbremskolbens *420*, um jene zur Überwindung der Anschlagfedern notwendige zusätzliche Kraft zu erzeugen, die das Steuerventil *301* aus dem Bereich starker Drosselungen der Ölwege verschiebt. Durch entsprechende Abstimmung der Kataraktfedern und Schleppwirkung der Ölbremse einerseits, der Anschlagfeder anderseits kann nun erreicht werden, daß das Steuerventil mit Annäherung der Drehzahl an ihren Höchstwert und damit Abnahme der Beschleunigung unter überwiegender Wirkung der Anschlagfeder *303* in die drosselnde Stellung zurückgedrängt wird, wodurch die

Abb. 112.

Regelbewegung vor Erreichung des Gleichgewichtszustandes sich zunächst verlangsamt. Die gegen ihre Mittelstellung strebenden Kataraktfedern *430* bewirken nun in der Folge unmittelbar nach Durchgang der Drehzahl durch den Extremwert die Unterbrechung des Regelvorganges (bei angenähertem Normalgefälle) und in der Folge die Rückführung der Drehzahl auf den Normalwert entsprechend der Sinkgeschwindigkeit der Ölbremse.

Die Bindung der Funktion der Einrichtung an einen bestimmten Mindestwert der Geschwindigkeitsänderung bringt es mit sich, daß der dargestellte Ablauf der Regelung bei kleinen und

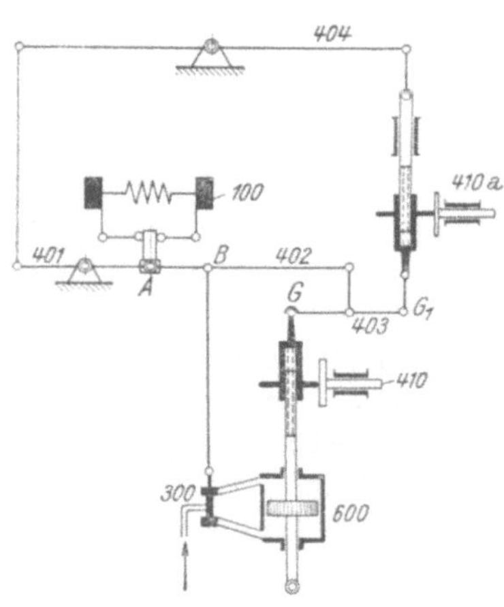

langsam verlaufenden Belastungsänderungen nicht verwirklicht wird. Zur genügenden Dämpfung dieser und Herbeiführung der Stabilität der Regelung an sich ist zusätzlich eine nachgiebige Rückdrängung in einer Ausbildung gemäß Abb. 103 vorgesehen worden.

Diesen Nachteil vermeiden jene Vorschläge, nach welchen den von der Hilfskolbenbewegung abhängig gemachten Stabilisierungseinrichtungen, wie Rückführung oder Rückdrängung, Mechanismen hinzugefügt werden, die eine zeitabhängige und durch Größe oder Geschwindigkeit der eingeleiteten Bewegung bedingte Eigenverstellung aufweisen.[1] Die in den Mechanismus eingeleitete Bewegung kann entweder vom Fliehkraftpendel oder vom Arbeitskolben, bzw. von beiden abgenommen werden. Die anfänglich im Sinn einer stärkeren Verstellung des Steuerventils gehende Wirkung der Zusatzeinrichtung wird vor Erreichung des Drehzahlscheitels

Abb. 113.

umgekehrt, womit die Hilfskolbenbewegung verlangsamt und bei entsprechender Abstimmung vor, bzw. bei Erreichung des Drehzahlhöchstwertes unterbrochen wird.

Eine Anordnung, bei welcher die Bewegungen des Fliehkraftpendels *100* durch eine als Reibrollengetriebe ausgebildete Zusatzeinrichtung abgewandelt werden, zeigt Abb. 113. Abweichend von der einfachen Bauart wird über das Gestänge *401* bis *404* durch das Pendel *100* der primäre Teil eines zusätzlichen Reibrollengetriebes *410a* mit relativ starker Nachgiebigkeit verstellt und die Bewegung der zugehörigen Reibrolle über den doppelarmigen Hebel *403* in die

---

[1] Nach D. Thoma.

Steuerung eingeführt. In den ersten Augenblicken des Regelvorganges sind die Relativgeschwindigkeiten der beiden Reibrollengetriebe unmerklich, so daß der Einfluß der Bewegung des Punktes G_1 zunächst nur einer Verringerung der Ungleichförmigkeit des Pendels gleichkommt. Bei stärkerer Verstellung der Reibrolle *410a* aus ihrer Mittellage wird ihre rückstellende Wirkung wesentlich, so daß bei noch steigendem Pendel eine Umkehrung der ausgeleiteten Bewegung (Punkt G_1) einsetzt, die um so mehr in Erscheinung tritt, je langsamer die Drehzahl ansteigt, also ihrem Scheitelwert zustrebt.

Mit den gleichen Wirkungen kann die Zusatzbewegung auch von einem von der Rückführung im Sinne einer negativen Ungleichförmigkeit bewegten Nachgebeglied abgenommen werden.

Die erwähnten Auslegungen der Zusatzeinrichtung setzen zur Erzielung der richtigen Wirkung voraus, daß die dieser mitgeteilte Bewegung vor der Unterbrechung verlangsamt werde. Diese Voraussetzung, die eine gewisse Einschränkung beinhaltet, kann fallen gelassen werden, wenn zwei hintereinander geschaltete Nachgiebigkeiten im Zusatzkreis angewendet werden. In diesem Falle wird selbst bei noch steigender Tendenz des mittelbar bewegten Teiles der ersten Nachgiebigkeit eine Umkehr der ausgeleiteten Bewegung erreicht.

Weitere Vorschläge zur Verwirklichung des den vorgenannten Einrichtungen unterlegten Regelungsablaufes beziehen sich auf den Ersatz der mechanischen Nachgiebigkeit durch hydraulische Kupplungen, bzw. verbinden die Zusatzeinrichtung mit anderen Gruppen des Steuerwerkes, z. B. der Drehzahlverstellvorrichtung.[1]

Trotz der zweifellos bestehenden regeltechnischen Vorzüge der letztbeschriebenen Steuerungsanordnungen — schnelle Dämpfung bzw. aperiodischer Verlauf der Schwingungen, Verringerung der Drehzahlabweichung bei Laständerungen durch möglichste Herabsetzung des Leistungsüberschusses sowie des Einflusses der Stabilisierung während der ersten Phase des Regelvorganges — haben diese bisher keine praktische Verwirklichung erfahren, was hauptsächlich mit der Tatsache zusammenhängt, daß die normalen Steuerungseinrichtungen die ihnen zukommenden Aufgaben dem heutigen Bedürfnis der Praxis entsprechend mit einfacheren und billigeren Mitteln zu erfüllen imstande sind. Immerhin erscheint es wertvoll, die Wege, die zur Vervollkommnung des Regelungsablaufes vorgeschlagen wurden, und die Richtung einer allfälligen Weiterentwicklung aufzuzeigen.

6. Antrieb des Drehzahl- (Beschleunigungs-) Messers.

Der Antrieb des Fliehkraftpendels erfolgte bislang hauptsächlich mittels Gummi- oder Seidenriemen von der Turbinenwelle aus, womöglich ohne Zwischenschaltung von Getrieben, die neben erhöhten Aufwendungen auch den ruhigen Gang des Pendels beeinträchtigen können. Jedenfalls sind Getriebe nach Möglichkeit dem Riementrieb im Flusse des Antriebes vorzuschalten.

Die Anwendung eines unmittelbaren Riemenantriebes des Fliehkraftpendels ist für Maschinensätze mit vertikaler Welle an die ebensolche Anordnung des ersteren gebunden. Serienmäßig erzeugte Regler besitzen nun gewöhnlich Einheitssteuerwerke mit horizontal liegendem Pendel, bzw. Antrieb hierfür, so daß bei vertikaler Maschinenwelle richtungsändernde Zwischengetriebe in der Regel nicht vermieden werden können; desgleichen falls für nicht serienmäßig erzeugte Regler Normalsteuerwerke verwendet werden, was im Sinne der rationellen Gestaltung auch von Einzelausführungen liegt.

Die Vermeidung derartiger, in der Regel umständlicher Verbindungsgetriebe kann durch den elektromotorischen Antrieb des Fliehkraftpendels erreicht werden, der, überdies in seiner Anordnung durch die Art der Hauptmaschine nicht mehr beeinflußt, in gleicher Form für vertikale und horizontale Maschinensätze verwendet werden kann und, räumlich in keiner Weise an letztere gebunden, eine größere Freizügigkeit in der Aufstellung der Regelungseinrichtungen gewährt. Dementsprechend beginnt sich der elektromotorische Antrieb, der zunächst nur als Sicherheits- bzw. Notantrieb vorgesehen worden war, als normale Antriebsform bei größeren Maschineneinheiten durchzusetzen.

---

[1] Diesbezügliche Vorschläge sind von R. KREITNER gemacht worden.

Asynchronmotoren bieten gegenüber synchronen den Vorteil des Selbstanlaufes sowie der höheren Stabilität bei stärkeren Spannungssenkungen, sind aber grundsätzlich mit einem von der Leistungsaufnahme abhängigen Schlupf behaftet, wodurch Frequenzänderungen in der Drehzahl des Rotors nicht getreu wiedergegeben werden müssen. Wenn dieser Nachteil auch durch Anwendung entsprechend überdimensionierter Motoren weitgehend ausgeschaltet werden kann, was bei den geringen Antriebsleistungen, bzw. deren in erster Linie durch Massenkräfte bedingten Änderungen für zeitgemäße Pendelausführungen unschwer möglich ist, so werden doch verschiedentlich Synchronmotoren trotz der erhöhten Aufwendungen bevorzugt. Zu letzteren gehört u. a. die Ausstattung derselben mit besonderen Anlaufwicklungen, falls der Motor — über einen entsprechenden Transformator — an die Eigenspannung des zugehörigen Hauptstromerzeugers gelegt wird.

Grundsätzlich leidet eine derartige Auslegung unter dem Umstand, daß bei Störungen im elektrischen System, so bei Spannungseinbrüchen, deren Ursache außerhalb der zu regelnden Maschine liegt, der Pendelantrieb mit einer unzulänglichen Spannung versorgt werden und damit der Motor außer Tritt fallen kann in einem Augenblick, in welchem die zuverlässige Indiensthaltung des Maschinensatzes besonders erwünscht ist. Die Überbemessung des Motors, selbst wenn sie etwa auf das Zehnfache der geforderten Antriebsleistung gesteigert wird, sichert nur etwa bis zu Spannungssenkungen auf 25% der Nennspannung den Synchronlauf des Pendelantriebsmotors. Die Abhängigkeit der Betriebsbereitschaft des Pendelmotors vom Spannungszustand der Hauptmaschine wird durch Anordnungen beseitigt, bei welchen mit Speisung des Pendelmotors durch einen besonderen, von der Hauptmaschinenwelle aus angetriebenen Drehstromhilfsgenerator ein selbständiger Stromkreis geschaffen wird; hierbei entfällt auch die Notwendigkeit besonderer Anlaufwicklungen für den Pendelmotor, der nunmehr mit Aufban der Spannung des Hilfsgenerators von diesem hochgezogen wird.

Die Ausstattung des Pendelgenerators bzw. -motors mit permanentmagnetischer Erregung läßt auf Schleifringe und eventuelle Fremderregung verzichten.

Für den elektromotorischen Antrieb des Fliehkraftpendels werden Überwachungsmaßnahmen notwendig, die bei Spannungsunterbruch im eigenen Stromkreis, bzw. Spannungszusammenbruch der Hauptmaschine die Stillsetzung letzterer, bzw. die Überführung in den Leerlaufzustand einleiten.[1] Immerhin erfordert auch bei einigermaßen betriebswichtigen Anlagen der *Riemen*antrieb des Pendels eine Überwachung durch Einrichtungen mit den vorbezeichneten Wirkungen im Störungsfall.

Bezüglich der Durchbildung der Überwachungseinrichtungen für den Pendelantrieb sei auf Abschnitt XII B 1 verwiesen.

Unter der Voraussetzung, daß Stöße durch den mechanischen Antrieb des Fliehkraftpendels von letzterem nicht ferngehalten werden können, sind zur Dämpfung der hierdurch ausgelösten zuckenden Bewegungen des Pendels besondere Einrichtungen erforderlich. Hydraulische Dämpfungen, deren widerstrebende Kräfte von der Geschwindigkeit der abzudämpfenden Bewegung abhängen, eignen sich hierzu besser als mechanische Bremsen. Bei der in Abb. 104 dargestellten Flüssigkeitsbremse [23] spielt der mit dem Vorsteuerstift *320* verbundene Schirm *161* in dem ölgefüllten Raum p, der über die einstellbare Drosselung *162* mit der Ölvorlage im Raum p_1 in Verbindung steht.

V. Hilfseinrichtungen.

a) Zur Führung der Regelung nach dem Wasserstand.

Von den Einrichtungen, die über die Aufgaben der Stabilisierung hinaus Forderungen des Betriebes zu entsprechen haben und in die Konstruktion des eigentlichen Steuerwerkes einbezogen sind, wurde auf jene zur Verstellung der Drehzahl des Beharrungszustandes sowie zur Begrenzung der maximal zu verarbeitenden Wassermenge im vorangehenden ausführlich eingegangen. Besondere Bedeutung für Laufwerke haben jene Vorkehrungen gewonnen, welche,

---

[1] Die Wirksamkeit des Antriebes kann mit überwacht werden durch den in der Regel vorgesehenen Überdrehzahlschutz der Hauptmaschine.

Zufluß und verarbeitete Wassermenge vergleichend, auf die Reglersteuerung im Sinne einer Begrenzung der Leitapparatöffnung zur Erhaltung des normalen Gefälles einwirken. Diese Einrichtungen können entweder überwachend oder regelnd ausgelegt sein, d. h. sie verhindern Überöffnungen bei Leistungsanforderungen, die über der dem Zufluß entsprechenden Leistungsdarbietung liegen, bzw. veranlassen unter Voraussetzung einer durch das Netz durchgeführten oder mit anderen Mitteln erreichten Drehzahlhaltung die restlose Umsetzung der dargebotenen Energie.

Außer der Aufrechterhaltung des Gefälles bei voller Verarbeitung der zufließenden (veränderlichen) Wassermenge kann die Forderung nach konstanter Durchflußmenge bei veränderlichem Gefälle vorliegen, wie etwa in dem Fall, daß im Anschluß an ein Spitzenwerk die Vergleichmäßigung des Wasserabflusses durch einen daraufhin regulierten Gegenspeicher vorgenommen werden muß (Abflußregelung). Hierzu bedarf es der selbsttätigen Steuerung der die abfließenden Wassermengen regelnden Schützeneinrichtung, bzw. hat, falls das (veränderliche) Gefälle zwischen Ausgleichsbecken und Unterlauf durch eine Wasserkraftanlage ausgenützt wird, eine Regelung der Turbinenöffnung auf eine trotz schwankenden Gefälles gleichbleibende Wassermenge zu erfolgen.

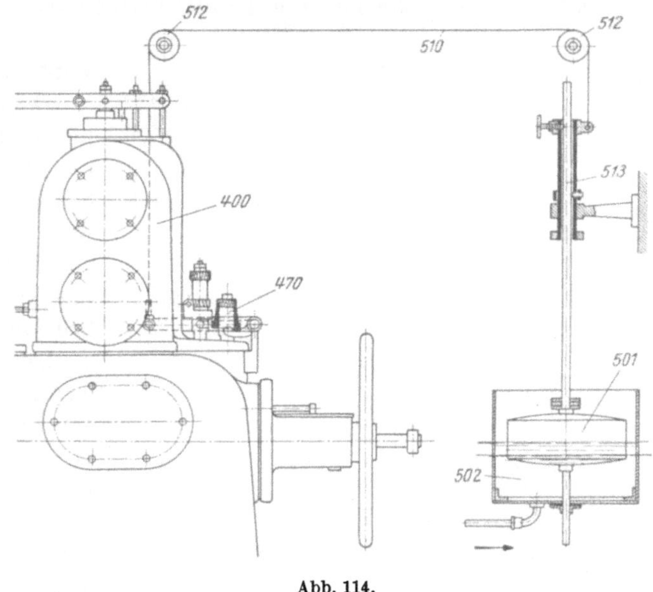

Abb. 114.

Letztere kann an einem Meßstau (Überfall- oder Spannschütze) erfaßt werden; insofern dem Gegenspeicher eine Turbine nachgeschaltet ist, bringt dies den Nachteil mit sich, daß ein Teil des nutzbaren Gefälles verloren geht, was insbesondere bei Niederdruckanlagen bedeutsam werden kann. Der indirekte Weg mit Messung des Gefälles und Anpassung der Turbinenöffnung an dieses zur Erzielung eines gleichbleibenden Durchflusses läßt diesen Nachteil beseitigen, wozu die Steuerung des selbsttätigen Reglers in bestimmter Abhängigkeit vom Gefälle erfolgen muß.

Die Wasserspiegelstellungen werden durch Schwimmereinrichtungen erfaßt und können mechanisch auf den Öffnungsbegrenzungsmechanismus[1] übertragen werden. Grundsätzlich empfiehlt es sich, den Anschluß an das Steuerwerk so auszubilden, daß eine unabhängige Wirksamkeit von Schwimmerregelung und Handbetätigung der Öffnungsbegrenzung gewahrt bleibt.

Zur Führung des die Bewegungen des Schwimmers übertragenden Drahtseiles *510* werden zweckmäßig kugelgelagerte Rollen *512* angewendet; die aus rostträgem Material hergestellten Schwimmer *501* werden zur Vermeidung der Übertragung des Wellenganges auf die Steuerung in Beruhigungsschächten *502* verlegt (Abb. 114).

Der vorbeschriebenen einfachen Anordnung haften manche Mängel an, insbesondere daß die Entfernung von Regler und Meßstelle[2] der Seilübertragung halber nicht groß sein darf, daß ferner Vereisung oder Verschmutzung des Schwimmerraumes einen geordneten Betrieb stören können. Hier hat die Anwendung der hydraulischen Übertragung des Wasserspiegels

---

[1] Ältere Ausführungen sehen auch die Begrenzung des Pendelhubes bei sinkender Drehzahl vor. Nachdem die der Mittelstellung des Steuerventils zugeordnete Pendelstellung auch von der Einstellung der Drehzahlverstellvorrichtung und dauerndem Ungleichförmigkeitsgrad abhängt, wäre zur Vermeidung von Größenänderungen und Verlagerungen des Regelbereiches der Einfluß der beiden letztgenannten Einstellungen kompensierend der Wirkung der Schwimmersteuerung hinzuzufügen.

[2] Diese hat richtigerweise am Wehr zu liegen, um dort den — höchst zulässigen — Spiegel konstant zu halten und so Verringerungen des Ringgefälles bei geringerer Kanalführung als der maximalen dem Nutzgefälle zugute kommen zu lassen.

an der Meßstelle in den Maschinenraum mittels niedrig gespannter Luft Abhilfe geschaffen. Die Gesamtanordnung einer derartigen Fernschwimmereinrichtung mit *mechanischer* Übertragung der Schwimmerbewegung auf dem Regler zeigt Abb. 115 [23].[1]

Eine Gasrohrleitung *521* taucht einerseits unter den gleich zu haltenden Wasserspiegel, mündet anderseits in den Raum unter der Tauchglocke *501* im Schwimmergefäß *503*. Sobald in die Zuleitung *521* mittels einer kleinen Pumpe *523* Luft eingebracht wird, stellt sich — abgesehen von der bei entsprechender Auslegung praktisch bedeutungslosen Widerstandshöhe der Leitung — unter der Tauchglocke ein Überdruck gleich der Eintauchtiefe des Leitungsrohres und damit die gleiche große Differenz der Spiegel inner- und außerhalb der Schwimmerglocke *501* ein. Letztere erfährt damit eine dieser Druckdifferenz und ihrem Durchmesser zukommende Auftriebskraft, die in Gegenwirkung zur Feder *504* der Eintauchtiefe der Luftleitung proportionale Verstellungen der Schwimmerglocke *501* herbeiführt, welche mittels Gestänge *511* auf die Öffnungsbegrenzung *470* des Reglers übertragen werden.

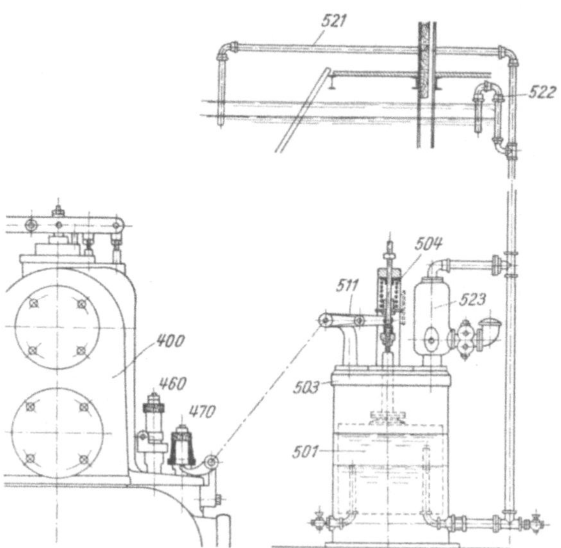

Abb. 115.

Die einzufördernde Luftmenge kann verhältnismäßig klein gehalten werden, nachdem ein nur geringer Überschuß über die unvermeidlichen Verluste der Luftleitung bestehen muß. Daraus erklärt sich auch die Möglichkeit, mit verhältnismäßig engen Leitungen bei geringen Rohrreibungsverlusten weite Entfernungen überbrücken zu können.[2]

Um zu verhindern, daß bei stärkerer Verlegung des Rechens hinter demselben ein Abarbeiten des Wasserspiegels stattfindet, wird zweckmäßig von der Luftleitung ein zweites Rohr *522* abgezweigt, das hinter dem Rechen tiefer als Rohr *521* eintaucht. Ein zu starkes Absinken des Wasserspiegels daselbst führt daher zur Abstellung der Anlage, bzw. zu einer auffälligen Verminderung der erzeugten Leistung im Gegensatz zur Wasserdarbietung, wodurch das Bedienungspersonal auf die Notwendigkeit einer Reinigung des Rechens hingewiesen wird.

Die mechanische Übertragung der Bewegungen des Tauchschwimmers auf den Steuermechanismus des Reglers verlangt des erforderlichen Gestänges halber eine Aufstellung der Schwimmereinrichtung nahe dem zu steuernden Regler; die immerhin nicht unbedeutenden Kräfte zur Verstellung der Öffnungsbegrenzung erfordern relativ große Schwimmer zur Erzielung einer genügend genauen Regelung. Demgegenüber bietet die hydraulische Übertragung der Schwimmerbewegung[3] (12) auf den Steuerungsmechanismus des Reglers, bei welcher der Schwimmer nur den Druck eines Ölstromes beeinflußt, den Vorteil, mit kleinen Schwimmern verhältnismäßig große Stellkräfte auslösen, die Schwimmerapparatur an beliebiger Stelle im Maschinenraum anordnen sowie diese in praktisch einfach zu verwirklichender Form zur gleichzeitigen Regelung mehrerer Maschinensätze heranziehen zu können.

---

[1] Nach C. SCHMITTHENNER; (33).

[2] Nach C. SCHMITTHENNER hat bei Zulassung eines Druckverlustes von 5 bis 10 mm W. S. folgende Zuordnung von Durchmesser und größter Leitungslänge zu gelten (s. a. VDI 1911, S. 1522):

Länge 60 m	Rohrleitungsdurchmesser $^3/_4''$
,, 225 ,,	,, $1''$
,, 650 ,,	,, $1^1/_4''$
,, 1500 ,,	,, $1^1/_2''$
,, 6000 ,,	,, $2''$

[3] Nach Angabe des Verfassers.

Abb. 116 [2] zeigt im besonderen die hydraulische Vorsteuerung und das zugehörige Hilfsgetriebe zur Betätigung der Öffnungsbegrenzung des Reglers. Ein von der Schwimmerglocke *501* bewegter Stift *524* steuert den Ablauf eines Ölstromes (l_{544}), dessen Druck vor der Abströmstelle auf den federbelasteten Kolben *525* wirkt, welcher damit entsprechend der Charakteristik der Feder *526* dem jeweiligen Wert des Druckes eindeutig zugeordnete Stellungen einnimmt. Der Druck vor der Ausströmung ist gegeben durch den aus dem Spiegelunterschied h folgenden Auftrieb des Schwimmers *501*, dem durch den Druck des Steueröles auf die wirksamen Stiftflächen F_1, F_2 das Gleichgewicht gehalten wird. Es besteht demnach ein eindeutiger linearer Zusammenhang zwischen dem Spiegelunterschied h, bzw. der ihm gleichen Eintauchtiefe des Luftrohres und der Stellung des Kolbens *525*, der den Mechanismus zur Öffnungsbegrenzung betätigt.

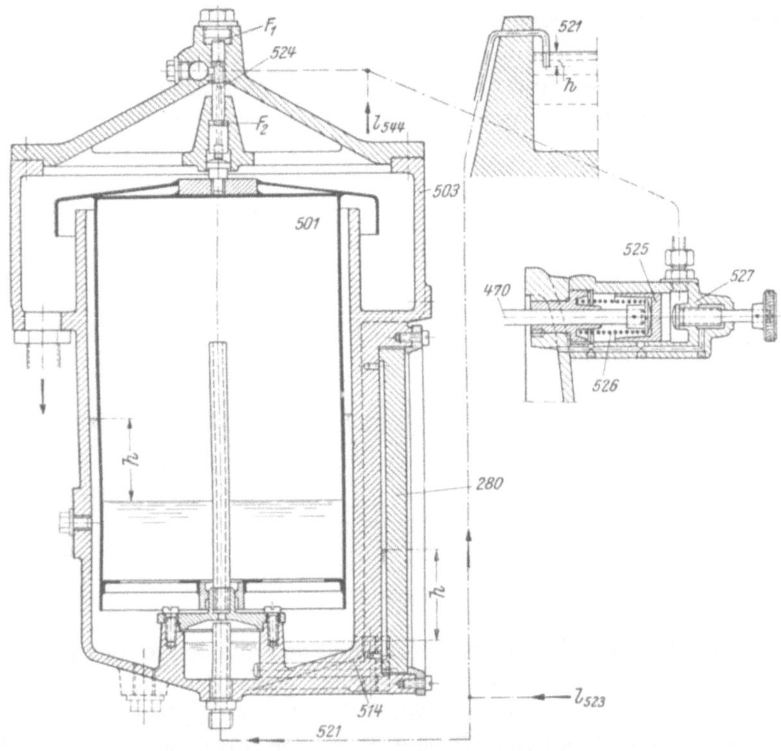

Abb. 116. Fernschwimmereinrichtung. (Maßstab 1:5.)

501 = Tauchschwimmer, *503* = Schwimmergefäß, *521* = Luftleitung, $l\,523$ = Leitung von der Luftpumpe, *524* = Drosselsteuerung, *525, 526* = hydraulischer Antrieb zur Öffnungsbegrenzung *470* (Maßstab 1:7), *527* = Handbetätigung, *544* = Hilfsölpumpe.

Die hydraulische Weitergabe der Schwimmerbewegung ermöglicht die Bedienung mehrerer Hilfsgetriebe von *einer* Schwimmervorrichtung aus durch einfache Parallelschaltung der Betätigungskolben *525*, wobei zur wahlweisen Zu- oder Abschaltung dieser die Anbringung eines Absperrhahnes in der Zuleitung genügt. Luftpumpe und Steuerölpumpe werden in diesem Falle zweckmäßig zu einer unabhängigen, gegebenenfalls elektromotorisch angetriebenen Gruppe zusammengefaßt.

Für die Anzeige des Wasserstandes ist ein besonderes kommunizierendes System *514* vorgesehen, das über ein Reflexglas *280* in gut sichtbarer Form den jeweiligen Wasserstand erkennen läßt.

Bei sehr großen Entfernungen von Meßstelle und Regelungseinrichtung bietet die elektrische Übertragung des Meßwertes Vorteile. Zur Abnahme des primären Impulses können die bisher besprochenen Schwimmereinrichtungen Verwendung finden. Abb. 117 zeigt schematisch die Gesamtanordnung einer mit pneumatisch-elektrischer Übertragung arbeitenden Wasserstandsregeleinrichtung.[1] Die Gebeeinrichtung besteht aus dem Geberwiderstand *550*, der durch einen

---

[1] Vom Verfasser in Zusammenarbeit mit den Österreichischen Siemens-Schuckertwerken, Wien entwickelt.

doppeltwirkenden Flügelservomotor *640* verdreht wird, dessen Beaufschlagung von einem Kolbenschieber *524* gesteuert wird. Letzterer folgt den Bewegungen der Schwimmerglocke *501*, wobei die Rückdrängung von Schwimmer *501* und Kolben *524* in die Mittellage über Kurvenscheibe *506* und Feder *504* mit einer dem Ausschlage des Flügelkolbens proportionalen Kraft erfolgt; hierdurch werden Eintauchtiefe am Wehr, vermittelt durch die Auftriebskraft am Schwimmer, und Flügelkolben- bzw. Geberwiderstandsstellung eindeutig einander zugeordnet.

Die Empfangseinrichtung besteht aus dem Widerstande *551*, der elektrisch hydraulisch gesteuerten Einrichtung zur Verstellung desselben (Steuerventil *300a*, Flügelservomotor *640a*) sowie aus dem Antrieb der Öffnungsbegrenzung *470* vom Empfängerwiderstand *551* aus. Die Gleichlaufeinrichtung für eine möglichst synchrone Bewegung der Kontaktarme von Geber- und Empfängerwiderstand — die Verstellung des primär verstellten Widerstandes *550* soll möglichst verzerrungsfrei in der Bewegung des Widerstandes *551* abgebildet werden — weist eine Stromwaage *555* auf, welche die an gemeinsamer Stromquelle hängenden, über Widerstand *550*, *551* bzw. Justierwiderstand *552* geführten Zweige hinsichtlich ihres Stromflusses vergleicht und bei verändertem Summenwiderstandswert (*550*, *551*), also nicht korrespondierender

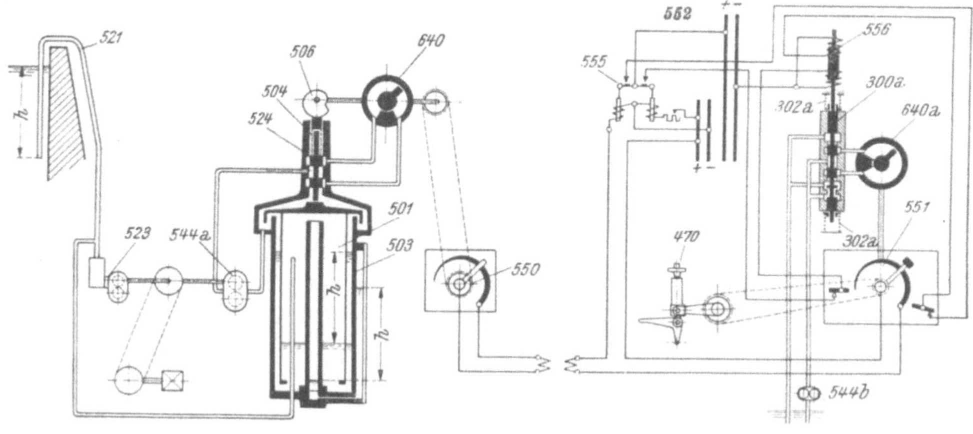

Abb. 117.

Stellung der genannten Widerstände den Steuermagnet *556* in einem derartigen Sinn einschaltet, daß das mit ihm verstellte Steuerventil *300a* die berichtigende Bewegung des Flügelkolbens *640a* und damit des Widerstandes *551* einleitet. Sobald hierdurch die gleiche Lage der Kontaktarme der beiden Widerstände und damit das Gleichgewicht der Stromzweige hergestellt ist, fällt die Stromwaage *555* in ihre den Magnet *556* abschaltende Mittelstellung, wodurch das Steuerventil *300a* unter Wirkung der Federn *302a* in seine die Bewegung des Flügelkolbens unterbrechende Mittellage zurückgestellt wird.[1]

Der Eingriff der Wasserstandsregelung in die Steuerung kann auch über die mit elektromotorischer Betätigung versehene Drehzahlverstellvorrichtung [3] erfolgen, wobei deren Motor von einem grundsätzlich mit dem vorbeschriebenen übereinstimmenden Vergleichssystem zur Hebung oder Senkung der Drehzahl-Leistungscharakteristik geschaltet wird. Während im vorbeschriebenen Falle die Wasserspiegelregelungseinrichtung letzten Endes nur der synchronen Übertragung der Wasserspiegellagen auf die Betätigungseinrichtung der Öffnungsbegrenzung dient, also eine selbsttätige Fernsteuerung der Öffnungsbegrenzung darstellt, ist bei der Fernsteuerung der Drehzahlverstellvorrichtung die Zuordnung von Wasserspiegellage und Öffnung der Turbine dadurch erreicht, daß der Empfängerwiderstand unmittelbar von der Regelwelle aus bewegt wird, somit die von ihm eingeschalteten Widerstandswerte proportional den Turbinenöffnungen sind.

---

[1] Durch eine besondere Einrichtung wird bei einer Unterbrechung in der Ölversorgung der hydraulischen Steuerung die Gebeeinrichtung in der Lage festgestellt, die sie im Augenblick der Störung eingenommen hat und hierdurch verhindert, daß der Maschinensatz über die Wasserstandsreglung, der infolge des Aufhörens der Luftförderung ein zu tiefer Wasserstand vorgetäuscht wird, auf Leerlauf bzw. abgeschaltet wird, was eine unerwünschte Unterbrechung der Energielieferung mit sich bringen würde.

Falls die durch den Wasserstand gesteuerten Hilfseinrichtungen auf die Öffnungsbegrenzung wirken, führt dies zu einer ausschließlich nach der Zuflußmenge bestimmten Einstellung der erzeugten Leistung. Sobald jedoch die Turbinen-öffnung, bei der zufließende und verarbeitete Wasser-menge aufeinander abgestimmt sind, durch eine Einstellung der Drehzahl-Leistungscharakteristik be-stimmt wird, welche bei der augenblicklich herrschen-den Frequenz eben diese Öffnung herbeiführt, ziehen plötzliche Änderungen der Frequenz Öffnungsände-rungen nach sich, die erst durch die Wirkung der selbsttätig auf die Wiederherstellung der früheren Öffnung ausgehenden Wasserspiegelregelung all-mählich rückgängig gemacht werden.

Anlagen mit der letztbeschriebenen Regelungs-auslegung beteiligen sich daher bei raschen Frequenz-senkungen vorübergehend an der Aufnahme von Laststößen, ein Verhalten, das bei Großkraftwerken, die in der Regel als begrenzt speicherfähig an-gesehen werden können, im Interesse der Netz-stabilität für die Anwendung dieser Regelungsart entscheidend werden kann.

Eine Anordnung, bei welcher Änderungen des Wasserspiegels an der Meßstelle sich in gleichzeitige Wege einer Membrane übersetzen, zeigt Abb. 118 [8].

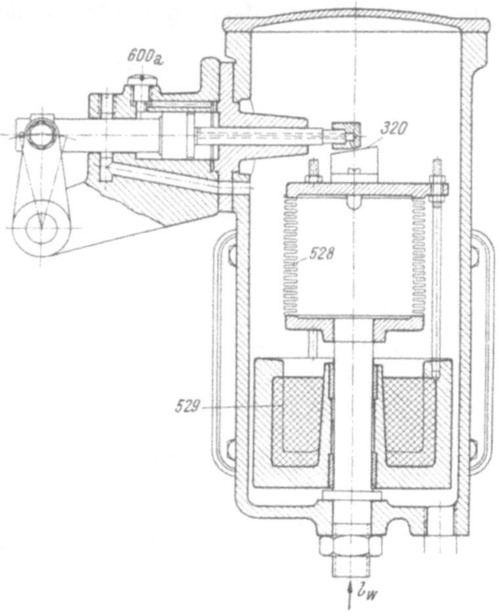

Abb. 118. (Maßstab 1:3,5.)

Letztere (*528*), unter Wirkung des statischen Gefälles und eines abgestimmten Gegengewichtes *529* stehend, steuert die Bewegungen eines kleinen hydraulischen Triebwerkes *600a* vor (*320*), das seinerseits erst die Öffnungsbegrenzung betätigt.

Die unmittelbare Betätigung durch Druckwasser setzt besondere klimatische Bedingungen für die Anwendung der vorgenannten Einrichtung voraus; im übrigen ist diese beschränkt auf kleinere Gefälle, bei welchen die üblicherweise zugelassene Wasser-spiegelschwankung einen genügenden Federungsweg der für das Druckgefälle zu bemessenden Membrane erzielen läßt.

Betrachtungen, welche die Notwendigkeit der Stabilisierung der durch die Drehzahl geführten Regelungen erweisen, haben auch für die selbsttätige Regelung nach dem Wasserstand sinngemäß Geltung. Insofern durch eine größere Wasservorlage bei Änderungen der Zuflußmenge nur geringe Änderungen des Spiegels an der Meßstelle bis zur Anpassung der verarbeiteten Wassermenge an die zufließende eintreten, genügt im allgemeinen auch ein verhältnismäßig kleiner Unterschied der Wasserspiegellagen, die der Vollbeaufschlagung, bzw. der Leerlaufwassermenge durch die einzuführende Abhängigkeit zwischen Spiegellage und Beharrungswassermenge (Rückführung) zu-zuordnen sind. Werte der Ungleichförmigkeit von 70 bis 100 mm WS, wie sie für derartige Verhältnisse erforderlich sind und auch die Wirt-schaftlichkeit der Ausnützung praktisch nicht beeinflussen, lassen bei kleiner Wasservorlage und langen Zuleitungen nicht mehr die genü-gende Dämpfung der durch Änderungen der Zuflußmenge eingeleite-ten Wasserspiegelschwankungen erzielen, während anderseits gegen die Einführung einer hohen Ungleichförmigkeit insbesondere die durch

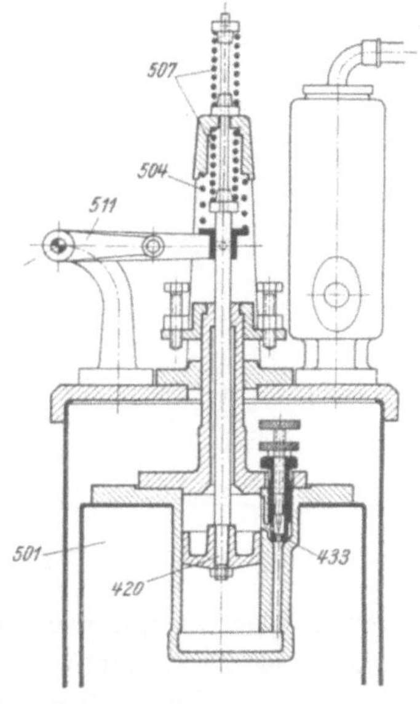

Abb. 119.

die Gefällsminderung verschlechterte Ausnützung der mittleren und kleinen Wassermengen spricht. Hier besteht nun die Möglichkeit, durch Anwendung einer nachgiebigen Stabilisierungseinrichtung vorübergehend zwecks genügender Dämpfung der Spiegelschwankungen eine größere Abweichung vom Normalspiegel zuzulassen, letztere jedoch allmählich und stetig wieder rückgängig zu machen.

Hierzu wird (Abb. 119) unter Zwischenschaltung einer Ölbremse *420* die Schwimmerglocke *501* einem Federsystem *507* unterstellt [23], das einer spannungslosen Mittellage zustrebt. Hierdurch ist im Beharrungszustand allen Wassermengen (Turbinenöffnungen) jene immer gleiche Wasserspiegellage an der Meßstelle, bei welcher der dem Gewicht der Schwimmerglocke

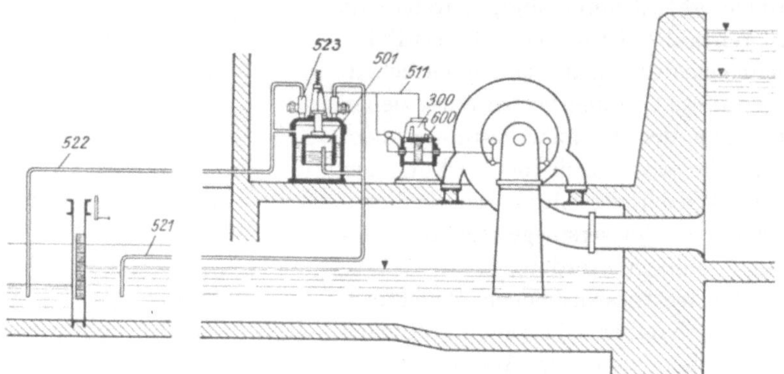

Abb. 120. *501* = Tauchschwimmer, *511* = Verbindungsgestänge zum Reglersteuerventil *300, 521, 522* = Luftleitungen, *523* = Luftpumpen.

entgegengesetzt gleiche Auftrieb sich einstellt, zugeordnet. Der Stabilitätsgrad der Regelung hingegen kann durch entsprechende Wahl der Charakteristik des Federsystems *507* nach den Erfordernissen gewählt werden, ohne daß im Beharrungszustande für die einzelnen Beaufschlagungen Änderungen der Spiegellage eintreten, es sei denn, daß eine dauernde Ungleichförmigkeit durch zusätzliche Anordnung der einseitig wirkenden Feder *504* eingeführt wird.

Abschließend möge auf die Eignung der pneumatisch arbeitenden Schwimmereinrichtungen zur Messung von wechselnden Gefällen — eine Aufgabe, die im Rahmen der selbsttätigen Abflußregelung vorliegt — hingewiesen sein. Abb. 120 zeigt die Anordnung einer Abflußregelung, bei welcher die von der Turbine jeweilig verarbeitete Wassermenge bei einer bestimmten Einstellung der im Unterlauf eingebauten Spannschütze am Unterschied der Wasserspiegel vor bzw. hinter dieser gemessen wird. Die Einführung dieses für eine bestimmte Durchflußmenge konstant zu haltenden Spiegelunterschiedes in die Regelung kann nun in einfacher Weise durch eine erweiterte Fernschwimmereinrichtung [23] erfolgen, deren Tauchschwimmer *501* unter der Differenzwirkung zweier getrennter Luftsysteme *521, 522* steht, welche die jeweilige Tauchlänge der ober- bzw. unterhalb der Spannschütze gleich tief eingeführten Luftleitungen messen.

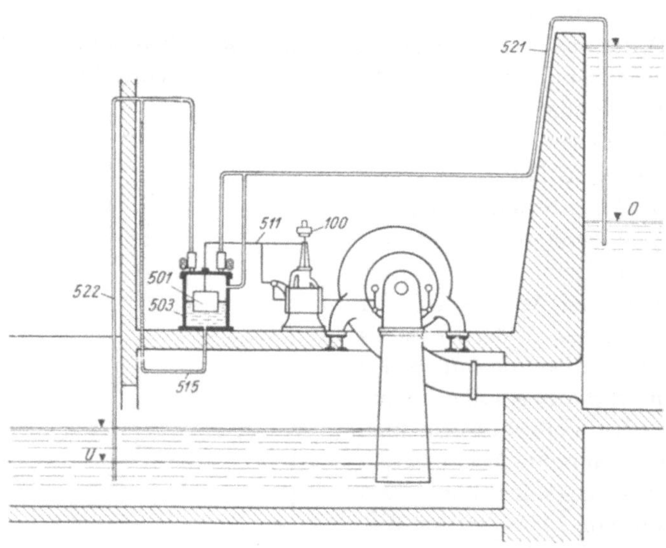

Abb. 121.

Werden nun durch Spiegelschwankungen im Gegenspeicher Gefällsänderungen und damit Änderungen des Schluckvermögens bei der augenblicklich eingestellten Leitapparatöffnung bewirkt, so tritt eine gleichsinnige Änderung des Spiegelunterschiedes an der Spannschütze auf, welche über die Schwimmereinrichtung die Verstellung des Turbinenleitapparates im Sinne der Zurückführung der Wassermenge auf den Sollwert steuert.

Die Anwendung normaler Schwimmereinrichtungen zur Steuerung der Turbinenöffnung in unmittelbarer Abhängigkeit vom jeweils wirksamen Gefälle unter Voraussetzung starker Schwankungen desselben wird durch eine Anordnung Abb. 121 ermöglicht [23]. Hierbei werden die

Abweichungen der Spiegellagen im Unter- und Oberwasser von angenommenen Bezugsspiegeln, als welche zweckmäßig die zu erwartenden tiefsten Wasserstände (O, U) zugrunde gelegt werden, über ein U-Rohr *515* algebraisch zur Gesamtabweichung des augenblicklich wirksamen Gefälles von dem durch die Bezugsspiegeln vorgestellten Bezugsgefälle zusammengesetzt. Zwei getrennte Luftsysteme übertragen hierzu den Druck, der der jeweiligen Eintauchtiefe der Luftröhren *521, 522* im Ober- bzw. Unterwasser entspricht, auf die Flüssigkeitsspiegel in den Schenkeln des U-Rohres *515*.

Nachdem für den Fall des Eintrittes der Bezugswasserstände (O, U) die Ausspiegelung der Anzeigeflüssigkeit im U-Rohr dadurch erreicht ist, daß die Luftrohre gleich tief unter die genannten Spiegel geführt sind, werden Abweichungen vom Bezugsgefälle als Unterschied der Flüssigkeitsstände im U-Rohr in gleicher Größe wiedergegeben. Durch entsprechende relative Erweiterung des einen Schenkels *503* kann nun erreicht werden, daß die Höhenänderungen des Spiegels in letzterem, welche ein proportional verkleinertes Abbild der tatsächlichen Spiegel- und damit Gefällsschwankungen geben, dem Verstellhub normaler Schwimmereinrichtungen angepaßt sind und diese daher in üblicher Weise zur Steuerung des selbsttätigen Reglers herangezogen werden können.

b) Hilfseinrichtungen zur Einführung der Arbeitskolbenbewegung in die Steuerung.

Der Einführung der Arbeitskolbenbewegung in die Steuereinrichtung — etwa zur Herbeiführung einer vorübergehenden oder dauernden Ungleichförmigkeit, bzw. im Rahmen der Öffnungsbegrenzung — dienen Übertragungsmittel, welche die Arbeitskolbenbewegung, entsprechend übersetzt und ohne zeitliche Verzögerung durch Spiel in den Gelenken oder durch elastische Deformationen, getreu wiederzugeben imstande sein müssen. In der Mehrzahl der Ausführungsfälle finden Hebelgestänge Anwendung, fallweise unter Einschaltung von Kurven oder Keiltrieben, die eine allgemeine Abwandlung der eingeleiteten Bewegung ermöglichen, wie diese etwa zur Erzielung einer geradlinigen Drehzahlleistungscharakteristik, verstärkter Rückführwirkung innerhalb gewisser Hubbereiche u. a. erforderlich werden kann. Im Falle der Notwendigkeit einer starken Übersetzung des Arbeitskolbenhubes ins kleine können auch die hierfür üblichen Getriebe (Schnecken- oder Spindeltriebe) Anwendung finden, wobei darauf zu achten ist, daß das unvermeidliche Spiel durch kraftschlüssige Anordnungen — zumindest im letzten Übersetzungsglied — beseitigt wird.

An Stelle mechanischer Gestänge können zur Übertragung und Übersetzung der Arbeitskolbenbewegung auch hydraulische Systeme Anwendung finden, welche bei größerer Entfernung

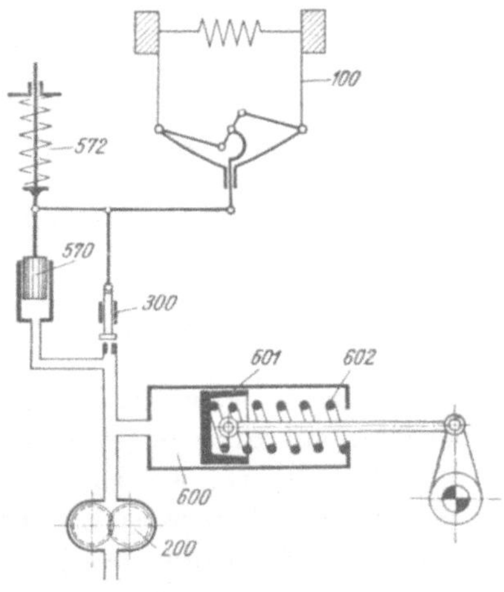

Abb. 122.

von Abnahme- und Einleitungsstelle, bzw. bei der Unmöglichkeit einer unmittelbaren Ausrichtung die mehrfache Unterteilung des mechanischen Gestänges vermeiden lassen.[1] Die einfachste Form dieser Übertragung ist bei Kraftgetrieben mit einseitiger Federwirkung möglich (Abb. 122), bei welchen der für die Beharrungsstellung jeweils notwendige Öldruck im Arbeitszylinder *600* in eindeutiger Abhängigkeit von der wirksamen Kraft der Feder *602* und dem Rückdruck der geregelten Leitvorrichtung steht und dementsprechend, auf ein manometrisches System *570* zur Wirkung gebracht, die Stellung des letzteren eindeutig jener des Arbeitskolbens *600* zuordnet. Durch die Wahl der Charakteristik der Feder *602* in bezug auf den Verlauf der Rück-

---

[1] U. a. bei großen Kaplan-Turbinensätzen, wo die in der Regel bestehende, räumlich beträchtliche Entfernung zwischen dem die Bewegungen des Laufschaufeltriebwerkes ausleitenden Ölzuführungsbock und dem Reglerstandort zu einem erhöhten Aufwand für das Übertragungsgestänge und mit dessen Führung längs des Maschinenumrisses zu mehrfacher Unterteilung und Häufung der Gelenke in der Rückführung Veranlassung gibt. Hier haben auch an Stelle starrer Gestänge Drahtseilübertragungen voll befriedigt.

druckkräfte wird für eine stetige Zunahme des beharrungsmäßig erforderlichen Öldruckes im Schließsinne und damit für positive Werte des Ungleichförmigkeitsgrades zu sorgen sein.

Die Unabhängigkeit der Rückführungscharakteristik von jener des Arbeitsgetriebes kann durch eine hydraulische Übertragung erreicht werden, die grundsätzlich mit der in Abb. 116 dargestellten Steuerung übereinstimmt (Abb. 123). Verschiebungen des vom Arbeitskolben her bewegten Stempels *560* verändern die Kraft der Feder *563* und damit proportional den Druck des über den Drosselkolben *562* geleiteten Ölstromes, der seinerseits auf den federbelasteten Kolben *564* zur Wirkung kommt und entsprechend der Charakteristik der Feder *565* eine der eingetretenen Druckänderung proportionale Verstellung von *564* herbeiführt. Mit Hilfe dieser Anordnung können Stellungen von Konstruktionselementen mit einer in der Regel genügenden Genauigkeit an entfernteren Stellen wiedergegeben werden, nachdem die ins Spiel tretenden Kräfte verhältnismäßig groß gewählt und damit überlegen gegenüber Verstellwiderständen innerhalb der Steuerung ausgelegt werden können. Ebenso haben Undichtigkeitsverluste sowie Temperaturänderungen keinen Einfluß auf die Genauigkeit der Übertragung.

Diese Anordnungen befriedigen hingegen nicht mehr zur Gänze, wenn es sich um die *synchrone* Übertragung *rascher* Bewegungen auf größere Entfernung handelt, in welchem Falle die durch den Widerstand der Verbindungsleitung entstehenden Druckverluste den wirksamen Druck am abhängig verstellten Kolben gegenüber dem augenblicklichen Ausströmdruck verfälschen und so die richtige Zuordnung verhindern. Nach einem Vorschlag von R. Neeser [8] **(32)** wird, um auch bei raschen Verstellungen des Primärorgans die synchrone Bewegung des sekundären sicherzustellen, der manometrischen Steuerung eine volumetrische (*561*) hinzugefügt. Letztere, von Strömungswiderständen nicht beeinflußt, wirkt parallel zu ersterer über eine besondere Leitung, wodurch die eindeutige Abhängigkeit von der manometrischen Steuerung und deren Vorteile aufrechterhalten bleiben.

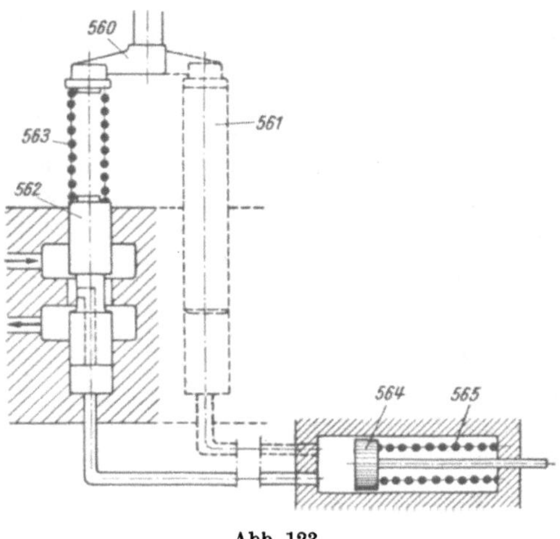

Abb. 123.

Neuerdings finden auch geschlossene Ölsysteme Anwendung [8], bei welchen die eingeleitete Bewegung durch einen Federungskörper aufgenommen und über ein gleiches Konstruktionselement am Ende der Verbindungsleitung wiedergegeben wird. Die Gefahr der Bildung von Lufteinschlüssen, welche bei dem erstgenannten System der Übertragung nicht vollständig von der Hand zu weisen ist und letztere ungünstig beeinflussen kann, erscheint in der zweitgenannten Auslegung beseitigt. Hingegen ist die Anwendung überdimensionierter Federungskörper notwendig, um die durch Eigenfederung bedingte Volumsänderung klein im Verhältnis zum Arbeitsvolumen zu halten.

c) Anzeigevorrichtungen.

Der zu regelnde Betriebswert, bzw. der Zustand der Regelungseinrichtung ist laufend durch Meßgeräte zu erfassen und abzubilden.

Zur Feststellung der jeweiligen Drehzahl des Maschinensatzes werden *Tachometer* (Drehpendel-, seltener Wirbelstrominstrumente) angewendet, die gewöhnlich konstruktiv mit dem Steuerwerk zusammengefaßt sind und deren Antrieb von dem des Fliehkraftpendels starr oder mittels Riemen abgeleitet wird. Auf die Anzeigevorrichtungen für die Lage des Ober- bzw. Unterwasserspiegels wurde früher bereits hingewiesen.

Manometer dienen zur Feststellung des von der Reglerpumpe erzeugten, bzw. im Druckspeicher vorhandenen Öldruckes sowie zur periodischen Überprüfung des erforderlichen Arbeitsdruckes, wonach der Zustand des Antriebswerkes beurteilt werden kann.

Die jeweilige Stellung der *Triebwerke*, die Einstellung der *Drehzahlverstellvorrichtung, Öffnungsbegrenzung* sowie der *dauernden (vorübergehenden)* Ungleichförmigkeit ist durch geeignete

Anzeigevorrichtungen kenntlich zu machen ebenso wie der Schaltzustand der zur Änderung der Betriebsform vorgesehenen, bzw. von letzterer berührten Einrichtungen, so der *Handregelung*, der *Hilfssteuerungen* usw.

Bei Hochdruckanlagen können selbsttätige, an die Turbinendruckrohrleitung angeschlossene *Druckschreiber* mit zeitlich bestimmtem Vorschub des Schreibbandes eine wertvolle Unterstützung bei der Beurteilung nicht unmittelbar beobachteter Betriebsvorgänge bieten.

VI. Verstellwerke.

a) Hydraulisch betätigte Arbeitswerke.

Die hydraulischen Getriebe zur Ausübung der Regulierkräfte, ihrer Bestimmung entsprechend als „Arbeitswerk" bezeichnet, können für doppelseitige bzw. einseitige Steuerung — im letzteren Falle als Differentialkolbengetriebe — ausgelegt sein. Die letztgenannte Anordnung verlangt wohl gegenüber der doppelseitig gesteuerten größere Abmessungen der Steuerventile sowie der Zuführungskanäle bei Unterlegung gleicher Durchströmverluste, bringt jedoch eine Vereinfachung in der Konstruktion des Steuerventils mit sich. Kraftbedarf und Größe der Drucköversorgungsanlage — Pumpe, Druckspeicher — werden grundsätzlich durch die Art der Auslegung nicht berührt. Die in der überwiegenden Zahl der Ausführungsformen geradlinige Bewegung des Arbeitskolbens wird durch Kurbelgetriebe in die drehende der Regelwelle umgesetzt; nur für Regler kleineren Arbeitsvermögens haben sich auch Drehkolbentriebe eingeführt und bewährt.

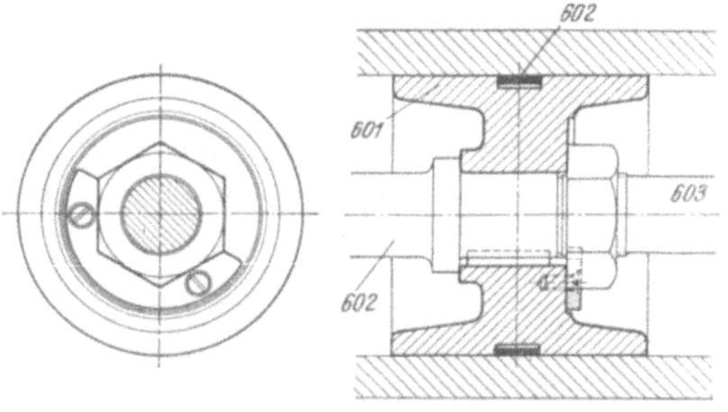

Abb. 124.

Die Abdichtung des von der Kolbenstange *603* (Abb. 124) getragenen und durch keinerlei Seitenkräfte belasteten Kolbens *601* längs seines Umfanges wird entweder durch Kolbenringe *602*, seltener durch Lederstulpen erreicht, wobei der Kolben selbst mit geringem Spiel in der Bohrung gleitet. Kolben, deren Laufflächen gleichzeitig durch seitliche Kräfte des Triebes belastet werden, sind mit Laufsitzpassung in den tragenden Bohrungen genügender Länge zu führen,

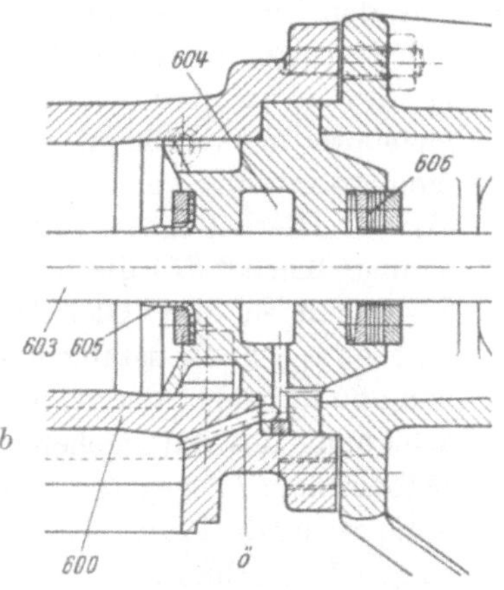

Abb. 125.

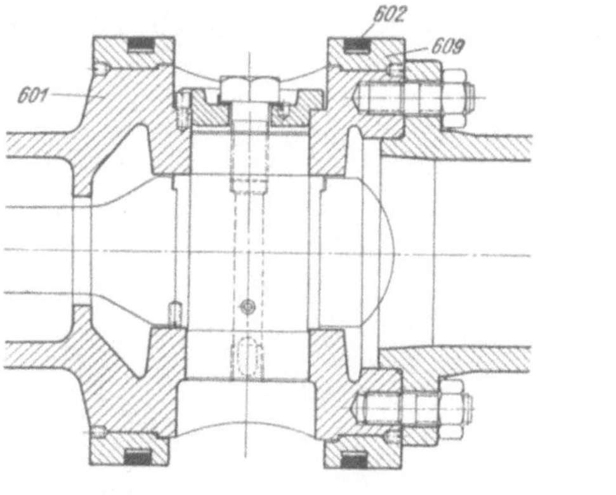

Abb. 126. Triebwerkskolben zu einem Regler 5000 mkg. (Maßstab 1:7,7.)

wodurch ohne weitere Hilfsmittel auch eine gute Umfangsdichtung erreicht werden kann. Die Abdichtung der Zylinderräume an den Durchführungsstellen der Kolbenstange nach außen hin erfolgt jedoch ausschließlich durch Lederstulpen *605* (Abb. 125). Besonderes Augenmerk ist hierbei auf eine möglichst gedeckte Abführung des durch die Dichtung tretenden Lecköles zu richten (Kammer *604*, *ö*); Chromlederscheiben *606* auf der äußeren Seite der Durchführung sorgen für die Abstreifung des an der Kolbenstange haftenden Öles.

Als Material für die Kolben wird soweit als angängig Gußeisen, bei höheren Arbeitsdrücken und verhältnismäßig großen Kolbendurchmessern Stahlguß verwendet, wobei den schlechten

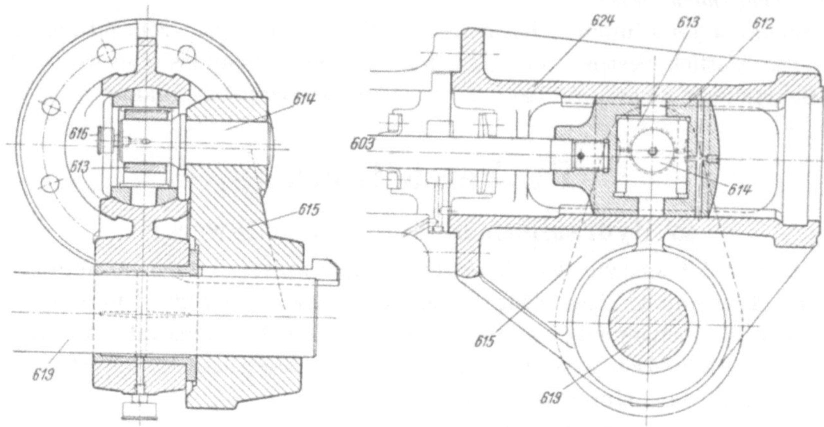

Abb. 127. Arbeitswerk zu einem Regler 1200 mkg. (Maßstab 1:12.)

Laufeigenschaften des letzteren durch Tragringe (609) aus Gußeisen entgegengetreten wird (Abb. 126). Kleinere Kolben werden zweckmäßig mit der Kolbenstange aus einem Stück geschmiedet.

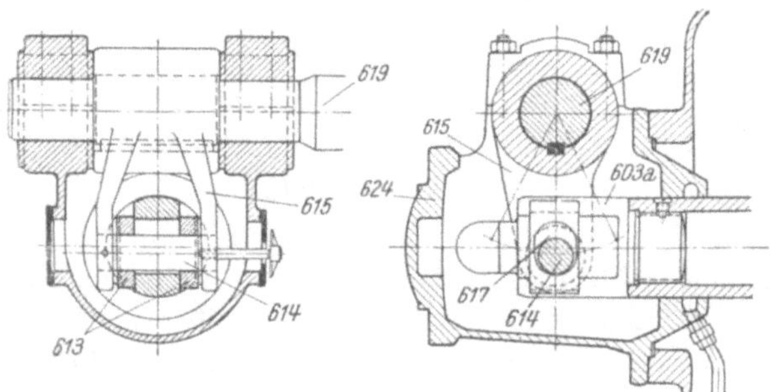

Abb. 128. Triebwerk 1800 mkg. (Maßstab 1:20.)

Abb. 127 zeigt die Ausbildung eines Triebwerkes [2], bei dem mittels eines besonders geführten Kreuzkopfes 612 die hin- und hergehenden Bewegungen der Kolbenstange 603 über Gleitstein 613 und Bolzen 614 auf die auf der Regelwelle 619 aufgekeilte Kurbel 615 übertragen werden. Die Schmierung des Triebwerkes erfolgt von der am Kurbelzapfen sitzenden Fettbüchse 616 aus. Die einseitige Anordnung der Reglerkurbel erleichtert deren Verbindung mit der Regelwelle sowie den Zusammenbau an sich.

Die doppelte Lagerung des Kurbelbolzens, wie diese bei größeren Regelarbeiten zur Erzielung einer grundsätzlich günstigeren Beanspruchung des genannten Konstruktionselementes notwendig ist, wird durch eine Anordnung gemäß Abb. 128 [1] erzielt. Hierbei umfaßt die doppelarmige Kurbel 615 die in seitlichen Einfräsungen die Gleitsteine 613 tragende Kolbenstangenverlängerung 603a, wobei der relativen Verschiebung des durchgehenden Kurbelbolzens 614 gegen 603a durch entsprechende Form der Durchführung 617 Rechnung getragen ist.

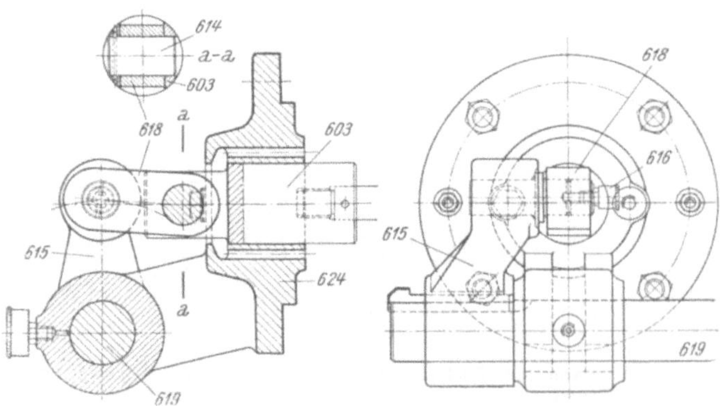

Abb. 129. Triebwerk 100 mkg. (Maßstab 1:8.)

Eine Vereinfachung des konstruktiven Aufwandes kann mit Ersatz des verhältnismäßig viel Bearbeitung erfordernden Gleitsteingetriebes durch einen Lenkerantrieb erzielt werden (Abb. 129) [2]. An Stelle des Kreuzkopfes tritt ein einfaches zylindrisches Führungsstück 603, an welchem der Lenker 618 zentrisch angreift. Bei Anwendung derartiger Lenkerkonstruktionen zur Übertragung größerer Kräfte wird aus den vorerwähnten Gründen die fliegende Lagerung des Kurbelbolzens 614 vermieden (Abb. 130, 131, 132).

In allen Fällen ist, solange es sich um typisierte Erzeugnisse handelt, die Möglichkeit der Feststellung des Führungskörpers (*624*) in den vier ausgezeichneten Stellungen — Regelwelle horizontal unter, bzw. über der Zylinderachse, Regelwelle vertikal vor, bzw. hinter dieser — vorzusehen.

An Stelle des außenseitigen Abtriebes kann dieser auch in der Mitte des Kolbens etwa in der in Abb. 157[1] dargestellten Weise [11, 12] erfolgen, wobei über Drehzapfen *614* und Kurbel *615*

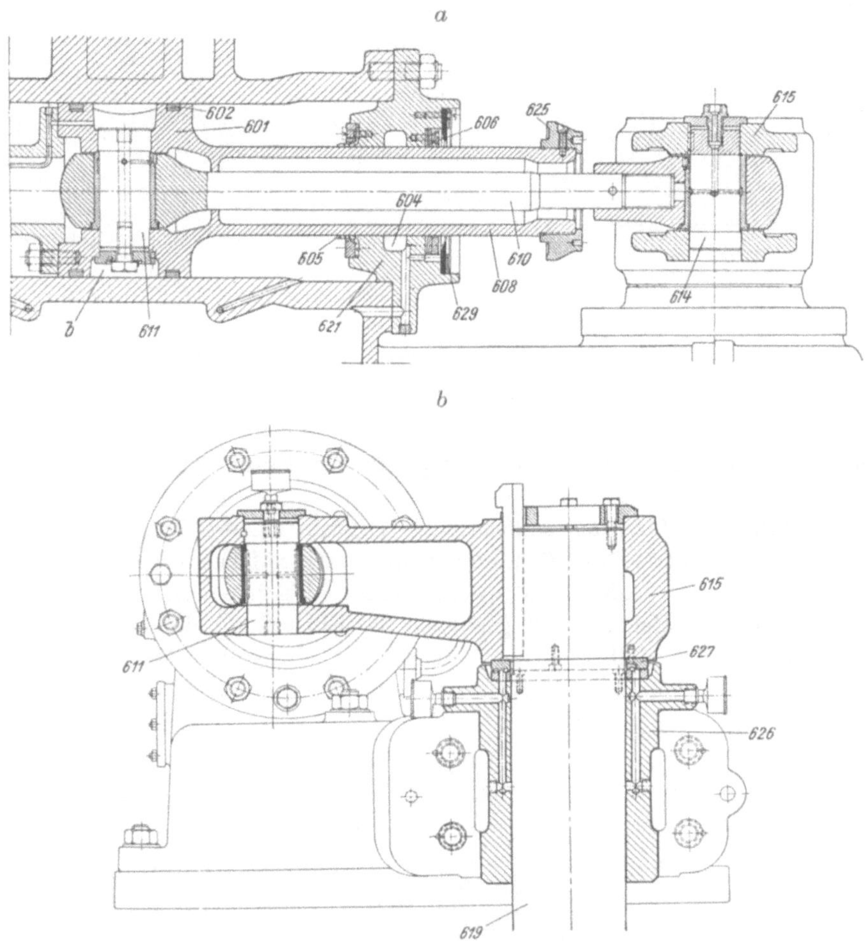

Abb. 130. Triebwerk 3000 mkg. (Maßstab 1:11,8.)

die Bewegungen des in getrennten Zylinderbüchsen laufenden Kolbens *601* auf die Regelwelle *619* übertragen werden.

Hohlkolben im Verein mit Lenkergetrieben, die, sobald sie möglichst in den Hohlraum verlegt werden können, nur wenig an zusätzlicher Baulänge für sich in Anspruch nehmen, beeinflussen günstig die Längenausdehnung des Arbeitswerkes. Bei dem in Abb. 132 [11] dargestellten Trieb trägt der am Rohrkörper *608* befestigte Kolbenboden *607* sowohl die Anschlußkonstruktion für die zur Handregelung führenden Kolbenstange *601* als auch das Lager *621* für den Gabelkopf *620* des Lenkers, der in seiner Länge einstellbar gestaltet ist. Der Abdichtung der Zylinderräume gegeneinander bzw. nach außen hin dienen Lederstulpen *605*; die äußere Kolbenrohrdurchführung besitzt daneben noch eine Fangkammer *604* mit Filzringvordichtung. Zur Begrenzung des Kolbenhubes dienen die festen Anschläge *625*.

Der Vorteil der gekennzeichneten Bauart besteht auch für doppelseitig gesteuerte Hohlkolbengetriebe, wobei, um auf einen möglichst geringen Außendurchmesser der wirksamen

---

[1] S. S. 101.

Kolbenfläche zu kommen, ein Minimum des Innendurchmessers der Kolben- bzw. Lenkerstangen-
durchführung angestrebt werden muß. Dieser Forderung trägt einer Anordnung gemäß Abb. 130a [2]
Rechnung, bei der die innerhalb der rohrartigen Verlängerung *608* des Kolbens *601* nach außen

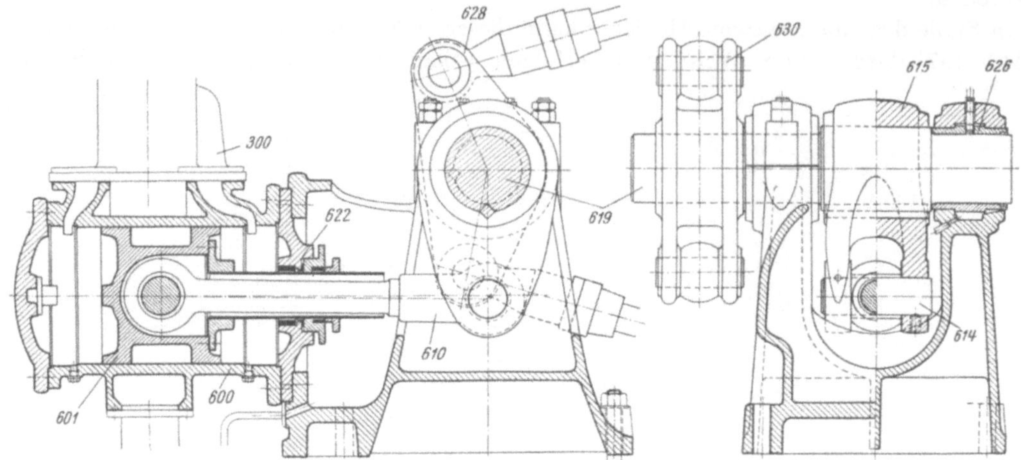

Abb. 131. Triebwerk 10000 mkg. (Maßstab 1:30.)

geführte Schubstange *610* an dem im Kolbenkörper *602* beidseitig gelagerten Kolbenbolzen *611*
angreift.

Die Durchführungen *621* an der außenseitigen Begrenzung der Zylinderräume dienen der
Aufnahme der Dichtungsmittel *605, 606* (Lederstulpen, Abstreifer) sowie der Unterstützung des
Kolbens. Anschläge *625* an beiden Enden des Kolbenrohres zusammen mit den in ihrer Zahl
und Stärke veränderlichen Beilagen *629* gestatten die Einstellung eines bestimmten Maximal-
hubes. Die Schmierung des Kolbenbolzens — sowie der Mutter zur Handregelung[1] — erfolgt

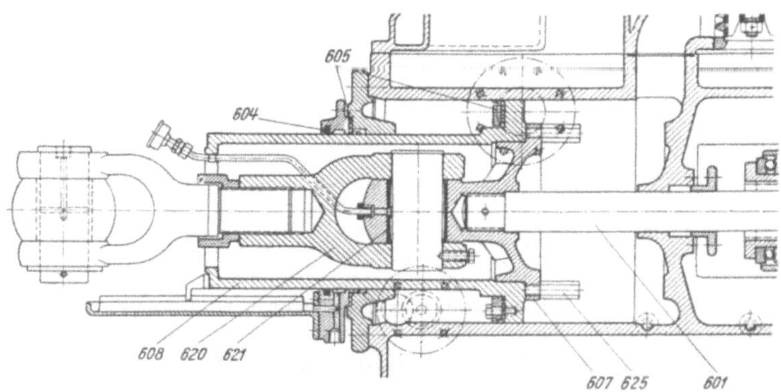

Abb. 132. Triebwerk 3000 mkg. (Maßstab 1:16.)

selbsttätig durch das über die Kolbenringe in den Raum *b* eintretende Lecköl. Die
Zweiteilung des Kolbens in der dargestellten Art sichert einen einfachen Zusammenbau.

Abb. 130b zeigt die Ausbildung des Regelhebels *615* sowie seiner Lagerung *626* und Spurung *627*.

Besonders zur Geltung kommt der Vorteil der beschriebenen Bauart, falls eines großen
Arbeitsvermögens halber auf die Anwendung eines mit dem Arbeitswerk konstruktiv vereinigten mechanischen Handantriebes verzichtet wird, wie dies für das in den Abb. 131, 133
dargestellte Triebwerk [23] zutrifft. Die kurzhubige kreuzkopflose Bauart ermöglicht einen
überaus gedrungenen Aufbau mit fliegend angeordnetem Zylinder *600* und guter Zugänglichkeit
der einzelnen Konstruktionsteile. Für den Kolben *601* selbst ist auf Lederstulpdichtungen ver-

---

[1] S. Abb. 146.

zichtet, die nur bei der äußeren Durchführung *622* in Verbindung mit einer Vorpackung verwendet werden. Die über Spießkantkeile[1] mit der Kurbel verbundene Regelwelle *619* liegt in zweiteiligen, mit Bronzefutter versehenen Lagern *626* mit Fettschmierung.

Sobald große Verstellarbeiten zu leisten sind, ist zur Vermeidung schwerer Übertragungsgestänge die unmittelbare Einleitung der Kraft in den Verstellmechanismus anzustreben. Dies kann in vollkommener Weise unter Ausübung eines reinen Momentes am Regelring durch Auflösung des Antriebswerkes in zwei unmittelbar am Regelring angreifende und gegenläufig beaufschlagte Treibzylinder erfolgen. Die Steuerung der Triebwerke erfolgt von einem Steuerventil[2] aus unter Zwischenschaltung möglichst kurzer und für beide Zylinder die gleichen hydraulischen Verhältnisse schaffender Leitungen, so daß praktisch nur geringe synchronisierende Kräfte durch den Regelring übertragen werden müssen. Abb. 134 zeigt einen Schnitt

Abb. 133.

durch den einen Treibzylinder einer derartigen Regelungseinrichtung für 50 000 mkg Arbeitsvermögen sowie die Durchbildung des Antriebsgestänges zum Regelring [8].

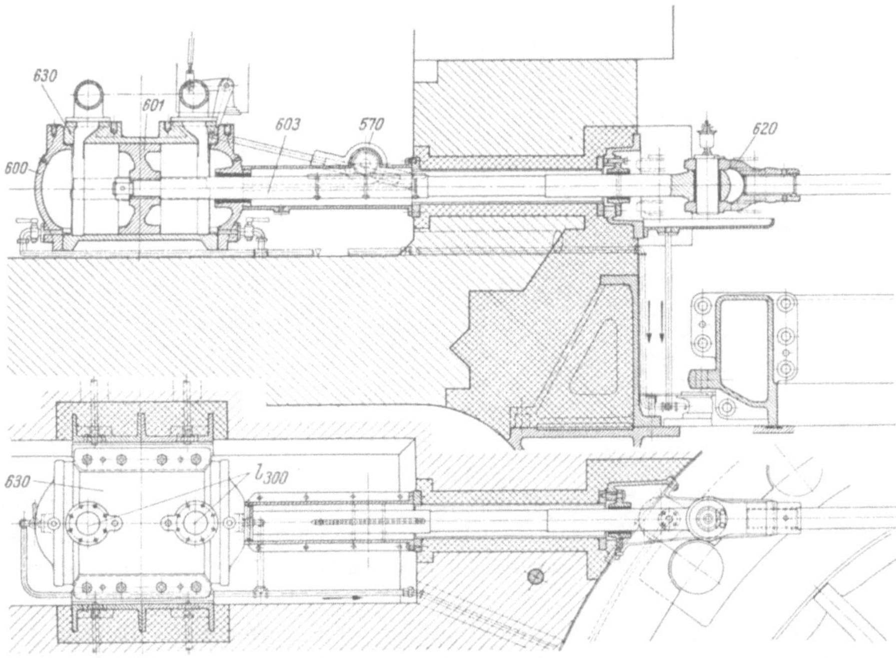

Abb. 134. (Maßstab 1:50.)

Eine besondere Stellung nehmen Arbeitswerke ein, die zum Teil mit Druckwasser betrieben werden. Die ausschließliche Betätigung durch letzteres verbietet sich aus den einer Steuerung

---

[1] Diese Keilart wird bei der wechselnden Kraftrichtung bevorzugt.
[2] S. a. Abb. 230.

ungünstigen physikalischen Eigenschaften des Wassers. Hingegen kann bei Hochgefällsanlagen,
bei denen Druckwasser mit genügender Pressung zur Verfügung steht, dieses zweckmäßig zur
normalen Betätigung des Arbeitswerkes mit herangezogen werden, d. h. ungesteuert in Gegenwirkung zu gesteuertem Drucköl, wodurch also der Wirkung des letzteren nicht nur die Über-

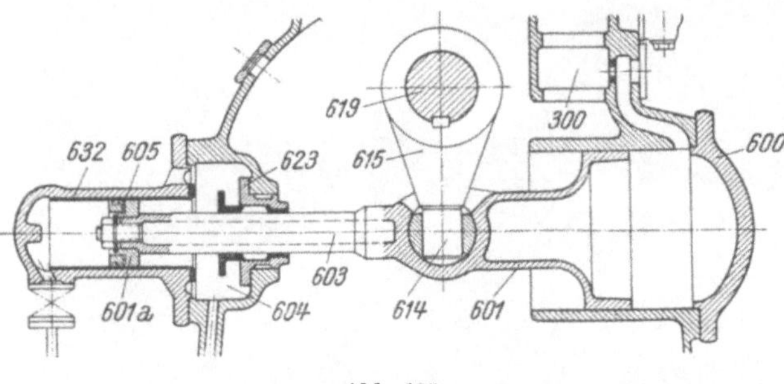

Abb. 135.

windung der Regulierwiderstände, sondern
auch des praktisch als gleichbleibend an-
zusehenden Wasserdruckes zukommt.

Abb. 135 zeigt eine derartigen Grundsätzen entsprechende Auslegung eines
Triebwerkes [11], bei welcher dem auf
den Kolbenteil *601* wirkenden und über
die normalen Einrichtungen gesteuerten
Öldruck eine gleichbleibende Kraft, erzeugt
durch den auf den Kolben *601a* wirkenden
Druck des aus der Turbinenleitung entnom-
menen Wassers, entgegensteht. Falls der Wasserdruck im Schließsinne des vom Regler betätigten Absperrorgans wirkt, führt eine gewollte, bzw. durch Versagen der Drucköanlage
hervorgerufene Entlastung der Zylinderseite *600* zum Abschluß der Regelungseinrichtung, so
daß ohne Aufwendung zusätzlicher Mittel ein zuverlässiger Schutz des Maschinensatzes gegen
die Auswirkungen des erwähnten Störungsfalles gegeben erscheint.

Den ungünstigen physikalischen Eigenschaften des Wassers wird durch eine Bronzeaus-
führung der Laufbüchse *632* Rechnung getragen, während für die Abdichtung des Kolben-

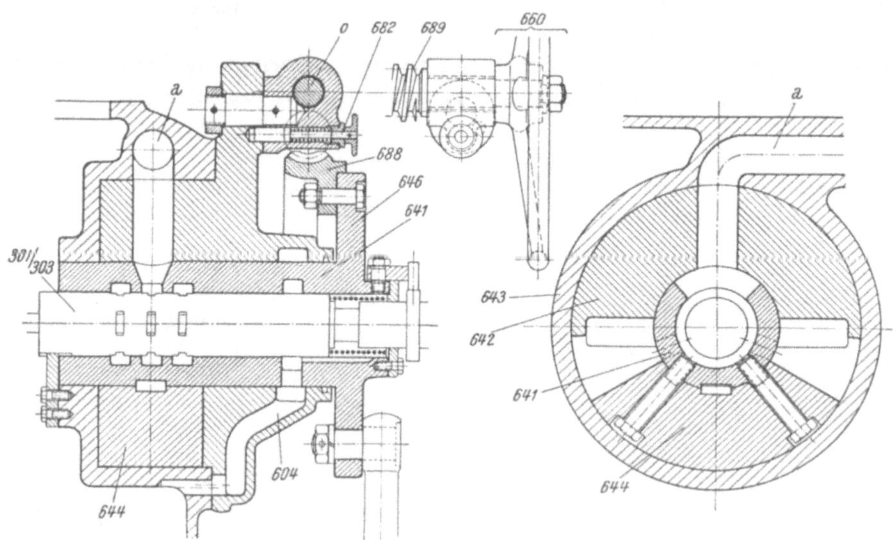

Abb. 136. Triebwerk 70 mkg. (Maßstab 1:8.)

umfanges zweckmäßig Lederstulpen (*605*) herangezogen werden. Um Spritzwasser vom Regler-
innern fernzuhalten, erscheint die mit Druckwasser versorgte Einrichtung vom eigentlichen
Regler getrennt (*604*) und die Durchführung der Kolbenstange *603* durch eine besondere Stopfbüchse *623* abgedichtet.

Der *Drehkolbentrieb* läßt jene Konstruktionselemente vermeiden, die zur Übersetzung
einer geradlinigen Kolbenbewegung in die drehende der für mittlere und kleine Turbinen zum
Antrieb des eigentlichen Regelwerkes ausschließlich verwendeten Regelwelle dienen. Anderseits
beschränken die grundsätzlich ungünstigeren Verhältnisse für die Kolbendichtung die Verwendung dieser Form des Triebwerkes auf Regler kleineren Arbeitsvermögens.

Abb. 136 [1] zeigt die Ausführung eines Drehkolbenarbeitswerkes, bei welchem der die innere
Begrenzung des aktiven Zylinderraumes bildende Schaft *641*, der zur Erzielung eines einiger-

maßen günstigen Hebelarmes für die Kolbenkraft nicht zu klein gehalten werden darf, das Steuerventil aufnimmt, wodurch der kompendiöse Aufbau des Reglers begünstigt wird. Einsatz *642* läßt in dem zylindrisch ausgedrehten Gehäuse *643* den Raum frei, in welchem sich der Flügelkolben *644* bewegt, an dessen außenliegendem Flansch *646* einerseits das Reguliergetriebe angreift, anderseits der Schneckenkranz *688* zur Handregelung befestigt ist. Dem im Innern des Führungskolbens *641* gleitenden Steuermechanismus — Steuerkolben *301* und Rückführungsbüchse *303*[1] — wird über Bohrung a im Teil *642* und Ausnehmungen in der Führungsbüchse *641* das Arbeitsöl zugeführt und in bekannter Weise verteilt. Die Abströmung des Öles erfolgt durch den hohlen Steuerkolben *301*. An der Steuerbüchse *303* bzw. dem Führungskolben *641* entlang schleichendes Öl wird durch Kammern *604* abgefangen und in den Reglerkasten zurückgeleitet.

Bemessung der Triebwerke.

Die wirksame Kolbenfläche ist nach der größten der zu überwindenden Verstellkräfte zu bemessen, die sich aus dem Verlauf letzterer über dem Reglerhub ergibt (Abb. 137). Damit erscheint das Arbeitsvermögen des Reglers bestimmt, wobei eine Vergleichsmäßigung der vom Regler aufzubringenden Verstellkräfte durch entsprechende Schränkung des Übertragungsgestänges anzustreben ist.

Für das vorzusehende Arbeitsvermögen bestehen in bezug auf typisierte Leitapparatformen versuchsmäßig bestätigte Formeln.[2]

Die Baulänge des Arbeitswerkes bestimmt maßgebend Raumbedarf und Gewicht des Reglers. Es erscheint daher zweckmäßig, mit steigender Größe der Ausführung den Anteil der Kolbenkraft an der Aufbringung des Arbeitsvermögens durch entsprechende Bemessung der Kolbenfläche verhältnismäßig rascher zu erhöhen als den des Hubes. Praktische Ausführungen weisen deshalb auch Verhältnisse von D/s auf, die sich mit steigender Ausführungsgröße von etwa 1,0 gegen 0,7 bewegen.

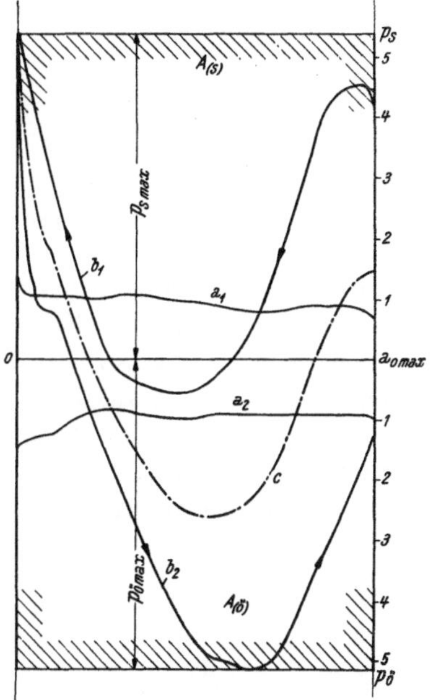

Abb. 137. $O—a_{o\,max}$ = Leitapparatöffnung, a_1 (a_2) = erforderlicher Druck zum Schließen (Öffnen) des Leitapparates bei ungefüllter Turbine, b_1 (b_2) = Schließdruck- (Öffnungsdruck-) Verlauf bei Schließ- (Öffnungs-) Vorgängen unter Wasserdruck.

Was die Dimensionierung der Einzelteile des Triebwerkes anbelangt, so ist diese nach den allgemein gültigen Regeln der Festigkeitslehre vorzunehmen. Die nur schwingenden Relativbewegungen ausgesetzten Lagerstellen können Flächenpressungen bis 150 kg/cm² unterworfen werden, gehärtete und geschliffene Bolzen in hochwertigen Bronzebüchsen gelagert und gut geschmiert vorausgesetzt. Neben der Preßölschmierung bewährt sich die Schmierung mit konsistentem Fett, das bei gleichzeitiger Versorgung einer größeren Anzahl von Schmierstellen durch eine Fettpresse zweckmäßig unter Druck eingeführt wird.

Wellen, die der Übertragung des Verstellmomentes dienen, sind so zu bemessen, daß die überlagerte, mit der Änderung des Momentes verschiedene Eigenverdrehung klein im Verhältnis zur eingeleiteten Verdrehung ist und dementsprechend nur praktisch unbedeutende Verzerrungen der letzteren herbeiführt. Diese Forderung erscheint erfüllt, wenn der relative Verdrehungswinkel β_0 zwischen den ein- und ausleitenden Querschnitten unter Wirkung des größten zu übertragenden Momentes 0,003 bis 0,005 des gesamten Ausschlagswinkels α_0 nicht überschreitet.[3]

---

[1] S. Abschnitt VII, S. 109.

[2] So gilt für den Arbeitsbedarf der Leitradregelung von Francis- bzw. Propellerturbinen nach J. M. VOITH $A_0 = C \cdot a_0 \cdot b_0\, D_1\, \overline{H}_n$, wobei C als Erfahrungswert je nach Bauart, Laufradtype und Schnelläufigkeit für Außenregulierung zwischen 0,2 und 0,4, für Innenregulierung von 0.5 bis 1,0 schwankt.

Nach D. THOMA gilt $A_0 = 100\, b_0\, D_1{}^2\, \sqrt{D_1} \cdot \overline{H}_n$ (a_0 = maximale Leitapparatöffnung, b_0 = Leitradbreite, D_1 = Laufraddurchmesser, $\overline{H}_n$ = Nutzgefälle).

S. a. R. THOMANN, S. 192.

[3] Nach R. THOMANN (44); darnach kann unter Beachtung, daß zwischen dem Arbeitsvermögen

b) Mechanische Handregelungen.

Soweit das Arbeitsvermögen des Reglers es zweckmäßig erscheinen läßt, werden dem Arbeitswerk Mechanismen hinzugefügt, welche die Verstellung des ersteren unabhängig vom Zustand der Druckölerzeugungsanlage gestatten, also zum Notabschluß, bzw. zur Einstellung des Turbinenleitapparates auf eine bestimmte Öffnung vor Betriebsbereitschaft der Druckölversorgungsanlage dienen. Zur Übersetzung der Handkraft in die jeweilig erforderliche Verstellkraft am Arbeitswerk werden die üblichen Mittel herangezogen, überwiegend Spindeltriebe allein oder kombiniert mit weiter übersetzenden Getrieben, je nach den auszuübenden Kräften. Die Durchbildung der Mechanismen zur Aus- bzw. Einschaltung der Handregelung richtet sich nach der grundsätzlichen Auslegung letzterer, die durch die zu übertragenden Kräfte, bzw. betriebs

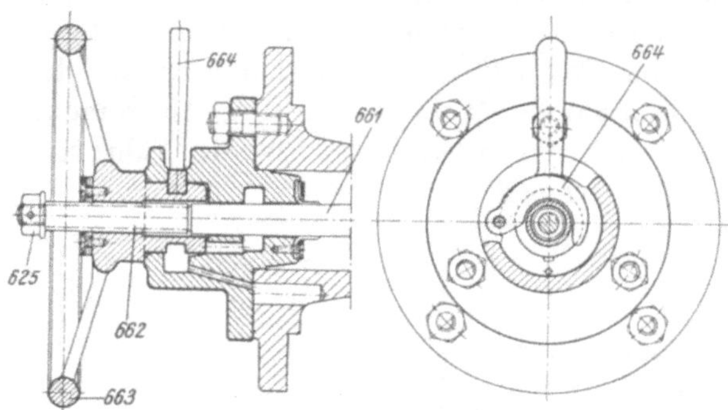

Abb. 138. Handregelung 25 mkg. (Maßstab 1:7,3.)

technische Forderungen bestimmt ist. Abb. 138 zeigt einen einfachen Spindeltrieb [2], bei dem die mit dem Handrad *663* vereinigte Mutter *662* in axialer Richtung mittels der Gabel *664* festgelegt werden kann und damit die Spindel *661* sowie das mit ihr verbundene Arbeitswerk verstellen läßt. Im ausgerückten Zustand muß das Handrad, um den ganzen Hub des Reglers freizugeben, gegen den Anschlag *625* am Ende der Spindel *661* geschraubt sein, so daß also während des selbsttätigen Betriebes das Handrad mit dem Arbeitskolben wandert. Dieser Umstand sowie die

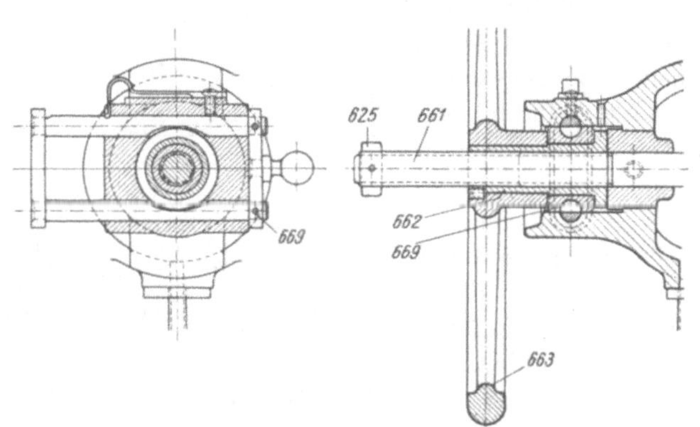

Abb. 139.

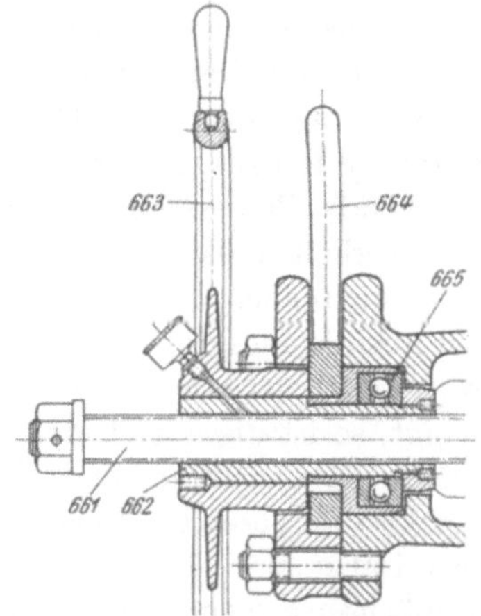

Abb. 140. Handregelung 400 mkg. (Maßstab 1:8.)

ungünstige Beanspruchung der Spindel durch das Gewicht des auskragenden Handrades beschränken derartige Anordnungen auf Regler kleineren Arbeitsvermögens. An Stelle der axialen Festlegung der Handradmutter mittels der Gabel *664* kann ein Bolzenschloß *669* Verwendung finden (Abb. 139 [23]).

Bei einigermaßen bedeutenderen Verstellkräften wirkt das Moment der Spurreibung zwischen gedrehtem Teil und der diesen an der axialen Verschiebung hindernden Feststellvorrichtung

A_0, dem maximal zu übertragenden Moment M_{d0} und dem Gesamtwinkel α_0 die Beziehung $M_{d0} \backsimeq \alpha_0 A_0$ besteht, der geringst erforderliche Durchmesser der Regelwelle bei einer Übertragungslänge L (in m) derselben zu

$$d^{\mathrm{cm}} \doteq C \cdot \sqrt[4]{A_0 L}$$

mit $C = 2,2$ angegeben werden.
(nach D. Thoma kann C bis auf 1,6 bei Antrieb eines Leitapparates herabgesetzt werden).

Falls mehrere Leitapparate von einer Regelwelle aus betätigt werden, gilt für die Regelwelle konstanten Durchmessers

$$d^{\mathrm{cm}} = C \cdot \sqrt[4]{\Sigma A_0 L}$$

unzweckmäßig vergrößernd auf das von Hand aus einzuleitende Moment. Zur Verminderung der Spurreibung werden die letztere erzeugenden Kräfte zweckmäßig über Kugellager *(665)* geleitet (Abb. 140).

Die ortsfeste Anordnung des Handrades unter Beibehaltung des Spindeltriebes wird durch eine Ausbildung des Handregelungsmechanismus (Abb. 141) ermöglicht [8], bei welcher die Ver-

stellspindel *661*, im ausgerückten Zustande der Handregelung bei Bewegungen des Kolbens *601* in der Büchse *663a* des Handrades gleitend, durch einen Bolzen *666* mit dem Handrad *663* starr verbunden werden kann; hierbei ist die Lage der Kupplungsbohrung *666* so gewählt, daß bei eingestecktem Bolzen *666* die Spindel *661* durch den Ansatz der Handradnabe *663a* und den Bundring *667* axial festgestellt wird.

Die dargestellte Konstruktion bietet die Möglichkeit, den Arbeits-

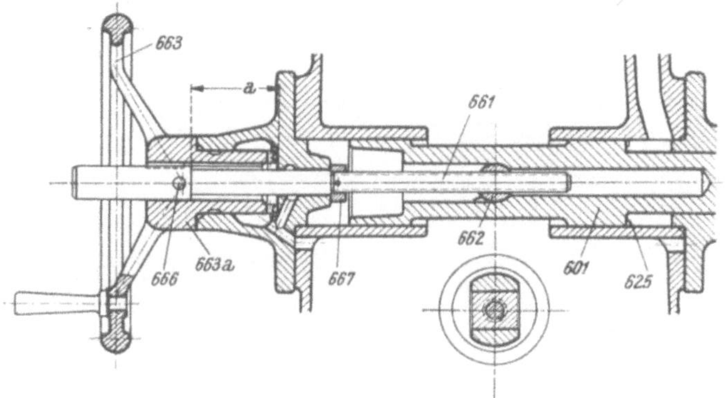

Abb. 141. Triebwerk 15 mkg. (Maßstab 1:6,7.)

kolbenhub unmittelbar und einstellbar zu begrenzen. Zum Verständnis dieser Funktion muß vorausgeschickt werden, daß der Weg *a* der Verstellspindel mit dem Gesamthub des Arbeitskolbens übereinstimmt. Der volle Freigang des letzteren setzt somit eine bestimmte relative Stellung des Spindeltriebes gegen den Arbeitskolben *601* voraus, bei welcher die Endstellungen korrespondierend einander zugeordnet sind. Abweichungen von dieser Einstellung führen notwendigerweise zu einer einseitigen Beschränkung des freien Kolbenhubes um den Betrag und

im Sinne der relativen Verlagerung beider Wege gegeneinander. Letztere kann bei ausgelöster Kupplung *666* durch Verdrehung der Spindel *661* erfolgen, wobei eine Skala am äußeren Teil dieser, welche mit dem Öffnungsanzeiger auf der Reglerwelle korrespondiert, die vorbereitende Einstellung einer bestimmten Regleröffnung ermöglicht.

Mit feststehendem Handrad arbeitet auch die Einrichtung [11] Abb. 142, bei welcher der auf der Regelwelle *619* sitzende Hebel *615* und die mittels des Handrades *663* bewegte Spindel *661* über eine Kulisse *668* verbunden werden, welche das freie Spiel des Hebels *615* bei Führung des Kulissenschlitzes auf dem Kurbelbolzen *614* gestattet. Die eindeutige Zuordnung von Hebel- und Spindelstellung erfolgt nun dadurch, daß der Kupplungsbolzen in den seitlichen Schlitz *s* der Kulisse eingebracht wird, wozu letztere mittels des Handrades *663* in die entsprechende

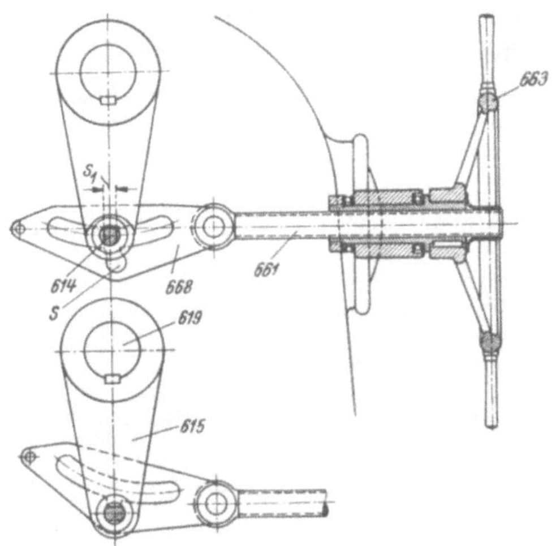

Abb. 142.

Stellung gegenüber dem Regelhebel *615* zu führen ist. Durch Verdrehung des entsprechend der verengten Durchführung s_1 abgeflachten Bolzens *614* wird dessen Sicherung in der eingerückten Stellung veranlaßt.

Falls die Notwendigkeit vorliegt, mittels der Handregelung Verstellkräfte aufzubringen, die neben dem Spindeltrieb weitere Übersetzungen durch Zahn- oder Schneckenräder erfordern, eignen sich Anordnungen mit bewegtem Antriebsmechanismus, wie etwa Auslegungen gemäß Abb. 140, nicht mehr. Die ortsfeste Anordnung des zusätzlichen Übersetzungsgetriebes kann durch eine Auslegung gemäß Abb. 143 [11] erreicht werden, bei welcher die Kupplung der auf der Kolbenstange *603* geführten und über den Schneckentrieb *688, 689* und Gewindemutter *662* verstellbaren Gewindehülse *661* mit der Kolbenstange *603* durch einen einzusteckenden Querkeil *674* vorgenommen wird.[1] Hierzu ist erforderlich, daß die Gewindehülse *661* der Kolbenstange *603* in jene Stellung nachgeführt wird, bei welcher die Verbindung der Getriebeteile *661, 603* mittels *674* erfolgen kann.

Diesen Vorgang vermeiden Konstruktionen, welche die Kupplung der mit Bewegungsgewinde ausgestatteten Kolbenstange über eine in axialer Richtung festgehaltene zweiteilige

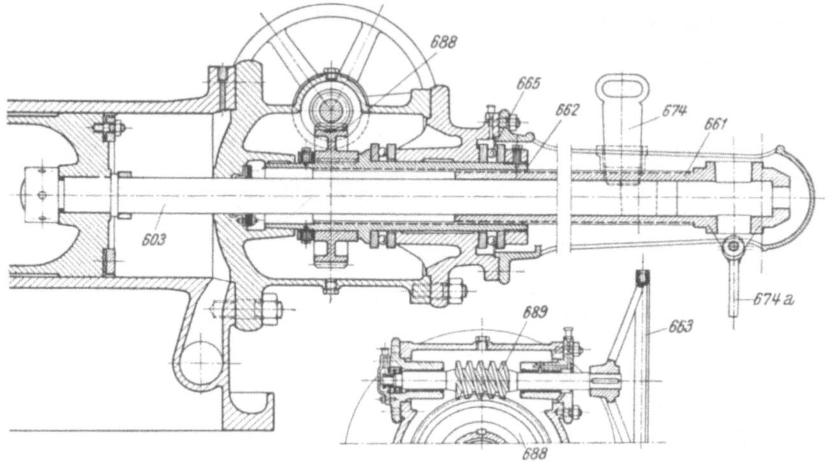

Abb. 143. Handregelung 5000 mkg. (Maßstab 1 : 17,5.)

Mutter vorsehen, deren Hälften zur Entkupplung, bzw. Einrückung der Handregelung auseinandergezogen, bzw. geschlossen werden. Die in einer Führung senkrecht zur Spindelachse bewegten Mutterhälften *675* (Abb. 144 [1]) können mittels der Bolzen *676*, die in schiefen Schlitzen der durch das Handrad *678* verdrehbaren Platte *677* gleiten, gleichmäßig der Spindelachse genähert, bzw. von dieser entfernt werden, wobei bei übereinstimmender Lage von Spindel- und Muttergewinde die Einrückung durch ein Weiterdrehen des Handrades *678* erfolgen kann.

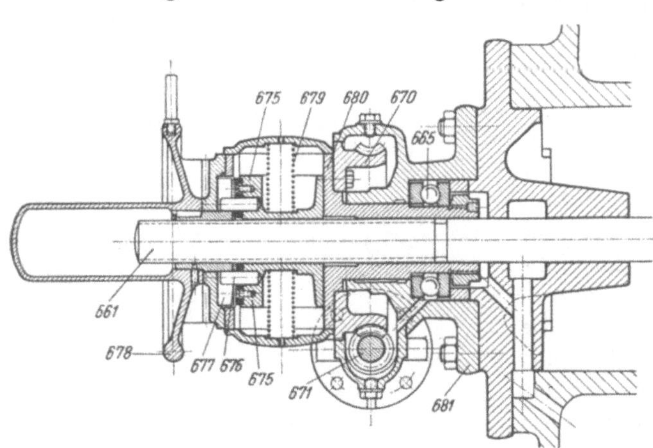

Abb. 144. Handregelung 3500 mkg. (Maßstab 1 : 12.)

Die Einrückungstendenz wird unterstützt durch die Wirkung der Federn *679*. Das die Führung der Mutterhälften bildende Gehäuse *680* trägt einerseits den Schneckenkranz *670* und ist anderseits in der mit dem Regleruntersatz verbundenen Tragkonstruktion *681* gelagert sowie über das Kugellager *665* gespurt.

Der selbsttätige Eingriff der Mutterhälften wird durch eine Ausbildung des Kupplungsmechanismus gemäß Abb. 145 erreicht [2], bei der die beiden Gewindebacken *675*, im Grundkörper *680* radial geführt, über die schiefen Schlitze *677* durch Verdrehung des die Bolzen *676* tragenden Ringes *678* eingerückt werden. Die auf letzteren nach Lösung der Verriegelung *682* im Sinne der Einrückung der Mutterhälften wirksam werdende Kraft der Feder *679* führt die Gewindehälften an die Mutter heran und stellt bei übereinstimmender Lage der Gewinde den Eingriff her. Die Ausschaltung hat durch Drehen des Zwischenringes *678* im entgegengesetzten Sinne mittels des Handgriffes *678a* zu erfolgen, wobei die selbsttätig einspringende Verriegelung *682* die Feststellung des Kupplungsmechanismus in der Offenlage durchführt. Der Grundkörper *680*

---

[1] Zur leichteren Lösung des Querkeiles kann dieser mittels des Exzenters *674 a* angehoben werden.

ist im festen Gehäuseteil *681* gelagert sowie gespurt (*665*) und trägt das größere Rad des zusätzlich vorgesehenen Kegelradtriebes *685, 686*, welcher durch die Haube *687* vollständig gekapselt erscheint.

Bei den vorerwähnten Konstruktionen mit bewegter Spindel muß in der Richtung der Zylinderachse anschließend an die Kupplungseinrichtung noch ein freier Raum im ungefähren

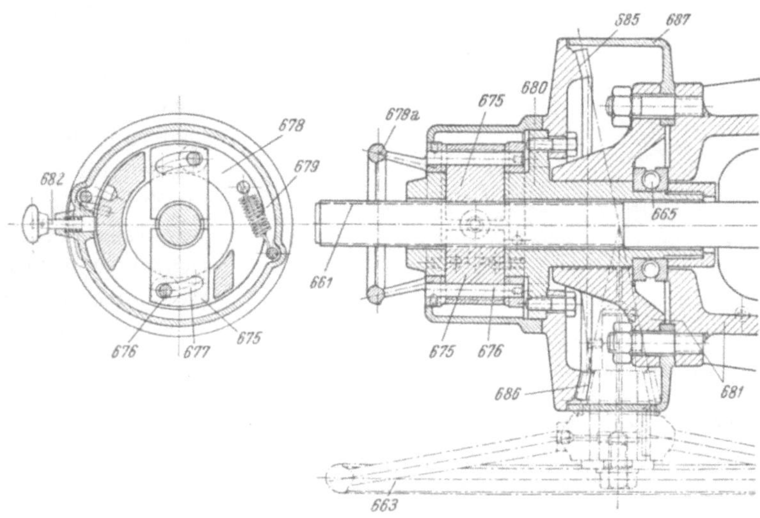

Abb. 145. Handregelung 1200 mkg. (Maßstab 1:8.)

Längenausmaß des Kolbenhubes für die Bewegung der Spindel freigehalten werden. Diese Notwendigkeit entfällt für Anordnungen, bei welchen die Spindel axial unverschieblich gelagert und die Kupplungseinrichtung mit dem Kolben vereinigt ist, wobei wohl, soll die Baulänge hiervon nicht ungünstig beeinflußt werden, für die Spindel die Möglichkeit geschaffen werden muß, in das Innere des Kolbens eingeschoben werden zu können. Die hierdurch bedingte Anwendung

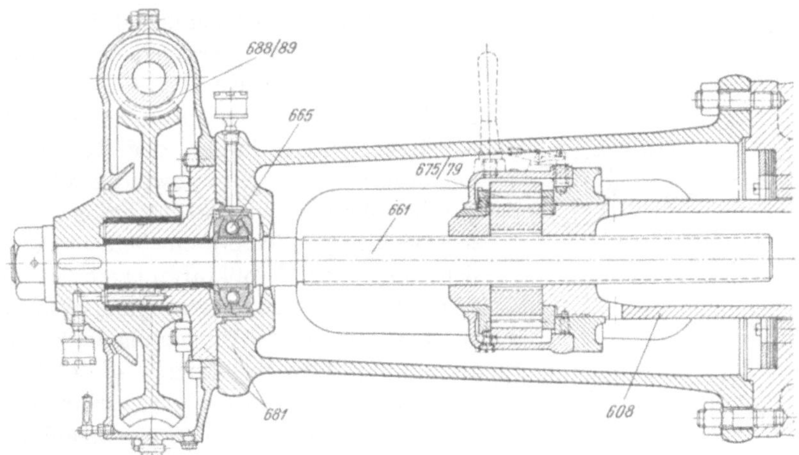

Abb. 146. Handregelung 5000 mkg. (Maßstab 1:12,5.)

eines Hohlkolbens liegt jedoch, wie bereits früher erwähnt, auch in der Richtung der möglichsten Beschränkung der Baulänge des Arbeitswerkes.

Abb. 146 zeigt die Konstruktion [17] einer nach dem vorerwähnten Grundsatz ausgebildeten handbetätigten Verstelleinrichtung: die über das Wechseldrucklager *665* axial festgehaltene Spindel *661*, welche durch das Schneckengetriebe *688, 689* gedreht werden kann; die mit dem Kolbenrohr *608* vereinigte Kupplungseinrichtung *675* bis *679* der Bauart Abb. 145 sowie die Tragkonstruktion *681* für Spindellagerung und Antrieb.

Der Vollständigkeit halber sei noch auf die Möglichkeit hingewiesen, durch schwenkbare Anordnung von Getrieberädern (Zahnräder, Schnecken) die Kupplung zwischen Arbeitswerk und Handantrieb durchzuführen [1] (Abb. 136).[1]

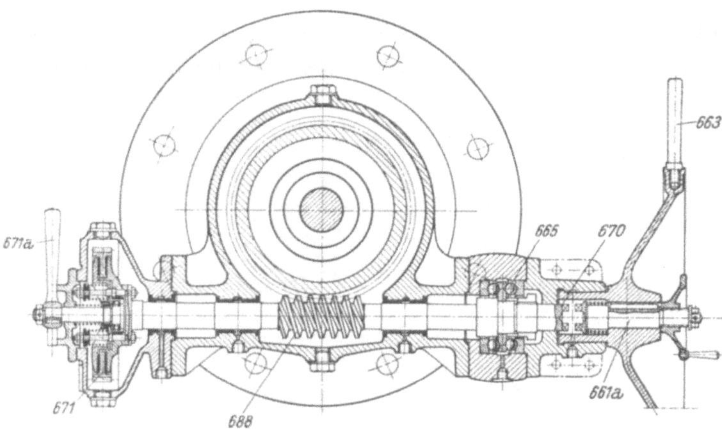

Abb. 147. (Maßstab 1:12,2.)

In besonderen Fällen erscheint neben der Handverstellung die Vorsorge einer elektromotorischen Betätigung des Verstellwerkes notwendig. Abb. 147 zeigt die Erweiterung des in Abb. 144 dargestellten mechanischen Antriebes durch Vorkehrungen, welche die wahlweise Betätigung dieser Einrichtung von Hand aus, bzw. elektromotorisch ermöglichen. Der Anschluß des Motors erfolgt hierbei über eine Reibungskupplung *671*, die mittels des längs einer schiefen Ebene anzuhebenden Hebels *671a* entlastet werden kann. Die Anschaltung des zur Handbetätigung vorgesehenen Schneckentriebes *688* wird durch die mittels der Spindel *661a* bewegte Klauenkupplung *670* ermöglicht.

c) Hydraulische Handsteuerungen.

Für Regler großen Arbeitsvermögens — 5000 mkg und mehr — kann Einrichtungen, welche mittels mechanischer Übersetzungen die Verstellung des Arbeitswerkes von Hand aus, bzw.

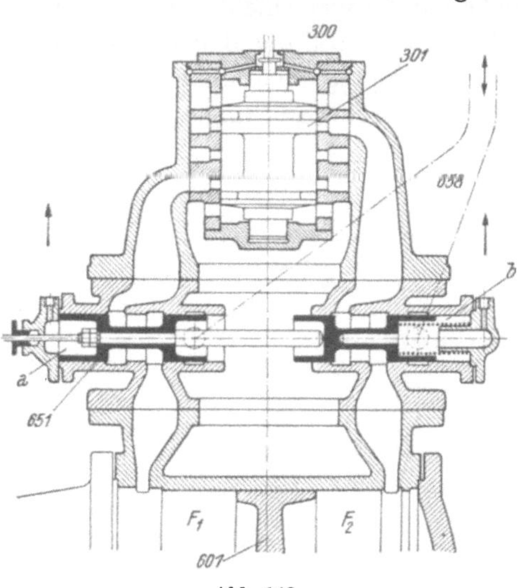

Abb. 148.

unter wirtschaftlichen Aufwendungen elektromotorisch durchführen lassen, infolge der nur erreichbaren geringen Geschwindigkeiten der Arbeitskolbenbewegung nicht mehr der Wert einer zusätzlichen Vorsorge zur Herbeiführung eines genügend raschen Schlusses der Leitvorrichtung bei Versagen der hydraulischen Regelung zugebilligt werden. Die Aufbringung derartiger Leistungen, wie sie bei Reglern des gekennzeichneten Arbeitsvermögens infolge der Regulierkräfte und der zu fordernden Regelgeschwindigkeit auftreten, bleibt zweckmäßig der Öldruckbetätigung vorbehalten, so daß zusätzliche, von Hand zu betätigende Einrichtungen sich der — bei Großkraftanlagen an sich weitgehend gesicherten — Drucköleerzeugungsanlage bedienen und durch erstere nur die Umgehung der Steuereinrichtungen der selbsttätigen Regelung, also des Steuerwerkes und des Hauptschaltventils, vorgenommen wird. Die Betriebssicherheit sachgemäß durchgebildeter Regler läßt im allgemeinen derartige Maßnahmen nicht als unbedingt erforderlich erscheinen; immerhin bringen sie eine wertvolle Erhöhung der Schutzbereitschaft, um so mehr, als diese Einrichtungen einer Selbststeuerung unterstellt werden können.[2]

Zur Handsteuerung werden in der Regel einfache Kolbenschieber benützt, deren Verstellmechanismus über ein Rückführgestänge mit dem zu steuernden Arbeitswerk in Verbindung steht, um eine eindeutige Zuordnung der Stellung des letzteren und der Handsteuerung über die Mittelstellung des Handsteuerventils herbeizuführen. So wird für die in Abb. 298 dar-

---

[1] *689* Schwenkschnecke, *682* Feststellung.
[2] S. hierzu Abschnitt XII, S. 206.

gestellte hydraulische Handregelung der Schaltkolben *651* mittels der Handspindel *653* verstellt, die ihrerseits in der vom Arbeitswerk her über die Rückführung *570a* bewegten Mutter *654* gehalten ist. Die Anschaltung der zum Arbeitszylinder führenden Kanäle an das Handsteuerventil *651* und die gleichzeitige Abtrennung dieser vom Steuerventil der selbsttätigen Regeleinrichtung erfolgt im gegenständlichen Falle durch Absperrventile *656, 656a*, welche in die genannten Leitungen gelegt sowie mit hydraulischem Antrieb versehen sind und von e i n e m Umschaltventil *657* in entsprechender Weise gemeinsam gesteuert werden.

Normalerweise erfolgt die Drucköversorgung der hydraulischen Handregelung von der Druckspeicheranlage aus; falls die Bereitstellung des Drucköles auch durch Notpumpen zusätzlich gesichert ist, wird zweckmäßig die Möglichkeit der Umschaltung dieser auf die hydraulische Handbetätigung vorgesehen, wodurch der Bereitschaftswert der Einrichtung wesentlich erhöht erscheint.

Die Umschaltung der Steuerwege kann auch in einfacher Weise durch die in Abb. 148 dargestellte Einrichtung erfolgen. Der Kolbenschieber *651* gibt in der gezeichneten Lage die Ver-

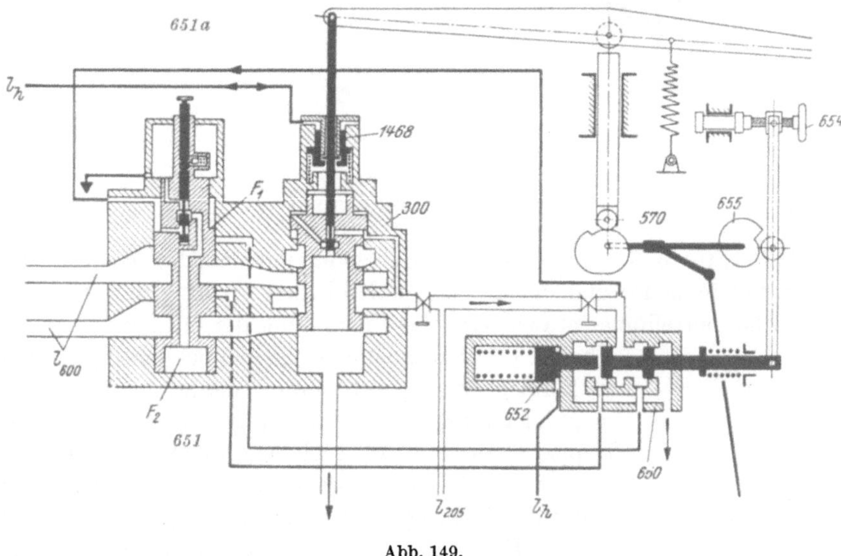

Abb. 149.

bindung zwischen den vom Hauptschaltventil *300* abgehenden Kanälen und den beiden Zylinderseiten F_1, F_2 frei, während letztere im Falle der Verschiebung des Kolbens *651* in seine andere Endlage mit den Zuführungen *658* zum Handsteuerventil verbunden werden. Eine vom Hauptarbeitskolben *601* abgeleitete Rückführung ordnet hierbei über die Mittelstellung des Schaltkolbens des Handsteuerventiles die Stellungen von Handsteuerung und Hauptarbeitskolben eindeutig einander zu. Der Stellungswechsel des Umschaltkolbens wird durch entsprechende Beaufschlagung bzw. Entlastung der Steuerräume *a* und *b* über eine Hahnsteuerung von Hand aus eingeleitet.

Ausführungen gemäß Abb. 149 (s. a. Abb. 314) sehen die von Hand aus durchzuführende relative Verstellung des Steuerstiftes *651a* gegen den Umschaltkolben *651* vor, wodurch die gesteuerte Fläche F_2, die in Gegenwirkung zur dauernd beaufschlagten Fläche F_1 steht, entweder unter Druck gesetzt oder entlastet und die Verschiebung des Umschaltkolbens *651* in die obere oder untere Endstellung eingeleitet wird. Hierdurch erscheinen die Verbindungsleitungen l_{600} zum Arbeitszylinder entweder an die Leitung zum Handsteuerventil *650* oder Hauptsteuerventil *300* angeschlossen.

In anderen Ausführungen (Abb. 297) ist das Handsteuerventil *650* mittels eines Gestänges *657* an den gleichen Punkt der Spindel angeschlossen wie die Öffnungsbegrenzung[1] und steht unter dem Einfluß einer eigenen Rückführung *655*. Infolge dieses Zusammenhanges kann daher die

---

[1] S. Abschnitt XII, S. 205.

Handsteuerung von der gleichen Steuerstelle aus bedient werden wie die Öffnungsbegrenzung. Die Umschaltung des Kolbenschiebers *651* aus der einen Endlage in die andere erfolgt durch Um-

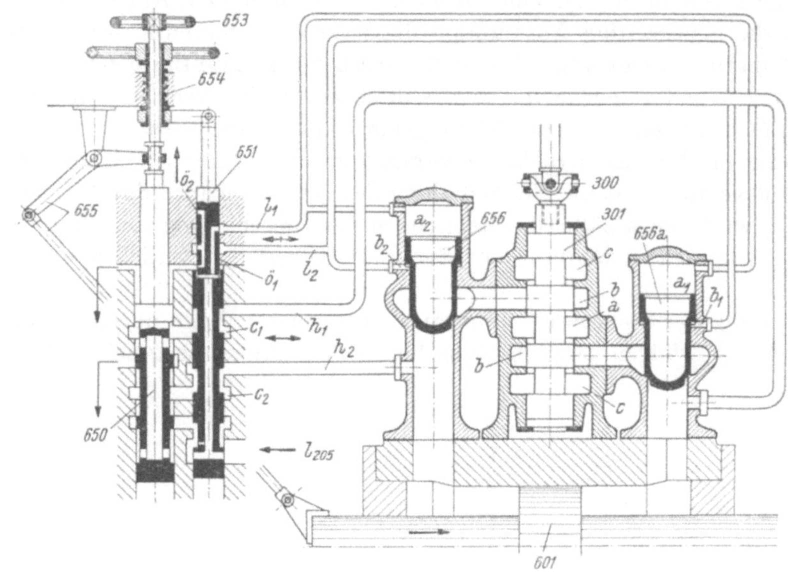

Abb. 150.

stellung des Schaltstiftes *656*. Ein stoßfreier Übergang auf Handsteuerung setzt die Übereinstimmung von tatsächlicher und der der augenblicklichen Stellung der Öffnungsbegrenzung zugehörigen Leitschaufelstellung voraus. Um die Einstellung der Öffnungsbegrenzung *470* vor Übergang auf Handsteuerung in übersichtlicher Weise verfolgen zu können, wird die Stellung ersterer mit der jeweiligen Leitschaufelstellung, abgebildet in der Rückführung *655a*, über das Doppelzeigerwerk *580* verglichen, welches in der Deckstellung der Zeiger in sinnfälliger Weise die erforderliche Übereinstimmung und damit die Zulässigkeit der Umschaltung erkennen läßt (Abb. 236).

Für Regler besonders großen Arbeitsvermögens werden für die Absperrung der verhältnismäßig weiten Kanäle zwischen Arbeitszylinder und Steuerventil zweckmäßig eigene öldruckbetätigte Ventile verwendet (Abb. 150). Für die dargestellte Ausführung[1] wird die Steuerung dieser (*656*) von einem besonderen Umschaltkolben *651* abgeleitet, der in der gezeichneten Lage durch Beaufschlagung der Steuerräume a_1, a_2 über Leitung l_1 und Ölzuführung $ö_1$ im Umschaltkolben *651* bei gleichzeitiger Entlastung der Steuerräume b_1, b_2 über Leitung l_2 und Ölabströmung $ö_2$ die Ventile *656*, *656a* geschlossen hält und damit die Verteilkammern *b* im Hauptsteuerventil *300* von den zugeordneten Räumen im Arbeitszylinder abtrennt. Gleichzeitig werden die Hilfsleitungen h_1, h_2 über die Kammern c_1, c_2 an das Schaltventil *650* angeschlossen, dessen Kolben durch Verschiebung aus der dargestellten Mittellage mittels des Handradtriebes *653* die wechselweise Beaufschlagung bzw. Entlastung der Hilfsleitungen

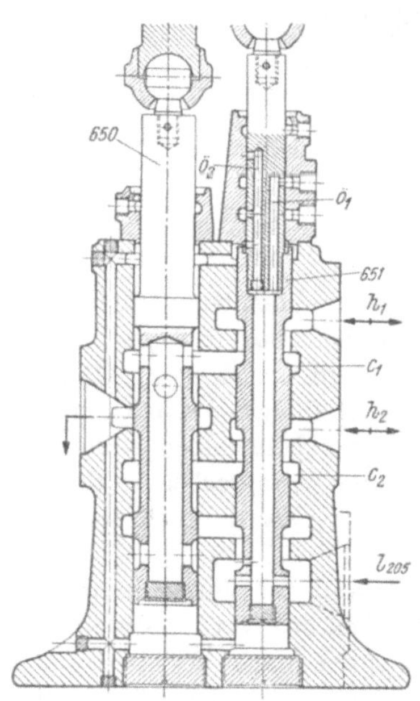

Abb. 151. (Maßstab 1:9.)

h_1, h_2 und damit die Beaufschlagung des Arbeitskolbens *600* durchführen läßt. Rückführung *655* sorgt für die eindeutige Zuordnung der Stellungen von Handrad *653* und Arbeitskolben *601*.

Anderseits werden durch Verstellung des Umschaltkolbens *651* in die andere Endlage mit Hilfe des Spindeltriebes *654* die Blockierventile *656*, *656a* durch Entlastung der Steuerräume a_1, a_2

---

[1] Nach D. THOMA; Ausführung der Fynshyttan A. B.

bzw. Beaufschlagung von b_1, b_2 angehoben, so daß die Verbindung des Hauptsteuerventils (Kolben *301*) mit dem Arbeitswerk *600* hergestellt wird. Gleichzeitig mit der Umstellung des Schaltkolbens *651* erfolgt die Abtrennung der Kammern c_1, c_2 von den Hilfsleitungen h_1, h_2, wodurch die Handsteuerung vom Regelkreis abgeschaltet wird.

Abb. 151 zeigt die konstruktive Durchbildung des Umschalt- und Steuerventils.

Auf Reglertypen mittleren und kleinen Arbeitsvermögens findet die hydraulische Handbetätigung als Ersatz der mechanischen Handregelung nur selten Anwendung. Dies erscheint begründet in der Unabhängigkeit letzterer von irgendwelchen zusätzlichen Mitteln, wie diese etwa als Drucköl für die erstgenannte Anordnung zur Verfügung stehen müssen. Da die Betriebsbereitschaft der normalen Druckölerzeugungsanlage — des Druckspeichers bzw. der Ölpumpenanlage des Reglers — nicht unter allen Umständen als gegeben angenommen werden kann, bzw. gerade der Ausfall dieser Einrichtung die Unterstellung der Regelung unter den Einfluß der Handbetätigung notwendig macht, verlangt eine Sicherstellung der Betriebsfähigkeit der hydraulische Mittel heranziehenden Handsteuerung die Anwendung zusätzlicher unabhängiger Druckölquellen.[1]

d) Steuerverbindung: Drucköikreis-Handregelung.

Die Verstellung des Leitwerkes mittels der Handregelung setzt die Abschaltung der Druckölerzeugungsanlage voraus unter gleichzeitigen Maßnahmen, welche auch bei ungünstiger, d. i. der beabsichtigten Bewegung nicht entsprechender Stellung des Steuerventilkolbens keinen

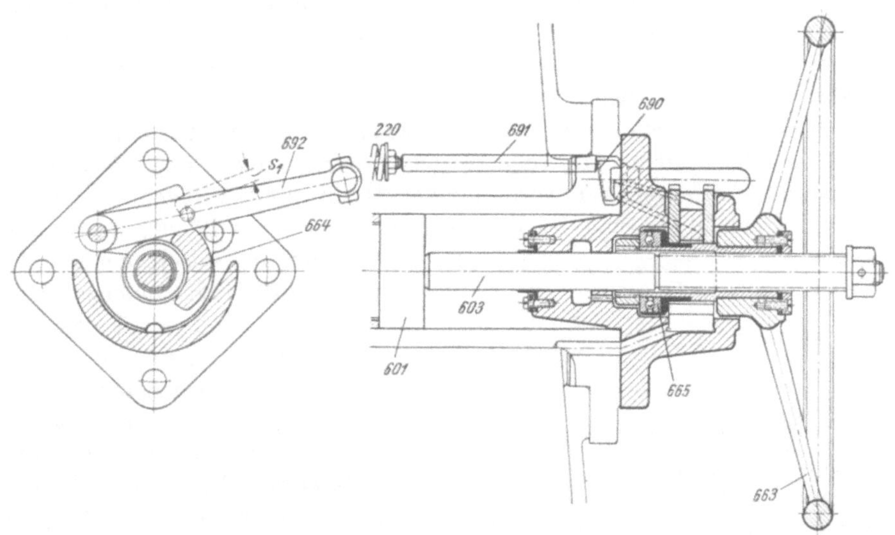

Abb. 152. Handregelung 100 mkg. (Maßstab 1:6.)

praktisch wesentlichen Arbeitsaufwand zur Ausschiebung des entgegenstehenden Zylinderinhaltes erforderlich machen. Für Durchflußregler genügt, wie leicht einzusehen ist, die Eröffnung eines Nebenauslasses in der Pumpendruckleitung; für Windkesselregler bedarf es neben der Abschaltung des Druckspeichers der Herstellung einer Verbindung der Zylinderseiten. Umgekehrt haben bei eingeschalteter selbsttätiger Regelung die erwähnten Nebenwege geschlossen zu sein.

Der Umstand, daß somit an die Ein- bzw. Auskupplung der Handregelung weitere Schalthandlungen geknüpft sind, legt eine zwangsläufige Anbindung dieser nahe, wodurch die Bedienung an sich vereinfacht und die richtige Schaltfolge gesichert werden kann. Bezüglich letzterer hat allgemein zu gelten, daß immer eine der Einrichtungen in Wirksamkeit zu sein hat, also die selbsttätige Regelung erst ausgeschaltet werden darf, wenn die Handregelung bereits eingerückt

---

[1] Die hydraulische Handsteuerung unter Verzicht auf eine rein mechanische Handregelung wird auch für Serienregler seitens der Kvaerner Brug A. B. gepflegt. Die Regler sind sinngemäß mit einer zusätzlichen Hilfspumpe, die in der Regel elektromotorisch angetrieben ist, ausgestattet.

ist, umgekehrt letztere erst ausgerückt werden darf, wenn die selbsttätigen Regelungseinrichtungen mit Arbeits- und Steueröl versorgt sind. Für Durchflußregler läßt sich dies in einfacher Weise mit einer Ausbildung der Handregelung nach Abb. 152 [2][1] erreichen, bei welcher der die Feststellung besorgende Hebel *664/692* über Keilstück *690* und Stift *691* das Sicherheitsventil *220* zum Regler aufzudrücken imstande ist. Bei Einlegen der Handregelung wird somit bei praktisch genügend vollzogener Feststellung der Spindel auch der Ölkreis durch Aufdrücken des Sicherheitsventiles entlastet. Umgekehrt wird bei Übergang auf selbsttätige Regelung dadurch, daß der Hebel *692* die Gabel *664* erst nach Zurücklegung des Leerganges s_1 mitnimmt, zunächst der Schluß des Sicherheitsventils, also die Anschaltung der Reglerpumpenförderung und anschließend daran erst die Ausschaltung der Handregelung vorgenommen.

Abb. 153.

Auch für Windkesselregler, insofern sie mit selbsttätigem Hauptabsperrventil[2] ausgerüstet sind, besteht die Möglichkeit der gemeinsamen und folgerichtigen Schaltung von Handregelung und Druckölkreis. Hierzu kann etwa die hydraulische Steuerung des selbsttätigen Absperrventils einem Hilfsventil *236* (Abb. 153) [2] unterstellt werden, das, solange die Handregelung (Gabel *664*) ausgerückt ist, durch Windkesseldruck offengehalten wird, da der Druckstift *237*, der über Anschlag *237a* und Hebel *238* eine Schließbewegung des Ventilstiftes *236* einleiten könnte, an einer derartigen

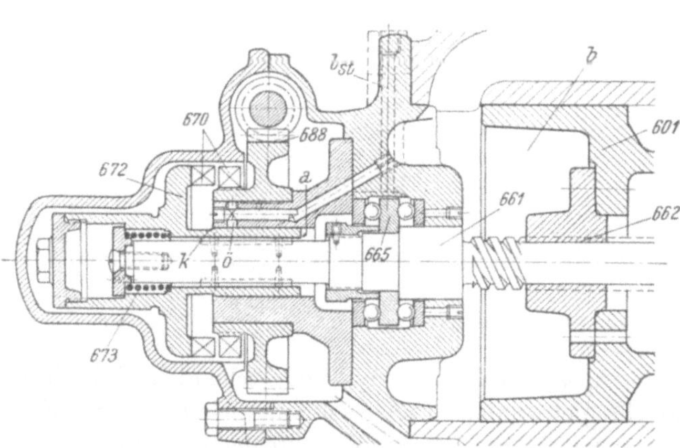

Abb. 154. Handregelung 1000 mkg. (Maßstab 1 : 7,5.)

Bewegung durch den mit dem Gabelhebel *664* verbundenen Anschlag *690* daran gehindert ist. Wird jedoch die Handregelung eingerückt, wird Druckstift *237* frei gegeben und unter Wirkung der Feder *239* in eine Lage verschoben, bei welcher das von ihm zwangsläufig bewegte Hilfsventil *236* die Leitung zum hydraulischen Antrieb des Hauptabsperrventils entlastet, wodurch letzteres schließt.

Anstatt den Ölkreislauf abhängig von dem jeweiligen Betriebszustand der Handregelung zu steuern, kann auch eine — in diesem Falle zweckmäßig hydraulisch durchzuführende —

Steuerung der Handregelung in Abhängigkeit vom Zustand des Ölkreislaufes erfolgen. Bei der in Abb. 154 dargestellten Handregelungseinrichtung [8] erfolgt mit Unterdrucksetzung des Raumes *a* über die Steuerleitung l_{St} und der damit verbundenen Ausschiebung des Kolbens *672* gegen die Kraft der Feder *673* die Lösung der Zahnkupplung *670*, wodurch die Spindel *661* vom

---

[1] Nach Angabe des Verfassers.

[2] Das Hauptabsperrorgan zum Windkessel wird nicht von Hand aus betätigt, sondern hydraulisch gesteuert; s. a. Abschnitt XII. Diesbezüglich sei vorausgesetzt, daß durch Beaufschlagung des den Ventilkörper betätigenden Hilfsgetriebes ersterer öffnet, bei Entlastung der Öldruckbetätigung hingegen in seine Schließlage geht.

Schneckenantrieb *688* abgeschaltet wird. Um die Bewegungsmöglichkeit des die Gegenmutter *662* tragenden Kolbens *601* nicht zu unterbinden, darf die Gewindespindel *661* nicht selbstsperrend sein, wobei es ebenso selbstverständlich erscheint, daß die zur Drehung der Gewindespindel vom Öldruck aufzubringende Kraft, die im wesentlichen durch das Reibungsmoment an der doppelt wirkenden Spurung *665* bestimmt ist, durch entsprechende Ausstattung letzterer mit Kugellager möglichst herabgesetzt wird. Die durch die Verwendung der steilgängigen Spindel notwendig werdende größere Übersetzung im übrigen Teil des Getriebes wird weitgehend aufgewogen durch den besseren Wirkungsgrad der steilen Schraube.

Die Behinderung der Handregelung durch einen etwa bei ungünstiger Stellung des Steuerventils abgeschlossenen Ölinhalt des Zylinderraumes *b* (s. a. Abb. 156) wird durch eine Entlastung *(ö)* des letzteren, die bei eingerückter Kupplung über die Steuerkante *k* zur Wirkung kommt, vermieden.

Für den ungestörten Betrieb bietet diese Auslegung die gleichen Vorteile wie ihre vorerwähnte Umkehrung. Bei unzulässig tiefem Absinken des Öldruckes hingegen erfolgt selbsttätig die Einschaltung der Handregelung und damit die Feststellung des Leitapparates, ein

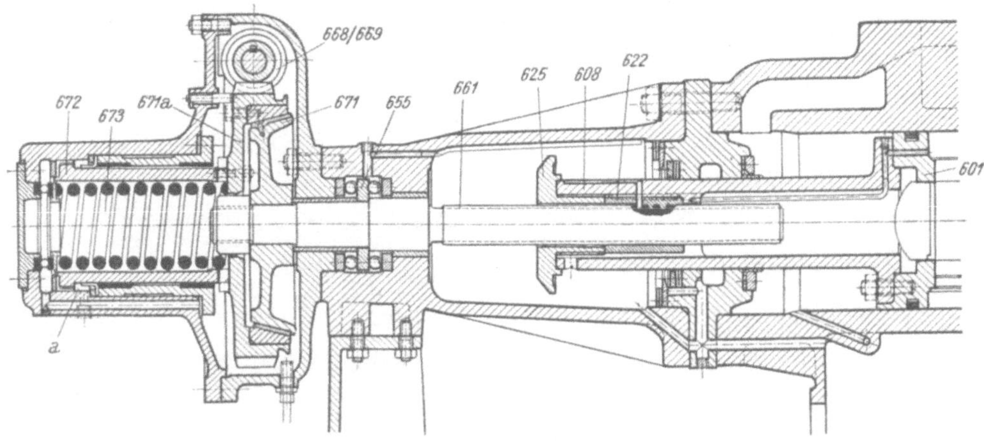

Abb. 155. Handregelung 3000 mkg. (Maßstab 1 : 12.)

601 = Hohlkolben, *608* = Kolbenrohr, *622* = Spindelmutter, *625* = Anschlag, *661* = (axialfeststehende) Spindel, *655´* = Wechseldrucklager, *671, 671 a* = Reibungskupplung, *672, 673* = hydraulische Ausrückeinrichtung, *668/669* = Schneckenantrieb.

Vorgang, der bei weitgehend selbstgesteuerten Anlagen wertvoll sein kann. Abb. 155 [2] stellt eine nach den gleichen Grundsätzen entwickelte Handbetätigung für einen Regler von 3000 mkg Arbeitsvermögens dar; abweichend ist an Stelle der starren Kupplung eine Reibungskupplung *671* angewendet worden, die bei jeder beliebigen gegenseitigen Stellung der beiden die Kupplung besorgenden Teile diese durchführen läßt. Die Lüftung der Kupplung erfolgt durch Unterdrucksetzung des Raumes *a*, wodurch entgegen der Wirkung der Feder *673* das äußere Reibrad *671a*, welches auch den Schneckenkranz *688* des nachgeschalteten Getriebes trägt, abgehoben wird. Umgekehrt erfolgt bei Entlastung der Kammer *a* der Schluß der Kupplung. Über die Selbststeuerung dieser Handregelung sowie jener der Entlastungsventile für die Zylinderräume, die aus dem Bedürfnis der möglichst einfachen In- und Außerdienststellung eines Windkesselreglers des obengenannten Arbeitsvermögens hervorgegangen ist, wird im Abschnitt XII berichtet.

VII. Ausführungsformen.

Dem selbsttätigen Regler als Hilfseinrichtung kann naturgemäß nur im beschränkten Ausmaß ein Einfluß auf die Disposition des Maschinensatzes eingeräumt werden. Anderseits muß der Serienherstellung halber die Anpassung des Reglers an die besonderen Aufstellungsbedingungen durch die Möglichkeit wechselweiser Anordnung der hiervon betroffenen Konstruktionsgruppen — so des Arbeitswerkes und der Handregelung, des Pumpen- und Pendelantriebes — konstruktiv vorbereitet sein. Die Drehrichtung von Pendel und Pumpe soll frei wählbar sein.

Diese Gesichtspunkte erscheinen soweit wie möglich in der Ausbildung der einzelnen Konstruktionsgruppen berücksichtigt, worauf an früherer Stelle bereits hingewiesen wurde. Die

Beeinflussung des Gesamtaufbaues kann aus den folgenden Darlegungen, die sich mit dem
Aufbau serienmäßig erzeugter Regler beschäftigen, entnommen werden.

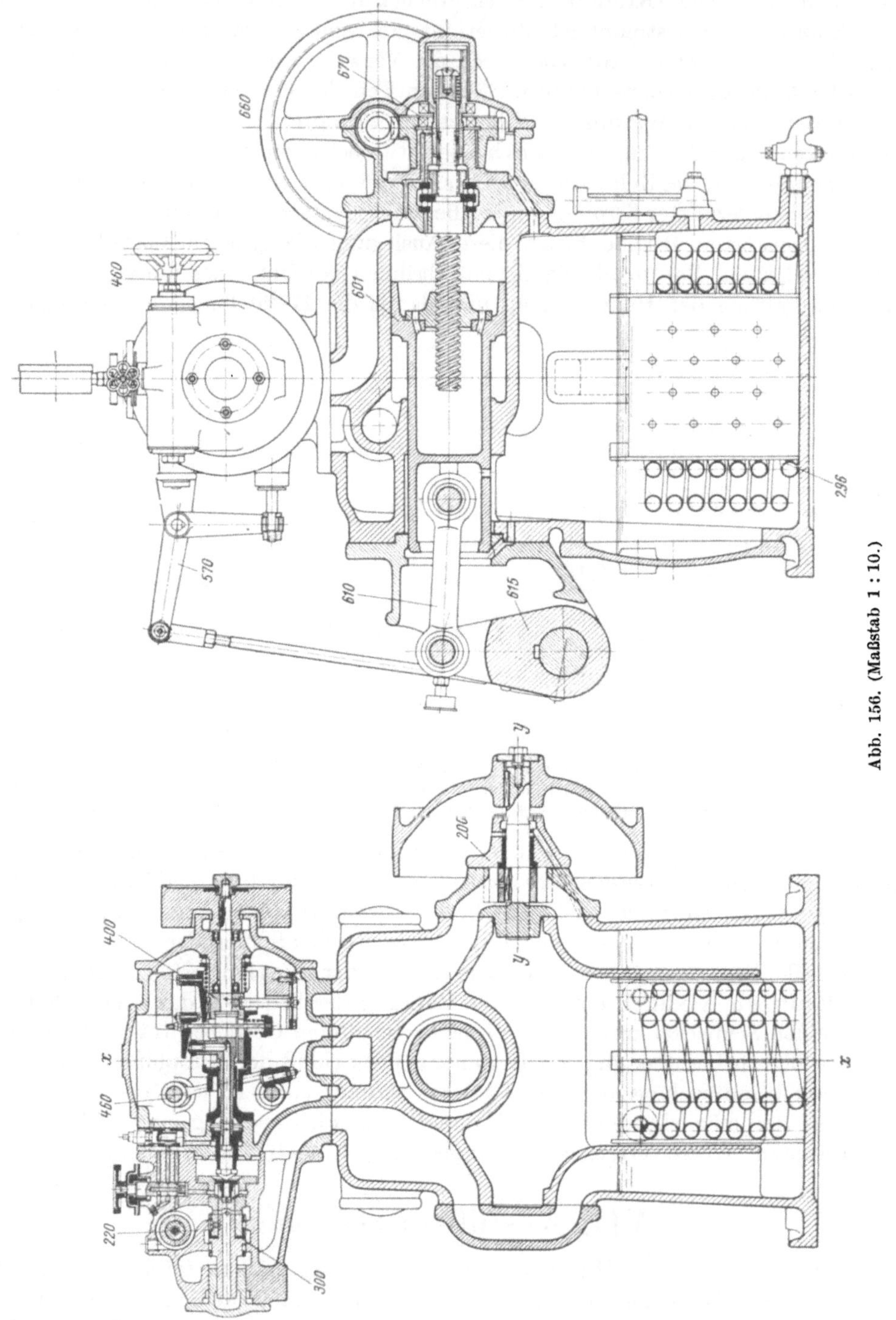

Abb. 156. (Maßstab 1 : 10.)

1. *Durchflußregler*, serienmäßig erzeugt für Arbeitsvermögen bis 1000 mkg (Abb. 156[8]).
a) Druckö/bereitstellung durch einfache Zahnradpumpe *200* (normaler Arbeitsdruck 15 at),
Ölkühlung *296* vorgesehen.

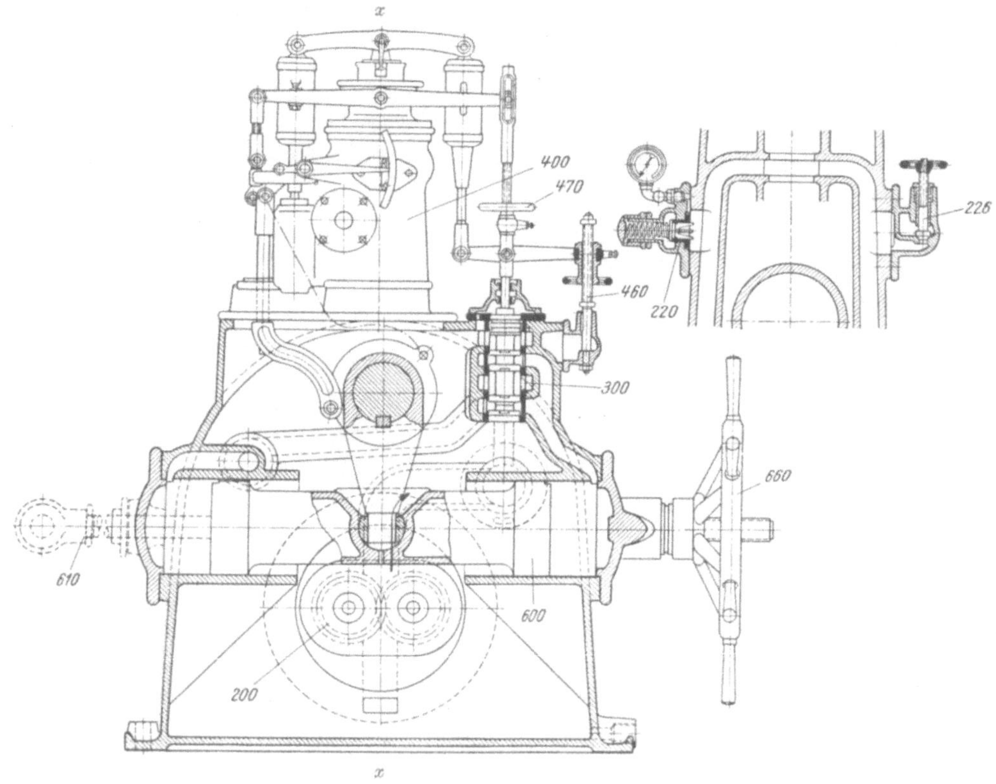

Abb. 157.

b) Steuerventil *300*, im Durchfluß arbeitend, einfach vorgesteuert, mit zusammengesetztem Kolbenkörper gemäß Abb. 88, Änderung der Schlußrichtung durch entsprechende Einstellung der Steuerkanten; Sicherheitsventil *220*.

c) Einheitssteuerwerk *400* mit Beschleunigungsstabilisierung nach Abbildung 107.

d) Triebwerk mit Differentialkolben *601*, einseitig gesteuert; Lenkerverbindung *610* zur Regulierkurbel *615*.

e) Handregelung *660* mit feststehender Spindel. und selbsttätiger Ein- und Auskupplung, abhängig vom Öldruck (s. a. Abb. 154).

f) Steuerwerk sowie Pumpe können zur Verlegung des Antriebes dieser Konstruktionsgruppen auf die andere Seite des Reglers um Achse $x — x$ umgesetzt werden. Die Anpassung an eine vorgegebene Drehrichtung erfolgt durch Drehung des Pumpenkörpers um Achse $y — y$; bezüglich Schlußrichtungsänderung s. Absatz b.

Abb. 158.

2. *Durchflußregler*, serienmäßig erzeugt bis 1300 mkg (Abb. 157, 158 [11, 12]).

a) Einfache Zahnradpumpe *200* (max. Betriebsdruck 12 at).

b) Steuerventil *300* mit Druckentlastung (s. Abb. 67).

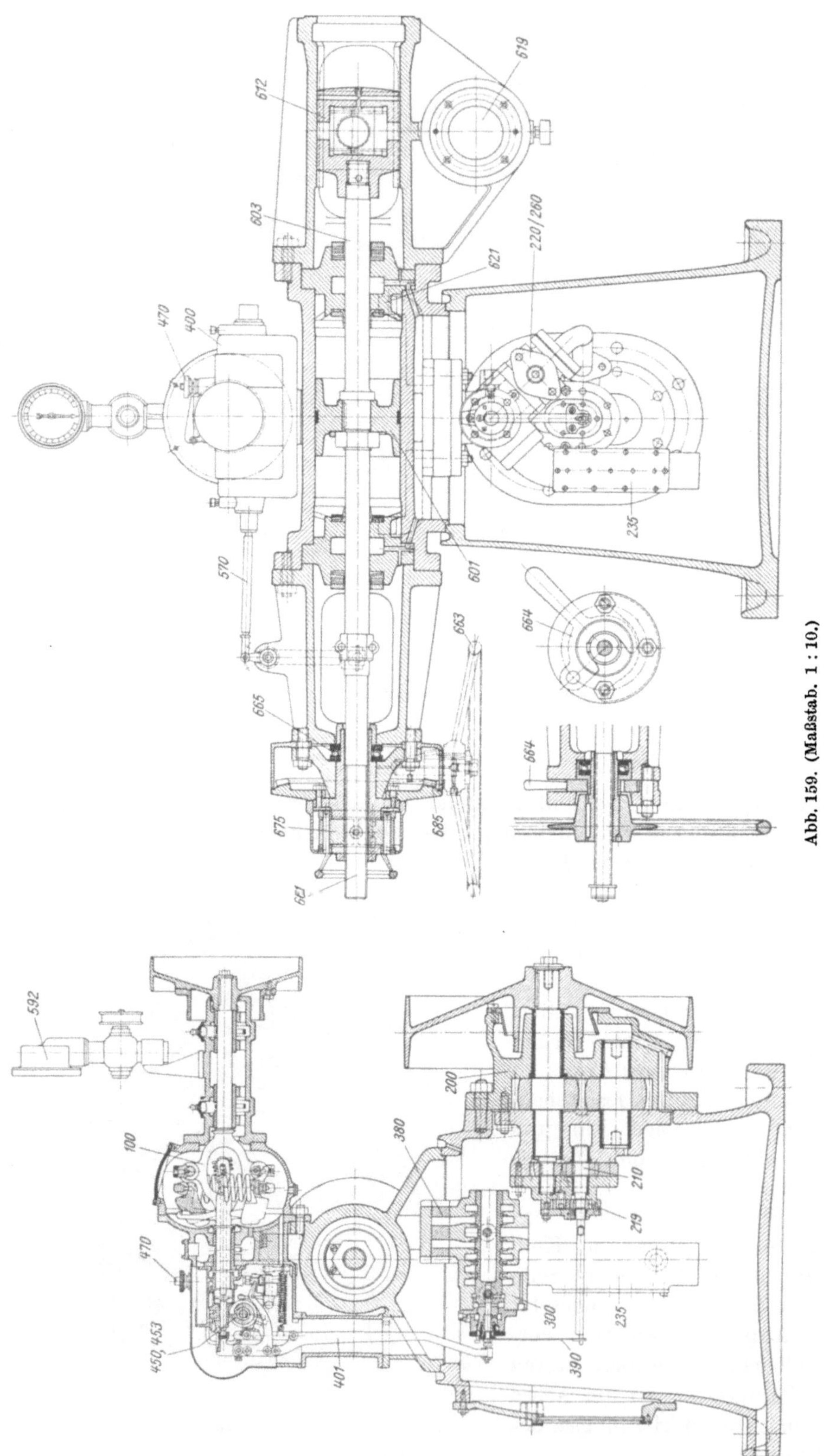

Abb. 159. (Maßstab. 1 : 10.)

c) Einheitssteuerwerk *400* mit nachgiebiger Rückdrängung und verstärkter Leerlaufstabilisierung (Abb. 103).

d) Arbeitswerk *600*, als Kolbengetriebe mit mittigem Angriff der Regulierkurbel.

e) Handregelung *660* nach Abb. 142.

f) Einer bestimmten Pumpendrehrichtung kann durch entsprechende Anordnung des Antriebes zum Mittel $x - x$ Rechnung getragen werden.

3. *Durchflußverbundregler,* reihenmäßig erzeugt bis 1200 mkg (Abb. 159, 160 [2]).

a) Drucköbereitstellung durch Verbundpumpe *200, 210* (Abbildung 40), Betriebsdruck 20 at.

b) Steuerventil *300,* einfach vorgesteuert, kombiniert mit Rückschlag- und Sicherheitsventil *260/220* (s. Abb. 70), Teilstromfilter *235* (Abb. 63).

c) Einheitssteuerwerk *400* (nachgiebige Rückführung, Abbildung 98).

d) Doppelseitig gesteuertes Kolbengetriebe mit Gleitsteinübertragung (Abb. 127).

e) Handregelung als Spindeltriebwerk mit Feststellung des Handrades durch Schwenkgabel

Abb. 160.

664 (Abb. 140); für Regelarbeiten über 750 mkg—Kupplung von Spindel *661* und nachgeschaltetem Kegelradvorgelege *685* durch zweiteilige Mutter *675* mit Bereitschaftseinschaltung (s. Abb. 145).

f) Triebwerk und Handregelung vertauschbar; freie Wahl der Pumpendrehrichtung durch symmetrische Ausbildung der Quetschölsteuerung; Änderung der Schlußrichtung mittels Wechselplatte *380* zu b (s. Abb. 87).

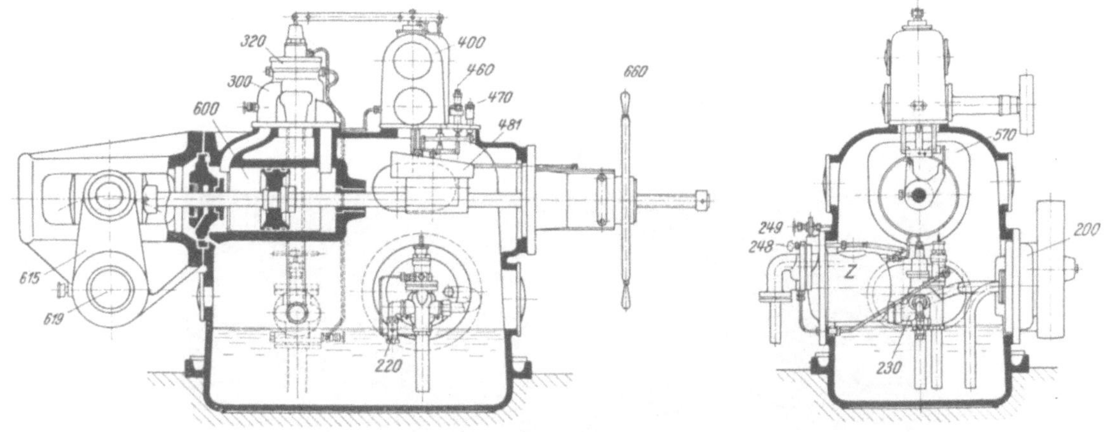

Abb. 161. (Maßstab 1 : 30.)

4. *Windkesselregler,* serienmäßig erzeugt von 800 bis 2000 mkg [23], (Abb. 161, 162).

a) Drucköbereitstellung durch gesondert aufgestellten Speicher; Versorgung dieses durch Zahnradpumpe *200* über Wechselschalteinrichtung *230* und Zwischenbehälter *Z* (s. Abb. 49, 52); normaler Windkesseldruck 18 bis 20 at.

b) Steuerventil *300,* doppelt vorgesteuert, Ausführung gemäß Abb. 81; Vorsteueröl aus dem Druckspeicher, abgenommen vor dem Hauptabsperrventil.

c) Einheitssteuerwerk *400* mit nachgiebiger Rückdrängung gemäß Abb. 104.

d) Doppelseitig gesteuertes Triebwerk *615* mit Gleitsteinübertragung (ähnlich Abb. 127).

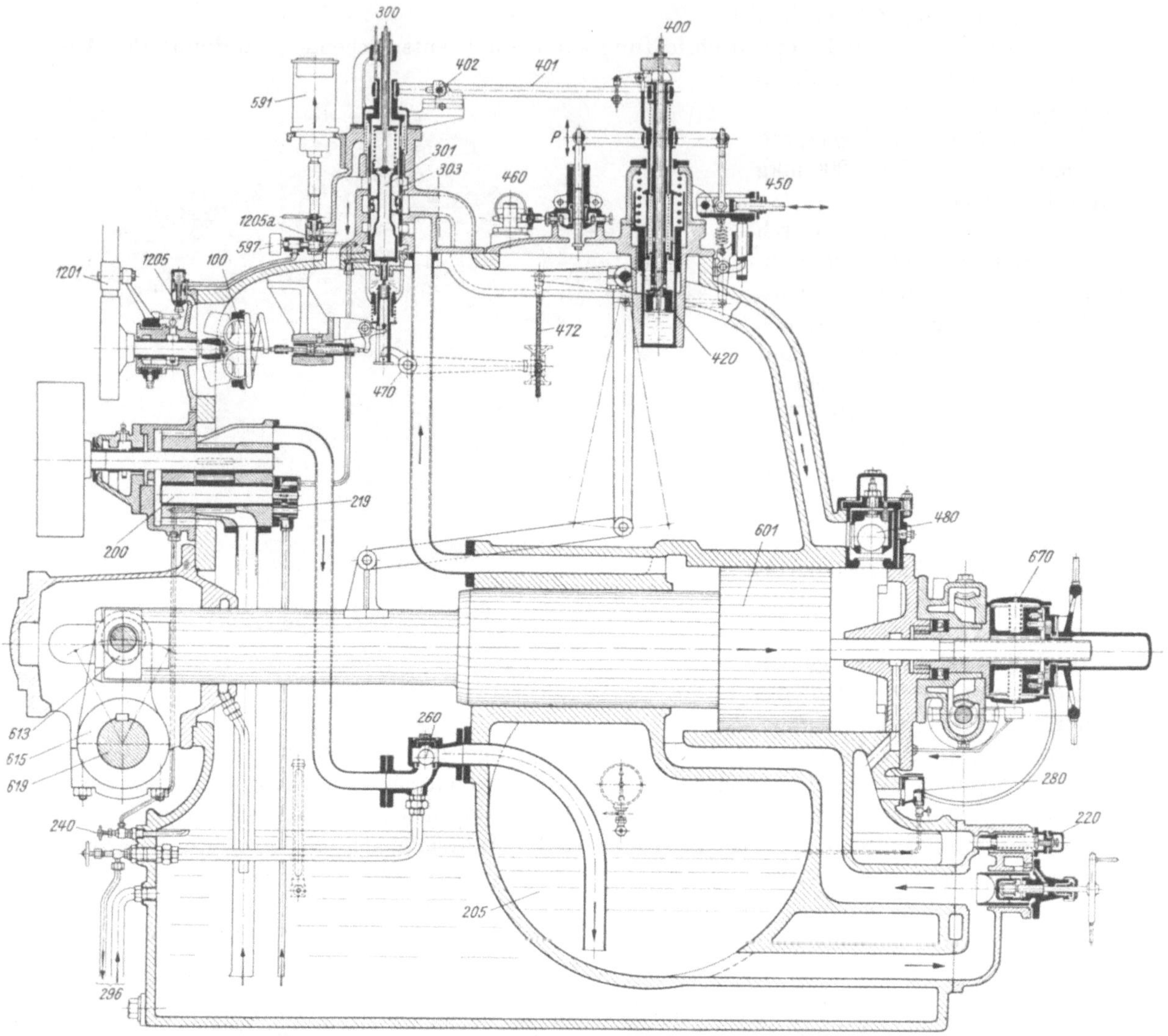

Abb. 163.

Abb. 162.

e) Handregelung als Spindeltrieb nach Abb. 139; für größere Arbeitsvermögen zusätzliche Kegelradübersetzung und Kupplung mittels zweiteiliger Mutter.

f) Innere Führung von Druck- und Saugleitung entsprechend der vorgegebenen Drehrichtung der Pumpe; Änderung der Schlußrichtung durch Umsetzung des Steuerventils um seine Achse um 180°

5. *Windkesselregler*, Normalbauform bis 3500 mkg (Abb. 163 [1]).

a) Druckölbehälter *205*, mit Regleruntersatz zusammengegossen und beliefert durch Zahnradpumpe *200*; Schnüffeleinrichtung *240*, Sicherheitsventil *220*, Teilstromkühlung des Arbeitsöles *296*, Einstellung der Schließ- und Öffnungszeiten über *480* (s. Abb. 85).

b) Steuerventil für einseitige Steuerung mit zweifacher Überströmung nach Abb. 83; Ventilkolben *301*, durch besondere Hilfspumpe *219* einfach im Durchfluß vorgesteuert.

c) Steuereinrichtung, gebildet durch die normalisierten Gruppen: Pendel *100* (nach Abb. 8), Vorsteuerung (nach Abb. 83) und Stabilisierungseinrichtung *400* (nachgiebige Rückführung nach Abb. 100).

d) Differentialkolbengetriebe mit Gleitsteinübertragung *613* bis *619* (Abbildung 128).

e) Handregelung *670* als Spindeltrieb, Kupplung mit der zusätzlichen Schneckenübersetzung durch zweiteilige Mutter (s. Abb. 144).

f) Schnellschluß bei Pendelriemenbruch und ferngesteuert, eingeleitet durch Entlastung des Vorsteuerkreises (Riemenbruchrolle *1201*, Ventil *1205* — Magnet *591*, Ventil *1205a*).

b) Kleinregler.

Diese können mit Rücksicht auf die gewöhnlich bestehenden geringeren Anforderungen an die Regelung insbesondere in der Steuerung einfacher ausgelegt werden, wobei entweder ein Verzicht auf gewisse Einstellmöglichkeiten, bzw. der Ersatz der Gleichwertsteuerungen durch starr rückführende, bzw. rückdrängende Steuerungen in Frage kommt; ferner läßt die Verringerung der zu schaltenden Ölmengen gewisse Vereinfachungen in der Konstruktion der Pumpenanlage und des Steuerventils zu. Darüber hinaus lassen sich jedoch maßgebende Einsparungen bei Erhaltung des für Normalregler geltenden grundsätzlichen Aufbaues nicht erzielen, so daß wirtschaftliche Vorteile bei der Herstellung von Reglern unter 15 bis 20 mkg nicht erwartet werden dürfen. Dies sei der Besprechung ausgeführter Kleinregler vorausgeschickt.

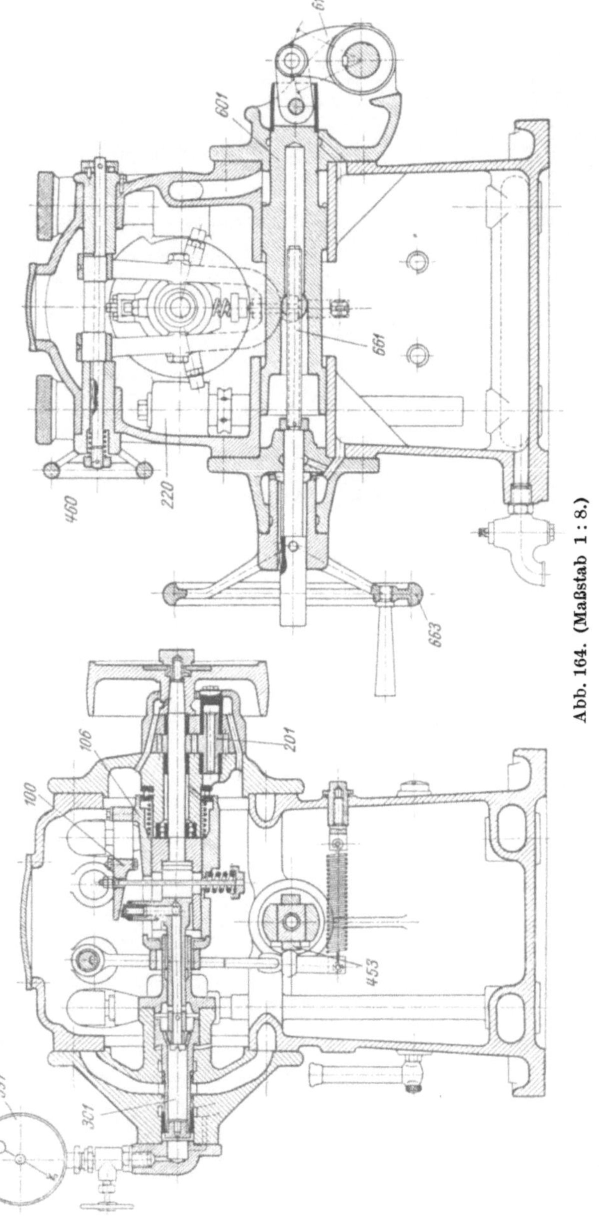

Abb. 164. (Maßstab 1 : 8.)

Abb. 165.

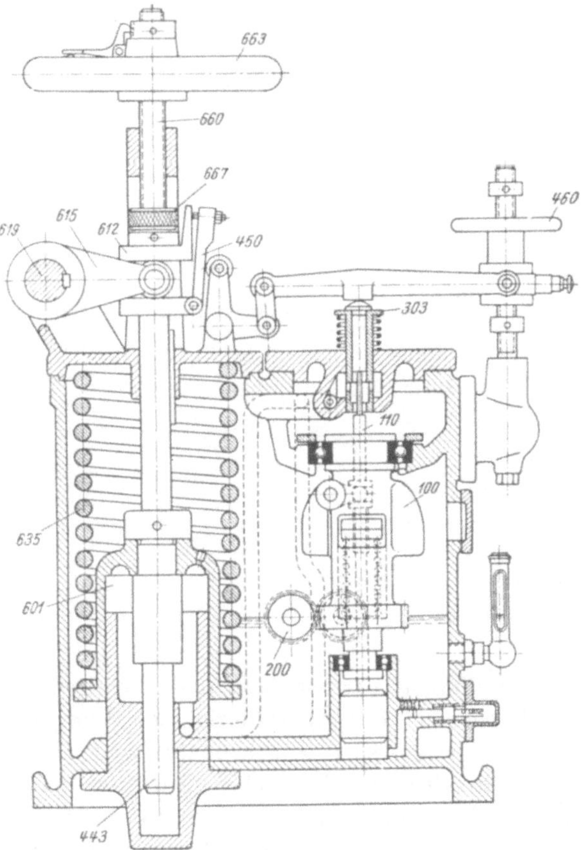

Abb. 166. (Maßstab 1 : 18.)

1. *Durchflußregler* 15 mkg (Abb. 164 [8]).

a) Einfache Zahnradpumpe *201*, gemeinsam angetrieben mit dem Pendel *100* zur Steuerungseinrichtung (Absatz c).

b) Steuerventil *301* für einseitige Steuerung, vorgesteuert; Sicherheitsventil *220*.

c) Starre Rückführung durch Verschiebung des Pendelträgers *106* über Keilbahn *453*, abgeleitet von den Bewegungen des Arbeitskolbens *601*.

d) Differentialkolbentriebwerk *601* mit Lenkerübertragung.

e) Handregelung als Spindeltrieb nach Abb. 141, gleichzeitig mechanische Öffnungsbegrenzung (s. S. 91).

f) Handregelung und Triebwerk sind vertauschbar; Berücksichtigung der vorgeschriebenen Pumpendrehrichtung durch Umsetzung des Lagerschildes der Pumpe *201*; Einstellung der Schlußrichtung durch Auswahl der steuernden Kanten des zusammengesetzten Steuerventilkörpers *301* (Abb. 88).

2. *Durchflußregler* 20 mkg (Abbildung 165 [23]).

a) Einfache Zahnradpumpe (20 at Betriebsdruck).

b) Steuerung des Arbeitsöles durch die Vorsteuerung, Stift *320* und Hülse *115* des normalen Einheitssteuerwerkes (s. S. 64).

Abb. 167.

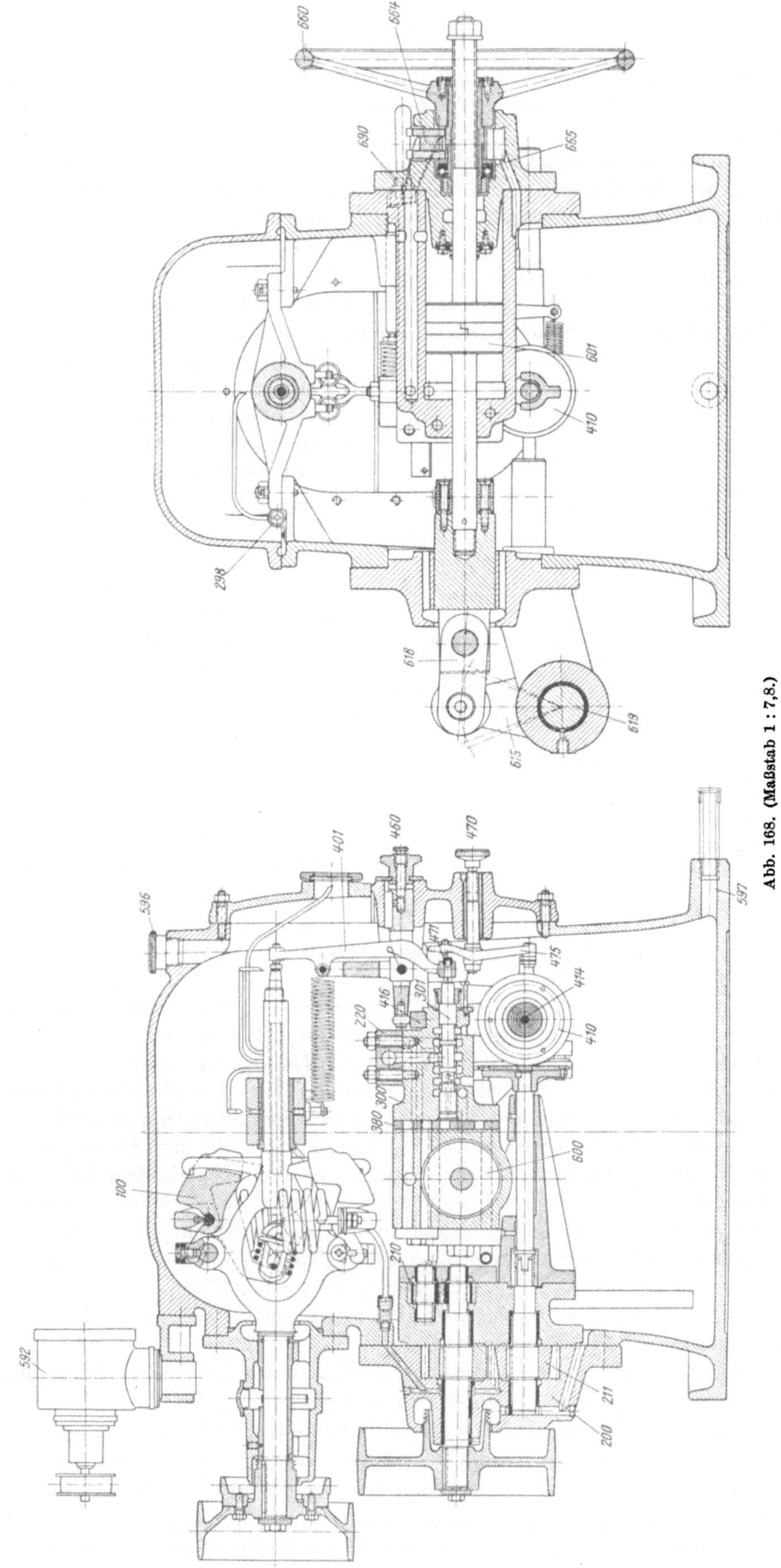

Abb. 168. (Maßstab 1 : 7,8.)

c) Vereinfachtes Einheitssteuerwerk *400* mit Verzicht auf Einstellbarkeit der dauernden Ungleichförmigkeit sowie auf eine stetige Verstellung der vorübergehenden Ungleichförmigkeit.[1]

d) Triebwerk *600*.

e) Handregelung *660* grundsätzlich übereinstimmend mit den Ausführungen der größeren Regler.

f) Triebwerk und Handregelung sind vertauschbar; Änderung der Schlußrichtung durch entsprechende Anordnung der Verbindungsleitungen *380* zwischen Steuerventil *320*, *115* und Arbeitszylinder *600*.

3. *Durchflußregler 15*, 30 mkg (Abb. 166, 167 [11, 12]).

a) Einfache Zahnradpumpe *200*, gemeinsam mit Pendel *100* zu c angetrieben.

b) Pendelstift *110* und Steuerbüchse *303* drosseln den von der Zahnradpumpe *200* gelieferten und unter Arbeitskolben *601* geleiteten Ölstrom.

c) Nachgiebige Rückdrängung (Verdrängerkolben *443*) in Übereinstimmung mit der Ausführung für Normalregler; Einstellbarkeit des *dauernden* Ungleichförmigkeitsgrades durch Veränderung der wirksamen Neigung des Steuerkeiles *450*; Leerlaufrückführung, erzielt durch verstärkte Neigung des Steuerkeiles *450* im Bereich des Leerlaufes; Drehzahlverstellung *460*.

d) Federservomotor *601* (durch Feder *635* mechanisch erzielte Schließtendenz); Übertragung der Bewegungen dieses auf den Regelhebel *615* mittels Gleitmuffe *612*.

e) Handregelung: Spindeltrieb *660*, Handrad *663* mit Begrenzung des Freiganges durch die jeweilige Stellung von *667*.

Abb. 169.

4. *Durchfluß- (Verbund-) Regler* 50 (100) mkg (Abb. 168, 169 [2]).

a) Verbund-Zahnradpumpe *200/210*.

b) Steuerventil *300* für Verbundregelung, kombiniert mit Sicherheits- und Rückschlag- (Kugel-) Ventil (s. Abb. 66); Schlußrichtungsänderung durch Wechselplatte *380*.

c) Nachgiebige Rückführung (Reibscheibengetriebe *410*, Rückführkeil *416*); die *dauernde* Ungleichförmigkeit wird durch eine zusätzliche Verstellung des Rückführkeiles herbeigeführt, die von einem mit der Rückführspindel *414* verbundenen Keil abgenommen wird.

Drehzahlverstellung durch Verlagerung des Drehpunktes P des Steuergestänges über Trieb *460*; die Öffnungsbegrenzung wirkt unmittelbar auf den Steuerkolben *301* über den mit diesem verbundenen Keil *471*[2]; über letzteren werden den einzelnen Beharrungsstellungen des Arbeitskolbens *601* (Steuerkolben *301* in Mittellage), die in den Stellungen des Hebels *475* übersetzt wiedergegeben werden, verschiedene Lagen der Einstellspindel *470* zugeordnet.

Zentralschmierung *298*, versorgt vom Quetschöl der kleinen Pumpe *210*.

d) Zweiseitig gesteuerter Triebkolben *601*; Übertragung der Bewegungen desselben auf die Regelwelle *619* durch Lenkertrieb *618* (s. Abb. 129).

e) Handregelung als Spindeltrieb; Feststellung der Handradmutter mittels Schwenkgabel *664* bei gleichzeitiger selbsttätiger Schaltung des Druckö[lkreises (s. a. Abb. 152).

f) Triebwerk und Handregelung sind vertauschbar; die Schlußrichtung ist bestimmt durch die Einbauart der Wechselplatte *380*; die jeweils vorgegebene Drehrichtung wird durch entsprechende Anordnung der Saug- und Druckleitungen der Pumpe berücksichtigt.

---

[1] Ersatz des Spindeltriebes *483* (Abb. 104) durch feste Hebelübersetzungen.

[2] Durch Umsetzung kann der jeweiligen Schlußrichtung Rechnung getragen werden.

5. *Durchflußregler* mit Drehservomotor (70 mkg) (Abb. 170 [1]).

a) Einfache Zahnradpumpe *200*.

b) Steuerventilkolben kraftschlüssig vom Pendel *100*, Steuerbüchse *303* vom Rückführungsmechanismus her verstellt; Anordnung zentral im Schaft *641* des Drehservomotors (Absatz d).

c) Starre Rückführung durch Verstellung der Steuerbüchse *303*, abhängig von der Verdrehung des Hilfsmotorkolbens *644*.

Hierzu lehnt erstere kraftschlüssig, gegen eine Verdrehung durch Sicherung *303a* gehindert, an der mit dem Arbeitskolben verdrehten Keilbahn *453*.

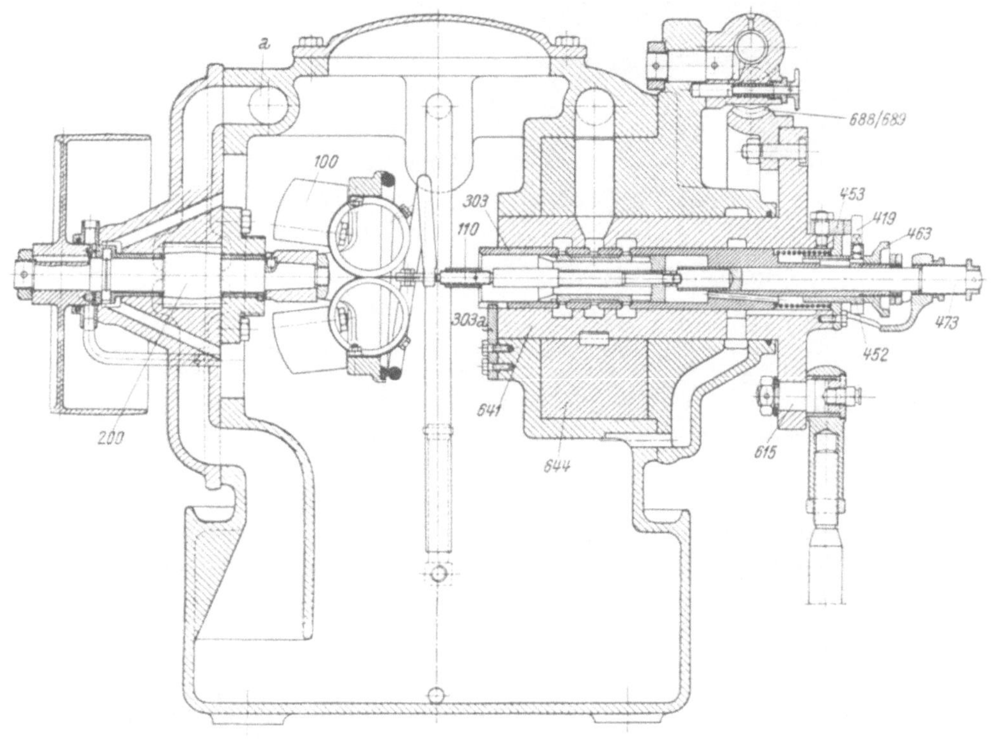

Abb. 170. (Maßstab 1:8.)

Drehzahlverstellung durch Verschiebung der den Anschlag *419* tragenden Gleitbüchse *452* über Handrad *463*.

Öffnungsbegrenzung:

Durch die konstruktionsgemäße Verstellung der Steuerbüchse *303* mit der Lage des Arbeitskolbens *644* verschiebt sich die beharrungsmäßige Mittelstellung des Steuerkolbens; durch Begrenzung der Bewegung des letzteren im Öffnungssinne (nach rechts) über Spindeltrieb *473* kann somit eine Weitereröffnung des Reglers unterbunden werden.

d) Doppeltwirkender Drehkolben (s. a. Abb. 136).

e) Handregelung mittels Schwenkschnecke *688* (s. Abb. 136; *O* Drehpunkt, *682* Feststellvorrichtung).

f) Berücksichtigung der vorgegebenen Drehrichtung durch Umsetzung der Pumpenantriebswelle 200.

VIII. Regler für besondere Zwecke.

Nichtspeicherfähige Wasserkraftanlagen erfahren ihre wirtschaftlichste Verwertung bei restloser Ausnützung der dargebotenen Wassermenge. Diese Betriebsform setzt die Möglichkeit der Anpassung des Verbrauches an das Energiedarbot voraus, bzw. im Falle des elektrischen Parallelbetriebes die Übernahme der überschüssigen Leistung durch das Netz. Die Bestimmung der Drehzahl von der Verbraucherseite her macht Einrichtungen zur Drehzahlhaltung des Leistungserzeugers überflüssig, bzw. gibt diesen den Wert einer übergeordneten Drehzahlsicherung.

Abb. 171.

Die betriebsmäßige Regelung von Wasserkraftanlagen, die unter derartigen Bedingungen arbeiten, hat nach dem Wasserstande zu erfolgen. Solange durch den Regler nur verhältnismäßig geringe Leistungen zur Verstellung des Turbinenleitapparates aufzubringen sind, können letztere über ein mechanisches Getriebe unmittelbar von der Kraftmaschinenwelle abgenommen werden. Bei derartigen mechanisch wirkenden Wasserspiegelreglern wird durch einen schwimmergesteuerten Vorschubmechanismus die Regulierwelle nach der einen oder andern Seite hin in eine ruckweise fortschreitende Drehung versetzt [23]; zur Stabilisierung des Regelvorganges wird letztere im rückführenden Sinne in die Steuerung eingeleitet, womit zwangsläufig ein Unterschied der Wasserspiegellagen zwischen Voll- und Nullbeaufschlagung der Turbine verbunden ist.

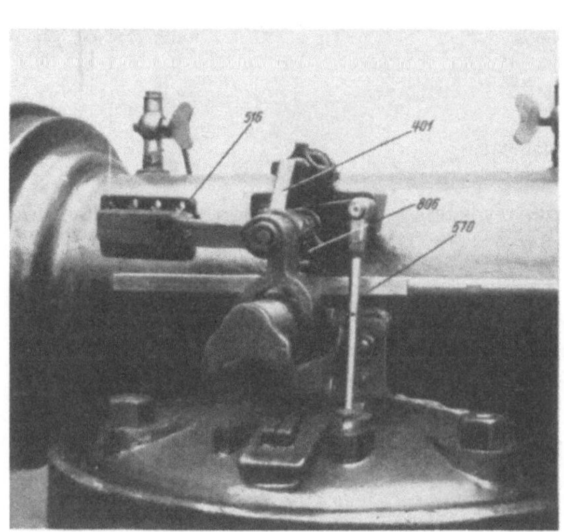

Abb. 172.

Für größere Verstelleistungen haben die bekannten Vorteile der Öldruckbetätigung die Anwendung dieser auch für Zwecke der ausschließlichen Regelung nach dem Wasserdarbot mit sich gebracht, um so mehr, als hiermit auch die Voraussetzungen geschaffen sind, in einfacher Weise den Regler mit einer übergeordneten Sicherheitseinrichtung auszustatten, die bei Wegfall der externen Drehzahlhaltung Überdrehzahlen des Maschinensatzes verhindert. Die Abb. 171, 172 zeigen einen Wasserstandssicherheitsregler [2], der unter Weglassung des Einheitssteuerwerkes und gewissen konstruktiven Abänderungen aus dem serienmäßig erzeugten Regler gleichen Arbeitsvermögens entstanden ist. Der Schließvorgang des Reglers bei größeren Überschreitungen der normalen Drehzahl wird durch ein in der Pumpenantriebsscheibe *217* untergebrachtes

Fliehgewichtspendel *801, 802* über den Schaltmechanismus *803* eingeleitet, der bei seiner Auslösung den Steuerhebel *401* über Kurve *806* auf „Schließen" stellt. Diese Auslegung der zusätzlichen Steuerung ermöglicht mit der einstellbaren Begrenzung des Kurvenhubes und Erhaltung der Wirkung der Rückführung *570* die Einstellung einer bestimmten Turbinenöffnung nach erfolgter Auslösung und damit den Weiterbetrieb des Maschinensatzes mit einer gewünschten Drehzahl, etwa der angenähert normalen.

Während entsprechend den langsam verlaufenden Änderungen der Wasserdarbietung nur geringe Regelgeschwindigkeiten zur Anpassung der Turbinenöffnung an erstere notwendig sind, bedarf es für einen wirksamen Drehzahlschutz einer Reguliergeschwindigkeit im Schließsinne gleich jener eines normalen Drehzahlreglers. Der beschriebene Wasserstandssicherheitsregler besitzt daher neben der betriebsmäßig arbeitenden Pumpe verhältnismäßig geringer Fördermenge eine Zusatzpumpe entsprechend groß bemessener Förderung, die, über das Steuerventil geschaltet (Verbundsteuerung, s. a. Abb. 32), bei stärkeren Verstellungen des letzteren im Schließsinne, wie sie nur bei Eingriff der Sicherheitsvorrichtung eintreten, in den Arbeitskreislauf einbezogen wird.[1]

Die mit der Serienherstellung verbundenen wirtschaftlichen Vorteile können es zweckmäßig erscheinen lassen, an Stelle von Sonderkonstruktionen die Einrichtungen des normalen Reglers unter Weglassung der unter den vereinfachten Bedingungen überflüssig gewordenen Teile beizubehalten. Diesem Grundsatz entspricht der Aufbau des aus dem Serienregler nach Abb. 161 entwickelten Wasserstandssicherheitsreglers [23], dessen Steuerwerk in Abb. 173 zur Darstellung gebracht ist. Entfallen sind Stabilisierungseinrichtung, Drehzahlverstellung sowie Pendeldämpfung, beibehalten erscheint die Öffnungsbegrenzung, erweitert durch eine Schwimmereinrichtung oder fernelektrischen Antrieb, die Verbundpumpe sowie das normale Fliehkraftpendel samt Antrieb. Während normalerweise die Regelung über die Öffnungsbegrenzungseinrichtung *470* erfolgt, geht erstere bei Überdrehzahlen auf das Pendel *100* über, wodurch in diesem Fall der Regler geschlossen wird. Das

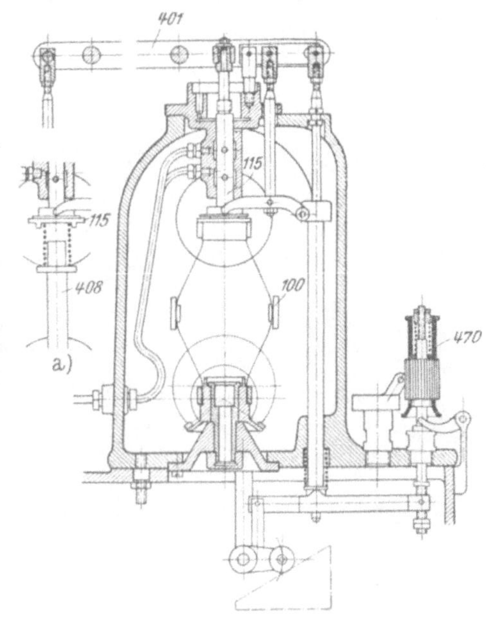

Abb. 173.

durch die Wirkung des Fliehkraftpendels stärker als bei den langsamen durch die Wasserstandssteuerung ausgelösten Regelvorgängen aus seiner Mittellage verschobene Steuerventil — hierbei erfolgt, wie bereits erwähnt, die Zuschaltung der großen Pumpe — wird in dieser Lage mechanisch verriegelt, um ein Wiederanlaufen bei zurückgehender Drehzahl zu verhindern.

Bei Verzicht auf die übergeordnete Sicherheitsabstellung wird das Pendel *100* durch den einen Kraftschluß zwischen Öffnungsbegrenzungsgestänge und Steuerhülse *115* herstellenden Federträger *408* ersetzt (Abb. 173a).

Nichtspeicherfähige (Drehstrom-) Anlagen mit langen Rohrleitungen und relativ kleinem Gefälle, welche zur Erfüllung der Drehzahlgewährleistungen bei Regelung der Beaufschlagung nach der Drehzahl der nur gering zulässigen Regelgeschwindigkeit halber einen unwirtschaftlich hohen Schwungmassenbedarf haben, werden in ihrer Frequenz vorteilhafterweise durch elektrische Belastungsregler beherrscht. Hierbei vernichten letztere den augenblicklich dem Verbrauch nicht zuführbaren Teil der festeingestellten Turbinenleistung über einen elektrischen Belastungswiderstand, der bei Kleinstausführungen unmittelbar von einem Fliehkraftpendel, normalerweise jedoch von einem Öldruckregler entsprechenden Arbeitsvermögens verstellt wird.

Regler dieser Art führen bei betriebsmäßig parallel arbeitenden Grundlastmaschinen die Drehzahlhaltung auch dann durch, wenn die elektrische Kupplung mit dem Netz unterbrochen

---

[1] Steuerung e_2 ist dieser Aufgabe entsprechend nur für einseitige Absperrung bei Verstellung des Ventilkolbens im Schließsinne ausgebildet.

wird,[1] bzw. der Alleinbetrieb, wie etwa vor Parallelschaltung oder unter besonderen Betriebsumständen, Platz zu greifen hat. Der geringen Regulierarbeit halber, die in der Hauptsache durch die Trägheitskräfte der zu bewegenden Massen des Elektrodengestänges bestimmt wird, lassen sich mit kleinen Reglern hohe Regelgeschwindigkeiten erzielen, welche die üblichen Drehzahlgewährleistungen bei verhältnismäßig geringem Schwungmoment $(T_a \leqq 5'')$ erzielen lassen.

Abb. 174 [23] zeigt die Gesamtanordnung eines elektrischen Belastungsreglers mit Verstellung des Elektrodenpaketes *811* durch einen normalen Geschwindigkeitsregler. Die zwischengeschaltete doppelarmige Schwinge *812* ermöglicht den Ausgleich des Gewichtes der Elektroden durch ein entsprechendes Gegengewicht *813*, wobei letzteres mit Anschlagpuffern *814* versehen ist, während die federnde Verbindung *815* von Regler und Schwinge der Aufnahme größerer Massenkräfte dient. Zur Einstellung der Eintauchtiefe der Widerstandsbleche *811* wird der Hub des Reglers verstellbar auf die Schwinge *812* übersetzt.

Die gewöhnlich bestehenden behördlichen Sicherheitsvorschriften verlangen die Unterbringung der unter Hochspannung stehenden Einrichtungen in einem abgesonderten Raum; mit Rücksicht

Abb. 174

darauf wird. in den seltensten Fällen der Antrieb des Reglerfliehkraftpendels von der Maschinenwelle abgeleitet werden können, sondern elektromotorisch, zweckmäßig wieder getrennt für Pendel und Pumpe,[2] durchzuführen sein. Falls vorübergehend große Leistungen zu verrichten sind, wird die selbsttätige Anpassung der Kühlwassermenge, die zur Abführung der äquivalenten Wärmemenge notwendig ist, zweckmäßig. Die lastabhängige Verstellung der Zulaufregeleinrichtung kann vom Arbeitskolben des Drehzahlreglers abgeleitet werden.

Der Elektrodenapparat besteht in der Regel aus entsprechend geschalteten Platten, welche aus verzinktem Eisenblech — bei Rücksichtnahme auf längere Lebensdauer aus hartgewalzten Reinnickelblechen — hergestellt sind. Bei größeren Abmessungen wird eine Kombination beider Materialien in der Form angewendet, daß die Elektrodenspitzen, die insbesondere bei hoher Spannung dauernd tauchen müssen, in geeigneter Form, etwa als Stäbe mit Kugelspitze, aus letzterem Material hergestellt sind.

IX. Die Regelung der Kaplan-Turbine.

a) Grundsätzliches.

Die Verdrehung der Laufradschaufel hat sich als die wirksamste Vorkehrung zur Verbesserung der Teillastwirkungsgrade spezifisch schnellaufender Wasserturbinen eingeführt. Die fallweise Betätigung des die Verdrehung der Laufschaufeln durchführenden Mechanismus von Hand aus zur Herbeiführung jener Zuordnung von Leit- und Laufradstellung, welche bei der betreffenden Beaufschlagung den bestmöglichen Wirkungsgrad erzielen läßt, kann in der Mehrzahl der praktischen Anwendungen nicht als genügend zur Ausnützung der durch die Lauf-

---

[1] Die Spannung im Eigenkreis muß, um die Wirkung des Reglers zu sichern, selbstverständlich erhalten bleiben.

[2] Bei Anwendung von Asynchronmotoren für die Antriebe zur Vermeidung von Schlupfänderungen, die mit Änderung der Leistungsaufnahme der Pumpe bei einsetzendem Regelvorgang verbunden sind.

schaufelregelung gebotenen wasserwirtschaftlichen Vorteile angesehen werden. Es sind daher Regelungseinrichtungen entwickelt worden, welche die Verstellung der Laufschaufeln selbsttätig und in ihrer vollkommensten Ausführung kombiniert mit der selbsttätigen Regelung der Leitradöffnung über öldruckbetätigte Regelkreise durchführen.

Bei Beschränkung auf einen nicht zu weit unter Halblast herabgehenden Bereich der Beaufschlagungen kann die ausschließliche Regelung letzterer durch Verdrehung der Laufschaufeln a l l e i n als genügend zur Erzielung eines praktisch befriedigenden Erzeugungswirkungsgrades angesehen werden. Der Verzicht auf den regelbaren Leitapparat, also die Anwendung fester Leitschaufeln,[1] bzw. deren vollständiger Wegfall bei Anwendung besonders geformter Zulaufspiralen[2] vereinfacht die Gesamtanlage und wirkt dementsprechend günstig auf die Kosten des maschinellen, eventuell baulichen Teiles der Anlage sowie deren Instandhaltung; erfahrungsgemäß bedarf es eines nur gering erhöhten Aufwandes an Schwungmasse im Verhältnis zur doppeltgeregelten Turbine zur Erzielung eines gleich stabilen Verhaltens.

Bei den ersten praktischen Ausführungen von Kaplan-Turbinen waren die Kräfte zur Betätigung des Verstellmechanismus der Laufschaufeln mechanisch mittels einer Gleitmuffe auf das Antriebsgestänge im rotierenden Teil übertragen worden. Die erhöhten Beanspruchungen durch den selbsttätigen Betrieb einerseits, die mit der Ausführungsgröße wachsenden konstruktiven Schwierigkeiten bei der Übertragung der Verstellkräfte unter Anwendung mechanischer Mittel anderseits haben bald nach Einführung der Kaplan-Turbine in die Praxis die Verwendung der für die Leitschaufelregelung bewährten Drucköbetätigung eintreten lassen. Die grundlegenden Vorschläge für die Anordnung des hydraulischen Verstellwerkes, welche von D. Thoma gemacht wurden, sehen entweder einen feststehenden Arbeitszylinder *902* (Abb. 175 a), dessen Kolben *903* mittels einer durch die hohle Maschinenwelle geführten Stange *906* das Verstellwerk der Laufschaufeln betätigt, am oberen Ende der Maschinenwelle vor, bzw. wird das hydraulische Triebwerk zur Gänze mit der Maschinenwelle vereinigt (Abb. 175 b), läuft also mit dieser um.[3] Ein-

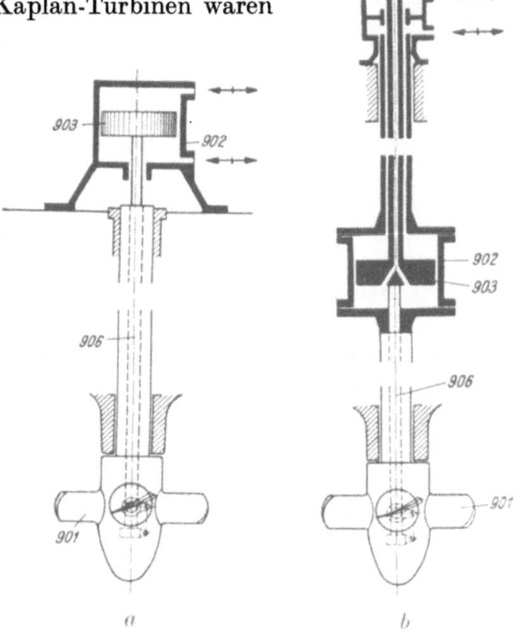

Abb. 175.

fachere Zuleitung und Verteilung des Drucköles, des feststehenden Arbeitszylinders halber, sowie gute Zugänglichkeit zeichnen die erstgenannte Anordnung aus. Hingegen muß die relative Drehung des Kolbens gegenüber dem Arbeitszylindergehäuse als ebenso bedeutender Nachteil wie der Umstand angesehen werden, daß die Verstellkräfte des Regelmechanismus eine zusätzliche Belastung des Spurlagers mit sich bringen. Diese Anordnung kann daher heute als verlassen angesehen werden.

Im Falle der Bauform Abb. 175 b stehen Stellkräfte und Verstellwiderstände als innere Kräfte des gleichen Systems einander gegenüber, bleiben also ohne Wirkung auf die Spurlagerung. Die Unterbringung des hydraulischen und zur Gänze mitumlaufenden Triebwerkes zwischen Generator und Turbine ist in der Regel ohne zusätzliche Vergrößerung der nach anderen Gesichtspunkten erforderlichen Bauhöhe möglich. Hingegen erfordert die Ölzuführung zu dem rotierenden Arbeitszylinder erhöhte Aufwendungen und eine aufmerksame Durchbildung jener Konstruktionen, die der Überleitung des Öles vom drehenden zum festen Teil sowie der Zuführung zu den beiden Zylinderseiten dienen. Gewisse konstruktive Vereinfachungen, leichtere Ausbaumöglichkeit und bessere Zugänglichkeit ergeben sich, falls das hydraulische Triebwerk am oberen Wellenende fliegend angeordnet wird.

---

[1] Nach Vorschlägen von R. Thomann.

[2] Nach M. Reiffenstein.

[3] Nach Vorschlägen von E. Englesson wird das Arbeitswerk in die Nabe des Laufrades gelegt.

b) Laufschaufeltriebwerke.

Abb. 176 zeigt die konstruktive Durchbildung des Arbeitswerkes mit Anordnung des Triebzylinders zwischen den Flanschen der Generator- und Turbinenwelle [11] (35). Die Zuführung des Drucköles zu den beiden Zylinderseiten erfolgt mittels konzentrischer, durch die hohl gebohrte Generatorwelle geführter Rohre 920, 921, deren innenliegendes, mit dem Arbeitskolben 903 verbunden, die Beaufschlagung der Unterseite desselben ermöglicht sowie dessen Bewegungen über Muffe 904 und Hebel 905 (Abb. 177) abnehmen läßt. Die Durchbildung des Ölzuführungsbockes 922 kann der vorgenannten Abbildung entnommen werden. Die an den Schließ- bzw. Öffnungskanal zu schaltenden Räume b_1, b_2 sind voneinander nur durch die packungslose Führung 923 getrennt, während der Abdichtung der Einführung des äußeren Zuleitungsrohres 921 sowie der Ableitung des Lecköles mit Rücksicht auf die Freihaltung der unterhalb angeordneten elektrischen Maschinen besondere Sorgfalt gewidmet ist (Stopfbüchse 927, Ölfang 928).

Die Ausbildung eines am oberen Ende der Turbinenwelle angeordneten Arbeitszylinders einschließlich der Ölzuführung zu diesem ist aus Abb. 178 zu entnehmen. Der untere Deckel des Zylinders 902 bildet hierbei die Tragscheibe des Spurlagers. Relativbewegungen treten ebenso wie bei der vorbeschriebenen Ausführung nur zwischen den Zuführungen 920, 921 und dem feststehenden Ölzuführungsbock 922 auf [8].

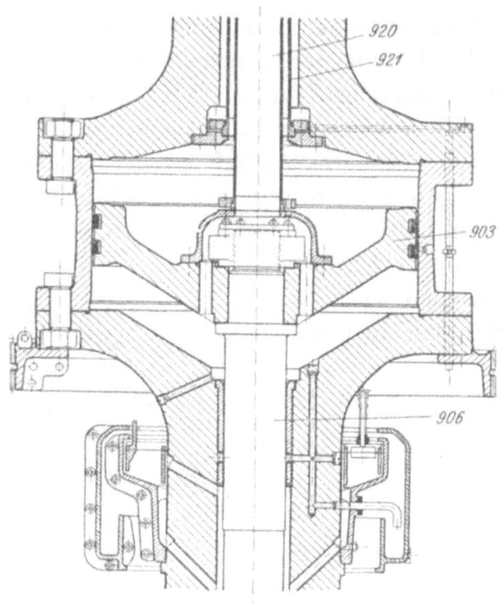

Abb. 176. (Maßstab 1:37,5.)

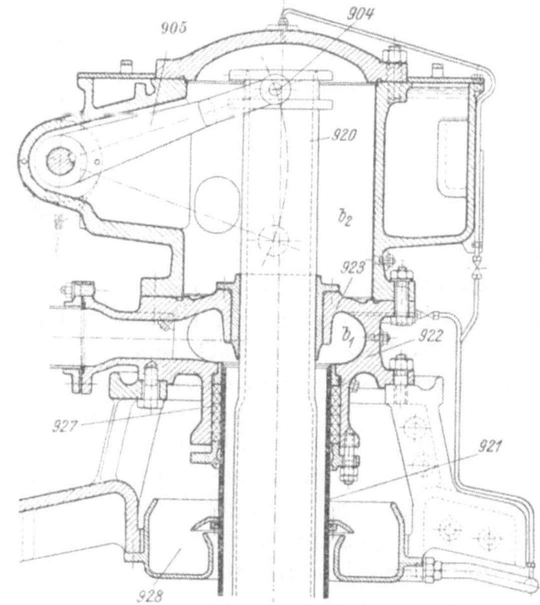

Abb. 177. (Maßstab 1:25.)

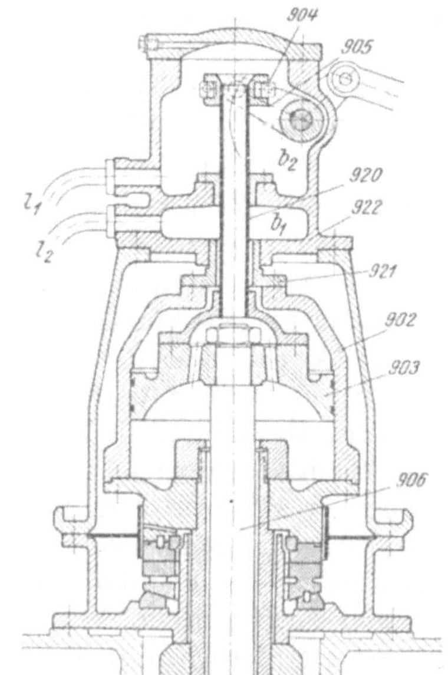

Abb. 178. 902, 903, 906 = Laufradarbeitswerk, 920, 921 = Ölzuführungen, 904, 905 = Rückführungsantrieb.

Die beschriebenen Anordnungen können im allgemeinen als Standardausführungen gewertet werden und stellen keine an einen bestimmten Erzeuger gebundenen Ausführungsformen dar. Ihre Verwendung ergibt sich ausschließlich nach Erfordernis und Zweckmäßigkeit.

Gute Zugänglichkeit zum Ölkraftgetriebe ohne Vergrößerung der Bauhöhe wird durch eine in jüngster Zeit für große vertikale Maschinensätze gepflegte Anordnung erreicht, bei welcher die nur in zwei Lagern geführte Maschinenwelle sowohl Turbinenlaufrad als auch Generatorläufer fliegend trägt.[1] Bei diesem Aufbau des Maschinensatzes, der an sich zum Antrieb des Erregermaschinenaggregates durch Elektromotor bzw. ein besonders von der Maschinenwelle aus abgeleitetes Vorgelege zwingt — mit dem Vorteil der Möglichkeit relativ hoher Drehzahl der Erregermaschine —, kann der Arbeitskolben in das den Generatorläufer tragende entsprechend verstärkte Wellenende verlegt werden (Abb. 179). Die Anordnung der Einrichtungen zur Ölüberleitung unmittelbar über dem Arbeitszylinder ermöglicht kurze Leitungen zu diesem.

Durch die bei Großausführungen bereits infolge des notwendigen Lagerspieles unvermeidlichen Schwankungen der Maschinenwelle werden bei feststehendem Ölzuführungsbock sowohl die Zuführungsrohre l_2, l_1 als auch die drehenden Durchführungen *920*, *921* ungünstig beansprucht. Die hier dargestellte Ausbildung der Ölzuführung [23], bei welcher sich der Kammerkörper *922*, nur an einer Verdrehung gehindert und an die infolge ihrer freien Länge genügend nachgiebigen Zuleitungsrohre l_1 und l_2 angeschlossen, mit den ihn führenden bzw. spurenden Organen *920*, *921*, *925* bewegen kann, vermeidet diesen Nachteil. Der ortsfeste Bock *926* dient der Lagerung des Rückführgestänges sowie der Vermittlung eines äußerlich ruhigen Eindruckes des zur Ölüberleitung notwendigen Aufbaues.

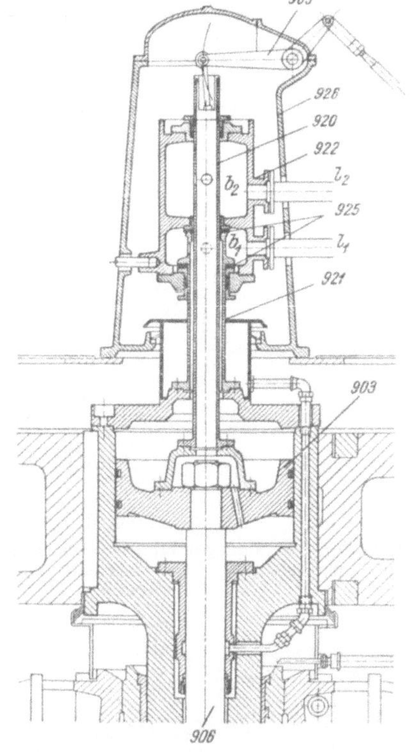

Abb. 179.

c) Steuerungseinrichtungen.

Die Einfachregelung beschränkt sich, den bisherigen Erkenntnissen Rechnung tragend, ausschließlich auf die Beeinflussung der Laufschaufelstellung. Das in üblicher Weise ausgebildete hydraulische Triebwerk zur Betätigung des Laufschaufelverstellmechanismus wird zweckmäßig an das Steuerventil eines normalen Reglers des erforderlichen Arbeitsvermögens angeschlossen, der den besonderen Verhältnissen durch Weglassung des Arbeitswerkes und der Handregelung angepaßt ist. An Stelle letzterer tritt eine Handpumpe, welche die vor Anlauf notwendige Eröffnung der Laufschaufeln durchführen läßt.

Bei Anwendung der selbsttätigen Leit- *und* Laufschaufelregelung wird letztere in der einfachsten Form als starr rückgeführte Abhängigkeitsregelung ausgebildet, bei welcher Kurvenscheiben, die vom Arbeitswerk der Leitradregelung bewegt werden und die dem bestmöglichen Wirkungsgrad entsprechende beharrungsmäßige Zuordnung der Regelorgane in die Steuerung einführen, die Steuerung der Laufradregelung übernehmen. Der Umstand, daß das Arbeitswerk der letztgenannten Regelung an sich unabhängig angeordnet ist, ermöglicht die unveränderte Anwendung eines typenmäßigen Einfachreglers für das Leitschaufelverstellwerk, falls Laufschaufelsteuerventil und Ölzuführungsbock konstruktiv miteinander vereinigt werden und eine zusätzliche Drucköierzeugungsanlage für die Laufschaufelregelung nicht notwendig wird (z. B. gemeinsamer Druckspeicher). Abb. 180 läßt die konstruktive Durchbildung [1] einer auf derartigen Voraussetzungen aufgebauten Laufschaufelregelung erkennen, bei welcher der in üblicher Weise zweiseitig steuernde Kolben *941* über das Gestänge *972* primär vom Leitschaufeltriebwerk her verstellt und durch die Bewegungen des zugehörigen Arbeitskolbens, bzw. der mit diesem verstellten Zuführung *920* rückgeführt wird.

Die an sich wünschenswerte örtliche Zusammenfassung der Steuereinrichtungen für Leit- und Laufradregelung wird durch die konstruktive Angliederung letzterer an den Leitradregler

---

[1] Das Spurlager kann dann entweder auf dem Turbinendeckel abgestützt, bzw. unmittelbar unter dem Generatorrotor angeordnet werden.

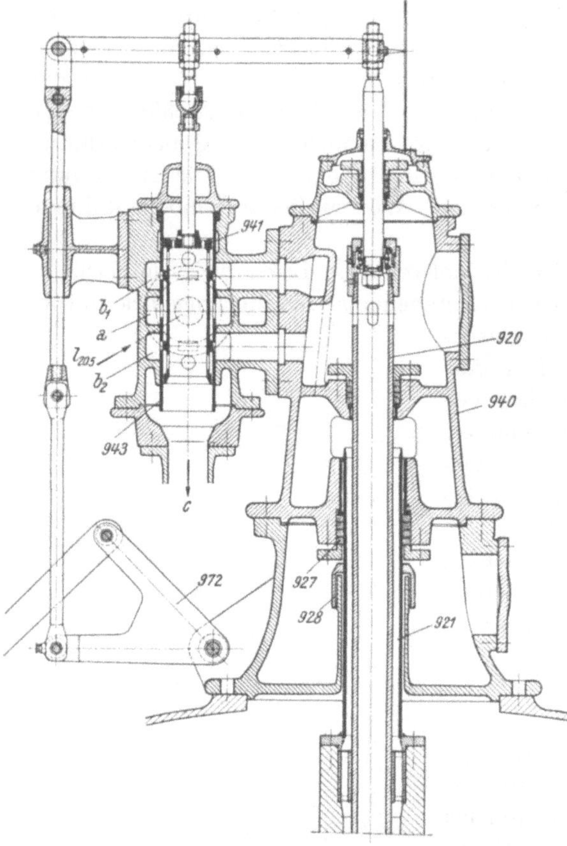

Abb. 180. (Maßstab 1:15.)
920, 921 = Ölzuführungen, *927, 928* = Ölabdichtungen, *940* = Ölzuführungsbock, *941, 943* = Steuerventil, *972* = Abhängigkeitsgestänge.

Abb. 181.

gemäß Abb. 294 [11, 12][1] erreicht. Die Bewegungen des Laufradsteuerkolbens *941* unterliegen dem Einfluß der vom Leitradtriebwerk
her bewegten Abhängigkeitskurve *970* und
jenem der über Drahtzug *972* vermittelten
Laufradrückführung. Die Veränderung der
wirksamen Seillänge über das Aufzugsgetriebe *978* läßt die beharrungsmäßige Zuordnung gleichzeitiger Leit- und Laufrad-
stellungen etwa im Sinne der Weitereröffnung
des Laufrades ändern, ein Vorgang, der beim
Anlassen des Maschinensatzes, bzw. zur Erzielung einer Mehrleistung bei Wasserüberschuß
oder starkem Rückstau im Unterwasserkanal
notwendig werden kann.

Bei der obengenannten konstruktiven Zusammenfassung erscheint eine Form der zusätzlichen Steuereinrichtung anstrebenswert,
die möglichst die Durchbildung des Leitrad-
reglers nicht berührt, insbesondere falls es sich
bei letzterem um ein Reihenerzeugnis handelt
(Abb. 181 [23]). Laufradsteuerventil *940* und
Steuergestänge *933—972* sind auf dem Deckel
979 angeordnet, welcher an Stelle des einfachen Abschlußdeckels des Normalreglers
tritt. Immerhin erscheint die Ausrüstung des
letzteren noch durch den Umstand beeinflußt,
daß sowohl der Antrieb der Abhängigkeitskurve *930* vom Arbeitswerk des Reglers durch
zusätzliche Vorkehrungen verwirklicht als auch
die Ergänzung des normalen Pumpensatzes
durch die die Laufschaufelregelung beliefernde
Pumpe vorgenommen werden muß, falls die
Regelungen im Durchfluß versorgt werden.
Unter diesem Gesichtswinkel erscheint die Entwicklung unabhängiger Zusatzeinrichtungen [23]
folgerichtig, die im Falle der Versorgung der
Laufradregelung durch eine besondere Pumpe
auch letztere einschließen. Die Möglichkeit der
räumlich unabhängigen Aufstellung derartiger
Einrichtungen kommt der einfachen Führung
des Rückführgestänges entgegen, die Zusammenfassung der zur Regelung der Laufschaufeln
notwendigen Steuerungseinrichtungen gestattet
die unveränderte Anwendung eines normalen
Reglers zur Betätigung des Leitapparates; die
Unabhängigkeit der Aufstellung wird notwendigenfalls durch elektrischen Antrieb der in die
Zusatzeinrichtung einbezogenen Reglerpumpe

gewahrt. Abb. 182 zeigt die Durchbildung der Zusatzeinrichtung unter Voraussetzung der
unabhängigen Versorgung des Drucköllkreises der Laufschaufelregelung durch eine besondere

[1] S. Abschnitt XII, S. 202.

Pumpe. Der im Durchfluß vorgesteuerte Ventilkolben unterliegt der Führung durch den Leitradservomotor (Kurvenscheibe *932*), bzw. den rückführend eingeleiteten Bewegungen des Laufradarbeitswerkes über den Kurventrieb *970*, wobei das Handrad *978* der Überöffnung des Laufrades dient. Die drehbare Ausbildung der Gestängeführungen *933* und *976* unterstützt die günstigste Ausrichtung der Verbindungsgestänge.

Die Ausbildung der Zusatzeinrichtung unter Voraussetzung einer gemeinsamen Versorgung der Regelungen durch gespeichertes Drucköl läßt Abb. 183 [23] erkennen. Hingewiesen sei nur auf das Rückschlagventil *960*, welches in Betriebspausen die Entleerung der zum Laufrad-servomotor hochsteigenden Ölleitungen ver-hindern soll, ferner auf die Handpumpe *990*, welche die Eröffnung der Laufschaufeln er-möglicht, falls zu Beginn des Anlaßvorganges der Druckspeicher nicht betriebsbereit sein sollte. Die letztgenannte Maßnahme wird

Abb. 182.

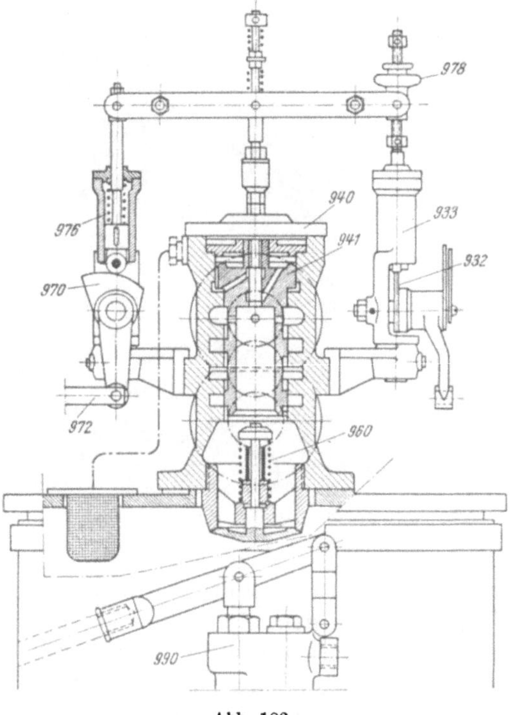

Abb. 183.

auch bei der Anordnung Abb. 182 zweckmäßig, falls nicht unbedingt mit der Betriebs-bereitschaft des elektrischen Pumpenantriebes gerechnet werden kann.

Auch die doppelte Verkettung der Steuerkreise in grundsätzlich gleicher Form wie bei der Doppelregelung von Freistrahlturbinen hat Anwendung gefunden (Abb. 184 [23]). Hierbei erfolgt die Verstellung des Steuerventils *940* zur Laufradregelung abhängig von den Bewegungen des Leitradsteuerventils *930* über Doppelhebel *972*, dessen mittlerer Drehpunkt dem Einfluß der Ver-stellungen des Leitradarbeitswerkes über Gestänge *933* und Kurve *932*, jenen des Laufschaufel-verstellwerkes über Kurventrieb *970* unterstellt ist. Diese Anordnung mit ihrer relativ er-höhten Stabilität kann unter besonderen Verhältnissen notwendig werden, wie sie etwa durch regeltechnisch ungünstige Zusammenhänge zwischen Leit- und Laufradstellung herbeigeführt werden können, bzw. falls die Regelung nach bestmöglichem Wirkungsgrad an die *selbsttätige* Überöffnung des Laufrades bei bereits bestehender voller Leitradöffnung gebunden ist. Nachdem ein befriedigender Verlauf des Wirkungsgrades auch mit regeltechnisch günstigeren Zusammen-hängen der obengenannten Bestimmungsgrößen erreicht werden kann, findet die bezeichnete Auslegung nur selten praktische Anwendung.

Der Umstand, daß für jede Leitschaufelstellung ein eindeutiger Zusammenhang zwischen Stellung der Laufschaufel und dem auf diese ausgeübten hydraulischen Moment besteht, läßt durch Aufbringung bestimmter Gegenmomente die Laufschaufelstellungen jenen des Leitapparates zuordnen. Insofern die beharrungsmäßig den einzelnen Leitapparatstellungen zukommenden Werte des Laufschaufelverstellmomentes in einfacher Abhängigkeit von der Laufschaufelstellung selbst stehen (Abb. 185), was etwa durch entsprechende Formgebung der Laufschaufel erzwungen werden kann, wird eine besondere Abhängigkeitssteuerung überhaupt entbehrlich (38, 39); die zugeordneten Gegenmomente können dann — wenn konstant —

Abb. 184.

durch druckwasserbelastete Gegenkolben, bzw. durch entsprechend abgestimmte Federanordnungen erzielt werden. An Stelle rein mechanischer Mittel kann auch Drucköl zur Erzeugung des Gegenmomentes bzw. des veränderlichen Anteils desselben herangezogen werden; die Steuerung der Ölpressung — etwa in Abhängigkeit von der Leitapparatstellung — läßt auch die Verwirklichung komplizierter Zusammenhänge zu, wobei jedoch infolge der wenn auch verminderten Aufwendungen für die Steuerung (u. a. durch Entfall der mechanischen Rückführung) der Umweg, die Zuordnung drehmomentenabhängig zu verwirklichen, nicht mehr vollberechtigt erscheinen dürfte.

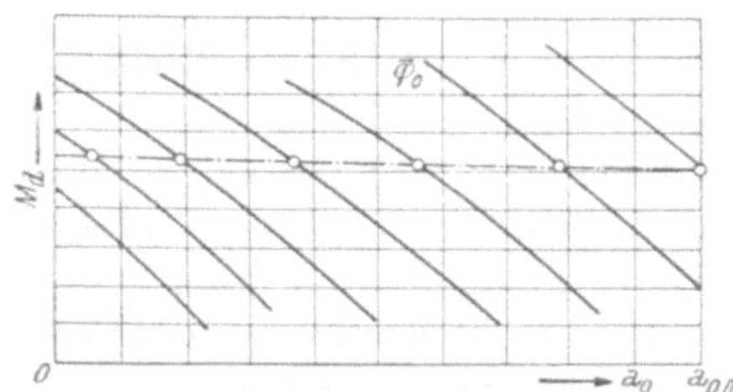

Abb. 185. a_0 = Leitschaufel-, φ_0 = Laufradöffnung, Md = Laufschaufeldrehmoment.

d) Abstimmung der Regelgeschwindigkeit von Leit- und Laufradverstellung.

Man entnimmt der grundsätzlichen Darstellung des Leistungsfeldes doppeltgeregelter Kaplan-Turbinen (Abb. 186), daß zur möglichsten Geringhaltung der Drehzahlsteigerung bei Entlastungsvorgängen die Herabsetzung der Arbeitsgeschwindigkeit der Laufschaufelregelung gegenüber jener der Leitschaufeln vorteilhaft ist insofern, als der rasche Abfall des Wirkungsgrades das Leistungsgleichgewicht bereits bei relativ größeren Wassermengen erreichen läßt, wodurch unter Umständen nicht nur die hierzu erforderliche Zeit verkürzt, sondern auch die Druckschwankungen in der geschlossenen Wasserführung gemildert werden.[1] Für die der erstmaligen Erreichung des Leistungsgleichgewichtes folgende sekundäre Phase des Regelvorganges, in welcher die Einsteuerung der Regelorgane in ihre gesetzmäßige Beharrungslage vor sich

---

[1] Man entnimmt dem Schaubild, daß z. B. bei einer Entlastung von $N = 0,8$ (auf $N_0 = 1$ bezogen) auf 0,2 bei ausschließlicher Verstellung des Leitapparates das Gleichgewicht erstmalig bei $q_2 = 0,37$ erreicht wird, während die für den neuen Beharrungszustand $\bar{2}$ maßgebende bezogene Wassermenge $rd\,\bar{q}_2 = 0,18$ beträgt (der Einfluß der Drehzahländerung auf das Leistungsfeld ist hierbei vernachlässigt).

geht, liegt bei ausschließlicher Abhängigkeitssteuerung des Laufschaufelregelkreises eine rein drehmomentenabhängige Verkettung zwischen Leit- und Laufschaufelbewegung vor, wobei letztere, durch die konstruktionsgemäße Regelgeschwindigkeit bestimmt, über die Drehzahl die Leitradverstellung führt. Die hierbei gegebene Möglichkeit von Leistungspendelungen kann vermieden werden, wenn an Stelle der drehzahlabhängigen Steuerung des Leitrades eine ausschließlich von den Bewegungen des Laufrades abgeleitete Abhängigkeitssteuerung [23] tritt, wobei einander zugeordnete Öffnungswerte (a_0, φ_0) der Leerlaufleistung $(N = O)$ entsprechen. Mittelbar ist damit die Haltung der Drehzahl gegeben. In der praktischen Durchführung genügt die gesetzmäßige Begrenzung des Pendelhubes, da der Einfluß der sich schließenden Laufschaufeln (φ_0) im Sinne einer Leistungserhöhung und damit Drehzahlsteigerung geht, wie aus dem Leistungsfeld Abb. 186 zu erkennen ist.

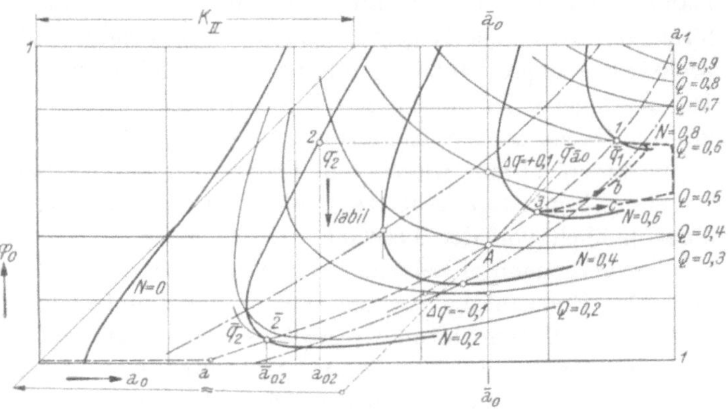

Abb. 186.

Die Wirksamkeit der vorerwähnten Abhängigkeits- (Leistungs-) Steuerung ist an die volle Entlastung des Maschinensatzes gebunden; sie kann als Sonderfall jener allgemeine Geltung beanspruchenden Vorschläge von D. Thoma angesehen werden, bei welchen durch eine rein *leistungsabhängige* Rückführung — also unter Aufrechterhaltung der Drehzahlsteuerung — für beliebige Werte der neuen Beharrungsleistung die Drehzahl des Maschinensatzes nur von dieser abhängt, hingegen unbeeinflußt von den möglichen Zuordnungen zur Erhaltung dieser Leistung während des sekundären Vorganges bleibt. Gleichzeitig erscheint der Stabilitätswert der Regelung in eindeutiger Beziehung zur *Leistung* im Gegensatz zu Anordnungen mit Ableitung der Rückführung von der Stellung *eines* der Regelorgane.

Bei dem allgemeinen Charakter der Abhängigkeit der Leistung von Lauf- und Leitschaufelstellung kann eine rein leistungsabhängige Verstellung des Rückführpunktes C (Abb. 187) durch additive Zusammensetzung der Wege der Regel-

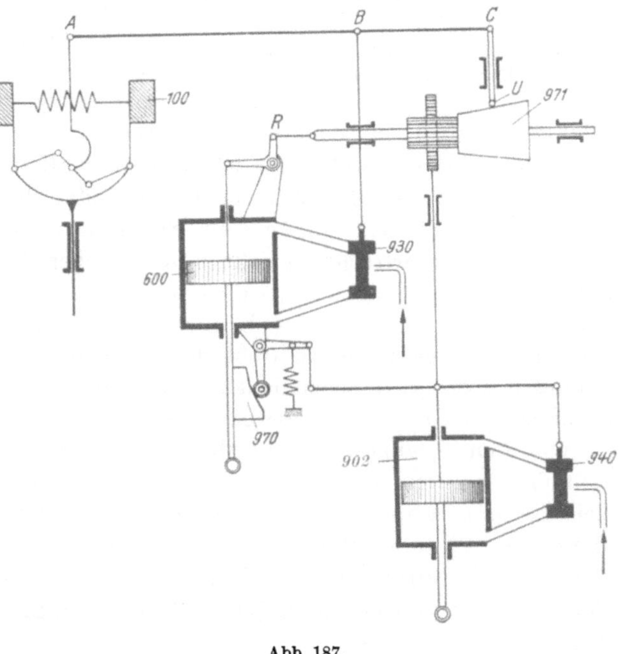

Abb. 187.

organe, bzw. ihrer allgemeinen Abwandlungen etwa über Kurventriebe, nicht erzielt werden, sondern erfordert die Abbildung des jeweils geltenden Leistungsfeldes durch einen Mechanismus mit zwei Freiheitsgraden entsprechend der Abhängigkeit a_0, φ_0.

Hierzu können Formkörper *971* in die Steuerung eingeschaltet werden, deren Längsverstellung von der Leitschaufelbewegung, deren Winkeldrehung von jener der Laufschaufeln oder umgekehrt abgeleitet ist. Bei einer etwa vorzusehenden linearen Abhängigkeit von Drehzahl und Leistung im Beharrungszustande sind die Leistungswerte in proportionalen Radien des Formkörpers abzubilden. Falls die nur angenäherte Erfüllung der oben gekennzeichneten Forderung genügt, besteht die Möglichkeit des Ersatzes des Formkörpers durch einfacher herzustellende Lenkergetriebe.

Die möglichste Herabsetzung des Schwungmassenbedarfes bei großen und verhältnismäßig langsam laufenden Kaplan-Sätzen macht neben anderem die Anwendung hoher Ungleichförmigkeitsgrade der Regelung und damit isodromierender Einrichtungen zur Erzielung eines praktisch entsprechenden (dauernden) Ungleichförmigkeitsgrades der Regelung notwendig. Die überlagerte Wirkung dieser Einrichtung läßt bei der gewöhnlich gegenüber der Schließzeit des Laufrades größeren Isodromzeit den hinsichtlich der Drehzahlhaltung gezeigten Vorteil zurücktreten, ebenso wie sie den Drehzahleinlauf bei der nur einfach abhängig rückgeführten Regelung begünstigt (Abb. 188). Wertvoll bleibt jedoch die Abhängigkeit des Stabilitätswertes ausschließlich von der Leistung.

Die vorgenannte Leistungssteuerung läßt mehr oder minder ohne Beeinträchtigung der Güte der Drehzahlregelung die Dauer des Sekundärvorganges frei, also genügend lang wählen und so die Massenwirkungen geschlossen geführter Wassersäulen abschwächen, insbesondere die damit zusammenhängenden Vorgänge im Saugrohr, die selbst bei vertikalen Maschinensätzen zusammen mit anderen Ursachen Veranlassung zum Hochsteigen des rotierenden Teiles im Gefolge plötzlicher Entlastungen geben können.

An sich bedingt die Veränderung des Profilanströmwinkels bei sich schließenden Leitschaufeln (zurückgehender c_m-Komponente) die Verringerung des Axialschubes, gegebenenfalls bis zu negativen Werten desselben. Diese Verhältnisse können durch die — regeltechnisch wohl ungünstige — Erhöhung der Nachfolgegeschwindigkeit des Laufschaufelmechanismus verbessert werden.

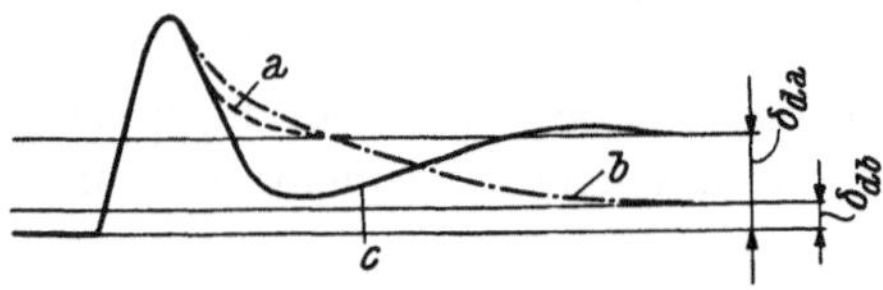

Abb. 188. a = leistungsabhängig rückgeführt, b = isodromiert, c = einfach rückgeführt.

Wesentliche Bedeutung kommt der Vakuumbildung im schaufellosen Raum zu, die, durch die Pumpwirkung des Laufrades gefördert, bei großen Turbinen auch durch eine im praktisch möglichen Ausmaß vorgesehene Belüftung erfahrungsgemäß nur wenig gemildert werden kann. Die Bildung eines freien Wasserspiegels im Saugrohr und dessen stoßartiges Rückfluten schaffen im Augenblick des Eintrittes des gegebenenfalls mit Überdrehzahl rotierenden Laufrades die Disposition zum Hochsteigen desselben.

Die beschriebenen Vorgänge im Saugrohr zu verhindern ebenso wie die Sicherung eines genügenden Abwärtsschubes gelingt in einfacher Weise durch Verzicht auf einen vollständigen Schluß des Leitapparates, etwa durch Beschränkung auf die Leerlauföffnung; ein Vorgang, der jedoch nicht immer, so z. B. für automatische Anlagen, möglich ist. In diesem Falle, insbesondere bei geringem Gewicht des rotierenden Teiles (Getriebeturbinen), muß bei vollem Schluß mit der Wahrscheinlichkeit eines Hochsteigens gerechnet und diesem etwa durch Anordnung von Gegenspuren begegnet werden.

Was den *Öffnungsvorgang* anbelangt, so liegt es im Sinne einer möglichst raschen Herstellung der neuen (vergrößerten) Beharrungsleistung bzw. Geringhaltung des vorübergehenden Leistungsunterschusses, die Angleichung der erzeugten Leistung bei jeweils bestmöglichem Wirkungsgrad vorzunehmen. Dies bedeutet eine Abstimmung der Öffnungsgeschwindigkeiten, welche die beharrungsmäßige Zuordnung a—a_1 (Abb. 186) auch während eines durch größere Belastungsänderungen ausgelösten Regelvorganges eintreten läßt. Grundsätzlich kann ein Ablauf des Öffnungsvorganges nach a—a_1 durch eine stellungsabhängige Zuordnung der Höchstgeschwindigkeiten von Leit- und Laufschaufelregelung erreicht werden, welche jedoch Einflüssen unterliegt, die nicht eindeutig in der Steuerung berücksichtigt werden können (Veränderlichkeit der Ölviskosität, der Verstellwiderstände).

Dies hat D. Thoma zu dem in Abb. 189 dargestellten Vorschlag veranlaßt, nach welchen die Verstellung des Leitschaufeltriebwerkes im Öffnungssinne durch jene der Laufschaufeln überwacht und gegebenenfalls im genannten Sinne begrenzt wird. Hierbei wird die Tatsache eines Zurückbleibens der Laufschaufelregelung aus der stärkeren Verstellung des zugehörigen Steuerventils *940* im Öffnungssinne gefolgert, welcher Zustand eben dann eintritt, wenn der Kraftkolben des Laufschaufelgetriebes *902* dem primären Impuls des Arbeitskolbens *600* der

Leitradregelung nicht gefolgt ist und damit nicht die Rückführung des Steuerventils *940* gegen seine Mittellage vorgenommen hat. In diesem Falle wird durch das Gestänge *941* der Hub des Steuerventils *930* zum Leitapparat-getriebe im Öffnungssinne beschränkt und damit dessen Geschwindigkeit entsprechend herabgesetzt.[1]

Diese Maßnahmen gewinnen besondere Bedeutung im Hinblick auf die Eigenart des Leistungsfeldes von Kaplan-Turbinen, insofern stärkere Abweichungen im Sinne einer Voreilung der Leitschaufeln zur Herstellung des neuen Beharrungszustandes über den Weg starker Überöffnungen des Leitrades (Abb. 186, *3—b—1*), gegebenenfalls zu einem instabilen Vorgang mit Volleröffnung des ersteren (*3—c—1*) führen können.

Der Verlauf der Linien gleicher Leistung im Bereiche der Beharrungszustände läßt eine möglichst pendelfreie Ansteuerung der letzteren bei Schließvorgängen nur bei verhältnismäßig stark herabgesetzter Geschwindigkeit der Laufschaufelverstellung erwarten. Zur Erzielung eines schleichenden Schlusses der

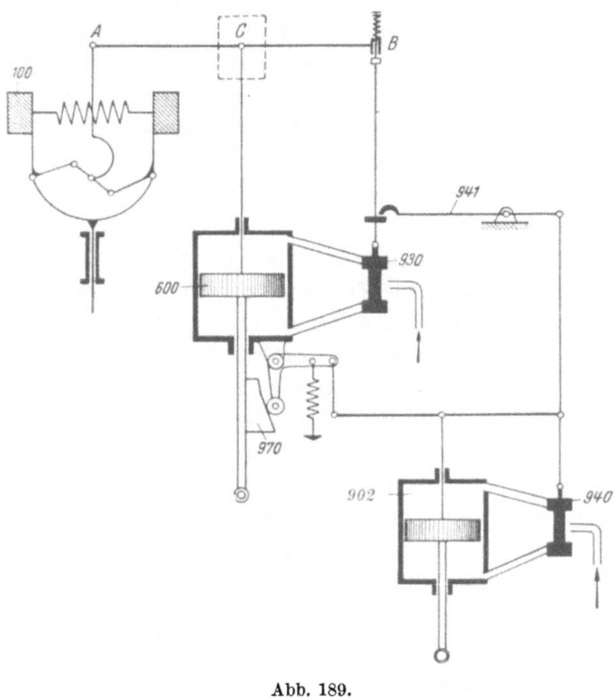

Abb. 189.

Laufschaufeln in der Nähe der gesetzmäßigen Beharrungslage sind besondere Vorkehrungen, wie etwa die in Abb. 190 dargestellte [11], entwickelt worden. Hierbei werden die von der Abhängigkeitskurve *970* abgenommenen Steuerwege, insofern es sich um Schließvorgänge handelt,

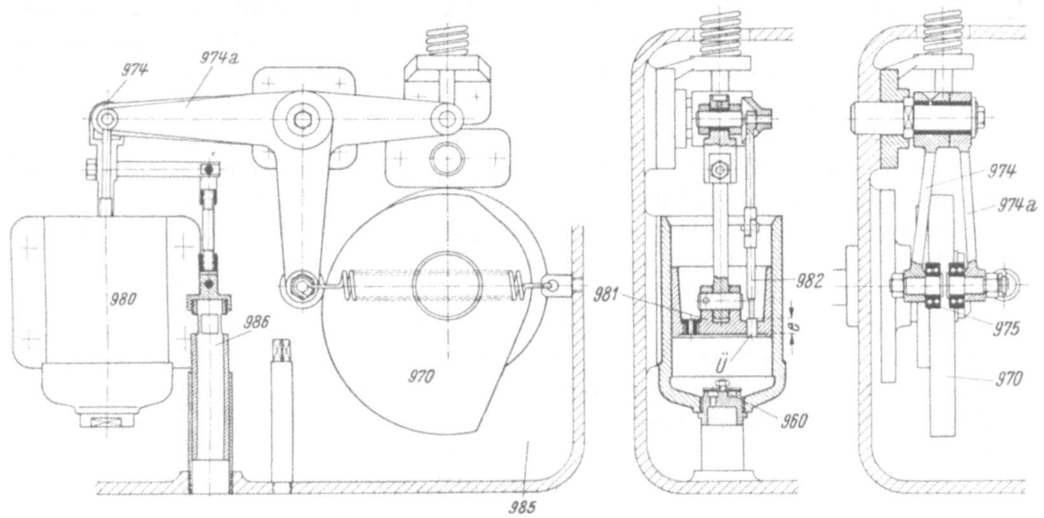

Abb. 190. (Maßstab 1:6.)

durch die Ölbremse *980* mit Abhebung der Rolle *975* von der Kurvenscheibe *970* verzögert, solange die Relativstellung eines zweiten, dauernd kraftschlüssig an Kurvenbahn *970* gelegten Hebels *974a* die Überdeckung *e* der durch den Stift *982* gesteuerten Überströmung *Ü* nicht

---

[1] In die Vorschläge von D. THOMA ist auch die Möglichkeit einer Drosselung der Druckölzufuhr zum Leitapparatsteuerventil bei stärkeren Verstellungen des Laufradsteuerventils im Öffnungssinne aufgenommen.

überschreitet. Öffnungsbewegungen der Abhängigkeitskurve hingegen folgt das Steuergestänge des sekundären Kreises ohne Verzögerung, nachdem hierfür die Wirkung der Ölbremse durch das Rückschlagventil *960*[1] ausgeschaltet erscheint.

Der schleichende Schluß der Laufschaufeln im Bereich der letzten Winkelgrade vor Erreichung des Beharrungszustandes kann auch durch eine entsprechende Auslegung des zugehörigen Steuerventils erreicht werden. Drosselbunde mit Bohrungen, Verringerung des steuernden Umfanges im Bereich um die Mittellage des Steuerventils (Abb. 86) dienen nicht nur der starken Herabsetzung der Regelgeschwindigkeit um die Beharrungslage, sondern auch einer unabhängigen Einstellung der Öffnungs- und Schließzeit[2] des Laufschaufelverstellmechanismus.

Für Anlagen, die unter stark wechselndem Gefälle zu arbeiten haben, kann die Änderung der gesetzmäßigen Zuordnung von Leit- und Laufschaufelöffnung im Beharrungszustand je nach dem augenblicklich wirksamen Gefälle zur Erzielung wirtschaftlichster Ausnützung der verarbeiteten Wassermenge erforderlich werden. Hierzu wird die einfache Abhängigkeitskurve durch eine Kurvenwalze ersetzt, deren Form sich aus der Aneinanderreihung der mit Änderung des Gefälles einzuführenden Gesetzmäßigkeiten der Zuordnung ergibt. Die axiale Verstellung der Kurvenwalze, welche die einzelnen Abhängigkeitsverhältnisse wirksam werden läßt, kann von Hand aus durchgeführt werden, bzw. wird bei Anlagen mit zeitlich unvorhersehbaren Gefällsschwankungen (z. B. bei Werken, die der Abflußregelung dienen) bzw. unbedienten Anlagen zweckmäßig Schwimmereinrichtungen übertragen, die unmittelbar oder über hydraulische Getriebe die Verschiebung der Kurvenwalze durchführen (s. Abb. 294).

e) Druckölbereitstellung.

Die Druckölversorgung der Laufschaufelregelung wird, falls es sich um Maschinengrößen handelt, welche zweckmäßig von Durchflußreglern bedient werden, durch eine besondere Pumpe bewirkt. Letztere wird entweder, wie bereits erwähnt, der dem normalen Regler angehörigen Pumpe zugefügt, bzw. bei Anwendung getrennter Zusatzeinrichtungen (Abb. 182) in diese einbezogen. Die sinngemäße Beschränkung des Durchflußprinzips auf Laufradregelungen kleineren Arbeitsbedarfes sowie der Umstand, daß hierbei diese verhältnismäßig langsam vorgenommen werden kann — für den gesamten Verstellhub können 10 bis 20 Sekunden aufgewendet werden —, lassen mit einer einzigen Pumpe zur Erzielung der notwendigen Regelgeschwindigkeit das Auslangen finden.

Falls die Größe der Anlage die Anwendung gespeicherten Drucköles zweckmäßig macht, erfolgt in der Regel die Belieferung der Steuer- und Betätigungskreise der Laufschaufelregelung durch die entsprechend der zusätzlichen Inanspruchnahme ausgelegte gemeinsame Druckölerzeugungsanlage; jedoch kann auch für die Laufradregelung die Versorgung durch eine besondere Pumpe in Durchfluß beibehalten werden, wobei letztere auch zur Belieferung des parallelgeschalteten Druckspeichers herangezogen werden kann. Diese Anordnung, die nur voraussetzt, daß die Pumpe der vorgesehenen maximalen Regelgeschwindigkeit des Laufradservomotors mindestens entspricht, bringt die Entlastung des Druckspeichers vom Druckölbedarf der Laufradregelung, wirkt also im Sinne einer Verringerung des bereitzustellenden Druckölvolumens.

f) Sonderbauformen.

Die bisher besprochenen Anordnungen des Arbeitszylinders zum Laufschaufeltriebwerk lassen eine Beeinflussung der Ausbildung des Generators nicht umgehen, zumindest hinsichtlich der Vorkehrungen, die durch die Ölzuführung zum Laufradarbeitswerk bedingt

---

[1] Um ein sofortiges Anheben des Rückschlagventils zu sichern, wird der Ölspiegel im Behälter *985* durch den gleichsinnig mit dem Kolben *981* bewegten Überlauf *986* immer um geringes höher als der Ölspiegel im Arbeitsraum der Ölbremse (Unterseite des Kolbens *981*) gehalten.

[2] Abgesehen von der Dauer der Nachregelung hat sich verschiedentlich eine merklichere Nachführung der Laufschaufeln bei stärkeren Entlastungen als erforderlich gezeigt, um eine allzustarke Bremswirkung der offenen Laufschaufeln hintanzuhalten.

sind und den Schutz der elektrischen Maschine vor dem Eindringen von Lecköl zu gewährleisten haben. Diese Nachteile vermeiden Ausführungen, welche die für die Steuerung und Drucköhlversorgung der Laufschaufelregelung notwendigen Einrichtungen möglichst unmittelbar mit dem Arbeitszylinder dieses Regelkreises vereinigen, wie etwa in Abb. 191 dargestellt [21] (37). Hierbei ist das Gehäuse zum Laufradsteuerventil *943* mit dem Arbeitskolben *903* zusammengebaut, wodurch letzterer dem über die Muffe *972* abhängig von den Bewegungen des Leitapparates verstellten Steuerstift *941* nachgeführt wird. Die Versorgung des Ölkreises erfolgt durch die — der Abmessungen halber mit drei Rädern ausgeführte — Zahnradölpumpe *950*, die, mit dem Steuerventil zusammengefaßt, ihren Antrieb von dem feststehenden Zahnkranz *951* ableitet.

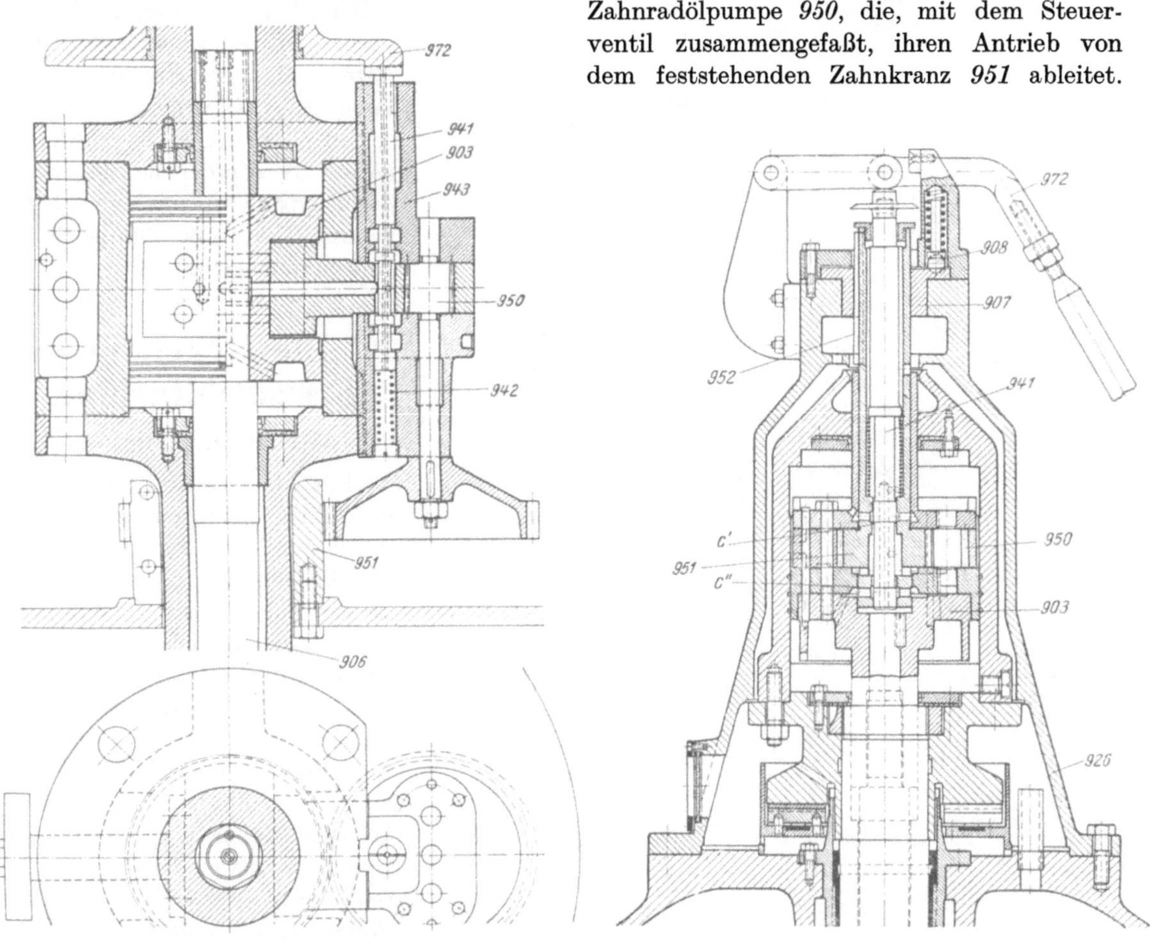

Abb. 191. (Maßstab 1:6.)   Abb. 192.

Für Anordnungen des Arbeitskolbens am oberen Ende der Maschinenwelle kann ein gedrängter Aufbau der Regelungseinrichtung bei einer den praktischen Forderungen genügenden Zugänglichkeit durch die in Abb. 192 gezeigte Anordnung erreicht werden, bei welcher Zahnradpumpe *950*, *951* und Steuerkolben *941* unmittelbar in den Arbeitszylinder verlegt sind. Zahnradpumpe *950* ist als Dreiräderpumpe ausgebildet, deren Förderung durch Verhinderung der Drehung des mittleren Rades *951* über Gleitkeil *952* erzielt wird. Abweichend von der üblichen Verteilung des Drucköles werden aus konstruktiven Erwägungen die beiden Ölströme getrennt in die Zylinderräume eingepumpt und nachher gesteuert, wobei, wie leicht verfolgbar, der Steuerschieber *941*, der sich kraftschlüssig an das Abhängigkeitsgestänge *972* anlehnt, durch Abdeckung einer der Auslaßsteuerungen *c′*, *c″* die Nachfolgebewegung des Arbeitskolbens *903* mit Unterdrucksetzung der zugehörigen Pumpe bewirkt. Die nur kraftschlüssige Feststellung der Führungsbüchse *907* über die abgefederte Kugel *908* sichert durch die Beschränkung des Haltemomentes vor Getriebebrüchen.

Die Anwendung größerer Pumpenleistungen und Steuerquerschnitte bei Regelungen mit höherem Arbeitsbedarf führt zu der in Abb. 193 dargestellten Abwandlung[1] der Durchbildung, bei welcher der Steuerkolben in zwei Schieber *941* aufgelöst erscheint, deren einer (rechts) nur den Drucköleinlaß, deren anderer die Abströmung steuert. Die Verstellung der Schieber selbst erfolgt wieder kraftschlüssig von der Muffe *904* aus, welche vom Leitapparatregler entsprechend der geforderten Zuordnung (Kurvenscheibe *970*) bewegt wird. Wie leicht erkennbar, wird der Arbeitskolben *903* den übereinstimmend verstellten Schiebern bis zur Erreichung des dargestellten Beharrungszustandes nachgeführt. Um den dauernden Kraftverbrauch der Druckölanlage bei Bereitstellung relativ großer sekundlicher Ölmengen herabzusetzen, hat die in Abschnitt II (Abb. 33) besprochene Steuerung der Doppelpumpenanlage (kleine Pumpe *950*, große Pumpe *950a*) Anwendung gefunden.

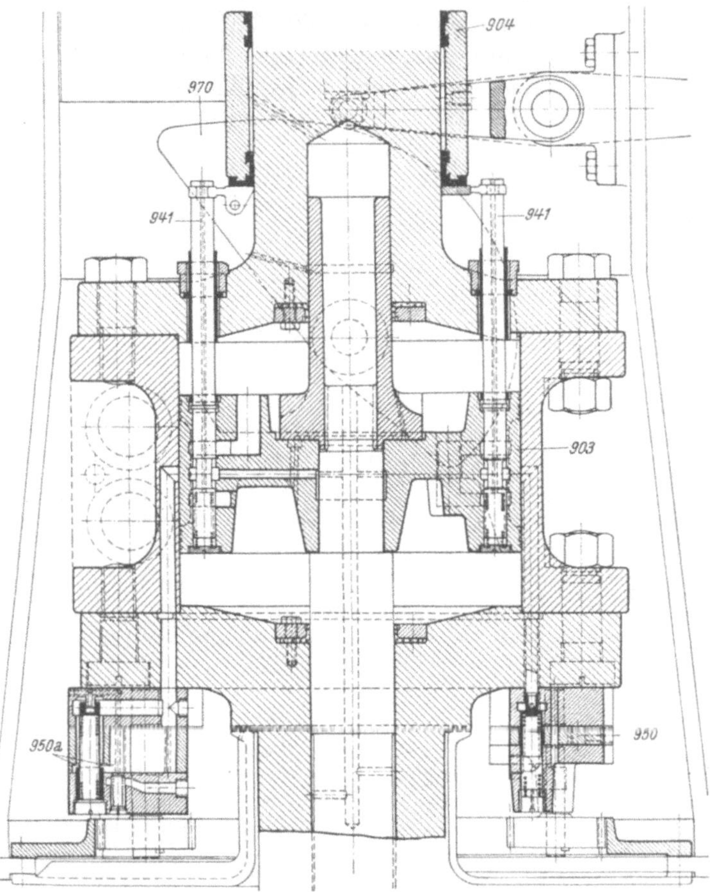

Abb. 193. (Maßstab 1:10.)

X. Die Regelung der Freistrahlturbine.

a) Grundsätzliches.

Für kleinere und nicht speicherfähige Anlagen kann die Anpassung der Beaufschlagung des Becherrades an die jeweils abzugebende Leistung durch teilweise oder gänzliche Abkehr des Strahles vom Laufrad durch Strahlablenker[2] erfolgen. Letztere werden zum Zwecke der selbsttätigen Gleichhaltung der Drehzahl durch Geschwindigkeitsregler einer der vorbeschriebenen Bauarten betätigt, während die aus der Düse strömende Wassermenge, welche die jeweils abgebbare Höchstleistung bestimmt, von Hand aus, bzw. für den Fall, daß Rücksichten auf Unterlieger die unverzögerte Durchleitung der jeweils zufließenden Wassermenge verlangen, durch eine gesonderte Regelung nach dem Wasserstand eingestellt wird.

Die Regelung der Beaufschlagungsmenge durch *ausschließliche* Verstellung der Düsennadel mittels selbsttätiger Regler ist mit Rücksicht auf die bei Laständerungen zu tolerierenden Drehzahlabweichungen mit noch wirtschaftlich zu bezeichnenden Schwungmassen nur für Rohrleitungsverhältnisse möglich, die bei verhältnismäßig hoher Regelgeschwindigkeit die durch Regelvorgänge ausgelösten Druckschwankungen in der Rohrleitung in zulässigen Grenzen halten lassen.[3] Gewöhnlich bedingt jedoch eine wirtschaftliche Auslegung des hydraulischen

---

[1] Nach Mitteilungen von J. Storek bis 25 000 mkg ausgeführt.

[2] Der Strahlablenker kann als Strahldrücker oder Strahlschneider, von oben auf den Strahl drückend oder in denselben von unten her einschneidend, ausgeführt werden. Hinsichtlich der erstgenannten Anordnung ist zu beachten, daß labile Bereiche auftreten können, in welchen die mit steigender Abdrückung zu fordernde Leistungs- (Momenten-) Abnahme nicht erfüllt und somit auch die Eindeutigkeit der Zuordnung von Strahlabdrückerstellung und Leistung nicht mehr gegeben ist (**43**).

[3] S. zweiter. Teil, Abschnitt A.

Teiles derartiger Hochgefällsanlagen die Erweiterung der Düsenregelung durch zusätzliche Maßnahmen, die den physikalischen Möglichkeiten entsprechend sich wohl unmittelbar nur auf Entlastungsvorgänge beziehen können, mittelbar jedoch auch höhere Reguliergeschwindigkeiten für Öffnungsvorgänge zulassen und somit die Anpassung der Leistungserzeugung an einen raschen Anstieg der Belastung erleichtern.

Als derartige zusätzliche Entlastungseinrichtungen können Strahlablenker, welche den Strahl vom Rad abweisen, oder selbsttätige Nebenauslässe Anwendung finden, wodurch die Beaufschlagung des Becherrades verhältnismäßig rasch einer verminderten Leistungsanforderung angepaßt werden kann, ohne daß hierdurch wesentliche Druckschwankungen erzeugt werden.

Für die grundsätzliche Auslegung der Doppelregelung bestehen verschiedene Möglichkeiten (41). Die Anwendung eines einfachen Reglers erlaubt jene Anordnung, für welche die Düsennadel bei

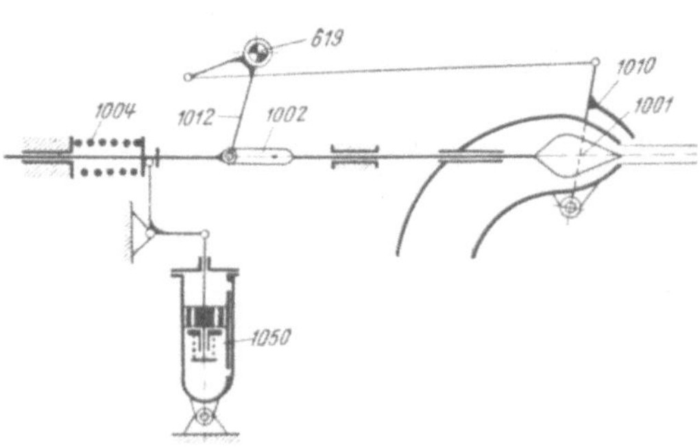

Abb. 194.

Entlastungsvorgängen ungesteuert, ausschließlich unter resultierend in der Schließrichtung wirkender Kräfte der neuen Beharrungslage zustrebt, anderseits bei Öffnungsvorgängen vom Strahlablenkergestänge mitgenommen wird (*Auslegungsform 1* mit mechanischer Nachführung der Nadel). Bei der in ihrer einfachsten Art schematisch in Abb. 194 dargestellten Anordnung [11, 12] erlaubt die Kulisse *1002* den Nachlauf der Düsennadel *1001* unter Wirkung der dauernd im Schließsinne gerichteten Nadel- und Federkräfte *1004* bei einer Schließbewegung des den Strahlablenker *1010* unmittelbar betätigenden Reglers, wobei die Geschwindigkeit des Nadelnachlaufes durch die Ölbremse *1050* beherrscht wird. Bewegungen der Nadel finden

ihr Ende mit der Anlehnung der Kulisse *1002* an Hebel *1012*, womit die gegenseitigen Beharrungsstellungen von Düse und Strahlablenker festgelegt erscheinen. Hinsichtlich dieser Zuordnung ist zu fordern, daß im Beharrungszustand der Ablenker in unmittelbarer Nähe des jeweiligen Strahlrandes steht, ebenso bei Öffnungsbewegungen vor dem anwachsenden Strahl zurückgezogen wird.

Bei voller Ausnützung des Reglerhubes für Strahlablenker und Düse kann somit ersterer nur bis zur Mitte einschwenken, was nur für *Strahldrücker* entsprechender Ausbildung zulässig erscheint. Die Anwendung des über die Achse hinausschwenkenden *Strahlabschneiders* ist wohl

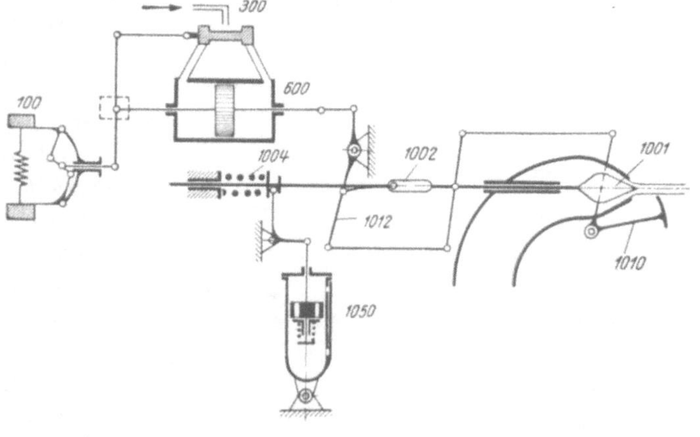

Abb. 195.

durch nur teilweise Heranziehung des Reglerhubes zur Bestreitung des vollen Hubes der Düsennadel möglich, bedingt jedoch ein erhöhtes Arbeitsvermögen des Reglers, zumindest für Öffnungsbewegungen, gegenüber der erstgenannten Auslegung. Diesen Nachteil vermeidet die Auslegung nach Abb. 195, bei welcher der Hub des Reglers unmittelbar die maximale Verstellung der Düse festlegt, während die gleichzeitigen Wege des Strahlablenkers von Regler- *und* Düsennadelstellung derart abgeleitet werden, daß der bei Zurücklegung des vollen Reglerweges zunächst ganz durchschwenkende Strahlablenker mit vorlaufender Nadel zurückgezogen wird, um bei Eintritt der Beharrungsstellung am Rande des Strahles zu stehen.[1]

Dadurch, daß der Freigang der Strahlablenkerregelung im Schließsinne nur auf einen Bruchteil des gesamten Düsennadelhubes beschränkt wird, anderseits die volle Durchschwenkung

---

[1] Ältere Ausführung von Escher Wyss, Zürich; s. hierzu auch R. THOMANN (44).

des Strahlablenkers für diesen Teilhub durch entsprechende Gestängeauslegung herbeigeführt wird, kann die wirksame Schlußzeit der Strahlablenkerregelung noch weiter verkürzt werden (44). Nach Zurücklegung des freien Hubes unterstützt der Regler die Schließbewegung der Nadel, was bei der Auslegung der Ölbremse zu beachten ist. Wird letztere bei Öffnungsbewegungen mit Drucköl im unterstützenden Sinne beaufschlagt, so kann damit eine Entlastung des Reglers erreicht werden.

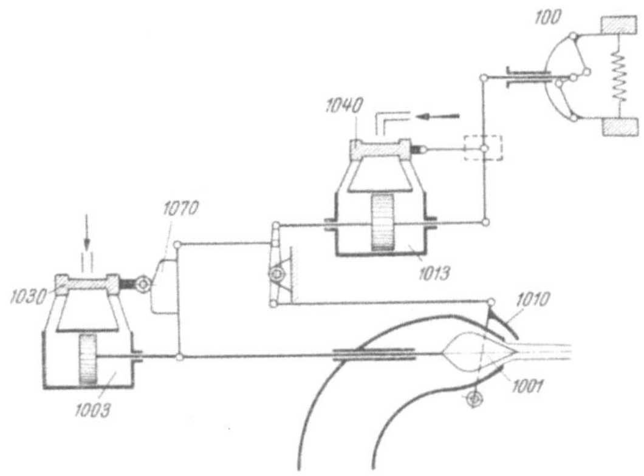

Grundsätzlich ist für alle genannten Anordnungen festzustellen, daß die in jedem Falle erforderliche Schließtendenz des Düsenverstellmechanismus den Regelbedarf für Öffnungsbewegungen erhöht. Nachdem jedoch an sich die zulässigen Öffnungszeiten der Düse gewöhnlich ein Vielfaches der möglichst kurz zu bemessenden Schlußzeit des Strahlablenkers betragen, muß dieser Umstand keine erhöhte Beanspruchung der Druckölversorgungsanlage bedingen, erfordert jedoch schwerere Übertragungsgestänge. Die unter Rücksichtnahme auf einen möglichst günstigen Verlauf der Druckschwankungen anzustrebende Gesetzmäßigkeit der Nadelschließbewegungen kann durch entsprechende Anordnung der Drosselquerschnitte in der Ölbremse, also durch gesetzmäßige Veränderung der wirksamen Gegenkräfte, herbeigeführt werden.

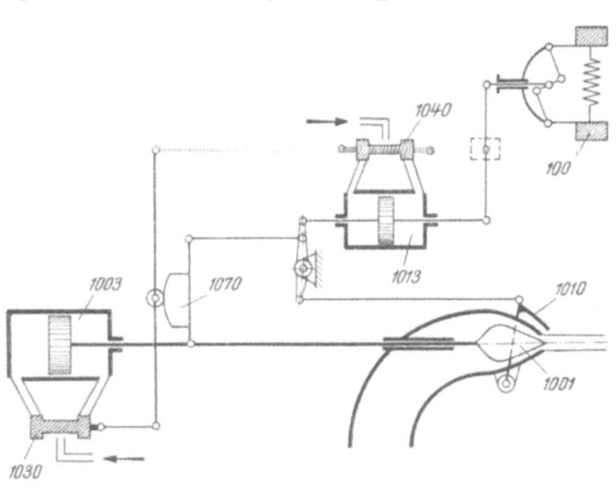
Abb. 196.

Die Entlastung des Reglers von den Verstellkräften der Düsennadel und damit die Vermeidung eines nach diesen zu bemessenden Gestänges bringt eine Auslegung, bei welcher die Düsennadel ihr eigenes Arbeitswerk und Steuerventil erhält, welch letzteres, durch die Bewegungen der Düse rückgeführt, primär vom Ablenkergetriebe her verstellt wird (*Auslegungsform 2*, Abb. 196). Die gegenseitig richtige Stellung von Düsennadel *1001* und Strahlablenker *1010* im Beharrungszustand kann hierbei durch eine in das Steuergestänge gelegte Kurvenscheibe *1070*, bzw. durch entsprechende Schränkung des ersteren erzielt werden. Um einen normalen, gegebenenfalls nur hinsichtlich seiner Druckölerzeugungsanlage ergänzten Regler anwenden zu können, wird zweckmäßig das Steuerventil *1030* für die Düsenregelung örtlich mit dem auf dem Düsenstock aufgebauten hydraulischen Triebzylinder *1003* für die Düsennadel *1001* vereinigt. Unter Voraussetzung dauernd vorhandener Schließ- (oder Öffnungs-) Tendenz der Nadel genügt die einseitige Steuerung des Arbeitswerkes, während anderseits doppelseitige Steuerung

Abb. 197.

erforderlich wird, falls zur Herabsetzung der Regelarbeit ein weitgehender Ausgleich der Nadelkräfte vorgenommen wurde. Für die Einstellung der Öffnungs- und Schließzeiten, bzw. die gesetzmäßige Veränderung der Regelgeschwindigkeit stehen die bekannten Hilfsmittel zur Verfügung.

Die Möglichkeit der Bedienung der Regelungseinrichtungen von einer zentralen Stelle im Maschinenhaus bedingt die Zusammenfassung der Arbeitswerke und Steuerungseinrichtungen für Düsennadel und Strahlablenker zum *Doppelregler* — eine Auslegung, die auch zweckmäßig ist, falls die Regelungseinrichtung zur gleichzeitigen Betätigung mehrerer Düsen herangezogen wird.

Die Stabilisierung der abhängig gesteuerten Düsennadel kann durch mittelbare Einbindung der Führungsgröße (Drehzahl) in den Nadelsteuerkreis wirksamer gestaltet werden (*Aus-

legungsform 3). Die Verstellungen des wie üblich von den Bewegungen der Düsennadel starr rückgeführten Steuerventils *1030* (Abb. 197) werden außer von der zur Herbeiführung der richtigen beharrungsmäßigen Zuordnung von Nadel- und Strahlablenkerstellung erforderlichen Abhängigkeitssteuerung *1070* von den gleichzeitigen Bewegungen des Steuerventils *1040* der Strahlablenkerregelung abgeleitet, wodurch der Stabilitätswert dieses Regelkreises im sekundären Steuerkreis zur Auswirkung kommt. Zu beachten ist der entstabilisierende Einfluß gleichzeitiger Strahlablenkerbewegungen,[1] welche durch die Abhängigkeitssteuerung *1070* in den Düsensteuerkreis eingeführt werden und weshalb rasche Bewegungen des Strahlablenkers bei kleinen Änderungen der Drehzahl um den Beharrungswert nicht zulässig erscheinen. Die Herabsetzung der Regelgeschwindigkeit in diesem Bereich wird durch eine besondere Ausbildung des Ventilkolbens *1040* der Strahlablenkerregelung, notwendigenfalls verbunden mit der Anwendung eines erhöhten (vorübergehenden) Stabilitätswertes dieses Regelkreises um die Gleichgewichtslage, erreicht.

Als Vorteil der erwähnten Auslegungsform ist die Ausregelung kleiner und langsam verlaufender Änderungen der Belastung durch ausschließliche Verstellung der Düsennadel, also ohne Eingriff des Strahlablenkers anzusehen. Dies liegt einerseits im Interesse einer möglichst guten Wasserwirtschaft und wirkt anderseits günstig hinsichtlich des Ausmaßes der Abnützung der Laufradbecher, die nicht nur auf eine etwa unzweckmäßige Form dieser, sondern erfahrungsgemäß unter Umständen überwiegend auf die korrodierende Wirkung des aufgelösten Strahles zurückgeführt werden muß.

Für die umgekehrte Anordnung, bei welcher der Strahlablenker *sekundär* gesteuert erscheint (*Auslegungsform 4*, Abb. 198), ist die Einbeziehung der Drehzahl in diesen Steuerkreis an sich notwendig, um das

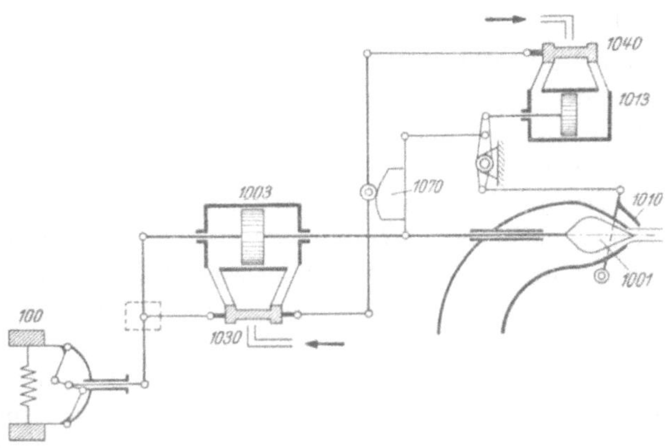

Abb. 198.

rasche Einschwenken des Strahlablenkers bei Entlastungsvorgängen überhaupt herbeizuführen.[2] Anordnungen dieser Art besitzen den regeltechnischen Vorteil einer von den Bewegungen des Strahlablenkers unbeeinflußt bleibenden Stabilität der Düsenregelung, die ihrerseits der verhältnismäßig kleinen Regelgeschwindigkeit halber nur wenig den an sich gering erforderlichen und darnach wählbaren Ungleichförmigkeitsgrad der Strahlablenkerregelung mindert. Grundsätzlich besteht jedoch die Möglichkeit einer ungünstigen Beeinflussung des Verlaufes der Drehzahlerhöhung bei Entlastungsvorgängen unter Voraussetzung rückführender bzw. rückdrängender Stabilisierungseinrichtungen des Primärkreises, insofern als letztere auf Drehzahlen hinwirken können, die höher sind als jene, die sich aus der alleinigen Wirksamkeit der Strahlablenkerregelung als Maximalwert, bzw. nach deren Ungleichförmigkeit ergeben. Hierzu muß beachtet werden, daß die Stabilisierungsdrehzahl durch die im primären Kreis — also in diesem Falle im Düsensteuerkreis — anzuwendende Ungleichförmigkeit bestimmt wird, was nach erstmaliger Herstellung des Leistungsgleichgewichtes durch den Strahlablenker mit vorlaufender Düsennadel zu nachträglichen Überhöhungen der Drehzahl führen kann (Abb. 199). Dieser — für den Fall der nachgiebigen Ausgestaltung der Dämpfungseinrichtung im Düsensteuerkreis vorübergehende — Drehzahlanstieg läßt sich durch Maßnahmen vermeiden, welche die zur genügenden Dämpfung von Öffnungsbewegungen erforderliche Ungleichförmigkeit bei Schließbewegungen entsprechend herabsetzen (Verringerung der Isodromzeit, bzw. der wirksamen Ungleichförmigkeit für Schließbewegungen).

Jene Maßnahmen, die für die Steuerung von Kaplan-Turbinen angegeben wurden und der

---

[1] S. zweiter Teil, Abschnitt C.

[2] Bei einfacher Abhängigkeitssteuerung würde der Strahlablenker nur den (langsamen) Bewegungen der Düse folgen können.

möglichst raschen Rückführung der Drehzahl auf die des Beharrungszustandes ohne Rücksicht auf eine etwa länger dauernde Nachstellung der Regelorgane zur Herbeiführung ihrer gesetzmäßigen Beharrungslage dienen, können sinngemäß auch auf die Doppelregelung von Freistrahlturbinen Anwendung finden. Für die über Strahlablenker und Düsennadel geregelte

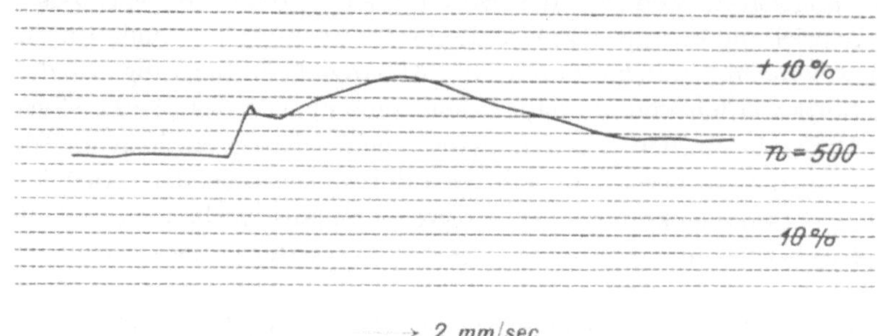

Abb. 199. Drehzahlverlauf bei plötzlicher Entlastung.

Freistrahlturbine lassen sich die Leistungen (Drehmomente) bei Normaldrehzahl als Funktion der Stellungen der genannten Organe in einer Kurvenschar (Abb. 200) abbilden (43); die obere Grenzkurve entspricht den erzielbaren Leistungshöchstwerten im Beharrungszustand bei den einzelnen Düsenöffnungen und aus dem Strahl gezogenen Ablenker.

Der durch eine plötzliche Änderung des Drehmomentes M_0 auf M_1 ausgelöste Regelvorgang stellt sich in diesem Schaubilde nach 0 — 1 dar, wobei der primäre Regelvorgang in 1 beendet erscheint. Werden während der Nachstellung der Regelorgane durch die Steuerung den einzelnen

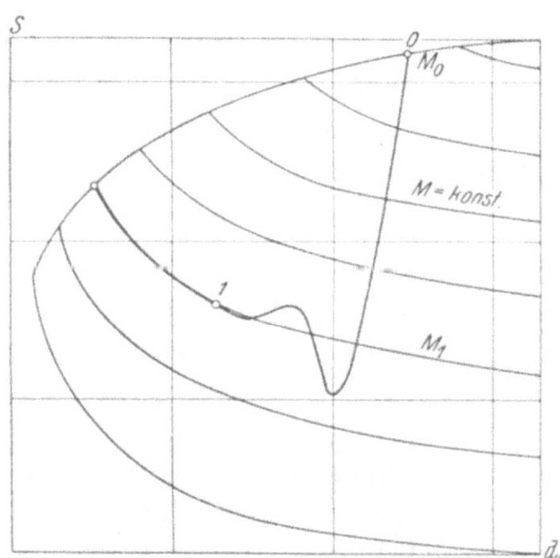

Abb. 200. (d_0 = Nadelhub, s = Stahlablenkerhub.)

Nadellagen Strahlablenkerstellungen zugeordnet, welche die Kurve der M_1-Werte erfüllen, so wickelt sich der sekundäre Regelvorgang bei der dem Moment M_1 zugehörigen Beharrungsdrehzahl als innere Relativbewegung des Regelsystems ab.

Für die Ausbildung einer derartigen Steuerung, welche die Stellung der Rückführung nur von der Turbinenleistung abhängig macht, gilt das im Abschnitt IX Gesagte. Die rein leistungsabhängige Ausbildung des Rückführgetriebes führt zwangsläufig zum gleichen Wert der Ungleichförmigkeit in beiden Regelkreisen, welch ersterer somit in bezug auf die Stabilität des Düsenkreises gewählt werden muß. Dies wird in den meisten Fällen die Anwendung zusätzlicher Isodromierungseinrichtungen sowie jener vorerwähnten Maßnahmen bedingen, welche den Einfluß der hohen Ungleichförmigkeit im Strahlablenkerkreis bei Schließvorgängen zur Erzielung geringster Drehzahlabweichungen herabsetzen lassen.

b) Triebwerke.

Insoweit zur Betätigung der hydraulischen Triebwerke Drucköl verwendet wird, können sinngemäß die für Einfachregler entwickelten Konstruktionen Anwendung finden. Anderseits steht bei Hochgefällsanlagen während des Betriebes Druckwasser aus der Turbinenleitung als unabhängige Kraftquelle zur Verfügung, welchem Umstande verschiedentlich durch die Auslegung der Arbeitswerke Rechnung getragen wird. Die einseitige Beaufschlagung des letzteren mit Druckwasser im Schließsinne gibt die Möglichkeit, durch Entlastung der entgegenwirkenden Druckölbetätigung unabhängig von den Befehlen der eigentlichen Steuerungseinrichtung das Triebwerk in die Schlußlage zu bringen. Die Durchbildung derartiger gemischt betätigter Arbeitswerke wurde bereits früher erörtert (s. S. 88).

Für Formen nach Auslegung 1 wird die über den gesamten Hub der Düsennadel erforderliche Schließtendenz durch entsprechende Bemessung des Ausgleichskolbens *1008* und der Gegenfedern *1004* erreicht (s. Abb. 194 und 203). Die Geschwindigkeit der Schließbewegung wird durch die Einstellung der Ölbremse *1050* bestimmt, die zweckmäßig vertikal und mit untenliegendem, also bei Schließbewegungen unter Druck gesetztem Arbeitsraum angeordnet ist. Das am höchsten Punkte des letzteren befindliche Rückschlagventil, das der Ausschaltung der Gegenwirkung der Ölbremse bei Öffnungsbewegungen dient, läßt etwa angesammelte Luft selbsttätig entweichen. Eine gegen Hubende verlangsamte Schließbewegung wird durch entsprechende Verkleinerung der Überströmquerschnitte abhängig von der Stellung des Ölbremskolbens erreicht.

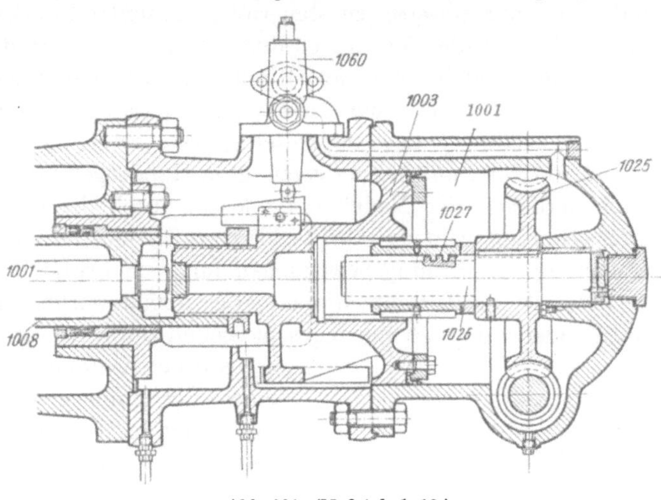

Abb. 201. (Maßstab 1:13.)

Insofern nicht durch die Arbeitsweise der Regelungseinrichtung die Anwendung einer dauernden Schließtendenz des Düsennadelverstellmechanismus geboten erscheint, wird zweckmäßig ein Ausgleich der auf die Nadel wirkenden hydraulischen Kräfte angestrebt, der ersterer Öffnungsbestreben verleiht. Diese Auslegung, die bei einer Störung in der Bereitstellung des Drucköles die vollständige Eröffnung der Düse erwarten läßt, setzt die übergeordnete Bereitschaft der Strahl-

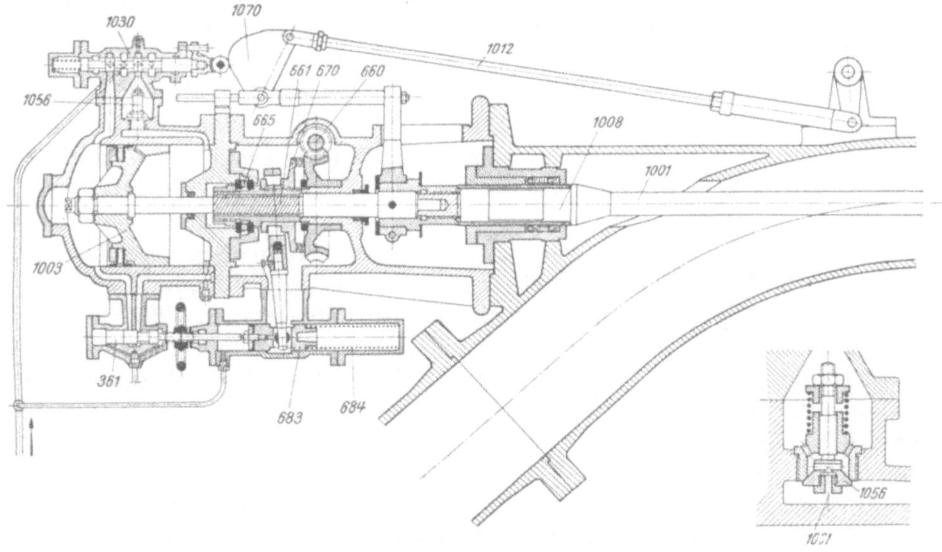

Abb. 202. (Maßstab 1:22,5.)

ablenkerregelung voraus, läßt jedoch selbst bei vollständigen Öffnungsbewegungen nicht jene Drucksteigerung erwarten,[1] die bei raschem Schluß der Düsennadel eintreten könnten. Unter allen Umständen sollen etwa bestehende Schließkräfte geringer als die Reibungswiderstände des Regelgetriebes sein, so daß die Eigenkräfte der Nadel letztere nicht zum Zuschlagen veranlassen können [23]. Eine derartige Abstimmung auf den Bereich nahe der Schlußlage angewendet, bietet den Vorteil, daß bei einer ungewollten Entlastung der Öldrucksteuerung, etwa

---

[1] S. a. zweiter Teil, Abschnitt A.

durch unrichtig durchgeführte Schalthandlungen bei Übergang von Hand- auf selbsttätige Regelung, die Stellung der Nadel erhalten bleibt, also auch kein Aufreißen erfolgt.

Abb. 201 zeigt die Durchbildung eines dauernd unter Öffnungsdruck der Nadel stehenden und daher nur einseitig zu steuernden Düsentriebwerkes [8], dessen Kolben *1003* gleichachsig mit der Düsennadel *1001* angeordnet ist und diese unmittelbar verstellt. Auf den unter Voraussetzung dauernd bestehender Öffnungstendenz der Nadel besonders einfach auszugestaltenden Handregelungsmechanismus wird später näher eingegangen werden.

Die Ausbildung eines doppelseitig gesteuerten und auf dem Düsenstock aufgebauten Triebwerkes sowie der mit diesem vereinigten Handregelung läßt Abb. 202 erkennen [11]. Die Schließgeschwindigkeit der Nadel wird hierbei durch die Öffnung der Blende *1061* begrenzt, wobei deren Einfügung in das Rückschlagventil *1056* die Ausschaltung der erhöhten Drosselung im Steuerweg bei Öffnungsbewegungen mit sich bringt.

Im Falle der Zusammenfassung der Arbeitswerke beider Regelungen sowie der Steuerungen und Drucköanlage zu einem geschlossenen Doppelregler können beide Triebwerke nebeneinander angeordnet werden. Eine gedrängtere Bauform wird durch eine Anordnung gemäß Abb. 217 erreicht [23], welche jedoch die einseitige Steuerung der öldruckbetätigten Getriebe voraussetzt. Die beiden dem Antrieb der Düsennadel bzw. des Strahlablenkers dienenden Differentialkolben *1003*, *1013* sind gleichachsig geführt und nur in bezug auf ihre größeren Flächen F_1, F_1' durch getrennte Ventile *1030*, *1040* gesteuert, während die kleineren Kolbenflächen F_2, F_2' unter dauerndem (Speicher-) Öldruck stehen. Mit Rücksicht auf den an sich höheren Arbeitsbedarf der Düsenregelung gegenüber jenem des zugehörigen Strahlablenkers erscheinen die Maßnahmen zur Vergleichmäßigung und Herabsetzung der Nadelkräfte wesentlich für die erforderliche Reglergröße und damit auch in wirtschaftlichen Erwägungen begründet.

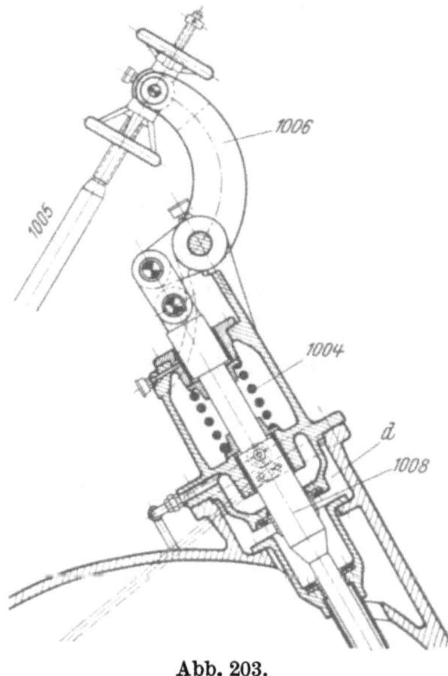

Abb. 203.

Bei Verarbeitung der Wassermenge durch mehrere parallelgeschaltete Düsen kann, falls erstere stark schwankt, ein Betrieb mit nur einem Teil der Düsen notwendig werden. Bei Betätigung der Verstellmechanismen letzterer durch einen einzigen Regler werden dann Vorkehrungen notwendig, welche die Abschaltung der Düsen einzeln vornehmen lassen. Abb. 203 zeigt eine mechanische Entkupplungseinrichtung [2], bei der in der Schlußstellung des Regelgetriebes die zwangschlüssige Verbindung zwischen Antriebsgestänge *1005* und Hebel *1006* im Nadelantriebsmechanismus gelöst werden kann. Entsprechend dem vorgesehenen betriebsmäßigen Ausgleich der hydraulischen Nadelkraft durch Feder *1004* und Ausgleichskolben *1008* wird die Schlußhaltung der Nadel durch Entlastung des Raumes *d*, in welchem der Ausgleichskolben *1008* spielt, gesichert.

Falls die Schaltung der einzelnen Düsen einer Selbststeuerung unterstellt werden soll, erscheint die Ausstattung jeder Düse mit einem eigenen Arbeitszylinder zweckmäßig, der über ein entsprechend gesteuertes Hilfsventil an den Steuerkreis gebunden ist. Hierzu sei auf spätere Darlegungen verwiesen.[1]

c) Handregelungen.

Bei einer Ausbildung des Doppelreglers mit getrennt angeordneten Betätigungszylindern für Düsennadel und Strahlablenker läßt sich jedem Triebwerk eine Handregelung zuordnen. Betriebstechnisch ist letztere für den Düsenverstellmechanismus unbedingt zu fordern, um einerseits bei gestörter Funktion der Regelungseinrichtungen für die Düsennadel letztere feststellen und damit einen Turbine und Rohrleitung gefährdenden Zustand rasch beseitigen, bzw. den Betrieb bei ausschließlicher Regelung der Drehzahl durch den Strahlablenker

---

[1] S. Abschnitt XII N.

aufrechterhalten zu können. Für den Strahlablenker hingegen können einfache Aufhelfvorrichtungen mechanischer oder hydraulischer Art genügen, mittels welcher der Strahlablenker notwendigenfalls aus dem Bereich des Strahles herausgeholt werden kann, um die Turbine anlaufen zu lassen.

Überdies bietet die unabhängige Einstellung der Düse, wie etwa durch eine mechanische Handregelung, die Möglichkeit einer Betriebsform, bei welcher der Strahlablenker bei festgestellter Nadel und übereröffneter Düse die Regelung der Drehzahl vornimmt; ein Vorgang, der die Parallelschaltung der Maschineneinheit erleichtert, wenn die Nadelregelungseinrichtung ungünstiger hydraulischer Bedingungen halber mit nur geringer Regelgeschwindigkeit betrieben wird und daher die Drehzahl des Maschinensatzes nicht rasch genug den Schwankungen eines unruhigen Netzes (Bahnbetrieb) folgen kann.

Aus allen den genannten betriebstechnischen Gründen erscheinen auch die Nadelverstellwerke der Auslegungsformen 2 und 3 mit Handregelung ausgerüstet, wobei jede der in Abschnitt VI besprochenen Ausführungen in entsprechender Anpassung Verwendung finden kann.

Bei einem Ausgleich der hydraulischen Nadelkraft im Sinne einer immer gleich gerichteten Restkraft besteht die Möglichkeit grundsätzlich einfacherer Ausbildung der der Verstellung der Nadel von Hand aus dienenden Einrichtungen. So genügen für das mit Öffnungstendenz ausgelegte Verstellwerk Abb. 201 Vorkehrungen, welche die einseitige Begrenzung des Nadelhubes im Öffnungssinne vorsehen und wozu etwa nur mittels entsprechender Getriebe *1025* die Stellung der im Kolben *1003* axial geführten Anschlagbüchse *1027* geändert zu werden braucht.

Sinngemäß bedarf es zur unabhängigen Einstellung der Düsennadel für Auslegungsformen nach 1 nur der Begrenzung des Nadelhubes im Schließsinne mit Aufhebung der kraftschlüssigen Anlehnung des Düsenverstellmechanismus an das vom Regler her zwangsläufig bewegte Strahlablenkergestänge.

Besondere Bedeutung hinsichtlich der Sicherung der Druckrohrleitung kommt jenen Maßnahmen zu, welche bei Unterbrechung der Druckölversorgung selbsttätig die Einschaltung der Handregelung und damit die Feststellung der Düsennadel in der im Augenblick der Störung vorhandenen Lage veranlassen. Eine derartige Selbststeuerung der Kupplungseinrichtung zur Handregelung wurde bereits früher (s. S. 98) eingehend dargestellt. Für die Anordnung nach Abb. 202 erfolgt bei zu weitem Absinken des ankommenden Öldruckes die Entlastung des Kolbens *683* und damit die Einrückung der Klauenkupplung *670* unter Wirkung der Feder *684*, wobei der zwangsläufig mit dem Kolben *683* bewegte Hilfsschieber *361* die für eine ungehinderte Betätigung der Handregelung notwendige Verbindung der Zylinderräume zu beiden Seiten des Arbeitskolbens *1003* herstellt.

d) Druckölbereitstellung.

Das Vorhandensein zweier Regelkreise legt für Anordnungen nach 3 und 4 die Verwendung gespeicherten Drucköles für Steuerung und Betätigung der Arbeitswerke nahe, um so mehr als die Eigenart dieses Systems, in einfacher Weise Regelgeschwindigkeiten einstellen, bzw. stellungsabhängig verändern zu lassen, besondere Bedeutung für den gesetzmäßigen Ablauf der Düsennadelbewegungen erhält. Durchbildung und Anordnung derartiger Druckölversorgungsanlagen stimmen mit den für Einfachregler verwendeten Formen überein; der Bemessung des Druckspeichers ist der Stoßbedarf an Druckflüssigkeit, jener der Pumpe die mittlere Inanspruchnahme durch *beide* Regelsysteme zu unterlegen.

Mit Versorgung der Ölkreise im Durchfluß durch getrennte Pumpen liegen die Regelgeschwindigkeiten durch die Förderungen letzterer fest, insofern auf die Einschaltung starker Drosselungen in den Steuerkreisen verzichtet wird. Die Anwendung zweier Pumpen verschiedener Größe je Regelkreis gestattet auch hier verlustfrei die Staffelung der Regelgeschwindigkeit, gegebenenfalls abhängig von der Stellung des Regelorgans. Mit Rücksicht auf den Umstand, daß rasche Einschwenkbewegungen des Strahlablenkers den verhältnismäßig langsamen Schließbewegungen der Düsennadel zugeordnet sind, bzw. bei *Belastungsvorgängen* die Geschwindigkeit des Rückzuges des Strahlablenkers nur jener der Öffnungsbewegung der Düsennadel entsprechen muß, kann der Aufwand für die Pumpenanlage dadurch herabgesetzt werden, daß nur eine einzige große, d. i. die maximale Regelgeschwindigkeit bestimmende Pumpe vorgesehen ist, die je nach Art des Regelvorganges entweder zur Belieferung des Strahlablenker- bzw. Düsen-

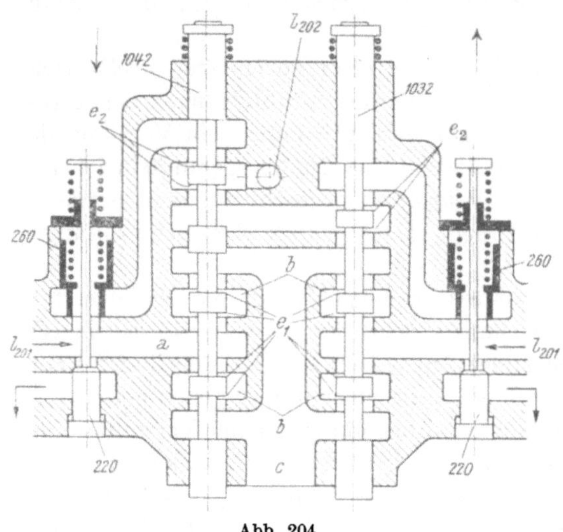

Abb. 204.

triebwerkes eingesetzt wird (*erweitertes Verbundprinzip*) [17]. Hierzu wird der Ölstrom der großen Pumpe (l_{202}) über hintereinandergeschaltete Steuerungen (e_2) am Düsen- und Strahlablenkerventil *1042—1032* geführt (Abb. 204).

Die Heranziehung von Druckwasser zum Antrieb der Verstellwerke verringert den Umfang der Öldruckbetätigung; anderseits enthebt das Vorhandensein dieser zuverlässig zur Verfügung stehenden Kraftquelle von der Notwendigkeit, durch Speicherung von Drucköl für eine besondere Energiereserve zur Abstellung des Maschinensatzes in Störungsfällen vorzusorgen. Aus diesen Gesichtspunkten heraus wird die unmittelbare Belieferung der beiden Ölsysteme durch eine einzige gemeinsame Pumpe vorteilhaft, wobei die Aufteilung der eingeförderten (gleichbleibenden) Ölmenge auf die beiden parallelgeschalteten Regelkreise durch im Ölkreislauf der Düsenregelung eingefügte Drosselwiderstände bestimmt wird. Durch die Steuerung der letzteren, abhängig von der Stellung der Düse, können auch

bestimmte Gesetzmäßigkeiten der Nadelbewegung verwirklicht werden.

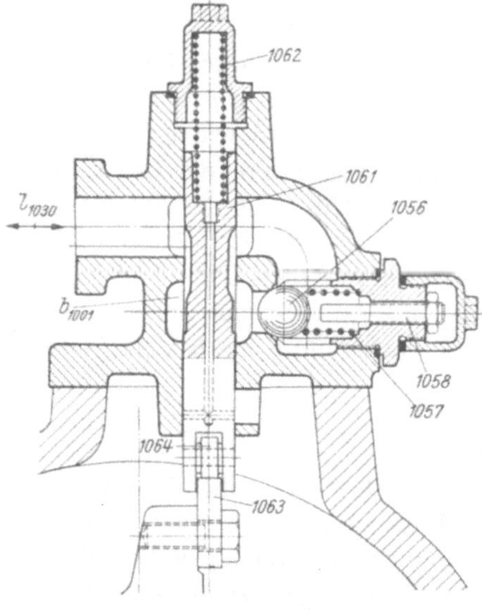

Abb. 205. (Maßstab 1:5.)

Abb. 205 [8] läßt den Aufbau einer derartigen Einrichtung erkennen, deren Drosselkolben *1061* entgegen der Wirkung der Feder *1062* über die Keilbahn *1063* vom Kolben *1003* des Arbeitswerkes (Abb. 201) verstellt wird und welcher den Widerstand der für Schließbewegungen der Nadel erforderlichen Strömung des Arbeitsöles zum Druckzylinder hin (Kammer b_{1001}) bestimmt, während für Öffnungsbewegungen des Arbeitswerkes die Abströmung aus dem an Kammer *b* angeschlossenen Druckzylinder *1001* unter Eröffnung des Rückschlagventils *1056* mit einem durch dessen Hub einstellbaren Widerstand vor sich gehen kann. Damit erscheint eine unabhängige Einstellung der Schließ- und Öffnungsgeschwindigkeit des Düsenverstellmechanismus möglich, erstere überdies in Abhängigkeit von der Stellung desselben.[1] Durch die Anordnung der genannten, der Einstellung der Regelzeiten dienenden Einrichtung in unmittelbarem Anschluß an den Arbeitszylinder wird deren Wirkung auch bei Schäden in der Verbindungsleitung zum Regler nicht aufgehoben, womit auch in diesem Störungsfall die zulässige Höchstgeschwindigkeit des hierdurch ausgelösten Öffnungsvorganges nicht überschritten werden kann.

e) Steuerventile.

Besondere Beachtung erscheint jenen Vorkehrungen gewidmet, die einer Beeinflussung der Regelgeschwindigkeit der Düsennadel bzw. ihrer gesetzmäßigen Veränderung dienen.

---

[1] Hierbei ist zu beachten, daß durch die infolge des gewählten Ausgleiches der Nadelkräfte mit steigender Öffnung wachsenden Öffnungskräfte ein gegen Schluß der Düse hin steigender Überschuß der Druckölkräfte entsteht, der durch entsprechende Änderung des Widerstandes (*1061*) abgedrosselt werden muß, um die Geschwindigkeit der Nadel nicht ansteigen zu lassen (s. a. Abb. 453).

Abb. 216 (S. 140) läßt u. a. die Durchbildung des in üblicher Weise vorgesteuerten[1] Düsenventils *1030* zu einem Windkesseldoppelregler [23] unter Voraussetzung einseitig gesteuerter Triebwerke (Abb. 217) erkennen. Die Verbindung des gesteuerten Zylinderraumes (b_1 bzw. b_2, Abb. 216) mit der Druckölzuleitung l_{205}, bzw. dem Abfluß *c* erfolgt über die unterschiedlich durchgebildeten Drosselungen e_1', e_1'', deren erstere, der Begrenzung der Schließgeschwindigkeit dienend, einem konstanten Widerstand (Abb. 86 b, Abschnitt III), letztere einem mit dem Hub des Ventils veränderlichen (Abb. 86 a) entspricht. Die gesetzmäßige Veränderung der Öffnungsgeschwindigkeit der Düsennadel mit der Größe der relativen Öffnung der Düse wird durch die vorgeschaltete und stufenweise wirkende Zusatzdrosselung *1060* erreicht, deren wirksamer Querschnitt durch die Lage des vom Düsenarbeitswerk her bewegten Drosselstiftes *1061* bestimmt ist.

Durch die in Abb. 206 dargestellte Konstruktion des Düsensteuerventils [2] erscheinen die Schließ- und Öffnungsverhältnisse bestimmt durch die Wirkung der Drosselbunde e_1' und e_1'' (nach Abb. 86 a ausgebildet) zusammen mit der festen Zusatzdrosselung *1060*, deren Einstellung die größtmögliche Regelgeschwindigkeit an sich festlegt. Während eine gesetzmäßige Veränderung der Schließgeschwindigkeit durch mechanische Begrenzung des Steuerventilhubes über die abhängig von der Stellung des Düsenarbeitswerkes bewegte Kurvenbahn *480* (Abb. 210) erreicht wird, erzielt eine besondere Ausbildung der Vorsteuerung die allmähliche Steigerung der Öffnungsgeschwindigkeit bei jeder Ausgangsbelastung; eine Maßnahme, die bei mehrfachem Maschineneinsatz und verschiedener Vorbelastung einen günstigen Einfluß auf die Drucksteigerungen bei Regelvorgängen auszuüben imstande ist. Um einen derartigen Ablauf der Öffnungsbewegungen zu erreichen, erfolgt die Belieferung der Vorsteuerung *1031* nur bei einer Verstellung des Schwebekolbens *1032* im Schließsinne (nach aufwärts) ungehindert über die sich öffnende Steuerung e_5, kann jedoch bei Verstellungen im Öffnungssinne (nach abwärts) nach Abdeckung derselben nur über die einstellbare Drosselung *1035* vor sich gehen. Dementsprechend wird der Schwebekolben *1032* dem Steuerstift *1031* mit einer durch die Größe der Überströmöffnung *1035* bestimmten Verzögerung nachgeführt, wodurch die zeitliche Wirkung der Drosselung des Arbeitsölstromes an der Steuerkante e_1'' gegenüber jener durch einen dem Steuerstift *1031* synchron nachgeführten Schwebekolben einstellbar verlängert wird. Um die Empfindlichkeit der Regelung nicht ungünstig zu beeinflussen, ist durch die negative Überdeckung der Steuerung e_5 die Wirkung der Drosselung *1035* für Stellungen des Schwebekolbens nahe um seine Mittellage aufgehoben.

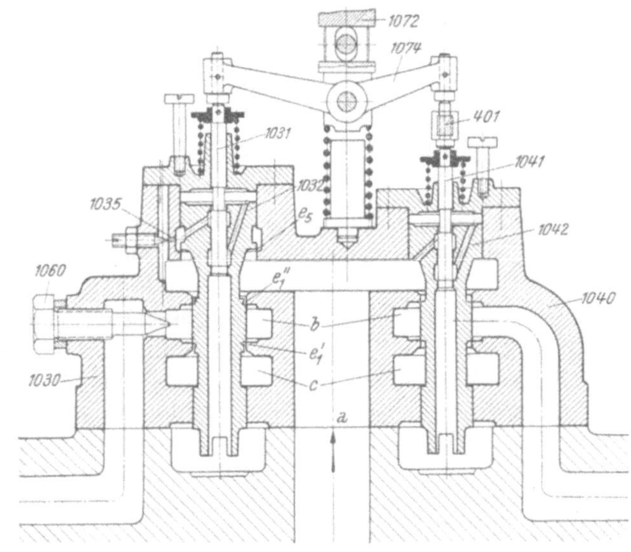

Abb. 206. (Maßstab 1:4.)

Für Anordnungen nach 3 und 4 liegt es nahe, die Steuerventile in einem Block zu vereinigen, wobei die einseitige Steuerung der Triebwerke, etwa nach Abb. 217, der einfachen konstruktiven Gestaltung entgegenkommt.

In bemerkenswert einfacher Weise erscheint die steuerungsgemäße Verbindung des Düsen- und Strahlablenkerventils durch eine Anordnung nach Abb. 207 erreicht [8]. Dem das

---

[1] An Stelle der bei Einfachreglern angewendeten Schließfeder (s. Abb. 78) tritt in diesem Falle der den Raum *m* dauernd zugeführte konstante Speicheröldruck. Die im Raum *n* spielende Kolbenfläche (*1030*) übernimmt auch gleichzeitig die Verstellkraft für den Strahlablenkersteuerkolben *1040*, der durch entsprechende Abstimmungen der Durchmesser von Schaft und oberer Führung nach aufwärts gedrückt wird.

Strahlablenkertriebwerk steuernden Schaltkolben *1042* ist auch die Steuerung des Düsenver-
stellwerkes in Zusammenarbeit mit der Steuerbüchse *1032* übertragen, welch letztere über die

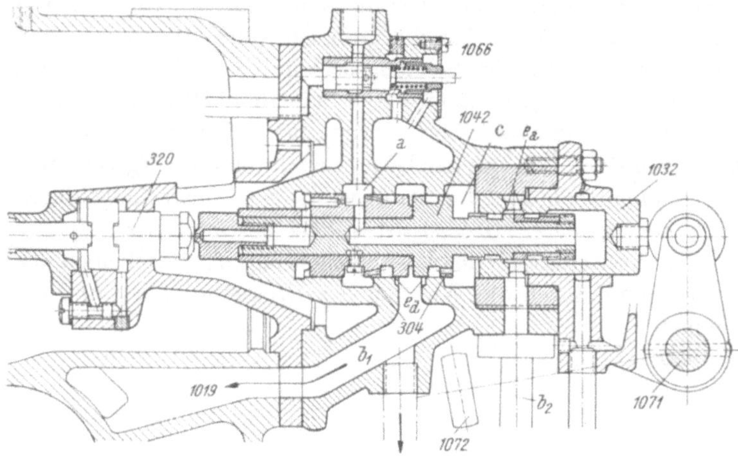

Abb. 207. (Maßstab 1:5,7.)

Kurvenbahn *1070* (Abb. 209)
dem Einfluß der Rückführung
1073 sowie des Gestänges *1071*
unterliegt, das die beharrungsmäßig richtige Zuordnung von
Strahlablenker und Düsennadel
vermittelt. Die in den Raum *a*
eingespeiste Förderung der Reglerpumpe wird über die Steuerung e_d dem Strahlablenker-
arbeitszylinder *1019*, über die
zentrale Bohrung von *1042* und
Steuerung e_a dem gesteuerten
Arbeitsraum des Düsenarbeitswerkes zugeleitet, wobei die
mengenmäßige Aufteilung von
dem Widerstand dieser Steuer-
wege sowie der mit dem Düsenarbeitszylinder verbundenen Drosseleinrichtung Abb. 205 bestimmt wird. Der anstehende Arbeitsöldruck wird durch Reduzierventil *1066* konstant gehalten.

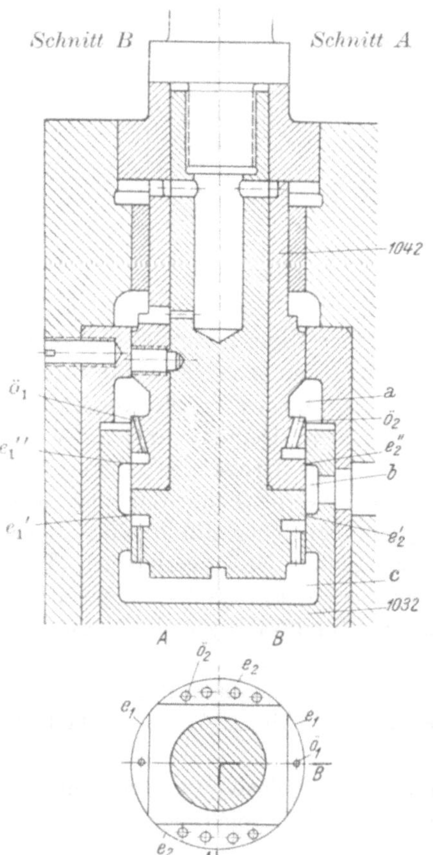

Abb. 208. (Maßstab 1:2,2.)

Für Steuerventile größeren Durchmessers wird zweckmäßig die Steuerbüchse *1032* nicht unmittelbar vom Gestänge, sondern unter Zwischenschaltung einer Vorsteuerung
verstellt (Abb. 221, Steuerventil *1030*). Dem konstanten
Öldruck auf die Fläche F_1 steht hierbei der gesteuerte
Druck in F_2 gegenüber, wobei letzterer mit Verstellung
des Steuerstiftes *1031* in einem Sinn geändert wird, der
diesem die Steuerbüchse *1032* nachfolgen läßt.

Eine bemerkenswerte Ausbildung der Steuerwege läßt
Abb. 208 erkennen [8], bei welcher sich die Steuerkanten
nur über einen Teil des Kolbenumfanges in üblicher Weise,
also mit Überdeckungen im Ausmaße einiger Zehntelmilli-
meter, gegenüberstehen (e_1), während die übrigen Teile des
Umfanges (e_2) in ihrer Steuerwirkung von den erstgenannten
getrennt und stärker überdeckt sind. Hierdurch können mit
Erhaltung der Empfindlichkeit der Regelung bei Bewegungen
des Steuerkolbens um die Beharrungslage nur geringe Regelgeschwindigkeiten ausgelöst werden, wobei der beabsichtigten Wirkung entsprechend den Steuerkanten zu e_1 eine sehr
kräftige, jenen zu e_2 eine wesentlich geringere Drosselung
durch die in Zahl und Größe verschiedenen Überströmöffnungen $ö_1$ bzw. $ö_2$ zugewiesen ist. Diese Ausbildung erscheint
wertvoll im Hinblick auf ein allmähliches Einsetzen der
Nadelregelbewegungen, bzw. Verhinderung rascher Strahlablenkerbewegungen bei geringen Verstellungen des Strahlab-
lenkerkolbens aus seiner Mittellage (Stabilitätsbedingung!).

f) Steuerwerke.

Für Regelungsanordnungen nach 1 und 2, bei denen
der sekundäre Regelkreis (Düsennadel) ausschließlich durch
das Arbeitswerk des primären Regelkreises (Strahlablenker) geführt wird, ist die Anwendung des für Einfachregler entwickelten Steuerwerkes ebenso wie die Möglichkeit

der Verwendung normaler Einfachregler unter unmittelbarer Ankupplung des sekundären Regelkreises ohne weiters gegeben, so wie etwa für Bauform 2 in Abb. 202 dargestellt. Hierbei steht der Steuerkolben für die Verteilung des Drucköles zum Düsentriebwerk unter dem Einfluß der von Strahlablenker und Düse her bewegten Abhängigkeits- (Rückführ-) Kurve *1070*. Steuerungsanordnungen nach 3 und 4, also mit doppelter Verkettung des Sekundärkreises sowohl über die Drehzahl als auch die Stellung des primären Arbeitswerkes bedingen eine Erweiterung des Einheitssteuerwerkes für Einfachregler, die ihren konstruktiven Niederschlag in der Durchbildung besonderer Steuerwerke für Doppelregler findet.

Abb. 209 zeigt das Steuergestänge für einen Doppelregler, Auslegungsform 3 und unter Verwendung des in Abb. 207 dargestellten Steuerventils [8]. Die Bewegungen von Düse und Strahlablenker werden über Gestänge *1073* bzw. *1071* auf die Abhängigkeitskurvenscheibe *1070*

Abb. 209.

übertragen, wo sie, von Rolle *1072* abgenommen, die Stellung der Steuerbüchse *1032* (Abb. 207) bestimmen.

Für die Anordnung nach Abb. 210 [2] werden die stabilisierten Bewegungen des Strahlablenkersteuerventils *1040* über den Zwischenhebel *1074* auf das Düsensteuerventil *1030* übertragen. Rückführung und beharrungsmäßige Zuordnung werden über Winkelhebel *1073* von den Bewegungen des Düsentriebwerkes *1003*, bzw. von der vom Strahlablenkertriebwerk *1013* verstellten Abhängigkeitskurve *1070* abgenommen und über Waagscheit *1076*, Winkelhebel *1077* der Führungsbüchse *1072* mitgeteilt, welche ihrerseits den Drehpunkt des Doppelhebels *1074* trägt. Der Stabilitätswert der starren Düsenrückführung ist durch Veränderung des Übersetzungsverhältnisses des Winkelhebels *1077* einstellbar gemacht.

Die Öffnungsbegrenzung wirkt unmittelbar auf das Düsensteuerventil. Hierzu kann der mit dem Düsentriebwerk bewegte Hebel *1086* mittels der Gewindeschraube *1085* relativ gegen das Steuerventil verstellt werden, während die Keilbahn *1087* die eindeutige Zuordnung von Stellung der Spindel *1085* und beharrungsmäßiger Öffnung vermittelt sowie die einseitig begrenzende Wirkung der Einrichtung ermöglicht.

Wertvoll in Anwendung auf doppelt geregelte Freistrahlturbinensätze zur Versorgung elektrischer Bahnnetze erscheint die Erweiterung der Öffnungsbegrenzung durch eine konstruktiv einfache Maßnahme, die eine Erhöhung des Wasserdurchlasses ermöglicht, ohne den Übergang auf Handregelung für den Düsennadelmechanismus notwendig zu machen und ohne die Wirksamkeit der Strahlablenkerregelung zu beeinflussen [2]. Damit kann jene früher gekennzeichnete, für die Zuschaltung auf unruhige Netze vorteilhafte Betriebsform in wesentlich einfacherer Weise, d. i. unter Vermeidung jener Schalthandlungen, die der vorübergehende Übergang auf Handregelung mit sich bringt, herbeigeführt werden. Hierzu läßt der Gegenkeil *1088* (s. a. Abb. 214) durch Betätigung der Handverstellung über den normalen Hub der Öffnungsbegrenzung *470* hinaus die Verschiebung des Düsensteuerventils im Öffnungssinne entgegen der Wirkung der normalen Steuerung herbeiführen und gleichzeitig jeder Stellung eine bestimmte Eröffnung der Düse zuordnen, wobei infolge der nur kraftschlüssigen Anlehnung des Zwischenhebels *1074* an den Hauptsteuerhebel *401* die Wirksamkeit der Strahlablenkerregelung unbehindert bleibt; bei beliebig überöffneter und — entsprechend der Schließtendenz der Steuerung — festgestellter Düse erfolgt somit eine ausschließliche Regelung der Drehzahl durch den Strahl-

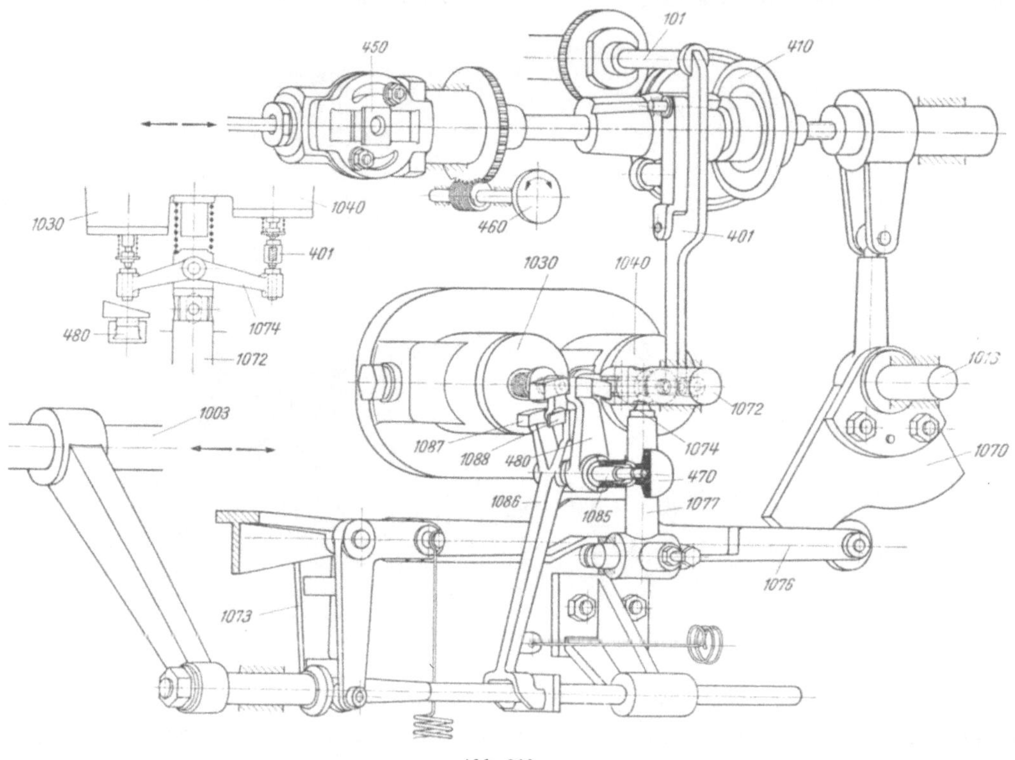

Abb. 210.

ablenker. Eine einfache, selbsttätig einklinkende Verriegelung trennt den der vorbeschriebenen Einrichtung zukommenden Verstellhub von jenem der normalen Öffnungsbegrenzung.

Abb. 218 [23] läßt eine Doppelreglersteuerung nach Bauform 4 unter Verwendung des Einheitssteuerwerkes Abb. 104 erkennen, dem der sekundäre (Strahlablenker-) Steuerkreis angefügt ist. Im letzteren wird der Ausschlag der vom Düsentriebwerk her bewegten Abhängigkeitskurve *1070* mit jener der Strahlablenkerrückführung *1073* über Doppelhebel *1076* zusammengesetzt und über Gestänge *1077* auf den Antriebshebel zum Strahlablenkersteuerventil *1040* (s. a. Abb. 216) übertragen.

g) Ausführungsformen.

Nachfolgend mögen einige Ausführungsformen selbsttätiger Doppelregler eingehender besprochen werden.

I. *Doppelregler* für 3000/1000 mkg[1] [11] (**42**), Auslegungsform 2 (Abb. 211, 212).

a) Getrennte Einfachdrucklölpumpen für Düsen- und Strahlablenkertriebwerk. Betriebsdruck 15 at.

---

[1] Bei der Angabe des Arbeitsvermögens bezieht sich die erste Nennung auf die Düsenregelung, die zweite auf den Strahlablenker.

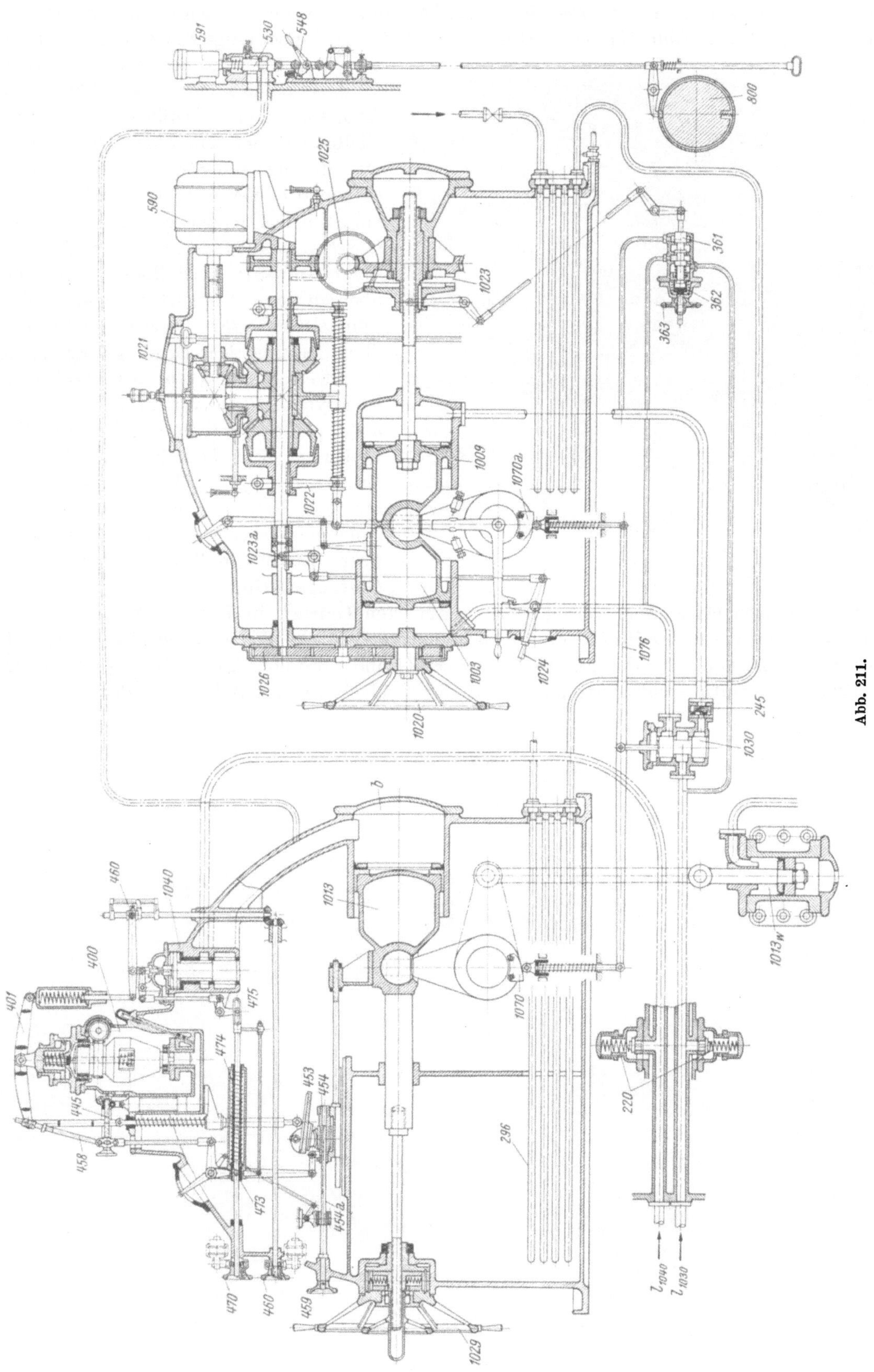

Abb. 211.

b) Strahlablenkersteuerventil *1040* für einseitige Steuerung, im parallelgeschalteten Durchfluß vorgesteuert (s. a. Abb. 71). Düsensteuerventil *1030* für doppelseitige Steuerung, unmittelbar vom Steuergestänge *1076* bewegt.

Abb. 212.

c) Einheitssteuerwerk *400* nach Abb. 103; Sonderausführung der Einstellbarkeit der dauernden Ungleichförmigkeit (die vom Strahlablenkerarbeitskolben *1013* her bewegte Lauffläche *453* kann mittels Schneckentriebes *454* über Gleitstange *454a* und Handrad *459* verdreht werden); Einstellbarkeit der vorübergehenden Ungleichförmigkeit über Spindeltrieb *445*; Leerlaufrückführung über Gestänge *458*; Öffnungsbegrenzung über Gestänge *475*, auf Strahlablenkersteuerventil *1040* wirkend, Betätigung über Spindeltrieb *473* mittels Handrad *470*, Freigang *475*, Federkolben *474* zur Bruchsicherung bei Handregelung und falscher Stellung der Öffnungsbegrenzung; einfache Abhängigkeitssteuerung über Kurve *1070* und *1070a* sowie Gestänge *1076*.

d) Strahlablenkertriebwerk für einseitig gesteuerten Öldruck in Gegenwirkung zu ungesteuertem Druckwasser (Treibzylinder *1013 W*), letzterer im Schließsinne dauernd beaufschlagt. Düsentriebwerk *1003*: doppelseitig öldruckgesteuert (Grundanordnung Abb. 157), Drosselung *245*, mit Rückschlagventil kombiniert, im Ablauf der Schließseite des Arbeitszylinders.

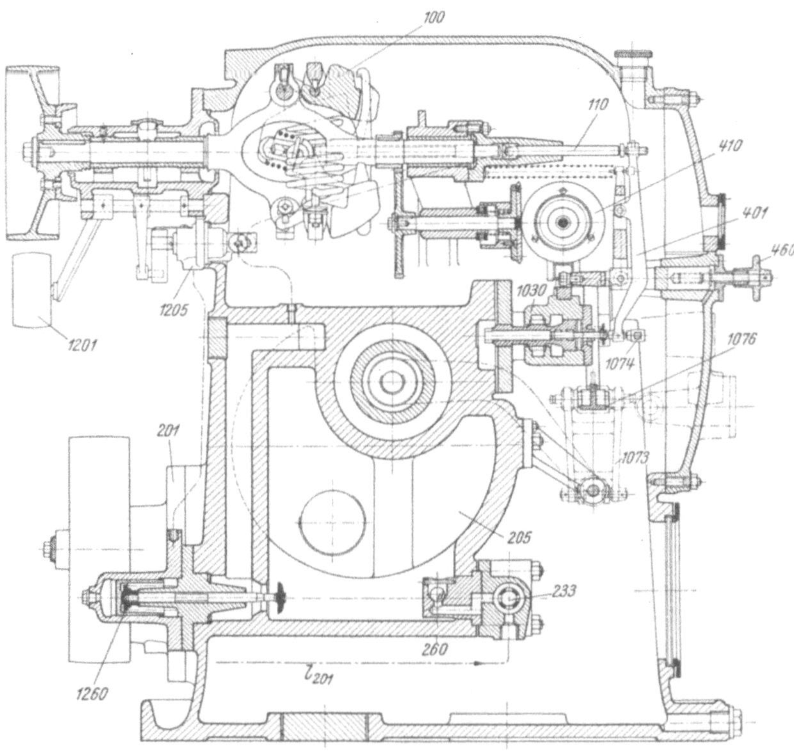

Abb. 213. (Maßstab 1:10.)

e) Strahlablenkerhandregelung *1029* durch Spindeltriebwerk mit zweiteiliger Kupplungsmutter (Ausführungsform ähnlich Abb. 144). Nadelhandregelung durch steilgängigen Spindeltrieb, Schnecken- und Stirnradvorgelege (*1025—1026*); Kupplung durch Einrückung der Klauenscheibe *1023* mittels Handrades *363*, wobei zwangsläufig über Ventil *361* die Verbindung der beiden Zylinderseiten *1009* durchgeführt wird.

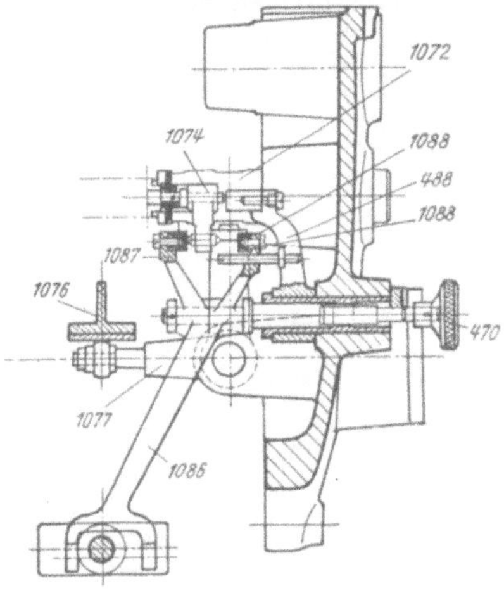

f) Besondere Ausrüstung.

1. Starrer Antrieb der Drucköpumpen von der Turbinenwelle aus.

2. Elektrischer Fernantrieb für Drehzahlverstellung *460* und Öffnungsbegrenzung *470*.

3. Zusätzlicher elektromotorischer Antrieb der Nadelhandregelung über Wendegetriebe *1021* mit verriegelter Einkupplung des letzteren (die Betätigung des Schalthebels *1022* wird erst nach Ausrückung des Verriegelungshebels *1024* möglich, wodurch über die Klauenkupplung *1023a* der Handantrieb *1020* abgeschaltet wird).

4. Druckölüberwachung der Düsentriebwerkspumpe: Der Kolben *361* wird durch den Pumpendruck entgegen der Wirkung der Feder *362* in der die Ausschaltung der Klauenkupplung *1023* veranlassenden Stellung gehalten. Bei Verschwinden des Öldruckes tritt selbsttätig die Einschaltung der Handregelung ein.

5. Ölkühlung *296*.

6. Sicherheitsabstellvorrichtung: Sicherheitspendel *800* und Hubmagnet *591* wirken auf das Schaltventil *530*, das bei Anhub den Raum *b* des Strahlablenkertriebwerkes entlastet, wodurch der Strahlablenker unter Wirkung des Wasserdruckhilfskolbens *1013 W* einschwenkt; Handschnellabstellung mittels Kurvenhebel *548*.

Die Einstellung der Öffnungsbegrenzung, Drehzahlverstellvorrichtung, der dauernden Ungleichförmigkeit sowie der Triebwerke wird angezeigt; sämtliche Anzeigevorrichtungen sowie Bedienungsgriffe sind auf einer Seite des Reglers vereinigt (Führerstand s. Abb. 212).

II. *Doppelregler* 300/200 mkg, Auslegungsform 3, Windkesseltype (Abb. 213, 215 [2]).

a) Druckölversorgung aus Windkessel *205* (Anordnung nach Abb. 56), Wechselschalteinrichtung (s. Abb. 291, Umsteuerung *233*), selbsttätig gestuertes Absperrventil *1260*, Rückschlagventil *260*.

b) Steuerventil *1030* (*1040*), für Strahlablenker- und Nadeltriebwerk (Abb. 206) in einem Block vereinigt, einfach vorgesteuert (hydraulische Öffnungsverzögerung und mechanisch wirkende Schließgeschwindigkeitsbegrenzung *480* für das Düsensteuerventil), Steuerkolben für einseitige Steuerung.

c) Steuerwerk mit nachgiebiger mechanischer Rückführung im Strahlablenker- (Primär-) Steuerkreis, erweiterte Öffnungsbegrenzung (s. S. 136), Stabilitätsgrad des Düsensteuerkreises einstellbar (Abb. 210).

Abb. 214.

Abb. 215.

d) Differentialkolbentriebwerke ähnlich Abb. 217.

e) Düsenhandregelung als Spindeltriebwerk nach Abb. 153 mit zwangsläufiger Abschaltung des selbsttätigen Windkesselabsperrventils in der Schlußlage.

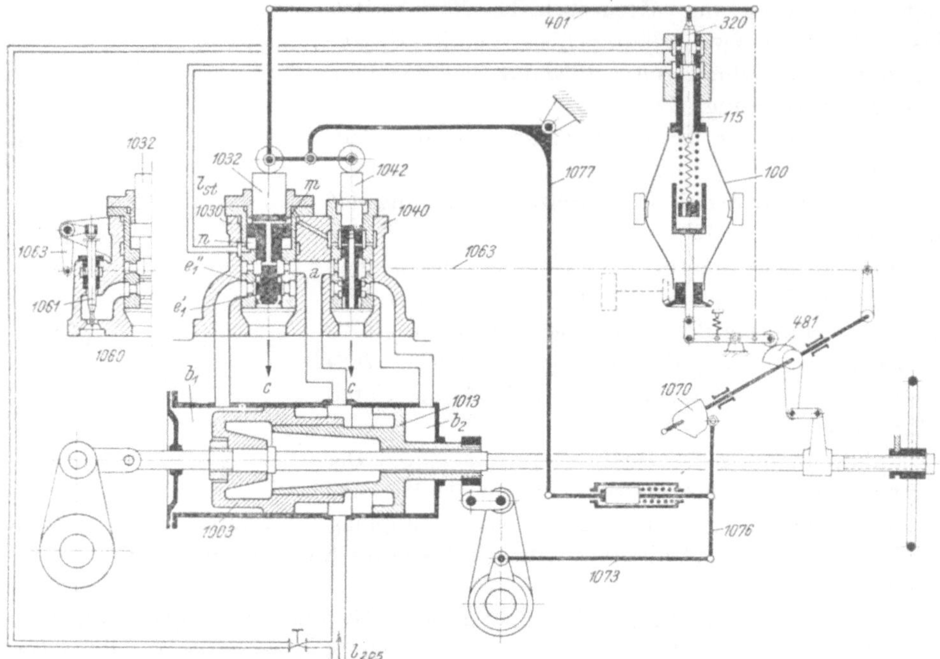

Abb. 216.

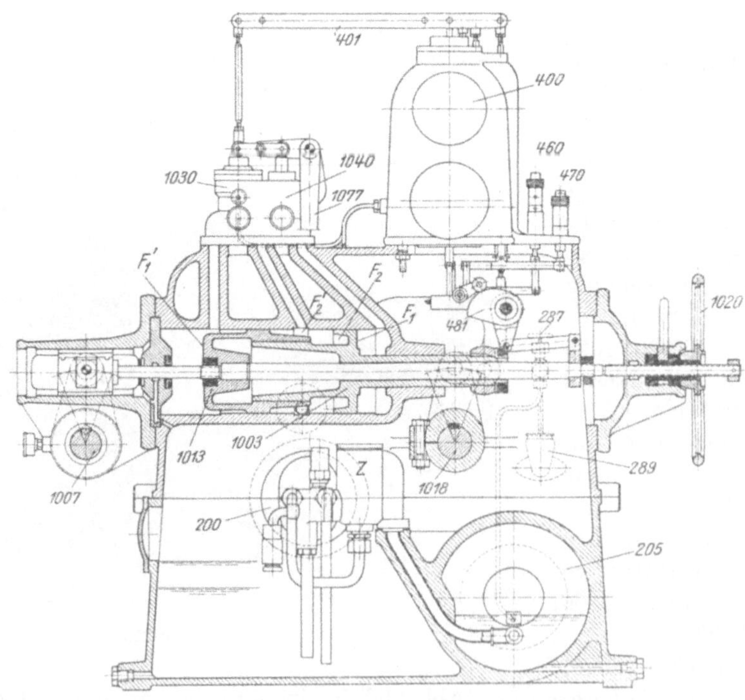

Abb. 217. (Maßstab 1:18.)

f) Besondere Ausrüstung:

1. Elektromotorischer Antrieb zur Drehzahlverstellung.

2. Öldrucküberwachung (Einleitung des Reglerschlusses bei zu weitem Sinken des Öldruckes, s. Abschnitt XII. B. a. 4, Abb. 260).

Abb. 218.

Abb. 219.

3. Pendelriemenbruchsicherung nach Abb. 246 (S. 164).

4. Druckgesteuertes selbsttätiges Absperrventil *1260*.

III. *Doppelregler* 250/250 mkg, Auslegungsform 4 [23] (Abb. 216, 217, 218).

a) Druckspeicher *205* mit Reglerkasten vereinigt, Einfachpumpe *200*, Wechselschalteinrichtung mit Zwischenbehälter *Z* (s. Abb. 55), Prüfeinrichtung *287, 289*.

b) Steuerventile *1030, 1040* in einem Block, Steuerkolben für einseitige Steuerung, einfach vorgesteuert[1] (Abb. 216).

c) Einheitssteuerwerk *400* nach Abb. 104 mit angefügtem Steuerkreis *1070* bis *1077* für die Strahlablenkerregelung (Antrieb der Dämpfungseinrichtung zur nachgiebigen Rückdrängung

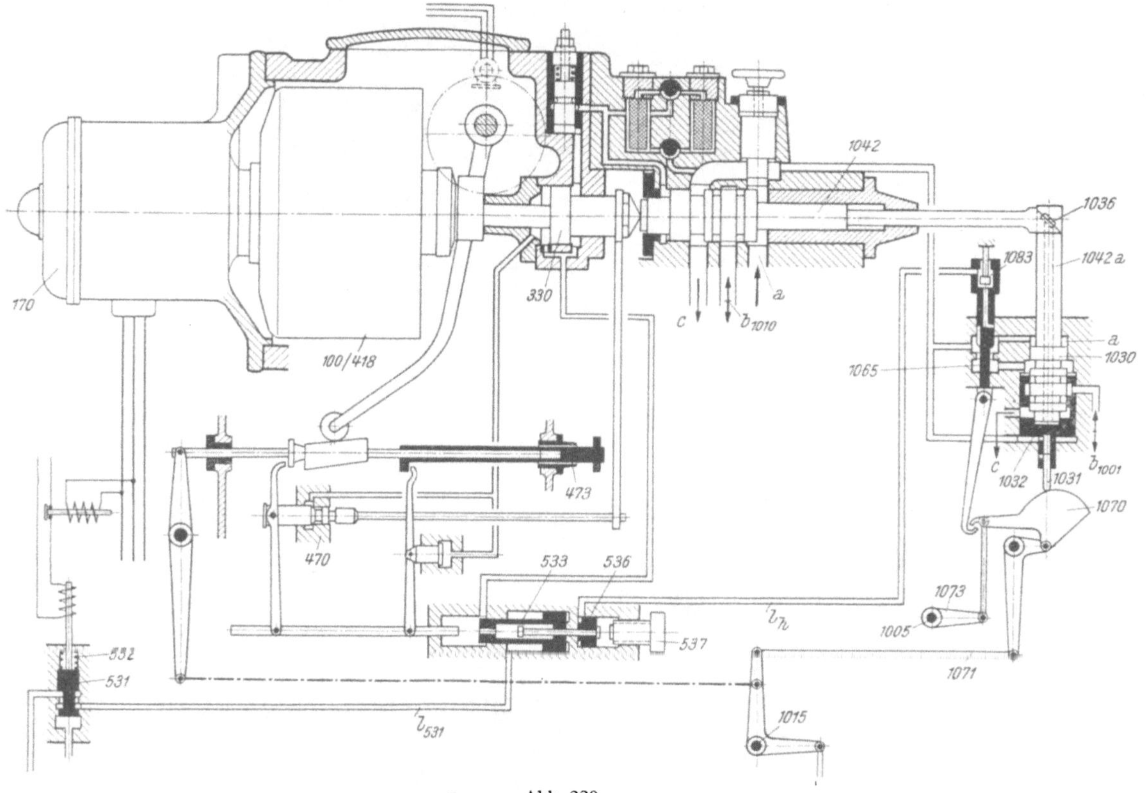

Abb. 220.

über Kurvenscheibe *481* mit der Möglichkeit der Wahl unterschiedlicher Stabilitätsgrade, bzw. bestimmter Gesetzmäßigkeit der dauernden Drehzahlabweichung).

d) Differentialkolbentriebwerk *1003, 1013* (Abb. 217).

e) Handregelung für die Düse *1020* nach Abb. 138.

f) Als Serienregler ausstattbar mit den Überwachungseinrichtungen für Pendelriemenbruch, Öldrucküberwachung usw.

IV. *Doppelregler* 100 mkg, Auslegungsform 3, mit getrenntem Düsenarbeitswerk, Durchflußtype [8] (Abb. 219).

a) Einfache Druckölpumpe, gemeinsam für beide Regelkreise.

b) Kombiniertes Steuerventil nach Abb. 207 für einseitige Steuerung im Durchfluß; Steuerkolben einfach vorgesteuert.

c) Einheitssteuerwerk *400* nach Abb. 107, Verstellung der Steuerbüchse *1032* über Abhängigkeitskurve *1070* (s. Abb. 209).

d) Strahlablenkertriebwerk[2] als öldruckbetätigter Differentialkolbentrieb (Normalausführung s. Abb. 156).

---

[1] S. Fußnote 1, S. 133.

[2] Das Düsentriebwerk ist unmittelbar mit dem Düsenstock verbunden; Ausführung gemäß Abb. 201.

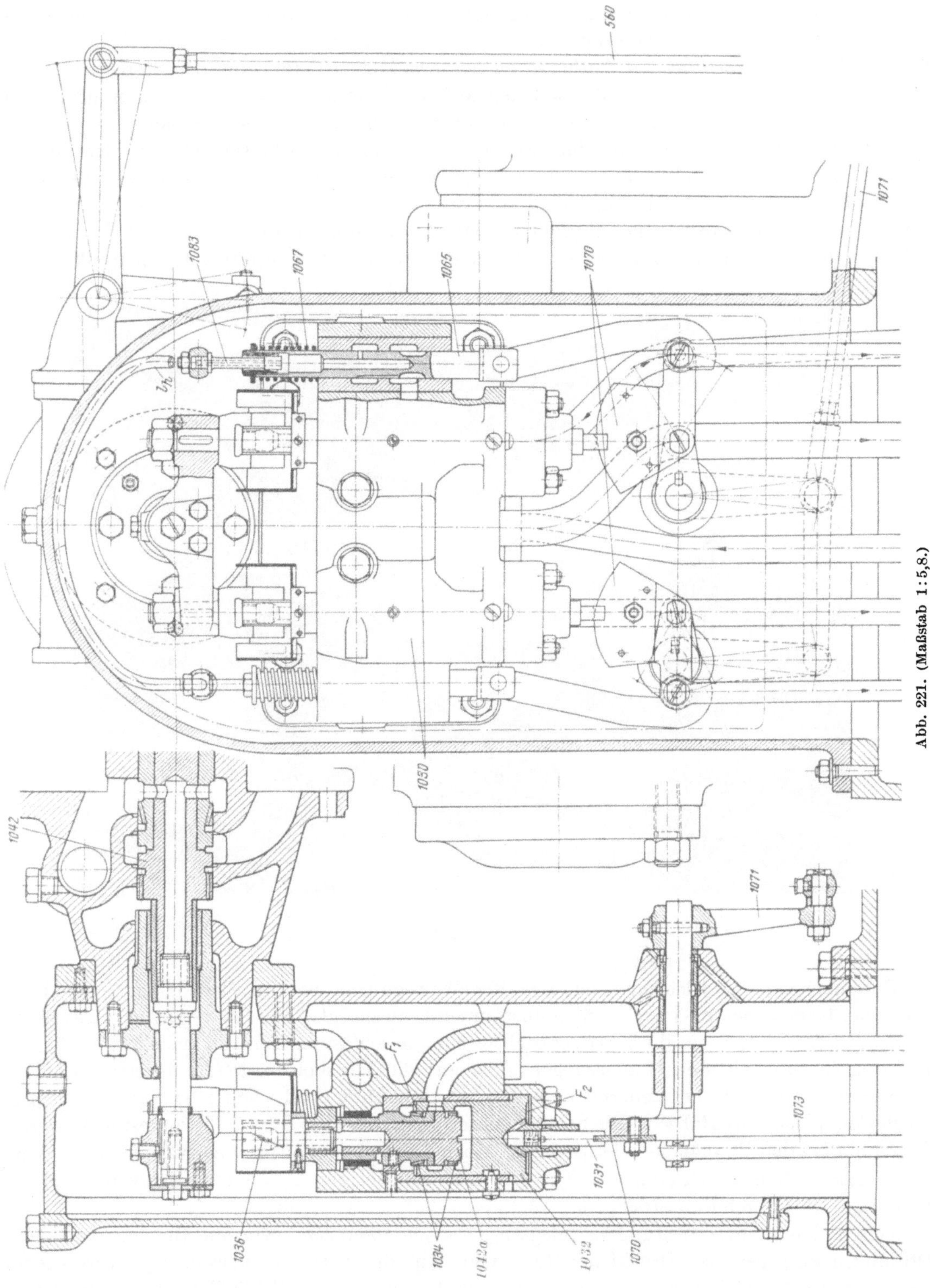

Wie ein Vergleich der letztbeschriebenen Reglerausführung mit jener der Abb. 213 erkennen läßt, hat hier für Zwecke der Doppelregelung trotz zweifacher Verkettung der Steuerkreise ein reihenmäßig erzeugter Regler Anwendung gefunden. Außer gewissen konstruktiven Vorsorgen am typenmäßigen Einfachregler, die insbesondere die Einbaumöglichkeit des kombinierten Steuerventils nach Abb. 207 betreffen, wird dies ermöglicht durch die Abtrennung des sekundär gesteuerten Triebwerkes zur Düsennadelverstellung vom eigentlichen Regler. Dieser Weg in Anwendung auf Auslegungen mit zweifacher Verkettung der Steuerkreise führt zu einer Beschränkung von Sondermodellen auf die Einrichtungen des sekundär gesteuerten Kreises und erscheint daher in wirtschaftlicher Hinsicht überaus beachtenswert.

Abb. 220 zeigt die Auslegung der Steuerung für eine doppeldüsige Freistrahlturbine mit Anwendung getrennter sekundärer (Düsen-) Regelkreise [8].[1] Die der Steuerung der Düsennadeltriebwerke dienenden Einrichtungen sind zu einer Konstruktionseinheit (Abb. 221) zusammengefaßt, die dem normalen Regler angegliedert ist. Die leichte Zugänglichkeit wird durch Unterbringung der Zusatzeinrichtung in einem nach einer Seite hin voll zu eröffnenden Schrank erreicht.

Abb. 222.

Entsprechend der Gleichartigkeit der Regelbewegungen bei Parallelbetrieb beider Düsen sind die beiden Sekundärkreise übereinstimmend ausgelegt. Die Bewegungen des Steuerkolbens *1042* werden, um die Zusatzeinrichtung als geschlossene Einheit ausbilden zu können, hydraulisch über die Schlitzsteuerungen *1036* auf die Hilfskolben *1042a* übertragen, die im Zusammenwirken mit den Steuerbüchsen *1032* die Steuerung der Düsentriebwerke in der bereits erörterten Weise durchführen. Die Steuerbüchsen *1032*, die über Stift *1031* vorgesteuert werden, folgen hierbei den Bewegungen der Steuerscheiben *1070*, die abhängig vom gemeinsamen Strahlablenkerantrieb *1015* (Gestänge *1071*), bzw. vom zugehörigen Düsennadeltriebwerk *1005* über Gestänge *1073* verstellt werden.

Durch den in die Ölleitung l_h gelegten Drosselkolben *1065*, der im Bereich der kleinen Öffnungen entgegen der Druckfeder *1067* von dem die Düsennadelbewegung übertragenden Gestänge *1073* verschoben wird, tritt mit Annäherung an die Schließlage die Herabsetzung der Schließgeschwindigkeit ein. Die Geschwindigkeit von Öffnungsbewegungen bleibt durch diese Einrichtung unberührt und untersteht ausschließlich der Wirkung der Drosselung *1056* im Zylinderabfluß (Abb. 205).

---

[1] Diese sind im Schema nur einfach dargestellt.

Bei der eingehenden Darstellung, welche das dem Schema unterlegte Einheitssteuerwerk erfahren hat, darf auf eine steuerungstechnisch beachtenswerte Maßnahme hingewiesen werden, die unabhängig von der Vorbelastung die Einstellung eines angenäherten synchronen Leerlaufes bei Störungen in der Drehzahlregelung ohne vorübergehend größere Drehzahlerhöhungen herbeizuführen imstande ist. Die alleinige Verstellung der Öffnungsbegrenzung auf Leerlauf vermag jedenfalls nur die beharrungsmäßige Leerlaufstellung des Strahlablenkers herbeizuführen, was wegen der nur ungenügenden Abschützung des Betriebswassers während der zunächst noch bestehenden größeren Öffnungen der Düse zu unzulässigen Überhöhungen der Drehzahl Anlaß geben kann. Bei der dargestellten Anordnung führt eine zusätzliche Steuerung die Öffnungsbegrenzung *470* (Abb. 220), die zunächst auf vollständigen Schluß der Regelungseinrichtungen mit Entlastung der Steuerleitung *l 531* bei Abfall des Ventils *531* (s. a. Abb. 109) eingestellt wird, bei Erreichung der Leerlauflage der Düsennadeln auf die dieser Lage entsprechende Stellung zurück. Letzterer Vorgang tritt mit. Abdeckung der Hilfssteuerung *1083* ein, wodurch Leitung l_h unter Druck gesetzt und der Hilfskolben *536* gegen den festen Anschlag *537* zurückgedrängt wird, hierbei den Betätigungskolben *533* zur Öffnungsbegrenzung in die Leerlauflage zurückziehend. Mit der Schraube *537* wird der dem Leerlauf entsprechende Hub des Kolbens *533* der Zahl der arbeitenden Düsen angepaßt.

Die vorgenannten Grundsätze für den Aufbau der Regelungseinrichtung können auch auf Auslegungsformen nach 4 mit Vorteil angewendet werden, wobei dem auf die Düsennadel wirkenden Serienregler der sekundäre Kreis der Strahlablenkerregelung — Arbeitswerk *1010*,[1] Steuerventil und Steuerung — in Form einer besonderen Zusatzeinrichtung angefügt wird (Abb. 222 [23]). Die Verstellungen des Düsensteuerventils *1030* werden hierbei über das Hebelwerk *1071* auf das Strahlablenkersteuerventil *1040* übertragen, während die Rückführung des letzteren und die beharrungsmäßige Zuordnung der Regelorgane durch die Kurventriebe *1070* in Übereinstimmung mit Schema Abb. 216 eingeführt werden.

h) Regelungen mit Nebenauslaß.

In der Einleitung des vorangehenden Abschnittes wurde des Nebenauslasses als Entlastungseinrichtung für selbsttätig geregelte Rohrleitungsturbinen Erwähnung getan. Der Vollständigkeit halber möge hier einiges über die Ausbildung der Steuerung derartiger Einrichtungen, die in europäischen Anlagen wohl nahezu ausschließlich auf Überdruckturbinen Anwendung finden, angefügt werden.

Soll die Forderung eines angenähert konstanten Gesamtdurchflusses erfüllt werden, entspricht dieser die Anwendung eines Wechselauslasses, dessen Ventilkolben über ein starres Gestänge vom Turbinenleitapparat her gegensinnig bewegt wird. Beide Einrichtungen sind derart aufeinander abzustimmen, daß Öffnungsänderungen des Turbinenleitapparates durch die gleichzeitige Verstellung des Wechselauslasses praktisch ausgeglichen werden.

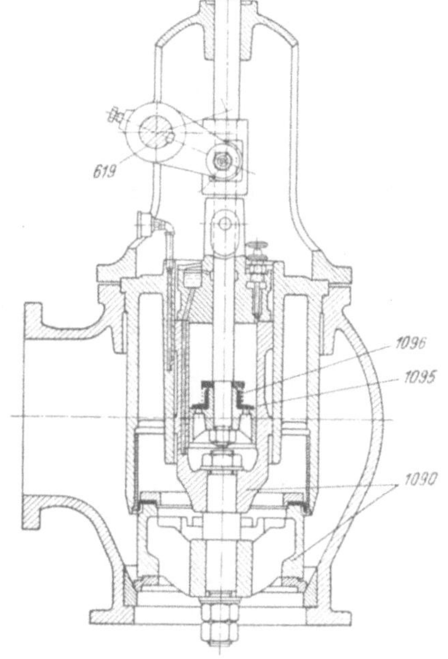

Abb. 223.

Für speicherfähige Anlagen sind aus wasserwirtschaftlichen Rücksichten Wasserverluste durch den Nebenauslaß auf das unumgänglich notwendige Maß zu beschränken. Der bei einer Entlastung zunächst entsprechend der Verringerung. des Leitapparatdurchganges eröffnete Druckregler ist somit nach Beendigung des eigentlichen Regelvorganges, also Herstellung der der neuen Belastung entsprechenden Leitapparatöffnung wieder und der zulässigen Drucksteigerung entsprechend allmählich zu schließen. Hierzu wird in den Antrieb des Ventilkolbens *1090* eine Ölbremse *1095* (Abb. 223 [23]) eingefügt, wodurch der abgehobene Ventilkörper unter Wirkung des Eigengewichtes, bzw. zusätzlicher Belastungsgewichte mit einstellbarer Geschwindigkeit in die abschließende Lage zurücksinkt. Öffnungsbewegungen des Leitapparates können bei geschlossenem Ventil *1090* infolge des mit dem Ölbremskolben *1095* konstruktiv vereinigten Rückschlagventils *1096* ungehindert vor sich gehen, bzw. führen bei noch

---

[1] Dieses ist noch durch den Druckwasserzylinder *1421* der Sicherheitsabstelleinrichtung ergänzt.

geöffnetem Druckregler zu Rückstellungen des Ventilkörpers *1090*, die jedoch nie schneller oder weiter als jene des Ölbremskolbens *1095* vor sich gehen können.

Druckregler für größere Wassermengen werden zweckmäßig mit hydraulischer Betätigung ausgeführt, wodurch das schwere Übertragungsgestänge sowie die Aufbringung der Verstell-

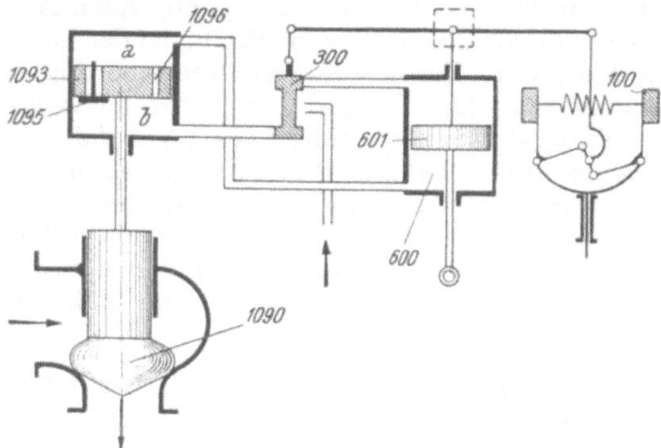

Abb. 224.

arbeit für den Druckregler seitens des hydraulischen Reglers entfällt. Die unmittelbare hydraulische Kupplung zwischen Turbinenleitapparat und Druckregler ist in der von D. THOMA angegebenen Anordnung Abb. 224 verwirklicht; hierbei sind die hydraulischen Triebwerke von Wechselauslaß und Turbinenleitapparat hintereinandergeschaltet. Die bei einer Entlastung des Maschinensatzes mit Beaufschlagung der Zylinderseite *b* des Druckreglertriebwerkes aus Zylinderraum *a* abströmende Ölmenge beaufschlagt den Arbeitskolben *601* vom Leitapparatverstellwerk und bestimmt dessen Verschiebung, welche damit eindeutig gleichzeitigen Druck-

reglerverstellungen zugeordnet erscheint. Die Überströmung *1096* läßt unter Wirkung des Eigengewichtes der bewegten Ventil- bzw. Antriebsteile den allmählichen Schluß des Nebenauslasses eintreten. Rückschlagventil *1095* ermöglicht die Abströmung des aus dem Zylinderraum *a* auszuschiebenden Öles mit Umgehung des Druckreglertriebwerkes bei Belastungen, bei welchen über das Steuerventil *300* des Reglers die Beaufschlagung des Leitapparatarbeits-

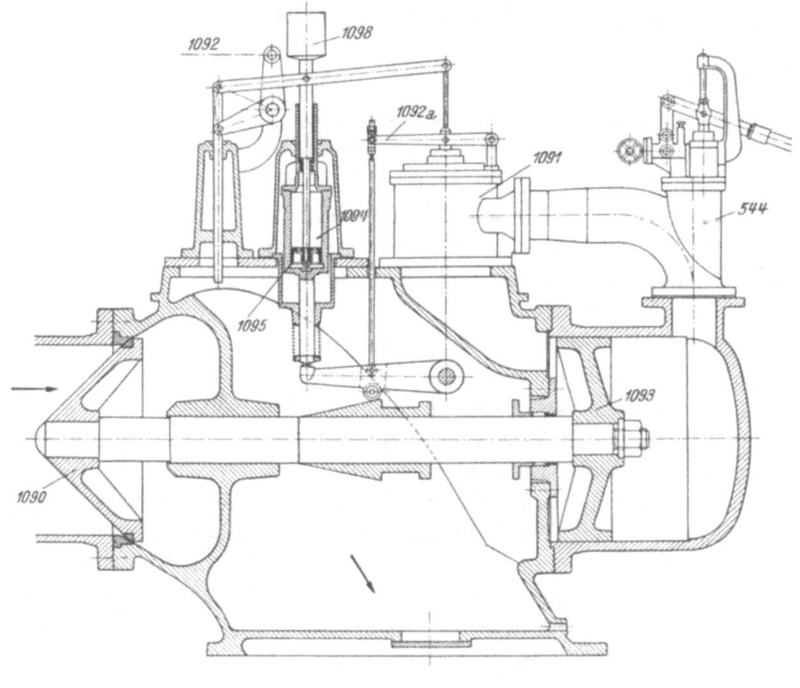

Abb. 225.

werkes im Öffnungssinne erfolgt. Der Arbeitsbedarf des Druckreglers kommt nur in dem entsprechend erhöhten Druck der Reglerpumpe zum Ausdruck.

Größere Freizügigkeit in der Verwirklichung bestimmter Bewegungsabhängigkeiten sowie die natürliche Verringerung der Gefährdung der Rohrleitung bei Versagen der Steuerung bieten jene hydraulisch betätigten Auslegungen, bei welchen der Auslaßkegel des Druckreglers unter dem Öffnungsdruck des Triebwassers in Gegenwirkung zu gesteuertem Öldruck steht (Abb. 225

[23]). Diese Auslegung erscheint daher in erster Linie für größere Wassermengen geeignet. Die Beaufschlagung, bzw. Entlastung des einseitig wirkenden Drucköhlantriebes, welch letztere die Eröffnung des Nebenauslasses herbeiführt, erfolgt über Steuerventil *1091*, welches über Gestänge *1092* vom Turbinenleitapparat her verstellt und anderseits unter Zwischenschaltung der Ölbremse *1094* vom Treibkolben *1093* her rückgeführt wird. Ölbremse *1094* wirkt auf den allmählichen Schluß des Druckreglers hin, insofern als nach Beendigung der Öffnungsbewegung des Leitapparates das Steuerventil mit sinkender Ölbremse im Schließsinne verstellt wird und mit Wiederherstellung des Öldruckes am Treibkolben den Druckregler im gleichen Zeitmaß zum Schließen veranlaßt.

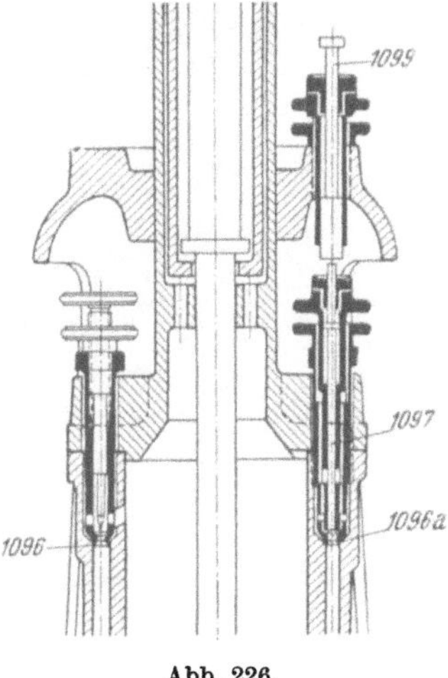
Abb. 226.

Bei Öffnungsbewegungen des Turbinenleitapparates kann infolge des vorgesehenen, einseitig wirkenden Rückschlagventils *1095* die Ölbremse *1094* schlüpfen, wodurch die erforderliche Nachgiebigkeit des Gestänges bei Öffnungsbewegungen des Leitapparates und geschlossenem Druckregler gegeben erscheint. Die Durchsinkgeschwindigkeit der Ölbremse kann mittels des Belastungsgewichtes *1098* sowie durch die Einstellung der Überströmöffnung *1096* (s. Abb. 226) beeinflußt werden. In besonderen Fällen findet noch eine Verstärkung der Drosselwirkung in der Nähe der Schlußlage des Druckreglers statt, wozu in diesem Bereich der Drosselstift *1097* der zusätzlichen Überströmung *1096a* vom Mitnehmer *1099* gegen die Überströmöffnung bewegt wird. Dem gleichen Zweck kann eine nahe der Schlußlage zur Wirkung kommende Begrenzung *1092a* des Steuerventilhubes dienen.

Eine verhältnismäßig einfache Art der Einbindung des Nebenauslasses in die Gesamtregeleinrichtung ist der Abb. 227 zu entnehmen [8]. Bei Schließbewegungen des Steuerventils *300* (nach unten) mit Entlastung des Raumes *b* wird der auf den Auslaßkegel *1090* wirkende

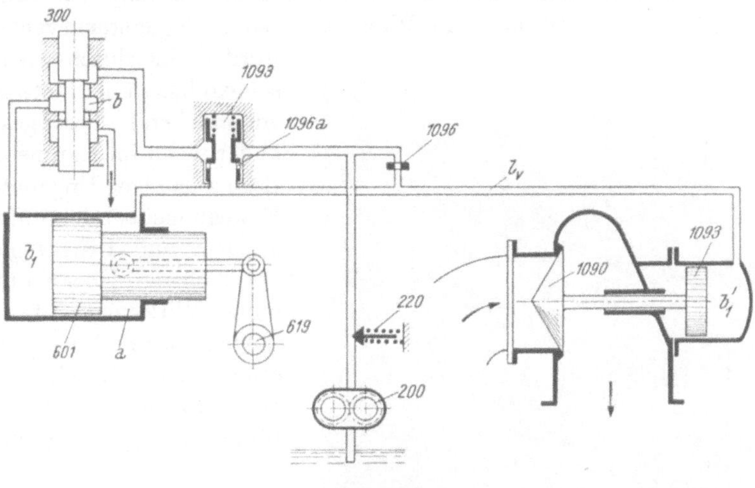
Abb. 227.

Wasserdruck über den Weg der hydraulischen Kupplung — Regler- und Druckreglerschließzylinder (b_1', l_v, a) — als Verstellkraft frei und bewirkt den Schluß des Leitapparates sowie die Eröffnung des Druckreglers, wobei die gleichzeitigen Verstellwege volumetrisch aneinander gebunden sind. Sobald der Regler seine neue Beharrungslage erreicht hat, sorgt das über die Drosselöffnung *1096* einströmende Drucköl für die Wiederherstellung des Druckes im Raume b_1' und damit für den allmählichen Schluß des Nebenauslasses. Bei einer plötzlichen Belastung kann das aus dem Raum *a* zur Verdrängung kommende Öl über die Entlastungsbohrung *1096a* des Überströmventils *1093* in den Pumpenkreislauf zurückgedrängt werden.

Besondere Aufmerksamkeit ist den Maßnahmen gewidmet worden, welche den Gleichlauf von Leitapparat und Druckregler während Entlastungsvorgängen überwachen und im Störungsfalle die erforderliche Verlangsamung der Schließbewegung des Reglers herbeiführen. Hierzu

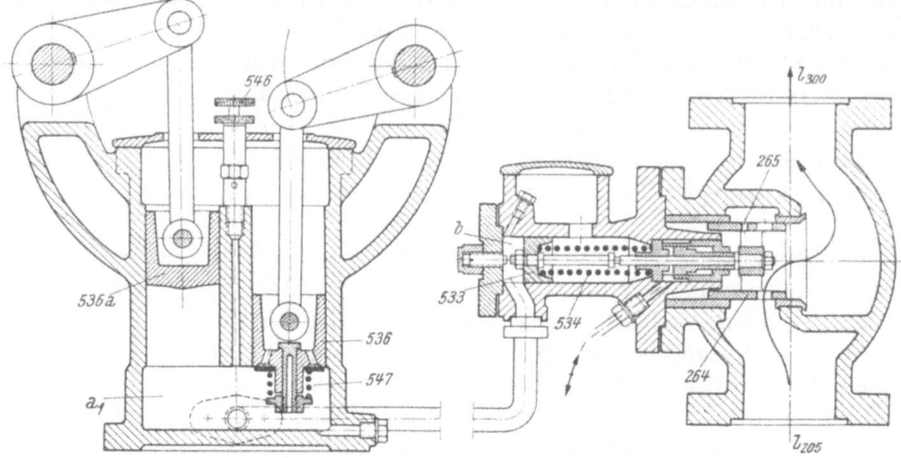

Abb. 228. (Maßstab 1:8.)

werden die Bewegungen des Druckreglers und Turbinenleitapparates über ein volumetrisches System, gebildet durch die beiden Kolbentriebe *536, 536a* (Abb. 228) verglichen, die vom Leitapparat bzw. Druckreglerarbeitskolben her bewegt werden [23].[1] Insolange Entlastungsvorgänge ordnungsmäßig verlaufen, werden Volumsänderungen im Raume a_1 wegen der gegenläufigen Verstellungen der Kolben *536, 536a* nicht eintreten; andernfalls wird bei zurückbleibendem Druckregler der Unterschied des verdrängten bzw. aufgenommenen Volumens in den Raum *b* gepreßt, wo er die Verschiebung des Kolbens *533* entgegen der Wirkung der Feder *534* und damit die Verstellung des Ringschiebers *264* in eine Lage vornimmt, bei welcher die Drosselungen *265* in die Leitung vom Windkessel zum Reglersteuerventil eingeschaltet

Abb. 229.

werden; hierdurch wird die Schließgeschwindigkeit der Leitapparatbewegung entsprechend herabgesetzt. Volumsänderungen im Raume a_1 infolge praktisch zulässiger Ungenauigkeiten in der Bewegungsübereinstimmung von Leitapparat und Druckregler bleiben der vorgesehenen Überströmung *546* halber ohne Wirkung auf den Antriebskolben *533* zum Drosselventil *264*. Rückschlagsventil *547* sichert bei Öffnungsbewegungen des Leitapparates die Auffüllung des Arbeitsraumes a_1.

XI. Steuerregler.

Die vertikale Anordnung großer Maschinensätze mit der sich daraus zwangsläufig ergebenden zweigeschoßigen Gliederung erfordert für eine übersichtliche Betriebsführung die örtliche Zusammenfassung aller Einrichtungen, die vom Maschinenpersonal zu handhaben sind, so der Schalteinrichtungen im Rahmen der Steuerung des hydraulischen Teiles, der etwa vorge-

---

[1] Grundsätzlich gleiche Ausführung auch durch Escher Wyss. [11, 12]

sehenen Rückmeldeanlage sowie sonstiger Schaltgeräte. Hierfür bietet der Generatorenraum zweckmäßige Möglichkeiten der Unterbringung; Arbeitswerk und Druckölerzeugungsanlage, welche keinerlei Bedienung an Ort erfordern, können im Untergeschoß aufgestellt werden, wodurch das die Regelarbeit übertragende, schwere Gestänge ebenso wie die Länge der Ölleitungen zwischen Windkessel und Arbeitswerk möglichst beschränkt wird. Bei einer derartigen „aufgelösten" Anordnung der Regelungseinrichtung kann Steuerwerk, Steuerventil und gegebenenfalls Druckölpumpe zu einer geschlossenen Einheit zusammengefaßt werden (Abb. 229 [12]), deren Aufbau bei starrem Antrieb der Druckölpumpe von der Turbinenwelle aus sich weiter vereinfacht. Bei ausschließlicher Leitradregelung größerer Maschinensätze

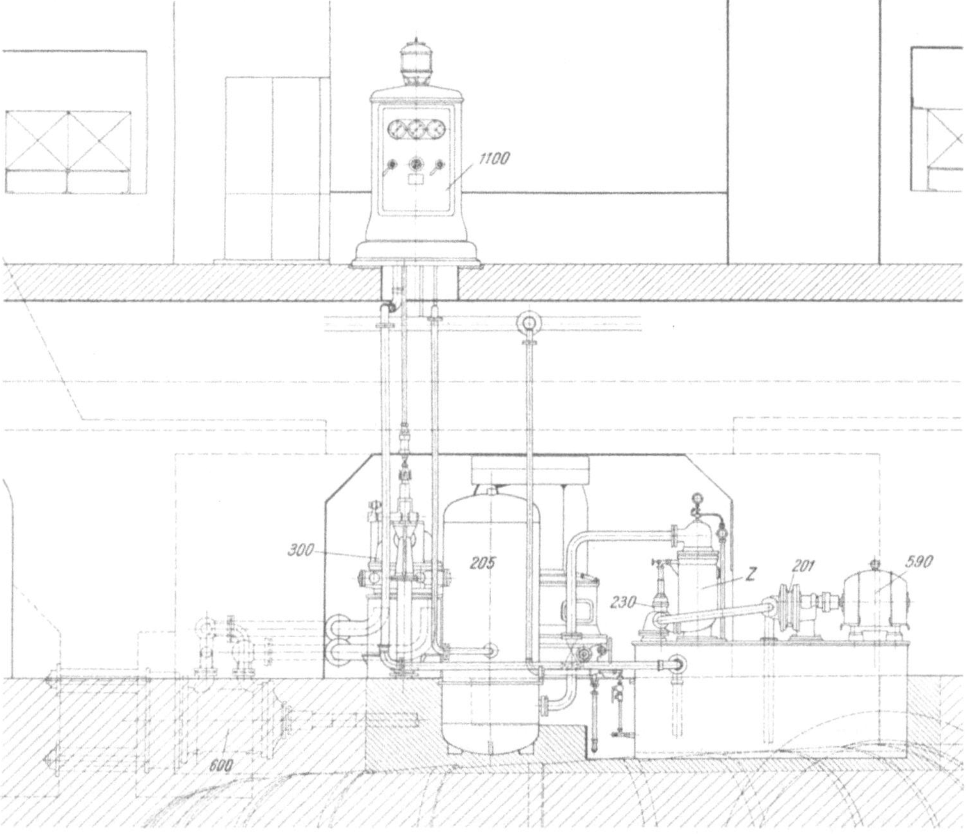

Abb. 230. (Maßstab 1 : 8.)

werden die eingangs genannten Vorteile bei einer Anordnung des Hauptsteuerventils in dem Arbeitswerk und Druckölanlage aufnehmenden Geschoß und somit Abtrennung des Hauptsteuerventils von den zum Steuerregler vereinigten Steuerungseinrichtungen im Generatorraum voll zur Auswirkung gebracht[1] (Abb. 230).

In der grundsätzlich den Aufbau der geschlossenen Regelungseinrichtung beibehaltenden Form·des Steuerreglers erscheint mit dem Steuerwerk nur der Vorsteuermechanismus des Hauptsteuerventils zum Steuerregler vereinigt, während die Übertragung der so erzielten genügenden Verstellkraft auf den Hauptschaltkolben mittels eines starren Gestänges erfolgt (Form 1, Abb. 231).

Zur Entlastung des Verbindungsgestänges kann das Hauptsteuerventil eine eigene Vorsteuerung erhalten, so daß zur Betätigung des ersteren die Verstellkraft eines einfach vorgesteuerten Arbeitskreises genügt; dieser kann nach Art eines normalen Geschwindigkeitsreglers

---

[1] Hinsichtlich der gegebenenfalls angewendeten Handsteuerung kann auf Abschnitt VI verwiesen werden.

ausgelegt werden, von dessen Arbeitskolben die Verstellung des im übrigen starr rückgeführten Hauptschaltventils abgeleitet wird (Form 2, Abb. 232).

Die letztgenannte Auslegung bietet den Vorteil, daß der als selbständige Einheit sich darstellende Steuerregler allgemein verwendbar erscheint, nachdem Unterschiede in der Verstellkraft des Hauptschaltkolbens durch entsprechende Auslegung der Vorsteuerung des letzteren ausgeglichen werden können.

Nach dem Vorgesagten besteht die Möglichkeit, reihenmäßig erzeugte Typenregler als Steuerregler zu verwenden. Dem bereitzustellenden Arbeitsvermögen von 20 bis 60 mkg entsprechend, wird in diesem Falle die Drucköleversorgung im Durchfluß als vorgegeben anzusehen sein. Die Verwendung des normalen Reglers mit eigener, unmittelbar einspeisender Drucköleumpe stellt zunächst eine Entlastung der Hauptdrucköleanlage vom Bedarf des Steuerreglers dar; ferner bestimmt die festliegende Liefermenge der Durchflußpumpe die höchstmögliche Geschwindigkeit des Arbeitskolbens bei größeren Belastungsänderungen. Damit liegt die Geschwindigkeit der Führungsbewegung hinsicht-

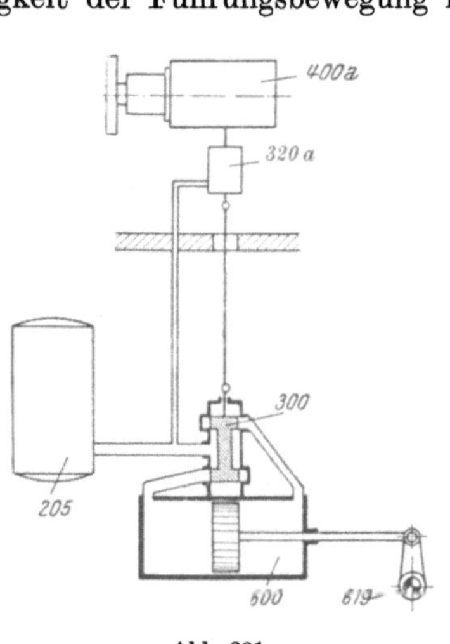

Abb. 231.

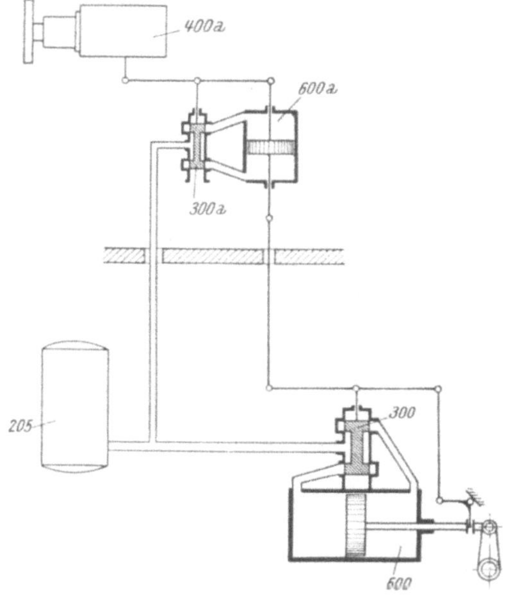

Abb. 232.

lich ihres Höchstwertes — bei voller Einschaltung der Pumpe — fest, so daß durch entsprechende (veränderliche) Übersetzung der Bewegung des Steuerreglerarbeitskolbens, etwa über Kurvenscheiben geeigneter Form, eine im voraus bestimmbare, gesetzmäßige Abhängigkeit der Höchstgeschwindigkeit des Hauptarbeitskolbens von der jeweiligen Leitapparatstellung eindeutig und unbeeinflußt von der Viskosität des Betriebsöles sowie den stellungsmäßig veränderlichen Leitapparatrückdrücken verwirklicht werden kann.[1] Diesem regeltechnischen Vorteile steht jedoch gegenüber, daß bei einem Versagen der Vorsteuerung keine Gewähr dafür vorhanden ist, daß die Geschwindigkeit des Arbeitskolbens nicht in unerwünschter Weise sich mit der maximal möglichen einstellt; unter diesem Gesichtswinkel erscheinen Maßnahmen, welche die Regelgeschwindigkeit in der letzten Steuerstufe beherrschen lassen, einer Berechtigung nicht zu entbehren.

Form 1 hat auf einen Vorsteuerregler,[2] gehörend zu einer Großkraftregeleinrichtung mit einem Arbeitsvermögen von 40 000 mkg, Anwendung gefunden. Das Steuerwerk, dessen Aufbau grundsätzlich mit dem in Abb. 97 dargestellten übereinstimmt, befindet sich in einem Schrank, wodurch sich leichte Zugänglichkeit der Einzelteile mit gleichzeitigem Abschluß dieser gegen Staub und unbefugten Zugriff ergibt. Nur die der Bedienung zugänglich zu haltenden Einrichtungen, bzw. die der Anzeige dienenden sind nach außen verlegt. Der mit Drucköl von der Speicheranlage versorgte und vom Steuerwerk her betätigte Vorsteuermechanismus

[1] Nach A. Tenot; Ausführung Neyret Bellier et Piccard Pictet, Grenoble.
[2] Nach D. Thoma; Ausführung Fynshyttan A. B. (29).

(s. Abb. 90) befindet sich seitlich angeordnet. Nach den vorangegangenen Darlegungen genügt es diesbezüglich, auf den unmittelbaren Drehantrieb der Schwebekolben durch Zahnräder unterschiedlicher Übersetzung hinzuweisen.

Eine Auslegung im Sinne der Form 2 weist die Regelungseinrichtung Abb. 296 auf, die bei einem Großkraftregler von 50000 mkg zur Anwendung gekommen ist [8]. Im Steuerregler Abb. 233 erfolgt die konstruktive Zusammenfassung des Einheitssteuerwerkes Abb. 107 mit dem Hilfskolbengetriebe *600a* und die Schaffung des Bedienungsstandes durch örtliche Vereinigung sämtlicher · für Betrieb und Überwachung des hydraulischen Teiles des Maschinensatzes notwendigen Hilfseinrichtungen. Für den Antrieb des Führungsmechanismus (Pendel und Beschleunigungsmesser) dient ein Asynchronmotor *170* in einer Schutzschaltung gemäß Abb. 248.

Der Vollständigkeit halber sei noch auf den Zweck des in das Steuerwerk eingeordneten Hilfsventils *535* (Abb. 296) hingewiesen, das einer besonderen Eigenschaft der hier angewendeten Beschleunigungsstabilisierung gerecht wird und welches verhindert, daß bei

Abb. 233. *170* = Pendelmotor, *400a* = Steuerwerk, *600a* = Hilfsarbeitskolben, *580*₆₀₀ = Öffnungsanzeiger, *1269* = Umsteuerung.

Spannungsunterbruch und Wiederkehr der Spannung am Antriebsmotor *170* die rasche Beschleunigung desselben zu einem schnellen Schluß des Turbinenleitapparates Veranlassung gibt. Hierzu findet mit Eintritt der Leerlaufstellung des Schaltkolbens *533* die Entlastung des Raumes a_{535} statt, wodurch Hilfsventil *535* unter Einwirkung der Feder *531* in eine Lage geht, in welcher nur eine allmähliche Entlastung des gesteuerten Raumes *b* des Hilfskolbengetriebes *600a* selbst bei einer starken Verstellung des Steuerventils *301a* im Schließsinne, wie sie dem raschen Anlauf des Motors entsprechen würde, eintreten kann.

Die Verstellung des einfach vorgesteuerten Hauptschaltventils *300* erfolgt primär vom Arbeitskolben *600a* des Steuerreglers her und wird rückgeführt durch die vom Hauptarbeitswerk *600* abgeleiteten Bewegungen.

Als typisierte Bauform unter Verwendung des Einheitssteuerwerkes Abb. 104 ist der in Abb. 234 dargestellte Steuerregler anzusprechen [23]. Gemäß der grundsätzlichen Auslegung nach Form 2 erfolgt die Betätigung des vorgesteuerten — und im Untergeschoß angeordneten — Hauptsteuerventils vom vertikalen Hilfsarbeitskolben *600a* aus, der über Ventil *300a* in üblicher Weise gesteuert wird. Die Rückführung leitet sich von Keil *453a* ab; Getriebe *580a* dient der Stellungsanzeige. Der Vorsteuerregler arbeitet mit Drucköl aus der Hauptspeicheranlage.

Abb. 234. (Maßstab 1:18.)

Im Gesamtaufbau des Maschinensatzes begründet, kann auch die örtliche Zusammenfassung des Steuerreglers mit dem Hauptsteuerventil erforderlich werden. Abb. 235 zeigt einen Steuerregler, von dessen Hilfsarbeitskolben über Doppelhebel *401* die Vorsteuerung des Hauptsteuerventils *300* betätigt wird. Die rückführenden

Bewegungen des Hauptarbeitswerkes werden über einen Kurventrieb *570* in den Sekundärsteuerkreis eingeführt. Die Konstruktionsgruppe umfaßt ferner Umschalt- und Hilfsventil (*652* und *651*) zur hydraulischen Handsteuerung (s. Abschnitt VI).

Abb. 235.

Die Abb. 236, 237 lassen den Aufbau eines Steuerreglers erkennen, der neben den Einrichtungen des primären Steuerkreises alle notwendigen Steuergeräte für den hydraulischen Teil einschließlich ihres elektrischen Zubehörs örtlich[1] zusammenfaßt, so u. a. die hydraulische Handsteuerung des Arbeitswerkes und die handgesteuerte Verriegelung zu letzterem [23]. Die Auslegung, welcher das Einheitssteuerwerk Abb. 104 zugrunde liegt, entspricht dem Schema 2 mit Anwendung eines in sich geschlossenen Regelkreises (Steuerwerk *400*, Steuerventil *300a*, Hilfsarbeitskolben *600a*, Rückführung *570a*). Für die Wirkungsweise dieser Einrichtungen sowie des hiervon gesteuerten Sekundärkreises Abb. 297 (Steuerventil *301*, Hauptarbeitswerk *600*, Rückführung *570$_I$*) erübrigen sich weitere Erklärungen; hingewiesen sei nur auf die im elektromotorischen Antrieb des Fliehkraftpendels begründete Abstelleinrichtung, durch welche bei Ausfall der Motorspannung durch den abfallenden Kern des Hubmagneten *1209* das Öffnungsbegrenzungsgestänge *475* (einstellbar) auf Leerlauf oder Schluß der Leitschaufeln gestellt wird; ferner auf die Steuerung zur Verriegelung des Leitapparates in seiner Schlußstellung, die von Hand aus über das Hilfsschaltventil *656a* eingeleitet wird und durch eine Verblockung ausgezeichnet ist, welche einerseits die Einschaltung der Verriegelung nur im geschlossenen Zustand der Leitvorrichtung, anderseits die Einleitung von Öffnungsbewegungen des Leitapparates nur nach Lösung der Verriegelung zuläßt. Hierzu ist eine Sperrvorrichtung bestehend aus zwei Sichelscheiben *1255* angewendet, die entweder die Einschaltung des Verriegelungsventiles *656a* oder die Betätigung des Handrades *470* zur Öffnungsbegrenzung bei eingerücktem Riegel verhindert.

Abb. 236.

Die räumliche Austeilung der einzelnen Konstruktionsgruppen zeigen die ausführungsgemäßen Darstellungen des Steuerreglers, Abb. 237, wobei die leichte Zugänglichkeit der einzelnen Teile sowie eine günstige und zwanglose Entwicklung der Konstruktion durch Unterbringung dieser in einen geräumigen und mehrtürigen Schrank im besonderen Maße gewährleistet ist.[2]

---

[1] Jedoch abgetrennt; hierdurch sollen die elektrischen Teile der Wirkung des Öldunstes entzogen werden sowie übersichtlich zusammengefaßt sein.

[2] Die Steuer- und Hilfseinrichtungen einschließlich der Betätigungs- und Anzeigevorrichtungen werden auch bei den Ausführungen der Woodward Governor zu einer für die reihenmäßigen Erzeugung besonders geeigneten Einheit (Cabinet Actuator Governing Equipment) zusammengefaßt. Bei dem „Twin"-System, das bei mehreren Einheiten Verwendung findet, können die Betätigungseinrichtungen und Pumpenanlagen miteinander verbunden und wahlweise auf jede der Einheiten geschaltet werden.

Eine überaus kompendiöse und vollständig geschlossene Bauart eines Vorsteuerreglers nach Form 2 läßt Abb. 237 erkennen [11]. Die Stellung der Drehzahleinstellvorrichtung sowie der Öffnungsbegrenzung, letztere der Leitradstellungsanzeige zugeordnet, wird an großen Skalen angezeigt, ebenso wie die Drehzahl am eingebauten Tachometer. Die gesamten Steuer- und

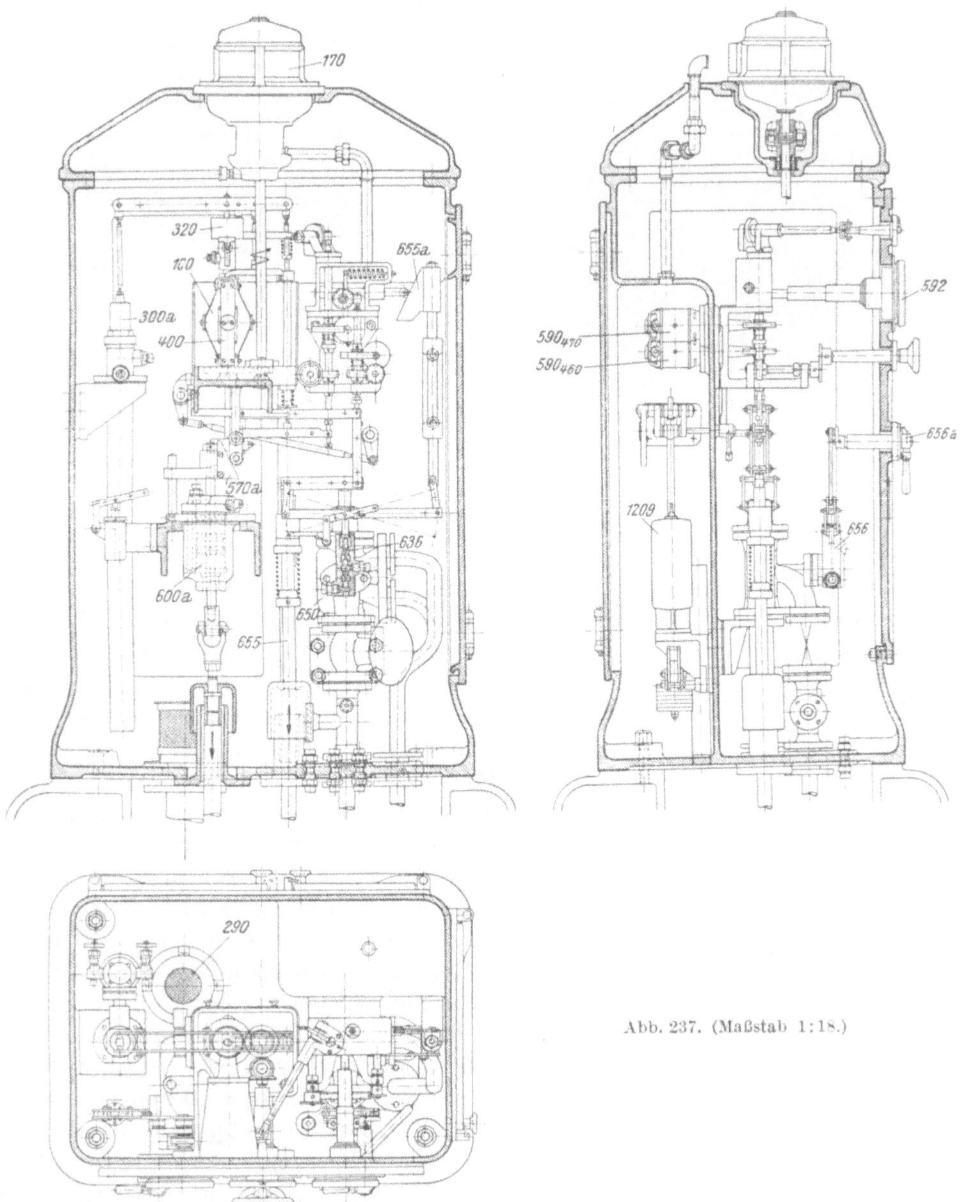

Abb. 237. (Maßstab 1:18.)

Betätigungseinrichtungen — Pendel *100*, Steuerölpumpe *219* mit gemeinsamem Antrieb, Steuerwerk mit nachgiebiger Rückdrängung, Anlaufpumpe *1458* mit Motor, Steuerventil *300a*, Arbeitszylinder *600a* mit Schließfeder, Getriebe zur Drehzahlverstellung und Öffnungsbegrenzung[1] einschließlich Motorantrieb *590*, alle elektrischen Hilfsgeräte und Anzeigevorrichtungen — sind auf einer gemeinsamen Platte in übersichtlicher und leicht zugänglicher Weise aufgebaut und in das Gehäuse *1100* eingesenkt. Für den Anlauf von Hand aus wird mittels Kurbel *1459*

---

[1] Diese öffnet einen im Kolben angebrachten Nebenauslaß bei Erreichung des vorgesehenen Öffnungswertes.

der Servomotor entgegen der Wirkung der Schließfeder aus der Schlußstellung herausgedrängt. Bei ferngesteuertem Betrieb erfolgt diese Bewegung unter Wirkung der Förderung der Anlaßpumpe.

a) Außenansicht.

b) Innenausrüstung.

Abb. 238. Steuerregler.

Für die ausschließlich vertikalachsig angeordneten Kaplan-Turbinensätze großer Leistung bestehen die gleichen Voraussetzungen für die eingangs bezeichnete Gliederung der Regelungseinrichtung. Der Steuerregler (s. Abb. 239) kann hierbei zur Führung der *beiden* sekundären Regelkreise herangezogen werden, wobei die zu verwirklichende Gesetzmäßigkeit zwischen gleichzeitigen Stellungen der Regelorgane im Beharrungszustande durch entsprechende Abstimmung der der Stabilisierung in den Sekundärkreisen dienenden starren Rückführungen 570_I, 570_{II} erreicht wird (Form 3). Durch die vorbeschriebene Anordnung wird die Entlastung der Führungssteuerung von den Verstellkräften der sekundären Regelkreise, insbesondere ihrer Steuerventile, erreicht. Die mittelbare, d. i. über den Arbeitskolben $600a$ des Steuerreglers, in jeden der sekundär gesteuerten Kreise eingeführte Wirkung der Drehzahl bringt eine verbesserte Stabilität sowie ein Eingreifen jedes der Regelorgane entsprechend der Größe der eingetretenen Belastungsänderung mit sich, dies im Gegensatze zu Anordnungen, bei welchen nur die Führung *eines* Regelkreises drehzahlabhängig, die des zweiten hingegen ausschließlich von der Stellung des Regelorganes des ersten Kreises erfolgt. Dadurch, daß der dem vollen Weg eines der Regelorgane zugeordnete Hub des Steuerreglerarbeitskolbens verschieden für die einzelnen Regelorgane gemacht wird, kann selbsttätig die Weiterverstellung eines der Regelorgane bei Beharrung des anderen in seiner Grenzlage erreicht werden, wenn die Tendenz der Steuerung in diesem Sinne geht; so etwa die selbsttätige Überöffnung des Laufrades bei erreichter voller Öffnung des Leitapparates und weiter bestehendem Öffnungsbestreben der Steuerung.

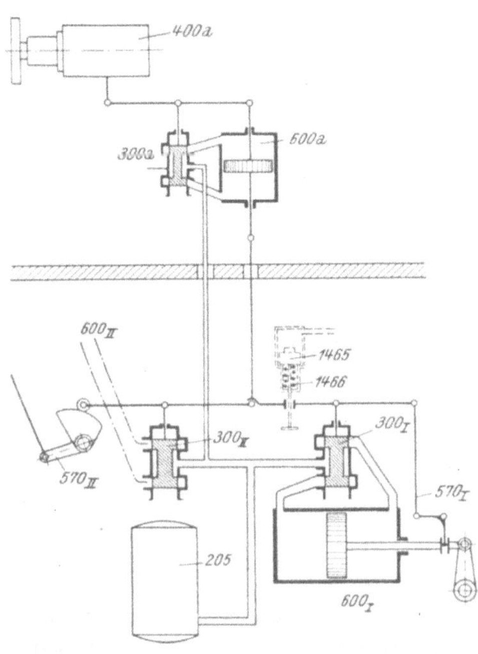
Abb. 239.

Die vorgenannten Richtlinien erscheinen im Aufbau der Doppelregelung Abb. 297 [23] berücksichtigt. Vom Arbeitswerk des in voller Übereinstimmung mit Form 3 in den primären Regelkreis eingebundenen Steuerreglers wird einerseits über Keil $570a$ der Stabilisierungsmechanismus eines Einheitssteuerwerkes gemäß Abb. 104 betätigt, anderseits über Schwinge und Doppelhebel die Verstellung des vorgesteuerten Laufradventils 940 abgeleitet, dessen Rückführung durch die vom Laufschaufelmechanismus über Gestänge 972 bewegte Kurvenscheibe 970 vermittelt wird.

Zur Steuerung des Leitapparatregelkreises werden die Bewegungen des Hilfsarbeitskolbens $600a$ über das Gestänge auf den für sich starr rückführenden Mechanismus der Leitradregelung übertragen. Nachdem die Beharrungsstellungen des Leitapparates der starren Rückführung 570_I halber eindeutig in den Stellungen des Steuerreglerarbeitskolbens $601a$ wiedergegeben sind, wird durch letzteren als Führungsorgan des Laufradregelkreises die Stellung des Leitapparates dort eingeführt. In der Form der Rückführkurven 570_I, 970 ist somit die beharrungsmäßig verlangte Zuordnung beider Regelsysteme entsprechend zu berücksichtigen.

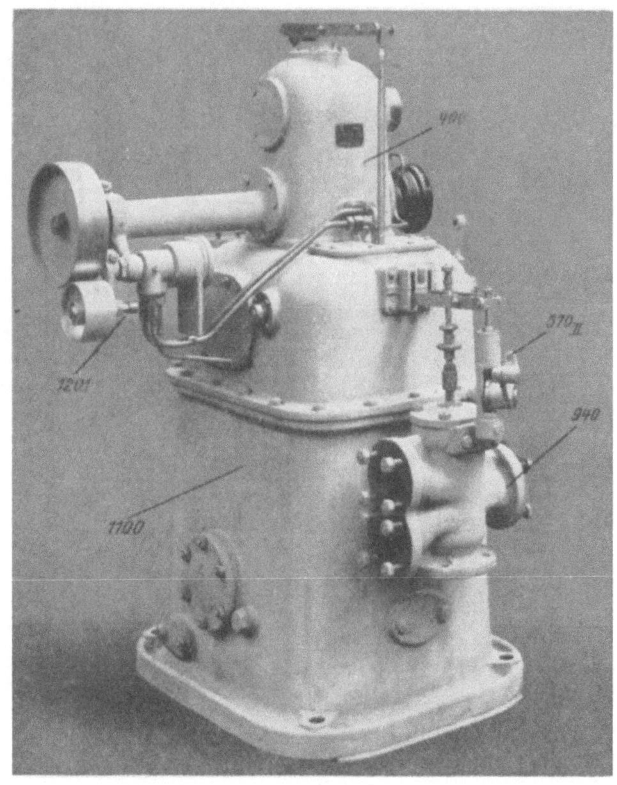

Abb. 240.

Durch Anwendung eines im Öffnungssinne bestehenden Überhubes des Hilfsarbeitskolbens $601a$ über den darauf bezogenen vollen Hub der Rückführung des Leitapparates kann unter Erhaltung der Offenstellung des letzteren die selbsttätige Weiteröffnung des Laufrades eintreten, wobei die Stetigkeit der Leistungskennlinie erhalten bleibt.

Abb. 240 [23] zeigt den Aufbau des nach Schema Abb. 239 ausgelegten Steuerreglers, wobei die vertikale Anordnung des Hilfsarbeitskolbens der Aufstellung des Leitradhauptsteuerventils im Untergeschoß Rechnung trägt. Dieser Steuerregler stellt eine Weiterentwicklung der für die Einfachregelung geschaffenen Type Abb. 234 dar, welcher das Steuergestänge 570_{II} und Hauptsteuerventil 940 für den Laufschaufelregelkreis zugefügt wurden.

Der Antrieb großer Steuerventile, deren Anordnung nach Abb. 240 [23] nicht mehr zweckmäßig erscheint, kann auch von der Hilfswelle 619 sinngemäß abgeleitet werden (Abb. 241).

Abb. 241.

In früheren Abschnitten war darauf verwiesen worden, daß in Großkraftanlagen die möglichste Lokalisierung von Störungen in der Drucköversorgung durch für jeden Maschinensatz

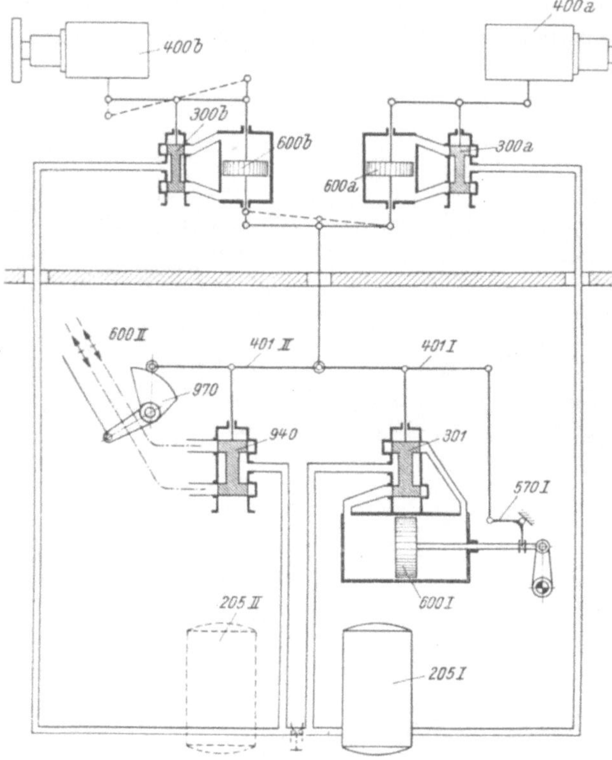

Abb. 242.

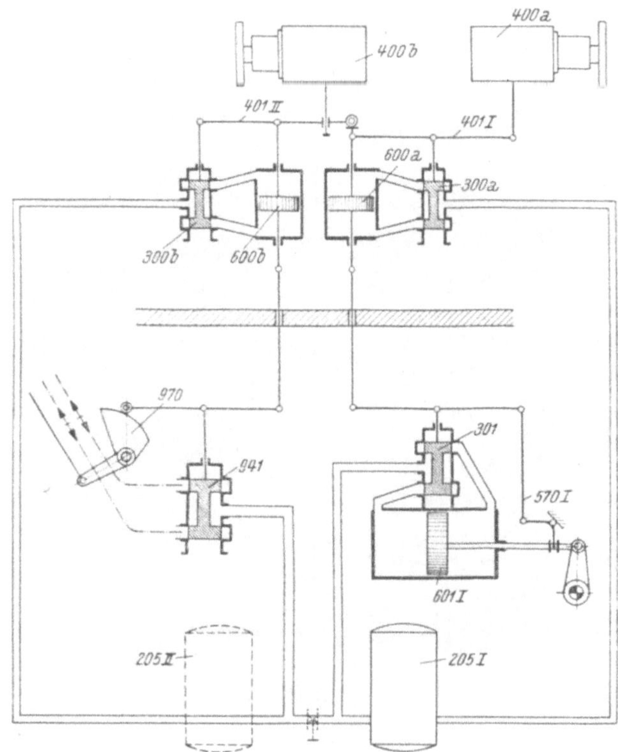

Abb. 243.

unabhängig zu betreibende Druckölerzeugungsanlagen angestrebt wird. Bei doppelt geregelten Kaplan-Sätzen bietet das Vorhandensein zweier Regelsysteme weiters die Möglichkeit einer Steuerungsauslegung, durch welche bei Störungen in einem System ein Weiterbetrieb des Maschinensatzes unter Herrschaft des ungestörten Systems Platz greifen kann. Da die größte Wahrscheinlichkeit von Störungen in dem verhältnismäßig komplizierten, teilweise mit sehr geringen Verstellkräften arbeitenden Führungsmechanismus (Steuerwerk, Steuerregler) liegt, wird diesen und damit dem Ausfall des Maschinensatzes am ehesten entweder durch Bereitstellung eines gleichartigen Steuergerätes, welches ersterem parallelgeschaltet, dessen Funktionen zu übernehmen imstande ist (Form 4), begegnet werden können oder dadurch, daß der normalen Führungssteuerung eines der Systeme eine unabhängige Drehzahlsteuerung übergeordnet ist, welche die Drehzahlregelung des Maschinensatzes allein über den zugehörigen Regelkreis vornehmen kann (Form 5).

Für Anlagen mit Steuerregler erfordert die erstgenannte Schutzauslegung die Anwendung von zwei gleichen und übereinstimmend geschalteten Steuerreglern (Abb. 242), wobei die Führung der sekundären Regelkreise im normalen Betrieb einem der Steuerregler durch entsprechend verlagerte Einstellung der Drehzahlleistungskennlinien zu übertragen ist. Bei Störungen im betriebsmäßig führenden Steuerregler kann der in Bereitschaft stehende die Führung unter Erhaltung der gesetzmäßigen Zuordnung von Leit- und Laufradstellung übernehmen, so daß unter Voraussetzung ungestörter Sekundärkreise an der grundsätzlichen Funktion der Regelung nichts geändert wird.

Im Falle der Anordnung nach Form 5 (Abb. 243) übernimmt bei Störungen im Steuerregler *300a—600a* der durch die zusätzliche Drehzahlsteuereinrichtung *300b—600b* ausgezeichnete Sekundärregelkreis *II* allein die Aufgabe der Drehzahlhaltung des Maschinensatzes. Ausführungen, die sich der letztgenannten Anordnung bedienen, sehen die Sicherheitsregelung im Lauf-schaufelkreis vor [11, 12] und überlagern der vom Hilfsarbeitskolben des Steuerreglers ab-geleiteten Abhängigkeitssteuerung 401_{II} eine unabhängige Drehzahlsteuerung $400b$, welche erst bei höheren als betriebsmäßigen Drehzahlen einzugreifen hat und deren Mechanismus, bedingt durch die Anwendung derartiger Steuerungen in Großkraftanlagen, gewöhnlich durch Vorsteuerungen, bzw. deren Erweiterung zum selbsttätigen Steuerregler von den Verstell-kräften des sekundären Regelkreises zu entlasten sein wird.

Aus dem Leistungsdiagramm Abb. 186 lassen sich auch bemerkenswerte grundsätzliche Voraussetzungen für die Stabilität der Regelung bei ausschließlicher Verstellung der Lauf-

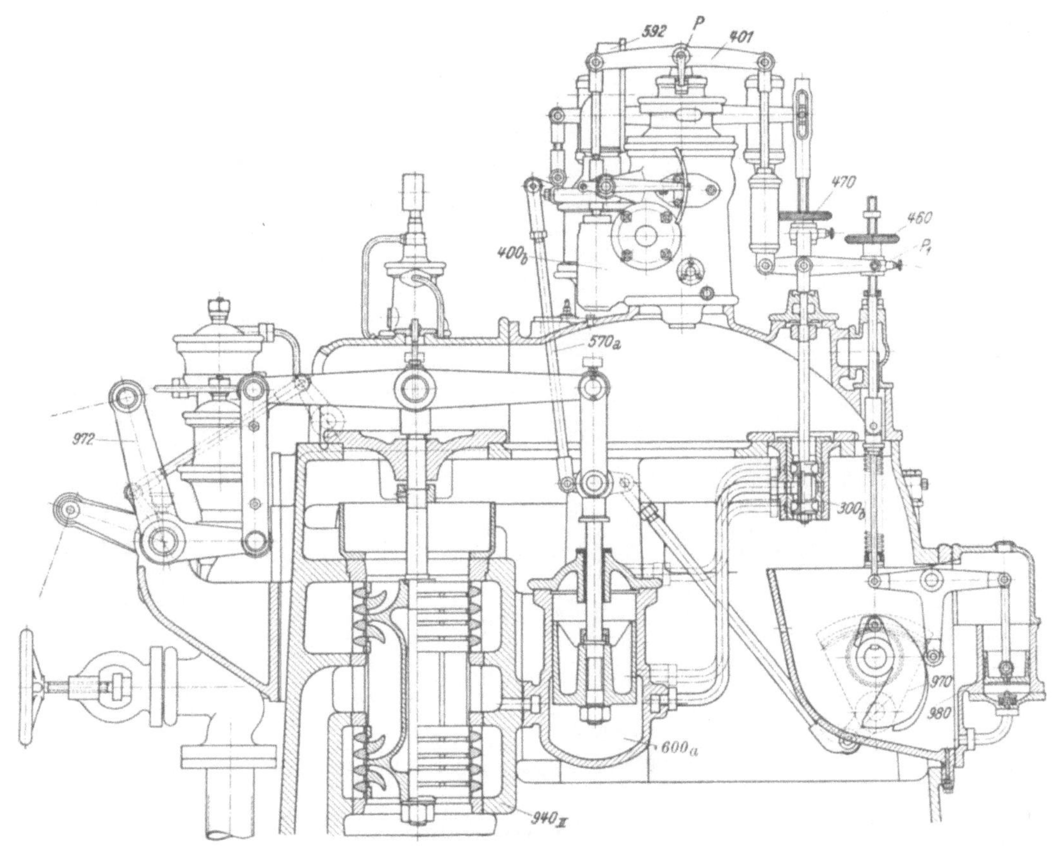

Abb. 244. (Maßstab 1:16.)

schaufeln herauslesen. Ein stabiles Arbeiten wird nur in dem um $a-a_1$ liegenden, im Sinne steigender a_0 eingegrenzten Bereich zu erwarten sein; hierbei kann die der Stabilitätsgrenze jeweils entsprechende Höchstleistung mit Rücksicht auf praktisch anwendbare Stabilitätsgrade und Schwungmassen nur annähernd erreicht werden.

Diese Voraussetzungen schränken den Wert einer derartigen Regelungsanordnung stark ein. Man hat sich dementsprechend in jüngsten Ausführungen darauf beschränkt, die über-geordnete Laufschaufelregelung als *Sicherheits*regelung auszubilden, bei deren Ansprechen der Maschinensatz vom Netz getrennt und auf angenäherter Leerlaufdrehzahl geführt wird; ein Vorgang, der im allgemeinen für alle Leitschaufelstellungen in stabiler Weise möglich ist. In diesem Falle kann auf eine isodrome Steuerung im Schutzkreis verzichtet werden und genügt es, mit großer dauernder Ungleichförmigkeit zu arbeiten.

Die Abb. 244, 245 vermitteln die konstruktive Durchbildung der zu einer Einheit zusam-mengefaßten Leit- und Laufschaufelsteuerregler, welche sekundäre Regelkreise von 45000 bzw. 105000 mkg [12] (s. a. Abb. 298) gemäß Form 5 steuern. Beide Steuerregler zeigen den grund-sätzlich gleichen inneren Aufbau und beinhalten außer dem geschlossenen Vorsteuerregelkreis noch das vom jeweiligen Regelorgan starr rückgeführte Hauptsteuerventil (s. Abb. 84). Während der Leitradsteuerkreis ausschließlich einem Steuerwerk nach Abb. 103 untersteht, führt die Kurvenscheibe *970*, deren Antrieb mittels eines den Drehwinkel vergrößernden Übersetzungsgetriebes vom Arbeitszylinder *600a* des Leitradsteuerreglers her erfolgt, den Laufradvorsteuerkreis — Steuerventil *300b*, Hilfsarbeitswerk *600b*, Rückführung *570a*; hierbei bildet normalerweise der Anlenkungspunkt P am Vorsteuerkolben des Einheitssteuerwerkes den festen Drehpunkt des Rückführgestänges. An dieser Stelle erscheint die zusätzliche Drehzahlsteuerung eingebun-

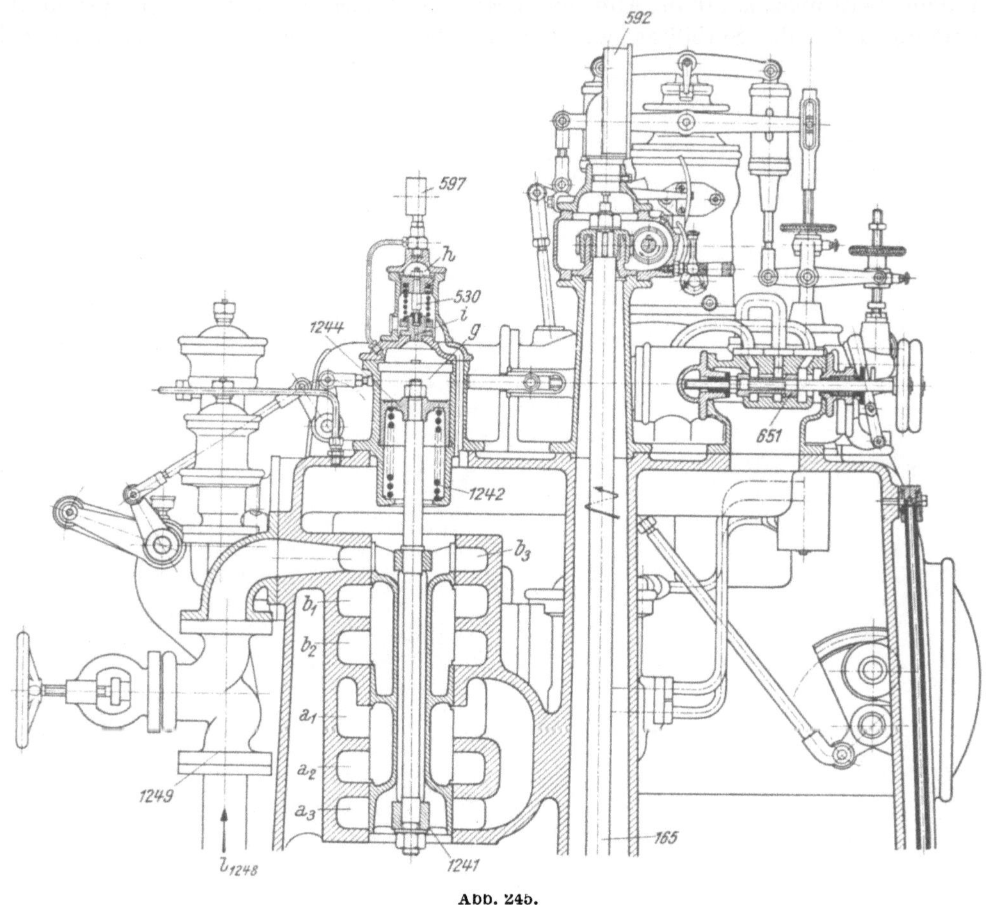

Abb. 245.

den, welche bei gestörter Funktion des Leitapparatreglers und bei Überdrehzahl die Laufschaufelverstellung (Steuerventil 940_{II}) übernimmt; dabei wird P_1 zum Festpunkt der Steuerung, der zur Herbeiführung einer bestimmten (Leerlauf-) Drehzahl verlagert werden kann. Hinsichtlich der mit dem Steuerregler konstruktiv zusammengefaßten Hilfseinrichtungen (hydraulische Handsteuerung, Notpumpenschaltung usw.) sei auf Abschnitt XII, S. 170 verwiesen.

XII. Selbststeuerung.

A. Grundsätzliche Formen der Betriebsführung von Wasserkraftanlagen und ihr Anwendungsbereich.

Bei dem Ausbau neuer oder der Vervollkommnung bestehender Wasserkraftwerke ist es heute möglich, der Vielfältigkeit der Bedingungen als einer besonderen Eigenart der natürlichen Energiedarbietung an den Staustufen der Flüsse bzw. in den Speichern von Seen oder Talsperren und den damit gebotenen technischen Möglichkeiten und Zielen durch sorgfältige Auswahl einer angemessenen Bedienungsausrüstung Rechnung zu tragen. Dadurch erst wird für jede Energiequelle die volle Ausnützung ihrer besonderen Betriebswerte und die Sicherung der in ihr zugänglichen äußersten Ausbeute gewährleistet. Der Vielseitigkeit der natürlichen Voraussetzungen bei Wasserkräften entspricht heute eine ganz ähnliche der Verfahren und Hilfsmittel der Betriebsgestaltung. Die zahlreichen Bedienungsformen unterscheiden sich im einzelnen vor allem in der Wahl des Standortes für die Bedienung, ferner hinsichtlich des Ausmaßes der Anwendung besonderer Einrichtungen zur Erleichterung des Betätigens der Betriebsorgane, zum Vereinfachen des Steuerns, Schaltens und Regelns sowie zur Vervollkommnung der Überwachung aller Maßnahmen des Betriebswechsels und aller Eingriffe zum Ordnen des laufenden Betriebes. Auch bezüglich der Bereitstellung zusätzlicher Hilfsmittel des Gemeinschaftsbetriebes, die in besonderem Maße der betriebstechnischen Einfügung der Einzelanlage in größere Versorgungssysteme dienen, sind heute in verschiedenen Kraftwerken stark voneinander abweichende Bedienungsverfahren verwirklicht.

a) Örtliche Handbedienung der Kraftwerke in Einzelvorgängen.

Die Bedienung der Wassereinlaßorgane vor den Turbinen, die Verstellung des Drehzahlreglers zur Änderung der Beaufschlagung während des Betriebes und des Inbetriebsetzungsvorganges, die Regelung der Maschinenspannung, die Parallelschaltung einschließlich der Betätigung des Hauptmaschinenschalters, die Einstellung der Blindbelastung, ferner die bei größeren Maschineneinheiten erforderliche Freigabe der Kühlmittel zu den Lagern und der Einsatz aller Hilfsbetriebe für die Steuer- und Regelölbereitung erfolgten ursprünglich nacheinander über Handantriebe unmittelbar an den einzelnen Organen, später in schon etwas erleichterter Form durch Steuern elektrischer Antriebe. Die Überwachung des Ablaufes der Vorgänge beim Betriebswechsel und der wichtigen Betriebszustände durch örtliche Besichtigung am einzelnen Organ war die Voraussetzung für die Fortführung des Gesamtvorganges. Die Ausrüstung der Überwachungsstellen des Betriebes beschränkte sich auf Anzeigegeräte, wie Manometer, Tachometer (Frequenzmesser), Stromzeiger, Wirk- und Blindleistungszeiger.

Eine beachtliche Verbesserung der Betriebsführung und Beschleunigung aller Vorgänge des Betriebswechsels bei Beibehaltung der Grundform des Bedienens in Einzelvorgängen brachte im Laufe der Entwicklung die planmäßige Zusammenfassung der Bedienungs- und Überwachungsmittel sowohl der elektrischen als auch der hydraulischen Anlagenteile in besonderen Befehlsständen. Voraussetzung dafür war, daß die einem Wechsel ihrer Betriebsform unterliegenden Organe, insbesondere auch des hydraulischen Teiles der Anlagen, mit elektrischen oder durch Drucköl bzw. Druckwasser gespeisten Antrieben versehen wurden, die eine einfache Steuerung der Bewegungen zulassen. Die Schaffung besonderer Stützpunkte der Bedienung für die elektrischen Anlagenteile in der Warte und vielfach auch für die Antriebsmaschinen und ihre Hilfsbetriebe in der Nähe der Turbinen erforderte gleichzeitig die weitere Ausgestaltung der Hilfseinrichtungen zur Überwachung des Betriebes.

Die Betriebsstellungen aller gesteuerten Einrichtungen und ihr störungsfreies Arbeiten müssen an den Steuerstellen bei einer derart zusammengefaßten Betriebsführung dauernd ersichtlich sein, damit die einzelnen Maßnahmen nur nach Überprüfung der für ihre Zulässigkeit zu erfüllenden Voraussetzungen eingeleitet werden. Die dadurch gewonnene bessere Übersichtlichkeit der Betriebsführung wirkt sich als eine Steigerung der Betriebssicherheit aus.

Die Betriebsführung von Wasserkraftwerken durch Handbedienung in Einzelvorgängen als verhältnismäßig träge wirksames und den rasch wechselnden Forderungen des Betriebes wenig angleichbares Verfahren befriedigt nur noch für einfache Aufgaben der Stromversorgung; sie entbehrt vor allem jener Vorkehrungen zur Erfüllung der zusätzlichen Anforderungen, die durch die Zusammenfassung verschiedener Anlagen zu Betriebsgemeinschaften hinsichtlich der Schlagfertigkeit des Einsatzes der Kraftwerke und Einzelmaschinensätze zur Stromerzeugung wie auch bezüglich der Überwachung und Steigerung der Wirtschaftlichkeit der Ausnützung gestellt werden.

Die Anwendung der einfachen Form der Handbedienung kommt daher nur bei kleinen, einzeln genützten Wasserkraftwerken noch in Frage, bzw. bei jenen Wasserkräften an Flußläufen, die ihrer Natur nach ausschließlich zur Grundlastdeckung im Verbundbetrieb dienen, so daß durch eine Vervollkommnung ihrer Steuerung infolge des nur selten erforderlichen Betriebswechsels eine Steigerung ihrer Nutzbarkeit nicht mehr möglich ist. Jedoch ergeben sich auch unter diesen Vorausetzungen durch zusätzliches Einfügen selbsttätiger Teilsteuerungen oder sorgfältig ausgewählter Maßnahmen der Fernbedienung und Fernüberwachung meist noch überlegene Möglichkeiten erhöhter Wirtschaftlichkeit bzw. Sicherheit des Betriebes.

b) Bedienungsverfahren örtlicher Selbststeuerung von Wasserkraftwerken.

Wichtige Möglichkeiten gesteigerter Anpassung der Betriebsführung an die aus naturbedingten Vorausetzungen abzuleitenden Eigenschaften der Wasserkraftquellen und dadurch eine Förderung auch ihrer Ausnützung selbst vermittelt die planmäßige Entfaltung der Selbststeuertechnik als Betriebsverfahren.

Die *Selbststeuerung* an sich dient der Durchführung des selbsttätigen Ablaufes einer Reihe bestimmter Schalthandlungen, die zur Überführung der gesteuerten Einrichtungen von einer Betriebsform in die andere notwendig werden. Die hierbei erreichte *eindeutige Festlegung der Schaltfolge* gewährt die immer gleiche physikalisch und betriebstechnisch richtige Aneinanderreihung der Schaltvorgänge und schließt Fehlschaltungen aus, die bei Handbedienung immerhin möglich sind; die Aufeinanderfolge der Schalthandlungen mit *geringstem Schaltverzug,* möglichenfalls mit zeitlicher Überdeckung einzelner sich technisch nicht berührender Vorgänge, führt auf *kürzeste Gesamtschaltzeiten.*

Die Maßnahmen zur Einleitung des selbsttätigen Ablaufes der Schaltreihe beschränken sich auf die diesbezügliche *Befehlsgabe.* Damit erscheint das Bedienungspersonal von der Durchführung von Schalthandlungen, die an sich folgenmäßig bedingt sind, entlastet und ist in der Lage, seine volle Aufmerksamkeit der eigentlichen Betriebsgestaltung zuzuwenden. Dieser Umstand wird bedeutungsvoll für die in der Regel umfangreiche Hilfseinrichtungen aufweisenden Großkraftanlagen, die überdies in vorgenannter Hinsicht erhöhte Ansprüche an die Bedienung stellen.

Den Umfang der in jedem Einzelfalle anzuwendenden Selbsttätigkeit der Betriebsgestaltung richtig zu bemessen, erfordert planmäßiges Erforschen der günstigsten technischen Einsatzmöglichkeiten aus den natürlichen Bedingungen der Energiedarbietung.

1. Selbstgesteuerter laufender Betrieb.

Das Kennzeichen selbsttätiger Teilbedienung von Wasserkraftanlagen ist die Beschränkung der Selbststeuerung auf die Durchführung von Maßnahmen zur Anpassung des Betriebes an artgebundene Änderungen der Betriebsbedingungen sowie zum Wechsel der Betriebsform in Störungsfällen. Der planmäßige Einsatz und die Zurückziehung der einzelnen Einheiten bleiben Aufgabe des Wärters ebenso wie die Lenkung des Betriebes bei allen durch selbsttätige Einrichtungen nicht erfaßten Ereignissen.

Zur Anpassung der Energieerzeugung an den Wechsel des Wirkstrombedarfes im Verbrauchernetz sind Selbstregler der Beaufschlagung der Antriebsturbinen ebenso wie der Einsatz selbsttätiger Spannungsregler zur Spannungshaltung bzw. Regelung der Blindstrombelastung parallel betriebener Generatoren als älteste Hilfsmittel der Selbststeuertechnik im Kraftwerksbetrieb überhaupt zu nennen. Wo die Anpassung der Stromerzeugung an den Wechsel des Energieanfalles ohne Speichermöglichkeiten gegeben ist, leisten Wasserstands- oder Wassermengenselbstregler wertvolle Dienste. Da hierbei die jeweils anfallenden Energiemengen der restlosen Ausnützung zugeführt werden, muß die Aufgabe der Anpassung der Stromerzeugung an den Wechsel des Energieverbrauches im Netz anderen gleichzeitig betriebenen Kraftwerken übertragen werden, die durch ihre technischen und natürlichen Eigenschaften hierzu befähigt sind.

Der *laufende* Betrieb der zur Stromlieferung eingesetzten Maschineneinheiten von *Grundlast*wasserkraftwerken kann durch den billigen Aufwand für die Hilfsmittel einer elektrischen oder mechanischen Wasserstandsselbstregelung in einfachster Weise selbsttätig gestaltet werden, wenn darüber hinaus auch die Regelung der Erregung der Stromerzeuger Spannungsselbstreglern übertragen wird, die einem dem Blindstrombedarf des Netzes und der Leistungsfähigkeit der geregelten Maschinensätze angepaßten Plan dauernde Verwirklichung sichern. Ein derartiger

Kraftwerksbetrieb, ergänzt durch ausreichende Hilfsmittel zum Schutz der Maschinen und der wichtigsten Hilfsbetriebe der Anlage, ermöglicht als in sich geschlossene Betriebsform den Verzicht auf eine *dauernde* Betriebsüberwachung und findet heute schon vielfach Anwendung in Laufkraftwerken, in denen Maßnahmen des Betriebswechsels, die einen Besuch der Anlage erforderlich machen, nur selten vorzunehmen sind.

Die örtliche Selbststeuerung bildet somit die Grundlage für die Ausbildung eines wirksamen Schutzes der durch hohen Kapital- und Betriebswert gekennzeichneten Großkraftanlage ebenso wie für unbesetzt betriebene Kraftwerke.

2. Selbststeuerung der Maßnahmen zum Betriebswechsel.

Als Bedienungsverfahren für alle Vorgänge des Betriebswechsels, also zum Inbetriebnehmen und Stillsetzen der Maschinengruppen, hat die Selbststeuerung in Wasserkraftwerken besondere Bedeutung gefunden. Hier schafft sie eine Stärkung des Bereitschaftswertes der Wasserkraftanlagen und macht diese unter der Voraussetzung der Möglichkeit der natürlichen oder künstlichen Energiespeicherung zu Schnellbereitschaften der Stromversorgung, die auf eine die Wirtschaftlichkeit der Gesamterzeugung ungünstig beeinflussende Bereithaltung leerlaufender Dampfturbosätze oder hydraulischer Speicherturbinen verzichten läßt. Die Stärkung des Bereitschaftswertes dieser Anlagen durch den Einsatz der Selbststeuerung auf einfache Befehlserteilung hin findet ihren klarsten Ausdruck in der Möglichkeit raschest aufeinanderfolgender, gegebenenfalls gleichzeitiger Inbetriebnahme sämtlicher Maschineneinheiten einer Anlage. Wirkt sich somit im Falle von Störungen der Energieversorgung des Systems die Selbststeuerung durch die Möglichkeit des Schnelleinsatzes neuer Maschinenleistung zur Betriebsstützung besonders günstig aus,[1] verbürgt sie ebenso die rechtzeitige Außerbetriebnahme in ihrer Funktion gestörter Maschineneinheiten.

3. Vollselbsttätiger Betrieb von Wasserkraftmaschinensätzen.

In bestimmten Anwendungen ist die Selbststeuerung in der Ausführungsform als *voll*selbsttätiges Verfahren am Platze. Die Eigenbedarfsanlagen der Stromversorgungsbetriebe, in erster Linie also der Kraftwerke selbst, zählen in der Reihe aller Verbraucher von Elektrizität zu den dringendsten, da von ihrem unterbrechungslosen Arbeiten das Inbetriebhalten der Hauptmaschinen und damit die geordnete Aufrechterhaltung der Stromlieferung überhaupt abhängt. So gering besonders in Wasserkraftwerken die für die Eigenbedarfsversorgung dauernd geforderte elektrische Leistung ist,[2] so dringend notwendig ist aber das *dauernde* Bereitstehen dieser Energie für den Betrieb der Kraftwerke. Die Steuerung aller Maschinensätze, die für die Eigenbedarfsdeckung wichtiger Wasserkraftanlagen bestimmt sind, sei es nun vorwiegend als *Bereitschaftsgruppen* in Fällen, in denen die Versorgung der Eigenbetriebe der Kraftanlage normal aus dem System erfolgt, sei es auch als Stromquellen zur dauernden Speisung dieser wichtigen Hilfsbetriebe, wird deswegen zweckmäßig vollautomatisch ausgelegt. Es bereitet heute keine Schwierigkeiten, die Speicher für Steuer-, Lager- und Regleröl sowie für die Kühlwasserversorgung der einzelnen Hauptmaschinensätze der Kraftwerke so auszulegen, daß ein Ausfallen auch der wichtigsten Hilfsbetriebe für die Dauer einer Minute ohne schädliche Folgen bleibt. Vollselbsttätiges Umschalten und Steuern des Inbetriebgehens der Eigenbedarfssätze vorausgesetzt, ist der Wechsel von der Stromquelle der normalen Energielieferung auf die in Bereitschaft gehaltene Notstromquelle innerhalb der vorgenannten Zeit mit größter Zuverlässigkeit vollzogen.

---

[1] Häufiger Einsatz zum Betrieb und schnellste Bereitschaft zur Stützung der Stromversorgung sind die besonderen Anforderungen an die Betriebsgestaltung von Spitzenkraftwerken. In verschiedenen hydraulischen Speicherwerken ansehnlicher Leistungsfähigkeit ist durch weitgehende örtliche Selbststeuerung der Maßnahmen des Betriebswechsels mit einfacher Befehlsgabe die zuverlässige Gewähr geschaffen, innerhalb von etwa 3 Minuten, gerechnet vom Stillstand der Stromerzeuger bei geschlossenem Absperrorgan vor den Turbinen, die volle Leistungsfähigkeit — z. B. 4 Maschineneinheiten mit zusammen bis zu 140 MVA — bereitzustellen.

[2] Diese beträgt schon in Kraftwerken mit Leistungen von einigen 1000 kW dem Anschlußwert nach gewöhnlich nicht mehr als 1 bis 3% der Ausbauleistung.

Der vollselbsttätige Übergang von einer Eigenbedarfsversorgung auf eine andere Energiequelle wird zweckmäßig vom Vorhandensein der Spannung an dem Verbrauchersystem der Eigenbedarfsbetriebe abhängig gemacht, da das Ausbleiben der Spannung entscheidendes Kennzeichen für die Notwendigkeit des Einsatzes der Notstromlieferung ist.[1]

c) Die Fernbedienung als Betriebsverfahren.

Gestützt auf die Hilfsmittel des Fernsteuerns, Fernmeldens, Fernmessens sowie des Fernregelns und erleichtert durch die Anwendung örtlicher Selbststeuerung ist heute auch der Fernbetrieb von Wasserkraftanlagen zuverlässig gewährleistet in dem Sinne, daß der Standort der Betriebsführung unabhängig von der Lage der Energiequelle selbst praktisch beliebig gewählt werden kann.

Das Ausmaß der Anwendung von Hilfsmitteln für die Ferneinwirkung auf den Betrieb der Kraftwerke richtet sich dabei nach den erzielbaren Vorteilen. Je nach dem Umfang der im einzelnen Falle praktisch verwirklichten Fernbedienung, der im Hinblick auf die technischen Möglichkeiten keinen Beschränkungen unterliegt, kann man einen fernbedienten Teilbetrieb, bzw. auch den vollen Fernbetrieb der Stromerzeugeranlagen unterscheiden.

1. Zusammengefaßte Ortsbedienung.

In die Gruppe der Fernbedienungsverfahren muß auch jene Betriebsform eingereiht werden, bei welcher die Befehlsgabe an die Selbststeuerung zur Einleitung zusammengefaßter Teilvorgänge zur Erreichung eines bestimmten Betriebszieles von einer zentralen Stelle im Maschinenhaus für den maschinellen Teil, von der Warte aus für den elektrischen Teil ebenso wie die Überwachung des laufenden Betriebes erfolgt, in weiterer Steigerung von der Warte aus allein vorgenommen wird.

2. Ferngesteuerter Teilbetrieb

ist angebracht, wenn für bestimmte Maßnahmen der Betriebsgestaltung die Fernsteuerung eine besondere Verbesserung des Gemeinschaftsbetriebes mit benachbarten oder auf dasselbe Versorgungssystem arbeitenden Staustufen vermittelt, während für andere Eingriffe in den Betrieb die Handbetätigung durch in der Anlage anwesende Wärter als angemessen anzuerkennen ist.

So läßt z. B. die Fernbeeinflussung des Belastungszustandes von einer gemeinsamen Steuerstelle aus die beste Ausbeute der verschiedenen parallel betriebenen Wasserkraftwerke erwarten, da sich an dieser Stelle die technischen Anforderungen der Energieversorgung des Verbrauchersystems und die günstigsten Möglichkeiten, ihnen zu entsprechen, besser übersehen und verwirklichen lassen, als wenn die Wahl der Belastung der einzelnen Anlage von einer übergeordneten Lastverteilerstelle aus durch telephonische Anweisungen beeinflußt wird oder gar, abgesehen von einigen grundsätzlichen Richtlinien, dem Ermessen der Wärter überlassen bleibt.

Wirk- und Blindleistungsfernanzeige, möglichst ergänzt durch Wasserstands- oder Wassermengenfernanzeigen an der zentralen Steuerstelle der Lastverteilung, verbürgen dann den Überblick über den Energieanfall bzw. die Energievorräte an den Staustufen gegenüber dem Strombedarf des versorgten Systems. Die ferngesteuerte Einstellung der Kennlinien der Drehzahlselbstregler der Maschineneinheiten in den einzelnen Kraftwerken ermöglicht darnach die unmittelbare Einflußnahme auf die Lastverteilung. Diese Form eignet sich besonders für Kraftwerke, bei denen ein Interesse an einer gelegentlichen sehr raschen Inbetriebnahme der Maschinensätze nicht besteht. Liegen jedoch die Aufgaben der Fernbedienungstechnik, verglichen mit den gerade erläuterten, umgekehrt, lassen sich also die Anweisungen für die Führung des laufenden Betriebes in einer einfachen Vorschrift an das örtliche Bedienungspersonal zusammenfassen oder durch den Einsatz selbsttätiger Regler ver-

---

[1] Demgegenüber ist für den Einsatz der größeren Schnellreserven im Hauptnetz, falls dieser selbsttätig vor sich gehen soll, die Frequenz des Netzes maßgebend, insofern als ihr Abgleiten als Kennzeichen der Überlastung des Netzes zu werten ist.

wirklichen, besteht jedoch anderseits die Notwendigkeit, im Bedarfsfalle die Maschinengruppen eines Wasserkraftwerkes von einer entlegenen zentralen Bedienungs- und Überwachungsstelle aus schnell einzusetzen, so ist die örtliche Selbststeuerung der Maßnahmen des Betriebswechsels in einem Zuge, ergänzt durch die Möglichkeit der Fernbefehlserteilung für diese Inbetriebnahme und das Stillsetzen der einzelnen Aggregate als günstiges Bedienungsverfahren zu erachten.

3. Fernbedienter Vollbetrieb

von Wasserkraftwerken ist heute als die Bedienungsform zu werten, die den Gemeinschaftsbetrieb verschiedener, hydraulisch und elektrisch zu einer Betriebsgemeinschaft vereinigter Kraftwerke in vollkommenster Form ermöglicht. Bei diesem Bedienungsverfahren werden die Hilfsmittel der Fernbetriebstechnik zur Zusammenfassung der Betriebsführung verschiedener Kraftwerksanlagen nutzbar gemacht, wobei *alle* Maßnahmen des Betriebswechsels und *alle Eingriffe* in den *laufenden Betrieb* verschiedener zusammengehöriger Kraftwerke von der Steuerstelle des Gemeinschaftsbetriebes aus mit praktisch derselben Vollkommenheit, Zuverlässigkeit und Betriebssicherheit eingeleitet werden können, die gegeben wären, wenn es sich um eine einzige nahgesteuerte Anlage handelte. Auch sämtliche Vorkehrungen zur zuverlässigen Überwachung der Betriebsgestaltung und des Verhaltens der Anlagen im laufenden Betrieb lassen sich an dieser Gemeinschaftswarte leicht treffen.

Systematische Planung von Wasserkraftwerken für die Energiegewinnung führt fast stets zur Aufteilung eines zusammengehörigen Flußgebietes in einzelne Nutzungsabschnitte, ebenso wie Flußregulierungen, die der ordnenden Beeinflussung der Wasserführung und der Erschließung neuer Schiffahrtswege dienen, häufig den Ausbau zahlreicher, oft nicht weit voneinander entfernter Staustufen erfordern, deren jede als Energiequelle für die Stromgewinnung in Frage kommt.[1] Natürliches Merkmal dieser Staustufen ist ihre engste Zusammengehörigkeit hinsichtlich aller ihrer hydraulischen Bedingungen und der wasserwirtschaftlichen Forderungen.

Der von der Natur bei solcher Sachlage vorgeschriebene hydraulische Gemeinschaftsbetrieb, dem bei Zusammenfassung der Erzeugung in *einem* Verteilungsnetz technisch an sich der elektrische Verbundbetrieb dieser Anlagen als neuzeitliche Lösung entspricht, findet beste Verwirklichung durch die Zusammenfassung der Betriebsführung an einer Steuerstelle des Gemeinschaftsbetriebes. Wo die Vereinigung zu einer einzigen Betriebsgemeinschaft in diesem Sinne nicht möglich ist, bedeutet die Zusammenfassung zu verschiedenen größeren Gruppen, deren jede von einer Steuerstelle aus betrieben wird, schon einen wesentlichen Schritt zur Sicherung der angemessenen Betriebsgestaltung.

Pumpspeicheranlagen erfordern gewöhnlich außer der Errichtung des Speicherkraftwerkes auch den Ausbau einer Staustufe am Abfluß des Unterwasserbeckens. Beide Kraftwerke sind hydraulisch und betrieblich aufs engste aufeinander angewiesen. Die Fernbedienung des Vorsperrenkraftwerkes von der Warte der Pumpspeicheranlage als der Steuerstelle ihrer Betriebsgemeinschaft vermittelt die erwünschte technische Zusammenfassung der Betriebsgestaltung unter einer Betriebsleitung.

Alle Staustufen am Unterwasserabfluß einer Talsperre, angewiesen auf größte gegenseitige Rücksichtnahme bei der Energieausbeute der aus dem gemeinsamen Wasservorrat der Sperre freigegebenen Wassermengen, werden mit größter Wirtschaftlichkeit betrieben durch Steuerung von *einer* Steuerstelle aus, die für das Kraftwerk an der Sperre und allen Stufen unterhalb gemeinsam ist.

Selbststeuerung und Fernbedienung, angewandt als Hilfsmittel der Betriebsführung bei der Ausnützung von Wasserkräften, bieten somit die äußersten Möglichkeiten, die Betriebsführung den naturgegebenen ursprünglichen oder durch technische Ergänzungen gewonnenen Eigentümlichkeiten der Kraftquellen aufs engste anzupassen.[2] So vermitteln sie auch den

---

[1] Wasserkraftwerke werden deswegen heute auch selten einzeln geplant. Gewöhnlich handelt es sich um Gruppen hydraulisch zusammengehöriger Anlagen.

[2] Die Tatsache, daß die Selbststeuerung den Wärter von Eingriffen von Hand aus weitgehend entlastet, darf nicht zu einer Einschränkung der Wartung der Anlagen und damit

höchstmöglichen Ertrag dieser Kraftquellen, indem sie das besondere Ziel des Verbundbetriebes fördern, der jeder Kraftanlage, ihren Eigenschaften angepaßt, die Aufgaben zuweist, für deren Lösung sie besondere Vorzüge besitzt.

B. Maßnahmen zur Sicherung des laufenden Betriebes der Anlage sowie zur Bereitschaftshaltung der örtlichen Selbststeuerung.

a) Mechanischer Teil.

1. Sicherung des Pendelantriebes.

Wie in Abschnitt IV ausgeführt, erfolgt der Antrieb des Fliehkraftpendels mittels Riemen von der Turbinenwelle aus bzw. elektromotorisch. Das Versagen dieses Antriebes, sei es durch Abgleiten oder Bruch des Riemens, bzw. Unterbrechung der Motorspannung, führt unter Voraussetzung ausschließlicher Drehzahlregelung zur vollen Beaufschlagung der Antriebsturbine, was für den im *Allein*betrieb stehenden, bzw. vom Netz getrennten Maschinensatz einen unzulässigen Drehzahlanstieg nach sich zieht. Zur Verhinderung dieses die Anlageteile erhöht beanspruchenden bzw. gefährdenden Zustandes sind Überwachungseinrichtungen vorgesehen, die im genannten Störungsfalle unter Ausschaltung der Drehzahlsteuerung die Stillsetzung des Maschinensatzes, bzw. die Rückstellung des Leitapparates auf die ungefähre Leerlauföffnung veranlassen.

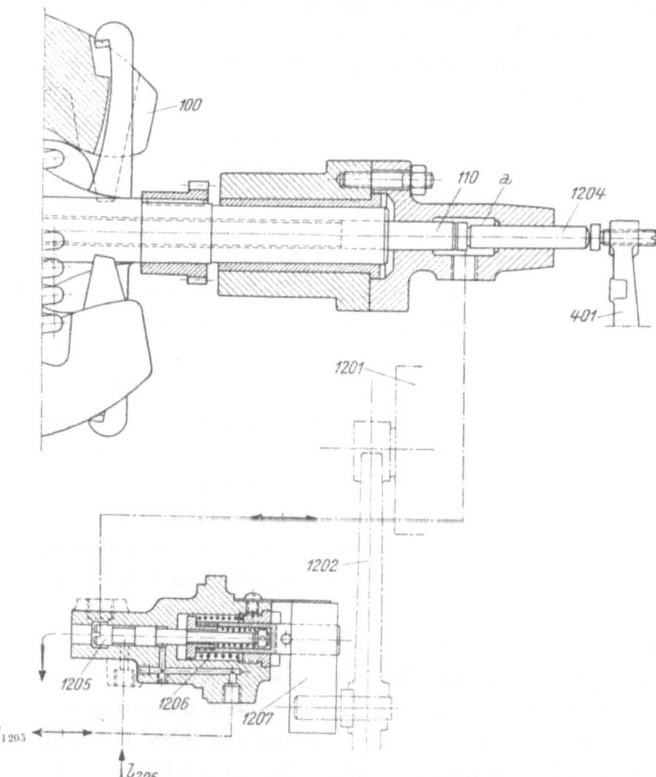

Abb. 246. (Maßstab 1:2,4.)

In der Regel wird ein Abgleiten oder Bruch des Riemens durch auf letzterem laufende Fühlrollen unmittelbar, seltener über Folgeerscheinungen (Drehzahlrückgang des Pendels, Überdrehzahl des Maschinensatzes) erfaßt. Die von den Fühlrollen gesteuerten mechanischen, hydraulischen oder elektrischen Übertragungsmittel greifen entweder in die Drehzahlsteuerung oder Öffnungsbegrenzungseinrichtung ein, bzw. wirken unmittelbar auf die Vorsteuerung in dem Sinne, daß unter Ausschaltung des Einflusses der normalen Steuerungseinrichtung der Schaltkolben des Steuerventils in die den Schluß des Reglers herbeiführende Stellung geschoben wird.

Abb. 246 zeigt eine Anordnung [2], bei welcher der Abstellmechanismus dem Fliehkraftpendel *100* vorgeschaltet ist und aus einem Kolben *1204* besteht, der, normalerweise durch den Kraftschluß des Steuergestänges auf den Pendelstift *110* abgestützt, in Störungsfällen mit Unterdrucksetzung der Kammer *a* jedoch abgehoben wird und hierbei den Steuerhebel *401* auf „Schließen" stellt. Die Beaufschlagung der Kammer *a* erfolgt, sobald der Schaltstift *1205* über Klinke *1207* durch den abfallenden Rollenhebel *1202* verdreht wird und unter Wirkung

---

zur Gefährdung ihrer überlegenen technischen Bereitschaft werden. Dem Versuch, eine weitere Steigerung der Wirtschaftlichkeit des mehr oder minder selbstgesteuerten Betriebes durch Einschränkung des Pflege- und Aufsichtspersonals herbeizuführen, wird in der Regel nur kurzer Erfolg beschieden sein.

der Feder *1206* in eine Lage geht, in welcher die Ölzuführung l_{205} mit der bisher entlasteten Kammer *a* verbunden wird.

Bei der in Abb. 103, 77 dargestellten Steuerungseinrichtung [11, 12], bei welcher die Vorsteuerung gesondert durch eine in den Antrieb des Fliehkraftpendels gelegte kleine Pumpe mit Drucköl versorgt wird, erfolgt bei Riemenabfall und damit aussetzender Förderung dieser Pumpe die Unterbrechung der hydraulischen Nachführung des Schwebekolbens *330*, wodurch dieser der ausschließlichen Wirkung der Feder *331* unterstellt wird, welche den Schwebekolben und damit Steuerventil *301* auf „Schließen" stellt. Eine genügende Sicherung durch diese mit dem geringsten Aufwand an zusätzlichen Mitteln durchgebildete Überwachungseinrichtung setzt ein rasches Zurückgehen der Pumpenförderung zwecks ehester Lösung der hydraulischen Kupplung zwischen Steuerstift und Schwebekolben voraus, welche zunächst mit zurückgehendem Pendelstift auf eine Weiteröffnung und damit Beschleunigung des Maschinensatzes hinwirkt; die verlangte Wirkung wird jedoch dadurch gewährleistet, daß dem Kraftbedarf der Vorsteuerpumpe nur ein verhältnismäßig geringes Arbeitsvermögen der umlaufenden Massen gegenübersteht.

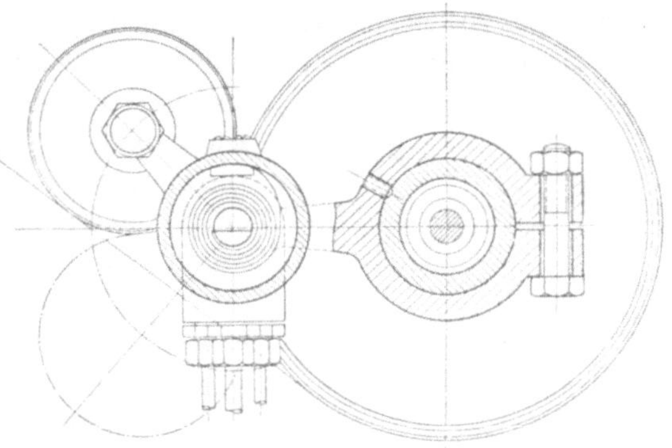

Diese Voraussetzung kann entfallen, falls die Vorsteuerung durch ein von der Riemenbruchrolle gesteuertes Ventil entlastet wird. Bei Anwendung von Schaltkolben, die unter einseitiger, im Schließsinne wirkender Federbelastung stehen, genügt für die Einleitung des Schließvorganges die Entlastung der die Gegenkräfte aufbringenden hydraulischen Steuerung durch einen gesteuerten Nebenauslaß, welcher bei Abfall der Riemenfühlrolle geöffnet wird.

Abb. 247 zeigt die Ausbildung einer derartigen Zusatzeinrichtung [23], bei welcher über den Dreiweghahn *1205* bei Lage der Laufrolle auf dem Riemen die Verbindung zwischen Vorsteuerung g_1, g_2 und Steuerfläche F_1 (Abb. 78) am Ventilkolben hergestellt ist, während bei abgefallener Laufrolle der Steuerraum (F_1) mit dem Ablauf verbunden erscheint. Die Lagerung

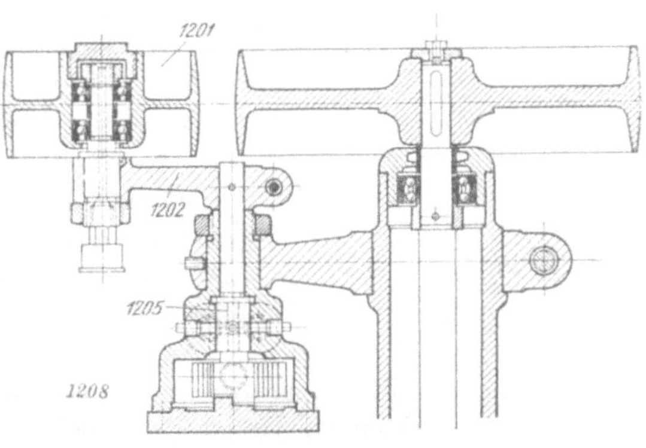

Abb. 247.

des Hahngehäuses *1208* an einem um die Achse des Antriebes schwenkbaren Arm gestattet in einfacher Weise die Anpassung der Vorrichtung an eine beliebige Lage des Riementriebes.

Im Falle des elektromotorischen Antriebes des Fliehkraftpendels kann durch einen zum Stromkreis des Antriebsmotors parallelgeschalteten Hubmagneten, der damit im Falle des Ausbleibens der Spannung abfällt[1] und hierbei den Regler über die Öffnungsbegrenzung zur Gänze bzw. bis zur Leerlauföffnung schließt, der genannte Gefahrenfall erfaßt werden. Um bei spannungslosem Generator anfahren zu können, ist eine Unterstellung des Hubmagneten vorzusehen, welche, um den Sicherheitswert der Anordnung nicht in Frage zu stellen, so auszulegen ist, daß sie bei Unterspannungsetzung und damit erfolgendem vollständigen Anziehen des Magneten selbsttätig herausfällt.

An Stelle der unmittelbaren Beeinflussung der Öffnungsbegrenzung durch den Hubmagnet kann diese auch über druckölgesteuerte und betätigte Hilfseinrichtungen erfolgen, wodurch —

---

[1] Bei Anwendung von Synchronmotoren ist darauf Rücksicht zu nehmen, daß der Motor bereits bei einer geringeren Spannungssenkung außer Tritt fällt, als der Abfall des Hubmagneten erfolgt. In diesem Falle empfiehlt es sich, die Spannungssenkung durch ein über der Kippspannung eingestelltes Spannungsrelais zu erfassen und über dieses den Hubmagnet stromlos zu machen (s. S. 233).

als grundsätzliche Eigenschaft der hydraulischen Steuerung — neben der Freizügigkeit der Anordnung die Zusammenfassung mehrerer Steueraufgaben über diese Einrichtung möglich wird. Zur Überwachung des Spannungszustandes des Pendelmotors ist für das in Abb. 109 dargestellte Steuerwerk ein magnetgesteuertes Hilfsventil *530* vorgesehen, das bei Spannungszusammenbruch und damit gleichzeitig erfolgender Entspannung des Magneten *591* unter Wirkung der Feder *531* in eine Lage geht, bei welcher die Entlastung des Steuerraumes *r* eines weiteren Hilfsventils *533* und damit die Verstellung des zugehörigen Kolbens unter Wirkung des dauernd auf der Gegenfläche lastenden Öldruckes in die andere Endlage eintritt. Hierdurch wird das Gestänge zur Öffnungsbegrenzung (*475*) in eine Stellung gebracht, die auf den gänzlichen, bzw. bis zur Leerlauföffnung führenden Schluß des Reglers hinwirkt.

Die beschriebenen Vorkehrungen führen im bezeichneten Störungsfalle zur Abstellung des Maschinensatzes, bzw. zumindest zum Ausfall der von diesem erzeugten Leistung. Insofern

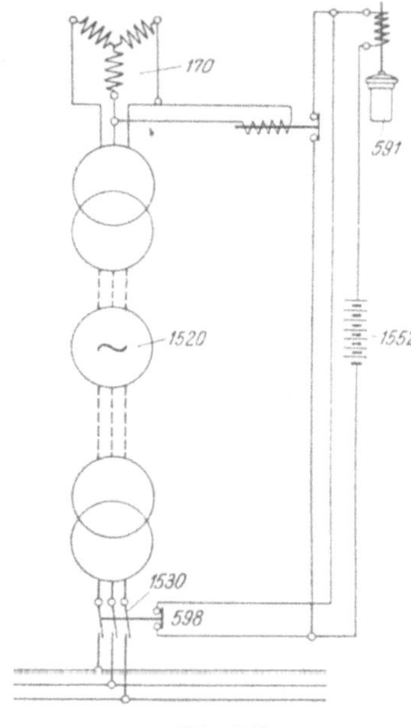

Abb. 248.

die von der Störung betroffene Maschineneinheit einem Gemeinschaftsbetrieb eingegliedert ist, sind derartige Maßnahmen dem Wesen der Störung nach nicht unbedingt erforderlich und können im Interesse der Erhaltung der Netzlastverteilung vermieden werden, insofern nur die Weitereröffnung des Leitapparates verhindert wird. Maschinensätze, die nach der Wasserdarbietung, bzw. mit fester Leistungseinstellung betrieben werden, können auf diese Weise bis zur anderweitigen Bereitstellung der Energie in Betrieb gehalten werden. Hierbei genügt die Feststellung und Meldung des Eintrittes der Störung; durch übergeordnete Überwachungseinrichtungen ist selbstverständlich für den Schluß des Reglers zu sorgen, falls schließlich aus anderen Ursachen die Abtrennung des Maschinensatzes vom Netz erfolgen sollte.

Eine grundsätzliche Lösung in diesem Sinne erscheint in Abb. 248 dargestellt [8]. Bei motorischem Antrieb des Reglerpendels kann mit Speisung des Überwachungsmagneten durch eine Fremdstromquelle *1552* sowie den Parallelschluß des ersteren über Kontakte *598* am Maschinenhauptschalter *1530* verhindert werden, daß die Abstellvorrichtung in Tätigkeit gesetzt wird, solange der Maschinensatz am Netz liegt.

Für drehzahlabhängig betriebene Maschineneinheiten kann die Feststellung des Leitapparates in der im Augenblick der Störung befindlichen Öffnung etwa über die selbstgesteuerte Handregelungseinrichtung erfolgen (s. S. 98).

Für den Fall, daß durch die Anwendung eines besonderen, mit der Turbinenwelle gekuppelten Hilfsgenerators der Pendelmotor unabhängig vom Hauptsystem versorgt wird, erfolgt die Überwachung des Pendelantriebes mittelbar durch den im Rahmen der Drehzahlüberwachung des Maschinensatzes vorgesehenen Fliehkraftschalter.

2. Sicherung der Drucköilversorgung.

Durchflußregler verlieren mit dem Versagen des Antriebes zur Reglerpumpe ihre Arbeitsfähigkeit; insofern nicht eine unabhängige Versorgung des Drucköilkreises besteht, muß die Anlage abgestellt werden. Der Arbeitsbedarf für den einzuleitenden Schließvorgang muß gesondert bereitgestellten Energiequellen entzogen werden. Auf die Mitverwendung des bei Mittel- und Hochdruckanlagen zur Verfügung stehenden Druckwassers zur Herbeiführung einer dauernden Schließtendenz der Verstelleinrichtung des Arbeitswerkes wurde bereits verwiesen; ebenso kann von Energiequellen begrenzter Arbeitsfähigkeit, wie einem in den Antrieb eingeordneten *Schwungrad*, das die Ingangshaltung der Pumpe während des durch die Überwachungseinrichtungen eingeleiteten Abstellvorganges sichert, bzw. von einem in Bereitschaft stehenden *Hilfsspeicher* der für den Schließvorgang benötigte Arbeitsaufwand abgenommen werden. Im letzteren Falle erscheint eine Anordnung zweckmäßig, bei welcher nur die kleine Fläche des mit einem Differentialkolben versehenen Arbeitsgetriebes *ungesteuert* unter dem Druck des Hilfswindkessels steht (Abb. 249) [11, 12]. Dadurch, daß der Verbrauch an Drucköl auf die Undichtigkeitsverluste am Kolben *601a* beschränkt ist, wird selbst bei längeren Stillständen der den Windkessel *1211* nachfüllenden Pumpe *1212* der Druck im Speicher in genügendem Ausmaß erhalten bleiben, um den Regler in der Schließstellung zu halten. Die Versorgung der Öffnungsseite mit Arbeitsöl erfolgt zweckmäßig durch eine im Durchfluß gesteuerte besondere Pumpe *201*, für deren Bemessung die etwaige Möglichkeit verhältnismäßig längerer Öffnungszeiten sich günstig auswirken kann.

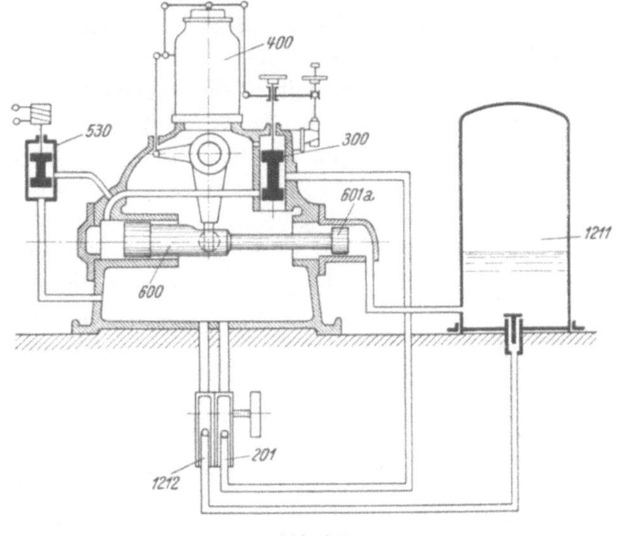

Abb. 249.

Die Anwendung des *starren* Antriebes für die Reglerpumpe schafft eine gewisse erhöhte Sicherheit in der Druckölbereitstellung für den *Durchfluß*regler; *Windkessel*regler besitzen im Druckspeicher eine begrenzte Arbeitsreserve, die bei entsprechender Auslegung der Überwachungseinrichtungen zum Abschluß der Regelungseinrichtungen vor zu starkem Absinken des Druckes im Speicher herangezogen werden kann. Die Aufrechterhaltung des Betriebes bei Störungen in der Pumpenanlage selbst erscheint jedoch in vollkommener Weise für Durchfluß- als auch Windkesselregler nur bei Anwendung einer unabhängig angetriebenen *Hilfspumpe* gewährleistet, die — dauernd in Bereitschaft — bei Ausfall der normalen Reglerpumpe in den Druckölkreis-

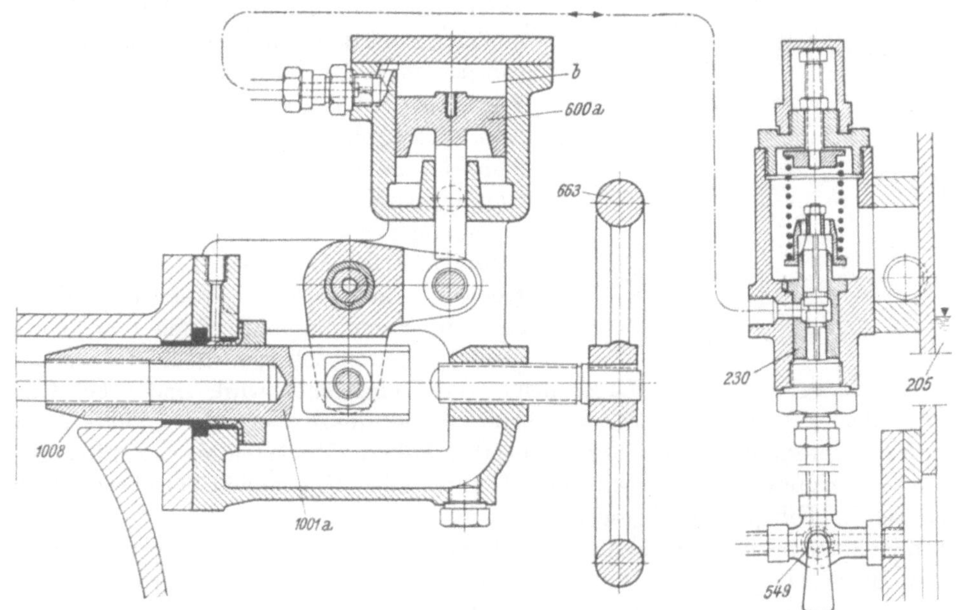

Abb. 250. (Maßstab 1:5.)

lauf eingesteuert wird. Selbstverständlich müssen derartige Maßnahmen durch den Betriebswert der Anlage gerechtfertigt sein.

Abb. 250 [11] zeigt die Steuerung einer die Hilfspumpe antreibenden Freistrahlturbine, deren Düsennadelverstellmechanismus *600a* in leicht erkennbarer Weise durch das Druckgerät *230* in Abhängigkeit vom Zustand des Speichers gesteuert wird.

Zur Verstellung der Düsennadel *1001a*, die durch entsprechende Wahl des Durchmessers

des Ausgleichskolbens *1008* Öffnungstendenz über den ganzen Hub besitzt, in eine andere
Endlage dient das Kolbengetriebe *600a*, dessen Arbeitsraum *b* mittels eines Druckschaltgerä-
tes *230*, gleich dem in Abb. 51 dargestellten, an den Grenzen des vorgesehenen Schaltbereiches
entweder mit Drucköl beaufschlagt oder entlastet wird. Mittels des Dreiweghahnes *549* kann
das Druckgerät *230* vom Windkessel *205* abgetrennt und entlastet werden, worauf die Betätigung der Düsennadel mittels des vorgesehenen Handrades *663* vorgenommen werden kann.

Die Schaltgrenzen des erwähnten Steuergerätes werden unter den korrespondierenden Werten
des die Wechselschaltung der eigentlichen Reglerpumpe bewirkenden Druckgerätes gewählt,
wodurch einerseits die Einsteuerung der Hilfspumpe
erst bei stärker als betriebsmäßig normalem Absinken des Windkesseldruckes eintritt, anderseits
die Aussteuerung der Hilfspumpe bei Wiederherstellung des betriebsmäßigen Zustandes des
Windkessels selbsttätig vor sich geht.

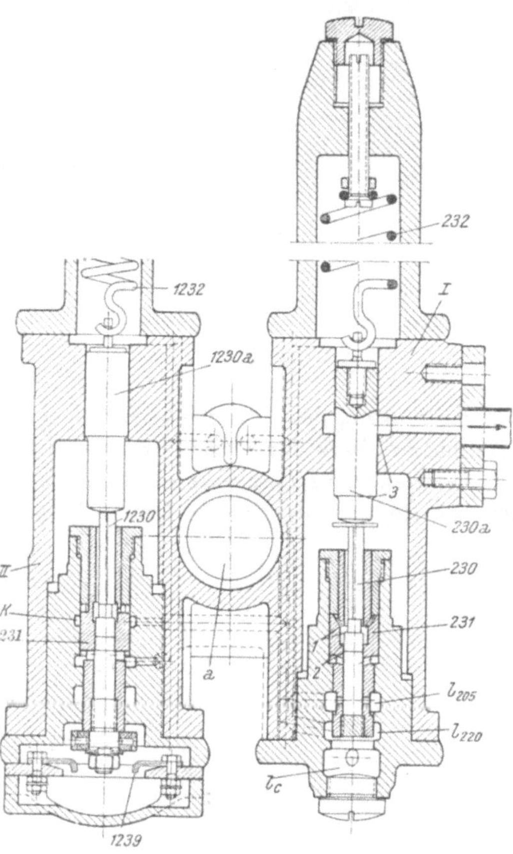

Abb. 251. (Maßstab 1:3,9.)

Insoferne als die Druckölbereitstellung durch
eine zusätzliche *elektromotorisch* angetriebene Hilfspumpe im erhöhten Maße gesichert werden soll,
ist deren In- und Außerdienststellung ebenfalls
einer Selbststeuerung zu übertragen. Abb. 251 zeigt
die Ergänzung der Schalteinrichtung *I* (Abb. 50)
durch einen weiteren hydraulisch arbeitenden
Wechselmechanismus *II*, der bei einem Sinken des
Druckes unter die betriebsmäßige Mindestgrenze
den Motor zur Hilfspumpe über eine Kontakteinrichtung *1239* zum Anlauf bringt [8].[1] Die Ausschaltung der Hilfspumpe erfolgt bei ordnungs-
mäßiger Funktion von *I* selbsttätig, sobald letztere
Einrichtung bei Erreichung der oberen Grenze des
Windkesseldruckes den gesteuerten Raum *a* über
dem Federkolben *227* des Sicherheitsventils (s.
Abb. 45) und damit den diesem parallel geschalteten
Raum *k* entlastet, wodurch der Hilfskolben *1231*
unabhängig von der Lage seines eigenen Schaltstiftes *1230* in die obere Lage geht und damit
Kontakt *1239* öffnet. Ansonsten, d. i. wenn
etwa die Steuerungseinrichtung *I* nicht ordnungsgemäß arbeiten sollte, also die Rückstellung des
Hilfskolbens *1231* in seine obere Lage nicht von *I* eingeleitet wird, findet bei Erreichung
eines wenig über der betriebsmäßigen oberen Schaltgrenze liegenden Windkesseldruckes[2]
durch den Manometerkolben *1230a* bzw. Steuerstift *1230* die Rückstellung des Hilfskolbens *1231*
und Öffnung des Kontaktes *1239* statt, so daß unter allen Umständen bei überhöhtem Druck
im Windkessel die Hilfspumpe abgeschaltet wird.

Außer der Betriebserhaltung kann auch derart ausgelegten Hilfspumpensätzen die Herstellung der Betriebsbereitschaft der zugehörigen Maschinensätze oder -gruppen durch Versorgung der Steuer- und Arbeitsölkreise vor Anlauf des Maschinensatzes, bzw. die Erhaltung
der Arbeitsfähigkeit des Druckspeichers während Stillstandszeiten übertragen werden; im
Falle des elektromotorischen Antriebes bedarf es hierzu der dauernden Bereitstellung der Spannung für den Betrieb des Hilfspumpenmotors vom Netz aus oder durch Batterie; der hydraulische
Antrieb läßt auch diese Abhängigkeit vermeiden.

In jenen Fällen, in welchen auf die Anwendung besonderer Hilfspumpen verzichtet ist,

---

[1] Bei elektromotorischem Antrieb der Hauptpumpe kann der Einsatz der Hilfspumpe auch
vom Spannungseinbruch am Hauptpumpenmotor abhängig gemacht werden.

[2] Druckintervall von II somit größer als von I.

kann eine Vorversorgung der Drucköelkreise sowie die Sicherung des über Riemen durchgeführten Antriebes der Reglerpumpe durch zusätzlichen elektromotorischen Antrieb der letzteren erreicht werden, wobei eine Überholkupplung den Anlauf der Pumpe bei stehendem Maschinensatz ermöglicht, anderseits der im normalen Betriebe leerlaufende Motor sich bereit zur Übernahme des Antriebes befindet.

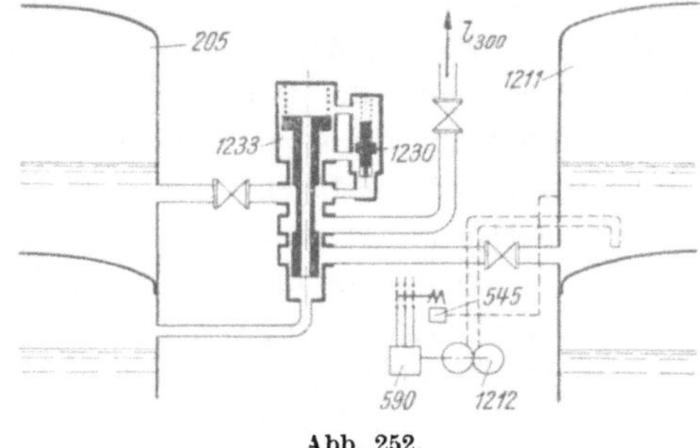

Abb. 252.

Auf die Möglichkeit, in Anlagen mit mehreren mit Windkesselreglern ausgerüsteten Maschinensätzen durch Zusammenschaltung der Druckspeicher eine erhöhte Sicherheit in der Bereitstellung des erforderlichen Drucköles zu schaffen, wurde bereits in einem früheren Abschnitt hingewiesen. Unter dieser Voraussetzung kann die Anwendung einer einzigen Hilfspumpenanlage, die in das Verbindungssystem der Druckspeicher einspeist, als in der Regel genügende Maßnahme zur Sicherstellung der Drucköelversorgung angesehen werden.

Für Großkraftanlagen und Pumpspeicherwerke besonderen Ausmaßes an Leistung und Bedeutung im Rahmen der Energieerzeugung geht die Vorsorge über die Bereitstellung eines unabhängigen Hilfspumpensatzes hinaus mit der Aufstellung einer zweiten unabhängigen Drucköelerzeugungsanlage, deren Pumpe elektromotorisch oder durch eine Hilfsturbine angetrieben wird, notwendigen Falles mit beiden Antriebsmöglichkeiten versehen ist.

Die Schaltung der Regeleinrichtungen auf die in Bereitschaft stehende Druckspeicheranlage wird zweckmäßig selbsttätigen Einrichtungen übertragen, die den nicht betriebsmäßigen Zustand der normalen Drucköelerzeugungsanlage feststellen und die Umschaltung vornehmen. Eine derart gesicherte Drucköelversorgung ist in Abb. 252 in ihrer grundsätzlichen Anordnung dargestellt [11]. Die Erhaltung der Betriebsbereitschaft des Hilfswindkessels *1211* erfolgt mittels einer elektromotorisch angetriebenen Pumpe *1212*, die an den Grenzen des betriebsmäßig zugelassenen Druckintervalls über ein Öldruckrelais *545* an- bzw. ausgeschaltet wird. Der Zuschaltung des Hilfsspeichers *1211* und Abtrennung des Betriebswindkessels *205* dient ein besonderes Wechselschaltventil (Abb. 253), vorgesteuert in der Art des normalen Wechselventils (Abb. 51), jedoch mit einer Ausbildung des Schaltkolbens *1233*, durch welche im angehobenen Zustand des letzteren über die Räume a_1—a die Verbindung des Reglersteuerventils mit dem Betriebswindkessel, in der unteren Endstellung hingegen die Verbindung mit dem Reservewindkessel hergestellt wird (a_2, a). Letztere Stellung tritt unter Wirkung der Feder *1234* mit Entlastung des Steuerraumes c über die Steuerkante *2* durch den Hilfskolben *1230* ein. Der

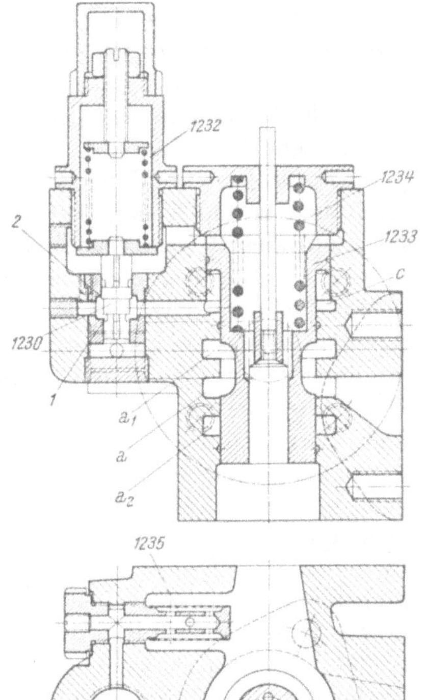

Abb. 253. (Maßstab 1:4.)

zugehörige Schaltdruck liegt selbstverständlich mit genügendem Spielraum unterhalb des betriebsmäßig zugelassenen Mindestdruckes im Hauptspeicher.

Übereinstimmend mit der Durchbildung des Wechselventils Abb. 51 erfolgt die Zuführung des Drucköles zur Vorsteuerung *1230* über ein ausziehbares Filter *1235*.

Für *doppelt geregelte Kaplan-Turbinen* erscheint die Erhaltung der Regelfähigkeit des einen Systems bei Störungen im anderen auch insofern wertvoll, als hierdurch auf weitere Sicherungen, etwa durch Einbezug des Hauptabsperrorgans in die Schutzmaßnahmen, und damit überhaupt auf letzteres — zumindest aus diesem Titel — verzichtet werden und an Stelle der bei Großausführungen kostspieligen Einlaufschütze der einfachere Dammbalkenverschluß treten kann.

Die Unabhängigkeit der Regelsysteme in möglichst vollkommener Weise wird neben der besonderen Auslegung der Steuerung[1] durch Anwendung getrennter Druckölerzeugungsanlagen für Leit- und Laufschaufelregelung erreicht. Für Anlagen mittlerer Größe kann die verhältnismäßig langsame Laufradregelung im Durchfluß von einer besonderen Pumpe versorgt werden,[2] bzw. werden getrennt zu betreibende Druckspeicher für Leit- und Laufradregelung vorgesehen, eine Anordnung, die sich bei außergewöhnlich wichtigen Großanlagen aus der oben erwähnten Einsparung wirtschaftlich vertreten läßt und überdies den Weiterbetrieb des in *einem* Druckölsystem gestörten Maschinensatzes ermöglicht.

Für derart ausgestattete Anlagen hat sich als letzte überlagerte Sicherung noch eine Notabstellung eingeführt, bei welcher die Förderung einer zweckmäßig starr von der Turbinenwelle aus angetriebenen Pumpe bei Ansprechen der die Funktion der normalen Regelung überwachenden Einrichtungen (Drehzahl- oder Speicherdrucküberwachung) mittels eines besonderen, in die Ölzuleitungen zum Laufradservomotor gelegten Umschaltventils unmittelbar, also unter Umgehung der normalen Regeleinrichtungen, auf die Schließseite des erwähnten Arbeitszylinders geschaltet wird, wodurch die Laufschaufeln soweit als möglich über die normale Schlußstellung[3] hinaus verdreht werden.

Abb. 245[4] zeigt ein derartiges Ventil einschließlich der Steuer- und Betätigungseinrichtungen für einen Großkraftregler [11]. In der dargestellten betriebsmäßigen Lage kann das von der Notpumpe *1248* über Absperrventil *1249* eingeförderte Öl über Raum b_3 durch den hohlen Kolbenschieber *1241* abströmen. Die Kolbenseiten des Arbeitswerkes zur Laufschaufelregelung stehen über die Räume a_1, a_2 bzw. b_1, b_2 mit den entsprechend gesteuerten Räumen des Hauptverteilventils in Verbindung (a_1 mit der Öffnungsseite, b_1 mit der Schließseite des Arbeitswerkes, a_2 mit der Öffnungsseite, b_2 mit der Schließseite des Steuerventils). In der oberen Endstellung des Kolbens *1241* hingegen wird, wie leicht ersichtlich, der Ablauf für die Ölförderung der Notpumpe geschlossen und deren Verbindung mit dem Raum b_1 hergestellt. Nachdem gleichzeitig die Räume a_2 und b_2 abgesperrt werden, anderseits Raum a_3 Abströmung erhält, wird das Laufschaufeltriebwerk einerseits dem Einfluß des normalen Steuerventils entzogen, anderseits unter ausschließlicher Wirkung der Notpumpe unbehindert in die geschlossene Stellung gebracht.

Die Betätigung des Umschaltventils erfolgt nun mittels des unter einseitiger Federbelastung stehenden hydraulischen Getriebes *1244*, durch dessen Beaufschlagung das Umschaltventil *1241* in die betriebsmäßige Stellung gebracht wird. Anderseits kann durch Entlastung des Raumes g die Umstellung des Schaltventils *1241* in die obere Endstellung unter Wirkung der Feder *1242* und damit die Einleitung der Notabstellung durchgeführt werden. Diese Umstellung des Schiebers *1241*, dessen Betätigungskolben 1244 unmittelbar vom Druckspeicher her mit Drucköl versorgt wird, tritt ohne weitere Zwischenschaltungen ein, wenn der Druck im Speicher unzulässig und damit unter den der Spannung der Feder *1242* zukommenden Wert sinkt. Damit wird das Arbeitswerk selbsttätig unter die Wirkung der Notpumpe gebracht, sobald eine Störung in der Drucköl anlage deren Arbeitsfähigkeit unterbindet.

Der gesteuerten Entlastung dient ein Hilfsventil, dessen unter Wirkung einer Feder stehender Kolben *530* betriebsmäßig mittels Öldruckes in die den Ablauf i aus Raum g geschlossen haltende Stellung gedrängt ist. Die Entlastung des Raumes h durch zusätzliche, etwa den Überwachungseinrichtungen unterstellte Hilfsventile führt mit Eröffnung des Ablaufes i zur Entlastung des Kolbens *530* und damit ebenfalls zur Einsteuerung der Notpumpe sowie zum Schluß des Arbeitswerkes der Laufschaufelregelung.

Bei doppelt geregelten Kaplan-Turbinenanlagen mit einfacher Speicheranlage, bzw. unmittelbar durch die Reglerpumpen versorgten Druckölkreisen kann durch Einrichtungen grundsätzlich gleicher Wirkungsweise ein einfacher und unabhängiger Schutz bei Störungen in der

---

[1] S. Abschnitt XI, S. 156.

[2] Diese Pumpe kann auch gleichzeitig zur Windkesselspeisung herangezogen werden bei positiver Überdeckung des Steuerkolbens zum Laufradventil [8].

[3] Bei Laufrädern für relativ hohe Gefälle verbietet die Anwendung verhältnismäßig langer Schaufeln ein Überdrehen der Schlußstellung, so daß unter Umständen selbst nicht die normale Drehzahl gehalten werden kann.

[4] S. S. 157, 158.

normalen Drucköversorgung erzielt werden. Abb. 254 stellt die Ausführung [11, 12] eines mechanisch in der betriebsmäßigen Lage verriegelten Umschaltventils dar. Das — zur Herabsetzung der Verstellkräfte vorgesehene — unterstellende Klinkwerk *1243* wird über den seitens der Überwachungseinrichtungen ferngesteuerten Magnet *591* ausgelöst, wobei die im vorhergehenden beschriebene Umschaltung der über das Ventil *1241* geführten Verbindungswege eintritt. Der Handhebel *1245* dient der Wiedereinschaltung nach Herstellung des betriebsmäßigen Zustandes.

Die elektrische Betätigung des Notventils ermöglicht es auch, bei irgendwelchen Störungen die Abstellung des Maschinensatzes einzuleiten. An Stelle eines besonderen Umschaltventils kann das im sekundär gesteuerten Kreis angeordnete Laufradsteuerventil einer zusätzlichen Hilfssteuerung unterstellt werden, die im Störungsfalle die normale Steuerverbindung aufhebt und das Steuerventil im Schließsinne verstellt (*1465*, Abb. 239 [23]).

3. Selbsttätige Verriegelungen.

In unbesetzten, mit Selbststeuerung des Absperrventils zum Windkessel ausgestatteten Anlagen[1] ist erstere auch auf die Verriegelung des Leitapparates in der Schlußstellung auszudehnen; nur in bedienten, mit Windkesselreglern ausgerüsteten Anlagen, und auch dann nur in grundsätzlicher Übereinstimmung mit der Betätigung des Absperrventils zum Windkessel, kann die Handsteuerung der Verriegelung angewendet werden. Auf die in diesem Falle zweckmäßigen Verblockungen in der Steuerung wurde bereits an früherer Stelle hingewiesen.

Die Durchbildung einer selbsttätigen Verriegelungseinrichtung in öldruckgesteuerter Auslegung zeigt Abb. 255 [2]. Die

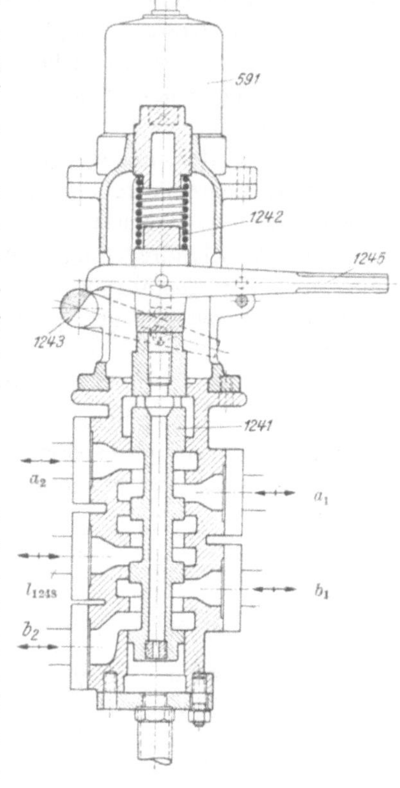

Abb. 254. (Maßstab 1:8.)

eigentliche Verriegelung besteht aus dem Sperrbolzen *1251*, der bei laufender Turbine durch der Pumpenanlage entnommenes Drucköl in die ausgerückte Endstellung entsprechend dem Durchfluß desselben über Steuerkante *1* gebracht wird. Werden im Zusammenhang mit einer Störung die beiden Räume *a* und *b* miteinander verbunden,[2] findet unter Wirkung der Feder *1252* sowie des Druckes auf die Kolbendifferenzflächen eine Ausschiebung des Sperrbolzens *1251* statt, der somit zur Verriegelung bereitgestellt wird. Diese erfolgt in der aus Abb. 255 erkennbaren Weise dadurch, daß der zunächst längs der Führung *1253* gleitende Sperrbolzen *1251* bei Erreichung der Schlußlage des Leitapparates in die im Regelhebel *615* vorgesehene

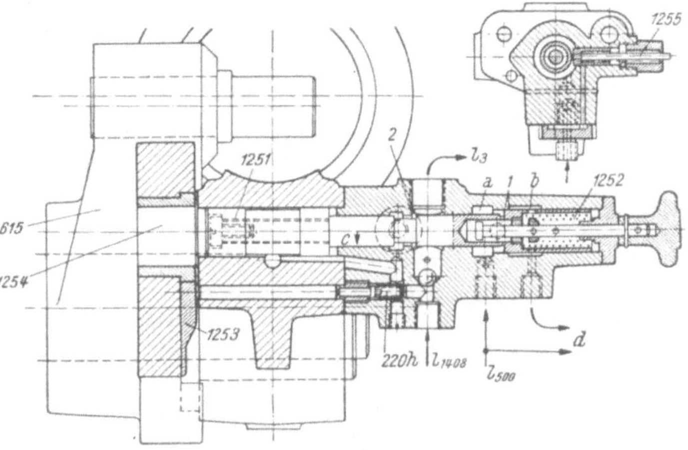

Abb. 255. (Maßstab 1:5.)

Bohrung *1254* einspringt und damit ersteren in der Schlußstellung verriegelt. Falls nicht die Möglichkeit der Versorgung des Steuerkreises von einer auch bei stehender Turbine bereit-

[1] S. Abschnitt IV.

[2] Etwa über ein den Überwachungseinrichtungen unterstelltes Hilfsventil (Leitungen *d*).

zuhaltenden Drucköanlage besteht, wird eine bei stehender Maschine wirksam werdende mechanische Sperrung *1255* des Kolbens *1251* in der gezogenen Stellung hinzugefügt, die, sobald die Einrichtung durch die Steuerflüssigkeit beaufschlagt wird, sich selbsttätig ausschaltet. Neben der Vermeidung von Klinkwerken, was wegen der unmittelbaren Aufbringung der für eine sichere Wirkung erforderlichen Kräfte infolge der Drucköbetätigung möglich wird, besteht ein grundsätzlicher Vorteil in der ausschließlichen Anwendung von Drucköl zur Steuerung der Einrichtung, da hierdurch der Schaltzustand der Verriegelungseinrichtung in unmittelbare Bedingtheit vom Betriebszustand der Druckölerzeugungsanlage gebracht wird. Dies im Gegensatz zu etwa elektrisch gesteuerten Feststelleinrichtungen, die bei vorübergehenden Spannungssenkungen zur Auslösung kommen können und dann Veranlassung zu einer fehlerhaften und betriebsmäßig unerwünschten Blockierung des Leitapparates geben.

Falls die Handregelung eine Selbststeuerung ihrer Kupplungseinrichtung ermöglicht, wie dies etwa für Ausführungsformen gemäß Abb. 154 gegeben ist, besteht die Möglichkeit, die Aufgabe der selbsttätigen Verriegelung des Leitapparates in der Schlußstellung an erstere zu übertragen.

<h3 style="text-align:center">4. Selbsttätige Windkesselabsperrventile.</h3>

Es ist in den vorhergehenden Ausführungen darauf hingewiesen worden, daß die Selbststeuerung des Hauptabsperrventils zum Windkessel ein wesentliches Glied in der Reihe der Maßnahmen zur Vereinfachung der Bedienung des Windkesselreglers darstellt und, wenn für

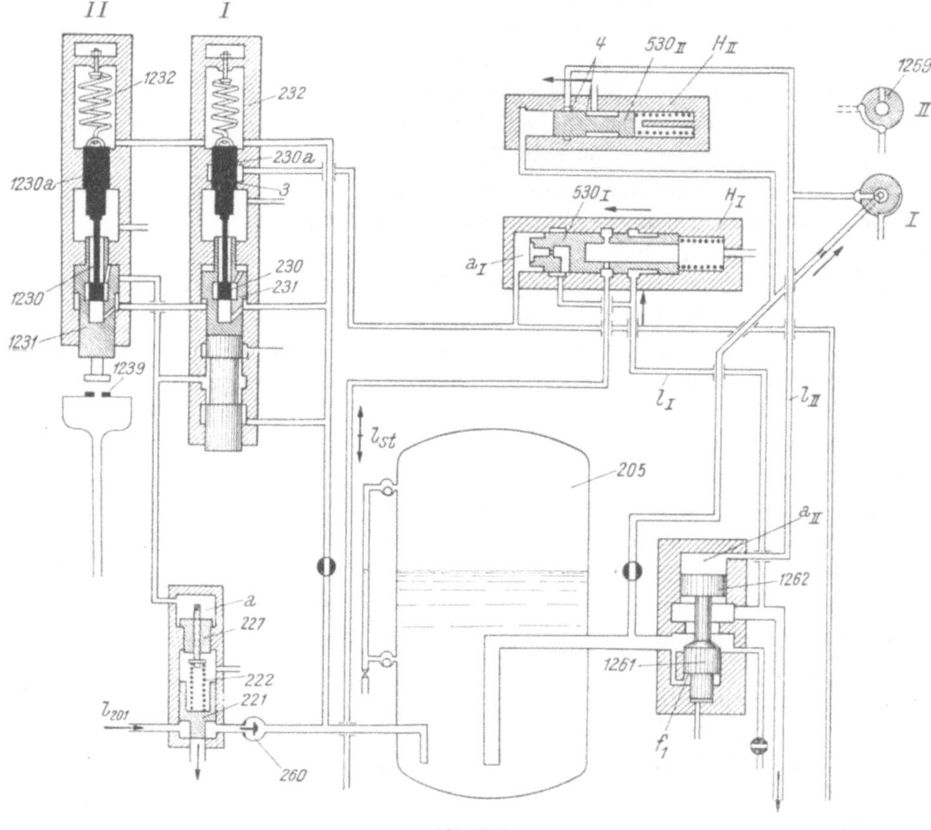

Abb. 256.

selbsttätige Anlagen als unbedingt erforderlich, so aus dem genannten Grunde für Großkraftregler berechtigt ist. Die Steuerung des Ventils selbst hat der Bedingung zu genügen, daß einerseits die Inbetriebnahme der selbsttätigen Regelung nicht vor Herstellung des betriebsmäßigen Zustandes des Druckspeichers möglich ist, anderseits der Schluß des Absperrventils vor zu weitgehender Entleerung des Speichers vor sich geht; hierzu ist vorher der Schluß der Regelungseinrichtungen und gegebenenfalls deren Verriegelung in der geschlossenen Stellung einzuleiten, falls nicht die Abschützung des Betriebswassers durch unabhängige Absperrorgane vorgesehen ist. Immer jedoch ist die Handsteuerung des selbsttätigen Absperrventils neben der Selbststeuerung vorzukehren, um gegebenenfalls die An- bzw. Abschaltung des Druckspeichers herausgelöst aus dem Gesamtvorgang der In- bzw. Außerdienststellung vornehmen zu können.

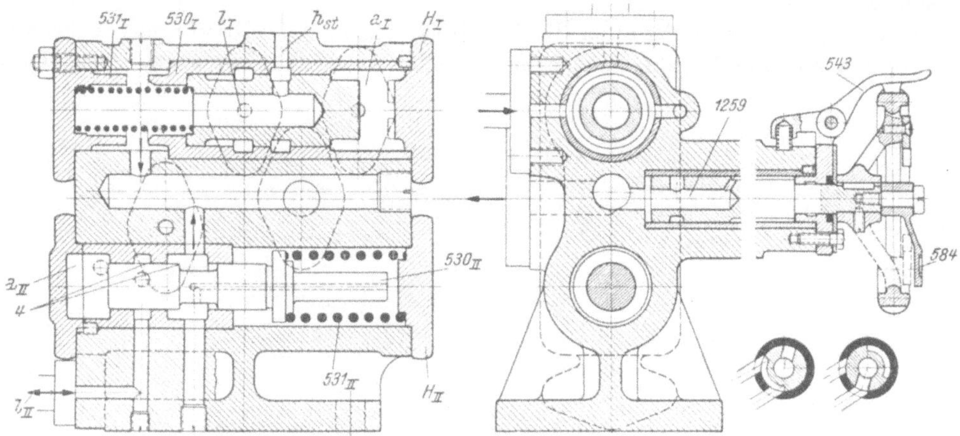

Abb. 257. (Maßstab 1:6.)

Hand- und Selbststeuerung in der letzterwähnten Zusammenfassung sind bei einer Auslegung gemäß Abb. 256 verwirklicht worden [8].

Die Wechselschalteinrichtung nach Abb. 251 erreicht durch eine zusätzliche Steuerung 3 am Manometerkolben $230a$, falls der Druck im Windkessel unzulässig tief fallen sollte, daß der Kolben 530_I des Hilfsventils H_I mit Entlastung des Steuerraumes a_I infolge der geöffneten Abströmung am Manometerkolben $230a$ in eine Lage verstellt wird, in welcher durch Unterdrucksetzung der Steuerleitung l_{st} das Steuerventil des Reglers auf „Schließen" gestellt wird. Bei noch weiterem Absinken des Windkesseldruckes führt der Manometerkolben 530_{II} eines zweiten Hilfsventils H_{II} über Steuerung 4 die Entlastung des Raumes a_{II} über der gesteuerten Kolbenfläche 1262 des selbsttätigen Absperrventils 1261 herbei, wodurch dieses unter Wirkung des auf der kleineren Fläche f_1 dauernd lastenden Öldruckes geschlossen und damit der Windkessel 205 von der Regelungseinrichtung abgetrennt wird. Zu- und Abschaltung von Hand aus erfolgen mittels des Steuerhahnes 1259,[1] der entweder die Eröffnung des Absperrventils mit Unterdrucksetzung des Raumes a_{II} (Stellung I), bzw. den Schluß des Ventils mit Entlastung des letzteren herbeiführen läßt (Stellung II); mit dem ersten Vorgang wird die druckabhängige Überwachungseinrichtung bereitgestellt.

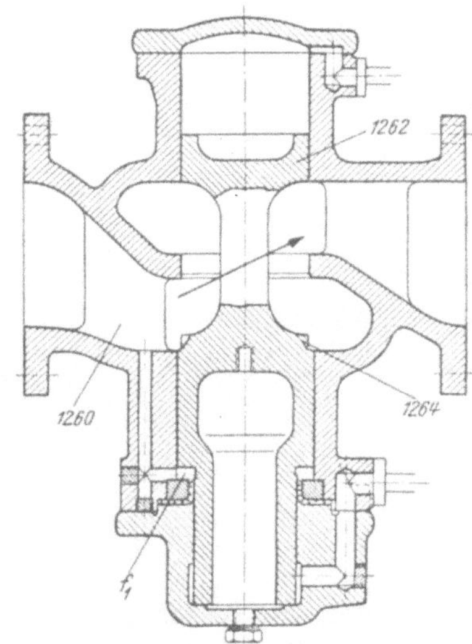

Abb. 258. (Maßstab 1:10.)

Die konstruktive Durchbildung der Steuermechanismen I und II — ergänzt durch die früher näher gekennzeichnete Selbststeuerung der Hilfspumpe —, wie sie u. a. auf einen Regler von 50000 mkg Arbeitsvermögen Anwendung gefunden haben, geht aus Abb. 251 hervor. Durch die konstruktiv vorbereitete Änderung der Vorspannung der Federn 232, 1232 zu den Manometerkolben $230a$, $1230a$ kann das betriebsmäßige Druckintervall hinsichtlich seiner absoluten Endwerte verschoben werden. Die Steuerstifte 230, 1230 werden durch den auf ihre unteren Flächen dauernd lastenden Öldruck an die Manometerkolben gepreßt.

Die Konstruktion der Hilfsventile H_I und H_{II} erscheint in Abb. 257, die des selbsttätigen Absperrventils in Abb. 258 festgehalten. Der dem Ventilsitz vorgeschaltete Drosselring 1264

---

[1] Dieser Steuerhahn ist zusammen mit den Anzeigevorrichtungen am Steuerregler — s. Abschnitt XI — angeordnet.

sorgt für die allmähliche Einströmung des Drucköles in die Regelungseinrichtungen bei Eröffnung des Ventils.

Abb. 257 läßt auch die Durchbildung des Absperrhahnes *1259* einschließlich Anzeige *584*
und Verriegelung *543* in den beiden Hauptstellungen („Handregelung — automatische Regelung") erkennen.

Falls neben dem Absperrventil auch die Handregelung in die selbsttätige Steuerung einbezogen ist, werden zweckmäßig die Steuerungen beider Einrichtungen verbunden. Dies kann

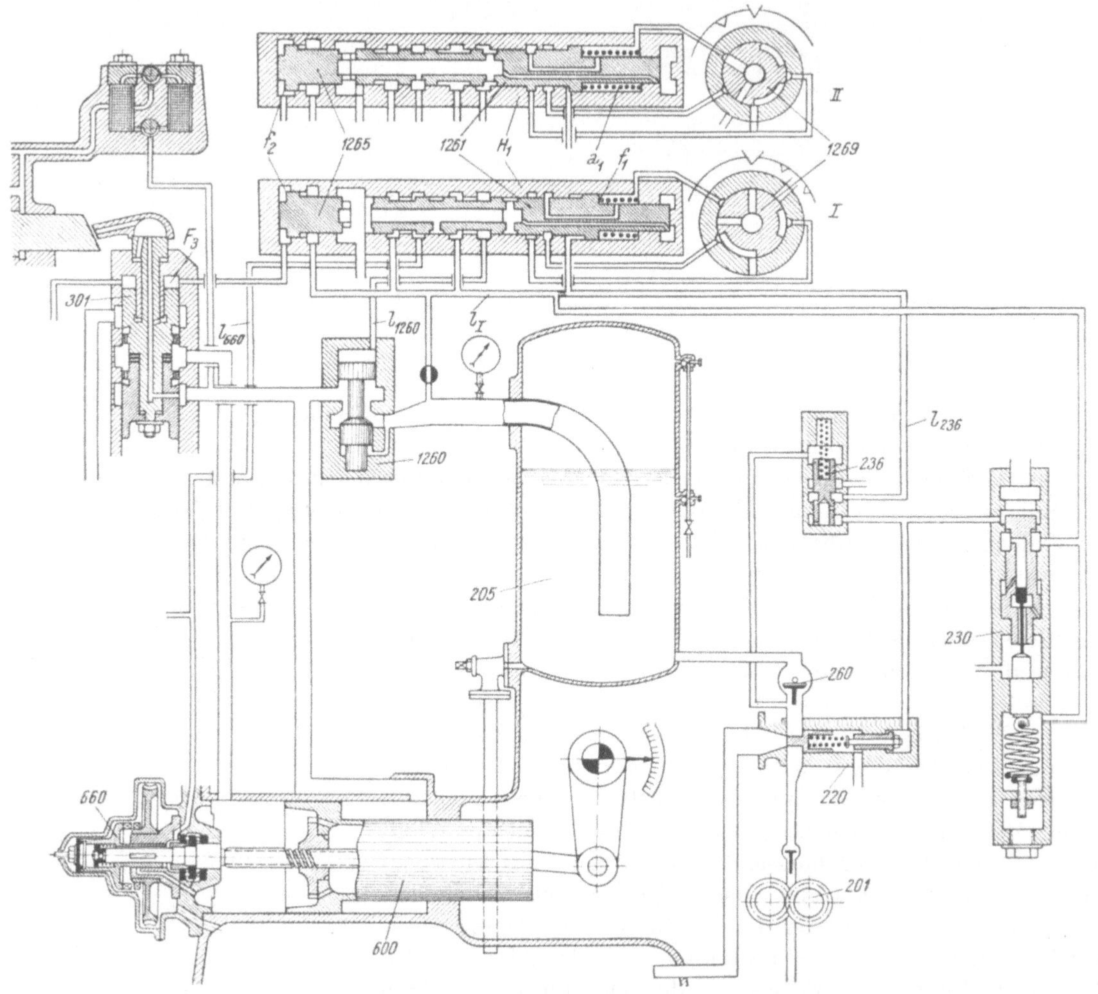

Abb. 259.

entweder, wie später gezeigt, durch eine Abhängigkeitssteuerung erzielt werden oder dadurch,
daß beide Steuerungen *einem* Ventil übertragen werden, das die richtige Zuordnung gleichzeitig
durchzuführender Schaltungen übernimmt. Die Verstellungen des Schaltkolbens erfolgen hierbei
zweckmäßig über eine Vorsteuerung, welche neben der Handbetätigung zur Herbeiführung
des jeweilig gewünschten Betriebszustandes auch den Anschluß etwaiger Überwachungseinrichtungen ermöglicht.

Abb. 259 zeigt unter anderem schematisch die Anordnung einer derartigen Steuerungseinrichtung [8]. Hierbei untersteht der Hilfsschieber H_1 der von Hand zu betätigenden Handsteuerung *1269*, durch welche die Steuerfläche (Raum a_1) am Hilfskolben *1261* entlastet oder
unter Druck gesetzt werden kann. Im ersten Falle (Stellung *I*) wird mit Unterdrucksetzung
der Leitungen l_{660}, l_{1260} die Kupplung zum Handregelungsmechanismus *660* (s. a. Abb. 154)
gelöst sowie das selbsttätige Absperrventil *1260* zum Windkessel geöffnet. Mit Umstellung

des Hahnes in Lage *II* und der mit der Entlastung des Steuerraumes a_1 folgenden Verschiebung des Hilfskolbens *1269* in seine andere Endlage werden die vorgenannten Leitungen drucklos, was die Einrückung der Handregelungskupplung sowie den Schluß des Windkesselabsperrventils zur Folge hat.

Der Druck im Steuerraum a_1 kann auch der Pumpenüberwachungseinrichtung (Abb. 50) über Leitung l_{236} unterstellt werden, so daß Störungen in der Drucköllversorgung mit Entlastung von l_{236} zur Ausschaltung der selbsttätigen Regelung und Feststellung des Arbeitswerkes über die Handregelung führen.

Um unabhängig von der jeweiligen Betriebsform die Bedingungen für den selbsttätigen Schluß der Regelungseinrichtung in Störungsfällen, in welchen dieser unvermeidlich wird, sicherzustellen — Bereithaltung der Drucköllversorgung, ausgerückte Handregelung —, erfolgt mit Beaufschlagung der zusätzlichen Fläche F_3 am Hauptsteuerkolben[1] *301* die Unterdrucksetzung der Steuerfläche f_2 am Sperrkolben *1265* und die Verschiebung des letzteren in seine andere Endlage, wodurch Schaltkolben *1261* in seiner die Anschaltung des Druckspeichers an die Regelungseinrichtung aufrechterhaltenden Lage festgestellt, bzw. in diese gebracht wird.

Es unterliegt keinen grundsätzlichen Schwierigkeiten, durch Entlastung des Raumes f_2 abhängig von der Erreichung der Schließ- (Leerlauf-) Lage des Leitapparates die Sperrung des Kolbens *1261* in der Handregelung und Hauptabsperrventil offen haltenden Stellung aufzuheben und diese wieder der Wirkung der die Druckölanlage überwachenden Einrichtung zu unterstellen, wodurch sich schließlich die selbsttätige Regelung auf Handregelung umschaltet.

Die Steuerung der Abstelleinrichtung, des selbsttätigen Absperrventils sowie der hiervon abhängig ein- und ausgeschalteten Handregelung kann auch unmittelbar von dem erweiterten Schaltmechanismus zur Steuerung der Reglerpumpe abgeleitet werden, Abb. 260 (s. a. Abb. 291 [2]). Der Manometerkolben *230*, der in leicht zu verfolgender und grundsätzlich bereits mehrfach erörterter Weise den in diesem Falle getrennt angeordneten Umlaufschieber *233* zur wechselweisen Schaltung der Förderung der Zahnradpumpe *201* steuert (l_{233}), bewirkt die Unterdrucksetzung der zur Abstellvorrichtung *1204, 1205* (s. Abb. 246) führenden Leitung l_{1205} und damit den Schließvorgang des Leitapparates, falls die Steuerkante *1* die feste Kante *1'* erreicht, also der Druck im Speicher auf den dieser Stellung entsprechenden Wert abgefallen ist. Bei weiterem Sinken des Speicherdruckes wird über die Steuerkante *2* die Leitung l_{1260} zum selbsttätigen öldruckgesteuerten Hauptventil entlastet, wodurch letzteres schließt, ehe die Ölvorlage im Windkessel *205* entleert ist. Gleichzeitig wird unter Entlastung der Umlaufventile *360* (Abb. 291) die Kupplung *671* der Handregelung *660* eingerückt und damit der Regler in der durch den vorhergehenden Abstellvorgang erreichten Schließstellung festgehalten. Letzterer Vorgang erfolgt durch eine Abhängigkeitssteuerung, die der erforderlichen Folge in der Betätigung von Absperrventil und Handregelung Rechnung trägt, also letztere einrückt, ehe der Öldruck von den Regelungs-

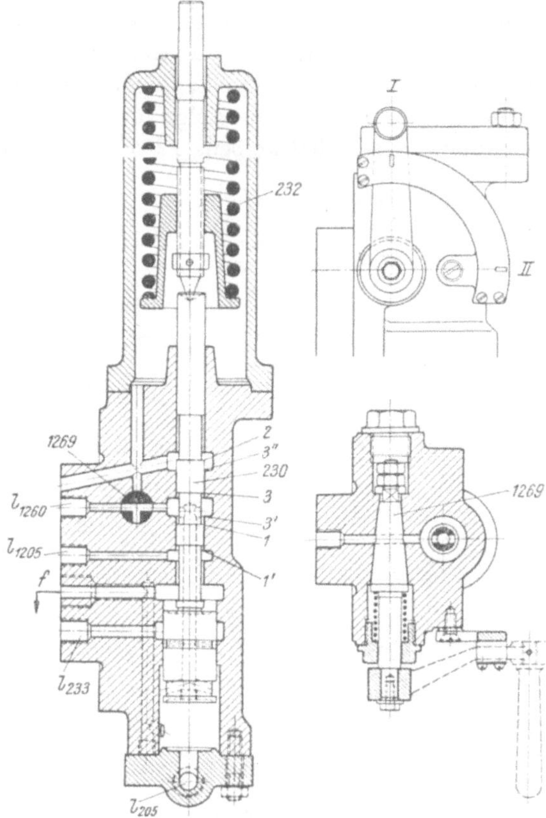

Abb. 260. (Maßstab 1:5.)

---

[1] S. a. Abb. 82, S. 47.

einrichtungen genommen ist, anderseits die Öffnung der Kupplung zur Handregelung erst dann vornimmt, wenn das selbsttätige Absperrventil bereits genügend geöffnet ist. Hierzu erfolgt die Beaufschlagung des Betätigungskolbens *1262* zum selbsttätigen Absperrventil *1261* (Abb. 261) nicht unmittelbar, sondern über ein Hilfsventil, dessen Kolben *1266* bei Entlastung der Steuerleitung l_{1260}, also bei einzuleitendem Schluß des Hauptabsperrventils, mit Entlastung des Steuerraumes a unter Wirkung der Feder *1267* in jene Grenzstellung geht, bei welcher der gesteuerte Raum a_1 über dem Kolben *1262* des Absperrventils gedrosselte Abströmung erhält (Drosselbund d), während die über Leitung l_{660} angeschlossene Kolbenfläche f_k der hydraulisch betätigten Kupplung *671* zur Handregelung (Abb. 155) voll entlastet wird (Steuerkante *2*), wodurch letztere vor vollständigem Schluß des Hauptabsperrventils mit Sicherheit eingerückt ist. Anderseits erfolgt mit Unterdrucksetzung der Steuerleitung l_{1260} und Verschiebung des Schaltkolbens *1266* in die andere Endlage zunächst nur die Öffnung des

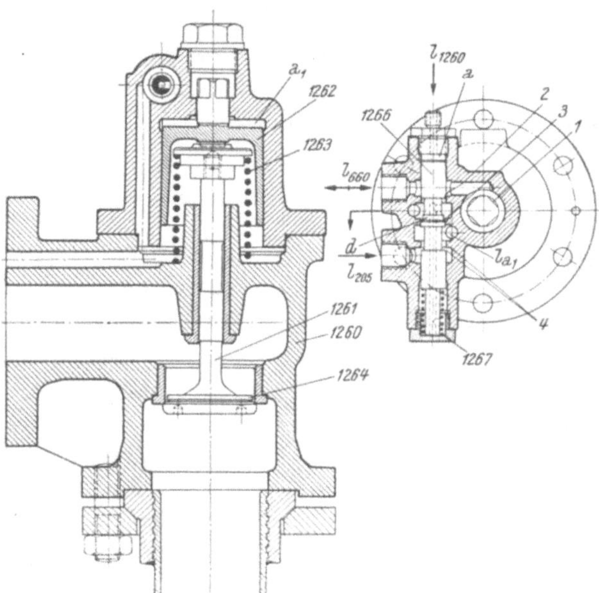

Abb. 261. (Maßstab 1:6,8.)

Hauptabsperrventils *1261* durch Beaufschlagung des Raumes a_1 über Steuerung *4*, l_{a_1} und abhängig von der nahezu erfolgten Eröffnung des genannten Ventils über die Hilfssteuerung *1* die Beaufschlagung des Betätigungskolbens (f_k) zur Handregelung, wodurch letztere also erst nach Unterdrucksetzung der Regelungseinrichtungen ausgeschaltet wird. Außer der selbsttätigen Steuerung kann auch von Hand aus mittels des Hahnes *1269* (Abb. 260) die Steuerleitung l_{1260} mit den vorbeschriebenen Wirkungen unter, bzw. außer Druck gesetzt werden. Neben der Einleitung der Vorgänge zur selbsttätigen Außerdienststellung werden auch jene der Indienststellung überwacht. So erscheint die Möglichkeit der Einschaltung an die Erreichung eines bestimmten Mindestdruckes im Speicher gebunden, insofern selbst bei Stellung des Hahnes auf „Betrieb‘‘[1] die Unterdrucksetzung der Steuerleitung l_{1260} und damit die Eröffnung des Hauptabsperrventils sowie die Ausrückung der Handregelung erst dann eintritt, wenn Steuerkante *3* die Gehäusekante *3'* erreicht, also der Druck im Speicher einen bestimmten, für die Regelung genügenden Wert angenommen hat. Bei zu starkem Anstieg des Druckes wirkt der Manometerkolben *230* über die Steuerung *3,3''* als Sicherheitsventil.

Anordnungen mit selbsttätigem Absperrventil, bei welchen die Handregelung ihrer grundsätzlichen Durchbildung halber nicht in die Selbststeuerung einbezogen werden kann, erfordern unter den eingangs erwähnten Voraussetzungen die Anwendung zusätzlicher Verriegelungsmechanismen. Eine Ausführung, bei welcher letzterer unmittelbar mit dem Hauptabsperrventil zum Windkessel betätigt wird, zeigt Abb. 262 [1]. Hierzu sind Ventilkolben *1261* und Verriegelungsbolzen *1251* gleichachsig angeordnet und werden in der geöffneten bzw. ausgerückten Stellung durch Beaufschlagung des Raumes a_1 mit Drucköl aus der Vorsteuerleitung[2] gehalten. Bei Entlastung letzterer erfolgt unter Wirkung der Feder *1263* gleichzeitig mit dem Schließvorgang des Arbeitswerkes die Bereitstellung der Verriegelung unter Mitnahme des Ventilkolbens *1261*, dessen Schluß jedoch erst mit durchgeführtem Eingriff des Verriegelungsbolzens *1251* in die in der Schlußstellung des Arbeitswerkes korrespondierende Bohrung *1254*

---

[1] I Betrieb, II Handregelung.

[2] Vorsteuerpumpe getrennt von Hauptpumpe; normalerweise gesondert angetrieben und als **Anlaßpumpe** verwendet.

im Kolbenrohr *603a* (s. Abb. 128) erfolgen kann. Damit erscheint in einfachster Weise die Druckölversorgung während des vorher durchzuführenden Schließvorganges des Reglers gewährleistet.

Von dem vorbeschriebenen Mechanismus aus wird in später erörterter Weise die Selbststeuerung der Anlauf- und Bremseinrichtung abgeleitet. Der Spindeltrieb *1268* ermöglicht
die Eröffnung des Absperrventils *1261* von Hand aus; die Sperrung *1268a* sichert während
des automatischen Betriebes die Feststellung des Handrades *1268* in seiner unwirksamen
Lage.

Soll die Druckölversorgung bis zum Stillstand des Maschinensatzes gesichert bleiben,
kann die Steuerung des selbsttätigen Absperrventils einem Zeitmechanismus unterstellt
werden, der mit Unterbrechung der Turbinenbeaufschlagung eingesetzt wird und eine Ablaufdauer entsprechend der Auslaufzeit des Maschinensatzes erhält. Die *unmittelbare* Erfassung des eingetretenen Stillstandes kann über eine von der Maschinenwelle aus angetriebene kleine Pumpe erfolgen, deren Förderung zur Ausschiebung eines unter Federspannung stehenden Hilfskolbens benützt wird. Abb. 263a zeigt die entsprechende Ergänzung [23] der Vorsteuerung zum selbsttätigen Absperrventil *1260*, die primär der Wirkung
des Hubmagneten *591* unterstellt ist. Der Abfall des Schaltstiftes *530*, der in leicht ersichtlicher
Weise den hydraulischen Antrieb *1262* zum Absperrventil *1260* steuert, in die untere, mit Entlastung des Raumes a_1 den Schluß des Ventils *1260* herbeiführende Lage erscheint unabhängig von
der Art des Befehles an den Hubmagneten *591* solange gesperrt, als die Stillstandspumpe
(Leitung l_{1459}) fördert und damit der Sperrkolben *1265* in seine obere Lage gedrückt wird.

Falls das Hauptabsperrorgan (Einlaßschütze, Drosselklappe usw.) in die Selbststeuerung einbezogen ist, können grundsätzlich besondere selbsttätige Einrichtungen entbehrt werden, die den
Leitapparat in der Schlußstellung verriegeln. Um im Falle planmäßiger Abstellungen des mit Selbststeuerung ausgerüsteten Maschinensatzes die Wiederanlaßbereitschaft nicht in Frage zu stellen, bedarf es unter Umständen der Erhaltung der Arbeitsfähigkeit des selbsttätigen Reglers bis zum erfolgten Abschluß des Hauptabsperrorgans. Dies

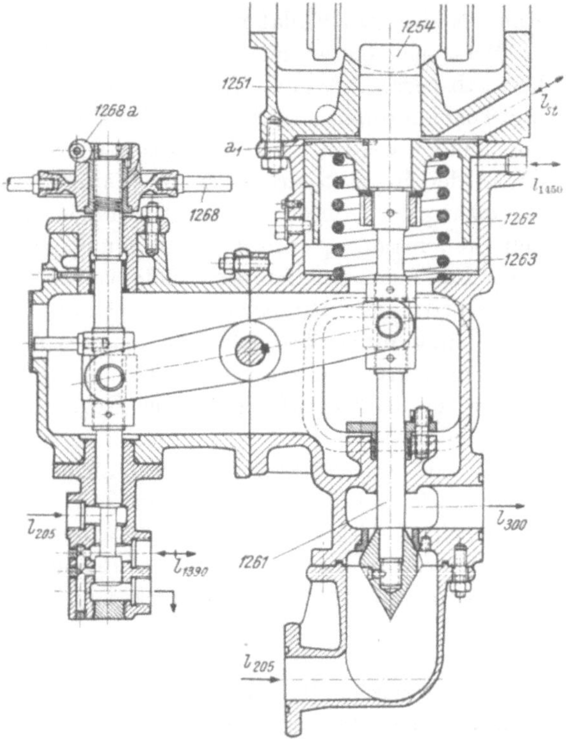

Abb. 262. (Maßstab 1:10.)

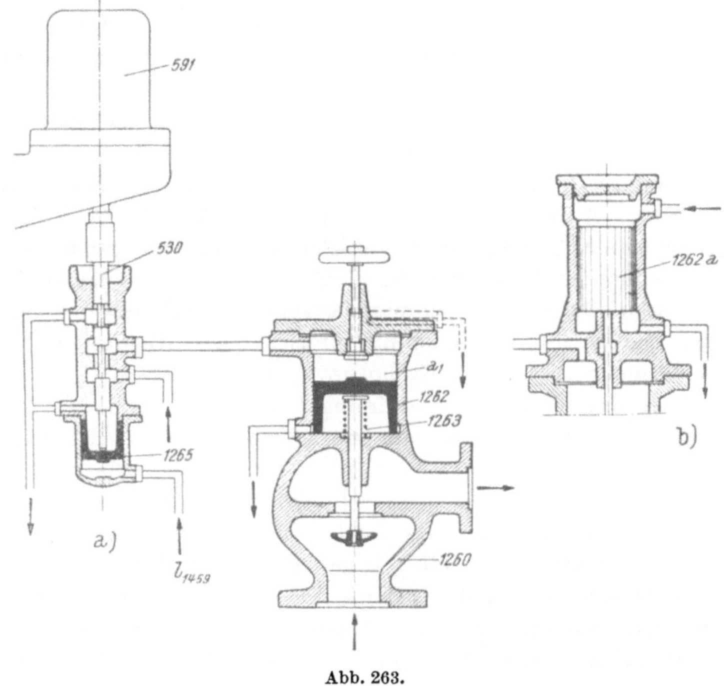

Abb. 263.

bedingt für Regler mit Drucködspeicherung die Offenhaltung des Windkesselabsperrventils bis zu diesem Zeitpunkt, wozu der erfolgte Schluß des Einlaßorgans in den Steuermechanismus des Absperrventils entweder unmittelbar zu übertragen, bzw. aus dem Druckzustand des Raumes zwischen Einlaßorgan und Turbine zu folgern ist.

Bei Hochgefällsanlagen kann dem durch Drucköl zu beaufschlagenden Kolbenantrieb des Windkesselabsperrventils noch ein vom Wasserdruck aus dem Raume zwischen Hauptabsperrschieber und Turbine einseitig im Sinne der Eröffnung des Ventils unter Druck zu setzender Kolben *1262a* hinzugefügt werden [23] (Abb. 263b). Die Beaufschlagung des Öldruckkolbens *1262* erfolgt über ein in der Regel hydraulisch- oder magnetbetätigtes Vorsteuerventil. Wird zum Zwecke der Einleitung der Stillsetzung des Maschinensatzes der Schaltstift *530* des Vorsteuerventils in die den Steuerraum a_1 entlastende Stellung geschoben, so wird zunächst das Absperrventil *1260* noch durch den auf Kolben *1262a* lastenden Wasserdruck offen gehalten. Erst wenn dieser mit Eintritt der Schlußstellung des Hauptabsperrorgans verschwindet, kann die Feder *1263*, unterstützt durch die Schließtendenz des Absperrventils, letzteres schließen.

Umgekehrt wird durch den Öldruck mit Anhub des Vorsteuerstiftes *530* das Windkesselabsperrventil *1260* geöffnet, also der Regler bei noch geschlossenem Hauptabsperrorgan betriebsbereit gemacht.

Bei Niederdruckanlagen kann die Übertragung charakteristischer Stellungen des Absperrorgans elektrisch erfolgen, bzw. für Fallschützen mit hydraulischem Antrieb kennzeichnet das Verschwinden des Öldruckes im Betätigungssystem mittelbar den geschlossenen Zustand der Schütze. Es genügt daher, den Hilfskolben *1262* zum Absperrventil mit Drucköl aus dem Arbeitsraum des Schützenhubwerkes zu beaufschlagen (s. a. S. 180).

5. Schnellschlußeinrichtungen.

Diese bewirken die Verstellung des Reglersteuerventils in die den Schließvorgang des Reglers veranlassende Stellung ohne Rücksicht auf die seitens der eigentlichen Steuerungseinrichtung gegebenen Befehle. Die Überführung des Hauptsteuerventils in die Schließlage kann hierbei unter Überwindung der durch die normale Vorsteuerung eingeschalteten Verstellkräfte am Schaltkolben durch zusätzlich aufgebrachte hydraulische Kräfte erfolgen (Abb. 82), bzw. bei Schaltkolben, die unter einseitiger Wirkung im Schließsinne gerichteter mechanischer Kräfte stehen, durch Entlastung der Vorsteuerung (Abb. 81, 83). Hydraulisch betätigte Öffnungsbegrenzungen, etwa gemäß Abb. 311, die ihre Berechtigung mit der Übertragung zusätzlicher Aufgaben im Rahmen der Selbststeuerung erhalten,[1] können ebenfalls zur Einleitung des Schnellschlusses durch Entlastung des öldruckgesteuerten Raumes $ö_1$ herangezogen werden. Außerdem können unabhängige Einrichtungen Anwendung finden, entweder in Form besonderer Umschaltventile, welche das eigentliche Steuerventil vom zugehörigen Arbeitszylinder abtrennen und letzteren im Schließsinne beaufschlagen lassen, bzw. die die Verstellung des Vorsteuerstiftes zum Hauptsteuerventil im Schließsinne durchführen, falls ihre betriebsmäßig bestehende und entweder hydraulisch oder elektrisch durchgebildete Verriegelung in der unwirksamen Offenlage aufgehoben wird.[2]

Die letztgenannten Anordnungen setzen die ungestörte Arbeitsweise der Vorsteuerung voraus, eine Einschränkung, die für Auslegungen gemäß Abb. 81, 82, 83 keine Geltung besitzt.

6. Selbstschlußeinlaßorgane.

Die Einbeziehung des Turbineneinlaßorgans in die Selbststeuerung unter Beibehaltung der Ausstattung des selbsttätigen Reglers nach den Erfordernissen des unbesetzten Betriebes schafft eine zusätzliche Sicherheit des letzteren, wobei gewisse Unzulänglichkeiten überbrückt werden, die mit der alleinigen Übertragung der Schutzmaßnahmen an den selbsttätigen Regler verbunden sind; so die mehr oder minder bestehende Möglichkeit eines Versagens des Reglers, die Gefahr eines durch Fremdkörper verursachten ungenügenden Schlusses der Leitvorrichtung und schließlich die nicht zu vermeidende und mit der Betriebsdauer steigende Undichtigkeit

---

[1] S. Abschnitt XII, K.
[2] S. Abb. 325.

der letzteren, die insbesondere für Anlagen mit höherem Gefälle eine zur vollständigen Stillsetzung ungenügende Abschützung des Betriebswassers ergeben kann. Wenn auch der letztgenannte Übelstand durch die an sich für selbsttätige Anlagen zu fordernden selbstgesteuerten Bremseinrichtungen wesentlich gemildert werden kann, bedeuten die erstgenannten Möglichkeiten eine — wenn auch bei der heutigen Vollkommenheit der Reglerkonstruktionen führender Firmen nicht zu überschätzende — Beeinträchtigung des Sicherheitsgrades der Auslegung der Überwachungs- und Schutzeinrichtungen mit ausschließlicher Wirkung über den Regler.

Für Niederdruckanlagen steht, insofern die klimatischen Verhältnisse sowie die Lage des Einlaufbauwerkes nicht zu ungünstig sind, in der *Fallschütze* eine bewährte Einrichtung zur raschen Abschützung des Betriebswassers zur Verfügung. Bei verhältnismäßig kleinen Ausführungen kann der ungebremste Freifall der Schützentafel aus ihrer hochgezogenen Lage vorgesehen werden. In letzterer befindet sich die Schützentafel vom Aufzugsgestänge (Abb. 264) abgekuppelt und auf dem Hebel *1271* des Auslösegestänges mittels des Anschlages *1272* in Fallbereitschaft hängend [23].

Die Auslösung des Freifalles erfolgt durch Unterbrechung der Spannung zum Haltemagnet *591*, dessen abfallender Kern über das Kniehebelgestänge *1273* die Vorklinke *1274* zum Ausschwenken bringt, wodurch die Verriegelung *1275* des Haltebügels *1271* gelöst wird. Die Rückstellung des Klinkwerkes in die Bereitschaftslage erfolgt mit Unterspannungsetzung des Magneten *591*; ebenso selbsttätig fällt der Haltebügel *1271* während des letzten Teiles des Anhubes der Schützentafel in seine Verriegelung. Ein- und Auskupplung des Aufzugsgestänges erfordern bei entsprechenden konstruktiven Maßnahmen ebenfalls keinerlei Zugriff, so daß die Wiederherstellung der Fallbereitschaft der Schütze in nur geringem Maße der Aufmerksamkeit der Bedienung unterliegt.

Für Schützen mit größeren Tafelgewichten erscheint der freie Fall der Schützentafel nicht mehr zulässig. Um ein genügend sanftes Aufsetzen letzterer auf ihre Bodenschwelle zu erreichen, bedarf es einer über den Fallweg mehr oder minder wirksamen Abbremsung der lebendigen Kraft der fallenden Tafel über energieverzehrende Einrichtungen. Soweit die sichere Beherrschung der Massenkräfte dies zuläßt, wirkt eine verstärkte Bremsung im letzten Teil des Fallhubes im Hinblick auf eine möglichst kleine Schlußzeit günstig, die damit auf Werte von 10 bis 20 Sekunden herabgedrückt werden kann. In der praktischen Anwendung erscheinen hydraulische Flüssigkeitsbremsen bevorzugt und bewährt, deren Wirkung auf der Leistungsaufnahme einer im Kreislauf fördernden und in diesem gedrosselten Zahnradpumpe beruht, wobei entsprechend dem als günstigst erkannten Bewegungsgesetz die Drosselung des Ölumlaufes stellungsabhängig gesteuert wird und insbesondere gegen Ende des Fallweges zur Wirkung kommt.

Die vorbeschriebene Auslegung erfordert vor dem Wiederanheben der Schütze die Einrückung der Kupplung im Aufzugsvorgelege sowie die Überstellung in die Fallbereitschaft von Hand aus nach Durchführung des Anhubes. Abb. 265 [11] zeigt die Anordnung eines ebenfalls mechanischen Antriebes einer Fallschütze, bei dem die zur Wiederbereitstellung erforderlichen Schaltungen ferngesteuert erfolgen. Mit Unterspannungsetzung des Motors *590* und Anlauf des Vorgelegeteiles *1281* wird zunächst mittels der Anhubvorrichtung *1282* die Reibungskupplung *1285* zwangsläufig eingerückt. Gleichzeitig wird der Gewichtshebel *1283* über das Haltegestänge *1284* bei unter Spannung gesetztem Hubmagnet *591* verblockt, wodurch auch bei der in der Folge vor sich gehenden Weiterdrehung des Exzenters zum Kupplungsschalt-

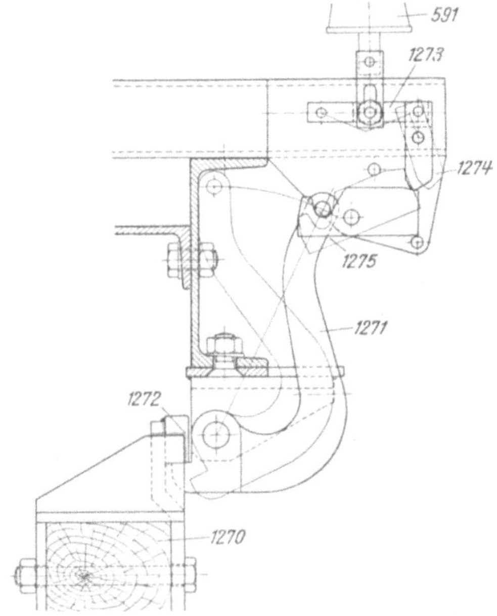

Abb. 264.

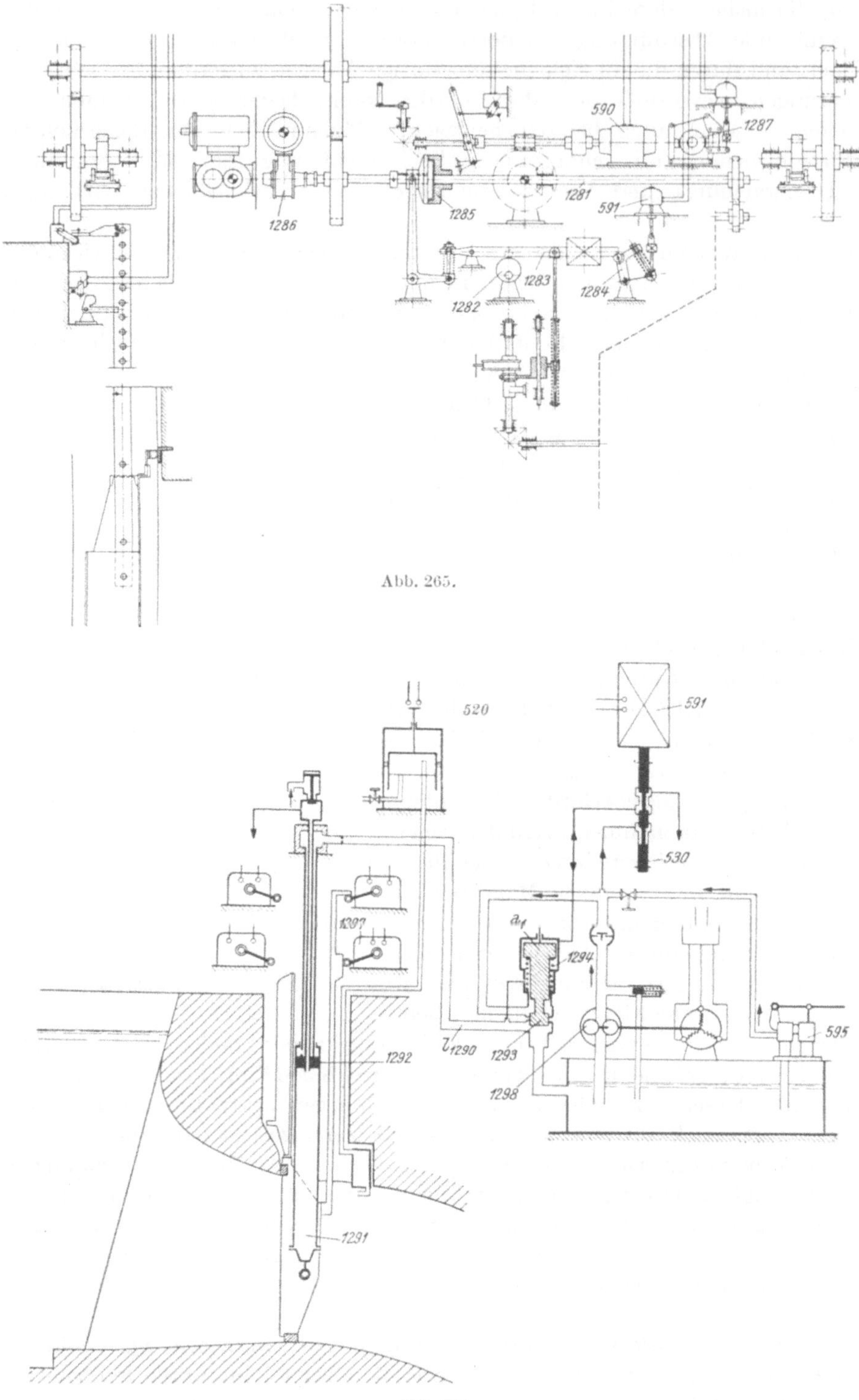

Abb. 265.

Abb. 266.

gestänge die Reibungskupplung eingerückt bleibt und die Schützentafel hochgezogen wird. Nach Beendigung des Hubvorganges sichert eine mit der Abstellung des Hubmotors *590* einfallende Backenbremse *1287* die Feststellung des Aufzugsgetriebes in der Offenstellung.

Der Abfall der Schützentafel wird durch Entspannung des Hubmagneten *591* eingeleitet, wodurch die Reibungskupplung *1285* gelöst und die Schützentafel unter Wirkung ihres Eigengewichtes, in ihrer Fallgeschwindigkeit durch die Bremspumpe *1286* beherrscht, in 15 bis 20 Sekunden schließt.

Eine überaus einfache und übersichtliche Bauart des Bewegungsmechanismus mit geringem Raumbedarf, großer Aufzugskraft sowie vorzüglicher Eignung zur Verwirklichung eines optimalen Ablaufes des Schnellschlusses ergibt sich bei Verwendung eines hydraulischen Hubwerkes. Letzteres besteht aus dem in der Regel mit der Schützentafel verbundenen Hubzylinder *1291* (Abb. 266), der gelenkig aufgehängten und raumfesten Kolbenstange mit Kolben *1292*,[1] wobei durch erstere die Druckölzu- bzw. -abfuhr erfolgt. Um die Schützentafel anzuheben, wird das von einer elektromotorisch angetriebenen Pumpe *1298* gelieferte Drucköl in den Zylinderraum *1291* geleitet, wodurch sich die Tafel mit einer Geschwindigkeit entsprechend der sekundlich eingeförderten Ölmenge hebt. In der vorgesehenen Höchststellung der Schützentafel wird der Ölpumpenmotor durch Endschalter *1297* abgeschaltet. Nachdem mechanische Verriegelungen des hierfür erforderlichen Aufwandes und der Komplizierung halber zweckmäßig nicht angewendet werden, ruht die Schützentafel in der Folge auf der Druckflüssigkeit, was wegen der immerhin bestehenden Undichtigkeiten an dem Kolben und der Stopfbüchse zu einem allmählichen Niedergehen der Schützentafel führen muß. Die Beschränkung dieser Abwärtsbewegung auf einen für den Wasserdurchlaß praktisch bedeutungslosen Betrag wird nun dadurch erreicht, daß bei einem Absinken der Tafel um etwa 15 bis 20 cm über einen weiteren Endschalter der Pumpensatz wieder in Betrieb gesetzt wird, wodurch die Schützentafel in ihre obere Endstellung gehoben wird, worauf der erstgenannte Endschalter das Ölpumpenaggregat wieder stillsetzt. Der so gekennzeichnete Vorgang wiederholt sich erforderlichenfalls während der Offenhaltung der Schützenöffnung. Die Beaufschlagung bzw. Entlastung des Arbeitszylinders wird über ein Steuerventil *1293* durchgeführt, welches unter der Wirkung der Feder *1294* sowie des über das Vorsteuerventil *530* gesteuerten Öldruckes im Raume a_1 steht; mit Unterdrucksetzung des letzteren über den durch den Hubmotor *591* angehobenen Schaltstift *530* wird die gleichzeitig mit der Unterspannungsetzung des Hubmotors angelassene Pumpe *1298* an den Hubzylinder *1291* geschaltet und damit der Aufzug der Schützentafel eingeleitet.

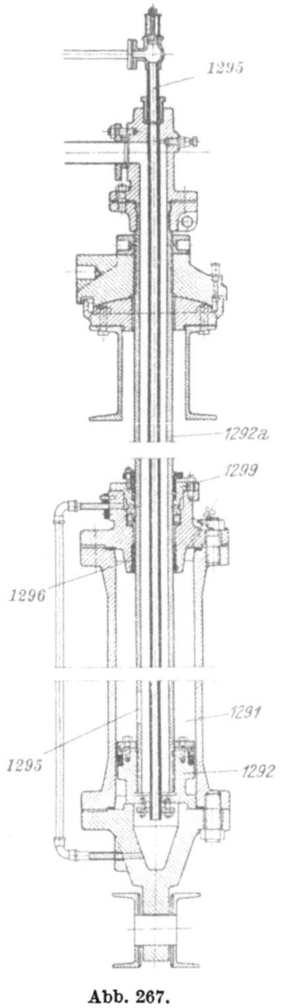

Der Schluß der Schütze wird durch Entlastung der Ölleitung l_{1290} über das vorerwähnte Steuerventil *1293* vorgenommen. Die im letzten Teil des Fallweges eintretende zunehmende Überdeckung des Überströmschlitzes *1295* durch die Drosselhülse *1296*, die zuletzt bestehende Beschränkung des Übertrittsquerschnittes auf den durch einen Drosselstift eingestellten sichern den stark verzögerten Schluß des Schützentores.

Abb. 267.

Im Hinblick auf einen bis zu 100 at gewählten Betriebsdruck ist besonderer Wert auf eine gute Dichtung *1299* von Kolbenstange und Kolben gelegt (Abb. 267).

Falls die Schütze der Sperrung des Einlaufes einer längeren Rohrleitung dient, kann die langsame Auffüllung letzterer durch einen zunächst nur geringen Anhub der Schützentafel erreicht werden. Hierzu setzen Endschalter die Schützentafel in der Füllstellung durch Ausschaltung des Antriebsmotors zur Pumpe *1298* still; die Wiedereinschaltung des Motors und Fortsetzung des Anhubes wird über Schwimmerschalter *520* (s. Abb. 266) bei erfolgter Füllung der Rohrleitung vorgenommen.[2]

An Stelle der Auffüllung der Rohrleitung über die nur wenig gelüftete Schützentafel können auch besondere Füllventile mit einer entsprechenden Abhängigkeitssteuerung ihres hydraulischen Antriebes angewendet werden.

---

[1] Ausführung J. M. Voith — die grundsätzlich gleichartige Bauart nur mit umgekehrter Anordnung des Hubwerkes pflegt Escher Wyss.

[2] Durch die dargestellte Anordnung können mechanische Schwimmer vermieden werden.

Einlaßschützen für Niederdruckanlagen mit großer Leistung stellen insbesondere in der Erweiterung zum Selbstschlußorgan kostspielige Einrichtungen dar. Diese können zumindest

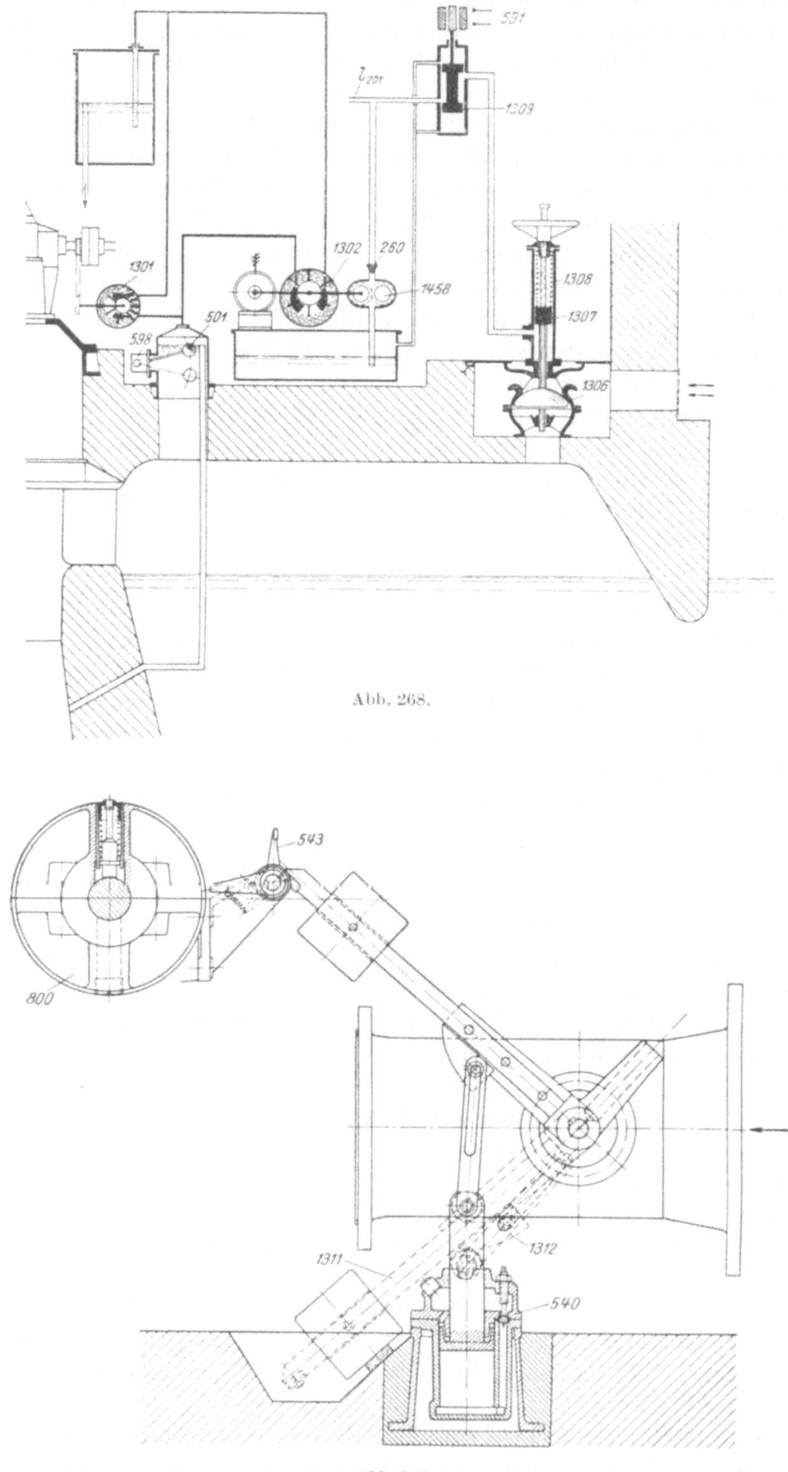

Abb. 268.

Abb. 269.

als Schutzeinrichtung in vollwertiger Form durch eine besondere Anordnung der Turbine entbehrlich gemacht werden, bei welcher diese in einer *Heberkammer* mit einer Lage der Leitradunterkante knapp *über* dem natürlichen Oberwasserspiegel untergebracht ist. Während einerseits der betriebsmäßige Zustand durch Hochsaugen des Oberwasserspiegels hergestellt und erhalten werden muß, führt die Belüftung der Heberkammer zur raschen Unterbindung der Beaufschlagung und erhält mit Unterstellung unter den Einfluß von Überwachungseinrichtungen die Bedeutung einer Schutzmaßnahme.

Die grundsätzliche Anordnung der Be- und Entlüftungssteuerung geht aus Abb. 268 hervor [12]. Für die Belüftung der Kammer ist ein öldruckbetätigtes Lufteinlaßventil *1306* vorgesehen, dessen Hilfsgetriebe *1307* betriebsmäßig unter Öldruck steht und damit Ventil *1306* geschlossen hält. Im Störungsfalle, bzw. zur planmäßigen Abstellung wird Magnet *591* zum Schaltventil *1309* entspannt, wodurch letzteres umgestellt und mit Entlastung des Kolbens *1307* die Eröffnung des Ventils *1306* unter Wirkung der Feder *1308* herbeigeführt wird.

Der dauernden Entlüftung der Kammer dient entweder ein Ejektor, bzw. Luftpumpe *1301*, welch letzteren Einrichtungen zur rascheren Evakuierung der Heberkammer zu Beginn des Anlaßvorganges ein elektromotorisch angetriebener Luftpumpensatz *1302* parallelgeschaltet ist, der nach erfolgter Entlüftung der Kammer über den Schwimmerschalter *501/598* wieder stillgesetzt wird. Anlaufpumpe *1458* dient der Drucköbereitstellung vor Anlauf des Maschinensatzes, die während des Betriebes von der Pumpenanlage des Reglers l_{201} übernommen wird.

Für Mitteldruckanlagen liegt in der selbstschließenden *Drosselklappe* ein verhältnismäßig einfaches Schnellschlußorgan vor. Abb. 269 [2] zeigt eine für kleinere Rohrweiten und Gefälle geeignete Ausführung, bei der der Schluß des Klappenflügels unter dem Einfluß eines äußeren

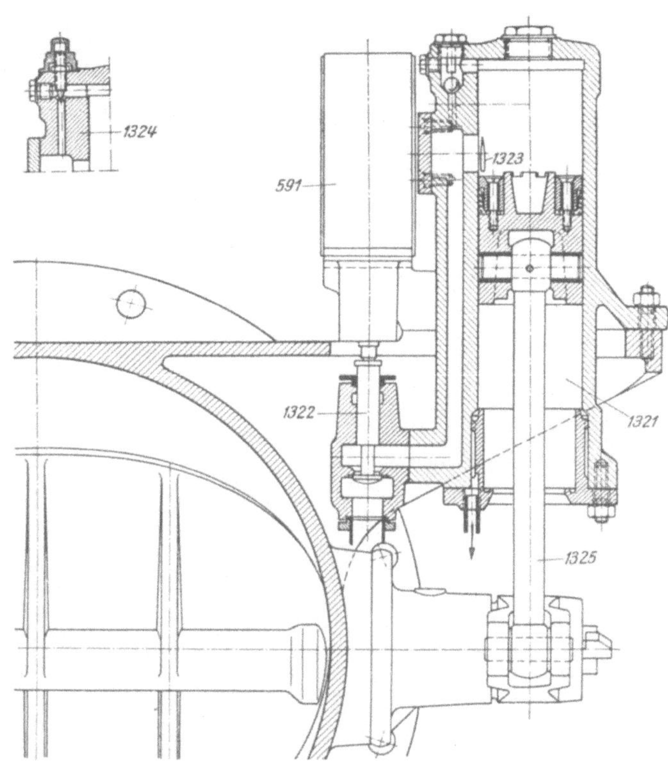

Abb. 270. (Maßstab 1:8.)

Gewichtsmomentes erfolgt. Zur möglichst raschen Sperrung des Wasserzuflusses wird die Abschlußgeschwindigkeit des Klappenflügels nur im Bereich der praktisch wirksamen Klappenöffnungen, also etwa im letzten Fünftel des Drehwinkels, auf den durch die zulässige Drucksteigerung begrenzten Wert unter Einwirkung einer Ölbremse *540* verzögert. Die Auslösung der Klappe durch Freigabe des Gewichtshebels *1311* erfolgt im gegenständlichen Fall durch einen mechanischen Fliehkraftschalter *800* auf der Turbinenwelle über ein Klinkwerk *543*, um die von ersterem aufzubringenden Verstellkräfte möglichst herabzusetzen. Durch zusätzliche Anbringung eines auf die Auslösung wirkenden Hubmagnetes kann der Abschluß der Klappe fernelektrisch auch von anderen Überwachungseinrichtungen eingeleitet werden.

Größere Ausführungen von Selbstschlußklappen werden zweckmäßig mit hydraulischem Antrieb ausgerüstet, der mit einem einzigen, relativ einfachen Mechanismus unter Vermeidung mechanischer Aufzugsgetriebe die Eröffnung der Klappe vornehmen sowie einen gesetzmäßigen Ablauf des Schließvorganges dieser verwirklichen läßt.

Zur Verstellung des Klappenflügels in die Offenlage kann ein hydraulisches Getriebe vorgesehen werden, dessen Kolben für den Öffnungsvorgang durch Drucköl, seltener Druckwasser beaufschlagt wird. Der Schließvorgang unter Wirkung des vorgesehenen, in diesem Sinne gerichteten Gewichtsmomentes wird durch Entlastung des Triebkolbens über ein besonderes

Steuerorgan herbeigeführt, welches durch Drucköl bzw. elektrisch vorgesteuert wird. Bei der in Abb. 270 dargestellten Anordnung [2] erfolgt die Entlastung des oberen Raumes des Zylinders *1321*, in den unmittelbar die Haltepumpe einspeist, durch die Eröffnung des Ventils *1322* mit Unterbrechung der Spannung zum Hubmagnet *591*, wobei die Abströmung des durch den Kolben *1325* während des Schließvorganges verdrängten Öles mit praktisch geringem Widerstand nur bis zur Erreichung der Schlitzsteuerung *1323*,

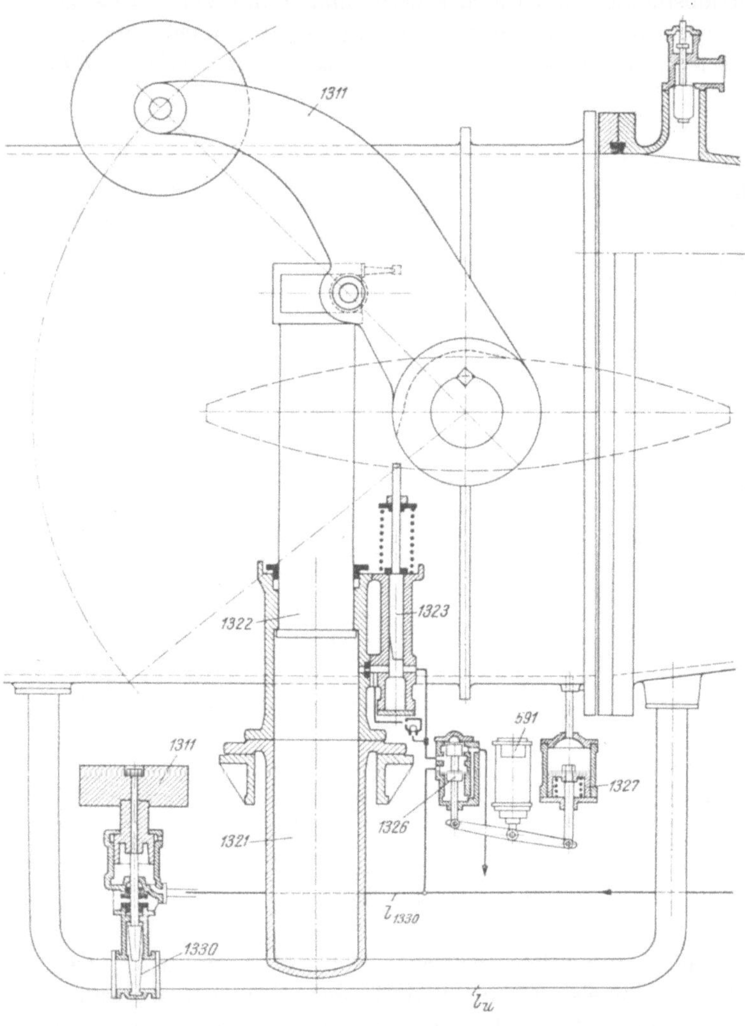

Abb. 271.

nach Überdeckung dieser hingegen nur mehr durch die einstellbare Drosselöffnung *1324* erfolgen kann. Durch die mit der dargestellten Ausbildung der Steuerschlitze erzielte allmähliche Abnahme der Abströmöffnung auf die Größe der Drosselöffnung wird der notwendige Bremsweg für eine praktisch stoßfreie Überleitung der raschen Klappenbewegung in die in ihrer Geschwindigkeit durch die Rohrleitungsverhältnisse bestimmten während des wirksamen Klappenhubes geschaffen.

Um während der Auffüllung der der Drosselklappe nachgeschalteten Räume unzulässige Druckschwankungen in der vorgeschalteten Druckrohrleitung hintanzuhalten, darf dieser Vorgang nur langsam erfolgen, wozu die Drosselklappe entweder mit nur geringer Geschwindigkeit aus ihrer Schließlage heraus bewegt werden darf, bzw. verhältnismäßig kleine Überströmquerschnitte durch eine zunächst begrenzte Bewegung der Klappe oder durch besondere Umlaufeinrichtungen freigegeben werden. Bei der in Abb. 271 dargestellten, mit Selbststeuerung versehenen Ausführung [1] bewirkt die Beaufschlagung des hydraulischen Antriebes des in der

Umlaufleitung l_u liegenden Schiebers *1330* entgegen der Wirkung des Gegengewichtes *1311* die Eröffnung des ersteren mit allmählicher Auffüllung des Raumes zwischen Drosselklappe und geschlossenem Leitapparat. Erst mit Einstellung eines praktisch gleichen Druckes hinter dem geschlossenen Klappenflügel verschiebt der federbelastete Kolben *1327* den Steuerkolben *1326* unter der Voraussetzung, daß der Hubmagnet *591* unter Spannung steht und angezogen hat, in eine solche Lage, daß Drucköl unter den Kolben *1322* zur Verstellung des Klappenflügels gelangt und letzteren in seine offene Stellung dreht. Der *Schließ*vorgang wird durch Entspannung des Magneten *591* eingeleitet, wodurch der Ventilkolben *1326* in die freien Abfluß aus Zylinder *1321* gewährende Stellung geht; zur Verzögerung der Schließbewegung im Bereich der wirksamen Klappenöffnungen findet eine stellungsabhängige Steuerung des genannten Abflusses durch die vom Kolben *1322* im letzten Teil des Hubes mitgenommene Drosselnadel *1323* statt. Die mit Einleitung des Abstellvorganges eintretende Entlastung der Steuerleitung l_{1330}

bedingt den Schluß des Umlaufventils *1330* unter Wirkung der Gewichtsbelastung *1311*, wodurch der Anlaßzustand hergestellt erscheint.

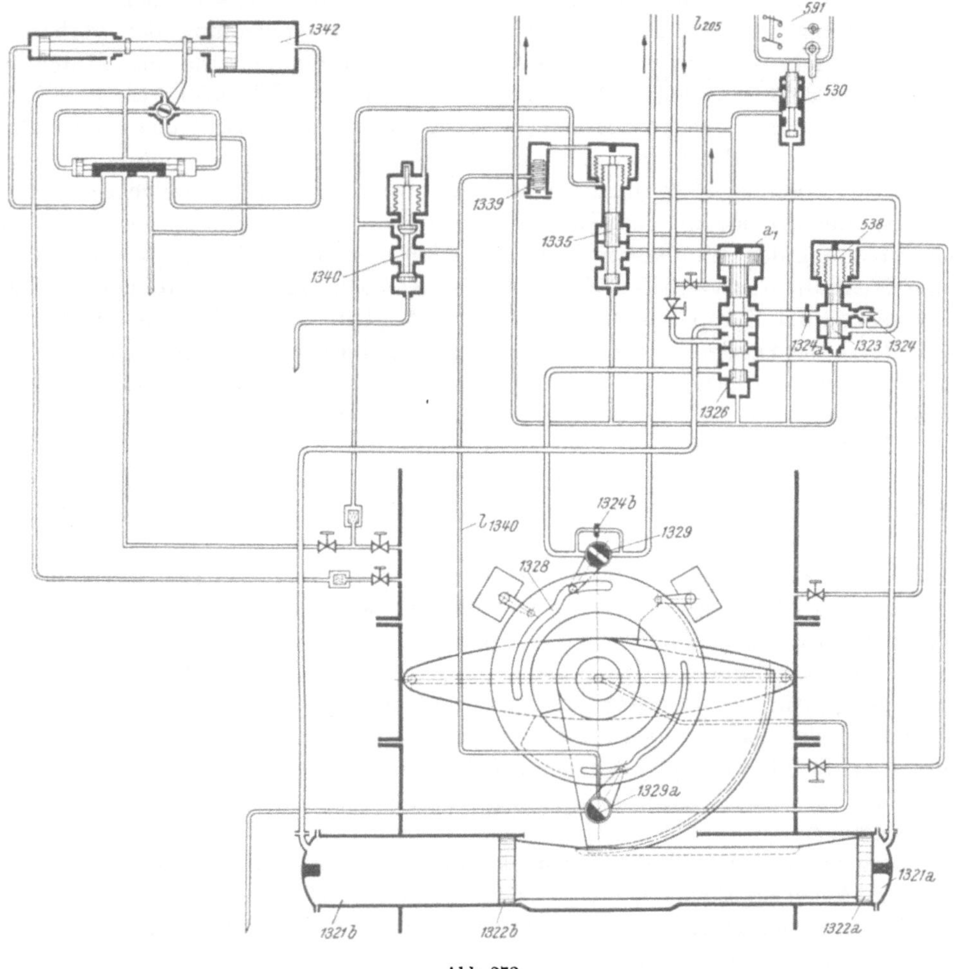

Abb. 272.

Falls bei Speicheranlagen mit längeren Stillstandszeiten einzelner Maschinensätze gerechnet werden muß, ist an das Abschlußorgan die Forderung praktisch vollständiger Dichtheit zu stellen. Dieser Aufgabe wird die normale Drosselklappe mit rein metallischer Dichtung nur in beschränktem Maße gerecht. Die Verwendung elastischer Dichtungsmittel, die über den Umfang der Klappe angeordnet und durch Wasser- oder Luftdruck an das Gehäuse angepreßt werden, bietet auch hier die Möglichkeit eines tropfdichten Abschlusses. Insofern es sich um selbstgesteuerte Ausführungen handelt, hat die Unterdrucksetzung des Dichtungsmittels nach *erfolgtem* Abschluß des Klappenflügels bzw. die Entlastung des ersteren *vor* Einleitung der Öffnungsbewegung folgerichtig und selbsttätig zu erfolgen.

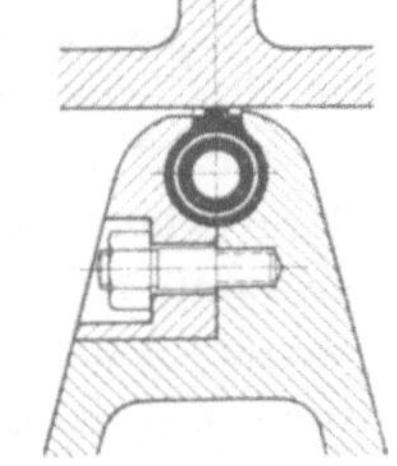

Abb. 273.

Für Klappen größeren Durchmessers werden sowohl Öffnungs- als auch Schließbewegungen zweckmäßig der hydraulischen Betätigung vorbehalten. Hierzu finden doppelt wirkende Kolbengetriebe Anwendung, deren Bewegung entweder mittels Lenker und Kurbel, bzw. Zahnstange und Segment auf die Klappenwelle übertragen wird. Die Betätigung erfolgt überwiegend durch Drucköl, das besonderen Ölpumpen bzw. der Druckspeicheranlage entnommen wird. Abb. 272 [23] zeigt eine Anordnung mit der letztgenannten Form der Druckölversorgung, während die Tropfdichtheit durch eine unter Druck gesetzte Schlauchdichtung nach Abb. 273 herbeigeführt ist. Die Speisung dieser Dichtung erfolgt mittels der Rohrleitung entnommenen Wassers, wobei eine besondere Druckerhöhungspumpe den Druck der Rohrleitung in den für eine gute Dichtung erforderlichen höheren Schlauchdruck umsetzt.

Der Öffnungsvorgang, dessen einzelne Phasen ebenso wie die des Schließvorganges durch eine Selbststeuerung zwangsläufig und abhängig von der Vollendung des vorhergehenden Schaltschrittes aufeinanderfolgen, wird durch unter Spannungsetzung des Hubmotors 591 zum Vorsteuerventil 530 eingeleitet. Mit Anhub des Ventilstiftes 530 erfolgt die Beaufschlagung des Steuerkolbens des Schlauchventils 1340, wodurch einerseits der Schlauch über Hahn $1329a$ und Leitung l_{1340} sich entleert, während welcher Zeit das Sperrventil 1335 entsprechend der Einstellung der Drosselung 1339 allmählich in seine obere Lage geht, in welcher erst die Beaufschlagung des Steuerraumes a_1 des Hauptsteuerventils 1326 und damit seine Verstellung im Sinne der Einleitung der Öffnungsbewegung des Klappenantriebes 1321, 1322 erfolgt. Mit der Verstellung des Hauptsteuerventils 1326 erfolgt die Beaufschlagung des Öffnungszylinders $1321a$ und die Bewegung der Klappe im Öffnungssinne, wobei jedoch zunächst das aus dem Schließzylinder $1321b$ zu verdrängende Öl die Drosselung 1324 durchströmen muß, solange der wegen des noch nicht erfolgten Druckausgleiches vor und hinter dem Klappenflügel in seiner oberen Stellung stehende Kolben 1323 die ungedrosselte Überströmung verhindert. Erst mit Verstellung des letztgenannten Kolbens über die Membransteuerung 538 unter dem Einfluß eines genügenden Druckanstieges hinter der Klappe wird die Drosselung 1324 in der Abströmung überbrückt und hierdurch die Klappe mit einer der Einstellung der Vordrosselung $1324a$ entsprechenden Geschwindigkeit geöffnet.

Der Schluß der Klappe erfolgt durch Entspannung des Hubmotors 591. Mit dem hierdurch bedingten Abfall des Vorsteuerstiftes 530 wird das Drucköl von den Ventilen genommen. Mit Umschaltung des Hauptsteuerventils 1326 beginnt zunächst die Schließbewegung der Klappe. Gegen Hubende wird durch die Kurvensteuerung 1328 und Hahn 1329 der normale Ablauf aus dem Öffnungszylinder $1321a$ versperrt und muß über die einstellbare Drosselstelle $1324b$ erfolgen, wodurch der Schließvorgang von nun ab in seiner Geschwindigkeit stark herabgesetzt wird. Kurz vor Hubende wird auch der Hahn $1329a$ umgeschaltet und damit das mit Umstellung des Ventils 1340 an den Hahn $1329a$ geführte Druckwasser der Schlauchpumpe 1342 in den Schlauch eingeführt.

Bemerkenswert erscheint in der konstruktiven Ausführung die weitgehende Anwendung federnder Membranen zur Erzielung eines absolut dichten Abschlusses der Steuerräume, wodurch die Möglichkeit einer unmittelbaren Gegenüberstellung von Steuermitteln, die nicht in Mischung treten dürfen, zum Nutzen der Einfachheit der Konstruktion gegeben ist.

Für Anlagen mit höherem Gefälle hat als Absperrorgan am unteren Ende der Rohrleitung der *Kugelschieber* seiner bekannten Vorzüge halber weiten Eingang gefunden. Das betriebsmäßige Vorhandensein von Druckwasser als unabhängige Energiequelle begünstigt Auslegungen der Selbststeuerung, die sich entweder zur Gänze auf dem genannten Treibmittel aufbauen, bzw. in Beachtung der physikalischen Eigenschaft des Wassers letzteres nur zur einseitigen und ungesteuerten Betätigung des Antriebswerkes heranziehen, die Gegenkräfte jedoch mit Drucköl erzeugen und dieses steuern.

Abb. 274 zeigt eine Anordnung [11], bei welcher der Triebkolben 1352 zur Verstellung des Drehkörpers 1350 betriebsmäßig einseitig *(1352a)* unter dem Druck der Rohrleitung steht, während die zweite Kolbenseite $1352b$ mit Förderung der Reglerpumpe (Leitung l_{201}) entweder unter Druck gesetzt, bzw. bei Unterbrechung dieser entlastet wird, wodurch unter Vermeidung einer eigentlichen Steuerung der Schieber geöffnet, bzw. unter Wirkung des Wasserdruckes geschlossen wird. Die Betätigung des Entlastungsventils 1353 zur Dichtungsplatte $1350a$ erfolgt ebenfalls mittels Drucköl, das bei in Schließstellung befindlichem Kolbengetriebe 1352 über das aufgedrückte Rückschlagventil 1358 in den Zylinderraum 1355 einströmen und damit den Ventilkegel 1353 entgegen der Wirkung der Feder 1356 öffnen kann. Hierdurch wird der Raum hinter der Platte $1350a$ drucklos und diese entlastet, worauf der Öldruck auf $1352b$ den Drehkörper in die Offenstellung zu bringen vermag.

Durch Entlastung der Ableitung l_{201} wird der Schließvorgang des Drehkörpers 1350 unter Wirkung des auf der Kolbenfläche lastenden Wasserdruckes eingeleitet, wobei die erwünschte

Verzögerung der Schließbewegung gegen Hubende durch Anwendung zweier parallelgeschalteter, verschieden großer Abströmöffnungen a, b erzielt wird, deren eine (a) gegen Hubende überfahren und unwirksam gemacht wird. Durch das Rückschlagventil *1358* wird während des Schließvorganges die Entlastung des öldruckgesteuerten Raumes *1355* zum Schieber *1353*

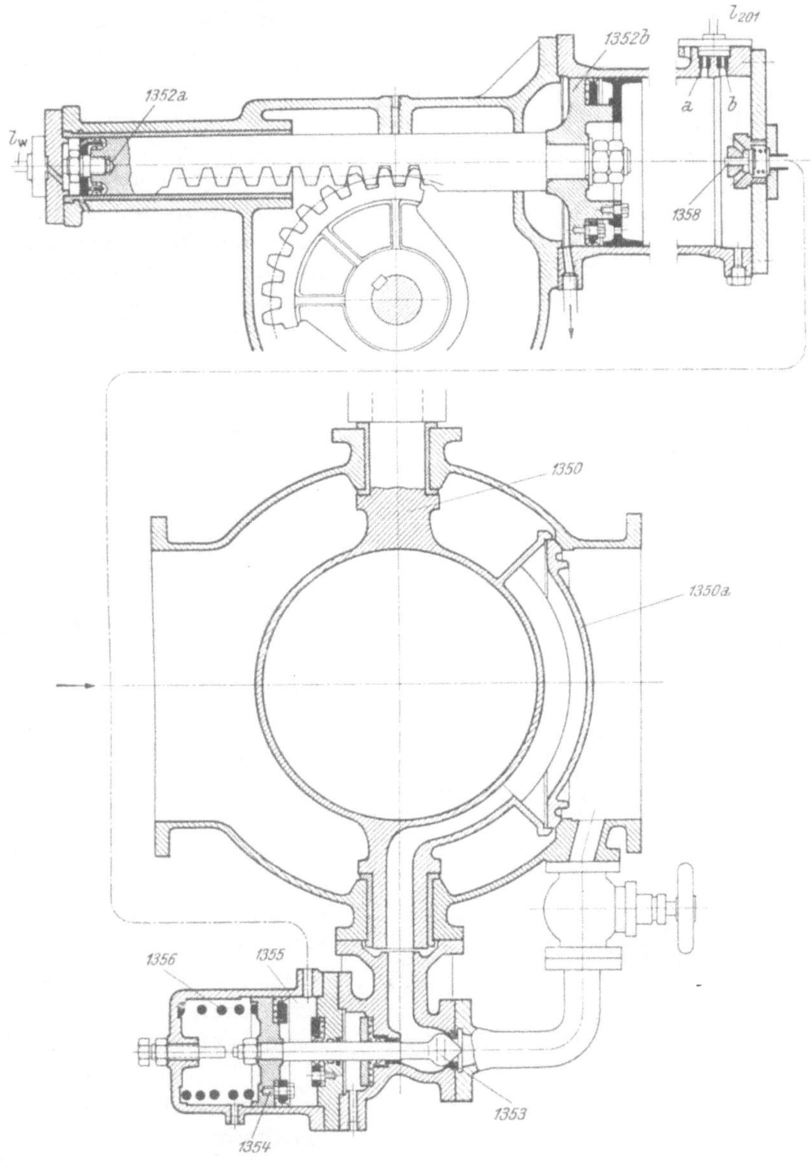

Abb. 274.

verhindert und diese erst in der Schlußlage des Hauptkolbens *1352*, vor deren unmittelbaren Erreichung das Rückschlagventil *1358* aufgedrückt wird, hervorgerufen. Damit folgt der beendeten Schließbewegung des Drehkörpers selbsttätig jene des Entlastungsschiebers mit Herstellung des Anlaßzustandes.

Abb. 274 zeigt auch die konstruktive Durchbildung des hydraulischen Antriebwerkes und die Übertragung der Bewegungen des letzteren mittels Zahnstange und Segment auf die Achse des Drehkörpers. Der Wassertreibzylinder ist mit Bronzefutter versehen, die Umfangsdichtung des darin bewegten Kolbens mit Lederstulpen durchgeführt.

Eine auf die wahlweise Verwendung von Druckwasser oder Drucköl aufgebaute Steuerung veranschaulicht Abb. 275 [11, 12]. Die Verteilung des Druckmittels auf das Kolbengetriebe *1351* erfolgt über ein Hauptsteuerventil *1360*, welches durch das unter Wirkung des Hubmotors *591* stehende Ventil *530* mittels Drucköl in leicht ersichtlicher Weise vorgesteuert wird. Der Steuerung des Entlastungsschiebers *1353* dient das Hilfsschaltventil *1365*, das in den Endstellungen des Drehkörpers abhängig von der Erreichung dieser mechanisch bzw. hydraulisch in die eine oder andere Grenzlage geschoben wird, hierbei die entsprechende Verbindung der Rohrleitungen zur folgenmäßig richtigen Betätigung des Entlastungsschiebers herstellend. Man verfolgt leicht an Hand des Schemas Abb. 275, welches für den geschlossenen Zustand des Schiebers gezeichnet ist, daß mit Unterspannungsetzung des Hubmagneten *591* und Verstellung des Schaltstiftes *530* das Hauptschaltventil *1360* in die obere Endlage geht, wodurch Zylinderraum *1352a* entlastet und Raum *1352b* unter Druck gesetzt wird, während über Leitung l'_{1353} die Beaufschlagung des Entlastungsschieberantriebes im Öffnungssinne erfolgt und gleichzeitig, wie erforderlich, Raum *1353b* Abströmung erhält. Es tritt somit zunächst die Entlastung der Dichtungsplatte *1350a* ein, worauf der Drehkörper unter Wirkung des Druckes im Raume *1352b* in die Offenstellung gedreht wird. Unmittelbar nach dem Einsetzen dieser Bewegung wird unter Wirkung des Druckes im Raume *a* der Hilfsschaltkolben *1365* in die andere Endlage (*II*) verschoben, in welcher sowohl für die augenblickliche Einstellung der Steuerungswege als auch bei allfällig späterer Umstellung des Hauptschaltventils *1360* nach oben — zur Einleitung des Schließvorganges — die Dichtungsplatte entlastet bleibt, so daß auch die Schließbereitschaft des Mechanismus nach vollzogener Öffnungsbewegung hergestellt ist.

Mit Entspannung des Hubmotors *591* und dem hiermit bewirkten Abfall des Schaltstiftes *530* wird der Schließvorgang durch Verstellung des Hauptsteuerkolbens *1360* nach abwärts eingeleitet.

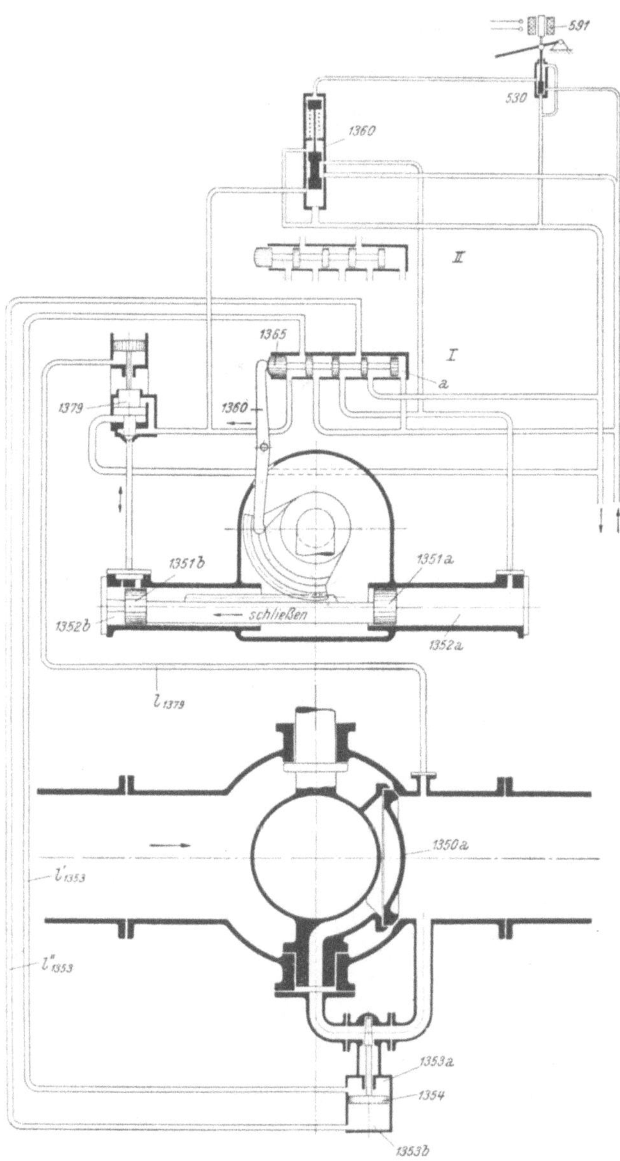

Abb. 275.

Hierbei wird die Unterdrucksetzung des Raumes *1353b* erst nach nahezu vollständig durchgeführtem Schluß des Drehkörpers durch die hiervon abhängig gemachte Verschiebung des Hilfskolbens aus seiner Stellung *II* in Stellung *I* über Hebel *1360* herbeigeführt, wodurch zunächst der Entlastungsschieber geschlossen wird und die Unterdrucksetzung der Dichtungsplatte *1350a* einsetzt. Damit erscheint auch die Öffnungsbereitschaft des Steuermechanismus eingestellt.

Insofern der Kugelschieber als Absperrorgan einer Turbine bzw. Pumpe vorgeschaltet ist, darf seine Eröffnung nicht vor erfolgter Füllung bzw. Unterdrucksetzung des dazwischen befindlichen Leitungsteiles erfolgen. Hierzu wird bei bestehendem Öffnungsbefehl der Druckölzutritt zum Raume *1352b* bis zum Eintritt der obengenannten Zustände über das Blockierventil *1379* gesperrt (Hilfsleitung l_{1379}).

Unter ausschließlicher Verwendung von Drucköl arbeitet die Selbststeuerung nach Abb. 276 [23]. Hierbei sind in diese auch jene Sperrungen in hydraulischer Auslegung einbezogen, welche die

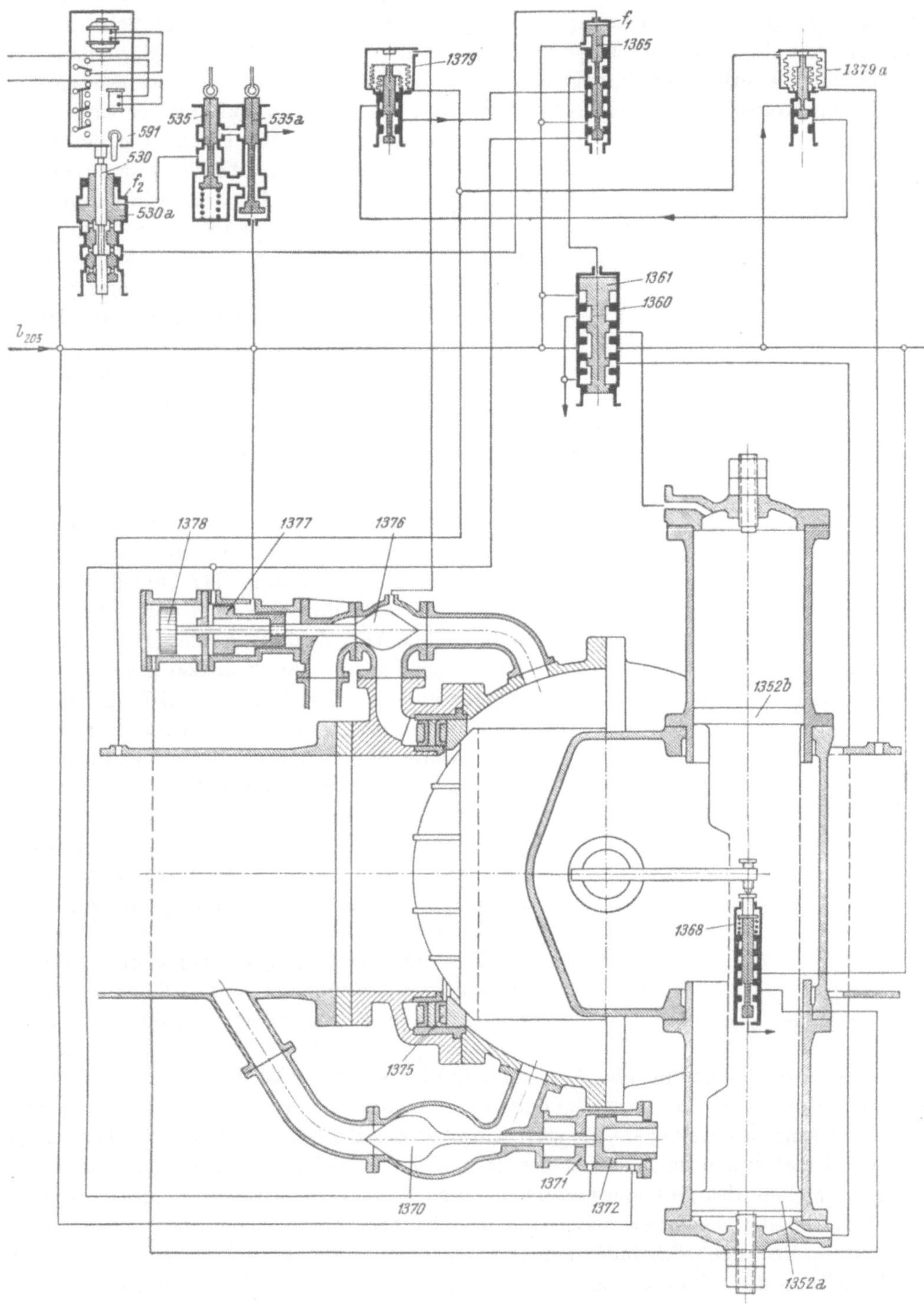

Abb. 276.

Einleitung des Öffnungsvorganges des Kugelschiebers bei nichtgeschlossenem Turbinenleitapparat (Druckregler) unmöglich machen. Hierzu bewegt sich der vom Hubmotor *591* verstellte Schaltstift *530* des Vorsteuerventils in einer gesteuerten Büchse *530a*, die nur unter der vorerwähnten Voraussetzung[1] an ihrer gesteuerten Fläche f_2 über die geöffneten Sperrkolben *535* und *535a* beaufschlagt, in der dargestellten Lage bei angezogenem Steuerstift *530* den Fluß des Drucköles zur Steuerfläche f_1 des Hilfsschaltkolbens *1365* freigibt. Bei angezogenem Hubmotor und unter der Voraussetzung eines geschlossenen Leitapparates (Druckreglers) wird somit der Schaltkolben *1365* nach unten verstellt, in welcher Lage sowohl der Hilfszylinder *1371* zum Füllschieber *1370* als auch jener zur Steuerung des Druckwassers für die Anpressung des Dichtungsringes *1375* in ihren größeren Kolbenflächen beaufschlagt werden, wodurch die Füllung der turbinenseitigen

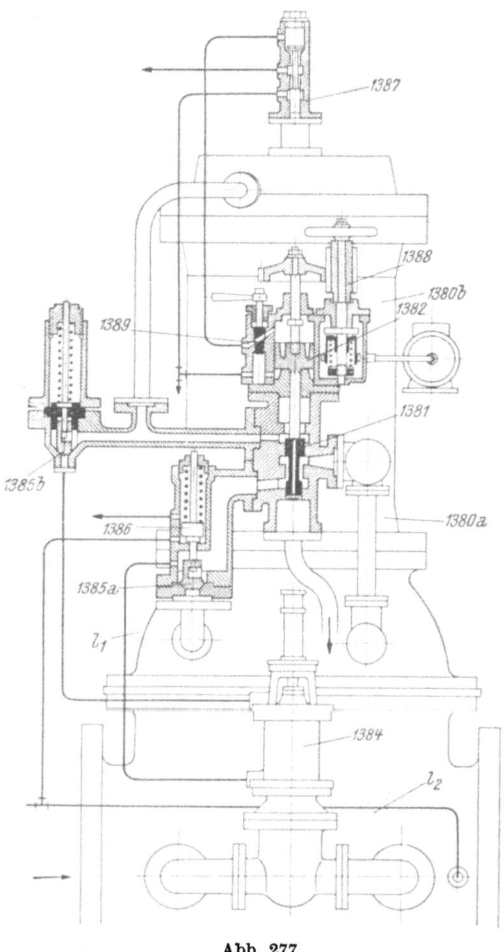

Abb. 277.

Rohrleitung als auch die Entlastung des Dichtungsringes eingeleitet wird. Die Verstellung des Hauptschaltventils *1361* in die den Öffnungsvorgang des Kugelschiebers veranlassende Lage wird zunächst noch durch die beiden hintereinandergeschalteten Sperrventile *1379a* und *1379* verhindert, welche einerseits den erfolgten Druckausgleich am Drehkörper selbst, bzw. die Entlastung des Dichtungsringes *1375* feststellen und hiervon abhängig die Weitersteuerung freigeben. Mit Unterdrucksetzung der Steuerfläche f_1 des Hauptschaltkolbens *1361* setzt die Beaufschlagung des Triebwerkes *1352* zum Kugelschieber im Öffnungssinne ein.

Sinngemäß wickeln sich die Steuerungsvorgänge in entsprechender Schaltfolge während des durch Entspannung des Hubmotors *591* eingeleiteten Schließvorganges ab. Hilfsventil *1368* verhindert hierbei bis unmittelbar vor Schlußlage des Drehkörpers durch Unterdruckhaltung des Zusatzkolbens *1378* die Verschiebung des Nadelventils *1376* im Sinne einer Unterdrucksetzung der Dichtungsringe, wodurch deren Anpressung erst mit Eintritt der Schlußstellung des Kugelschiebers vor sich geht.

Die Einrichtungen zur Selbststeuerung eines *Absperrschiebers*, der mit Entlastungsumlauf ausgerüstet ist, zeigt Abb. 277 [23]. Der Öffnungsvorgang wird eingeleitet durch Beaufschlagung des Kolbens *1382*, wodurch Schaltventil *1381* in eine Lage verstellt wird, in der über Leitung l_1 (Hilfsventil *1385a*) Druckwasser zur Öffnungsseite des Umlaufschieberzylinders *1384* einfließt und letzteren öffnet. Nach erfolgtem Druckausgleich am Hauptschieber steuert der Druck hinter der Schieberzunge über Leitung l_2 und Hilfskolben *1386* das Zusatzventil *1385a* hoch, wodurch die Öffnungsseite des Verstellzylinders zum Hauptschieber Druck erhält und diesen öffnet.

Mit Entlastung des Kolbens *1382* wird zunächst der Schluß des Hauptschiebers eingeleitet, dessen Zylinder über den nach oben verstellten Kolben *1381* Druckwasser auf der Schließseite erhält. In der Nähe des Hubendes steigt der zum Schließen notwendige Druck, wodurch der unter entsprechender Federbelastung stehende Kolben *1385b* nach oben steigt und damit Druckwasser in den Schließzylinder zum Umlaufschieber eintreten läßt.

Die Einleitung des Öffnungs- oder Schließvorganges kann von Hand oder elektromotorisch über den Spindeltrieb *1388* erfolgen. Hahn *1389* dient der Ausschaltung der Selbststeuerung.

7. Selbsttätige Bremseinrichtungen.

Die rasche Herabsetzung der Drehzahl des Maschinensatzes, bzw. Stillsetzung erscheint bei Lagerstörungen oder Generatorschäden wertvoll. Hierzu können nach Abstellung der

---

[1] Sperrkolben *535*, *535a* in der dargestellten Lage.

Leistungszufuhr, für welche die Möglichkeit sowohl seitens der Antriebsmaschine als auch seitens des Netzes bei Parallelbetrieb besteht, Bremseinrichtungen zur Wirkung gebracht werden, die in selbsttätigen Anlagen einer Selbststeuerung unter Beachtung der vorgenannten Einschaltbedingungen zu übertragen sind. In der Mehrzahl der Ausführungsfälle erfolgt die Anpressung des Bremsschuhes an die Bremsfläche (Bremsscheibe, Schwungrad) über ein hydraulisches Getriebe mittels Drucköls, das entweder von einer besonderen Pumpe geliefert, bzw. dem Druckspeicher der normalen Regelungseinrichtung entnommen werden kann. Falls gespeicherte Druckluft vorhanden, kann auch diese zur Betätigung der Bremsen herangezogen werden; die mechanische Anpressung erscheint mit Rücksicht auf die bekannten Vorteile der Druckölverwendung nur selten ausgeführt.

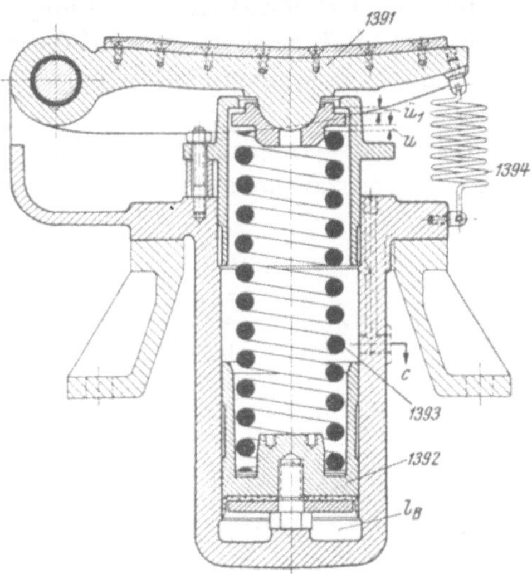

Abb. 278. (Maßstab 1:8.)

Als Bremsbeläge finden nahezu ausschließlich Asbestgewebe Verwendung, die sich durch einen verhältnismäßig hohen Reibungskoeffizienten sowie gutes Wärmeaufnahmevermögen auszeichnen. Die Lebensdauer des Bremsbelages wird durch eine allmähliche Steigerung der Bremskraft entsprechend der der jeweiligen Bremsgeschwindigkeit zugeordneten höchstzulässigen spezifischen Belastung begünstigt.[1]

Mit zeitlich eindeutig bestimmtem Anstieg der Bremskraft arbeitet die in Abb. 278 dargestellte Einrichtung [2], bei der die Bewegung des Kolbens *1392* des hydraulischen Getriebes auf den Bremsschuh *1391* über eine Feder *1393* entsprechend gewählter Charakteristik übertragen wird. Letztere im Verein mit der durch die sekundlich eingeleitete Ölmenge festgelegten Anhubgeschwindigkeit des Kolbens *1392* bestimmt den zeitlichen Anstieg der Bremskraft, welcher der Abnahme der Umfangsgeschwindigkeit der Bremsscheibe anzupassen ist. Für die Belieferung der Bremseinrichtung ist eine besondere, von der Turbinenwelle aus angetriebene Pumpe vorgesehen; dies bringt im Gegensatz zu den vom Druckspeicher des Reglers her versorgten Bremseinrichtungen mit sich, daß besondere zeit- oder drehzahlabhängige Einrichtungen entbehrlich werden, die nach erfolgter Bremsung den Druckspeicher von der Bremseinrichtung abtrennen. Damit erscheint die gekennzeichnete Auslegung auch für Anlagen, deren Regelungseinrichtungen mit gespeichertem Drucköl betrieben werden, vorteilhaft geeignet.

Abb. 279 läßt den Steuerungsmechanismus für die vorbeschriebene

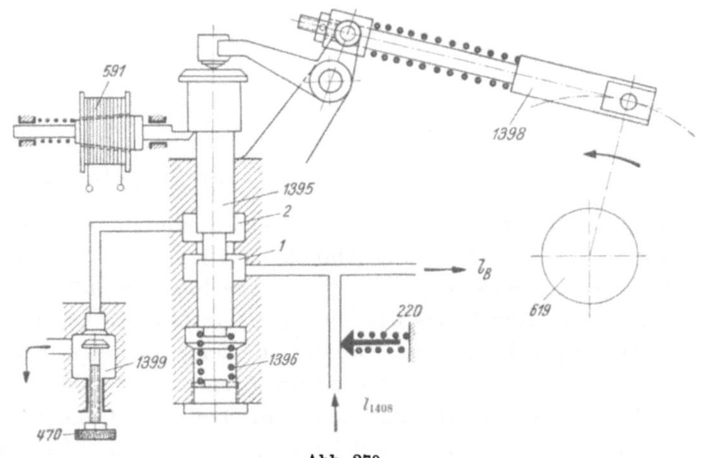

Abb. 279.

Bremseinrichtung erkennen. Der unter Wirkung der Feder *1396* normalerweise in seiner oberen Stellung gehaltene Schaltstift *1395* erlaubt in dieser Lage der in Raum *1* einspeisenden Bremspumpe (l_{1408}) drucklosen Abfluß über Raum *2*, weshalb unter Wirkung der vorgesehenen Rückzugfedern *1394* der Bremsschuh *1391* sich in seiner abgehobenen Stellung befindet. Die Sperrung des Abflusses aus *1* durch die Abwärtsverstellung des Schaltstiftes *1395* über Regelwelle *619* und Gestänge *1398* ist der Auslegung des letzteren halber auf den Bereich der Öffnungen

---

[1] Bei großen Maschinenleistungen wird der Einsatz der Bremse zur Schonung der Beläge erst bei stärkerem Drehzahlabfall (rd. 50%) vorgenommen.

unterhalb Leerlauf beschränkt (turbinenseitiger Überlastschutz); der Magnet *591* verriegelt die Verschiebung des Steuerstiftes *1395* in die einschaltende Stellung vor Abtrennung des Generators vom Netz (generatorseitiger Überlastschutz).

Dem Raume *2* ist ein Ventil *1399* nachgeschaltet, das mit dem Einstellgetriebe zur Öffnungsbegrenzung *470* derart in Verbindung steht, daß bei geschlossener Stellung letzterer auch der Ventildurchfluß gesperrt ist. Auf diese Weise wird ohne besondere Schalthandlungen bei Abstellung des Maschinensatzes über die Öffnungsbegrenzung auch die Bremseinrichtung zur Wirkung gebracht.

Die Einsteuerung der Bremse kann auch abhängig von der erfolgten Einschaltung des Verriegelungsmechanismus vorgenommen werden, nachdem dieser Zustand den vorhergegangenen

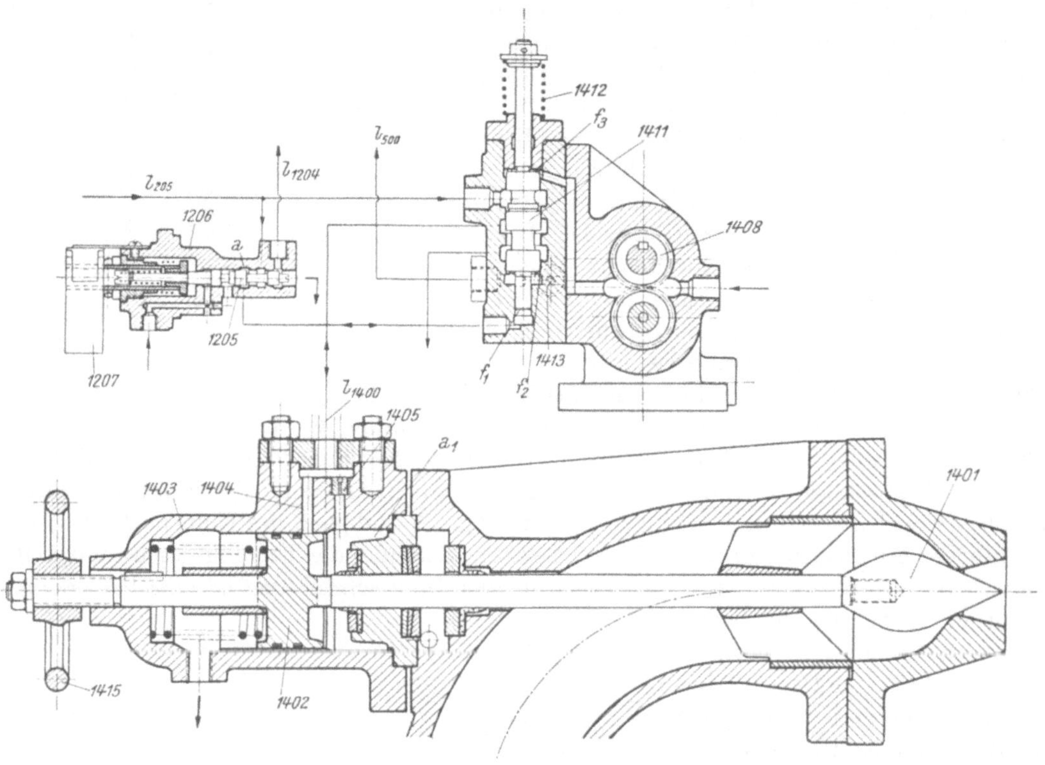

Abb. 280. (Maßstab 1:5.)

Schluß des Arbeitswerkes voraussetzt. Hierzu sei auf die Selbststeuereinrichtung Abb. 262 sowie auf die Verriegelung Abb. 255 verwiesen [2]. Bei letzterer wird über die nach Einspringen des Verriegelungsbolzens *1251* zum Abschluß gebrachte Steuerkante *2* die Abströmung des über l_{1408} zugeleiteten Drucköles der Bremspumpe *1408* unterbunden, womit dieses auf den hydraulischen Anpreßkolben zur Bremse (Leitung l_B) geleitet wird.

Bei Freistrahlturbinen wird die Bremsung des Maschinensatzes zweckmäßig durch Beaufschlagung der Rücken der Laufradbecher mit Druckwasser aus der Rohrleitung durchgeführt. Hierbei gelten die gleichen Schaltbedingungen wie für die vorbeschriebenen Bremseinrichtungen, zu deren Verwirklichung das Absperrorgan zur Bremsdüse einer entsprechenden Steuerung zu unterstellen ist.

Abb. 280 zeigt die Auslegung der Steuerung [2] unter der Voraussetzung, daß der hydraulische Antrieb zur Bremsdüsennadel *1401* mit Drucköl aus dem Windkessel der normalen Regeleinrichtung versorgt wird. Die Eröffnung der Bremsdüse erfolgt hierbei entgegen der Wirkung der Schließfeder *1403* durch Beaufschlagung des Raumes a_1 mit Drucköl, ihr Schluß mit Entlastung des genannten Raumes. Die Zu- bzw. Ableitung des Öles bei nahezu geschlossener Düse ausschließlich über die stark abgeblendete Bohrung *1405* unter Ausschaltung der Parallelbohrung *1404* sichert ein sanftes Aufziehen bzw. einen weichen Schluß der Nadel.

Die Steuerung des Drucköles erfolgt über den Kolben *1411* eines Hilfsventils; das durch die Feder *1412* gegebene Verstellbestreben des ersteren in die obere (gezeichneten) Stellung wird unterstützt durch den betriebsmäßig auf Fläche f_1 lastenden Windkesseldruck, während der durch die Überströmdrosselung *1413* erzielte Druckunterschied entsprechend der Förderung der von der Turbinenwelle aus angetriebenen (Stillstands-) Pumpe *1408* auf die beiden Steuerflächen f_2 bzw. f_3 im entgegengesetzten Sinne wirkt.

Bei allen Vorgängen, die zur selbstgesteuerten Stillsetzung des Maschinensatzes führen, wird der Schaltstift *1205* in die Gegenlage verstellt, wobei Raum *a* und Kolben *1411* auf Fläche f_1 entlastet werden. Damit erfolgt unter Wirkung des bei normaler Drehzahl die Kraft der Feder *1412* weit überwiegenden Differenzdruckes auf die Flächen f_2, f_3 die Verstellung des Schaltstiftes *1411* in seine andere Endlage mit Beaufschlagung des Nadelantriebes *1402* vom Druckspeicher (l_{205}) her und mit Eröffnung der Düse die Einleitung der Bremsung. Bei nahezu auf Null verringerter Drehzahl kann jedoch die Feder *1412* Ventilstift *1411* wieder anheben, wodurch Raum a_1 vom Druckspeicher getrennt (entlastet) wird und die Nadel unter Wirkung der Feder *1403*, im letzten Teil des Hubes stark gebremst, wieder, also bei Eintritt des Stillstandes des Maschinensatzes schließt.

Die Steuerung des Schaltventils zur hydraulischen Betätigung des Bremsmechanismus kann auch einer elektrischen Fernsteuerung übertragen werden [8]. Abb. 281 zeigt eine Anordnung, bei welcher durch Unterspannungsetzung des Magneten *591* (Stellung *II*) die Beaufschlagung des Triebkolbens *1402* eingeleitet und damit der Ventilkörper *1401* entgegen der Wirkung des im Schließsinne gerichteten Wasserdruckes verschoben wird. Mit Entspannung des Magneten *591*[1] fällt der Schaltstift *1410* in die Lage *III* ab, wodurch der Zylinderraum *a* entlastet und das Ventil unter überwiegender Wirkung des Wasserdruckes geschlossen wird. Wegen der mit dem Kolben *1402* bewegten mechanischen Unterstellung *1414* des Schaltstiftes *1410* wird

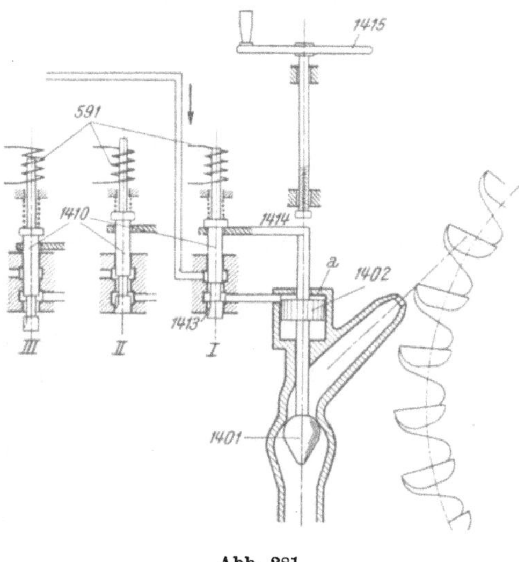

Abb. 281.

hierbei letzterer in die betriebsmäßige Bereitschaftslage (*I*) gebracht, wobei durch eine gegen Hubende in Wirksamkeit tretende Abflußdrosselung *1413* ein allmählicher Schluß des Bremsdüsenventils *1401* gesichert wird. Zur Handschaltung der Bremse ist ein unmittelbar auf das Ventil *1401* wirkender Spindeltrieb *1415* vorgesehen.

8. Unabhängige Sicherheitseinrichtungen für Freistrahlturbinen.

Speicherfähige Hochgefällsanlagen großer Leistung, gewöhnlich als frequenzregelnde Werke betrieben, bilden wichtige Stützpunkte des Energieversorgungssystems. Die Überwachung der ordnungsmäßigen Funktion ihrer Regelungseinrichtungen selbst bei dauernder Besetzung des Kraftwerkes entspricht dem Bestreben, zu einer möglichsten Lokalisierung und Beherrschung der Folgen eingetretener Störungen zu kommen und erscheint auch in den besonderen Verhältnissen begründet, die bei Hochdruckanlagen bestehen, insofern als bei Funktionsstörungen in den selbsttätigen Regeleinrichtungen Vorgänge eintreten können, die bei der an sich wirtschaftlich bedingten weitgehenden Materialausnützung den Bestand der Anlage gefährden können. Anderseits wird die Einführung besonderer Schutzmaßnahmen durch den Umstand begünstigt, daß mit dem Strahlablenker ein zweites Organ zur Abschützung des Betriebswassers zur Verfügung steht, dem durch die mögliche Betätigung mittels Druckwasser aus der Rohrleitung eine unabhängige und sichere Wirkung verliehen werden kann.

Der Eingriff der unabhängigen Sicherheitseinrichtung kann auf Betriebszustände beschränkt werden, die, soweit der mechanische Teil der Anlage zur Betrachtung steht, durch Fehler in

---

[1] Um Überlastungen der Bremse zu verhindern, wird die Auslaufzeit des Maschinensatzes durch Zeitrelais überwacht.

der Reglersteuerung sowie der Drucköllanlage entstehen und in einer Überdrehzahl, bzw. unzulässigen Absenkung des Öldruckes zum Ausdruck kommen. Der Erfassung dieser Störungen

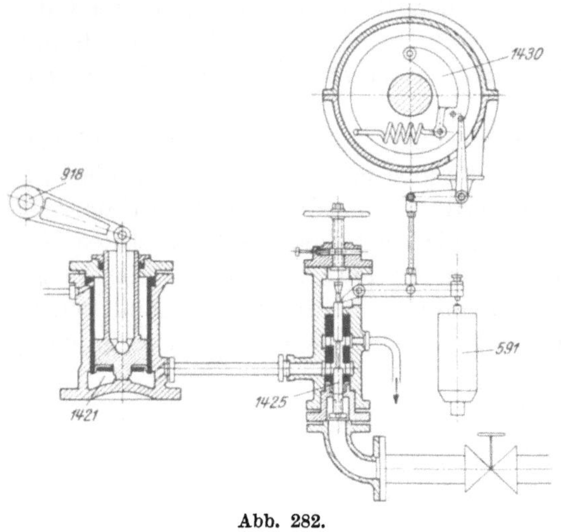

dienen Fliehkraftschalter sowie Öldruckrelais, denen in der Regel eine ferngesteuerte Auslösemöglichkeit zur Einleitung der Schutzmaßnahmen bei Störungen im elektrischen Teil nebengeordnet ist. Die in den genannten Störungsfällen einzuleitenden Maßnahmen sind mit besonderem Bedacht auf die Sicherung der Druckrohrleitung festzulegen.

Für den Einbezug von Störungen im Antrieb des Fliehkraftpendels in den Kreis der unabhängigen Sicherheitseinrichtung gelten die auf S. 164 gemachten Ausführungen.

Für eine Auslegung des Arbeitswerkes zum Strahlablenker, bei welcher gesteuerter Öldruck ungesteuertem Wasserdruck [11, 12] gegenübersteht (Abb. 135), genügt die unmittelbare Entlastung des gesteuerten Raumes *600* über ein

Abb. 282.

unter dem Einflusse der Auslöseeinrichtungen stehendes Hilfsventil, um den Strahlablenker unter dem auf Kolben *601a* lastenden Wasserdruck zum Einschwenken zu bringen.

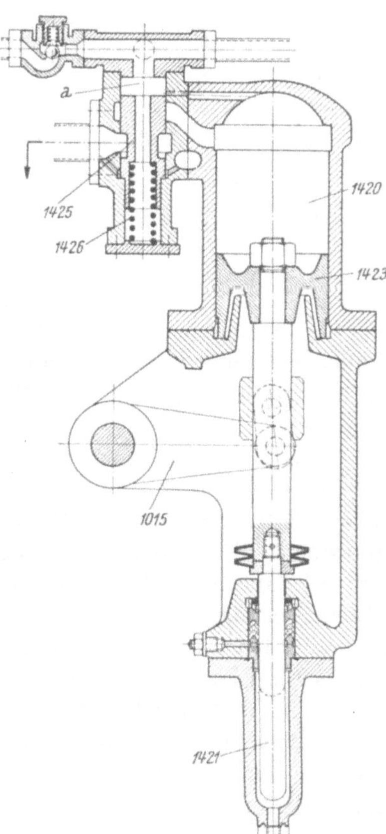

Unter der Voraussetzung einer ausschließlichen Betätigung der Arbeitswerke mittels Drucköl bedarf es der Anwendung zusätzlicher Wasserdruckantriebe, die bei Eintritt der Störung entweder beaufschlagt werden, bzw. dauernd unter Wasserdruck im Schließsinne stehen und, im betriebsmäßigen Zustand der Anlage durch gegensinnige, gewöhnlich mittels Drucköl erzeugte Kräfte außer Eingriff gehalten, durch Beseitigung letzterer zur Wirkung gebracht werden.

Bei der in Abb. 282 dargestellten Schutzeinrichtung [23] erfolgt die Beaufschlagung des Wasserdruckzylinders *1421* mit Entriegelung des Schaltstiftes *1425* durch eine der Überwachungseinrichtungen — Sicherheitsregler *1430*, Hubmagnet *591*; mit der Unterdrucksetzung des Triebzylinders *1421* ist auch die Umstellung der Steuerventile für Düse und Strahlablenker im Schließsinne vorzunehmen.

Die an sich nicht wünschenswerte Steuerung des Druckwassers sowie die Voraussetzung eines noch genügenden Öldruckes zur Erhaltung der Funktion der Vorsteuerungen entfällt bei Anordnungen gemäß Abb. 283 [8]. Der dauernd dem Druck der Rohrleitung ausgesetzte Kolben *1421* wird hier betriebsmäßig durch den auf dem Gegenkolben *1423* lastenden Öldruck in seiner unwirksamen Stellung gehalten und nur zur Verstellung des Strahlablenkermechanismus über Gestänge *1015* befähigt, sobald der Kolben *1425* des Hilfsventils den Abfluß aus dem Zylinderraum *1420* freigibt. Die hierzu erforderliche Verstellung des Hilfskolbens *1425* geht unter Wirkung der Feder *1426* bei Entlastung des Steuerraumes *a* vor sich, die bei Verschwinden des Öldruckes, bzw. Eröffnung eines vom Sicherheitspendel gesteuerten Nebenauslasses eintritt. Gleichzeitig mit der Entlastung des Raumes *a* wird über

Abb. 283. (Maßstab 1:13.)

steuerten Nebenauslasses eintritt. Gleichzeitig mit der Entlastung des Raumes *a* wird über eine besondere Hilfseinrichtung die Öffnungsseite des Strahlablenkerarbeitszylinders unmittelbar — also unter Umgehung der Steuerungseinrichtungen im Regler — entlastet, so daß die

Schließbewegung ungehindert, bzw. bei vorhandenem Öldruck noch durch diesen unterstützt, vor sich gehen kann.

Zur Sicherstellung eindeutiger und beherrschter Bewegungen der Düsennadel bei Versagen der normalen Öldruckbetätigung bzw. der Reglersteuerung bedarf es einer immer im gleichen Sinne gerichteten Bewegungstendenz des Düsenverstellmechanismus, welche den entsprechenden Ausgleich der Nadelkräfte auf rein hydraulischem Wege, bzw. unter Hinzuziehung von Federkräften erforderlich macht. Derartige Voraussetzungen bestehen an sich bei Doppelregelungen mit unmittelbar gekuppelten Arbeitswerken gemäß einer Auslegung nach Abb. 194 sowie bei Anordnungen mit nur einseitiger Öldruckbetätigung bzw. Steuerung (Abb. 201). Die hydraulisch unabhängige Steuerung des Düsenverstellmechanismus im erstgenannten Fall entzieht diesen dem Einfluß irgendwelcher Störungen im Regler bzw. der Drucköolerzeugungsanlage. Auch für die zweitgenannte Anordnung schafft ein Versagen der Drucköolversorgung die grundsätzlich gleichen Bedingungen für die unter dem Einfluß der Eigentendenz vor sich gehenden Bewegungen des Düsenverstellmechanismus wie eine betriebsmäßig herbeigeführte Entlastung des Öldruckkreises; die mit Rücksicht auf die Festlegung bestimmter Höchstgeschwindigkeiten vorgesehenen Drosseleinrichtungen bleiben bei richtiger Anordnung im Zuge der Abströmung — dem Steuerventil vorgeschaltet (Abb. 205) — auch im erwähnten Störungsfall in Wirksamkeit.

Die Feststellung des Düsenmechanismus in seiner Lage im Augenblick der Störung kann entweder durch eine Selbststeuerung der Kupplungseinrichtung zur Handregelung (s. Abb. 154), bzw. durch druckabhängig gesteuerte Blockierventile erfolgen, die in die Verbindungsleitung zwischen Steuerventil und Arbeitszylinder eingeschaltet werden und bei ihrem Abschluß die Ölräume des Arbeitswerkes von den übrigen Regelungseinrichtungen abtrennen.

9. Sicherheitsregler.

Im vorstehenden wurde wiederholt auf übergeordnete Schutzmaßnahmen hingewiesen, die abhängig von einer eingetretenen Überdrehzahl wirksam werden sollen. Im Rahmen dieser Einrichtungen werden, insofern die Überdrehzahlen nicht elektrisch gemessen und mittels gleichartiger Steuereinrichtungen zur Wirkung gebracht werden, Drehzahlmesser notwendig, die insbesondere die Forderung nach möglichst großer freier Stellkraft zur Betätigung der angeschlossenen Einrichtungen (Klinkwerke, Schalter usw.) zu erfüllen haben, um zu einer sicheren Wirkung zu kommen. Hierzu erscheinen Pendel mit labiler Charakteristik besonders geeignet, deren Schwungkörper sich bei Eintritt einer bestimmten Winkelgeschwindigkeit ω_0 (Abb. 284), in welcher eben Gleichgewicht zwischen Flieh- und Gegenkraft ($C_0 = F_0$) herrscht, von ihrer inneren, bis dahin unfreien Grenzstellung (r_0) unter dem Einfluß freier Kräfte (ΔP) nach außen ver-

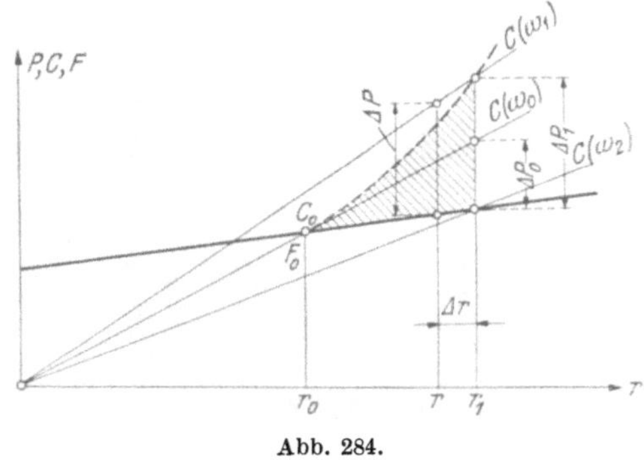

Abb. 284.

stellen, wobei letztere mit der Zunahme des Schwerpunktsabstandes von der Drehachse und der Drehzahl ansteigen. Als nutzbare Schaltarbeit steht die kinetische Energie des Schwunggewichtes der Arbeit der freien Kräfte ΔP entsprechend zur Verfügung, die, auf verhältnismäßig kurzem Stellweg entnommen, große Schaltkräfte erreichen läßt.

Im Gegensatz zu Pendeln mit stabiler Charakteristik erfolgt die selbsttätige Rückstellung des Mechanismus jedoch erst bei einer Drehzahl (ω_2), tiefer als jener Wert (ω_0), welcher die Auslösung verursacht hat. Dieses Verhalten muß unter Umständen beachtet werden.

Abb. 285 zeigt die Ausführung eines Fliehkraftauslösers [20], bei welchem der Fliehkörper durch eine auf einer schiefen Ebene frei bewegliche Kugel *1431* gebildet wird, deren Gewicht die ausschließliche Gegenkraft darstellt. Die Verstellung der Kugel aus ihrer inneren achsennahen Lage setzt ein, sobald die in der Richtung der Bahn bestehende Fliehkraftkomponente gleich der in derselben Richtung genommenen Gewichtskomponente wird, um sich gemäß dem labilen Charakter der Anordnung beschleunigt nach außen fortzusetzen. Die Schaltkraft

der Kugel wird am Ende ihrer Bewegung auf der flachen schiefen Ebene entnommen und über
ein Stellzeug *1433* auf das Schaltorgan, z. B. einen elektrischen Schalter, übertragen.

Für die in Abb. 286 dargestellte Konstruktion des Sicherheitspendels [2] wird die labile
Charakteristik durch die entsprechende Massenverteilung des radial geführten Schlagbolzens *1431*
erreicht, der unterhalb der Auslösedrehzahl durch
die Feder *1432* in seine innerste Lage gedrängt
ist. Ein Klinkwerk *1433*, dessen Auslösung zusätzlich durch den der Überwachung des Öldruckes

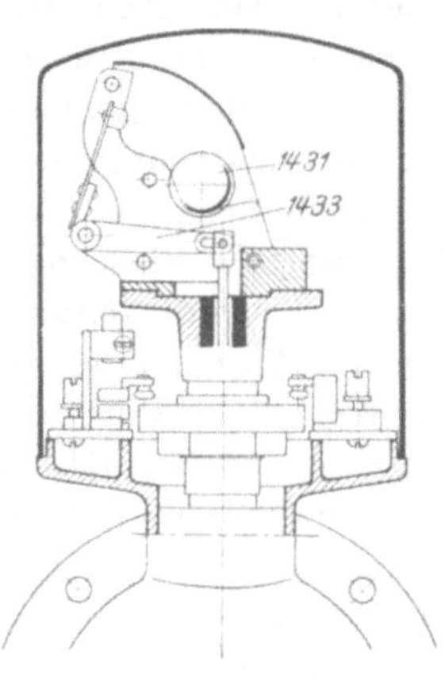

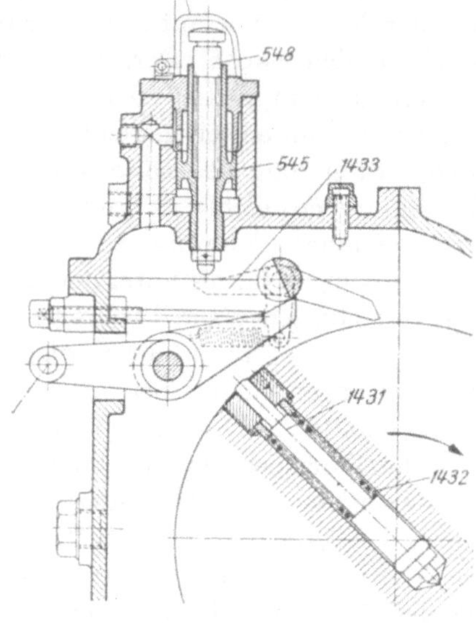

Abb. 285.   Abb. 286.

im Windkessel des Reglers dienenden Kolben *545*, bzw. von Hand aus mittels des Druckstiftes *548*
erfolgen kann, dient der Übersetzung der Schaltkraft. Bezüglich letzterer ist mit Rücksicht
darauf, daß der sie übernehmende Mechanismus nicht dauernd im Bereich des Fliehgewichtes
bleibt, nicht unbedingt vorauszusehen, daß hierfür das Arbeitsvermögen des ausfliegenden

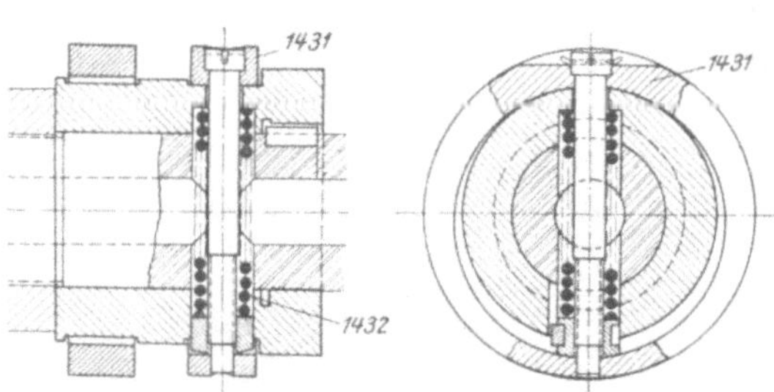

Abb. 287. (Maßstab 1:5.)

Bolzens maßgebend ist. Falls der Schlagbolzen *1431* vor Durchgang durch die Schaltlage
bereits seinen äußeren Anschlag erreicht, besteht
als wirksame Kraft nur jene zur Rückdrängung
erforderliche, deren Wert mit ΔP_1, bzw. falls
Drehzahlsteigerungen bis zum Durchlaufen der
Schaltstellung nicht berücksichtigt werden,
mit ΔP_0 aus Abb. 284 zu entnehmen ist. Die
Erhöhung der Stellkraft kann durch Vergrößerung der Masse des Fliehkörpers bei achsen-
naher Lage des Schwerpunktes erfolgen. Letztere
wird in einfacher Weise durch die Mittenverlagerung der zylindrischen Begrenzungsflächen des
Ringes *1431* (Abb. 287) erreicht [5], welche Form der Herstellung und sicheren Beherrschung
der Massenverteilung entgegenkommt. Der die Kraft der Gegenfeder *1432* auf den Fliehkörper *1431* übertragende Bolzen dient gleichzeitig der radialen Führung des Massenringes.

10. Lagerüberwachung.

Der ordnungsmäßige Zustand der Maschinenlager wird durch Temperaturwächter, bzw.
für Lager mit zwangsweisem Ölumlauf durch Strömungswächter überwacht. Die Inhalte von
Ölbehältern werden durch Schwimmer überprüft. Beim Ansprechen der genannten Überwachungseinrichtungen wird in der Regel über Kontakteinrichtungen auf fernelektrischem
Wege die Abstellung des Maschinensatzes eingeleitet. Für besetzte Kraftanlagen kann die zusätzliche Warnung bei beginnenden Abweichungen vom normalen Betriebszustand vorgesehen werden.

Abb. 288 zeigt den Aufbau eines Temperaturwächters, dessen Wirkung auf den verschiedenen Ausdehnungskoeffizienten des Fühlstabes *1441* und der ihn umgebenden Hülse *1442*

beruht. Der bei Temperatursteigerungen auftretende Längenunterschied wird zur Steuerung von Kontaktschaltern benützt, die zweckmäßig durch Fallklappen- und Verriegelungseinrichtungen ergänzt sind. Der Einbau des wärmeaufnehmenden Teiles erfolgt zweckmäßig in die Lagerschale, nahe der Tragfläche.

Die unmittelbare Temperaturmessung der Welle nehmen Temperaturwächter vor, bei welchen eine mit Weichlot mit einer Schmelztemperatur von ungefähr 90° gefüllte Lötkammer gegen die umlaufende Welle gepreßt wird [10].

Außer den besprochenen, in die Regelung der hydraulischen Maschinen unmittelbar eingegliederten Einrichtungen bedingt die Selbststeuerung eine Reihe zusätzlicher Maßnahmen, auf die jedoch im Rahmen dieses Werkes nur andeutungsweise eingegangen werden kann.

Automatische Niederdruckanlagen sind mit selbsttätigen Stauklappen auszurüsten, falls die Abführung der Vollwassermenge durch sonstige Vorkehrungen, wie feste Überfälle, nicht gewährleistet ist, um einerseits die Kontinuität der Wasserführung mit Rücksicht auf bestehende Wasserrechte nicht zu stören, bzw. ein Überfließen längerer Zulaufgerinne hintanzuhalten.

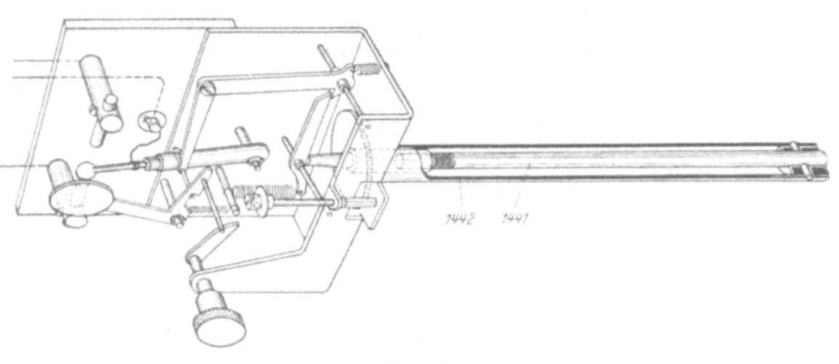

Abb. 288.

Mittel- und Hochdruckanlagen sind bei Vorliegen der erstgenannten Forderung mit Synchronauslässen bzw. mit der auf S. 124 gekennzeichneten Regelung auszurüsten.

Für die selbsttätige Reinigung der Einlaufrechen sind Rechenputzmaschinen vorzusehen, wobei sich für Stabilmaschinen die selbsttätige Zeitschaltung mit Einstellbarkeit der Dauer der Arbeits- bzw. Stillstandsperioden bewährt hat.

Auf die zusätzlichen Ausrüstungen für selbsttätige Pumpspeicherwerke wird an anderer Stelle hingewiesen.

b) Elektrischer Teil.

Dem heutigen Stande der Schutztechnik entsprechend, überwachen selbsttätig arbeitende Relais mit dauernd gleichbleibender Aufmerksamkeit den Betriebszustand der zugeordneten Anlagenteile, um bei unerwünschten oder gefahrdrohenden Änderungen desselben Meldung zu geben, bzw. die zur Sicherung des Kraftwerkbetriebes erforderlichen Maßnahmen selbsttätig einzuleiten. Demgegenüber ist eine rein meßtechnische Überwachung der Anlagen an die Aufmerksamkeit des Wärters gebunden.

1. Schutzeinrichtungen.

Die Notwendigkeit des Einsatzes einer angemessenen Schutzausrüstung in jedem Kraftwerk ist daher heute allgemein anerkannt. Der Umfang ersterer ist in Anpassung an die Betriebsgestaltung und den Betriebswert der Anlage zu wählen. Für Generatoren kleinerer Leistung genügt es, einen Überstromschutz, Wicklungs- und Spannungssteigerungsschutz vorzusehen. In Kraftwerken mit größeren Leistungen der Maschineneinheiten wird der Generatorschutz noch ergänzt durch Windungs- und Gestellschlußschutz.

1. Dem *Überstrom*schutz fällt die Aufgabe zu, im Falle von Kurzschlüssen im Netz oder an den Sammelschienen des Kraftwerkes den Generator vor den schädlichen Folgen einer Überlastung zu sichern. Da Kurzschlüsse im Netz durch die dort vorzusehenden selektiv wirkenden Schutzeinrichtungen abgeschaltet werden sollen, hat der Überstromschutz für die Abschaltung der Generatoren von der Fehlerstelle bei Sammelschienenkurzschlüssen zu sorgen. Um diese Unterscheidung zu ermöglichen, wird der Überstromschutz so aufgebaut, daß er bei dreiphasiger Überwachung des Generators im Störungsfalle die Abschaltung nur mit einer Verzögerung

veranlaßt. Die Ansprechstromstärke ist auf den 1,3- bis 1,6fachen Nennstrom der zu schützenden Einheit einzustellen; der Schaltverzug mit 7 bis 10 Sekunden. Im Falle der Abschaltung wird die Erregung der Maschine durch Einschaltung einer entsprechenden Entregungseinrichtung herabgesetzt, bzw. beseitigt.

2. Der *Spannungssteigerungs*schutz ist bei Wasserkraftwerken erforderlich, da es bei außergewöhnlichen Überdrehzahlen, etwa im Gefolge plötzlicher Entlastungen, außer dem augenblicklichen Spannungsanstieg in Höhe bis zur 1,4fachen Nennspannung zu einer zusätzlichen Spannungserhöhung infolge der Drehzahlsteigerung kommen kann[1]; im gleichen Sinne können auch stark kapazitive Belastungen wirken. Als Ansprechspannung für das Wirksamwerden dieser Sicherheitsmaßnahme kommt etwa die 1,4- bis 1,5fache Nennspannung in Frage, wobei Feldschwächung oder Entregung einzuleiten ist.

3. Die Ständerwicklung von Synchrongeneratoren wird heute allgemein überwacht durch die Anordnung eines *Differentialschutzes*, bei der das Stromgleichgewicht in den einzelnen Phasen zwischen dem Nullpunkt und einem Punkt außerhalb der Maschinenwicklung, eventuell unter Einbezug des vorgeschalteten Transformators, beobachtet wird. Es ist zweckmäßig, das Differentialrelais nicht unmittelbar auf die Schalterauslösung, sondern über ein Zeitrelais mit etwa 0,5 Sekunden Laufzeit wirken zu lassen, um die Schalterauslösung nicht im Augenblick des Stoßkurzschlußstromes eintreten zu lassen.

4. Da die Empfindlichkeit des Differentialschutzes nicht so weit getrieben werden kann, daß damit die bei Gestellschlüssen auftretenden Erdströme erfaßt werden könnten, ist hierfür ein besonderer Schutz vorzusehen *(Gestellschlußschutz)*. Zur Erfassung eines derartigen Fehlers kann die im Störungsfall auftretende und durch die Spannungsverlagerung bedingte Nullspannung herangezogen werden, falls Generator und Transformator als selbständige Einheit zusammengefaßt werden. Bei Sammelschienenanschluß der Generatoren hingegen müssen wattmetrische Relais mit hoher Ansprechempfindlichkeit (0,2% des Nennstromes) zur Anwendung kommen, die Nullstrom und Nullspannung messen. Die Abnahme der Nullspannung erfolgt zweckmäßig über einen eigenen Transformator (Gestelldrossel).[2]

5. Fehler innerhalb einer Phase erfaßt der *Windungsschlußschutz*, bei welchem die Primärspannungen des Generators über einen besonderen kleinen Transformator, die Stützdrossel [20], entnommen und sekundär über ein Spannungsrelais mit vorgeschalteter Siebkette zur Unterdrückung der Oberwellen überwacht werden.

6. Als Transformatorschutz findet heute der *Buchholz*schutz weitgehendste Anwendung, der beim Auftreten der ersten Fehlererscheinung eine Warnmeldung, bei Ausbreiten der Störung die Abschaltung der gefährdeten Gruppe veranlaßt.

Die eigentliche Schutzeinrichtung leitet die Abschaltung, gegebenenfalls auch die Stillsetzung der Antriebsmaschine, die Entregung des Generators[1] und eventuell die Brandlöschung als Sicherheitsmaßnahme ein.

2. Fehlermeldung.

Besondere Gefahrmeldeanlagen dienen zur leichten Feststellung einer Störung. Für deren Auslegung wird der Grundsatz beachtet, daß innerhalb der gestörten Anlage für jede, durch besondere Schutzrelais erfaßte Störung mit dem Ansprechen der Wächter für den Schutz gleichzeitig auch die Art des Fehlers übersichtlich gemeldet wird. Handelt es sich in einer Anlage nur um eine geringere Anzahl derartiger Meldungen, so werden innerhalb der Schutzrelais Meldezeichen eingebaut, da in diesem Falle die Ermittlung des Fehlerortes keine besonderen Schwierigkeiten bereitet. Bei größerem Umfange der Meldeanlage verwendet man sehr häufig besondere Melderelais, die als Fallklappen oder auch als Relaisanordnung in Verbindung mit Lichtmeldungen durchgebildet sind. Zur Steigerung der Übersichtlichkeit werden die Melderelais häufig in der Nähe der Schutzrelais angeordnet, die Meldungen jedoch in besondere Meldetableaus mit der

---

[1] S. zweiter Teil, Abschnitt C.

[2] Bei Anschluß dieser an die Sammelschienen genügt eine einzige Gestelldrossel für mehrere Maschinen.

erforderlichen Anzahl von Feldern in die Warte übertragen. In Verbindung mit dem Erscheinen einer Meldung erfolgt stets auch ein akustischer Alarm, der auf das Auftreten des Fehlers besonders aufmerksam macht. Auf die Art der Störung weist die optische Meldung am zentral angeordneten Meldetableau hin. Hierbei ist Vorsorge getroffen, daß das akustische Signal sofort abgestellt, die Meldung hingegen nicht quittiert werden kann, solange der Fehler ansteht.

Außer den Störungsmeldungen selbst werden durch die Meldeanlage auch die zur Sicherung der Maschineneinheiten im Falle von Fehlern ergriffenen selbsttätigen Maßnahmen angezeigt.

c) Anwendung auf Großregleranlagen.

Bei Regelungseinrichtungen für Großkraftanlagen findet trotz dauernder Besetzung letzterer aus Gründen, die in der Einleitung des vorhergehenden Abschnittes dargelegt wurden, die Selbststeuerung weitgehend Anwendung nicht nur zur Überwachung, sondern auch zur Vereinfachung der Bedienung. Die

Abb. 289.

hierzu verwendeten Hilfsschaltungen können im wesentlichen den Ausführungen des Abschnittes b) entnommen werden.

Regler von 4000 bis 5000 mkg Arbeitsvermögen können in enger Anlehnung an die Bauart der reihenmäßigen Normalregler durchgebildet werden. Hierzu sei auf den Windkesselregler 3500 mkg (Abb. 161) [23] sowie auf Abb. 289 [8] verwiesen, welch letztere die Ausführungsform

Abb. 290.

eines Windkesselreglers mit dem gleichen Arbeitsvermögen vermittelt. Hierbei hat das Einheitssteuerwerk Abb. 107, gegebenenfalls mit elektrischem Antrieb des Führungsmechanismus,
Verwendung gefunden. Steuerventil und Handregelung decken sich in ihren Ausführungen mit

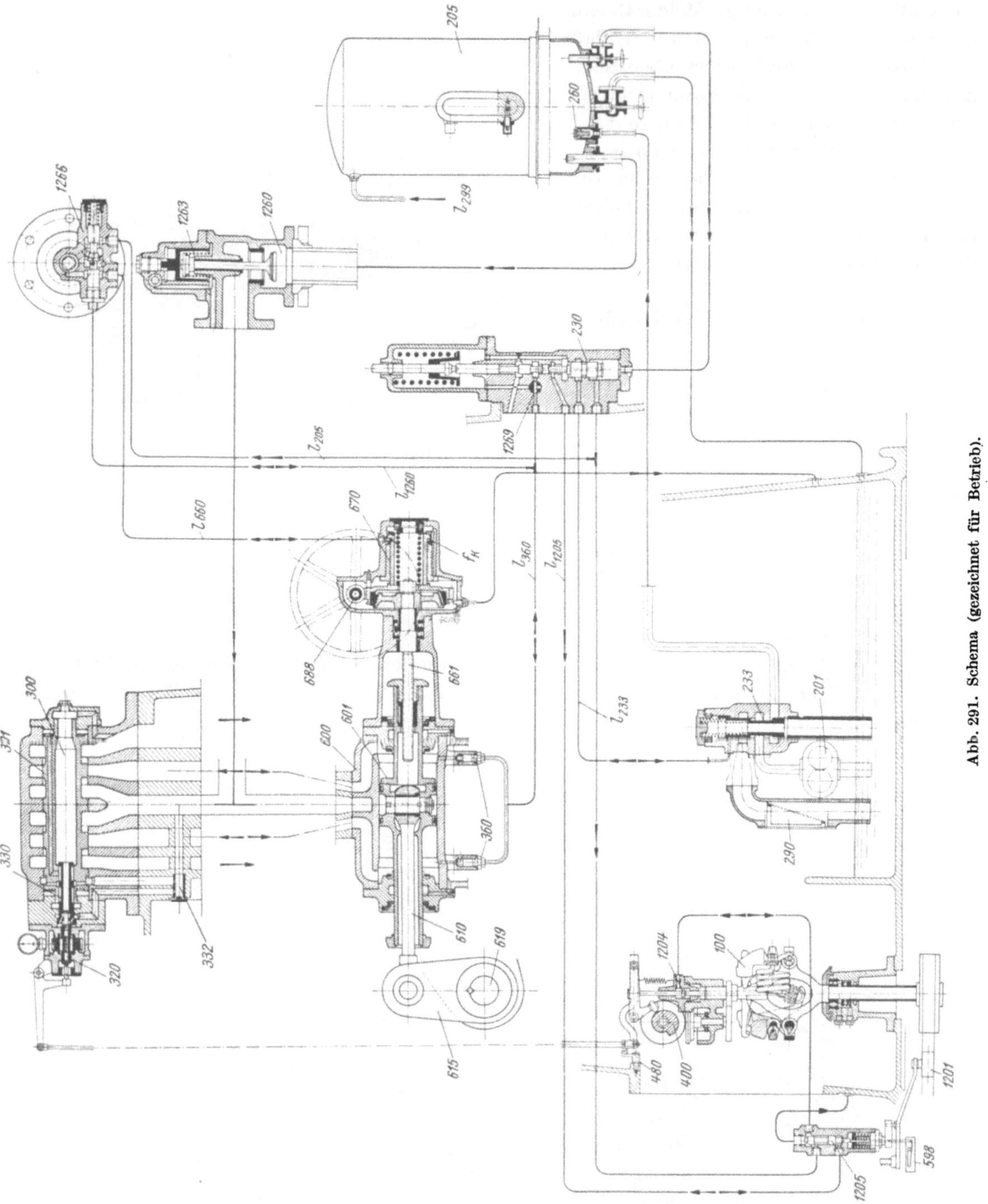

Abb. 291. Schema (gezeichnet für Betrieb).

den Darstellungen der Abb. 88, 154, während das Triebwerk (Differentialkolben und Lenkerantrieb) grundsätzlich übereinstimmend mit Abb. 156 ausgelegt ist. Auf dem als Ölbehälter
dienenden Reglerkasten ist der Windkessel *205* angeordnet. Weitgehende Anwendung hat die
Selbststeuerung im Rahmen der Überwachungs- und Schalteinrichtungen gefunden:

a) Pendelmotorüberwachung (s. S. 69).

b) Selbsttätige Wechselschalteinrichtung mit Überwachung der ordnungsgemäßen Funktion der Pumpe (s. S. 174).

c) Befehlssteuerung für die Umstellung der Regelung von selbsttätigem Betrieb auf Handregelung bzw. umgekehrt (s. S. 174).

Windkesselregler 3000 mkg [2], Sonderausführung mit vertikalachsigem Pendel (Abb. 290, 291).

a) Getrennt aufgestellter Druckspeicher *205* (Betriebsdruck 18 bis 20 at), versorgt durch elektromotorisch angetriebene Zahnradpumpe *201* über Wechselventil *233*, letzteres gesteuert vom Schaltventil *230* (Abb. 260).

(Überwachung des Speicherdruckes mit Einleitung des Reglerschlusses bei zu weitem Absinken desselben, druckabhängige Steuerung des selbsttätigen Absperrventils *1260*, der Handregelungskupplung *670* sowie Steuerung der Umlaufventile *360*, Befehlssteuerung für Übergang von automatischem Betrieb auf Handregelung und umgekehrt [s. S. 175].)

b) Steuerventil *300* mit doppelter Vorsteuerung, Ausführung gemäß Abb. 79; Drehantrieb des Vorsteuer-

Abb. 292.

(Schwebe-) Kolbens *330*, Vorsteuerung mit Drucköl aus der Hauptleitung betrieben (Blendeneinsatz *332* zur Abstimmung der Vorsteuergeschwindigkeiten).

c) Konussteuerwerk *400* mit nachgiebiger mechanischer Rückführung (Abb. 99), Einstellbarkeit des dauernden Ungleichförmigkeitsgrades *450*, Schließgeschwindigkeitsbegrenzung *480*, Öffnungsbegrenzung *470*, erweitert zur Betätigung durch eine Fernschwimmervorrichtung entsprechend Abb. 116. Pendelriemenbruchsicherung durch Fühlrolle *1201* auf Abstelleinrichtung *1205* (Abb. 246) wirkend; leicht zugängliche Unterbringung der Steuereinrichtung in einem geräumigen Schrank.

d) Triebwerk *600*, doppelseitig gesteuert (s. a. Abb. 130), Hohlkolben *601*, Lenkerabtrieb *610*; Umlaufventile *360* selbstgesteuert.

e) Handregelung mit feststehender Steilgangspindel *661*, Schneckentrieb *688* und selbsttätig gesteuerter Kupplungseinrichtung *670* (Ausbildung gemäß Abb. 155).

Sämtliche Anzeigeeinrichtungen und Schaltgriffe sind örtlich zusammengefaßt (Steuerstand Abb. 292).

Durchflußregler 13000 mkg, langhubige Sonderbauart [17].

Abb. 293.

a) Mehrfachzahnradpumpe (drei Arbeitspumpen: 13,4 l/sek, 4,5 l/sek, 0,75 l/sek und Vorsteuerpumpe), elektromotorisch angetrieben als getrenntes Aggregat (Abb. 293). Gesteuerte Sicherheitsventile mit gestaffeltem Höchstdruck (s. a. Abb. 46).

b) Steuerventil *300* mit doppelter Vorsteuerung, letztere in hintereinandergeschaltetem Durchfluß (s. a. Abb. 80); Drehantrieb *390* für Vorsteuer- (*330*) und Hauptkolben *301*.

c) Kastensteuerwerk *400* gemäß Abb. 97 mit mechanischer nachgiebiger Rückfüh-

rung; letztere abgeleitet von der Handregelungsspindel über Schraubengetriebe und Flach-
gewindetrieb. Antrieb des horizontalen Pendels über Leitrollen von der vertikalen Turbinenwelle aus.

d) Doppelseitig gesteuerter Arbeitskolben, über Kreuzkopf und Lenker den Regulierring
einseitig antreibend.

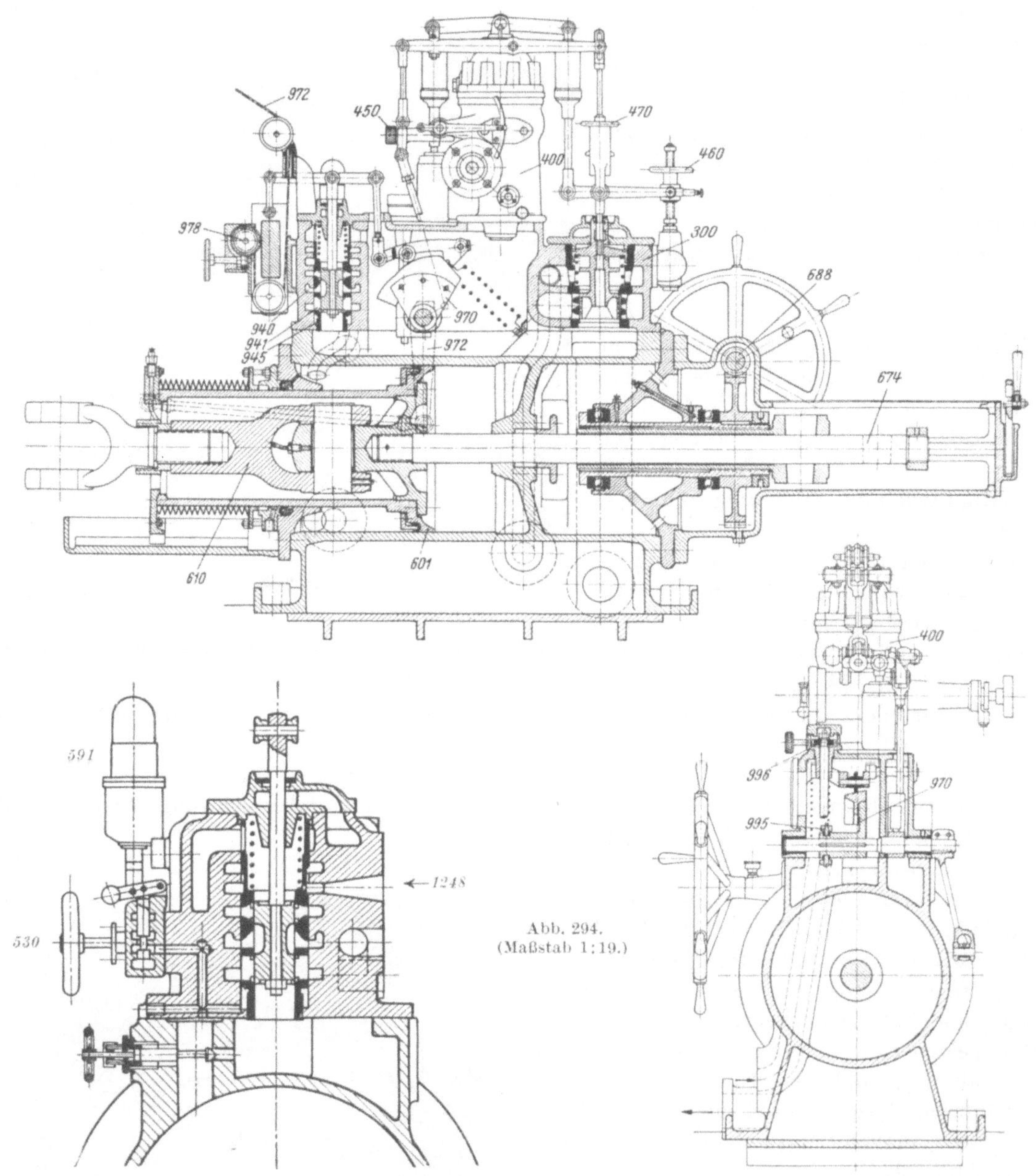

Abb. 294.
(Maßstab 1:19.)

e) Mechanische Handregelung — für Montage und Anlauf — als Spindeltrieb mit nach-
geschalteter Schneckenübersetzung ausgelegt, Kupplungseinrichtung ähnlich Abb. 145.

f) Besondere Ausrüstung: Sicherheitsantrieb des Fliehkraftpendels durch betriebsmäßig
übersynchron getriebenen Asynchronmotor.

Ferngesteuerter Schnellschluß, auf den Vorsteuermechanismus zum Hauptsteuerventil
wirkend.

Sicherstellung der Drucköłversorgung bei Ausbleiben der Spannung zum Pumpenantriebs-
motor durch Schwungrad im Antrieb.

Ölkühler, Filteranlage nach Abb. 65.

Windkesselregler 3000 mkg mit Laufradzusatzsteuerung [11] (Abb. 294, 295).

a) Getrennt angeordneter Druckspeicher zur Belieferung beider Regelkreise, versorgt durch elektromotorisch angetriebene Zahnradpumpe; Wechselschalteinrichtung gemäß Abb. 51.

Leitradsteuerkreis.

b 1) Steuerventil *300* mit Mehrfachüberströmung für einseitige Steuerung, einfach vorgesteuert.

c 1) Einheitssteuerwerk *400* nach Abb. 103, Einstellbarkeit der dauernden Ungleichförmigkeit *450*, Öffnungsbegrenzung *470* und Drehzahlverstellung *460*; Pendelriemenbruchsicherung nach Abb. 77.

d 1) Differentialkolbentrieb *601* mit Lenkerübertragung *610* (s. S. 86).

Abb. 295.

e 1) Handregelung mittels Spindel- und Schneckentrieb *688*, Steckkupplung *674* (s. a. S. 92).

Laufradsteuerkreis.

b 2) Steuerventil *940* mit unmittelbar betätigtem Steuerkolben *941*.

c 2) Einfache Abhängigkeitssteuerung über Kurve *970*, letztere über Gestänge vom Leitapparatarbeitskolben *601* bewegt; Rückführung über Seilzug *972* vom Laufradservomotor aus. (Die gegenseitige Stellung von Leit- und Laufrad kann durch Änderung der wirksamen Seillänge über Trieb *978* beeinflußt werden.)

f) Besondere Ausrüstung: Steuerungsglied *970*, als Kurvenwalze zur Änderung der beharrungsmäßigen Zuordnung von Leit- und Laufrad ausgebildet; Verschiebung über Hebelgestänge *995* und Schneckentrieb *996*. Sicherheitsschnellschluß der Laufschaufeln mittels Notpumpe durch gesteuerte Verstellung der Büchse *945* des Laufschaufelsteuerventils *940*. (Mit Abfall des Hubmagneten *591* wird der gesteuerte Raum unter der Laufbüchse *945* entlastet und diese unter Federwirkung nach ·abwärts verstellt, wodurch die Notpumpe *(1248)* auf die Schließseite des Laufradarbeitswerkes geschaltet wird, während die Öffnungsseite des letzteren gleichzeitig Abströmung erhält.)

Regleranlage für 50000 mkg mit Steuerregler [8]; Auslegung nach Form 2 (Abb. 296).

a) Drucköbereitstellung durch Speicher *205*, betriebsmäßig versorgt durch mechanisch angetriebene Zahnradpumpe *201*, Wechselschaltung über gesteuertes Sicherheitsventil *220* (Anordnung Abb. 45); elektromotorisch angetriebene Hilfspumpe *1212* mit selbsttätiger druckabhängiger Ein- und Ausschaltung; bei abnormal sinkendem Druck im Speicher *205* zunächst Verstellung des Hauptsteuerventils *300* im Schließsinne, ferner Schluß des selbsttätigen Ab-

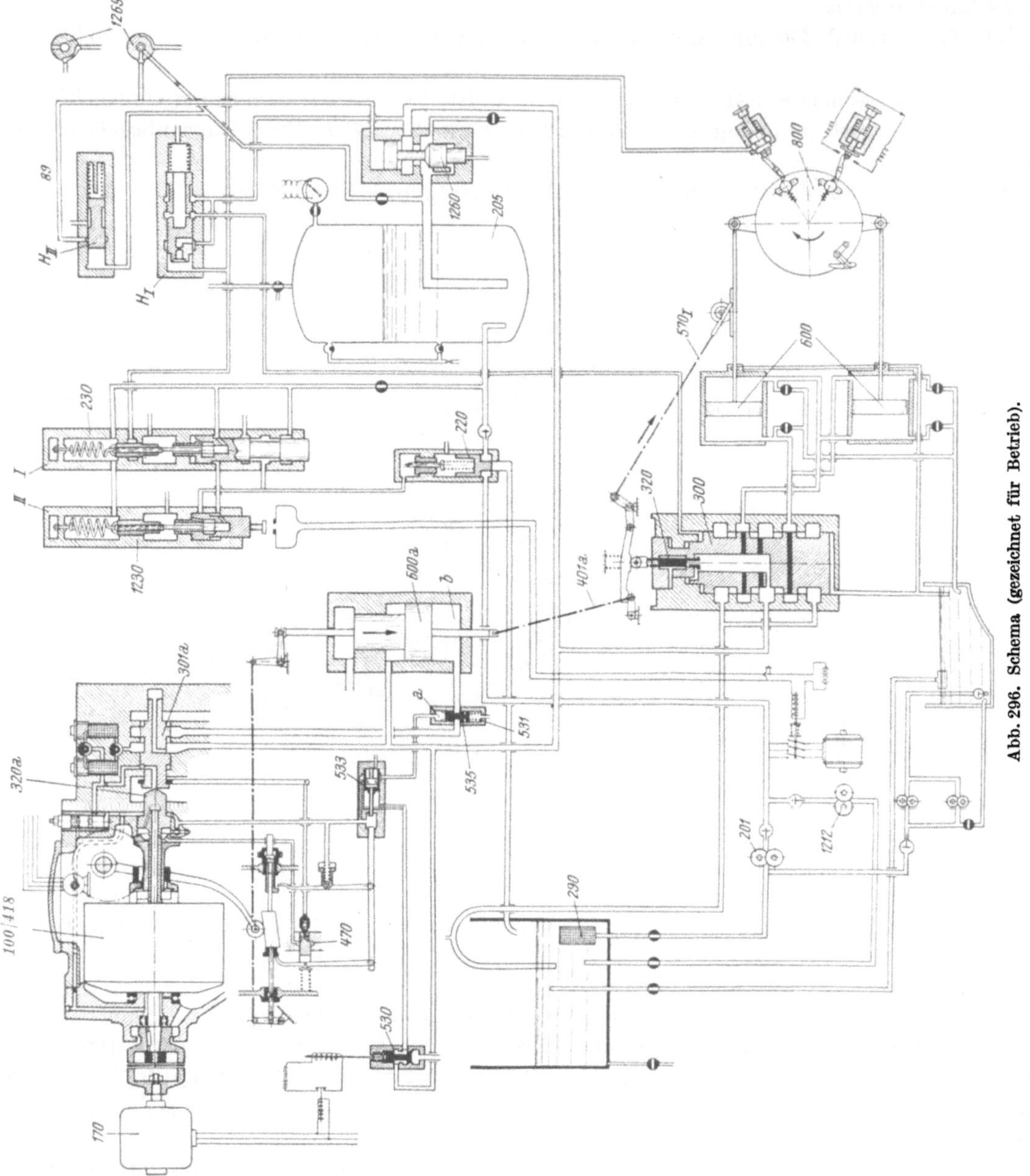

Abb. 296. Schema (gezeichnet für Betrieb).

sperrventils *1260* (s. S. 172); Handschaltung *1269* zu letzterem. Druckluftversorgung des Windkessels *205* durch handgeschalteten Kompressor.

b) Steuerregler mit Einheitssteuerwerk nach Abb. 107, elektromotorischer Pendelantrieb *170* überwacht nach Abb. 109; Differentialarbeitskolben *600a*, über Normalventil *301a* (Abb. 88) gesteuert.

Leitapparatsteuerkreis: Hauptsteuerventil *300* einfach vorgesteuert, Ausführung gemäß Abb. 90, über Gestänge *401a* primär verstellt vom Steuerreglerarbeitskolben *600a*, rückgeführt über Getriebe *570ᵢ* (s. a. S. 87, Abb. 134) von den Bewegungen der Hauptarbeitskolben *600*.

c) Antrieb des Regelringes zum Leitapparat durch zwei gegenläufig bewegte Arbeitswerke *600*.

e) Besondere Ausrüstung: Doppelsicherheitspendel *800* zur Einleitung des Schlusses des Reglers bzw. der Einlaßschütze bei 40% bzw. 60% Überdrehzahl.

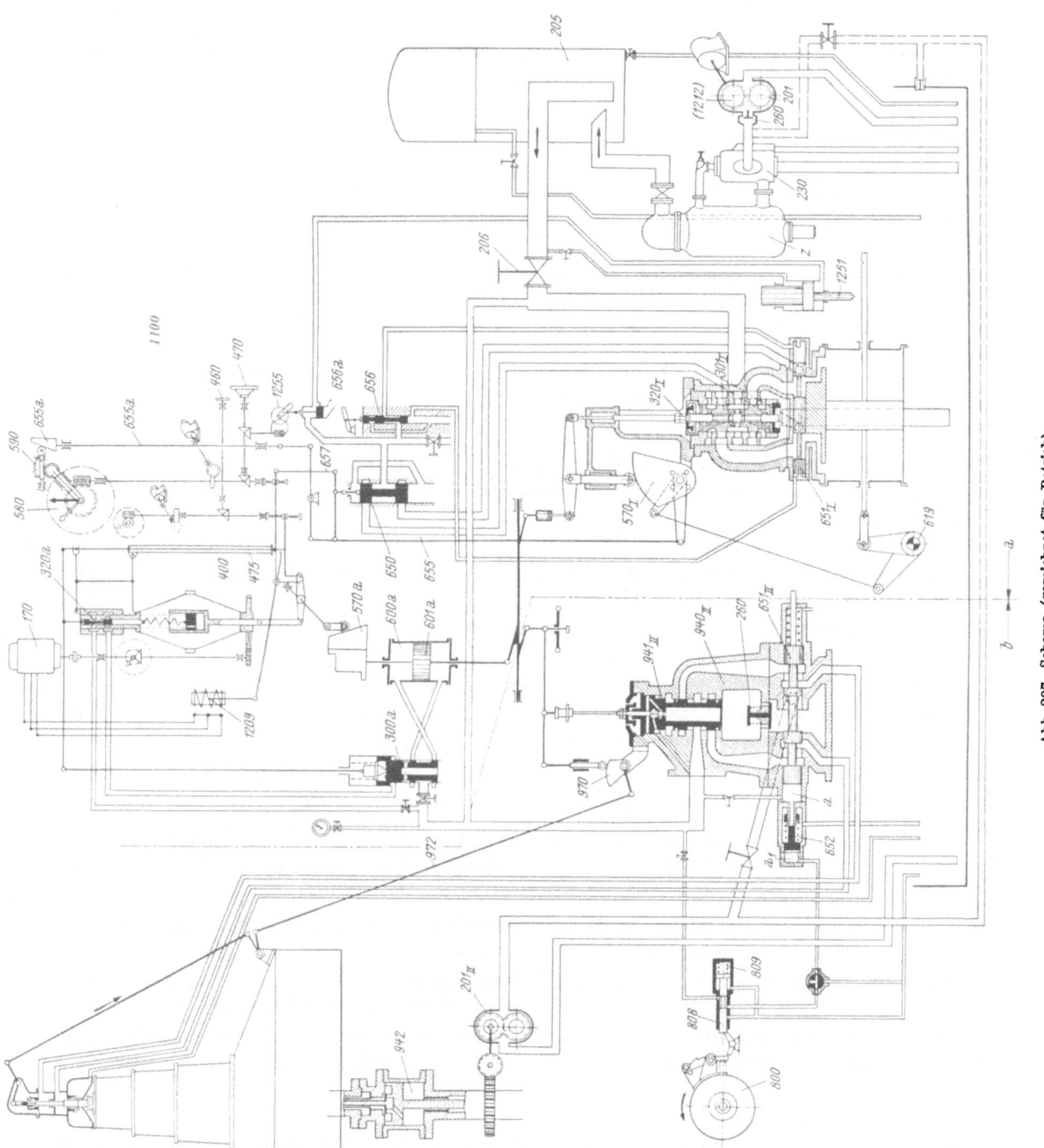

Abb. 297. Schema (gezeichnet für Betrieb).

Regleranlage für 15000 mkg mit Kastensteuerregler [23] (Schema 297*a*).

a) Drucköl speicheranlage versorgt durch die elektromotorisch getriebene Zahnradpumpe *201*; Wechselschalteinrichtung mit Zwischenbehälter *230, Z,* gemäß Abb. 49; Windkesselabsperrventil *206* handbetätigt.

b) Steuerregler *1100* mit erweitertem Einheitssteuerwerk *400*, Hilfssteuerventil *300a* und Arbeitswerk *600a* (s. S. 153); elektromotorischer Pendelantrieb *170* mit Spannungsüberwachung *1209*.

Leitapparatsteuerkreis:

Hauptsteuerventil 301_I (s. a. Abb. 74), einfach vorgesteuert, primär verstellt vom Steuerreglerarbeitskolben $601a$, rückgeführt über Kurventrieb 570_I vom Hauptarbeitswerk (Regelwelle 619).

c) Zweiseitiger Regelringantrieb durch doppelseitig gesteuerte und getrennt angeordnete Arbeitswerke (Hohlkolben mit Lenkerantrieb, s. Abb. 133).

d) Hydraulische Handsteuerung mit Betätigung über die Öffnungsbegrenzung (s. S. 95); handgesteuerte Verriegelung 1251 des Leitapparates in der Schlußstellung mit Sicherheitssperrung 1255 (s. S. 152).

Doppel- (Kaplan-Turbinen-) Regelungseinrichtung [23] mit Steuerregler, Form *3*.

Leitapparatregelung: Arbeitsvermögen 6000 mkg, Laufradregelung: 13000 mkg (Schema Abb. 297a und b).

a) Druckspeicher 205 gemeinsam für beide Regelkreise, beliefert durch die starr von der Turbinenwelle aus angetriebenen Zahnradpumpe 201_{II} über Wechselventil 230 und Zwischenbehälter Z (s. S. 30). Parallelgeschaltete Anlaßpumpe *(1212)* mit elektromotorischem Antrieb; Druckölversorgungsanlage einschließlich Ölbehälter als selbständige Gruppe (s. Abb. 59).

Leitradregelkreis.

b 1) Hauptregelventil 301_I, einfach vorgesteuert, Ausführung gemäß Abb. 75, primär vom Steuerreglerarbeitskolben $601a$ verstellt, rückgeführt über Kurvenscheibe 570_I.

c 1) Zweiseitiger Regelringantrieb durch doppelseitig gesteuerte und getrennt angeordnete Arbeitswerke.

Laufschaufelregelkreis:

b 2) Hauptschaltventil 940_{II}, einfach vorgesteuert (Bauart Abb. 81), primär vom Steuerreglerarbeitskolben $601a$ verstellt, rückgeführt über Gestänge 972 vom Laufradservomotorkolben über Kurvenscheibe 970. Rückschlagventil 260 zur Verhinderung der Entleerung der zum Laufradarbeitszylinder 942 aufsteigenden Ölleitungen.

c 2) Laufradarbeitszylinder 942 zwischen Generator und Turbinenwelle geflanscht.

d) Besondere Ausrüstung: Sicherheitsabstellung auf Schluß des Laufrades wirkend — Umschaltventil 651_{II}, Sicherheitspendel 800, Schaltventil 808.

(Mit Auslösung der Unterstellung des Schaltstiftes 808 geht dieser unter Wirkung der Feder 809 in eine Lage, in welcher Raum a_1 entlastet wird, wodurch die Abströmung aus dem über Drosselstift 652 mit Drucköl versorgten Raum a eintritt. Hierdurch verschiebt sich der Umschaltkolben 651_{II} in die andere Endlage mit Abtrennung der Ölleitungen Laufradarbeitszylinder—Hauptsteuerventil sowie Anschaltung der ,,Zu‘‘-Leitung an die starr angetriebene Pumpe und der ,,Auf‘‘-Leitung an die Abströmung.)

Kaplan-Turbinenregelung mit getrennten Steuerkreisen und Ölsystemen für Leit- und Laufradregelung 45000/105000 mkg (Form *5*) Abb. 298 [11].

a) Besondere Druckspeicher für Leit- und Laufradregelkreis, Versorgung dieser (205_I, 205_{II}) durch getrennte Zahnradölpumpen: 201_I mit starrem Antrieb von der Turbinenwelle aus, 1212 (gleichzeitig Anlaßpumpe) durch Elektromotor; Verbrauchsschaltung gemäß Abb. 51; von Hand ausschaltbare Verbindungsleitung 1240 zwischen den Windkesseln 205 sowie der Notpumpe 1248.

b) *Leitapparatsteuerung:*

Leitradvorsteuerkreis: Einheitssteuerwerk $400a$ nach Abb. 103, Pendelantrieb 165 starr von der Turbinenwelle aus, Steuerventil $300a$ und Hilfsarbeitskolben $600a$ (s. S. 157).

Leitapparatregelkreis: Leitradsteuerventil 300_I (s. a. Abb. 84), getrennt aufgestellte Arbeitszylinder 600_I für doppelseitigen Regulierringantrieb, starre Rückführung über Gestänge 570_I.

c) *Laufradsteuerung:*

Vorsteuerkreis: Einheitssteuerwerk $400b$ nach Abb. 104, Steuerventil $300b$, Verzögerungssteuerung 980 nach Abb. 190, Hilfsarbeitswerk $600b$ (s. Abb. 244).

Laufschaufelregelkreis: Laufradsteuerventil 940_{II} (Abb. 176), Laufschaufelarbeitszylinder 942, starre Rückführung über Gestänge 972.

d) Besondere Ausrüstung:

1. Drehzahlregelung über den Laufradregelkreis (Steuerwerk $400b$) im Leerlauf (s. S. 156).

2. Hydraulische Handsteuerung für das Leitrad: Ventilgruppe 656, wechselweise schaltbar über Hilfsventil 651 zur Abtrennung des Leitradsteuerventils 300_I von dem zugehörigen Arbeits-

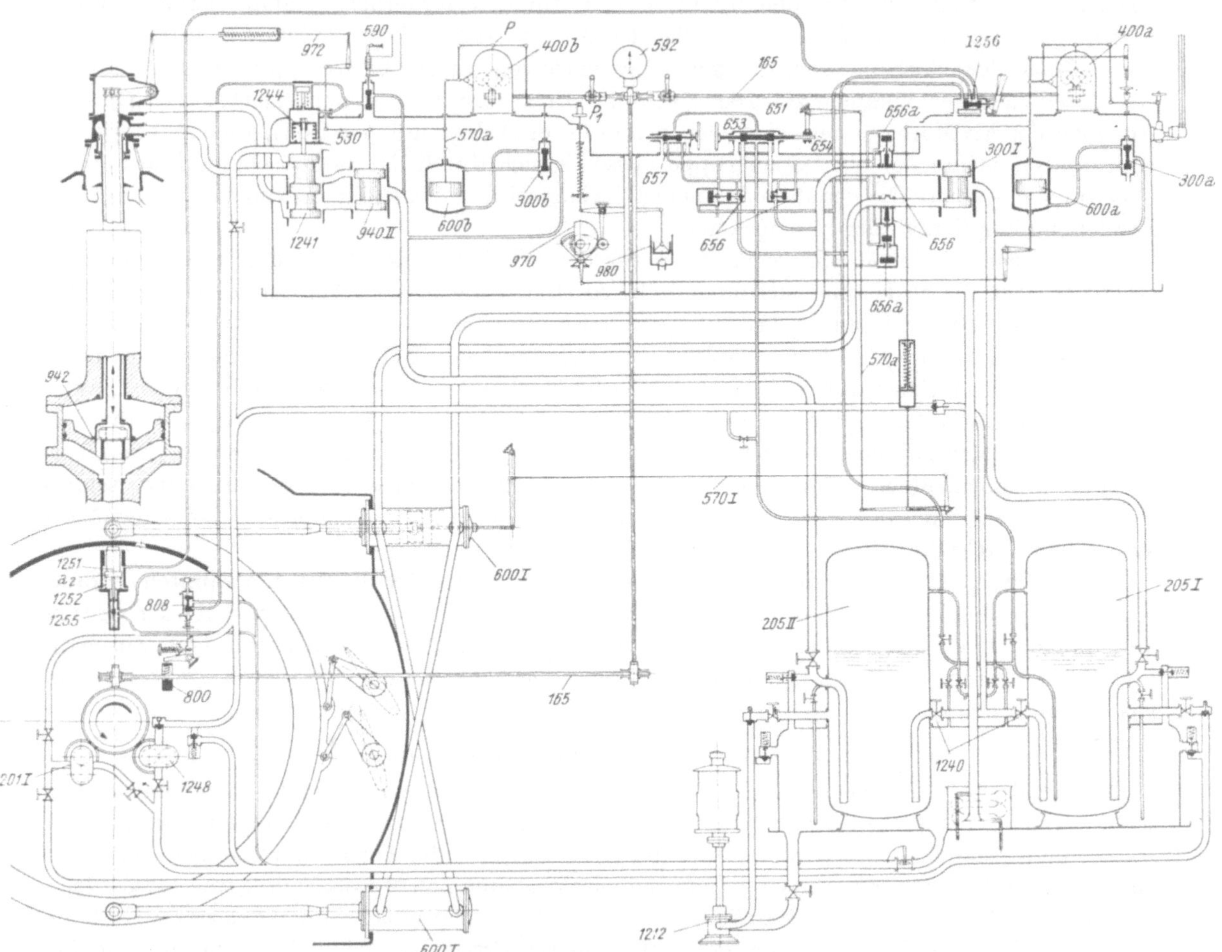

Abb. 298. Schema (gezeichnet für Betrieb).

werk 600_I und Anschaltung dieses an das Handsteuerventil 651, Antrieb 653 und starre Rückführung $570a$ zu letzterem.

Handgesteuerte Verriegelung 1251 des Leitrades in der Schlußstellung.

Schaltventil 1256 läßt Raum a_2 beaufschlagen bzw. entlasten, wodurch unter Wirkung der Feder 1252 der Riegel 1251 gezogen wird bzw. einspringt. (Das mit dem Riegel 1251 verbundene Hilfsventil 1255 zur Anzapfung der zur Öffnungsseite der Arbeitswerke führenden Leitung verhindert Druckbildung in dieser.)

Hydraulische Sperrung der Umschaltventile 656 in den „Auf"-Leitungen durch Beaufschlagung der Zusatzzylinder $656a$ bei eingerücktem Riegel 1251 (Hilfsventil 1256 in Stellung „Riegel ein").

3. Sicherheitsabstellung durch Laufschaufelschluß über die starr angetriebene Notpumpe 1248 und Hilfsventil 1241; Auslegung gemäß Abb. 245. Betätigung durch Fliehkraftauslöser 800 (Hilfsventil 808), fernelektrisch über Magnet 590 (Hilfsventil 530). Selbstschaltung bei zu weit abgesunkenem Druck im Laufradölsystem (Steuerkolben 1244).

C. Maßnahmen für die Selbststeuerung des Anlaufes und Drehzahlabgleiches.

1. Anlaufformen.

Bei der Auswahl der günstigsten Form der Inbetriebnahme örtlich selbstgesteuerter oder fernbedienter Anlagen spielt eine entscheidende Rolle die Frage, ob in der Anlage ein Energiespeicher besteht, der die für den hydraulischen Anlauf erforderliche Anfahrleistung für den ersten Maschinensatz zur Verfügung stellen kann. Andernfalls kommt der rein *elektrische* Anlauf in Frage, der jedoch die Anwendung von Asynchrongeneratoren bzw. entsprechend gedämpfter Synchronmaschinen voraussetzt. Das Hochfahren der Gruppe geschieht hierbei durch grobes Anlassen des als Motor arbeitenden Generators unter Anlegung einer Teilspannung, wobei die Stillstandsmomente der Maschinengruppe ausschließlich durch das elektrische Anfahrmoment überwunden werden. Die Beaufschlagung der Turbine wird in Abhängigkeit von der angenäherten Erreichung der Nenndrehzahl eingeleitet.

Da der Einsatz der Maschineneinheiten zur Stromlieferung praktisch stets mit dem Anfall einer erhöhten Netzbelastung zusammenfällt, so stellen die elektrischen Anfahrvorgänge eine unerwünschte Beanspruchung des Systems dar. Günstiger hinsichtlich letzterer liegt der *gemischte* (elektrisch-hydraulische) Anlauf. Hierbei wird ein Teil des Anfahrmomentes durch den (Asynchron-) Generator, der Rest durch die Turbine aufgebracht. Durch den im Läufer zunächst eingeschalteten Widerstand wird der Selbstanlauf der Maschinengruppe verhindert sowie die Stromaufnahme des Generators auf zirka 60% des Nennstromes begrenzt. Die Überführung des hochlaufenden Maschinensatzes in den betriebsmäßigen Zustand mit kurzgeschlossenem Läufer erfolgt durch Überbrückung des Widerstandes im Läuferkreis bei angenähert synchroner Drehzahl.

Als überwiegend angewendete Form hat sich jedoch unter der eingangs erwähnten Voraussetzung jene durchgesetzt, bei der die Anlaufleistung von der *hydraulischen* Seite der Gruppe aufgebracht wird; auf die von der Wahl der Maschinengattung und damit vom Zuschaltverfahren abhängigen Maßnahmen zur Steuerung der Drehzahl während des Anlaufes wird später näher eingegangen.

2. Wahl der Maschinengattung.

Während sich die Asynchronmaschine für motorische Antriebe eindeutig durchgesetzt hat, insbesondere der einfachen Drehzahlregelung halber, hat sie generatorisch nur eine beschränkte Anwendung gefunden. Als Grund hierfür ist in erster Linie die Tatsache anzusehen, daß ohne zusätzliche Mittel der Erregerstrom aus dem Netz genommen werden muß, was dieses, bzw. die für die Aufbringung der Blindlast vorhandenen Synchronmaschinen belastet. Es kann diesem Übelstand wohl durch Anwendung besonderer Erregermaschinen,[1] die im Hauptschluß selbst- oder fremderregt geschaltet werden können, entgegengetreten werden, wobei im letzteren Falle auch die Regelmöglichkeit der Blindstromlieferung wie bei Synchronmaschinen durchführbar ist. Hingegen stellt die Kollektorhintermaschine betriebstechnisch keine Vereinfachung gegenüber der Gleichstromerregermaschine des Synchrongenerators dar. Bei den verhältnismäßig langsam laufenden Wasserturbinen führt der unmittelbare Antrieb durch letztere zu unwirtschaftlichen Auslegungen, so daß in der Regel der elektromotorische Antrieb der Erregermaschine vorzukehren sein wird.[2] Als weiterer Nachteil der Asynchronmaschine fällt in der Regel der Umstand an, daß sie nicht allein betrieben werden kann, sondern entweder vom Netz in Takt gehalten werden muß oder die Anwendung eines besonderen Taktgebers innerhalb des

---

[1] Die Aufbringung des Erregerstromes wenigstens für die Eigenerregung kann auch mittels Kondensatoren erfolgen, jedoch ist hierbei die Regelung wesentlich schwieriger.

[2] Im Zusammenhang mit den Ausführungen des Abschnittes B., b) sei hierbei auf eine Maßnahme verwiesen, die bei Spannungseinbrüchen infolge von Kurzschlüssen den Weiterbetrieb des Erregermaschinensatzes sicherstellt (47). Hierzu wird in den Sternpunkt des Generators die Primärwicklung einer Drossel mit kleiner Hauptreaktanz geschaltet; der an letzterer infolge der Kurzschlußströme auftretende Spannungsabfall wird einer Sekundärwicklung entnommen, die im vorgenannten Störungsfall die Speisung des Umformermotors übernimmt.

Kraftwerkes erfordert. Letztere Bestrebungen sind über die ersten Ansätze nicht hinausgekommen. Für kleinere Wasserkraftquellen hingegen, die, stets im Parallelbetrieb stehend, das durch die jeweils anfallenden Wassermengen gegebene Leistungsdarbot in elektrische Energie umzusetzen haben, bietet die Asynchronmaschine in der Form des einfachen Kurzschlußläufers bei geringstem Aufwand an Mitteln zur Betriebsführung die Möglichkeit wirtschaftlichen Ausbaues. Bestechend für die Anwendung des Asynchronbetriebes, insbesondere bei ferngesteuerter Führung desselben, ist die Einfachheit der Betriebsausrüstung. Fernbetriebs- und Selbststeuertechnik haben jedoch auch für die Synchronanlage alle Hilfsmittel für die Betriebsgestaltung bei örtlicher oder fernbedienter Betriebsbeeinflussung geschaffen, so daß sich die Synchronanlage mit ihren bekannten Vorteilen wieder entscheidend durchsetzen konnte. Nur verlangt die Stabilität des Parallelbetriebes in seiner heutigen Form mit gewöhnlich weit auseinanderliegenden Kraftwerken eine gute Spannungshaltung durch Anwendung selbsttätiger Spannungsschnellregelungen sowie reichliche Bemessung der Nennleistung der Erregermaschinen.[1] Eine Verbesserung der Bedingungen für den Parallelbetrieb ergibt die Fremderregung der Erregermaschinen durch kleine Hilfserregermaschinen oder aus Batterien, wobei ein weiter Regelbereich ermöglicht und somit den Anforderungen bei stark schwankender Blindbelastung Rechnung getragen werden kann.[2]

3. Selbsttätige Anlaufsteuerungen

für den hydraulischen Teil werden zur Verwirklichung eines gesetzmäßigen Verlaufes des Drehzahlanstieges durch Steuerung der Beaufschlagung während des Anlaufes selbstgesteuerter

Anlagen notwendig. Sie haben die Beschleunigung des Maschinensatzes während der Anlaufperiode in den gewünschten Grenzen zu halten, anderseits für eine der vorgesehenen Art der Parallelschaltung entsprechende Veränderung der Drehzahl innerhalb des Zuschaltbereiches zu sorgen. Während für die Zuschaltung von Asynchronmaschinen, bzw. die Grobschaltung[3] von Synchronmaschinen der genügend langsame Durchlauf der Maschinendrehzahl durch den entsprechend den betriebsmäßig vorkommenden Frequenzen festgelegten Bereich um die Nennfrequenz genügt, erfordern die Fein- und Schnellsynchronisierverfahren — letztere in Anwendung

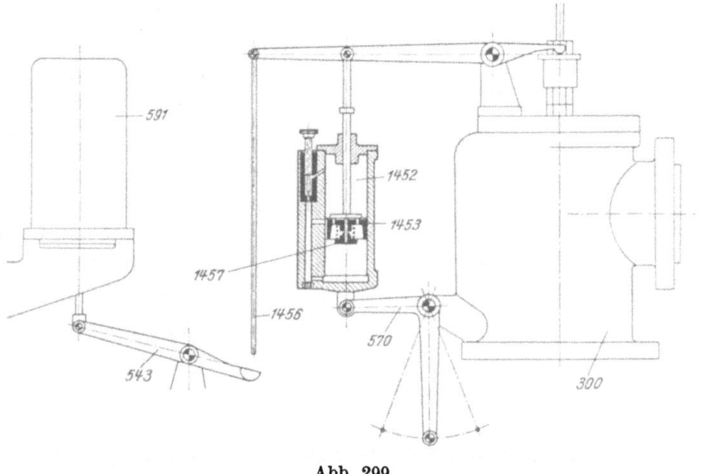

Abb. 299.

auf große Maschineneinheiten — einen Frequenzabgleich, also die Einsteuerung der Maschinendrehzahl in die der Periodenzahl des Netzes entsprechende.

1. Durchlaufsteuerungen. In grundsätzlicher Übereinstimmung mit einer Öffnungsbegrenzung arbeitet die in Abb. 299 dargestellte Einrichtung [23], bei welcher die Geschwindigkeit der Leitschaufelverstellung durch die Sinkgeschwindigkeit des Ölbremskolbens *1453* bestimmt wird, nachdem die vorgesehene Rückführung *570* des Ölbremsgehäuses *1452* die eindeutige Zuordnung von Leitschaufel- und Ölbremskolbenstellung vornimmt. Die Wirkung der Vorrichtung wird durch Beseitigung der Unterstellung *543* des Bremskolbens *1453* mit Unterspannungsetzung des Magneten *591* eingeleitet. Mit Erreichung der der Volleröffnung des Leitapparates entsprechenden Lage erscheint der Einfluß dieser Steuerung schließlich zur Gänze ausgeschaltet; eine zusätzliche Überströmung an der Ölbremse bewirkt eine Erhöhung der Sink-

---

[1] Die Erregermaschine muß in der Lage sein, bei Nennstrom eine Spannungssteigerung von 40 bis 60% über die bei Nennleistung des Generators erforderliche Erregung zu ermöglichen.

[2] Systeme mit Kabelübertragungen, bzw. Höchstspannungsnetze können unter Umständen Gegenerregung erfordern.

[3] S. S. 217.

geschwindigkeit nach Zurücklegung des für Anlauf und Parallelschaltung bestimmten Hubes und ermöglicht eine erhöhte Belastungsgeschwindigkeit des Maschinensatzes.

Die Rückstellung der Vorrichtung in ihre Anlauflage und damit der Schluß des Reglers werden durch Entspannung des Magneten *591* ausgelöst. Um die Wirkung der Rückführung und damit den allmählichen Übergang in die Schlußlage auszuschalten, also einen Schnellschluß zu erzielen, wird der Überströmwiderstand der Ölbremse bei Verstellungen im Schließsinne durch das Rückschlagventil *1457* überbrückt.

Die gleichartige Auswirkung der in einem Sinne fortschreitenden Verstellung des Ölbremsmechanismus bringt eine beschränkende Abhängigkeit der Anlaufgeschwindigkeit mit sich, insofern als die Einstellung der Ölbremse entsprechend der Durchlaufgeschwindigkeit der Drehzahl durch die synchrone gewählt werden muß.

Wenn auch die Abnahme des Antriebsmomentes sowie die Zunahme der Verluste mit steigender Drehzahl die Verhältnisse während der Zuschaltung bei gleichbleibender Verstellgeschwindigkeit der Steuerung begünstigen, so kann dennoch zur Erzielung kurzer Anlaufzeiten die Beschränkung eines relativ langsamen Drehzahlanstieges auf den Bereich um die synchrone wertvoll sein. Um größtzulässige Anfahrbeschleunigung mit langsamem Durchlaufen des Parallelschaltbereiches zu verbinden, kann etwa, wie in Abb. 300 [2] dargestellt, die beschriebene Einrichtung durch Einschaltung eines Kurventriebes *1451* zwischen Ölbremse *1452* und dem auf das Steuerventil wirkenden Gestänge *401* erweitert werden, wobei durch die Form der Kurvenscheibe *1451* die Anlauföffnung von den den Drehzahlanstieg im Bereiche der synchronen bestimmenden Öffnungen des Leitapparates unabhängig gewählt werden kann. Ebenso kann durch eine entsprechende Auslegung der Steuerkurve *1451* die Volleröffnung nach der Parallelschaltung rasch freigegeben werden.

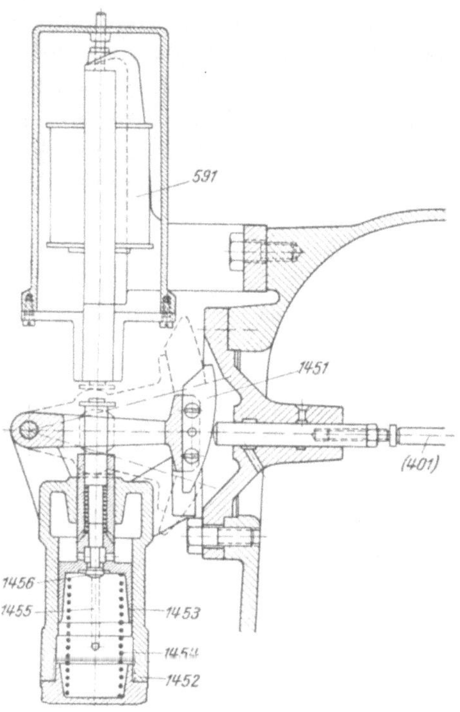

Abb. 300. (Maßstab 1:5.)

Der Schnellschluß wird durch Entspannung des Hubmagneten *591* eingeleitet, wobei die Überbrückung der beim Aufwärtsgang wirksamen Drosselung *1455* durch das unter dem Einfluß des aufliegenden Magnetkerns geöffnete Ventil *1456* erfolgt.

Die bisher beschriebenen Anlaßsteuerungen bewirken die allmähliche und in einem Zuge fortschreitende Eröffnung des Leitapparates. Sie setzen die Bereitschaft des Generators zur Parallelschaltung voraus, sobald die Drehzahl des Maschinensatzes in den um die synchrone liegenden Schaltbereich eingeht, bzw. das Vorhandensein einer Überwachung der Drehzahl, um unzulässige Werte letzterer zu verhindern, falls die Parallelschaltung während des erstmaligen Durchganges der Drehzahl durch den Schaltbereich nicht vollzogen worden sein sollte. Hierzu ist die Schnellschlußvorrichtung auch der Wirkung einer drehzahlmessenden Einrichtung (Fliehkraftschalter) zu unterstellen, bzw. die Anlaufsteuerung einem Geschwindigkeitsregler hinzuzufügen, der in diesem Falle die Führung der Regelung übernimmt.[1]

Das Vorhandensein einer *Drehzahlregel*einrichtung läßt es dann jedoch richtig erscheinen, die Drehzahlsteuerung während des Parallelschaltvorganges an erstere zu übertragen unter Überweisung der Steuerung des vorbereitenden Anlaufvorganges an die *Öffnungsbegrenzung (Form 1)*. Mit Durchführung dieser Aufgaben durch getrennte Einrichtungen werden beide Vorgänge zeitlich voneinander unabhängig und kann der Beginn der Synchronisierung unmittelbar an die Erfüllung der hierzu elektrischerseits erforderlichen Voraussetzungen geknüpft

---

[1] Es kann auch die elektrisch gesteuerte Öffnungsbegrenzung einem Frequenzabgleicher unterstellt werden.

werden. Die Steuerung der Drehzahl innerhalb des Schaltbereiches wird daher zweckmäßig über die elektromotorisch betätigte Drehzahlverstellvorrichtung des Geschwindigkeitsreglers durchgeführt. Unter Überwachung der Schaltbereitschaft des Generators (u. a. durch Kontrolle der Generatorspannung) wird die Drehzahlverstellung von „ganz langsam", welche Lage für den Alleinlauf durch die Selbststeuerung immer wieder angestrebt wird,[1] von unternormaler Drehzahl aus hochgesteuert, wobei sich der Maschinensatz zunächst untersynchron fängt und hierauf entsprechend der Stellgeschwindigkeit der Drehzahlverstellvorrichtung das Schaltbereich durchläuft, bzw. bei Erreichung von etwa 80% der normalen Drehzahl unter die Steuerwirkung des Frequenzabgleichers gestellt wird.

Zur Steuerung des Anlaufvorganges kann die Öffnungsbegrenzung entweder mit elektromotorischem Antrieb ausgerüstet, bzw. der Wirkung einer gesteuerten Ölbremse unterstellt

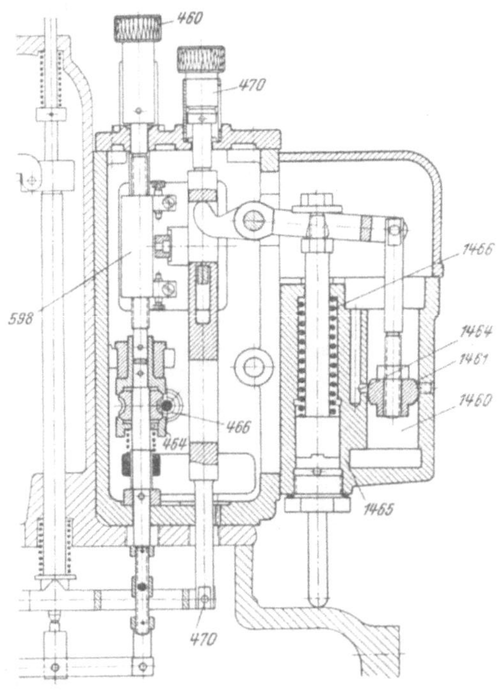

Abb. 301. (Maßstab 1:5.)

werden. Neben der stetigen „Auf"-Steuerung des Leitapparates ist auch die vorübergehende Unterbrechung des Steuerhubes entsprechend der Leerlauf- bzw. Anlauföffnung bis nach der erfolgten Parallelschaltung möglich *(Form 1a)*.

Abb. 301 zeigt die Ergänzung des normalisierten Steuerwerkes nach Abb. 104 durch eine zusätzliche Einrichtung [23], welche in kompendiöser und dem Serienbau entsprechender Form der Selbststeuerung von Öffnungsbegrenzung und Drehzahlverstellung dient. Hierbei sind Anlauf- und Schnellschlußeinrichtung in der Weise vereinigt, daß mit Beaufschlagung des Raumes unter dem Abstellkolben *1465* die „Auf"-Bewegung der Öffnungsbegrenzung *470* unter der verzögernden Wirkung der Ölbremse *1460* vor sich geht, wobei nach Zurücklegung eines Teilhubes mit Eröffnung der Überströmbohrung *1464* der Widerstand der Ölbremse praktisch ausgeschaltet und damit die rasche Wietereröffnung des Leitapparates herbeigeführt wird. Die Entlastung des Abstellkolbens *1465* zieht die Verstellung der Öffnungsbegrenzung *470* in ihre Schließlage unter Wirkung der mit Ausschaltung der Ölbremse *1460* über ein zusätzliches Rückschlagventil freiwerdenden Kraft der Feder *1466* nach sich. Die Endschalter *598*, welche für die Einschaltung des Frequenzabgleichers, bzw. Rückschaltung der Drehzahlverstellvorrichtung auf Stellung „ganz langsam" vor, auf „schneller" nach erfolgter Parallelschaltung erforderlich werden, sind ebenfalls in die konstruktive Auslegung einbezogen.

In gleicher Weise, wie vorbeschrieben, wirkt die in Abb. 302 dargestellte Anlauf- und Schnellschlußeinrichtung [1], bei welcher durch Beaufschlagung des Kolbens *1461* die rückgeführte Verstellung des Steuerventils im Öffnungssinne, bei Entlastung des Raumes unter *1461* diese im umgekehrten Sinn erfolgt. Die Geschwindigkeit der Eröffnung ist hierbei durch die Blende *1463* einstellbar; der Schnellschluß wird durch Umgehung dieser Drosselung über Rückschlagventil *1467* gewährleistet, wobei die veranlaßte Schließbewegung durch die im letzten Teil des Hubes zur Wirkung kommende Drosselstrecke *1464* verzögert wird. Die gesetzmäßige Änderung der Öffnungsgeschwindigkeit wird durch entsprechende Gestaltung der Steuerkurve *1451* erreicht. Entsprechend der Einordnung der genannten Steuerung (s. Abb. 313) setzt erstere erst nach genügender Eröffnung des Windkesselabsperrventils *1260* (Abb. 262. Leitung l_{1460}) ein, während die Entlastung des Raumes *1460* gleichzeitig mit jener des Kolbens *1262* erfolgt, wodurch mit dem Schließvorgang des Reglers die Verriegelung desselben in der Schlußlage bereitgestellt und der Schluß des Absperrventils vorbereitet wird.

---

[1] S. Abschn. K. b.

Insofern während des Anlaufvorganges die Anlauföffnung mit einem bestimmten Wert erhalten bleiben soll, wird zweckmäßig die elektromotorische Betätigung der Öffnungsbegrenzungseinrichtung angewendet. Ihre Einschaltung im Öffnungssinne ist hierzu bei Erreichung der Anlauföffnung durch Grenzschalter zu unterbrechen, wobei diese bei Eintritt des die Weiterschaltung verlangenden Betriebszustandes durch die Selbststeuerung überbrückt werden.

Schließlich kann auch auf den Einbezug der Öffnungsbegrenzung im Rahmen des Anlaßvorganges verzichtet und dieser ausschließlich der entsprechend gesteuerten Drehzahlverstellvorrichtung übertragen werden *(Form 2)*. Hierbei erfolgt die Eröffnung des Leitapparates zunächst unter Wirkung der hochlaufenden Drehzahlverstelleinrichtung bei tiefster Muffenlage des Pendels bis zum Durchlauf der Drehzahl durch die beharrungsmäßig den Stellungen der Drehzahlverstellvorrichtung zugeordneten, um in der Folge der Stellgeschwindigkeit letzterer Einrichtung entsprechend anzusteigen. Die Geschwindigkeit der Öffnungsbewegung des Turbinenleitapparates in der ersten Phase des Anlaufvorganges (d. i. bis zum untersynchronen Fangen des Maschinensatzes) wird nur bei Steuerungen mit starrer Rückführung, bzw. isodromierten Steuerungen mit genügenden Werten der bleibenden Ungleichförmigkeit beherrschbar, bzw. kann eine bestimmte Anlauföffnung bei zunächst begrenztem Hub der Drehzahlverstellung eingestellt werden (Form 2 a).

Besondere Maßnahmen sind für den selbsttätigen Anlauf doppelt geregelter *Kaplan*-Turbinen notwendig. Hierbei wird zur Erzielung günstiger Anlaufverhältnisse in der Regel bei weit bzw. volleröffnetem Laufrad angefahren. Hierzu kann ein besonderes *Umschalt*ventil im Ölkreis des Laufschaufelarbeitswerkes vorgesehen sein, das letzteres bei unternormaler Drehzahl vom normalen Steuerkreis abschaltet und in die Offenstellung steuert. Die Wiederanschaltung des Laufschaufelarbeitswerkes an die normale Steuerung, welche im übrigen einer der erwähnten Anlaufvorrichtungen zur gesetzmäßigen Eröffnung des Leitrades zu unterstellen ist, hat in Abhängigkeit vom erfolgten Anlauf, bzw. von der Erreichung einer bestimmten Maschinendrehzahl vor sich zu gehen, wozu die einsetzende Förderung einer von der Turbinenwelle aus angetriebenen Pumpe [15], bzw. die Anzeige eines mit der Turbinenwelle verbundenen Drehzahl-

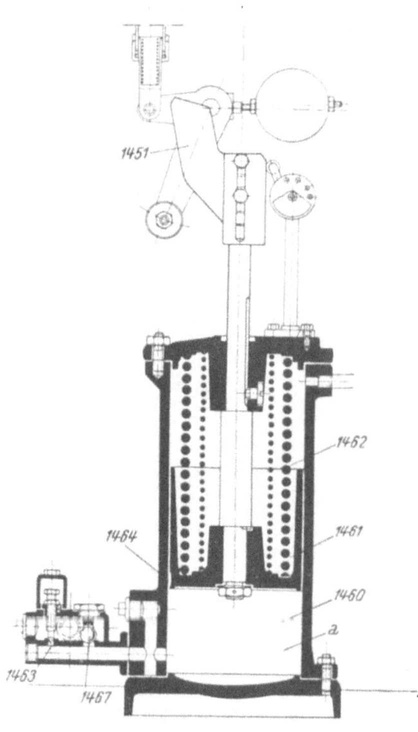

Abb. 302. (Maßstab 1:12,5.)

messers benützt werden kann. Die Anordnung einer nach der letztgenannten Art ausgelegten Hilfsschalteinrichtung geht aus der schematischen Darstellung Abb. 318 hervor [8]. Hierbei steht der Hilfsschaltkolben *1472* unter dem Einfluß einer drehzahlabhängigen Steuerung, gebildet durch das Hilfsventil *1473* und den mit der Turbinenwelle verbundenen Drehzahlmesser *1471*; über ersteres wird bei Stillstand, bzw. stark unternormaler Drehzahl Raum a und b am Umschaltkolben *1472* unter Druck gesetzt und damit die Verstellung des letzteren in seine obere Endlage *(II)* durchgeführt. In dieser wird die Verbindung der „Auf"-Steuerung des Laufschaufeltriebwerkes mit dem Arbeitsölkreis hergestellt und die Verstellung der Laufschaufeln in die Offenlage vorgenommen, sobald die Drucкölversorgungsanlage an die Regelungseinrichtung angeschlossen ist. Bei Erreichung jener Drehzahl, bei welcher die Anschaltung der Laufradregelung an den normalen Steuerkreis durchgeführt werden soll, erfolgt durch den vom Drehzahlmesser *1471* entsprechend verstellten Schaltstift *1473* die Eröffnung des Abflusses c. Der vorgeschalteten Drosselung *1474* halber fällt der Druck im Raume a ab, wodurch der Schaltkolben in die Lage *I* verstellt wird, in welcher die Verbindungswege zwischen Hauptschaltventil *941* (b_1), (b_2) und den Zylinderräumen b_1, b_2 in betriebsmäßiger Weise hergestellt sind. Lage *I* setzt die Begrenzung des Weges des Schaltkolbens *1472* nach unten durch den angehobenen Hilfskolben *1475* voraus, der sich in dieser Lage nur unter der

Voraussetzung befindet, daß der Druckspeicher an die Regelungseinrichtungen angeschaltet, also die selbsttätige Regelung in Wirksamkeit ist.[1]

An Stelle besonderer Umschaltventile kann der Laufradregelkreis auch einer Hilfssteuerung unterstellt werden, mit deren Einsatz unter Aufhebung der betriebsmäßigen Steuerverbindung die Laufschaufeln in die volleröffnete Stellung gebracht werden.

Abb. 303 zeigt unter dieser Voraussetzung schematisch die Auslegung der Anlaufeinrichtung [12]. Die Volleröffnung des Laufrades mit Unterbrechung des betriebsmäßigen Zusammenhanges zwischen der Stellung des ersteren und dem Leitrad wird durch Beaufschlagung des Hilfszylinders *1465* mittels der Anfahrpumpe *1458* durchgeführt, deren Motor *590 h* über den Anfahrdruckknopf *590$_A$* oder über die Selbststeuereinrichtung zum Anlauf gebracht wird. Mit Erreichung der Anlauföffnung wird über den zugehörigen Kontakt an der Drehzahlverstellvorrichtung der Motor zur Anfahrpumpe wieder ausgeschaltet, wodurch unter Wirkung der Feder *1466*

der Inhalt des Hilfszylinders *1465* entsprechend der Wirkung der Drosselblende *1463* allmählich ausgeschoben wird und die kraftschlüssige Anlehnung der Laufradsteuerung an die Abhängigkeitskurve *970* mit allmählichem Schließen des Laufrades bis zur Leerlauföffnung wieder hergestellt wird.

Die Anfahrpumpe *1458* steuert gleichzeitig auch die gesetzmäßige Öffnung des Leitapparates. Hierzu sei vorweg darauf verwiesen, daß, durch die Art der Vorsteuerung bedingt (s. a. S. 44), bei stehendem Maschinensatz die Steuerung des vom Pendel beherrschten Regelkreises auf „Schließen" steht. Die Einförderung der Anlaufpumpe *1458* in den parallelgeschalteten

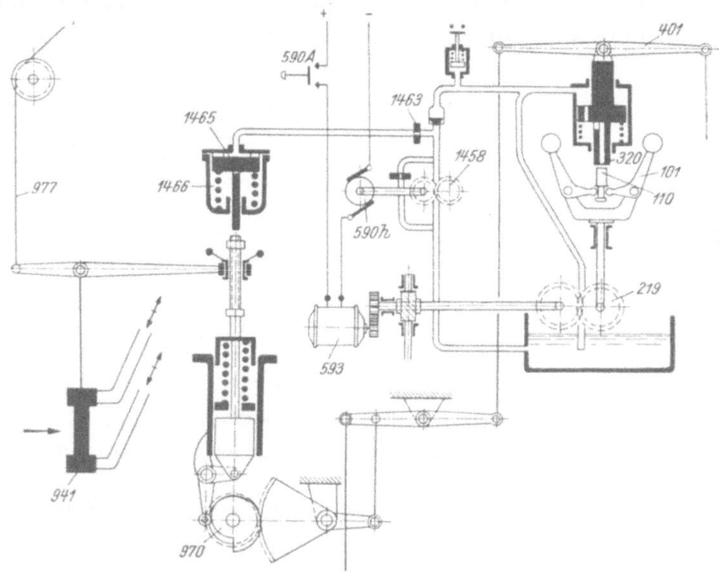

Abb. 303.

Vorsteuerkreislauf *320* bedingt zunächst die Heranführung des Steuergestänges *401, 320* an den Pendelstift *110* des in seiner tiefsten Lage stehenden Pendels *101*. Auslegungsgemäß entspricht dieser bei Drehzahlverstellung „ganz langsam" die Mittellage des zugehörigen Steuerventils bei geschlossenem Leitapparat. Durch Verstellung der Drehzahleinstellvorrichtung auf Anlauföffnung öffnet daher der Leitapparat bis zu dieser bei noch stehender Turbine (Anlaufform *2a*). Die Turbine läuft bei fest eingestellter Anlauföffnung hoch, wobei, wie vorerwähnt, bei einer Drehzahl von rund 60% der normalen die Herstellung der betriebsmäßigen Abhängigkeit zwischen Leit- und Laufradstellung vor sich geht. Bei einer Drehzahl von 80% der normalen erfolgt über die Kontaktdynamo *593* die Wiedereinschaltung des Drehzahlverstellmotors im Sinne der Einstellung höherer Drehzahlen mit gleichzeitiger Einschaltung der Frequenzabgleichung.

Unter Voraussetzung einer Auslegung der Steuerung gemäß Abb. 239 ermöglicht der Umstand, daß die Drehzahlsteuerung auch im Laufschaufelkreis über den Arbeitskolben des Steuerreglers wirksam ist, den Anlauf bei volleröffnetem Laufrad mit ausschließlicher Beeinflussung des Leitapparatregelkreises durch die Anlaufsteuerung *1465, 1466*. Hierzu bedarf es nur einer Durchbildung des Steuergestänges [23], welches die Lösung des betriebsmäßigen Zusammenhanges zwischen Steuerung und Leitapparatsteuerventil sowie die Unterstellung des letzteren unter die Wirkung einer der vorbeschriebenen Anlaufvorrichtungen gestattet. Bei unternormaler

---

[1] Andernfalls befindet sich der Schaltkolben in Stellung III, in welcher durch Abschluß der Leitungen zu b_1 und b_2 das Laufschaufeltriebwerk festgestellt ist.

Drehzahl befindet sich unbeschadet der Stellung des Leitapparates das Laufrad unter Wirkung der Drehzahlsteuerung in seiner Offenlage.

Anlaßvorrichtungen für *Freistrahlturbinen.* Insofern vor Beginn des Anlaßvorganges Drucköl bereitgestellt werden kann, besteht die Möglichkeit, die für Einfachregler entwickelten Anlaßeinrichtungen anzuwenden, nachdem durch die beharrungsmäßig bestehende Zuordnung von Düse und Strahlablenker dafür gesorgt ist, daß die Beaufschlagung des Rades mit Einleitung der Öffnungsbewegung der Düsennadel durch den Strahlablenker nicht behindert wird. Anordnungen nach Auslegung Abb. 194 mit mechanischer Nachführung der Düsennadel können auch durch Einstellung des Reglertriebwerkes auf die Anlauföffnung unter Wirkung eines zusätzlichen Druckwassertriebes in einfacher Weise angelassen werden. Abb. 304 zeigt eine Ausführung [11], bei welcher durch die ungesteuerte Wirkung des Wasserdruckes auf Kolben *601a* eine dauernde Schließtendenz der Regelung gegeben ist. Durch Beaufschlagung des Hilfskolbens *1481* mit Druckwasser wird die dauernd auf den Triebkolben *601a* wirkende Schließkraft überwunden und letzterer im Öffnungssinne um den zur Herbeiführung der Anlauf

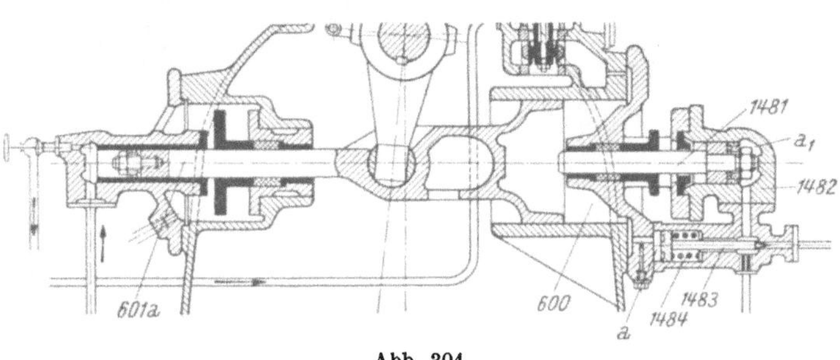

Abb. 304.

öffnung notwendigen Hub verstellt. Mit Eintritt des betriebsmäßigen Zustandes der Druckölversorgung erfolgt die Unterdrucksetzung des Raumes *a*, wodurch sich das Nadelventil *1483* entgegen der Wirkung der Feder *1484* schließt und mit Entlastung des Raumes a_1 (1482) die Anlaßvorrichtung außer Tätigkeit setzt. Die Entnahme des Druckwassers für die Betätigung des Hilfskolbens *1481*

aus dem Raum zwischen Hauptabsperrorgan und Düsenauslauf läßt den Wirkungsbeginn der Anlaufvorrichtung nicht vor erfolgter Eröffnung des Hauptabsperrorgans eintreten.

4. Drehzahleinsteuerung von Synchrongeneratoren.

Diese dient der möglichst weitgehenden Angleichung[1] der Drehzahl der zuzuschaltenden Maschine an die Netzfrequenz. Erfahrungsgemäß wird beim handbedienten Vorgang der Frequenzabgleich bis auf einen Unterschied von 0,1 bis 0,2% genau durchgeführt, d. h. auf eine Schwebungsdauer von 20 bis 10 Sekunden, wodurch der Gesamtvorgang sehr zeitraubend wird. Die absolute Höhe der Spannung des zuzuschaltenden Generators genügt es, auf 5 bis 10% abzugleichen.

Im Frequenzabgleichgerät wird die Drehzahl zweier Motoren — einer aus dem Netz, der andere von der zuzuschaltenden Maschine gespeist — etwa über ein Differentialgetriebe verglichen, dessen dritte Welle proportional dem Schlupf umläuft. Bei elektrischer Übertragung der Verstellbefehle wird ein Schlupfschalter angeordnet [20], der den Sinn der Abweichung von der Nennfrequenz durch seine Kontaktgabe festlegt. Außerdem trägt die Welle einen Walzenschalter, der als Schleifring mit mehreren Unterbrechungen durchgebildet ist. Über diesen Schalter wird ein Zeitrelais erregt, das bei größeren Abweichungen von der Solldrehzahl der größeren Umlaufzahl der Differentialwelle halber nicht zum Ansprechen kommt. Der an die Drehzahlverstellvorrichtung gegebene „Höher"- oder „Tiefer"-Befehl bleibt somit dauernd bestehen und wird erst bei kleineren Drehzahlen der Differentialwelle in Einzelbefehle aufgelöst, deren Dauer damit proportional der Frequenzabweichung wird.

Um die Impulszahl an die Frequenzdifferenz anzupassen, kann auch ein dynamometrisches Relais gewählt werden, welches, an der Schwebungsspannung liegend, im frequenzproportionalen Schwebungstakt arbeitet [20].

Die Dauer der Befehlsimpulse wird durch ein besonderes Einsteuerzeitrelais auf einen beliebigen, zwischen 0,2 bis 0,8 Sekunden liegenden Wert gebracht.

---

[1] Einrichtungen, die den Drehzahlanstieg mit wenn auch geringer, so doch endlicher Durchlaufgeschwindigkeit durch die Zuschaltfrequenz herbeiführen (s. BBC-Mitteilung 1927 Nr. 5 bzw. EWC-Mitteilung 1928 Nr. 5) werden heute als unvollkommen nicht mehr angewendet.

Die Abhängigkeit der Zahl und Dauer der Impulse von der Größe der Frequenzabweichung kann auch durch ein Nachlaufsystem von Kontakten [10], die relativ mit einer dem Frequenzunterschied proportionalen Geschwindigkeit bewegt werden, herbeigeführt werden. Zur Erzielung der intermittierenden Wirkung wird einer der Motore (z. B. der am Netz liegende) nach Durchlaufen einer konstanten Strecke immer wieder ausgeschaltet.[1]

Mechanische und elektrische Übertragung unterscheiden sich durch die notwendige Größe der zu wählenden Motore. Während diese bei ersterer dem Kraftbedarf der Drehzahlverstellvorrichtung angepaßt, also in der Regel Drehstrommotore sein müssen, genügen bei elektrischer Übertragung Einphasen- (Uhren-) Motoren.

Maschinen- und Netzspannung können auch über einen kleinen Asynchronmotor verglichen werden [7], dessen Ständer bzw. Rotor an je eine der Spannungen gelegt ist. Die aufgenommene Leistung ist der Schwebungsspannung proportional; ihre Messung vermittelt daher den Takt der Schwebungen.

Die Spannung von Netz und Maschine können auch unmittelbar im Ständer des Vergleichmotors gegengeschaltet werden, wodurch sich je nach der Frequenzabweichung ein mit dieser sowohl nach Sinn und Stärke wechselndes Rotormoment ergibt. Dieses kann zum Antrieb einer Rotationspumpe benützt werden, die einen mit der Drehzahlverstellvorrichtung verbundenen Flüssigkeitsmotor mit einer der Frequenzabweichung proportionalen Geschwindigkeit antreibt.[2]

D. Die Zuschaltung der Synchronmaschine.

Diese erfordert eine weitere Reihe vorbereitender Maßnahmen, die weitgehend genau durchgeführt werden müssen, um eine störende Beeinträchtigung des zu versorgenden Systems beim Zuschaltvorgang zu vermeiden.

a) Spannungsvergleich.

Die gewöhnlich genügende Angleichung auf 10 bis 15% kann durch den auf die Nennspannung eingestellten Spannungsregler herbeigeführt werden. In größeren Anlagen werden zur Kleinhaltung des Zuschaltstoßes auch besondere selbsttätig wirkende Abgleicher angewendet, die über eine Spannungswaage Maschinen- und Netzspannung vergleichen und abhängig von deren Unterschied die entsprechenden Befehle an den motorischen Antrieb der Sollwertverstellung zum selbsttätigen Spannungsregler geben.

Den besonderen Bedingungen der Schnellsynchronisierung trägt eine Anordnung [20] Rechnung (Abb. 305), bei welcher mit der Veränderung des Sollwertes des selbsttätigen Spannungsreglers 1526 der zuzuschaltenden Maschine *1520* (Einstellwiderstand *1527 b*) der Rückführwiderstand *1527 a* im steuernden, an das Netz angeschlossenen Spannungskreis (Spannungswandler *1531 a*) betätigt wird, wozu beide Widerstände durch einen vom Spannungsrelais *1511* gesteuerten

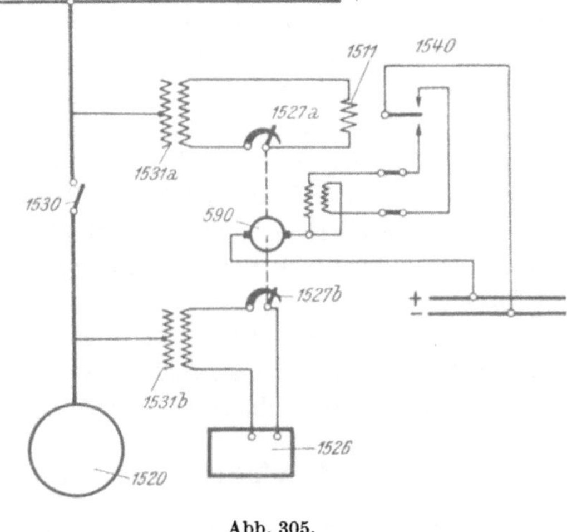

Abb. 305.

Motor *590* verstellt werden. Damit wird eine stabile Arbeitsweise unter Vermeidung von Überregelungen erzielt und die Möglichkeit einer Einstellung für den Schnellregler vor Anlauf des Generators gegeben, was bei den kurzen Regelzeiten, wie sie im Falle der Schnellsynchronisierung nur zur Verfügung stehen, von besonderem Vorteil werden kann.

---

[1] Bei diesem Verfahren wird über den Frequenzabgleicher betriebsmäßig auch die bediente Betätigung der Drehzahlverstellvorrichtung durch Abbremsung eines der Antriebe vorgenommen.

[2] Nach Sartori-Calzoni.

b) Phasenvergleich und Zuschaltbefehl.

Bei handbedienter Zuschaltung bedarf es einer weitgetriebenen Übereinstimmung der Frequenz (mindestens 0,2%), um bei der gefühlsmäßigen Berücksichtigung der Schaltereigenzeit durch entsprechende Vorgabe je nach der Schnelligkeit des Schwebungsverlaufes ein Schließen der Schalterkontakte im Augenblick der Phasenübereinstimmung herbeizuführen.

In der Selbststeuertechnik von Wasserkraftwerken kommen verschiedene selbsttätige Zuschaltmethoden für Synchrongeneratoren zur Anwendung, die im allgemeinen folgende Forderungen zu erfüllen haben:

1. Der Zuschaltvorgang muß bei verhältnismäßig großem Schlupf (etwa 0,7 bis 1%) noch zustande kommen können, um den Zeitaufwand für den Frequenzabgleich möglichst herabzusetzen.

2. Der Schaltvorgang soll im Falle der selbsttätig gesteuerten Parallelschaltung bereits am Ende der ersten vollen Schwebung innerhalb des freigegebenen Schlupfbereiches, d. i. bei Annahme einer zulässigen Schlüpfung von 1% innerhalb von höchstens 2 Sekunden, zustande kommen.

3. Mit zunehmender Leistung der Maschineneinheiten ist besonderer Wert darauf zu legen, daß der Blindstromstoß im Augenblick des Zuschaltens ein bestimmtes Maß nicht überschreitet. Für große Maschinen kommen deswegen nur Parallelschaltverfahren in Frage, die die volle Erregung der Synchrongeneratoren voraussetzen.

4. Im Interesse der Erleichterung schneller Zuschaltvorgänge ist die Benützung von Parallelschaltgeräten vorteilhaft, bei denen in Anpassung an den Schlupf die *Vorgabezeit* der Befehlsgabe selbsttätig konstant gewahrt bleibt; dadurch werden im Augenblick des Zuschaltens Stromstöße vermieden (die Wirkstrompendelung hält sich bei Frequenzabgleich auf 1% erfahrungsgemäß in zulässigen Grenzen).

5. Es ist anzustreben, dasselbe Parallelschaltgerät möglichst für verschiedene Generatoren der gleichen Anlage zu benützen, wenigstens dort, wo nicht, wie bei größeren Einheiten für vollen Selbstanlauf, die Zuordnung einer besonderen Parallelschalteinrichtung für jedes Aggregat an sich gerechtfertigt ist. Um denselben Apparat bei verschiedenen Schaltern benützen zu können, ist es erwünscht, daß bei Anwahl einer Synchronisierstelle gleichzeitig die Vorgabe entsprechend dem an ihr eingesetzten Schalter festgelegt wird.

6. Das Parallelschaltgerät muß bei Spannungen zwischen 70 und 110% der Nennspannung einwandfrei arbeiten.

7. Um in Störungsfällen, wenn mit abgesunkener Frequenz im System gerechnet werden muß, die Zuschaltung schnell und stoßfrei zu sichern, ist auch eine Frequenzunabhängigkeit im Bereich zwischen 42 und 52 Per./sek von der Einrichtung zu fordern.

8. Der Zuschaltvorgang darf selbsttätig erst dann freigegeben werden, wenn der Frequenzunterschied zwischen den zusammenzuschaltenden Systemteilen unter den zulässigen Schlupf gebracht ist.

9. Der Schaltbefehl ist etwa eine Sekunde lang aufrechtzuerhalten, um den Schließvorgang des Schalters verläßlich zu Ende zu steuern. Nach Ablauf dieser Zeit ist es vorteilhaft, das Synchronisiergerät selbsttätig abzuschalten.

c) Verfahren zur Zuschaltung von Synchrongeneratoren.

Die in der Praxis benützten Methoden der Parallelschaltung von Synchrongeneratoren unterscheiden sich im wesentlichen hinsichtlich der Schnelligkeit des Zustandekommens des Schaltvorganges und bezüglich der Größe der Ausgleichströme, die den Zuschaltvorgang begleiten. Größere Unterschiede bestehen auch hinsichtlich des erforderlichen Aufwandes an Hilfsmittel für die praktische Durchführung. Im Einzelfalle ist das Verfahren den Bedingungen im Netz und im wesentlichen der Größe der Maschine anzupassen.

1. *Selbstsynchronisierung.*[1] Diese besteht darin, den Maschinensatz ohne Erregung des mit einer kräftigen Dämpferwicklung ausgestatteten Synchrongenerators mit der Turbine auf Nenn-

---

[1] In selbstgesteuerten Kraftwerken der USA. angewendet bis zu schaltenden Leistungen von

drehzahl hochzufahren, bei Erreichung einer Drehzahl von zirka 95% ohne Phasenvergleich zuzuschalten sowie nach Abklingen des ersten Stromstoßes, also innerhalb einiger Zehntelsekunden, voll zu erregen. Durch die entstehenden synchronisierenden Kräfte wird der Generator in den Synchronismus gezogen. Der Stromstoß bei diesem Verfahren erreicht während des Zuschaltvorganges etwa den 5- bis 7fachen Nennstrom; damit ist diese Methode an die Voraussetzung gebunden, daß mindestens die 20fache Leistung der zuzuschaltenden Einheit in den Netzbetrieb eingebunden ist. Auch dann noch wird mit Spannungseinbrüchen in der Größenordnung von 15 bis 25%, je nach der Streuspannung der im Betrieb befindlichen Einheiten, zu rechnen sein.

Die Überwachung des Durchlaufes der Maschine durch die Synchrondrehzahl erfolgt mit Hilfe eines von der Hauptwelle aus starr angetriebenen Drehzahlmessers.

2. *Grobsynchronisierung:* Statt des vorerwähnten Verfahrens hat in der europäischen Praxis die Methode der Grobsynchronisierung in weiterem Umfang Anwendung gefunden. Bei diesem Verfahren wird der Maschinensatz hydraulisch hochgefahren; nach Erreichung der synchronen Drehzahl und unter Anwendung schwacher Erregung der Synchronmaschine (zirka 10%) erfolgt über die mit letzterer in Reihe geschaltete Drosselspule[1] die Zuschaltung. Unmittelbar nach dieser wird die Drosselspule überbrückt und anschließend daran die Maschine voll erregt.

Der Vorteil dieses Verfahrens, das für Maschineneinzelleistungen von 40000 kVA benützt ist, besteht in der großen Einfachheit der Steuerung des Zuschaltvorganges. Bei der technischen Bewertung im Hinblick auf die Beanspruchung des Netzes ist jedoch zu berücksichtigen, daß Einschwingzeiten bis zu 30 Sekunden auftreten, selbst wenn das Zuschalten bei einem Grenzschlupf von nur 1% zustande kommt.

Um den Zuschaltvorgang bei voller Phasenopposition auszuschließen, wird eine beschränkte Überwachung der Phasenlage bei größeren Maschinen angewendet, die den Zuschaltbefehl nur innerhalb eines Bereiches von ± 60 el. Gr. Phasenwinkelunterschied um die Gleichlauflage zuläßt.

3. *Selbsttätiges Parallelschalten mit genauem Phasenvergleich.* Für die Steuerung des Parallelschaltvorganges bei genauem Phasenvergleich sind selbsttätig arbeitende Geräte entwickelt worden, die entweder mit konstantem Phasenvoreilwinkel der Befehlsgabe oder mit konstanter Vorgabezeit arbeiten. Nur die Anwendung letzterer läßt mit verhältnismäßig grobem Frequenzabgleich das Auslangen finden und ist damit Voraussetzung für eine Schnellsynchronisierung. Die Unterschreitung der geräteeigenen Schaltschlupfbegrenzung mit 1% gelingt mit einfachen Mitteln noch bis zu 0,5 bis 0,7%, was sich günstig auf die Wirkstrompendelungen auswirkt.

Die Bedingung konstanter Vorgabezeit setzt die unmittelbare Abhängigkeit des Voreilwinkels der Befehlsgabe von der Größe des Schlupfes voraus. Diese Abhängigkeit kann dadurch gewonnen werden [20], daß im Parallelschaltgerät gleichzeitig Schwebungsspannung und eine vom Schlupf abhängige Spannungskomponente über ein zweisystemiges wattmetrisches Gerät überlagert werden; zur Erzeugung der vom Schlupf abhängigen Meßgröße wird ein mit der Hauptmaschinenwelle gekuppelter Schlupfgeber benützt, d. i. ein Asynchronmotor, dessen Ständer an der Netzspannung liegt, während der Rotor starr von der Welle der zuzuschaltenden Maschine aus angetrieben wird. Die der Frequenzdifferenz auch dem Sinne nach proportionale und gleichgerichtete Leistungsaufnahme bzw. -abgabe wird dem einen Trieb des dynamometrischen Relais zugeleitet, auf dessen zweiten Trieb die Schwebungsspannung in einer Schaltung wirkt, bei welcher die bewegliche Spule des Systems von der Maschinenspannung, die feste von der phasenverschobenen Netzspannung erregt ist; die seitens der beiden Triebe ausgeübten Drehmomente wirken einander entgegen (s. Abb. 306); die Kurve des schlupfabhängigen Drehmomentes m_1 schneidet die Kurve der Schwebungsspannung n_1 in jeder Schwebungswelle in zwei

---

10000 kW. In der europäischen Praxis hat sich diese Methode nicht eingeführt, da die Höhe der Stromstöße für die vorhandenen Netzleistungen nicht als zulässig erachtet wird.

[1] Günstige Bedingungen bei diesem Verfahren sind gewährleistet bei der Bemessung der Drosselspule für 50% Spannungsabfall und Nennstrom der Maschinengruppe. Bei kleinen Einheiten kann die Drosselspule durch einen Wirkwiderstand ersetzt werden.

Punkten,[1] wobei die Abszissen dieser Schnittpunkte gleichen zeitlichen Abstand vom Durchgang der Schwebungen durch den Nullwert besitzen *(schlupfunabhängige konstante Vorgabezeit)*. Diese Eigenschaft gilt für einen Bereich der abklingenden Schwebungen, in dem diese in ihrem Verlauf durch gerade Linien ersetzt werden können; dies ist praktisch der Fall für Voreilwinkel in der Größenordnung von 120 el. Gr. und damit für größte Schaltereigenzeiten von $^2/_3$ Sekunden.

Die Begrenzung des Arbeitens der Apparatur auf einen bestimmten Höchstschlupf wird dadurch erreicht, daß durch ein zusätzliches Zeitrelais eine Zeitmessung des Überwiegens der Schwebungsspannung durchgeführt wird. Erst wenn im Ablauf einer Schwebung das Zeitrelais zum Ansprechen gekommen ist, also die Schwebungswelle genügend Dauer besitzt, kann entsprechend dem zugelassenen Schlupfbereich der Parallelschaltbefehl durchgegeben werden.

Der Umstand, daß diese Parallelschalteinrichtung die Benützung eines besonderen Schlupfgebers, angetrieben von der Hauptmaschinenwelle oder durch einen an der Maschinenspannung liegenden Synchronmotor erfordert, steht einer allgemeinen Anwendung in bereits bestehenden Kraftwerken hemmend entgegen. Aus diesem Grunde sind schnellarbeitende Parallelschaltgeräte entwickelt worden, bei denen auf rein elektrischem Wege die Schlupfabhängigkeit des Voreilwinkels erreicht wird.

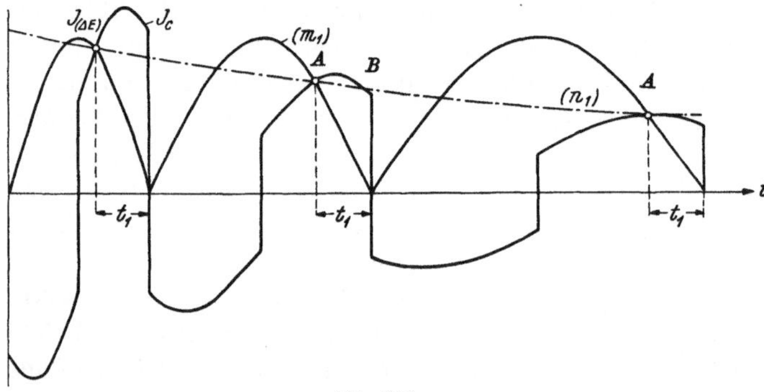

Abb. 306.

Ein derartiges Gerät [20] besteht im wesentlichen aus dem Parallelschaltrelais, dessen vom Schlupf abhängiger Trieb über einen Kondensator an der Schwebungsspannung liegt. Da die Größe des Kondensatorstromes der Änderungsgeschwindigkeit der angelegten Spannung proportional angesehen werden kann, letztere bei höherem Schlupf größer ist als bei kleinem, ist der durch den Kondensator fließende Strom ein Maß für die Frequenzdifferenz. Um eine besonders günstige Phasenlage des Kondensatorstromes im Bereich der Schnittpunkte mit den Schwebungen der Differenzspannungen zu sichern, wird der Kondensatorkreis durch die um 180 el. Gr. gegenüber der Schwebungsspannung verlagerte Summenspannung zusätzlich beeinflußt, so daß ein Verlauf des Kondensatorstromes J_c nach Abb. 306 erreicht wird. Schlupf- und Schwebungsgrößen wirken im Parallelschaltrelais einander entgegen, so daß die Kontaktgabe bei fallendem Drehmoment im Schnittpunkt der beiden Kurvenzüge zustande kommt. Die Tatsache, daß die Amplitude des Kondensatorstromes unmittelbar von der Größe des herrschenden Schlupfes abhängt, bietet die Grundlage dafür, daß auch bei dieser Anordnung die Befehlsgabe mit konstanter Vorgabezeit erfolgt. Durch Veränderung der Wirkung des Schwebungsgliedes gegenüber der schlupfabhängigen Erregung im Kondensatorkreis ist es möglich, die Befehlsvorgabezeit der Eigenzeit der Schalter anzupassen. Eine zusätzliche Schlupfüberwachung sorgt bei dieser Anordnung dafür, daß die Schaltung nur dann freigegeben wird, wenn der zulässige Schaltschlupf unterschritten ist.

Diese Einrichtung läßt einen größeren Vorgabewinkel als 110 el. Gr. zu, so daß auch noch Schalter mit einer Eigenzeit von 0,6 Sekunden bei einem zugelassenen Schaltschlupf von 1% zeitgerecht geschaltet werden können.

Ein selbsttätiges Parallelschaltgerät mit gleichbleibender Vorgabezeit unter Benützung des vorerörterten Grundprinzips verwendet zur Kleinhaltung der aufgenommenen Leistung Röhren.[2]

---

[1] Im Ablauf der Schwebungen wird der Kontakt des Parallelschaltgerätes umgeschaltet, je nachdem die Schwebungsspannung oder die schlupfabhängige Spannung überwiegt. Dies bedeutet praktisch, daß bei Bezugnahme auf die Kurvendarstellung im Bereich zwischen A und B der Kontakt des Parallelschaltrelais nach der einen Seite und zwischen den Punkten B und A nach der anderen Seite ausschlägt.

[2] Ausführung der Westinghouse Co., Pittsbourg, USA.

Die Kondensatorspannung ist hierbei nur von der Differenzspannung abhängig gemacht; hierdurch ist der Vorgabewinkel auf maximal 45 el. Gr. beschränkt, die Anordnung deswegen nur für Schaltschlupfe bis zu 0,5% anwendbar. Der Schlupfbegrenzung dient eine zweite Röhrenschaltung, die von einer konstanten Gitterspannung beeinflußt wird, in der zusätzlich die Schwebungsspannung wirksam wird. Bei einer bestimmten Differenzspannung zündet die Röhre, wodurch der Schaltvorgang freigegeben wird. Der Vorgabewinkel und damit der Schaltschlupf können durch Veränderung der negativen Gitterspannung beeinflußt werden.

Bei der Parallelschalteinrichtung nach Abb. 307 wird von einer Kontaktbahn *1573* des Voreilreglers *1572*, deren Enden an zwei Phasen des Systems angeschlossen sind, eine Spannung abgenommen, die, wie leicht verständlich, bei Mittelstellung gleich der negativen Spannung der dritten Phase des Systems gegen den Sternpunkt ist. Diese Spannung wird der der gleichen Phase des parallel zu schaltenden Generators über den Parallelschaltapparat *1575* entgegengestellt, wobei die Abstufung des Widerstandes *1573* im Voreilregler so getroffen ist, daß der

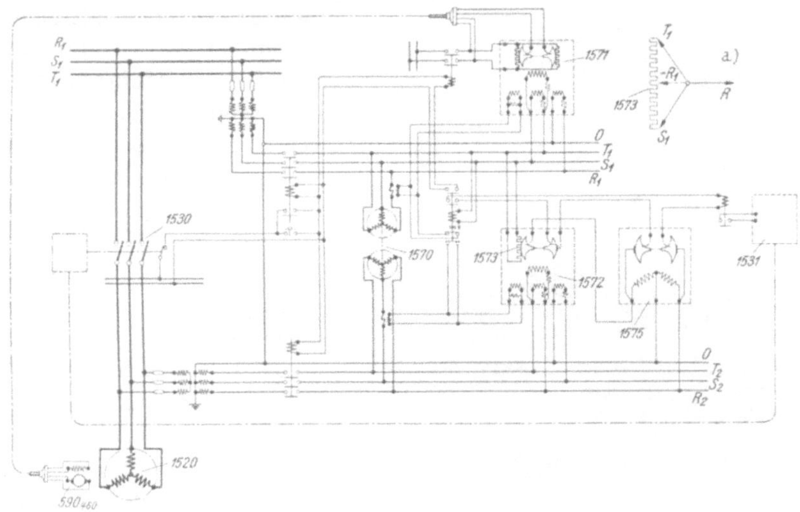

Abb. 307.

Kontaktgeber des Parallelschaltapparates *1575* um einen elektrischen Winkel vor Phasenübereinstimmung der Drehfelder durch die Mittellage geht, die dem mechanischen Drehwinkel des Voreilreglers proportional ist. Nachdem letzterer ein Maß für den Schlupf darstellt, erfolgt die Kontaktgabe unabhängig von diesem mit konstanter Vorgabezeit.

Ein weiterer Kontakt am Voreilregler sorgt für die Sperrung der Einschaltung außerhalb des zugelassenen Schlupfbereiches.

Zur Einsteuerung der Frequenz dient eine aus zwei Kurzschlußankermotoren bestehende Vergleichsgruppe *1570*, deren dem Schlupf proportionale Leistungsaufnahme bzw. -abgabe die Stellung eines Ferraris-Wattmeters (Steuerregler *1571*) bestimmt, an dem über parallelgeschaltete Sektoren die Spannung zur Steuerung des Drehzahlverstellmotors *590* abgegriffen wird.[1]

Bei Geräten, die mit konstantem Vorgabewinkel arbeiten [10], wird der Phasenwinkel der Spannungen der zusammenzuschaltenden Stromkreise über zwei gegengeschaltete Triebsysteme festgestellt. Über Eingrenzungskontakte wird der Schaltbefehl, der durch ein bei Phasengleichheit abfallendes Relais gegeben wird, erst bei Bestehen eines bestimmten Voreilwinkels freigegeben und durchgeführt, wenn die Schwebungsdauer genügend lang geworden ist, in welchem Falle der Einschaltbefehl über die Eingrenzungskontakte länger aufrechterhalten wird, als der Ansprechzeit des vorerwähnten Einschalt- (Befehls-) Relais entspricht.

---

[1] Bei ± 0,4% Schlupf hört die Steuerung auf, um die Maschine möglichst asymptotisch an die Netzfrequenz heranzuführen.

E. Verfahren zusammenhängender Schalt- und Steuerfolgen.

Als Selbststeuerung hat sich ein besonderes Verfahren der Bedienung herausgebildet, dessen wesentliches Kennzeichen die Zusammenfassung aller zu einem gemeinsamen Ziel der Steuerung gehörigen Einzelvorgänge in einem Ablauf ist. Dabei ist Voraussetzung, daß alle Betätigungen durch elektrische oder hydraulische Antriebe ermöglicht sind, ebenso wie die Steuerung aller Antriebe auf elektrischem Wege vorgesehen ist. Die Schalthandlungen, die letzten Endes zur Überführung von einer Betriebsform in die andere notwendig sind, können mehr oder weniger in einzelne Teilvorgänge zusammengefaßt werden, wofür die Betriebs- und Bereitschaftsbedingungen der Anlage maßgebend sind. Die Bereitstellung des Betriebswassers über Wasserschloß und Rohrleitung als Voraussetzung für das Inbetriebgehen der Gruppe — ein Vorgang, der längere Zeit beansprucht und bei planmäßigem Einsatz vorzeitig durchgeführt werden kann — wird zweckmäßig, losgelöst von der umfangreichen Schaltfolge für den Einsatz der Maschinengruppe, als in sich geschlossener Teilvorgang durchgeführt, der auf einen einzigen Befehl in

Abb. 308.

zwangsläufiger Schaltfolge abrollt. Demgegenüber ist es durchaus berechtigt und bei ausgeführten Anlagen vielfach angewendet, daß alle übrigen zur Inbetriebnahme des Maschinensatzes gehörenden Einzelhandlungen einschließlich des Zuschaltvorganges auf einen einzigen Befehl hin ausgelöst werden. Das Belasten der Maschine hingegen ist praktisch stets dem besonderen Eingriff vorbehalten.[1]

Diese Anordnung hat sich nicht nur für den örtlich weitgehend selbstgesteuerten Betrieb der Kraftwerke bewährt, bei dem nur wenige Steuerbefehle noch erteilt werden, um alle im Betriebsablauf vorkommenden Aufgaben zu bewältigen, sondern besonders auch für den ferngesteuerten Betrieb von Wasserkraftwerken. Die örtliche Selbststeuerung mit ihrer gebundenen Schaltfolge und der Überwachung des Schaltablaufes schafft hier die Voraussetzung für die wirtschaftliche Anwendung der Fernsteuerung, wodurch diese von Aufwendungen für eine Einzelbefehlsgabe und der Überwachung der durchzuführenden Schaltungen entlastet wird. Überdies besitzt die Fernsteuerung kein Mittel, Einfluß auf die Beseitigung von Störungen in der Schaltapparatur in der gesteuerten Anlage zu nehmen, weshalb auch in dieser Hinsicht eine weitgehende Auflösung der Steuerbefehle nicht berechtigt erscheint.

Bedingt durch diesen grundsätzlichen Aufbau der Selbststeuereinrichtungen bestehen diese stets aus einer größeren Gruppe von Einzelrelais, die der Befehlsweitergabe an die Antriebe der zu betätigenden Organe dienen. Daneben ist eine weitere Gruppe von Relais erforderlich, die, meist mit meßtechnischen Eigenschaften ausgerüstet, den Fortschritt des Schaltablaufes sowie die Erreichung der Teilziele festzustellen und den Befehl für die Durchführung des nachfolgenden Vorganges weiterzugeben haben. Im wesentlichen haben sich zwei Verfahren der geschlossenen Selbststeuerfolge herausgebildet und in häufigen Anwendungen voll bewährt.

1. *Reine Relaisselbststeuerschaltungen* (Abb. 308). Bei diesen sind sowohl für die meßtechnische und physikalische Überwachung des Ablaufes der einzelnen Steuerschritte als auch für die Durchführung der Fortschaltung — also die Befehlsgabe an die Antriebe — Relais vorgesehen. Der Aufbau der Stromkreise der Einzelrelais in der reinen Relaisselbststeuerung zeigt als grundsätzliches Merkmal bei den Wächterrelais die Zusammensetzung aller Voraus-

---

[1] Dies ist mit Rücksicht auf eine elastische Betriebsführung erforderlich; s. S. 162.

setzungen für den nächsten Schalt- bzw. Steuerschritt über Abhängigkeitskontakte bzw. Endschalter weiterer Wächterrelais.

Neben dieser Ausführungsform besteht 2. die *Meisterwalzenselbststeuerung*, bei der in ähnlicher Weise die Überwachung des Steuerungsablaufes durch besondere Relais mit meßtechnischen Eigenschaften durchgeführt wird (Schaltfolgenrelais), während die Befehlsweitergabe an die Antriebe durch die Meisterwalze selbst erfolgt. Diese wird dabei in einzelnen Schritten fortgeschaltet, betätigt durch einen motorischen Antrieb. Während der Zurücklegung eines Schrittes werden alle gleichzeitig oder in einer bestimmten Folge nacheinander zu bewirkenden Schalthandlungen richtig veranlaßt, wobei vor dem Übergang auf den nächsten Schritt auch eine Stillsetzung der Walze zustande kommt. Der Weiterlauf wird eingeleitet durch das nächste Schaltfolgenrelais, das die Meldung über die richtige Vollendung des vorhergehenden Schrittes an den Meisterwalzenantrieb weitergibt.

In jeder für weitgehend selbstgesteuerten Ablauf der Betriebsvorgänge eingerichteten Anlage werden Vorkehrungen getroffen, um auch die gesamte Steuerung durch Einzelbefehlserteilung an zusammengehörige Gruppen von Vorgängen oder gar für jede Einzelhandlung zu ermöglichen. Die Methode der Bedienung wird durch einen entsprechenden Umschalter ausgewählt.[1] Bei der aufgelösten Steuerung bleibt es der Verantwortung des Wärters überlassen, die richtige Reihenfolge der Einzelvorgänge selbst zu erkennen und zu beachten. Jedem Betätigungsorgan werden, zweckmäßig auch die räumliche Anordnung berücksichtigend, die erforderlichen Überwachungsgeräte für die Beobachtung des Erfolges der Maßnahmen zugeordnet.

Anstatt der Möglichkeit, die einzelnen Maßnahmen handbedient und unabhängig voneinander einleiten zu können, sind auch Lösungen verwirklicht worden, bei denen durch Anordnung einer von Hand zu betätigenden Schaltwalze (Abb. 309) eine zwangsläufige Folge der einzelnen Maßnahmen gesichert ist. Diese Schaltwalze[2] besitzt eine Reihe von

Abb. 309.

---

[1] Dieser besitzt gewöhnlich drei Stellungen: Selbststeuerung — Handbedienung — Ausschalten der Betätigung.

[2] In einem Pumpspeicherwerk, das für örtlichen Selbstanlauf ausgerüstet ist, wurde eine Fortschaltwalze mit zehn Stellungen angeordnet mit der nachstehend verzeichneten Zuordnung der Steuervorgänge:

0. Ausschaltstellung,	6. Kuppeln,
1. Hilfspumpen „ein",	7. Pumpenbetrieb,
2. Bereitschaft,	8. Pumpenschieber „zu",
3. Turbinenleerlauf,	9. Entkuppeln,
4. Generatorbetrieb,	10. Turbinenkugelschieber „zu".
5. Phasenschieberbetrieb,	

Die Stellungen 0 bis 3 ermöglichen in diesem Falle die Befehlsgabe zu einem Teilablauf der Gesamtsteuerung, der zur Beschleunigung der Inbetriebnahme erwünscht sein kann. In der Stellung 2 werden alle Eigenbedarfshilfsbetriebe für das Anfahren der Maschinengruppe eingesetzt; außerdem bedeutet diese Einstellung eine Nachprüfung sämtlicher Voraussetzungen für die Inbetriebnahme. Hierzu gehören das Vorhandensein des erforderlichen Öldruckes für die Regelung, der Einsatz der Kühlwasserpumpen, der Luftverdichter u. a., die Betätigung der Öffnungsbegrenzung, die Rückführung der Drehzahlverstellung in ihre tiefste Lage, ferner die Feststellung, daß der Entregungsschalter nicht eingelegt ist, in der Gefahrmeldeanlage keine Störungsmeldung ansteht usw. Bei Einstellung der Stufe 3 wird zusätzlich noch die Steuerung des mechanischen Anlaufes und das Hochfahren des Maschinensatzes über die Turbine veranlaßt. Erst auf Stufe 4 kommt abschließend

Einstellrasten, denen die Steuerverbindungen zur Durchführung eines bestimmten Teilvorganges zugeordnet sind, deren Aneinanderreihung somit durch Fortschaltung der Walze vorgenommen werden kann. Die Vollendung des eingestellten Teilvorganges wird rückgemeldet. Damit können gewisse Betriebsformen, z. B. die Anlaufbereitschaft bei Ausfallsreserven, die sonst in dem Zuge eines durchgehenden Ablaufes liegen, vorbereitend hergestellt werden, bzw. kann die Prüfung der Selbststeuerung in Teilabschnitten vorgenommen werden. Der Walzenschalter vermittelt bei Einstellung auf eine besondere Raste auch die Befehlserteilung zur Durchführung der Anlauffolgen in einem Zug.[1]

F. Bedienungsstände für die Betriebsführung in Wasserkraftwerken.

Die Steuerstände für die Bedienung und Betriebsüberwachung von Wasserkraftwerken werden in engster Angleichung an die in Aussicht genommene Betriebsgestaltung ausgelegt. Die ursprüngliche Ausführungsform der Steuerstelle, bei der nur die Hilfsmittel für die Überwachung und Durchführung des laufenden Betriebes vorgesehen wurden, ist heute nur noch ausreichend für kleine Kraftwerke mit örtlicher Nahbedienung bei dauernder Anwesenheit eines oder mehrerer Wärter. Für den hydraulischen Teil dieser Anlagen waren kaum Vorkehrungen zum Eingreifen von der Steuerstelle aus getroffen, da die Betätigung der hydraulischen Organe durchwegs von Hand aus erfolgte.

Abb. 310.

Mit zunehmender Anwendung besonderer elektrischer oder hydraulischer Antriebe wurde auch die Steuerung unabhängig von der Lage der zu bedienenden Organe, wodurch es möglich wird, die Bedienung des hydraulischen Teiles der Anlage für jeden Maschinensatz an einem Punkt im Bereich der Gruppe zusammenzufassen. Von dort aus wird auch der Einsatz aller Hilfsbetriebe (Inbetriebnahme der Lageröl- und Reglerölpumpen, der hydraulischen und elektrischen Antriebe usw.) vorgenommen, ebenso werden dort alle Einrichtungen zusammengefaßt, die infolge der Fernverstellung zur Überwachung der eingeleiteten Vorgänge und Meldung der Betriebsbereitschaft der Betätigungsmittel erforderlich sind. Bei Überwachung jedes Einzelvorganges der Steuerung und unter Benützung einer Verständigungsanlage zwischen elektrischer Warte und Steuerstand im Maschinenhaus wird bei dieser Auslegung der Betriebsausrüstung nach erfolgtem Hochfahren des Maschinensatzes die Fortführung der Indienststellung dem Wärter in der Warte übertragen, zu dessen Obliegenheiten auch alle Maßnahmen im laufenden Betrieb — Wirk- und Blindlastverteilung sowie die Überwachung des Betriebes — gehören.

der Parallelschaltvorgang zustande. Es besteht auch die Möglichkeit, die Steuerwalze in einem Zuge auf die Befehlsstufe des in Aussicht genommenen endgültigen Betriebszustandes einzustellen, z. B. Generatorbetrieb, ohne daß die vorhergehenden Befehlsstufen einzeln mit Unterbrechung überschritten werden. Bei dieser Handhabung wird dann der gesamte Selbstanlauf in einer Steuerfolge abgewickelt, selbstverständlich unter selbsttätiger Berücksichtigung der für den Einzelvorgang geltenden Voraussetzungen. Letztere werden dabei durch dafür eingesetzte Relais in der Steuerfolge überprüft.

Bei Einstellung der Befehlswalze auf Stufe 7 erfolgt der Ablauf aller Maßnahmen für die Herbeiführung des den Pumpenbetrieb entsprechenden Zustandes in einem Zuge.

Die Stellungen von 8 bis 10 umfassen Teilsteuervorgänge für die Stillsetzung in einer Weise, wie die Stufen 1 bis 3 eine Einzelbefehlsgabe zum Inbetriebgehen ermöglichen.

[1] Eine Sonderausführung der A. E. G. läßt einen angewählten Befehl selbsttätig mehrmals wiederholen als Mittel, um trotz eines einmaligen Relaisversagers die Abwicklung des Vorganges nicht zu unterbrechen.

Bei dieser Lösung werden also noch zwei Steuerstände unterschieden, an denen zeitlich nacheinander die Bedienung eingreifen muß, um den Gesamtvorgang durchzuführen (Abb. 310). Auf dem Pult im Bereich jedes Maschinensatzes sind außer den Handantrieben für die Betätigung der Vorsteuerventile zu den Druckölantrieben auch alle Meßgeräte zur Überwachung der hydraulischen Vorgänge zusammengefaßt; von elektrischen Meßgrößen wird lediglich die Wirkleistung der Maschinengruppe angezeigt. Die Empfangseinrichtung der Verständigungsanlage sowie die Gefahrmeldeanlage für den hydraulischen Teil jedoch sind zur Erleichterung der Überwachung desselben ebenfalls am Pult im Maschinenhaus angeordnet.

In den mit örtlicher *Selbststeuerung* ausgerüsteten Kraftwerksanlagen wurde vielfach dieselbe Auslegung der Bedienungsstände vorgesehen. Dabei ist zu berücksichtigen, daß in diesen Anlagen praktisch stets die Durchführung aller Maßnahmen des Betriebswechsels unter Einsatz der Selbststeuerausrüstung eingeleitet wird. Die Befehlserteilung zum Selbstanlauf und zur Stillsetzung erfolgt dabei von der elektrischen Warte des Kraftwerkes aus.[1] Allenfalls werden die elektrischen Antriebe für die Betätigung der hydraulischen Vorsteuerungen der Druckölservomotoren zu den Einlaßorganen auch in der Nähe der Turbinenanlage an einem Punkt zusammengezogen, von wo aus auch die Durchführung aller Einzelmaßnahmen der Steuerung des hydraulischen Anlaufes des Maschinensatzes bei Handbedienung möglich ist. Dieser zusätzlichen Ausrüstung kommt die Bedeutung zu, jederzeit die Inbetriebnahme des Turbinenteiles nicht selbstgesteuert, sondern in Einzelvorgängen durch den Wärter im Turbinenhaus durchführen zu können, bzw. die Durchprüfung der einzelnen Steuerschritte und Antriebe, die in dem Gesamtablauf der Selbststeuerung wirksam werden müssen, vornehmen zu lassen.

In den für örtlich weitgehende Selbststeuerung ausgelegten Großkraftwerken, bei denen erstere zur Vervollkommnung und Beschleunigung aller Maßnahmen des Betriebswechsels dient und in denen die Befehlserteilung und Betriebsüberwachung dem Bedienungspersonal innerhalb des Kraftwerkes übertragen wird, vermittelt die Selbststeuerausrüstung gleichzeitig einfache Möglichkeiten einer weitgehenden Überwachung aller Einzelheiten beim Ablauf der Betriebsmaßnahmen durch die in diese einzubeziehenden Rückmeldungen. Für diesen Zweck haben sich im allgemeinen *Leuchtbilder* als Hilfsmittel der Überwachung eingeführt. Jedem Maschinensatz wird ein besonderes Meldebild (Abb. 309) zugeordnet, auf dem symbolisch die Maschinengruppe dargestellt ist. Dem Wärter ist hierdurch die Möglichkeit gegeben, jeden Anfahr- und Stillsetzvorgang in allen einzelnen Schritten der Steuerung zu verfolgen. Besonderes Kennzeichen dieses Verfahrens des Meldens ist eine überlegene Übersichtlichkeit bei Beschränkung auf engsten Raum.[2]

G. Eigenbedarfsstromquellen.

Die größte Unabhängigkeit der Hilfsstromquellen ist eine der wichtigsten Voraussetzungen der Betriebsbereitschaft und Sicherung der Kraftwerke im Hinblick auf ihre Bedeutung im Rahmen der Stromversorgung der Netze. Dank der Unabhängigkeit von äußeren Einflüssen und dank der Eigenschaft, einen bestimmten Energievorrat speichern zu können, sind Gleichstrombatterien auch heute noch ein unentbehrliches Hilfsmittel der Eigenbedarfsversorgung. Batteriespannungen unterhalb 48 V sind nur zulässig in kleinen Kraftwerken, die für die Inbetriebhaltung der Gesamtanlagen einer Stromversorgung keine entscheidende Bedeutung besitzen. Zuverlässige Wartung und Überwachung des Ladezustandes der Batterien ist unerläßlich; auf diesen kann aus der herrschenden Batteriespannung ein Rückschluß nur gezogen werden in Verbindung mit einer bestimmten Belastung.[3]

---

[1] Die Befehlsgabe für den Anlauf des hydraulischen Teiles erfolgt unter Umständen auch vom Bedienungsstand im Maschinenraum.

[2] In einem Leuchtbild mit den Abmessungen 45 × 60 cm lassen sich leicht 60 und mehr Meldungen mit großer Klarheit darstellen.

[3] Zwecks Erleichterung der Wartung und Überwachung der Batterie empfiehlt es sich, eine betriebsmäßige Prüfschaltung vorzubereiten, bei der vorübergehend eine Belastung mit dem einstündig zugelassenen Entladestrom möglich ist.

Der Batterie fällt im Kraftwerksbetrieb die Aufgabe der Versorgung aller Stromkreise für die Steuerung, Überwachung und Meldung zu, ferner die Speisung der Notbeleuchtung. Da die Leistungen der motorischen Hilfsbetriebe auch in Wasserkraftwerken die Leistungsfähigkeit wirtschaftlich ausgelegter Gleichstrombatterien überschreiten, werden allgemein die Motorantriebe, die eine Dauerbelastung darstellen, für Drehstrom ausgelegt. Nur Motoren, die Notreserven antreiben, also vorübergehend eingesetzt werden, müssen an die Gleichstrombatterie angeschlossen werden.

Der Sicherstellung der Drehstromeigenbedarfsversorgung der Kraftwerke kommt deswegen gleichfalls eine besondere Bedeutung zu. Um die Unabhängigkeit der Hilfsbetriebe für die laufende Versorgung der Hauptmaschinengruppen vom Vorhandensein des Drehstroms auf ein tragbares Maß zu beschränken, ist anzustreben, alle Einrichtungen so auszulegen, daß ein Betriebsausfall der Drehstromversorgung für die Dauer von 1 bis $1^1/_2$ Minuten tragbar ist. Diese Zeiten sind für das Ingangbringen von Reservestromquellen bei Anwendung neuzeitlicher Hilfsmittel der Steuertechnik zuverlässig und ausreichend. Die zu fordernde Sicherstellung der Speisung der Eigenbedarfsbetriebe mit Drehstrom läßt sich erfahrungsgemäß mit ausreichender Zuverlässigkeit gewährleisten, wenn außer der normalen Versorgung aus dem Eigenbedarfstransformator[1] des Kraftwerkes oder einer Fremdspeisung aus dem Nachbarkraftnetz über eine besondere Freileitung noch ein Eigenbedarfsmaschinensatz vorhanden ist. Um den Schnelleinsatz dieser Notstromversorgung sicherzustellen, empfiehlt sich die vollselbsttätige Steuerung dieser Gruppe mit Einsatz abhängig vom Spannungszusammenbruch in der Normalversorgung. Erfahrungsgemäß ist hierdurch die Möglichkeit gegeben, etwa innerhalb $^1/_2$ Minute die Weiterversorgung im Falle des Aussetzens der normalen Belieferung sicherzustellen.

In Einzelfällen sind in Wasserkraftwerken als Notstrommaschinengruppen auch vollselbsttätige Diesel-Aggregate zur Aufstellung gekommen. Dabei kann innerhalb von höchstens 10 Sekunden mit der zuverlässigen Inbetriebnahme der Ersatzstromversorgung und der Weiterspeisung des Eigenbedarfes gerechnet werden. Bei dieser Lösung ist die größte Unabhängigkeit der Eigenstromversorgung gewährleistet, da eine von den hydraulischen Bedingungen unabhängige Antriebsmaschine Verwendung findet.

Wo zwei voneinander unabhängige Drehstromquellen in einem Kraftwerk zugänglich sind, die dauernd unter Spannung stehen, kann auch durch selbsttätige Umschaltung bei Aussetzen der einen Versorgung auf die andere praktisch ohne Zeitverzug übergegangen werden.

H. Die Steuerstromkreise.

Ein- oder zweipoliges Schalten. Die weitaus meisten Anlagen für eine selbstgesteuerte Betriebsführung sind für einpoliges Schalten der Steuerstromkreise ausgelegt; in wenigen Fällen ist die zweipolige Betätigung in Anwendung. Eine Überlegenheit der einen gegen die andere Methode war auch in langjähriger Betriebszeit nicht zu erkennen, selbst nicht in Anlagen, in denen die beiden Verfahren nebeneinander benützt sind. Da zudem die zweipolige Betätigung durch die dabei unvermeidliche Häufung der Kontakte in den Steuerstromkreisen in ihrer Übersichtlichkeit ungünstig beeinträchtigt wird, ist der Anwendung der einpoligen Betätigung der Vorzug zu geben. Wichtig ist bei der Wahl der einpoligen Steuerung die richtige Einfügung der Kontakte auf der positiven Polseite der Spule des zu schaltenden Relais, wodurch Fehlermöglichkeiten, etwa durch Erdschluß auf der negativen Polseite der Steuerbatterie, ausgeschaltet werden. In jeder Anlage empfiehlt es sich, den Isolationszustand der Steuerbatterie selbsttätig durch Relais zu überwachen und damit sicher auch Erdschlüsse zu erfassen, die nur ganz vorübergehend bei Bestehen einer bestimmten Schaltung oder Schließen eines bestimmten Stromkreises wirksam werden.

Aufbau der Stromkreise in Arbeits- oder Ruhestromschaltung. Da bei Anwendung von Ruhestromschaltungen, insofern mit einem passiven Wirksamwerden eines Steuervorganges gerechnet werden muß, also bei Wegbleiben der Spannung ein Ansprechen erfolgen kann, wird im allgemeinen in der Selbststeuertechnik die Arbeitsstrombetätigung vorgezogen. In dem einzigen

---

[1] Für den gleichfalls eine volle Reserve durch einen Ersatztransformator vorzusehen ist.

Falle der Auslösung von Notschlußorganen, vor allem, wenn diese im entlegenen Wasserschloß oder in einer fernbedienten Anlage angeordnet sind, müssen die Nachteile des Ruhestromauslösekreises in Kauf genommen werden aus der Überlegung heraus, daß selbst eine unerwünschte Auslösung einem Versagen im Gefahrenfalle vorzuziehen ist. Um die wenigen Ruhestromkreise dieser Art von Fremdstörbeeinflussungen freizuhalten, empfiehlt es sich, zur Speisung der genannten Stromkreise eine besondere Batterie heranzuziehen.

J. Elektrische Hilfsantriebe.

Die Trennung von Steuerstelle und zu betätigenden Organen setzt die elektrische Steuerung der mit Drucköl oder motorisch betätigten Antriebe voraus.

Elektromagnete sind für einfache, schlagartig wirkende Hub- und Senkbewegungen, bzw. geringe Drehbewegungen mit einem Arbeitsaufwand bis zu 10 mkg anwendbar. Magnetantriebe ohne mechanische Verklinkung werden richtigerweise nur bei Arbeitsstromschaltung angewendet; Magnetantriebe mit Verklinkung eignen sich besonders für Bewegungsvorgänge, bei denen die hierdurch herbeigeführte Stellung des betätigten Organs längere Zeit aufrechterhalten bleibt. Der Antriebsmagnet liegt bei dieser Anordnung nur während des eigentlichen Bewegungsvorganges unter Spannung.

Elektromotorische Antriebe (Hubmotoren) unterscheiden sich von den Magnetantrieben mit Verklinkung dadurch, daß statt des Arbeitsmagneten ein Motor mit Zwischengetrieben, Mitnehmern usw. für die mechanische Umformung der drehenden Bewegung in die auf und ab gehende vorgesehen ist [20]; jedoch kann auch bei entsprechender Ausbildung der hydraulischen Steuerapparate (Drehschieber) auf letzteres verzichtet werden, wodurch eine gewisse Vereinfachung des Antriebes Platz greift, jedoch eine Verlängerung der Hubbewegung in Kauf genommen werden muß [10]. Derartige Antriebe werden überwiegend verwendet und sind bis zu Hubarbeiten von 150 cmkg bei Bewegungszeiten von 0,3 bis 1 sek für die Hubbewegung und 0,1 sek für die Rückstellung (Senkbewegung) entwickelt.

Druckluftantriebe haben bisher keine planmäßige Anwendung gefunden.

K. Anwendungsformen der Selbststeuerung.

a) Selbstgesteuerter Teilbetrieb (wartungslose Anlage).

Hierbei kommen zu den im betriebsmäßigen Zustand führenden bzw. regelnden Einrichtungen nur die in Störungsfällen in Tätigkeit tretenden Überwachungs- und Schutzmaßnahmen, für deren Auslegung im maschinellen Teil grundsätzlich zwei Möglichkeiten bestehen, je nachdem, ob

1. die Einrichtungen zur Abstellung des Maschinensatzes in Gefahrenfällen dem hydraulischen Regler zugefügt werden und über diesen wirken, oder

2. das Ansprechen der Überwachungseinrichtungen den Schluß des Hauptabsperrorgans der Turbine zur Folge hat.

Im letzteren Falle können die im Rahmen der betriebsmäßigen Drehzahl- bzw. Leistungssteuerung erforderlichen Einrichtungen unberührt von der Aufgabe des Schutzes der Anlage bleiben, was insbesondere bei Niederdruckanlagen kleiner Leistung mit der Möglichkeit der Anwendung *mechanischer Fallschützen* die Aufwendungen für die Einführung des unbesetzten Betriebes verhältnismäßig gering halten läßt, bzw. die Umstellung darauf erleichtert. Anderseits kann für bedeutendere Anlagen durch Einbeziehung des hydraulischen Reglers in die Schutzmaßnahmen deren Zuverlässigkeit erhöht werden. Für die unter 2) genannte Auslegung mit Beschränkung der Schutzmaßnahmen auf den ausschließlichen Einsatz des Einlaßorgans erübrigen sich weitere Ausführungen hinsichtlich der Gesamtanordnung. Sämtliche als notwendig erkannte Überwachungseinrichtungen, wie etwa Lager- und Überdrehzahlwächter, Öldruckrelais bei Windkesselreglern, Fehler im elektrischen Teil mit der Notwendigkeit der Abstellung des Maschinensatzes, unterbrechen über entsprechende Relais mit Anzeige der Fehlerart den Ruhestromkreis des Haltemagneten zur Auslöseeinrichtung des Selbstschlußorgans.

Die Ausstattung des selbsttätigen Reglers, falls dieser den *zusätzlichen* Schluß des Turbinenleitapparates in Störungsfällen durchführen soll, unterscheidet sich von jenen Aufwendungen, die bei ausschließlicher Übertragung des Schutzes an den hydraulischen Regler erforderlich sind, grundsätzlich nur durch den Entfall der selbsttätigen Verriegelung des Leitapparates in der Schlußstellung; die erweiterte Form 2 geht somit aus der sinngemäßen Ergänzung der

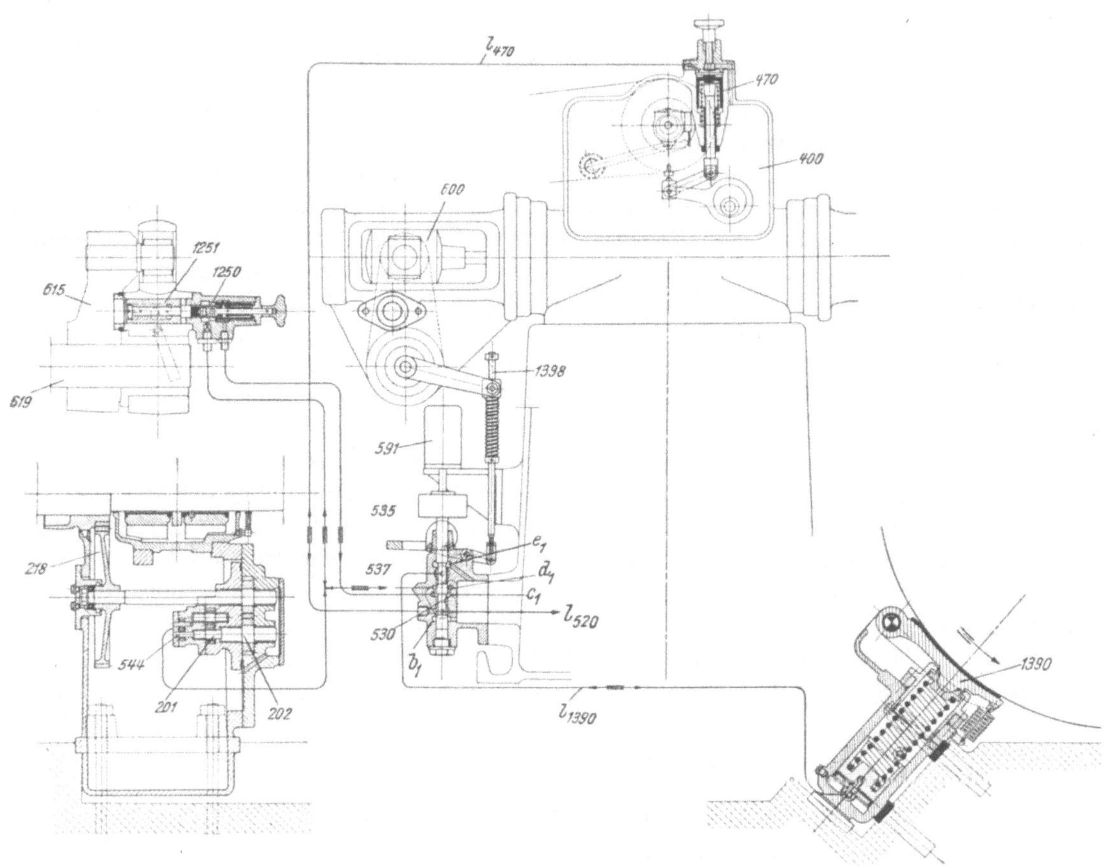

Abb. 311. Schema (gezeichnet für Betrieb).

nachfolgenden, auf Form 1 sich beziehenden Auslegung durch die Schalteinrichtungen zum Schnellschlußeinlaßorgan hervor.

Auslegung für unbesetzten Betrieb nach 1 (Abb. 311) [2, 10].

a) Starrer Antrieb *218* der Reglerpumpe *202/201* von der Turbinenwelle aus.[1]

b) Fernschwimmereinrichtung (s. S. 77).

c) Öldruckgesteuerte Verriegelung des Turbinenleitapparates in der Schlußstellung (s. S. 171).

d) Selbsttätige Bremsung (s. S. 191).

e) Steuerstrom aus Hilfsgleichstromdynamo.

Sämtliche Überwachungseinrichtungen wirken auf das magnetbetätigte Schaltventil *530*, dessen Schaltstift betriebsmäßig durch den unter der Spannung der Hilfsdynamo stehenden Magnet *591* hochgezogen ist, wobei mit Abschluß des Steuerraumes d_1 die Förderung der Hilfspumpe *544* über die ausgezogene Verriegelung *1250* und c_1 zum Betätigungskolben der hydraulisch arbeitenden Öffnungsbegrenzung *470* einerseits (l_{470}) sowie zur Drosselsteuerung der Fernschwimmereinrichtung *520* anderseits (l_{520}) geleitet wird. Damit ist die Lage der Öffnungsbegrenzung der Wasserstandsüberwachungseinrichtung (s. S. 171) unterstellt. In Störungsfällen erfolgt die

---

[1] An dessen Stelle kann auch ein Schwungrad oder ein Schließwindkessel, bzw. bei Windkesselreglern die Druckspeicherüberwachung treten.

Entspannung des Hubmagneten *591*. Solange der Regler nicht in der Schlußstellung ist, kann der Schaltstift *530*, des über Gestänge *1398* hochgehaltenen Anschlages *537* halber, nur in jene Stellung abfallen, in welcher wohl die Steuerräume c_1, d_1 kurzgeschlossen sind (Bereitstellung der Verriegelung *1250* durch Verbindung der Leitungen d, s. a. Abb. 255) sowie über b_1 der Raum über dem Kolben zur Öffnungsbegrenzung *470* entlastet ist (Schluß des Reglers), hingegen Raum e_1 noch Abströmung besitzt und somit die Bremsleitung l_{1360} drucklos bleibt. Erst bei nahezu geschlossener Turbine wird der vollständige Abfall des Schaltstiftes *530* durch das Abhängigkeitsgestänge *1398* freigegeben und Ablauf e_1 gesperrt, wodurch über Leitung l_{1390} das hydraulisch betätigte Triebwerk zur Bremse beaufschlagt wird. Zur Einstellung der betriebsmäßigen Lage des Schaltstiftes *530* vor Beginn des Anlaßvorganges, also bei stehender Maschine und damit spannungsloser Hilfs-

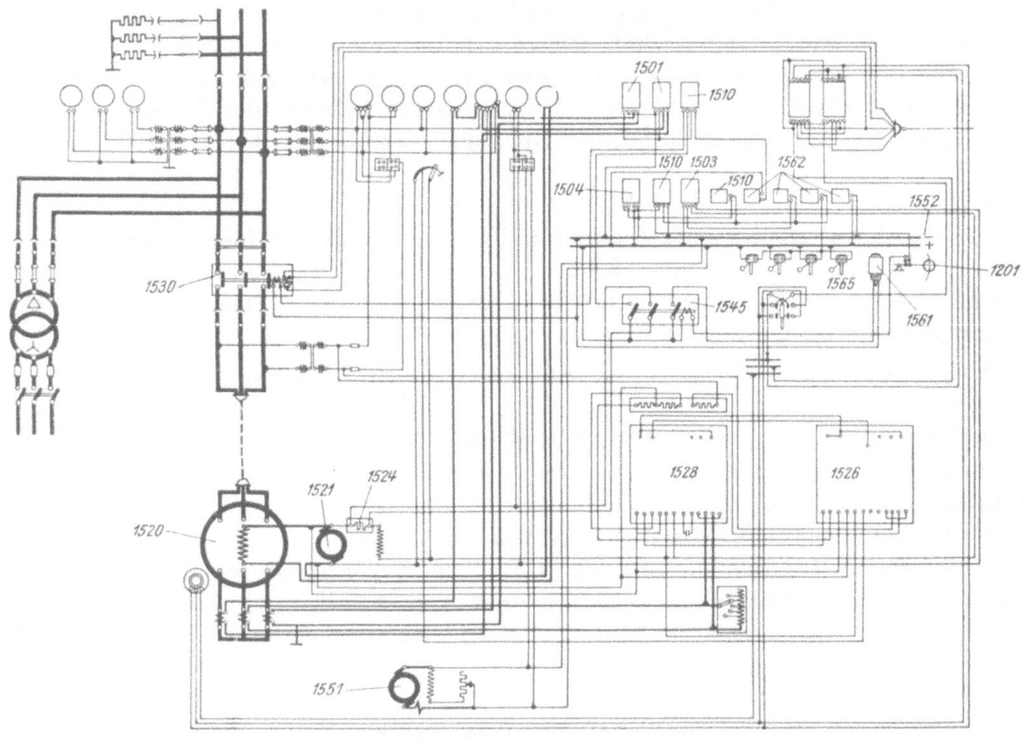

Abb. 312.

dynamo, ist die Unterstellung *535* vorgesehen, welche nach Anziehen des Magneten *591* selbsttätig herausfällt. Auf die zusätzliche mechanische Sperrung des Verriegelungsbolzens *1251* wurde bereits an früherer Stelle hingewiesen.

Die Auslegung der Überwachungs- und Schutzeinrichtungen für den elektrischen Teil zeigt Abb. 312. Überstrom, Maschinenüberspannung und Überdrehzahl, letztere gemessen an der Spannung der Hilfsdynamo *1551*, bewirken das Ansprechen der zugehörigen Überwachungsrelais *1501, 1503, 1504*, die, soweit erforderlich, durch Zeitrelais *1510* ergänzt sind. Während der Überstromschutz nur die Abtrennung der Maschine vom Netz durch Auslösen des Hauptölschalters *1530* einleitet, bewirken alle übrigen Überwachungseinrichtungen die Öffnung des mehrpoligen Schaltschützes *1545* mit gleichzeitiger Auslösung des Ölschalters *1530*, Einschaltung des Feldschwächungswiderstandes *1524* sowie die Entspannung des Magneten *591* zum Schaltventil *530*.

Die im besonderen Falle überwiegend parallel betriebene Anlage wird durch den Stromregler *1528* auf konstante Stromabgabe entsprechend der zulässigen Belastung des Generators geregelt, während der vorgesehene Spannungsregler *1526* nur als Sicherheitsregler dient und bei Alleinbetrieb, bzw. nach Abschaltung eingreift.

b) Fernbediente Anlagen.

Bei diesen treten zu den Schutz- und Überwachungseinrichtungen des mechanischen Teiles
noch jene Maßnahmen, welche der Selbststeuerung des plangemäßen Anlauf- und Abstellvorganges dienen.

Der Anlaßvorgang läßt drei Stufen unterscheiden:

1. die Überführung des stillstehenden Maschinensatzes in den Zustand vor der Parallelschaltung;

2. die Parallelschaltung;

3. die Belastung des Maschinensatzes.

Auf die zur Durchführung der unter 2 und 3 genannten Aufgaben angewendeten Methoden
bzw. Hilfsmittel ist in früheren Abschnitten bereits eingegangen worden. Der Vorgang zur
Herbeiführung der Zuschaltbereitschaft richtet sich im wesentlichen darnach, ob das Hauptabsperrorgan in die Selbststeuerung einbezogen ist, diesem oder dem Regler die Herstellung
einer bestimmten Gesetzmäßigkeit des Drehzahlverlaufes während der Zuschaltperiode übertragen und welcher Art diese ist; schließlich auch nach der Turbinentype.

1. Niederdruckanlagen

bis zu einer gewissen Größe können bei vollständig oder teilweise geöffnetem Leitapparat durch
Eröffnung des Hauptabsperrorgans (Schütze, Drosselklappe) zum Anlauf gebracht werden;
hierbei kann bei genügend langsamer Eröffnung des letzteren eine Einsteuerung der Drehzahl
über dem Regler entbehrt werden.

Fernbediente Niederdruckanlage mit drehstromerregtem Asynchron-
generator [23, 20].

Anlauf bei geöffnetem Leitapparat, Steuerstrom aus dem Netz,[1] vieladrige Fernsteuer-
verbindung.

Selbststeuerausrüstung:

1. Hydraulisch betätigte Schnellschlußschütze (s. Abb. 266).

2. Hydraulischer Geschwindigkeitsregler (Windkesseltypenregler) mit elektrisch betätigter
Öffnungsbegrenzung, Druckölpumpe elektromotorisch angetrieben (Abb. 161).

3. Drehstromerregermaschine mit motorischem Antrieb und Selbsterregung, Leistungsschalter
mit motorischem Antrieb.

4. Überwachungseinrichtungen:

a) maschineller Teil: Wasserstands-, Windkesseldruck-, Lager- und Pendelriemenüber-
wachung, Überdrehzahl (Fliehkraftschalter, oberer Kontakt);

b) elektrischer Teil: zweiphasiger Überstromschutz, Überwachung der Erregung und der
Steuerspannung.

Ein besonderes Anfahrrelais übernimmt bei jeder Gruppe den von der Steuerstelle aus
gegebenen Befehl zum Inbetriebgehen bzw. Stillsetzen. Dieser Befehl wird nur dann wirksam,
wenn keine der Schutzeinrichtungen angesprochen hat. Auf das Anfahrkommando hin wird
zunächst der Motor der Druckölpumpe eingeschaltet. Bei Erreichung des normalen Druckes im
Speicher erfolgt selbsttätig:

1. die Unterspannungsetzung des Motors zur Erregermaschine, die mit dem Generator
elektrisch fest verbunden ist;

2. die Einstellung der Öffnungsbegrenzung knapp über Anlauföffnung;

3. a) die Erregung des Hubmagneten *591* zum Vorsteuerventil *530* im Schützenantrieb
(s. Abb. 266);

b) der Einsatz der Druckölpumpe *1298* zum Schützenantrieb.

---

[1] Eigenbedarfstransformator 50 kVA. Bei dieser Art der Bereitstellung des Steuerstroms ist
bei Spannungseinbrüchen des Netzes mit der Abschaltung der an sich ungestörten Anlage zu
rechnen, ein Umstand, der diese Art der Versorgung der Steueranlage nur bei unwichtigeren Anlagen als zulässig erscheinen läßt.

Mit Eintreten der Drucköleförderung wird die Schütze über Hubwerk *1291/1292* angehoben, wobei infolge der Verbindung desselben mit dem hydraulischen Antrieb zum selbsttätigen Windkesselabsperrventil

4. letzteres geöffnet wird und die Druckölfreigabe für die Leitradregelung erfolgt.

Die Turbine läuft hoch und wird bei angenäherter Erreichung der Synchrondrehzahl durch den mit der Turbinenwelle verbundenen Fliehkraftschalter (unterer Kontakt) ans Netz geschaltet.

Die Wirkleistung des Maschinensatzes wird ferngesteuert eingestellt; die Wasserstandsüberwachung ist dieser Einstellung überlagert. Die vorgehend angeführten Überwachungseinrichtungen mit Ausnahme des Überstromschutzes wirken auf Lösung des Leistungsschalters und Stillsetzung der betroffenen Gruppe durch Unterbrechung der Steuerstromversorgung. Die Wiederinbetriebnahme der gestörten Gruppe[1] ist nur nach Einlegen des Steuerstromschalters im fernbedienten Werk selbst möglich. Bei Überstrom erfolgt Abschaltung und Stillsetzung, jedoch mit selbsttätiger Wiederbereitstellung des Anfahrsteuerkreises nach Verschwinden der Störungsursache. In allen Fällen der Stillsetzung gewährleistet die Steuerung des selbsttätigen Absperrventils abhängig vom Druck im Hubzylinder die Bereitstellung des Drucköles bis zum erfolgten Abschluß der Schütze.

Für *Asynchronanlagen*, die an sich allein nicht betrieben werden können, ist die Anwendung eines selbsttätigen Drehzahlreglers nur unter Umständen erforderlich. Gewöhnlich genügt reine Wasserstandsregelung. Besonders einfach wird die Betriebsausrüstung bei Asynchronanlagen mit Kaplan-Turbinen und ausschließlicher Steuerung des Laufrades, wobei unter Anwendung einer Anordnung nach Abb. 180 der weitere Aufwand für die Regelung sich auf die Druckölpumpe beschränkt, die zweckmäßig starr von der Turbinenwelle aus angetrieben wird. Daß hierbei auch vorteilhaft eine Anordnung der Turbine mit Einbau in Heberkammer und hochgesaugtem Oberwasserspiegel (s. Abb. 268) verwendet wird, sei hier vermerkt.

2. Fernbedienter Betrieb *ohne* Einbezug des Hauptabsperrorgans in die Selbststeuerung.

a) Falls das Absperrorgan in die Selbststeuerung nicht einbezogen werden soll, ferner der selbsttätige Regler mit gespeichertem Drucköl betrieben wird, kann die durch die Selbststeuerung bedingte Ergänzung der Regelung etwa nach Abb. 313 ausgelegt werden [1].

Selbststeuerausrüstung:

1. Anlaufsteuerung (s. Abb. 302);
2. Öldruckspeicheranlage mit elektromotorisch angetriebener Hilfsölpumpe;
3. gesteuertes Absperrventil, kombiniert mit der
4. Verriegelung des Leitapparates in der Schlußstellung (s. Abb. 262).

Überwachungseinrichtungen:

5. Öldrucküberwachung durch manometrisches Ventil;
6. Pendelriemenbruchsicherung;
7. Fernabstelleinrichtung (Magnet *591*).

Schaltfolge für die Indienststellung:

1. Anlauf der Hilfspumpe *544* zur Herstellung des normalen Betriebsdruckes im Speicher *205*. Bei Erreichung desselben erfolgt bei Betriebsbereitschaft des Maschinensatzes an sich

2. die Umschaltung des manometrischen Ventils *230* mit

a) Unterdrucksetzung des Absperrventil *1260* betätigenden Kolbens,

b) die Verstellung des Umlaufventils *533*, wodurch das Regelgetriebe über Leitung l_{533} allmählich unter Druck gesetzt und Riegel *1251* wegen der zunächst noch auf „Schließen" stehenden Anlaufvorrichtung *1450* entlastet gezogen werden kann. Mit Erreichung der nahezu vollen Eröffnung von *1260* erfolgt,

c) die Unterdrucksetzung der Anlaufvorrichtung *1450*.

---

[1] Fehlermeldungen beschränken sich auf die Anzeige der Art der Störung (dauernd oder vorübergehend); gemeldet werden über eine normale Meßausrüstung Spannung, Strom und Wirkleistung, ferner der Betriebszustand.

Die planmäßige *Abstellung* des Maschinensatzes wird durch Entspannung des Hubmagneten *591* eingeleitet, wodurch mit Entlastung der Vorsteuerung *320*

a) Hauptsteuerkolben *301* unter Wirkung der Feder *302* in seine Schließstellung geht (Reglerschluß);

b) mit Entlastung des Kolbens zu *1260* die Verriegelung *1251* bereitgestellt und

c) Umlaufventil *533* geschlossen wird.

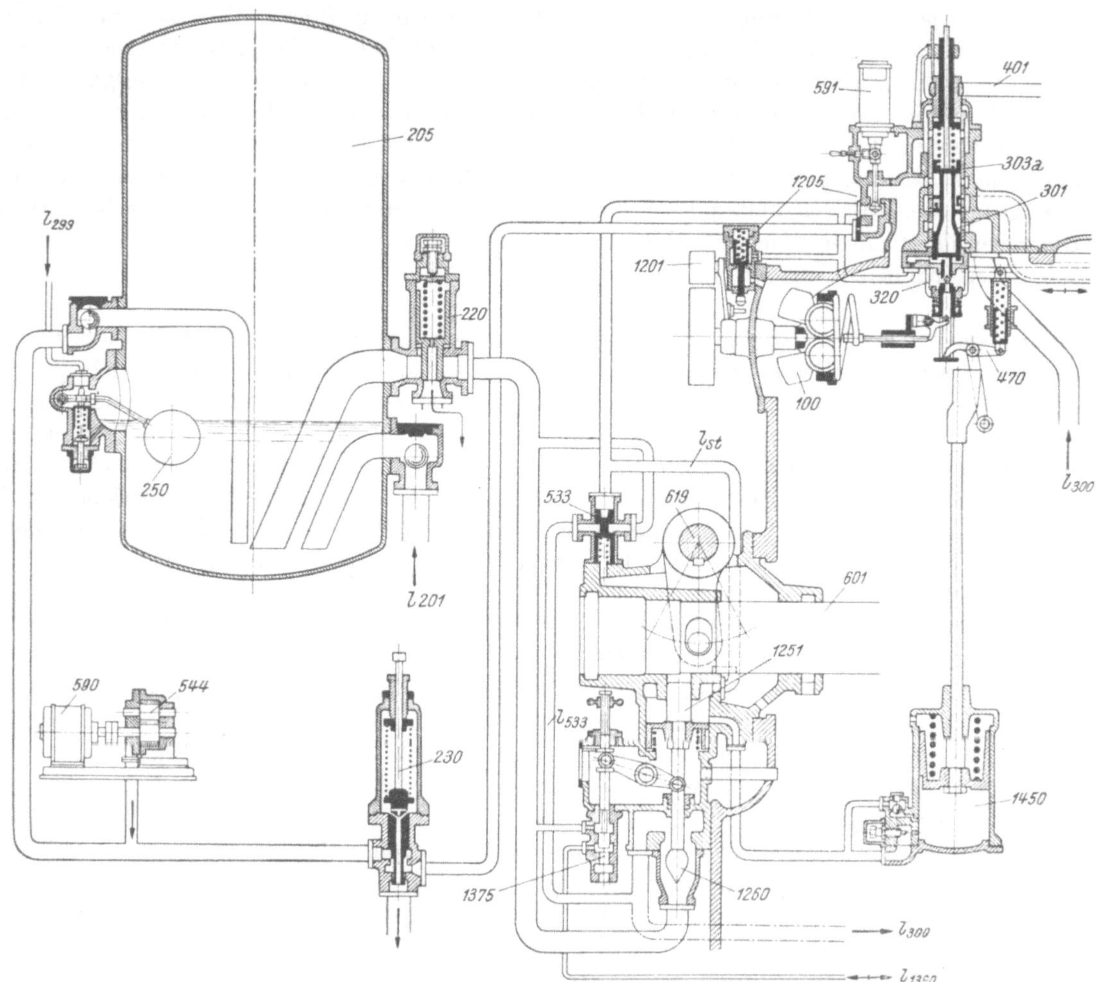

Abb. 313. Schema (gezeichnet für Betrieb).

Bei vollständigem Schluß des Leitapparates erfolgt

d) der Schluß des Absperrventils *1260* und

e) die Einsteuerung der Bremse (s. a. Abb. 262) über Schaltventil *1375*.

Die gleichen Schaltvorgänge werden selbsttätig bei Umstellung des Hilfsventils zu *1201* (Pendelriemenbruch), bzw. durch Umschaltung des manometrischen Ventils *230* bei unzulässigem Absinken des Öldruckes ausgelöst.

b) Wie bereits allgemein dargelegt, wird bei Großkraftanlagen der verhältnismäßig weite Abstand der einzelnen Steuereinrichtungen voneinander und zur Steuerstelle durch elektrische oder hydraulische Übertragungsmittel überbrückt, wobei die erforderlichen Abhängigkeiten und Verriegelungen der Steuerungen nach Zweckmäßigkeit je einem der Steuermittel übertragen werden. Bei den überwiegend hydraulisch bewirkten Kolbensteuerungen werden die notwendigen

Verblockungen vorteilhaft durch besondere Sperrkolben bewirkt, über welche in die Steuerung mehrere gleichzeitig bestehende Bedingungen eingeführt werden können.[1]

Eine derartige Auslegung unter Voraussetzung der Selbststeuerung des Absperrventils zum Windkessel, der Leitradverriegelung, der Bremseinrichtung sowie des Einbezuges der hydraulischen Handregelung in die Selbststeuerung werden in einer praktisch bewährten Form in Abb. 314 veranschaulicht [23].

Wird das Anlaßventil *530* von Hand oder mittels des Hubmotors *591a* elektrisch gehoben, wird gleichzeitig Sperrventil *535a* nach unten gedrückt. Über Leitung *a* tritt Drucköl aus dem Windkessel durch Ventil *530* und Leitung *b* unter den Verstellkolben des Schiebers *1260*, wodurch dieser geöffnet und das Regelsystem unter Druck gesetzt wird. Sobald *1260* zu öffnen beginnt, fließt Drucköl über die Leitungen *i* und *r* sowie die Ventile *530*, *535a* in das Endschaltventil *536* ein, welches, bei Erreichung der Offenstellung von *1260* aufgedrückt, Drucköl nach dem Riegel *1251* gelangen läßt (Leitung *o*). Da der Leitapparat, der Entlastung des Kolbens *1468* und des damit in seine Schließlage verstellten Steuerkolbens *301* halber (s. a. Abb. 149), in die geschlossene Stellung gepreßt wird, ist Riegel *1251* entlastet und kann herausgezogen werden. Im letzten Hubteil von *1251* wird Kolben *1256* umgestellt, wodurch Drucköl in den Sperraum von *1256* sowie über Leitung *k* unter den Sperrkolben von *535b* gelangt, diesen und Kolben *1256* in ihrer oberen Stellung hydraulisch verriegelnd. Mit der Umstellung des Sperrkolbens *535b* wird mit Unterdrucksetzung des Abstellkolbens *1465* (Leitung *h*) die Anlaufsteuerung (s. a. Abb. 301) in Tätigkeit gesetzt sowie mit Beaufschlagung der hydraulischen Sperre *1468* auch das Hauptsteuerventil *301* freigegeben. Mit Unterdrucksetzung des Raumes h_1 wird auch das Handsteuerventil *650* aus seiner durch die Feder *653* erzwungenen Schließstellung weg an die Handsteuerung *654*, *655* gelegt. Mit der Anschaltung der Vorbelieferung des Steuersystems (Leitung *a*) ist über das Umstellventil *1399* auch der Ringraum über dem Kolben *1392* zur Bremse unter Druck gekommen, wodurch letztere gelöst wird. Damit erscheinen sämtliche Voraussetzungen für den Beginn des Anlaufes, der über die Anlaufvorrichtung *1460*, *1465* in der Folge eingeleitet wird, erfüllt.

Schaltventil *530a* verhindert über Druckrelais *598a* die Lösung des Leistungsschalters vor Eintritt der Leerlaufstellung.[2]

Die erfolgte Eröffnung des Windkesselabsperrventils *1260*, die Lösung der Verriegelung *1251*, der Bremse *1390*, ebenso wie der erfolgte Anlauf (Stillstandspumpe *1459*) werden über Öldruckrelais gemeldet.

Sinngemäß vollzieht sich bei Entspannung des Hubmotors *591a* — mit Entlastung der Leitungen *h* und *f* sowie bei vorläufiger Verriegelung von *535a* durch *535c* (Leitung *c*) in der unteren Stellung — der Schnellschluß über *1465*, unabhängig davon die Verstellung des Hauptsteuerkolbens *301* sowie des Handsteuerventils *650* in die Schließlage durch Entlastung der Räume *1468*, h_1. Hierdurch schließt das Leitrad vollständig. Als Folge hiervon wird der Sperrdruck von *535c* durch Schaltventil *530b* weggenommen, *535a* nach oben geschoben, wodurch der Leitradriegel eingerückt und mit Umstellung von *1256* die Sperrkolben zu *535b* drucklos werden; Ventil *535b* wird umgesteuert. Gleichzeitig erhält der hydraulische Antrieb zum Windkesselabsperrschieber *1260* Schließdruck aus dem Windkessel über *530*, *535a*, *535b*.

Die Stillsetzbremse wird durch Unterspannungsetzung des Hubmotors *591b* unter Voraussetzung, daß die Drehzahl unter 50% der normalen gefallen sowie der Generatorschalter geöffnet ist, eingeschaltet. Dadurch, daß dem Steuerstift *1411* die Ventile *535b*, *535a*, *530* im Flusse

---

[1] Z. B. nach Erteilung des Anfahrkommandos kann der Leitradriegel nicht mehr eingerückt, das selbsttätige Absperrventil nicht mehr geschlossen werden; dieser Zustand bleibt auch nach Erteilung des Abstellbefehles erhalten bis zum Schluß des Leitapparates. Solange der Leitradriegel gezogen, ist das selbsttätige Absperrventil am Schließen verhindert, ebenso wie der Eingriff der Bremse verblockt usw.

[2] Für Maschinensätze großer Leistung erscheint es zur Schonung der elektrischen Anlageteile wichtig, bei Störungen im hydraulischen Teil der Anlage, die eine Stillsetzung erfordern, die Maschine vom Netz erst nach Wegnahme der Antriebsleistung über den Regler bzw. die Schnellschlußeinrichtung zu trennen.

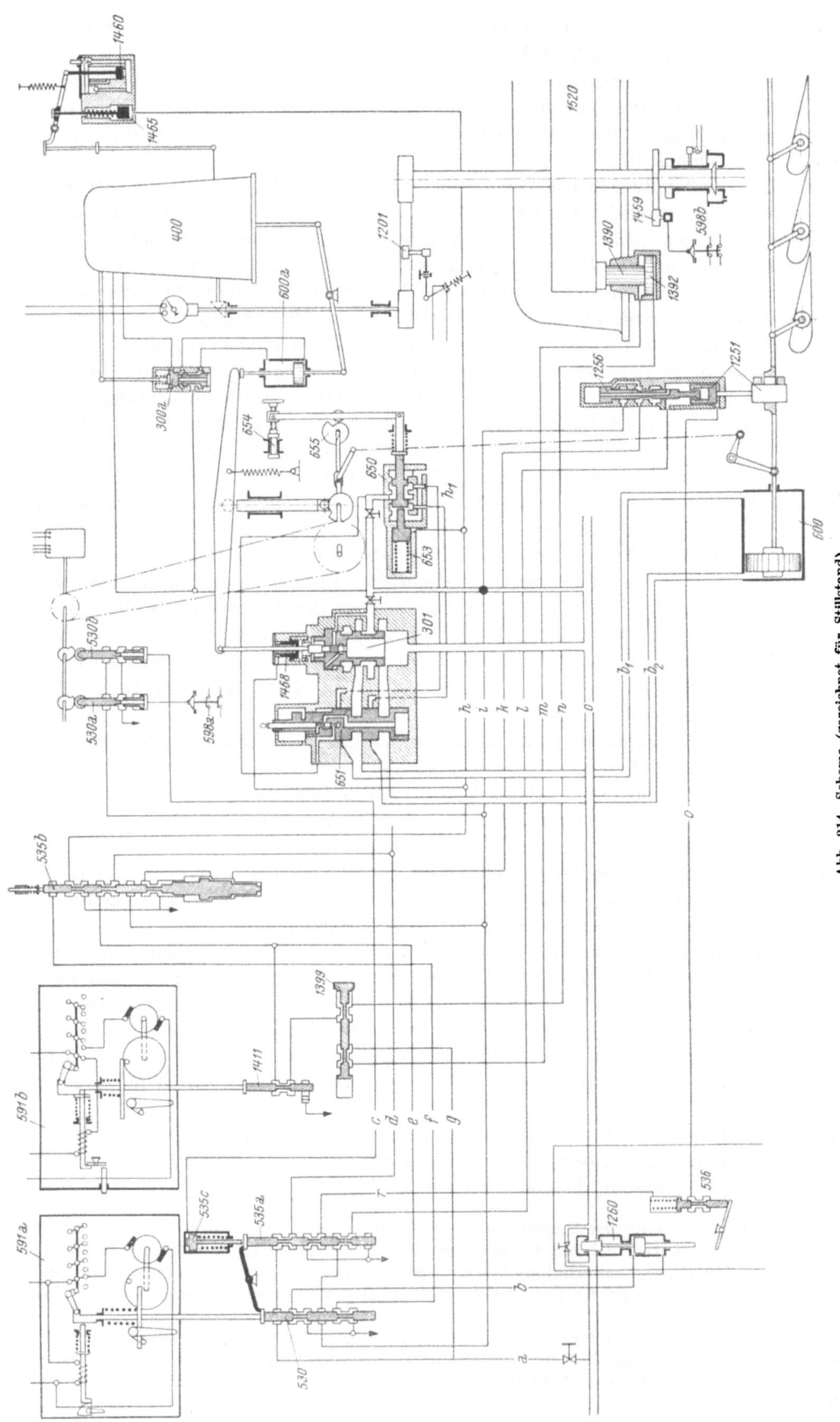

Abb. 314. Schema (gezeichnet für Stillstand).

der Druckölzufuhr vorgeschaltet sind, kann die Einsteuerung der Bremse mit Unterdrucksetzung der unteren Kolbenfläche (Leitung n) nach Erteilung des Abstellbefehles nur bei eingerücktem Riegel *1251* vor sich gehen. Die Stillstandspumpe *1459* ermöglicht im Zusammenwirken mit dem Öldruckrelais *598b* und einem Zeitrelais die Überwachung der Auslaufdauer.

3. Fernbedienter Betrieb mit durchgängiger Selbststeuerung der Vorgänge zum planmäßigen Betriebswechsel und im Gefahrenfall *mit* Einbezug des Hauptabsperrorgans.

a) Spiralturbine mit Druckregler zum Antrieb eines Synchrongenerators (23000 kVA) [23, 10]. (Meisterwalzensteuerung.)

Selbststeuerausrüstung für den mechanischen Teil (Abb. 315).

1. Selbststeuereinrichtung zum Kugelschieber *1350* (s. S. 189).
2. Elektromotorisch betätigte Öffnungsbegrenzung *470* und Drehzahlverstellvorrichtung *460* mit zusätzlicher Einrichtung zur Einstellung der Anlauföffnung (Anlaufform 2a).
3. Drucköłspeicheranlage mit Wechselventil *230* und Zwischenbehälter *Z* (s. S. 30), Drucköłpumpe *201*, elektromotorisch angetrieben.
4. Reserveölpumpe *544*, durch Hilfsturbine *599* angetrieben, mit selbsttätiger Einsteuerung bei Spannungseinbruch am Motor 590_{201} zur Hauptölpumpe.
5. Fernwasserstandsregeleinrichtung *520* (s. S. 76).

Überwachung des hydraulischen Teiles.

6. Spannungsüberwachung des Motorantriebes *170* zum Reglerfliehkraftpendel (s. S. 165).
7. Überdrehzahl- und Lagerschutz.
8. Selbsttätige Bremsung mit elektrischer Einsteuerung.

Selbststeuerausrüstung des elektrischen Teiles.

9. Meisterwalze zur Steuerung des planmäßigen Anlaß- und Abstellvorganges mit Durchschaltung oder Auflösung in Teilvorgängen.
10. Automatische Anlauf- und Parallelschalteinrichtung.
    a) Steuerung zum Drehzahlverstellmotor.
    b) Frequenzeinsteuerung s. S. 215.
    c) Selbsttätige Spannungsregelung.
    d) Parallelschalteinrichtung s. S. 219.
11. Schutzausrüstung für den elektrischen Teil.
Generatorschutz: Differential-, Erdschluß-, Überspannungs- und thermischer Überstromschutz.
12. Eigenbedarfsversorgung.
    a) Drehstrom 210 V aus dem Netz.
    b) Steuergleichstrom aus Batterie 125 V.

Die *Indienststellung* des Maschinensatzes kann in Teilvorgänge:

I. Anlauf der Pumpengruppe für Regler und Lageröl (Herstellung der Betriebsbereitschaft),
II. Eröffnung des Kugelschiebers,
III. Anlauf bis zum untersynchronen erregten Leerlauf,
IV. Parallelschaltung,
V. Belastung des Maschinensatzes,

aufgelöst, bzw. können diese Teilvorgänge selbsttätig aneinandergebunden werden (s. S. 221). Die Einleitung des Indienststellungsvorganges wird demnach vorgenommen durch die entsprechende Einstellung der Meisterwalze (schrittweise I bis IV oder unmittelbar auf IV als Durchlaufsteuerung). Hierbei erfolgt

1. Unterspannungsetzung und Anlauf des Reglerpumpenmotors 590_{201}, gegebenenfalls Rückstellung der Drehzahlverstellvorrichtung *460* auf „ganz langsam"; außer den Lageröl-

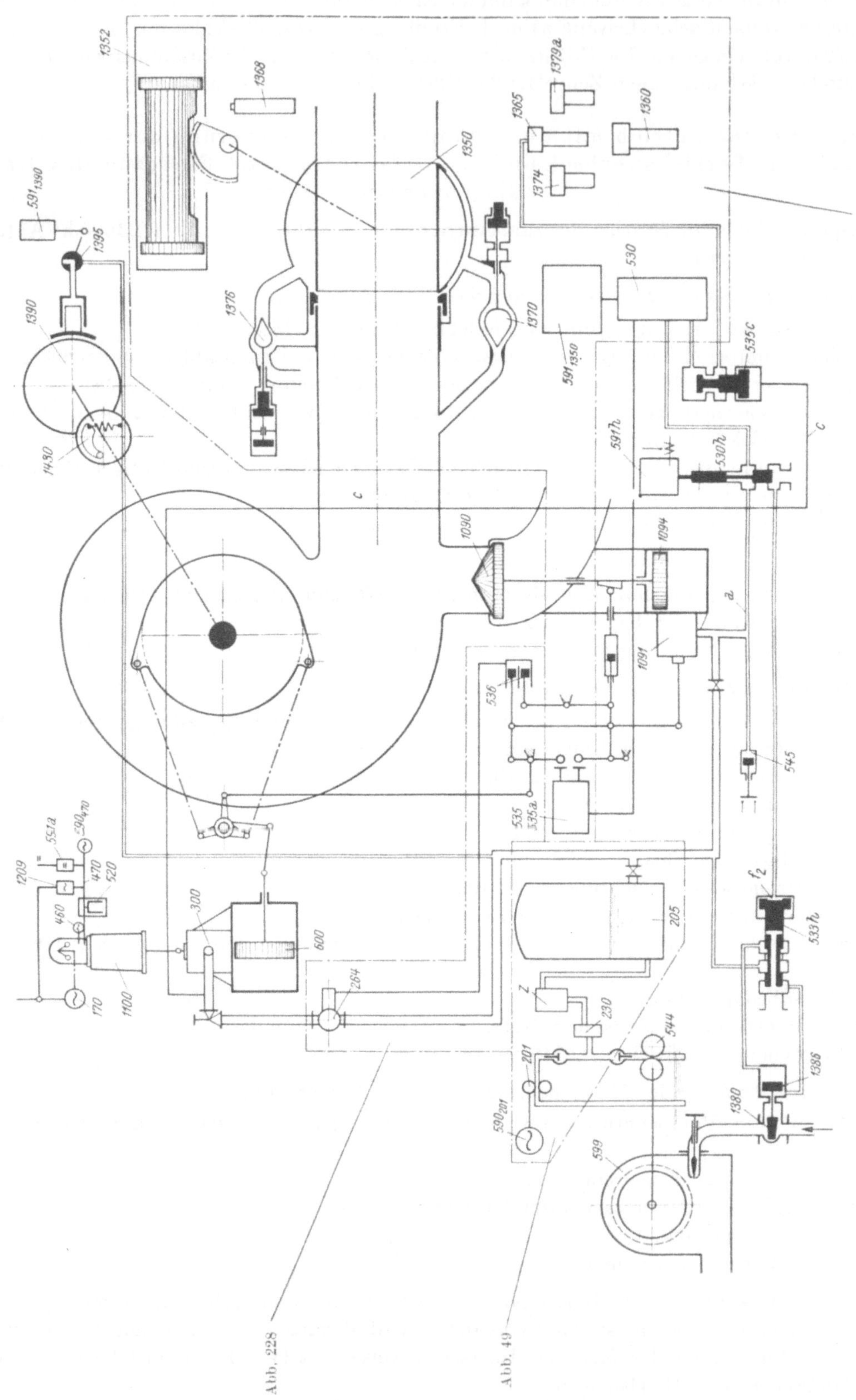

Abb. 315. Schema (gezeichnet für Betrieb).

pumpen läuft auch noch der Luftpumpensatz zur Fernwasserstandsregelung *520* an; im elektrischen Teil wird die Feldschwächung ausgeschaltet.

Bei Erreichung des normalen Speicherdruckes, insofern der Feldschwächungsschalter noch geschlossen ist, kann der zweite Schaltschritt entweder von Hand aus auf Grund der erfolgten Rückmeldung der Vollendung des vorangehenden eingeleitet werden oder wird selbsttätig durch ein besonderes Schaltfolgenrelais angesetzt. Hierbei wird

2. der Hubmotor *591* zum Kugelschieber *1350* an Spannung gelegt und damit dessen Eröffnung eingeleitet (s. a. Abb. 276, S. 189). Wie bereits ausgeführt, wird durch eine besondere Sperrung in der Kugelschiebervorsteuerung *(535, 535a)* die Eröffnung des Schiebers bei nichtgeschlossenem Leitapparat *und* Druckregler verhindert.

Bei gleichzeitiger Betätigung zweier Regelkreise (Turbine und Druckregler, bzw. Leit- und Laufradkreis bei Kaplan-Turbinen) erscheint die vorsorgliche Überprüfung der Drucköversorgung jeder der Steuerungen berechtigt. Hierzu wird das Drucköl für die Kugelschiebervorsteuerung einem der Systeme hinter der möglichen Abtrennung dieses vom Speicher (z. B. für den Druckreglersteuerkreis *1091, 1094* mit Leitung *a)* entnommen und über Hilfsventil *535 c* geleitet, das nur unter der Voraussetzung, daß auch Drucköl im zweiten System ansteht (Leitung *c),* die Durchleitung des Steueröles freigibt.

Nach vollständiger Eröffnung des Kugelschiebers wird unter Prüfung der Weiterschaltbedingungen, wozu auch die Stellung der Drehzahleinstellvorrichtung auf „ganz langsam" gehört,

3. die Unterspannungsetzung des Gleichstromhubmagneten *591a* mit Verstellung der Öffnungsbegrenzung *470* in die der Anlauföffnung entsprechende Lage und damit der Anlauf der Turbine eingeleitet. Da bei etwa 60% der normalen Drehzahl der selbsttätige Spannungsregler zu arbeiten beginnt, ist bei ungefähr 80% der Nenndrehzahl die volle Generatorspannung erreicht. Der von dieser über einen Transformator gespeiste Pendelmotor *170* läuft daher an; ebenso zieht der Sicherungsmagnet *1209* an. Damit wird die Öffnungsbegrenzung zurückgezogen und die Führung der Regelung der Drehzahl mit Einstellung des untersynchronen Leerlaufes übertragen.

Hinsichtlich der Synchronisierung und Parallelschaltung gelten die Ausführungen des Abschnittes D.c).[1] Die Belastung des Maschinensatzes nach dessen Anschalten an das Netz erfolgt durch Umlegen der Meisterwalze in Stellung *V* mit Höhersteuerung der Drehzahlverstellvorrichtung, wobei die Wasserstandsregelung die Führung der Turbine übernimmt.

Die planmäßige *Abstellung* wird mit Verstellung der Meisterwalze in Lage *VI* nach vorhergehender Entlastung des Maschinensatzes mittels der Drehzahlverstellvorrichtung herbeigeführt. Hierbei erfolgt zunächst

1. die Auslösung des Feldschwächungsautomaten sowie die Unterbrechung der Spannung zum Hubmagnet *591a,* wodurch

2. Turbine und Druckregler geschlossen und damit die Bedingungen für den durch Schaltstellung *VI* vorbereiteten Schluß des Kugelschiebers[2] geschaffen werden.

Unter der Voraussetzung, daß der Generatorleistungsschalter geöffnet und der Kugelschieber geschlossen ist, erfolgt die auf ihre Zulässigkeit elektrisch überprüfte Einsteuerung der selbsttätigen Bremse *1390* mit Umstellung des Hahnes *1395* über den Hubmotor 591_{1390}. Um die Versorgung der Bremsen sicherzustellen, bleibt der Pumpenmotor 590_{201} über ein Langzeitrelais noch nach Schluß des Kugelschiebers eingeschaltet. Die Ausschaltung der Bremse vor Wiederanlauf erfolgt selbsttätig mit Einstellung der Schaltwalzenstellung *I.*

Bei Eintritt einer durch die Überwachungseinrichtungen erfaßten Störung wird Hubmotor *591a* stromlos, also die Turbine geschlossen, sowie die Feldschwächung eingeschal-

---

[1] Es sei hier noch eine Sondereinrichtung erwähnt, die bei längerem Gleichlauf von Maschinen- und Netzvektor — was zu einer unerwünschten Verzögerung der Parallelschaltung führen kann — einen willkürlichen Impuls zur Höher- oder Tiefersteuerung der Drehzahlverstellvorrichtung gibt und damit den Maschinenvektor zur Änderung seiner Umlaufgeschwindigkeit veranlaßt. Zur Feststellung des ersterwähnten Zustandes wird die Kontaktgabe der Frequenzeinsteuervorrichtung durch ein Zeitrelais überwacht.

[2] Der Schließvorgang des Kugelschiebers ist nur notfalls bei strömendem Wasser vorgesehen.

tet. Mit Schluß des Leitapparates und des Druckreglers wird auch der Kugelschieber-
schluß freigegeben.

Besondere Vorkehrungen sind, wie bereits eingangs erwähnt, für die Sicherstellung der Druckölversorgung durch Anwendung einer zusätzlichen Pumpenanlage zum Druckspeicher getroffen.
Der hierbei vorgesehene Antrieb der Pumpengruppe *544* durch eine aus der Hauptleitung
gespeiste Freistrahlturbine *599* sichert die Betriebsbereitschaft ersterer unabhängig vom Zustand
des Netzes und ermöglicht bei Spannungseinbruch des Hauptpumpenantriebes den selbsttätigen Einsatz der Hilfsversorgung. Letztere wird über Hubmotor *591h* und Vorsteuerventil *530h*
gesteuert, wobei mit Unterspannungsetzung des ersteren die Steuerfläche f_2 des Hauptschaltkolbens *533h* beaufschlagt und dieser in die den Hilfsantrieb *1386* zum Absperrschieber *1380*
im Öffnungssinne beaufschlagende Stellung verschoben wird. Hubmotor *591h* besitzt zur Ent-

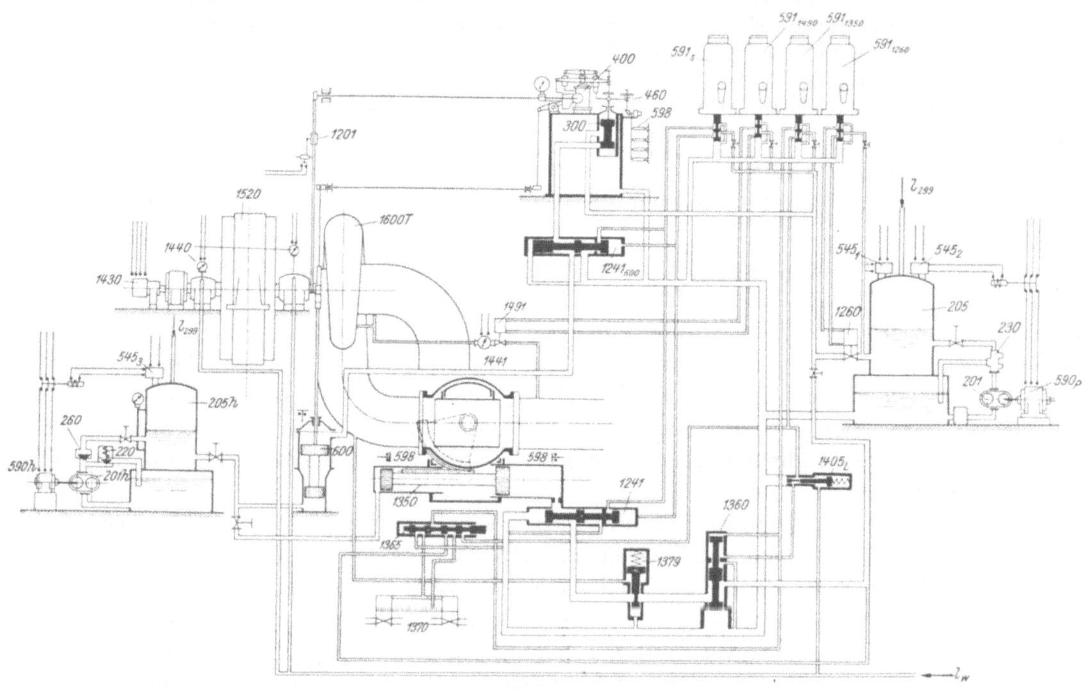

Abb. 316. Schema (gezeichnet für Betrieb).

lastung der Hausbatterie eine gesteuerte mechanische Verriegelung und wird über ein die Spannung im Stromkreis des Hauptpumpenmotors messendes Unterspannungsrelais eingeschaltet.

b) Spiralturbine mit Synchrongenerator (15000 kVA) [12, 20].

Sicherheitsschließwindkessel für Leitapparat und Kugelschieber, reine Relaisselbststeuerung
für Anlaufvorgang und Parallelschaltung.

Selbststeuerausrüstung des hydraulischen Teiles (Abb. 316).

1. Hydraulischer Kugelschieberantrieb mit dauernder Schließtendenz (s. S. 188).

2. Elektrische Drehzahlverstellung mit zusätzlicher Ausrüstung für Anlaufform *2a*.

3. Getrennte Drucköerzeugungsanlagen *(201h, 201)* für Schließ- und Öffnungswindkessel *205h*,
205, Drucköpumpen elektromotorisch angetrieben; Steuerung der letzteren auch für Stillstands-
einspeisung.

4. Gesteuertes Absperrventil *1260* zum Druckspeicher *205*.

5. Selbsttätige Einschaltung der Bewässerung der Laufradspalte bei Phasenschieberbetrieb
(591_{1490}, *1491*).

6. Bereitstellung der Lagerölpumpen nach Abstellbefehl während rund 30 Minuten durch
Zeitrelais.

Überwachung des hydraulischen Teiles.

7. Pendelriemenbruchsicherung (Fühlrolle *1201* mit Kontaktschalter).

8. Fliehkraftschalter *(1430)* für Überdrehzahl.

9. Drucküberwachung der Windkessel (Öldruckrelais *545*).

10. Überwachung des Öl- und Kühlwasserumlaufes sowie der Spaltbewässerung bei Phasenschieberbetrieb (auch Anlaufüberwachung, Blockierventil 1495_L).

11. Lagerwächter — Messung des Spurlagergleitdruckes.

Die Steuerungen *7* bis *11* wirken auf Stillsetzung des Maschinensatzes durch Schluß des Leitapparates und Kugelschiebers (Abfall des Hubmotors 591_s zu den Umschaltventilen *1241* für Leitapparat *600* bzw. Kugelschieber *1350* mit Abtrennung der normalen Steuerverbindungen zwischen den zugehörigen Hauptschaltventilen *300* bzw. *1360* und den Servomotoren *600* bzw. *1350*; Schluß letzterer mit Entlastung der Öffnungsseiten unter Einfluß des Druckes im Schließwindkessel *205h*.

Selbst- (Fern-) Steuereinrichtung für den elektrischen Teil.

12. Fernsteuerung:

    a) Umschalter *1535* in der Fernsteuerstelle „Handsteuerung" (*h*), „örtliche Selbststeuerung" (*o*), „Fernsteuerung" (*f*).

    b) Wahlschalter, „Generatorbetrieb", „Phasenschieberbetrieb", „Stillstand".

    c) Fernsteuerung *1535f* von Erregung und Drehzahlverstellvorrichtung.

    d) Zustandsmeldung (Fernsteuerung, Anfahrbereitschaft).

13. Örtliche Selbststeuerung (Schaltfolgendiagramm Abb. 317)[1]:

    a) Selbsttätige Spannungseinsteuerung (Steuerkreis *g—m*) (s. S. 215).

    b) Frequenzeinsteuerung mit Schlupfüberwachung und selbsttätigem Einsatz (Steuerkreis *n—q*) (Tachodynamo *1551*).

    c) Schlupfunabhängige Parallelschalteinrichtung (Steuerkreis *r*, s. S. 218).

Überwachungseinrichtungen für den elektrischen Teil.

14. a) Dreiphasiger Überstromschutz (Zeitrelais 1510_1).[2]

    b) Differentialschutz, Spannungssteigerungs-, Windungsschluß- und Buchholzschutz (Zeitrelais 1510_2).

    c) Spannungsrückgangschutz (Zeitrelais 1510_3).

    d) Gestellschluß-, Rotorschutz (Zeitrelais $1510_{4,\,5}$).

Störungen nach a) wirken nur auf Lösung des Leistungsschalters, nach c) und d) auch auf Stillsetzung; Störungen nach b) außerdem noch auf die Entregungseinrichtung (Steuerkreis o_1).

    e) Überwachung der Spannung für den Generatorschutzkreis und der Hilfswechselspannung.

Stromversorgung der Hilfsbetriebe.

15. a) Drehstrom 380, 220 V.

    b) Steuergleichstrom aus Batterie mit Gleichrichteraufladung; getrennte Stromkreise für Selbststeuerung, Fernmeldung, Schutz, Spannungsregler und Alarm.

---

[1] Bei diesem werden die zu einem Apparat gehörigen, in der Schaltung wirksam werdenden Einzelteile, wie Spulen und Kontakte, losgelöst voneinander in *dem* Stromkreis dargestellt, in dem sie zum Einsatz kommen. Die Zugehörigkeit zu einem Apparat erscheint durch gleiche Zeichen hervorgehoben.

[2] Zur Unterscheidung äußerer und innerer Überströme dienen zwei Zeitrelais mit unterschiedlich eingestellter Laufzeit; das länger laufende, das die vollständige Stillsetzung und Entregung des Maschinensatzes einzuleiten imstande ist, fällt ab, falls nach Auslösung des Generatorschalters durch das kurzfristig laufende Relais der Überstrom verschwunden, also die Störung im Netz gelegen ist.

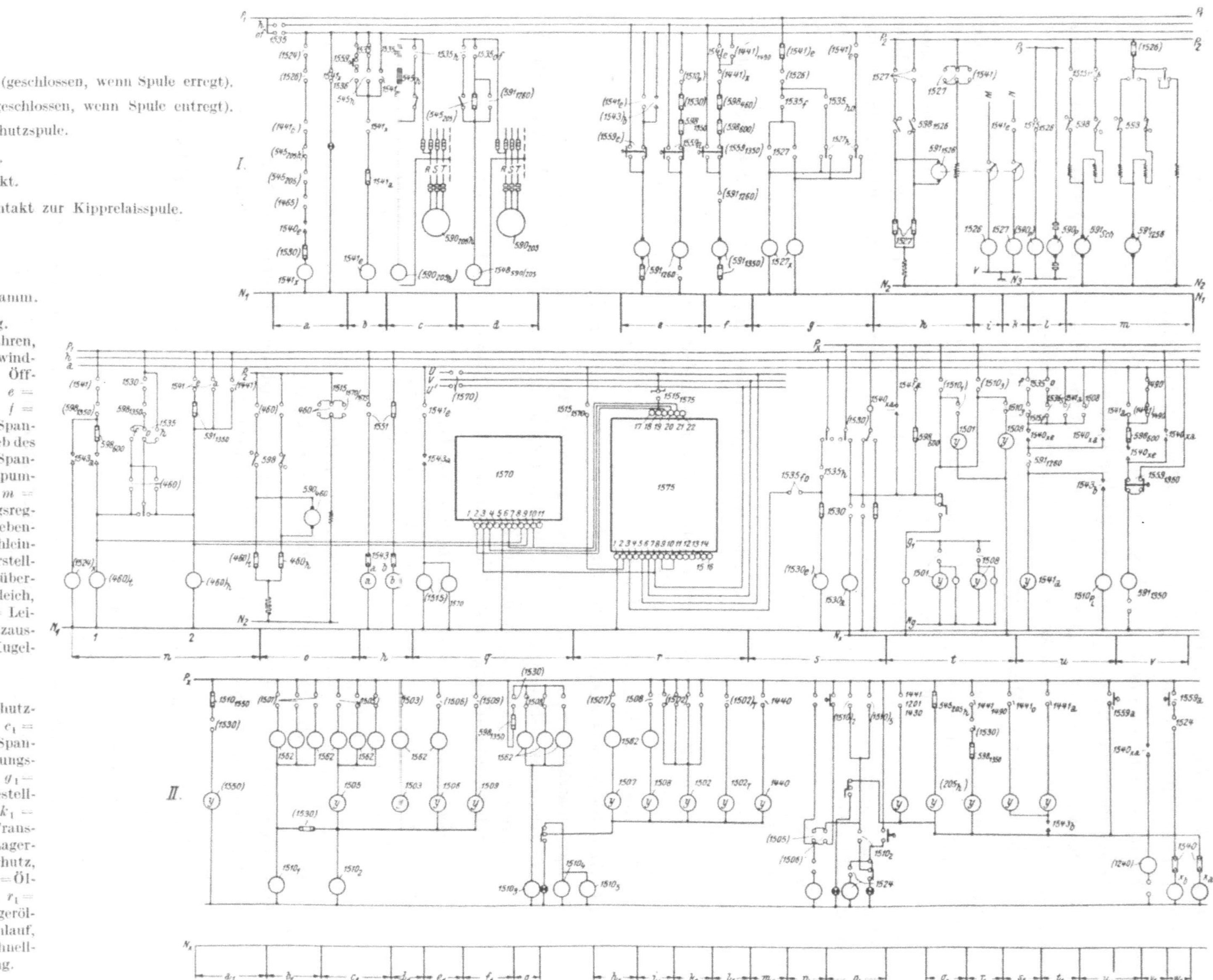

Abb. 317. Schaltfolgendiagramm.

I. Selbststeuerschaltung.

a = anfahrbereit, b = anfahren, c = Ölpumpe für Schließwindkessel, d = Ölpumpe für Öffnungswindkessel (Lageröl), e = Windkesselabsperrschieber, f = Kugelschieber „auf", g = Spannungseinstellung, h = Antrieb des Sollwerteinstellers, i, k = Spannungseinsteuerung, l = Ölpumpenantrieb (Thomaregler), m = Einschaltung des Spannungsreglers bzw. Motorantrieb des Nebenschlußreglers, n = Drehzahleinstellung, o = Drehzahlverstelleinrichtung, p = Drehzahlüberwachung, q = Frequenzabgleich, r = Parallelschaltgerät, s = Leistungsschalter, t = Schutzauslösung, u = Stillsetzen, v = Kugelschieber „zu".

II. Schutzschaltung.

a_1 = Überwachung der Schutzspannung, b_1 = Überstrom, c_1 = Differentialschutz, d_1 = Spannungssteigerung, e_1 = Windungsschluß, f_1 = Buchholzschutz, g_1 = Spannungsrückgang, h_1 = Gestellschluß, i_1 = Rotorschutz, k_1 = Generatortemperatur, l_1 = Transformatortemperatur, m_1 = Lagertemperatur, n_1 = Brandschutz, o_1 = Entregungsschalter, q_1 = Öldruck im Schließwindkessel, r_1 = Spaltwasserfluß, s_1 = Lagerölumlauf, t_1 = Kühlwasserumlauf, u_1 = Notknopf, v_1 = Schnellschluß, w_1 = Rückholung.

Indienststellung von der Steuerstelle aus.

1. Mit der ferngesteuerten Betätigung des Wahlschalters *1535 of*

2. Unter der Voraussetzung, daß
   a) die Entregung *1524* und der Spannungsregler *1526* ausgeschaltet,
   b) der Kugelschieber *1530* geschlossen,
   c) der Öldruck im Schließ- und Öffnungswindkessel in normalen Grenzen (Öldruckrelais *545*),
   d) der Schnellschluß *1545* ausgeschaltet,
   e) der Abstellschalter *1540e* in Betriebsstellung — also keine Störung ansteht,
   f) der Leistungsschalter *1530* ausgeschaltet und
   g) die Lagerölversorgung in Tätigkeit ist,[1]

3. Mit Ansprechen des Anlaßrelais *1541*, bei neuerlicher Überprüfung, daß
   a) der Anfahrbefehl besteht (*1541e*),
   b) Kugelschieber *1350* geschlossen,
   c) Leistungsschalter *1530* geöffnet,

Insofern
4. a) der Turbinenschieber *1350* geschlossen,
   b) die Drehzahlverstellung *460* auf „ganz langsam",

5. a) Bei geöffnetem Kugelschieber,

6. Bei hochlaufendem Maschinensatz wird
   a) überwacht durch die Tachodynamo *1551* und
   b) unter Überprüfung der Betriebsbereitschaft (Anlaufüberwachung *1543a*),

erfolgt
   a) die dauernde Bereitstellung der Pumpenantriebe 590_{205} und $590_{205\,h}$.

   h) die Meldung der Anfahrbereitschaft nach der Steuerstelle und an Ort,
   i) die Bereitstellung der selbsttätigen Spannungseinsteuerung (Steuerkreis *g—k*).

   d) über den Hubmotor 591_{1260} die Eröffnung des Absperrschiebers *1260* des Windkessels *205*,
   e) die Verstellung der Drehzahlverstellvorrichtung *460* auf „ganz langsam" (Steuerkreis *n, 1*) mit Überprüfung der Voraussetzungen: Leitapparat geschlossen, Ölversorgung in Tätigkeit.

   c) die Unterspannungsetzung des Hubmotors 591_{1350} zum Kugelschieber und damit die Einleitung der Eröffnung desselben.

   b) die Eröffnung des Leitapparates *600* durch Hochsteuerung der Drehzahlverstellvorrichtung mit Unterbrechung bei der Anfahröffnung (Steuerkreis *n, 2*).

   c) das selbsttätige Frequenzabgleich- und Parallelschaltgerät (*1570, 1575*) eingesetzt.

Die *Stillsetzung* kann ferngesteuert, an Ort oder durch die Gefahrenschaltung veranlaßt werden; hierbei werden immer Leitapparat und Kugelschieber geschlossen.

Die *Gefahrenmeldung* erfolgt im ferngesteuerten Werk in Einzelmeldungen, an die Steuerstelle nur generell, und zwar optisch sowie akustisch.

An *Stellungs*meldungen werden an die Steuerstelle nur jene für Kugelschieber und Leistungsschalter sowie die Meldung der *Anfahrbereitschaft* gegeben.

---

[1] Die zugehörige Pumpe ist unmittelbar gekuppelt mit dem Motor 590_P zur Windkesselpumpe *201*.

c) Doppeltgeregelte Kaplan-Turbine mit Synchrongenerator 7300 kVA. [8][1]

Selbststeuerausrüstung des hydraulischen Teiles (Abb. 318).

1. Selbstgesteuerte Drosselklappe *1310*.

2. Anlaufsteuerung (s. S. 212) mit anfänglicher Übereröffnung des Leitapparates und späterer Rückstellung auf Leerlauföffnung.

3. Druckölspeicheranlage mit gesteuerter Einschaltung des Motors zur Druckölpumpe *201*, bzw. zum Kompressor *299* bei Abweichungen des Ölspiegels im Druckspeicher *205* vom Normalstand (Kontaktschwimmerschaltung *598c, d*); Schaltung wirksam auch im Stillstand.

4. Selbsttätig gesteuertes Windkesselabsperrventil *1260* mit Folgenschaltung für Handregelung und Laufschaufeltriebwerk.

5. Fernwasserstandsregelung mit elektrischer Übertragung (s. S. 78).

Überwachungseinrichtungen des hydraulischen Teiles.

6. Spannungsüberwachung zum Pendelantriebsmotor *170* mit hydraulisch betätigter Leerlaufrückstellung (s. S. 69).

7. Drehzahlüberwachung durch Fliehkraftschalter *800* an der Turbinenwelle.

8. Überwachung des Öl- (Luft-) Inhaltes des Windkessels durch Kontaktschwimmer *598c* — des Druckes im Speicher durch Öldruckrelais *545*.

Indienststellung.

Der Anlauf des Maschinensatzes geht in einem Zuge bis zur Einstellung der Leerlaufdrehzahl vor sich und wird eingeleitet durch die entsprechende Einstellung der Befehlswalze in der Steuerstelle, wodurch ferngesteuert der Befehlsschalter *1540* unter Voraussetzung des betriebsmäßigen Zustandes des Maschinensatzes an sich geschlossen wird. Hiermit erfolgt

1. a) die Unterspannungsetzung des Pumpenmotors 590_p und der Anlauf der Reglerpumpe *201*, ferner die vorbereitende Einstellung der Steuerung durch

b) Verstellung des Hauptsteuerkolbens *301* in die „Schließ"-Lage durch Beaufschlagung des Raumes F_3 über das abgefallene Hilfsventil *535a*;

c) Unterdrucksetzung der Räume *a* und *b* am Umschaltkolben *1472*, wobei wegen des geschlossenen Ablaufes bei *c* (*1473*) die Verschiebung des Schaltkolbens *1472* in Lage *II* veranlaßt wird (s. S. 212);

d) die Verschiebung des Hilfsventils *1205* der Pendelantriebsüberwachungseinrichtung in die betriebsmaßige Lage mit Unterdrucksetzung des Raumes *d* über Leitung l_{1473}.

2. Bei Eintritt eines genügenden Speicher- (Pumpen-) Druckes wird Manometerkolben *230* aus seiner Lage *I* entgegen der Wirkung der Feder *232* in die andere Endlage *II* geschoben und damit

a) das Windkesselabsperrventil *1260* geöffnet, somit Leit- und Laufradregelung an den Windkessel angeschlossen (l_{205}),

b) die Handregelungskupplung *670* gelöst (s. S. 98), sowie

c) mit Anhub des Sperrkolbens *1475* die betriebsmäßige Stellung des Umschaltventils *1472* (Lage *I*) vorbereitet.

3. Mit Anschluß der Regelungseinrichtung an den Druckspeicher wird

a) wegen 1b der Leitapparat geschlossen,

b) wegen 1c das Leitrad geöffnet,

c) wegen 1d die Öffnungsbegrenzung voll zurückgezogen (s. S. 69),

d) Hubmagnet *591b* an Spannung gelegt und Vorsteuerventil *1326a* zur Drosselklappensteuerung angehoben. Mit Entlastung von Raum *e* wird Hauptschaltventil *1326* umgeschaltet und die Eröffnung des bisher in seiner Schlußlage gehaltenen Absperrorgans *1310* eingeleitet.

4. Mit vollständiger Eröffnung der Drosselklappe *1310* erfolgt über Endschalter *598a* die Spannungsgabe an Magnet *591a*, wodurch Schaltstift *535a* angehoben und die Blockierung des Steuerventils *301* in seiner Schlußlage mit Entlastung des Raumes F_3 aufgehoben wird. Die Unterstellung von *301* unter die normale Drehzahlsteuerung bewirkt bei sich öffnendem Leitapparat und offenem Laufrad den Anlauf der Turbine.

---

[1] Die elektrische Ausrüstung (General Electric Cie.) entspricht grundsätzlich der der Ausführung Beispiel 3 a).

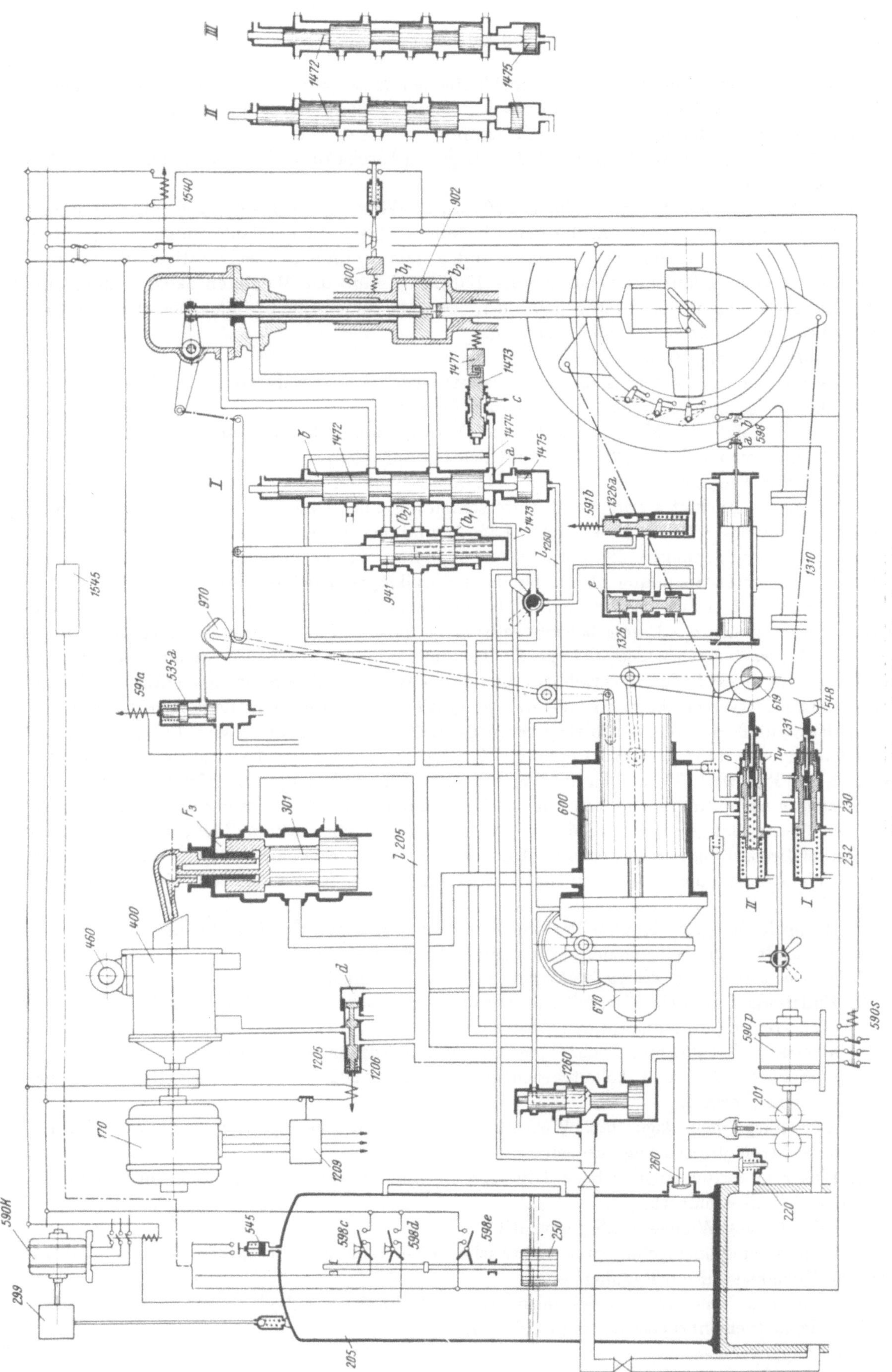

Abb. 318. Schema (gezeichnet für Betrieb).

5. Bei 60% der Nenndrehzahl des hochlaufenden Maschinensatzes tritt die Verschiebung des Schaltventils *1473* durch Drehzahlmesser *1471* in die dargestellte Lage ein. Damit erfolgt die Entlastung des Raumes *a* über *c* und damit

a) Rückstellung des Hilfskolbens *1472* in Lage *I* (Anschaltung des Laufradtriebwerkes *902* an das zugehörige Steuerventil *941*),

b) die Rückstellung des Hilfskolbens *1205* unter Wirkung der Feder *1206* mit Entlastung des Ölkreises zur Öffnungsbegrenzung und Einstellung dieser auf Leerlauföffnung (s. Abb. 109).

6. Der Aufbau der Generatorspannung unter dem Einfluß des selbsttätigen Spannungsreglers führt zum Anlauf des Pendelmotors *170* und Anhub des Magneten *1209*, wodurch die Öffnungsbegrenzung wieder freigegeben wird. Der Maschinensatz befindet sich damit im erregten Leerlauf, bereit zur Parallelschaltung.

Normale Außerdienststellung.

1. Wegnahme der Last über die ferngesteuerte Drehzahlverstellvorrichtung *460*.

2. Die Auslösung des Befehlsschalters *1540* bedingt

a) den Abfall des Magneten *591a* und Ventils *535a* mit Einleitung des Schlusses des Hauptsteuerventils *301* und damit des Leitapparates,

b) ferner den Abfall des Magneten *591b* mit Einleitung des Schlusses der Drosselklappe.

Im Zuge des Auslaufes erfolgt mit Unterschreitung einer Drehzahl von 60% der normalen die Umstellung des Schaltkolbens *1472* in Lage *II* und damit die Eröffnung des Laufrades (Anlaßzustand). Pumpenmotor *590p* bleibt eingeschaltet, da die Schaltspule *590s* über Endschalter *598b* unter Spannung bleibt, bis die Drosselklappe *1310* geschlossen hat.

Steuerstift *231* bewirkt bei in Lage *II* befindlichem Manometerkolben *230* die Unterdrucksetzung des Raumes n_1. Damit beharrt selbsttätig nach Aufhören der Lieferung der Pumpe *201* der Manometerkolben *230* in Lage *II*. Erst mit Eintritt der Schlußstellung des Reglers wird über Kurve *548* Stift *231* verschoben und damit Raum n_1 über Bohrung *o* entlastet. Manometerkolben *230* verschiebt sich somit erst bei geschlossenem Regler in Lage *I*, in welcher

c) der Schluß des Windkesselabsperrventils *1260*, mit Entlastung von Leitung l_{1260} die Einschaltung der Handregelungskupplung *670* sowie die Verstellung des Umsteuerkolbens *1472* in seine das Triebwerk *902* zur Laufradverstellung verriegelnde Lage *III* erfolgt.

Störungen im hydraulischen Teil mit der Notwendigkeit der Stillsetzung der Anlage wirken auf den Verriegelungsschalter *1545* mit Öffnung des Befehlschalters *1540*; Überdrehzahlen werden im Drehzahlmesser *800* erfaßt. Auf Schalter *1545* wirken auch die ein Wiederanlassen von fern ausschaltenden Störungen im elektrischen Teil zur Stillsetzung des Maschinensatzes.

d) Doppelt geregelte Kaplan-Turbine mit Synchrongenerator 12500 kVA [23, 20] (Zweimaschinenkraftwerk), Selbststeuerung als reine Relaissteuerung.

Selbststeuerausrüstung des hydraulischen Teiles (s. a. Abb. 314) (61).

1. Einlaßorgan als Schnellschlußschütze mit hydraulischem Antrieb (s. S. 181).

2. Steuerregler (Grundanordnung Abb. 239) mit

a) elektrisch betätigter Drehzahlverstellung und Öffnungsbegrenzung,

b) Schnellschluß- und Anlaufeinrichtung nach Abb. 301, im sekundären Regelkreis wirkend (Form *3*).

3. Drucköls peicheranlage mit Wechselventil und Zwischenbehälter (s. S. 30). Hauptölpumpe elektromotorisch angetrieben.

4. Elektromotorisch angetriebene Hilfsölpumpe mit selbsttätiger Einsteuerung bei unternormalem Windkesseldruck.

5. Selbsttätiges Windkesselabsperrventil.

6. Fernwasserstandsregelung mit elektrischer Übertragung, selbsttätiger Übergang dieser von den Turbinen auf ein Regulierwehr.

Überwachungs- und Schutzeinrichtungen für den hydraulischen Teil.

7. a) Pendelriemenbruchsicherung (s. S. 165).

b) Lagerwächter.

c) Überdrehzahlmesser.

d) Speicherdrucküberwachung.

e) Anlaufüberwachung durch Kontrolle der hierzu notwendigen Zeit.

Überdrehzahl- und Lagerwächter veranlassen die Abstellung des Maschinensatzes über die Einlaß-schütze. Erhöhte Lagertemperatur ($> 60°$) wird zunächst nur gemeldet. Die Pendelriemenbruch-sicherung wirkt nur im Falle des Alleinbetriebes der Maschine auf Schluß des Reglers unter Einbezug der Fallschütze; andernfalls tritt nur die Meldung der Störung ein (Weiterbetrieb des parallellaufenden Maschinensatzes an der Öffnungsbegrenzung). Das die Betriebsbereitschaft des Druckspeichers überwachende Öldruckrelais dient auch gleichzeitig zur Feststellung zuweit abgesunkenen Öldruckes, in welchem Falle der Maschinensatz über die Fallschütze stillgesetzt wird.

Lenkerbrüche im Leitapparatgetriebe werden nur indirekt festgestellt, insofern bei Abstell-vorgängen die Auslaufzeit überwacht und bei außergewöhnlichen Werten dieser über ein Zeitrelais der Befehl zum Schluß der Einlaufschütze gegeben wird.

Selbststeuerausrüstung für den elektrischen Teil.

8. a) Befehlswalze zur Nahsteuerung in Teilvorgängen bei sonst örtlicher Selbststeuerung, bzw. zur Selbststeuerung in einem Zuge.

9. Automatische Anlauf- und Parallelschalteinrichtung.

a) Selbsttätiger Frequenzabgleicher (s. S. 214).

b) Selbsttätiger Spannungsabgleicher (s. S. 215).

c) Schlupfunabhängige Schnellsynchronisiereinrichtung (s. S. 217).

Überwachungseinrichtungen für den elektrischen Teil.

10. a) Für den Generator: Überstrom-, Überlast-, Spannungssteigerungs-, Wicklungs- und Gestellschlußschutz.

b) Für den Transformator: Buchholz- und Übertemperaturschutz.

c) Generatorschutzprüfeinrichtung.

Ohne Sperrung der Fernanlassung bzw. der selbsttätigen Wiedersynchronisierung, jedoch mit Entregung und Stillsetzung wie bei allen übrigen Störungen im elektrischen Teil, wirken äußere Überströme; Überlastungen werden nur gemeldet.

Stromversorgung der Hilfsbetriebe.

a) Steuerstrom aus Batterie 110 V.

b) Betätigungsstrom über eigene 10-kV-Freileitung von der Steuerstelle aus, wahlweise über werkseigenen Transformator.

c) Hausturbinensatz 100 kVA.

Anlaßvorgang.

Bei örtlicher Nahsteuerung ist die Durchführung in Teilvorgängen[1] sowie in einem Zuge möglich. Die Einstellung der Befehlswalze bestimmt die Betriebsstufe, die im geschlossenen Ab-lauf der Vorgänge erreicht werden soll.

Unter der Voraussetzung, daß die Druckrohrleitung gefüllt ist, erfolgt

a) der Einsatz der Motore für die Pumpen zur Versorgung des Druckspeichers sowie zur Lagervorschmierung;

b) bei bestehender Betriebsbereitschaft des Maschinensatzes und seiner Hilfseinrichtungen, wie u. a. auch unter Voraussetzung einer tiefeingestellten Drehzahlverstellvorrichtung, zurück-gezogener Öffnungsbegrenzung und genügend geöffneter Einlaßschütze geht der Anfahrbefehl weiter durch und setzt Hubmotor *591a* (s. Abb. 314) unter Spannung. Hinsichtlich der weiteren Vorgänge bis zur Einstellung des untersynchronen Leerlaufes kann auf die Ausführungen S. 232 verwiesen werden. Es tritt in der Folge der Anschluß der Regelsysteme an den Druckspeicher ein, ferner die Lösung der Leitapparatverriegelung, der selbsttätigen Bremse sowie die Beauf-schlagung der Anlaufeinrichtung *1460, 1465*, die im Gegensatz zur Darstellung Abb. 314 nicht im primären, sondern, wie vorhin erwähnt, im Leitschaufelsteuerkreis angeordnet ist, so daß das Laufrad bei stehendem Maschinensatz geöffnet ist.

Parallelschaltvorgang.

Die selbsttätige Ansteuerung der Drehzahl an die des Netzes setzt bereits nach Überschreitung der Anlauföffnung — welcher Zustand durch das Schaltventil *530a* (Abb. 314) erfaßt und

---

[1] Handbedienung — Schütze öffnen — anfahren — Drehzahlabgleich — Parallelschaltung — Fernbedienung — Stillsetzen — Schütze schließen.

über Druckschalter *598a* weitergegeben wird — mit Höhersteuerung der Drehzahlverstellvorrichtung ein. Bei rund 80% der Nenndrehzahl wird über einen besonderen Fliehkraftschalter
die Frequenzabgleicheinrichtung in Betrieb gesetzt. Hinsichtlich des eigentlichen Parallelschaltvorganges gelten die Ausführungen S. 218.

Die Stillsetzung des Maschinensatzes erfolgt nach Wegnahme der Last, die mit der Umlegung der Befehlswalze auf „Stillstand" über die Drehzahlverstellvorrichtung eingeleitet wird,
selbsttätig mit Lösung des Generatorleistungsschalters und Entspannung des Hubmotors *591a*.
Hinsichtlich des Ablaufes des Vorganges kann wieder auf die Ausführungen S. 232 verwiesen
werden.

Fernsteuerausrüstung.
Mit dieser kann von der Befehlsstelle aus

1. das Schließen und Öffnen der Einlaßschütze,
2. die In- und Außerdienststellung der Maschinensätze,
3. die Wirklastregelung über die Drehzahlverstellvorrichtungen,
4. die Ferneinwirkung zur Lastbegrenzung (Öffnungsbegrenzung),
5. die Sollwerteinstellung der Spannung (Blindlastregelung),
6. die In- und Außerbetriebnahme der Wassermengenfernregelung bzw. ihre Umschaltung
auf Turbinen oder Wehr,
7. die Fernsteuerung der Regulierschütze vorgenommen werden.

Fernmeldungen erfolgen für die Stellung der Einlaßschützen, der Ölschalter sowie jener
für die Generatorabzweigung, bei Anfahrbereitschaft der Maschinen sowie von vorübergehenden
oder dauernden Störungen im fernbedienten Kraftwerk. Überdies ist die
Fernmessung von Wirklast, Blindlast, Spannung, der Wasserstände sowie der Wasserabflüsse
bzw. Durchflußmengen vorgesehen. Als Übertragungsmittel für Fernbedienung, Fernmeldung
und Messung ist die Eindrahtsteuerung (s. S. 265) angewendet.

L. Speicherpumpwerke.

a) Allgemeines.

Soll die von einer Wasserkraft natürlich dargebotene Energie, worunter jene der jeweils
zur Verfügung stehenden Wassermenge entsprechende erzeugbare Leistung verstanden sein
soll, wirtschaftlichst verwertet werden, so muß diese entweder restlos dem Verbrauche zugeführt,
bzw. im Zuge des Verbrauches gespeichert werden können. Damit wird Voraussetzung entweder
die Erzeugung lagerfähiger Verbrauchsgüter (Elektroschmelzprodukte, Holzstoff usw.), bzw.
die Möglichkeit, über den augenblicklichen Bedarf hinausgehend dargebotene Energiemengen
in potentielle hydraulische, bzw. kalorische Energie (Pumpspeicherung, Elektrodampfkessel)
umzuformen. Dort, wo jedoch die Kontinuität von Erzeugung und Verbrauch in dieser Form
nicht gefunden werden kann, bedarf es der Anpassung der Erzeugung an den Verbrauch unter
Speicherung jener Wassermengen, die in Zeiten eines überwiegenden natürlichen Leistungs-
anbotes überschüssig werden, um zu einer Verwertung der gesamten Energiedarbietung zu
kommen. Wirtschaftliche Formen dieser Art der Speicherung, mehr oder weniger durch natürliche Bedingungen vorbereitet, sind immer an mittlere oder hohe Gefälle gebunden. Die Möglichkeit, bei Niederdruckwerken Stauräume im wirksamen Ausmaße wirtschaftlich zu schaffen,
scheidet in der Mehrzahl der Fälle aus, so daß im allgemeinen die wirtschaftliche Ausnützung
derartiger Anlagen an eine der Wasserdarbietung angepaßte Leistungsgabe und damit an einen
Betrieb als *Laufwerk* mit Regelung nach dem Wasserstand geknüpft ist. Zur Deckung eines
mehr oder minder schwankenden, bzw. mit der Energiedarbietung in keine Übereinstimmung
zu bringenden Verbrauches bedarf es daher der Zusammenarbeit derartiger Wasserkraftanlagen mit einem speicherfähigen Werk, das seinerseits die über der Energiedarbietung des
Laufwerkes liegenden Lastanforderungen, insbesondere deren Schwankungen, durch eine nach
der Drehzahl (Frequenz) erfolgende Regelung der Beaufschlagung seiner Maschinensätze aufnimmt (*Spitzenwerk*).

In einem Verband, der sich durch mehrere speicherfähige Werke auszeichnet, besteht unter Umständen die Möglichkeit einer unterschiedlichen Heranziehung dieser Werke, die sich auf die Wertigkeit des Stauraumes gründet (letztere drückt sich in der Hauptsache im nutzbaren Speicherraum und dem anschließenden Gefälle, also in der Größe der latent zu bindenden Energie aus). Tagesspeicher im Verein mit Monats- oder Jahresspeicher lassen eine Aufteilung der Leistungsabgabe zur Spitzendeckung zweckmäßig erscheinen, bei welcher der Tagesspeicher nach einem bestimmten Fahrplan, also nicht frequenz-, sondern *leistungsgesteuert* mit zur Deckung voraussehbarer Lastspitzen abgearbeitet wird.

Ein Zurückgehen der Netzbelastung unter die laufend anfallende Leistungsdarbietung der nicht speicherfähigen Werke führt, insofern eine Speicherung dieser Energien auf der Verbraucherseite nicht in Frage kommt, zu Verlusten, welche bei Aufstellung von **Pumpspeicherwerken** vermieden werden können. Hierbei wird die Abfallenergie[1] benützt, um mittels besonderer Pumpengruppen Hochbehälter aufzufüllen, die dann in Zeiten höherer Netzbelastung abgearbeitet werden.

b) Auslegung.

Speicherpumpensätze großer Leistung zeigen in der Regel einen Aufbau, bei dem Turbine und Pumpe mit einer einzigen generatorisch oder motorisch zu betreibenden elektrischen Maschine zu einer Einheit zusammengefaßt sind. Für diese Anordnung sprechen sowohl wirtschaftliche Gründe als auch die einfache Möglichkeit, die Turbine zur unmittelbaren Lieferung der Anfahrleistung bei Übergang in den Pumpbetrieb heranzuziehen.

Ursprüngliche Ansichten, die eine genügende Betriebssicherheit der leer mitlaufenden Pumpe nicht gewährleistet sahen sowie Schwierigkeiten gelegentlich der Füllung der umlaufenden Pumpenräder erwarteten, waren die Veranlassung zur Anwendung schaltbarer Kupplungen zwischen Motorgenerator und Pumpe (Abb. 319, Form 1), während der Mitlauf der entleerten Turbine[2] in den ersten Ausführungen bereits vorgesehen war. Die möglichste Herabsetzung des zum Übergang von Turbinen- auf Phasenschieber- bzw. Pumpbetrieb und umgekehrt erforderlichen Zeitaufwandes bedingt Kupplungen, die im Betrieb aus- und *ein*zurücken sind; erfahrungsgemäß kann der letztgenannten Forde-

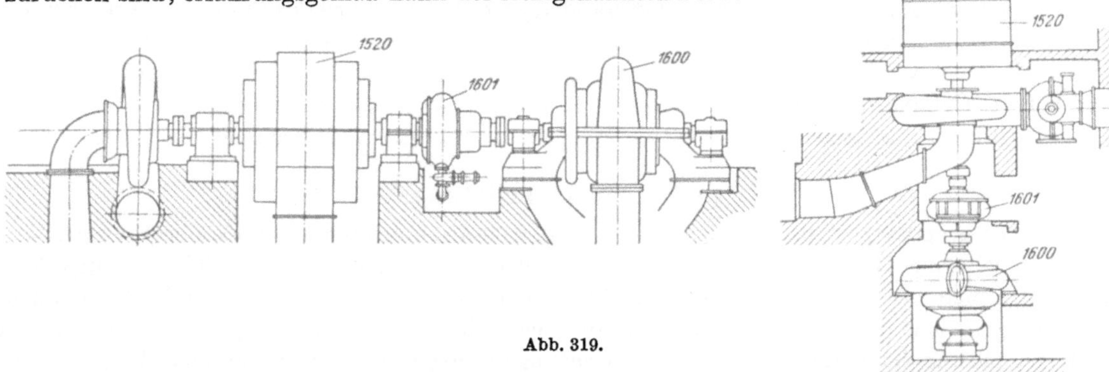

Abb. 319.

rung für hohe Anlaufleistungen in vollkommener Weise nur mit hydraulischen Kupplungen entsprochen werden, die zur Ausschaltung des Kraftverlustes der hydraulischen Übertragung mit mechanischen Kupplungen zur Durchleitung der Dauerleistung vereinigt werden.

Während des Pumpbetriebes ist das Turbinenlaufrad zur Herabsetzung der inneren Verluste wasserfrei zu halten; hierzu bedarf es, falls die natürliche Entleerung nicht bei allen betriebsmäßigen Spiegellagen des Unterwassers (Gegenspeichers) gesichert erscheint, des dichten Abschlusses des Saugrohres mit Ableitung des Spalt- und Spaltkühlwassers in einen besonderen Sumpf, bzw. der Ausblasung des Gehäuses mit Druckluft (künstliche Absenkung des Unterwasserspiegels im Turbineninneren).

---

[1] Überschüsse können auch im Verbundbetrieb mit kalorischen Kraftwerken anfallen, die zur Verbesserung ihrer Wirtschaftlichkeit mit möglichst konstanter Last gefahren werden.

[2] Mit Bewässerung der Laufradspalte.

Erfahrungsgemäß kann die Leistungsaufnahme des in Luft umlaufenden spaltgekühlten Pumpenrades mit ungefähr dem doppelten Wert des Verlustes, der bei reinem Turbinenbetrieb durch den primären Teil der belüfteten hydraulischen Kupplung verursacht wird, angenommen werden. Bei Speichersätzen mittlerer Größe, bei welchen die Füllung der Pumpe bei voller Drehzahl keine Schwierigkeiten bereitet, erscheint es berechtigt, die starre Kupplung letzterer mit der elektrischen Maschine sowie die Ausblasung der jeweils nicht beaufschlagten hydraulischen Maschine des Speichersatzes vorzukehren (Form 2) und den damit im Turbinenbetrieb durch den umlaufenden Pumpenrotor entstehenden, an sich geringen Leistungsverlust, dem anderseits vereinfachter Aufbau, Verringerung der Gesamtkosten und erhöhte Betriebsbereitschaft des Maschinensatzes gegenüberstehen, in Kauf zu nehmen (Abb. 320).

Als Grenzformen sind jene Auslegungen anzusehen, bei welchen einerseits Pumpe und Turbine *getrennte* elektrische Antriebe erhalten, anderseits in *einer* hydraulischen Maschine vereinigt werden. Letztere Anordnung bedeutet den Verzicht auf eine günstigste Auslegung von Turbine *und* Pumpe, welche Vergleichslösung jedoch durch die Anwendung verschiedener Drehzahlen (62) begünstigt werden kann; anderseits werden Maschinen- und Baukosten erspart und ein betriebstechnisch einfach zu bewerkstelligender Übergang — etwa durch Umkehrung der Drehrichtung —

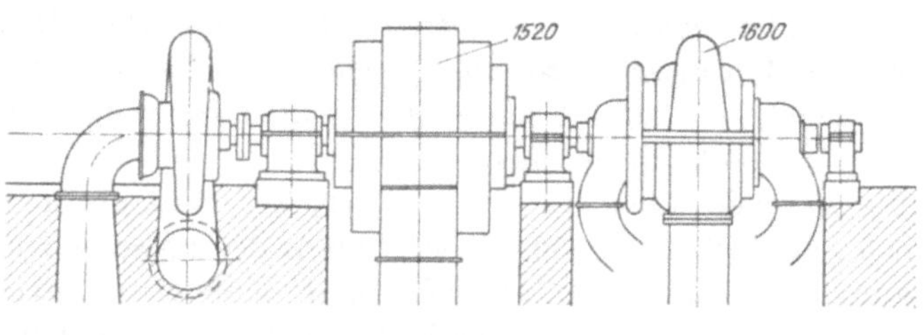

Abb. 320.

von Pumpen- auf Turbinenbetrieb und umgekehrt ermöglicht. Bei Anwendung gesonderter, elektrisch betriebener Speicherpumpen entfällt die in gewissen Grenzen bestehende Bindung von Pumpen- und Turbinenleistung, womit die Berücksichtigung besonderer Betriebsverhältnisse und Speicherbedingungen schon durch eine entsprechende Leistungsunterteilung erleichtert werden kann. Ebenso entfallen die aus der Gemeinsamkeit des Antriebes der Anordnungen Abb. 319, 320 sich ergebenden zusätzlichen Maßnahmen, wie Kupplung, Be- und Entlüftungssteuerung, falls nicht die unter Umständen zu fordernde Lage des Pumpenlaufrades unter dem Unterwasserspiegel die Ausblasung der Pumpe mit Rücksicht auf die Beschränkung der in diesem Falle elektrisch aufzubringende Anfahrleistung notwendig macht;[1] schließlich kann bei hohem Gefälle mit Anwendung von Freistrahlturbinen die notwendige tiefe Lage des Pumpenlaufrades die konstruktive Verbindung der hydraulischen Maschinen verbieten.

c) Betriebsausrüstung.

Aus der grundsätzlichen Übersicht über die Maschinenanordnungen hydraulischer Speicherwerke erhellt die Notwendigkeit zusätzlicher Hilfseinrichtungen, die aus den verschiedenen Betriebsformen des Turbinen- bzw. Pumpenteiles notwendig werden (Be- und Entlüftungssteuerungen), bzw. sich aus der Forderung der Schnellbereitschaft derartiger Anlagen ergeben (Selbststeuerung der Kupplung). Diese Einrichtungen mögen nachfolgend an charakteristischen Ausführungen besprochen werden.

1. Selbststeuereinrichtung ·einer hydraulisch-mechanischen Kupplung [11]
(Schema Abb. 321).

Einschaltvorgang:
1. Füllen der Kupplung und Anlauf.
Unter der Voraussetzung, daß
a) der Hauptmaschinenschalter eingerückt,
b) Pumpenhauptabschlußorgan geschlossen,
c) die Selbststeuerung beabsichtigt sowie
d) die Kupplung nicht eingerückt ist,

---

[1] Der Anlauf in Luft kann auch zur Herabsetzung der Schaltleistung der hydraulischen Kupplung bei Speicherpumpen großer Leistung vorteilhaft werden.

erfolgt durch ferngesteuerte willkürliche oder mit Vollendung des vorangehenden Schaltschrittes selbsttätig eintretende Befehlsgabe die Unterspannungsetzung des Hubmotors *591a*, wodurch über Schaltstift *1636* das Hilfsventil *1630* umgestellt wird. Damit wird Druckwasser aus der Pumpenrohrleitung auf die Hilfsmotoren *1629*, *1621* und *1626* geleitet, wodurch Füllschieber *1628* geöffnet, Entleerungsschieber *1620* und Belüftungsventil *1625* geschlossen werden. Die Beaufschlagung des Sperrkolbens *1265b* des Hauptschaltventils *1266* sichert die Drucklbereitstellung

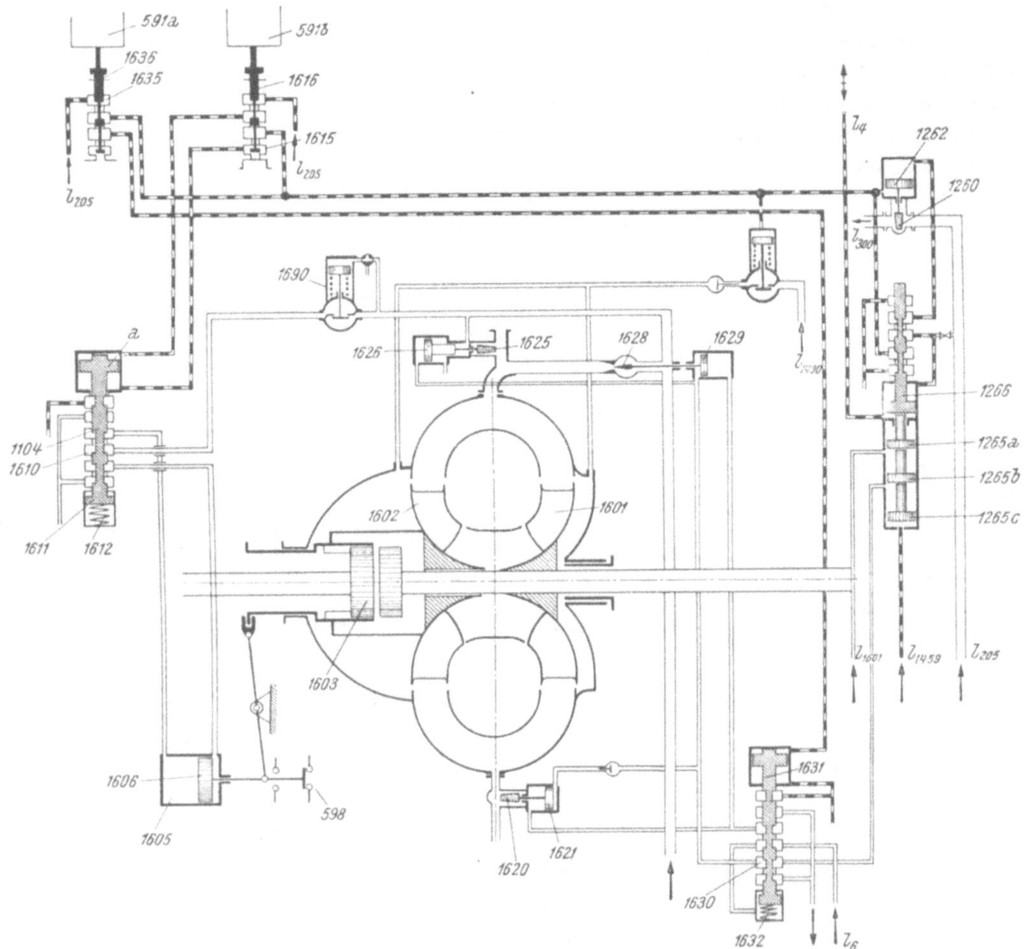

Abb. 321. („Stillstand".)

aus dem Druckspeicher *205* über Absperrventil *1260* während des Anlassens, bzw. bei laufender Pumpe.

2. Einrückung der mechanischen (Zahn-) Kupplung.

Sobald der Schlupf der beiden zu kuppelnden Wellen bis auf 2% herabgesunken ist (festgestellt durch Messung der schlupfproportionalen Wirkleistungsaufnahme eines von der Pumpenwelle aus angetriebenen Asynchronmotors) erfolgt unter der Voraussetzung, daß

   e) die Kupplung *1601*, *1602* gefüllt ist,

   f) bereits eine bestimmte Mindestdrehzahl der Pumpe erreicht ist (Blockierventil *1690*),

   g) der Befehl zur Selbststeuerung noch besteht,

die Einschaltung des Hubmotors *591b* mit Unterdrucksetzung des gesteuerten Raumes *a* zum Schaltkolben *1611* und Verschiebung desselben entgegen der Feder *1612*, wodurch Hilfsgetriebe *1605* im Sinne der Einrückung der Zahnkupplung *1603* beaufschlagt wird. Über Kontakt *598* wird nach erfolgter Einrückung die Gleichlaufüberwachung abgeschaltet.

3. Entleeren der Kupplung.

Über *598* wird

h) falls der Pumpenschnellschluß nicht angesprochen hat,
der Hubmotor *591a* ausgelöst und damit die Steuerung zu Hilfsventil *1630* entlastet und dessen
Kolben *1631* durch die Kraft der Feder *1632* in die Anfangslage zurückgeführt. Füllschieber *1628*
schließt, Lufteinlaß- (*1625*) und Entleerungsschieber (*1620*) werden geöffnet.

Sinngemäß geht der *Ausschaltvorgang* der Kupplung vor sich, wobei die Voraussetzungen
hierfür — Kugelschieber geschlossen, Warmwasserschieber *1625* offen — während der einzelnen
Phasen des Vorganges

a) Füllen der Kupplung,

b) Ausrückung der mechanischen Verbindung,

c) Entleerung der Kupplung,

überwacht werden.

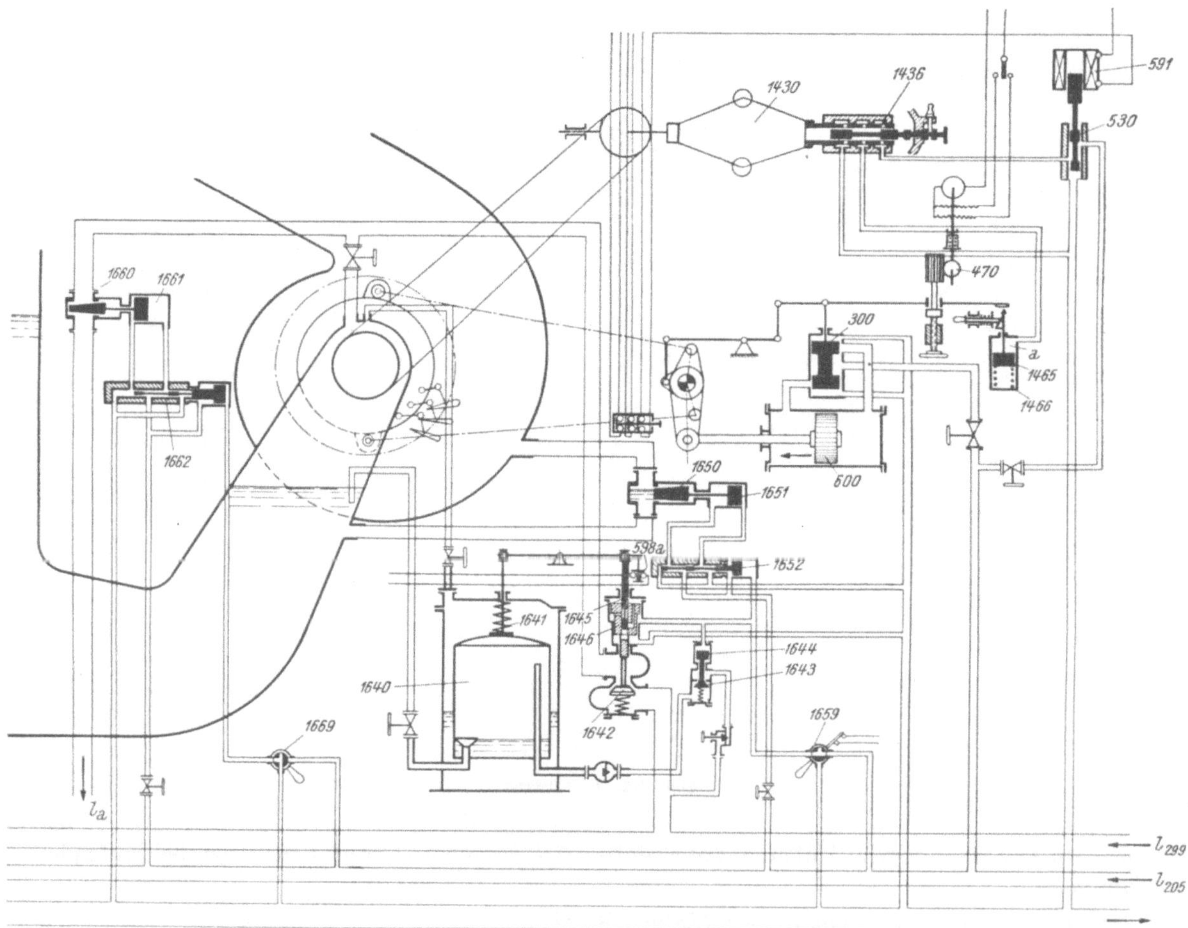

Abb. 322. Schema (gezeichnet für Betrieb).

2. Be- und Entlüftungssteuerungen.

Die Verdrängung des gegebenenfalls im Bereiche des Laufrades im Turbinen- (Pumpen-)
Gehäuse und Saugrohr befindlichen Wassers wird durch Druckluft vorgenommen, wobei Druck
und eingeleitete Menge über ein schwimmergesteuertes Ventil so geregelt werden, daß das Laufrad
mit genügender Sicherheit wasserfrei gehalten wird.

Die Regelung der Druckluftzufuhr [23] erfolgt über das hydraulisch vorgesteuerte Ventil *1642*
(Abb. 322), dessen Differentialkolben *1646* in bekannter Weise dem von der Schwimmerglocke *1640*
verstellten Steuerstift *1645* nachgeführt wird. Für die zu fordernde Beharrungslage des Wasser-

spiegels stehen Auftrieb der Schwimmerglocke *1640* und Kraft der Feder *1641* bei einer Stellung des Steuergestänges im Gleichgewicht, bei welcher durch das Ventil *1642* nur die beharrungsmäßig zu ersetzende Luftmenge strömt. Die für die Schwimmereinrichtung benötigte Steuerluft wird dem Druckluftnetz über das Reduzierventil *1643* entnommen. Die Anstellung des letzteren, die Druckölversorgung der hydraulischen Vorsteuerung zu *1645, 1646* sowie die Umstellung des Steuerventils *1652* zum hydraulischen Antrieb des Umleitungsschiebers *1650* können durch ausschließliche Anstellung des Drucköles eingeleitet werden. Die Betätigung des Hahnes *1659*

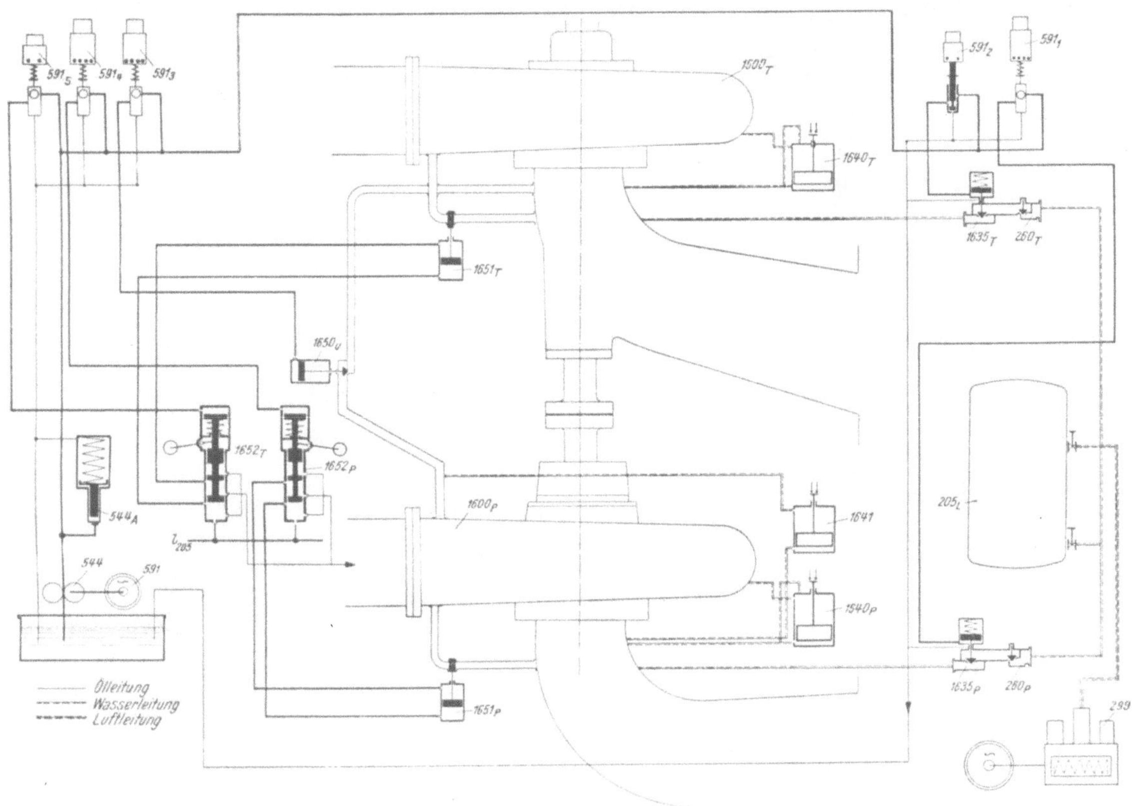

Abb. 323.

genügt somit, die Belüftung als Einzelvorgang erfolgen zu lassen. Kontakt *598a* meldet die durchgeführte Absenkung.

Bei Durchführung der Belüftung als Teilvorgang einer durchlaufenden Selbststeuerung sind einerseits die Bedingungen für den Einsatz ersterer festzustellen, anderseits ist durch eine entsprechende Abhängigkeitssteuerung dafür zu sorgen, daß bei belüfteter Turbine der Leitapparat unabhängig von der Einwirkung des Reglers geöffnet bleibt, um das Spalt- (Kühl-) Wasser abführen zu können.

Während die Kontrolle der Schaltbedingungen in den elektrischen Vorsteuerkreis eingebunden werden kann, tritt zur Durchführung der letztgenannten Abhängigkeitssteuerung an Stelle des Meldekontaktes *598a* ein Sperrventil *1675* (Abb. 326 [23]), dessen Kolben *1676* bei belüftetem Turbinengehäuse die Beaufschlagung des Raumes *m* des Umsteuerventils *1670* vor sich gehen läßt; hierdurch wird der Kolben *1671* des letzteren aus der betriebsmäßigen Lage (*I*) über die Federabstützung *1673* hinaus in die unterste Lage *III* verschoben, wodurch unter Aufhebung des normalen Vorsteuerölkreislaufes (s. Vorsteuerung Abb. 78) der Vorsteuerkolben *320* des Reglerhauptventils *301* nach aufwärts, also auf „Auf" gestellt wird.

Für vertikale Maschinensätze mit am unteren Ende angeordneter Pumpe — eine Anordnung in der Regel bedingt durch die erforderliche größere Zulaufhöhe gegenüber der Turbine —

kann eine Herabsetzung des Druckluftbedarfes beim Übergang vom Turbinenbetrieb auf Pumpenbetrieb durch Expansion der in der Pumpe befindlichen Luft in das Turbinengehäuse erreicht werden [11]. Die Auslegung einer derartigen Belüftung zeigt Abb. 323. Hierzu liegt in der zusätzlich vorgesehenen Verbindungsleitung zwischen Pumpenspiralgehäuse und Turbinensaugrohr Ventil 1650_U, das über die zugehörige hydraulisch elektrische Steuerung — Hilfsmotor, Vorsteuerventil und Hubmotor 591_S — bei dem oben bezeichneten Wechsel der Betriebsform geöffnet wird und so den Übertritt der Luft aus dem tieferliegenden Pumpen-

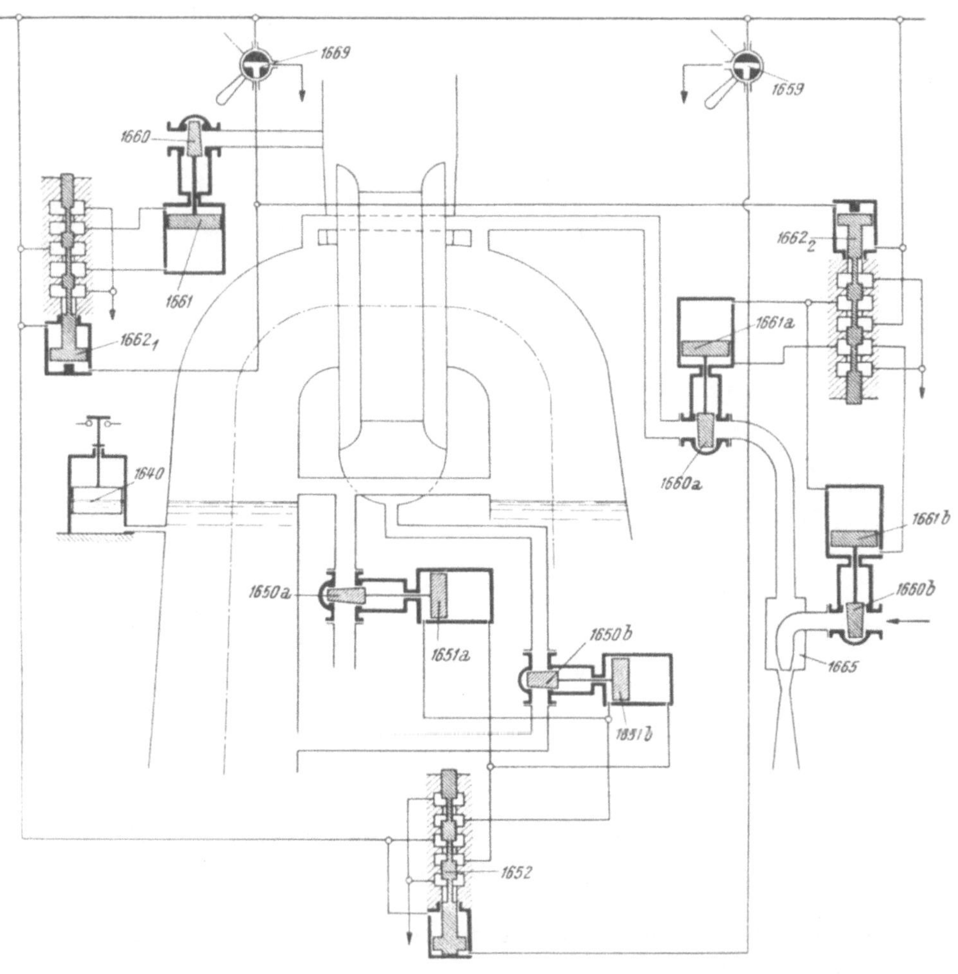

Abb. 324.

gehäuse in das Turbinengehäuse freigibt. Der Schluß des Umleitungsventils 1650_U ist von der erfolgten Füllung des Pumpengehäuses (Schwimmerschalter 1641) abhängig gemacht.

Im übrigen erfolgt bei der dargestellten Auslegung die Druckluftstellung aus den durch den Kompressor 299 aufgeladenen Windkessel 205_L, die Luftzuteilung über die hydraulisch gesteuerten Ventile 1635, die über Vorsteuerventile und Hubmotoren $591_{(1,\,2)}$ der Wirkung der Schwimmerschalter $1640_{(P,\,T)}$ unterstehen. Die Antriebe $1651_{(P,\,T)}$ der Entleerungsschieber werden den Erfordernissen entsprechend über die Schaltventile $1652_{(P,\,T)}$ betätigt, die ihrerseits über die Hubmotoren $591_{(4,\,5)}$ und Vorsteuerungen den Schaltbedingungen entsprechend gesteuert werden; letztere sind ausschließlich in den elektrischen Teil der Selbststeuereinrichtung eingebunden.

Die Auslegung einer Pumpenbe- und -entlüftungseinrichtung mit Handsteuerung [23] zeigt Abb. 324. Zur Entlüftung werden durch Umlegung des Hahnes 1669 Warmwasserschieber 1660, Evakuierungsschieber $1660a$ und Druckwasserzuleitung $1660b$ zum Strahlapparat 1665 durch

Betätigung der zugehörigen hydraulischen Antriebe *1661* geöffnet, bzw. gemeinsam nach erfolgter Evakuierung geschlossen. Die Belüftung des Pumpengehäuses bei Turbinen- bzw. Phasenschieberbetrieb erfolgt ebenfalls über eine Handsteuerung *1659*, durch welche gleichzeitig der Schieber *1650a* zur Drucklufteinströmung und der Entwässerungsschieber *1650b* geöffnet werden. Die genügende Absenkung des Wasserspiegels im Pumpengehäuse wird durch die Schwimmereinrichtung *1640* gemeldet.

3. Schnellschlußeinrichtungen.

Falls ein beweglicher Leitapparat als zusätzliche Absperreinrichtung der Pumpe vorgesehen ist, sind die den Schnellschluß einleitenden Steuereinrichtungen jenen zugefügt, die der Einstellung der Pumpenbelastung — in der Regel Voll- oder Nullförderung[1] — dienen und durch einen starr rückgeführten Steuerkreis mit elektromotorischer Impulsgabe — letztere zur einfachen Einordnung in die Selbststeuerung — gekennzeichnet sind. Zur Einleitung des Schnellschlusses ist der vorgenannten Einrichtung eine Hilfssteuerung übergeordnet, die nur in Störungsfällen in Eingriff kommt und die Steuerung auf „Schließen" stellt. Bei der Anordnung nach Abb. 325 wird über das dem Hubmotor *591* unterstellte Vorsteuerventil *530s* das unter einseitiger Federkraft stehende Hilfsgetriebe *1465* beaufschlagt und damit das Steuerventil *300* in die Schließlage gedrückt [12].

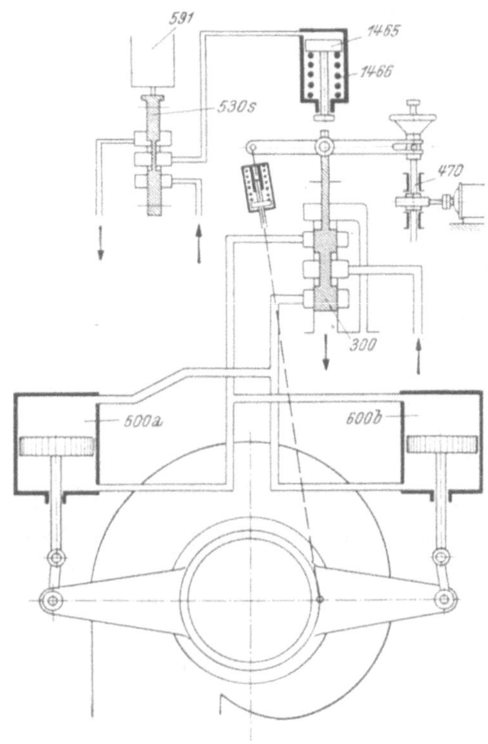

Bei der in Abb. 322 dargestellten Anordnung führt die Entlastung des betriebsmäßig unter Druck stehenden Hilfsgetriebes *1465*, *1466* zur Schließstellung des nur kraftschlüssig an die Fernbetätigung *470* gebundenen Steuergestänges zur Leitradregelung *3* (Steuerventil *300*, Arbeitswerk *600*).

Während für die Anordnung nach Abb. 325 die einzelnen Überwachungseinrichtungen, wie etwa Unterdrehzahlmesser, Minimalleistungsrelais[2] elektrisch in den Spannungskreis des Hubmotors zur Schnellschlußvorsteuerung eingebunden sind, wird für die Anordnung nach Abb. 322 ein den Schnellschluß erforderlich machender Drehzahlabfall durch das Fliehkraftpendel *1430* festgestellt, das seinerseits durch Verschiebung der St uerbüchse *1436* die unmittelbare Entlastung des Schnellschlusses *1465* einleitet. Leistungsrückgang, der Schließvorgang des Absperrorgans in der Pumpendruckleitung[3] — in welchem Falle auch die Förderung sofort unterbrochen werden muß —, bzw. alle elektrisch erfaßten oder der Entfernung halber elektrisch zu übertragenden Vorgänge, die die Unterbrechung der Pumpenförderung nach sich ziehen müssen, bewirken die Unterspannungsetzung des Hubmotors *591* mit Verstellung des Steuerstiftes *530* in die Kolben *1465* entlastende Lage.

Dem im Rahmen der Belüftungssteuerung (Abb. 326) vorhandenen Umsteuerventil *1670* wird zweckmäßig auch die Umstellung des Steuerventils *301* in die Schließlage zwecks Durchführung des Turbinenschnellschlusses übertragen. Die Entlastung des Raumes *n* über den

---

[1] Die Einstellung von Teilförderungen kann unter Umständen zweckmäßig sein, wird jedoch mit zunehmender Größe der Netze immer mehr in den Hintergrund treten.

[2] Zur Feststellung des Spannungseinbruches und damit verbundenen Leistungsrückganges.

[3] In welchem Falle auch die Förderung der Pumpe sofort unterbrochen werden muß, um eine Überbeanspruchung der oberen Abschlußorgane durch die Druckdifferenz (Druck bei Nullförderung — statische Gefällshöhe) zu vermeiden.

abgefallenen Vorsteuerstift des Hilfsventils *530 s*[1] veranlaßt unter Wirkung der Feder *1672* die Abwärtsverstellung des Sperrkolbens *1671* bis zum Anschlag an die Abstützung *1672* der Feder *1673* (Lage *II*), wodurch die zweite Vorsteuerung *320* zum Hauptschaltkolben *301* entlastet und letzterer auf „Schließen" gestellt wird. Die Übertragung des von einer der zugeordneten Überwachungseinrichtungen gegebenen „Aus"-Befehles an das Vorsteuerventil *530 s* erfolgt über den Hubmotor *591 s*.

Falls die Pumpe mit festem Leitapparat ausgerüstet ist, und somit der Schnellschluß dem Hauptabsperrorgan übertragen werden muß, ist letzteres mit Selbststeuerung auszustatten und das Impulsorgan zu dieser den Überwachungseinrichtungen zu unterstellen. Hinsichtlich der Ausbildung derartiger Steuerungen kann auf die Ausführung des Abschnittes B a 6 verwiesen werden.

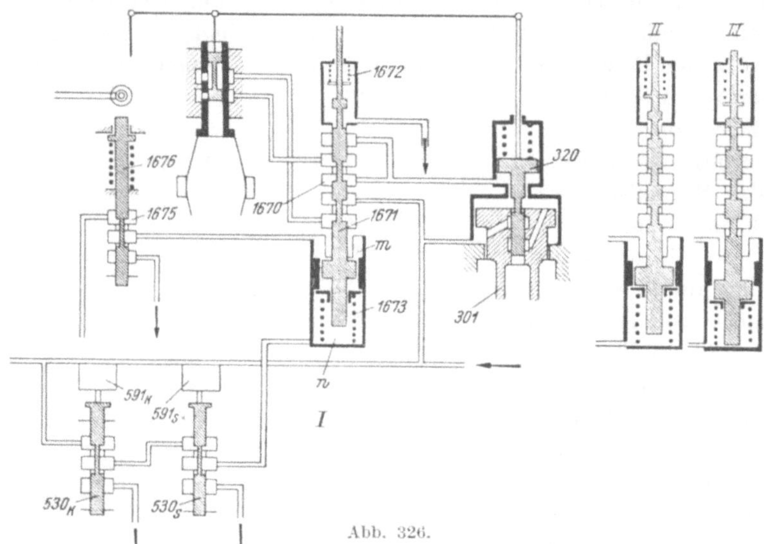

Abb. 326.

Außer den vorgenannten, insbesondere Pumpspeicherwerken zukommenden Hilfseinrichtungen finden sinngemäß alle jene Vorkehrungen Anwendung, die einerseits der Überwachung größerer Maschineneinheiten, bzw. ihrer Selbststeuerung, Betriebssicherung und ihrem Schutz in Störungsfällen dienen. Hingewiesen sei noch auf die Notwendigkeit der Überwachung des Höchstwasserstandes im Speicherbecken sowie auf die Druckölbetätigung etwaiger in die Selbststeuerung einzubeziehender Absperrorgane (Klappen) für die Saugrohre von Turbine oder Pumpe bei Anordnungen ohne Ausblasung der Arbeitsräume der hydraulischen Maschinen.

d) Ausführungsformen der Selbststeuerung.

1. Wechsel der Betriebsform durch handbediente Steuerung.

(Einleitung der Einzelvorgänge von Steuerständen im Turbinenhaus und in der Warte, getrennt für den hydraulischen bzw. elektrischen Teil.)

Zwei-Turbinen-Pumpensatz,[2] mit Synchrongenerator starr gekuppelt
(25 000 kVA/20 000 kW [23, 20]).

Die Selbststeuerung im Rahmen des planmäßigen In- und Außerdienststellungsvorganges erscheint hier beschränkt auf die Abwicklung bestimmter Folgeschaltungen, so der zum Wechsel des Betriebszustandes des Einlaßorgans (Drosselklappe) erforderlichen, ferner jener für die Be- und Entlüftung der Pumpe bzw. Turbinen. Diese selbstgesteuerten Teilvorgänge sowie alle übrigen Schaltungen werden jedoch einzeln und nach Feststellung der Vollendung des vorhergehenden Schaltschrittes durch den Wärter eingeleitet. Der Übersichtlichkeit halber sind die Befehlsgeräte für den hydraulischen Teil am Maschinenstand — mit der Kommando- und Gefahrenmeldeanlage hierfür — zusammengefaßt; die Bedienung des elektrischen Teiles erfolgt von einem Steuerstand in der Warte, von welcher Stelle aus auch der laufende Betrieb geführt wird.

---

[1] Hilfsventil *530 k* verhindert die Ausführung eines Befehles zur Eröffnung der Turbine bei geschlossenem Kugelschieber.

[2] Für Gefällsschwankungen von 26 bis 58 m.

Steuerausrüstung des hydraulischen Teiles (60):

a) *Turbinen.*

1. Selbststeuerung für die Drosselklappen — Teilvorgang „Füllen", „Öffnen" auf besondere Befehlsgabe.

2. Elektromotorische Drehzahlverstellung; elektromotorische Öffnungs- (Leistungs-) Begrenzung am Steuerregler, in gleicher Weise auf beide Turbinen wirkend.

3. Gemeinsame Drucköversorgungsanlage mit elektromotorisch angetriebener Hauptpumpe (Verbrauchssteuerung s. S. 30).

4. Hydraulisch angetriebene Hilfspumpe mit selbsttätigem Einsatz bei Spannungsunterbrechung zum Hauptpumpenmotor.

5. Durchgängige Belüftungssteuerung, handbedient eingesetzt.

6. Fernsteuerung zur unabhängigen Einstellung der Leistungen der Turbinen *I* und *II* — im Sekundär- (Haupt-) Steuerkreis eingebunden.

b) *Pumpe.*

7. Be- und Entlüftungssteuerung, handbedient eingesetzt.

Überwachungseinrichtung des hydraulischen Teiles.

    Turbine.

8. a) Pendelriemenbruchsicherung.   { (Meldung und Stillsetzung.)

b) Schwimmerschalter zur Überwachung des Wasserspiegels bei ausgeblasener Turbine.

c) Drucküberwachung für Lager- und Regleröl, Steuer- und Betätigungsöl zur Drosselklappe, Druckluftversorgung für die Schlauchdichtung.

d) Drucküberwachung für die Kühlwasserversorgung.

e) Temperaturwächter zur Lagerüberwachung.   } (Meldung.)

    Pumpe.

9. a) Fliehkraftpendel zur Erfassung von Unterdrehzahlen des Maschinensatzes im Pumpenbetriebe.

b) Stellungsüberwachung der Einlaufschütze (Absinken während des Pumpenbetriebes).   (Schnellschluß des Pumpenleitapparates und Meldung.)

c) Überwachung des Wasserspiegels bei ausgeblasener Pumpe.

d) Überwachungseinrichtungen nach 8 c, d, e.   (Meldung.)

Überwachung des elektrischen Teiles.

10. a) Leistungsrückgang bei Pumpenbetrieb.   { (Abschaltung und Stillsetzung.)

b) Gestellschluß,
Differentialschutz,
Überstrom,
Überspannung.   (Abschaltung und Meldung.)

c) Polradschluß.   (Meldung.)

    Bediente Gefahrenabstellung.

11. a) Notknopf. { (Abschaltung, Schluß der Einlaufschütze, bei Pumpenbetrieb Schnellschluß des Pumpenleitapparates.)

Ausrüstung der Hilfsbetriebe:

12. a) Drucköversorgung der Regler- und Lagerölkreise durch besondere elektromotorisch angetriebene Pumpen.

Hilfsölpumpensatz, turbinengetrieben, mit selbsttätiger Einschaltung bei Ausfall des betriebsmäßig verwendeten — elektrisch angetriebenen — Pumpensatzes (selbstgesteuerter Anlauf bei geöffnetem Leitapparat durch Eröffnung des Turbinenabsperrschiebers).

b) Druckluftversorgung für die Be- und Entlüftungssteuerungen sowie für die Druckwindkessel der Regleranlage: Verdichter, wahlweise antreibbar von Motor, Gruppe *3,* bzw. Turbine, Gruppe *4.*

c) Notwasserpumpe, selbsttätig eingesteuert, zur Aufrechterhaltung der Kühlwasserversorgung bei Schluß beider Einlaufschützen; Antrieb durch Gleichstrommotor, aus der Batterie gespeist (Sparbetrieb mit Abschaltung der minder wichtigen Verbrauchsstellen).

2. Selbstgesteuerter Teilbetrieb.

Zweifachturbine mit Pumpe und Synchrongenerator 7900 kVA Abb. 327 (3200 kW motorisch [23, 20]) mit starrer Kupplung der Maschinen und Ausblasung der jeweils nicht beaufschlagten hydraulischen Einheit (Form 2). Pumpe mit festem Leitapparat, selbstgesteuerte Drosselklappe als Abschlußorgan.

Die Selbststeuerung erstreckt sich nur auf die Durchführung der Inbetriebsetzung zum Turbinenbetrieb, beginnend mit dem Einsatz der selbsttätigen Drosselklappensteuerung bis einschließlich der Zuschaltung des Generators zum Netz. Der Einsatz aller vorbereitenden

Abb. 327.

Maßnahmen für den Turbinenbetrieb (Inbetriebnahme der Lageranlaufpumpen, des Druckspeichers, des Gleichstromantriebes zur Reglerölpumpenanlage, falls kein Drehstrom ansteht, der Einsatz des Kompressors zur Belüftung der nicht zu beaufschlagenden Maschine) erfolgt in Teilvorgängen mit gesonderter Befehlsgabe. Ebenso wird der Eigenbedarf von Hand aus eingesetzt.

I. Ausrüstung des hydraulischen Teiles (Schema Abb. 328).

1. Selbsttätige Drosselklappe für Pumpe und Turbinen (*1320*; s. S. 185).[1]

2. Einstellwerk *470g*, gemeinsam auf die Steuerung beider Turbinen wirkend,

a) zur Einstellung einer bestimmten Anlauföffnung bzw. Beaufschlagung während des Parallelbetriebes, kombiniert mit der Schnellschlußeinrichtung *1241*;

b) zur Eröffnung über den eingestellten Beaufschlagungswert bei Netzstörungen (Hubmagnet *591ö*; Frequenzabsenkung —3%);[2]

c) elektrisch betätigte Öffnungsbegrenzungen $470_{I, II}$ zur getrennten Einstellung der Beaufschlagung jeder Turbine.

---

[1] Die turbinenseitig angeordnete Klappe besitzt Öffnungsverzögerung während der Periode der Füllung des Spiralgehäuses sowie Schließverzögerung; die pumpenseitig angeordnete nur Verriegelung der Eröffnung vor Erreichung des vollen Pumpendruckes.

[2] Die Maßnahmen zur Schnelleröffnung des Leitapparates werden zweckmäßig auch vorgekehrt bei Maschinensätzen zur Spitzendeckung, welche während des Phasenschiebens in Bereitschaft zur Leistungsabgabe — mit geschlossenem Turbinenleitapparat, jedoch geöffnetem Haupteinlaßorgan — betrieben werden.

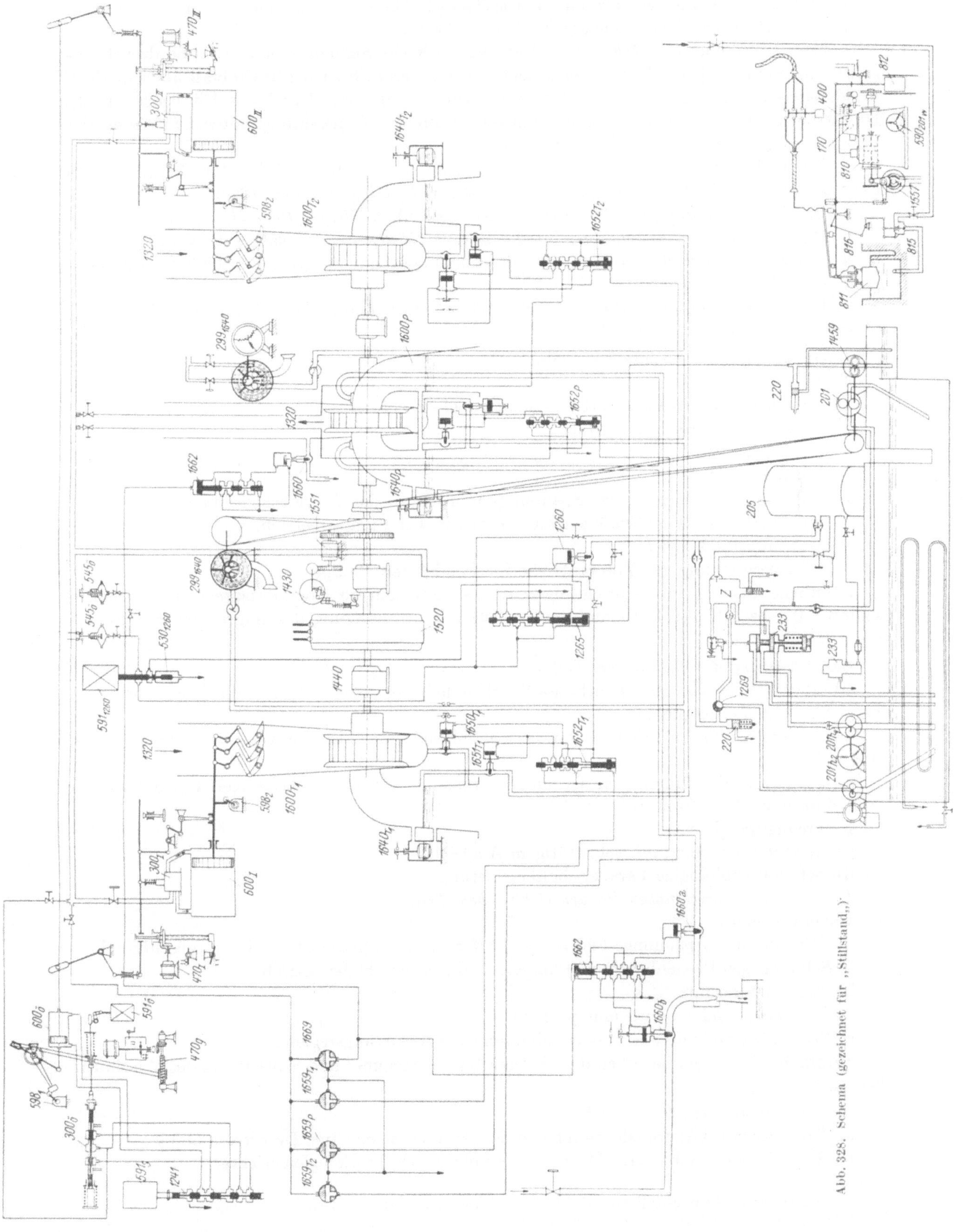

Abb. 328. Schema (gezeichnet für „Stillstand.")

3. Druckölspeicheranlage *205* mit Wechselventil *233* und Zwischenbehälter *Z*, Hauptölpumpe *201*, riemengetrieben von der Turbinenwelle aus.

4. Zwei Hilfsölpumpen *201 h*$_{1,\,2}$ mit Dreh- bzw. Gleichstrommotorenantrieb (die drehstromgetriebene Pumpe wird selbsttätig eingesetzt bei stärkerem Speicherdruckabfall auch in Stillstandszeiten der Anlage, die gleichstrombetriebene Pumpe von Hand aus bei Ausfallen des Drehstromes. Letztere Pumpe kann unmittelbar auf die Druckleitung unter Umgehung des Windkessels geschaltet werden; Hahn *1269*).

5. Druckölbetätigtes Windkesselabsperrventil *1260*, handbedient (Hubmotor *591*$_{1260}$), jedoch mit Sperrung des Abschlusses durch Stillstandspumpe *1459* (Sperrkolben *1265*).

6. Belüftungssteuerung für die Turbine, handgeschaltet (*1640*$_T$, *1650/51/52*$_T$) (s. S. 250).

7. Be- und Entlüftungssteuerung für die Pumpe (*1640*$_P$, *1660*, *1662*) (s. S. 250).

8. Selbsttätiger Belastungsregler *810* mit belastungsabhängig geregelter Kühlwasserversorgung *815*; Einstellwerk *400* nach Abb. 301.

9. Einrichtung zur selbsttätigen Rückstellung des Leitapparates auf eine bestimmte Maximalleistung bei Alleinbetrieb.

Überwachung des hydraulischen Teiles.

Turbinenbetrieb.

10. a) Überdrehzahlschutz mittels Fliehkraftschalter *1430*.

    b) Öldrucküberwachung *545*$_ö$.

    c) Lagerwächter *1440*.

Pumpenbetrieb.

11. a) Minimalleistungsschutz (Spannungseinbruch an der Antriebsmaschine),

    b) Abfall der Einlaufschützen an der Sperre bei Pumpenbetrieb.

Wasserwiderstandsregler.

12. a) Überwachung der Motorantriebe für Pendel und Pumpe.

Sämtliche Überwachungseinrichtungen 10 bis 12 wirken über den entsprechenden Schnellschluß auf Abschaltung, Entregung und vollständige Stillsetzung des Aggregates mit Schluß der Drosselklappe.

Selbststeuerung des elektrischen Teiles.

13. Relaissteuerung mit Druckknopfbefehlsschaltung für Anlauf zum Turbinenbetrieb bzw. Stillsetzung (Notknopf).

14. Automatische Anlauf- und Parallelschalteinrichtung, auf den Wasserwiderstandsregler wirkend.

a) Steuerung des Motors zur Öffnungsbegrenzung *470* mit selbsttätiger Einstellung der Anlauföffnung (Anlaßform *1 a*).

b) Frequenzabgleicher.

c) Spannungsregelung mit selbsttätigem Abgleich.

d) Schlupfunabhängige Parallelschalteinrichtung.

Überwachungseinrichtungen für den elektrischen Teil.

Generatorschutz.

a) Überstrom-,[1] Spannungssteigerung-, Differential-, Windungs- und Gestellschlußschutz sowie Schutz gegen Phasenbruch bei Pumpen- und Phasenschieberbetrieb.

Transformatorschutz.

b) Buchholz- und Überwärmungsschutz.

c) Stromüberwachung am Wasserwiderstand des Belastungsreglers.

Sämtliche Störungen bewirken die Abschaltung, Entregung[2] und Stillsetzung des Maschinensatzes.

Stromversorgung der Hilfsbetriebe.

a) Über Eigenbedarfstransformator von der Sammelschiene aus, Drehstrom 380 V.

b) Steuerstrom aus Batterie 110 V; Aufladung durch Trockengleichrichter.

---

[1] Langfristig in Anpassung an die Zeitstaffelung des Netzschutzes.

[2] Diese entfällt bei Phasenschieberbetrieb.

Zur Verringerung des Eigenbedarfes werden die im laufenden Betrieb benötigten Hilfseinrichtungen von der Maschinenwelle aus angetrieben (z. B. Öl- und Luftpumpen mittels Riemen).

Inbetriebsetzung zum Generatorbetrieb.

a) **Einsatz der vorbereitenden Maßnahmen** für den Anlauf, handbedient.

1. Einsatz der Hilfspumpe $201h_2$, falls kein Drehstrom ansteht.
2. Anschaltung der Regleranlage an den Druckspeicher (Windkesselabsperrventil *1260*).
3. Anstellung der Lageranlaufpumpe und des Kompressors 299_E zur Belüftung.
4. Belüftung der nicht zu beaufschlagenden hydraulischen Maschinen.
5. Freigabe der einzusetzenden Maschine.

Damit wird selbsttätig die Hilfsöffnungsbegrenzung — z. B. 470_{II} — der nicht zum Einsatz kommenden Maschinen hochgesteuert, der einzusetzenden Maschine herabgeholt.

b) **Selbsttätiger Anlauf** zum Generatorbetrieb.

1. *Befehlsgabe zum Anlauf über Druckknopf.*
Unter der Voraussetzung, daß

2. a) die gemeinsame Öffnungsbegrenzung 470_g herabgeholt und wirksam ist (Schnellöffnung $470_ö$ ausgeschaltet),
   b) der Turbinenschnellschluß 591_s eingeschaltet,
   c) die Entregungseinrichtung ausgeschaltet,
   d) Steueröl ansteht (Absperrventil *1260* offen),
   e) keine Störung besteht,
   f) der Hauptleistungsschalter *1530* geöffnet ist,

geht der Anfahrbefehl durch, wobei gleichzeitig

   h) der Motorpumpenantrieb 590_{201W} zum Widerstandsregler *810 (Bereitstellung)*,
   i) der Hubmotorantrieb 591_{1320} zur Drosselklappe *(Öffnung der Drosselklappe mit Füllung des Spiralgehäuses)*

eingesetzt werden,

3. a) die Drosselklappe geöffnet,
   b) die Belüftung der nicht zu beaufschlagenden hydraulischen Maschinen durchgeführt,
   c) die Drehzahlverstellung am Widerstandsregler *810* in tiefster Lage,
   d) Lageröl- und Kühlwasserumlauf in Tätigkeit,
   e) ferner die Anlauföffnung und eine Drehzahl von 80% der normalen nicht überschritten ist (vorsorgliche Kontrolle),

erfolgt

   f) über die Öffnungsbegrenzung die Einstellung der Anlauföffnung *(Anlauf des Aggregates)*,
   g) Einsatz des Pendelmotors *170* am Widerstandsregler,
   h) mit eintauchenden Platten *811* Anschaltung des Tauchwiderstandes an die Generatorschienen.

4. Bei 80% der normalen Drehzahl

   a) Einsatz der Frequenzabgleich- und Parallelschalteinrichtung mit automatischer Ansteuerung der Netzspannung,
   b) die *Parallelschaltung*,
   c) Höhersteuerung der Drehzahlverstellung für den Widerstandsregler,
   e) Abschaltung des Tauchwiderstandes.

Die **Belastung** des Maschinensatzes (Öffnungsbegrenzung 470_g) sowie die Anstellung der Spannungs- bzw. cos φ-Regelung erfolgt ferngesteuert vom Schaltpult aus.

Der *Phasenschieberbetrieb* wird über den Turbinenbetrieb mit nachherigem Schluß der Drosselklappe und Ausblasung der Turbine handbedient hergestellt, ebenso der *Pumpenbetrieb* mit nachfolgender handbedienter Entlüftung der Pumpe und Öffnung des Kugelschiebers nach Herstellung des normalen Förderdruckes.

Gefahren- und Auslösemeldungen.

Die unter 10 und 11 vermerkten Überwachungseinrichtungen führen bei ihrem Ansprechen mit der Stillsetzung des Aggregates die Meldung der eingetretenen Störung durch. Ausschließlich gemeldet wird die Absenkung der Frequenz (Einsatz der Schnellöffnung), an Fehlern: äußere Erdschlüsse, Störungen im Kühlwasser- und Lagerölkreislauf, Nachlassen der Belüftung und des Regleröldruckes, Unterbrechung der Drehstromeigenversorgung, Ausbleiben der Kompressorsteuerung u. a.

Warte (Abb. 329).

Die gesamte Bedienung des Maschinensatzes ist an *einem* Steuerpult zusammengefaßt, von wo aus die Sicht in den Maschinenraum besteht. Auf dem Steuerpult ist ein Leuchtschaltbild angeordnet, das den Ablauf der Betriebsvorgänge einschließlich der Maßnahmen an den Hilfsbetrieben durch übersichtliche Rückmeldungen zu verfolgen gestattet.

Abb. 329.

Die der Gefahrenmeldung dienende Anlage ist unmittelbar in das Steuerpult eingebaut.

3. Durchgängige örtliche Selbststeuerung

zur Überführung des Maschinensatzes aus dem Stillstand in den Turbinen-, Phasenschieber- und Pumpenbetrieb und zum beliebigen Wechsel der Betriebsform auf einfache Befehlsgabe hin.

Hydraulisch-elektrische Ausstattung [12, 20] (**58**) (Speichersatz Form 1):

Drehstrom-Synchronmaschine (36 000 kVA generatorisch, 24 000 kW motorisch) mit angebauter Erregermaschine.

Spiralturbine (mit Druckregler) 40 500 PS ($H_b = 296$ m).

Pumpe (mit beweglichem Leitapparat) $Q = 6$ m³/sek, $H_{man.} = 300$ m.

Selbstgesteuerte hydraulisch-mechanische Kupplung zwischen Synchronmaschine und Pumpe.

Selbstgesteuerter Kugelschieber.

Die Selbststeuerung erstreckt sich nicht nur auf die Durchführung der rein abhängigkeitsmäßigen Schaltungen zur Überführung eines Anlageteiles in den dem angestrebten Betriebsziel entsprechenden Zustand, sondern die einzelnen Teilvorgänge — Eröffnung des Einlaßorgans, Anlauf und Herstellung der Zuschaltbereitschaft usw. — werden durch die Selbststeuerung unter Überprüfung der für die Einleitung des Teilvorganges jeweils erforderlichen Bedingungen aneinandergereiht. Die Überführung des Maschinensatzes vom Stillstand in den Turbinenbetrieb erfolgt somit *in einem Zuge*, ebenso wie die in den Phasenschieber- oder Pumpenbetrieb über ersteren als notwendige Vorstufe. Die Einleitung zur Änderung der Betriebsart wird durch entsprechende Einstellung eines Wählers gegeben, welcher außer den möglichen Betriebsformen auch die vorbereitenden Zwischenstufen „Turbinenkugelschieber auf", „Drehzahleinsteuerung" als selbstgesteuerte Teilvorgänge, etwa zum Zwecke der Überprüfung der Automatik, einzuleiten gestattet. Darüber hinaus besteht noch die Möglichkeit, unter Verzicht auf letztere die notwendigen Schaltungen einzeln handbedient vorzunehmen.

Selbststeuerausrüstung des hydraulischen Teiles (Abb. 330).

1. Selbststeuereinrichtung zum Turbinenkugelschieber 1350_T (s. S. 188).

2. Elektrische Drehzahl-Verstellvorrichtung am Turbinenregler, in die Selbststeuerung eingebunden.

3. Drucköl speicheranlage mit Wechselschaltventil und Zwischenbehälter (s. S. 30) sowie schwimmergesteuerte Windkesselbelüftung (s. S. 33).

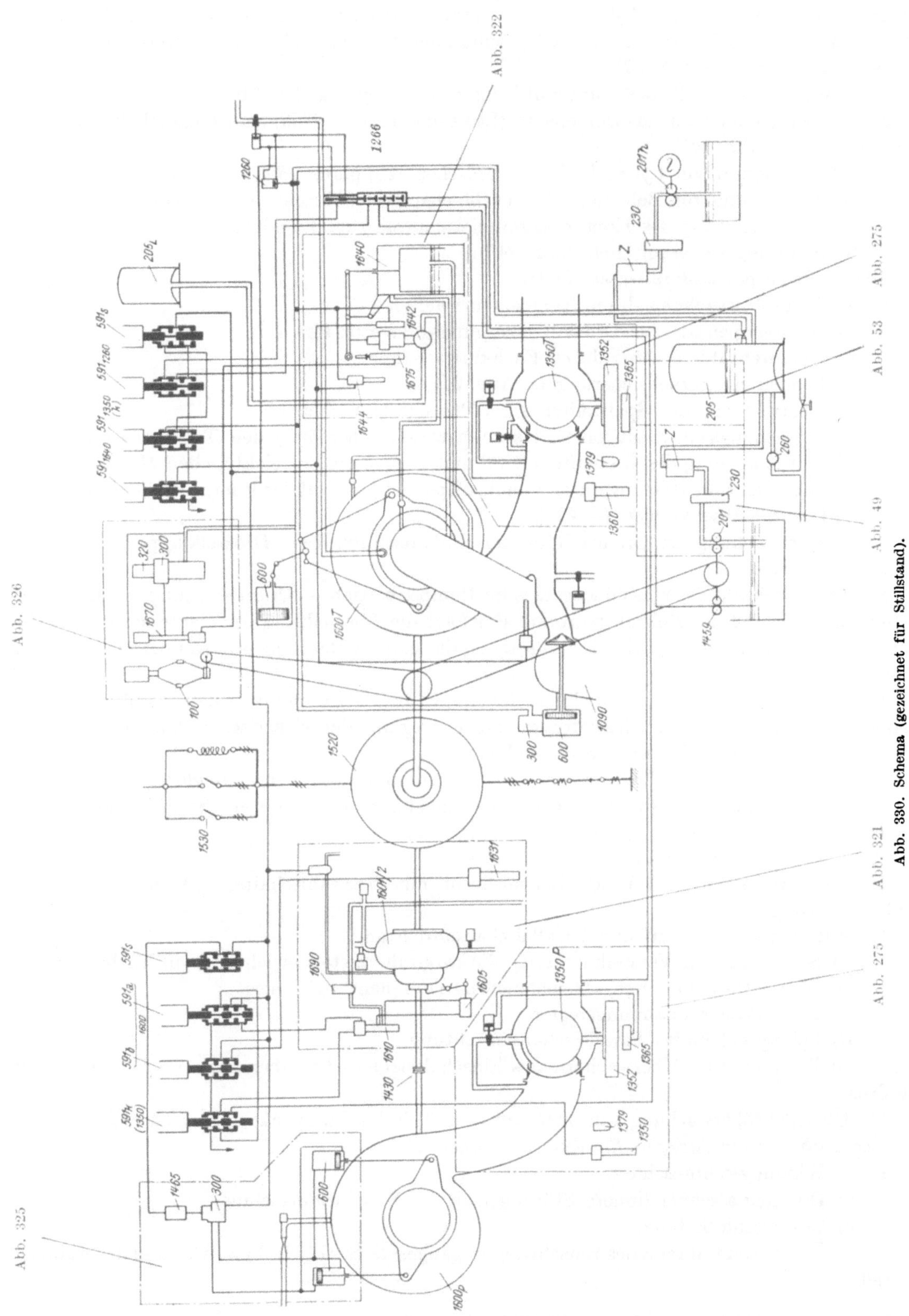

Abb. 330. Schema (gezeichnet für Stillstand).

4. Elektromotorisch angetriebener Hilfspumpensatz *201h* mit Einschaltung über Minimal-
druckrelais (Betriebs- und Stillstandsreserve, Druckölbereitstellung vor Betrieb des Maschinensatzes), druckseitige Verbindung der Ölsysteme aller Maschinensätze über zweiseitig wirkende
Rückschlagventile *260* (s. S. 37).

5. Selbsttätiges Windkesselhauptventil *1260* mit Sperrung des Abschlusses bei geöffneten
Kugelschiebern, laufendem Maschinensatz (Stillstandspumpe *1459*) und eingeschalteter Kupplung *1601* (s. a. Abb. 321).

6. Selbststeuerung zur hydraulisch-mechanischen Kupplung *1605* (s. S. 247).

7. Selbststeuerung zur Belüftung der Turbinenspirale während des Pumpenbetriebes.

    a) Druckschaltung des Kompressorantriebsmotors zur Druckluftversorgungsanlage.

    b) Belüftungssteuerung *1640* (s. S. 248).

Überwachung des hydraulischen Teiles.

8. a) Lagerüberwachung durch Temperaturwächter.

    b) Hilfspumpensatz zur Druckölversorgungsanlage (s. Pkt. 4).

    c) Überdrehzahlerfassung durch Fliehkraftschalter.

    d) Pendelriemenbruchsicherung (s. Abb. 247).

    e) Überwachung der Spaltkühlung bei Phasenschieberbetrieb.

Die Überwachungseinrichtungen 8a bis 8e bewirken über 590*s* den Turbinenschnellschluß
(s. S. 251) mit Auslösung des Ölschalters *1530* und Entregung der elektrischen Maschine.

9. a) Unterdrehzahlerfassung durch Fliehkraftpendel *1430* auf der Pumpenwelle bei stärkeren
      Drehzahlabsenkungen (—40%).

    b) Überwachung der Offenstellung der Einlaufschütze bzw. Drosselklappe bei Pumpen-
      betrieb.

Bei Unterdrehzahl des Maschinensatzes im Pumpenbetrieb — Unterbrechung der Leistungszufuhr, bzw. Schluß des Rohrabsperrorgans[1] erfolgt die Abschaltung der elektrischen Maschine
vom Netz, ihre Entregung sowie die Stillsetzung des ganzen Maschinensatzes über den Pumpenschnellschluß.

10. Handbediente Gefahrenabstellung: Notknopf zur Stillsetzung über den jeweilig in Betrieb
befindlichen Schnellschluß; Abschaltung und Entregung der elektrischen Maschine.

Ausschließlich gemeldet werden die Fehler:

11. a) Störungen in der Kühlwasser- und Ölversorgung (Lager- und Regleröl),

    b) Überfüllung des Speicherbeckens (Vormeldung; bei weiterem Steigen des Wasser-
spiegels erfolgt die Stillsetzung des Maschinensatzes).

Selbststeuerausrüstung des elektrischen Teiles.

12. Steuerwalze zur Wahl der Betriebsform mit Vorwahlschalter: ,,Handsteuerung —
Selbststeuerung''.

13. Automatische Anlauf- und Parallelschalteinrichtung.

    a) Steuerung zum Verstellmotor für die Drehzahlverstelleinrichtung am Turbinenregler.

    b) Einrichtung zur Drehzahleinsteuerung (Frequenzabgleicher).

    c) Selbsttätiger Spannungsregler.

    d) Schlupfabhängige Parallelschalteinrichtung.

    e) Zeitverzögerte Überwachung des Einschaltstromes bei Überbrückung der Synchroni-
sierdrossel.

14. Gleichlaufüberwachung zum mechanischen Teil der Pumpenkupplung (s. S. 247).

Überwachungseinrichtungen für den elektrischen Teil.

15. a) Windungsschlußschutz.

    b) Differentialschutz (innere Störungen in der Synchronmaschine).

    c) Gestellschlußschutz.

    d) Überstrom während des Einschwingvorganges[2] (s. S. 217, 2), bzw. während des Pumpen-
betriebes.[3]

---

[1] Bei Pumpenbetrieb ist die Handauslösung gesperrt.
[2] Mit Auslösung des Generatorschalters.
[3] Eine Störung nach 15d bewirkt bei Turbinenbetrieb nur Abschaltung und Entregung.

e) Spannungssteigerung.

f) Spannungsrückgang bei Pumpenbetrieb.

g) Unterbrechung der Leistungszufuhr während des Pumpenbetriebes (Leistungsrückgangsrelais).

Die Steuerungen 15a bis 15g bewirken die Abschaltung und Entregung der elektrischen Maschine sowie die Stillsetzung des ganzen Aggregates.[1]

Stromversorgung der Hilfsbetriebe.

a) Drehstrom 380/220 V. Hilfsturbinensatz[2] an der Hauptdruckleitung als Notreserve mit vollselbsttätigem Einsatz bei Spannungsunterbrechung in der Fremdversorgung (Überwachung durch Spannungsrückgangsrelais mit Zeitverzögerung).

b) Steuerstrom 220 V. Gleichstrom aus Batterie.

Planmäßige In- und Außerdienststellung der Hauptmaschinensätze.

A. *Turbinenbetrieb* (Wählerstellung *III*).

1. Unter der Voraussetzung, daß

a) Drehzahlverstellvorrichtung auf „ganz langsam"

b) der Befehl zur Selbststeuerung besteht,

c) Erregerschalter sowie

d) Schnellschlußauslösung für Turbine und Pumpe eingerückt,

erfolgt

e) die Befehlsdurchgabe für den Einsatz der Lagerentlastungspumpen sowie

f) des Reservepumpensatzes.

2. a) der Speicheröldruck erreicht ist,

b) Kühlwasser- und Ölumwälzung vorhanden,

c) die Lagerentlastung wirksam,

d) die Turbinenbelüftung abgestellt,

e) der Leitapparat geschlossen,

f) die Eröffnung des Kugelschiebers.

3. a) der Maschinenschalter ausgelöst,

b) der Kugelschieber eine bestimmte Teileröffnung erreicht hat,

c) der Leitapparat unter Anlauföffnung,

d) die Maschinendrehzahl unterhalb 80% der normalen liegt,

e) 2b sowie 2c bestehen,

f) Anlauf des Drehzahlverstellmotors mit Einstellung der Anlauföffnung *(Anlauf der Turbine)*.

4. a) 80% der normalen Drehzahl erreicht sind,

b) der Generator voll erregt ist,[3]

c) der Einsatz des Frequenzabgleichers mit Überwachung der Synchronisierspannungen sowie der Parallelschalteinrichtungen (13b bis d), sodaß bei Erfüllung der Einschaltbedingungen die Maschine über die Synchronisierdrossel an das Netz gelegt wird *(Grobsynchronisierung)*.

5. Einschaltstrom abgeklungen ist,

a) Kurzschließen der Synchronisierdrossel.

Die Einstellung der W i r k - und B l i n d l a s t erfolgt von Hand aus (über die Drehzahlverstellvorrichtung, bzw. den Einstellwiderstand zum Spannungsregler).

B. *Phasenschieberbetrieb* (Wählerstellung *IV*).

Nach erfolgter Parallelschaltung des Speichersatzes wird als weiterer Schaltschritt die Beaufschlagung der Turbine abgestellt. Die elektrische Maschine übernimmt dann nur Blindlast

---

[1] S. Fußnote 3 auf S. 260.

[2] 1200 kVA.

[3] Notwendigenfalls vorübergehende Fremderregung.

und deckt die Verluste des Maschinensatzes aus dem Netz. Hierzu wird unter Prüfung der jeweiligen Voraussetzungen

a) der Regler auf „ganz langsam" gesteuert (Schluß des Leitapparates), b) der Kugelschieber geschlossen, c) die Turbinenspirale belüftet.

C. *Pumpenbetrieb* (Wählerstellung *V*).

Unter der Voraussetzung, daß

1. a) die Selbststeuerung der Turbine freigegeben ist,
   b) der Maschinenleistungsschalter geschlossen,
   c) der Turbinenkugelschieber geschlossen sowie
   d) die Kupplung offen ist,

erfolgt

   e) die Einschaltung der Kupplungsselbststeuerung (*Anlauf* der Pumpe mit Füllung und Unterdrucksetzung bei geschlossenem Leitapparat) sowie
   f) Eröffnung des Warmwasserschiebers.

2. a) der Pumpenleitapparat geschlossen sowie
   b) die Kupplung entleert,

   c) die Eröffnung des Pumpenkugelschiebers sowie
   d) Schluß des Warmwasserschiebers.

Die Eröffnung des Pumpenleitapparates (Belastung der Pumpe) erfolgt von der Warte aus handgesteuert.

Sinngemäß vollziehen sich die Abstellvorgänge bei Überschaltung des Wählers auf Stellung *VI*.

Die *Gefahrenmeldung* ist in einem Meldetableau in der Warte zusammengefaßt. Die optischen Einzelmeldungen werden durch einen bei allen Störungen eintretenden akustischen Alarm vervollständigt.

Die *Bedienung* des Kraftwerkes erfolgt vom Schaltpult in der Warte aus (Abb. 331), entweder durch Befehlsgabe für den Ablauf der Steuerung in einem Zuge oder in Teilvorgängen durch Einstellung der Betriebsform über einen besonderen Wähler.

Zur Überwachung der Steuervorgänge dient ein Leuchtbild in der Warte; für die Anlaufüberwachung befinden sich entsprechende Leuchtbilder bei jedem Maschinensatz im Turbinenhaus.

Zur Verständigung zwischen Warte und Turbinenhaus für den Fall der Handbedienung in Einzelvorgängen dient eine besondere *Befehlsanlage*.

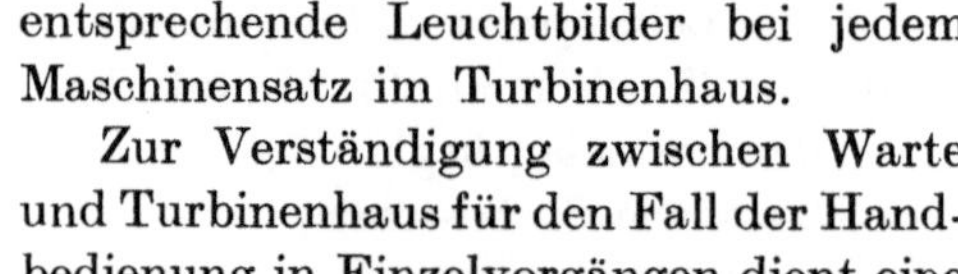

Abb. 331.

M. Fernsteuerung.

Der fernbediente Vollbetrieb von Wasserkraftwerken stützt sich auf die Hilfsmittel der Selbststeuerung für die örtlichen Maßnahmen des Betriebswechsels und auf die Fernsteuertechnik für alle zusätzlich notwendigen Maßnahmen des Eingriffes in den laufenden Betrieb. Bei der Planung der Hilfseinrichtungen für den ferngesteuerten Betrieb ist in jedem Fall das zweckmäßige Ausmaß von Selbststeuerung und Fernbedienung in bezug auf die Aufgaben der Betriebsgestaltung festzustellen. Im Kraftwerksbetrieb ist allgemein zu unterscheiden zwischen Betriebsvorgängen, welche das Eingreifen eines Wärters unmittelbar erfordern und anderen Maßnahmen, welche zur Erreichung eines erwünschten Betriebszieles zur Durchführung kommen müssen, wobei deren Ablauf an eine zwangsläufige Folge gebunden ist, so daß vom Steuerstand aus kein Interesse an der Einleitung der Einzelvorgänge besteht. Zu den unmittelbaren Hilfsmaßnahmen zählen etwa jene, die zur Inbetriebsetzung eines Maschinensatzes vorgenommen werden müssen. Befehlsgabe hierzu ebenso wie für die Stillsetzung müssen dem Wärter in der Steuerstelle vorbehalten bleiben. Die zahlreichen folgenmäßig bedingten Einzelmaßnahmen hierzu, die im fernbedienten Kraftwerk zum Ablauf kommen, brauchen von der Steuerstelle aus nicht befohlen und überwacht zu werden. Zu diesen Einzelmaßnahmen ist die Steuerung der Leitapparate der Turbinen auf die Anlauföffnung, die Regelung der Beaufschlagung während des Hochfahrens, der Spannungsabgleich u. a. zu zählen.

In dem für fernbedienten Vollbetrieb ausgelegten Kraftwerk werden die mittelbaren Hilfsmaßnahmen zur Betriebsgestaltung selbstgesteuert in weitgehend zusammengefaßten Schaltfolgen durchgeführt. Dadurch ermöglicht die Selbststeuerung bei geringstmöglichem Aufwand die Verlegung des Steuerstandes an eine beliebig weit entfernte Steuerstelle. Die von der Betriebsausrüstung zu fordernde Anpassung an die möglichen Formen der Betriebsgestaltung kann bei einer Auslegung der Fernsteuerstelle etwa nach folgenden Gesichtspunkten erwartet werden:

1. Die Möglichkeit der Fernbetätigung der Einlaßorgane in dem dem Kraftwerk vorgelagerten Einlaufbauwerk oder Wasserschloß, einschließlich der Stellungsmeldung dieser Organe, muß gegeben sein.

2. Die In- und Außerbetriebnahme der einzelnen Maschinengruppen in einem Zuge umfaßt alle Vorgänge im hydraulischen Teil, beginnend mit der Eröffnung der Schieber (Schützen) und endend mit dem Zuschalten des Stromerzeugers zum Netz.

Hierzu sind die entsprechenden Stellungs- und Zustandsmeldungen in beschränktem Ausmaße fern zu übertragen.

3. Zur Einstellung der Belastung, also Ermöglichung einer geordneten Lastverteilung, ist die Fernbetätigung der Drehzahlverstellvorrichtung jeder einzelnen Turbine vorzusehen.

4. Zur entsprechenden Regelung der Blindlastverteilung muß auch die Ferneinstellung der Nebenschlußregler aller Generatoren, bzw. bei Anwendung selbsttätiger Spannungsregler die Fernbetätigung jedes Sollwerteinstellers von der Steuerstelle aus möglich sein.

5. Der Belastungszustand sowie die Blindleistung ist durch entsprechende Geräte an der Steuerstelle anzuzeigen.

6. Sämtliche Leistungsschalter in den abgehenden Freileitungen sind für Fernbedienung einzurichten.

7. Wo mit der Notwendigkeit der Umschaltung von Stromerzeugern und Freileitungen auf verschiedene Sammelschienensysteme betriebsmäßig zu rechnen ist, ist die Fernbedienung und Stellungsmeldung der Sammelschienentrennschalter vorzusehen. Voraussetzung hierfür ist, daß im fernbedienten Kraftwerk eine selbsttätige Verriegelung wirksam wird, die eine Fehlbetätigung, insbesondere der Trennschalter, mit Sicherheit ausschließt.

8. Wenn das Zuschalten von Freileitungen als Parallelschaltvorgang zu werten ist, da mit dem Anstehen einer Fremdspannung gerechnet werden muß, wird zweckmäßig die Fernbedienung auf die Befehlserteilung zum Einsatz eines örtlich anzuordnenden, selbsttätigen Parallelschaltgerätes beschränkt, wobei ein einzelnes derartiges Gerät auf verschiedene Freileitungsfelder angewählt werden kann.

9. Zustands- und Störungsmeldungen sind an die Fernbetriebsstelle nur in einem Ausmaße zu übertragen, als es für den klaren Überblick über den Betriebszustand erforderlich ist. Für jeden Maschinensatz wird eine Sammelmeldung für alle Fehler, die außerhalb der Maschinengruppe liegen und eine Abschaltung verursachen, erforderlich, um zum Ausdruck zu bringen, daß an die baldige Wiederzuschaltung der Maschineneinheit gedacht werden kann. Ferner wird für jede Einheit eine zweite Störungsmeldung fernzuübertragen sein, die sich auf Fehler ernsterer Natur im Bereiche der Gruppe selbst bezieht. Hierdurch ist die Entscheidung ermöglicht, ob mit dem baldigen Wiedereinsatz des Maschinensatzes gerechnet werden kann oder dessen Einsatz bis zur Fehlerbehebung zu unterbleiben hat. Einzelmeldungen zu übertragen läßt sich in der Regel nicht rechtfertigen, da von der Steuerstelle aus keine Abhilfe geschaffen werden kann.

Eine Vereinfachung der Fernbetriebsausrüstung ist dann möglich, wenn alle Meßgrößen, an deren Kenntnis in regelmäßigen Abständen zwar ein Interesse besteht, deren Daueranzeige im Hinblick auf den Betrieb hingegen nicht zu fordern ist, nur auf Anwahl übertragen werden.

Für die Fernsteuerung, durch die mittels der Fernbetriebstechnik die Fernbefehlsübertragung, die Fernmeldung, die Ferneinstellung von Regelgrößen u. a. zu beherrschen ist, sind zahlreiche Verfahren durchgebildet worden, die sich in erster Linie hinsichtlich des erforderlichen Aufwandes für die Apparatur oder für den Fernübertragungsweg unterscheiden. Hierbei kann etwa als Regel genannt werden, daß bei geringeren Entfernungen der Steuerstelle von der fernzubedienenden Anlage (bis etwa 20 km) meist eine größere Wirtschaftlichkeit der Gesamtanlage durch Bereitstellung eines mehraderigen Übertragungsweges für Steuerung und Meldung erzielt wird. Bei größeren Entfernungen tritt der für das Übertragungskabel erforderliche Aufwand in den Vordergrund, so daß dann an die Benützung von Fernsteuereinrichtungen gedacht werden muß, die über wenige Adern beliebig viele Befehle und Meldungen durchzuführen gestatten. Bei der Beurteilung der Fernmessung im Hinblick auf die erforderlichen Übertragungswege ist zu berücksichtigen, daß Dauermessungen auch die unterbrechungslose Bereitstellung eines Übertragungskanals für jeden Meßwert voraussetzen. Aus diesem Grunde ist mit zunehmender Übertragungsentfernung darnach zu streben, die Anzahl der in einer Anlage bereitzustellenden Dauermessungen auf ein Mindestmaß zu beschränken. Statt dessen können dann im größeren Ausmaße Fernmessungen bereitgestellt werden.

Als adernsparendes Fernsteuerverfahren, jedoch noch mit mehrdrähtiger Übertragungsverbindung zwischen Steuerstelle und fernbedientem Kraftwerk, findet das *Eindraht-Steuerverfahren* derzeit weitgehende Anwendung. Es stützt sich auf die Benützung von Gleichstrom für den Übertragungsweg; seine Bezeichnung ist abgeleitet von der Eigenart des Verfahrens, für Betätigung *und* zugeordneter Stellungsmeldung eine einzige Ader zu benützen, wobei für eine größere Gruppe mit gleichartigen Aufgaben eine gemeinsame Ader als Rückleitung noch bereitzustellen ist ($n + 1$ Adern für n Steuerungen).

Eine der praktischen Durchführungen benützt zur Vornahme der Steuerungen den Polaritätswechsel der Stromquelle, wobei an der Steuerstelle ein besonderes Melderelais in den Stromkreis der Fernübertragung eingeschaltet ist, das, mit dem entsprechende Steuerrelais in der fernbedienten Anlage in Reihe geschaltet, die Verbindung vermittelt. Die Auswahl der Relais hinsichtlich ihres Eigenbedarfes für die Ansprech-Erregung ist im wesentlichen bedingt durch die Entfernung zwischen Steuerstelle und fernbedienter Anlage. Die Anwendung von Gleichstrom verbietet in manchen Fällen daher die Benützung dieser Methode, auch dann, wenn etwa infolge der Hochspannungsbeeinflussung des Übertragungsweges zur Wechselstromspeisung der Fernsteuerung gegriffen werden muß.

Bei kleineren Übertragungsentfernungen kommt häufig auch die abgewandelte Methode in Frage, bei der statt der eindrahtigen Verbindung zwei Übertragungsadern benützt werden.

Für Fernsteuerungen unter Anwendung von Wechselstrom auf dem Übertragungsweg bereitet die Benützung von Verfahren nach Art der Eindrahtsteuerung besonders dann noch Schwierigkeiten, wenn eine Abriegelung der Übertragungsstromkreise zum Schutz gegen vorliegende Hochspannungsbeeinflussungen des Übertragungsweges erforderlich wird. Ein Vorteil der adersparenden Fernsteuerverfahren, bei denen für jede Betätigung ein besonderer Übertragungsweg zur Verfügung gestellt wird, ist neben der Möglichkeit der gleichzeitigen Befehlserteilung die sofortige Wirksamkeit der Steuerungs- und Meldungsvermittlung in derselben Weise wie bei örtlicher Nahbedienung.

Bei allen Anwendungen der Fernsteuertechnik, bei denen größere Entfernungen zur Fernbetriebsgestaltung zu überwinden sind und deswegen der Aufwand für die Hilfskabelverbindung in den Vordergrund tritt, hat sich die Ausnützung der *Wählerfernsteuertechnik* durchgesetzt. Diese stützt sich auf Schaltungen, die in der selbsttätigen Wählertelephonie seit langem durchgebildet und erprobt sind. Die verschiedenen Methoden unterscheiden sich in der Hauptsache in bezug auf die Art der Selbstüberwachung der Anlage. Während bei einem Verfahren ein Prüfwähler im Gleichlauf mit dem angeregten Wähler betätigt wird und die Übereinstimmung der Stellung beider Wähler als Bestätigung der Richtigkeit der Anwahl herangezogen wird, benützt man in anderen Systemen die Ergänzung der dem angewählten Schritt zuzuweisenden Ordnungszahl durch den entsprechenden Schritt eines Prüfwählers auf eine bestimmte, für alle Wählerschritte gleiche Kontrollzahl. Der Betrieb von Wählerfernsteuerungen erfordert die Bereitstellung von zwei Adern und kann in der Fernverbindung mit Gleich- oder Wechselstrom durchgeführt werden. Unter Benützung einer derartigen Wählerfernsteuerung ist eine in weiten Grenzen wählbare, der Anzahl der zur Verfügung stehenden Wählerschritte entsprechende Häufung der Übertragungsbefehle von der Steuerstelle zur fernbedienten Anlage oder von Meldungen vom fernbedienten Kraftwerk zum Standort der Bedienung möglich.

Bei der Anwahl von Messungen unter Benützung der Wählerfernsteuerung ist zu berücksichtigen, daß für die Übertragung der angewählten Meßgröße ein besonderer Verbindungsweg zur Verfügung gestellt werden muß, über den dann je nach Anwahl eine größere Anzahl von Meßwerten zeitlich nacheinander an der Steuerstelle angezeigt werden kann.

Unabhängig von der Wahl des Fernbedienungsverfahrens wird die Anordnung der Bedienungsorgane an der Steuerstelle in genau derselben Art vorgenommen wie in jedem nahbedienten Kraftwerk. Meist werden sogar dieselben Konstruktionen der Betätigungsschalter und Hilfsmittel für die Meldung benützt. Der erforderliche Aufwand an Hilfsadern im Fernsteuerkabel ergibt sich bei Einsatz der Wählerfernsteuerung aus der Tatsache, daß für die Steuerung und Meldung ein Aderpaar benötigt wird, für alle in Aussicht genommenen Fernmessungen ein weiteres Aderpaar und für jede Dauermeßwertanzeige ein besonderes Aderpaar bereitzustellen ist. Bei den Wählerfernsteuerungen dieser Art ist eine Verzögerung zwischen Befehlsgabe und Ausführung in der Größenordnung von 5 bis 7 Sekunden zu berücksichtigen.

Die Fortschritte auf dem Gebiet der Hochfrequenzübertragung für Zwecke des Fernmeldens sind gleichfalls zur Fernbetriebsgestaltung der Anlagen von Stromversorgungsnetzen nutzbar gemacht worden. Um denselben Hochfrequenzträgerkanal gleichzeitig für verschiedene Aufgaben dienstbar machen zu können, wird eine Modulation des Trägers mit verschiedenen Tonfrequenzen durchgeführt. Der Betrieb einer Wählerfernsteuerung erfordert hierbei die Bereitstellung einer Modulationswelle für die Befehlsübertragung von der Steuerstelle zum fernbedienten Kraftwerk und umgekehrt, einer zweiten Modulationswelle für die Übertragung von Meldungen. Jede Dauermeßwertanzeige macht in gleicher Weise die Freigabe einer Tonfrequenz nötig. Zur Erzielung der erforderlichen Abgrenzung (Selektivität) der einzelnen Frequenzen gegeneinander und im Interesse der Kleinhaltung des erforderlichen Aufwandes wurde bisher eine Modulation mit bis zu sechs Tonfrequenzen für derartige Übertragungen angewendet.

N. Fernmessung.

Für die Fernübertragung von Messungen wurde eine Reihe, auf verschiedenen physikalischen Grundlagen beruhender Methoden ausgebildet, die heute praktisch die Fernmeßanzeige jeder gewünschten Größe und die Überwindung jeder Entfernung gestatten. Bei kleineren Abständen zwischen Steuerstelle und dem fernbedienten Kraftwerk (bis 3 km) kann auf die Anwendung besonderer Fernmeßverfahren mit Umwandlung der Meßgröße in eine für die Fernübertragung besonders günstige Form verzichtet werden. Hier empfiehlt es sich, bei Wechselstromgrößen Stromwandler mit einer Übersetzung auf 1 A oder weniger auf der Sekundärseite zu wählen, bzw. entsprechende Zwischenwandler anzuordnen, um den Übertragungsverlust über die Fernverbindung möglichst kleinzuhalten. Die Zwischenwandler werden dabei gleichzeitig mit entsprechender Isolation für die Abriegelung gegenüber etwa auftretenden Hochspannungsbeeinflussungen des Fernsteuerkabels benützt und in ihrer Leistungsaufnahme bei Öffnen des Sekundärkreises so bemessen, daß eine Überlastung des Hauptwandlers nicht eintritt.

Für alle anderen Fernmeßverfahren kann eine Unterscheidung nach dem Gesichtspunkt getroffen werden, daß sie zum Teil als Intensitätsmethoden, zum Teil als Impulsverfahren durchgebildet sind. Ein Vorteil der letzteren ist ihre Eignung für die Benützung bei allen praktisch vorkommenden Übertragungsbedingungen (Stromart, Hoch- oder Tonfrequenz). Die meisten Methoden sind brauchbar für die Fernübertragung aller Meßgrößen, an deren Anzeige ein Interesse besteht (Wirk- und Blindleistung, Spannung, Frequenz, Wasserstand, Stellungsanzeige für stetig zu betätigende Organe u. a.).

Als Hilfsverbindungen für die Befehls- und Meldungsübertragung dienen in der Fernbetriebstechnik besondere Fernsteuerkabel, die als Erd-, Fluß- oder Seekabel, bzw. Luftkabel an besonderem Gestänge, Tragseilen oder als selbsttragende Kabel ausgeführt sind. Bei Entfernungen von mehr als 40 km ergeben Hochfrequenzfernsteuerungen die wirtschaftlichste Lösung, wenn nicht Postleitungen oder ohnedies für andere Zwecke schon bereitgestellte Hilfsverbindungen zur Verfügung stehen.

O. Selbsttätige Steuerung auf optimalem Wirkungsgrad.

Mit der Aufstellung zweier oder mehrerer zur Parallelarbeit bestimmter und örtlich zusammengefaßter Maschinensätze stellt sich das Problem der wirtschaftlichsten Abarbeitung der jeweils dargebotenen Wassermenge, bzw. Erzeugung der vom Werk zu liefernden Energie ein. Falls die Notwendigkeit der Unterteilung der zu installierenden Maschinenleistung für ein unbesetztes Kraftwerk auftritt, kann der Forderung nach optimalem Wirkungsgrad der Erzeugung in Fällen,

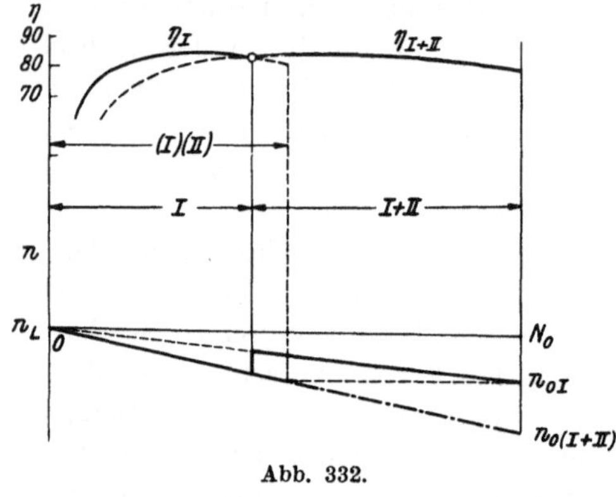

Abb. 332.

in welchen mit nicht zu schroffen Wassermengenänderungen oder Lastwechsel zu rechnen ist, durch Fernsteuerung der Maschinenleistungen nach einem die oben gestellte Forderung erfüllenden Betriebsplan genügt werden; hingegen kann die Selbststeuerung insbesondere bei Kraftwerken angebracht sein, die einem Spitzenwerk nachgeschaltet sind oder zeitlich nicht bestimmten, raschen Belastungsschwankungen ausgesetzt sind.

Für die Festlegung eines die Forderung bestmöglichen Wirkungsgrades erfüllenden Betriebsplanes bestehen Verfahren (**44**), welche die Berücksichtigung der im einzelnen maßgebenden Maschinencharakteristiken ermöglichen.

Damit lassen sich die günstigsten Beaufschlagungsmengen jedes einzelnen Maschinensatzes abhängig von der gesamtverarbeiteten Wassermenge und mit den zugehörigen Wirkungsgraden Einzel- und Summenleistung im Schaubilde darstellen; zweckmäßig wird diese Darstellung durch Eintragung der den einzelnen Beaufschlagungen entsprechenden Öffnungswerte (a_0) oder Reglerstellungen (u) ergänzt, wodurch die Gesetzmäßigkeit in Bestimmungsgrößen ihren Ausdruck findet, an die die Konstruktion der Steuerungseinrichtung anknüpfen kann.

Aus den Darstellungen der Abb. 332 geht zunächst hervor, daß der Übergang zwischen den einzelnen Betriebsformen bei Wassermengen zu erfolgen hat, die dem Schnittpunkte der jeweils verhältnismäßig optimalen Bereiche der Wirkungsgrad- bzw. Leistungskurve der einzelnen Betriebsformen zugeordnet sind. Die Erfüllung dieser Bedingung genügt für die Erfordernisse eines Alleinbetriebes; insofern jedoch die Maschinengruppe im Parallelbetrieb mit anderen Werken steht nur dann, falls die Regelung der einzelnen Maschinensätze n i c h t auf der Drehzahl aufgebaut ist. Im anderen Falle ist im Interesse einer geordneten Verteilung der Netzlast für eine stetige Charakteristik, bezogen auf Drehzahl und abgegebene *Summen*leistung, unabhängig von der internen Aufteilung der Werksbelastung zu sorgen.[1]

Die Gruppenregulierung kann in der Form vorgenommen werden, daß ein Turbinensatz in der üblichen Weise, d. i. drehzahl- oder wasserstandsabhängig geregelt wird, die übrigen nach einer kinematisch festgelegten Abhängigkeit von den Verstellungen des Leitapparates der ersten (Führer-) Turbine gesteuert werden. Hierbei besteht die Möglichkeit, entweder jeden der Turbinensätze mit einem eigenen Regler auszustatten und die Steuerung der geführten Maschinensätze (*II*) über deren Öffnungsbegrenzungen 470_{II} von den Verstellbewegungen der

---

[1] Damit erscheint das Werk nach außen hin als eine Einheit.

Führermaschine abhängig zu machen (Abb. 333a) oder nur die Führermaschine (*I*) mit einer vollständigen Regelungseinrichtung auszurüsten und die übrigen Turbinen ersterer mit Hilfe einer einfachen rückgeführten Abhängigkeitssteuerung folgen zu lassen (Abb. 333b). Die Über-

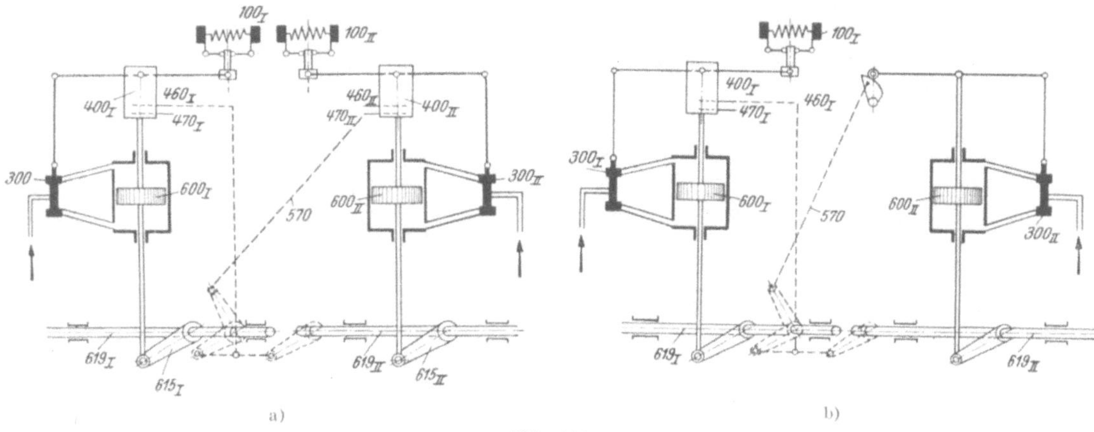

Abb. 333.

setzungsverhältnisse im Sekundärkreis (*II*) ordnen dann über die Mittelstellung des Steuerventils im letzteren gleichzeitige Turbinenöffnungen bzw. Belastungen einander zu.

Die Ableitung des Ungleichförmigkeitsgrades der Regulierung ausschließlich von der Öffnung der Führerturbine bedingt eine Unstetigkeit der Drehzahlleistungskennlinie, bezogen auf die Gesamtbelastung, beim Übergang von einer Betriebsform auf die andere; die diesbezüglichen Verhältnisse können an Hand der Darstellung Abb. 332, die sich auf die Zusammenarbeit zweier Maschinen gleicher Größe bezieht, grundsätzlich beurteilt werden. Man erkennt darnach auch, daß eine stetige Leistungscharakteristik des Werkes unabhängig von der Zahl der im Betrieb stehenden Maschinensätze dadurch erzielt werden kann, daß der dauernde Ungleichförmigkeitsgrad der Führerturbine von der Summe der gleichzeitigen Verstellungen der Arbeitswerke aller zur Parallelarbeit bestimmten Turbinen abhängig gemacht wird, wobei vorausgesetzt ist, daß die gleiche Proportionalität zwischen Leistungsänderung und Verstellung des Mechanismus der dauernden Ungleichförmigkeit der Führerturbine, unabhängig von welcher Turbine die Leistungsänderung ausgeht, besteht (**68**).

Bei reiner Abhängigkeitssteuerung kann die selbsttätige, öffnungsabhängige Zu- oder Abschaltung der geführten Maschinensätze

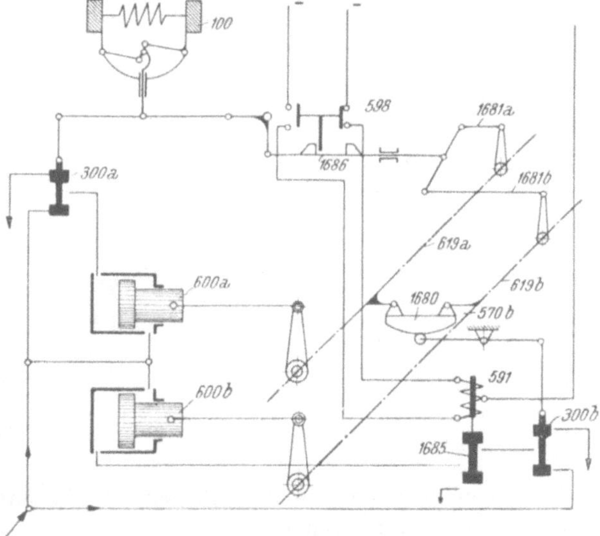

Abb. 334.

durch eine Auslegung nach Abb. 334 [8] erreicht werden. Hierbei legt ein besonderes Umschaltventil *1685* das Triebwerk *600b* des geführten Maschinensatzes entweder an den zum zugehörigen Steuerventil *300b* führenden Ölweg oder steuert unter Abschaltung von diesem Triebwerk *600b* auf „Schließen". Die Verstellung des Umschaltventils *1685* erfolgt leistungsabhängig, bzw. abhängig von der Gesamtbeaufschlagung über Gestänge *1681a*, *1681b* und die vom Wechselmechanismus *1686* betätigte elektrische Steuerung *598*.

Falls die Zusammenarbeit von Maschineneinheiten großer Leistung vorliegt, erscheint deren Ausstattung mit gleichwertigen Regelungseinrichtungen zweckmäßig, um die Führung

je nach Erfordernis an eine der Maschinen übertragen zu können. In diesem Falle wird die
Steuerung der geführten Turbinen über die Öffnungsbegrenzungen ihrer Regler nahezu selbstverständlich, ebenso wie die Auslösung aller zum Wechsel des Betriebszustandes erforderlichen

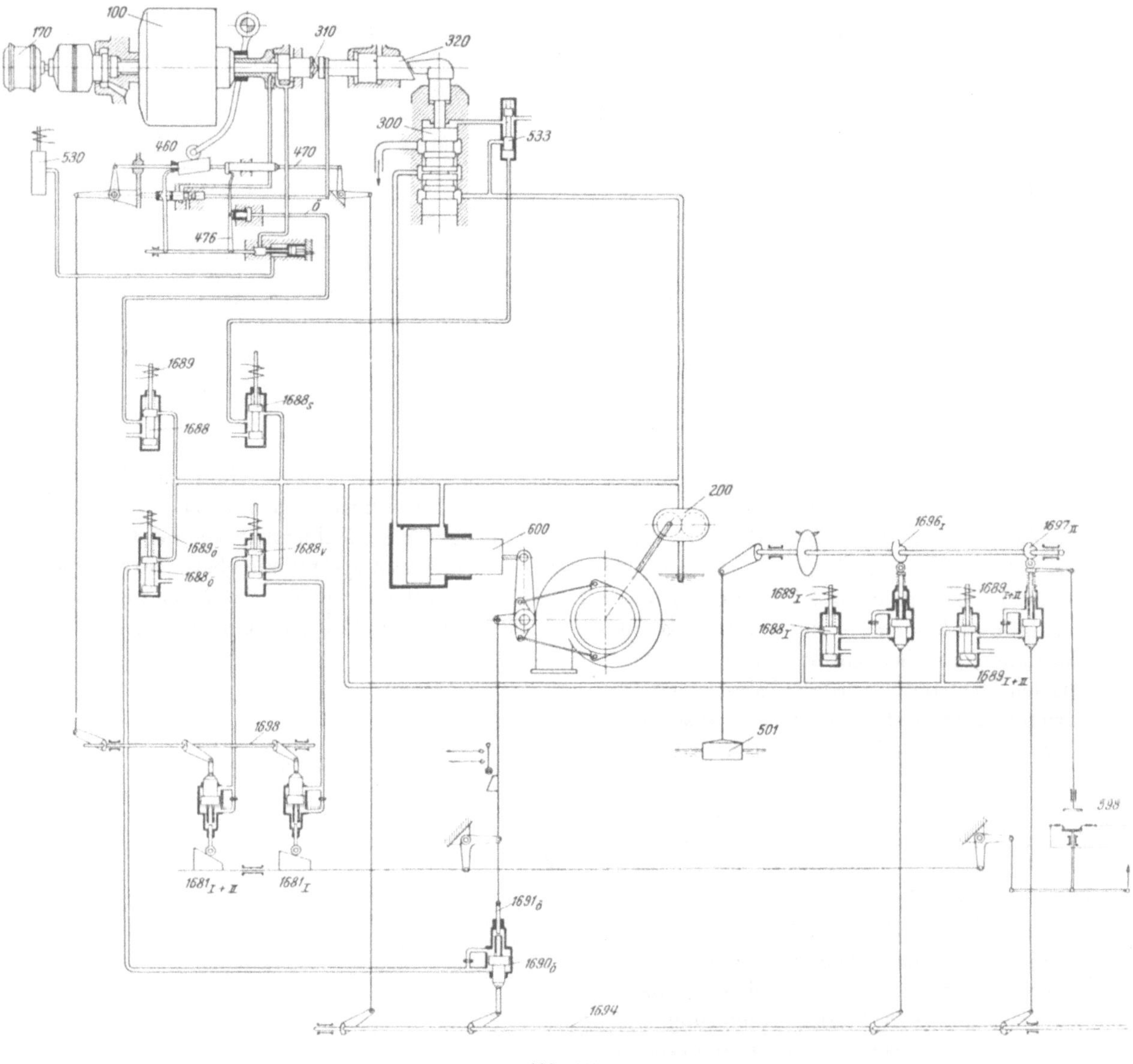

Abb. 335.

Schaltungen über das Steuerwerk, soweit Einrichtungen herangezogen werden, die dem selbsttätigen Regler unterstehen.

Abb. 335 zeigt das Schema einer Anordnung [8] (56), bei welcher die jeweilige Betriebsform
des Maschinensatzes dadurch festgelegt wird, daß die dieser zugeordneten Steuerkreise abhängig
vom Eintritt bestimmter Werte der Leistungsanforderung, bzw. Wasserdarbietung über hydraulisch betätigte und elektrisch gesteuerte Kupplungseinrichtungen in Wirkung gesetzt werden.
So erfolgt mit der Beaufschlagung der Hilfseinrichtung *1690ö*, die über das magnetgesteuerte
Ventil *1688ö* durchgeführt wird, die hydraulische Kupplung des an die Welle *1694* gebundenen
Differentialkolbens *1690ö* mit dem vom Leitapparat her bewegten Steuerstift *1691ö*. Nachdem
von dieser Welle *1694* die Verstellung der Öffnungsbegrenzungen *470* aller Turbinen abgeleitet
wird, stellt die Unterdrucksetzung der Kupplungseinrichtung *1690ö* die Steuerverbindung der
Führerturbine zu den abhängig geregelten Turbinen her, insofern der diesen zugehörige gleich-

artige Kupplungsmechanismus ebenfalls in Tätigkeit gesetzt wird. Für die abhängig geregelten Turbinen ist hierzu die ausschließliche Wirkung der Öffnungsbegrenzung durch die entsprechende Einstellung der Drehzahlverstellung im Sinne höherer Beharrungsdrehzahlen zu sichern, während für die führende Einheit die Öffnungsbegrenzung außer Wirkung zu setzen ist (Entlastung des Hilfsventils *1688* und damit des Raumes *ö* für die Drehpunktführung *476* [s. a.Abb. 109]).

Die Erhaltung der Leistungskennlinie, unabhängig von der Zahl der in Betrieb befindlichen Maschinen wird ermöglicht durch Bereitstellung verschiedener Übersetzungen zwischen dem Mechanismus der dauernden Ungleichförmigkeit und dem Arbeitswerk der Führerturbine, welche die der vorgesehenen Zusammenarbeit entsprechende Summenleistung abhängig vom Anteil der Führerturbine in die Regelung einführen. Hierzu findet ein System von Kurvenzügen *1681ᵢ*, *1681ᵢ ᵤ. ᵢᵢ* Anwendung, die von dem Arbeitswerk der Führerturbine verstellt werden und mittels hydraulischer Kupplungen besprochener Art und Steuerung über die Zwischenwelle *1698* wahlweise an den Mechanismus *460* zur Herbeiführung einer dauernden Ungleichförmigkeit gebunden werden.

In ähnlicher Weise erfolgt die Anschaltung der Wasserstandsregelung *501* an die auf die Öffnungsbegrenzungen *470* wirkende Welle *1694* in Abhängigkeit von der jeweiligen Betriebsform über die Kurvenzüge *1696ᵢ*, *1697ᵢᵢ*. Auch hier werden durch die Form der Steuerkurve die gewünschten Abhängigkeiten der Beaufschlagung während des Einzelbetriebes, bzw. der Parallelarbeit der Maschinensätze von der Wasserspiegellage sowie jene für die Steuerung unwirksamen Spiegelintervalle geschaffen, die an den Stellen des Überganges von einer Betriebsform zur andern zweckmäßig eingelegt werden, um die Schaltung gegen vorübergehende Schwankungen der Wasserdarbietung genügend unempfindlich zu machen.

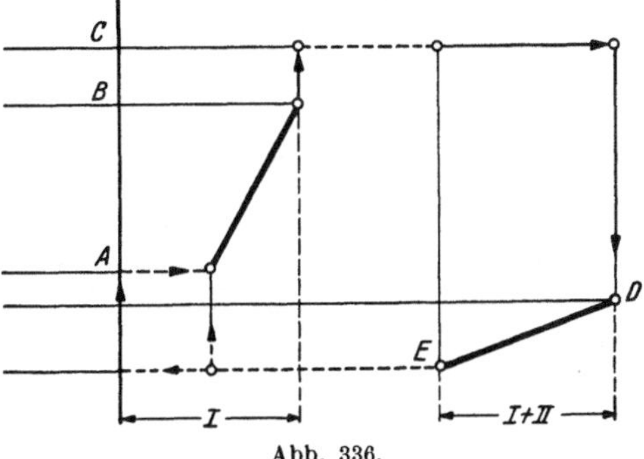

Abb. 336.

Nach dem in Abb. 336 dargestellten Betriebsplan[1] erscheint die bei Kote *A* des Wasserstandes eingeschaltete Turbine *I* mit Erreichung der Wasserspiegellage *B* voll belastet. Bei Vorliegen einer höheren Wasserdarbietung findet mit Erreichung der Spiegellage *C* die Zuschaltung und Vollbelastung beider Maschinensätze statt, wobei, falls erstere nicht die Vollbeaufschlagung beider Maschinensätze zuläßt, die Stabilisierung des Wasserspiegels zwischen Kote *D* und *E* mit gleicher Eröffnung beider Maschinen eintritt. Mit Absenkung auf Kote *E* findet die Abschaltung des Maschinensatzes *II* und die Verminderung der Öffnung von *I* auf 50% statt. Unter dieser Wasserzubringung erfolgt die Abstellung der Maschine *I*.

Betriebsmäßige Beharrungszustände können sich naturgemäß nur in den Gebieten *A—B* bzw. *E—D* einstellen; durch die gewählte gegenseitige Anordnung der Arbeitsbereiche werden zwischen die Stellen des Überganges von einer Betriebsform zur anderen unwirksame Spiegelintervalle gelegt, welche infolge der damit erreichten Speicherwirkung die Schaltung gegen vorübergehende Schwankungen in der Wasserdarbietung genügend unempfindlich machen.

Insofern die Wasserstandsregelung nur überwachend vorgesehen ist, kann der Augenblick der Überschaltung auf diese durch ein Vergleichssystem festgestellt werden, in das einerseits die Wasserdarbietung durch den Stand der Schwimmereinrichtung *501*, der Wasserverbrauch durch die der Summenleistung entsprechende Stellung des Gegenkontaktes *598* anderseits eingeführt wird.

Der Impuls an die die In- bzw. Außerdienststellung steuernden Einrichtungen *1689* wird abhängig von dem Eintritt jenes Wertes der (Summen-) Leistung, die den Übergang von einer Betriebsform zur anderen gemäß dem aufgestellten Betriebsplan verlangt, über entsprechende Einrichtungen (*1688ₛ*, *533*) veranlaßt.

Mit den beschriebenen Vorkehrungen können auch unter Voraussetzung der Parallelarbeit von Maschinen verschiedener Größen und Charakteristik alle erforderlichen Betriebsformen

---

[1] Unter Voraussetzung zweier gleicher Maschinensätze.

verwirklicht werden, wohl unter Anwendung der Führungsregelung, während eine Werksausstattung mit Maschinensätzen gleicher Größe und Art die Hervorhebung einer bestimmten Maschine erübrigt. Unter Voraussetzung ausschließlicher Regelung des laufenden Betriebes nach der Wasserdarbietung können auch jene Steuerungseinrichtungen entbehrt werden, die der Herbeiführung einer von der internen Lastaufteilung unabhängigen (Gesamt-) Leistungsdrehzahlkennlinie dienen.

P. Lastverteilung.

Für die Lastverteilung zwischen örtlich getrennten Kraftanlagen bietet zunächst die Abstimmung der statischen Kennlinien der einzelnen Kraftwerke (Drehzahl-Leistungscharakteristik) eine Handhabe.[1] Grundsätzlich ist, insoweit die Kupplung von Kraftwerken mit wirtschaftlich getrennten Versorgungsgebieten in Frage kommt, zu fordern, daß jedes System in erster Linie seine eigenen Lastschwankungen zu decken hat, während die zwischen den gekuppelten Systemen fließende Austauschleistung möglichst unverändert gleich der planmäßigen Übergabe- (Übernahme-) Leistung einzuhalten ist. Nur in Störungsfällen hat die Stützung bzw. Sicherung des Betriebes bei Verzicht auf die vorgenannte Forderung in den Vordergrund zu treten. Das Gesetz, das einer derartigen Betriebsgestaltung entspricht, kann nun nicht mehr allein auf Grund der Statik des normalen Reglers verwirklicht werden, sondern erfordert zusätzliche Vorkehrungen, auf die im nachfolgenden kurz eingegangen werden soll.

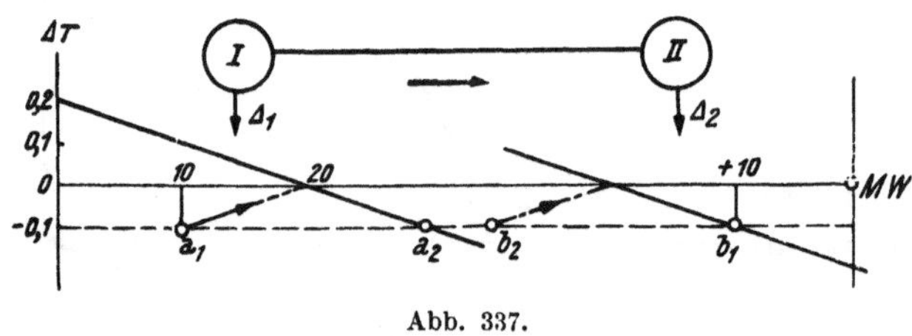

Abb. 337.

Die Bedingung, daß Belastungsänderungen in dem Netz aufgenommen werden sollen, in welchem sie anfallen, kann durch eine getrennte Übertragung der Aufgaben der Frequenz- bzw. Leistungsregelung an je eines der gekuppelten Netze nicht erfüllt werden. Bei diesem Verfahren treten Fehlregelungen im frequenzfahrenden Netz ein, falls die Änderung der Übergabeleistung durch eine Änderung der Belastung im leistungsgeregelten Netz bedingt ist; die Zusatzregler wirken dann einander entgegen, so daß die Leistungsregler nicht im Sinne der Stützung des Netzes bei Lastanfällen wirken und umgekehrt. Eine richtige Regelung kommt nur bei gleichzeitiger Überwachung der Übergabeleistung *und* Frequenz bzw. Leistung der geregelten Einheiten jedes der Verbundteile zustande. Hierbei kann durch den Vergleich des Änderungssinnes von Frequenz *und* Übergabeleistung bzw. der Übergabeleistung und Eigenleistung der geregelten Einheiten der Ort des Lastanfalles erkannt werden. Bei gleichsinniger Änderung von Frequenz und Austauschleistung liegt, wie leicht zu begründen ist, die Lastschwankung im liefernden System und es muß dort die Regelung wirksam werden; ungleichsinnige Änderungen deuten darauf hin, daß die Laständerung im belieferten System stattfand und somit in diesem die Regelung einzusetzen hat. Als Steuergeräte dienen Leistungs- und Frequenzrelais mit hoher Empfindlichkeit, wobei über entsprechende Kontaktkombinationen die richtige Befehlswahl vermittelt wird. Bei gleichzeitigen Lastschwankungen können sich die Regelvorgänge nur zeitlich aneinanderreihen, was für dieses System als charakteristisch anzusehen ist.[2]

Eine Frequenzregelung mit gleichzeitiger Erhaltung der Übergabeleistung kann auch durch entsprechende Einstellung der statischen Kennlinie der Kraftwerke erreicht werden (**64**). Man erkennt aus Abb. 337, die sich auf die Kennlinieneinstellung für eine Übergabeleistung von 30 MW zwischen zwei gleich starken Systemen von 300 MW ($\delta = 3\%$) bezieht, daß bei einem Lastanfall von 20 MW im System *I* (Lieferer) durch die hiedurch bedingte Frequenzabsenkung (0,1%) ein Regelvorgang ausgelöst wird, der die zunächst eintretende Verringerung der Übergabeleistung um 10 MW mit Herstellung der normalen Frequenz wieder beseitigt. Der Regelvorgang erscheint somit stetig statisiert an der Übergabeleistung; die Frequenz wirkt dabei als

---

[1] S. a. Abschnitt IV.

[2] Nach diesem Verfahren sind Übergabeleistungsregelungen bereits in Netzen in Frankreich und USA. verwirklicht.

Regelgröße in demselben Maße ein, wie eine Lastschwankung in einem der Systeme eine Änderung der Übergabeleistung zur Folge hat, wodurch es nur in dem System zu einem Regelvorgang kommt, in welchem die Laständerung stattgefunden hat. Zu beachten bei dieser Art der Regelung ist der Umstand, daß ohne besondere Vorkehrungen die Systemkennlinie vom Maschineneinsatz abhängig ist und mit diesem der der Regelung unterlegten Statik angepaßt werden muß.[1]

Neben der Forderung einer geordneten Lastverteilung steht jene nach dem wirtschaftlichsten Betrieb der einzelnen Kraftwerke und Systeme. Selbstverständlich müssen die Kraftwerke, die hinsichtlich der Ausbeute auf den Energieanfall angewiesen sind, in Anpassung an die anstehenden Energiemengen belastet werden. Bei anderen Kraftwerken wieder ist der Möglichkeit einer günstigsten Aufteilung der Belastung Rechnung zu tragen. Daneben ist noch darauf Rücksicht zu nehmen, daß die Einsatzfolge der betriebsbereit gehaltenen Gruppen so geordnet wird, wie es für die nützliche Energieverwertung notwendig ist. Die beste Gesamtausbeute wird erreicht, wenn sämtliche zum Betrieb eingesetzte Maschinen auf gleiche Änderung der spezifischen Verluste [65] geregelt werden. Dies bedeutet bei Lastrückgang die stärkere Entlastung der Maschinensätze, die hiebei die kleinere Veränderung der spezifischen Verluste zulassen, bei Laststeigerung die stärkere Belastung jener mit der geringsten Steigerung der spezifischen Verluste. Zur praktischen Verwirklichung dieses Gesetzes werden in Abhängigkeit von der Beaufschlagung der Turbinen über Kurven, welche die spezifische Verluständerung abhängig vom Öffnungsgrad abbilden, Spannungsteilerwiderstände verstellt. Diesen sind Differentialrelais zugeteilt, die in Abhängigkeit vom Unterschied der Einstellung der Teilwiderstände erregt werden. Damit werden die Maschinen selbsttätig auf jene Beaufschlagung gesteuert, die der optimalen Lastaufteilung entspricht.

Soweit es sich um Turbinensätze gleichen Aufbaues und gleicher Charakteristik der Verluste handelt, vereinfacht sich das Gesetz der besten Lastverteilung auf die Forderung gleichmäßiger Aufteilung der Belastung auf alle Einheiten.

Außer im Einzelkraftwerk für die darin parallel betriebenen Maschineneinheiten kann diese Methode unter Anwendung der Hilfsmittel der Fernmeßtechnik auch auf den Verbundbetrieb mehrerer beliebig weit voneinander gelegener Kraftwerke ausgedehnt werden, indem man die in den verschiedenen Kraftwerken bestehende mittlere Einstellung auf der Kurve der spezifischen Verluständerung fernüberträgt und wiederum differentiell, wie oben geschildert, zur Auswirkung in den einzelnen Anlagen bringt.

Die zusätzlichen elektrischen Steuervorgänge sind auf die Drehzahlregler zu übertragen. Hierzu kann die Beeinflussung der Drehzahlverstellvorrichtung vorgesehen werden, ein Vorgang, der die nachträgliche Anbringung der Apparatur in einfacher Weise ermöglicht, hingegen seiner trägen Wirkung halber die gewünschte Lastverteilung nur langsam herzustellen imstande ist. Für die Übertragung können auch Gebersysteme Anwendung finden, die von einem in dem für die Frequenz- und Übergabeleistungsregelung ausersehenen Kraftwerk aufgestellten Hauptgeber aus gesteuert werden. Als wirksamstes Verfahren ist der unmittelbare Eingriff in die Reglersteuerung anzusehen, wobei zweckmäßig hydraulische Verstellglieder mit elektrischer Vorsteuerung angewendet werden.[2] Letztere wird zweckmäßig einem wattmetrischen Trieb mit hoher Empfindlichkeit ($0,1^0/_{00}$) unterstellt, dem sämtliche in die Regelung eintretenden Einflußgrößen, über besondere Meßumformer[3] zunächst in proportionalen Gleichstrom umgewandelt und dann entsprechend zusammengefaßt, zugeführt werden. Durch den unmittelbaren Einbau des Verstellgliedes in die Reglersteuerung (etwa Verstellung des dauernden Ungleichförmigkeitsgrades) werden Gesamtregelzeiten von etwa 1,3 Sekunden erzielt, im Gegensatz

---

[1] Für örtlich zusammengefaßte Maschinenanlagen ist im vorangehenden Abschnitt auf die Möglichkeit der Verwirklichung einer vom Maschineneinsatz unabhängigen Drehzahl-Leistungscharakteristik des Werkes hingewiesen worden. Grundsätzlich bestehen keine Schwierigkeiten durch den Einsatz der Hilfsmittel der Fernübertragung eine gleichbleibende Statik unabhängig vom Maschineneinsatz selbsttätig herzustellen.

[2] Z. B. der von H. Thoma angegebene selbsttätige Regler (s. S. 9).

[3] Diese gestatten eine beliebige Meßgröße in proportionalen Gleichstrom umzusetzen, wobei das Drehmomenten-Kompensationsverfahren bevorzugt wird.

zu den trägen Regelverfahren mit Zeiten von 30 bis 60 Sekunden für den ganzen Verstellweg. Hierbei ergibt sich auch die Möglichkeit, gleichzeitig mehrere Maschinen nach demselben Gesetz zu regeln. Durch Ausstattung der elektrischen Vorsteuerung mit zwei Triebsystemen ist die volle Anpassungsfähigkeit an die praktischen Anforderungen gewährleistet.

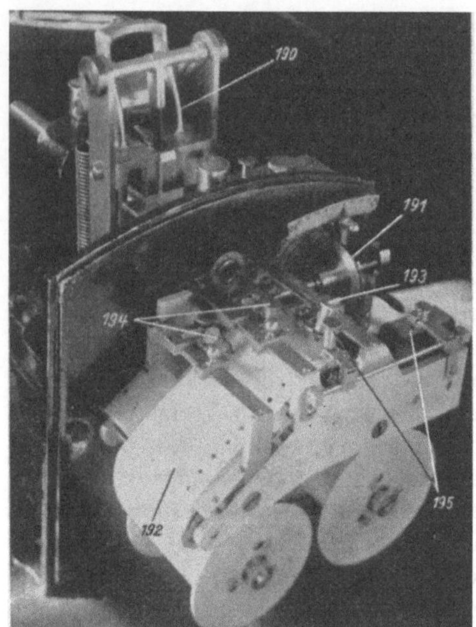

Abb. 338.

XIII. Mittel zur Betriebsbeobachtung.

Die Wirksamkeit der Regelung bei Belastungsänderungen, bzw. die Stabilität ersterer kann an Hand von Aufzeichnungen einander folgender Drehzahlwerte in entsprechender zeitlicher Dehnung beurteilt werden, wobei zweckmäßig die gleichzeitigen Werte der den Drehzahlverlauf bestimmenden Faktoren, so die Öffnungsänderung der geregelten Organe, der Druck in der Rohrleitung u. a., aufgenommen werden. Der zur Aufzeichnung des Drehzahlverlaufes in der vorgenannten Art geeignete *Tachograph* (Abb. 338) erhält daher zweckmäßig zusätzliche Schreiber, welche die gleichzeitige Stellung des Leitapparates (der Düse), gegebenenfalls eines zusätzlichen Regelorgans (der Laufschaufeln bei Kaplan-Turbinen, bzw. des Strahlablenkers bei Freistrahlturbinen) abbilden lassen. Ferner sollen über eine Sekundenuhr auch Zeitmarken (Chronograph *195*) am Schreibband verzeichenbar sein, wodurch die Eingliederung anderer auf der Zeitbasis vorgenommener Registrierungen, wie etwa der infolge des Bewegungsvorganges zusätzlicher Absperreinrichtungen auftretenden Druckschwankungen in der Rohrleitung, möglich wird.

Für die Aufzeichnung letzterer sind grundsätzlich alle jene Meßeinrichtungen geeignet, die eine genügend unverzögerte Wiedergabe verhältnismäßig rasch verlaufender Schwingungen durch eine von Trägheitskräften und Eigenwiderständen möglichst freie Aufnahme- und Übertragungsapparatur sichern.[1]

In die Praxis eingeführt erscheint u. a. der von BRECHT angegebene *Druckschreiber* Abb. 339 sowie ein von D. THOMA entwickeltes schreibendes Druckmeßgerät (*73*). In beiden Fällen besteht der Druckaufnahmemechanismus aus Kolben und Gegenfeder; während jedoch beim erstgenannten Gerät die Bewegungen des Meßkolbens durch mechanische Mittel übertragen werden, erfolgt zur möglichsten Beschränkung der bewegten Massen die Übertragung bei der zweitgenannten Ausführung optisch auf einen lichtempfindlichen und mit konstanter Geschwindigkeit bewegten Aufnahmestreifen. Zur Erhöhung der Empfindlichkeit der eigentlichen Meßeinrichtung werden bei dem BRECHTschen Druckschreiber der Meßsäule die von einem kleinen selbstgesteuerten Luftdruckhammer erregten raschen Schwingungen einer Membrane aufgeprägt, wodurch der Meßkolben in eine dauernde leichte Vibration versetzt wird; bei der D. THOMAschen

Abb. 339.

---

[1] Neben den nachstehend beschriebenen Verfahren haben sich auch solche auf Grundlage piezoelektrischer Messungen bewährt (*72*).

Einrichtung hingegen wird der Meßkolben gedreht, wobei durch eine besondere Auslegung des hierzu bestimmten Mechanismus die auf den Meßkolben rückwirkende Axialkomponente der Reibungskraft sehr klein und der axialen Geschwindigkeit des Kolbens proportional gehalten wird.

Die Notwendigkeit, die Vorausberechnung des Arbeitsbedarfes von Regelungseinrichtungen auf Formeln mit empirisch bestimmten Beiwerten stützen zu müssen, läßt die versuchsmäßige Nachprüfung dieser an Großausführungen notwendig erscheinen. Die Aufzeichnung des in den einzelnen Stellungen des Arbeitswerkes erforderlichen Öldruckes kann in bekannter Weise mittels normaler *Indikatoren* erfolgen.

Die Werksprüfung selbsttätiger Regelungseinrichtungen.

Eine moderne Wasserturbinenregleranlage stellt sich als Zusammenfassung einer größeren Reihe von Konstruktionsgruppen dar, von denen insbesondere die

Abb. 340.

der Steuerung dienenden verhältnismäßig komplizierte Mechanismen sind. Ihre Überprüfung im einzelnen, bzw. in der vorgesehenen, nicht immer leicht zu überblickenden Zusammenarbeit, soweit diese ohne den vermittelnden Einfluß von Schwungmasse und Drehmoment des geregelten Maschinensatzes erfaßt werden kann, ist als unerläßliche Vorbereitung für die eigentliche Inbetriebnahme der Regelungseinrichtung anzusehen.

Demgemäß hat sich die Überprüfung im Werk zu beziehen auf die Arbeitsweise des Fliehkraftpendels mit Feststellung seiner Empfindlichkeit und des Verlaufes der Drehzahlhubcharakteristik (Abb. 340), auf die Überprüfung des Steuerventils hinsichtlich Empfindlichkeit (Abb. 341), Durchströmwiderstand in den möglichen Arbeitsstellungen (Gegendruck), der Regelgeschwindigkeit und Abhängigkeit letzterer von der Stellung des Steuerkolbens, ferner auf die Fördermenge der Reglerpumpe und ihre Betriebstüchtigkeit im Dauerlauf sowie bei den zu erwartenden Höchstdrücken, auf die Arbeitweise und gegenseitige Abstimmung der einzelnen Untergruppen des Steuerwerkes, etwaiger Selbststeuerungseinrichtungen u. a. m.

Für die Inbetriebnahme verbleiben dann nur jene konstruktiv vorbereiteten Einstellungen,

Abb. 341.

die durch die dynamischen Verhältnisse von Maschine und Rohrleitung (optimaler Stabilitätsgrad, Isodromzeit) und durch die Bedingungen des Parallelbetriebes (dauernde Ungleichförmigkeit) bestimmt werden, bzw. zur Herbeiführung bestimmter Regelgeschwindigkeiten in Abhängigkeit von der Stellung der Regelorgane vorzusehen sind.[1]

---

[1] Die Regelgeschwindigkeit von Windkesselreglern wird durch den — stellungsabhängigen — Rückdruck der geregelten Leitvorrichtung beeinflußt, eine Tatsache, die am Prüfstand nicht voll berücksichtigt werden kann

Der gestörte Regler.

Das pendelungsfreie Arbeiten der Regelung setzt außer der Erfüllung der dynamischen Stabilitätsbedingungen[1] die Ausschaltung jedweder Verzögerung in der Fortleitung der Steuerbewegungen voraus. Diese können durch toten Gang im Steuer- (Rückführ-) Gestänge, Luft in den Triebzylindern oder den Ölbremsen nachgiebiger Steuerungen verursacht werden ebenso wie durch Klemmungen im Pendel (erhöhte Unempfindlichkeit desselben), durch zu große Überdeckungen des Steuerventilkolbens oder dessen Vorsteuerung u. a. Auch außerhalb der Steuerung liegende Ursachen, wie etwa Netzschwingungen oder Eigenschwingungen des zum Antrieb des Drehzahlmessers verwendeten Motors können Veranlassung zu Pendelungen der Regelung geben. Zum Unterschied von diesem durch periodische Schwankungen der Drehzahl gekennzeichneten instabilen Verhalten der Regelung sind ruckweise Bewegungen des Arbeitswerkes in der Regel ausgelöst durch zuckende Bewegungen des Fliehkraftpendels. Letztere leiten sich gewöhnlich vom Antrieb her (Zahnräder, steifer Riemen, ungeeignete Riemenverbindung) und erfordern gegebenenfalls Maßnahmen zur Dämpfung der Stöße (s. S. 74).

XIV. Die Regelung der Dampfturbinen.

a) Anordnungen.

Die *Frischdampf-Kondensationsturbine* (Abb. 342a). Die Anpassung der Leistung letzterer an die abzugebende erfolgt durch Beeinflussung des sekundlichen Dampfdurchsatzes über drehzahlgesteuerte Ventile bzw. Ventilgruppen; letzteres falls eine Segment- oder Drosselsegment-

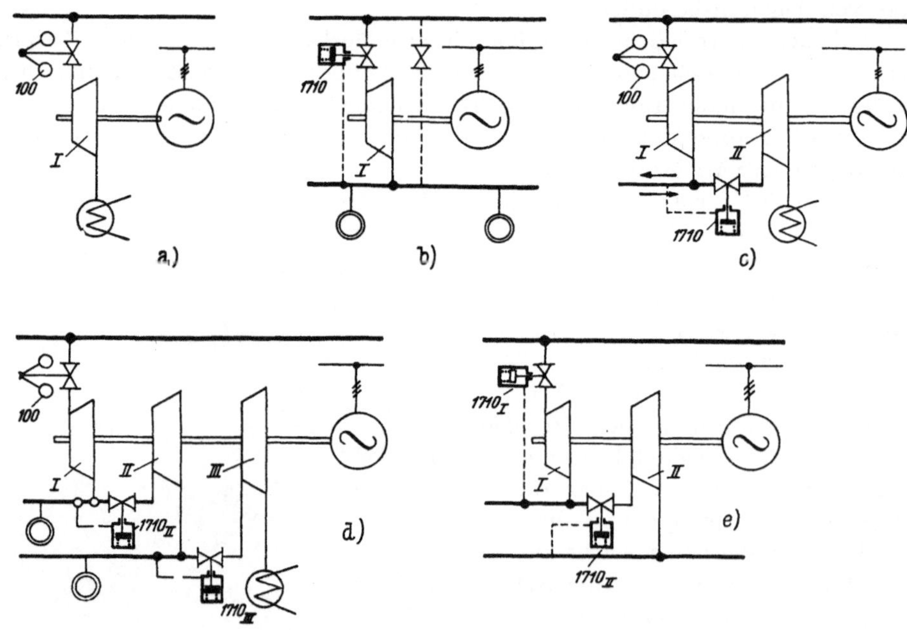

Abb. 342.

regelung mit Rücksicht auf die Verbesserung des Wirkungsgrades bei Teilbelastungen angewendet wird.

Falls Bedarf an Heizdampf von bestimmter Temperatur vorliegt, kann dieser in wirtschaftlichster Form durch Entspannung des Hochdruckdampfes in Gegendruck- oder Entnahmeturbinen gewonnen werden. Die Temperatur des Heizdampfes legt der eindeutigen Zuordnung zum Sättigungsdruck halber den Abdampfdruck fest. Für die reine *Gegendruckturbine* (Abb. 342b), in welcher die Entspannung des Frischdampfes bis auf den Druck des der Turbine nachgeschalteten Dampfnetzes erfolgt, hat abhängig von diesem — als Maß für das Gleichgewicht

---

[1] S. zweiter Teil, Abschn. D.

von Zufluß und Entnahme — die Regelung der Frischdampfzufuhr zu erfolgen. Die Festlegung des Dampfdurchsatzes nach der benötigten Abdampfmenge setzt die elektrische Zusammenarbeit mit einem Netz voraus, das in der Lage ist, Unterschiede zwischen erzeugter Leistung und Anforderung des eigenen Kraftnetzes aufzunehmen.

Für die Gegendruckturbine ist demnach eine Regelung nach Leistung mit einer solchen nach dem Heizdampfbedarf unvereinbar. Hierzu bietet die Möglichkeit die *Entnahme*turbine (Abb. 342c), bei welcher die in die Hochdruckschaufelgruppe eingeleitete Frischdampfmenge nach Durchströmung dieser, um den Bedarf des Heizdampfnetzes verringert, in einem Niederdruckteil weiter, etwa auf Kondensatordruck, entspannt wird; infolge des Bestandes zweier für sich regelfähiger Schaufelgruppen kann der Betriebszustand des Maschinensatzes von zwei Führungswerten (Drehzahl u n d Entnahmedruck) abhängig gemacht werden.

Falls zwei dampfverbrauchende Netze unterschiedlicher (n) Temperatur (Druckes) vorhanden sind, hat entweder die *Doppelentnahme*turbine (Abb. 342d) oder *Entnahme-Gegendruck*turbine (Abb. 342e) Anwendung zu finden; erstere, falls ein Alleinbetrieb des Maschinensatzes mit gleichzeitiger Regelung nach der Drehzahl möglich sein muß, letztere bei ausschließlichem Parallelbetrieb mit einem frequenzhaltenden Netz. Die zusammengefaßte Erzeugung von Dampf verschiedener Spannung, z. B. in durch Hochdruck- oder Abhitzekessel erweiterten Dampferzeugungsanlagen, führt zu den mit Einfachbzw. Zweifachentnahmeturbinen grundsätzlich übereinstimmend ausgelegten *Zwei-* oder *Dreidruck*turbinen.

Neben der Drehzahl erscheint somit der *Dampfdruck* zur Führung bestimmter Regelkreise berufen. Die durch die Erfordernisse der modernen Wärmewirtschaft gebotene Genauigkeit der Einhaltung vorgeschriebener Werte der Temperatur und damit des Dampfdruckes bedingt die Eingliederung der Impulsorgane in die Regelkreise über Vorsteuerungen, also die Anwendung zusätzlicher Krafteinschalter zwischen Impulsorgan und Steuerkolben zum hydraulischen Verstellgetriebe der eigentlichen Regelorgane.

b) Vorsteuerung.

Bei hydraulischen Ventilantrieben, deren Auslegung nur eine einfache Drosselsteuerung des Arbeitsölstromes verlangt (Differentialkolben oder Federkolben mit einseitiger Öldruckbetätigung, s. a. S. 281), kann, solange nur relativ geringe Ölmengen gesteuert werden müssen, die Verstellung des Drosselorgans unmittelbar vom Meßsystem vorgenommen

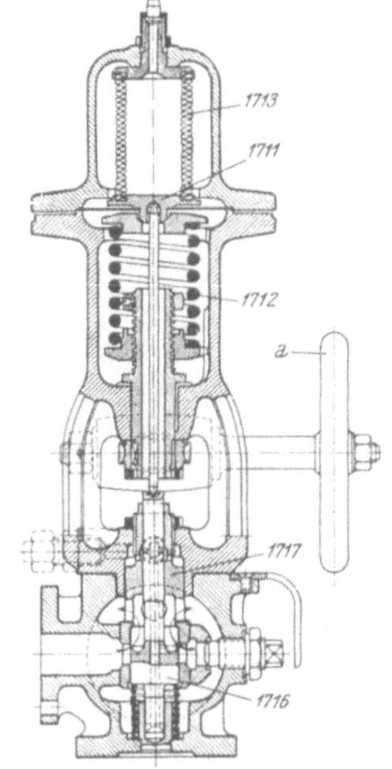

Abb. 343.

werden. Abb. 343 [7] zeigt die konstruktive Durchbildung einer derartigen Drosselsteuerung unter Verwendung eines Membranreglers. Dem auf den Teller *1711* wirkenden Dampfdruck wird im wesentlichen durch die Spannung der Feder *1712* das Gleichgewicht gehalten; die Membrane *1713* sorgt für den dichten Abschluß des dampfbeaufschlagten Raumes. Die mit Änderung des Druckes eintretenden Lagenänderungen des Membranbodens werden über einen Stift auf den sich kraftschlüssig anlehnenden Steuerkolben *1716* übertragen, welcher den Drosselquerschnitt in Abhängigkeit vom jeweiligen Dampfdruck verändert.

Bei Anwendung der Ausführung Abb. 343 kann der Sollwert des Regeldruckes mit der Spannung der Feder *1712* über den dargestellten Spindel- und Schneckentrieb (a) verändert werden.

Sobald seitens der übernehmenden Steuerung stärkere Rückdrücke zu erwarten sind, bzw. bei geringem Absolutwert der für die Auslösung des Impulses zugelassenen Druckänderung werden Vorsteuerungen üblicher Bauart zwischen Impulsorgan und übernehmende Steuerung zu schalten sein.

Abb. 344 zeigt eine Anordnung [5], bei welcher die Verstellung des eigentlichen Steuergestänges durch den Hilfskolben *1726* erfolgt, der einerseits unter der Wirkung der Feder *1727* sowie der an seinen Kolbenflächen wirksamen Druckdifferenz steht, letztere bestimmt durch den im Raum n_1 herrschenden Zwischendruck gegenüber dem konstanten Druck im Raum m_1. Ersteren legt einerseits der Ringspalt zwischen Kolben *1726* und Zylinder *1728* sowie Drossel-öffnung *1718*, anderseits der gesteuerte Abströmquerschnitt *g* im Druckgerät *1710* *(Regelzelle)* fest. Die Steuerung erfolgt durch die unter dem zu regelnden Dampfdruck stehende Membrane *1711*, deren Ausschläge über den Fühlstift *1714*[1] auf den gelenkig aufgehängten Steuerhebel *1720* übertragen werden, der über die Steuergabel *1720a* den wirksamen Querschnitt der Abströmöffnung *g* festlegt. Infolge der mit der Kolbenstellung proportional veränderten Kraft der Feder *1727* wird der das Gleichgewicht am Kolben *1726* herstellende

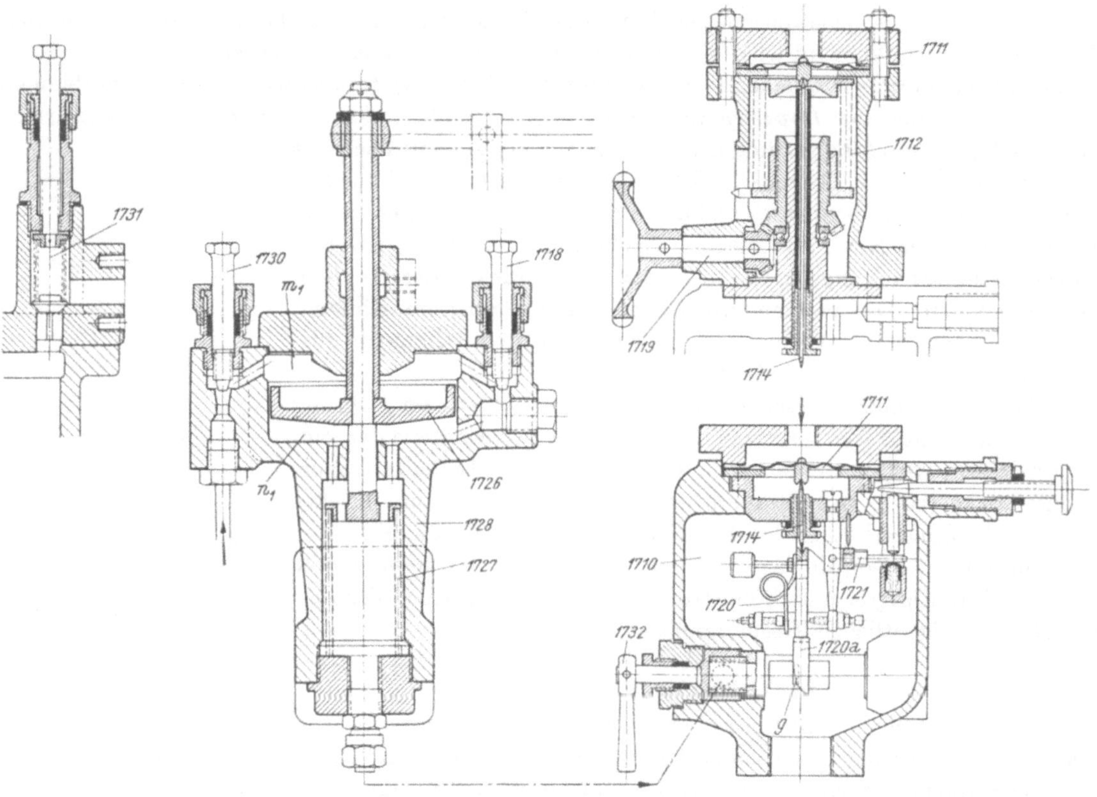

Abb. 344. (Regelzelle Maßstab 1:4,5.)

Zwischendruck eine eindeutige Funktion der Kolbenstellung, der damit wieder eine bestimmte Membranstellung *1711* zugeordnet wird (hydraulische Rückführung).

Durch Schwenkung des Doppelhebels *1721* über Getriebe *1722* kann der Angriffspunkt des Fühlstiftes *1714* am Steuerhebel *1720* bei gleichbleibender Abströmöffnung *g* verlagert werden, was zur Veränderung des konstant zu haltenden Mittelwertes des Regeldruckes führt. Falls letzterer im stärkeren Maße verändert werden soll, wird dem Dampfdruck die Kraft einer über Trieb *1719* in ihrer Spannung veränderlichen Feder *1712* entgegengestellt.

Der mengenmäßigen Einstellung des dem Hauptölsystem entnommenen Betätigungs- und Steueröles dient Drosselventil *1730*, der Konstanthaltung des Druckes des einströmenden Steueröles Überströmventil *1731*. Bei Unterbrechung der Drucklölversorgung, bzw. Abschaltung der Regelzelle über Hahn *1732* geht der Regelkolben *1726* unter Wirkung der Feder *1727* in seine obere Grenzlage mit Schluß der von der Steuerung beherrschten Ventilgruppe

Die Einordnung einer Gegenfeder führt zu einer unter Umständen nicht unerwünschten Statik des Systems ohne die Notwendigkeit besonderer zuordnender Gestängeverbindungen und erleichtert unter dieser Voraussetzung die räumliche Trennung von Hilfskraftgetriebe

---

[1] Zur Erzielung des erforderlichen Übersetzungsverhältnisses drückt *1714* gering exzentrisch zu dem durch die Aufhängung gehenden Mittel von *1720*.

und Impulsorgan. Die Tatsache, daß nur ein einziger Querschnitt (g) zu steuern ist, ermöglicht die Bildung desselben durch mehrere parallelgeschaltete Impulsorgane mit Überlagerung ihrer Wirkung. Infolge des eindeutigen Zusammenhanges zwischen Hilfskolbenstellung und Steuerdruck gelingt die gleiche gesetzmäßige Verstellung mehrerer parallelgeschalteter Hilfsgetriebe von einer Vorsteuerung aus, womit gegebenenfalls verwickelte Gestängeanordnungen zwischen den einzelnen Steuergruppen vermieden werden können. Hingegen ist eine reine Gleichwertregelung nicht möglich, nachdem der mit der Stellung des Hilfsarbeitskolbens *1726* veränderte Steuerquerschnitt g beharrungsmäßige Stellungsunterschiede des Meßsystems bedingt.[1]

Bei dem in Abb. 345 dargestellten Druckregler bewegt das Meßsystem ein pendelnd aufgehängtes Strahlrohr *1740* [4], aus welchem das von einer Pumpe gelieferte Arbeitsöl unter einem Druck von einigen Atmosphären ausgepreßt und gegen die nebeneinanderliegenden Öffnungen g_1, g_2 des Druckaufnehmers *1741* gelenkt wird. Die auf den Kolben *1722* zur Wirkung kommenden Kräfte sind durch die Differenz der zugeteilten Impulsströme — unter Berücksichtigung des Wirkungsgrades der Umsetzung — bestimmt. Die Vermeidung mechanischer Berührungen eingeschliffener Teile sowie die praktisch vollständige Entlastung des Impulsorgans von Steuerungsrückdrücken und Eigenreibung muß als Vorteil dieser Auslegung der Vorsteuerung angesehen werden. Falls eine ungenügende Eigendämpfung des Systems[2] zusätzliche Stabilisierungsmaßnahmen erfordert, können diese durch eine von der Stellung des Kraftgetriebes *1722*[3] abhängig gemachte Änderung des Regelsollwertes, etwa durch Beeinflussung der Spannung der Gegenfeder *1725*, verwirklicht werden. Neben der Möglichkeit der Anordnung einer starren Rückführung besteht auch jene einer

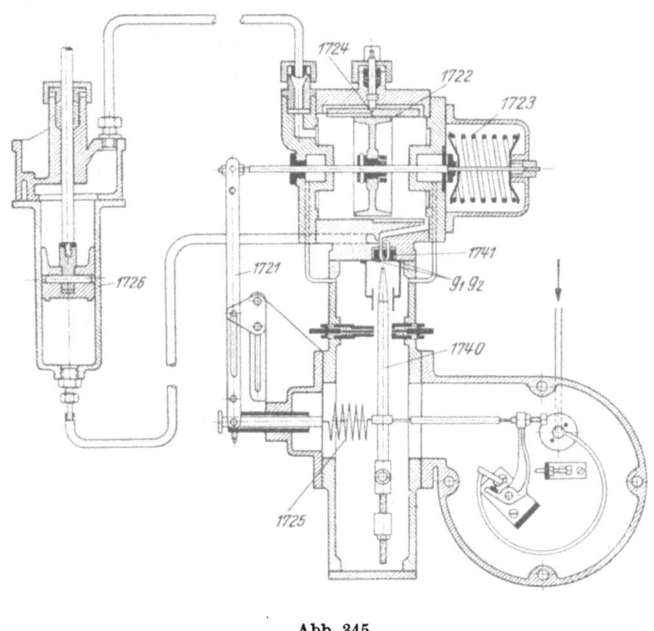

Abb. 345.

nachgiebigen, falls die Abhängigkeit der beharrungsmäßigen Regelwerte von der Stellung des Regelorgans nicht zulässig sein sollte.

Arbeitsgetriebe *1726* und Rückführzylinder *1722* sind hintereinandergeschaltet. Verstellungen des Hilfskolbens *1722* bedingen somit die volumetrisch angenähert gleiche Stellungsänderung des Arbeitskolbens *1726*, wobei erstere jedoch allmählich unter der Wirkung des Federsystems *1723* und der Überströmung *1724* bis zur spannungslosen Mittelstellung rückgängig gemacht wird; damit erscheint der ursprüngliche Sollwert wieder hergestellt. Die Größe des vorübergehenden Ungleichförmigkeitsgrades ist hierbei durch das einstellbare Verhältnis der Übersetzung *1721* bestimmt.

Durch die hydraulische Übertragung *1722*, *1726* bleibt auch hier die Freizügigkeit in der Aufstellung des Arbeitsgetriebes gewahrt. Sobald hohe Regelgeschwindigkeiten erforderlich werden, bzw. das über das Strahlrohr günstig bereitzustellende Arbeitsvermögen überschritten wird, erfolgt die Steuerung des eigentlichen Arbeitsölstromes über einen besonderen Hilfsschieber,

---

[1] Zur Erzielung einer praktischen Gleichwertregelung kann jedoch die doppelseitige Drosselung des Steuerölstromes (s. a. S. 296) angewendet werden, wodurch sich die größtnotwendige Verschiebung des Meßsystems im Rahmen der geringen Überdeckungen der Steuerwege hält.

[2] S. zweiter Teil, Abschn. D (79).

[3] *1722* möge hierbei den den Ventilantrieb vermittelnden Kolben darstellen; *1723* bis *1726* sind zunächst als nicht vorhanden anzusehen.

der durch das Strahlrohr nur vorgesteuert wird. Die Wirkungsweise dieser Steuerung dürfte ohne weitere Erklärungen aus Abb. 346 entnommen werden können.

Die Unterdrückung der Eigenreibung im Meßsystem sowie die Ausschaltung letzteres beeinflussender Rückdrücke wird weitgehend durch die in Abb. 347 dargestellte Anordnung [11] erreicht. Die Veränderung des wirksamen, in Druckenergie umgesetzten Impulses wird hier durch eine mehr oder weniger kräftige Ablenkung bzw. Störung des aus der Düse *1740* austretenden und auf die Empfangsdüse *1741* geworfenen Strahles herbeigeführt, wodurch der Druck im Raum n der Vorsteuerung zum Steuerkolben *300* von Veränderungen der Führungsgröße beeinflußt wird. Die Ausschaltung der Eigenreibung des Meßsystems wird durch federnde Aufhängung bzw. Anlenkung des Strahlstörers *1742* erreicht. Der äußerst kompendiös gebaute Regelmechanismus wird für Meßdrücke von 0,5 m bis 120 at mit Membran- bzw. Federrohrsystemen gebaut und ist für die Aufnahme von zusätzlichen Einrichtungen für kombinierte Regelungen vorbereitet.

Mit nachgiebiger Rückführung arbeitet das in Abb. 348 dargestellte Steuergerät [20], wobei unterschieden von den bisher beschriebenen Einrichtungen Abweichungen vom Sollwert die elektrische Spannungsgabe je nach dem Sinne ersterer an zwei Vorsteuerrelais *1751* nach sich ziehen, die ihrerseits erst das eigentliche Arbeitswerk — dem grundsätzlichen Aufbau einer elektrischen Regelanlage entsprechend gewöhnlich einen Elektromotor —

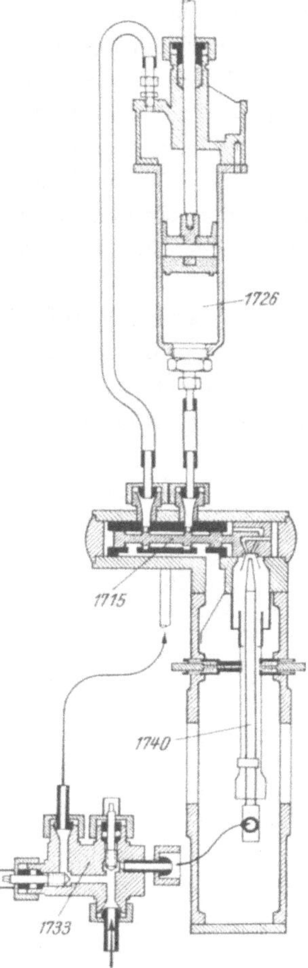

Abb. 346.
1713 = Steuerkolben, *1740* = Strahlrohr, *1733* = Verteiler.

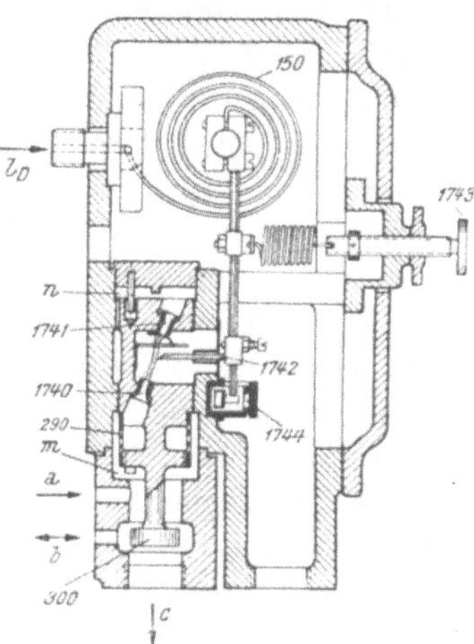

Abb. 347.

in dem einen oder anderen Sinne schalten. Die nachgiebige Rückführung besteht aus den beiden federbelasteten Kolbentrieben *1752*, deren untere Arbeitsräume über eine Zahnradpumpe sowie über die gesteuerte Öffnung *1753* miteinander in Verbindung gebracht sind. Beide Kolben werden durch die mit endlicher Vorspannung eingelegten Belastungsfedern *1754* in die immer gleiche Beharrungslage zurückgedrängt, bei welcher auch die Überströmöffnung *1753* zum Abschluß kommt (Ölbremse mit endlicher Rückstellkraft und gesteuerter Überströmung).

Die Nachführung des Kontakthalters *1757* an den vom Meßgerät bewegten Zeiger *1756* wird durch Umpumpung des Flüssigkeitsinhaltes der Ölzylinder *1752* vorgenommen, wozu die Drucköllpumpe über das jeweils erregte Vorsteuerrelais im Sinne der zu fordernden Rückführbewegung eingeschaltet wird. Im übrigen bestimmen die Vorspannung bzw. Charakteristik der Feder *1754* und die wirksame Größe der gesteuerten Öffnung *1753* die Geschwindigkeit des sekundären Regelvorganges. Der Sollwert der Meßgröße kann durch Verstellung des Gegenkontakthalters *1757* über den Spindeltrieb *1758* geändert werden; desgleichen die Ansprechempfindlichkeit durch Änderung des Leerganges zwischen Meß- und Gegenkontakt über Einstellschraube *1759*.

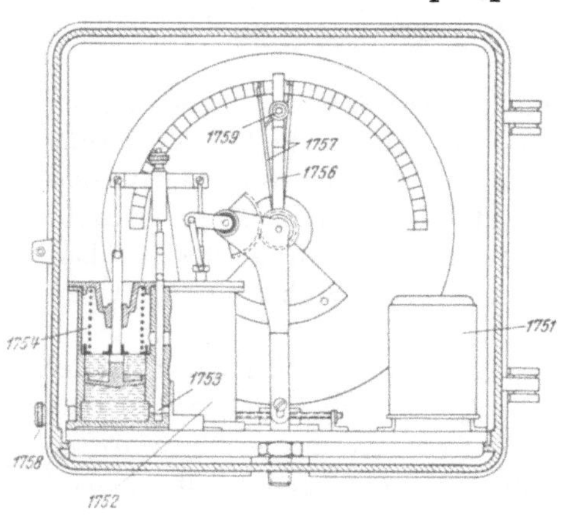

Abb. 348.

c) Auslegung der Ventilantriebe.

Die Anwendung der Segment- bzw. Drosselsegmentregelung bedingt die Betätigung mehrerer Ventile in bestimmter Eröffnungsfolge. Hierzu können die Ventilantriebe über ein Gestänge gekuppelt werden, welches von einem gemeinsamen, dem Führungsorgan unterstellten Kraftgetriebe bewegt wird.

Abb. 349 zeigt eine Ausführung [5], bei welcher das Hauptregelventil *1760* mit dem Hubkraftgetriebe *1762* unmittelbar vereinigt ist, während die Düsenventile *1761a—d* mittels der von ersterem bewegten Gleitschiene *1765* über die Keilbahnen *1766* kraftschlüssig und in bestimmter Folge angehoben werden. Der Schluß des Hauptregelventils in Störungsfällen, bzw.

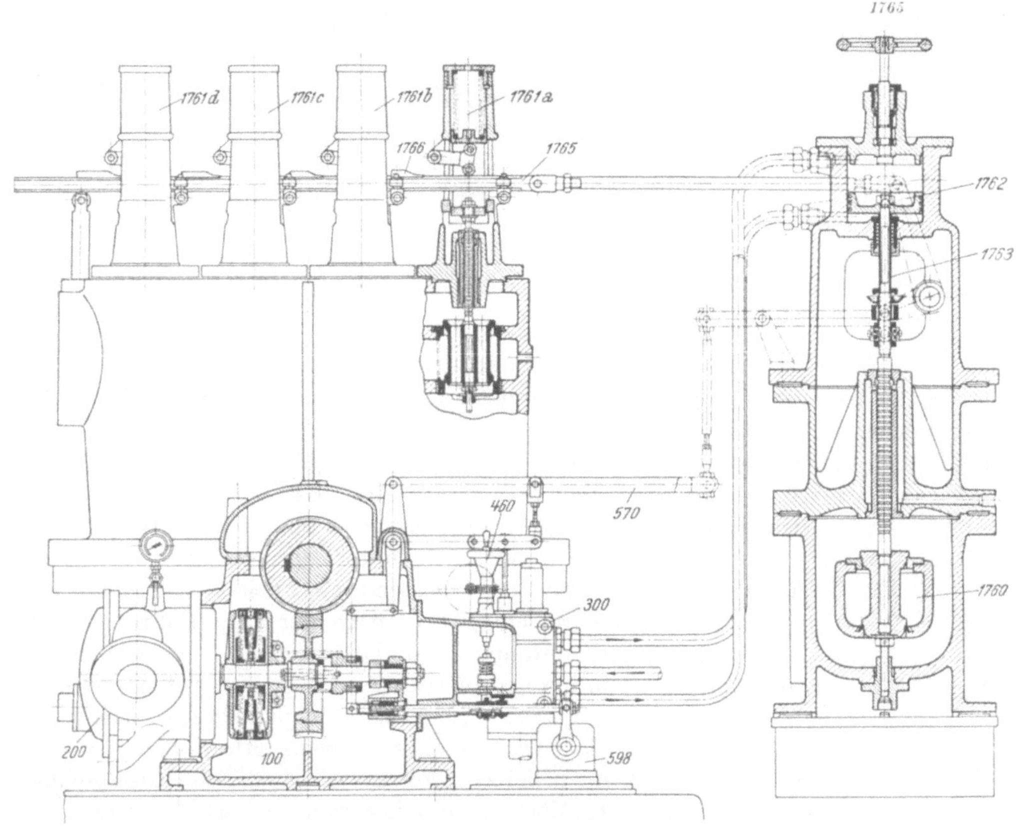

Abb. 349. (Maßstab 1:20.)

die Begrenzung seines Hubes zur Beschränkung der maximal abgebbaren Leistung von Hand aus ist durch den Spindeltrieb *1765* möglich.

Bei Anwendung einer durchlaufenden Querwelle *619*, von der die Ventile *1761* mittels zwang- oder kraftschlüssiger Übertragungsmittel (Lenker- oder Nocken) bewegt werden, wird häufig der Antrieb der Querwelle von einem Drehservomotor *1763* abgeleitet (Abb. 350 [5]). Der zwangschlüssige Antrieb, entweder durch Lenker oder durch Verwendung von Gegennocken (Abb. 351) erzielt, wird für das Hauptregelventil vorgezogen, um den Öldruck auch zum Schließen dieses Ventils nutzbar machen zu können.

Drehservomotoren werden zweckmäßig einfach wirkend ausgeführt (Abb. 350), um einen möglichst großen Drehwinkel zur Verfügung zu haben. Die Verbindung ersterer mit der Steuerwelle hat über Dehnungskupplungen (etwa Kreuzgelenkkupplungen *1764*) zu erfolgen, um Verklemmungen im Getriebe durch Wärmebewegungen der Tragkonstruktion hintanzuhalten. Längere Steuerwellen sind aus dem gleichen Grunde zu unterteilen und ebenso zu kuppeln.

An Stelle eines gesondert aufgestellten Krafttriebes kann auch eines der Regelventile unmittelbar mit dem Hubkolbengetriebe versehen werden [20] (Abb. 352), von dem über eine Querwelle *619* die Betätigung der übrigen Ventile abgeleitet wird. Die Schaltfolge letzterer wird hierbei durch entsprechende Abstimmung des Leerganges *a* der Betätigungshebel erreicht.

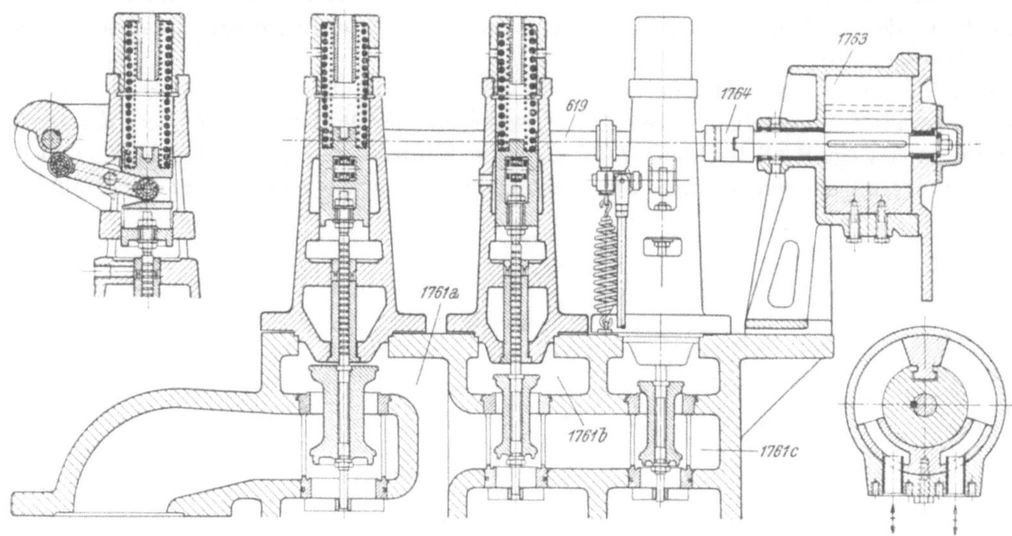

Abb. 350. (Maßstab 1 : 12).

Auch hier sorgt die bewegliche Kupplung *1764* für den klemmungsfreien Gang der mit der Kolbenstange verbundenen Ventilteile.

Bei der gestängelosen Regelung [7] (Abb. 353) ist jedes Ventil mit seinem eigenen Hilfskraftgetriebe ausgestattet, bei dem der Schließkraft einer Feder *1763* durch den Druck des unter

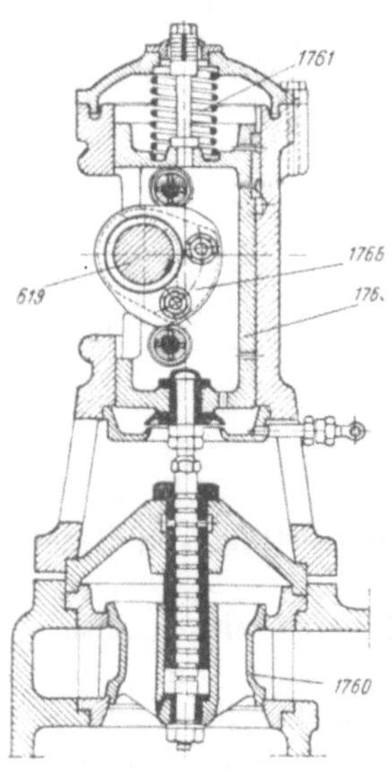

Abb. 351.

den Kolben *1762* geleiteten Ölstromes das Gleichgewicht gehalten wird. Letzterer bestimmt sich unter der konstruktionsgemäß erfüllten Voraussetzung gleichbleibenden Druckes vor der fest eingestellten Zuströmdrosselung *1718* nach der vom Führungsorgan *100* gesteuerten Abströmöffnung *g*, so daß durch die Form letzterer jene gesetzmäßige Zuordnung von Ventilstellung und beharrungsmäßigem Wert der Führungsgröße (Ungleichförmigkeitsgrad) erzielt werden kann, der für die Stabilität des Systems erforderlich ist. Hierbei gibt der leicht in beliebiger Form herzustellende Auslaßschlitz die denkbar einfachste Möglichkeit einer eventuell wünschenswerten Veränderung des Ungleichförmigkeitsgrades über den Regelhub, etwa für Zwecke der erhöhten Leerlaufstabilisierung u. a.

Die Steuerung von Ventilgruppen (s. Abb. 353) kann durch einfache Parallelschaltung der zugehörigen Öldruckbetätigungen vorgenommen werden, wobei durch entsprechende Wahl der Charakteristik der Schließfedern *1763* und Abstufung ihrer Vorspannungen Zuordnung gleichzeitiger Hübe und Anhubfolge, also eine bestimmte Beteiligung der einzelnen Ventile an der Gesamteröffnung erreicht werden kann. Die Möglichkeit, die Druckverhältnisse in der Steuerleitung über mehrere, an geeigneter Stelle vorgesehene Regelquerschnitte durch unmittelbare Einwirkung von Impulsorganen zu beeinflussen, läßt auch verwickelte Regelungsaufgaben in verhältnismäßig einfacher Weise und unter Vermeidung weitläufiger Gestänge lösen.

Bei größeren Ventilen und insbesondere hohen Dampfdrücken können die erforderlichen Verstellkräfte jene Grenze überschreiten, die hinsichtlich der Empfindlichkeit der Steuerung, bzw. ihrer Folgegenauigkeit zulässig ist. Die Wirkung derartiger Rückdrücke auf die Steuerung kann durch Anwendung einer Vorsteuerung für den eigentlichen Ventilantrieb ausgeschaltet

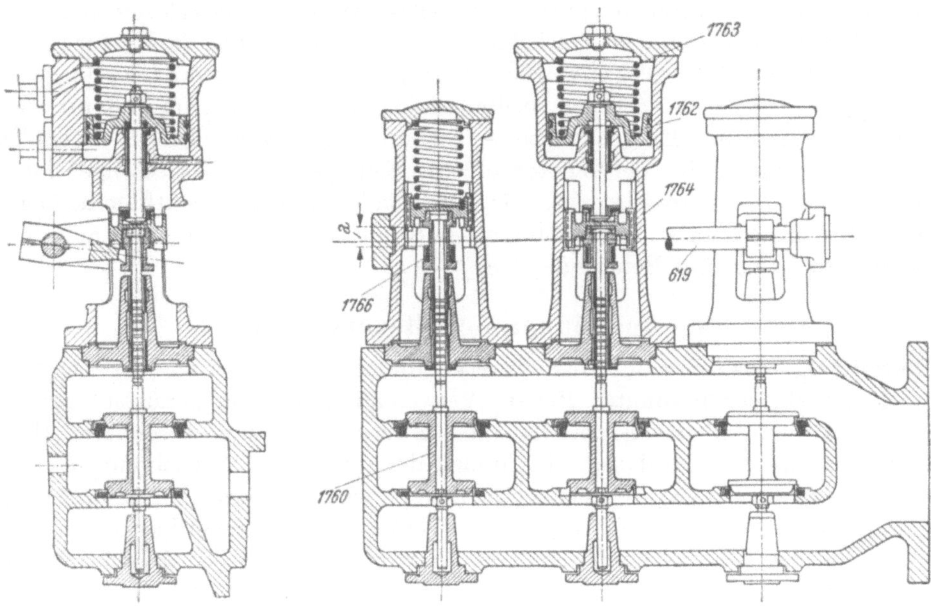

Abb. 352.

werden [7] (Abb. 354), wobei Steueröldruck
und Spannung der Gegenfeder *1769* nur die
Stellung des Hilfskolbens *1768* bestimmen,
der über die Steuerkanten e_1, e_2 in leicht zu
verfolgender Weise die Nachführung des entgegen der Hauptfeder *1763* verstellten Arbeitskolbens *1762* bewirkt. Um ein sicheres
Schließen des Ventils bei irgendwelchen
außergewöhnlichen Erhöhungen des Verstellwiderstandes zu gewährleisten, wird bei zurückbleibendem Hauptkolben *1762* dieser
über die zusätzliche Steuerkante e_3 im Schließsinne zur Unterstützung der Wirkung der
Feder *1763* beaufschlagt. Der gleiche Vorgang
tritt bei vollständigem Schluß der Steuerung
infolge des vorgesehenen Überhubes des Vorsteuerkolbens ein.

Bei Anwendung von hochüberhitztem
Dampf besteht bei der unmittelbaren Zusammenfassung von Ventil und zugehörigem hydraulischen Antrieb die Gefahr einer raschen

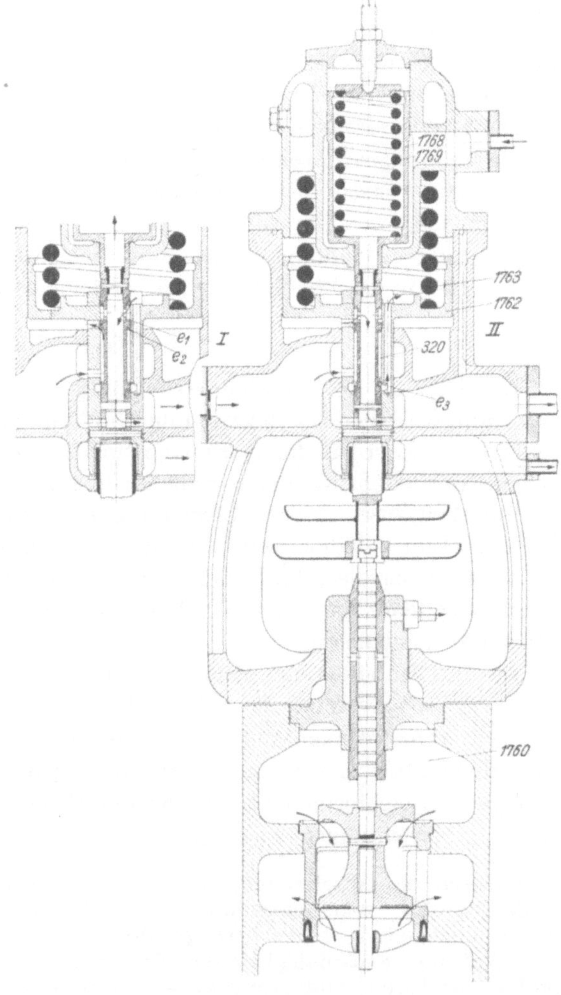

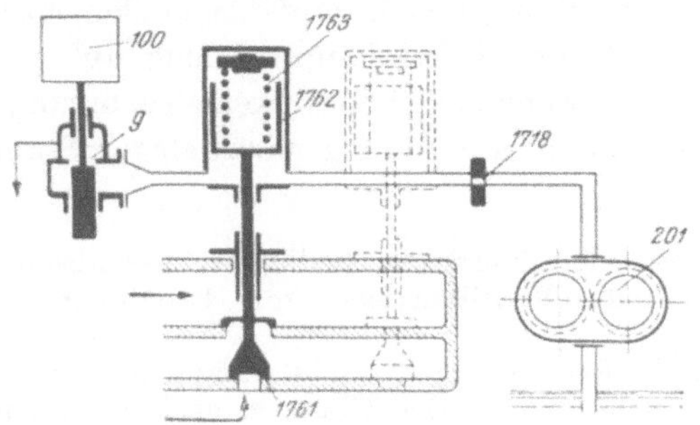

Abb. 353.

Abb. 354. (Maßstab 1:10.)

Alterung des den hohen Temperaturen ausgesetzten Öles, bzw. treten Ölexplosionen in den Bereich der Möglichkeit. Der eine Weg, diesen Erscheinungen durch Veränderung der hierfür maßgebenden Eigenschaften des verwendeten Öles entgegenzutreten, ist beschritten worden; solange hier keine entsprechenden Endergebnisse vorliegen, bleibt nur die Trennung der im Rahmen des Ventilantriebes mit Öl betriebenen Einrichtungen — Steuerung und Verstellwerk — vom Turbinengehäuse und Übertragung der Servomotorkolbenbewegungen mittels Gestänge auf den rein mechanisch durchgebildeten Ventilantrieb (77), bzw. die Verwendung nichtflammender Flüssigkeiten zum Ventilantrieb unter Inkaufnahme der Komplikation durch Anordnung getrennter Kreisläufe für Steuerung und Betätigung (78).

d) Ausbildung der Steuerventile.

Für doppelseitig beaufschlagte Antriebswerke finden zur Steuerung des Druckölstromes entlastete Kolbenschieber bekannter Bauart Verwendung, die von genügend arbeitsfähigen Führungsorganen unmittelbar, andernfalls unter Zwischenschaltung besonderer Hilfskolbengetriebe verstellt werden, auch dann, falls infolge der räumlichen Ausdehnung der Steuerung umfangreichere Gestänge vom Führungsorgan bewegt werden müssen. Für nur einseitig zu steuernde Antriebswerke kann sich die Steuerwirkung auf die Beeinflussung eines einzigen Querschnittes beschränken, wodurch die Konstruktion des Steuerventils eine entsprechende Vereinfachung erfährt (s. Abb. 355 [7]).[1]

e) Drucköversorgung.

Die Versorgung der Steuer- und Betätigungskreise mit Drucköl erfolgt, soweit dies die Funktionsbedingungen des Steuermechanismus zulassen, von *einer* Zahnradpumpe aus, welche außerdem der Belieferung der parallel geschalteten Lager- und Schmierölkreise dient. Die sekundliche Fördermenge erscheint daher sowohl abhängig vom Bedarf der Steuerung als auch von jenem der übrigen Ölkreise und damit innerhalb gewisser Grenzen von der Leistung. Bei größeren Aggregaten werden bisweilen getrennte Pumpen für die Ölversorgung der Lager, bzw. der Regelung angewendet, wobei die Drücke dem einzelnen Zweck entsprechend günstig gewählt werden können (Schmieröldruck rund 1 at, Regeldruck 4 bis 10 at). Der Antrieb der Zahnradpumpe wird in der Regel über starre Getriebe von der Hauptmaschinenwelle aus vorgenommen.

f) Stabilisierung.

Die eingangs gekennzeichneten günstigen Bedingungen für die Geschwindigkeitsregelung von Dampfturbinen lassen gewöhnlich mit einem Ungleichförmigkeitsgrad von 4 bis 5% zwischen Vollast und Leerlauf das Auslangen finden. Die Stabilisierungsmaßnahmen können sich daher auf die Herbeiführung einer in diesen Grenzen sich bewegenden *dauernden* Ungleichförmigkeit[2] beschränken, etwa durch Anwendung der starren mechanischen oder hydraulischen Rückführung. Eine allfällige Isodromierung wird durch Beeinflussung der Drehzahlverstellvorrichtung über Frequenzregler, bzw. bei hydraulischer Rückführung durch Beeinflussung des Steuerdruckes, seltener durch unmittelbar wirkende und in die Steuerung eingefügte Isodromeinrichtungen vorgenommen.

Für die Stabilität von Druckregelungen genügt gewöhnlich die vorhandene Eigendämpfung des geregelten Systems, so daß nur bei starker Speicherwirkung von Dampfanlageteilen, bzw. bei Entnahmeturbinen mit Rücksicht auf die Stabilität der Frischdampfregelung auf eine zusätzliche Stabilisierung nicht verzichtet werden kann. Im ersten Falle besteht keine beharrungsmäßige Ungleichförmigkeit, im zweiten Falle kann sie durch Anwendung nachgiebiger Stabilisierungseinrichtungen vermieden werden.

---

[1] Durch die Abschrägung der Steuerkante wird mit der hierdurch bedingten periodischen Änderung des Steuerquerschnittes eine leichte Unruhe des Ventilantriebes mit Erhöhung der Empfindlichkeit desselben herbeigeführt.

[2] Auf die Zweckmäßigkeit der Erhöhung derselben im Bereich von Null bis knapp über Leerlauf wurde bereits andeutungsweise hingewiesen; das gleiche gilt für den Überlastungsbereich zum Schutze der Maschine gegen Überanspruchungen bei Frequenzsenkungen (Kurzschlüssen).

g) Schlußzeit der Regelung.

Diese kann durch das Fehlen der Massenwirkungen des Betriebsmittels sehr gering gehalten werden. Bedeutsam erscheint bei den nur geringen Abweichungen der Drehzahl bei Lastschaltungen der Einfluß der Rückführung; gegebenenfalls auch die Arbeitsfähigkeit der nach Schluß der Absperrorgane sich im Schaufelraum befindenden Dampfmenge. Die bis zum Eintritt der maximalen Drehzahlabweichung bei Abschaltung der Vollast eintretende Zeit soll durch entsprechend bemessene Ventilquerschnitte (bei Auslegungen mit Schließfeder),[1] bzw. Wahl der Ölmengen bei doppelseitigen Steuerungen mit rund 1 Sekunde erreicht werden.

h) Gesamtaufbau der Steuerungseinrichtungen.

Die fast ausnahmslos gepflegte Art der Ableitung des Antriebes von Fliehkraftpendel und Pumpe vom außenseitigen Ende der Turbinenwelle über starre Übertragungsmittel (Stirn- oder Schneckenräder) legt die Zusammenfassung der erwähnten Steuerungselemente mit dem Steuerventil und den notwendigen Zusatzeinrichtungen (Drehzahlverstellung) an dieser Stelle nahe (Abb. 349). Für größere Ausführungen mit zweiseitiger Einströmung wird zweckmäßig auch der der Vorsteuerung der Düsenantriebe dienende Hubmotor örtlich mit den erwähnten Steuerungseinrichtungen zusammengefaßt.

Typisierung der einzelnen Steuerelemente und ihre Zusammenfassung in serienmäßig herstellbaren Baueinheiten dient auch hier der wirtschaftlichen Erzeugung. Abb. 355 zeigt einen Anbauregler [7] für eine Öldrucksteuerung nach Abb. 353. Von der Turbinenwelle aus werden über schräg verzahnte Räder Pumpe *201* und Fliehkraftpendel *100* angetrieben. Letzteres betätigt über die Lenkerverbindung *112* unmittelbar den Steuerventilkolben *301*, während zum Zwecke der Drehzahlverstellung die Steuer-

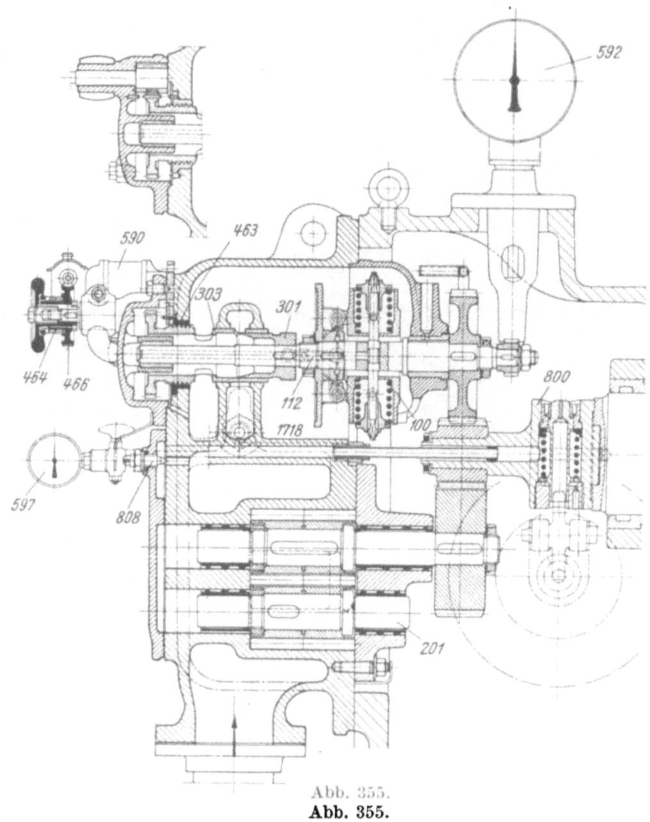

Abb. 355.

Abb. 356.

büchse *303* über Gewinde *463* und Rädertrieb mittels des Handrades *464*, bzw. über den Schneckentrieb *466* vom Motor *590* her längsverschoben werden kann. Eine Rutschkupplung *464* im letztgenannten Antrieb macht Endschalter überflüssig. Kegelschraube *1718* dient der Einstellung der Vordrosselung des in den Steuerkreis eingeführten und von der Zahnradpumpe *201* gelieferten Teilölstromes.

Abb. 356 zeigt die äußere Gestaltung der in vier Größen[1] hergestellten normalisierten Baueinheiten.

Für Dampfturbinen größerer Leistung mit Gestängeantrieb der Regelventile wird, wie bereits erwähnt, die Vorsteuerung der räumlich oft weit auseinanderliegenden Ventilgruppen notwendig. Die Zusammenfassung der Bauelemente des Vorsteuerkreises zu einem Typenregler [14] und dessen Einbindung zeigen die Abb. 357, 358, wobei außerdem eine universelle Verwendbarkeit dieser Reglerform durch Vorkehrung eines außergewöhnlich hohen Drehzahlverstellbereiches angestrebt ist. Wie aus dem Schema Abb. 359 hervorgeht, wird übereinstimmend mit den grundsätzlichen Ausführungen S. 8 die Drehzahl des Maschinensatzes im Druck der Steuerpumpe *145*, der sich in den Verstellungen des Kolbens *140* gegen die Wirkung der Feder *141*

Abb. 357.

abbildet, gemessen. Durch Veränderung der Größe der Abströmöffnung g kann die Beharrungsdrehzahl beeinflußt werden. Erstere erfolgt durch Verschiebung der Hülse *142* mittels des von außen verstellbaren Keilstückes *463*.

Abb. 358. *700* = Anbauregler, *1760* = zwangsläufiger Ventilantrieb, *1780* = Schnellschluß.

Die Rückführbewegungen werden von dem mit dem Arbeitskolben *601* bewegten Konus *453* abgenommen und, mit den Verstellungen des Meßkolbens *140* über Doppelhebel *401* zusammengesetzt, auf die Vorsteuerung des eigentlichen Steuerschiebers *301* übertragen. An letzterem wirkt die Kraft der Feder *302* dem im Raum a herrschenden Öldruck entgegen, welcher durch die Größe der Abflußöffnung g_1 bestimmt wird. Während die Kraft der Feder *302* in der Mittelstellung des Steuerventils den Beharrungswert des Steuerquerschnittes g_1 festlegt, bewirken Änderungen dieses Querschnittes, durch die Verschiebung der Vorsteuerhülse *320* ausgelöst, die gleichsinnige Nachfolge des Hauptkolbens *301*. Zur Erzielung einer möglichst empfindlichen Regelung führen sich Meßkolben *140* und Vorsteuerhülse *320* auf den relativ hierzu gedrehten Ölzuführungen (Abb. 360), die durch die Pumpenwelle, bzw. den Schaft des Steuerkolbens, der sich, von dieser her angetrieben, ebenfalls in Drehung zum Steuergehäuse befindet, hergestellt werden. Der Ungleichförmigkeitsgrad der Regelung

---

[1] Bis zu 500, 3000, 10000, 50000 kW Leistung.

ist durch Verdrehung des mit stetig geänderter Neigung seiner Mantelerzeugenden ausgeführten Konus *453* einstellbar.

Der Schnellschluß wird mit Abdeckung der Überströmöffnung *g* durch Verschiebung der Steuerhülse *142* entgegen der Wirkung der Feder *143* eingeleitet: entweder von Hand aus mittels Druckstiftes *1762a*, bzw. durch Entlastung des Kolbens *1762*, etwa über einen Sicherheitsregler.

Durch die Wirkungsweise bedingt, wird das Steueröl für Drehzahlmesser *140* und Vorsteuerung *320* in eigenen Ölpumpen (Dreiräderpumpe *145*, *449*) erzeugt. Das zur Verstellung des Kraftgetriebes notwendige Drucköl wird dem allgemeinen Ölkreis entnommen.

Abb. 361 zeigt die konstruktive Durchbildung des im übrigen äußerst gedrängt gebauten Reglers. Ebenso geht aus dieser Darstellung die Konstruktion der elektrischen Drehzahlverstelleinrichtung *460*, bzw. jener für Handbetätigung hervor. Zur Steigerung der Drehzahl bis zur Auslösedrehzahl des Sicherheitsreglers[1] ist die Hubbegrenzung *468* ausschaltbar.

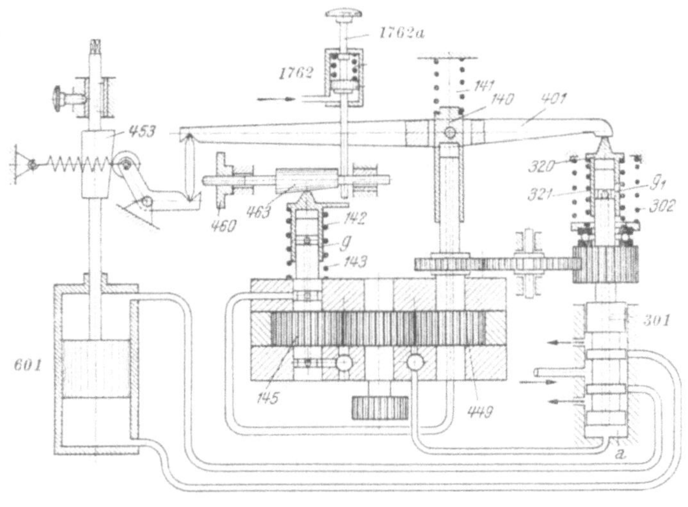

Abb. 359.

Der Antrieb der Dreiräderölpumpe erfolgt unmittelbar von der Turbinenwelle aus über ein starres Rädervorgelege *218*. Als Sonderausführung wird der vorstehend gekennzeichnete Regler auch mit einem Drehservomotor ausgerüstet.

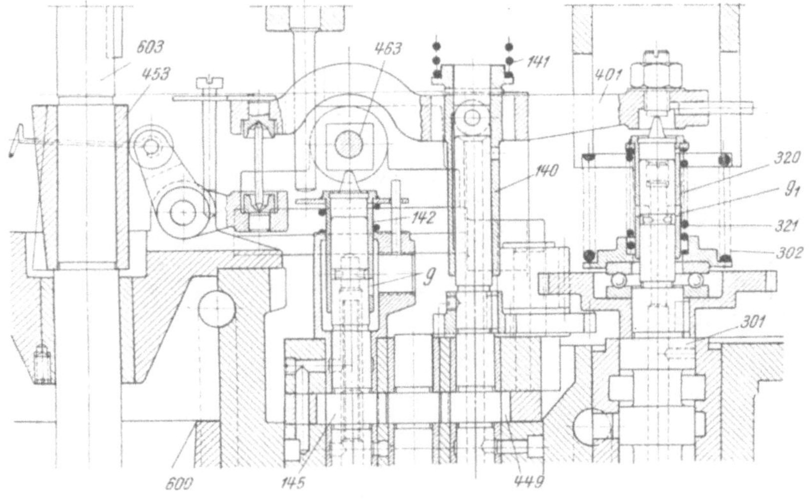

Abb. 360. (Maßstab 1:3.)

Für Regelleistungen, bei welchen die Steuerung der sekundlichen Arbeitsölmenge noch durch den vorhergehend beschriebenen Vorsteuermechanismus bewältigt werden kann, werden durch den Entfall eines eigentlichen Steuerventils wesentliche Vereinfachungen im Aufbau des Reglers erzielt; die grundsätzliche Art der Vorsteuerung verlangt jedoch die Anwendung eines nur einseitig zu steuernden, also in einer Richtung durch zusätzliche (Feder-) Kräfte be-

---

[1] S. S. 287.

lasteten Arbeitskolbens. Schema Abb. 362 zeigt die grundsätzliche Anlage der Steuerung
eines derartigen Reglers mit 4,5 mkg Arbeitsvermögen [14].

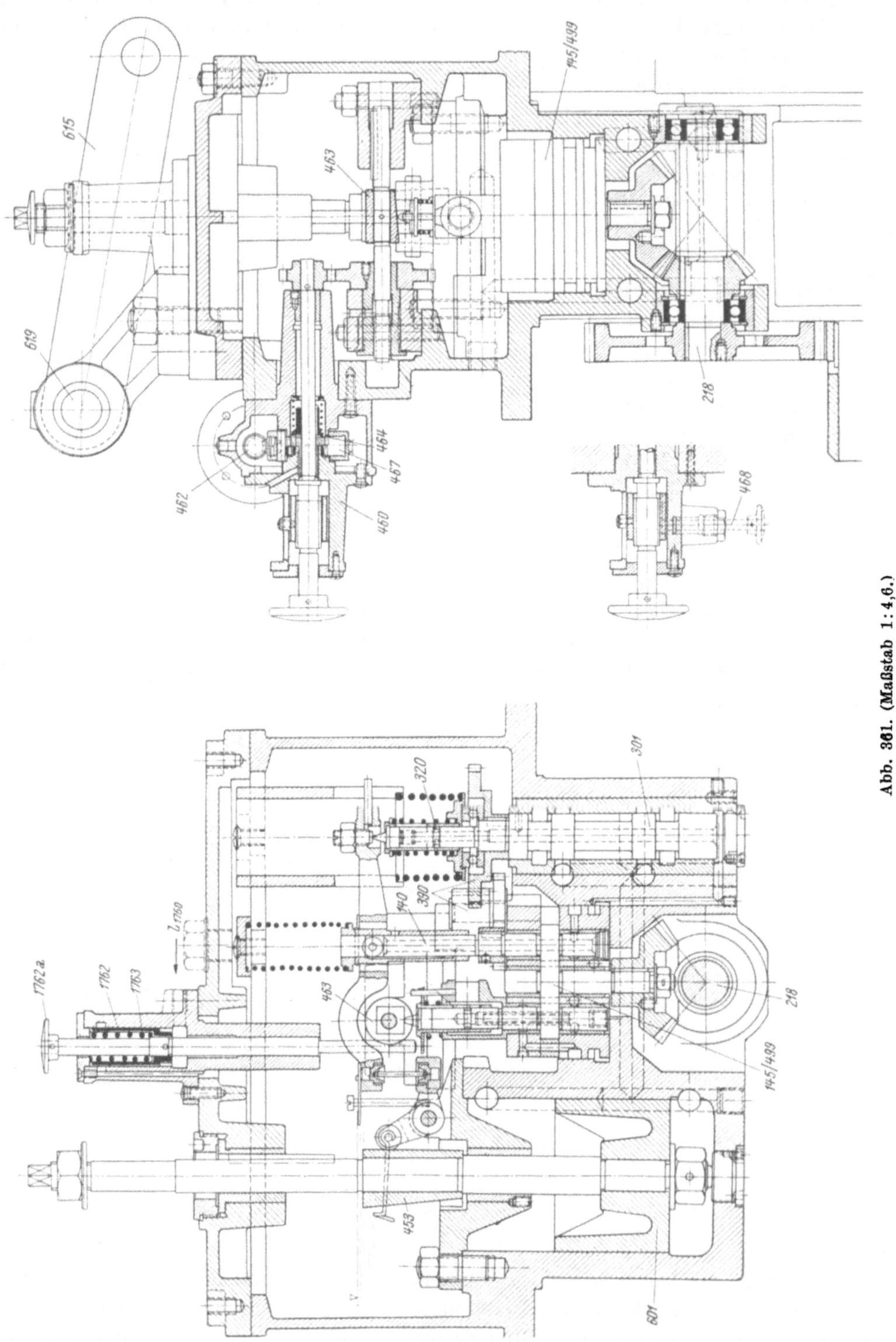

Abb. 361. (Maßstab 1 : 4,6.)

 Eine Sonderausführung der vorbeschriebenen Reglertype erlaubt ohne Anwendung rückführender mechanischer Gestänge die räumliche Trennung des eigentlichen Steuermechanismus
vom Hilfskraftgetriebe, insofern für letzteres ein Federservomotor verwendet wird. Die

Stellung des Rückführkeiles *543* bestimmt sich hierbei aus der Lage des manometrischen Systems *564, 565*, das, unter dem gleichen Druck wie der Federservomotor *601* stehend, dessen Stellungen in einer der Charakteristik der zusammenarbeitenden Systeme entsprechenden Proportionalität wiedergibt.

Die Anwendung dieser einfachsten Art der unmittelbaren hydraulischen Rückführung ist an geringe, bzw. gering veränderliche Stellkräfte im Verhältnis zum Anstieg der Federkräfte des Arbeitsgetriebes und an kurze Übertragungslängen gebunden.

i) Schnellschlußeinrichtungen.

Für die Läufer von Dampfturbinen, bzw. der mit ihnen gekuppelten elektrischen Generatoren wird eine durchgangssichere Auslegung nicht gefordert. Hierfür mag maßgebend sein, daß mit relativ einfachen Mitteln das Haupteinlaßventil einerseits, die Gruppen der Regelventile anderseits unabhängig voneinander zum Schluß gebracht werden können, womit bei Anwendung getrennter Steuer- und Übertragungsmittel eine doppelte Sicherheit gegen ein unzulässiges Ansteigen der Drehzahl in Störungsfällen gegeben ist. Die Annäherung der Betriebsdrehzahl

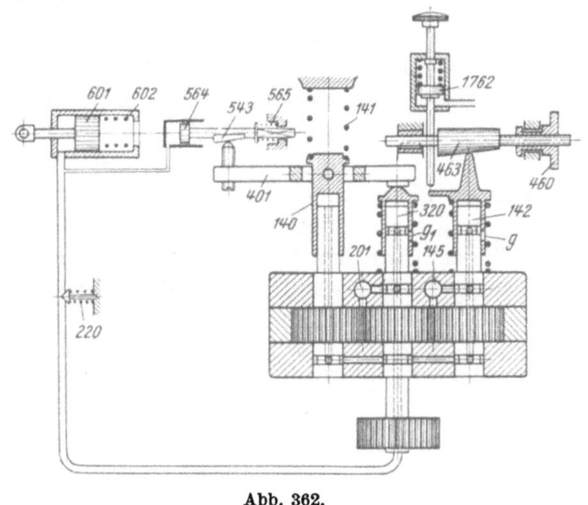

Abb. 362.

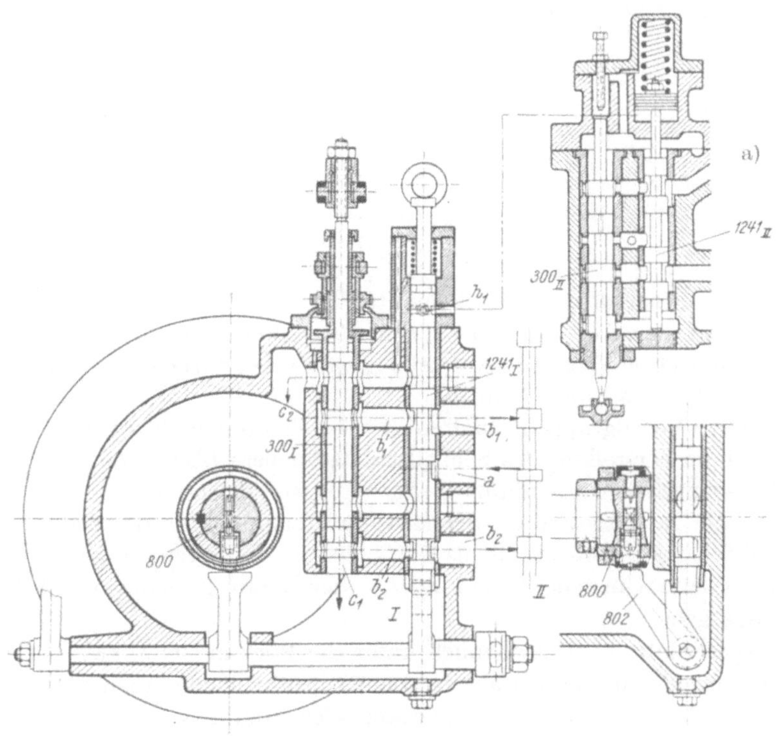

Abb. 363. (Maßstab 1 : 7,5.)

an die der Konstruktion unterlegten Höchstdrehzahl bis auf jene Spanne, die durch die Wirksamkeit des Sicherheitsschnellschlusses gegeben ist, liegt im Sinne einer möglichsten Steigerung der erreichbaren Leistungen der an sich verhältnismäßig rasch laufenden Turbinensätze. Demgegenüber bietet in der Regel die Beherrschung der Materialbeanspruchungen der auf die Durchgangsdrehzahl ausgelegten Konstruktionen für Wasserturbinen geringere Schwierigkeiten, während anderseits eine gleichwertige Sicherung, die die Selbststeuerung von Einlaßorgan und Regeleinrichtung voraussetzt, infolge einer aus den grundsätzlich schwierigeren Betriebsbedingungen hervorgehenden komplizierteren Gestaltung ohne wesentlichen Kostenaufwand nicht geschaffen werden kann.

Wie vorangehend bereits erwähnt, kann die Einleitung des Schnellschlusses über den Steuermechanismus des Reglers erfolgen, etwa durch unmittelbare Beeinflussung der Vorsteuerung oder der Drehzahlverstellung im Schließsinne durch die vorgesehenen Überwachungsorgane (Abb. 361). Derartige Anordnungen setzen die Betriebstüchtigkeit des Reglers voraus. Unabhängig hiervon kann der Schnellschluß durch ausschließliche Beeinflussung der Druckölverteilung erzielt werden (Abb. 363).

Hierzu wird dem Regelventil 300_I ein besonderer Schieber 1241_I vorgeschaltet, der unter Wirkung des Sicherheitsreglers 800 steht und, bei dessen Ansprechen entriegelt (802), in eine

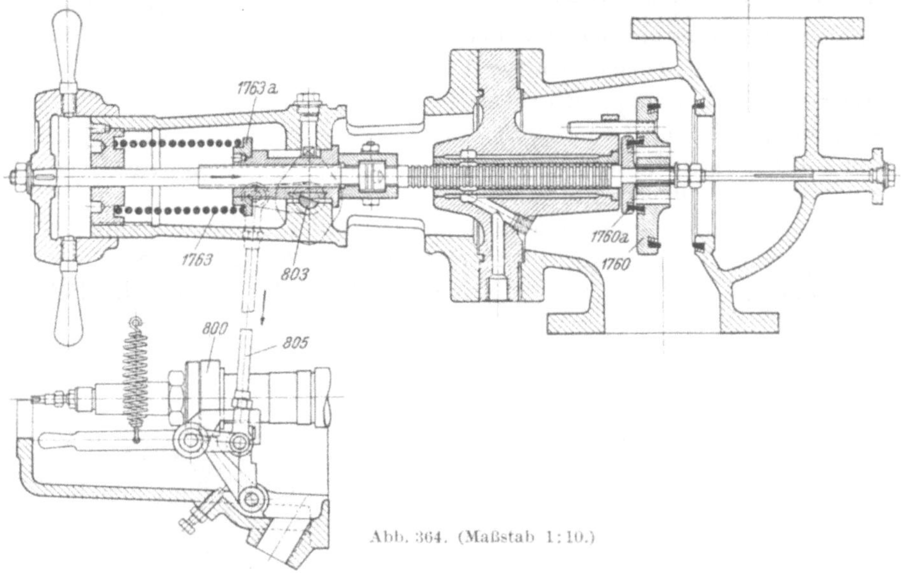

Abb. 364. (Maßstab 1:10.)

Lage (II) geht, bei welcher das Arbeitsöl unmittelbar auf die Schließseite des Kraftgetriebes gelenkt wird, während die „Auf"-Seite desselben Abströmung erhält.[1] Eine Einflußnahme des eigentlichen Steuerventils 300_I auf die Ölverteilung ist hierbei durch den gleichzeitigen Abschluß der Verbindungskanäle b_1', b_2' unterbunden.

Weitere gesteuerte Ventilgruppen erhalten die übereinstimmende Erweiterung ihrer Steuerventile 300_{II}, wobei die Verstellung des Schnellschlußschiebers 1241_{II} von jener des unmittelbar von der Sicherheitseinrichtung beeinflußten abgeleitet werden kann.

Bei der in Abb. 363a dargestellten Schnellschlußsteuerung für die Entnahmeventilgruppe erfolgt mit dem Abfall des Umsteuerkolbens 1241_I über die Hilfssteuerung h_1 die Beaufschlagung des Steuerzylinders zum Umsteuerkolben 1241_{II}, der damit in seine den Schnellschluß einleitende obere Lage geht.

Das Hauptabsperrventil wird gewöhnlich unter die Wirkung mechanischer Kräfte gestellt, die entriegelt, dessen Schluß herbeiführen. Damit erscheint die unabhängige Wirkung des Hauptabsperrorgans gesichert, in vollkommenster Weise dann, wenn auch die Auslösung der erwähnten Verriegelung einem besonderen Sicherheitsregler unterstellt ist. Abb. 364 zeigt die Ausführung [5] eines durch die Feder 1763 zum Selbstschluß befähigten Ventils.[2] Die Feststellung des Ventils 1760 in der Offenlage erfolgt über einen den Federteller $1763a$ stützenden Drehklinkenmechanismus 803, der über Gestänge 805 unter die Wirkung des Sicherheitsreglers 800 gestellt ist.

---

[1] Übereinstimmend mit der Ausbildung der Sicherheitsabstelleinrichtung für Kaplan-Turbinen s. S. 170.

[2] Zur Verringerung der Öffnungskraft mit Vorhubventil $1760a$ versehen.

Eine Ausbildung der Schnellschlußeinrichtung für Großdampfturbinen läßt Abb. 365[5] erkennen, wobei getrennte Sicherheitsregler für die Betätigung des Öldruckschnellschlußventils[1],
bzw. der mechanischen Schnellschlußeinrichtung zum Absperrventil vorausgesetzt sind. Bei letzterem entriegelt der Sicherheitsregler im Falle seines Ansprechens das unter Federkraft stehende Gestänge *805*, welches durch Verdrehung der Auslösescheibe *806* und des Distanzrohres *807* dieses in Ausnehmungen der Gewindehülse *1771* unter Wirkung der Feder *1763* einfallen und damit den Schluß des Ventils vor sich gehen läßt.

Die Eröffnung desselben ist zwangsläufig an die Wiederbereitstellung der Auslösevorrichtung *806, 807* gebunden, insofern als erst nach Verschiebung der Gewindehülse *1771* in die untere Endlage über Schneckentrieb *1763* das Distanzstück *807* in die betriebsmäßige, den Kolben *1762* auf Gewindehülse *807* abstützende Lage gebracht werden kann.

Bei Anwendung der gestängelosen Öldrucksteuerung erscheint es sinngemäß, auch das Hauptabsperrventil mit einer unter Wirkung des Schnellschlußreglers stehenden Öldrucksteuerung auszustatten [7]. Die Schlußkraft der Feder *1763* (Abb. 353) wird hierbei durch Entlastung des betriebsmäßig entgegenwirkenden und an der Kolbenfläche *1762* anstehenden

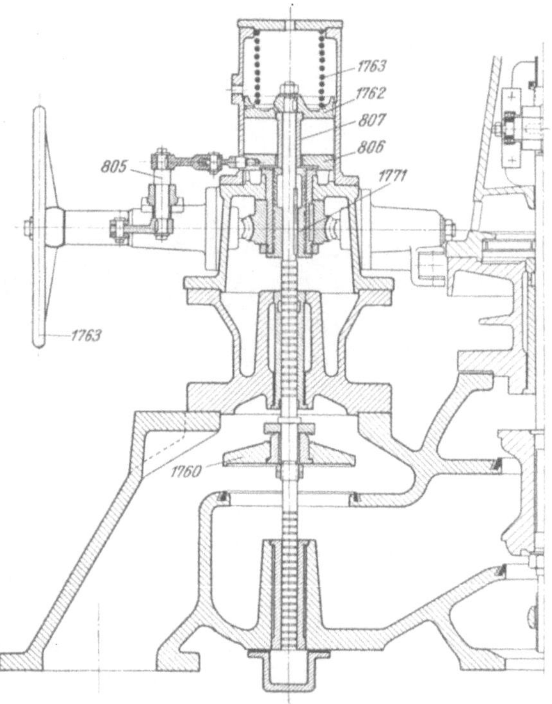

Abb. 365. (Maßstab 1:10.)

Öldruckes über das kombinierte Schnellschluß- und Anlaßventil (Abb. 366) bei Ansprechen des Schnellschlusses *800* frei gemacht. Die letztgenannte Schalteinrichtung besteht aus zwei konzentrisch ineinander geführten Steuerbüchsen, deren äußere *1781a* über den Schneckentrieb

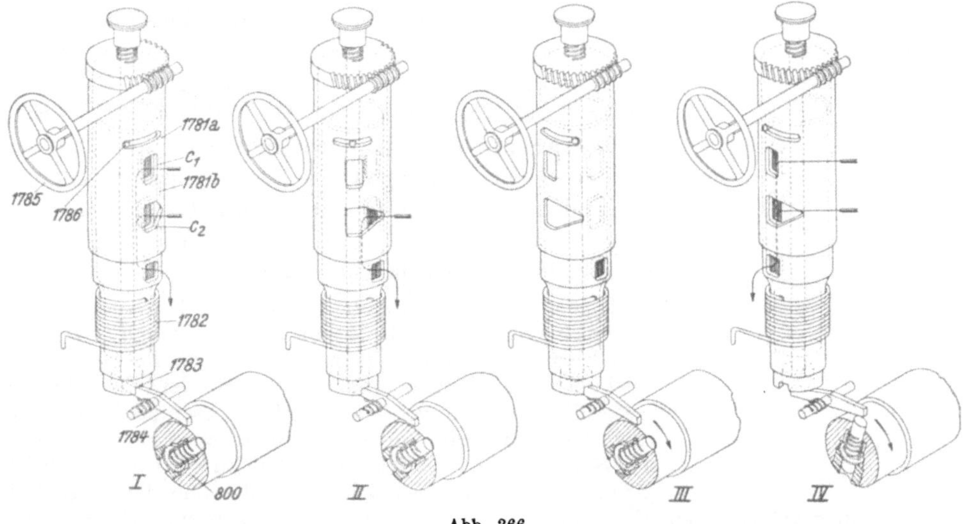

Abb. 366.

1785 verdreht werden kann, während die innere *1781b* bei gespannter Torsionsfeder *1782* über Rast *1783* durch den Hebel *1784* festgehalten wird; diese Verklinkung kann durch den Sicherheitsregler *800* gelöst werden.

---

[1] S. Abb. 363.

Die Schieber *1781a, b* selbst steuern in Hintereinanderschaltung die Auslässe c_1, c_2 der Steuerleitung zu den Düsenventilgruppen, bzw. zum Absperrventil. Bei ausgelöstem Schnell-

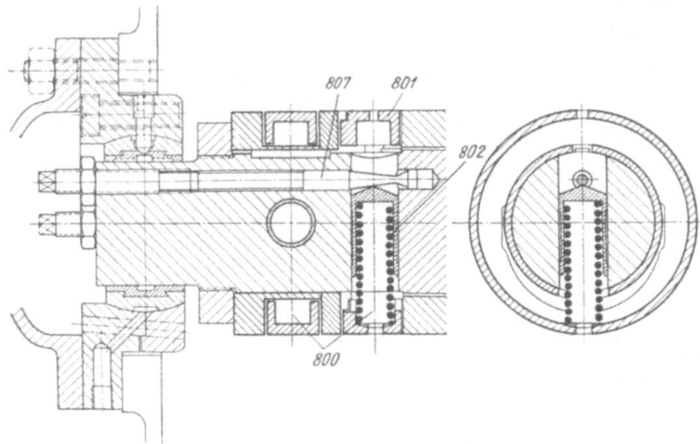

schluß ist unter dem Einfluß der Torsionsfeder *1782* der innere (Schnellschluß-) Schieber so gegen den Anschlag *1786* am äußeren (Anlaß-) Schieber verdreht, daß die beiden vorgenannten Steuerleitungen entlastet erscheinen und damit sowohl Absperrventil *1760* als auch die Düsenventile *1761* unter Wirkung ihrer Federn geschlossen sind. Bei verklinktem Schnellschlußschieber *1781b* hingegen kann durch entsprechende Einstellung des Anlaßschiebers (Handrad *1785*) ebenfalls die vorbeschriebene Stellung erzielt werden (Stillstand mit Anlaßbereit-

Abb. 367. (Maßstab 1:5.)

schaft). Durch Verdrehung des Anlaßschiebers *1781a* in Stellung *II* wird bei noch offener Steuerleitung c_2 jedoch der Abschluß der Steuerung c_1 vorgenommen, was mit Unterdrucksetzung dieser Leitung zur Eröffnung des Hauptabsperrventils *1760* bei noch geschlossenen Regelventilen *1761* führt (Anlaufbereitschaft). Bei weiterer Verdrehung der Steuerbüchse (*III*) tritt der allmähliche Abschluß auch des Auslasses c_2 ein, wodurch der Öldruck gesteigert, also die Düsenventile geöffnet werden, soweit nicht der Eingriff der Drehzahlregelung dies begrenzt.

Die beschriebene Anlaßeinrichtung beschränkt die Schalthandlungen für den Anlaßvorgang auf die Bedienung eines einzigen Gerätes mit zwangsläufiger Festlegung der Schaltfolge; die konstruktive Verbindung mit der Schnellschlußeinrichtung bietet unter einem die Selbstkontrolle der Anlaufbereitschaft.

Wesentlich für die Sicherheit des Betriebes erscheint die periodische Nachprüfung der Bereitschaft der Sicherheitseinrichtung, so insbesondere des Sicherheitsreglers. Gewöhnlich wird dieser durch Einstellung der Drehzahlverstellvorrichtung auf Auslösedrehzahl zum Ansprechen gebracht. Die erhöhten mechanischen Beanspruchungen des Maschinensatzes können jedoch vermieden werden, wenn die normale Auslösedrehzahl des Sicherheitsreglers *800* vorübergehend durch Entlastung der Gegenfeder *802* herabgesetzt wird.

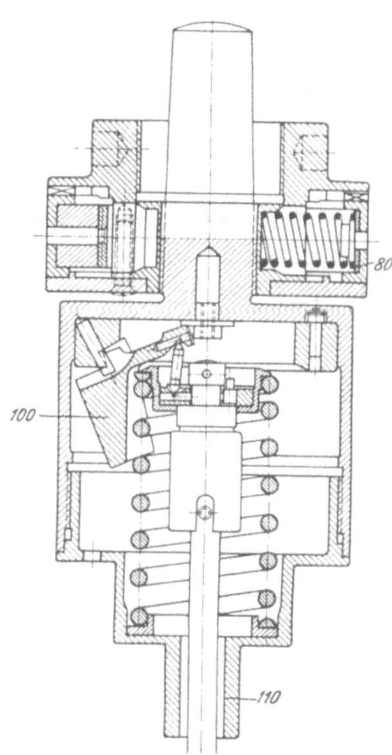

Dies wird für die in Abb. 355 dargestellte Konstruktion durch Beaufschlagung des Kolbens zum Sicherheitsregler *800* mit Drucköl über Regulierschraube *808* erzielt,[1] wobei die Beweglichkeit des Fliehkörpers an dem zur Auspressung erforderlichen Öldruck (Manometer *597*) beurteilt werden kann. Die ausschließliche Öldrucksteuerung des Schnellschlußventils gestattet auch eine einfache Prüfung der Beweglichkeit des letzteren. Hierzu wird über Hilfsventil *530*

Abb. 368. (Maßstab 1:2,6.)

(Abb. 371) ein auf einen kleinen Hub nahe der Offenstellung beschränkter Abfluß gewährt, wodurch geringe Bewegungen des Hauptabsperrventils ohne merkliche Drosselung des einströmenden Dampfes durchgeführt werden können.

k) Sicherheitsregler.

Für die im Rahmen der Überdrehzahlsicherung verwendeten Drehzahlmesser gelten die Ausführungen des Abschnittes XII B a 9. Abb. 367 [5] zeigt in Ergänzung dieser die Zusammen-

---

[1] Ausführung für Großdampfturbinen.

fassung zweier Sicherheitsregler *800* mit der Turbinenwelle, wobei die getrennte Einstellbarkeit der Auslösedrehzahl für jeden der Regler durch Veränderung der Spannung der Federn *802*, welche der Fliehwirkung den mit außermittigem Schwerpunkt versehenen Schwungringen *801* entgegenstehen, über die konischen und von außen verstellbaren Anschläge *807* vorgesehen ist.

Abb. 368 läßt die Verbindung eines Sicherheitsreglers mit einem Fliehkraftpendel in einer für hohe Drehzahlen geeigneten Ausführung erkennen, wodurch besondere Übersetzungen im Antrieb des Pendels vermieden werden können.

l) Steuerungsauslegungen.

1. Kondensationsturbine.

Die Auslegung des Steuergestänges für einfache Frischdampf-

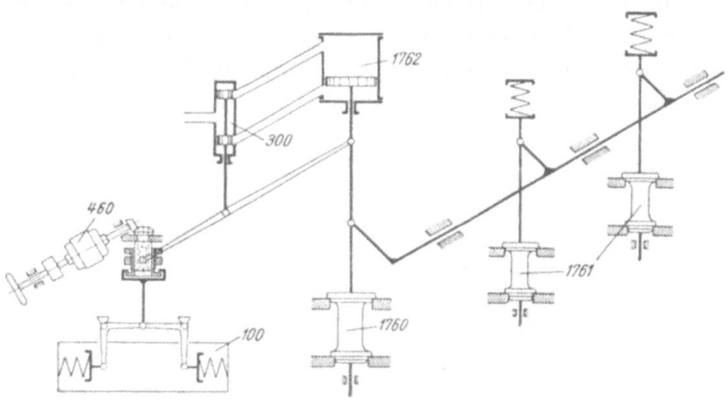

Abb. 369.

einströmung unter Voraussetzung einer Drosselsegmentregelung zeigt Abb. 369 [5]. Hauptschaltventil *1760* und die mit diesem mechanisch gekuppelten Düsenventile *1761* werden über das Kraftgetriebe *1762* verstellt, welches vom Pendel *100* her über das starr rückgeführte Steuer-

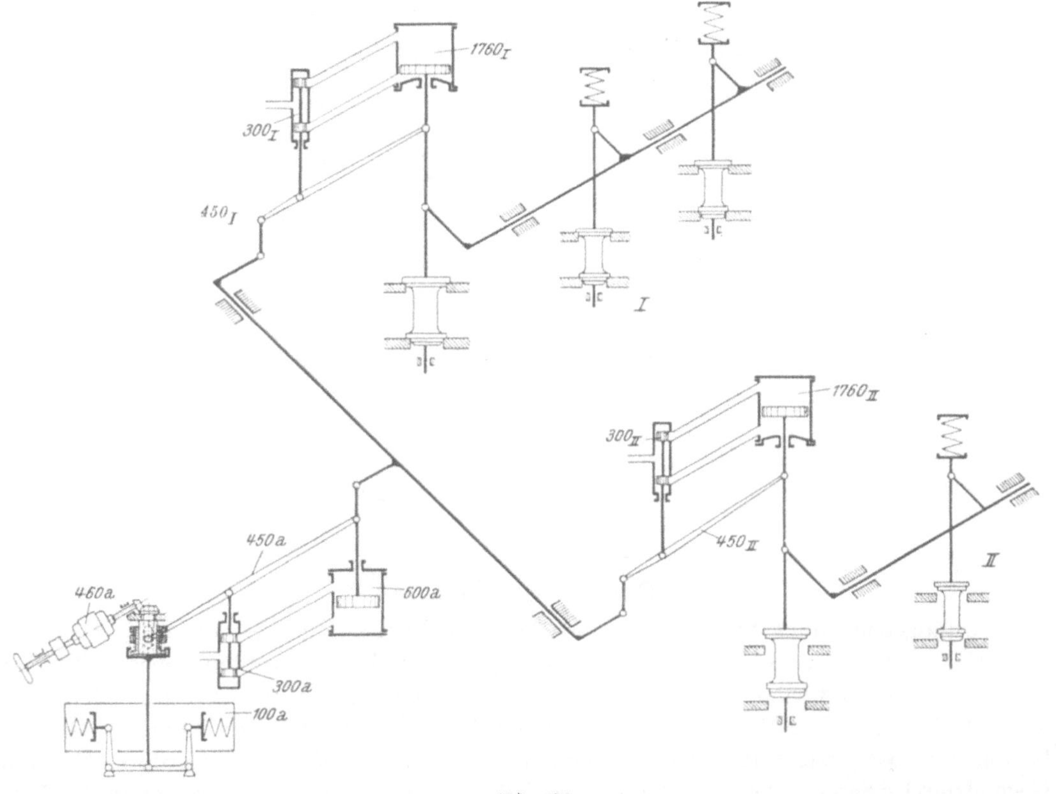

Abb. 370.

ventil *300* geführt wird. Die Drehzahlverstellung *460* kann in einer der bekannten Formen in das Gestänge eingefügt werden.[1]

Für zweifache Einströmung — die für Großturbinen verwendete Bauform — zeigt Abb. 370 die Gestängeauslegung, wobei zur Vermeidung schwerer Übertragungsmittel jede der Ventil-

---

[1] Dargestellt durch Verlagerung des Anlenkungspunktes des Fliehkraftpendels wirkend.

gruppen (*I, II*) vom Hilfskraftgetriebe *600a* eines primären Steuerkreises nur vorgesteuert wird, also ihr eigenes Steuerventil $300_{I,\,II}$ und Kraftkolbengetriebe $1760_{I,\,II}$ aufweisen.

Die Gesamtanordnung einer reinen Druckölsteuerung für Kondensationsturbinen zeigt Abb. 371 [7]. Die hierbei verwendeten Bauteile wurden bereits im einzelnen als auch hinsichtlich ihres Zusammenwirkens beschrieben. Hingewiesen sei auf die von einer kleinen Dampfturbine *1791* angetriebene Hilfsölpumpe *1790*, welche der Lieferung von Steuer- und Schmieröl während Anlaß- und Abstellvorgängen dient.

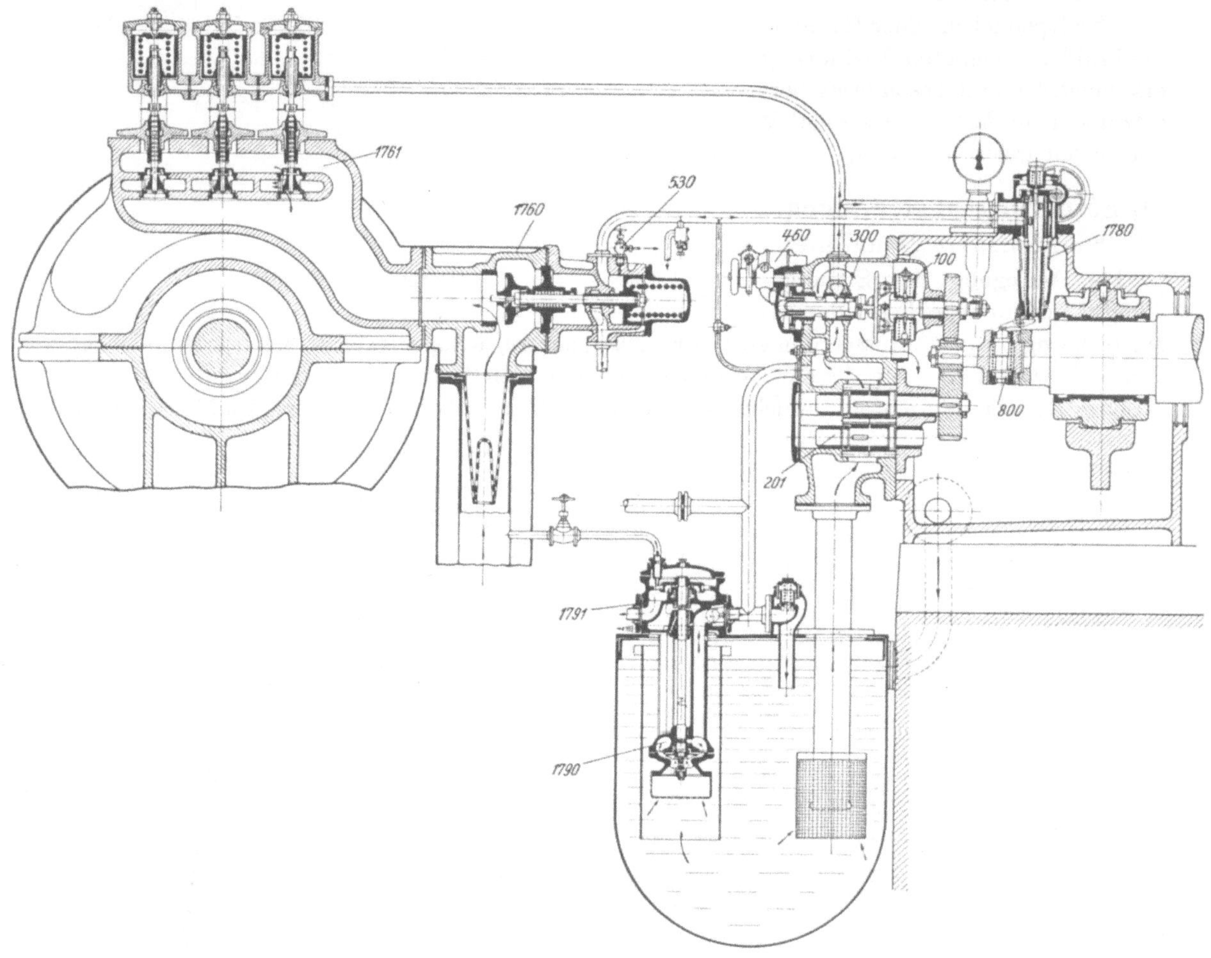

Abb. 371.

2. Gegendruckturbine.

Die Gestängeanordnung hierfür ist grundsätzlich in Abb. 372 dargestellt. Der Gegendruckregler *1710* — in einer der besprochenen Ausführungen — wirkt auf die Steuerbüchse *303*, durch deren Verschiebung Bewegungen des Hilfsmotorkolbens *600* ausgelöst werden, welche den Steuerkolben *300* über die Rückführung *450* der Steuerbüchse *303* nachführen. Bei der Gestängeauslegung muß berücksichtigt werden, daß der Drehzahlregler *100* auch bei größter Entnahme im Gegendruckbetrieb den Schluß aller Ventile *1761* herbeizuführen imstande sein muß. Außerdem soll der Druckregler *1710* in seiner höchsten Lage feststellbar sein, um den ganzen Bereich der Drehzahlverstellvorrichtung *460* für den Parallelschaltvorgang zur Verfügung zu haben.

Die Auslegung der Steuerung bei ausschließlicher hydraulischer Betätigung und Steuerung der Ventile zeigt Abb. 373 [7]. Steuerventil *300* sowie Membrandruckregler *1710* sind parallelgeschaltet, wobei bei entsprechender Einstellung der Drehzahlverstellvorrichtung *460* und unter Voraussetzung des elektrischen Parallelbetriebes im Bereiche betriebsmäßiger Frequenzen

(Drehzahlen) kein Abfluß des Steueröles über Ventil *300* stattfindet. Die Regelung des Steuerdruckes und damit des Dampfdurchsatzes erfolgt daher ausschließlich über den Gegendruckregler *1710* unter praktischer Konstanthaltung des Gegendruckes.[1] Der Drehzahlregler *100* liegt nur in Bereitschaft, um bei einer Abtrennung des Maschinensatzes vom Netz die Anpassung der elektrischen Leistung an den noch verbleibenden Bedarf drehzahlabhängig vorzunehmen.

Falls die benötigten Heizdampfmengen den größtmöglichen Dampfdurchsatz der Gegendruckturbine überschreiten, muß der Mehrbedarf über ein Druckminderventil aus der Frischdampfleitung in das Heizdampfnetz eingeleitet werden. Die Steuerung dieses Ventils wird zweckmäßig mit der Gegendruckregelung kombiniert. Hierbei ist die Schließkraft der Feder des Frischdampfventils gegen jene des Druckminderventils so abzustimmen, daß der Anhub des Reduzierventils erst bei vollständig geöffnetem Frischdampfeinlaßventil erfolgt.[2]

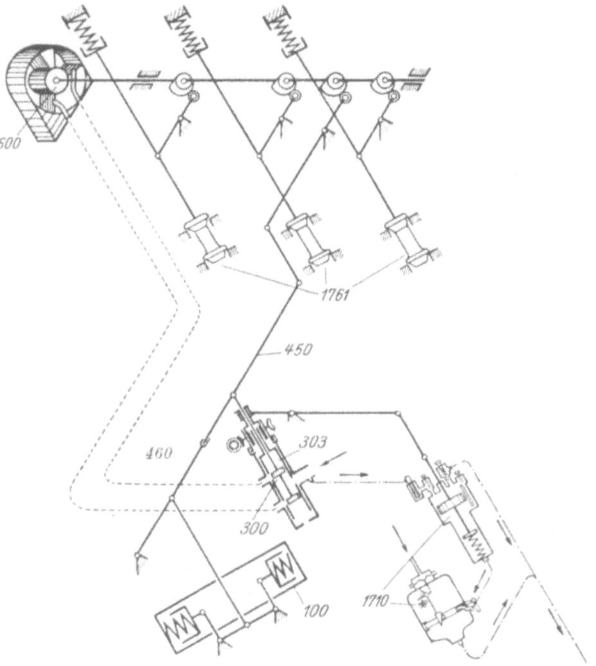

Abb. 372.

3. Einfachentnahmeturbine.

Hierbei muß grundsätzlich die Steuerung des Niederdruckteiles einem Dampfdruckregler, jene der Frischdampfzufuhr einem Drehzahlregler unterstellt werden. Eine unabhängige Aneinanderreihung der Regelwirkungen führt bei ausschließlichen Leistungsänderungen infolge der Änderungen des Dampfdurchsatzes zu Entnahmedruckveränderungen, die, wie leicht zu verfolgen, ihrerseits wieder eine rückläufige Nachregelung der Frischdampfzufuhr notwendig machen. Ebenso sind wiederholte gegensinnige Regelvorgänge bei ausschließlicher Änderung der Entnahmedampfmenge zur Herbeiführung des neuen Beharrungszustandes notwendig. Zur Beseitigung dieser die Stabilität der Regelung beeinträchtigenden Rückwirkungen auf den unter ungeänderten äußeren Bedingungen arbeitenden Regelkreis sind die „Verbundsteuerungen" entwickelt worden, bei welchen jedes Führungsorgan auch in die übrigen Steuerkreise in einem Sinne eingreift, so daß nur die vom primär angeregten Impulsorgan geführte Betriebsgröße verändert wird.

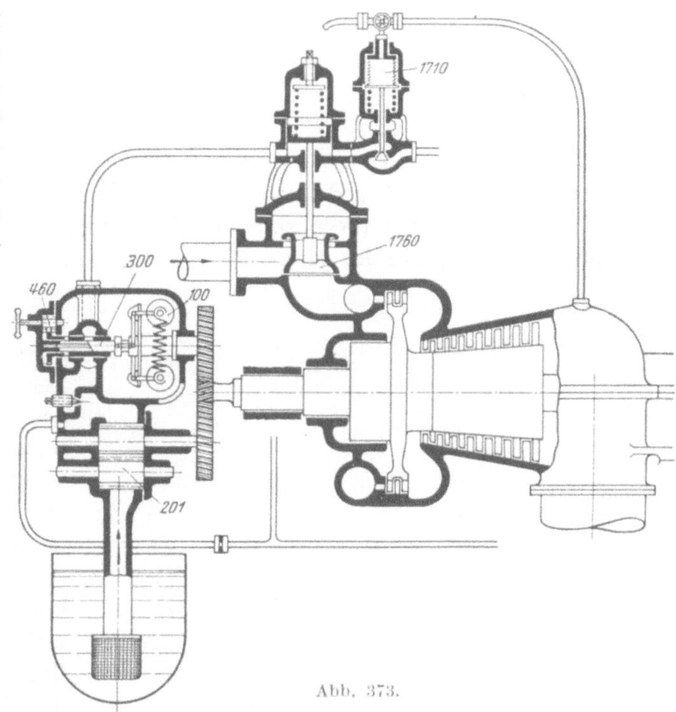

Abb. 373.

---

[1] Gegen- (Entnahme-) Druck Sollwert $1 \rightarrow 10$ at, Ungleichförmigkeit etwa $10 \rightarrow 5\%$.

[2] Diese Maßnahme wird zweckmäßig als selbständige und zusätzliche Einrichtung mit besonderem Druckölkreis ausgeführt, wenn bei stehender Turbine eine Regelung der Heizdampfmengen erforderlich ist.

Bei der in Abb. 374 dargestellten Anordnung erscheinen die Bewegungen des Kraftkolbens im Entnahmeregelkreis (*II*) in den Steuerkreis der Frischdampfregelung (*I*) in einem Sinne

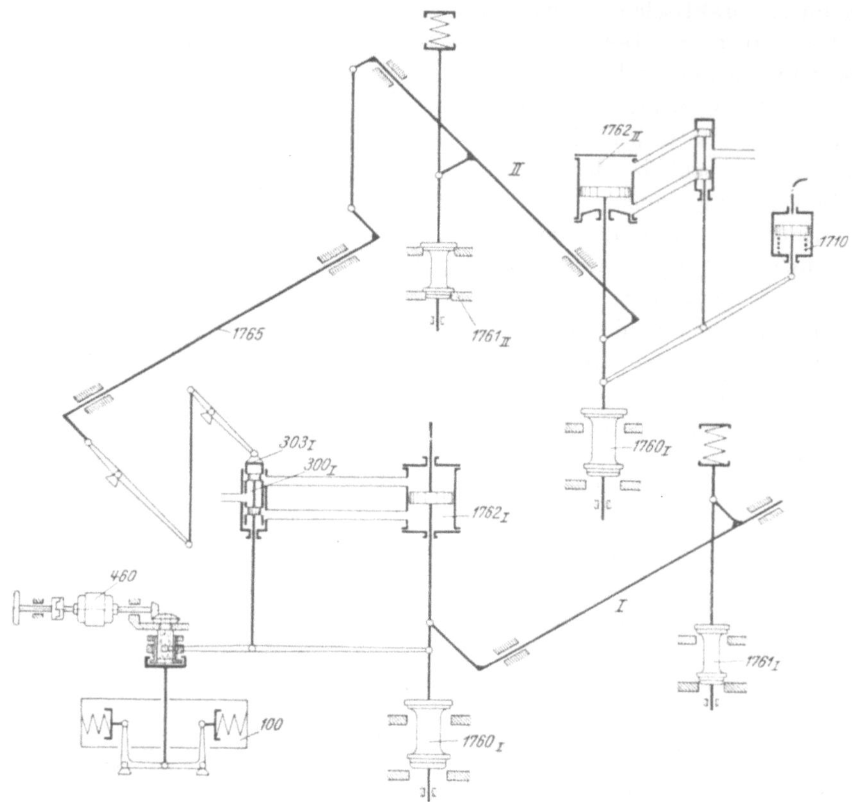

Abb. 374.

eingebunden, welcher die zur Erhaltung der Leistung bei Veränderung der Entnahmedampfmenge notwendige (gegensinnige) Verstellung der Hochdruckdampfventilgruppe *1761_I* ohne Eingriff des Drehzahlreglers *100* vor sich gehen läßt. Die Steuerverbindung *1765* verhindert ferner die Überlastung des Generators im Parallelbetrieb bei starker Verringerung der Entnahmedampfmenge. Hingegen müssen die durch Leistungsänderungen bewirkten Abweichungen des Entnahmedruckes durch den Entnahmeregler *1710* erfaßt und ausgeglichen werden. Der Vorgang der Nachregelung ist der Steuerverbindung *1765* halber jedoch frei von Leistungspendelungen.

In vollkommener Form erfordert die Verbundsteuerung eine Gestängeauslegung etwa nach Abb. 375. Der Geschwindigkeitsregler *100* beeinflußt beide Ventilgruppen (*I, II*) im gleichen, der Entnahmedruckregler *1710* im entgegengesetzten Sinne in einer Abstimmung, durch welche bei Entnahmeänderung kein Eingriff des Drehzahl- (Leistungs-) Reglers, bzw. bei Leistungsänderungen kein Eingriff des Entnahmereglers notwendig wird. Die Zusammensetzung der beiden Steuerbewegungen erfolgt über die Ventilkolben *300_{I, II}* und der vom Druckregler *1710* bewegten zugehörigen Steuerbüchsen. Der Drehzahlregler *100* muß selbstverständlich wieder

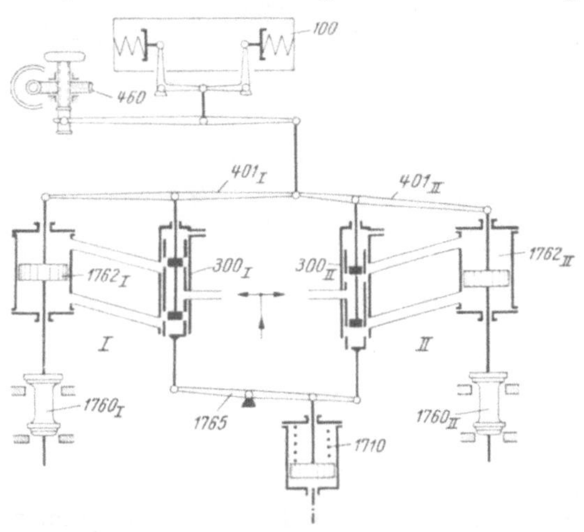

Abb. 375.

den Schluß aller Ventile auch bei ungünstigster Stellung des Entnahmedruckreglers, also bei größter Entnahmedampfmenge herbeizuführen imstande sein.

Die Anwendung der gestängelosen Drucölsteuerung ermöglicht durch eine Zwischensteuerung des Druckölstromes über den Entnahmedruckregler die Verbundwirkung zu erreichen (Abb. 376).

Man erkennt, daß ein vergrößerter Heizdampfbedarf mit der daraus folgenden erhöhten Drosselung des Öldurchtrittes bei g_{II} ein Fallen des Öldruckes unter dem Kraftkolben 1762_{II} des Entnahmedampfventils und Ansteigen des Druckes unter jenem des Frischdampfventils 1762_I mit der zu fordernden gegensinnigen Betätigung dieser Ventile herbeiführt, anderseits Leistungssteigerungen mit Zunahme des Öldruckes an sich auch das gleichsinnige Ansteigen der Drücke unter den Kraftkolben beider Ventile und damit deren gleichsinnige Wietereröffnung nach sich ziehen. Sinngemäß erfolgen die Steuervorgänge bei Verringerung des Heizdampfbedarfes bzw. der Leistungsanforderung. Die Tätigkeit des nicht von der Änderung unmittelbar betroffenen Regelorgans beschränkt sich auf die endgültige Einregelung.

Entnahmeturbinen werden in der Regel mit einem Rückschlagventil 1792 in der Entnahmeleitung ausgestattet, das — bei der gewöhnlich vorgesehenen Einbeziehung der Niederdruckventile 1760_{II} in die Schnellschlußsteuerung — einen weiteren Schutz gegen ein Durchgehen des Maschinensatzes unter Wirkung des rückströmenden Heizdampfes bietet. Diese Rückschlagklappen können auch hydraulisch geschlossen werden, wobei die Steuerung des Öldruckgetriebes jener des Schnellschlußschiebers parallel gelegt wird [7]. Falls das genannte Absperrorgan, mit Handschluß versehen, auch zur willkürlichen Absperrung der Heizdampfleitung herangezogen wird, erscheint es zweckmäßig, mit seinem Schluß zwangsläufig die Ausschaltung des Druckreglers 1710 vorzunehmen,[1] so daß Drosselungen des nach dem Niederdruckteil strömenden Dampfes vermieden werden.

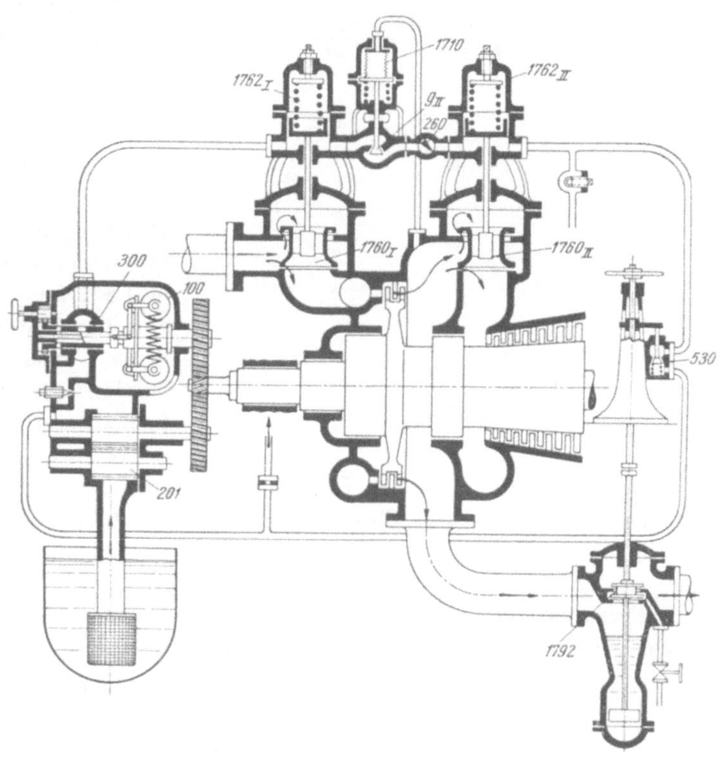

Abb. 376.

4. Zweifachentnahmeturbinen.

Die reine Verbundsteuerung wird durch eine Anordnung des Gestänges gemäß Schema Abb. 377 erreicht. Durch diese Auslegung wird bei Änderung einer der Regelgrößen die ganze Steuerung über das betroffene Impulsorgan derart verstellt, daß ohne Eingriff der anderen Impulsorgane jene Verstellungen ausgelöst werden, welche zur Erhaltung der unter ungeänderten äußeren Bedingungen stehenden Regelwerte notwendig sind. So öffnen sich bei sinkender Drehzahl (100) in Auswirkung einer erhöhten Leistungsanforderung alle drei Ventilgruppen (1760_{I-III}), wobei die Entnahmedampfmengen als Unterschied der Dampfmengen im

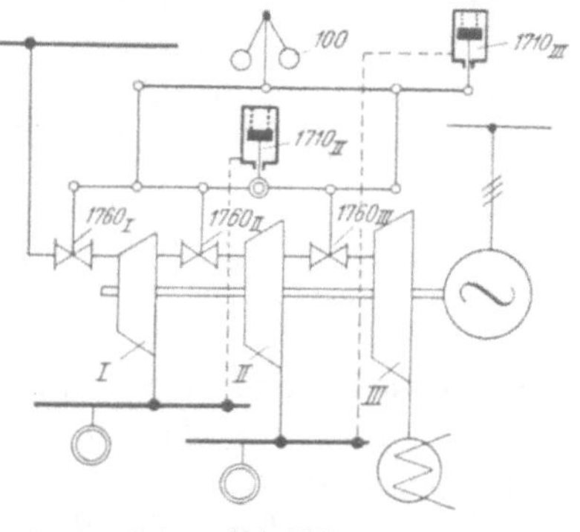

Abb. 377.

---

[1] Hierzu erfolgt die Unterdrucksetzung des Getriebes 1762_{II} mit Eröffnung des Hilfsventils 530 unmittelbar von der Pumpe 210 aus (Rückschlagklappe 260 trennt die Ölkreise).

Mittel- und Niederdruckteil (II, III) gleichbleiben. Ebenso öffnet der Druckregler 1710_{II} der ersten Entnahme bei erhöhtem Bedarf dieser die Hochdrucksteuerung I und schließt die beiden anderen Steuerungen (II, III), während der Druckregler 1710_{III} der zweiten Entnahme bei Öffnung der Hoch- und Mitteldrucksteuerung (I, II) jene des Niederdruckteiles (III) schließt. Die Gesamtleistung der Maschine bleibt bei entsprechender Abstimmung der Steuerhübe somit unbeeinflußt von Entnahmeänderungen.

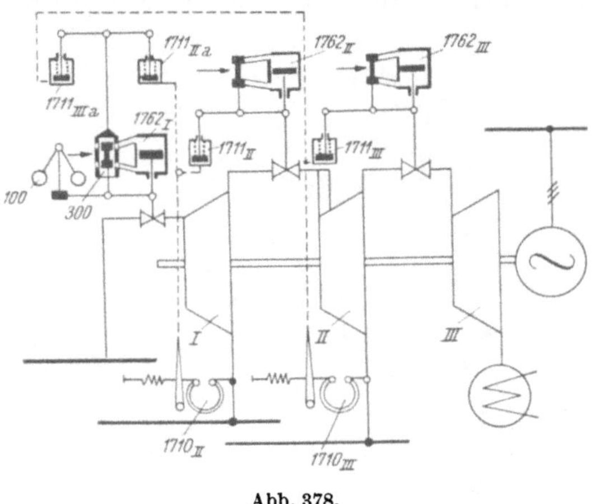

Abb. 378.

Die durch die Verbundschaltung bedingte verhältnismäßig verwickelte Gestängeanordnung kann bei Anwendung eines statischen Systems der Druckregelung (Federkolben) weitgehend dadurch vermieden werden, daß parallelgeschaltete hydraulische Triebe $1711a$ gleicher Charakteristik in den einzelnen Steuerkreisen im Sinne der erforderlichen zusätzlichen Beeinflussung eingebunden werden; eine derartige Auslegung ist für eine Zweifachentnahmemaschine in Abb. 378 dargestellt.

Wie für die Einfachentnahmeturbine ist der Schnellschluß auch auf die Entnahmeventilgruppen auszudehnen, bzw. können die zusätzlichen Sicherheits- und Steuermaßnahmen wie früher erwähnt Anwendung finden.

5. Sonderformen.

Entnahmegegendruckturbine. Hier ist der Steuerung in ihrer vollkommensten Form die Aufgabe gestellt, Veränderungen der Entnahmemenge ohne Beeinflussung der Gegendruckdampfmenge und umgekehrt vorzunehmen. Dieser Forderung kann durch eine Auslegung des Gestänges etwa nach Schema Abb. 379 entsprochen werden.

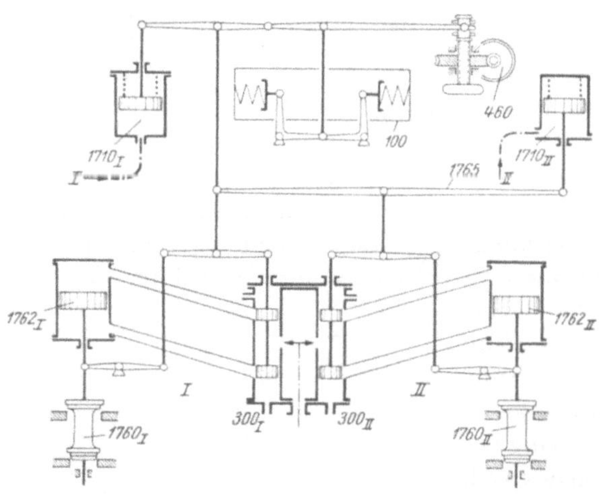

Abb. 379.

Hierbei beeinflußt der Entnahmedruckregler 1710_I nur die Steuerung des Hochdruckteiles I — dem Umstand entsprechend, daß die zusätzliche Dampfmenge nach der Hochdruckschaufelung wieder entnommen wird —, der Gegendruckregler 1710_{II} hingegen wirkt über Waagscheit 1765 auch im Hochdrucksteuerkreis I, so daß bei Änderungen der Gegendruckdampfmenge die entsprechenden Frischdampfmengen zu- oder abgeschaltet werden.

Zweckmäßig werden die Druckregler mit Feststellvorrichtungen in den Endlagen ausgeführt, um die Maschine im Entnahmebetrieb ohne Konstanthaltung des Gegendruckes, bzw. im reinen Gegendruckbetrieb oder letzten Endes auf Auspuff fahren zu können. In den letztgenannten Fällen braucht die Maschine nicht vom Netz geführt werden, sondern kann leistungsgeregelt betrieben werden.

Zweidruckturbine. Bei Verwertung von Abdampf zu Kraftzwecken kann die Freizügigkeit der Leistungserzeugung durch Anwendung zusätzlicher Frischdampf- (Vorschalt-) Turbinen erlangt werden, wobei eine für die auftretenden Belastungsschwankungen genügende Speicherfähigkeit der Hochdruckkessel Bedingung ist. Die rationelle Verwertung des Abdampfes erfordert hierbei die Regelung der Frischdampfzufuhr nach Maßgabe der von der jeweiligen Abdampfmenge nicht erzeugbaren Differenz der Leistung gegenüber der jeweils angeforderten und bestimmt damit die Auslegung der Steuerung (Abb. 380).

Frischdampf- und Abdampfsteuerung werden gegensinnig vom Abdampfdruckregler 1710

beeinflußt, so daß die Leistung der Turbine vom Anteil der Abdampfmenge unabhängig bleibt. Leistungsänderungen hingegen wirken über den Drehzahlregler *100* nur auf die Frischdampfzufuhr *1760$_I$*, bzw. falls die Leistung unter jene der augenblicklich zugeführten Abdampfmenge entsprechenden fällt, auf den Schluß der Abdampfsteuerung unter Lösung des Steuergestänges *401* vom Druckregler. Die dargestellte Anordnung ist grundsätzlich die gleiche bei Mehrdruckturbinen.

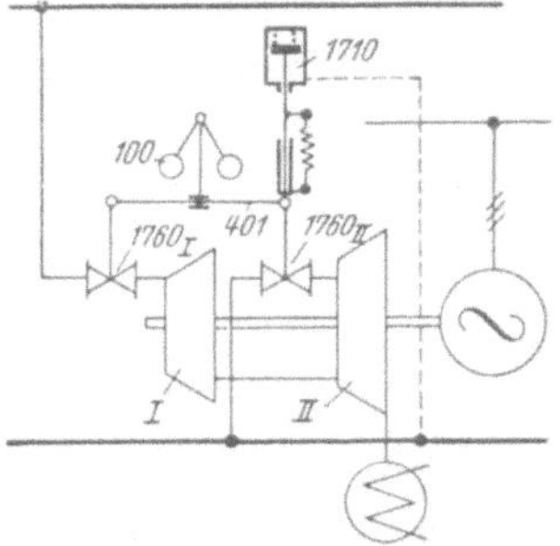

Abb. 380.

Ähnliche Regelbedingungen liegen vor, falls zur Erweiterung vorhandener Niederdruckkesselanlagen Hochdruckkessel aufgestellt werden, die dann zweckmäßig bis zu einem Dampfverbrauch, der noch einer wirtschaftlichen Erzeugung entspricht, die Deckung desselben übernehmen; die Niederdruckkesselanlage steht hierbei als Spitzen- oder Ausfallsreserve bereit. Eine derartig arbeitende Steuerung einer Zweidruckturbine zeigt in grundsätzlicher Form Abb. 381. Bei normalerweise geschlossenen Niederdruckventilen *1760$_{II}$* betätigt der Drehzahlregler *100* nur die Hochdruckeinlaßorgane *1760$_I$* bei außer Eingriff befindlichem Druckregler *1710*; erst bei Überlastung des Hochdruckkessels und dort sinkendem Dampfdruck greift Druckregler *1710* ein, wodurch über diesen und den Drehzahlregler *100* die Niederdruckventile *1760$_{II}$* entsprechend geöffnet werden.

In der Regel erscheint es jedoch mit Rücksicht auf einen günstigen thermischen Wirkungsgrad der Hochdruckdampferzeugung vorteilhafter, die Hochdruckkessel mit möglichst konstanter Bestlast zu betreiben und die diesen mehr oder minder mangelnde Speicherfähigkeit durch jene vorhandener Mittel- oder Niederdruckkessel zu ersetzen. Dementsprechend erhalten nur die letzteren nachgeschalteten Turbinen Drehzahlregelung, während die Vorschaltturbinen einem an das Hochdruckdampfnetz angeschlossenen Druckregler unterstellt werden. Die Anordnung kann jedoch auch so getroffen werden, daß Vor- und Nachschaltturbinen mit Drehzahlreglern versehen werden, wodurch sich beide Netze entsprechend der eingestell-

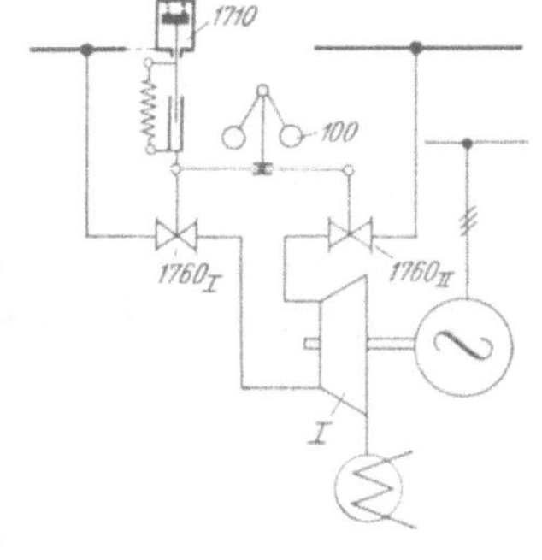

Abb. 381.

ten Ungleichförmigkeit an Belastungsschwankungen beteiligen, während die Verteilung der Last beliebig auf Hoch- oder Niederdruckteil mittels der Drehzahlverstellungen vorgenommen werden kann. Bei dieser Schaltung ist es auch möglich, durch Selbststeuerung oder Handbetätigung der Drehzahlverstelleinrichtung der Hochdrucksteuerung die Hochdruckkessel immer mit der gewünschten Bestlast zu fahren.

m) Sondersteuerungen.

Regelungen mit hoher Drehzahlverstellung. Besondere Bedingungen liegen für die Regelung der Antriebsturbinen von Turbokompressoren und Kreisel- (Kesselspeise-) Pumpen vor, falls deren Fördermenge möglichst verlustfrei geregelt werden soll. Letzterer Vorgang erfordert bekanntlich die Verlagerung der Q—H-Linie (Abb. 382) durch Veränderung der Drehzahl im Bereiche der durch die Widerstandscharakteristik gegebenen möglichen Betriebszustände.

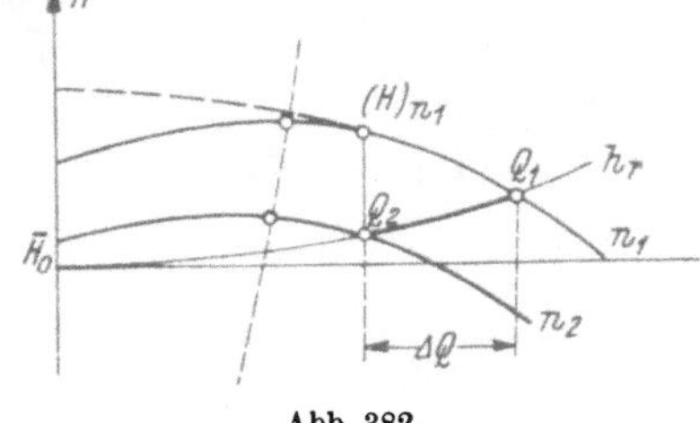

Abb. 382.

Zur Überstreichung von Bereichen bis zu etwa 20% der mittleren Drehzahl kann die Drehzahlmessung durch Fliehkraftpendel mit entsprechend hohem Ungleichförmigkeitsgrad erfolgen. Darüber hinaus hat die in ihrem Wesen und ihrer Ausbildung bereits eingehend erörterte manometrisch-hydraulische Messung der Drehzahl Anwendung zu finden. Insofern die Regelung der Fördermenge selbsttätig vor sich gehen soll, ist die Drehzahlverstellvorrichtung Mengen- oder Druckmeßeinrichtungen zu unterstellen.

Zur Verbesserung der Stabilität bei einem Betrieb mit stark herabgesetzter Drehzahl wird die Erhöhung des Ungleichförmigkeitsgrades wertvoll. Dies kann in selbsttätiger Weise durch die

Kupplung der Drehzahlverstellvorrichtung mit dem Mechanismus zur Einstellung des Ungleichförmigkeitsgrades, wie etwa in Abb. 383 dargestellt [14], erreicht werden. Die Verdrehung des

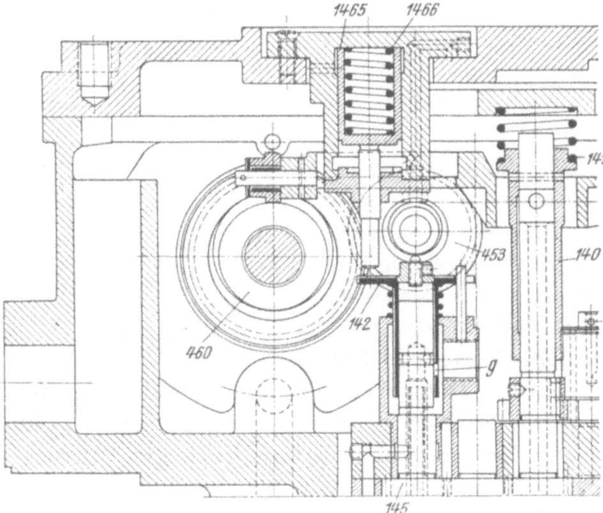

Einstellnockens *460* zur Drehzahlverstellung bewirkt über eine Stirnräderübersetzung die Verdrehung der Konuswalze *453* mit gegensinniger Änderung des Ungleichförmigkeitsgrades.

Leistungssteuerung. Die Begrenzung der Erzeugung nach einer zu übergebenden, bzw. zu übernehmenden konstanten Leistung bei Parallelbetrieb der Eigenanlage mit einem werksfremden Netz läßt sich durch Beeinflussung der Steuerung über elektrische Leistungsregler durchführen. Diese wirken gewöhnlich auf die Drehzahlverstellvorrichtung. Bei reiner Öldrucksteuerung kann dem vom Fliehkraftregler beeinflußten Auslaß ein von einem statischen Leistungsregler gesteuerter parallelgeschaltet werden (**75**), wodurch die Frischdampfzufuhr entspre

Abb. 383. (Maßstab 1:3,9.)

chend dem eingestellten Sollwert der Liefer- (Bezugs-) Leistung gehalten wird.

Störungsregelungen. Für Gegendruckturbinen, bzw. Anzapfgegendruckturbinen bestimmt der Dampfdurchsatz die jeweilig erzeugbare Leistung. Die Versorgung eines Eigennetzes nach

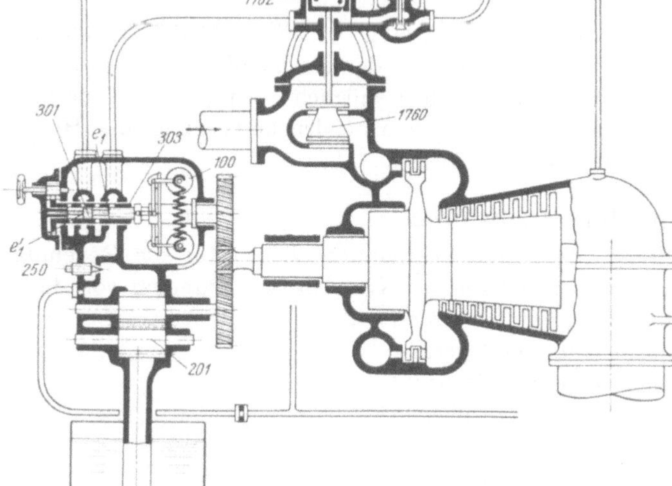

Unterbrechung des normalerweise bestehenden Parallelbetriebes bedingt die Ausschaltung des Gegendruckreglers, falls der Dampfdurchsatz unter jenem der Leistungsanforderung entsprechenden liegt, um den Zusammenbruch des Kraftnetzes zu verhindern. Grundsätzlich kann die Ausschaltung des Druckreglers vom Frequenzrückgang abhängig gemacht werden. Die Eingliederung der Störungsregelung wird besonders einfach bei reiner Öldrucksteuerung, wobei es genügt, über das Steuerventil — also abhängig von der Frequenz — die den Erfordernissen entgegengesetzte Wirkung des Druckreglers auszugleichen (Abb. 384). Hierzu erhält der Kolben *301* des Steuerventils *300* eine zweite Steuerkante e_1', welche die normalerweise freigegebene Abströmung für das Steueröl nach Durchlauf des Druckreglers *1710* mit sinkender Drehzahl schließt.

Abb. 384.

Der Drehzahlregler übernimmt damit selbsttätig die Leistungssteuerung bei gering unternormaler Drehzahl [7].

Bei Entnahmedampfmaschinen kann es während außergewöhnlicher Überlastungen wertvoll sein, auch den Niederdruckteil unter Verzicht auf eine Regelung des Entnahmedruckes voll beaufschlagt zur Leistungsabgabe heranzuziehen. Die hierzu notwendige Schaltung des Druckreglers in die „Auf"-Stellung kann entweder von der Frequenzabsenkung oder der Volleröffnung der Hochdruckventilgruppe abgeleitet werden.

Umfangreiche Regelungsaufgaben treten auch bei Hochdruckturbinenanlagen auf, deren Dampfnetze mangels vorhandener Mitteldruckkessel mit Speicher ausgestattet sind. Die Mannigfaltigkeit der möglichen Bedingungen läßt die Lösung dieser Aufgaben nicht in ein allgemeines Schema fassen. In allen Fällen lassen sich jedoch Steuerungsanordnungen finden, welche eine betriebstechnisch und wirtschaftlich befriedigende Lösung darstellen (76).

n) Unmittelbar lastabhängige Regelung der Dampferzeugung.

Die besonderen Eigenschaften der Höchstdruckdampfkessel mit ihren auf ein Mindestmaß beschränkten Wasserräumen und dementsprechender Möglichkeit, mit ihrer Dampferzeugung den Belastungsschwankungen folgen zu können, haben eine neue Entwicklung der Regeltechnik von Dampfturbinen eingeleitet: die der unmittelbaren Regelung der zu erzeugenden Dampfmenge nach dem durch Leistung oder Dampfentnahme gegebenen Dampfbedarf der Maschine. Die Zuteilung der der jeweils erforderlichen Kesselspeisewassermenge entsprechenden Brennstoff- und Luftmengen erfolgt dann durch selbsttätige Abhängigkeitsregelungen, welche die Verzögerung in der zeitlichen Nachfolge der Feuerung, etwa durch vorübergehende Sollwertbeeinflussung der primär gesteuerten Wassermengenregelung, über Rückführungen thermischer oder mechanischer Art berücksichtigen. Hierzu kommen gegebenenfalls noch Dampftemperaturregler, welche Heizwertänderungen des verwendeten Brennstoffes einführen, bzw. Unterdruckregler im Feuerraum [20].

Eine besonders einfache Auslegung ergibt sich bei Verfeuerung von Gasen mit gleichbleibendem Verhältnis der Brennluft, wobei auf besondere Mischregler verzichtet werden kann und nur die Regelung der Drehzahl des Ladegebläses abhängig von der Brennstoffmenge erforderlich wird [7] (80, 81).

XV. Die Regelung der Dampfmaschinen.

Wie bereits im einleitenden Abschnitt I erwähnt, kann die betriebsmäßig geforderte Genauigkeit isodromer Drehzahlregelungen von Dampfmaschinen oder solcher für weite Bereiche des beharrungsmäßigen Sollwertes der Drehzahl, die Kombination von Drehzahl- und Dampfdruckregelungen in wirtschaftlicher Weise nur mit Anwendung der indirekten Regelung erreicht werden. Ähnlich wie bei der Regelung von Dampfturbinen haben die Vielheit der Regelaufgaben als auch Unterschiede in der grundsätzlichen Steuerungsauslegung die Entwicklung zahlreicher Sonderformen zur Folge gehabt.

a) Indirekte Achsenregler.

Diese dienen der Regelung von Dampfmaschinen, deren Einlaßsteuerung über verstellbare Exzenter betätigt wird. Hierbei können letztere unter Beibehaltung der bei der direkten Regelung üblichen mechanischen Gestänge über dieses durch ein außenliegendes Hilfskraftgetriebe bewegt werden, letzteres als Teil eines normalen mittelbar wirkenden Reglers.[1]

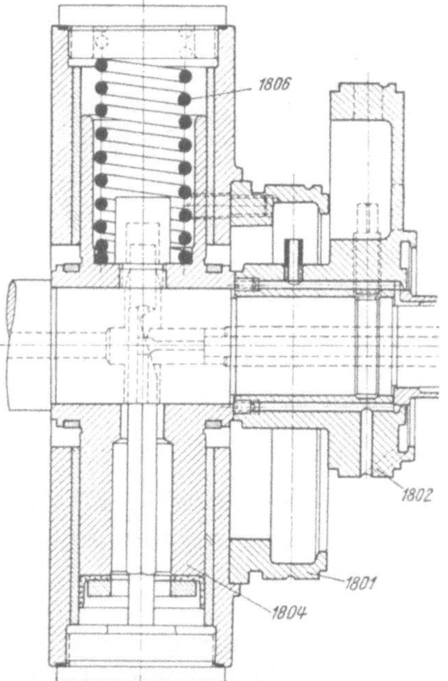

Abb. 385. (Maßstab 1:5.)

Wesentliche Vereinfachungen in der Übertragung werden jedoch mit der Eingliederung von Drehservomotoren in die Steuerwelle, bzw. gleichartig angeordneten Federservomotoren [14] erreicht (Abb. 385); insbesondere bei letzteren ist der in einer Richtung vorhandenen mechanischen

---

[1] S. Abschnitt VII.

Stellkräfte halber nur eine einseitige Beaufschlagung des Arbeitsgetriebes *1804* und damit eine wesentliche Vereinfachung der Steuerung ebenso möglich wie die unmittelbare Verschiebung des zu verstellenden Einlaßexzenters *1801*. Die eindeutige Zuordnung von Arbeitskolbenstellung und hierzu erforderlichem Öldruck ermöglicht die Parallelschaltung mehrerer Federservomotoren sowie gegebenenfalls die hydraulische Ausbildung der Rückführung. Lediglich

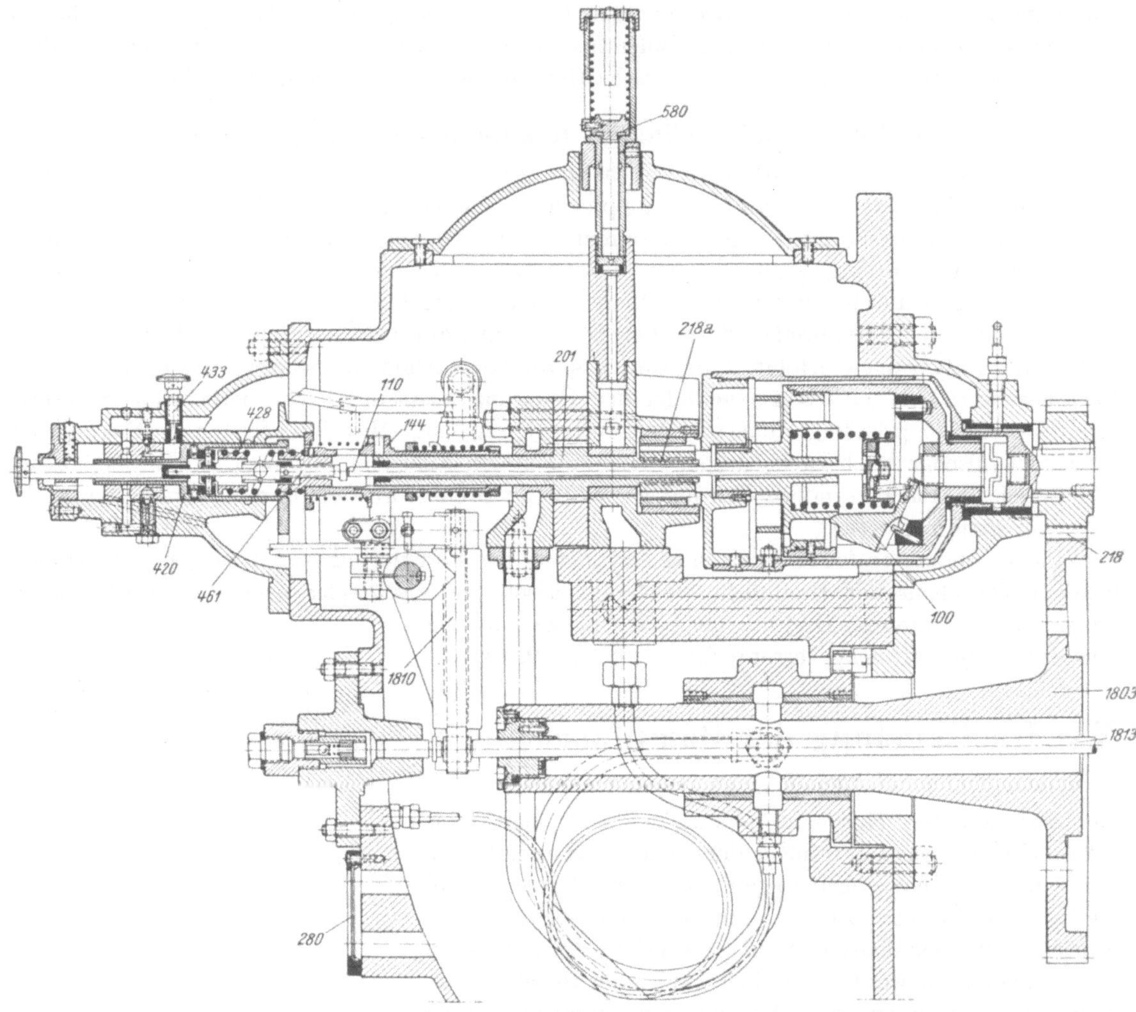

Abb. 386. (Maßstab 1:5,5.)

für schnellaufende (Kapsel-) Maschinen scheidet eine derartige Konstruktion des Hilfsgetriebes wegen der von der unvermeidlichen Unausgeglichenheit der rotierenden Massen herrührenden Fliehkräfte aus.

Unter der Voraussetzung einer unmittelbaren Verbindung des Hilfsgetriebes mit der Steuerwelle und Zuführung des Arbeitsöles durch diese beschränkt sich der eigentliche Regler auf die Teile zur Steuerung und Druckölerzeugung. Abb. 386, 387 zeigen die Durchbildung eines Anbaureglers [14] für geringe Drehzahlverstellung (Generatorbetrieb). Die Drehzahl wird hierbei durch ein Fliehkraftpendel *100* der Bauart Abb. 2 erfaßt, dessen Bewegungen mittels des Pendelstiftes *110* auf eine Druckölsteuerung gemäß Abb. 68 übertragen werden. Die Rückführung der beiden Steuerhülsen *320* erfolgt hierbei über die Keilflächen *416*, welche durch Verdrehung des Querhauptes *144* zur Wirkung gebracht werden. Letztere wird von den Bewegungen des Federservomotors *1804* (Abb. 385) abgeleitet und durch die innerhalb der hohlen Steuerwelle *1803* geführte Stange *1813* und das Übertragungsgestänge *1810* vermittelt. Zur Verstellung der

Beharrungsdrehzahl kann die wirksame Länge des Pendelstiftes *110* über Gewindestück *461* verändert werden; die vorübergehende Erhöhung des Stabilitätswertes der Regelung wird durch

die Wirkung der der Steuerung angefügten Pendelrückdrängung (Ölbremskolben *420*, Feder *428*, Drosselung *433*) erreicht.

Der Antrieb des Pendels *100* und der mit ihm über Mitnehmer *218a* gekuppelten Pumpe *201* erfolgt über Stirnräder *218* von der Steuerwelle *1803* aus. Der eindeutige Zusammenhang zwischen Arbeitsdruck und Exzenterstellung ermöglicht die Darstellung letzterer in der Lage des Druckstempels der Anzeigevorrichtung *580*.

Die Anwendbarkeit der *hydraulischen* Drehzahlmessung ohne Beeinträchtigung der Güte der Regelung auf Anordnungen mit nur geringem Drehzahlver-

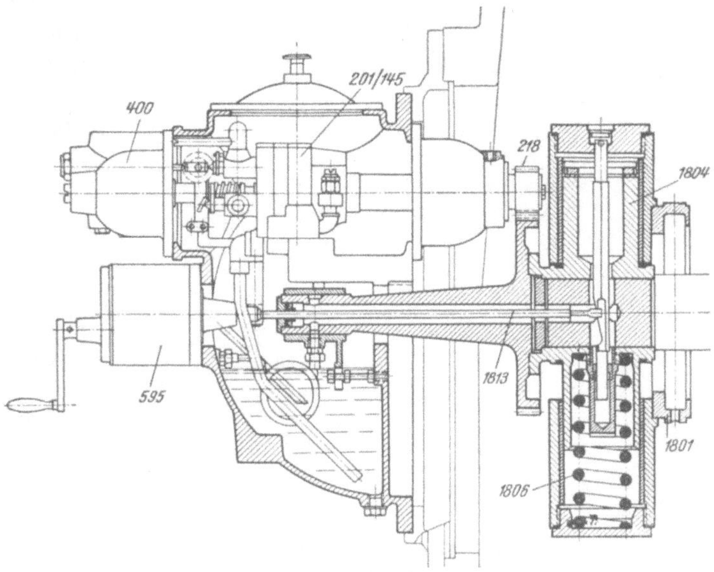

Abb. 387. (Maßstab 1:10.)

stellbereich ermöglicht mit einer einzigen derartig ausgestatteten Typenreihe weitgehend unterschiedliche Forderungen hinsichtlich der Drehzahlhaltung zu befriedigen. Zu diesem im Sinne der Beschränkung der Typenzahl und damit der Rationalisierung der Herstellung liegenden Vorteil kommt im allgemeinen noch jener der billigeren und einfacheren Fertigung gegenüber mechanischen Fliehkraftpendeln, so daß sich die hydraulische Drehzahlmessung weitgehend durchgesetzt hat.

Der in Abb. 386 dargestellte Anbauregler wird mit Ersatz des mechanischen Fliehkraftpendels durch eine hydraulische Drehzahlmeßeinrichtung zum Typenregler für große Drehzahlbereiche (Veränderung des mittleren Sollwertes der Drehzahl im Verhältnis 1:8 und darüber). Die Anwendung der Steuerventilauslegung gemäß Abb. 68 verlangt zwei getrennte Arbeitsölströme und einen Steuerölstrom, welche einer Vierräderpumpe (Schema Abb. 388) entnommen werden. Der Druck der Steuerölpumpe *145* bestimmt entgegen der Wirkung der Feder *141* die Lage des Querhauptes *140* und damit jene der Steuerhülsen *320a, b*, durch welche die Arbeitsströme gemäß den Ausführungen S. 39 gesteuert werden. Die Rückführbewegung des Querhauptes *140* wird über Keil *1810* und Gestänge *1813* von dem in die Steuerwelle eingebauten doppeltwirkenden Drehservomotor *1804* abgenommen.

Die grundsätzlich gleiche Auslegung kann auch bei Verwendung von Federservomotoren beibehalten werden. Entsprechend der nur einseitigen Steuerung des Hilfskraftgetriebes können die beiden Arbeitspumpen parallelgeschaltet sowie die Steuerungen gleichsinnig ausgelegt werden.

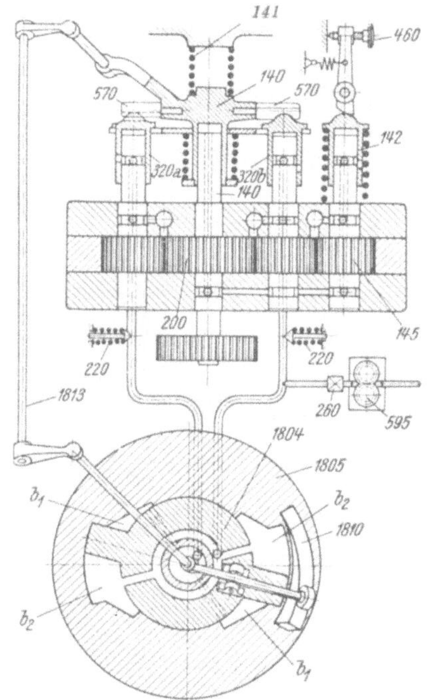

Abb. 388.

Abb. 389 zeigt die Gesamtanordnung eines derartigen Reglers mit mechanischer Rückführung. Die Anwendung von Federservomotoren bietet neben der Vereinfachung der Steuerung auch hier die Möglichkeit des Verzichtes auf eine mechanische Durchbildung der Rückführung, übereinstimmend mit den Ausführungen S. 81 (hydraulische Rückführung *564, 565*, s. Abb. 362).

Für alle Ausführungen kann zur Erhöhung des Stabilitätswertes der Regelung die vorübergehende Erhöhung des Ungleichförmigkeitsgrades der Regelung durch die an Hand der Abb. 386 beschriebene Pendelrückdrängungseinrichtung erfolgen, die an Stelle der Feder *141* (Abb. 389) tritt.

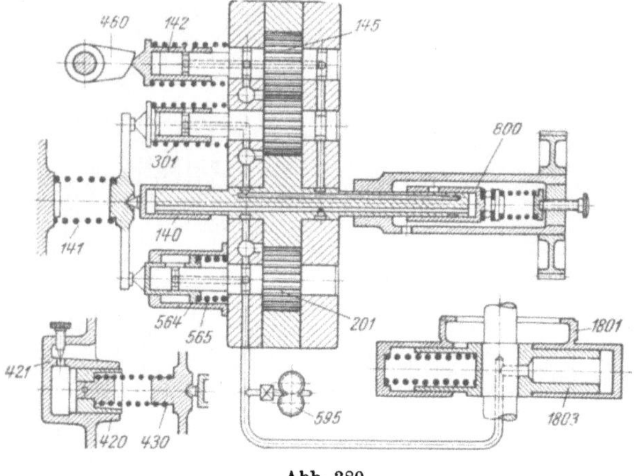

Abb. 389.

Zur Verstellung der Steuerung auf die Anfahröffnung ist eine kleine Handpumpe *595* vorgesehen, die über ein Rückschlagventil Drucköl auf die Öffnungsseite des Arbeitstriebwerkes einzubringen gestattet.

Als Spezialregler für schnellaufende Kapselmaschinen kann die in Abb. 390 dargestellte Regelungseinrichtung [14] angesehen werden. Da, wie eingangs erwähnt, sich die Anwendung nur einseitig zu beaufschlagender Federservomotoren verbietet, anderseits eine Lösung mit dem in die Steuerwelle eingefügten Drehservomotor unverhältnismäßig teuer

kommt, erscheint in der vorliegenden Ausführung letzterer bereits konstruktiv mit der Steuerungseinrichtung zu einer Baueinheit zusammengefaßt. Die grundsätzliche Anordnung lehnt sich hierbei an Schema Abb. 388 an. Zur Verstellung der die Arbeitsölströme steuernden Hülsen *320, 320a* wird hier jedoch die Bewegung des Druckmeßkolbens *140* mit der von Keil *1811* abgenommenen

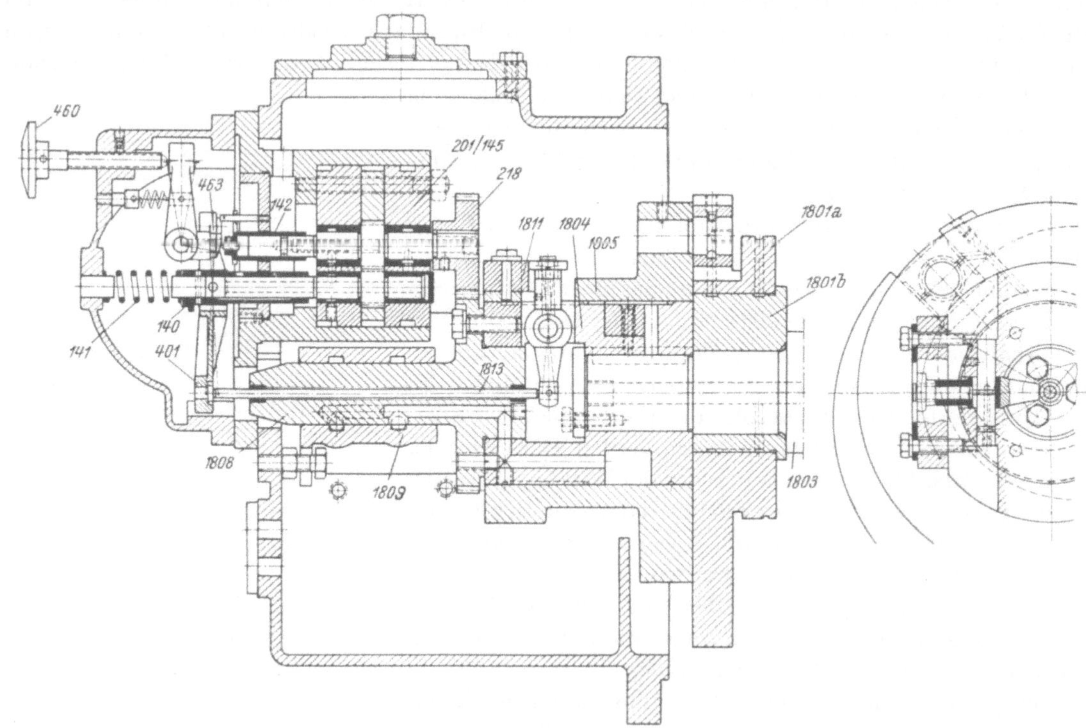

Abb. 390. (Maßstab 1:5.)

und durch Gestänge *1813* weitergeleiteten Rückführbewegung über Doppelhebel *401* zusammengesetzt. Die Verstellung des Drehexzenters *1801a* auf dem mit der Steuerwelle *1803* fest verbundenen Grundexzenter *1801b* wird durch einen Gleitsteintrieb über den äußeren Gehäuseteil *1805* des Drehservomotors vermittelt, der gegen den mit der Steuerwelle verbundenen Innenteil *1804* durch entsprechende Beaufschlagung bzw. Entlastung der Arbeitsräume verdreht wird. Stummel *1808* dient der Lagerung des Kammerkörpers *1809*, welcher die Ölzuführung zum rotierenden Drehservomotor vermittelt.

Die im vorstehenden wiederholt dargestellte Einrichtung zur Messung der Drehzahl im Drosseldruck eines hinsichtlich seiner Stärke der Maschinendrehzahl proportionalen Ölstromes gestattet Drehzahlbereiche im Verhältnis der Grenzdrehzahlen von etwa 1:10.

Weitergehende Forderungen, wie sie etwa für Papiermaschinenantriebe mit der Vorschreibung aufgestellt werden, die Papiergeschwindigkeit im Verhältnis bis 1:20 ändern zu können, werden in befriedigender Weise durch Einführung einer veränderlichen Übersetzung zwischen Drehzahlmesser und Maschine erfüllt. Hierbei bleibt bei entsprechender Anordnung die Fördermenge der Arbeitsölpumpe ebenso erhalten wie der normale Arbeitsbereich des Fliehkraftpendels und damit dessen Charakteristik.

Abb. 391 zeigt das Schema einer derartigen Anordnung [14], bei welcher der Antrieb des Fliehkraftpendels *100* von der Maschinenwelle aus über ein hydraulisches Übersetzungsgetriebe erfolgt, dessen sekundärer (passiver) Teil *183* durch eine mehrstempelige Kolbenpumpe ebenso wie dessen Primärteil *181* gebildet werden, letzterer mit Schwenkeinrichtung zur Veränderung des wirksamen Hubes der Kolben *184* versehen. Die für die Mittelstellung des Fliehkraftpendels *100* erforderliche Drehzahl setzt eine bestimmte Beaufschlagung des Kolbenmotors *183* voraus; damit liegt die gleiche Fördermenge der Primärpumpe *181* fest, welche, dem Produkt von Hub und Drehzahl proportional, zur umgekehrten Änderung der beharrungsgemäßen Drehzahl bei Änderung des Hubes der Förderstempel *184* führt. Die stetige Veränderung des letzteren und damit der Primärdrehzahl wird, wie bereits angedeutet, durch Verschwenkung des Gehäuses über Trieb *1825* erreicht. Da auch die Arbeitspumpe *1830* in grundsätzlich übereinstimmender

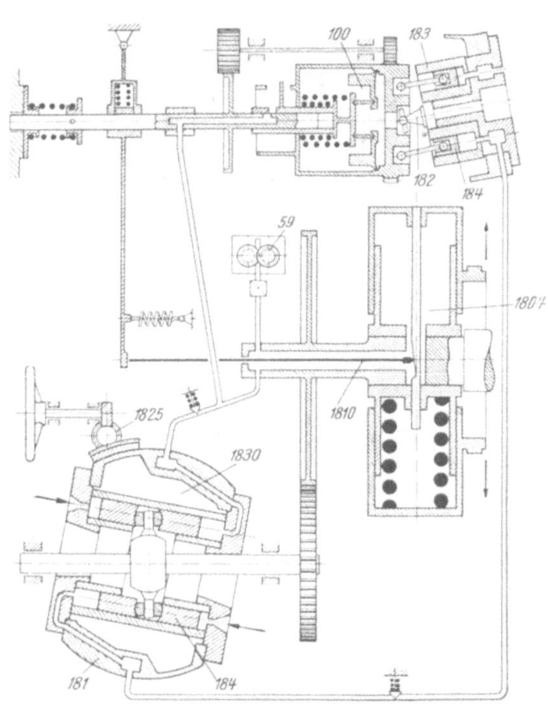

Abb. 391.

Art mit der Aktivpumpe *181* verstellt wird, also eine inverse Veränderung des Kolbenhubes mit der Primärdrehzahl erfährt, bleibt auch die Fördermenge dieser Pumpe und damit die Schlußzeit der Regelung konstant. Abb. 392 vermittelt die konstruktive Durchbildung des nach vorstehenden Grundsätzen gebauten Anbaureglers. Man erkennt den mittels des Handrades *1826* einstellbaren Nockentrieb *1825*, die durch die Feder *1827* kraftschlüssig gestaltete Schwenkvorrichtung des um die Achse *a* drehbar gelagerten Körpers der Primärpumpe *1821*, *1830* sowie den Kolbenmotor *1822*, dessen Achse unter konstanter Neigung gegen die des über die Kardanwelle *1827* getriebenen Fliehkraftpendels *100* liegt. Die Zusammensetzung der Pendel- und Rückführbewegungen[1] erfolgt über ein Steuerorgan, dessen Hülse *301a*, vom Pendel her verstellt, mit dem von der Rückführung her bewegten Kolben *301* die Größe der Ablaufdrosselung *g* für das Arbeitsöl festlegt. Um die leichte innere Beweglichkeit des Steuerorgans zu gewährleisten, wird die die Zuleitung des Drucköles vermittelnde Führung *301* relativ zur Steuerhülse *301a* gedreht.

Der Antrieb der Primärpumpe *1821* erfolgt mittels Stirnräder *218* von der Kurbelwelle *1803* aus, welch letztere unmittelbar das Hilfskraftgetriebe *1804* trägt. Stellungsanzeige nach Abb. 386 und Handpumpe ergänzen die Ausrüstung. Der Schnellschluß des Reglers wird durch Entlastung des Arbeitsölkreises erzielt. Hierzu wird das von der Arbeitspumpe *1830* geförderte Öl

---

[1] Nachgiebige Rückführung mit Ersatz der Ölbremse durch eine Reibungsbremse *410*.

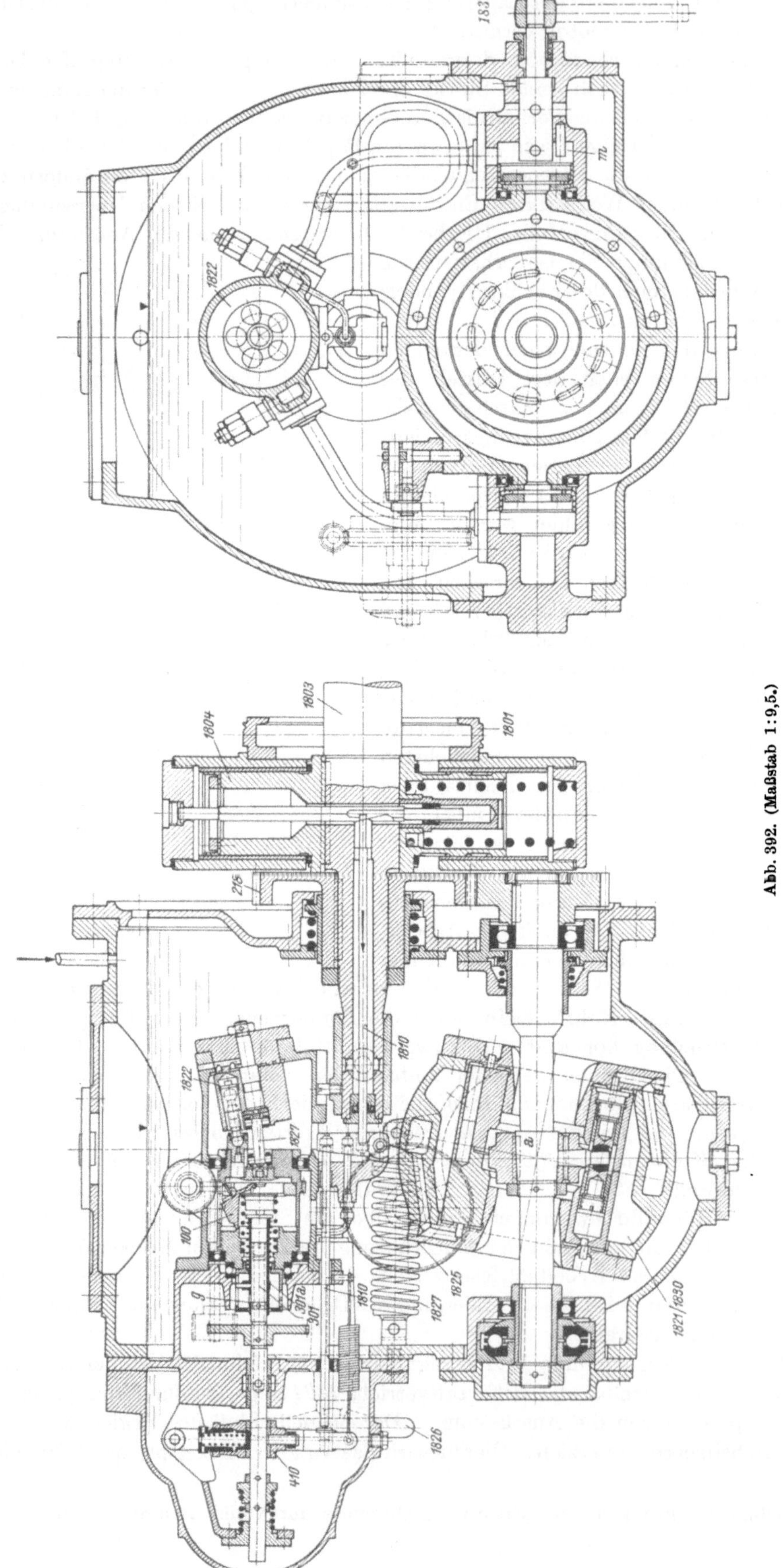

Abb. 392. (Maßstab 1:9,5.)

über Kammer *m* geführt, welchem mittels des Hahnes *1831* Abströmung gegeben werden kann. Für einen selbsttätigen Überdrehzahlschutz ist die Hahnbetätigung einem Sicherheitsregler zu unterstellen.

b) Indirekte Federpendelregler.

Falls die Veränderung der Füllung durch Veränderung der Übersetzung im Ventilantriebsgestänge erzielt wird, wobei der Eingriff des Reglers in letzteres meistens über eine Regelwelle erfolgt, erscheint die Anwendung konstruktiv in sich geschlossener, auch das Hilfskraftgetriebe einbeziehender Bauformen zweckmäßig. Für Kraftmaschinen, die mit nur wenig veränderlichen Drehzahlen betrieben werden, können daher die für die Regelung von Wasserturbinen entwickelten Reglertypen entsprechenden Arbeitsvermögens Anwendung finden. Der Ersatz des hier üblichen Fliehkraftpendels durch eine hydraulisch arbeitende Meßeinrichtung bietet die Möglichkeit weit veränderlicher Drehzahlen. Anpassung der äußeren Form unter Beibehaltung der typenmäßigen Konstruktionselemente läßt dem Wunsch nach einheitlichem Aussehen Rechnung tragen.

Abb. 393 zeigt die Steuerung eines nach derartigen Grundsätzen durchgebildeten Kleinreglers (4,5 mkg) [14]. Die Bereitstellung des Steuer- und Arbeitsöles, die Übertragung der Steuerungs-

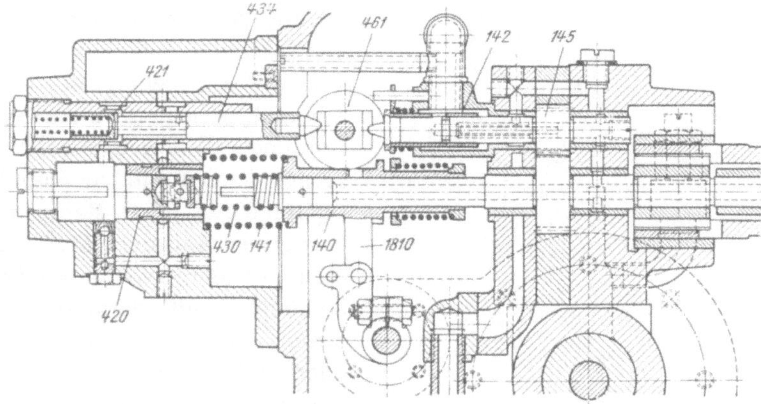

Abb. 393. (Maßstab 1:4,5.)

und Rückführbewegungen erfolgt entsprechend den Darstellungen des Schemas Abb. 359. Ebenso kann auf frühere Ausführungen hinsichtlich der Durchbildung der nachgiebigen Rückdrängung verwiesen werden. Erweiternd ist nur die Wirksamkeit letzterer in zwangsläufige Abhängigkeit vom jeweils eingestellten Drehzahlsollwert gebracht, insofern als Stellungsänderungen der letzteren bestimmenden Steuerhülse *142* die gegensinnige Änderung der Überströmöffnung *421* der Ölbremse *420* durch die gleichzeitige Verstellung des Drosselstiftes *434* über Doppelkeil *461* nach sich ziehen.

Für den in Abb. 394 dargestellten Regler [19] wird die von der Zahnradpumpe *201* gelieferte Ölmenge durch den rotierenden Verteiler *208* in zwei getrennte Ölströme verhältnismäßig bestimmter Stärke aufgespalten, die unabhängig voneinander für Steuer- bzw. Arbeitszwecke zur Verfügung stehen. Die Arbeitsweise des Verteilers bedingt überdies die intermittierende Einförderung in jeden der Ölkreise, wodurch Arbeits- und Vorsteuerkolben *600, 140* (letzterer gleichzeitig Manometerkolben der Drehzahlmeßeinrichtung) in leichter Schüttelbewegung gehalten werden, was die Empfindlichkeit der Regelung begünstigt. Die Anwendung eines — in den Regler eingefügten — Federservomotors (Kolben *600*, Feder *635*) läßt mit einer einmaligen Steuerung des Arbeitsöles an den Kanten e_1 das Auslangen finden, wobei der Arbeitskolben dem Vorsteuerkolben *140* nachgeführt wird.

An Stelle einer rotierenden Pumpe mit Verteiler kann auch eine Kolbenpumpe verwendet werden (s. S. 310), die durch eine besondere Steuerung des geförderten Drucköles zur Lieferung getrennter Ölströme für Steuerung und Betätigung befähigt wird. Hierdurch ergibt sich die Möglichkeit des nur schwingenden Antriebes.

Falls die Forderung nach einer von der jeweiligen Belastung unabhängigen Drehzahl, bzw. einem für die Stabilität zu geringen Wert des Ungleichförmigkeitsgrades gestellt wird, wird eine zusätzliche isodromierte Stabilisierungseinrichtung in Form einer nachgiebigen Rückführung vorgesehen. Die Anwendung der Nachführung zwischen Vorsteuer- und Arbeitskolben bedingt die in Abb. 395 dargestellte grundsätzliche Anordnung der zusätzlichen Einrichtung, die aus bekannten Bauelementen gebildet ist.

Für die Regelung von Kolbendampfmaschinen, die mit stark veränderlicher und insbesondere sehr niedriger Drehzahl betrieben werden müssen, erscheint die Anwendung einer der Größe der jeweiligen Laständerung proportionalen Regelgeschwindigkeit wertvoll, um die Ungleichförmigkeit des Ganges beeinflussen zu können.

Die Anpassung der im Arbeitskreislauf zur Wirkung gebrachten Ölmengen an die Größe des Regelimpulses erfolgt bei der in Abb. 396 schematisch veranschaulichten Anordnung [14] durch Änderung der Fördermenge der schwenkbar ausgebildeten Hauptölpumpe *201*, deren Rahmen durch den dem Steuermechanismus *140, 301, 570a* unterstellten Federservomotor *600a* aus der Mittelstellung (Nullförderung) je nach Art und Größe der Belastungsänderung in der einen oder anderen Richtung mehr oder weniger herausgedreht wird. Die Tatsache, daß hierdurch nicht nur die Fördermengen von Null bis zu einem größten Absolutwert, sondern auch die Förderrichtung geändert wird, läßt auf die Anwendung eines besonderen Verteilschiebers verzichten; die einstellbare Begrenzung des Ausschwenkwinkels (α) ermöglicht die Einstellung des Größtwertes der Regelgeschwindigkeit.

Der Federservomotor *600a* stellt das Arbeitswerk eines für sich — durch Rückführung — stabilisierten Zwischensteuerkreises dar, der die hydraulische Drehzahlmeßeinrichtung (Schwenkpumpe *145*, Manometerkolben *140*, Gegenfeder *141*, Drosselöffnung *g*) von den Haltekräften des Schwenkmechanismus entlastet. Die Rückführung im

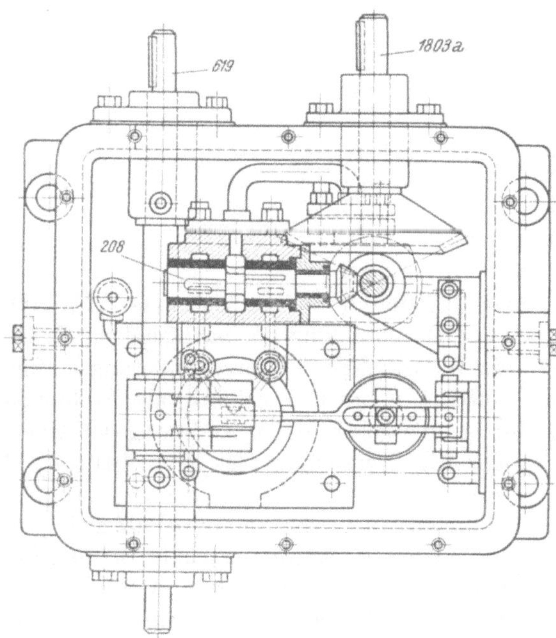

Abb. 394.

Hauptsteuerkreis wird von der mit veränderlicher Neigung der Erzeugenden ausgestatteten Konuswalze *570* abgenommen, welche ebenso wie die Verdrehung des Steuerkeiles *570a* die Einstellung des im zugehörigen Steuerkreis wirksamen Stabilitätswertes ermöglicht.

Zahnradpumpe *219* wird durch Anwendung eines in sich geschlossenen Arbeitsölkreislaufes — Schwenkpumpe *201*, Hauptarbeitswerk *600* — notwendig, um die unvermeidlichen Leckverluste zu decken. Überströmventil *546* dient der Verbindung der beiden Zylinderseiten bei außergewöhnlich hohen Verstellwiderständen. Mittels der Handpumpe *595* kann nach Verstellung des Federservomotors *600a* auf „Auf" die Aufseite des Zylinders *600* unter Druck gesetzt und damit die Anlaßöffnung bei stillstehender Maschine eingestellt werden. Die Steuerfolge ist hierbei durch die entsprechende Abstimmung der Anhubkräfte der Rückschlagventile $260a_1$ bzw. $260a_2$ erreicht.

Die durch die Feder *635a* herbeigeführte Schließtendenz des Hilfskraftgetriebes *600a* sichert den Schnellschluß bei gewollter oder durch Störungen veranlaßter Entlastung des Hilfsölkreises. Die Abb. 397 (a und b) zeigt die konstruktive Durchbildung der Vorsteuerung, Abb. 397 b die Anordnung der Haupt- und Steuerpumpe *201, 145* sowie der zugehörigen Antriebs- und Schwenkmechanismen.

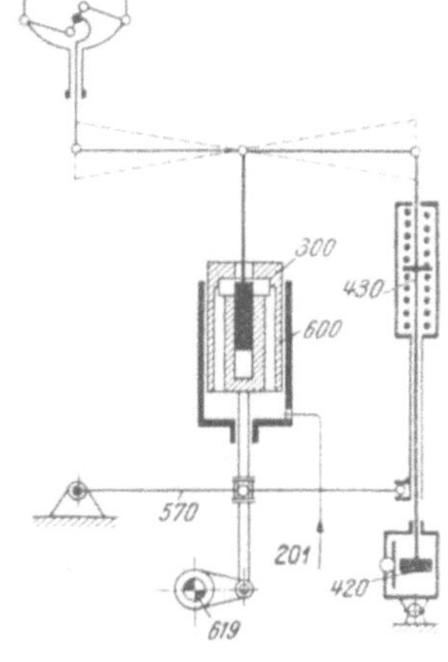

Abb. 395.

c) Schnellschlußeinrichtungen.

Insoweit Federservomotoren mit mechanisch erzieltem Schließbestreben zur Anwendung kommen, bedarf es zur Erzielung des Schnellschlusses nur der Entlastung des Arbeitsölkreises durch die vorgesehenen Überwachungseinrichtungen.

Bisweilen wird dem Arbeitsgetriebe des hydraulischen Reglers ein direkt wirkender mechanischer Sicherheitsregler nachgeschaltet, der bei Überdrehzahl unabhängig von Stellung und Wirksamkeit des eigentlichen Reglers die Einlaßsteuerung auf „Nullfüllung" stellt [19].

d) Sondereinrichtungen

sind etwa für Reversierdampfmaschinen erforderlich, durch welche die Umlegung der Zylinderanschlüsse sowie die Änderung des Sinnes der Rückführwirkung möglich und der Betrieb der

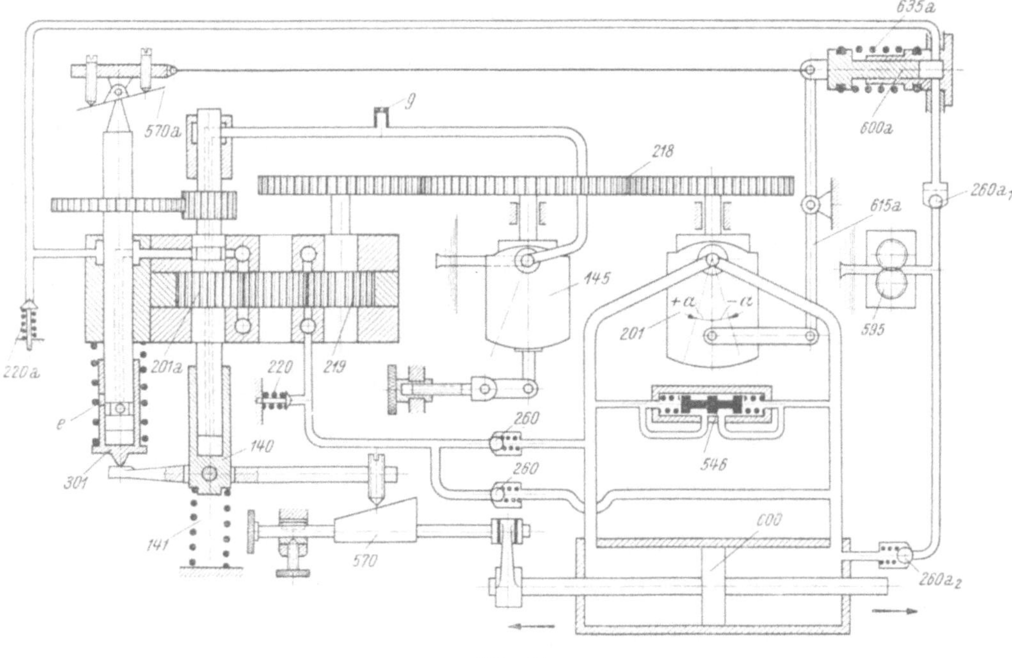

Abb. 396.

Ölpumpen mit wechselnder Drehrichtung zulässig wird. Durch die Kupplung der einzelnen Einrichtungen wird ihre gemeinsame Betätigung ermöglicht.

Regelungseinrichtungen für Dampfkompressoren werden zweckmäßig mit einer Sicherheitsabstellung bei Ausbleiben des Ansaugedruckes ausgerüstet. Um einer zu starken Beschleunigung der Maschine bei Wiedereinsetzen des Druckes zu begegnen, wird durch Einfügung einer Öl-

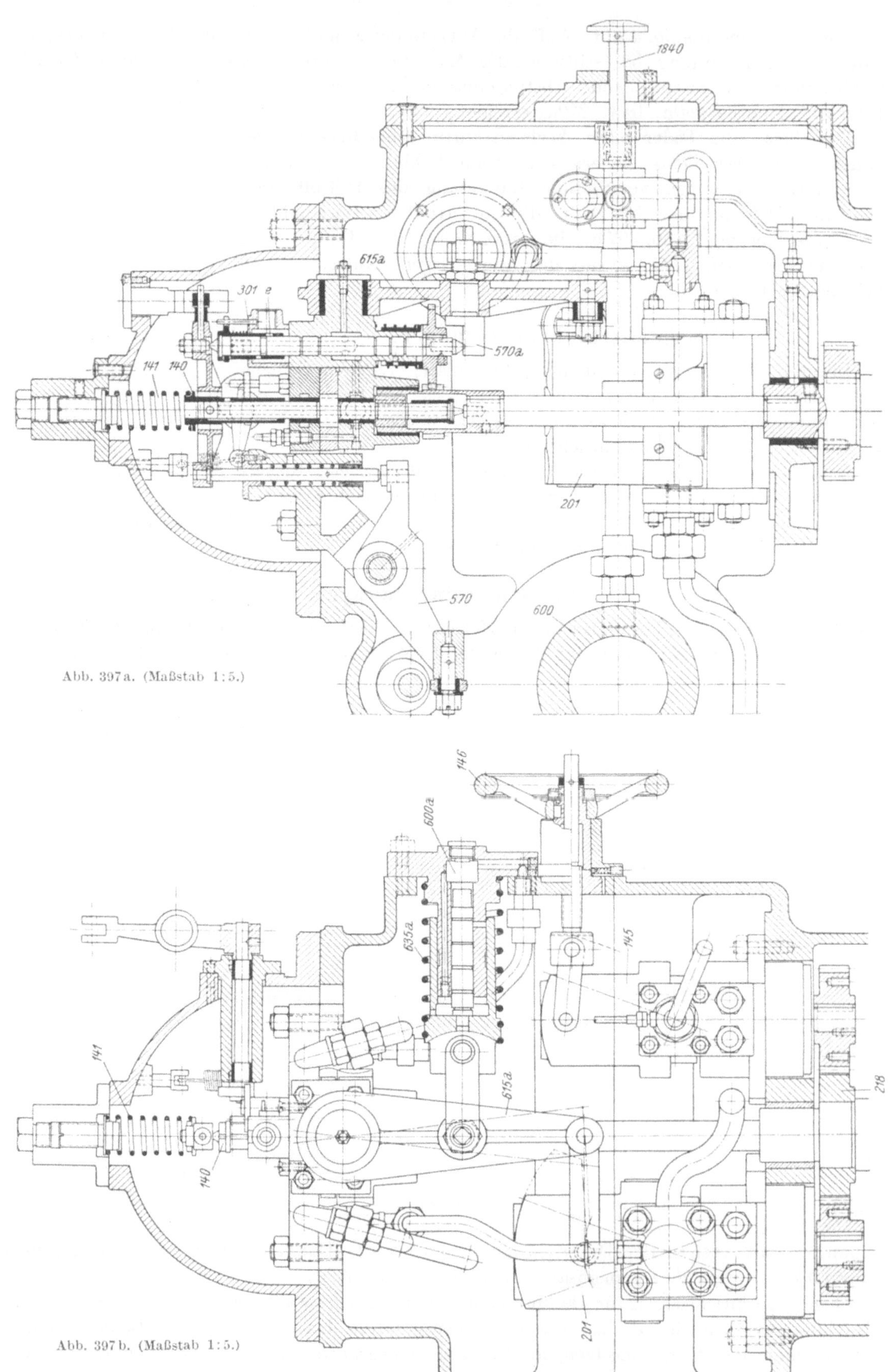

Abb. 397a. (Maßstab 1:5.)

Abb. 397b. (Maßstab 1:5.)

bremse in die Anlaßsteuerung die Füllungsgabe entgegen der auf Vollfüllung strebenden Wirkung des Druckreglers entsprechend verzögert.

e) Öldrucksteuerungen.

Dampfverbrauch und damit Wirtschaftlichkeit der Leistungserzeugung werden bei füllungsgeregelten Dampfmaschinen wesentlich mitbeeinflußt durch die Art der Ventilbewegungen, die möglichst rasch erfolgen sollen, um Drosselungen des in den Arbeitsraum eintretenden Dampfes auf kleine Kurbelwinkel zu beschränken. Dies kann insbesondere bei rasch laufenden Maschinen Beschleunigungswerte verlangen, die der Ausführung bei Gestängeantrieb der Ventile mit Rücksicht auf die ins Spiel tretenden Massen-

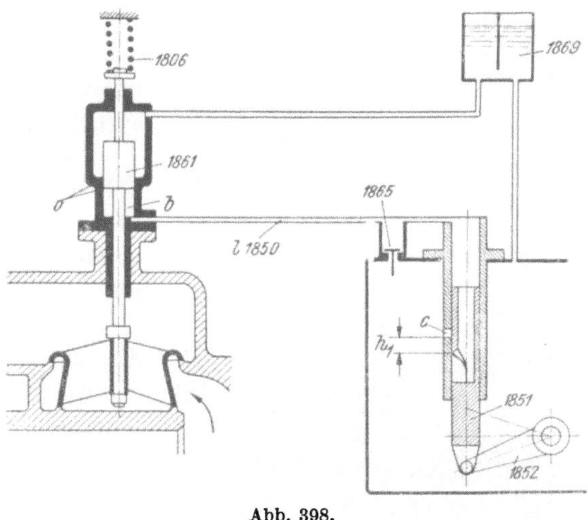

Abb. 398.

kräfte nicht unterlegt werden dürfen. Die Herabsetzung letzterer auf ein praktisch bedeutungsloses Minimum gelingt durch Anwendung der hydraulischen Übertragung der Steuerbewegungen auf die zu steuernden Ventile mittels volumetrisch arbeitender Systeme (Kolben und Gegenkolben), wobei die erwünschte Hubgeschwindigkeit durch entsprechende Abstimmung der wirksamen Kolbenflächen erzielt werden kann.

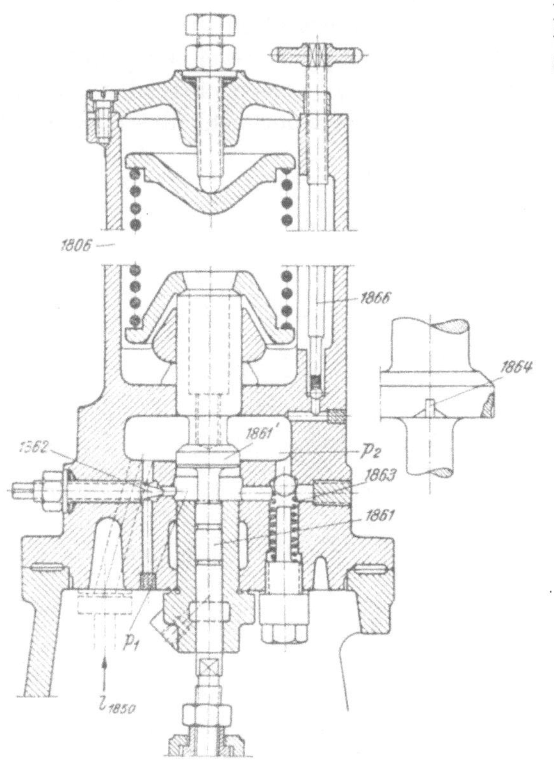

Abb. 399. (Maßstab 1:5.)

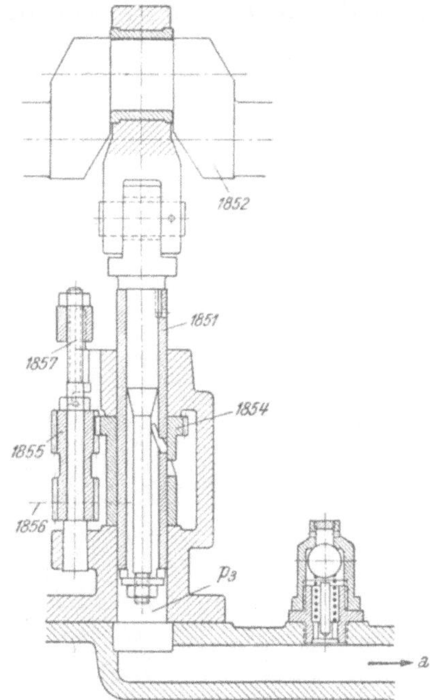

Abb. 400. (Maßstab 1:6,5.)

Bei dem in Abb. 398 dargestellten Übertragungssystem [19] wird bei Aufwärtsgang des sogenannten *aktiven* Kolbens *1851* aus seiner unteren Totlage der *passive* Kolben *1861* durch das in Raum *b* eingeförderte Öl gehoben, wobei die Überströmkante *o* den Hub des letzteren begrenzt. Das Verhältnis der Flächen von Aktiv- und Passivkolben legt hierzu die für den Anhub erforderliche relative Winkeldrehung des mit der Umdrehungszahl schwingenden Hebels *1852* fest. Die Einförderung des Öles mit Überströmung an Kante *o* und damit die Ventileröffnung halten bis zu jenem Augenblick an, in welchem der Ausschnitt im Kolben *1851* die Abströmöffnung c erreicht (aktiver Hub h_1). Die damit eintretende Drucklosschaltung der Leitung l_{1850} und Entlastung des Raumes b führen nunmehr zum Schluß des Ventils unter Wirkung der Feder *1806* mit Rückdrängung des entsprechenden Ölvolumens.

Die Vorkehrung einer schiefen Steuerkante e am Aktivkolben *1851* läßt mit einer relativen Verdrehung desselben gegen die Abströmöffnung c die Dauer der auf den Kurbelwinkel bezogenen Ventileröffnung durch Änderung des Aktivhubes h_1 beeinflussen.

Wichtig erscheint die dauernde Entlüftung des Systems, die durch die Überströmung des Steueröles an Kante o während des Aktivhubes nach dem Hochbehälter *1869* hin erzielt wird. Rückschlagventil *1865* ermöglicht die Auffüllung des Raumes hinter den Kolben *1851* während seines Abwärtshubes nach Abschluß der Entlastungsbohrung c.

Abb. 401.

In der praktischen Ausführung zeigt die Passivsteuerung eine Erweiterung, die ein praktisch stoßloses Aufsetzen des Ventils auf seinen Sitz sicherstellen soll. Hierzu taucht der wirksame Teil *1861'* des Passivkolbens *1861* (Abb. 399) im letzten Teil des Schließhubes in einen gesonderten Raum p_1, der nur über die Drosselstelle *1862* bzw. Rückschlagventil *1863* mit dem unmittelbar belieferten Raum p_2 in Verbindung steht. Im genannten Bereich kann daher die Abströmung des aus Raum p_1 zu verdrängenden Öles nur über die im Kolben *1861'* untergebrachten Nuten *1864*, bzw. zuletzt nur mehr über die einstell-

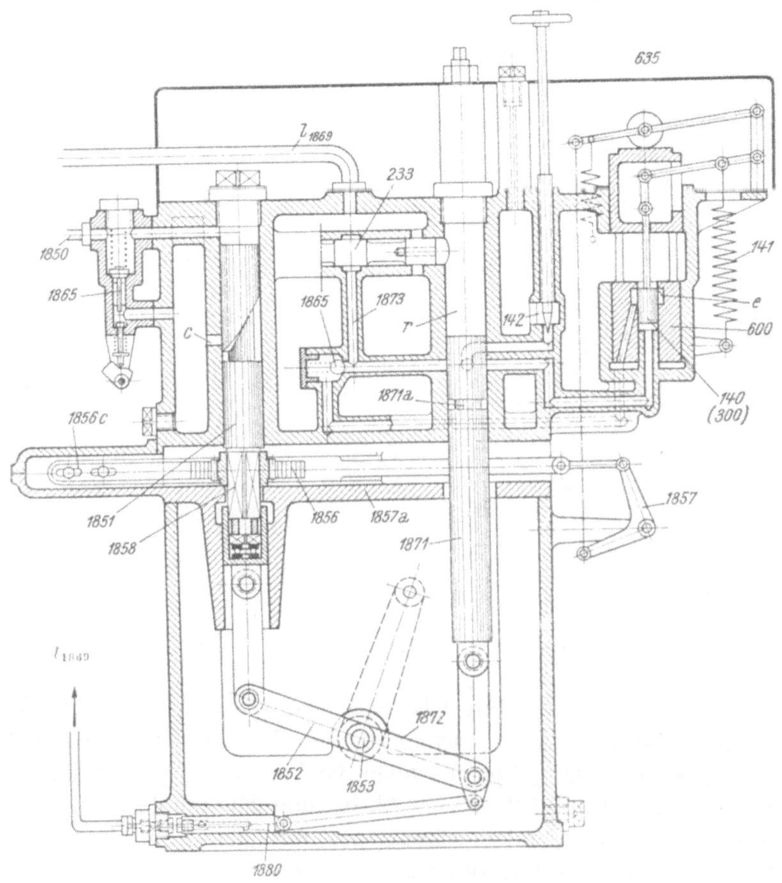

Abb. 402.

bare Drosselung *1862* erfolgen, wodurch die Ventilbewegung entsprechend verzögert wird. Rückschlagventil *1863* gewährleistet die praktisch drosselfreie Einströmung des vom Aktivkolben gelieferten Öles während des Ventilanhubes.

Die konstruktive Durchbildung des primären Teiles der Übertragungseinrichtung zur Steuerung eines Einlaßventils zeigt Abb. 400. Die Dauer der Ventileröffnung (Füllung) wird hier durch Verdrehung der Führungsbüchse *1854* über den Stirnrädertrieb *1855* von der vom Regler bewegten Zahnstange *1856* beeinflußt; die Einstellung der Voreinströmung zum Ausgleich der Füllungen oder zur Einstellung der Kompression kann fallweise durch die axiale Verschiebung der Zahntriebe *1855* über Spindel *1857* vorgenommen werden, welche sich infolge der Schrägverzahnung der Zahnstange *1856* ebenfalls in einer Verdrehung der Steuerbüchse *1854* auswirkt.

Aktives Steuergerät sowie der zugehörige Regelmechanismus werden zu einer konstruktiven Einheit gemäß Abb. 401 zusammengefaßt. Die hin und her gehende Bewegung der Aktivstempel kann entweder über eine Mehrfachkurbelwelle, die von der Steuerwelle aus angetrieben wird, abgeleitet oder in einfacherer Weise unter Verzicht auf letztere durch eine von der Maschinenwelle aus angetriebene Schwinge besorgt werden.

Den inneren Aufbau eines derartigen Steuerapparates mit Schwingantrieb zeigt Abb. 402. Man erkennt den von Welle *1853* über Gestänge *1872* angetriebenen Pumpkolben *1871*, der zur getrennten Förderung von Arbeits- und Steuerflüssigkeit dadurch befähigt wird, daß das aus dem Pumpraum *r* in den Druckkanal *1873* eingeförderte Öl bei Vorbeigleiten der Nut *1871a* in Kolben *1871* nach dem gedrosselten Nebenauslaß *142* (Drehzahlverstellung), bzw. nach dem Meßkolben *140* strömen kann, während des übrigen Teiles des Kolbenhubes hingegen über Rückschlagventil *1865* unter den Arbeitskolben *600* treten muß. Die Bewegungen des unter einseitiger Kraft der Feder *635* stehenden Arbeitskolbens *600*, der in bereits erläuterter Weise · dem Meßkolben *140* folgt, werden über Gestänge *1857* auf die Zahnstange *1856* übertragen, die ihrerseits über die Vierkantführung *1858* den an Schwinge *1852* gekuppelten Aktivkolben *1851* verdreht.

Steuerapparat   Regler

Abb. 403.

Die Einstellung des Voreintrittes erfolgt hier durch relative Verschiebung der Zahnstange *1856* auf ihrer vom Regler bewegten Unterlage *1857a* (Klemmverbindung *1856c*). Hilfspumpe *1880* sorgt während des Betriebes für die Rückförderung von Lecköl in den Hochbehälter *1869* und damit in den Arbeitskreis.

Für die Aktivkolben der *Auslaß*ventile ist nur die Handeinstellung der Schlitzlage relativ zur Abströmbohrung *c* zur Einstellung der Kompression vorgesehen.

Der Schnellschluß wirkt auf die Einlaßventilbetätigung als letztes Glied der Steuerung durch Entlastung der Druckleitung l_{1850}, wozu Rückschlagventil *1865* mit einer einem Sicherheitsregler oder anderen Überwachungseinrichtung zu unterstellenden Anhubvorrichtung *1866* versehen ist.

Das vorangehend besprochene Steuergerät stellt die Vereinigung der Teile der aktiven Steuerung mit jenen eines normalen Reglers dar. Es liegt, wie bereits wiederholt ausgeführt, im Sinne einer rationellen Herstellung, den Primärteil des hydraulischen Übertragungsmechanismus als zusätzliche Einrichtung zum normalen Regler auszuführen. Abb. 403 zeigt eine derartige Auslegung, bei welcher sinngemäß der Ausstattung des Steuerapparates mit Schwingantrieb der Regler in Abwandlung der Auslegung nach Abb. 394 ebenfalls mit diesem versehen ist.

Zweiter Teil.

Die Theorie der selbsttätigen Wasserturbinenregelung.

A. Druckschwankungen in geschlossenen Wasserführungen.

a) Allgemeines.

Durch Betätigung von Regulier- oder Absperreinrichtungen im Zuge von Rohrleitungen wird der Fließzustand der geschlossen geführten Wassersäule verändert. Damit entstehen in der Leitung Druckschwankungen, die sich hinsichtlich Höchstwert und Verlauf nach der Konstruktion der Leitung, dem Strömungszustand zu Beginn der Störung sowie nach dem Ablauf letzterer richten. Die Kenntnis des allgemeinen Zusammenhanges zwischen Druckänderung und verursachender Störung bietet die Möglichkeit, den Regulier- bzw. Absperrorganen derartige Bewegungsgesetze vorzuschreiben, daß der mit Rücksicht auf eine wirtschaftliche Auslegung von Turbine und Rohrleitung gewählte Höchstdruck bei allen betriebsmäßig möglichen Ereignissen auch tatsächlich nicht überschritten wird.

Zu den Vorgängen, die sich aus der Eigenart des Verbrauchers herleiten können, treten im Falle der überwiegend anzutreffenden elektrischen Übertragung und Verteilung der Energie in Form des Netz- und Gemeinschaftsbetriebes Störungsmöglichkeiten allgemeinerer Geltung. Hierzu gehört in erster Linie die Auswirkung von Kurzschlüssen, welche zu einer Aneinanderreihung eines Öffnungs- und Schließvorganges führen können, falls durch den Leistungsbedarf der Kurzschlußschleife eine erhöhte Belastung des Maschinensatzes vor Ablauf der Kurzschlußauslösung und Abtrennung des Maschinensatzes vom Netz erzwungen wird. Zwischen den im Parallelbetrieb verbleibenden Maschinensätzen können sich nach Abschalten des Kurzschlusses gelegentlich der allmählichen Wiedersynchronisierung zwischen den einzelnen Kraftwerken Schwebungsvorgänge einstellen, welche ebenfalls zu Leistungsänderungen und den damit verbundenen wiederholten Öffnungsänderungen der selbsttätigen Regelungseinrichtungen führen können.

Von den an die besondere Art des Verbrauchers gebundenen Störungsmöglichkeiten erscheinen periodische Lastwechsel bemerkenswert, wie sie z. B. im Bahnbetrieb möglich sind, da auch diese zu einer Aufschaukelung der Druckschwankungen führen können, falls ihre Frequenz zeitweilig mit der Reflexionsfrequenz der Leitung übereinstimmt. Damit dürfte zur Genüge dargetan sein, daß jene Reguliervorgänge, die aus der einfachen Zu- oder Abschaltung der Last hervorgehen, nur im Falle eines ruhigen Einzelbetriebes mit direkter mechanischer Kraftübertragung die Grundlage für die Bemessung der Regelgeschwindigkeiten von Rohrleitungsturbinen abgeben können.

Annahme und Einschätzung der Wahrscheinlichkeit betriebsmäßig zu erwartender Ereignisse werden sich auf die Erfahrungen an ähnlichen Anlagen zu stützen haben. Auf die konstruktiven Maßnahmen, die zur Verwirklichung bestimmter Bewegungsgesetze der Regeleinrichtungen getroffen werden, ist in den vorangehenden Abschnitten wiederholt hingewiesen worden.

Zeichenerklärung.

a) Beifügungen (Indizes).

Folge: Ort—Zeit—System.

Bedeutung:

t	laufender Zeitwert;
i	i^{te} Phase;
x	laufender Ort (vom unteren Rohrende gemessen);
A	unteres Rohrende;
E	oberes Rohrende (bzw. Verzweigungspunkt bei Rohrsystemen, Wasserschloßbasis);
B	äußeres Stollenende (äußeres Rohrende bei zusammengesetzten Leitungen);
D	freier Wasserschloßspiegel;
$0, 1, 2 \ldots$	bestimmte Werte der Variablen (ort- oder zeitgebunden);
$I, II \ldots$	Systeme.

b) Bezeichnungen.

(„ ‾ “ kennzeichnet Beharrungs- bzw. Konstantwerte.)

$\overline{H}_0, \overline{H}_s, \overline{H}_d, \overline{H}_A, \overline{H}_E$ (m) Statische Gefälle (Gesamt-, Saug-, Druckgefälle);

$\overline{h}$ bezogenes statisches Gefälle;

$\overline{H}_w$ (m)   Verlust- (Widerstands-) Höhe;

$R = \overline{H}_w/C^2$ Rohrreibungskoeffizient;

$\overline{H}_x$ (m)   statisches Gefälle an der Rohrstelle x;

H_{xt} (m)   wirksames Gefälle am Ort x zur Zeit t;

$H_{xt} - \overline{H}_x = h_{xt}$ (m)   Unterschied gegenüber dem statischen Gefälle;

$\zeta_{xt} = h_{xt}/\overline{H}_0$ bezogener Gefällsunterschied;

f_a, f, F (m²)   Ausfluß-, Rohr-, Wasserschloß-Querschnitt;

L (m)   Rohrlänge;

$\overline{C}_0$ (msek^{-1})   größte Wassergeschwindigkeit in der Rohrleitung;

C_{xt} (msek^{-1})   laufender Geschwindigkeitswert in der Rohrleitung ($V_{xt}\ldots$ im Auslaufquerschnitt);

$c_{xt} = C_{xt}/\overline{C}_0$ bezogene laufende Geschwindigkeit;

$\overline{Q}_0$ (m³sek^{-1})   größte Wassermenge;

Q_{xt} (m³sek^{-1})   laufende Wassermenge;

$q_{xt} = Q_{xt}/\overline{Q}_0, \bar{q}$ bezogene laufende Wassermenge, bezogene Beharrungswassermenge ($\zeta = 0$);

q_ψ bezogene Wassermenge bei bezogener Öffnung;

ψ_a, ψ Ausflußöffnung — bezogen auf Rohrquerschnitt, bzw. auf größte Ausflußöffnung;

J (kgsek)   Impulsinhalt;

i (kgsek)   Impulsstrom;

P_a (kg)   äußere Kraft;

γ (kgm^{-3})   spezifisches Gewicht;

g (msek^{-2})   Erdbeschleunigung;

$m = \dfrac{10}{3}$ Querkontraktionskoeffizient;

E Elastizitätsmodul;

$E_s = 2.10^{10}$ Elastizitätsmodul für Stahl;

$E_w = 2{,}07.10^8$ Elastizitätsmodul für Wasser;

T_S (sek)   Schlußzeit für den vollen Hub des Regelorgans;

$T_r = \dfrac{L\,\overline{C}_0}{g\,\overline{H}_0}$ (sek)   Anlaufzeit der Rohrleitung;

$T_L = \dfrac{L}{a}$ (sek)   Laufzeit der Rohrleitung;

$2\,T_L = \dfrac{2\,L}{a}$ (sek)   Reflexionszeit;

a (msek^{-1})   Laufgeschwindigkeit;

$\tau_n = \dfrac{L_n}{a_n}$ (sek)   Teillaufzeiten;

t_n (sek)   Reflexionszeit (Zeit, die die primäre Störung oder ihre Abwandlungen benötigen, um an die Ausgangsstelle zurückzukehren);

$\varrho = \dfrac{a \cdot \overline{C}_0}{g\,\overline{H}_0}$ Rohrcharakteristik;

r Reflexionsfaktor;

s Durchgangsfaktor.

b) Die Ermittlung der Druckschwankungen unter Berücksichtigung der Elastizität von Wasser und Rohrwandung.

1. Verfahren.

Die zur Bestimmung der Druckschwankungen bekanntgewordenen Verfahren stützen sich fast zur Gänze auf die von ALLIÈVI aufgestellte Theorie des Druckstoßes; hinsichtlich letzterer sowie der Entwicklung der daraus abgeleiteten Ergebnisse und Verfahren muß auf das umfangreiche Schrifttum verwiesen werden.[1] Hingegen seien die im einzelnen unterlegten Voraussetzungen zur Kennzeichnung des zulässigen Anwendungsgebietes besonders hervorgehoben.

Die ALLIÈVIsche Gleichung

$$C_{xt} = -\frac{g}{a}\left[\Phi\left(t-\frac{x}{a}\right) - \Phi_1\left(t+\frac{x}{a}\right)\right] + C_{0t}, \tag{1}$$

$$h_{xt} = \quad\quad \Phi\left(t-\frac{x}{a}\right) + \Phi_1\left(t+\frac{x}{a}\right)$$

beschreibt nun Zustände, die mit der Geschwindigkeit a entgegengesetzt der Strömung, bzw. in ihrem Sinne fortschreiten und zu deren eindeutigen Festlegung die Bestimmung der Integrationskonstanten, als welche die beiden beliebigen Funktionen Φ und Φ_1 anzusehen sind, auf Grund der Randbedingungen — den gleichzeitig möglichen Zuständen von Druck und Geschwindigkeit an den Funktionsgrenzen — erforderlich ist. Physikalisch gedeutet geht der die Störung einleitende Impuls mit der Geschwindigkeit a dem anderen Ende der Leitung zu, um in der Folge, an den Leitungsenden jeweils nach den dort geltenden Grenzbedingungen modifiziert, in der Leitung hin und her zu wandern. Die Strömungsentwicklung kann daher nur in Abschnitten, die der Laufzeit des Störungsimpulses von einer Grenze zur anderen entsprechen, stetig erfolgen, wobei in diesen Zeiträumen dem Strömungszustand eine an sich willkürliche Grenzbedingung aufgeprägt wird; letztere läßt sich analytisch durch das Gleichungspaar

$$H_{0t} = \Psi_0\,(C_0, t) \tag{2}$$

$$H_{Lt} = \Psi_L\,(C_L, t)$$

darstellen. Statische Drücke überlagern sich (92) den korrespondierend in der horizontalen Leitung gleicher Länge auftretenden Druckänderungen, welch letztere aus den Zustandsgleichungen

$$h_{xt} = \Phi\left(t-\frac{x}{a}\right) + \Phi_1\left(t+\frac{x}{a}\right) \tag{3}$$

$$C_{xt} = -\frac{g}{a}\left[\Phi\left(t-\frac{x}{a}\right) - \Phi_1\left(t+\frac{x}{a}\right)\right] + \overline{C}_0$$

folgen und können damit in der Folge unberücksichtigt bleiben.

Wertvolle Beziehungen zwischen den aufeinanderfolgenden Teillösungen gehen aus der Anwendung des Gleichungspaares (3) auf die Ränder des Funktionsbereiches hervor. Für den Zustand am unteren Rohrende zur Zeit $t = t_0$ gilt

$$h_{0t_0} = \frac{a}{g}\,(C_{0t_0} - \overline{C}_0) + 2\,\Phi\,(t_0), \tag{3a}$$

für den Zustand am Ende der Leitung $x = L$ zur Zeit t_1

$$h_{Lt_1} = \frac{a}{g}\,(C_{Lt_1} - \overline{C}_0) + 2\,\Phi\left(t_1 - \frac{L}{a}\right). \tag{3b}$$

Wird nun $t_1 = t_0 + L/a$ gewählt, also die Betrachtung des Zustandes an der Stelle $x = L$ nach Ablauf jener Zeitspanne vorgenommen, die der Laufdauer eines Störungsimpulses von der Stelle $x = 0$ nach $x = L$ entspricht, ergibt sich als Folge der Übereinstimmung der Werte der Funktion Φ

$$h_L \quad - h_{0t_0} = +\frac{a}{g}\,(C_{Lt_1} - C_{0t_0}). \tag{4a}$$

---

[1] S. Literaturverzeichnis.

Sinngemäß läßt sich die Bindung der Zustandswerte am unteren Ende der Leitung an jene um die Laufzeit zurückliegenden am oberen Rohrende gemäß

$$h_{0\,t_2} - h_{L\,t_1} = -\frac{a}{g}\,(C_{0\,t_2} - C_{L\,t_1}), \quad t_2 = t_1 + \frac{L}{a} \tag{4 b}$$

herleiten.

Gleichzeitige Werte der Zustandsgrößen haben die an den Grenzen des Funktionsbereiches geltenden Randbedingungen zu erfüllen.

Durch Unterlegung mehr oder weniger praktisch zutreffender Voraussetzungen für letztere kann die Durchführung des analytischen Verfahrens wesentlich vereinfacht werden. Hierzu gehört in erster Linie die Annahme, daß die Leitung von einem als unendlich groß vorausgesetzten Einlaufbecken ausgeht, also eine vollständige Reflexion der am oberen Ende ankommenden Druckwellen eintritt, in welchem Falle

$$h_{Lt} = 0 \ (\text{unabhängig von } t)$$

vorausgesetzt werden kann. Dies bedingt nach Gleichung (3)

$$\Phi\left(t_1 - \frac{L}{a}\right) = -\,\Phi_1\left(t_1 + \frac{L}{a}\right),$$

bzw. mit $t_1 + L/a = t_2$

$$\Phi_1(t_2) = -\,\Phi\left(t_2 - \frac{2\,L}{a}\right).$$

Der Zustand am unteren Ende der Rohrleitung wird dann durch die Gleichung

$$h_{0t} = -\frac{a}{g}\,(C_{0t} - \overline{C}_0) - 2\,\Phi\left(t - \frac{2\,L}{a}\right) \tag{5}$$

beschrieben, welche zusammen mit der unteren Randbedingung Gleichung (2) den augenblicklichen Strömungszustand am unteren Rohrende aus dem um die Zeit $2\,L/a$ zurückliegenden Strömungszustand an eben derselben Stelle bestimmen läßt.

Bei der praktischen Anwendung ist zunächst der Verlauf der Zustandsgrößen am unteren Rohrende während der Zeit $0 < t < \dfrac{2\,L}{a}$ festzustellen, wofür entsprechend $\Phi_1 = 0$

$$h_{0t} = \Phi(t) = -\frac{a}{g}\,(C_{0t} - \overline{C}_0)$$

gilt, während in den folgenden, durch $\dfrac{2\,L}{a} < t < \dfrac{4\,L}{a}$, $\dfrac{4\,L}{a} < t < \dfrac{6\,L}{a}$ usw. definierten Zeitabschnitten in der nunmehr maßgebenden Gleichung (5) für die Strömungsentwicklung der Wert der Funktion $\Phi\left(t - \dfrac{2\,L}{a}\right)$ aus den in den vorhergehenden Phasen berechneten Werten der Funktion Φ einzuführen ist. Diese Gleichung ist zur eindeutigen Bestimmung der Zustandsgrößen zur Zeit t am unteren Rohrende mit der dort gleichzeitig bestehenden Randbedingung zu kombinieren und so auf dem Wege der Staffelrechnung der Verlauf der Druckänderung am unteren Rohrende unter Berücksichtigung der vorgegebenen Abhängigkeit der Zustandsgrößen zu ermitteln.

Dieser Rechnungsvorgang findet seinen analytischen Ausdruck in der Rekursionsformel

$$h_i = \Phi_i + \Phi_{1\,i} = -\frac{a}{g}\cdot(C_i - \overline{C}_0) - 2\sum_1^{i-1} h_i. \tag{6}$$

Bezieht man zweckmäßig h_i auf das Normalgefälle $\overline{H}_0$ und bezeichnet den bezogenen Wert mit ζ_i, kann Gleichung (6) mit Unterlegung der den freien Ausfluß charakterisierenden Randbedingung

$$C_i \cdot f = V_i\,f_{a(i)} = V_i \cdot \psi_a\,f \ ^1$$

$$V_i = \sqrt{2\,g\,(\overline{H}_0 + h_i)}$$

---

[1] ψ_a berücksichtigt sowohl das Flächenverhältnis $f_{a(i)}/f$ sowie auch die Änderung des Kontraktionskoeffizienten. (V_i = Ausflußgeschwindigkeit; $\overline{C}_0 = \overline{\psi}_0 \cdot \overline{V}_0 = \overline{\psi}_0 \cdot \sqrt{2\,g\,\overline{H}_0}$, $\overline{\psi}_0 = f_{a\,\max}/f$.)

auf die analytisch und graphisch leicht auszuwertende Form

$$\zeta_i = \varrho \left(1 - \psi_i \sqrt{1 + \zeta_i}\right) - 2\sum_1^{i-1} \zeta_i \qquad \left(\psi_i = \frac{f_{a(i)}}{f_{a\,max}}\right) \tag{7}$$

gebracht werden. Auf zwei um $2\,T_L = 2\,L/a$ auseinanderliegende Zustände angewendet, folgt die Rekursionsformel

$$\varrho \cdot \psi_i \sqrt{1 + \zeta_i} + \zeta_i = \varrho \cdot \psi_{i-1} \cdot \sqrt{1 + \zeta_{i-1}} - \zeta_{i-1}; \tag{7a}$$

eine Gleichung, welche aus dem bekannten Zustand am Ende der $(i-1)^{\text{ten}}$ Phase und dem am Ende der i^{ten} Phase bestehenden Öffnungswert ψ_i den zugehörigen Wert des Druckes ζ_i errechnen läßt; damit kann der Druckverlauf als Funktion der jeweiligen Öffnung, implizit als Funktion der Zeit, dargestellt werden.

Unter der weiter einschränkenden Voraussetzung, daß die Ausflußöffnung zeitlich *linear* verändert wird, können ohne Durchführung der vorbezeichneten Rechnung Aussagen über den Druckverlauf am unteren Rohrende gemacht werden. Für die Dauer der mit konstanter Geschwindigkeit erfolgenden Verringerung des Ausflußquerschnittes, der voraussetzungsgemäß auch eine lineare Änderung der auf das Normalgefälle bezogenen Ausflußmenge entsprechen soll, strebt der Druck am unteren Rohrende einem Grenzwert zu, der in Übereinstimmung mit dem im unelastischen System auftretenden Höchstdruck ζ_m bei gleichem Verlauf der Öffnungsänderung steht.[1]

Hier weggelassene Überlegungen zeigen, daß eine immer gleichsinnige Annäherung des Druckes an den genannten Grenzwert — wonach dieser auch für das elastische System als Höchstwert anzusehen wäre — nur für $\varrho\psi_0 > 3$ zu erwarten ist, während bei $\varrho\psi_0 < 2$ ein absolutes Druckmaximum am Ende der ersten Phase eintritt. Für Werte von $\varrho\psi_0$ zwischen den Grenzen 2 bis 3 kann $\zeta_1 \lessgtr \zeta_m$ sein.

Für lineare *Eröffnung* ist in den Bereichen

$$0 < \varrho\psi_0 < 1 \qquad \zeta_1 > \zeta_m$$
$$2 < \varrho\psi_0 < \infty \qquad \zeta_1 < \zeta_m$$

zugeordnet.

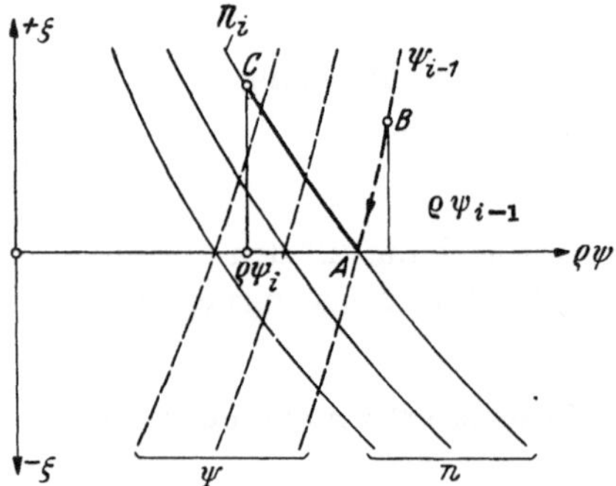

Abb. 404.

Auf Grund der angeführten Zusammenhänge kann der Druckverlauf am unteren Rohrende bei zeitlich linearer Änderung der Ausflußöffnung vorweg beurteilt werden. Andernfalls wird zur Bestimmung des Druckverlaufes die im vorhergehenden angedeutete Schrittrechnung erfolgen müssen, die mit Vorteil durch nomographische Verfahren ersetzt wird. Hierzu hat Kreitner (90) der Gleichung (7a) eine rein mathematische Deutung gegeben, indem er jede ihrer Seiten als eigene Funktion auffaßt und diese in einem $\zeta,\varrho\psi$-Koordinatensystem zur Abbildung bringt.

$$\Pi_i = \varrho\,\psi_i \sqrt{1 + \zeta_i} + \zeta_i,$$
$$\Psi_i = \varrho\,\psi_i \sqrt{1 + \zeta_i} - \zeta_i.$$

Zwei zeitlich um die Reflexionszeit auseinanderliegende Zustände mit den Öffnungswerten ψ_{i-1} bzw. ψ_i werden daher durch die Bedingung

$$\Pi_i = \Psi_{i-1}$$

miteinander verknüpft; gemäß dieser Gleichung müssen sich zusammengehörige Π- und Ψ-Kurven auf der $\zeta = 0$-Achse schneiden (Abb. 404).

Aus dem für den Öffnungswert ψ_{i-1} bekannten Druckzustand ζ_{i-1} (B) wird durch Verfolgung der durch diesen gehenden Ψ-Kurve bis zur Abszissenachse und der dort kreuzenden Π-Kurve bis zur Abszisse $\varrho\psi_i$ der Druckzustand am unteren Rohrende zu der um $\dfrac{2\,L}{a}$ später liegenden Zeit erhalten (C).

Für den Verlauf in der ersten Phase $0 < t < \dfrac{2\,L}{a}$, für welche die Druckänderung ihren Ausgang von dem zu Beginn des Störungsvorganges geltenden Öffnungswert nimmt, ist die durch

---

[1] $\zeta_m = \dfrac{\tau_r}{2} \cdot [\tau_r \pm \sqrt{\tau_r{}^2 + 4}]$ mit $\tau_r = \dfrac{T_r}{T_s}$. (91)

diesen Punkt gehende Π-Kurve bis zu den im Zeitpunkte $\dfrac{2L}{a}$ erreichten Öffnungswert maßgebend (Linienzug A—C, $\zeta_{i-1} = 0$).

Durch entsprechende Festlegung der im Zeitabstande $\dfrac{2L}{a}$ eintretenden Öffnungswerte $\varrho\psi$ kann ohne weiteres ein bestimmtes, an sich willkürliches Gesetz der Änderung des Ausflußquerschnittes der Untersuchung des Verlaufes der Druckschwankungen unterlegt werden. Die das Schließgesetz primär festlegende Bestimmungsgröße, die Zeit, geht hierbei, implizite ausgedrückt durch die entsprechenden Öffnungswerte, in den Gang der Berechnung ein.

Gleichung (7a) gestattet jedoch in der Umformung

$$\psi_i \sqrt{1 + \zeta_i} - \psi_{i-1}\sqrt{1 + \zeta_{i-1}} = -\left(\frac{\zeta_i}{\varrho} + \frac{\zeta_{i-1}}{\varrho}\right) \quad \text{(7b)}$$

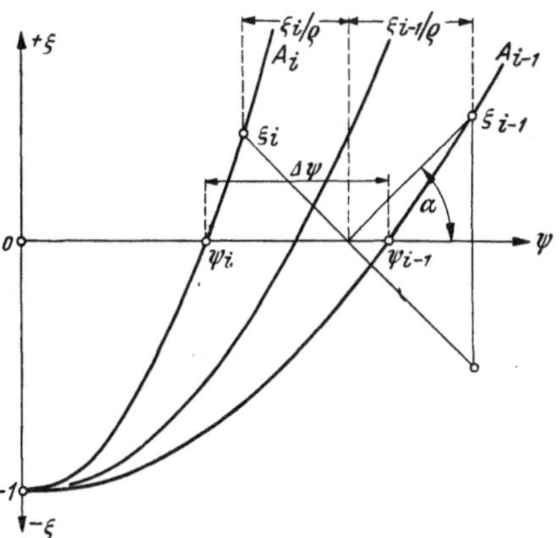

Abb. 405.

eine andere Interpretation, die eindringlicher den physikalischen Sinn des Problems hervortreten läßt (83, 92). Die Glieder $\psi\sqrt{1+\zeta}$ können nach Gleichung (7) als die bezogenen Geschwindigkeiten $\dfrac{C_i}{C_0} = c_i$ gedeutet und durch Kurvenscharen im $\psi,(c)-\zeta$-Diagramm abgebildet werden; damit erscheint das Ausflußgesetz, also die untere Randbedingung, nomographisch erfaßt. Die obere Randbedingung $\zeta_{Lt} = 0$ wird sinngemäß durch die Abszissenachse dargestellt. Dem Aufbau der Gleichung (7b) entsprechend, wird aus dem bekannten, auf der Kurve der $i-1^{\text{ten}}$ Randbedingung liegenden Druckzustand ζ_{i-1} durch den unter dem Winkel $\alpha = \text{arc tg}\,\varrho$ einfallenden und an der Abszissenachse (obere Grenzbedingung) reflektierten Strahl im Schnitt mit der Kurve der i^{ten} unteren Grenzbedingung der am Ende der i^{ten} Phase herrschende Druck gefunden. Die Richtigkeit der Zuordnung kann leicht an Hand der Gleichung (7b) aus den Darstellungen der Abb. 405 überprüft werden.

Das Gesetz der zeitlichen Veränderung des Auslaufquerschnittes findet hier seinen Ausdruck durch die Hervorhebung jener Randbedingungen, die den im zeitlichen Abstand $\dfrac{2L}{a}$ einander folgenden Öffnungswerten entsprechen.

Während die bisher angegebenen graphischen Verfahren durch besondere Grenzbedingungen (d. s. unendlich großes Einlaufbecken, freier Auslauf) eingeschränkt sind, gelingt nach SCHNYDER (94) die Ermittlung der Druckschwankungen unter beliebigen allgemeinen Randbedingungen durch graphische Darstellungen dieser in einem h-C-Koordinatensystem und Übertragung der Aussage der Zustandsgleichung (4a, b) in diese Darstellung (Abb. 406). Die Randbedingungen Gl. (2) lassen sich immer als Kurvenscharen (A, E) mit der Zeit als Parameter abbilden. Gleichung (4a) kann, wenn h_{Lt} und C_{Lt} sinngemäß als laufende Koordinaten aufgefaßt werden, als Gerade mit der Neigung $+a/g$ durch den Punkt h_t, C_t gehend, dargestellt werden. Der Schnittpunkt dieser Geraden (g) mit der zur Zeit $t_1 = t_0 + L/a$ geltenden oberen Grenzbedingung E_{Lt} legt daher den Zustand am *oberen* Rohrende zur Zeit t_1 eindeutig fest. In übereinstimmender Auslegung der Glei

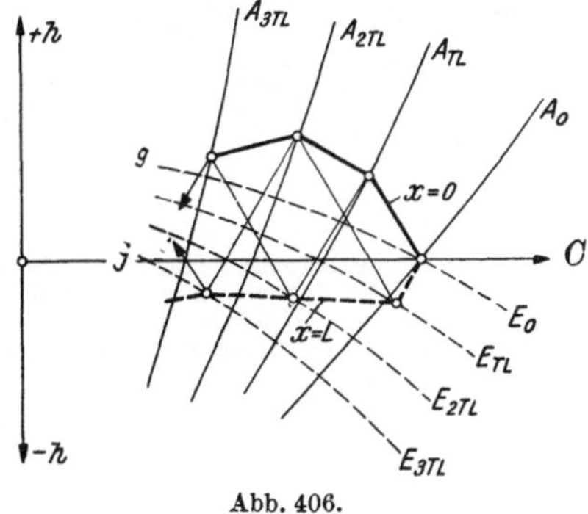

Abb. 406.

chung (4b) ergibt sich aus dem bekannten Zustand am oberen Rohrende der Zustand am *unteren* Leitungsende zu einer um L/a fortgeschrittenen Zeit aus den Koordinaten des Schnittpunktes der daselbst augenblicklich geltenden Randbedingung mit der unter der Neigung $-a/g$ durch den Abbildungspunkt des Ausgangszustandes am oberen Rohrende gelegten Geraden (j).

Ungünstige Voraussetzungen für die Leitungstrasse, insbesondere die Notwendigkeit einer längeren flachen Führung der Rohrleitung im oberen Teile, lassen es wünschenswert erscheinen, den Druckverlauf in diesem Teile der Leitung zu erfassen, nachdem unter den genannten Voraussetzungen die bei einer Durchflußänderung entstehenden Über- bzw. Unterdrücke ein Mehrfaches des dort herrschenden statischen Gefälles erreichen können. Derartige Verhältnisse sind grundsätzlich in Abb. 407 dargestellt, in welcher über der gestreckten Rohrleitungslänge der

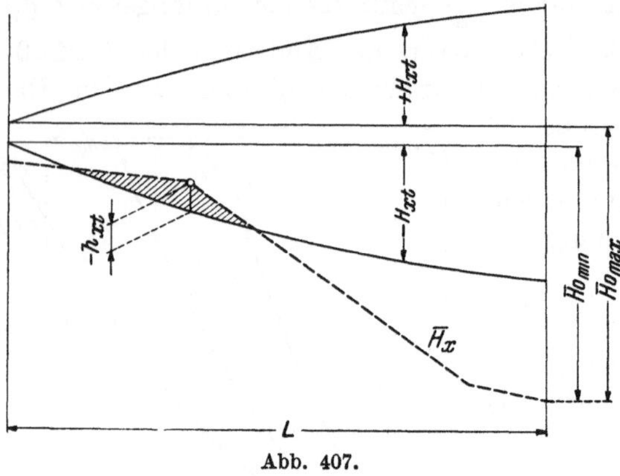

Abb. 407.

Verlauf der statischen und maximalen dynamischen Drücke bei einer Vergrößerung des Leitungsdurchflusses aufgetragen ist, wobei daran erinnert sei, daß die dynamischen Druckänderungen in einer unter Gefälle verlegten Leitung unter sonst gleichen Bedingungen mit jenen übereinstimmen, die an der korrespondierenden, d. i. gleichweit vom Rohrauslauf entfernten Stelle in der horizontalen Leitung gleicher Länge auftreten. Wie daraus hervorgeht, können insbesondere an den Knickstellen der Leitung im Gefolge von Durchflußsteigerungen Unterdrücke auftreten, die infolge des geringen statischen Überdruckes zum Abreißen der Wassersäule und damit zu schweren Beanspruchungen der Rohrleitung führen können. Ähnliche Verhältnisse können sich auch ergeben, falls im Zuge der Rohrleitung selbsttätige Absperrorgane (Rohrbruchklappen) angeordnet sind.

Die sinngemäße Anwendung der Gleichung (4) führt zu einfachen Beziehungen zur Bestimmung des Strömungszustandes an *beliebiger* Stelle der Rohrleitung. Die beiden Gleichungen

$$\zeta_{xt} - \zeta_0\left(t - \frac{x}{a}\right) = \varrho\left[c_{xt} - c_0\left(t - \frac{x}{a}\right)\right] \tag{8 a}$$

$$\zeta_{xt} - \zeta_L\left(t - \frac{L-x}{a}\right) = -\varrho\left[c_{xt} - c_L\left(t - \frac{L-x}{a}\right)\right] \tag{8 b}$$

erlauben in einfacher Weise die Bestimmung des im Zeitpunkte t an der Stelle x herrschenden Strömungszustandes aus bekannten Zuständen an den beiden Rohrenden, die um die Laufzeit von diesen zur betrachteten Stelle früher liegen, indem durch die diese Zustände abbildenden Punkte $\zeta_0\left(t - \frac{x}{a}\right) \big/ c_0\left(t - \frac{x}{a}\right)$, $\zeta_L\left(t - \frac{L-x}{a}\right) \big/ c_L\left(t - \frac{L-x}{a}\right)$ der graphischen Darstellung mit der Neigung $+\varrho$, bzw. $-\varrho$ die entsprechenden Zuordnungsgeraden gezogen und zum Schnitt gebracht werden (Abb. 408).

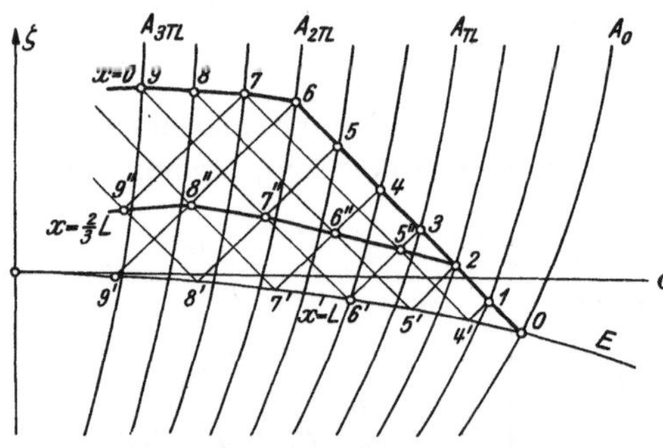

Abb. 408. Ermittlung des Zustandes im Punkt $x = 2\,L/3$ bei einem Schließvorgang mit Berücksichtigung der Einlaufverluste.

Laufzeit der Leitung $T_L = 3$ Zeiteinheiten,
Teillaufzeit $A \to x$ $\tau_A = 2$ „
   „ $L \to x$ $\tau_E = 1$ Zeiteinheit
z. B.: $4_A \to 6_x''$, $5'_E \to 6_x''$.

2. Innere Randbedingungen.

Während bei glattem Verlauf der Rohrleitung an der Stelle x ein und derselbe Zustand der Strömung zur Zeit t aus der oberen und unteren Randbedingung her abgeleitet eintreten muß, sind im Falle eines Einbaues mit gefällsverbrauchender Wirkung (Absperrorgan oder Turbine) die Druckhöhen vor und hinter dieser Stelle des Energieentzuges durch die gleichzeitigen Werte des augenblicklichen Gefällsunterschiedes verknüpft. Letzterer kann allgemein als Funktion der an der betrachteten Stelle herrschenden Geschwindigkeit (Durchflußwassermenge), bzw. der Zeit in der Form

$$h_{Ct} = f_1(C, t)$$

ausgedrückt und ebenfalls im h—C-Diagramm durch eine Kurvenschar mit der Zeit als Parameter dargestellt werden. Der darnach zu bestimmende Gefällsunterschied

$$h_{xt}^E - h_{xt}^A = h_{Ct}$$

tritt zu dem für die Zustände vor, bzw. nach dem Energieentzug geltenden Gleichungen

$$h_{xt}^A - h_{0(t-\tau_A)} = \frac{a}{g}\left[C_{xt}^A - C_{0(t-\tau_A)}\right]$$

$$h_{xt}^E - h_{L(t-\tau_E)} = -\frac{a}{g}\left[C_{xt}^E - C_{L(t-\tau_E)}\right] \quad \text{mit } \tau_A = \frac{x}{a},\; \tau_E = \frac{L-x}{a}$$

zur eindeutigen Festlegung des Strömungszustandes.

Die Aussage der Gleichung (8) wird in die graphische Lösung nach SCHNYDER durch die in Abb. 409 dargestellte Konstruktion übertragen. Hierzu wird mittels der aus den Zuständen zu den Zeiten $t-\tau_A$ am unteren, bzw. $t-\tau_E$ am oberen Rohrende gezogenen Zuordnungsgeraden g_t und j_t aus deren Ordinatendifferenz die Hilfsgerade h entwickelt und mit der augenblicklich geltenden Gefällsdifferenzkurve h_{Ct} zum Schnitt gebracht. Durch die Koordinaten dieses Punktes erscheinen Durchflußgeschwindigkeit und Gefällsunterschied entsprechend der Charakteristik der eingebauten Drosselstelle gegeben und, nachdem die Zustände h_{xt}, C_{xt} auf den zugehörigen Zuordnungsgeraden liegen müssen, die Druckhöhen h_{xt}^A, h_{xt}^E bestimmt.

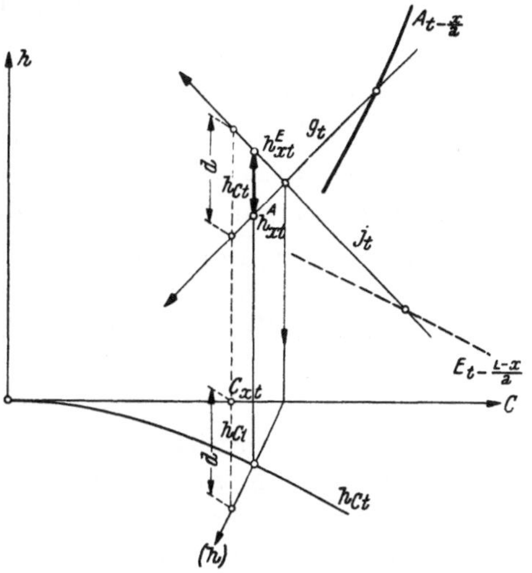

Abb. 409.

Falls der Energieentzug an der Stelle x durch eine Turbine erfolgt, also Leitungsteil E—x als Druckrohr, x—A als Saugrohr[1] anzusprechen sind, ist zu beachten, daß der Zustand in E und A die Bedingung

$$\bar{\zeta}_E = \bar{\zeta}_A = 0$$

unabhängig von q_E (c_E) und q_A (c_A) zu erfüllen hat, falls Ober- und Unterwasserspiegel als unveränderlich angenommen werden, bzw. örtliche Drosselungen in E und A nicht erfolgen. Im Schnitte der wie vorerwähnt ermittelten Hilfsgeraden h mit der zur Zeit t geltenden Charak-

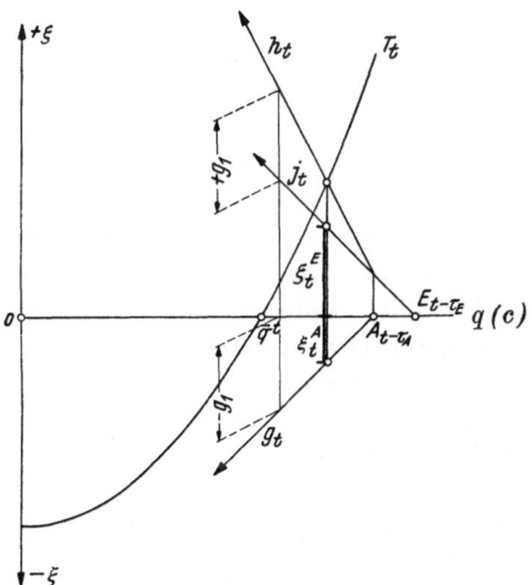

Abb. 410.

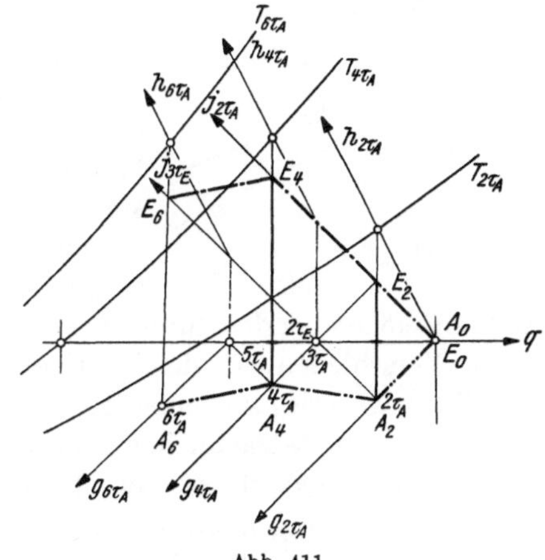

Abb. 411.

teristik T_t der Strömungsmaschine (innere Randbedingung) findet sich aus dem um die Laufzeit τ_E bzw. τ_A zurückliegenden Zustand in E bzw. A die Druckerhöhung vor der Turbine ζ_t^E bzw. Druckerniedrigung im Saugrohr ζ_t^A (Abb. 410).

Im allgemeinen werden die Laufzeiten τ_A und τ_E voneinander verschieden sein. In Abb. 411 ist die Bestimmung korrespondierender Zustände in A und E unter der Voraussetzung, daß

---

[1] Die nachfolgenden Betrachtungen werden natürlich nur bei Einbau der Turbine innerhalb einer längeren Leitung, wie dies etwa bei Wasserwerksanlagen der Fall sein kann, bedeutsam.

$\tau_E = 2\,\tau_A$ sei, dargestellt. Zu Beginn des Vorganges ($t = 0$) sind die Zustände in A und E gleich und gekennzeichnet durch $\bar{q} = \bar{q}_0$ (bei $\zeta = 0$). Nach Ablauf des Zeitintervalls $2\,\tau_A$, in welchem die durch die Änderung der inneren Randbedingungen ($\bar{q}_0$ nach $T_{2\tau_A}$) gegen A ausgelöste Störung des Strömungszustandes nach Reflexion dort wieder an der Störungsstelle eingetroffen ist, finden sich durch eine der Abb. 410 analoge Konstruktion die Drucksteigerungen $\overset{E}{\zeta}_{2\tau_A}(E_2)$ vor, bzw. Druckerniederungen $\zeta^A_{2\tau_A}(A_2)$ hinter der Turbine.[1] Für $4\tau_A < t < 6\,\tau_A$ tritt auch die Verschiebung der Stoßgeraden j ein. Für den Zeitpunkt $3\,\tau_E = 6\,\tau_A$ findet sich letztere aus dem Zustand zur Zeit $2\,\tau_E$ in E, der seinerseits wieder aus dem um τ_E zurückliegenden Zustand E_2 vor der Turbine zur Zeit τ_E folgt. $g_{6\tau_A}$ und $j_{3\tau_E}$ lassen über die Hilfsgerade $h_{6\tau_A}$ und die zur Zeit $6\,\tau_A = 3\,\tau_E$ geltende Turbinencharakteristik $T_{6\tau_A}$ die Zustände vor und hinter der Turbine (E_6, A_6) finden. Zur übersichtlichen Durchführung der Ermittlungen erscheint es nach dem Vorgesagten von Vorteil, daß die Laufzeiten zumindest in einem ganzzahligen Verhältnis zueinander stehen, Voraussetzungen, die durch zulässige Annäherungen gewöhnlich herbeigeführt werden können.

<h3 align="center">3. Einfluß der Rohrreibung.</h3>

Die bisherigen Entwicklungen beschränken sich auf die reibungsfreie Strömung. Nachdem die mathematische Erfassung des Einflusses der stetig verteilten Rohrreibung (89) auf den Verlauf der Druckschwankungen zumindest unter allgemeinen Voraussetzungen bedeutende Schwierigkeiten bietet, sind für die reibungsbehaftete Strömung Näherungsannahmen zur Vereinfachung der rechnerischen Behandlung getroffen worden. Als gröbste Näherung ist die Zusammenfassung der Rohrreibungsverluste am unteren Rohrleitungsende anzusehen. Eine Berücksichtigung in dieser Form kann durch Einführung einer gedachten Öffnung ψ_r erfolgen, welche mit $\bar{h}_{r0}$ als den bei der maximalen Geschwindigkeit eintretenden Rohrreibungsverlust gemäß

$$\psi_r = \frac{\psi}{\sqrt{1 - \dfrac{\bar{h}_{r0}}{\bar{H}_0} \cdot (1 - \psi^2)}} \tag{9}$$

bestimmt werden kann (90).

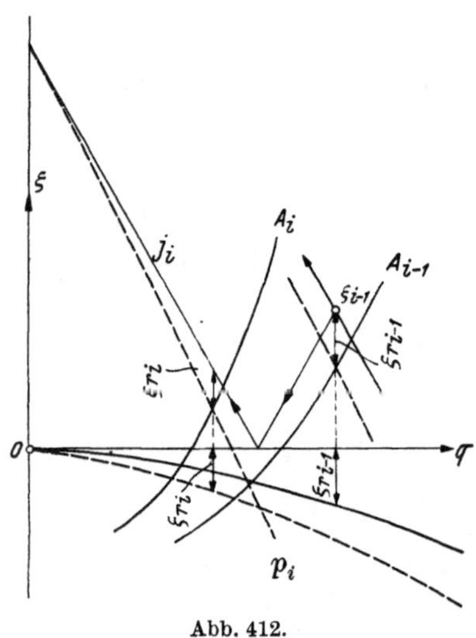

Abb. 412.

Die Berücksichtigung der Reibung in der erwähnten Annäherung im graphischen Verfahren zeigt Abb. 412, wobei die Kurven A_i die unteren Randbedingungen hinter der Drosselstelle (Ausflußgesetz) zu je um die Reflexionsdauer weiter liegenden Zeitpunkten darstellen, während die durch die Stoßgeraden einander zugeordneten Druckwerte um die augenblickliche Reibungshöhe über den durch die äußere Randbedingung A_i vorgeschriebenen Drücken liegen.

Bei der Verschiedenheit gleichzeitiger Geschwindigkeiten über der Rohrlänge bedeutet die ausschließliche Unterlegung eines einzigen Geschwindigkeitswertes eine recht unvollkommene Annäherung an die tatsächlichen Verhältnisse. Diesen kann besser durch eine Zusammenfassung der Reibungsverluste von Teilstrecken der Rohrleitung in einzelnen Unstetigkeitsstellen Rechnung getragen werden; die Strömungsentwicklung zwischen letzteren, die nach den weiter verallgemeinerten Gleichungen (8) vor sich geht, unterliegt den an den Enden der Teilstrecken geltenden inneren Randbedingungen, die ihrerseits wieder gleichzeitige Strömungszustände benachbarter Teilstrecken verbinden. Während die analytische Behandlung, wie leicht zu übersehen, auch bei einer weiten Unterteilung, bereits recht unübersichtlich und zeitraubend wird, gestattet das graphische Verfahren mit relativ geringem Aufwand den Annäherungsgrad der Ermittlungen durch Annahme einer größeren Zahl von Unstetigkeitsstellen mit Zusammenfassung des Reibungseinflusses an diesen wesentlich zu steigern.

---

[1] Letztere dürfen selbstverständlich zu keinem Abreißen der Wassersäule führen.

Die Berücksichtigung der Rohrreibung wird im allgemeinen nur bei außergewöhnlich langen Rohrleitungen erforderlich sein und auch dann nur, wenn sich die Untersuchungen über eine größere Anzahl von Reflexionsphasen zu erstrecken haben, in welchem Falle der Druckverlauf durch den Einfluß der Reibung in seiner Grundform wesentlich gegenüber dem reibungsfreien Verlauf geändert wird.

4. Gestufte Leitungen.

Praktisch ausgeführte Leitungen weisen, sobald das Gefälle namhaftere Werte erreicht, Stufungen hinsichtlich des Durchmessers und der Wandstärke auf, die in wirtschaftlichen Erwägungen begründet sind. Mit dieser Unterteilung ändert sich grundsätzlich die Strömungsentwicklung im Leitungsstrang, insofern als diese nur mehr in den Einzelabschnitten konstanten Durchmessers und konstanter Fortpflanzungsgeschwindigkeit stetig sein kann, während im übrigen die Strömungszustände an den Rändern der Teilstrecken durch die Bedingung der Kontinuität und gleichen Druckes aneinandergebunden sind. Diese kann nur erfüllt werden, wenn die durch die Unstetigkeitsstelle laufenden Druckwellen aufgespalten werden und nur zum Teil in den anschließenden Rohrteil übertreten, teilweise jedoch gegen den Ausgangspunkt zurückgeworfen werden. Die Berücksichtigung dieser Verhältnisse führt zweifellos auf eine Erschwerung des Berechnungsvorganges, ist jedoch zur Erzielung einer genügenden Annäherung an die tatsächlichen Verhältnisse immer dann unerläßlich, wenn es sich um die Bestimmung von Druckschwankungen handelt, die durch eine rasche Änderung innerer oder äußerer Randbedingungen ausgelöst werden. Es erscheint durchaus verständlich, daß in diesen Fällen Berechnungen versagen, die auf eine gedachte

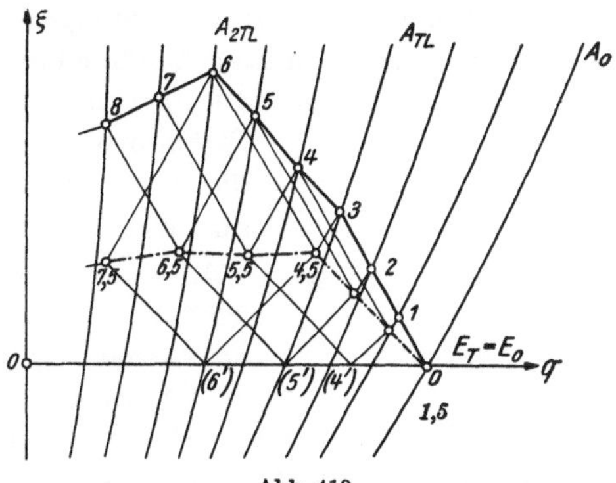

Abb. 413.

„Ersatzleitung" aufgebaut sind, deren Durchmesser entsprechend dem Gesamtenergieinhalt der wirklichen Leitung und deren Reflexionszeit als die Summe der Reflexionszeiten der einzelnen Teilstrecken gebildet wurde.

Hingegen ergeben Berechnungen auf dieser Basis eine genügende Annäherung an die Wirklichkeit in allen jenen Fällen, in denen die Bewegungen der Absperr- bzw. Regulierorgane durch entsprechende konstruktive Maßnahmen an eine Gesetzmäßigkeit gebunden werden, die unter den gegebenen Betriebsbedingungen Drucksteigerungen in praktisch erträglicher Höhe erwarten läßt. Die hierbei zulässige Geschwindigkeit der Absperrorgane entspricht Regelzeiten, die ein Vielfaches der Laufzeit der Störung längs der Leitung sind, womit sich die Verhältnisse jenen der starren Leitung annähern, für welche die auf den Mittelwerten fußenden Berechnungen streng gültig sind. Die Untersuchung betriebsmäßig normaler Vorgänge wird sich daher stets der „Mittelwertsmethode" bedienen können. Die Tatsache jedoch, daß der ausübende Ingenieur in die Lage kommen kann, zu abnormalen Betriebsvorgängen Stellung nehmen zu müssen, möge eine kurze Darstellung der genaueren Berechnungsmethoden rechtfertigen.

Zur Nachprüfung abnormal rasch verlaufender Vorgänge, bei welchen durch Überlagerung der partiellen Reflexionen die Strömungsentwicklung in den einzelnen Leitungsabschnitten grundlegend verändert werden kann, wird zweckmäßig das erweiterte graphische Verfahren von SCHNYDER (94) herangezogen. Analytische Verfahren sind von LÖWY (92) bzw. BILLINGS (95) angegeben worden. Letztere setzen ein unendlich großes Einlaufbecken sowie freien Auslauf aus der Rohrleitung voraus.

In Abb. 413 ist die Bestimmung der Druckschwankungen nach SCHNYDER für eine zweischüssige Leitung durchgeführt, deren Unterteilung $L = L_1 + L_2$ überdies noch so angenommen wurde, daß die Laufzeiten von den Rohrenden zur Staffelstelle gleich sind. Ferner wird der Druckverlust an der Übergangsstelle vernachlässigt, womit die Drücke vor und hinter der Staffelstelle gleichgesetzt werden können. Der Druckverlauf am unteren Rohrende stellt sich im ζ-q-Diagramm für die Zeit, die vom Beginn der Störung bis zum Wiedereintreffen nach erster (teilweiser) Reflexion an der Übergangsstelle verläuft (T_L), als Gerade 0—3 dar; ebenso der Druckverlauf an der Übergangsstelle zum oberen Rohrteil (1,5—4,5), welche Störung um $T_L/2$ später einsetzt, wobei jeweilige Strömungszustände aus den um die Laufzeit $\dfrac{L_1}{a_1}$ zurückliegenden Zuständen am unteren Rohrende festgelegt werden können (z. B. 3—4,5). Damit ergeben sich die Zustände am unteren Rohrende in den Phasen zusammengesetzter Reflexion im Schnittpunkt der Stoßgeraden, die von dem um die Laufzeit $\dfrac{L_1}{a_1}$ zurückliegenden Zustand an der Staffelstelle ausgeht, mit der Ausflußbedingung (z. B. 5,5—7); bzw. an der Staffelstelle im Schnittpunkt der Stoßgeraden, die von um die jeweilige Laufzeit früher bestandenen Zuständen am unteren und oberen Rohrende von dort aus gezogen werden ($4'_E$—5,5, 4_A—5,5).

Unter der besonderen Voraussetzung gleicher Laufzeiten der Teilabschnitte bleiben die Stoßgeraden an der Staffelstelle einander zugeordnet, ein Vorteil für die Durchführung der Berechnung, der auch bei mehrfach zu unterteilenden Leitungen angestrebt werden sollte. Können durch zulässige Annäherungen diese Verhältnisse nicht erzielt werden, so soll zumindest ein möglichst niedriges ganzzahliges Verhältnis der einzelnen Laufzeiten angestrebt werden, wodurch sich wenigstens nach einer Zahl von Reflexionen entsprechend diesem Verhältnis der Zustand an der Staffelstelle im Schnittpunkt der Stoßgeraden für die anschließende Strömungsentwicklung ergibt. Es entsteht damit die Notwendigkeit, die Strömungsentwicklung im Leitungsteil längerer Laufzeit in Teilabschnitten gleich der Laufzeit des kürzesten Rohrteiles zu verfolgen, um, unter Bezug auf die graphische Darstellung gesprochen, den Stoßgeraden im Leitungsteil kürzerer Laufzeit alternierend Stoßgerade im Leitungsteil längerer Laufzeit zur Bestimmung gleichzeitiger Zustände an der Staffelstelle zuzuordnen.

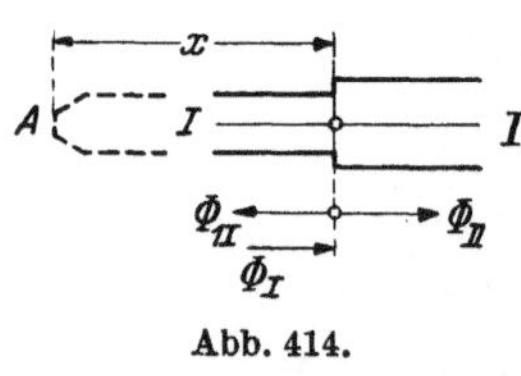

Abb. 414.

Die Aufspaltung der Druckwellen an der Unstetigkeitsstelle erfolgt unter Erfüllung der Energie- sowie der Kontinuitätsgleichung. Unter Vernachlässigung der Geschwindigkeitshöhen bedeutet die erste Forderung die Bedingung gleicher Drücke $\zeta_{xt_I} = \zeta_{xt_{II}}$ vor und hinter der Übergangsstelle; unter Bezug auf diese gilt für die Strömungsentwicklung im Strang I (Abb. 414) nach Gleichung (3)

$$2\,\Phi_I\left(t-\frac{x}{a}\right)\Big/\overline{H}_0 - \zeta_{xt_I} + \varrho_I \cdot (1 - c_{xt}),$$

$$2\,\Phi_{1_I}\left(t+\frac{x}{a}\right)\Big/\overline{H}_0 = \zeta_{xt_I} - \varrho_I \cdot (1 - c_{xt}),$$

für die primäre Störung im Strang II

$$\zeta_{xt_{II}} = \Phi_{II}(t)/\overline{H}o$$

somit

$$\Phi_I + \Phi_{1_I} = \Phi_{II},$$

während die Kontinuität der Strömung $c_{xt_I} = c_{xt_{II}}$ wegen

$$\varrho_I\,(c_{xt_I} - 1) = -(\Phi_I - \Phi_{1_I}) \text{ und } \varrho_{II} \cdot (c_{xt_{II}} - 1) = -\Phi_{II}/\overline{H}o \text{ in}$$

$$\frac{1}{\varrho_I} \cdot \left(\Phi_I - \Phi_{1_I}\right) = \frac{1}{\varrho_{II}}\,\Phi_{II}$$

zum Ausdruck kommt. Darnach läßt sich der durch die Unstetigkeitsstelle wandernde Teil der primären Druckwelle darstellen zu

$$\Phi_{II} = \frac{2\,\varrho_{II}}{\varrho_I + \varrho_{II}} \cdot \Phi_I = s \cdot \Phi_I \qquad\qquad (10\,\text{a})$$

bzw. die an der Unstetigkeitsstelle gegen die Störungsstelle zurückgeworfene Welle nach

$$\Phi_{1_I} = \frac{\varrho_{II} - \varrho_I}{\varrho_{II} + \varrho_I} \cdot \Phi_I = r \cdot \Phi_I; \qquad\qquad (10\,\text{b})$$

s bzw. r werden als Durchgangs- bzw. Reflexionsfaktor bezeichnet.

Werden die Betrachtungen auf Zeiträume ausgedehnt, in denen mehrfache Reflexionen und Durchgänge der primären Störungswelle an der Unstetigkeitsstelle eintreten, können zur Bestimmung des Druckverlaufes jene Betrachtungen sinngemäß verändert wiederholt werden, welche zur Aufstellung der Rekursionsformel (6) geführt haben. An Stelle der totalen Reflexion ($r = -1$) tritt jedoch hier die teilweise unter Einführung des Reflexionsfaktors r. Man erhält für die n-te Phase

$$h_n = - \frac{a}{g}(C_n - \overline{C}_0) - 2 \sum_{i=1}^{i=n-1} (-r)^{n-i} \cdot h_i$$

$$1 - c_n = \zeta_n/\varrho + 2 \sum_{i=1}^{i=n-1} (-r)^{n-i} \cdot \zeta_i/\varrho \qquad (92) \quad (11)$$

Um die Überlagerungen der einzelnen primären und reflektierten Wellen besser übersehen zu können, empfiehlt sich die Aufstellung eines sogenannten Wellenplanes Abb. 415. Hierzu werden Rohrenden und Unstetigkeitsstellen in verhältnismäßig richtiger Entfernung als parallele Gerade abgebildet, zwischen welchen der Weg der Wellen in schrägen Linien, deren Neigung durch die Fortpflanzungsgeschwindigkeit a_i in dem betreffenden Abschnitt und dem gewählten Zeitmaßstab gegeben ist, eingezeichnet werden kann. Zweckmäßig wird die Darstellung durch Eintragung der Durchgangs- bzw. Reflexionsfaktoren ergänzt, wodurch nicht nur die Überlagerungen an sich, sondern auch die daraus folgenden Wellenstärken in übersichtlicher Weise festgestellt werden können.

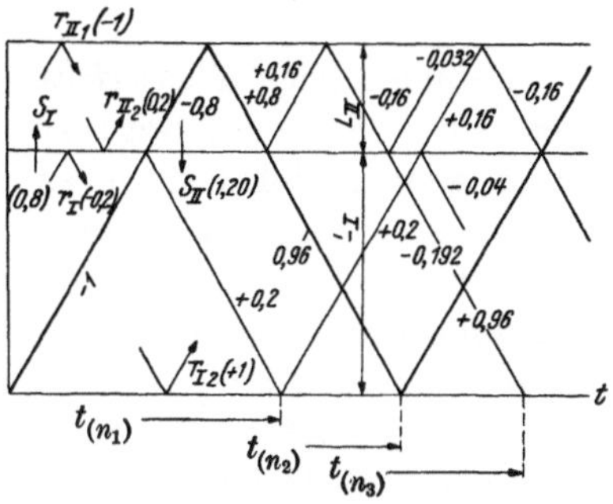

Dieser Wellenplan wird auch ein nahezu unentbehrliches Hilfsmittel für das im nachfolgenden gekennzeichnete *rein* analytische Verfahren (95). Für den unteren Rohrendpunkt gelten die Zustandsgleichungen

Abb. 415.

$$h_{0t} = \Phi + \Phi_1 \qquad (12\,\mathrm{a})$$

$$\frac{a}{g}(\overline{C}_0 - C_{0t}) = \Phi - \Phi_1; \qquad (12\,\mathrm{b})$$

Φ_1, die zur Zeit t am betrachteten Rohrende eintreffende, von oben kommende Druckwelle, setzt sich im Falle mehrfacher Reflexionen aus der Summe aller absteigenden Wellen zusammen. Die Vorstellung der Reflexion von Wellen an den Unstetigkeitsstellen sowie die Erfassung der größen- und richtungsmäßigen Änderung dieser mit Einführung der Reflexionsfaktoren lassen die Werte der absteigenden Welle Φ_1 aus den Funktionswerten Φ_0 der primären Störungswelle ermitteln, die um die jeweiligen Reflexionszeiten t_n zurückliegen und entsprechend den erfolgten Reflexionen abgewandelt sind, so daß bei mehrfacher Reflexion der primären Welle für die absteigende Welle gesetzt werden kann

$$\Phi_1(t) = \sum_1^n r_n \cdot \Phi_0(t - t_n).$$

Der Wert der im Rohr aufsteigenden Druckwelle Φ, die sich aus einer gleichzeitig ankommenden Welle Φ_1 bei teilweise geöffnetem Leitapparat, also bei teilweiser Reflexion dieser ankommenden Welle dort ergibt, folgt aus Gleichung (12) durch Elimination von C_{0t} und h_{0t} in Verbindung mit der unteren Randbedingung

$$C_{0t} = \overline{C}_0\, \psi_t \cdot \sqrt{1 + \frac{h_{0t}}{\overline{H}_0}} \simeq \psi_t \cdot \overline{C}_0 \cdot \left[1 + \frac{1}{2} \frac{h_{0t}}{\overline{H}_0}\right] \mathrm{zu}$$

$$\Phi = \frac{\varrho \cdot \overline{H}_0 (1 - \psi_t)}{1 + \varrho\, \psi_{t/2}} + \frac{1 - \varrho \cdot \psi_{t/2}}{1 + \varrho \cdot \psi_{t/2}} \cdot \Phi_1. \qquad (13)$$

Die aufsteigende Druckwelle bildet sich demnach aus einem primären Anteil infolge Änderung der Leitapparatöffnung sowie dem reflektierten Teil der absteigenden Φ_1-Welle, letzterer ebenfalls Funktion der im Augenblick der Betrachtung geltenden Leitapparatöffnung.

$$r_t = \frac{1 - \varrho \cdot \psi_{t/2}}{1 + \varrho \cdot \psi_{t/2}}$$

stellt somit den Reflexionsfaktor der augenblicklichen Ausflußöffnung ψ_t dar.

Gemäß Gleichung (12a) bestimmt sich nun der Druckanstieg h_{0t}

$$h_{0t} = \varPhi + \varPhi_1 = \frac{\varrho \cdot \overline{H}_0 \cdot (1 - \psi_t)}{1 + \varrho \cdot \psi_{t/2}} + (r_t + 1) \cdot \varPhi_1, \tag{14}$$

womit die Grundlagen für die analytische schrittweise Berechnung des Druckverlaufes in abgestuften Leitungen unter Berücksichtigung beliebig verlaufender primärer Störungen gegeben sind. Als Einschränkung gilt auch hier die Annahme freien Auslaufes am unteren Rohrende sowie die eines als unendlich groß vorausgesetzten Einlaufbeckens.

Die Mitteilung der hauptsächlichsten Verfahren, welche die Strömungsentwicklung in Rohrleitungen verfolgen lassen, möge noch durch den Hinweis auf die praktisch vorkommenden Formen der Randbedingungen ergänzt werden.

5. Obere Randbedingungen.

Befinden sich Wasserfassung und Krafthaus in einem zum Gefälle verhältnismäßig bedeutenden Abstand, wird zweckmäßig die geschlossene Zuleitung durch Zwischenschaltung eines offenen Behälters in einen nahezu horizontal verlegten sowie einen in möglichst starker Neigung zum Krafthaus führenden Teil zerlegt, ersterer in der Regel als Stollen, letzterer als Druckrohrleitung ausgebildet. Hierdurch gelingt es, einerseits eine Beeinflussung der Turbinenregelung durch die Massenwirkung des Stolleninhaltes, also des in der Regel längeren Leitungsteiles weitgehend herabzusetzen, somit die Bedingungen für die selbsttätige Regelung angeschlossener Turbinen zu verbessern, bzw. diese überhaupt in wirtschaftlicher Form möglich zu machen; anderseits bringt die Anwendung des nur unter verhältnismäßig geringem Druck stehenden Stollens in der Regel bedeutende Kostenersparnisse gegenüber einer Rohrleitung. Die oben gekennzeichnete Anordnung, bei der eine je nach den Geländeverhältnissen möglichst kurze Rohrleitung nahezu den gesamten Höhenunterschied zwischen Wasserfassungund Krafthaus überwindet, liegt normalerweise vor. Als Sonderfall kann die Errichtung des Wasserschlosses unmittelbar vor der Turbinenanlage angesehen werden, eine bei Mitteldruckanlagen gelegentlich anzutreffende Art der Aufstellung.

Im Falle des unmittelbar der *Turbine vorgeschalteten Wasserschlosses* konstanten Querschnittes sind die Zustände an der Wasserschloßbasis E im zeitlichen Abstande der Reflexionszeit des Wasserschlosses $2\,T_{LIII}$ miteinander verknüpft durch

$$\zeta_{Et_{III}} + \zeta_{E\,(t-2\,T_{L\,III})_{III}} = \varrho_{III} \cdot \left(c_{E\,(t-2\,T_{L\,III})} - c_{Et} \right)/_{III}, \tag{15a}[1]$$

während die Strömungsentwicklung im Stollen (System II) innerhalb des Zeitraumes $t < 2\,T_{LII}$ durch

$$\zeta_{Et_{II}} = \varrho_{II} \left(1 - c_{Et} \right)/_{II} \tag{15b}[2]$$

beschrieben wird. Ferner gilt die Kontinuitätsgleichung an der Stelle E

$$c_{Et_I} = c_{Et_{II}} + c_{Et_{III}}; \quad \zeta_{Et_I} = \zeta_{Et_{II}} = \zeta_{Et_{III}} = \zeta_{Et}, \tag{15c}$$

während die bezogene Geschwindigkeit c_{Et_I} durch das unter dem Gefälle $H_0 + h_t$ sich einstellende Schluckvermögen der angeschlossenen Turbine (System I) gegeben ist.

Wird dieses allgemeine Entnahmegesetz unter den bereits mehrfach angenommenen Voraussetzungen eines freien Abflusses mit

$$c_{Et_I} = \psi_t \cdot \sqrt{1 + \zeta_{Et_I}} \tag{15d}$$

festgelegt, so führen hier weggelassene Zwischenrechnungen auf die Beziehung

$$\zeta_{Et} \left(\frac{1}{\varrho_{III}} + \frac{1}{\varrho_{II}} \right) + \zeta_{E\,(t-2\,T_{L\,III})} \cdot \left(\frac{1}{\varrho_{III}} - \frac{1}{\varrho_{II}} \right) =$$
$$= \psi_{(t-2\,T_{L\,III})} \cdot \sqrt{1 + \zeta_{t-2\,T_{L\,III}}} - \psi_t \sqrt{1 + \zeta_t}, \tag{15}$$

---

[1] Nach Gl. 7a.
[2] Nach Gl. 4b.

aus welcher sich schrittweise die im Zeitabstand $2\,T_{L_{III}}$ einander folgenden Werte der Drucksteigerungen am Rohrleitungsende E (Wasserschloßbasis) ermitteln lassen.

Zur Bestimmung der Spiegeländerung im Wasserschloß kann aus der konjugierten Zustandsgleichung

$$\zeta_{E\,t} - \zeta_{D\,(t-T_{L\,III})} = -\varrho_{III} \cdot \left[c_{E\,t} - c_{D\,(t-T_{L\,III})}\right]_{III}$$

unter Berücksichtigung von

$$\zeta_{D\,t_{III}} = 0 \quad \text{(unabhängig von } t)$$

die Spiegelgeschwindigkeit c_D entnommen und daraus die dem betrachteten Intervall zukommende bezogene Spiegelerhebung gemäß der Mittelwertbeziehung

$$\Delta s_i = \frac{c_{D\,i} + c_{D\,i-1}}{2} \cdot \frac{C_{0III}}{\overline{H}_0} \cdot 2\,T_{L\,III} \tag{15 e}$$

bestimmt werden.

Die vorstehenden Entwicklungen gelten für Zeiträume, welche kleiner als die Laufzeit des Stollens $2\,T_{L_{II}}$ sind. Falls die Betrachtungen über einen längeren Zeitraum erstreckt werden müssen, hat an Stelle von Gleichung (15 b) die bei Reflexion am unteren Stollenende geltende Gleichung

$$\varrho_{II} \cdot \left[c_{E\,(t-2\,T_{L_{II}})} - c_{E\,t}\right]_{II} = \left[\zeta_{E\,t} + \zeta_{E\,(t-2\,T_{L_{II}})}\right]_{II} \tag{15 b_1}$$

zu treten.

Für den Fall, daß eine *Druckrohrleitung zwischen Wasserschloß und Turbine* geschaltet ist, gelten die Gleichungen (15a), (15b) unverändert, insofern die Betrachtung auf einen Zeitraum kürzer als die Reflexionszeit $2\,T_{L_{II}}$ des Stollens beschränkt wird, ebenso wie die Kontinuitätsgleichung (15c).

Die Zustände am oberen Ende der Druckleitung zu den Zeiten t hingegen sind aus den um die Zeitdauer T_{L_I} zurückliegenden Zuständen am unteren Rohrende A gemäß

$$\zeta_{E\,t_I} - \zeta_{A\,(t-T_{L_I})} = \varrho_I \cdot \left[c_{E\,t_I} - c_{A\,(t-T_{L_I})}\right] \tag{16}$$

herzuleiten, wobei Geschwindigkeit und Druck in A durch das Gesetz der Wasserentnahme $c_A = f\,(\psi_t,\ \zeta_{A\,t})$ aneinander gebunden sind.

Den Ausgang der Berechnungen bildet die Feststellung der Zustände in A für den Zeitabschnitt $0 < t < 2\,T_{L_I}$ gemäß

$$\varrho_I \cdot (1 - c_{A\,t}) = \zeta_{A\,t} \tag{4 a}$$

und der Ausflußgleichung (15 d).[1] Die so ermittelten Zustandswerte geben für den Zeitabschnitt $T_{L_I} < t < 3\,T_{L_I}$ die Grundlage zur eindeutigen Festlegung der um T_{L_I} später herrschenden und von der Störung in A herrührenden Zustände am oberen Rohrende E, womit sich auf Grund der Gleichungen (15a) bis (15c) die im Augenblick der Beobachtung im Verzweigungspunkt E geltenden Werte c_{E_I}, $c_{E_{II}}$, $c_{E_{III}}$, $\zeta_{E\,t}$ ergeben. Die Betrachtung hat dabei in Intervallen gleich der kürzesten im System auftretenden Reflexionszeit — in der Regel jener des Wasserschlosses $2\,T_{L_{III}}$ — vor sich zu gehen, um die Zuordnung der durch Gleichung (16) vermittelten Zustandswerte laufend zu ermöglichen.

Um die Verhältnisse am oberen Rohrende E der Leitung I für den Zeitabschnitt $3\,T_{L_I} < t < 5\,T_{L_I}$ zu erfassen, ist zu beachten, daß aus den bekannten Zuständen in E für den Zeitabschnitt $T_{L_I} < t < 3\,T_{L_I}$ die Zustände am unteren Rohrende in A gemäß $\zeta_{A\,t} - \zeta_{E\,(t-T_{L_I})} = -\varrho\,[c_{A\,t} - c_{E\,(t-T_{L_I})}]$, geltend für die Zeitperiode $2\,T_{L_I} < t < 4\,T_{L_I}$ und aus diesen die korrespondierenden Zustände in der oben genannten Zeitspanne $3\,T_{L_I} - 5\,T_{L_I}$ gemäß $\zeta_{E\,t} - \zeta_{A\,(t-T_{L_I})} = \varrho \cdot [c_{E\,t} - c_{A\,(t-T_{L_I})}]$ folgen.

Die Berechnungen haben eine sinngemäße Abänderung durch Erweiterung der Gleichung (15 b$_1$) zu erfahren, falls sich die Betrachtungen über einen Zeitraum größer als $2\,T_{L_{II}}$ erstrecken.

Eine wesentliche Vereinfachung des Rechnungsganges, verknüpft mit einer weitgehenden Veranschaulichung, wird auch hier durch das erweiterte Verfahren von SCHNYDER erreicht. Die

---

[1] Sinngemäß ist Index E durch A zu ersetzen.

Darstellung der Gleichungen (15a), (15 b$_1$) und (16) kann als bekannt vorausgesetzt werden; die aus den Zuständen an den äußeren Systemenden unter dem Winkel arc tg ϱ gezogenen Zuordnungsgeraden bilden den geometrischen Ort aller möglichen Zustände im Verzweigungspunkte E zu einem um die jeweilige Laufzeit späteren Zeitpunkt. Zur Abbildung der Gleichungsgruppe (15c) werden die zu gleichen Druckwerten gehörigen Geschwindigkeitswerte zweier Leitungen (etwa I und II) gemäß der Aussage der Gleichung (15c) zusammengefaßt (r in Abb. 416). Die Ordinate des Schnittpunktes von j_{III} mit der die möglichen Zustände der Systeme I und II zur Zeit t kennzeichnenden Geraden r legt den für alle Systeme gleichen gleichzeitigen Druck ζ_t im Verzweigungspunkt E fest, durch dessen Übertragung in die Darstellung der einzelnen Systeme die in diesen augenblicklich bestehende Geschwindigkeit in E gefunden wird. Hinsichtlich der Anwendung des hiermit in seinen Grundzügen gekennzeichneten Verfahrens muß auf die Originalarbeit (94$_3$) sowie auf spätere Ausführungen verwiesen werden.

   Die Festlegung der Wasserschloßabmessungen (99) im Hinblick auf die zulässigen Spiegelschwankungen schafft jedoch gewöhnlich bereits jene Voraussetzungen, unter welchen zur Beurteilung betriebsmäßiger Vorgänge mit praktisch genügender Annäherung die totale Reflexion der Druckwellen an der Wasserschloßbasis, also der Ersatz des Wasserschlosses endlicher Größe durch ein unendlich großes Einlaufbecken, angenommen werden kann. Die Berücksichtigung der endlichen Größe des Wasserschlosses wird nur in Sonderfällen erforderlich werden, wie etwa bei Untersuchung der Vorgänge, die durch den Schluß einer am oberen Ende der Leitung befindlichen Sicherheitsabsperreinrichtung entstehen können, wobei jedoch auf die praktisch totale Reflexion der gegen das Wasserschloß geworfenen Störung nur dann nicht zu rechnen sein wird, wenn Rohr- und Wasserschloßquerschnitt in derselben Größenordnung liegen.

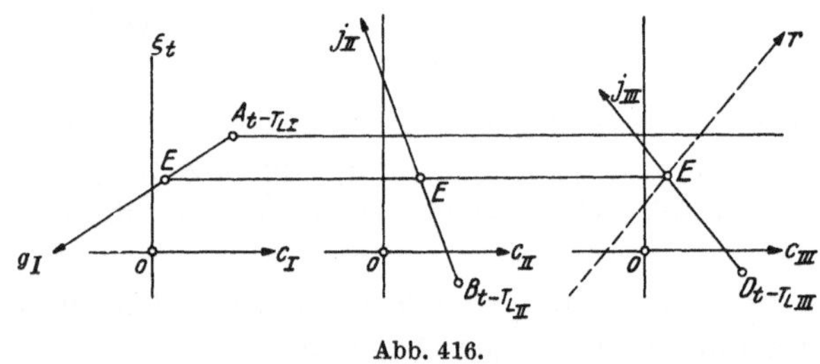

Abb. 416.

   Den bisherigen Ausführungen lag das Wasserschloß mit konstantem Querschnitt zugrunde. Erwägungen wirtschaftlicher Natur haben, falls das Wasserschloß bedeutende Abmessungen erhalten muß, zu Sonderformen geführt, wie das Wasserschloß mit Übergangsdrosselung oder das Kammerwasserschloß, bei welch letzterem die verstärkte Gegenwirkung bei Entnahmeänderungen durch die rasche Hebung bzw. Absenkung des freien Wasserspiegels in einem verhältnismäßig engen Steigschacht erzielt wird. In diesem Falle können die Strömungszustände an der Wasserschloßbasis wesentlich von jenen abweichen, die sich unter Vernachlässigung der Elastizität des Wasserschlosses bzw. seiner Füllung, also unter der Annahme eines Druckes an der Basis gleich dem jeweiligen statischen, errechnen. Hinsichtlich der Verfahren, die den Einfluß derartiger Sonderformen auf die Strömungsentwicklung in der Rohrleitung berücksichtigen lassen, muß auf die Literatur (86, 94) verwiesen werden. Abgesehen vom Kammerwasserschloß wird es in den meisten praktischen Fällen zur Erzielung einer genügenden Annäherung des Rechnungsergebnisses an die Wirklichkeit genügen, die Spiegelbewegungen im Wasserschloß unter ausschließlicher Berücksichtigung der Massenwirkungen im System einerseits, die Druckschwankung in der Rohrleitung unter Voraussetzung einer vollständigen Reflexion der Druckwellen an der Wasserschloßbasis anderseits zu bestimmen und die Einzelwirkungen zu überlagern (85).

6. Verzweigte Leitungssysteme.

   Die Gleichungen (15a, b, c) in analytischer Form, bzw. in ihrer graphischen Darstellung nach SCHNYDER beschreiben allgemein die Zustände in einfach verzweigten Systemen. Sie erscheinen daher auch zur Beurteilung der Vorgänge geeignet, die sich in doppelstrangigen Leitungen je nach den bestehenden Randbedingungen bei Änderung derselben einstellen. Zur Erläuterung mögen die Strömungszustände innerhalb eines Leitungssystemes nach Abb. 417a während eines allmählichen Abschlusses des unteren Rohrendes (A) unter der praktisch bedeutsamen Voraussetzung verfolgt werden, daß die Versorgung des unteren Leitungsteiles L_I

nur über einen der oberen Leitungsstränge (L_{II}) erfolge; demnach gelten unter der Voraussetzung eines genügend großen Einlaufbeckens bzw. Wasserschlosses neben den Systemgleichungen (15a bis c) als äußere Randbedingungen für Strang II $\zeta_{B_1} = 0$, für Strang III $c_{B_2} = 0$, unabhängig von t, wodurch die Zuordnungsgleichungen in die einfachere Form

$$\zeta_{Et} = -\varrho_{II} \cdot \left(c_{Et} - c_{B_1\,(t-\tau_{II})} \right)$$

$$\zeta_{Et} - \zeta_{B_2\,(t-\tau_{III})} = -\varrho_{II} \cdot c_{Et}$$

übergehen.

Zusammen mit dem Ausflußgesetz in A erscheinen damit die Zustände an den ausgezeichneten Stellen des Systems zeitlich bestimmt.

Die Anwendung des Schnyderschen Verfahrens im vorgenannten Fall zeigt Abb. 417, wobei zur Veranschaulichung die vereinfachende Annahme gleicher Laufzeiten $\tau_I = \tau_{II} = \tau_{III} = \tau$ getroffen ist. Die jeweilige innere Randlinie für System III folgt in bereits erörterter Weise aus den gleichzeitig geltenden Zuordnungsgeraden der Systeme I und II. Entsprechend der Laufzeit der Störung von A nach E beginnt die Verschiebung der Zuordnungsgeraden j

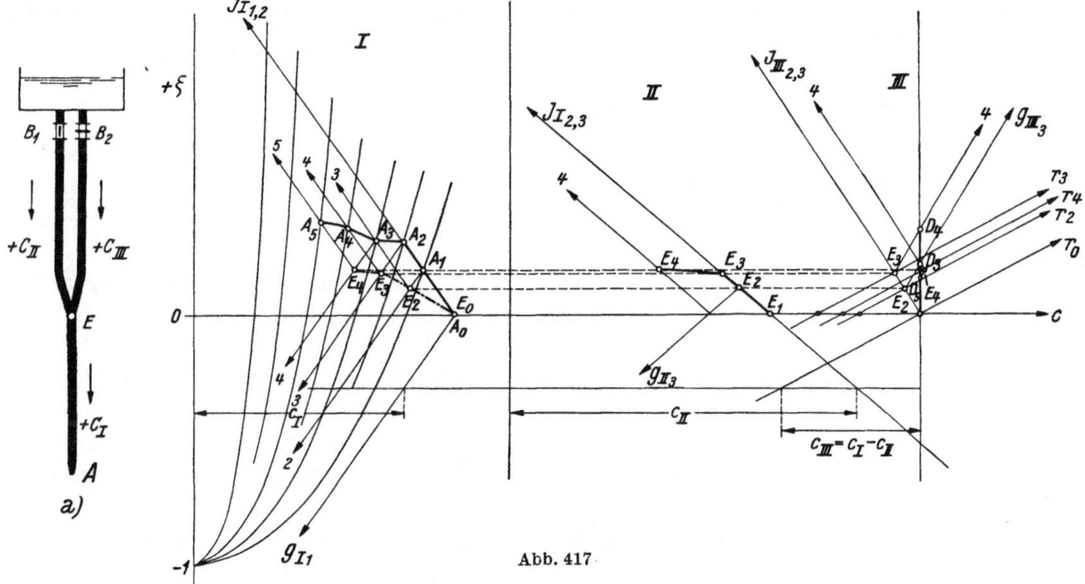

Abb. 417

in den Systemen II und III erst nach der Zeit 3τ. Zustände im Punkte B_1 müssen auf der Abszissenachse liegen ($\zeta_{B_1} = 0$), während wegen des geschlossenen Absperrorgans in B_2 die Ordinatenachse ($c_{B_2} = 0$) der geometrische Ort aller Zustände D in B_2 ist. Im System I bilden die durch E gekennzeichneten Zustände die innere Randbedingung für dieses. Man erkennt die Aufsteilung des Druckverlaufes in A, bedingt durch die Erhebung der inneren Randlinie E, die im wesentlichen durch die vollständige gleichsinnige Reflexion der Druckwellen in B_2 bedingt ist, sowie den am geschlossenen Absperrorgan B_2 eintretenden Druckanstieg, der unter Umständen gegenüber dem dort herrschenden statischen Druck zu beachten ist.

7. Untere Randbedingungen.

Falls am unteren Rohrende freier Ausfluß durch eine Düse stattfindet, also etwa eine *Freistrahlturbine* an die Rohrleitung angeschlossen ist, gilt unabhängig von der jeweiligen Drehzahl des Maschinensatzes

$$q_t = K_\psi \cdot \psi_t \sqrt{1 + \zeta_t} = \bar{q}_\psi \sqrt{1 + \zeta_t} \tag{17a}[1]$$

Für *Überdruckturbinen* besteht im allgemeinen eine Abhängigkeit des Schluckvermögens nicht nur von Gefälle und Leitradöffnung, sondern auch von der augenblicklichen Drehzahl gemäß

$$q = f(\bar{q}_\psi, \zeta_t, \omega_t) \tag{17}$$

---

[1] $K_\psi = \bar{q}_\psi/\psi$; die mit $\bar{q}_\psi$ als Parameter sich abbildenden Parabelschar sei als Grunddiagramm bezeichnet.

welche Beziehung sich nur für Turbinen mittlerer Schnelläufigkeit, deren Schluckvermögen bei gleichgehaltener Leitradöffnung angenähert unabhängig von der Drehzahl angenommen werden kann, auf Gleichung (17a) vereinfacht. In diesem Falle kann die untere Randbedingung analytisch oder graphisch durch eine einzige Kurvenschar mit dem Parameter $\bar{q}_\psi$ dargestellt werden.

Für ausgeprägte *Langsam-* bzw. *Schnelläufer* ist hingegen bei der Ableitung der Randlinien die Abhängigkeit der Schluckfähigkeit von der Einheitsdrehzahl zu berücksichtigen, nachdem infolge des geneigten Verlaufes der Kurven konstanter Leitradöffnung im Q'_1—n'_1-Diagramm[1] (s. Abb. 418) nicht nur Änderungen der absoluten Drehzahl, sondern auch des wirksamen Gefälles bei gleichbleibender Drehzahl zu Änderungen der Einheitswassermenge Q'_1 führen. Infolge dieser Abhängigkeit, die mit Hilfe des für die betreffende Laufradtype geltenden Q'_1-, n'_1-Diagrammes aus den dort eingetragenen a_0-Kurven zahlenmäßig bestimmt werden kann, bedarf es zur Darstellung der für eine Öffnung möglichen Zustände einer Kurvenschar, deren einzelne Linienzüge jeweils einem bestimmten Drehzahlwert $\bar{n}$ zugeordnet sind. Ihre Ermittlung hat in der Weise zu erfolgen, daß für verschiedene Gefällswerte $\bar{H}_0 + \zeta_1 \bar{H}_0 = H_1$ die Größe $n'_1 = \dfrac{\bar{n} \cdot D_1}{\sqrt{H_1}}$ gebildet und aus dem Q'_1—n'_1-Diagramm die zugehörigen Werte von Q'_{1a_0}

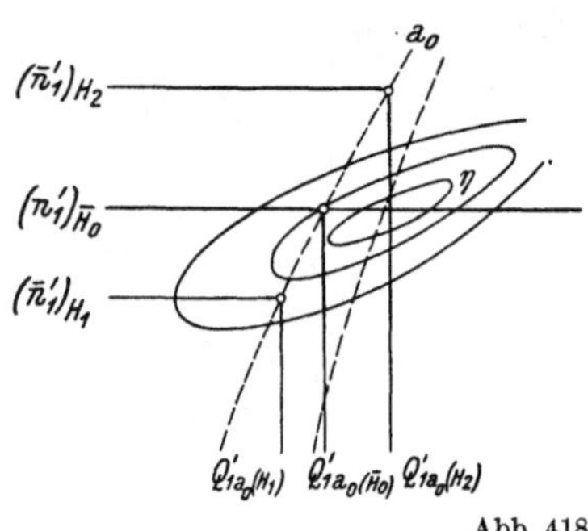
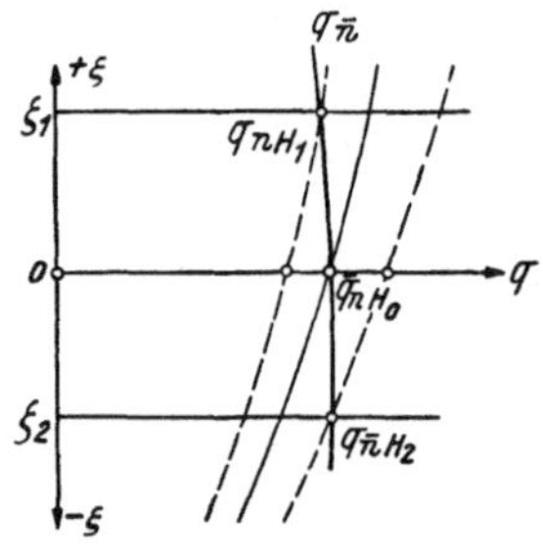

Abb. 418.

entnommen werden. Letztere lassen gemäß

$$q_{\bar{n}} = \frac{Q_{\bar{n}}}{Q_0} = \frac{Q'_{1a_0}}{Q_0} \cdot D_1{}^2 \cdot \sqrt{H_1}$$

den zu $H_1 = \bar{H}_0 + \zeta_1 \bar{H}_0$ gehörigen Wert der bezogenen Wassermenge $q_{\bar{n}}$ und damit punktweise die für $\bar{n}$ geltende Randlinie bestimmen.

Für doppeltgeregelte *Kaplan*-Turbinen liegt als Zwischenergebnis der Modellversuche die Reihe der Muschelkurven (Q'_1—n'_1) bei jeweils konstant gehaltener Laufradöffnung vor. Die Aufstellung der im jeweiligen Beobachtungsaugenblick geltenden unteren Randbedingungen kann übereinstimmend mit dem Vorgesagten erfolgen, nur ist der Ermittlung das der augenblicklich geltenden Zuordnung a_0/φ_0 entsprechende Q'_1—n'_1-Diagramm zu unterlegen. Falls die Änderung der Drehzahl während des betrachteten Vorganges berücksichtigt werden soll, tritt wieder an Stelle der für einen bestimmten Wert $\bar{n}$ geltenden Randbedingung eine Kurvenschar mit n als stufenweise veränderte Parameter.

Insofern die Randbedingungen durch eine einfache Kurvenschar mit $\bar{q}(\bar{\psi})$ als Parameter darstellbar sind, was dann zutrifft, wenn die bei der betrachteten Leitapparat- (Laufschaufel-) Stellung möglichen Zustände unabhängig von der Drehzahl angesehen werden können, ist die in einem bestimmten Zeitpunkte geltende Randlinie durch das Schließ- bzw. Öffnungsgesetz $\bar{\psi} = f(t)$ festgelegt. Falls jedoch die Abbildung der Gesamtheit der Randbedingungen nur durch ein zweifaches Kurvensystem ($\bar{q}, \bar{n}$) gelingt, ist neben der im betrachteten Augenblick geltenden Öffnung $\bar{\psi}(\bar{q})$ auch die Kenntnis der augenblicklichen Winkelgeschwindigkeit ω des Systems erforderlich, die aus einem um $\varDelta t$ zurückliegenden Zustand gemäß

$$\omega_t - \omega_{t-\varDelta t} = \int_{t-\varDelta t}^{t} \frac{M_t - W_t}{\Theta} \cdot dt \tag{18}$$

mit M_t bzw. W_t als Momentenwerte der erzeugten bzw. angeforderten Leistung folgt. Der Verlauf der M_t-Werte kann hierbei zunächst nur nach seiner Wahrscheinlichkeit angenommen werden, wobei der auf den neuen Betriebszustand q_t, ζ_t, n_t führende Schritt auf die Erfüllung der Bedingungsgleichung (18) hin zu überprüfen ist.

---

[1] $Q_1' = \dfrac{Q}{D_1{}^2 \sqrt{\bar{H}_0}}$, Schluckvermögen des Typenrades vom Durchmesser $D_1 = 1$ m bei $\bar{H}_0 = 1$ m;

$n'_1 = \dfrac{n \cdot D_1}{\sqrt{\bar{H}_0}}$, Drehzahl unter den gleichen Verhältnissen.

Falls bei verhältnismäßig zum Gefälle langen Rohrleitungen gesteuerte *Nebenauslässe* (Druckregler, Wechselauslässe) zur Herabsetzung der Drucksteigerungen angewendet werden, bewirken diese bei Schließvorgängen eine zusätzliche Wasserabfuhr, welche der Beziehung

$$q_{zt} = \bar{q}_{zt} \cdot \sqrt{1 + \zeta_t} \qquad ^1$$

folgt, wobei der für die augenblickliche Öffnung ψ_{zt} maßgebende, auf das Normalgefälle H_0 zu beziehende Wert $\bar{q}_{zt}$ zweckmäßig den Ergebnissen von Modellversuchen zu entnehmen ist. Die q-Werte der resultierenden Randbedingung $\Delta i\,T_L$ ergeben sich als algebraische Summe gleichzeitig geltender q-Werte für Turbine und Druckregler (Abb. 419).

Der Einfluß eines während der Betrachtung *zeitabhängig* bewegten und der Turbine vorgeschalteten *Abschlußorgans* kann berücksichtigt werden durch Verringerung der aus der Charakteristik der Druckleitung zur Zeit t am Rohrleitungsende möglichen Druckwerte (Stoßgerade j_i, Abb. 412) um die Druckverluste ζ_{ri}, die der zur selben Zeit bestehenden Öffnung des Absperrorgans bei der durchtretenden Wassermenge zukommen (Hilfslinie p_i). Die Auswahl der

jeweils geltenden Drosselkurven kann somit einfachst auf Grund des Schließgesetzes des Absperrorgans erfolgen.

Umständlicher wird die Berücksichtigung des Einflusses einer Abschlußeinrichtung, deren Bewegungen mehr oder weniger durch die Wirkung der auf den bewegten Teil ausgeübten Strömungskräfte bestimmt werden, wie dies etwa bei einer *Selbstschlußdrosselklappe* der Fall ist, deren Flügel einerseits unter dem hydro-

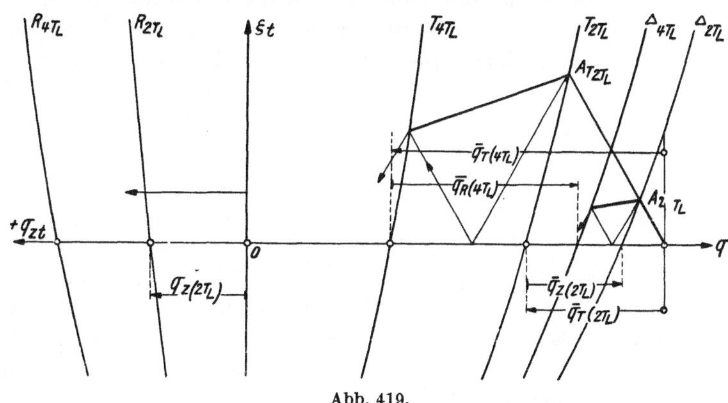
Abb. 419.

dynamischen Moment des Wasserdruckes, anderseits unter Gewichts- und (hydraulischen) Bremsmomenten steht.[2] Die Behandlung derartiger Vorgänge setzt die Kenntnis der Abhängigkeit des Wasserdruckmomentes von der Stellung des Abschlußorgans voraus. Nach THOMANN (97) bzw. KELLER (88) kann dieses angenähert mit

$$M_h = K D^3 \cdot \Delta H_t + M_0$$

angegeben werden, wobei K als Funktion des Klappenwinkels besteht und M_0 das hinsichtlich seines Einflusses stark zurücktretende Wasserdruckmoment in der Anfangsstellung bedeutet.

Das in der Ölbremse entwickelte Gegenmoment kann proportional der Winkelgeschwindigkeit des Klappenflügels gesetzt werden;

$$M_b = \frac{\mu_d}{f_d} \cdot \frac{d\alpha}{dt}.$$

α Klappenwinkel zur Zeit t;

μ_d Bremsmoment bei $f_d = 1$, $\dfrac{d\alpha}{dt} = 1$;

f_d augenblicklicher Drosselquerschnitt (veränderlich bei gesteuerter Überströmung).

Ebenso kann das auf die Klappenwelle ausgeübte Moment M_G eines etwa vorhandenen Belastungsgewichtes als Funktion des Klappenwinkels α dargestellt werden.

Bei Vernachlässigung der Massenwirkung der bewegten Klappenteile folgt entsprechend $\Sigma M = 0$ das Bewegungsgesetz für den Klappenflügel mit

$$\frac{d\alpha}{dt} = \frac{f_d}{\mu_d} \cdot (M_G + M_h), \tag{19}^3$$

---

[1] Mit Rücksicht auf die vorgesehene Belüftung des austretenden Strahles wäre bei genauerer Erfassung der Verhältnisse nur der Druckanstieg in der Rohrleitung v o r der Turbine zu berücksichtigen.

[2] S. etwa Abb. 271.

[3] Gleichung (19) läßt erkennen, daß die notwendige Verlangsamung des Klappenflügels im Bereich der wirksamen Klappenöffnungen durch Einführung äußerer widerstrebender (Gewichts-) Momente (M_G)

welche Gleichung in der Form

$$\int\limits_{t-2\,T_L}^{t} dt = 2\,T_L = \int\limits_{\alpha_{t-2\,T_L}}^{\alpha_t} \frac{\mu_d\,d\alpha}{f_d\cdot(M_G+M_h)}$$

schrittweise der Nachprüfung des während der Dauer des Rechnungsschrittes $(2\,T_L)$ zurück-
gelegten und zunächst angenommenen Verdrehwinkels $\Delta\alpha = \alpha_t - \alpha_{t-2\,T_L}$ dient.

Die Vorgänge selbst folgen eindeutig der Bedingung der Kontinuität, die in der Gleichheit der
bei der jeweiligen Stellung der Drosselklappe unter dem Gefälle ΔH_t durch diese fließenden Wassermenge mit jener von der Turbine unter dem Restgefälle $\overline{H}_0\,(1+\zeta)-\Delta H_t$ verarbeiteten ihren
Ausdruck findet *(untere Grenzbedingung)*. Das praktische Verfahren geht daher zweckmäßig
von der Annahme einer Wassermengenänderung während des Berechnungsschrittes aus, die
nach den vorgesagten Bedingungen überprüft wird, bzw. zur Festlegung des Schließgesetzes
mit Rücksicht auf die zulässige Drucksteigerung führt.[1]

Zur Verfolgung der Vorgänge, die sich bei einer Änderung des Betriebszustandes von *Mittel-*
und *Hochdruckpumpenanlagen* abspielen können, bedarf es der Kenntnis des Verhaltens der
Pumpe bei verschiedenen Förderhöhen und Drehzahlen.

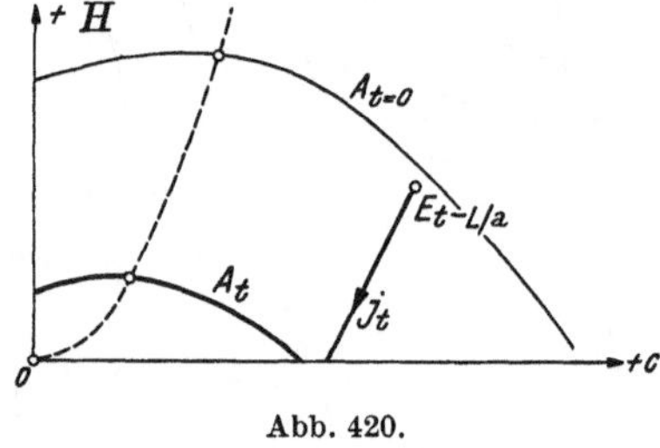

Abb. 420.

Es ist üblich, die für eine bestimmte Pumpe bestehende
Abhängigkeit von Fördermenge und Gefälle bei verschiedenen
Drehzahlen durch Kurvenscharen mit der Drehzahl als Parameter darzustellen. Nachdem für geometrisch ähnliche Pumpen
die Werte $\dfrac{H}{n^2 D_1^2}$, $\dfrac{Q}{n D_1^3}$, $\dfrac{M}{n^2 D_1^5}$, $\dfrac{N}{n^3 D_1^5}$ unter der Voraussetzung übereinstimmen, daß die Abhängigkeit des Wirkungs-
grades von Änderungen der REYNOLDschen Zahl vernachlässigt wird sowie jeweils ein kavitationsfreier Betrieb vorliegt,
kann diese Gesetzmäßigkeit dazu benützt werden, um aus der für eine bestimmte Drehzahl
aufgenommenen Q–H-Kurve einer Pumpe die für andere Drehzahlen geltende abzuleiten,
bzw. gelingt die Darstellung der Abhängigkeit der Förderhöhe von Drehzahl und Fördermenge
ein und derselben Pumpe durch eine einzige Kurve in einem System mit den bezogenen
Koordinaten $\dfrac{Q}{n}$, $\dfrac{H}{n^2}$.

Die Kenntnis des Wirkungsfeldes des Laufrades als Pumpe mit positiver Förderhöhe genügt
nun nicht mehr zur Verfolgung der Druckschwankungen in Pumpensteigleitungen bei Veränderungen des Betriebszustandes, wenn die aus dem Verhalten der Leitung heraus möglichen
Zustände am unteren Rohrende im betrachteten Zeitpunkt mit den nach der augenblicklich
geltenden Pumpencharakteristik möglichen unvereinbar sind. Dies kommt in der graphischen
Darstellung dadurch zum Ausdruck, daß die durch den im Zeitpunkte $(t-L/a)$ bestehenden
Zustand am oberen Ende der Rohrleitung gezogene Stoßgerade, welche bekanntlich alle aus
diesem Zustande heraus möglichen Zustände zur Zeit t umfaßt, ihren Schnittpunkt mit der
augenblicklich geltenden Pumpencharakteristik nicht mehr im $+H$, $+$C-Gebiet findet
(Abb. 420).

Über das Verhalten von Kreiselpumpen bei allen möglichen Betriebszuständen, also auch
den abnormalen, liegen Versuche vor, die u. a. von D. THOMA in ihren Grundzügen festgelegt und
von C. KITTREDGE im Laboratorium der Technischen Hochschule München durchgeführt
wurden. Diese Versuche (96), deren Ergebnis auf Pumpen gleicher Schnelläufigkeit auch zahlenmäßig übertragbar ist, geben einen Einblick in das grundsätzliche Verhalten von Kreiselpumpen
in den Gebieten positiver und negativer Förderhöhen, bei Rückströmen und negativen Dreh-

---

erzielt werden kann. Nach R. THOMANN (97) wird durch Anwendung eines besonderen Gestänges zur
Weiterleitung der Gewichtswirkung auf die Klappenachse erreicht, daß dieser Einfluß, zunächst im Sinne
eines Schlusses der Klappe gehend, im Bereich der wirksamen Klappenöffnungen umgekehrt wird,
wodurch in diesem Bereich dem rasch ansteigenden hydrodynamischen Moment ein im gleichen Maße
sich erhöhendes Rückhaltemoment entgegengestellt werden kann.

[1] S. S. 375, Beispiel 4.

zahlen. Es sind hierbei die Versuchsergebnisse der allgemeineren Anwendbarkeit halber in dimensionsloser Form zur Darstellung gebracht (Abb. 421).

Für eine bestimmte Ausführung sind auf Grund analoger Versuche an einer hydraulisch gleichwertigen Pumpe alle möglichen Betriebszustände (positive oder negative Förderhöhe, Pumpe als Bremse, bzw. Turbine arbeitend) in einer Schar von Kurven für jeweils konstante Drehzahl darstellbar. Die Bewegungsgleichung des Systems bestimmt wieder die im Zeitab-

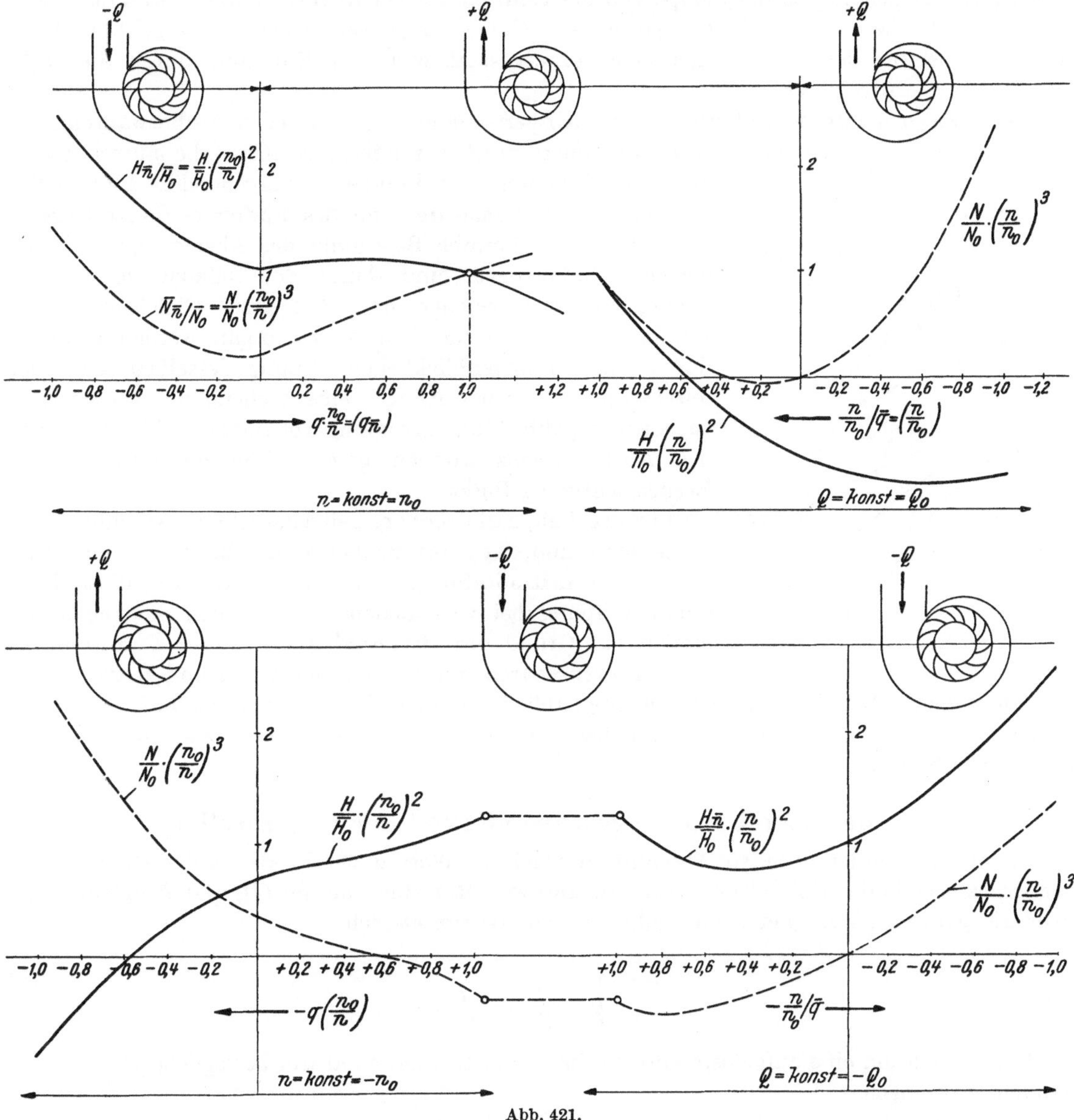

Abb. 421.

stande Δt aufeinanderfolgenden Zustandslinien; für den praktisch wichtigsten Störungsfall, der Unterbrechung der Leistungszufuhr zum Antriebsmotor, nimmt die allgemeine Gleichung (18) die Form an

$$\Delta\omega\Big|_{t-\Delta t}^{t} = -\int_{t-\Delta t}^{t} \frac{M_P}{\Theta}\cdot dt \tag{18a}$$

gemäß der Deckung der von der Pumpe aufgenommenen Leistung aus der kinetischen Energie der umlaufenden Massen. Für die Berechnung der Momentenwerte M_P muß, falls es sich um die Übertragung der Meßwerte von Modellversuchen auf eine Großausführung handelt, eine Korrektur dieser Werte mit Rücksicht auf den erhöhten Wirkungsgrad der Großausführung vorgenommen werden.[1]

Falls, wie für kleinere Pumpenanlagen üblich, strömungsgerichtete Absperrorgane — Rückschlagklappen oder -ventile — pumpendruckseitig angewendet werden, sind die für die Rohrleitung möglichen Randbedingungen auf den Bereich der positiven Q-Werte beschränkt, nach dem die Rückschlagklappe die Pumpe von der Rohrleitung bei Rückströmung abtrennt. Dementsprechend wird, sobald die Pumpe in das Gebiet negativer Q-Werte übergeht und ein richtiges Arbeiten der Rückschlagklappe vorausgesetzt wird, die Randlinie durch die Ordinatenachse $c = 0$ gebildet.

Falls zwischen Pumpe und Rohrleitung Absperrorgane eingeschaltet sind, die während des betrachteten Vorganges ihren Durchgangsquerschnitt verändern, erfahren die ausschließlich aus dem Verhalten der Pumpe hervorgehenden Randbedingungen Modifikationen im Sinn des Einflusses dieser Organe. Bei zeitlich bestimmter Bewegung des Absperrorgans liegen dessen Öffnungswerte und damit der Gefällsverbrauch abhängig von Wassermenge und Zeit fest. Gleichzeitige Zustände vor bzw. hinter dem Absperrorgan werden einander durch den der augenblicklichen Öffnung desselben sowie der durchtretenden Wassermenge entsprechenden Druckverlust zugeordnet (Abb. 422). Strömungsabhängige Schließvorgänge des Absperrorgans können gemäß früheren Ausführungen Berücksichtigung finden.

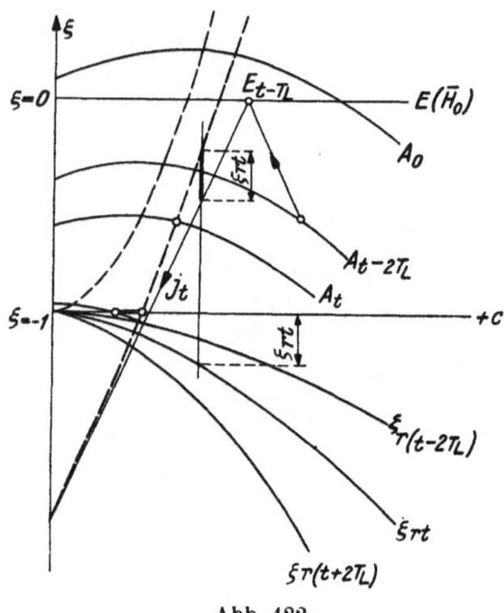

Abb. 422.

Für den Fall, daß drehbare Leitschaufeln als Abschlußorgan vorgesehen sind, legt das Schließgesetz dieser die zur Zeit t bestehende Leitradöffnung fest, wonach die für diese Leitschaufelöffnung bei verschiedenen Drehzahlen möglichen Zustände auf Grund des Betriebsdiagramms der Pumpe durch zwei Kurvenscharen mit den Parametern $\bar{n}$ und $\bar{m}$ dargestellt werden können. Der im betrachteten Augenblick geltende Parameter $\bar{n}$ ist auf Grund der Gleichung (18) aus dem um $2\,T_L$ zurückliegenden Zustand zu ermitteln, bzw. in seiner Annahme zu überprüfen.[2]

c) Die Fortpflanzungsgeschwindigkeit der Druckwellen.

Der in den vorhergehenden Abschnitten benützte Wert a wurde als Laufgeschwindigkeit der Druckwelle in der Rohrleitung erkannt. Insoweit Rohrdurchmesser (D) und Wandstärke (s) über die ganze Leitung gleich anzunehmen sind, bestimmt sich

$$a = \sqrt{\dfrac{g/\gamma}{\dfrac{1}{E_w} + \dfrac{D}{E \cdot s}}}, \tag{20}$$

insofern es sich um eine aufgelöste, also in ihren Teilstrecken axial frei bewegliche Rohrleitung handelt, bzw. nach

$$a = \sqrt{\dfrac{g/\gamma}{\dfrac{1}{E_w} + \dfrac{m^2 - 1}{E\, m^2} \cdot \dfrac{D}{s}}}, \tag{21}$$

falls die Rohrleitung starr verankert ist.

Der Elastizitätsmodul für Wasser kann hierbei konstant mit

$$E_w \sim 2{,}07 \cdot 10^8$$

angenommen werden; im elastischen Verhalten der Rohrleitung sind außer Materialeigenschaften

---

[1] Aufwertungsformeln wurden von C. ACKERET, F. STAUFER, G. MOODY u. a. angegeben.
[2] S. Abschn. E, Beispiel 3.

auch noch die versteifenden Wirkungen von Flanschverbindungen, Nietungen usw. zu berücksichtigen, was durch die Wahl eines Elastizitätsmoduls für Stahlrohrleitungen (90) mit

$$E_s = 2 \cdot 10^{10} \div 2{,}15 \cdot 10^{10},$$

bzw. für Gußrohrleitungen

$$E_G = 1 \cdot 10^{10}$$

erfolgen kann. Für Stahlrohrleitungen ergibt sich daher zur Bestimmung der Laufgeschwindigkeit die die Mittelwerte der Konstanten benützende Beziehung

$$a = \frac{13\,980}{\sqrt{96 \cdot 6 + \dfrac{n \cdot D}{s}}} \quad \left(n = \frac{E_s}{E} = 1 \right). \tag{20a}$$

Der Mittelwert der Laufgeschwindigkeit einer *gestuften* Leitung bestimmt sich aus der für die
einzelnen Rohrstrecken von der Länge l_i jeweils geltenden Fortpflanzungsgeschwindigkeit gemäß

$$a_m = \frac{\sum l_i}{\sum \dfrac{l_i}{a_i}}. \tag{22}$$

Für Untersuchungen, die sich auf eine in ihren Abmessungen noch nicht festgelegte Rohrleitung beziehen müssen, wie dies z. B. bei Vorentwürfen der Fall sein kann, wird der Idealfall
konstanter Beanspruchung der Rohrleitungsdimensionierung unterlegt werden dürfen. Für
die Rohrleitung gleichmäßiger Materialausnützung läßt sich a ableiten aus der Beziehung

$$a = \frac{13\,980}{\sqrt{96 \cdot 6 + n \cdot \dfrac{20\,K_z}{\overline{H}}}}, \tag{23}$$

wobei bei schräger Leitung $\overline{H}$ veränderlich einzuführen ist. In diesem Falle kann — unter der
vereinfachenden Annahme eines geradlinigen schrägen Verlaufes sowie gewisser rechnerischer
Näherungen — a_m unter Einführung des Mittelwertes

$$\left(\frac{20\,K_z}{\overline{H}} \right)_m = \frac{20\,K_z}{H_2 - \overline{H}_1} \cdot \ln \frac{\overline{H}_2}{\overline{H}_1} \tag{23a}$$

errechnet werden (92).

Neben Leitungen aus einheitlichem Material finden aus wirtschaftlichen Überlegungen heraus
des öfteren Leitungssysteme Anwendung, welche die Kombination von Holz oder Beton mit
Eisen vorsehen; für Höchstgefälle tritt in den unteren spezifisch hoch belasteten Zonen das
bandagierte Rohr an die Stelle des einfachen vollwandigen Rohres.

Die erstgenannten Rohrsysteme finden etwa bis 40 m Druckhöhe Anwendung. Für die
Holz-Eisen-Rohrleitung ist der Wert $n\,D/s$ in der Formel (20a) durch

$$n \cdot \frac{D}{s} = A = \frac{20\,K_z}{H} + \frac{n\,l^4}{16 \cdot D \cdot \delta_H^3} \tag{24}$$

zu ersetzen, wobei δ_H die Wandstärke der Holzdauben, l die Entfernung der Eisenbügel bezeichnet.

Für Eisenbetonrohrleitungen gibt Mühlhofer (99)

$$A = \frac{n \cdot D}{s_i \cdot n + (\delta_B - s_i)}, \tag{25}$$

wobei $n = E_s/E_B$ das Verhältnis des Elastizitätsmoduls von Eisen zu Beton,

δ_B die Stärke des vollen Betonrohres,

s_i die Wandstärke eines gedachten, gleichmäßig starken Rohres, das die Eisen-
einlagen ersetzt,

bedeuten. Für Druckschächte mit Eisenauskleidung gilt nach dem gleichen Autor

$$A = \frac{K_3}{K_3 + 1} \cdot \frac{D}{s} \tag{26}$$

mit

$$K_3 = E_s \cdot \frac{2\,s_i}{D} \cdot \left[\frac{1}{B} \cdot \frac{2}{D_i} + \frac{1}{E_B} \cdot \frac{D_i}{D} \right].$$

Der Elastizitätsmodul für Beton kann in diesen Gleichungen mit $E_b = 2 \cdot 10^9$ angenommen werden.

Zur Bestimmung der Laufgeschwindigkeit in bandagierten Rohren kann auf eine Abhandlung von R. UNTERBERGER und dem Verfasser (98), welche die Berechnung bandagierter Rohrleitungen unter innerem Überdruck zum Gegenstand hat, Bezug genommen werden. Darnach wird die Durchfederung eines zwischen den Bandagenringen liegenden Rohrstückes (Abb. 423) unter der vereinfachenden, praktisch jedoch qualitativ und quantitativ genügenden Näherung der biegungssteifen Bandage ermittelt nach

$$y_m = y_{1m} \cdot \eta, \tag{27a}$$

worin mit

y_r als Durchfederung der Bandagenringe,

y_s dem angewendeten Schrumpfmaß,

p_0 dem inneren Überdruck,

r dem Rohrradius,

s_2, s_R der Rohrwandstärke bzw. Wandstärke der Bandage,

J_2 dem Trägheitsmoment der Rohrwandung je Zentimeter

$$\eta = y_r - p_0 \cdot \frac{r^2}{E\, s_2} \tag{27b}$$

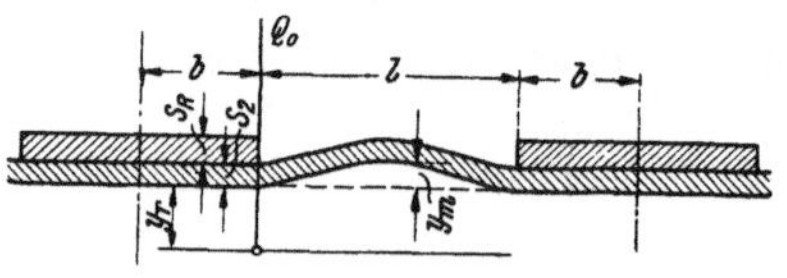

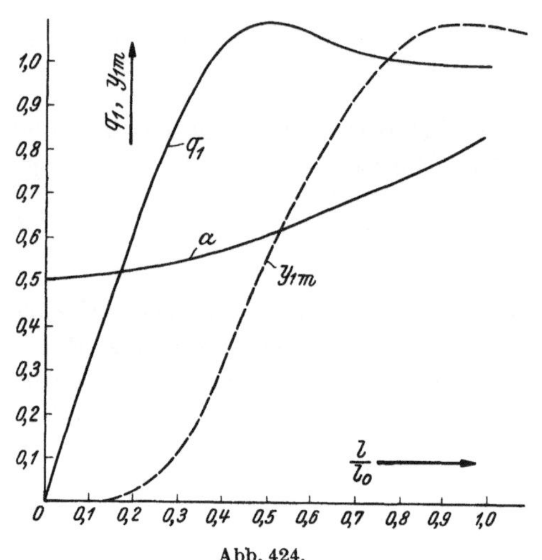

Abb. 423.

Abb. 424.

gesetzt und y_{1m} als ausschließliche Funktion des bezogenen Bandagenabstandes l/l_0 mit

$$l_0 = \frac{2\,\pi}{0{,}6787} \cdot \sqrt[4]{\frac{J_2 \cdot r^2}{s_2}}$$ (s. Abb. 424) angenommen werden kann.

Die Volumenvergrößerung bei einem auf p ansteigenden Druck beträgt pro Längeneinheit des Rohres

$$V - 2\,r\,\pi \left(y_r + y_m \cdot \alpha \cdot \frac{l}{l+2\,b} \right),$$

welche Gleichung unter Bezug auf Gleichung (27a) und (27b) übergeht in

$$V = 2\,r\,\pi \left\{ y_r \left(1 + y_{1m} \cdot \alpha \cdot \frac{l}{l+2\,b} \right) - y_{1m} \cdot p_0 \cdot \frac{r^2}{E\,s_2} \cdot \alpha \cdot \frac{l}{l+2\,b} \right\}. \tag{28}$$

Unter Berücksichtigung der das Kräftegleichgewicht an der Bandage darstellenden Beziehung

$$p_0 \cdot b + Q_0 = b \cdot \left[\frac{E\,s_R}{r^2} \cdot (y_r + y_s) + y_r \cdot \frac{E s_2}{r^2} \right]$$

mit $Q_0 = -\dfrac{E\,s_2}{r^2} \cdot \dfrac{l_0}{2\,\pi} \cdot \eta \cdot q_1$ als der infolge der Durchbiegung des freien Rohrstückes um y_m entstehenden Querlast kann die Vergrößerung des Volumens eines von Mitte zu Mitte Bandagenring sich erstreckenden Rohrabschnittes bei einer Drucksteigerung um dp angegeben werden zu

$$\frac{dV}{dp} = \frac{2\,r^3\,\pi}{E} \cdot \frac{1}{s_{\text{red}}},$$

worin s_{red} durch

$$\frac{1}{s_{\text{red}}} = \frac{1}{s_2} \left\{ \frac{1 + \dfrac{l_0}{2\,\pi\,b} \cdot q_1}{1 + \dfrac{s_R}{s_2} + \dfrac{l_0}{2\,\pi\,b} \cdot q_1} + y_{1m} \cdot \alpha \cdot \frac{l}{l+2\,b} \cdot \left[\frac{1 + \dfrac{l_0}{2\,\pi\,b} \cdot q_1}{1 + \dfrac{s_R}{s_2} + \dfrac{l_0}{2\,\pi\,b} \cdot q_1} - 1 \right] \right\}$$

definiert ist.

Für die mit Rücksicht auf die Materialausnützung richtig ausgelegte Bandage wird der zweite Ausdruck der Klammer sehr klein; ferner darf für $l/l_0 < 0{,}4$ $q_1 \sim \dfrac{l}{l_0} \cdot \pi$ gesetzt werden. Unter dieser Voraussetzung ergibt sich

$$s_{\text{red}} \simeq s_2 \cdot \frac{1 + \dfrac{s_R}{s_2} + \dfrac{l_0}{2\,\pi\,b} \cdot \dfrac{l}{l_0} \cdot \pi}{1 + \dfrac{l_0}{2\,\pi\,b} \cdot \dfrac{l}{l_0} \cdot \pi} = \frac{s_2\,(l + 2\,b) + 2\,b \cdot s_R}{2\,b + l} = s_m, \tag{29}$$

d. h. das bandagierte Rohr erleidet unter Innendruck eine Volumenvergrößerung, die angenähert der eines Ersatz-Vollwandrohres mit einer der Bandagenringwandstärke s_R und der Rohrwandstärke s_2 entsprechenden mittleren Wandstärke s_m entspricht.

d) Druckschwankungen in unelastischen Leitungssystemen.

Die allgemeinen Berechnungsmethoden können unter Voraussetzungen, die das Zurücktreten bestimmter Einflüsse zur Folge haben, wesentliche Vereinfachungen erfahren. Hinweise in dieser Richtung unter Festlegung der leitenden Gesichtspunkte, etwa der Ersatz einer gestuften Leitung durch eine gedachte Leitung einheitlichen Durchmessers und gleichbleibender Wandstärke, die Annahme besonderer Ausflußgesetze usw. finden sich in den vorhergehenden Besprechungen. Unter bestimmten Voraussetzungen kann nun auch die Elastizität von Rohrwandung und Wasser ohne wesentliche Beeinflussung des Rechnungsergebnisses außer acht gelassen werden. Um hierin einen Überblick zu gewinnen, betrachten wir zunächst die Strömung bei Annahme starrer Rohrwand und unzusammendrückbarem Wasser. Hierfür gilt streng der Impulssatz, nach welchem die Summe der auf das System wirkenden äußeren Kräfte P_a gleich der auf die Zeiteinheit bezogenen Impulsänderung dieses Systems ist, wobei sich letztere als die algebraische Summe der sekundlichen Änderung der im betrachteten Raume enthaltenen Bewegungsgröße J und der Impulsströme i im Ein- und Austrittsquerschnitt errechnet.

$$\frac{dJ}{dt} + \frac{d\,i_E}{dt} - \frac{d\,i_A}{dt} = \Sigma\,Pa. \tag{30}$$

Hierbei kann dargestellt werden

$$\frac{dJ}{dt} = \frac{d}{dt} \int_0^L \frac{\gamma}{g} \cdot F \cdot dx \cdot C = \frac{\gamma}{g} \cdot \frac{dQ}{dt} \cdot L,$$

nachdem $FC = Q$ unabhängig von x besteht.

Für die Strömung im starren zylindrischen Rohr unter Wirkung einer konstanten Kraft entsprechend dem Gefälle $\overline{H}_0$ ergibt sich wegen

$$\frac{d\,i_A}{dt} = \frac{d\,i_E}{dt}, \quad \frac{dJ}{dt} = \frac{\gamma}{g}\,L\,\frac{dQ}{dt} = \frac{\gamma \cdot L \cdot F}{g} \cdot \frac{dC}{dt}$$

und annahmegemäß

$$\frac{\gamma\,LF}{g} \cdot \frac{dC}{dt} = \gamma \cdot F \cdot \overline{H}_0, \quad \text{bzw.} \quad \frac{L}{g} \cdot \frac{dC}{dt} = \overline{H}_0. \tag{30 a}$$

Aus dieser Gleichung kann durch Integration jene Zeitdauer abgeleitet werden, innerhalb welcher unter dem konstanten Gefälle $\overline{H}_0$ der Rohrleitungsinhalt von Null auf die normale Geschwindigkeit C_0 beschleunigt werden würde;

$$T_r = \frac{L \cdot \overline{C}_0}{g \cdot \overline{H}_0} \tag{31}$$

charakterisiert das dynamische Verhalten der in der Rohrleitung enthaltenen Wassermasse und wird sinngemäß als die *Anlaufzeit* der Rohrleitung bezeichnet.

In den vorangehenden Betrachtungen war wiederholt Gelegenheit genommen worden, auf die Bedeutung des als Rohrcharakteristik bezeichneten Wertes $\varrho = a\,\overline{C}_0/g\,\overline{H}_0$ für den Verlauf der Druckschwankungen hinzuweisen. Betrachtungen, die sich mit der zeitlichen Änderung der Geschwindigkeitsverteilung längs der Rohrleitung bei kleinen, linear verlaufenden Öffnungsänderungen befassen, lassen erkennen, daß neben dem asymptotischen Abklingen des Druckstoßes eine gleichsinnige Annäherung der Geschwindigkeit an die des neuen Beharrungszustandes erfolgt, falls die Stoßgeraden (ϱ) steiler als die Randlinien (α) verlaufen,[1] andernfalls die neue

---

[1] Diese seien angenähert durch Gerade ersetzt.

Beharrungsgeschwindigkeit unter Pendelungen erreicht wird, wobei dies auch für Stellen innerhalb der Leitung gilt.

In Abb. 425 und 426 sind nun gleichzeitige Geschwindigkeitswerte durch Linienzüge verbunden; letztere sind unter den gemachten Voraussetzungen, wie einfach zu begründen, Gerade. Während diese Linienzüge für den Fall $\varrho \gg \alpha$ nahezu senkrecht zur Abszissenachse verlaufen, und zwar um so zutreffender, je verhältnismäßig größer ϱ ist, liegen im Falle $\varrho < \alpha$ gleichzeitige Zustände längs der Rohrleitung auf Geraden, die ineinander durch Drehung übergeführt werden können, wenn sie im Sinne der Ortszugehörigkeit der einzelnen Zustände (z. B. $E \rightarrow A$) gerichtet angenommen werden. Physikalisch kommt damit für Verhältnisse, welche durch $\varrho < \alpha$ gekennzeichnet sind, der hin- und herwogende Zustand des Leitungsinhaltes zum Ausdruck, während im ersten Falle die Wassergeschwindigkeiten an verschiedenen Stellen der Leitung nicht allzusehr voneinander abweichen, wobei mit steigendem Verhältnis ϱ/α eine zunehmende Annäherung an den Grenzzustand der starren Leitung eintritt, welcher durch die Übereinstimmung gleichzeitiger Geschwindigkeiten in allen Querschnitten der Leitung gekennzeichnet ist.

Grundsätzlich bleiben diese Verhältnisse auch erhalten für den Fall, als die Dauer der Öffnungsänderung ein Mehrfaches der Reflexionszeit der Leitung beträgt. Nur wirken in diesem Falle die rücklaufenden Druckwellen stark ausgleichend auf die längs der Leitung gleichzeitig bestehenden Geschwindigkeiten.

Die Voraussetzungen für die Unterlegung des Grenzfalles der starren Leitung, der in sich die Annahme trägt, daß eine geringe Änderung der Auslauföffnung am unteren Rohrende eine gleichzeitige Veränderung des Strömungszustandes der *gesamten* Leitung hervorruft und welcher damit eine physikalische Unwahrscheinlichkeit beinhaltet, erscheinen somit unter Verhältnissen zulässig, für welche $\varrho \gg \alpha$ ist. Diese Voraussetzung trifft zu für Regelvorgänge, die sich im Bereiche der größeren Öffnungen abspielen (relativ flache Lage der äußeren Randlinie) sowie bei einer verhältnismäßig langen Anlaufzeit der geschlossenen Wasserführung (Mittel- und Niederdruckanlagen), wie aus der Darstellung von ϱ gemäß

$$\varrho = \frac{a\,\overline{C}_0}{g\,\overline{H}_0} = \frac{\dfrac{L\,\overline{C}_0}{g\,\overline{H}_0}}{\dfrac{L}{a}} = \frac{T_r}{T_L}$$

hervorgeht.

Weiters kommt der Größe der als stetig vorausgesetzten Öffnungsänderung innerhalb der Reflexionszeit $2\,T_L$, bzw. allgemein ausgedrückt der Änderungsgeschwindigkeit der äußeren Randbedingung in dem erwähnten Zeitabschnitt

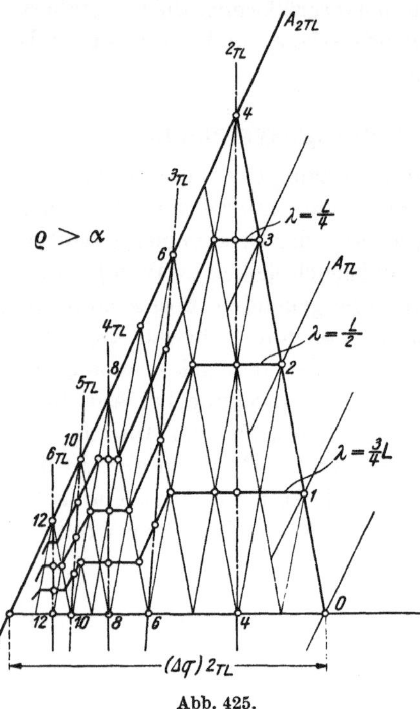

Abb. 425.

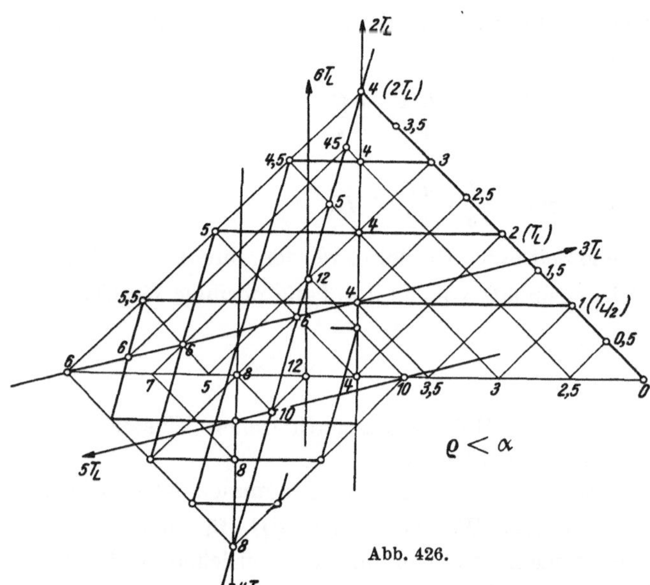

Abb. 426.

ausschlaggebende Bedeutung insofern zu, als die auf gleiche Geschwindigkeit längs der Leitung hinwirkenden Ausgleichsvorgänge bei relativ kleinem T_L rasch genug erfolgen, um bei langsam verlaufenden Störungen angenähert die für starre Leitung und unzusammendrückbares Wasser rechnungsmäßigen Zustände in der Leitung eintreten zu lassen.

Um zu allgemein gültigen Beziehungen zu kommen, sei eine nicht stationäre und reibungsbehaftete Strömung, durch eine hinsichtlich ihres Querschnittes stetig veränderliche Rohrleitung und unter dem statischen Gefälle $\overline{H}_0$ vor sich gehend, vorausgesetzt.

Die einzelnen Glieder der maßgebenden Gleichung (30) können dann wie folgt angegeben werden:
Impulsinhaltsänderung:

$$\frac{\partial J}{\partial t} = \frac{\gamma}{g} \cdot F \cdot d\,x \cdot \frac{\partial C}{\partial t}. \qquad\qquad 1$$

Impulsstromänderung:

$$\frac{d\,i_{(x+d\,x)}}{d\,t} - \frac{d\,i_x}{d\,t} = \frac{\gamma}{g} F \frac{\partial}{\partial x} \cdot \left(\frac{C^2}{2}\right) d\,x.$$

Summe der äußeren Kräfte:

$$\Sigma P_a = \gamma \cdot F \left(\frac{\partial H}{\partial x} \cdot dx - d\overline{H} \mp R \cdot C^2 d\,x\right). \qquad\qquad 2$$

Für den gesamten Druckunterschied zwischen den Rohrenden folgt damit

$$g\,H\Big|_0^L = \int_0^L \frac{\partial C}{\partial t}\,dx - \int_0^L \frac{\partial}{\partial x}\cdot\left(\frac{C^2}{2}\right)d\,x + g\int_0^L d\overline{H} \pm g\int_0^L R\,C^2\,d\,x. \qquad (31)$$

Hierbei kann für

$$\int_0^L \frac{\partial C}{\partial t}\cdot d\,x = \frac{dQ}{d\,t}\cdot\int_0^L \frac{d\,x}{F_{(x)}} = \frac{dq}{d\,t}\cdot\int_0^L C_{x0}\,d\,x$$

geschrieben werden, wenn auf bezogene Größen übergegangen und berücksichtigt wird, daß bei Vernachlässigung der Elastizität Q nur Funktion von t entsprechend der Kontinuität ist. Sinngemäß kann hierin nach früheren Festlegungen

$$\int_0^L C_{x0}\,d\,x = g\cdot\overline{H}_0\cdot T_r$$

gesetzt werden.
Ferner ist

$$\int_0^L \frac{\partial}{\partial x}\cdot\left(\frac{C^2}{2}\right)d\,x = \frac{C_{Lt}^2 - C_{0t}^2}{2} = (\beta^2 - 1)\cdot\frac{C_{0t}^2}{2} = q^2\cdot\frac{\overline{C}_0^2}{2}\cdot(\beta^2 - 1)$$

$$\text{mit } \beta = \frac{C_{Lt}}{C_{0t}}.$$

Für das Reibungsglied besteht die Entwicklung

$$\int_0^L R\cdot C^2\cdot d\,x = Q^2\cdot\int_0^L \frac{R}{F_{(x)}^2}\cdot d\,x = q^2\cdot\int_0^L R\,C_{0x}^2\,d\,x,$$

wobei der Wert des letzten Integrals zweckmäßig durch graphische Integration bestimmt wird; hierbei werde der unter den gegebenen Verhältnissen konstante Wert $g\cdot\int_0^L R\,C_{0x}^2\,d\,x = g\,\overline{H}_0\,R_0$

gesetzt.

Mit Einführung bezogener Größen und $\overline{C}_0^2/2 = g\,\alpha\,\overline{H}_0$ erhält Gleichung (31) die allgemeine Form

$$\frac{H_{Et}}{\overline{H}_0} - \frac{H_{At}}{\overline{H}_0} = T_r\cdot\frac{dq}{d\,t} + q^2\cdot[\alpha\,(1-\beta^2)\pm R_0] + \frac{1}{\overline{H}_0}\cdot[\overline{H}_E - \overline{H}_A]. \qquad (32)$$

Diese Gleichung werde nun auf die wichtigsten Sonderfälle angewendet:

---

[1] Da bei der Leitung veränderlichen Durchmessers C (J) auch Funktion von x ist, hat an Stelle des totalen Differentiales das partielle zu treten.

[2] x wird von A (unten) gegen E (oben) gezählt.

a) Rohrleitung mit freiem Auslauf.

Unter Bezug auf Abb. 427 gilt $\overline{H}_A = \overline{H}_0$, $H_{Et} = \overline{H}_E$, womit Gleichung (32) die Form annimmt

$$\frac{-H_{At}}{\overline{H}_0} = T_r \cdot \frac{dq}{dt} + q^2 \cdot [\alpha(1-\beta^2) \pm R_0] - 1,$$

bzw. unter Vernachlässigung des Reibungseinflusses und Voraussetzung konstanten Rohrquerschnittes

$$[\alpha(1-\beta^2) \pm R_0] = k = 0,$$

$$-\frac{H_{At}}{\overline{H}_0} = T_r \cdot \frac{dq}{dt} - 1.$$

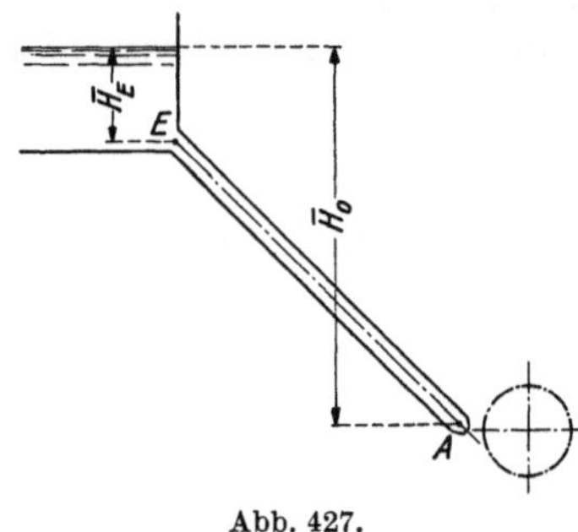

Abb. 427.

Das zur Zeit t wirksame Gefälle beträgt somit

$$H_t = H_{At} = \overline{H}_0\left(1 - T_r \cdot \frac{dq}{dt}\right). \tag{32a}$$

b) Turbine mit nachgeschalteter Rohrleitung (Saugrohr) (Abb. 428).

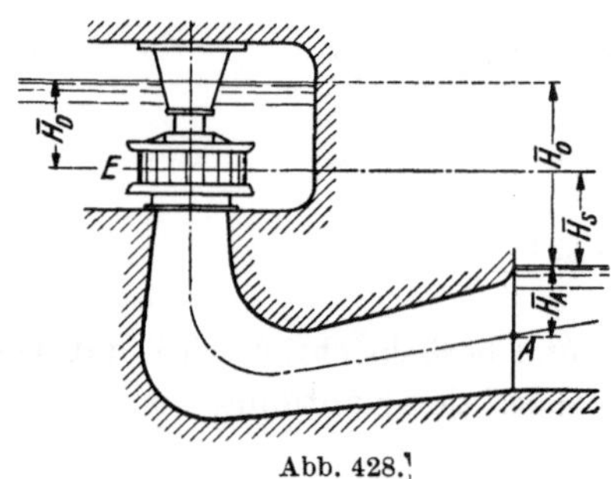

Abb. 428.[1]

Es gilt

$$H_{At} = \overline{H}_A, \quad \overline{H}_E = -\overline{H}_S \qquad [1]$$

und damit

$$\frac{H_{Et}}{\overline{H}_0} = T_r \cdot \frac{dq}{dt} + kq^2 - \frac{\overline{H}_S}{\overline{H}_0}.$$

Das wirksame Gefälle im Zeitpunkte t stellt sich mit $k = 0$ und wegen $\overline{H}_S + \overline{H}_D = \overline{H}_0$ dar zu

$$\frac{H_t}{\overline{H}_0} = \frac{\overline{H}_D}{\overline{H}_0} - \frac{H_{Et}}{\overline{H}_0} = -T_r\frac{dq}{dt} + 1, \quad H_t = H_0\left(1 - T_r \cdot \frac{dq}{dt}\right). \tag{32b}$$

c) Turbinen mit geschlossener Wasserzu- und -abführung.

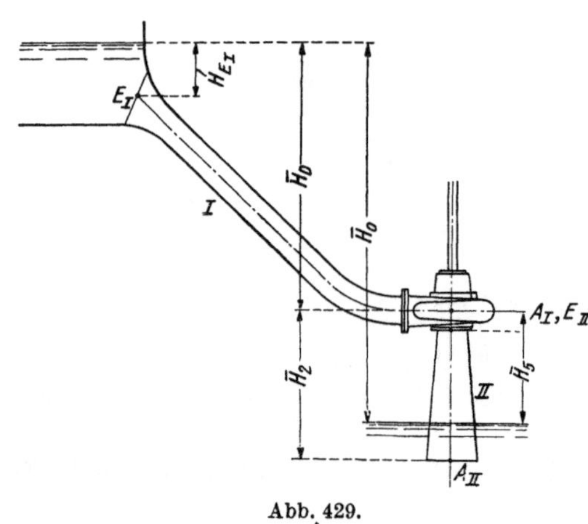

Abb. 429.

Es gelten gemäß Abb. 429

$$H_{Et_I} = \overline{H}_{E_I} \qquad \overline{H}_{A_I} = \overline{H}_D,$$

$$H_{At_{II}} = \overline{H}_2 - \overline{H}_S, \quad \overline{H}_{E_{II}} = -\overline{H}_S.$$

Gleichung (32) erhält somit für Strang I die besondere Form

$$-\frac{H_{At_I}}{\overline{H}_0} = T_{r_I} \cdot \frac{dq}{dt} + k_I q^2 - \frac{\overline{H}_D}{\overline{H}_0},$$

$$\zeta_{At_I} = -T_{r_I} \cdot \frac{dq}{dt} + \frac{\overline{H}_D}{\overline{H}_0} \quad (k_I = 0),$$

für Strang II

$$\frac{H_{Et_{II}}}{\overline{H}_0} = T_{r_{II}} \cdot \frac{dq}{dt} + k_{II}q^2 - \frac{\overline{H}_S}{\overline{H}_0}, \quad \zeta_{Et_{II}} = +T_{r_{II}} \cdot \frac{dq}{dt} - \frac{\overline{H}_S}{\overline{H}_0} \quad (k_{II} = 0).$$

Wie aus diesen Gleichungen ersichtlich, treten als Folge von Durchflußverringerungen Druckerhöhungen vor der Turbine, hinter dieser Druckerniedrigungen auf, bzw. umgekehrt bei Vergrößerung des Durchflusses. Ihre Wirkungen summieren sich hinsichtlich des wirksamen Gefälles, so daß dieses gesetzt werden kann

---

[1] $\overline{H}_D$, $\overline{H}_E$, $\overline{H}_S$ beziehen sich auf einen willkürlichen Punkt innerhalb des Schaufelraumes.

$$\frac{H_t}{\overline{H}_0} = \frac{H_{A t_I}}{\overline{H}_0} + \left(-\frac{H_{E t_{II}}}{\overline{H}_0}\right) = -\left(T_{r_I} + T_{r_{II}}\right)\frac{dq}{dt} + \frac{\overline{H}_D}{\overline{H}_0} + \frac{\overline{H}_S}{\overline{H}_0}, \quad (k_I = k_{II} = 0)$$

mit $\overline{H}_D + \overline{H}_S = \overline{H}_0$; das wirksame Gefälle gegenüber dem Beharrungszustand wird damit

$$H_t = \overline{H}_0\left(1 - \sum T_r \frac{dq}{dt}\right). \tag{32c}$$

Zur Bestimmung des zeitlichen Verlaufes der Druck- und Flußänderungen während der Überleitung in den neuen Beharrungszustand tritt zu den für die jeweilige Anordnung geltenden Beziehungen Gleichung (32a) bis (32c) die Charakteristik der angeschlossenen Strömungsmaschine.

Diese Gleichungssysteme sind in geschlossener Form analytisch nur unter stark einschränkenden Voraussetzungen zu lösen; andernfalls muß zu Näherungsverfahren, etwa dem der stufenweisen Integration, gegriffen werden. Im übrigen besteht auch die Möglichkeit, Grundsätze bereits besprochener graphischer Verfahren anzuwenden. Hierzu möge die Gleichung (32c), mit $k_I \neq 0$, $k_{II} \neq 0$ verallgemeinert, in der Form dargestellt werden

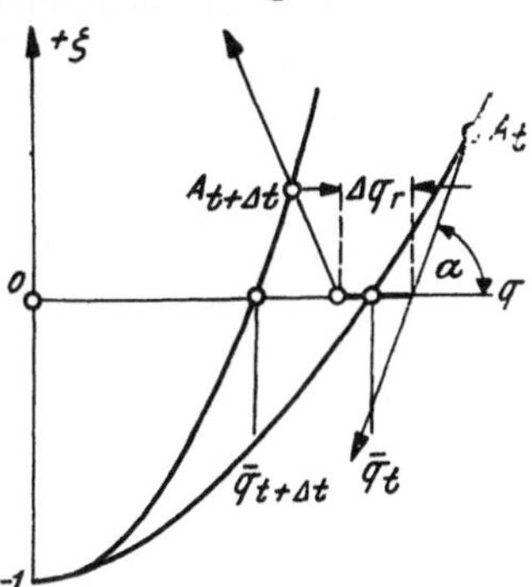

Abb. 430.

$$q_{t_1 + \Delta t} - q_{t_1} = -\frac{1}{\sum T_r}\int_{t_1}^{t_1 + \Delta t}\zeta_t\, dt - \frac{1}{\sum T_r}\int_{t_1}^{t_1 + \Delta t}\sum k\, q^2\, dt. \tag{33}$$

Unter der Voraussetzung, daß das Zeitintervall Δt genügend klein gewählt wird, kann der Wert des ersten Integrals durch den Mittelwert der an seinen Grenzen bestehenden Druckänderungen ζ_{t_1}, $\zeta_{t_1 + \Delta t}$ ersetzt werden (84). Wird der Wert des zweiten Integrals als mit Δq_r ermittelt angenommen, so besteht unter Voraussetzungen, welche die Anwendung der Gleichung (17a) zulassen, die Beziehung

$$\dot{q}_{t_1 + \Delta t} \cdot \sqrt{1 + \zeta_{t_1 + \Delta t}} - \overline{q}_t \cdot \sqrt{1 + \zeta_t} = -\left(\frac{\Delta t}{2\sum T_r}\cdot\zeta_{t_1 + \Delta t} + \frac{\Delta t}{2\sum T_r}\cdot\zeta_t\right) - \Delta q_r, \tag{33a}$$

welche in einem q,ζ-Koordinatensystem, in welchem die für q bestehende Abhängigkeit von ζ für bestimmte im Zeitabstande Δt vorhandene Öffnungswerte ψ durch die Schar von Kurven $\zeta = f(q)$ abgebildet ist, zur Darstellung gebracht werden kann.

Die Zuordnung einander im Zeitabstande Δt folgender Zustände gemäß Gleichung (33a) erfolgt nach Abb. 430, wobei die auf- und absteigenden Hilfsgeraden unter der Neigung $\operatorname{tg}\alpha = \pm\dfrac{2\sum T_r}{\Delta t}$ und im Abstand Δq_r, auf der q-Achse gemessen, verlaufen.

e) Die Anlaufzeit der Rohrleitung.

Für die unter dem Gefälle $\overline{H}_0$ stehende zylindrische, bzw. in ihren Querschnitten stetig veränderte Leitung gilt für die Anlaufzeit

$$T_r = \frac{L\,\overline{C}_0}{g\,\overline{H}_0}, \text{ bzw. } T_r = \frac{1}{g\,\overline{H}_0}\cdot\int_0^L C_{x0}\,dx. \tag{34}$$

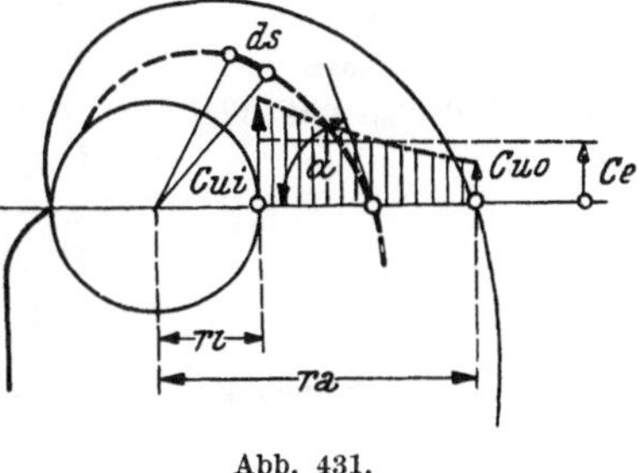

Abb. 431.

Falls das Betriebswasser dem Laufrad spiralförmig zugeleitet wird, kann unter Voraussetzung konstanter Breite des Profils und unter Bezug auf Abb. 431 der Mittelwert der Anlaufzeit gemäß

$$T_{rm}\cdot(r_a - r_i) = \frac{1}{g\,\overline{H}_0}\cdot\int_{r_i}^{r_a} dr \cdot \int_0^L C\,ds$$

definiert werden. Unter Annahme einer reinen Wirbelsenkenströmung ergibt sich daraus mit $k_1 = \dfrac{Q_0}{b\cdot\operatorname{tg}\alpha\cdot\varphi_a}$ und den Bezeichnungen der Abb. 431

$$T_{rm} = \frac{1}{g\,\overline{H}_0}\cdot\frac{2\,k_1}{\sin 2\alpha}\cdot\frac{r_a\,(\varphi_a\operatorname{tg}\alpha + 1) + r_i}{r_a - r_i}, \tag*{[1]}$$

____

[1] φ_a = Zentriwinkel der äußeren Spiralbegrenzung (in der Darstellung 180^0); ferner ist auf

bzw. folgt mit $\dfrac{Q_0}{b\,(r_a - r_i)} = C_e$ und unter Beachtung der durch die Kleinheit des Winkels α zulässigen Vereinfachungen nach Reihenentwicklung und Vernachlässigung der Glieder zweiter Kleinheitsordnung

$$T_{rm} = \frac{1}{g\,\overline{H}_0}\,C_e\,r_i\,\varphi_a, \qquad\qquad (34\,\text{a})$$

d. h. die Anlaufzeit der Spirale erscheint angenähert in Übereinstimmung mit der einer Ersatzrohrleitung von der Länge $r_i\,\varphi_a$ und der konstanten Durchflußgeschwindigkeit C_e.

Damit erscheinen auch jene Unterlagen gegeben, welche die Anlaufzeit einer zusammengesetzten Leitung, die sich als Summe der Anlaufzeiten der einzelnen Leitungsabschnitte darstellt, ermitteln lassen.

B. Die Drehzahlschwankungen des drehenden Systems bei Laständerungen.

Bezeichnungen:

t (sek)	Zeit in Sekunden;
$T_{s(\ddot{o})}$, $T'_{s(\ddot{o})}$ (sek)	Schluß- (Öffnungs-) Zeit für den vollen Hub und bei der vollen Servomotorgeschwindigkeit, Schluß- bzw. Öffnungszeit von Vollast bis Leerlauf;
M_t, $M_{\max}$ (mkg)	das im Augenblick t wirksame Antriebsmoment, das Maximalmoment;
M_s	Antriebsmoment, abhängig vom Reglerhub s $(\omega = \omega_m = \text{konst.})$;
M	Antriebsmoment (abhängig von s und ω);
$\varDelta\,M_s$	Änderung von M_s $(\omega = \omega_m)$;
$m_{(s)} = M_{(s)}/M_{\max}$	bezogenes Antriebsmoment;
$\varDelta\,m_{(s)}$	bezogene Änderung des Antriebsmomentes $M\,(M_s)$;
$m_{(s)_1}$	bezogene kleine Änderung von $M\,(M_s)$;
W_t (mkg)	das Lastmoment zur Zeit t;
w	bezogenes Lastmoment;
$N_t, N_{wt}, N_{\max}$ (mkg/sek^{-1})	erzeugte Leistung, Last, maximale Leistung;
$\omega_m\,(\omega_0)$, $\omega_{\max}$, ω_L (sek^{-1})	mittlere (Ausgangs-), maximale Winkelgeschwindigkeit bzw. im Leerlauf;
$\varDelta\,\omega$ (sek^{-1})	Abweichung von ω_m;
$\lambda = N_t/N_{\max}$	bezogene Leistung;
$\lambda_w = N_{wt}/N_{\max}$	bezogene Last;
$\varphi = \varDelta\,\omega/\omega_m$, $(\varDelta\,\omega/\omega_0)$	bezogene Drehzahlabweichung;
δ_1	Ungleichförmigkeitsgrad der starren Rückführung zwischen Vollast und Leerlauf;
δ	Ungleichförmigkeitsgrad der starren Rückführung, auf Servomotorhub bezogen;
$\Theta = \dfrac{G\,D^2}{4\,g}$ (kgmsek^2)	Trägheitsmoment des rotierenden Systems.[2]

a) Allgemeines.

Bei einer Änderung der Belastung kann die Angleichung der erzeugten Leistung an die geforderte nur allmählich und stetig durch entsprechende Änderung der Beaufschlagung der

der rechten Seite der Gleichung der Faktor $k_2 = \dfrac{\dfrac{r_a}{r_i}\cdot\left(ln\,\dfrac{r_a}{r_i} - 1\right) + 1}{\left(ln\,\dfrac{r_a}{r_i}\right)^2} = 1$ gesetzt, was nur für

$\dfrac{r_a}{r_i} \simeq 3$ zutrifft $\left(\dfrac{r_a}{r_i} = 1{,}5,\ k_2 = 0{,}68;\ \dfrac{r_a}{r_i} = 5,\ k_2 = 1{,}56\right)$.

---

[2] Alle mit dem System starr verbundenen Schwungmassen sind hierbei im Verhältnis des Quadrats ihrer Drehzahlen auf die Bezugsdrehzahl reduziert zu berücksichtigen; hinsichtlich des Einflusses elastisch gekuppelter Schwungmassen auf die Stabilität der Regelung s. S. 360.

Wasserturbine erfolgen, wodurch während des Ausgleichsvorganges Leistungsüber- bzw. -unterschüsse entstehen, die beschleunigend (verzögernd) auf das drehende System wirken. Es werde angenommen, daß der bestehende und durch die Übereinstimmung von erzeugter Leistung $\overline{N}_{t=0}$ und abgenommener Leistung $N_{wt=0}$ gekennzeichnete Beharrungszustand im Augenblick $t=0$ durch eine Änderung der letzteren nach 0—1 unterbrochen werde; der selbsttätige Regler suche in der Folge die erzeugte Leistung dem Verbrauch gemäß 0—2 anzupassen. Abb. 432.

Die Bewegung des Systems folgt der bekannten dynamischen Grundgleichung

$$(M_t - W_t) \cdot dt = \Theta \cdot d\omega; \qquad (35)$$

nach dieser tritt das Maximum der Geschwindigkeitsabweichung im Zeitpunkt t_1 ein, in welchem Antriebs- und Widerstandsmoment erstmalig übereinstimmen, und folgt aus der Auswertung der Gleichung (35) für $t = t_1$.

Eine dimensionslose Darstellung dieser Gleichung kann durch Einführung der *Anlaufzeit* T_a des Systems, d. i. jener Zeitdauer, innerhalb welcher der Maschinensatz unter Einwirkung des der Volleistung entsprechenden maximalen Momentes M_{max} vom Stillstand auf die normale Drehzahl n_m hochläuft, erreicht werden. Gemäß dieser Definition kann nach Gleichung (35) geschrieben werden

$$\overline{M}_{\mathrm{max}} \cdot T_a = \Theta \cdot \overline{\omega}_m$$

und nach Einführung von $M_{\mathrm{max}} \simeq \dfrac{N_{\mathrm{max}}}{\overline{\omega}_m}$

$$T_a = \frac{\Theta \, \overline{\omega}_m{}^2}{\overline{N}_{\mathrm{max}}}. \qquad (36)$$

Damit geht Gleichung (35) nach Integration in die Form

$$\int_0 \left(\frac{N_t}{\overline{N}_{\mathrm{max}}} - \frac{N_{wt}}{\overline{N}_{\mathrm{max}}} \right) dt = \frac{T_a}{2} \cdot \frac{\omega^2 - \overline{\omega}_m{}^2}{\overline{\omega}_m{}^2}$$

über, woraus unter Darstellung von ω gemäß $(\overline{\omega}_m + \Delta\omega)$ und unter Beschränkung auf kleine Abweichungen $\Delta\omega$

$$\int_0^t \frac{N_t - N_{wt}}{\overline{N}_{\mathrm{max}}} \cdot dt = \int_0^t (\lambda - \lambda_w) \, dt \simeq T_a \cdot \varphi \qquad (37)$$

folgt.

Die von der Turbine erzeugte Leistung hängt im allgemeinen von der augenblicklichen Leitradöffnung, der Drehzahl und dem wirksamen, d. i. dem von Trägheitswirkungen des Wassers mitbestimmten Gefälle ab. Auch für die Last, gegebenenfalls ihre zusätzlichen Komponenten (Reibungs-, Ventilationsverluste usw.) werden Abhängigkeiten von charakteristischen Betriebsgrößen, so der Drehzahl des Maschinensatzes u. a., bestehen.

b) Die Vernachlässigung der Massenträgheit des Betriebswassers.

Die analytische Lösung der Gleichung (37) ist nur unter vereinfachenden Voraussetzungen möglich, wie etwa:

a) die Änderung der Belastung auf den neuen Beharrungswert erfolgt plötzlich

$$N_{wt} = \overline{N}_2 = \mathrm{konst}; \qquad (38\,\mathrm{a})$$

b) Trägheitswirkungen in der Wasserführung werden vernachlässigt;

c) jeder Leistung $\overline{N}$ wird entsprechend einer linearen Drehzahl-Leistungscharakteristik eine bestimmte Beharrungsgeschwindigkeit zugeordnet, die sich aus

$$\overline{\omega}_N = \overline{\omega}_L - \delta_1 \cdot \overline{\omega}_m \cdot \overline{\lambda} \qquad (38\,\mathrm{b})$$

ergibt, mit $\overline{\omega}_L$ als Leerlaufdrehzahl und δ_1 den auf die normale Umlaufzahl bezogenen Drehzahlunterschied zwischen Vollast und Leerlauf.

d) Die durch die Regelung allmählich bewirkte Leistungsänderung erfolgt linear mit der Zeit

$$N_t = \overline{N_1} - \frac{\overline{N}_{\max}\cdot t}{T_s'}, \quad \text{bzw.} \quad \lambda = \overline{\lambda_1} - \frac{t}{T_s'}. \tag{38 c}$$

Gleichung (37) geht unter Berücksichtigung der Voraussetzungen a—d nach Integration über in

$$\varphi = -\frac{1}{2\,T_a\,T_s'}\cdot t^2 + \frac{\overline{\lambda_1}-\overline{\lambda_2}}{T_a}\cdot t - \delta_1\cdot\left(\overline{\lambda_1}-\overline{\lambda_m}\right); \tag{39}[1]$$

im letzten Glied der Gleichung (39) erscheint die voraussetzungsgemäße Abhängigkeit der beharrungsmäßigen Drehzahl von der erzeugten Leistung [Gleichung (38 b] berücksichtigt. Die Integrationskonstante ist hierbei aus der Anfangsbedingung

$$t = 0 \quad \overline{\varphi_0} = \delta_1\cdot\left(\overline{\lambda}_m - \overline{\lambda_1}\right)$$

ermittelt, während

$$\varphi_0' = \frac{\overline{\lambda_1}-\overline{\lambda_2}}{T_a}$$

aus Gleichung (39) folgt.

Die maximale Geschwindigkeitsabweichung kann mit

$$\varphi_{\max} = \frac{(\overline{\lambda_1}-\overline{\lambda_2})^2}{2}\cdot\frac{T_s'}{T_a} - \delta_1\cdot\left(\overline{\lambda_1}-\overline{\lambda_m}\right) \tag{39 a}$$

angegeben werden. Sie erscheint in dieser Darstellung von der mittleren Winkelgeschwindigkeit $\overline{\omega}_m$, die allgemein als Bezugsgeschwindigkeit auftritt, gemessen. Die Abweichung von der Drehzahl des ursprünglichen Beharrungszustandes, die durch das erste Glied dargestellt wird, zeigt sich proportional dem Quadrat der Belastungsänderung.

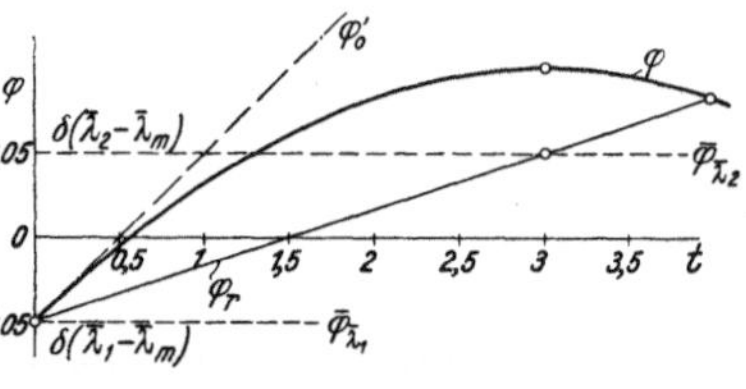

Unter Voraussetzung einer durch starre Rückführung stabilisierten Regelung ist die Annahme einer immer gleichen endlichen Regelgeschwindigkeit nur aufrechtzuerhalten für Belastungsänderungen, die einen Geschwindigkeitsanstieg

$$\varphi_0' = \frac{\overline{\lambda_1}-\overline{\lambda_2}}{T_a}$$ wesentlich größer als die Neigung $\frac{\delta_1}{T_s'}$ der Rück-

Abb. 433.

führlinie φ_r herbeiführen. Für kleine Belastungen kann sich daher nur ein kleinerer Wert der Regelgeschwindigkeit einstellen; es erscheint in der grundsätzlichen Arbeitsweise des Steuerventils begründet, eine stetige Zunahme der Regelgeschwindigkeit mit der Verstellung desselben aus seiner Mittellage anzunehmen.

Die analytische Behandlung des Regelvorganges unter Beibehaltung der Voraussetzungen a, b, c wird hierbei durch die Annahme

e) eines proportionalen Zusammenhanges zwischen Steuerkolbenverstellung und Regelgeschwindigkeit

erleichtert. Der Einfluß wechselnder Verstell- bzw. Haltekräfte auf die Geschwindigkeit der Arbeitskolbenbewegung bleibt hierbei unberücksichtigt.

Die Annahme e) findet ihren analytischen Ausdruck in

$$\frac{d\lambda}{dt} = -\frac{1}{n_1\,\delta_1\,T_s'}\cdot\left[\varphi - \delta_1\cdot\left(\overline{\lambda}_m - \lambda\right)\right]. \tag{38 e}$$

Hierbei stellt das Klammerglied die in der Winkelgeschwindigkeit ausgedrückte Verstellung des Steuerventils (s. Abb. 433) dar, die sich als Differenz von Pendelverstellung (φ) und Rückführung $\varphi_r = \delta_1\,(\overline{\lambda}_m - \lambda)$ darstellt. Zur Deutung des Proportionalitätsfaktors $-\frac{1}{n_1\,\delta_1\,T_s'}$ muß daran erinnert werden, daß infolge der Einführung der Arbeitskolbenbewegung in die Steuerung der Volleröffnung, bzw. dem Leerlauf der Turbine im Beharrungszustande (Steuerventil in

---

[1] $\overline{\lambda}_1$, $\overline{\lambda}_2$ — bezogene Beharrungsleistung vor bzw. nach der Belastungsänderung.

Mittellage) Drehzahlen zugeordnet sind, die sich um den Betrag $\delta_1\,\omega_m$ unterscheiden. Nach Gleichung (38e) tritt die volle Regelgeschwindigkeit

$$\left(\frac{dN}{dt}\right)_{\max} = -\,\frac{N_{\max}}{T_s}, \text{ bzw. } \frac{d\lambda}{dt} = -\,\frac{1}{T_s'} \qquad {}^1$$

bereits für eine Abweichung $n_1\,\delta_1$ von der Ausgangsgeschwindigkeit $\bar{\varphi}_1 = \delta_1\cdot(\bar{\lambda}_m - \bar{\lambda}_1)$ auf, wobei $n_1 < 1$ ist. Die Werte für n_1 liegen bei praktisch ausgeführten Steuerungen zwischen 0,1 und 0,3.

Unter Voraussetzung einer der Steuerventilverstellung proportionalen Regelgeschwindigkeit folgt die bezogene Drehzahlabweichung des Systems bei plötzlicher Belastungsänderung von $\bar{\lambda}_1$ auf $\bar{\lambda}_2$ aus den Beziehungen:

$$\frac{d\lambda}{dt} = T_a\,\varphi'' \tag{37a}$$

$$\lambda = T_a\,\varphi' + \bar{\lambda}_2$$

nach Gleichung (37); mit Gleichung (38e) ergibt sich zunächst

$$\varphi'' + \frac{1}{n_1\,T_s'}\cdot\varphi' + \frac{1}{n_1\,\delta_1\,T_s'\,T_a}\,\varphi = \frac{1}{n_1\,T_s'\,T_a}\cdot(\bar{\lambda}_m - \bar{\lambda}_2), \tag{40}$$

woraus sich die Lösungen

$$\text{a)} \quad k = \frac{2\,n_1\,T_s'}{\delta_1\,T_a} > 0,5 \quad \varphi = C_1\,e^{\alpha t}\cdot\sin\beta t + C_2\,e^{\alpha t}\cos\beta t + \delta_1\left(\bar{\lambda}_m - \bar{\lambda}_2\right)$$

$$\alpha = -\,\frac{1}{2\,n_1\,T_s'}, \quad \beta = \frac{1}{2\,n_1\,T_s'}\cdot\sqrt{\frac{4\,n_1\,T_s'}{\delta_1\,T_a} - 1} \tag{40a}$$

$$C_1 = \delta_1\cdot\left(\bar{\lambda}_2 - \bar{\lambda}_1\right)\cdot\frac{1 - k}{\sqrt{2\,k - 1}}, \quad C_2 = \delta_1\cdot\left(\bar{\lambda}_2 - \bar{\lambda}_1\right).$$

$$\text{b)} \quad k < 0,5 \quad \varphi = C_1\,e^{\alpha_1 t} + C_2\,e^{\alpha_2 t} + \delta_1\left(\bar{\lambda}_m - \bar{\lambda}_2\right)$$

$$\alpha_{1,\,2} = -\,\frac{1}{2\,n_1\,T_s'}\cdot\left(1 \mp \sqrt{1 - 2\,k}\,\right) \tag{40b}$$

$$C_{1\,(2)} = \mp\,\delta_1\left(\bar{\lambda}_2 - \bar{\lambda}_1\right)\cdot\frac{\dfrac{1}{\delta_1\,T_a} + \alpha_{2\,(1)}}{\alpha_1 - \alpha_2}$$

ableiten lassen.

Während im Falle b) die Enddrehzahl asymptotisch erreicht wird, tritt im Falle a) eine größte Abweichung

$$\varphi_{\max} = -\sqrt{\frac{k}{2}}\cdot\delta_1\cdot(\bar{\lambda}_2 - \bar{\lambda}_1)\,e^{-\frac{1}{\sqrt{2\,k - 1}}\cdot\arctan(-\sqrt{2\,k - 1})} + \delta_1\cdot(\bar{\lambda}_m - \bar{\lambda}_2) \tag{40c}$$

auf, die damit der Belastungsänderung $(\bar{\lambda}_2 - \bar{\lambda}_1)$ einfach proportional erscheint.

Gleichung (38e) und die vorangehenden Ableitungen sind in ihrer Gültigkeit beschränkt auf Steuerbewegungen, die keine größeren Verstellungen des Steuerventils aus seiner Mittellage als $n_1\,\delta_1$ nach sich ziehen. Darnach kann jene relativ größte Belastungsänderung $\Delta\,\lambda_{\max}$ bestimmt werden, bis zu welcher die lineare Abhängigkeit von größter Drehzahlabweichung und Belastungsänderung zutrifft. Darüber hinaus tritt eine steigende Annäherung an die quadratische Abhängigkeit der maximalen Drehzahlabweichung von der Belastungsänderung ein.

Abb. 434 zeigt in Abhängigkeit von letzterer, $(\bar{\lambda}_1 - \bar{\lambda}_2)$, die Werte der größten Drehzahlabweichung in der Form $\varphi_{\max}/\delta_1$; $\varphi_{\max}$ ist hierbei bezogen auf die Normaldrehzahl $\bar{\omega}_m$. Die Ordinaten zeigen also die Drehzahländerung $\dfrac{\varphi}{\delta_1}$ an, die infolge der Dynamik der Regelung eintreten. Die gesamte Drehzahlabweichung von der Ausgangsdrehzahl $\delta_1\,(\bar{\lambda}_m - \bar{\lambda}_1)$ aus ist um den durch die Statik der Regelung bedingten Betrag $\delta_1\,(\bar{\lambda}_1 - \bar{\lambda}_2)$, der durch das Ordinatenstück zwischen Abszisse und der Geraden $-\,(\bar{\lambda}_1 - \bar{\lambda}_2)$ gebildet wird, vergrößert.

---

^{1} Hierbei ist die Rückführung als nicht wirkend vorausgesetzt.

Die Parabeln mit $T_s'/\delta_1 T_a =$ konst. und die Geradenschar mit $2\,n_1\,T_s'/\delta_1 T_a =$ konst.[1] entsprechen den Verhältnissen bei konstanter, bzw. mit der Steuerventileröffnung proportionaler Servomotorgeschwindigkeit. Hierbei ist das Geltungsbereich der linearen Abhängigkeit des Wertes $\varphi_{\max}/\delta_1$ nach oben durch die Kurve $\varphi_{\max}/\delta_1 = f(\varDelta\lambda_{\max})$ begrenzt. $\varDelta\lambda_{\max}$ entspricht hierbei jener Belastungsänderung, bei deren Überschreitung die maximale Servomotorgeschwindigkeit auftritt.

Die vorstehenden Ausführungen beziehen sich auf Regelungseinrichtungen mit Stabilisierung durch starre Rückführung bzw. Rückdrängung. Für die *Beschleunigungsstabilisierung* — unter der idealisierten Voraussetzung einer proportionalen Wiedergabe der Beschleunigungswerte durch den Beschleunigungsmesser — tritt an Stelle der Gleichung (38e) die Beziehung

$$\frac{d\lambda}{dt} = -\frac{1}{T_s'\cdot\varphi_0}\cdot(\varphi + k_1\,\varphi'), \tag{38 f)[2]}$$

worin $\varphi/T_s\,\varphi_0'$ dem Anteil der Steuerventilverstellung entspricht, der vom Geschwindigkeitsmesser (Pendel) herbeigeführt wird, während $k_1\varphi'/T_s'\,\varphi_0'$ den vom Beschleunigungsmesser verursachten Anteil der Ventilverstellung darstellt. Die Einwirkungen des Geschwindigkeits- und des Beschleunigungsmessers sind hierbei so abgestimmt vorausgesetzt, daß die volle Servomotorgeschwindigkeit entweder durch eine Geschwindigkeitsänderung φ_0 oder eine Beschleunigungsänderung $\varphi_0' = \varphi_0/k_1$ herbeigeführt wird.

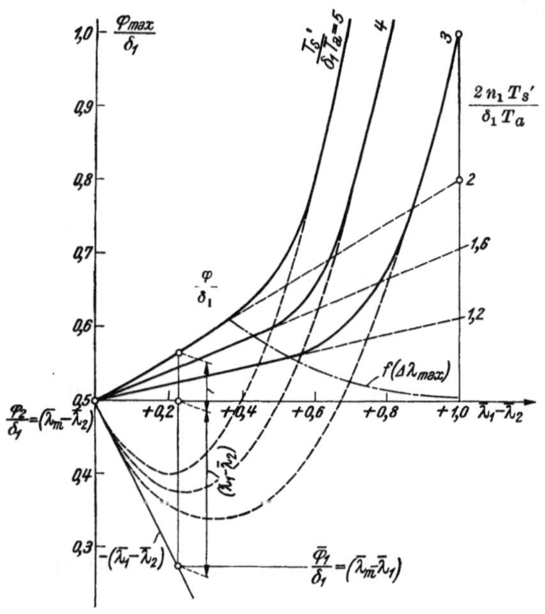

Zusammen mit der Gleichung (37a) folgt

$$\varphi'' + \frac{k_1}{T_s'\,T_a\,\varphi_0}\cdot\varphi' + \frac{1}{T_s'\,T_a\,\varphi_0}\cdot\varphi = 0 \tag{41}$$

und deren Lösung für

$$c = \frac{2\,T_s'\,T_a\,\varphi_0}{k_1{}^2} > 0{,}5$$

$$\varphi = \frac{\overline{\lambda}_1 - \overline{\lambda}_2}{\beta\,T_a}\cdot e^{\alpha t}\cdot\sin\beta t \tag{41 a}$$

mit

$$\alpha = -\frac{k_1}{2\,T_s'\,T_a\,\varphi_0} \quad\text{und}$$

$$\beta = \frac{k_1}{2\,T_s'\,T_a\,\varphi_0}\cdot\sqrt{\frac{4\,T_s'\,T_a\,\varphi_0}{k_1{}^2} - 1}.$$

Abb. 434.

Der Aufbau der Gleichung (41a) bestätigt formal die im Abschnitt I, erster Teil bemerkte Eigenschaft der Beschleunigungsstabilisierung, wonach hierbei im Gegensatze zur rückgeführten Steuerung die Anfangsdrehzahl mit der Enddrehzahl identisch ist. Die Amplitude der Überschwingung kann nach

$$\varphi_{\max} = \sqrt{T_s'\,T_a\,\varphi_0}\cdot\frac{\overline{\lambda}_1 - \overline{\lambda}_2}{T_a}\cdot e^{-\dfrac{1}{\sqrt{\dfrac{4\,T_s'\,T_a\,\varphi_0}{k_1{}^2} - 1}}\cdot\operatorname{arc\,tg}\sqrt{\dfrac{4\,T_s'\,T_a\,\varphi_0}{k_1{}^2} - 1}} \tag{41c}$$

errechnet werden.

Die Tatsache, daß bei der Beschleunigungsregelung die Beschleunigung in der ersten Regelphase auf eine Vergrößerung der Steuerventilerhebung hinwirkt — dies im Gegensatze zur rückführenden Steuerung —, läßt ein grundsätzlich verschiedenes Verhalten der Regelung bei kleinen Belastungsänderungen erwarten. Die vorstehenden Ausführungen schaffen in dieser Richtung die Unterlagen für den Vergleich beider Stabilisierungsformen.

Wird unter der in Hinblick auf den Zweck der Untersuchung selbstverständlichen Voraussetzung gleicher Anlauf- und Schlußzeiten der Regelungen die Beschleunigungsregelung so

---

[1] Für die Darstellung ist $n_1 = 0{,}2$ gewählt worden.
[2] S. Abb. 29, S. 16.

ausgelegt, daß $k_1 = \delta_1 T_a$ ist, so beträgt für k bzw. $c > 0{,}5$ das Dämpfungsdekrement im Falle der rückgeführten Regelung $- 1/2\, n_1 T_s{}'$ und im Falle der Beschleunigungsregelung

$$- \frac{k_1}{2\,T_s{}'\,T_a\,\varphi_0} = - \frac{\delta_1}{2\,T_s{}'\varphi_0}.$$

Da voraussetzungsgemäß φ_0 und $n_1\delta_1$ gleich groß sind, ist dieser Ausdruck identisch mit $-1/2\,n_1 T_s$; die Regulierungen sind also in bezug auf die Dämpfung gleich gut. Eine Vergrößerung des Wertes k_1 über den Wert $\delta_1 T_a$ der gleich gedämpften, rückgeführten Regelung bringt eine Vergrößerung der Dämpfung, also eine Verbesserung des Regelvorganges bei gleichem T_a mit sich.[1] Wird der praktischen Übung entsprechend die Drehzahlabweichung bei einer Laständerung auf die Drehzahl vor dieser bezogen, ergibt sich bei den angewendeten Stabilitätswerten rückgeführter Steuerungen bereits unter Voraussetzung gleicher Dämpfung die Überlegenheit der Beschleunigungsstabilisierung, soweit das Verhalten kleinen Belastungsänderungen gegenüber zur Betrachtung steht.

Änderungen von T_a beeinflussen jedoch die beiden Regelungsarten in verschiedenem Sinne. Während bei der rückgeführten Regelung für Werte von $k > 0{,}5$ die Dämpfung konstant bleibt (Abb. 435), also unabhängig vom T_a ist, bringt die Erniedrigung der letztgenannten Werte bei der Beschleunigungsregelung eine Erhöhung der Dämpfung. Diese zunächst merkwürdig anmutende Feststellung erfährt ihre Erklärung jedoch damit, daß die Wirksamkeit des Beschleunigungsorgans mit zunehmenden Beschleunigungswerten wächst, was anderseits durch geringe Schwungmassen begünstigt wird. In beiden Fällen wirkt die Verkleinerung von T_a auf eine Verkürzung der Pendelzeit. Dämpfung (b) und größte Drehzahlabweichung (b_1) bei Anwendung der Beschleunigungsstabili-

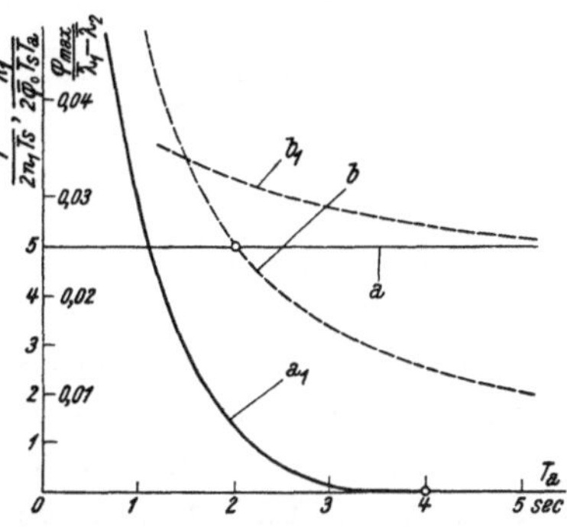

Abb. 435. a, b = Dämpfung bei rückgeführter, bzw. beschleunigungsabhängig stabilisierter Regelung. a_1, b_1 = größte Drehzahlabweichung.

sierung sind in ihrer grundsätzlichen Abhängigkeit von T_a ebenfalls in Abb. 435 dargestellt. Darnach steigt mit abnehmender Anlaufzeit die Dämpfung rascher als die maximale Geschwindigkeitsabweichung, so daß durch Verringerung der Anlaufzeit des Maschinensatzes der Regelungsverlauf, im ganzen gesehen, verbessert werden kann.

c) Die Berücksichtigung der Massenträgheit geschlossen geführter Wassersäulen.

1. Analytische Methode.

Auf rein analytischem Weg kann die nach einer plötzlichen Entlastung auftretende größte Drehzahlerhöhung, bezogen auf die Ausgangsdrehzahl, nach E. Braun (101) angegeben werden zu

$$\varphi_{\max} = \frac{n_1\,\delta_1}{2} + \varphi_{1\max}$$

mit

$$\varphi_{1\max} = \frac{0{,}5\,(\overline{\lambda_1} - \overline{\lambda_2})^2 \cdot T_s + 0{,}75 \cdot (\overline{\lambda_1} - \overline{\lambda_2})^2 \cdot T_r \cdot \left(1 - 0{,}4\,\dfrac{T_r}{T_s}\right)}{T_a + 0{,}25 \cdot (\overline{\lambda_1} - \overline{\lambda_2})^2 \cdot T_s}. \tag{42}$$

Hierbei ist vorausgesetzt:

1. ein linearer Zusammenhang zwischen Beharrungsmoment $\overline{M}$ und Beharrungsdrehzahl $\overline{n}$;[2]
2. konstante maximale Arbeitsgeschwindigkeit des Reglers (entsprechend der Schlußzeit T_s);
3. die Schluckfähigkeit nur abhängig vom Gefälle;
4. die Vernachlässigung der Elastizität von Wasser und Rohrwand.

In ihrer Anwendung ist die Formel (42) zu beschränken auf Werte der bezogenen Druck- und Drehzahländerung $< 0{,}5$, bzw. wegen Voraussetzung 2 auf Entlastungsänderungen $\overline{\lambda_1} - \overline{\lambda_2} \gtrless 0{,}5$.

---

[1] Bezüglich der Modifizierung der Verhältnisse durch die Massenträgheit geführter Wassersäulen s. S. 360.

[2] S. Abschnitt I, S. 11.

Die Auswirkung der veränderlichen Drehzahl während des Regelvorganges zeigt sich formal in einer scheinbaren Erhöhung der Anlaufzeit T_a, der Einfluß der Massenwirkung in einer Verlängerung der Schlußzeit, verglichen mit der Abhängigkeit der in gleicher Weise auf den ursprünglichen Beharrungszustand bezogenen größten Drehzahlabweichung Gleichung (39a). Mit $n_1\,\delta_1/2$ wird angenähert der allmähliche Einsatz der Regelung berücksichtigt, Abb. 436.[1]

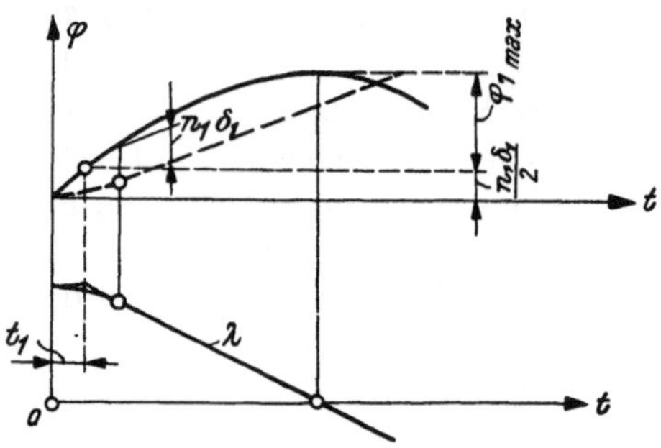

2. Graphisches Verfahren.

Die Verwirklichung einer gleichbleibenden maximalen Arbeitskolbengeschwindigkeit, wie sie die analytische Behandlung des Problems voraussieht, führt bei Rohrleitungsturbinen durch die notwendige Festlegung nach der Auswirkung von Regelvorgängen im Bereich der kleinen Öffnungen und den für das System geltenden Drucksteigerungsvorschreibungen dazu, daß Belastungsänderungen im Bereich größerer Öffnungen nicht mit der maximal zulässigen Geschwindigkeit ausgeregelt werden würden, also stärkere Drehzahlabweichungen als günstigerweise möglich eintreten. Für die optimale Ausregelung von Belastungsänderungen mit jeweils kürzester Gesamtschlußzeit erscheint es daher bei Rohrleitungsturbinen geboten, die — größtmögliche — Regelgeschwindigkeit gesetzmäßig über den Verstellhub zu verändern; die Auswirkungen jenes im System ungünstigsten Falles zu erwartenden Vorganges von Belastungsänderungen legen die Schließ- und Öffnungsgeschwindigkeit, bzw. ihre zweckmäßige Abstimmung in der Umgebung der betrachteten Öffnung fest. Zur Erläuterung sei auf die Abb. 452 (Beispiel 1) verwiesen, wo mit Unterlegung des einfachen Kurzschlußstoßes[2] und unter Annahme gleicher Schließ- und Öffnungsgeschwindigkeit für den betrachteten Öffnungswert abhängig von letzterem die höchstzulässige Regelgeschwindigkeit ermittelt ist. Hierbei ist vorausgesetzt, daß die Wassermenge bei einer bestimmten Öffnung als ausschließliche Funktion des im Augenblick wirksamen Gefälles angesehen werden kann (Freistrahlturbine bzw. Überdruckturbine mittlerer Schnelläufigkeit); unter dieser Annahme sowie unter der weiteren Voraussetzung, daß die Änderung des Turbinenwirkungsgrades mit der Einheitsdrehzahl (n_1') vernachlässigt wird, kann aus der zulässigen zeitlichen Folge der Öffnungswerte ψ und damit der Beharrungswassermengen $\bar{q}$ der zeitliche Verlauf der bezogenen Beharrungsleistungen $\bar{\lambda}$ ermittelt werden. Diese Größen lassen zusammen mit den gleichzeitigen, ebenfalls aus der zeitlich festliegenden Folge der Öffnungsänderungen anfallenden Druckänderungswerten ζ_t den zeitlichen Verlauf der Antriebsleistung während des Ausgleichsvorganges gemäß $\lambda = \bar{\lambda}\cdot(1 + \zeta_t)^{3/2}$ bestimmen.

Größte Drehzahlabweichung $\varphi_{\max}$ und Anlaufzeit T_a sind dann gemäß

$$\int\limits_0^{T_1} (\lambda - \lambda_w)\, dt = \frac{T_a}{2} \cdot \left[\left(\frac{\omega}{\omega_0}\right)^2 - 1\right]$$

aneinander gebunden[3], wobei T_1 jenen Zeitpunkt kennzeichnet, in welchem erstmalig das Leistungsgleichgewicht erreicht wird, bzw. die algebraische Summe der Leistungsunterschiede während des Reguliervorganges erstmalig ihren Höchstwert erreicht.

Abb. 436.

---

[1] Bei Ersatz des tatsächlich stetigen Momentenverlaufes durch einen mit voller Regelgeschwindigkeit von Anfang an vor sich gehenden, jedoch erst nach der Zeit t_1 einsetzenden Regelvorgang ergibt sich während der Zeitdauer der vorgestellten Unempfindlichkeit ein Drehzahlanstieg gleich $n_1\delta_1/2$.

[2] Ungünstigstenfalls folgen Öffnungs- und Schließvorgang im Zeitmaß der Reflexionsdauer aufeinander, wozu die Möglichkeit der Übereinstimmung letzterer mit der Auslösezeit eines der Überwachungsrelais gegeben sein muß. Andernfalls sind die praktisch vorliegenden Verhältnisse durch Aneinanderreihung der während der Auslösezeit überlaufenen Öffnungsintervalle, bzw. mit dem Teilwert des ersten Intervalles (Auslösezeit $<$ Reflexionszeit) zu berücksichtigen.

[3] Die Einsatzverzögerung kann durch eine entsprechende Anlaufkurve in ψ/t-Diagramm berücksichtigt werden.

Insoweit die vorausgesetzte Unabhängigkeit der Wassermengen und Leistungen von der Drehzahl nicht gegeben ist, also die Grenzbedingungen[1] nur durch ein zweifaches Kurvensystem (s. S. 328) dargestellt werden können, bedarf es der Vorwahl des im Maschinensatz unterzubringenden Schwungmomentes, um die gemachte Annahme hinsichtlich der am Ende des Rechnungsschrittes geltenden Grenzbedingung überprüfen zu können. Hierzu sei auf die Ausführungen S. 376, 377 (Beispiel Abb. 454, 455) verwiesen.

Für Regelvorgänge, die sich bei *konstanter* Leitradöffnung von Turbinen oder Pumpen abspielen, ist im Rahmen der Druckschwankungsberechnung nur die Variation der Randbedingung mit der Drehzahl zu berücksichtigen, bzw. deren zusätzliche Abwandlung durch die zeitlich sich ändernde Drosselwirkung vorgeschalteter Absperrorgane.[2]

Bei Anlagen mit im Verhältnis zum Gefälle langen Rohrleitungen kann aus der Erfüllung der Druckvorschreibungen durch Anwendung geringer Regelgeschwindigkeiten die Notwendigkeit unwirtschaftlich großer Schwungmassen folgen, um zu erträglichen Drehzahlabweichungen bei Laständerungen zu kommen. Um jedoch auch unter derartigen Verhältnissen die erforderliche rasche Anpassung der Beaufschlagung an die neue Leistungsanforderung zu erzielen, ohne den Fließzustand in der Rohrleitung ebenso rasch ändern zu müssen, finden für Überdruckturbinen bekanntlich Wechselauslässe oder Druckregler, letztere oder Strahlablenker für Freistrahlturbinen Anwendung.

Für die mit *Wechselauslässen* versehenen Turbinenanlagen können bei einer Auslegung des Schluckvermögens des ersteren gleich jenem der Turbine Druckschwankungen nur aus dem Umstande heraus entstehen, daß die Übereinstimmung der Schluckvermögen in zugeordneten Stellungen nur mehr oder weniger angenähert erreicht werden konnte. Bei Anlagen mit Druckreglern, bzw. doppeltgeregelten Freistrahlturbinen hingegen lösen *Belastungen* Druckerniedrigungen aus, in deren Folge positive Druckstöße mindestens in der Höhe der nachlaufenden Drucksteigerung bei gleicher Öffnung zu erwarten sind. Dieser Umstand ist bei Bemessung der Öffnungsgeschwindigkeit des Leitapparates derart ausgelegter Turbinen zu beachten, wobei noch die Möglichkeit eines der Öffnungsbewegung folgenden Schließvorganges zu berücksichtigen sein wird.

Für doppeltgeregelte Freistrahlturbinen bzw. Überdruckturbinen mit Druckregler ist die hinsichtlich der Druckvorschreibungen zulässige *Belastungsgeschwindigkeit* maßgebend für die Größe des anzuwendenden Schwungmomentes. Mit den für die üblichen Gewährleistungen notwendigen Schwungmassen werden Entlastungsvorgänge infolge der verhältnismäßig raschen Wirkung des Strahlablenkers, bzw. der mit der Anwendung des Druckreglers zulässigen kurzen Schlußzeit des Turbinenleitapparates auf geringere Drehzahlabweichungen als üblicherweise verlangt führen. Eine Verkleinerung der Schließgeschwindigkeit des nachlaufenden Systems (Düsennadel, Druckregler) ermöglicht in Hinblick auf die Druckvorschreibungen die Wahl höherer Öffnungsgeschwindigkeiten und wirkt damit im Sinne der Verringerung des notwendigen Schwungmomentes.

Bei *einfachen* Regelungen wird Schluß- und Öffnungszeit nach Möglichkeit so abzustimmen sein, daß die in den Gewährleistungen mittelbar zum Ausdruck kommenden Betriebserfordernisse mit einem erträglichen Schwungmoment erfüllt werden können, andernfalls eben zu den kombinierten Regelungssystemen zu greifen ist.

Inwieweit die Anpassung der Regelgeschwindigkeit der praktischen Ausführung an die theoretisch bestimmten Optimalwerte möglich ist, hängt von der Wahl des Drucköystems (Windkessel- oder Durchflußregler) und der Ausstattung der Steuerung ab; hierzu sei auf die Ausführungen der Abschnitte III, X verwiesen.[3]

Für die vorstehenden Betrachtungen war angenommen worden, daß während des ganzen Regelvorganges die Verschiebung des Steuerventils aus seiner Mittelstellung durch den Steuer-

---

[1] Unter Vernachlässigung der Abweichungen infolge des während der Ausgleichsvorgänge nicht stationären Zustandes der Strömung durch die Turbine.

[2] S. hierzu Beispiel 4, Abb. 455.

[3] Bei Durchflußreglern steht die Arbeitsölmenge in direkter Beziehung zur Drehzahl der Reglerölpumpe; bei Antrieb letzterer von der Turbinenwelle aus kann bei größeren Drehzahlabweichungen die Beachtung des Einflusses der Drehzahlsteigerung notwendig werden.

mechanismus so erfolgt, daß die der jeweiligen Leitapparatstellung zugeordnete größte Regelgeschwindigkeit erreicht wird. Diese Voraussetzung kann durch die Abbildung der gleichzeitigen Ventilerhebungen überprüft werden, was jedoch nur dann erforderlich wird, falls rück- oder nachführende Steuerungen mit starker Stabilisierungswirkung verwendet werden und falls es sich um geringe Lastschaltungen unter diesen Verhältnissen handelt.

d) Druck- und Drehzahlgewährleistungen.

Was die Druckvorschreibungen anbelangt, so beziehen sich diese in der Regel auf den Höchstwert der Drucksteigerung, der für Mitteldruckanlagen mit 25 bis 40%, für Hochdruckanlagen mit 10 bis 15% des statischen Gefälles zugelassen wird. Hierbei kann bei besonders hohen Gefällen oder durch die Betriebsverhältnisse bedingt auch eine Unterschreitung dieser Werte geboten erscheinen. Druckerniedrigungen dürfen die Rohrleitung nicht gefährden,[1] wobei auch bei an sich nicht ungünstigen Rohrleitungsverhältnissen Druckerniedrigungen über 40% des örtlich herrschenden statischen Gefälles nicht gerne zugelassen werden.

Als übliche Drehzahlgewährleistungen bei plötzlichen Laständerungen von

$$\begin{array}{cccl} \mp 25 & \mp 50 & -100\% & \text{der Vollast sind größte Drehzahlabweichungen von} \\ +(2,5\text{—}3) & +(5\text{—}6) & +(12\text{—}15)\% \\ -(3\text{—}3,5) & -(6\text{—}8) & \end{array} \left\} \text{der normalen Umlaufzahl, gemessen von der Drehzahl} \right.$$

vor der Belastungsänderung aus, anzusehen.

Für **Grundlastmaschinen** können die zugelassenen Drehzahlabweichungen, insbesondere jene bei Vollastabschaltung, weit höher als die obengenannten, für Frequenzmaschinen geltenden gewählt werden (-100%, $\varphi_{max} \leqq 25\text{—}35\%$),[2] wobei nur entsprechende Maßnahmen zur Beschränkung des Anstieges der Generatorspannung vorzukehren sind.

Bei *Freistrahlturbinen mit Doppelregelung* wirkt nicht nur das mit Rücksicht auf die Drehzahländerungen bei plötzlichen Belastungen zu wählende Schwungmoment, sondern auch die Möglichkeit einer verhältnismäßig hohen Arbeitsgeschwindigkeit der Strahlablenkerregelung sowie die mit der Wirkung der letzteren verbundene Verschlechterung des Turbinenwirkungsgrades günstig auf die Drehzahlabweichungen bei Entlastungsvorgängen. Größenmäßig können diese unter Benützung des jeweils gültigen Leistungsfeldes (Abb. 196) bestimmt werden, aus dem der Verlauf der Überschußmomente bei der vorgesehenen Arbeitsgeschwindigkeit der Regelorgane entnommen werden kann. Drucksteigerungen in der Rohrleitung erscheinen hierbei nicht berücksichtigt, was deren Kleinhaltung wegen als zulässig zu erachten ist.

Die Eigenart der Strahlablenkerwirkung — diese wieder verschieden für Strahlabschneider und Strahldrücker — bedingt jedoch eine anders geartete Abhängigkeit der Drehzahlabweichung von der Größe der Entlastung als oben aufgezeigt. So entspricht praktischen Ausführungen etwa

$$\begin{array}{ccc} -25 & -50 & -100 \ \% \ \text{Lastabnahme,} \\ +(3,5\text{—}4) & +(5\text{—}6) & +(8\text{—}10) \ \% \ \text{Drehzahlabweichung } (T_a \eqsim 8). \end{array}$$

Die Ermittlung der Drehzahlabweichung bei einer Änderung des Beharrungszustandes setzt nicht nur die Kenntnis des zeitlichen Ablaufes des Antriebsmomentes, sondern auch jenes des Lastmomentes während des Ausgleichsvorganges voraus. In den Fällen elektrischer Energieumsetzung wird letzteres bestimmt durch das Verhalten des Stromerzeugers und die Art seiner Belastung. Wie bereits früher ausgeführt, überwiegt bei Wasserturbinenantrieb der *Synchrongenerator* in der bei relativ langsam laufenden Antriebsmaschinen gepflegten Bauart mit innen rotierendem gleichstromerregtem Polrad mit ausgeprägten Polen und feststehender, in den Nuten des Ständereisens eingebetteter Drehstromwicklung. Die Wahl der elektrischen Hauptabmessungen und die konstruktive Durchbildung der elektrischen Maschine werden jedoch hier besonders beeinflußt durch die Notwendigkeit der Unterbringung eines schwierigeren Stabilitäts-

---

[1] S. zweiter Teil, Abschnitt A.

[2] Bei einer guten Schnellregelungsanordnung (s. S. 350) wird der auch bei der höheren Drehzahlsteigerung eintretende Spannungshöchstwert noch als im Rahmen des Zulässigen liegend angesehen werden können (s. Abb. 442, Spannungsmaximum 1,41 bzw. 1,51fache Nennspannung).

und Regelbedingungen gerecht werdenden Schwungmomentes sowie der Beachtung der Durchbrenndrehzahl in bezug auf die mechanische Festigkeit (106). Die zweitgenannte Größe liegt mit der Turbinentype fest und erhöht sich in bezug auf die Nenndrehzahl mit der spezifischen Schnelläufigkeit;[1] das Schwungmoment bestimmt maßgebend die Anstiegsgeschwindigkeit der Drehzahl sowie deren Höchstwert bei Laständerungen, Größen, welche die Spannungsregelung und deren Auslegung beeinflussen.

C. Das Verhalten der Synchronmaschine.

a) Leerlauf.

Der durch die Erregung der Läuferpole erzeugte magnetische Fluß wird zum größten Teil durch den Luftspalt in die Ständerwicklung getrieben (Hauptfluß), während nur ein kleiner Teil über den Läuferstreuweg von Pol zu Pol geht, ohne mit der Ständerwicklung verkettet zu sein. Die Höhe der Leerlaufspannung ist dem Hauptfluß und der Frequenz proportional, der Fluß seinerseits wieder abhängig von der Größe des Erregerstromes. Die bei Nennfrequenz bestehende Abhängigkeit von Leerlaufspannung und Erregerstrom (Leerlaufcharakteristik, Kurve a, Abb. 437) läßt erkennen, daß für höhere Werte des Erregerstromes eine weitere Verstärkung des letzteren keine wesentliche Spannungssteigerung mehr zur Folge hat (Sättigung); diese Erscheinung wirkt im Sinne einer Begrenzung von Spannungserhöhungen.[2]

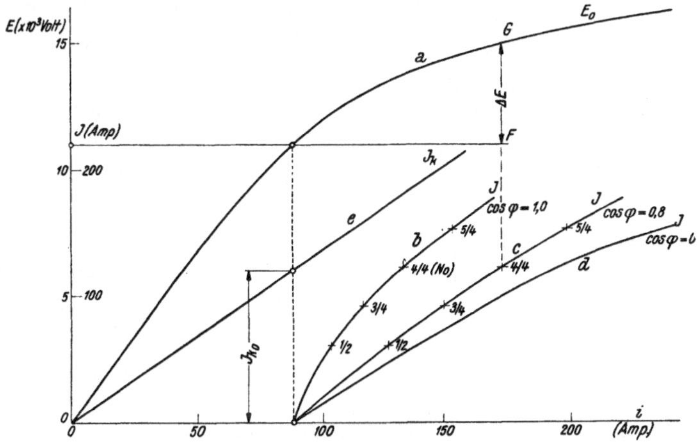

b) Belastung.

Im Gegensatz zur Gleichstrommaschine ist die Synchronmaschine hinsichtlich ihrer Spannung stark lastabhängig. Das durch die Ständerströme erregte „synchrone" Drehfeld[3] ist für die Spannungsverhältnisse nicht minder bedeutsam wie die Gleichstromerregung der Pole. Es wirkt meist der Erregung letzterer entgegen und hat daher einen kräftigen Spannungsabfall zur Folge.

Der bei Strombelastung der Ständerwicklung neben dem Hauptfluß vorhandene Streufluß induziert in der Ständerwicklung einen Spannungsabfall (*Ständerstreuspannung*), der bei modernen, weit ausgenützten Maschinen für Wasserturbinenantrieb mit etwa 10 bis 20% der Nennspannung angenommen werden kann.

Die Wirkung der Belastungsströme im Ständer ist außer von ihrer Höhe stark abhängig von der Phasenverschiebung zwischen Strom und Spannung (s. Kurven b—d der äußeren Charakteristik, Abb. 437).[4] Überwiegend induktive Verbraucher wirken stärker spannungssenkend als OHMsche (cos $\varphi = 1$), kapazitive sogar spannungserhöhend.

Abb. 437. Kennlinien eines Drehstrom-Generators 2350 KVA cos $\varphi = 0{,}8$ 11.000 Volt 123 Amp. 214 U/min.
a = Leerlauf, b, c, d = Belastung, e = Kurzschluß.

---

[1] Das Verhältnis von Durchbrenndrehzahl zur Normaldrehzahl bewegt sich etwa zwischen den Grenzen 1,8:1 bei Freistrahlturbinen, und 2,8:1 bei den spezifisch rasch laufenden Kaplan-Maschinensätzen.

[2] Der Eisenpfad setzt bei kleiner Dichte des Flusses letzterem praktisch keinen Widerstand entgegen, so daß die Erregung im unteren Teil der Leerlaufkennlinie ausschließlich durch den magnetischen Widerstand des Luftspaltes bedingt ist, dessen Erregungsbedarf streng linear der Flußdichte ist. Bei höherer Induktion wächst der magnetische Widerstand des Eisens so sehr an, daß hierdurch der erreichbare Fluß überhaupt und damit die Leerlaufspannung praktisch begrenzt werden.

[3] Feld, erzeugt durch den Ständerstrom, synchron mit dem Polrad umlaufend.

[4] In die vorgenannte Abbildung ist auch die Kurzschlußkennlinie eingetragen. Danach besteht eine streng lineare Abhängigkeit des bei einem dreiphasigen Kurzschluß im Ständer fließenden

c) Spannungsregelung.

Aus den äußeren Kennlinien *b—d* (Abb. 437) geht hervor, daß ein Betrieb moderner hochbelasteter Stromerzeuger mit gleichbleibender Erregung unbefriedigend ist. Um bei Änderungen der Belastung die erforderliche Gleichhaltung der Spannungen zu erreichen, ist je nach der Charakteristik der Maschine die an das Feld gelegte Spannung regelbar zu gestalten,[1] wobei das Verhältnis der Spannungsgrenzwerte bei hoch ausgenützten Maschinen Werte von 1:5 und darüber annehmen kann.

Für die Regelung der Läuferspannung bestehen verschiedene Verfahren. So kann ein fein regelbarer Widerstand im Feldkreis des Stromerzeugers, angelegt an die ungeregelte Spannung der Erregermaschine oder an ein Gleichstromnetz, den Erregerstrom bestimmen (Abb. 438a). Dieser Anordnung haftet der Nachteil an, daß letzterer mit seinem vollen Wert über die Kontakte des Regelwiderstandes geleitet werden muß, so daß dessen Verstellkräfte bedeutend und damit für eine automatische Regelung ungünstig werden können; auch können die Verluste im Widerstand den Wirkungsgrad der Maschine merklich beeinflussen. Aus diesen Gründen wird der *Magnetregler* nur noch selten angewendet; zweckmäßiger wird die Spannung der Erreger-

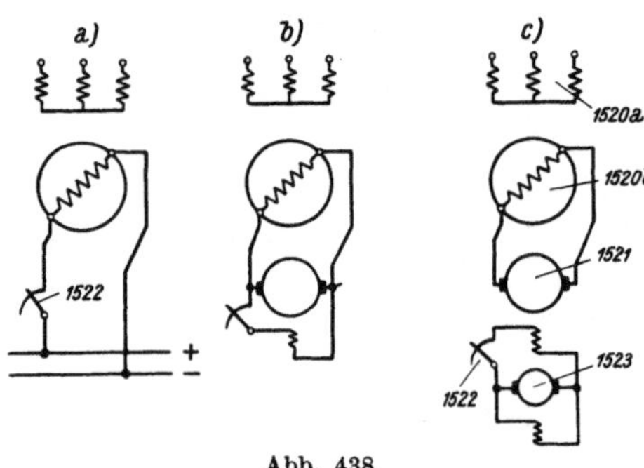

Abb. 438.

maschine durch Beeinflussung ihres Erregerstromes geändert. Die einfachste Schaltung dieser Art mit *Nebenschlußregler* im Feld der Erregermaschine (Abb. 438b) genügt der Bedingung, daß die Maschine zwischen Leerlauf und Vollast erregt werden kann und findet daher weitgehende Anwendung. Falls jedoch die Erregerspannung sehr weit herabgeregelt werden muß oder hohe Anforderungen an die Geschwindigkeit der Regelung gestellt werden, ist die Schaltung mit *Haupt- und Hilfserreger* am Platze (Abb. 438c). Hierbei wird die Spannung der Hilfserregermaschine konstant belassen und nur jene der Haupterregermaschine durch ihren zugehörigen Feldregler geändert. Da im letzteren Falle höhere Widerstände erforderlich werden, welche eine weitergehende Stufung ermöglichen, läßt sich eine wesentlich stabilere Regelung als für Anordnungen nach Abb. 438b erzielen;[2] die Änderungsgeschwindigkeit der Erregerspannung beträgt ein Vielfaches der bei Selbsterregung möglichen und kann überdies durch die Wahl einer höheren Hilfserregermaschinenspannung noch gesteigert werden.[3] Ferner werden stabile

---

Stromes vom Erregerstrom. Für das Kurzschlußverhältnis (Kurzschlußstrom J_{k0} bei Leerlauferregung zu Nennstrom J_n) ist mit Rücksicht auf die Spannungssteifigkeit der Maschine ein möglichst großer Wert anzustreben, der bei gut ausgenützten schnellaufenden Maschinen (etwa 600 U/min) etwa 0,8, bei langsam laufenden 1 erreicht. Wesentlich höhere Werte sind nur durch Vergrößerung der Maschinen zu erzielen.

[1] Die Kurve *c* läßt erkennen, daß zwischen Leerlauf und Vollast (cos φ = 0,8) die Erregung von 88 A auf 172 A gesteigert werden muß. Der Widerstand der Feldwicklung bei kalter Maschine (15°) = 0,78 Ohm steigert sich im Betrieb bei erwärmter Maschine etwa auf 1,0 Ohm. Die Spannung am Feld hat also mindestens zwischen 88 A × 0,78 Ohm = 69 V und 172 A × 1,0 Ohm = 172 V regelbar zu sein.

[2] Der Stromerzeuger mit den Kennlinien Abb. 437 ist nach obiger Fußnote zwischen 69 und 172 V zu regeln. Die Erregerströme der Erregermaschine sind bei 69 V 1,9 A, bei 172 V 5,9 A. Der Widerstand des Feldkreises der Erregermaschine ist daher bei Selbsterregung nur zwischen 36,5 und 29 Ohm zu verändern. Wird das Feld hingegen von einer Hilfserregermaschine konstant mit 220 V erregt, so hat das Verhältnis der Widerstände 117 zu 37 Ohm zu betragen.

[3] Die Spannung am Feld der Erregermaschine wird bei Regelvorgängen teilweise im Ohmschen Widerstand verbraucht und teilweise für die Änderung des magnetischen Flusses benützt;

$$U = i \cdot R + w \cdot \frac{d\Phi}{dt} \cdot 10^{-8}.$$

(U = Spannung am Feld in Volt, i = Strom in Ampere, R = Widerstand in Ohm, Φ = Fluß der Erregermaschine in Maxwell, w = Windungszahl, t = Zeit in Sekunden.)

Der Betrag $U - i \cdot R$ ist also der für die Änderung des Flusses und damit der Erregerspannung zur Verfügung stehende Spannungsüberschuß bei Regelvorgängen. Angenommen, daß durch einen

Verhältnisse selbst noch bei Erregerspannungen erzielt, die bei Anwendung von selbsterregten Erregermaschinen infolge des zeitlich wechselnden und unsicheren Spannungsabfalles an den Bürsten nicht mehr sicher beherrscht werden und die Anwendung der selbsterregten Erregermaschine bei Erregerspannungsbereichen über 1:5 nicht berechtigt erscheinen lassen.

Selbsttätige Spannungsregler.

Bei den Anforderungen, die an die Spannungshaltung gestellt werden, kommen heute nur noch Regeleinrichtungen in Frage, die in der Lage sind, schnell[1] und kräftig überzuregeln. Grundsätzlich ist hierbei festzuhalten, daß ein schneller Regler nur dann voll zur Wirkung

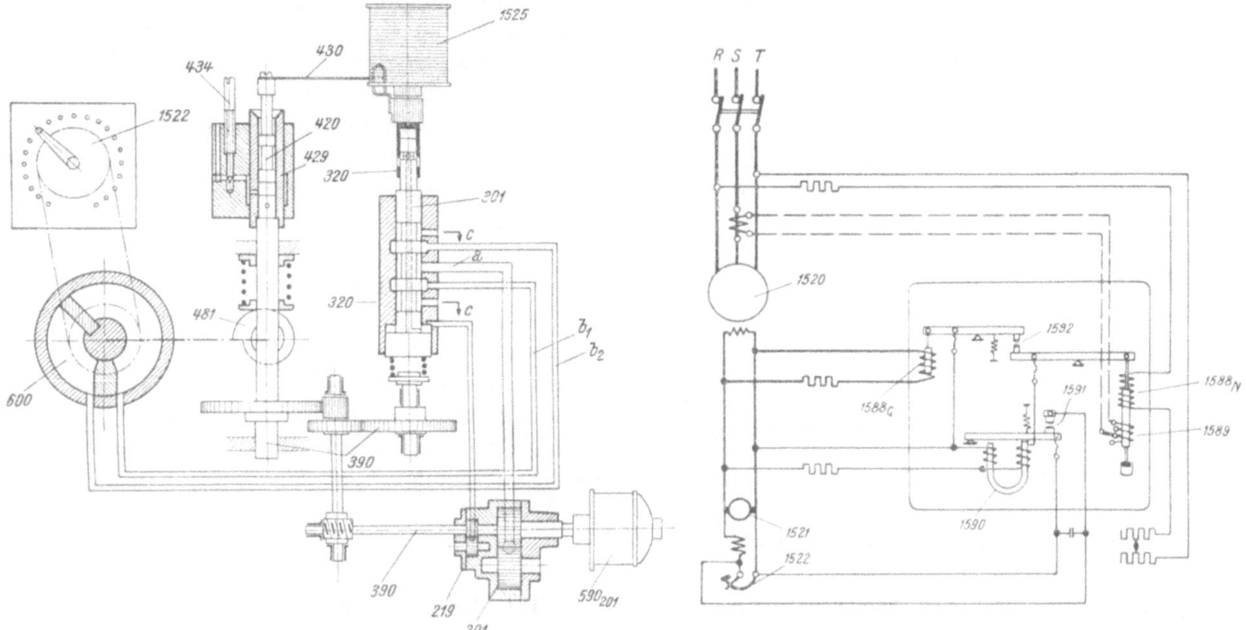

Abb. 439. Thoma-Regler.   Abb. 440. Tirrill-Regler.

kommt, wenn er in einer schnellwirkenden Erregungsanordnung arbeitet. Die Beachtung dieses Umstandes ist von großer Wichtigkeit (**103**).

Allen Spannungsreglern gemeinsam ist ein elektrischer Spannungsmesser als Führungsorgan. Die Veränderung der Erregerspannung kann nun stetig durch die Veränderung eines von letzterem gesteuerten und elektrisch oder hydraulisch betätigten Widerstandes in einer der vorgenannten Anordnungen erfolgen, wobei des mittelbaren Regelvorganges halber sowie zur Herbeiführung der erforderlichen Empfindlichkeit besondere Stabilisierungsmaßnahmen und die Verstärkung des Steuerimpulses (Vorsteuerung) erforderlich werden (Abb. 439).

Grundsätzlich unterschiedlich hiervon kann (Abb. 440) durch taktmäßiges Einschalten und Kurzschließen des im Feld der Erregermaschine vorgesehenen Widerstandes[2] der

---

Schalter zur Zeit $t = 0$ die Widerstände so geändert werden, daß die Erregermaschine von Leerlauf auf Vollasterregung übergeht, ergibt sich für den Spannungsüberschuß im ersten Augenblick

a) bei Selbsterregung: $t = 0$, $i = 1,9\,\text{A}$, $U = 69\,\text{V}$, Übergang von 36,5 Ohm auf 29 Ohm, $U - i \cdot R = 14\,\text{V}$;

b) bei Erregung durch Hilfserreger 220 V (Widerstandsänderung von 117 auf 37 Ohm), $U - i \cdot R = 150\,\text{V}$;

c) bei Erreger durch Hilfserreger 440 V (Widerstandsänderung 234 Ohm auf 74 Ohm), $U - i \cdot R = 300\,\text{V}$.

Die Änderungsgeschwindigkeit der Erregermaschinenspannung ist also bei Hilfserregung mit 220 V (konstant) rd. das Zehnfache, bei einer Hilfserregerspannung von 440 V das Zwanzigfache des Wertes für Selbsterregung.

[1] Trägregler haben heute jede Bedeutung verloren.

[2] Der gesteuerte Widerstand läßt im eingeschalteten Zustand nur etwa 50% der Maschinenleerlaufspannung erreichen.

erforderliche Wert der Erregerspannung als Mittelwert herbeigeführt werden, wobei dieser durch das — veränderlich vom Spannungsmesser gesteuerte — Taktverhältnis[1] bestimmt wird. Die magnetische Trägheit des Läuferfeldes verhindert bei der gewählten hohen Taktzahl von 200 bis 400/min. eine Auswirkung der schwankenden Erregerspannung auf der Ständerseite (Abb. 441) (104).

Für den Parallelbetrieb von in ihrer Spannung geregelten Generatoren kann aus analogen Gründen, wie in Abschnitt IV auseinandergesetzt, eine Erregung auf konstante Spannung nicht vorgesehen werden, ohne Gefahr zu laufen, daß die Erregung der Maschine an ihre Grenzwerte getrieben wird, was entweder zu einer überhöhten Erregung und Blindstromabgabe, bzw. zum Außertrittfallen infolge Entregung mit Herbeiführung eines kurzschlußartigen Betriebszustandes Veranlassung gibt. Ähnliche Zustände sind zu erwarten, wenn die Maschinen auf eine Sammelschiene parallel arbeiten. Um zu einer eindeutigen Verteilung der Blindlast zu kommen, muß eine bleibende Ungleichförmigkeit in die Spannungshaltung eingeführt werden; dies in grundsätzlicher Übereinstimmung mit den Erfordernissen einer geregelten Wirklastverteilung durch die Turbinenregler parallel arbeitender Antriebsmaschinen.

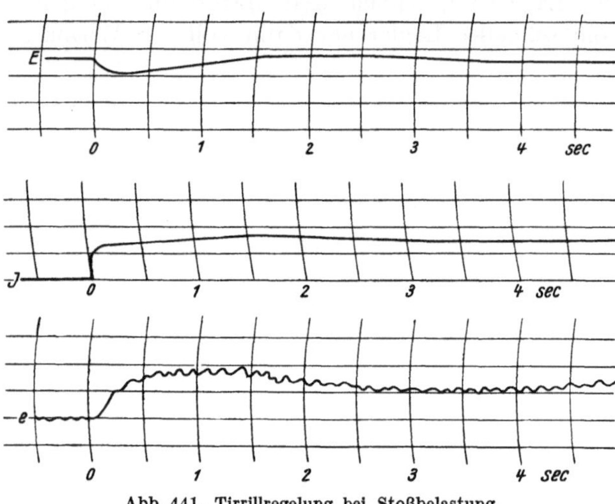
Abb. 441. Tirrillregelung bei Stoßbelastung.

Erfahrungsgemäß genügt beim Tirrilregler für den einwandfreien Parallelbetrieb eine Statik von etwa 1 bis 2% Spannungsdifferenz von Leerlauf bis Belastung mit Maschinennennstrom.

d) Der Stromerzeuger bei schnellen Laständerungen.

Momentane Laständerungen kommen betriebsmäßig vor allem beim Anlauf größerer Drehstrommotoren[2] vor, ansonsten durch Laststöße, die sich bei Störungen im Netzbetrieb ergeben. So können nach dem Abschalten von Kurzschlüssen Maschinen voll entlastet werden und die am Netz bleibenden Maschinen gezwungen sein, den Leistungsausfall zu übernehmen. Besonders störend können sich Kurzschlüsse auswirken, die zu starken Stromüberlastungen und Spannungssenkungen führen, unter deren Wirkung die Maschinensätze außer Tritt fallen können. Bei allen schnell verlaufenden Laständerungen wirken die damit eingeleiteten Ausgleichsvorgänge in der Maschine im ersten Moment stark im Sinne der Aufrechterhaltung der Spannung. Hierbei tritt zunächst infolge der Trägheit der magnetischen Felder in der Läuferwicklung nur ein wesentlich unter dem Wert der stationären Spannungsänderung liegender „Spannungssprung" auf, gebildet aus Ständerstreuspannung und einem Anteil der Läuferstreuung, um erst nach einigen Sekunden auf den der ungeändert gebliebenen Erregung entsprechenden stationären Wert abzusinken. Dieser Abklingvorgang erleichtert die Spannungsregelung der Maschine außerordentlich. Der in der Läuferwicklung im Augenblick des Belastungsstoßes hervorgerufene Gleichstrom, welcher das Feld aufrechtzuerhalten sucht, braucht also von der Erregermaschine nicht aufgedrückt zu werden, so daß es bei entsprechend rascher Steigerung der Erregerspannung gelingt, wohl nicht den Spannungssprung, so doch die nachfolgende, dem stationären Wert zustrebende Spannungsänderung überhaupt zu unterdrücken (Schnellregelung).

Plötzliche Entlastungen. Die vorliegenden Verhältnisse werden beeinflußt durch die während des Ausgleichsvorganges eintretende Drehzahländerung. Falls hierbei die Erregung ungeändert bliebe, würden, ausgehend von der stationären Spannungsänderung ΔE (Abb. 437), Spannungs-

---

[1] Verhältnis von Kurzschluß- zu Einschaltzeit.

[2] Größtleistung etwa 5000 kW = 17500 kVA Aufnahme bei cos $\varphi \cong 0{,}3$.

und Drehzahländerungen proportional verlaufen (untere Grenzkurve *a*, Abb. 442). Die Drehzahlerhöhung bringt aber eine Vergrößerung der Erregerspannung mit sich, so daß mit Eintritt der Sättigung Werte der Spannung, der Drehzahl durch die Kurve *b* („obere Grenzkurve") zugeordnet, erreicht werden können. Die Werte der Spannung bei unveränderter Reglerstellung liegen zwischen den Werten der genannten Kurven. Bei Anwendung einer Schnellregelung hingegen, bei der es nur, wie vorerwähnt, zur Ausbildung des Spannungssprunges zu kommen braucht, ist zu erwarten, daß hierdurch zumindest eine weitere Steigerung des magnetischen Flusses unterbunden werden kann. Die Maschinenspannungen werden daher bei plötzlichen Entlastungen Werte, die über Kurve *c* (Abb. 442) liegen, nicht annehmen.

Der Vergleich der vorerwähnten Kurven zeigt deutlich den Vorteil einer guten Spannungsschnellregelung gegenüber einer Erhöhung des Schwungmomentes zur Herabsetzung des Drehzahlanstieges.[1]

Entregung. Diese ist unbedingt vorzusehen bei Hochspannungsmaschinen, wobei bei kleineren Maschinenleistungen die Einschaltung eines Widerstandes im Erregerkreis der Erregermaschine, bei größeren Einheiten diese auch im Läuferkreis vorzusehen ist (**Widerstandsentregung**) (**105**), bzw. etwa eine Anordnung mit Schwingungswiderstand (**motorische Entregung**) (**107**) Anwendung finden kann.

Die Entregung verhindert Auswirkungen von Schäden in der Maschine und bietet die Gewähr, daß auch beim Durchgehen der Turbine keine unzulässige Spannungserhöhung auftritt. Letztere wird auch dann möglich, falls die Maschine etwa durch Schalterfall am Ende einer längeren Hochspannungsleitung diese speist und damit überwiegend kapazitiv belastet wird. Eine zusätzliche Drehzahlerhöhung der Maschine kann, da der Ladestrom mit der Frequenz steigt, die Verhältnisse weiterhin ungünstig beeinflussen.

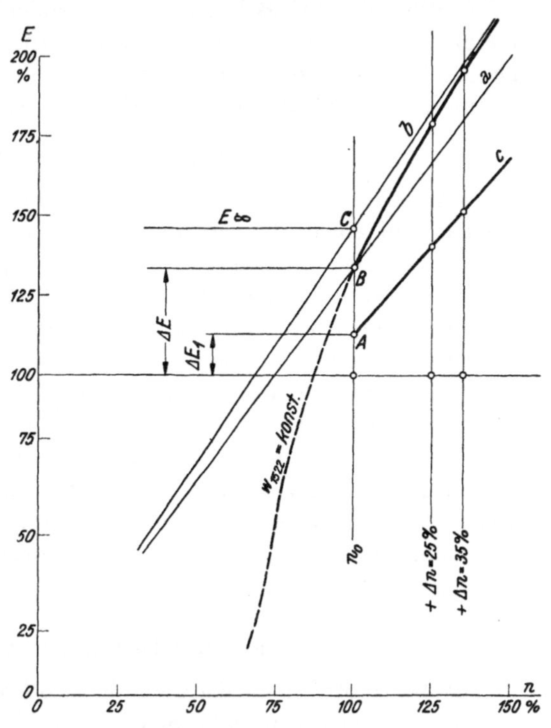

Abb. 442. Spannungsverlauf bei plötzlicher Entlastung und Drehzahlerhöhung.

a = untere Grenzkurve.   *b* = obere Grenzkurve.   *c* = bei Schnellregelung (konstanter Fluß).

Plötzliche Belastungen. Zu den durch den Verlauf der täglichen Lastschwankungen bedingten langsamen Leistungsänderungen, die ohne Schwierigkeiten ausgeregelt werden können, treten im praktischen Betrieb Laständerungen, welche sich innerhalb weniger Perioden abspielen. Hierher gehört vor allem

a) der Anlauf von Drehstrommotoren mit Hilfe ihrer Anlaufkurzschlußwicklung. Zur Aufnahme der hierbei auftretenden Stromstöße, die nach etwa 10 bis 20 Sekunden abgeklungen sind, bedarf es eines Netzes entsprechender Stärke,[2] bzw. muß eine einzelne Maschine etwa die drei- bis vierfache kVA-Leistung, bezogen auf den größten anfallenden Scheinleistungsstoß, aufweisen, um ein zu starkes Absinken der Spannung zu vermeiden;

b) bei elektrischen Öfen (Induktionsöfen, ausgeführt bis etwa 250 kW, Lichtbogenöfen bis 7000 kVA cos φ = 0,9—0,8, somit 5000 bis 6000 kW) muß mit momentanen Laständerungen — für die zweitgenannte Form bis etwa in Höhe der halben Wirkleistung — gerechnet werden, die etwa in 1 bis 2 Sekunden durch die Ofenregulierung beseitigt werden.

c) Als betriebsmäßig wichtigster Fall ist die plötzliche Lastübernahme, bedingt durch den Ausfall der Leistung von ein oder mehreren Generatoren des gleichen Netzes, anzusehen. Für

---

[1] S. a. S. 340

[2] Die Zuschaltung des Motors in der unter Fußnote 2, S. 352, genannten Leistung und Form setzt mindestens eine Netzleistung von 50000 kVA voraus.

die Turbinenregelung ist hierbei die Frage von Wichtigkeit, ob die plötzliche Laständerung voll mechanisch vom Schwungrad übernommen werden muß oder ob durch die mit dem Spannungssprung und der nachfolgenden, durch den Spannungsregler auszuregelnden Spannungssenkung eine Entlastung hinsichtlich der Wirkleistung eintritt. Dabei ist die Art der Belastung und die Schnelligkeit der Spannungsregelung maßgebend.

1. Motorlast.

Unter der Voraussetzung einer einigermaßen schnellwirkenden Spannungsregelung kommt ein Einfluß der bei Belastung eintretenden Spannungssenkung auf die Wirkleistungsabgabe nur in Größen zweiter Ordnung (Schlupfänderung der Asynchronmotoren) zum Ausdruck. Falls die Drehstrommotoren ihrerseits gegen konstante Momente arbeiten, wird die seitens des Stromerzeugers abzugebende Leistung linear mit der Drehzahl angenommen werden können.

2. Stoßweise Widerstandsbelastung.

Dieser Fall tritt im allgemeinen nur dann ein, wenn etwa bei Abnahmeversuchen der Stromerzeuger auf einen Wasserwiderstand geschaltet wird. Die Leistungsaufnahme des letzteren ist quadratisch abhängig von der Spannung und unabhängig von der Frequenz.

Bei idealer Spannungsregelung wäre also die Leistung unabhängig von der Drehzahl. Wird der Versuch so vorgenommen, daß bei abgeschaltetem Regler eine bestimmte Spannung im Leerlauf eingestellt und der Generator auf den Widerstand geschaltet wird, so klingt nach dem Spannungssprung der Fluß mit der Hauptfeldkonstanten auf den neuen stationären Wert ab. Diesem Vorgang überlagert sich die Spannungsschwankung infolge der Drehzahländerung, so daß die Leistung bei absinkender Grundtendenz zusätzlich etwa quadratisch mit der Drehzahl schwankt. Ein guter Spannungsregler wird zumindestens das Absinken des Flusses verhindern können; die Leistung ist also dann etwa quadratisch mit der Drehzahl. Sehr schnelle Erregeranordnungen werden dem Idealfalle der konstanten Leistung sehr nahe kommen.

e) Der Stromerzeuger bei Kurzschlüssen.

Die bei plötzlichem Kurzschluß *(Stoßkurzschluß)* einsetzenden magnetischen Ausgleichsvorgänge ergeben sehr hohe Ströme und Momente, so vor allem ein mit doppelter Frequenz wechselndes Moment, das jedoch nahezu völlig vom GD^2 des Generatorläufers aufgenommen wird; ferner ein Bremsmoment in einer Richtung und in der ungefähren Höhe des zweifachen Normalmomentes. Nach dem Abklingen der vorgenannten Momente bleibt ein Restmoment von etwa 10 bis 15% des Normalmomentes als Folge der stationären Kurzschlußströme bestehen.

Die bei Schäden in der Ständerwicklung auftretenden teilweisen Kurzschlüsse wirken ähnlich wie ein Stoßkurzschluß, nur in entsprechend schwächerer Auswirkung hinsichtlich der bremsenden Momente.

Entfernte Kurzschlüsse führen zu einer aus den Wirk- und Blindleistungswiderständen der Kurzschlußschleife sich bestimmenden Erhöhung der Wirkleistung unter der Voraussetzung, daß die Spannung an der Maschine mehr oder minder gehalten werden kann. Hierdurch können sich bis zum Abschalten des Kurzschlusses kräftige Überlastungen ergeben.

f) Die Anforderungen des Parallellaufes und Verbundbetriebes.

Die Auswirkung eines Belastungsstoßes besteht zunächst in der erwähnten Streufeldänderung und Verteilung des Blindstromstoßes nach Maßgabe der Streuleitwerte der am Netz liegenden Generatoren und Motoren. Die nachfolgende Hauptfeldänderung bestimmt die endgültige Verteilung der Blindströme sowie die Aufteilung des Wirkleistungsstoßes nach den synchronisierenden Leistungen der Maschinen. Große magnetische Zeitkonstante und damit langsame Hauptfeldänderung begünstigen die Spannungshaltung bei Entwicklung der zur Aufnahme des Laststoßes notwendigen Leistungen. Erst mit Eintritt der Frequenzänderung wird die erforderliche Wirkleistung den Netzschwungmassen entzogen, so daß sich der Übergang zu einer Leistungsverteilung abspielt, der letztere nach den Anlaufzeiten der Maschinensätze vornimmt. Diese wird in der Folge abgewandelt durch das Eingreifen der Drehzahlregler, die zunächst entsprechend ihrer Arbeitsgeschwindigkeit und schließlich dem ihnen erteilten Ungleichförmigkeitsgrad eine letzterem entsprechende beharrungsmäßige Lastaufteilung herbeiführen.

Diese verhältnismäßig komplizierten Ausgleichsvorgänge werden um so weniger zu Pendelungen der durch sie beeinflußten Größen führen, wenn die mechanischen und elektrischen Eigenschaften der Maschinen weitgehend übereinstimmen, Forderungen, die wenigstens insoweit Berücksichtigung finden müssen, als dies ein geordneter Verbundbetrieb erfordert. Zu den Gesichtspunkten für die Wahl des Schwungmomentes des Maschinensatzes treten somit zu den aus hydraulischen Betrachtungen folgenden jene, welche die elektrischen Eigenschaften des Stromerzeugers sowie seine Einbindung in das Netz (Art dieses, Lage zum Verbrauchszentrum und anderes) berücksichtigen.

Darüber hinaus sollen Wirk- und Blindlast möglichst gleichmäßig verteilt sein, also leerlaufende und vollbelastete Maschinen nicht parallel laufen.

Unter diesen Voraussetzungen werden z. B. unmittelbar auf eine gemeinsame Sammelschiene speisende gleiche Stromerzeuger bei Kurzschluß auf ersterer gleichmäßig ihre Drehzahl steigern, so daß sie nach Aufhebung des Kurzschlusses noch in Tritt sind. Diese zunächst rein theoretische Möglichkeit besitzt insofern praktische Bedeutung, als auch bei kleineren Drehzahlabweichungen das Fangen der Maschinen begünstigt wird. Andernfalls wird die höher belastete Maschine bei vollständigem Kurzschluß und verschwindender Wirkleistung des größeren Momentenüberschusses halber schneller hochgehen, so daß die Frequenzen der Maschinen auseinanderlaufen und erst unter Einwirkung der Turbinenregler wieder in Übereinstimmung kommen. Zeitdauer dieses Vorganges und die während desselben die Maschinen beanspruchenden Ausgleichsströme lassen diesen Vorgang der selbsttätigen Intrittbringung als praktisch nicht verwertbar erscheinen (**108**).

Die Mehrzahl der Störungen führt im Verbundbetrieb nicht zu einem völligen Zusammenbruch der Spannung an den Kraftwerken. Die Fernleitungen und Transformatoren stellen so beachtliche Wechselstromwiderstände dar, daß bei einem Kurzschluß in einem Netzteil, der nicht unmittelbar an ein Kraftwerk anschließt, die Spannung nur abgesenkt wird. Die Maschinen können also noch Wirkleistung miteinander austauschen und sich so synchron halten. Da die synchronisierende Leistung quadratisch mit der Spannung absinkt, ist es wichtig, diese möglichst schnell in die Höhe zu treiben, ehe das Feld in den Maschinen abgeklungen ist. Dieser Anforderung wird bei schweren Störungen die selbsterregte Maschine nicht gerecht, es ist vielmehr Schnellerregung, also Haupt- und Hilfserregermaschine zu fordern. Die Erregermaschine ist dabei so auszulegen, daß die Erregerspannung 50 bis 60% über den bei Abgabe der Nennleistung erforderlichen Wert getrieben werden kann.[1]

D. Die Stabilität der mittelbaren Regelung.[2]

a) Selbststabilisierung.

1. Selbststabilisierung der ungeregelten Turbine.

Für das beharrungsmäßige Drehmoment einer Wasserturbine bei konstanter Beaufschlagung besteht die im Schaubild Abb. 443 dargestellte angenähert lineare Abhängigkeit des ersteren von der Drehzahl. Dieser Umstand läßt bei einer Störung des Gleichgewichtes auch ohne Ver-

---

[1] In U. S. A. wurden Stoßerregungen angewendet, bei denen eine zwei- bis dreifache Erregerspannung sowie eine Anstiegsgeschwindigkeit dieser bis zu 800 V/sek vorgesehen war. Dieses für die Netzstützung sicher wertvolle Verhalten bedeutet jedoch anderseits eine Gefährdung des Stromerzeugers insbesondere bei einphasigen Kurzschlüssen, in welchem Falle es zu Strömen in der Ständerwicklung kommt, die letztere nur einige Sekunden lang vertragen kann. Die hohen Werte für die Stoßerregung sind nach deutscher Auffassung nicht erforderlich (**103**).

[2] Die Stabilität von Dampfturbinenregelungen behandelt u. a. H. MELAN (**112**).

änderung der Beaufschlagung das System einer neuen Gleichgewichtslage bei der dem neuen Beharrungsmoment entsprechenden Drehzahl zustreben *(Selbststabilisierung)*.

Verändert sich das dem Beharrungsmoment $\overline{M}_s$ bei der Drehzahl $\overline{\omega}_m$ gleiche Widerstandsmoment $\overline{W}_s$ plötzlich auf $\overline{W}_1$, in welchem Augenblick auch die Zeitzählung begonnen sei, so folgt die Drehzahl des Systems der dynamischen Bewegungsgleichung (35). Voraussetzungsgemäß kann in dieser

$$M_t = M_s\left(1 - \frac{\omega_t - \overline{\omega}_m}{\omega_L - \overline{\omega}_m}\right) \tag{43a}$$

gesetzt werden, so daß sich nach hier weggelassenen Zwischenrechnungen und nach Einführung der Anfangsbedingungen

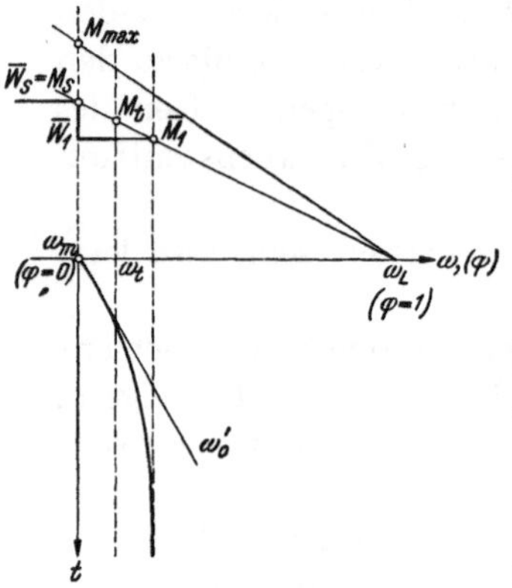

$$t = 0, \quad \omega = \overline{\omega}_m$$
$$\overline{M}_s - \overline{W}_1 = \varDelta\,\overline{M}_s$$

für den zeitlichen Verlauf der Winkelgeschwindigkeit ω_t die Beziehung

$$\frac{\overline{M}_s}{\varDelta\,\overline{M}_s} \cdot \frac{\omega_t - \overline{\omega}_m}{\omega_L - \overline{\omega}_m} = 1 - e^{-\frac{\overline{M}_s}{\Theta \cdot (\overline{\omega}_L - \overline{\omega}_m)} \cdot t},$$

bzw. in bezogenen Größen ausgedrückt und unter der Voraussetzung $\omega_L \simeq 2\,\omega_m$

$$\frac{\overline{m}_s}{\varDelta\,\overline{m}_s} \cdot \varphi = 1 - e^{-\frac{\overline{m}_s}{T_a} \cdot t} \tag{44}$$

finden läßt. Danach strebt das System dem neuen Gleichgewichtszustand unter Herbeiführung einer Drehzahlabweichung $\varphi_\infty = \dfrac{\varDelta\,\overline{m}}{\overline{m}_s}$

Abb. 443.

mit asymptotischer Erreichung der $\overline{M}_1 = \overline{W}_1$ entsprechenden Beharrungsdrehzahl $\overline{\omega}_1 = \overline{\omega}_m\,(1 + \varphi_\infty)$ zu. Die Annäherung von ω an diesen Wert erfolgt um so rascher, je geringer T_a, also die im Maschinensatz untergebrachte Schwungmasse ist $(\varphi_0' = \varDelta\,\overline{m}_s/T_a)$; die Abweichung der Drehzahl selbst ist für gleiche bezogene Änderungen $\varDelta\,\overline{m}_s$ des Widerstandsmomentes um so größer, je kleiner die Ausgangsbelastung $\overline{m}_s$ ist; dies sowie die bei verhältnismäßig geringen Laständerungen zu erwartenden starken Abweichungen der Drehzahl lassen die Selbststabilisierung praktisch nicht befriedigen.

2. Einfluß der Selbststabilisierung bei Regelung der Turbine.

Die für die Selbststabilisierung notwendige und im Sinne der Gleichung (43a) bestehende Abhängigkeit des Drehmomentes von der Winkelgeschwindigkeit bedingt eine Eigendämpfung des mittelbar *geregelten* Systems. Es gilt nach (43a), in bezogenen Größen ausgedrückt,

$$m = m_s\,(1 - \varphi), \tag{43a_1}$$

wobei m_s als Abbild der Reglerstellung während des Ausgleichsvorganges als Funktion der Zeit anzusehen ist. Wird wie früher die Regelgeschwindigkeit $\dfrac{d\,M_s}{d\,t} = -\,k\,\varphi$, also proportional der Verstellung des Steuerventils aus seiner Mittellage und damit der Abweichung der Drehzahl von dem nur im Beharrungszustand allein möglichen Wert ω_m gesetzt, ferner der Geschwindigkeitsabweichung $n_1\,\delta$ die maximale Arbeitskolbengeschwindigkeit zugeordnet, so kann

$$\frac{d\,M_s}{d\,t} = -\,\frac{M_{\max}}{n_1\,\delta\,T_s} \cdot \varphi, \quad \text{bzw.} \quad m_s' = -\,\frac{1}{n_1\,\delta\,T_s} \cdot \varphi \tag{43b}$$

gesetzt werden.

Die aus Gleichung $(43a_1)$ folgende Beziehung

$$m' = m_s' \cdot (1 - \varphi) - m_s \cdot \varphi'$$

führt unter Beschränkung auf die Beschreibung eines nur gering gestörten Gleichgewichtszustandes[1] auf

$$m_1' = m_{s_1}' - \overline{m}_s \cdot \varphi_1' \tag{43b}$$

---

[1] Hierbei ist $m = \overline{m} + m_1$

$m_s = \overline{m}_s + m_{s1}$ gesetzt; diese Bezeichnungsart soll in der Folge für kleine Änderungen der Bezugsgröße beibehalten werden.

und zusammen mit der dynamischen Bewegungsgleichung des Systems

$$m_1 = T_a \cdot \varphi_1{}' \tag{35a}$$

auf die charakteristische Gleichung

$$T_a\,\varphi_1{}'' + \overline{m}_s \cdot \varphi_1{}' + \frac{1}{n_1\,\delta\,T_s} \cdot \varphi_1 = 0, \tag{45}$$

wonach sich die Dämpfung am Wert des Ausdruckes $-\overline{m}_s/2\,T_a$ ermessen läßt und dem Belastungsgrad direkt, der Anlaufzeit des Maschinensatzes hingegen umgekehrt proportional sich darstellt.[1]

Es bleibt noch übrig, den verhältnismäßigen Einfluß von Eigendämpfung und Rückführung auf die Stabilität klarzustellen. Für die *rückgeführte* Regelung unter Berücksichtigung der Eigendämpfung erhält man aus Gleichung (35a) und

$$m_{s_1}{}' = -\frac{1}{n_1\,\delta\,T_s} \cdot (\varphi_1 + \delta\,m_{s_1}) \tag{45a}[2]$$

sowie der Gleichung (43a$_1$) ein System simultaner Gleichungen, das zur charakteristischen Gleichung zweiter Ordnung

$$w^2 + \left(\frac{1}{n_1\,T_s} + \frac{\overline{m}_s}{T_a}\right) \cdot w + \left(\frac{1}{n_1\,\delta\,T_a\,T_s} + \frac{\overline{m}_s}{n_1\,T_a\,T_s}\right) = 0 \tag{46}$$

führt, aus welcher der Wert des Dämpfungsfaktors mit

$$\alpha = -\frac{1}{2} \cdot \left(\frac{1}{n_1\,T_s} + \frac{\overline{m}_s}{T_a}\right)$$

entnommen werden kann. Darnach tritt die durch die Eigendämpfung bedingte stabilisierende Wirkung $\dfrac{\overline{m}_s}{T_a}$ gegenüber jener der Rückführung $-\dfrac{1}{2\,n_1\,T_s}$ unter den bei Wasserturbinen vorliegenden Verhältnissen stark zurück.[3]

b) Die Stabilitätsbedingungen unter Berücksichtigung der Massenträgheit geschlossen geführter Wassersäulen.

Auf die Notwendigkeit besonderer Maßnahmen zur Stabilisierung der indirekt wirkenden Regelung sowie auf die Mittel hierzu ist im einleitenden Abschnitt I des ersten Teiles eingegangen worden. Für die Mindestwerte der die Wirksamkeit der Stabilisierung kennzeichnenden Größe — Ungleichförmigkeitsgrad $\delta\,(\overline{\varphi}_r)$ der rückführenden (rückdrängenden) Regelungen, bzw. des Beschleunigungswertes $\overline{\varphi}_0{}'$ bei der Beschleunigungsstabilisierung — bestehen Abhängigkeiten einerseits von den das dynamische Verhalten von Maschinensatz und Rohrleitung kennzeichnenden Größen T_a und T_r, anderseits von Maßnahmen, die aus der Erfüllung betriebstechnischer Forderungen folgen, so u. a. die Notwendigkeit der Gleichwertsregelung (Isodromierung) bei rückführenden oder rückdrängenden Steuerungen (110).

Die Möglichkeit, den stabilen Zustand als Grenzform einer abnehmenden Instabilität zu betrachten, erlaubt die Zusammenhänge unter Voraussetzung der für die starre Rohrleitung geltenden Abhängigkeit von Drucksteigerung und Öffnungsänderung zu verfolgen. Unter dieser Voraussetzung wird das dynamische Verhalten des drehenden und durch Massenwirkungen des

---

[1] Wird auch eine Abhängigkeit des Lastmomentes von ω nach $w = \overline{w}_s + a_w \cdot \varphi$ vorausgesetzt, so gilt für den Dämpfungsfaktor $\alpha = -\dfrac{(\overline{m}_s + a_w)}{2\,T_a}$.

[2] $\delta\,m_{s1}$ berücksichtigt die Änderung der Beharrungsdrehzahl infolge des Ungleichförmigkeitsgrades der Regelung.

[3] z. B. $n_1 = 0{,}2$.

$$T_s = 1{,}5'' \qquad \frac{1}{n_1\,T_s} = 3{,}3$$
$$T_a = 5''$$
$$\overline{m}_s = 1 \qquad \frac{\overline{m}_s}{T_a} = 0{,}2.$$

Wassers in der Rohrleitung beeinflußten Systems gekennzeichnet durch die Bewegungsgleichung

$$\frac{\bar{q}_m}{2} \cdot T_r\, T_a\, \varphi_1{}'' + \left[\frac{\bar{q}_m}{2} \cdot T_r\, (k_M\, \bar{q}_m + k_W) + T_a\right] \varphi_1{}' +$$
$$+ (k_M\, \bar{q}_m + k_W)\, \varphi_1 + \bar{q}_m\, T_r\, \bar{q}_1{}' - \bar{q}_1 = 0 \qquad (47)$$

Gleichung (47) setzt

1. die Proportionalität zwischen beharrungsmäßiger Wassermenge und zugehörigem Antriebsmoment voraus, $\bar{m} = k_M \cdot \bar{q}_m$;[1] ferner

2. daß geringe Öffnungsänderungen (Änderungen der Beharrungswassermenge um $\bar{q}_1$) und die mit ihnen verbundenen kleinen Drehzahl- und Gefällsänderungen eine Änderung des Antriebsmomentes gemäß $m_1 \cong 3/2 \cdot \bar{q}_m \cdot \zeta_1 - k_M\, \bar{q}_m \cdot \bar{\varphi}_1 + \bar{q}_1$ nach sich ziehen;

3. daß die sekundliche Durchsatzmenge für eine bestimmte Leitschaufelöffnung nur vom wirksamen Gefälle, hingegen nicht von der Drehzahl abhängt;

$$q_1 \cong \bar{q}_1 + \frac{\bar{q}_m}{2} \cdot \zeta_1.$$

4. Änderungen des Lastmomentes mit der Drehzahl ihre Berücksichtigung durch den Ansatz $w_1 = k_W \cdot \varphi_1$ finden können.

Unter den vereinfachenden Voraussetzungen, wie Unabhängigkeit des Widerstandmomentes von der Drehzahl ($k_W = 0$), Vernachlässigung der nur geringen Einfluß auf die Stabilität besitzen-

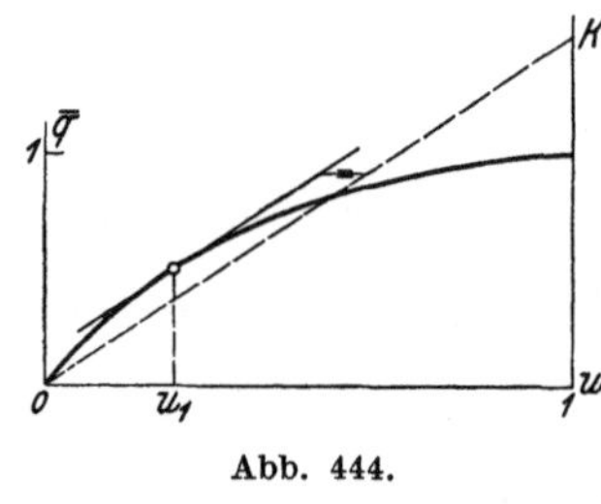

Abb. 444.

den Abhängigkeit des Antriebsmomentes von der Drehzahl — die in der Größenordnung praktischer Werte von T_a gegenüber $k_M \cdot T_r \cdot \dfrac{\bar{q}_m}{2}$ insbesondere bei kleineren Beaufschlagungen begründet ist — nimmt Gleichung (47) die Form

$$\frac{\bar{q}_m}{2} \cdot T_r\, T_a\, \varphi_1{}'' + T_a \cdot \varphi_1{}' + T_r \cdot \bar{q}_m \cdot \bar{q}_1{}' - \bar{q}_1 = 0 \qquad (47\,\text{a})$$

an, welche den nachfolgenden vergleichenden Stabilitätsuntersuchungen zugrunde gelegt werden soll.

Für die Abhängigkeit der Änderung der Beharrungswassermenge ($\bar{q}_1$) von jener der bezogenen Leitapparatöffnung, bzw. der Arbeitskolbenstellung (u_1) gilt

$$\bar{q}_1 = k_u \cdot u_1 \qquad (48)^2$$

mit k_u als den durch die Neigung der Tangente an die in bezogenen Größen dargestellte Abhängigkeitskurve der Beharrungswassermengen $\bar{q}$ von der Leitapparatöffnung u bestimmten *Öffnungsbeiwert* (Abb. 444).

Die Beschränkung der Betrachtung auf geringe Verstellungen des durch den Steuermechanismus bewegten Steuerkolbens gestattet die Annahme einer der Verschiebung des letzteren proportionalen Geschwindigkeit des Arbeitskolbens;

Schaltgleichung

$$u_1{}' = - \frac{s_1}{n_1 T_s}, \qquad (49)^2$$

worin mit Einführung von n_1 wieder dem Umstand Rechnung getragen ist, daß die Einschaltung

---

[1] Das Turbinendrehmoment M kann bekanntlich gesetzt werden: $M = \dfrac{Q\gamma}{g}\, \Delta_a^e\, (C_u\, r)$; insoweit die Regulierung sich dem Idealzustand gleichbleibenden Wirkungsgrades über den Bereich der Beaufschlagungen nähert, wie dies etwa bei Kaplan-Turbinen oder Freistrahlturbinen, bzw. bei Beschränkung der Betrachtungen auf den näheren Bereich des besten Wirkungsgrades der Fall sein kann, soll der Wert der Dralländerung konstant angenommen werden. Somit erscheint das Turbinendrehmoment proportional der Beaufschlagungsmenge.

[2] z = bezogener Rückführ- (Rückdrängungs-) Hub; $z_{\max}\,(u_{\max})$ = Gesamtrückführ- (Arbeitskolben-) Hub;

y = bezogener Pendelhub; $y_{\max}$ = Pendelhub, entsprechend $z_{\max}$ (Steuerventil in Mittellage);

s = bezogener Steuerventilhub; $s_{\max}$ = Steuerventilhub, entsprechend $y_{\max}$ (Rückführung in Mittellage).

der vollen Arbeitskolbengeschwindigkeit bei einer Steuerventilerhebung entsprechend einer Geschwindigkeitsabweichung $n_1 \delta$ eintritt.

Zur Herleitung der Stabilitätsbedingung sind die Gleichungen (47a), (48) und (49) mit jenen zusammenzufassen, welche die Wirkung der Stabilisierungseinrichtung beschreiben.

1. Nachgiebige Rückführung.

Die Verstellungen des Steuerventils ergeben sich als Differenz gleichzeitiger Bewegungen von Pendel und Rückführung. Für erstere kann eine proportionale Abhängigkeit von der Drehzahländerung, in bezogenen Größen ausgedrückt

$$\varphi_1 = \delta \cdot y_1 \tag{50}[1]$$

angenommen werden, unter der Voraussetzung, daß das Pendel von Verstellkräften praktisch entlastet ist.[2] Die bezogene Geschwindigkeit der Rückführung stellt sich als algebraische Summe der bezogenen Arbeitskolbengeschwindigkeit und jener der Nachgiebigkeit dar, gemäß

$$z_1{}' + u_1{}' + \frac{1}{T_i} \cdot z_1 = 0, \tag{51}[1]$$

worin die mit der Auslenkung proportionale Nachgebegeschwindigkeit durch die Isodromzeit T_i charakterisiert erscheint.[3]

Für Steuerungseinrichtungen mit mechanisch erzielter Nachgiebigkeit (Reibscheibengetriebe, Abb. 95) kann die Isodromzeit T_i aus dem Durchmesser Φ_R der Reibrolle, der Steigung h_s der Spindel sowie der Winkelgeschwindigkeit ω_k der Reibscheibe gemäß $T_i = \dfrac{\Phi_R \cdot \pi}{h_s \cdot \omega_k}$ bestimmt werden.

Für die Kombination von Ölbremse und Rückstellfeder zum Nachgebeglied in der Steuerung gilt unter Voraussetzung einer gleichbleibenden (ungesteuerten) Überströmöffnung

$$T_i = \frac{f_2{}^2}{f_0 \cdot k_2{}' C_1},$$

mit f_2 als Fläche des Ölbremskolbens,
   f_0 als wirksamen Querschnitt der Überströmöffnung,
   C_1 als Federkonstante,
   $k_2 \left(\dfrac{\mathrm{cm}^3}{\mathrm{kg} \cdot \mathrm{sek}} \right)$ als Faktor zu ermitteln aus der Verstellgeschwindigkeit des Ölbremskolbens bei einem Druckunterschied von 1 kg/cm²; hierbei ist laminare Strömung durch die Drosselbohrung f_0 angenommen.

Für jene Konstruktionen, die die Steuerung der Drosselbohrung sowie eine endliche Anfangskraft der Rückstellfedern vorsehen, kann der wirksame Drosselquerschnitt für relativ kleine Verstellungen h des Drosselstiftes aus seiner Schließlage mit h_0 als den für die Volleröffnung notwendigen Hub angenähert durch $f \simeq 2 f_0 \cdot h/h_0$ angenommen werden. Mit $\psi_1 = \dfrac{a}{z_{\mathrm{max}}}$, wobei a die relative Vorspannung der Feder festlegt ($F_0 = a C_0$), kann $T_i = f_2{}^2 / 2 f_0 k_2 C_1 \psi_1$ als jene Zeit definiert werden, in welcher bei volleröffneter Umlaufbohrung der gesamte Rückführhub (z_{max}) unter dem Einfluß einer konstanten und gleich der in der Mittellage herrschenden Federkraft ($C_1 \cdot a$) durchlaufen wird.

Das simultane Gleichungssystem (47a) bis (51) führt zu einer charakteristischen Gleichung 4. Ordnung, aus der sich zunächst die Stabilitätsbedingungen

$$T_i > \bar{q}_m \cdot T_r, \tag{52a}$$

$$\delta T_a \left(1 + \frac{n_1 T_s}{T_i} \right) > k_u \cdot \bar{q}_m T_r \tag{52b}$$

ableiten lassen. Grundsätzlich verschlechtern somit Werte von $k_u > 1$ die Stabilität, solche von $k_u < 1$ hingegen verbessern diese gegenüber jenen Verhältnissen, die ein Geradliniengesetz zwischen $\bar{q}_m$ und $\bar{u}$ voraussetzen. Für die Bedingungen der Ungleichung (52a, b) besteht eine Einschränkung durch die Aussage einer der Gleichung 4. Ordnung noch zukommenden höheren

---

[1] S. Fußnote 2 auf S. 358.

[2] Bei gekrümmter Charakteristik gilt der durch die Tangente an die φ, y-Kurve gegebene Wert des Ungleichförmigkeitsgrades; s. a. Abschnitt I.

[3] S. hierzu S. 66.

Stabilitätsbedingung. Um deren praktische Anwendung zu vereinfachen, werden die Ungleichungen (52a), (52b) durch Einführung von Güteziffern (α_1, α_2) zweckmäßig in die Gleichungen

$$T_i = \alpha_1 \bar{q}_m T_r, \tag{53a}$$

$$\delta T_a \left(1 + \frac{n_1 T_s}{T_i} \right) = \alpha_2 \bar{q}_m \cdot T_r \tag{53b}[1]$$

übergeführt. Für die Güteziffern α_1, α_2 bestehen nach der vorerwähnten Stabilitätsbedingung Mindestwertepaare, die in Abhängigkeit von einer die Massenträgheit des Wassers in der Rohrleitung charakterisierenden Größe $\bar{q}_m \tau_r = \bar{q}_m \cdot \dfrac{T_r}{n_1 T_s}$ stehen und in ihrer Gesamtheit die Stabilitätsgrenzfläche mit den unabhängig Variablen α_1 und $\bar{q}_m \tau_r$ bilden (Abb. 445).

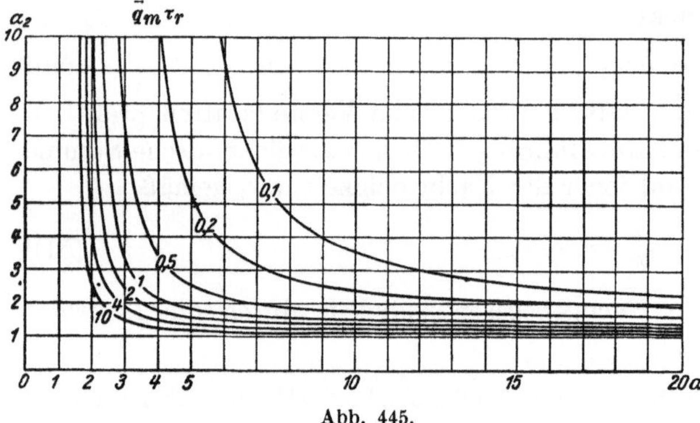

Abb. 445.

Demnach ergeben gesteigerte Werte von α_1 (T_i) verringerte Werte von α_2, deren Kleinstwert bei vollständiger Ausschaltung der Nachgiebigkeit $(T_i = \infty$, starre Rückführung) sich mit

$$\alpha_{2\,\mathrm{min}} = \frac{3 + \bar{q}_m \tau_r}{2 + \bar{q}_m \tau_r} \tag{54a}$$

ergibt. Die Stabilitätsbedingungen bei Anwendung starrer Rückführung vereinfachen sich dementsprechend auf

$$\delta T_a \geqq \frac{3 + \bar{q}_m \tau_r}{2 + \bar{q}_m \tau_r} \cdot \bar{q}_m T_r \quad (111, 113). \tag{54}[2]$$

Kurze Isodromzeiten gefährden demnach die Stabilität der Regelung; eine Steigerung der Isodromzeit von relativ hohen Werten von α_1 aus bringt nur eine unwesentliche Ersparnis an

---

[1] $k_u = 1$ gesetzt.

[2] In einer noch unveröffentlichten Arbeit von R. UNTERBERGER weist dieser darauf hin, daß die elastische Verbindung von Maschine und Schwungmasse nur dann eine Rolle spielt, wenn dabei das Reglerpendel von einem größeren Teil der Schwungmasse durch den elastischen Trieb getrennt ist, eine praktisch bedeutsame Änderung der Stabilitätsbedingungen hingegen nicht eintritt, wenn das Pendel mit dem elastisch angetriebenen überwiegenden Teil der Schwungmasse gekuppelt ist.

Bei verteilter Schwungmasse (Θ mit der Maschinenwelle, Θ_e mit dieser elastisch verbunden) und von der Maschinenwelle angetriebenem Pendel ist unter der Voraussetzung starrer Rückführung ein stabiles Verhalten gebunden an die Erfüllung der angenäherten Ungleichung

$$\alpha_2 + \psi_e \cdot \alpha_{2e} > \frac{3 + \bar{q}_m \tau_r}{2 + \bar{q}_m \tau_r}$$

mit

$$\alpha_2 = \frac{\delta T_a}{\bar{q}_m T_r}, \quad \alpha_{2e} = \frac{\delta T_{ae}}{\bar{q}_m T_r}, \quad T_{ae} = \frac{\Theta_e \cdot \omega_m}{M_{\mathrm{max}}}, \quad \psi_e = \frac{n_e}{n}.$$

Überdies hat die Beziehung

$$\alpha_2 + \alpha_{2e} \left(\psi_e - 2 \cdot \frac{\bar{\mu}_s{}'}{\omega_e} \cdot \frac{M_{\mathrm{max}}}{M_e} \right) > 0$$

erfüllt zu sein, worunter unter M_e das bei relativer Verdrehung um die Winkeleinheit geweckte Moment der elastischen Kupplung verstanden sein soll.

$$\left(\bar{\mu}_s{}' = \frac{1}{n_1 \delta T_s}, \text{ s. a. S. 356} \right)$$

Für den Fall, als Massenwirkungen des Betriebswassers vernachlässigt werden können $(\bar{q}_m T_r = 0)$ und unter der ungünstigsten Voraussetzung der Einbindung des gesamten Schwungmoments in den elastisch nachgeschalteten Trieb $(\Theta = 0)$ ergibt sich das Dämpfungsglied der Regelschwingung zu

$$\frac{\delta \bar{\mu}_s{}'}{2} \cdot \left[\frac{1}{1 + \bar{\mu}_s{}' \dfrac{M_{\mathrm{max}}}{M_e \omega_e}} \right];$$

der Klammerausdruck gibt hierbei die Verminderung der Dämpfung gegenüber jener bei starrer Kupplung der Schwungmassen an.

Schwungmasse. Hingegen besteht nach Gleichung (54) die Möglichkeit, durch Anwendung hoher Werte der (vorübergehenden) Ungleichförmigkeit die Schwungmassen weitgehend zu ermäßigen. Dabei erhalten jedoch auch jene Vorkehrungen, welche die Güte der Regelung bei kleinen Belastungsänderungen bestimmen, besondere Bedeutung (s. erster Teil, IV. c.).

2. Nachgiebige Rückdrängung.

Die sekundliche Änderung des Masseninhaltes des Kataraktes (s. Abb. 103) entspricht der im gleichen Zeitraum durch die Drosselöffnung f_0 ausgestoßenen bzw. einfließenden Ölmenge;

$$f_2 \cdot \left(\frac{du}{dt} - \frac{dz}{dt} \right) \cdot z_{max} + f_0 v_0 = 0.$$

Die Größe der in der Umlaufbohrung herrschenden Geschwindigkeit v_0 bestimmt sich aus dem spezifischen Pressungsunterschied vor und hinter der Bohrung, der im wesentlichen von der jeweiligen Verschiebung des Kataraktkolbens gegenüber seiner durch die augenblickliche Stellung des Pendels gegebenen spannungslosen Mittellage abhängt; $v_0 = k_2 C_1 (y - z) y_{max}/f_2$.

Unter Einführung bezogener Größen sowie der Isodromzeit T_i folgt die bezogene Form der Bewegungsgleichung des Rückdrängungsmechanismus

$$u_1' - z_1' + \frac{1}{T_i} (y_1 - z_1) = 0. \qquad (51\,\mathrm{a})^1$$

Die auf das Pendel durch den Rückdrängungsmechanismus ausgeübten Kräfte $C_1 \cdot (y - z) \cdot y_{max}$ erfordern zur Aufrechterhaltung der Stellung, wie sie dem kräftefreien Pendel zukommen würde, eine Drehzahlerhöhung, die in einer für die vorliegende Betrachtung genügenden Näherung proportional den auf das Pendel in dieser Lage wirkenden Verstellkräften gesetzt werden kann (10)

$$\Delta \varphi_1 = \frac{C_1 \cdot (y_1 - z_1) \cdot y_{max}}{2E}$$

mit E als den ruhenden Muffendruck für die betrachtete Pendelstellung. Bezeichnet man die durch eine Stellkraft gleich $C_1 \cdot y_{max}$ bedingte Drehzahlerhöhung mit $\bar{\varphi}_r (= C_1 \cdot y_{max}/2 E)$, so kann die Stellungsgleichung des durch die Rückdrängungskräfte vorgenannter Abhängigkeit belasteten Pendels geschrieben werden zu

$$\varphi_1 = \delta \cdot y_1 + \bar{\varphi}_r \cdot (y_1 - z_1). \qquad (50\,\mathrm{a})$$

Die aus der charakteristischen Gleichung des simultanen Gleichungssystems (47a), (48), (49), (50a), (51a) folgenden Stabilitätsbedingungen

$$T_i = \alpha_1 \cdot \bar{q}_m T_r. \qquad (55\,\mathrm{a})$$

$$\bar{\varphi}_r T_a \left(1 + \frac{n_1 \delta T_s}{T_i \bar{\varphi}_r} \right) = \alpha_2 \bar{q}_m T_r \qquad (55\,\mathrm{b})$$

zeigen einen Aufbau ähnlich jenem für die nachgiebige Rückführung. Die Abhängigkeit der Mindestwerte der Güteziffern α_1 und α_2 sowohl von $\bar{q}_m \tau_r$ als auch von einem den Ungleichförmigkeitsgrad des Pendels berücksichtigenden Beiwert $k_0 = \left(1 + \frac{\delta}{\bar{\varphi}_r} \right)$ verlangt die Darstellung durch zwei Systeme von Kurvenscharen mit den vorgenannten Parametern (110).

Als wirksamstes Mittel zur Herabsetzung der Schwungmasse etwa auf das durch die gewährleisteten Geschwindigkeitsabweichungen bei plötzlichen Laständerungen gegebene Maß ist die Steigerung des Wertes $\bar{\varphi}_r$ anzusehen. Hingegen besteht nur geringer Einfluß des Wertes δ (Ungleichförmigkeit des kräftefreien Pendels, bezogen auf y_{max}) auf die Stabilität. Durch eine möglichste Herabsetzung dieses — wohl beschränkt durch das verlangte Bereich der Drehzahlverstellung — kann das Verhalten der Regelung kleinen Belastungsänderungen gegenüber bei gleichen Werten von $\bar{\varphi}_r$ und T_i verbessert werden.

Für die starre Rückdrängung genügt zum stabilen Verhalten der Regelung die Erfüllung der Bedingung

$$\bar{\varphi}_r T_a = \alpha_{20} \cdot \bar{q}_m T_r \quad \text{mit} \quad \alpha_{20} = \frac{3 k_0 + \bar{q}_m \tau_r}{2 k_0 + q_m \tau_r}. \qquad (56)$$

---

[1] $y_{max} = z_{max}.$

In den vorstehenden Ausführungen ist der Einfluß der in der Regel vorhandenen dauernden Ungleichförmigkeit nicht berücksichtigt. In die Stabilitätsbedingungen geht diese in additiven Gliedern ein, die auf eine Verbesserung der Stabilität hinwirken.

Für die nachgiebige Rückführung mit einer dauernden Ungleichförmigkeit von $\delta_d = i\,\delta$ gilt

$$\delta_d \cdot T_a + T_i > \bar{q}_m\, T_r \tag{52 c}$$

$$\left(\frac{\bar{q}_m}{2} \cdot \frac{T_r}{T_i} + 1\right) \cdot \delta_d \cdot T_a + \delta \cdot T_a \left(\frac{n_1\, T_s}{T_i} + 1\right) > \bar{q}_m \cdot T_r. \tag{52 d}$$

Der Umstand, daß der Wert der dauernden Ungleichförmigkeit aus Forderungen des Betriebes heraus der freien Wahl anheimzustellen ist und damit gegebenenfalls mit nur sehr kleinen Werten zur Wirkung kommen kann, rechtfertigt bei der ausschließlichen Anwendung positiver Werte im praktischen Betrieb die Vernachlässigung seines immer nur im Sinne der Stabilitätsverbesserung gerichteten Einflusses.

3. Beschleunigungsstabilisierung.

Pendel und Beschleunigungsmesser bestimmen die Auslenkungen des Steuerventils aus seiner Mittellage gemäß der grundsätzlichen Darstellung Abb. 30; die relative Steuerwirkung von Drehzahl und Beschleunigung kann hierbei durch die zugeordneten Wertepaare $\pm y_{\max}/2$, $\mp \bar{\omega}_1{}'$ ausgedrückt werden.

Unter Voraussetzung eines massenlosen Beschleunigungsmessers, also der unverzögerten Wiedergabe der augenblicklichen Beschleunigungswerte durch diesen kann die durch die bezogene Steuerventilerhebung s_1 verursachte Arbeitskolbengeschwindigkeit dargestellt werden gemäß

$$u_1{}' = -\frac{1}{\bar{\varphi}_0\, T_s} \cdot \left(\varphi_1 + \varphi_1{}' \frac{\bar{\varphi}_0}{\bar{\varphi}_0{}'}\right) \tag{57 = 38 f}$$

mit $\varphi_1{}'$ als augenblicklichen Beschleunigungswert, $\bar{\varphi}_0{}' = \dfrac{2\,|\bar{\omega}_1{}'|}{\omega_m}$ als jener Systembeschleunigung, die den durch $\bar{\varphi}_0$ erzielten Steuerventilhub für sich allein herbeizuführen imstande ist.

Die Zusammenfassung dieser Gleichung mit der Bewegungsgleichung des Systems (47 a) führt zu einer linearen Differentialgleichung 4. Ordnung, die für ein stabiles Verhalten des durch sie gekennzeichneten Vorganges

$$\frac{\bar{\varphi}_0}{\bar{\varphi}_0{}'} = \alpha_1\, \bar{q}_m\, T_r, \tag{58 a}$$

$$T_s\, T_a\, \bar{\varphi}_0{}' = \alpha_2\, k_u \cdot \bar{q}_m\, T_r \tag{58 b}^1$$

mit $2\,(\alpha_1 - 1)\,(\alpha_2 - 1) = \alpha_2$ verlangt. Graphisch ist dieser Zusammenhang in Abb. 446 (Kurve b) dargestellt. Der Erhöhung von α_1 durch Herabsetzung von $\bar{\varphi}_0{}'$, soweit diese im Sinne einer Annäherung an den Asymptotenwert von α_2 liegt, steht die Notwendigkeit gegenüber, zur Erhaltung der Dämpfung bei ungeänderter Anlaufzeit die Schlußzeit der Regelung zu vergrößern.

Insofern die Beschleunigung des Maschinensatzes in der Vor- bzw. Nacheilung einer mit dem drehenden System federnd verbundenen Masse abgebildet wird, folgt die Bewegung letzterer der Gleichung

$$\Theta_1 \cdot \frac{d^2\,\varepsilon_1}{d\,t^2} = k_\varepsilon \cdot (\varepsilon - \varepsilon_1), \tag{59}$$

worin

Θ_1 das polare Trägheitsmoment der Beharrungsmasse,

$\varepsilon,\ \varepsilon_1$ die Winkeldrehung des Systems, die gleichzeitige Winkeldrehung der Beharrungsmasse seit Beginn der Störung

bedeuten. Unter Einführung der Größe ε_0 als jenen beharrungsmäßigen Unterschied zwischen ε_1 und ε, welcher für sich mit $\bar{\varphi}_0$ wirkungsgleich ist, geht Gleichung (59) über in

$$\frac{\Theta_1}{\varepsilon_0} \cdot \frac{d\,\varepsilon_1{}^2}{d\,t^2} = k_\varepsilon \left(\frac{\varepsilon}{\varepsilon_0} - \frac{\varepsilon_1}{\varepsilon_0}\right). \tag{59 a}$$

---

[1] $k_u = 1$ gesetzt.

Für die Auslenkung des Steuerventils gilt

$$u_1' = -\frac{1}{\bar{\varphi}_0\, T_s}\left(\varphi_1 + \frac{\bar{\varphi}_0}{\bar{\varphi}_0'}\,\varphi_{0_1}'\right) \tag{57}$$

wobei

$$\varphi_{0_1}' = \varepsilon_1'' \cdot \frac{1}{\omega_m} \tag{61}$$

die vom Beschleunigungsmesser angezeigte Beschleunigung darstellt. Nachdem nach Gleichung (59) dem Ausschlag $\varepsilon - \varepsilon_1 = \varepsilon_0$ die Beschleunigung $\bar{\varphi}_{0_1}' = \dfrac{k_\varepsilon \cdot \varepsilon_0}{\Theta_1 \cdot \omega_m}$[1] entspricht, weiter

$$\varphi_1 = \frac{\varepsilon'}{\omega_m} \tag{61a}$$

gesetzt werden kann, folgt durch Einführung der Gleichungen (61) und (61 a) in Gleichung (59 a) und unter Beiziehung von Gleichung (57) nach Elimination von φ_{0_1} der bei Berücksichtigung der Massenträgheit des Beschleunigungsmessers geltende Ansatz

$$\frac{\Theta_1}{k_\varepsilon}\cdot\frac{\varphi_1''}{\bar{\varphi}_0} + \frac{\varphi_1'}{\bar{\varphi}_{0_1}'} + \frac{\varphi_1}{\bar{\varphi}_0} + \frac{\Theta_1}{k_\varepsilon}\cdot T_s\cdot u_1''' + T_s\cdot u_1' = 0, \tag{60}[2]$$

der mit Gleichung (47 a) zusammengefaßt, auf die resultierende Gleichung 5. Ordnung und damit auf die Stabilitätsbedingungen

$$\frac{\bar{\varphi}_0}{\bar{\varphi}_{0_1}'} = \alpha_1 \cdot \bar{q}_m \cdot T_r, \tag{62a}$$

$$\frac{k_u}{\bar{\varphi}_0}\cdot\frac{\Theta}{k_\varepsilon} + T_u\,T_s = \alpha_2\cdot\frac{k_u\cdot\bar{q}_m\,T_r}{\bar{\varphi}_{0_1}'}, \tag{62b}$$

$$\frac{\bar{\varphi}_0}{\bar{\varphi}_{0_1}'}\cdot\bar{q}_m\,T_r = \alpha_3\cdot\frac{3\,\Theta}{k_\varepsilon} \tag{62c}$$

führt, für deren Güteziffern die im Diagramm Abb. 446 dargestellten Beziehungen bestehen.

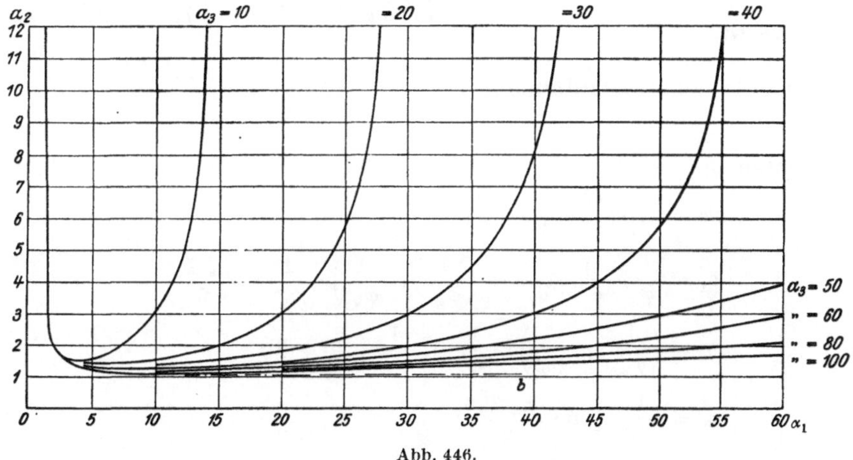

Die vorstehenden Ausführungen haben Gültigkeit auch für das Steuerwerk Abb. 107, insofern die hydraulische Vorsteuerung die Bewegungen des Steuerventils nach einer den Gleichungen (57), (59) entsprechenden Gesetzmäßigkeit bewirkt. Erweiternd hierzu tritt noch die Beeinflussung des vom Beschleunigungsmesser gesteuerten Querschnittes infolge der Steuerung dieses gegen die Keilfläche *417* (Abb. 107), die ihren rechnungsmäßigen Ausdruck in dem Hinzutreten eines Faktors $(1 + K_0)$ auf der linken Seite der Gleichung (57) findet und sich bei der gewählten Keilanordnung wie eine Vergrößerung der Schlußzeit um den Betrag $k_0\,T_s$ — also stabilisierend

---

[1] $\bar{\varphi}_{0_1}'$ bedeutet somit jenen bezogenen Beschleunigungswert, der zur Herbeiführung einer Auslenkung ε_0 erforderlich ist.

[2] Hier ist $\dfrac{\omega_m}{\varepsilon_0} = \dfrac{k_\varepsilon}{\Theta \cdot \bar{\varphi}_{0_1}'}$ gesetzt.

— auswirkt. Im übrigen werden durch die hohe Umdrehungszahl des Beschleunigungsmessers ($n = 1500$ U/min) die Verhältnisse weitgehend jenen für einen trägheitslosen Beschleunigungsmesser ($\Theta = 0$, $\alpha_3 = \infty$) angenähert.

c) Der Einfluß der Vorsteuerung auf die Stabilität.

Die für kleine Bewegungen des Steuerventilkolbens angenommene Proportionalität zwischen Steuerquerschnitt und Nachfolgegeschwindigkeit des Arbeitskolbens kann sinngemäß auf kleine Verstellungen innerhalb des Vorsteuermechanismus übertragen werden. Bezeichnet man unter Bezug auf Abb. 447 mit φ_x, φ_y, φ_z die in Drehzahländerungen gemessenen, gleichzeitigen Verstellungen von Hauptkolben *301*, Schwebekolben *320* und Steuerstift *310*, mit $\dfrac{\overline{\mu}_s{}'}{100}$, $\dfrac{\overline{\varphi}_x{}'}{100}$, $\dfrac{\overline{\varphi}_y{}'}{100}$, die Geschwindigkeit des Arbeitskolbens, bzw. Haupt- und Schwebekolbens bei einer Öffnung des zugehörigen Steuerquerschnittes entsprechend 1% Drehzahländerung, so bestehen die Steuerungsgleichungen

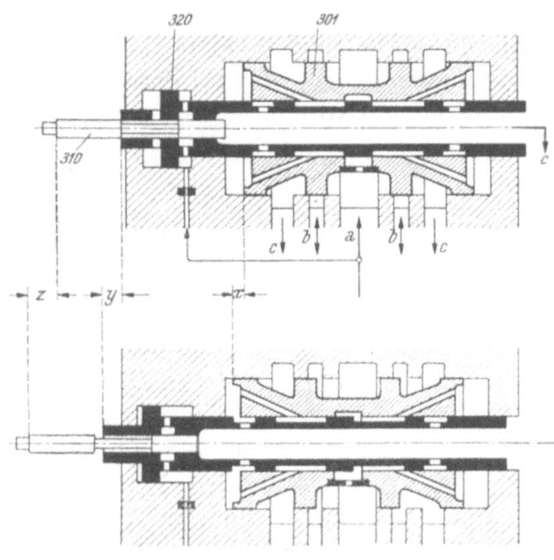

Abb. 447.

$$u_1{}' = -\,\overline{\mu}_s{}'\cdot\varphi_{x_1}, \tag{63 a}$$

$$\varphi_{x_1}{}' = \overline{\varphi}_x{}'\cdot(\varphi_{y_1}-\varphi_{x_1}), \tag{63 b}$$

$$\varphi_{y_1}{}' = \overline{\varphi}_y{}'\,(\varphi_{z_1}-\varphi_{y_1}), \tag{63 c}$$

$$\varphi_{z_1} = \varphi_1 + \delta\,u_1, \tag{63 d}$$

welche, mit der dynamischen Bewegungsgleichung des Systems Gleichung (47a) zusammengefaßt, über die Beziehung

$$-\frac{1}{\overline{\varphi}_x{}'\cdot\overline{\varphi}_y{}'\cdot\overline{\mu}_s{}'}\cdot\overline{q}_1{}''' - \left(\frac{1}{\overline{\varphi}_x{}'}+\frac{1}{\overline{\varphi}_y{}'}\right)\cdot\frac{1}{\overline{\mu}_s{}'}\cdot\overline{q}_1{}'' -$$
$$-\frac{1}{\overline{\mu}_s{}'}\cdot\overline{q}_1{}' - \delta\,\overline{q}_1 = \varphi_1 \tag{64}$$

auf eine Differentialgleichung 5. Ordnung

$$c_0\,\lambda^5 + c_1\,\lambda^4 + \ \ldots\ c_5 = 0 \tag{65}$$

mit den Koeffizienten

$$c_0 = \frac{1}{\overline{\varphi}_x{}'\cdot\overline{\varphi}_y{}'\cdot\overline{\mu}_s{}'}\cdot\frac{\overline{q}_m\,T_r}{2} \tag{65 a}$$

$$c_1 = \frac{1}{\overline{\varphi}_x{}'\cdot\overline{\varphi}_y{}'\cdot\overline{\mu}_s{}'} + \left(\frac{1}{\overline{\varphi}_x{}'}+\frac{1}{\overline{\varphi}_y{}'}\right)\cdot\frac{1}{\overline{\mu}_s{}'}\cdot\frac{\overline{q}_m\,T_r}{2} \tag{65 b}$$

$$c_2 = \left(\frac{1}{\overline{\varphi}_x{}'}+\frac{1}{\overline{\varphi}_y{}'}\right)\cdot\frac{1}{\overline{\mu}_s{}'}+\frac{1}{\overline{\mu}_s{}'}\cdot\frac{\overline{q}_m}{2}\cdot T_r \tag{65 c}$$

$$c_3 = \frac{1}{\overline{\mu}_s{}'}+\delta\cdot\frac{\overline{q}_m\,T_r}{2} \tag{65 d}$$

$$c_4 = \delta - \frac{\overline{q}_m\,T_r}{T_a} \tag{65 e}$$

$$c_5 = 1/T_a \tag{65 f}$$

führen.

Die Diskussion der die Vorgänge allgemein beschreibenden Gleichung ist umständlich; es sollen daher Spezialfälle betrachtet werden.

1. Einfache Vorsteuerung ohne Berücksichtigung der Massenträgheit des Rohrleitungsinhaltes ($\overline{\varphi}_y{}' = \infty$, $T_r = 0$).

Für diesen Fall lautet die charakteristische Gleichung

$$\lambda^3 + \overline{\varphi}_x{}'\,\lambda^2 + \delta\,\overline{\varphi}_x{}'\cdot\overline{\mu}_s{}'\cdot\lambda + \frac{\overline{\mu}_s{}'\cdot\overline{\varphi}_x{}'}{T_a} = 0 \tag{66}$$

mit der Stabilitätsbedingung

$$\delta\, T_a > \frac{1}{\overline{\varphi}_x{}'} \tag{66a}[1]$$

Falls nicht aperiodische Einstellung erfolgt, kann das Dämpfungsdekrement näherungsweise angegeben werden mit

$$\alpha = -\frac{1}{2}\,\delta\,\overline{\mu}_s{}'\left(1 - \frac{1}{\overline{\varphi}_x{}'\,\delta\,T_a}\right) \cdot \frac{\overline{\varphi}_x{}'}{\overline{\varphi}_x{}' + \delta\cdot\overline{\mu}_s{}'}$$

und die Frequenz der Schwingung aus

$$\beta^2 = \frac{\overline{\mu}_s{}'}{T_a} - \frac{1}{4}\cdot\delta^2\cdot\overline{\mu}_s{}'^2\cdot\left(1 - \frac{1}{\delta\cdot\overline{\varphi}_x{}'\cdot T_a}\right)^2.$$

Die Näherung gilt für $\overline{\varphi}_x{}' \gtreqqless \overline{\mu}_s{}'$; für $\overline{\varphi}_x{}' = \infty$ gehen die Werte in die für die einfache Regelung ohne Vorsteuerung geltenden über [s. Gleichung (40a)]. Im Vergleich zu dieser ergibt sich im Falle der vorgesteuerten Regelung ein langsameres Abklingen der Schwingung bei höherer Frequenz.

2. Doppelte Vorsteuerung.

Hier kann eine Bedingung für die Steuergeschwindigkeiten bereits aus der Gleichung (64), ohne den Einfluß des bewegten Systems zu berücksichtigen ($\varphi = 0$), entnommen werden.

$$\overline{\varphi}_x{}' + \overline{\varphi}_y{}' > \delta\cdot\overline{\mu}_s{}' \tag{67a}$$

Im übrigen muß bei Berücksichtigung des Einflusses des drehenden Systems — bei Vernachlässigung von T_r — auch die weitere Bedingung

$$\delta\, T_a > \frac{1}{\overline{\varphi}_x{}'}\cdot\left(1 + \frac{\overline{\varphi}_x{}'}{\overline{\varphi}_y{}'}\right)\cdot\frac{1}{1 - \dfrac{\delta\overline{\mu}_s{}'}{\overline{\varphi}_x{}' + \overline{\varphi}_y{}'}} \tag{67b}$$

erfüllt sein, woraus die grundsätzliche Verschlechterung der Stabilität gegenüber der einfachen Vorsteuerung sowie der günstige Einfluß verhältnismäßig gegenüber $\overline{\varphi}_x{}'$ gesteigerter Werte von $\overline{\varphi}_y{}'$ zu erkennen ist.

3. Einfluß von T_r.

Zur allgemeinen Kennzeichnung dieses Einflusses sei die Stabilität der einfach vorgesteuerten Regelung untersucht; die zugehörige charakteristische Gleichung 4. Ordnung, aus der allgemeinen Gleichung (65) mit $\overline{\varphi}_y{}' = \infty$ erhalten, führt auf die Stabilitätsbedingung

$$(c_{2\infty}\cdot c_{3\infty} - c_{1\infty}\cdot c_{4\infty})\cdot c_{4\infty} > c_{2\infty}^2\cdot c_{5\infty}. \tag{68}[2]$$

Setzt man, wie üblich,

$$\alpha = \frac{\delta\,T_a}{\overline{q}_m\,T_r},\quad \beta = \frac{\overline{\varphi}_x{}'}{\overline{\mu}_s{}'},\quad \overline{q}_m\,\tau_r = \frac{\overline{q}_m\,T_r}{n_1\,T_s} = \overline{q}_m\,T_r\,\overline{\mu}_s{}'\,\delta,$$

so besteht zwischen den vorgenannten Konstanten nach Gleichung (68) die Beziehung

$$\alpha^2\cdot\left\{\left(\frac{\delta}{\beta} + \frac{\overline{q}_m\tau_r}{2}\right)\left(\frac{1}{2} + \frac{1}{\overline{q}_m\tau_r}\right) - \frac{\delta}{2\beta}\right\} +$$
$$+ \alpha\left\{\frac{\delta}{\beta} - \left(\frac{\delta}{\beta} + \frac{\overline{q}_m\tau_r}{2}\right)\left(\frac{1}{2} + \frac{1}{\overline{q}_m\tau_r}\right) - \left(\frac{\delta}{\beta}\cdot\frac{1}{\overline{q}_m\tau_r} + \frac{1}{2}\right)^2\right\} - \frac{\delta}{2\beta} > 0, \tag{68a}$$

die in Abb. 449[3] durch die Kurven a graphisch dargestellt ist und den Einfluß des Verhältnisses der bezogenen maximalen Arbeitsgeschwindigkeit des Steuerkolbens $\overline{\varphi}_x{}'$ zu eben

---

[1] Unter Zugrundelegung eines angenähert parabolischen Verlaufes der Drehzahlabweichung ergibt sich aus dem Geschwindigkeitsanstieg bei voller Entlastung $\varphi'_{x0} = \dfrac{2\,\varphi_{max}}{T_s}$ ein Wert der Nachfolgegeschwindigkeit des Steuerkolbens, der nach praktischen Erkenntnissen bei einer relativen Öffnung der Vorsteuerung von 0,5% Geschwindigkeitsänderung meist schon erreicht wird; damit ergibt sich für den Bezugswert $\overline{\varphi}_x{}' = \varphi'_{x0}\cdot\dfrac{100}{0,5} = \dfrac{400\cdot\varphi_{max}}{T_s}$, eine Forderung, die in der Regel ohne weiteres erfüllt ist.

$$\begin{array}{ll|l} T_a = 10'' & \delta = 0,2 & \overline{\varphi}_x{}'\,\text{erforderlich} = 0,5 \\ T_s = 2'' & \varphi_{max} = 0,15 & \overline{\varphi}_x{}'\,\text{vorhanden} = 30 \end{array}$$

[2] Index ∞ soll hierbei anzeigen, daß $\overline{\varphi}_y{}' = \infty$ gesetzt wurde.

[3] Gezeichnet für $\delta = 0,2$; außerdem $k_{II} = 1$ gesetzt.

dieser des Servomotorkolbens $\bar{\mu}_s' = \dfrac{1}{n_1\,\delta\,T_s}$ auf das erforderliche Schwungmoment für durch verschiedene Werte von $\bar{q}_m\,\tau_r$ gekennzeichnete Verhältnisse erkennen läßt. Für $\bar{\varphi}_\alpha' = \infty$ (unmittelbare Verstellung des Steuerventilkolbens) folgt aus Gleichung (68a) die Güteziffer α mit dem für die starre Rückführung geltenden Wert Gleichung (54a).

d) Die Stabilität von Abhängigkeitssteuerungen.

Falls die Regelung sich auf zwei mechanisch nicht verbundene Regelorgane erstreckt, für welche jedoch eine bestimmte Gesetzmäßigkeit der Bewegung während des Regelvorganges besteht, bzw. bestimmte Zuordnungen im Beharrungszustand einzuhalten sind, wird eine Verkettung der die Regelorgane steuernden Kreise notwendig. In ihrer einfachsten Form wird die Steuerung des abhängig geregelten Organs von den Verstellungen des primär geregelten geführt (Steuerungsanordnung Abb. 448); die Gesetzmäßigkeit der beharrungsmäßigen Zuordnung der Regelorgane wird in die Übersetzung der Anbindung *970 (1070)* gelegt.

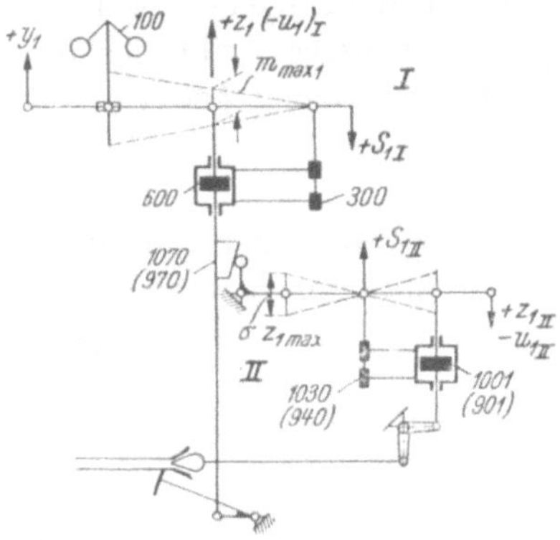

Abb. 448.

Abhängigkeitssteuerungen kommen, wie die Ausführungen vorangehender Abschnitte zeigen, in Betracht für die Doppelregelung von Freistrahl- und Kaplan-Turbinen. Hierbei besteht ein grundsätzlicher Unterschied insofern, als bei letzteren Fließzustand und Drehmomentenänderung durch die Verstellung von Leit- *und* Laufradschaufel beeinflußt werden, während bei Freistrahlturbinen das Verhalten der Regelung im Beharrungszustand und bei kleinen Laständerungen mit Rücksicht darauf, daß der Strahlablenker nur bei einigermaßen größeren Regelvorgängen zum Eingreifen kommen soll, ausschließlich durch die Stabilität der Düsensteuerung bestimmt wird.

1. Freistrahlturbinen.

Die Betrachtungen beschränken sich dem Vorgesagten entsprechend auf die Auslegungsformen 2 und 3 (Abb. 196, 197).

Unter Bezug auf Abb. 448 gilt für den Steuerkreis *I*

$$u_{1\,I}' = -\,\frac{s_{1\,I}}{n_1\,T_1}$$

$$s_{1\,I} = y_1 - z_{1\,I} = y_1 + u_{1\,I} \quad {}^{1}$$

$$\varphi_1 = \delta\,y_1$$

Für den Steuerkreis *II* gilt

$$u_{1\,II}' = -\,\frac{s_{1\,II}}{n_2\,T_2}$$

$$s_{1\,II} = \sigma\cdot z_{1\,I} - z_{1\,II}$$

mit σ als dem durch die Abhängigkeitskurve *1070* gegebenen Übersetzungsverhältnis[2] $z_{II\,\mathrm{max}}/z_{I\,\mathrm{max}}$. Die daraus folgende Steuerungsgleichung

$$n_1\,T_1\,n_2\,T_2\cdot u_{1\,II}'' + (n_1\,T_1 + n_2\,T_2)\cdot u_{1\,II}' + u_{1\,II} + \frac{\sigma\,\varphi_1}{\delta} = 0 \tag{69}$$

mit der Bewegungsgleichung des drehenden Systems

$$\frac{\bar{q}_{m\,II}}{2}\cdot T_r\,T_a\cdot \varphi_1'' + T_a\,\varphi_1' + T_r\cdot \bar{q}_{m\,II}\cdot \bar{q}_{1\,II}' - \bar{q}_{1\,II} = 0 \tag{47 a}{}^{3}$$

sowie mit

$$\bar{q}_{1\,II} = k_{II}\cdot u_{1\,II} \tag{48 a}{}^{4}$$

----

[1] Die Entwicklungen gelten unter Voraussetzung starrer Rückführung im primären Steuerkreis.

[2] Bei veränderlicher Übersetzung gilt hierfür das Verhältnis zugeordneter Werte von $z_{1\,I}$ und $z_{1\,II}$.

[3] Die Einführung von $u_{1\,II}$ und $\bar{q}_{1\,II}$ trägt dem Umstand Rechnung, daß Energieänderung und Druckstoß nur durch die Verstellung der Düsennadel bestimmt werden.

[4] Hier ist k_{II} im Gegensatz zu den Ausführungen des Abschnittes c berücksichtigt.

zusammengefaßt, führt auf eine Differentialgleichung vierter Ordnung mit den Konstanten

$$c_0 = \frac{\bar{q}_{m\,II}\,T_r}{2} \cdot \frac{\delta T_a}{k_{II}\,\sigma} \cdot n_1\,T_1\,n_2\,T_2 \tag{70a}$$

$$c_1 = \frac{\bar{q}_{m\,II}\,T_r}{2} \cdot \frac{\delta T_a}{k_{II}\,\sigma}\,(n_1\,T_1 + n_2\,T_2) + \frac{\delta T_a}{k_{II}\,\sigma} \cdot n_1\,T_1\,n_2\,T_2 \tag{70b}$$

$$c_2 = \frac{\bar{q}_{m\,II}\,T_r}{2} \cdot \frac{\delta T_a}{k_{II}\,\sigma} + (n_1\,T_1 + n_2\,T_2) \cdot \frac{\delta T_a}{k_{II}\,\sigma} \tag{70c}$$

$$c_3 = \frac{\delta T_a}{k_{II}\,\sigma} - q_{m\,II} \cdot T_r \tag{70d}$$

$$c_4 = 1. \tag{70e}$$

Die Aussage der zugehörigen Stabilitätsbedingungen kann mit Einführung von

$$\alpha = \frac{\delta T_a}{k_{II}\,\sigma\,\bar{q}_{m\,II}\,T_r}, \quad \beta = \frac{n_2\,T_2}{n_1\,T_1}, \quad \bar{q}_{m\,II}\,\tau_r = \bar{q}_{m\,II}\,T_r / n_2\,T_2 \tag{71}$$

gemäß Abb. 449 (Kurvenschar b) dargestellt werden; wegen $\alpha = \dfrac{\delta T_a}{k_{II}\,\sigma\,\bar{q}_{m\,II}\,T_r}$ bedingen die

jeweiligen $k_{II}\,\sigma$-Werte eine umgekehrte proportionale Veränderung von δ bzw. T_a zur Erzielung der gleichen Stabilität.

Das Verhalten von Steuerungen nach Abb. 448 läßt eine weitgehende Ähnlichkeit mit jenen einfach vorgesteuerter Regelungen erkennen. Grundsätzlich besteht eine Überlegenheit der Abhängigkeitssteuerung für sehr kleine Werte von β, also relativ kleine Steuergeschwindigkeiten im Primärkreis, während anderseits kleine Werte von $\bar{q}_{m\,II}\,\tau_r$ auf ungünstigere Bedingungen führen. Das erstgenannte Verhalten erklärt sich aus dem grundsätz-

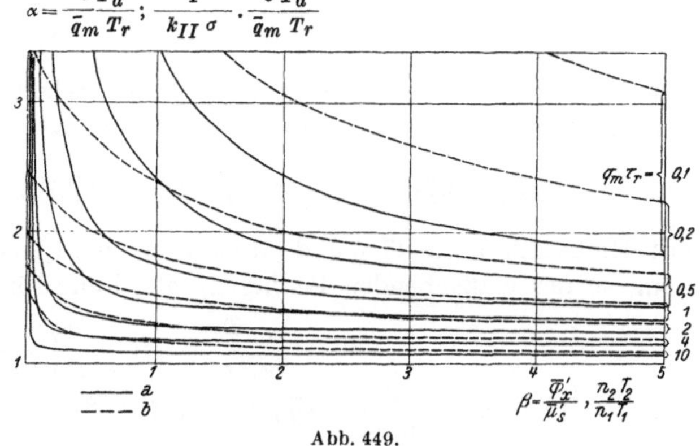

Abb. 449.

lichen Unterschied der Steuerungsformen, insofern als bei der einfachen Vorsteuerung Abb. 31 eine Rückführung nur vom zweiten Kreis her besteht, während bei Anordnung nach Abb. 448 jeder Steuerkreis seine eigene Rückführung besitzt.

2. Kaplan-Turbinen.

Hier tritt zu den Gleichungen (47a) und (69) die für kleine Änderungen der bezogenen Wassermenge bestehende Abhängigkeit von den Verstellungen der Leit- und Laufradschaufeln

$$\bar{q} = k_I \cdot u_{1\,I} + k_{II} \cdot u_{1\,II}.\ ^{1} \tag{48b}$$

Über eine Differentialgleichung vierter Ordnung ergeben sich die Stabilitätsbedingungen ersten und zweiten Grades mit

$$\delta T_a > \bar{q}_m\,T_r\,(k_I + \sigma\,k_{II}) - k_I \cdot n_2 \cdot T_2, \tag{72a}$$

$$\delta T_a > q_m\,T_r\,k_I \cdot \frac{1}{\dfrac{q_m\,T_r}{2\,n_2\,T_2} + 1}; \tag{72b}$$

dabei ist vorausgesetzt, daß $n_2\,T_2 \gg n_1\,T_1$, wie dies für die praktischen Ausführungen zutrifft, gewählt wird. Die Größen σ, k_I und k_{II} stehen in einem durch die Turbinencharakteristik (Abb. 186) gegebenen Zusammenhang. Das Anwachsen aller vorgenannten Werte gegen die volle Öffnung hin bedingt für diese die ungünstigsten Verhältnisse und Festlegung der für die

---

[1] S. a. Abb. 186.

Stabilität maßgebenden Werte von T_a bzw. δ. Eine Durchrechnung mit Unterlegung der Turbinencharakteristik Abb. 186 und praktischer Mittelwerte der einzelnen maßgebenden Größen zeigt die günstige Beeinflussung der Stabilität durch Wahl verhältnismäßig großer Werte von $n_2 T_2$ (stärkere Verzögerung der Laufschaufelbewegungen um die Beharrungslage) sowie die Unmaßgeblichkeit der Bedingung (72b).

3. Doppelte Verkettung der Steuerkreise.

Für diese entsprechend der Abb. 450 ausgelegte Steuerungsanordnung besteht für Steuerkreis I

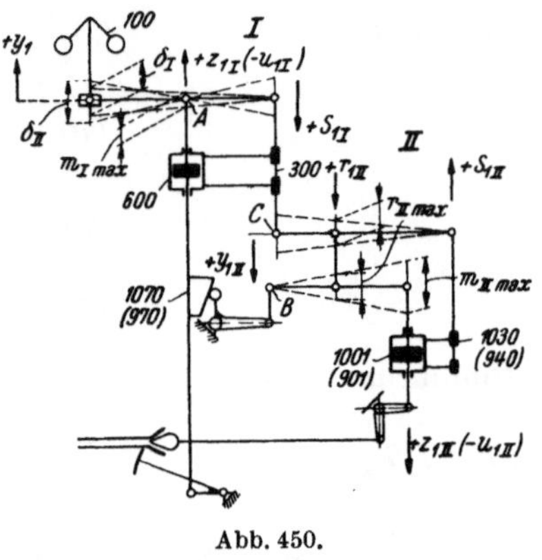

Abb. 450.

$$u'_{1\,I} = -\frac{s_{1\,I}}{n_1\,T_1},$$
$$s_{1\,I} = y_{1\,I} - z_{1\,I} = y_{1\,I} + u_{1\,I},$$
$$\varphi_1 = \delta_I \cdot y_{1\,I},$$

für Steuerkreis II

$$u'_{1\,II} = -\frac{s_{1\,II}}{n_2\,T_2},$$
$$r_{1\,II} = z_{1\,II} - \sigma z_{1\,I} = -u_{1\,II} + \sigma u_{1\,I},$$
$$s_{1\,II} = y_{1\,II} - r_{1\,II},$$

ferner die Verkettungsgleichung

$$s_{1\,I} = y_{1\,II} \cdot \frac{\delta_{II}}{\delta_I}$$

mit δ_{II} als den auf den maximalen Hub des Arbeitskolbens des sekundären Kreises bezogenen Ungleichförmigkeitsgrad des letzteren. Die daraus folgende Steuerungsgleichung

$$n_1\,T_1\,n_2\,T_2\,\delta_{II}\,u''_{1\,II} + \delta_{II} \cdot (n_1\,T_1 + n_2\,T_2)\,u'_{1\,II} + \delta_{II} \cdot u_{1\,II} + n_1\,T_1\,\varphi_1' + \sigma \cdot \frac{\delta_{II}}{\delta_I}\,\varphi_1 = 0, \quad (73)$$

mit den Gleichungen (47a) und (48) kombiniert, führt über eine Stabilitätsgleichung vierter Ordnung zu der maßgebenden Bedingungsgleichung für die charakteristischen Werte

$$\alpha = \frac{\delta_{II} \cdot T_a}{\bar{q}_m\,T_r}, \qquad \beta = \frac{n_2\,T_2}{n_1\,T_1}, \qquad \bar{q}_m\,\tau_r = \frac{\bar{q}_m\,T_r}{n_2\,T_2},$$

$$\alpha^2\left\{\left(1 + \beta + \frac{2}{\bar{q}_m\,\tau_r}\right)[\beta\,\bar{q}_m\,\tau_r + 2\,(1+\beta)] - 2\,\beta\right\} \cdot \beta +$$
$$+ \alpha\left\{\left\{\left(1 + \beta + \frac{2}{\bar{q}_m\,\tau_r}\right)[\beta\,\bar{q}_m\,\tau_r + 2\,(1+\beta)] - 2\,\beta\right\} \cdot \left|\frac{1}{\bar{q}_m\,\tau_r} - \sigma \cdot \frac{\delta_{II}}{\delta_I} \cdot \beta\right| -\right.$$
$$\left. - 2\,\beta\left[1 + \beta + \frac{3}{\bar{q}_m\,\tau_r} - \sigma \cdot \frac{\delta_{II}}{\delta_I} \cdot \beta\right] - \sigma \cdot \frac{\delta_{II}}{\delta_I} \cdot \beta\left(1 + \beta + \frac{2}{\bar{q}_m\,\tau_r}\right)^2\right\} -$$
$$- 2\left[\frac{1}{\bar{q}_m\,\tau_r} - \sigma \cdot \frac{\delta_{II}}{\delta_I} \cdot \beta\right]\left[1 + \beta + \frac{3}{\bar{q}_m\,\tau_r} - \sigma \cdot \frac{\delta_{II}}{\delta_I} \cdot \beta\right] > 0. \quad (74)$$

Diskussion:

1. $T_1 = \infty\,(\beta = 0)$; diese Voraussetzung entspricht der Abschaltung des Strahlablenkerkreises (Punkt A und B, Abb. 450, festgehalten). Aus Gleichung 74 ergibt sich damit

$$\alpha > \frac{3 + \bar{q}_m\,\tau_r}{2 + \bar{q}_m\,\tau_r}, \quad (74a)$$

welche Bedingung auch aus den obigen Ansatzgleichungen errechnet werden kann, wenn dort $s_{1\,I} = y_{1\,I}\,(z_{1\,I} = 0)$ und $r_{1\,II} = z_{1\,II}$ eingeführt werden. Bedingung (74a) entspricht der für die starre Regelung geltenden mit $\delta = \delta_{II}$.

2. $\delta_{II} = \infty$; der formelmäßige Ausdruck für die Abschaltung der Steuerventilkopplung (die Übersetzung zwischen $s_{1\,I}$ und $y_{1\,II}$ ist hierbei so gewählt, daß Punkt C, Abb. 450, in Ruhe bleibt). Die Stabilitätsbedingung (74) geht damit in die für die Abhängigkeitssteuerung gültige über, wobei aber die Stabilitätsgröße α durch $\dfrac{\delta_I \cdot T_a}{\sigma\,\bar{q}_m\,T_r}$ dargestellt wird.[1]

---

[1] Dieses Ergebnis wird auch aus Gleichung (73) unmittelbar erhalten, wenn dort $\delta_{II} = \infty$ gesetzt wird, also nur die Glieder mit δ_{II} berücksichtigt werden. In diesem Falle erhält man Gleichung (69), wobei an Stelle von δ δ_I steht.

3. Für $\beta = \infty$ ergibt sich aus Gleichung (74)

$$\frac{\delta_{II}}{\bar{q}_m}\frac{T_a}{T_r} > \sigma \cdot \frac{\delta_{II}}{\partial_I} \cdot \frac{\bar{q}_m\,\tau_r + 3}{\bar{q}_m\,\tau_r + 2}\,,$$

während für die Abhängigkeitssteuerung

$$\frac{\delta}{\bar{q}_m}\frac{T_a}{T_r} > \sigma \cdot \frac{\bar{q}_m\,\tau_r + 3}{\bar{q}_m\,\tau_r + 2}$$

gilt. Beide Beziehungen sind, wie leicht ersichtlich, identisch.

Diese Grenzbetrachtungen zeigen, daß die doppelte Verkettung im Gebiete kleiner β-Werte in ihren Stabilitätseigenschaften ähnlich der starren Rückführung mit dem Ungleichförmigkeitsgrad ∂_{II} ist. Im weiteren Verlauf schmiegt sich α dem für die einfache Abhängigkeitssteuerung geltenden an und erreicht diesen asymptotisch für $\beta = \infty$. Den Vergleich der einfachen Abhängigkeitssteuerung mit der doppelt verketteten ermöglicht die Darstellung Abb. 451, in welcher für einen bestimmten Wert von σ bzw. $\sigma \cdot \dfrac{\delta_{II}}{\delta_I}$ die die Stabilität charakterisierenden α-Werte für verschiedene $\bar{q}_m\,\tau_r$ abhängig von β einander gegenüberstehen. Man erkennt die für größere Werte von β bestehende weitgehende Übereinstimmung, im übrigen jedoch die Möglichkeit, durch Anwendung längerer Regelzeiten im Primärkreis die Stabilität des Sekundärkreises weitgehend zu verbessern und den Verhältnissen bei der nicht vorgesteuerten Regelung anzugleichen, insofern diese nicht durch entsprechende Wahl von $\sigma \cdot \dfrac{\delta_{II}}{\delta_I} = 1$ an sich hergestellt werden können.[1]

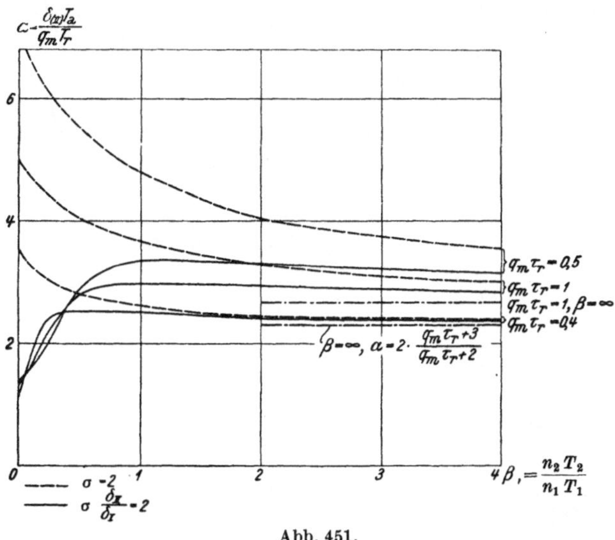

Abb. 451.

E. Anwendungen.

1. Rohrleitungsturbine mittlerer Schnelläufigkeit mit Durchfluß-Verbund-Regler.

Bestimmung des günstigsten Öffnungs- (Schließ-) Gesetzes mit Rücksicht auf die zulässige Drucksteigerung.

Ermittlung des Drehzahlanstieges bei plötzlichen Entlastungen.

Voraussetzungen: Beharrungswassermenge und Turbinenleistung sind unabhängig von der Drehzahl; die größtmögliche Regelgeschwindigkeit ist absolut gleich für Schließ- und Öffnungsvorgänge, die Rohrreibung wird vernachlässigt.

Anlaufzeit der Rohrleitung:

$$T_r = \frac{L\,\bar{C}_0}{g\,\bar{H}_0} = \frac{200 \times 0{,}86}{9{,}81 \times 50} = 0{,}35 \text{ sek.}$$

Laufzeit der Rohrleitung:

$$T_L = \frac{L}{a} = \frac{200}{800} = 0{,}25 \text{ sek.}$$

Rohrcharakteristik:

---

[1] Durch Einsetzen von $\alpha = \dfrac{3 + \bar{q}_m\,\tau_r}{2 + \bar{q}_m\,\tau_r}$ und $\sigma \cdot \dfrac{\delta_{II}}{\delta_I} = 1$ wird die Gleichung (74) für alle Werte von β identisch erfüllt; daher ist $\alpha = \dfrac{3 + \bar{q}_m\,\tau_r}{2 + \bar{q}_m\,\tau_r}$ die Stabilitätsbedingung des angegebenen Falles.

$$\varrho = \frac{T_r}{T_L} = 1,4.$$

Anlaufzeit der Maschine:

$$T_a = \frac{\Theta \omega_m{}^2}{N_{\max}} \quad \frac{51 \times 104{,}5^2}{810 \times 75} = 9{,}16 \text{ sek}$$

$$\left(\Theta = \frac{GD^2}{4\,g} = \frac{2000}{4 \times 9{,}81} = 51 \text{ kgmsek}^2, \quad n = 1000 \text{ U/min}\right).$$

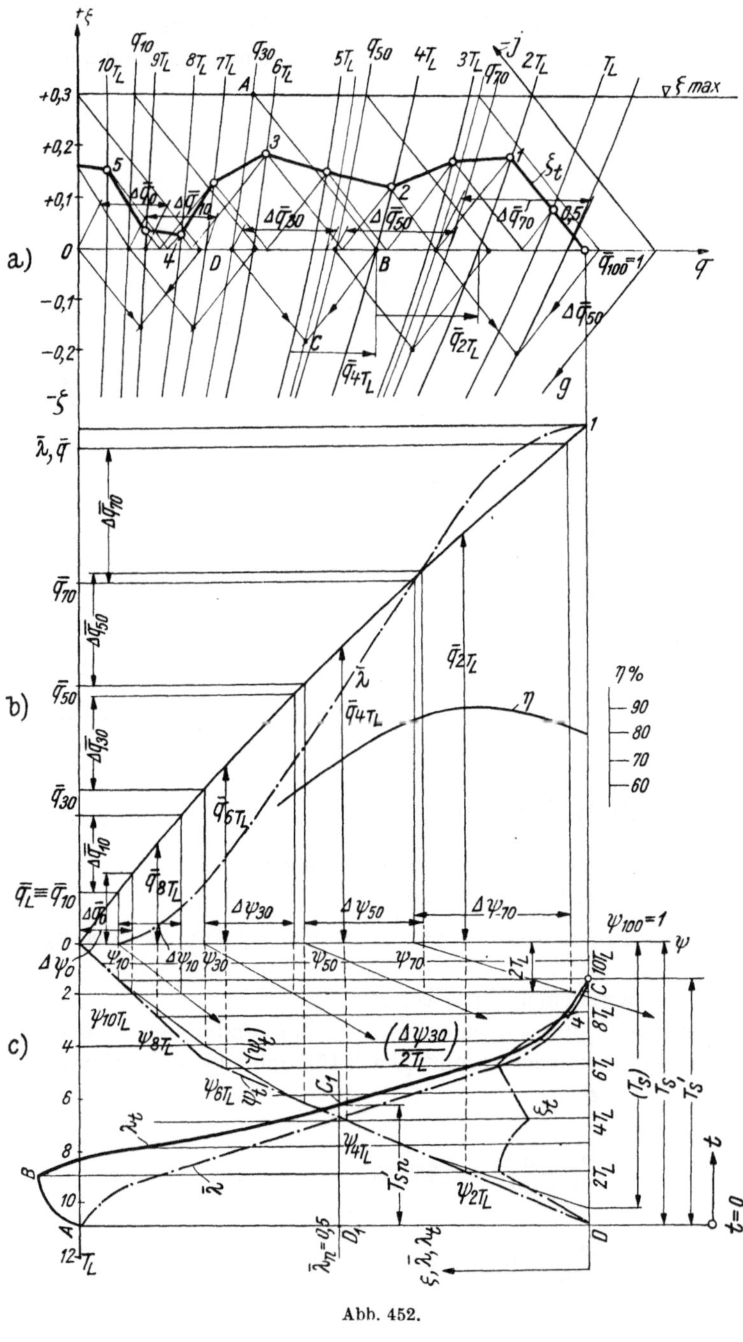

Abb. 452.

b) *Drehzahlanstieg bei plötzlichen Entlastungen* (Abb. 452 c).

---

[1] Nur zulässig bei geringen Drehzahländerungen, s. S. 341.

a) Ermittlung des *günstigsten Öffnungs- (Schließ-) Gesetzes* mit Rücksicht auf die zulässige Drucksteigerung ($\zeta_{\max} = 30\%$) beim einfachen Kurzschlußstoß (Abb. 452 a, b, c).

1. *Zulässige Wassermengenänderung* $\Delta \bar{q}_\psi$ innerhalb der Reflexionszeit. Die Linienzüge ABC, ausgehend von $\zeta_{\max}$ auf q_ψ, DC, ausgehend von $\bar{q}_\psi$, legen im Schnittpunkt C den Beaufschlagungswert $q_\psi + \Delta q_\psi$ fest, der nach der Reflexionszeit erreicht werden darf (Diagramm a).

2. *Optimales Öffnungsgesetz.* Aus Diagramm b) — $\bar{q}$ bzw. $\bar{\lambda} = f(\psi)$ — folgen zu den Werten $\bar{q}_\psi$ und $\Delta \bar{q}_\psi$ die zugehörigen ψ- bzw. $\Delta \psi$-Werte; im $\psi - t$ Diagramm 452 c) ergibt sich damit aus Teilstrecken zwischen den hervorgehobenen ψ-Werten in der in den einzelnen Bereichen als zulässig erkannten Neigung $\frac{\Delta \psi}{2\,T_L}$ der Linienzug (ψ_t).

3. ψ_t — das (ψ_t) entsprechende, der praktisch möglichen Staffelung der Regelgeschwindigkeit angepaßte *erzielbare Öffnungsgesetz.*

4. *Drucksteigerung beim Schließvorgang.* Aus Kurvenzug ψ_t folgen von $t = 0$ aus die im Abstand T_L bei einem Schließvorgang durchlaufenen ψ_{iT_L}-Werte, über Diagramm b) die zugehörigen $\bar{q}_{iT_L}$-Werte und mit diesen aus Diagramm a) der Druckverlauf ζ_t während des Schließvorganges.

1. *Änderung der Antriebsleistung λ_t beim Schließvorgang.* Aus $\psi_{i T_L}$ folgen über Diagramm b) die zugehörigen Werte $\bar{\lambda}$ und aus diesen die gleichzeitigen λ_t-Werte gemäß[1] $\lambda_t = \bar{\lambda} \cdot (1 + \zeta_t)^{3/2}$.

2. *Geschwindigkeitsabweichung bei plötzlicher voller Entlastung.* [1]

$$\int_0^{Ts'} \lambda_t \, dt = \frac{Ta}{2} \cdot (\varphi^2{}_{max} + 2\,\varphi_{max}) \simeq Ta \cdot \varphi_{max}$$

$$\int_0^{Ts'} \lambda_t \cdot dt = (\text{Fläche } A\!-\!B\!-\!C\!-\!D) \cdot M| = 27{,}4.\ 0{,}05\ \text{sek} = 1{,}37\ \text{sek.} \quad \varphi_{max} = \frac{1{,}37}{9{,}16} \simeq 0{,}15\ (+15\%).[2]$$

3. *Geschwindigkeitsabweichung bei Entlastung von Vollast auf beliebige Last.* [3]

$$\int_0^{Ts'_n} (\lambda_t - \bar{\lambda}_n)\, dt \simeq Ta\, \varphi_n$$

$$\bar{\lambda}_n = 0{,}5. \quad \int_0^{Ts'_n} (\lambda_t - \bar{\lambda}_n)\, dt = (\text{Fläche } A\!-\!B\!-\!C_1\!-\!D_1) \cdot M| = 9{,}6.\ 0{,}05 = 0{,}48\ \text{sek}$$

$$\varphi_{max\,n} = \frac{0{,}48}{9{,}16} = 0{,}052.$$

2. Freistrahlturbine mit Windkessel-Doppelregelung.

Bestimmung der kürzest möglichen Öffnungszeit der Düsennadel mit Rücksicht auf die zulässige Drucksteigerung beim Kurzschlußstoß.

Ermittlung des Drehzahlabfalls bei plötzlichen Belastungen.

Voraussetzungen:

Der Düsennadel-Verstellmechanismus besitzt unter dem Einfluß der hydraulischen Kräfte Öffnungsbestreben über den ganzen Hub (Anordnung s. Abb. 201). Die Schließzeit ist mit Rücksicht auf wasserwirtschaftliche und betriebstechnische Erwägungen möglichst zu beschränken. Die Berechnung berücksichtigt die beiden ausgezeichneten Abschnitte, Schrägstollen und Druckrohrleitung (s. Abb. 456), setzt jedoch totale Reflexion der Druckwellen am Fuße des als starr angenommenen Wasserschlosses voraus. Die Reibung ist vernachlässigt.

	Rohrleitung: I $(E_1 \div A)$	Schrägstollen: II $(E_2 - E_1)$
$T_{rn} = \dfrac{L_n \bar{C}_{0n}}{g\,\bar{H}_0}$	$T_{rI} = \dfrac{1278 \times 5{,}51}{9{,}81 \times 773} = 0{,}925\ \text{sek.}$	$T_{rII} = \dfrac{586 \times 1{,}84}{9{,}81 \times 773} = 0{,}142\ \text{sek.}$
$\tau_n = \dfrac{L_n}{a_n}$	$\tau_I = \dfrac{1278}{1183} = 1{,}075 \approx 1\ \text{sek.}$	$\tau_{II} = \dfrac{586}{1127} = 0{,}52 \approx 0{,}5\ \text{sek.}$
$\varrho_n = \dfrac{T_{rn}}{\tau_n}$	$\varrho_I = \dfrac{0{,}925}{1{,}075} = 0{,}860$	$\varrho_{II} = \dfrac{0{,}142}{0{,}52} = 0{,}273$

$$T_a = \frac{\Theta\, \omega_m{}^2}{N_{max}} = \frac{10\,200 \times 2750}{75 \times 58.000} = 6{,}45\ \text{sek.}$$

a) *Ermittlung des Öffnungsgesetzes.*

Nadelkräfte, Abb. 453a: Die auf die Nadel wirkenden Kräfte setzen sich wie folgt zusammen:

1. Hydraulische Kräfte $N = f(u)$ im Schließsinne wirkend.

2. Kräfte R, hervorgerufen durch Stulp- und Lagerreibung, entgegen dem Bewegungssinne wirkend.

---

[1] Der allmähliche Einsatz der Regelung kann entweder durch eine zeitliche Verzerrung der Leistungs- (Momenten-) Linie bzw. nach S. 345 berücksichtigt werden.

[2] $|M| = $ Maßstab; $\lambda = 1 \ldots 10$ cm, $\quad$ 1 cm² $= 0{,}05$ sek.
$\qquad 2T_L = 0{,}5$ sek $\ldots$ 1 cm,

[3] Hierbei ist vorausgesetzt, daß die Generatorleistung sich sofort mit dem geforderten Wert einstellt.

3. Kräfte, bestimmt durch die Größe des Entlastungskolbens *1008* (Abb. 201) und des wirksamen Gefälles $P = f_1(u)$.

Die dauernd im Öffnungssinne wirkende Resultierende K der vorgenannten Kräfte bestimmt die Geschwindigkeit der Nadelverstellung, die mit Rücksicht auf die gewählte Anordnung der Regelung angenähert $\sqrt{K}$ proportional gesetzt werden kann. Durch entsprechende Wahl des Entlastungskolbens kann somit das Verhältnis von Anfangs- und Endgeschwindigkeit festgelegt werden. $v_N = f_2(u)$, bzw. $v_N = f_4(\bar{q})$ mit $\bar{q} = f_3(u)$. Aus $v_N = f_4(\bar{q}) = \dfrac{d\bar{q}}{dt}$ ergibt sich nach Annahme eines zunächst beliebigen Zeitmaßstabes durch eine einfache Tangentenkonstruktion $\bar{q} = f_5(t)_{\ddot{o}}$. Da das Verhältnis der Tangentenneigungen unabhängig vom Zeitmaßstab besteht, kann nun dieser mit Rücksicht auf eine als wahrscheinlich entsprechende Gesamtöffnungszeit $T_{\ddot{o}}$ festgelegt werden.

b) *Überprüfung der Druckschwankungen bei Öffnung von 4 Maschinen*[1] *unter Zugrundelegung des nach Abb. 453a ermittelten Öffnungsgesetzes.*

Die Zustände in A liegen auf Parabeln (0 bis 32) τ_{II}, die Zustände in E_2 auf $\zeta = 0$, unabhängig von t. Die Zustände in E_1 ergeben sich aus den Zuständen in A bzw. E_2, die um die Laufzeit τ_I bzw. τ_{II} vorher in diesen Punkten vorhanden waren (Abb. 453b).

Ablauf:

1. *Öffnungsvorgang.*

Die von A ausgehende Störung wandert nach E_1, wo sie teilweise nach A reflektiert wird, bzw. nach E_2 durchläuft. In E_2 erfolgt vollkommene Reflexion.

$1\,A, 2\,A, 3\,A, 4\,A$: folgt im Schnitt von j_{1-4A} mit q_1, q_2, q_3, q_4 durch $1\,\tau_{II}, 2\,\tau_{II}, 3\,\tau_{II}, 4\,\tau_{II}$ dargestellt.

$\qquad 2\,E_1$: $\zeta = 0$, $q = \bar{q}_L$.

$\qquad 3\,E_1, 4\,E_1$: $j_{3-4E_1} - g_{3E_1}, g_{4E_1}$, aus $1\,A, 2\,A$ kommend.

$\qquad 3\,E_2$: $\zeta = 0$, $q = \bar{q}_L$.

$\qquad 4\,E_2, 5\,E_2$: $g_{4E_2}, g_{5E_2} - \zeta = 0$.

$\qquad 5\,E_1, 6\,E_1$: g_{5E_1}, g_{6E_1}, aus $3\,A, 4\,A$ kommend $- j_{5E_1}, j_{6E_1}$, aus $4\,E_2, 5\,E_2$ kommend.

$5\,A, 6\,A, 7\,A, 8\,A$: $j_{5A}, j_{6A}, j_{7A}, j_{8A}$ aus $3\,E_1, 4\,E_1, 5\,E_1, 6\,E_1$ kommend $- q_5, q_6, q_7, q_8$.

Damit ist die weitere Entwicklung gekennzeichnet.

2. *Kurzschlußstoß.*

Öffnungsvorgang, beginnend in $(20\,A)$,[2] Schließvorgang, beginnend in $(24\,A)$.[3]

$(20\,A), (22\,A), (24\,A)$: $j_{(20-24A)} - q_{20}, q_{22}, q_{24}$.

$\qquad (24\,E_1)$: $j_{(24E_1)} - g_{(24E_1)}$, aus $(22\,A)$ kommend.

$\qquad (25\,E_2)$: $g_{(25E_2)}$, aus $(24\,E_1)$ kommend $- \zeta = 0$.

$\qquad (26\,E_1)$: $g_{(26E_1)}$, aus $(24\,A)$ kommend $- j_{(26E_1)}$, aus $(25\,E_2)$ kommend.

$\qquad (28\,A)$: $j_{(28A)}$, aus $(26\,E_1)$ kommend $- q_{(28A)}$ [*erster Kurzschlußstoß*, bedingt durch die Reflexion in E_1].

$\qquad (27\,E_2)$: $g_{(27E_2)}$, aus $(26\,E_1)$ kommend $- \zeta = 0$.

$\qquad (28\,E_1)$: $g_{(28E_1)}$, aus $(26\,A)$ kommend $- j_{(28E_1)}$, aus $(27\,E_2)$ kommend.

$\qquad (30\,A)$: $j_{(30A)}$, aus $(28\,E_1)$ kommend $- q_{(30A)}$ [*zweiter Kurzschlußstoß*, bedingt durch die Reflexion in E_2].

---

[1] Der Untersuchung liegt die plötzliche Belastung von 4 Maschinen zugrunde: $\Sigma A = 0$. Bei Großkraftwerken dürfte diese Annahme in der Regel als zu ungünstig anzusehen sein und ist hinsichtlich ihrer Berechtigung nach den Betriebsbedingungen zu überprüfen.

[2] Die Zustände beim Kurzschlußstoß sind zum Unterschied von denen beim Öffnungsvorgang in Klammer gesetzt.

[3] Beim Eintreffen der ersten Teilreflexion aus $E_1\,(2\,\tau_1)$; sinngemäß wären die übrigen Teilreflexionen, so aus $E_2\,(2\,[\tau_I + \tau_{II}])$, zu untersuchen.

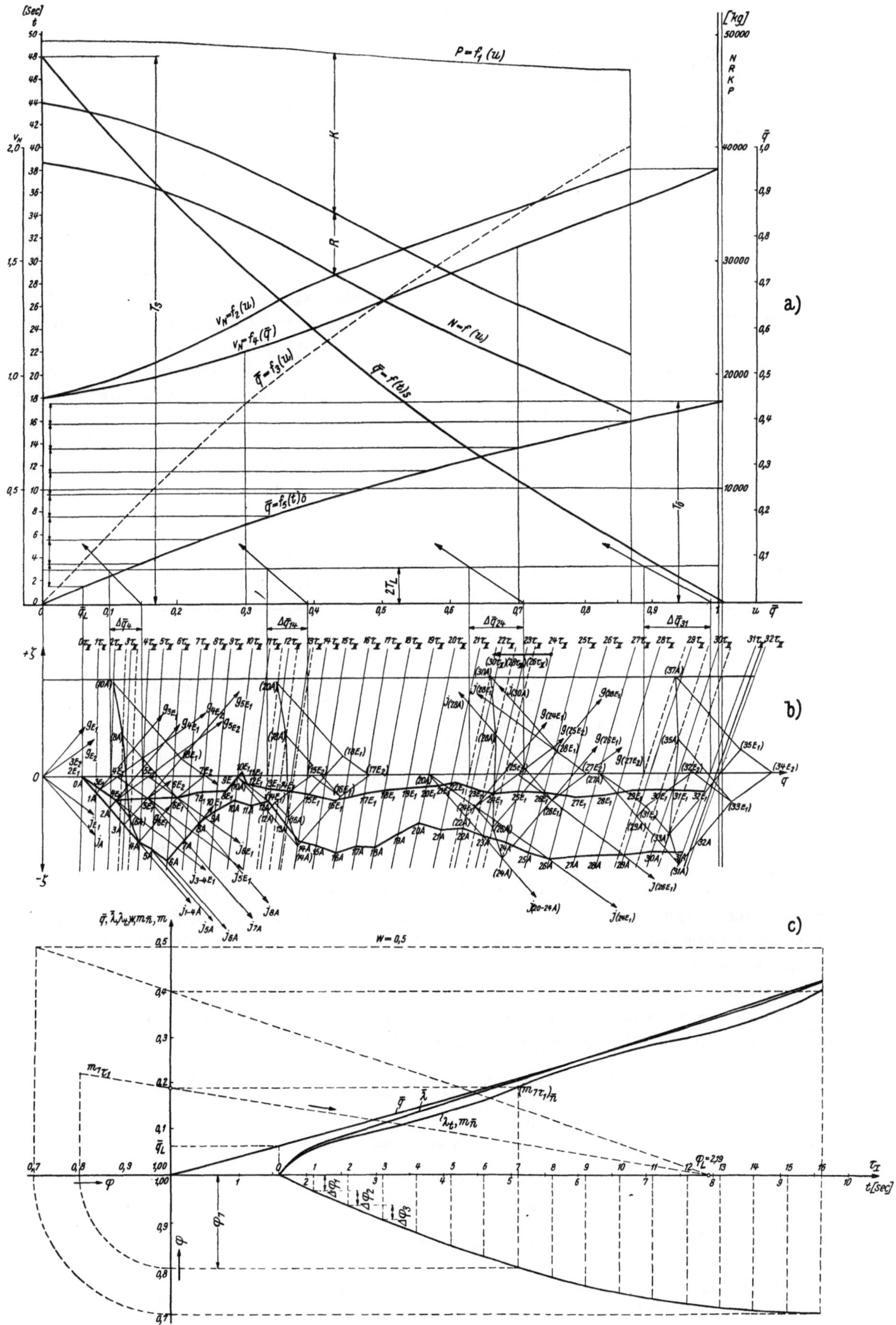

Abb. 453.

Auf Grund des gekennzeichneten Vorganges läßt sich für verschiedene Öffnungen die dort jeweils zulässige Schließgeschwindigkeit festlegen. Damit ergibt sich in bereits erörterter Weise die erforderliche gesetzmäßige Abhängigkeit $\bar{q} = f(t)_s$. Diese ist durch entsprechende Steuerung des Öldruckes (s. Abb. 201) zu verwirklichen.

c) *Ermittlung des Drehzahlabfalles bei plötzlicher Belastung.*

In Abb. 453 c sind die aus $\bar{q} = f_5(t)_\delta$ folgenden $\bar{q}$-Werte und die sich unter Berücksichtigung des Wirkungsgrades ergebenden $\bar{\lambda}$-Werte in ihrem zeitlichen Verlauf und bei normaler Drehzahl aufgetragen. Entsprechend den Ausführungen im Beispiel 1 kann darnach der zeitliche Verlauf der durch Druckschwankungen modifizierten Leistungserzeugung und der ebenfalls auf n_norm bezogene und aus λ_t ermittelte Verlauf des Drehmomentes $m_{\bar{n}}$ dargestellt werden. Die Einführung des letzteren in den Berechnungsgang ist erforderlich mit Rücksicht darauf, daß bei großen Drehzahlabweichungen die Änderung des Momentes mit ersteren in der Gleichung (35) berücksichtigt werden muß. Letztere Abhängigkeit ist aus der Charakteristik der Maschinen zu entnehmen und kann in dem in Frage kommenden Bereich mit genügender Genauigkeit gewöhnlich durch ein Geradenbüschel ersetzt werden (s. S. 17). Der unter Berücksichtigung der Drehzahlabsenkung jeweils gültige Momentenwert m_i läßt sich etwa in der für den Zeitpunkt 7 dargestellten Weise ermitteln. Der mathematische Ausdruck für die schrittweise Berechnung des Drehzahlabfalls ergibt sich aus Gleichung (35) in bezogener Form für den i-ten Schritt mit[1]

$$\Delta\varphi_i\% = 100\,\frac{\Delta t}{T_a}\left[w - m_i - \frac{(\varphi_L - 1) + \sum\limits_{0}^{i-1}\Delta\varphi}{(\varphi_L - 1)}\right]$$

i	Zeit in Sekunden	w	m_i	$\dfrac{(\varphi_L-1)+\sum\limits_{0}^{i-1}\Delta\varphi}{(\varphi_L-1)}$	$\Delta\varphi_i$ in Prozenten	$\sum\limits_{0}^{i-1}\Delta\varphi_i$ in Prozenten
1	0,0—0,5	0,5	0	1	3,88	
2	0,5—1,0	0,5	0,0604	1,033	3,40	3,88
3	1,0—1,5	0,5	0,0810	1,057	3,20	6,80
4	1,5—2,0	0,5	0,1020	1,083	3,00	9,80
.	.	.	.	.	.	.
.	.	.	.	.	.	.
.	.	.	.	.	.	.
17	8,0—8,5	0,5	0,4050	1,253	~ 0	30,10

3. Hochdruckspeicherpumpe.

Ermittlung der Druckschwankungen am Leitungsende A und in einem Zwischenpunkt E_1 (Knickpunkt) sowie des Drehzahlabfalles bei plötzlichem Ausfall der Antriebsleistung.[2]

Voraussetzungen:

Charakteristik der Pumpe im Pumpenbereich a und Bremsbereich b nach Abb. 454 (114); die Elastizität des Systems ist berücksichtigt, hingegen totale Reflexion am Fuße des Wasserschlosses angenommen; die Reibung ist vernachlässigt.

$$T_r = \frac{L\,\bar{C}_0}{g\,\bar{H}_0} = \frac{1653 \times 0,96}{9,81 \times 265} = 0,61\text{ sek}, \quad \tau_{II} = \frac{551}{1100} \simeq 0,5\text{ sek}, \quad \tau_I = \frac{1102}{1100} \simeq 1,0\text{ sek},$$

$$\varrho = \frac{a\,\bar{C}_0}{g\,\bar{H}_0} = \frac{1100 \times 0,96}{9,81 \times 265} = 0,4;$$

$$T_a = \frac{\Theta\,\omega_m{}^2}{N_\mathrm{max}} = \frac{81\,500 \times 35^2}{75 \times 36\,200} = 18,4\text{ sek}$$

$$\left(\Theta = \frac{G D^2}{4\,g} = \frac{1\,600\,000}{4 \times 9,81} = 40\,750\text{ kgmsek}^2,\ N = 36\,200\text{ PS},\ n = 333\text{ U/min}\right).$$

---

[1] Z. B. nach dem Näherungsverfahren von EULER-CAUCHY.

[2] Für zwei Pumpensätze.

Ablauf:

Die Charakteristik der Pumpe als äußere Randbedingung am Ende der Rohrleitung ändert sich mit der Drehzahl. Die Verzögerung der Maschinenschwungmassen und damit die zeitliche Drehzahländerung selbst bestimmen sich nach Gleichung (18a) entsprechend dem Verlauf der Pumpendrehmomente. Im übrigen sei auf die Ausführung auf S. 330 ff. verwiesen.

Die Zustände in A bestimmen sich im Schnittpunkt der jeweils geltenden Stoßgeraden (j_A) mit derjenigen q-ζ-Charakteristik der Pumpe, für welche gleichzeitig die dynamische Grundgleichung Gleichung (18a) erfüllt sein muß. Letzteres ist durch Proberechnungen herbeizuführen. Die Grundgleichung läßt sich nach einigen Umformungen schreiben:

$$\varDelta \varphi = \frac{\varDelta t}{T_a} \cdot \frac{m_i + m_{i+1}}{2} = \frac{0,5}{18,4} \cdot \frac{m_i + m_{i+1}}{2}$$

mit m_i und m_{i+1} als den zurzeit $i\,\tau_{II}$ bzw. $(i+1)\,\tau_{II}$ geltenden bezogenen Momentenwerten.

i	Zeit in Sekunden	m_i	$m_i + 1$	$m_i + m_i + 1$	$\varDelta \varphi$ in Prozenten	
1	0,5	1,00	0,93	1,93	**2,62**	Halbfette Werte durch Proberechnung gefunden
2	1	0,93	0,87	1,80	2,45	
			0,85	1,78	**2,42**	
3	1,5	0,85	0,77	1,62	2,20	
			0,79	1,64	**2,24**	
.	.	.	.	.	.	
.	.	.	.	.	.	
.	.	.	.	.	.	

Die Stoßgeraden j_A finden sich in der schon wiederholt dargestellten Form; z. B.

7 A: j_{7A} aus 4 E_2 kommend — 4 E_2: g_{4E_2} aus 1 A kommend.

Sinngemäß finden sich die Zustände in E_1, die hinsichtlich des dort eintretenden Druckabfalls dem zulässigen gegenüberzustellen sind, aus den um die Laufzeit vorherliegenden Zuständen in A und E_2, z. B. 8 E_1: g_{10E_2} aus 7 A kommend und j_{9A} aus 6 E_2 kommend.

Bei reguliertem Leitapparat gilt sinngemäß der gleiche Vorgang, nur ist der Untersuchung das in dem Augenblick der Betrachtung geltende Wirkungsfeld der Pumpe zu unterlegen, welches der aus dem zunächst angenommenen Schließgesetz folgenden Leitapparatöffnung entspricht. Im Gegensatz zur Darstellung in Abb. 454, bei welcher die Pumpe infolge Fehlens einer Absperrvorrichtung über den Bremsbereich hinaus in den Turbinenbereich kommen muß und somit einer gegensinnigen Drehzahl als Turbine laufend zustrebt, ist für die Pumpe mit beweglichem Leitapparat[1] die Möglichkeit gegeben, durch die Abstimmung von Schwungmasse und Schließzeit den Abschluß der Leitung bei zulässigen Druckänderungen in derselben vor Umkehr der Pumpe vollzogen zu haben.

Bei Synchronmotoren ist bei plötzlichem Kurzschluß der Einfluß der unmittelbar auf ihn folgenden Bremsmomente (s. S. 354) auf den Drehzahlabfall zu berücksichtigen.

4. Rohrleitungsturbine relativ hoher Schnelläufigkeit mit vorgeschalteter Selbstschlußklappe.

Bestimmung des Schließgesetzes der Klappe mit Rücksicht auf die zulässigen Drucksteigerungen unter der Voraussetzung, daß der Schließvorgang dieser bei der im Augenblick der Störung bestehenden und weiterhin aufrechterhaltenen Leitapparatöffnung erfolgt.

Ermittlung der Druckzustände vor und hinter der Schnellschlußklappe sowie des Drehzahlanstieges.

Voraussetzungen: Die Charakteristik der Turbine wird berücksichtigt (Abb. 454a, s. a. S. 328). Drosselklappe und Turbine werden als am Ende der Rohrleitung liegend vorausgesetzt, die Unterteilung des Systems ist also nicht berücksichtigt.[2] Weiterhin ist die Leitung als einheitlich vorausgesetzt und totale Reflexion am Fuße des Wasserschlosses angenommen.

$$T_r = 0{,}774 \text{ sek}, \quad T_L = 0{,}2 \text{ sek}, \quad \varrho = 3{,}87, \quad T_a = 9 \text{ sek}.$$

---

[1] bzw. Schnellschluß-Absperrorgan: Schnellschluß-Drosselklappe, Ringschieber

[2] Bei im Verhältnis zur Druckleitung langen Saugrohren müßte dies erfolgen (s. hierzu S. 319).

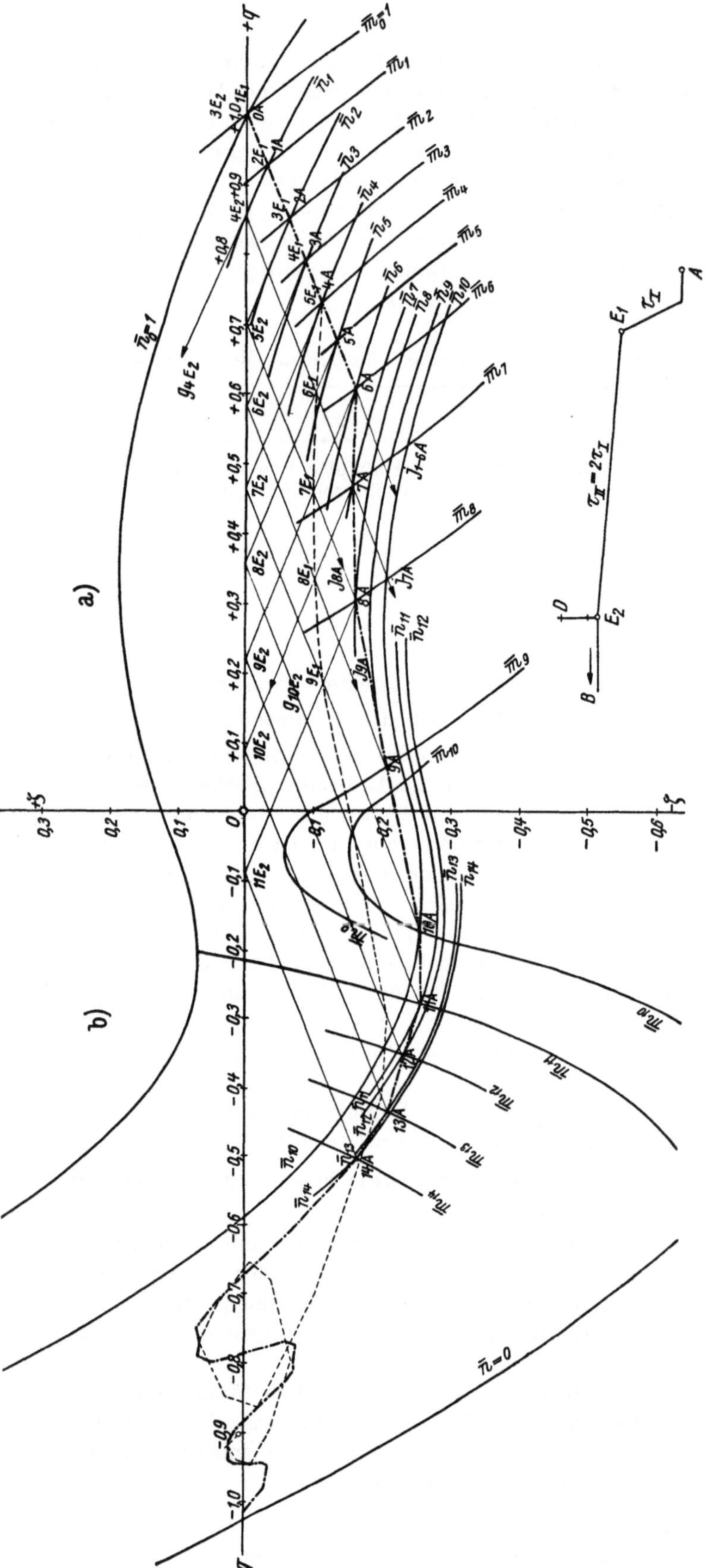

Abb. 454.

Ablauf:

Aus Abb. 454a ergeben sich nach den Ausführungen auf S. 328 die Kennlinien der Turbine als untere Randbedingung[1] bei konstanter Leitradöffnung $a_{0\,max}$ mit $\bar{n}$ als Parameter stufenweise im Bereich der zu erwartenden Drehzahländerungen; aus der gleichen Abbildung folgen unter Berücksichtigung der jeweils geltenden Wirkungsgrade und Drehzahlen die Linien konstanten bezogenen Momentes m. Nach Erreichung von $m = 0$ bestimmt sich die Durchflußmenge ausschließlich aus dem in der betreffenden Stellung der Drosselklappe bestehenden Durchlaß derselben unter dem jeweils wirksamen Gefälle (Ausflußparabel). Die Widerstandhöhen der Drosselklappe sind als Parabeln α mit der Klappenstellung als Parameter dargestellt.

Die mit der plötzlichen Entlastung zusammenhängende Zunahme der Turbinendrehzahl bedingt eine Verschiebung der Randlinie aus $\bar{n}_0 = 1$. Das in jedem Augenblick wirksame Turbinengefälle erscheint um den Reibungsverlust in der Drosselklappe ζ_r verringert. Die durchströmende Wassermenge ist für beide Organe gleich. Die Zustände vor der Turbine ($E_1{}^A$) bestimmen sich daher im Schnitt der jeweiligen Randlinie $\bar{n}$ mit der augenblicklich geltenden Hilfsparabel p;[2] zur

----

[1] Diese weichen von den bei freiem Ausfluß bezw. für Turbinen mittlerer Schnelläufigkeit geltenden Parabeln ab.

[2] Hierbei ist vorausgesetzt, daß die Auslösung des Drosselklappenschnellschlusses bei voller Leitradöffnung und Normaldrehzahl erfolgt, z. B. Generatorstörung. Bei drehzahlabhängiger Auslösung, die entsprechend oberhalb der bei voller Entlastung zu

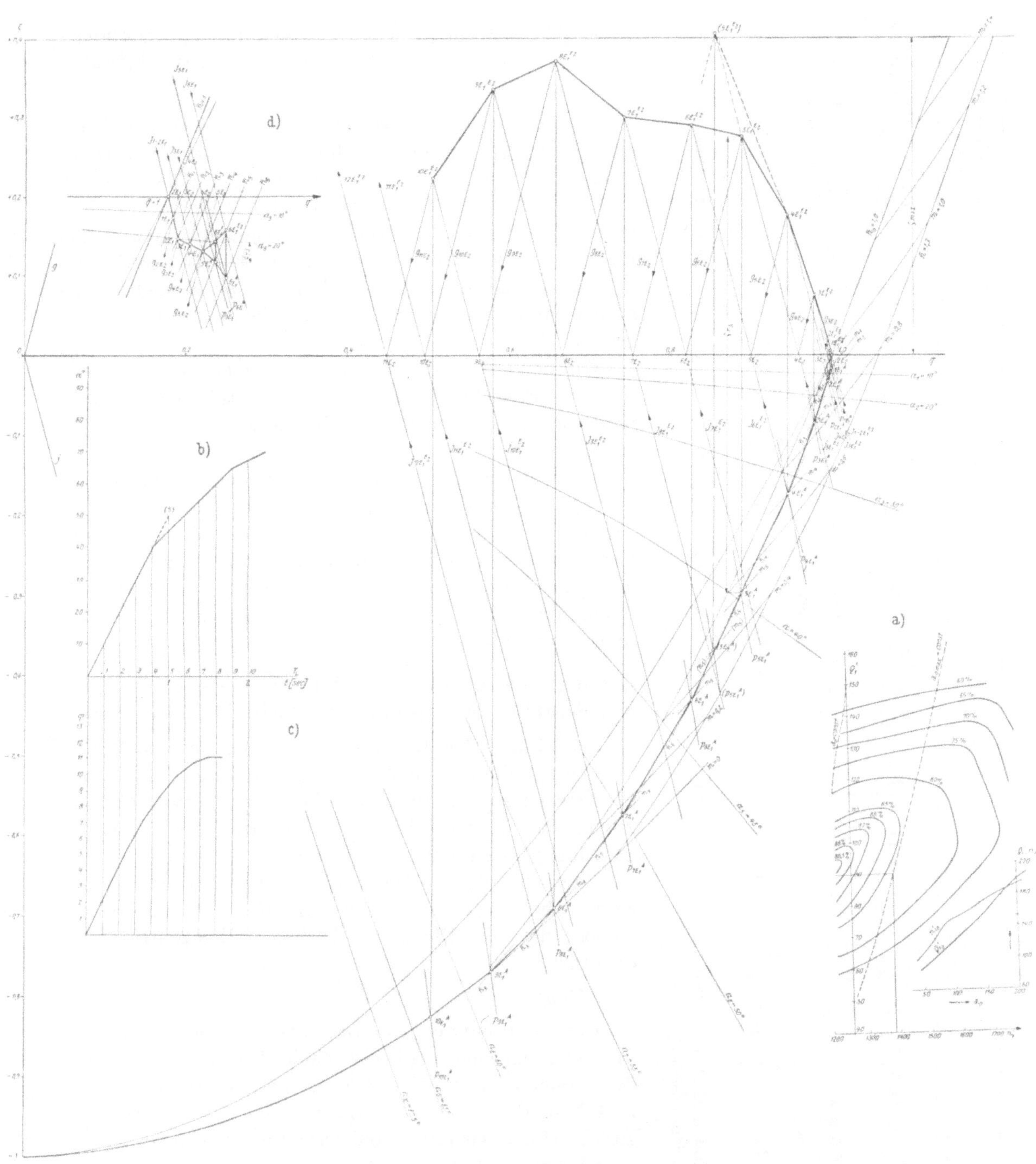

Abb. 455.

Bestimmung letzterer sei auf Abb. 412 verwiesen. Für die im Abstand der Laufzeit auftretende Verschiebung der Randlinien $\bar{n}$ gilt die dynamische Grundgleichung

$$\varDelta\,\varphi = \frac{m}{T_a}\cdot T_L.$$

Die Zustände in den ausgezeichneten Punkten ($E_1{}^{E_2}$ *vor*, $E_1{}^A$ *hinter* der Klappe bzw. vor der Turbine) finden sich wie folgt, z. B.:

$5\,E_1{}^A$: Im Schnitt vom zunächst angenommenen $\bar{n}_5$ mit $p_{5E_1}{}^A$; $p_{5E_1}{}^A$ um ζ_{r5} unterhalb von $j_{5E_1}{}^{E_2}$ gelegen (s. Abb. 412). Mit m_5 in Verbindung mit m_4 ist über die dynamische Grundgleichung die Richtigkeit der Annahme von $\bar{n}_5$ zu prüfen.

Anwendungen.

5 $E_1{}^{E_2}$: Aus 5 $E_1{}^A$ bei gleichem q um ζ_{r5} verschoben auf $j_{5E_1}{}^{E_2}$; $j_{5E_1}{}^{E_2}$ folgt hierbei aus 3 $E_1{}^{E_2}$ über g_{4E_2} — 4 E_2.

Die im Abstand T_L voneinander aufgetragenen Parameter hervorgehobener Randlinien vermitteln den Drehzahlanstieg während des Schließvorganges (Diagramm c).

Die durch die Abbildung der Zustände $E_1{}^A$ verlaufenden Widerstandsparabeln bestimmen über den jeweils zugeordneten Klappenwinkel, die im Zeitabstand T_L aufeinanderfolgenden Stellungen der Schnellschlußklappe und legen damit ihr Schließgesetz fest[1] (Diagramm b).

Für den Fall der drehzahlabhängigen Auslösung ist bis zur Erreichung der Auslösedrehzahl die in Teilfigur d gekennzeichnete Konstruktion maßgebend, z. B.:

3 E_1: Im Schnitt vom zunächst angenommenen $\bar{n}_3$ mit j_{3E_1}; j_{3E_1} aus 1 E_1 — g_{2E_2} — 2 E_2.

Von Erreichung der Auslösedrehzahl ab ($\bar{n}_4$) ist der Vorgang bereits in der Hauptfigur gezeigt. Die Zustände in E_1 spalten sich dann auf in solche vor ($E_1{}^{E_2}$) und solche hinter ($E_1{}^A$) der Klappe, die einen Druckunterschied von ζ_r aufweisen.

5. Zusammengesetztes Leistungssystem (Abb. 456) mit Rohrbruchklappen innerhalb der Leistungen.

Ermittlung der Druckschwankungen in den ausgezeichneten Punkten der Leitung bei Bruch eines Leitungsstranges am unteren Ende und unter der als ungünstigst zu bezeichnenden, praktisch möglichen Voraussetzung abgesperrter Leitungen.

Voraussetzungen: Die Elastizität wird im ganzen System berücksichtigt, ebenso die Reibung, die an den Enden der betreffenden Abschnitte konzentriert gedacht ist.[2]

Ablauf:

Die in A entstehende Druckwelle wandert nach E_1, um dort einerseits teilweise nach A reflektiert zu werden, anderseits in die abgesperrten Rohrstränge nach ΣA bzw. durch den Schrägstollen nach E_2 zu wandern. In E_2 erfolgt wiederum teilweise Reflexion nach E_1 und Durchgang nach D bzw. B.

erwartenden größten Drehzahlerhöhung einzustellen sein wird, ist der Zustand im Augenblick des Wirkungsbeginnes der Schnellschlußklappe nach Teilfigur d zu ermitteln (s. spätere Ausführungen).

[1] Die notwendige Änderung dieses, z. B. in Punkt 4 T_L, ergibt sich aus dem unzulässigen Druckanstieg vor der Klappe im Zeitpunkt 5 T_L (5 $E_1{}^{E_2}$), falls das bis 4 T_L geltende Schließgesetz weiterhin beibehalten wird.

[2] Der Deutlichkeit halber ist eine die Verhältnisse besser erfassende Aufteilung der Reibung, etwa auf Anfang *und* Ende jedes Leitungsteiles unterblieben.

	Rohrleitung: I		Schrägstollen: II $E_2 \div E_1$	Wasserschloß: III $D \div E_2$	Druckstollen: IV $B \div E_2$
	gebrochen: A $E_1 \div A$	unversehrt: ΣA $E_1 \div \Sigma A$ [3]			
$T_{rn} = \dfrac{L_n \cdot \bar{C}_{on}}{g \cdot \bar{H}_0}$	$T_{rIA} = \dfrac{1278 \times 30{,}4}{9{,}81 \times 888} = 4{,}44$ sek	$T_{rI\Sigma A} = \dfrac{1278 \times 30{,}4}{9{,}81 \times 888} = 4{,}44$ sek	$T_{rII} = \dfrac{586 \times 5{,}2}{9{,}81 \times 888} = 0{,}34$ sek	$T_{rIII} = \dfrac{275 \times 3{,}71}{9{,}81 \times 888} = 0{,}121$ sek	$T_{rIV} = \dfrac{7000 \times 4{,}42}{9{,}81 \times 888} = 3{,}55$ sek
$\tau_n = \dfrac{L_n}{a}$ [2]	$\tau_{IA} = \dfrac{1278}{1183} = 1{,}075$ sek $\approx 1{,}0$ sek	$\tau_{I\Sigma A} = \dfrac{1278}{1183} = 1{,}075$ sek $\approx 1{,}0$ sek	$\tau_{II} = \dfrac{586}{1127} = 0{,}52$ sek $\approx 0{,}5$ sek	$\tau_{III} = \dfrac{275}{1425} = 0{,}193$ sek [1] $\cong 0{,}25$ sek	$\tau_{IV} = \dfrac{7000}{1425} = 4{,}91$ sek [1] ≈ 5 sek
$\varrho_n = \dfrac{T_{rn}}{\tau_n}$	$\varrho_{IA} = \dfrac{4{,}46}{1{,}075} = 4{,}11$	$\varrho_{I\Sigma A} = \dfrac{4{,}46}{1{,}075} = 4{,}11$	$\varrho_{II} = \dfrac{0{,}34}{0{,}52} = 0{,}654$	$\varrho_{III} = \dfrac{0{,}121}{0{,}193} = 0{,}627$	$\varrho_{IV} = \dfrac{3{,}55}{4{,}91} = 0{,}723$

[1] Wandung von Wasserschloß und Druckstollen als unelastisch angenommen. — [2] Die einzelnen Laufzeiten sind zur Schaffung ganzzahliger Verhältnisse abgerundet. — [3] 3 Leitungsstränge.

Die in B, D und $\varSigma A$ vollständig reflektierten Wellen werden in den Verteilungspunkten in übereinstimmender Weise aufgespalten. Die entsprechenden Laufzeiten der Störungen können obiger Aufstellung entnommen werden.

Graphisches Verfahren: (Abb. 457):

Die zu einer bestimmten Zeit in einem der ausgezeichneten Punkte bestehenden Zustände leiten sich aus den Zuständen in den Endpunkten der benachbarten Systeme ab, die um die Laufzeit dieser *vor* dem betrachteten Augenblick liegen (s. S. 318); im Verzweigungspunkt bestimmt sich der Zustand gemäß Abb. 416 (S. 326).

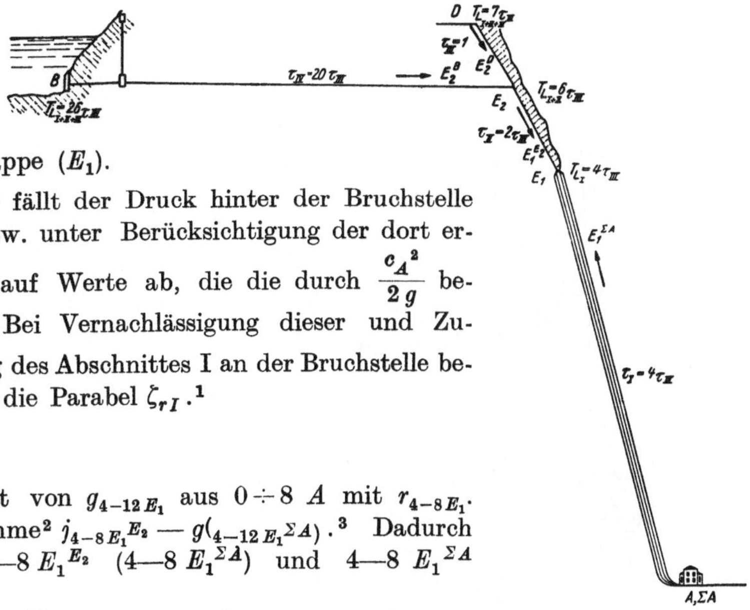

a) Bestimmung der Druckschwankungen in den Punkten A, E_1, E_2, D und B bis zum Eingreifen der Schnellschlußklappe (E_1).

Bei Bersten der Rohrleitung fällt der Druck hinter der Bruchstelle auf atmosphärischen Druck, bzw. unter Berücksichtigung der dort erzeugten Geschwindigkeitshöhe auf Werte ab, die die durch $\dfrac{c_A{}^2}{2\,g}$ bestimmte Parabel ζ_{c_A} erfüllen. Bei Vernachlässigung dieser und Zusammenfassung der Rohrreibung des Abschnittes I an der Bruchstelle besteht als untere Randbedingung die Parabel $\zeta_{r\,I}$.[1]

Abb. 456.

Aufsteigende Welle:

4—8 E_1: Folgt im Schnitt von $g_{4-12\,E_1}$ aus $0 \div 8\,A$ mit $r_{4-8\,E_1}$. Letztere aus Summe[2] $j_{4-8\,E_1}{}^{E_2} - g_{(4-12\,E_1{}^{\varSigma A})}$.[3] Dadurch mitbestimmt 4—$8\,E_1{}^{E_2}$ $(4$—$8\,E_1{}^{\varSigma A})$ und 4—$8\,E_1{}^{\varSigma A}$ (Abb. 457 b, β).

6—8 E_2: $g_{6-10\,E_2}$ aus 4—$8\,E_1{}^{E_2}$[4] und $r_{6-8\,E_2}$. Letzteres aus Summe $j_{6-8\,E_2}{}^{D}$[2] $- j_{6-46\,E_2}{}^{B}$.[2] Dadurch mitbestimmt 6—$8\,E_2{}^{D}$ und 6—$8\,E_2{}^{B}$ (Abbildung 457 b, γ).

7—9 D: $g_{7-9\,D}$ aus 6—$8\,E_2{}^{D}$ mit $\zeta = 0$.

26—28 B: $g_{26-28\,B}$ aus 6—$8\,E_2{}^{B}$ mit $\zeta = 0$.

Reflektierte Welle:

8—10 E_2: $g_{6-10\,E_2}$ aus 4—$8\,E_1{}^{E_2} - r_{8-10\,E_2}$. Letzteres aus Summe $j_{8-10\,E_2}{}^{D} - j_{6-46\,E_2}{}^{B}$. Dadurch mitbestimmt 8—$10\,E_2{}^{D}$ und 8—$10\,E_2{}^{B}$.

8—10 E_1: $g_{4-12\,E_1}$ aus 0—$8\,A - r_{8-10\,E_1}$. Letzteres aus Summe $j_{8-10\,E_1}{}^{E_2} - g_{(4-12\,E_1{}^{\varSigma A})}$. Dadurch mitbestimmt $8\,E_1{}^{E_2}$ und $8\,E_1{}^{\varSigma A}$.[5]

8—12 A: $j_{8-12\,A}$ aus 4—$8\,E_1$ mit Widerstandsparabel ζ_{r_I} (s. Abb. 412).

---

[1] Der Reibungseinfluß der Leitungsteile II und IV ist bei der Berechnung von $Q_{\max}$ berücksichtigt, bei Ermittlung der Druckschwankungen infolge seines verhältnismäßig geringen Einflusses vernachlässigt.

[2] Zuordnungsgerade, ausgehend von $\zeta = 0$, $\overline{q} = 0$, da die Störung noch nicht in E_2 bzw. $\varSigma A$, D und B eingetroffen ist.

[3] Infolge der Reflexion an $q = 0$ darf, wie Abb. 457 a zeigt, statt mit $g_{E_1\varSigma A}$ bzw. $j_{E_1\varSigma A}$ mit $g_{(E_1\varSigma A)}$ bzw. $j_{(E_1\varSigma A)}$ verfahren werden, welch letztere in gleicher Weise wie die Hilfsgeraden r (Abb. 416) zustande kommen.

[4] Während der Zeit 4—8 bleibt der Zustand in E_1 unverändert; der während 6—8 in E_2 herrschende Zustand bestimmt sich aus dem um die Laufzeit vorherliegenden Zustand in E_1, also dem während der Zeit 4—6 dort herrschenden.

[5] Im Zeitpunkt 8 beginnt die Schließbewegung der Drosselklappe; ihre Berücksichtigung ist in Abschnitt d gezeigt.

b) Ermittlung der Druckschwankungen in den abgesperrten Rohrsträngen: ΣA.

$8\!-\!12\,\Sigma A$: $g_{8-12\,\Sigma A}$ aus $4\!-\!8\,E_1^{\Sigma A}$ mit $q = 0$.

$12\,E_1^{\Sigma A}$, $13\,E_1^{\Sigma A}$, $14\,E_1^{\Sigma A}$: $g_{12-16\,E_1}^{\Sigma A}$ mit $\zeta =$ konst. für $12\,E_1$, $13\,E_1$, $14\,E_1$ (Ermittlung s. unter c).

$16\,\Sigma A$, $17\,\Sigma A$, $18\,\Sigma A$: $j_{16\,\Sigma A}$, $j_{17\,\Sigma A}$, $j_{18\,\Sigma A}$ mit $q = 0$.

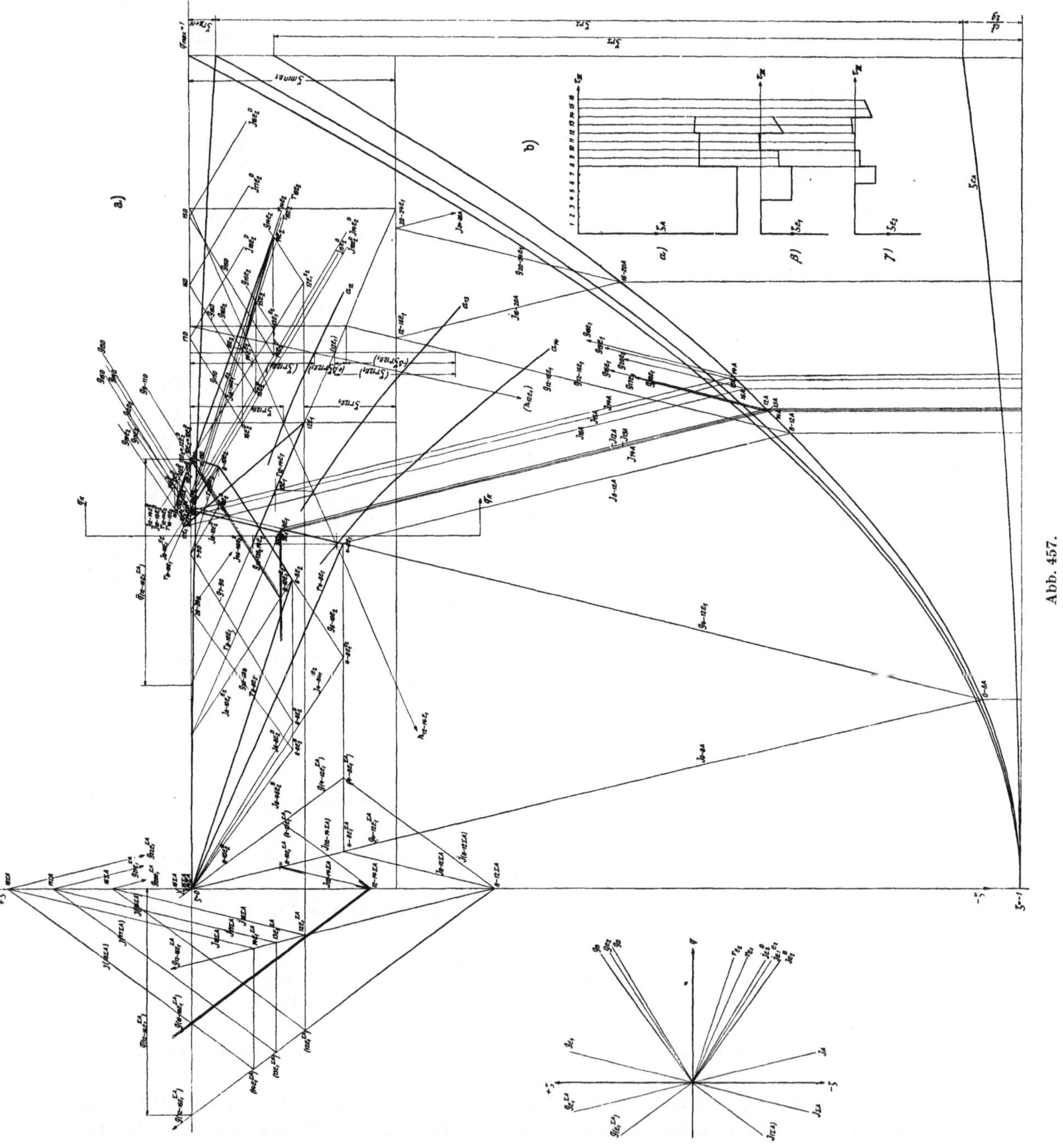

Abb. 457.

An dieser Stelle sei darauf hingewiesen, daß auch die abgesperrten Rohrstränge Zustandsänderungen erleiden, die an den Enden der Leitungen zu beachtlichen Druckschwankungen führen können.

c) Druckschwankungsablauf beim Schließen der Schnellschlußklappe.

1. Wassersäule nicht abgerissen.

Voraussetzungsgemäß beginnt die Schnellschlußklappe nach Überschreitung der Wassermenge q_k in E_1 in Tätigkeit zu treten — Zeitpunkt $8\,\tau_{III}$. Das Schließgesetz der Drosselklappe bildet sich in den Widerstandsparabeln α ab, deren zeitliche Aufeinanderfolge so zu bestimmen ist, daß die zulässigen Druckgrenzen nicht überschritten werden.

$12\,E_1$, $13\,E_1$, $14\,E_1$: z. B. $(12\,E_1)$: $\alpha_{12} - (h_{12\,E_1})$. Letzteres aus $g_{12-16\,E_1}$ und $r_{12-14\,E_1}$ nach Abb. 409.

Darnach äußert sich der Drosselwiderstand der Klappe in einem verhältnismäßig geringen Druckanstieg vor der Klappe $(+\varDelta\,\zeta_{r\,12\,E_1})$ und einem starken Druckabfall hinter derselben $(-\varDelta\,\zeta_{r\,12\,E_1})$; wie ersichtlich fällt hierbei der Druck hinter der Klappe unter $\zeta_{\min\,E_1}$, Dampfdruck bzw. atmosphärischer Druck bei Belüftung, so daß die Wassersäule abreißt.

2. Wassersäule abgerissen.

Solange die Wassersäulen abgerissen sind, besteht an der Trennstelle der konstante Druck $\zeta_{\min\,E_1}$. Die von den verschiedenen Rohrenden kommenden Druckwellen werden an den freien Spiegeln vollkommen reflektiert. Der Druck vor der Klappe liegt um den jeweiligen Widerstandsverlust $\zeta_{r\,E_1}$ über $\zeta_{\min}$ und ist nach Abb. 412 zu berücksichtigen. Im Schnitt mit der Widerstandsparabel ergibt die Spiegelung von $r_{12-14\,E_1}$ um $\dfrac{\zeta_{\min}}{2}$ nach $h_{12-14\,E_1}$ unmittelbar den Widerstandsverlust $\zeta_{r\,12\,E_1}$ und rückgespiegelt damit Punkt $12\,E_1$:

$13\,E_1$, $14\,E_1$ usw.: $h_{12-14\,E_1} - \alpha_{13}$, α_{14}.

Der Druck hinter der Klappe beträgt konstant $\zeta_{\min}$; damit folgen die Zustände in

$16-20\,A$: aus den um die Laufzeit vorherliegenden Zuständen in $8-12\,A$ durch totale Reflexion an der A zu liegenden freien Trennstelle.

Der Augenblick eines eventuellen Zusammenschlagens der Wassersäule (t_2) ergibt sich aus der Übereinstimmung der Integralwerte

$$\int\limits_{t_1}^{t_2}(C_{E_1}{}^{E_2} + C_{E_1}{}^{\varSigma A})\,dt = \int\limits_{t_1}^{t_2} C_{E_1}{}^{A}\,dt$$

mit t_1 als Augenblick des Abreißens. Vom Zeitpunkt des Wiederzusammenschlagens an gelten die Gesetze des kontinuierlichen Systems.

Literaturnachweis.

Erster Teil.
Erster Abschnitt.

1. BAUERSFELD, W.: Automatische Regulierung der Turbinen. Berlin: Julius Springer, 1905.
2. BUDAU, A.: Beitrag zur Frage der Regulierung hydraulischer Motoren. 1906—1909.
3. CAYÈRE, P.: Les régulateurs de vitesse. Arts et Métiers (1917).
4. KELLER, R.: Un nouveau régulateur de vitesse. Bull. schweiz. elektrotechn. Vereins, H. 1 (1939).
5. LÖWY, R.: Zur Theorie der Bandfederfliehkraftregler. Polytechn. Z. 470 (1909).
6. MUNDING, H.: Die Wasserturbinen auf der Jubiläumsausstellung Gothenburg. Z. VDI 359 (1924).
7. PROELL, R.: Neuere Flachregler mit regelbarer Umlaufzahl. Z. VDI 568 (1909).
8. VOLET, A.: Les régulateurs de machines hydrauliques et leur développement. Rev. techn. de la suisse H. 35 (1925).
9. TENOT, M. A.: Turbines hydrauliques et régulateurs de vitesse, Bd. IV. Paris: Dunod.
10. TOLLE, M.: Die Regelung der Kraftmaschinen, 2. Aufl. Berlin: Julius Springer, 1921.

Zusammenfassende Abhandlungen.

11. BARNATH, F.: Fortschritte im Wasserturbinenbau. Wasserwirtsch. H. 19/20 (1931).
12. FABRITZ, G.: Neuzeitliche selbsttätige Regler und ihre Hilfseinrichtungen. Wasserwirtsch. H. 18 (1926).
13. GAGG, A.: Entwicklung und Leistungen der heutigen Turbinenregler von Escher Wyss und Cie. Wasserwirtsch. H. 19 (1931).
14. PRASIL, F.: Bericht über die schweizerische Landesausstellung Bern 1914. Schweiz. Bauztg.
15. TENOT, M. A.: Régulateurs automatiques de vitesse des groupes hydroélectriques et centrales automatiques. Électr. et Méc. Thomson-Houston H. 16 (1935).
16. THOMA, D.: Die neueren Turbinenregler von Briegleb Hansen und Co. Z. VDI 121 (1912).
17. WAGENBACH, W.: Fortschritte im Bau von Wasserturbinen. Z. VDI 909 (1915).

Zweiter Abschnitt.

18. AMANN, R.: Mitt. hydraul. Inst. T. H. München H. 1.
19. STENGELE, W.: Automatischer Druckschalter. EWC-Mitt. H. 3 (1937).

Dritter Abschnitt (s. 11 bis 17).

Vierter Abschnitt (s. a. 12, 15, 16).

21. BABLON, S. M.: La régulation des groupes hydroélectriques. Rev. Électr. Méc. H. 40 (1936).
22. BENZ-SCHIEL, H.: Turbinenregler mit Einheitssteuerwerk. Dtsch. Wasserwirtsch. H. 9 (1933).
23. BRAUN, E.: Bericht über Versuche mit einem Turbinenregler der Firma Escher Wyss und Cie., Zürich. Schweiz. Bauztg. H. 13 (1927).
24. CAHEN, M.: Réglage direct de la fréquence par régulateurs de vitesse a faible coefficient d'insensibilite. Bull. Soc. franç. Électr. H. 4 (1936).
25. FABRITZ, G.: Steuerungseinrichtungen selbsttätiger Turbinenregler. Wasserkr.-Jb. H. 29 (1928).
26. GELPKE, V.: Das Lungernseekraftwerk. Schweiz. Bauztg. H. 21 (1924).
27. HRUSCHKA, H.: Die Lastverteilung zwischen parallellaufenden Bahnwasserkraftwerken. Elektrotechn. u. Maschinenb. H. 2 (1926).
28. JÄGER, F.: Erhöhte Wirtschaftlichkeit der Lastverteilung. Siemens-Schuckertwerke, Berlin: Selbstverlag.
29. WILLOCK, G.: Die Lawaczek-Turbine des Kraftwerkes Lila Edet. Wasserwirtsch. H. 22 (1927).

Fünfter Abschnitt.

31. ASEA: The automatic Power Plant Station Surahamar. Mitteilung 136.
32. NEESER, R.: La transmission hydraulique de mouvements des regulateurs automatiques de vitesse de grand puissance. Imp. G. Thone, 1930.
33. SCHMITTHENNER, C.: Fernschwimmereinrichtung für Wasserstandsregler. Z. VDI 1522 (1911).

Sechster Abschnitt (s. a. 11 bis 17).

Siebenter Abschnitt (s. a. 12, 15, 21).

34. GAGG, A.: Der Escher Wyss-Öldruckregler, Type Z für Kleinwasserturbinen. Escher Wyss Mitt. H. 4 (1934).

Neunter Abschnitt.

35. MOSER, J.: Das Kraftwerk Albbrugg Dogern. Escher Wyss Mitt. H. 4 (1936).
36. PFLIEGER-HÄRTEL, H.: Kaplan- und Propellerturbinen. Elektrotechn. Z. H. 12 (1928).
37. SLAVIK, J.: Neuerungen im Kaplan-Turbinenbau. Wasserwirtsch. H. 24 (1931).
38. TERRY, R. V.: Automatically adjusted Propeller Turbine. Power H. 97 (1937).
39. WALTER, P.: Selbstregelung von Kaplan-Turbinen. Wasserwirtsch. München H. 9/10 (1938).

Zehnter Abschnitt (s. a. 11, 14, 17).

41. LÖWY, R.: Die Doppelregulierung von Peltonrädern. Wasserkr.-Jb. H. 32 (1931).
42. MOSER, J. u. A. GAGG: Die Turbinen der Zentrale Handeck der Kraftwerke Oberhasli. Escher Wyss Mitt. H. 5 (1932).
43. SELIKIN, R.: Die Doppelregelung von Freistrahlturbinen. Wasserwirtsch. Wien H. 16 (1933).
44. THOMANN, R.: Die Wasserturbinen und Turbinenpumpen, 2. Aufl. Wittwer, 1931.

Elfter Abschnitt (s. a. 29, 35).

46. SCHMITTHENNER, C.: Die Turbinen des Wasserkraftwerkes am Shannon. Wasserwirtsch. München H. 21/22 (1930).
— Kaplan-Turbinen für große Fallhöhen. Dtsch. Wasserwirtsch. H. 9 (1934).

Zwölfter Abschnitt.
Teilabschnitt B.

47. BAUER, S. u. M. TUNKEL: Erregerumformer an Stelle aufgebauter Erregermaschinen für vertikale Wasserkraftgeneratoren. Elektrotechn. u. Maschinenb. H. 57 (1939).
48. FABRITZ, G.: Selbsttätige Wasserkraftanlagen. Wasserwirtsch. München H. 21/22 (1929).
49. FLECK, B.: Bedienungslose Wasserkraftwerke. AEG-Mitt. H. 2 (1931).
50. MEINERS, G.: Automatisierung in der Starkstromtechnik. AEG-Mitt. H. 11—1 (1930).
51. PICHE, C.: Automatisierung von Wasserkraftwerken. Elektrotechn. u. Maschinenb. H. 12 (1931).
52. REINDL, C.: Vorteile und Einrichtungen selbsttätig arbeitender Wasserkraftwerke. Wasserkr.-Jb. (1924).
— Wirtschaftliche Bedeutung und Bedingungen der Kleinwasserkräfte. Wasserkr. München H. 16 (1936).

Teilabschnitt C.

53. LOMMEL, E.: Schnellschaltung von Großgeneratoren auf schwache Netze. VDE-Fachber. 1931.
54. PETERS, W.: Ein neues Verfahren zum Synchronisieren. Siemens-Z. H. 3/4 (1929).
55. PUPIKOFER, H.: Das selbsttätige Anlassen und Parallelschalten von automatischen Kraftwerken. Bull. schweiz. elektrotechn. Ver. H. 12 (1929).

Teilabschnitt K.

56. COVINO-MATOGLI, M.: J dispositivi automatici della centrale idroelettrica di Calusia. Elettrotecn. H. 9 (1933).
57. FABRITZ, G.: Ausführungsformen selbsttätiger Wasserkraftanlagen. Wasserkr. u. Wasserwirtsch. München H. 16—20 (1935).
58. HAIGIS, E. u. A. KÜHNE: Die Speicherpumpen des Kraftwerkes Waldeck. Escher Wyss Mitt. H. 2 (1933).
59. RIED, G.: Selbsttätige Wasserkraftanlagen. Wasserkr. München H. 3/4 (1939).
60. SCHMITTHENNER, C.: Das Kraftwerk Bleilochsperre. Z. VDI H. 25 (1933).
61. — Kaplan-Turbinen für große Fallhöhen (Kraftwerk Grönvollfoss). Dtsch. Wasserwirtsch. H. 9 (1934).
62. SPETZLER, O.: Die Turbinenpumpe des Stauwerkes Baldeney. Z. VDI H. 41 (1934).

Teilabschnitte L bis O.

63. FABRITZ, G.: Selbststeuerung und Fernbedienung in Großwasserkraftanlagen. Wasserkr. München H. 16 (1936).
64. GRANER, C.: Vorschläge für den Betrieb von Netzverbänden. Elektrotechn. Z. 214 (1934).
65. JÄGER, F.: Erhöhte Wirtschaftlichkeit der Lastverteilung durch selbsttätige Frequenz- und Lastregelung. Siemens-Berlin: Selbstverlag.

66. Jäger, F.: Das Zusammenwirken von Fernbedienungs- und Selbststeueranlagen. VDE-SRG 49711/7.
 — Fortschritte in der Selbststeuerung von Kraftwerken in Höchstspannungsnetzen. C. J. des grands reseaux 327 (1935).
67. Lommel, E.: Selbst- und Fernsteuerung. VDE-Fachber. 1929.
68. Salgat, F.: Des Centrales automatiques à plusieurs Groupes. Schweiz. Bauztg. H. 17 (1931).
69. Schäffer, K.: Frequenz und Leistungsregelung in großen Netzen. Elektrotechn. Z. H. 50 (1933).
70. Walthy, W.: Elektrische Fernsteuerung von Energieerzeugungs- und Verteilungsanlagen. Vorträge C. J. des grands reseaux 1929.
71. Wierer, H.: Die Frequenz als zusätzliche Einflußgröße bei der elektrischen Lastverteilung im Verbundbetrieb. VDE-Fachber. H. 9 (1937).

Dreizehnter Abschnitt.

72. Juhasz u. Geiger: Der Indikator. Berlin: Julius Springer, 1938.
73. Thoma, D., H. Deckel u. P. Volkhardt: Mitt. hydraul. Inst. d. T. H. München H. 7.

Vierzehnter und fünfzehnter Abschnitt.

74. Danninger, P.: Die Dampfturbinenregelung. München: Oldenburg, 1934.
75. Fritz, F.: Regelung von Kraftmaschinen auf konstante Liefer- oder Bezugsleistung mit Ventilregler. Elektrotechn. u. Maschinenb. H. 47 (1935).
76. Guilhauman, W.: Regelung von Hochdruckturbinen. AEG-Mitt. H. 12 (1939).
77. Kaufmann, E.: Present status of steam turbines. Pwr. Plant Engng. III (1937).
78. Schwendner, A. F.: Governor for 160000 KW-Turbine. Pwr. Plant Engng. IV (1936).
79. Wünsch, G.: Regler für Druck und Menge. München: Oldenburg, 1930.
80. Noack, W.: Der Veloxdampferzeuger in Hüttenwerksbetrieben. Stahl u. Eisen H. 41 (1931).
81. Stodola, A.: Leistungs- und Regelversuche an einem Veloxdampferzeuger. Z. VDI H. 14 (1935).

Zweiter Teil.
Abschnitt A.

82. Allievi-Dubs-Bataillard: Allgemeine Theorie über die veränderliche Bewegung des Wassers in Leitungen. Berlin: Julius Springer, 1909.
83. Bergeron, L.: Variation de régime dans les conduites d'eau. SOC. Hydrot. de France 1937.
 — Pompes centrifuges et usines élévatoires. Coup de béliers à l'arrêt. Techn. mod., Paris (1935/III).
84. Braun, E.: Druckschwankungen in Rohrleitungen. Stuttgart: Wittwer, 1909.
85. Calame, J. et D. Gaden: Influence des réflexions partielles de l'onde aux changements de caractéristiques de la conduite et aupoint d'insertion d'une chambre d'équilibre. Bull. techn. Suisse rom. H. 36 (1935).
86. Jaeger, Ch.: Note sur le coup de bélier dans les conduites jumellées ou parallèles. Rev. gén. Hydraul. H. 3 (1935).
 — Die analytische Theorie des Druckstoßes in Druckleitungen. Wasserkr. München H. 23 (1937).
87. Haller, P. d.: Zur Berechnung der Druckstöße in Rohrleitungen. Escher Wyss Mitt. (1929).
88. Keller, C.: Luftmodellversuche an Drosselklappen. EWC-Mitt. H. 1 (1936).
89. Klepper, G.: Beitrag zur Theorie der veränderlichen Strömung des Wassers in Rohrleitungen unter dem Einfluß der Reibung. Wasserwirtsch. Wien H. 1 (1934).
90. Kreitner, R.: Druckschwankungen in Turbinenleitungen. Wasserwirtsch. Wien H. 10 (1926).
91. Liebmann-Thoma: Der Wasserstoß in Rohrleitungen. Z. ges. Turbinenwes. H. 7 (1917); H. 35 (1918).
92. Löwy, R.: Druckschwankungen in Druckrohrleitungen. Wien: Julius Springer, 1928.
93. Pira, C.: Coup de bélier dans les conduites d'aspiration. Rev. gén. Électr. H. 9 (1933).
94. Schnyder, O.: Druckstöße in Pumpensteigleitungen. Schweiz. Bauztg. H. 22 (1929).
 — Druckstöße in Rohrleitungen. Wasserkr. München H. 5—7 (1932).
 — Über Druckstöße in verzweigten Leitungen mit besonderer Berücksichtigung der Wasserschloßanlagen. Wasserkr. München H. 12 (1935).
95. Symposium on Water Hammer 1933.
 — Supplement to the report of the Asme committee.
96. Thoma-Kittredge, C.: Vorgänge bei Zentrifugalpumpenanlagen nach plötzlichem Ausfallen des Antriebes. Mitt. hydraul. Inst. d. T. H. München H. 4 (1933).
97. Thomann, R.: Über Drucksteigerungen in Rohrleitungen bei der Betätigung von Absperrorganen. Wasserkr. u. Wasserwirtsch. H. 10 (1936).
98. Unterberger, R. u. G. Fabritz: Die Berechnung bandagierter Rohrleitungen unter innerem Überdruck. Wasserwirtsch. Wien H. 14—17 (1935).

99. Wasserschlösser:
BRAUN, E.: Über Wasserschloßprobleme. Z. ges. Turbinenwes. H. 13 (1920).
— Zur Berechnung von Wasserschlössern. Z. VDI H. 29 (1925).
MÜHLHOFER, L.: Zeichnerische Bestimmung der Spiegelbewegungen in Wasserschlössern. Berlin: Julius Springer, 1924.
VOGT, F.: Berechnung und Konstruktion des Wasserschlosses. Stuttgart: Enke, 1923.
THOMA, D.: Zur Theorie des Wasserschlosses bei selbsttätig geregelten Turbinenanlagen. München: Oldenbourg, 1910.
100. Freispiegelkanäle:
FAVRE, H.: Étude theoretique et expérimentale des ondes de translation dans les canaux decouverts. Paris: Dunod, 1935.
FEIFEL, E.: Über die veränderliche Strömung in offenen Gerinnen. Dissertation, Berlin, 1915.
FRANK, J. u. J. SCHÜLLER: Schwingungen in den Zuleitungs- und Ableitungskanälen von Wasserkraftanlagen. Berlin: Julius Springer, 1938.

Abschnitt B.

101. BRAUN, E.: Über den Einfluß der Rohrleitungen auf den Reguliervorgang. Wasserkr. München H. 22 (1927).
102. JAQUET, E.: Über Reguliergarantien. Escher Wyss Mitt. H. 6 (1929).

Abschnitt C.

103. EINSELE, A.: Anforderungen des Verbundbetriebes an die Erregung und Spannungsregelung großer Generatoren. Elektrotechn. u. Maschinenb. 57, 145 (1939).
104. LANG, A.: Die Schnellregeleigenschaften des Tirrillreglers. Arch. Elektrotechn. 32, H. 10.
105. POHL, R.: Grundsätze der Schnellentregung großer Generatoren. Elektrotechn. Z. H. 47 (1927).
106. PUTZ, W.: Die Grenzleistung von Generatoren zum Antrieb durch Wasserturbinen. Elektrotechn. Z. 60, 1259 (1939).
107. RÜDENBERG, R.: Der Schwingungswiderstand zur Schnellentregung elektrischer Maschinen. Wiss. Veröff. Siemens-Konz. 9, H. 1 (1930).
108. Versuche über Maschinenregelung und Parallelbetrieb in den Großkraftwerken Hirschfelde und Böhlen. Elektrotechn. Z. 92 (1931).
FRENSDORFF, E., S. 791; KÜHN, K., S. 1185; KÜHN, K. u, MAYER, R., S. 1349; PETERS, W., S. 1509.

Abschnitt D.

109. BRAUN, E.: Über die Stabilität des Betriebes einer Turbinenanlage mit offenen Werkkanälen. Festschrift der T. H. Stuttgart, 1929.
110. FABRITZ, G.: Das Stabilitätsproblem der selbsttätigen Turbinenregelung. Wasserwirtsch. Wien H. 21/22 (1928).
111. KRÖNER, H.: Geschwindigkeitsregler der Kraftmaschinen. Sammlung Göschen, 1912.
112. MELAN, H.: Regelung von Vorschalt- und Nachschaltturbinen. Arch. Wärmewirtsch. H. 8 (1939).
113. THOMA, D.: Der Einfluß geschlossener Wasserzuleitungen auf die Turbinenregelung. Festschrift von Briegleb Hansen und Co., 1911.

Abschnitt E.

114. WIDDERN, C. v.: Versuche an Turbopumpen. Escher Wyss Mitt. H. 1—2 (1939).

Sachverzeichnis.

Abdampfsteuerung 296.
Abflußregelungen 75.
—, abhängig vom Gefälle 81.
— über Spannschütze 80.
Abhängigkeitsregelungen, einfache (Abschnitt X) 126.
—, Stabilität von 366.
—, starr rückgeführte 115, 267.
Abnützung der Laufradbecher 127.
Absperrorgane, Bewegungsgesetze der 312, 329.
— im Zuge der Rohrleitung 318.
Absperrschieber, Selbststeuerung 190.
Absperrventil, selbsttätiges, — zum Druckspeicher 34, 172.
Achsenregler, indirekte 299.
—, direkte 3.
Aktiv- (Passiv-) Kolben 309.
Aktiv- (Passiv-) Pumpe 9, 301.
Alarm, akustischer 199.
ALLIÈVIsche Gleichung 314.
Anbauregler 283, 300, 301.
Anfahrleistung (-moment) 208.
Anlaßpumpe 153, 213.
Anlauf, elektrischer 208.
—, elektrisch-hydraulischer 208.
—, hydraulischer 208.
Anlaufsteuerungen, selbsttätige 209 ff.
Anlaufwicklung 74.
Anlaufzeit der Rohrleitung 335, 339, 357.
— des Maschinensatzes 341, 355, 357.
— zusammengesetzter Leitungen 340.
— der Spirale 340.
Anzeigevorrichtungen 82.
Arbeitsdruck 26, 37.
Arbeitsstrombetätigung 224, 225.
Arbeitswerke 18, 83 ff.
—, druckwasserbetätigte 88, 128.
Asynchronmaschine 208, 229.
Auffüllung des Speicherluftraumes 32, 33.
— durch Schnüffelung 32.
—, druckseitige 33.

Aufhelfvorrichtung für Strahlablenker 131.
Aufgelöste Bauweise 18, 149.
Ausblasung mit Druckluft 245.
Ausgleich der Nadelkräfte 129.
—, Öffnungstendenz 126, 130, 131.
—, Schließtendenz 125, 131.
Ausgleichströme 216, 355.
Axialschub 120.

Bahnbetrieb 131.
Batterie 209, 223, 225.
—, Ladezustand der 223.
Bedienung in Einzelvorgängen 159.
Befehlsstände 159.
Belastung, OHMsche, induktive, kapazitive 198, 353.
Belastungsregler, elektrischer 111.
Belastungswiderstand 111.
Belüftung als Einzelvorgang 248.
— bei durchlaufender Selbststeuerung 249.
— des Saugrohres 120.
BERGERON, graphisches Verfahren nach — 317.
Beschleunigungsmesser 16, 68, 363.
Beschleunigungsregelung 71.
Beschleunigungsstabilisierung 16, 151, 344, 362.
Betriebsausrüstung selbsttätiger Pumpspeicherwerke 246.
Betriebsbeobachtung 272.
Betriebsbereitschaft von Windkesselreglern 21.
Be- und Entlüftungssteuerung, Einrichtungen für Handsteuerung 250.
— — für Turbinen in Heberkammern 183.
Bewegungsgleichung, dynamische 3, 11, 328, 331, 341.
Blindlast 208.
Blindlastverteilung 263, 355.
Blindstrombedarf 160.
Blindstromstoß 216, 354.
Blockierventil 188, 195.
Bremsbelag 191.

Bremseinrichtung 179, 190.
—, Einschaltbedingungen selbsttätiger — 191.
—, Überlastschutz 192.
Bremsdüse 192.
Bremskraft, zeitlicher Anstieg der 191.
Buchholzschutz 198.

C-Kurve des Pendels 4.
Chronograph 272.
Chronometrische Regelung 12.

Dampferzeugung, lastabhängige Regelung der — 299.
Dampfkompressor 307.
Dampfmaschinen 11, 299 ff.
Dampfturbine 11, 18, 274 ff.
Dämpfung des Regelvorganges 14, 73, 345.
Dehnungskupplungen 279.
Differentialkolbentriebe 83, 130.
Differentialrelais 198.
Differentialschutz 198.
Doppelpumpen, Steuerung der 19, 20, 124.
Doppelregler 21, 126, 130, 135, 136 ff.
Dralländerung 358.
Drehantriebe (Steuerventil-) 43, 45, 53.
Drehkolbentrieb 83, 88, 109, 279, 299.
Drehschieber 225.
Drehstromeigenversorgung 224.
Drehstrommotore, Anlauf von 353.
Drehzahlabweichung bei Laständerungen 340 ff.
Drehzahlanstieg, Einfluß auf den Spannungsverlauf 353.
— im Bereich der Synchronen 210.
Drehzahleinsteuerung von Synchrongeneratoren 214.
Drehzahlgewährleistung 348.
Drehzahlhubcharakteristik 3, 6.
Drehzahlleistungscharakteristik 54, 79, 341.
Drehzahlmesser 1, 16, 18.
—, Antrieb durch Übersetzungsgetriebe 9.

Drehzahlmessung, elektrische 7.
—, hydraulische 8, 284, 297, 301.
Drehzahlverlauf bei gleichbleibender Belastung 67.
Drehzahlverstellung 6, 67.
Dreiräderpumpe 22.
Drosselbunde 50, 122, 133.
Drosselklappensteuerungen 183ff.
Drosselsteuerungen 275.
Drosselwiderstände im Ölkreislauf 132.
Druckbegrenzungseinrichtungen (Sicherheitsventile) 27.
Druckluft, Antriebe 225.
—, Bedarf, Herabsetzung bei Übergang von Turbinen- auf Pumpenbetrieb 250.
Druckluftspeicher 22.
Druckluftverdichter 22, 33, 34.
Druckminderventil 293.
Drucköbedarf 21, 37.
Druckölbereitstellung für Kaplanturbinen 122.
— für Freistrahlturbinen 131.
— für Dampfturbinenregler 282.
Druckölpumpe 22.
Druckölspeicher 19, 21, 29, 131, 132.
—, Anordnungen 35.
—, Bemessung 37.
—, Zubehör 34.
—, Zusammenschaltung der 137, 169.
Druckölversorgung 19.
—, Sicherung der 166.
Druckregler 144ff., 329, 347.
— mit hydraulischer Betätigung 146.
—, Gleichlaufüberwachung 148.
Druckrohrleitung zwischen Wasserschloß und Turbine 325.
Druckschreiber 83, 272.
Druckschwankungen 118, 312ff.
—, Aufschaukelung der 312.
—, Einfluß statischer Drücke 314.
— Verfahren zur Bestimmung der 314ff.
Drucksteigerung bei Nadelregelung 129, 133.
— bei linearem Öffnungsgesetz 316.
Druckvorschreibung 348.
Düsen, Abschaltung von 130.
—, überöffnete 131.
Durchbrenndrehzahl 349.
Durchflußregler 19, 21, 34, 100ff.
Durchgangsfaktor 322.
Durchlaufsteuerung 209.
Dynamometer 7.

Eigenbedarfsstromquellen 223.
Eigenbedarfsversorgung 161.
Eigendämpfung 11, 277, 356.
Eigenerregung mittels Kondensatoren 208.
Eigenreibung im Meßsystem 5, 272, 278.
Eindrahtsteuerverfahren 264.
Einheitsdrehzahl 328.
Einheitssteuerwerk 19, 56ff.
Einheitswassermenge 328.
Einschwingzeit 217.
Einsteuerzeitrelais 214.
Einströmung, zweiseitige 283, 291.
Ejektor 183, 205.
Elastizitätsmodul 332, 333.
Elektrischer Schwingungskreis 7.
Elektrodenpaket 112.
Elektromagnet 225.
Elektromotorischer Antrieb mechanischer Drehzahlmesser 7, 73.
— —, Überwachungseinrichtungen zum 165.
Empfängerwiderstand (s. auch Gebeeinrichtung) 78.
Empfindlichkeit von Drehzahlmeßeinrichtungen 7, 54, 305.
Entnahmeturbine 275.
—, Doppel- 275.
— -Gegendruckturbine 275.
—, Steuerung der 293ff.
Entregung 198, 353.
Entweder-Oder-Mechanismus 31.
Erregermaschine, Antrieb 208.
—, Auslegung 208.
—, Bemessung 209.
—, Schaltung 350.
Erregerspannung, Änderungsgeschwindigkeit der — 350.
Erregung, permanent magnetische 316.
Ersatzleitung 321.
Evolventenpendel 5.
Evolventenverzahnung 23.

Fallklappenrelais 197, 198.
Fallschütze 179, 225.
Federrohr 10.
Federservomotor 299, 301.
Federungskörper 10, 82.
Fehlermeldung 198.
Fernbediente Anlagen 228ff.
Fernbedienung als Betriebsverfahren 162ff.
Fernmessung 265ff.
Fernschwimmereinrichtungen mit elektrischer Übertragung 77.
— mit hydraulischer Übertragung 76.

Fernschwimmereinrichtungen mit mechanischer Übertragung 76.
Fernsteuerkabel 266.
Fernsteuerung 262.
Ferrarissystem 7.
Ferrariswattmeter 221.
Feststellvorrichtung (s. Handregelung) 90.
—, Selbststeuerung der 98, 99, 131.
Filter für Großkraftregler 38.
—, Doppel- 38.
—, Teilstrom 37.
Flachpendel 3, 6.
Fliehkraftpendel 2ff.
—, Antrieb durch Riemen 73, 74.
—, —, elektromotorisch 74.
—, Notantrieb durch Asynchronmotor 202.
Fliehkraftschalter 166, 183, 194, 210.
Flüssigkeitsbremsen, hydraulische 179.
Fördermenge von Zahnradpumpen 19, 23.
Formkörper, Steuerungs- 119.
Freier Ausfluß 315, 324.
Freileitungen, synchronisierte Zuschaltung von — 263.
Freistrahlturbine 124, 327, 366.
—, Bremsdüsensteuerung 192.
—, Steuerungsauslegung 125.
—, Triebwerke 128.
—, unabhängige Sicherheitseinrichtung für 193.
Frequenzabgleich 214, 217.
Frequenzabgleichgerät 214.
Frequenzband 54.
Frequenzeinsteuerung 211.
Frequenzmaschine 55.
Frequenzregler 56, 270.
Frequenzrelais 270.
Frequenz- und Übergabeleistungsregelung 270ff.
Fühlrollen 164.
Führerstand 139.
Führerturbine 266.
Führungssteuerung 55, 267.

Gebeeinrichtung 77.
Geberwiderstand 78.
Gefahrmeldeanlage 198, 223.
Gegendruckregelung 10.
Gegendruckturbinen 274.
—, Steuerungsauslegung für 292.
Gegenspeicher 75.
Gegenspur bei Kaplanturbinen 120.
Gemeinschaftsbetrieb, Steuerstelle des — 163.
Generatorläufer, fliegende Anordnung 115.

Generatorschutz 197.
Gestelldrossel 198.
Gestellschlußschutz 198.
Gestufte Leitungen 316.
Getriebeturbinen, Hochsteigen von — 120.
Gewährleistungen, Druck- und Drehzahl- 348.
Gleichlauf, Einrichtung 78, 247.
— von Maschinen und Netzvektor 235.
— Überwachung von Leitapparat und Druckregler 148.
Gleichwertregelung 14, 277, 357.
Gleitmuffe im Laufschaufelverstellmechanismus 113..
Gleitsteingetriebe 84.
Grenzsteuerung der Druckspeicherpumpe 27.
— der Laufschaufelregelung 121.
Grobsynchronisierung 209, 217.
Großkraftregler 21, 36, 199ff.
Grundlastmaschine 348.
Grundlastwerk 55.
Güteziffer 360.

Haltekräfte, Leitapparat- 19, 38.
Handpumpe 115.
Handregelung 19, 130.
—, automatische Feststelleinrichtung 98, 129.
—, elektromotorischer Antrieb zur 94.
—, mechanische 90ff.
— mit gesteuerter Ankupplung des Übersetzungsgetriebes 99, 174, 175, 176, 195.
—, selbsttätige Einschaltung bei Absinken des Öldruckes 99.
Handsteuerungen mit besonders gesteuertem Umschalt-(Blockierventil) 96.
—, hydraulische 94, 152.
—, Selbststeuerung der — 95, 232.
—, Zusammenfassung mit der Öffnungsbegrenzung 95.
Hauptschaltkolben 43.
Haupt- und Hilfserreger 350.
Herstellung, rationelle 19, 52, 44, 56, 73, 99, 144, 301, 311.
— bei Wasserstandssicherheitsreglern 111.
Hilfserregermaschine 209.
Hilfspumpe 167.
—, elektromotorisch angetriebene 168.
—, turbinengetriebene 167.
Hilfswindkessel 166.
Hochdruckkessel, Bestlastbetrieb 297.
—, Speicherfähigkeit 296.
Hochfrequenzübertragung 265.

Hochhubsicherheitsventil 27.
Hochspannungsbeeinflussung des Fernsteuerkabels 264, 265.
Hochsteigen des rotierenden Teiles von Kaplanturbinen 120.
Höchstdruckdampfkessel 299.
Hohlkolben 85.
—, doppelseitig gesteuerte 85, 86.
—, kreuzkopflose Bauart 86.
Hubmotore 225.
Hubwerk, hydraulisches 181.
Hydraulische (Kolbenpumpen-) Übersetzungsgetriebe 9.

Impulsinhalt 337.
Impulsstrom 337.
Indikatoren 273.
Induktionsöfen 353.
Isodromierung, mechanische 55.
Isodromregelung (Gleichwertsteuerung) 16, 63, 64, 357.
Isodromzeit 15, 64, 65, 66, 120, 127, 359.

Kabinettregler 152.
Kammerwasserschloß 326.
Kaplanturbinen 112, 328, 367.
—, Muschelkurven von 328.
—, selbsttätiger Anlauf von 212, 213.
Kapseldampfmaschinen 300, 302.
Kegelriemengetriebe 9.
Kennlinien, Lastverteilung nach den statischen 270.
Kleinregler 105ff.
— für Dampfturbinen 286.
Klinkwerk 172.
Kolbendampfmaschinen 11, 299ff.
Kolbenpumpe zur Druckölbeschaffung 22.
Kolbenringe 83, 86.
Kolbenstangen 83.
—, Abdichtung 83.
—, Material 84.
—, Passung 83.
Kollektormaschine 208.
Kompression 311.
Kondensationsturbine 274.
—, Steuerungsauslegung für 291.
Kondensator 208, 218.
Kraftbedarf der Pumpenanlage von Windkessel- bzw. Verbundregler 20.
Kühlwassermenge, lastabhängige Verstellung bei elektrischen Belastungsreglern 112, 225.
Kugelschieber, Entlastungsschieber zum — 188ff.
—, Selbststeuerungen zum 186.

Kupplungen, hydraulische 245.
Kupplungseinrichtungen zur Handregelung 90ff.
—, Selbststeuerung der 131, 166, 174, 175.
Kurbelbolzen, doppelte Lagerung 84.
—, fliegende Lagerung 84.
Kurvenwalze zur gefälleabhängigen Zuordnung 122.
Kurzschluß 355.
—, Auswirkung 312.
—, entfernter 355.
—, Verhältnis 350.
Kurzschlußschleife 312.
Kurzschlußstoß 346.
Kurzschlußvorgänge 37, 352.

Ladegebläse 299.
Längsfederpendel 2.
Läuferspannung 350.
Lagerspiel großer Kaplanturbinen (Ölzuführungsbockausbildung) 115.
Lagerüberwachung 196, 225.
Lastverteiler 162, 263.
Lastverteilung 7, 54, 270, 355.
Laufgeschwindigkeit 332, 333.
— von bandagierten Rohrleitungen 334.
— für Druckschächte 333.
— für Eisenbetonleitungen 333.
— von Holz-Eisenrohrleitungen 333.
Laufschaufel, Verstellmomente 118.
Laufwerke 74, 244.
Lederstulpen 83, 85, 88.
Leerlaufrückführung 64.
Leerlaufspannung 349.
Leistungsaufnahme des in Luft umlaufenden spaltgekühlten Laufrades 246.
Leistungsfeld doppelt geregelter Freistrahlturbinen 128.
— von Kaplanturbinen 119, 121, 157.
Leistungskennlinie (Werk-), Erhaltung bei verschiedenem Maschineneinsatz 267, 269.
Leistungspendelungen 119.
Leistungsregler 55, 270.
Leistungsrelais 270.
Leistungssteuerung 119, 128, 298.
Leitrollenantriebe 27.
Leitvorrichtung, Undichtigkeit der 179.
Lenkerantrieb 84.
Lenkerpendel 5.
Leuchtbild 223.
Lichtbogenofen 353.
Lichtmeldung 198.

Luftleitung (s. auch Schwim-
mereinrichtung).
—, Abmessungen 76.
Luftpumpe 77, 183.
Luftverdichter, selbsttätige
Steuerung 34.
Luftvolumen (im Speicher) 21.
— Maßnahmen zur Aufrecht-
erhaltung 32.

Magnetantriebe 225.
Magnetregler 350.
Manometer 82.
Manometerkolben 29, 30.
Manometrisches Ventil 230.
Maschinengattung, Wahl der
208.
Massenring 16, 67.
Massenträgheit geschlossen ge-
führter Wassersäulen 13, 18,
70, 345, 357, 365.
Mehrdruckturbine 275.
Meisterwalzensteuerung 221.
Meldetableau 198.
Membrandruckregler 275, 292.
Membrane 10, 79, 186.
Meßgerät 82.
Meßkolben 8.
Meßstau 75.
Meßsystem, elektrisches 7.
—, manometrisches 8.
Meßumformer 271.
Mischregler 299.
Mittelwertsmethode 321.
Modulation 265.
Momentenkurve der Federspan-
nung 2.
— der Fliehkräfte 2.
Motorische Entregung 353.
Motorlast 354.
Muffenkraft (-Belastung) 13.

Nachführung 13.
— der Düsennadel (mechanische) 125.
Nachgiebigkeit bei Gleichwertsteuerungen, grundsätzliche
Auslegungen 14ff.
—, hydraulisch erzielte 60.
—, mechanisch erzielte 57.
Nachprüfung des Sicherheitsreglers 290.
Nachschaltturbinen 297.
Nadelbewegung, Gesetzmäßigkeit der — 132.
Nadelkräfte 130.
—, Abstimmung der 129.
—, hydraulischer Ausgleich der
130.
Nadelregelung 124.
Nadeltriebwerke, hydraulische
Zu- und Abschaltung 267.
—, mechanische Entkupplung
130.

Nebenauslässe (Wechselventile,
Druckregler) 70, 125, 145ff.
Nebenschlußregler 350.
Niederdruckturbinen, Anlaßvor-
richtung für — 228.
Notabstellung von Kaplantur-
binen 170.
Notpumpe, selbsttätige Um-
schaltung auf die Hand-
betätigung 95.
Notstromlieferung 162.
Notstromversorgung durch Die-
selaggregate 224.

Oberwasserspiegel, Hochsaugen
des — 183.
Öffnungsänderungen, lineare
316.
Öffnungsbegrenzung 55ff.
—, Bruchsicherung zur 138.
—, erweiterte 136.
—, hydraulisch betätigte 178.
Öffnungsbeiwert 358.
Öffnungsgeschwindigkeit, ge-
setzmäßige Änderung der
211.
— des Laufrades bei Kaplan-
turbinen 120.
Öffnungstendenz der Düsen-
nadel 131, 195.
Ölalterung 282.
Ölbremse 14, 15, 60, 65, 80,
129, 144, 209ff., 359.
—, gesteuerte 61, 359.
Öldruckrelais 34, 194, 225.
Öldrucksteuerung 309.
Ölkraftgetriebe 18.
Ölkühler 38.
— für Dampfturbinen 279.
Ölstand im Windkessel, Ein-
richtungen zur selbsttätigen
Erhaltung 33.
Ölstandsanzeiger 36.
Ölzuführung, Kammerkörper
zur — 115.
— zum rotierenden Arbeits-
zylinder 113.
Ölzuführungsbock 114, 115.
Ortsbedienung, zusammenge-
faßte 162.

Papiermaschinenantriebe, Reg-
ler für — 303.
Parallelbetrieb 54, 67, 112, 352.
Parallelschaltgerät 216.
Partielle Reflexion 321.
Pendel 99.
—, astatisches 4.
—, Blattfeder- 5, 65.
—, bremsen 74.
—, elektrisches 7.
—, elektromotorischer Antrieb
112, 151.
—, Evolventen 5.
—, Flach- 6, 7.

Pendel, Gewichtsaufhängung 5.
—, labiles 4, 195.
—, Längsfeder- 2.
—, Leitrollenantrieb 27.
—, Lenker- 5.
—, Notantrieb 73.
—, Schaltarbeit 195.
—, starrer Antrieb 167.
—, statisches 3.
Pendelantrieb, Sicherung des —
164.
Pendelgenerator 74.
Pendelmotor 74.
—, Überwachung des Span-
nungszustandes 166.
Phasenlage, Überwachung der
217.
—, Vergleich 216.
Polaritätswechsel der Strom-
quelle 264.
Probierhähne 36.
Profilanströmwinkel 120.
Prüfwächter 265.
Pumpen 11, 83, 99, 330.
—, Antriebe 26.
—, Antrieb durch Hilfsturbinen
27, 167.
— mit beweglichem Leitappa-
rat 246ff., 332.
—, elektromotorischer Antrieb
27, 112, 165.
— mit festem Leitapparat 252.
— mit Rückschlagklappe 332.
—, Schmierung 24, 28.
Pumpspeicheranlagen 163ff.

Querfederpendel 2.
Quetschöl, gesonderte Abnahme
24.
Quetschölmenge 23.
Quetschölsteuerung 24.

Randbedingungen 314.
—, äußere 315.
—, innere 318.
—, obere 324.
—, rasche Änderungen der 321.
—, untere 327ff.
Rechenputzmaschinen 197.
Reflexionsfaktor 322.
Regelarbeit 89.
Regeldrossel 7.
Regelgeschwindigkeit 19, 20,
50, 127, 131, 211, 312.
—, Abstimmung für Leit- und
Laufradregelung 118.
—, Staffelung der 131.
Regelung der Druckluftzufuhr
(s. Be- und Entlüftungs-
steuerung) 248.
—, gestängelose 280.
Regelung mit hoher Drehzahlverstellung 297.
Regelringantrieb, doppelseiti-
ger — durch gegenläufig beaufschlagte Triebzylinder 87.

Regelwelle 83.
—, Bemessung 89.
Regelwert 1.
Regelzelle 276.
Reibscheibengetriebe 14, 57, 60, 359.
Relais, dynamometrisches 214.
—, Melde- 198.
—, Minimalleistungs- 251.
—, Schaltfolgen- 221.
—, Schutz- 198.
—, zur Selbststeuerschaltung 220.
—, Spannungs- 198.
—, Wächter- 221.
—, wattmetrisches 198.
Reversierdampfmaschinen 307.
REYNOLDsche Zahl 330.
Riemenbruchrolle 165.
Ringwaage 10.
Rohrcharakteristik 335.
Rohrleitungsturbine 70.
Rohrreibung, graphisches Verfahren zur Berücksichtigung der 320.
Rückdrängung, nachgiebige 14, 15, 63, 301, 360.
—, starre 13.
Rückführgetriebe mit hydraulischer Übertragung 81, 82.
— mit mechanischer Übertragung 81.
— zur synchronen Übertragung rascher Bewegungen 82.
— mit volumetrischer Übertragung 82.
Rückführkonus 59.
Rückführung 7.
—, hydraulische 276, 287, 300.
—, leistungsabhängige 119, 120.
—, nachgiebige 14, 57, 277, 359.
—, thermische 299.
—, starre 12.
Rückführwagen 62.
Rückmeldeanlage 149.
Ruhestromauslösung 225.

Sammelschienentrennschalter, Stellungsmeldung der — 263.
Schalten, ein- oder zweipoliges 224.
Schaltereigenzeit 216.
Schalterschlupfbegrenzung 217.
Schaltfolge, eindeutige Festlegung der — 160.
Schaltverzug 160.
Schaltwalze 221.
Scheinleistungsstoß 353.
Scheitellinie (gerade, gekrümmte) 6.
Schlagbolzen 196.
Schlauchdichtung 186.
Schließgeschwindigkeitsbegrenzung 48, 133.

Schließgeschwindigkeitsbegrenzung, gesetzmäßige Veränderung 132.
Schließtendenz des Düsennadelverstellmechanismus 125, 126, 129.
Schließverzögerung der Laufschaufelverstellung 121.
Schlitzsteuerung 144.
Schlupf 216.
Schlupfänderung bei Asynchronmotoren 354.
Schlupfgeber 217.
Schlupfmessung 217, 247.
Schlupfschalter 214.
Schlupfüberwachung 218.
Schlußzeit der Regelung 19, 45, 48, 283.
—, bezogene 58.
Schneidenlagerung 5.
Schnellbereitschaft (Momentanreserve) 161.
Schnelleröffnung des Leitapparates 254.
Schnellschluß 181, 210, 285, 311.
—, Einrichtung 178, 251, 307, 387.
Schnellschluß- und Anlaßventil für Dampfturbinen 289.
Schnellsynchronisierung 209, 215, 217.
Schnüffelung 22, 32.
SCHNYDER, graphisches Verfahren 317, 319, 321.
Schwebekolben (s. Vorsteuerung) 41, 364.
Schwebungsdauer 214.
Schwebungsspannung 214.
Schwebungsvorgänge 312.
Schwenkmechanismus 306.
Schwenkpumpe 306.
Schwimmereinrichtung 10, 55, 75.
—, mechanische 75.
— mit nachgiebiger Stabilisierung 79.
Schwimmerschalter 181.
Schwingantrieb 311, 315.
Segment (Drosselsegment) — Regelung 274, 279.
Selbstgesteuerter Teilbetrieb 225.
Selbstschlußeinlaßorgane 178 ff.
Selbstschlußklappen mit hydraulischem Antrieb 183.
Selbststabilisierung 355.
Selbststeuerung 130, 158 ff.
—, Bereitschafthaltung der örtlichen 164.
Selbstsynchronisierung 216.
Sicherheitseinrichtung, unabhängige — für Freistrahlturbinen 193.
Sicherheitsregelung 157, 195.

Sicherheitsregler mit Schlagbolzen 196.
— mit Schwungring 196, 290.
Sicherheitsventil 20, 21, 27.
—, gesteuertes 28.
Sicherheitsvorrichtungen 112.
Spannschütze 75.
Spannungsänderung (stationäre) 352.
Spannungsanstieg 198, 355.
—, Einfluß der Drehzahländerung 353.
Spannungsmesser 351.
Spannungsregler 160, 350.
—, Sollwerteinsteller für — 215, 263.
Spannungssprung 352, 354.
Spannungssteifigkeit 350.
Spannungssteigerungsschutz 198.
Spannungsunempfindlichkeit elektrischer Drehzahlmesser 7.
Spannungswaage 215.
Speicherpumpwerke 244 ff.
Sperrkolben 190, 231.
Sperrventile 190, 249.
Spießkantkeil 87.
Spindeltriebe (s. Handregelung) 90.
Spitzenwerk 55, 244.
Spurlager (bei Kaplanturbinen), zusätzliche Belastung durch Verstellkräfte 113.
Stabilisierung 16, 110, 282.
—, Beschleunigungs- 67.
Stabilität 6, 11, 18, 54, 55, 117, 293, 297.
— des Parallelbetriebes 209.
Stabilitätsbedingungen, bei Beschleunigungsstabilisierung 362.
— bei nachgiebiger Rückdrängung 361.
— bei nachgiebiger Rückführung 359.
Stabilitätswert 65, 119, 127.
Stauklappen 197.
Steuerbatterie, Isolationszustand der 224.
Steuerbüchse 134, 144.
Steuerpumpe 8.
Steuerregler 148.
Steuerstift (Steuerplatte) 18, 41, 65.
Steuerstromkreise 224.
—, Arbeits- (Ruhe-), Handschaltung 224.
Steuerung, doppelseitige 83.
—, doppelte Verkettung des Sekundärkreises 135, 143, 144.
—, drehmomentenabhängige, für Kaplanturbinen 118.
—, einseitige 83.

Steuerung, manometrische 82.
— auf optimalem Wirkungsgrad 266.
—, volumetrische 63, 82.
Steuerventil, Anordnung 49, 50.
—, Beeinflussung (Begrenzung)
der Regelgeschwindigkeit 50,
51.
—, Bemessung 53.
— für Doppelregler 132.
— mit Druckentlastung 39.
— für Durchflußregler 39.
—, Führungsbüchsen 49.
— mit hydraulisch erzielter
Rückstellung 70.
— für Kaplanturbinen 122.
—, Materialauswahl 49.
— mit parallel geschalteten
Überströmungen 50.
— für Verbundregler 20, 40.
—, Wahl der Schlußrichtung 51,
52, 65.
— für Windkesselregler 40.
Steuerverbindung, Druckölkreis-Handregulierung 97.
—, Maßnahmen zur Sicherung
der richtigen Schaltfolge 98.
—, Windkesselregler mit selbsttätigem Absperrventil 98.
Steuerwerke 56 ff.
— für Doppelregler 134.
Stillstandsdichtung 185.
Stillstandspumpe 177, 193.
Stillstandsspeisung 168.
Stoßerregung 355.
Stoßkurzschluß 354.
Stoßkurzschlußstrom 198, 354.
Strahlablenkerregelung, reine
124.
Strahldrücker 125.
Strahlrohr 277.
Strahlschneider 125.
Strahlstörer 278.
Streufeldänderung 354.
Streuspannung 217, 349, 352.
Stromregler 227.
Stromwaage (s. auch Fernschwimmereinrichtung) 78.
Stützdrossel 198.
Synchrones Drehfeld 349.
Synchronisierende Leistung 354,
355.
Synchronmaschine, Kennlinien
der — 349.

Tachograph 272.
Tachometer 82.
Taktgeber 208.
Taktverhältnis (-zahl) 351.
Tauchglocke 76.
Teilsteuerungen, selbsttätige
160.
Temperaturwächter 196.
Tonfrequenz 265.
Trägregler 351.

Transformatorschutz 198.
Triebwerke 19.
—, Bemessung 89.
—, Differentialkolben 47, 49.
—, gemischt betätigte (Druckwasser, Drucköl) 128.
—, Schmierung 84.
Tropfdichtheit von Absperrorganen 185.
Turbinendrehmoment, Abhängigkeit von Drehzahl und
Leitschaufelöffnung 17.

Überdruckturbine 327.
Überfallschütze 75.
Übergabe- (Übernahme-) Leistung 270.
Überholkupplung 169.
Überöffnung des Laufrades bei
Kaplanturbinen 117.
Übersetzungsgetriebe, hydraulisches 303.
Überstromschutz 197, 237.
Überströmung, gesteuerte 15.
Übertragung der Steuerbewegungen, hydraulische — 309.
Überwachungseinrichtungen
164, 225.
Uhrenmotore 215.
Umlaufschieber 190.
Umlaufventile, Selbststeuerung
der 175.
Umschalter 237.
Unempfindlichkeit der Regelung 54.
Ungleichförmigkeitsgrad, dauernder 14, 54 ff.
—, Einfluß des — auf den Drehzahlanstieg bei Entlastungen und sekundär gesteuertem Strahlablenker 127.
— hydraulischer Drehzahlmesser 8.
— des Pendels 4.
— der Regelung 6, 13, 120, 267,
357.
—, vorübergehender 14, 57, 59,
62, 66.
Unterdruckregler im Feuerraum
299.
U-Rohr 10.

Vakuumbildung im Saugrohr
120.
— im schaufellosen Raum 120.
Variator 9.
Ventilantriebe für Dampfturbinen 279.
Verbundbetrieb 159, 354, 355.
Verbundpumpe 25.
Verbundpumpensteuerung 21,
131.
Verbundregler 19, 21, 108.
Verbundsteuerung für Wasserstandssicherheitsregler 111.

Verbundsteuerungen (Abschnitt
XIV) 293 ff.
Verbundwirtschaft 13, 56.
Verdrängerkolben 64, 70.
Verkettung, doppelte — der
Steuerkreise 117, 368.
—, einfache — der Steuerkreise
366.
Verluste, spezifische 271.
Verriegelung des Leitapparates
in der Schlußlage 34, 192.
Verriegelungen, öldruckgesteuerte 171, 226.
Verständigungsanlage 223.
Verteiler, rotierender 305.
Verzögerung durch Spiel, Deformation 81.
Voreilregler 219.
Voreinströmung 311.
Vorgabewinkel 218, 219.
—, Befehlsgabe mit konstantem — 217.
Vorgabezeit 216.
—, Befehlsgabe mit konstanter
— 217.
—, schlupfunabhängige, konstante 218.
Vorschaltturbinen 296.
Vorsperrenkraftwerk, Fernbedienung des — 163.
Vorsteuerpumpe 41.
Vorsteuerung 56, 65, 351.
—, aufgelöste 44, 45.
— bei Dampfturbinenregelungen 275.
—, doppelte 18, 45, 365.
—, Drucköversorgung 48.
—, einfache 15, 18, 41, 364.
—, Einfluß auf die Stabilität
364.
—, Mittel zur Erhöhung der
Empfindlichkeit 53.
—, Nachfolgeempfindlichkeit
48, 49.
—, Nachfolgegeschwindigkeiten
46.
—, Ölmenge 48.
—, rückgeführte 43.

Wählerfernsteuertechnik 264.
Wahlschalter 237.
Walzenschalter 214.
Warmwasserschieber 248.
Wartungslose Anlage 225.
Wasserdruckmoment 329.
Wasserdrucksicherheitsantriebe
139, 194.
Wasserschloß, der Turbine vorgeschaltet 324.
— mit Übergangsdrosselung
326.
Wasserspiegelregelung, Intervallschaltung 269.
Wasserspiegelregler 229.
—, mechanisch wirkende 110.

Wasserspiegelregler, öldruck-
betätigte 110, 160.
Wasserstand, Führung der Re-
gelung nach dem — 74.
Wasserstandsanzeiger 77.
Wasserstandssicherheitsregler
110.
Wasserwiderstand 354.
Wechselauslaß 145, 347.
Wechselmechanismus (zur Pum-
penschaltung) 29, 31, 32.
Wechselplatte 51.
Wellenplan 321.
Werksprüfung 273.
Widerstandsbelastung 354.
Widerstandsentregung 353.
Wiedersynchronisierung 312.
Windkessel, Hilfs- 169.
Windkesselabsperrventile,
selbsttätige 172, 177.

Windkesselregler 20, 21, 34.
—, Pumpenbemessung 20.
Windungsschlußschutz 198.
Wirklastverteilung 55, 263,
355.
Wirkstrompendelung 216.
Wirkungsfeld von Freistrahl-
turbinen 128.
— von Pumpen 330.
Wirkungsgrad, Teillast — 112.

Zähigkeit 9.
Zahnkupplung 247.
Zahnradpumpe 22.
—, Abdichtung der Antriebs-
welle 26.
—, Fördermenge 23.
—, Gesamtwirkungsgrad 25.
—, Schrägverzahnung 26.
—, Seitenkräfte 26.

Zahnradpumpe, volumetrischer
Wirkungsgrad 25.
—, Zapfenbelastung 26.
Zeitkonstante, magnetische 354.
Zeitmechanismus 177.
Zeitrelais 193, 198, 214, 218.
Zusatzdrosselung 133.
Zusatzeinrichtungen im Sekun-
därkreis von Doppelrege-
lungen 144.
—, unabhängige — zur Lauf-
schaufelregelung 116.
Zusatzsteuerungen, beschleuni-
gungsabhängige — 71.
—, zeitabhängige 72.
Zuschaltstoß 215.
Zuschaltung 216.
Zustand- und Störungsmeldun-
gen 263.
Zwischenbehälter 32.